珍稀濒危植物种群与保护生物学研究

董　鸣　臧润国　主编

科学出版社
北　京

内 容 简 介

物种灭绝是全球最严重的生态安全问题之一，直接威胁着人类社会的可持续发展。珍稀濒危物种和生物多样性的保护涉及基础科学与应用科学的综合，也涉及自然科学与社会科学的交叉。珍稀濒危植物的物种维持机制、生存潜力、受威胁因素、生态适应与保护和修复是种群生物学与保护生物学研究的重要内容。本书分综论篇和专论篇，较全面地总结了珍稀濒危植物（尤其是极小种群野生植物）的种群与保护生物学近年来的研究成果，较系统地论述了珍稀濒危植物种群与保护生物学的发展态势和研究前沿。综论篇以科学问题成章，旨在介绍珍稀濒危植物保护相关的一般性基础理论，专论篇以我国典型的并已开展较为系统研究的珍稀濒危植物或类型成章，从物种的生物学、生境和生态学特征等方面尽可能进行系统、详细的介绍。

本书可作为生态学、保护生物学、自然保护相关专业本科生、研究生的教学参考资料，也可作为生物多样性保护和农林科学相关科研人员及相关业务管理部门人员的参考书。

图书在版编目（CIP）数据

珍稀濒危植物种群与保护生物学研究/董鸣，臧润国主编. —北京：科学出版社, 2022.8

ISBN 978-7-03-071479-4

Ⅰ.①珍… Ⅱ.①董… ②臧… Ⅲ.①珍稀植物–濒危植物–植物保护–研究–中国 Ⅳ.①Q948.52

中国版本图书馆 CIP 数据核字（2022）第 024354 号

责任编辑：马 俊 郝晨扬 / 责任校对：郑金红
责任印制：吴兆东 / 封面设计：无极书装

科学出版社 出版
北京东黄城根北街 16 号
邮政编码：100717
http://www.sciencep.com
北京建宏印刷有限公司 印刷
科学出版社发行 各地新华书店经销
*
2022 年 8 月第 一 版 开本：787×1092 1/16
2023 年 4 月第二次印刷 印张：33 3/4
字数：800 280

定价：398.00 元

（如有印装质量问题，我社负责调换）

《珍稀濒危植物种群与保护生物学研究》编委会

前　言

生物多样性使地球上的生命得以延续，是人类社会赖以生存的基础，是全人类共有的宝贵财富。自18世纪工业革命开始以来，尤其是人类世（Anthropocene）开启以来，人类活动对自然的影响就从未停止，使得地球进入第六次物种大灭绝时期。尽管世界各国团结协作，持续致力于生物多样性的保护，但就像世界自然基金会发布的《地球生命力报告2018》所显示的那样，全球生物多样性仍然趋于持续下降，并且这一下降趋势没有被包括《生物多样性公约》在内的多项全球性协议有效阻止。生物多样性水平的急剧下降，导致由生物多样性所支撑和维持的生态系统结构与功能退化、生态系统服务功能降低，从而使得人类环境恶化、人类资源匮乏、人类健康损害。全球范围内的生物多样性丧失，将影响人类福祉，威胁世界经济社会的可持续发展。

独特的地理格局，孕育了多样的地形与气候和丰富的生境类型，造就了中国非常高的生物多样性。中国高等植物物种数量占全球物种数量的8%～12%，其中约1/3是特有种，并且存在很多孑遗物种。这些都使得中国在全世界植物多样性中处于非常独特且重要的地位。目前这些物种的生存易受威胁，可能的原因是对其缺乏充分的认识与保护，加之经济快速发展与人口剧烈增加所形成的环境压力。在过去的几十年间，中国在生物多样性保护方面付出了巨大的努力，也取得了重要的成就。保护好生物多样性，已成为人类社会的共识和共同的事业。

本书较系统地梳理了珍稀濒危植物（特别是“极小种群野生植物”）的种群与保护生物学近年来的研究成果，论述了珍稀濒危植物种群与保护生物学的发展态势和研究前沿，以期对我国的生物多样性保护，尤其是对“全国极小种群野生植物拯救保护工程”等相关工作起到促进作用。

本书共分为32章，其中综论篇10章，专论篇22章。综论篇以科学问题成章，旨在介绍珍稀濒危植物保护相关的一般性基础理论，尤其较为系统地总结了我国近年来在珍稀濒危植物保护领域所取得的重要进展。此部分内容主要包括珍稀濒危植物生活史对策与功能性状生态学、珍稀濒危植物的谱系地理学、珍稀濒危植物种群生存与维持、种群遗传学方法在濒危物种保护中的应用、分子生态学技术在濒危植物保护中的应用、分子遗传学在极小种群野生植物保护中的应用、珍稀濒危植物濒危状况及濒危机制、珍稀濒危植物种群动态及其模型与模拟、中国珍稀濒危植物保育研究进展、亚热带山地珍稀濒危植物生态学研究。专论篇以我国典型的并已开展较为系统研究的珍稀濒危植物或类型成章，从物种的生物学特征、生境特征、生态学特征和保护生物学等方面尽可能系统、详细地回顾与总结，并介绍了其保护生物学方面的最新进展。所涉及的物种既有蕨类植物如桫椤，也有裸子植物东北红豆杉、南方红豆杉、密叶红豆杉、西双版纳粗榧、水杉、银杉、崖柏和银杏，还有被子植物胡杨、盐桦、天目铁木、长柄双花木、夏蜡梅、珙桐、梓叶槭、七子花、黄梅秤锤树、领春木、小勾儿茶、毛柄小勾儿茶、连香树和刺五加，共计 23 种，分属 18 科 20 属，具有不同的自然分布区域和生境类型。

本书汇集了活跃在珍稀濒危植物保护与恢复领域的一线学者的智慧与努力。本书作者来自国内高等院校、科研院所、国家重点实验室和省部级重点实验室，多为风华正茂的青年才俊。本书编写框架几经编委会研讨，各章节内容经编委会成员讨论和（或）相互审阅，全书由主编和宋垚彬编委统稿。在编写过程中，编委会成员齐心协力、通力配合，在繁重的科研和教学工作中，抽出时间精心撰写。借此机会，谨向本书的所有贡献者表示衷心的感谢！

由于作者水平有限，本书权当抛砖引玉，希冀能为推动我国珍稀濒危植物保护的基础理论研究与恢复技术研发提供参考。

本书的编写工作得到国家重点研发计划项目“典型极小种群野生植物保护与恢复技术研究”（2016YFC0503100）的资助，特此感谢！

本书的出版得到科学出版社的大力支持，科学出版社对本书书稿进行了认真的编校工作，特此感谢！

《珍稀濒危植物种群与保护生物学研究》编委会

2021 年 2 月 1 日

目　录

综　论　篇

专 论 篇

综 论 篇

第一章　珍稀濒危植物生活史对策与功能性状生态学

第一节　引　言

植物的生活史是指植物在一生中所经历的生长、发育和繁殖的整个过程，也可称为生活周期，两者含义基本相同。种子植物生活史一般是指从种子开始到长成成年个体并结出成熟种子的全过程。然而，植物也可以通过无性的方式产生具有独立生存能力的新个体。例如，许多植物具有克隆生长或营养繁殖能力；一些植物的繁殖过程也可包括无性繁殖（如克隆繁殖），即在自然条件下，产生与母体遗传结构相同的种子。因此，完整的植物生活史包括营养生长、克隆生长或营养繁殖、有性生殖和无性（克隆）生殖（董鸣 1996；王天慧 2006；董鸣和于飞海 2007）。植物的整个生命过程都会受到环境的影响，植物为了生存和繁殖会不断调整自身与环境的关系，以达到平衡。而这种因环境因素的变化所导致的植物调整适应过程，称为植物生活史对策（Grime 1979；张大勇 2004）。一般的植物生活史对策可分为 *r*/*K* 对策和 *C*-*S*-*R* 对策。根据物种的寿命和繁殖力可将生活史划分为 *r*/*K* 对策：根据种群增长的逻辑斯谛（logistic）模型，在低密度条件下，自然选择偏向于增长力强的种群，此种群为 *r*-对策者；而在高密度条件下，自然选择偏向于环境容纳量大的种群，此种群为 *K*-对策者（聂海燕等 2007）。而在 *r*/*K* 对策的基础上，英国生态学家菲利普・格兰姆（Philip Grime）等对生活史样式进行了扩充，他们对选择样式进行了分类：①在资源丰富的临时（不可预测）生境中的干扰型选择，即 *R*-选择；②在资源丰富的可预测生境中的竞争型选择，即 *C*-选择；③在资源短缺生境中的胁迫忍耐型选择，即 *S*-选择。*C*-*S*-*R* 对策与其资源分配方式相一致，*R*-选择主要分配给繁殖，*C*-选择主要分配给生长，*S*-选择主要分配给维持（Grime 1979；杨持 2014）。

植物功能性状是指植物体能够强烈影响生态系统功能以及反映植被对环境变化响应的核心植物属性，是大多数植物具有的共有或常见性状（Díaz et al. 2004；Suding et al. 2008；Pérez-Harguindeguy et al. 2013；刘晓娟和马克平 2015）。在植物进化的过程中，植物与环境是一个相互作用的过程：一方面，植物随着环境因子的变化而改变自身的形态、结构和生理生化等特性以便与环境相适应，并更好地生存和繁殖；另一方面，环境也因植物的种类、密度等不同而发生小幅度的改变，如植物的固水和保水作用在一定程度上改变土壤的湿度（代玉和张朝晖 2013）。在长期进化过程中，能成功生存并繁盛起来的植物大都能较好地适应环境的变化，并与环境处在一个动态的平衡状态，而一旦植物由于自身适应不了环境或环境出现较大的变化，如自然灾害等的影响，植物的进化速率跟不上或不适应环境的变化，则整个植物种群最终将逐渐衰落；因此，将分布范围小、数量少、处于灭绝边缘的植物称为珍稀濒危植物（陈灵芝 1993；杨文忠等 2015）。濒危植物一般呈岛屿状分布，并且分布范围在持续收缩，特别是近几十年经济快速发展、人类影响不断加大，使得很多生境破碎化愈发严重，这大大加快了濒危植物分布范围收缩的速度；而且濒危植物的种群年龄结构多为衰退型，虽然多数濒危植物个体寿命较长，但繁殖能力低下；在生理方面，濒危植物的生存力和适应力大都较差，光合、呼吸等生理代谢速率相对较低，植物所能产生的有效产物较少。长期如此，植株正常生长发育和繁殖的需求将很难得到满足，植株必将过早衰亡，进而种群的生存和繁殖能力也将下降（张文辉等 2002）。不仅如此，由于生境狭小且持续退化，很难进行基因交流，从而使遗传多样性下降，最终导致植物的生态适应能力弱化。在某些情况下，遗传多样性丧失将立即导致该植物的适合度下降，甚至使其直接灭绝（丁剑敏等 2018）。植物生活史对策和功能性状之间关系紧密，深入理解两者之间的关系可以为管理和经营植物提供参考。本章从珍稀濒危植物生物量分配对策、繁殖对策、幼苗生长对策、植物性状及其变异等方面进行归纳总结，以期为珍稀濒危植物的更好管理和保护提供参考。

第二节　生活史对策

一、生物量分配对策

生物量分配对策，或称生物量分配模式，是植物对环境适应和进化的结果（Bazzaz et al. 1987；程栋梁 2007），同时是决定植物资源获取、竞争及繁殖能力的重要因素，也是反映植物竞争能力的主要指标（范高华等 2017）。分配格局的不同在一定程度上取决于物种或功能型间资源获取方式的差异，并且随时间、环境的改变而变化；植物生物量分配模式的差异反映了植物在不同选择压力下的生活史对策（McConnaughay & Coleman 1999；左有璐等 2018）。研究植物生物量及其分配模式有助于了解植物对环境资源的获取能力，并能获知植物对环境变化的响应，还可以深入探讨植物生产力变化与环境变化的关系。

生物量分配模式随植物的进化而成为一种适应策略，植物将获取的资源分配给不同的构件，遵循着某种规则或模式，是其生物学特征的一个基本体现（Klinkhamer et al. 1992；McConnaughay & Coleman 1999；Shipley & Meziane 2002）。陈小花等（2019）分析了分布于海南各市（县）的 3 种人工林树种马占相思（*Acacia mangium*）、橡胶树（*Hevea brasiliensis*）、桉树（*Eucalyptus* spp.）的地上生物量分配特征及区域分布情况，发现树干的生物量占绝对优势，各树种的各构件生物量比例基本遵循干材＞树枝＞树叶＞干皮的模式。邢磊等（2018）结合异速生长理论和生态化学计量理论分析了白刺（*Nitraria tangutorum*）构件之间的生物量与营养分配策略的内在联系，研究表明茎和叶生物量间的异速生长指数与平衡常数（$10^{0.4369}$、0.8678）均大于根和叶生物量间的异速生长指数与平衡常数（$10^{0.0209}$、0.8456），说明当叶生物量的变化量一定时，茎生物量的变化量要大于根生物量的变化量。通过某一构件的生物量及氮含量就可以预测白刺总生物量和总氮含量之间的关系（邢磊等 2018），可见植物生物量分配与植物营养元素等关系密切，并且分配遵循着一定的模式进行。

濒危植物的生物量可以综合反映其个体生长的适应性及生长潜能。例如，郭祥泉等（2017）对濒危树种伯乐树（*Bretschneidera sinensis*）苗木的研究发现，不同生长类型苗木的各组织生物量分配表现为：根部与树干的生物量生长比例相近，但生长类型好的样本根部的树皮生物量占比更大，因为该样本须根生长量也较其他的更大，地上部分树干的木质部生物量所占比例也相对较大，叶生长量所占比例明显增加，但在全株样本生物量中所占比例减少，表明该树种苗木根系发达，有利于造林成活及个体生长。生物量分配格局在某种程度上也取决于物种的差异和植物不同功能型之间获取资源能力的差异，同时不同植物的生物量分配格局反映了植物在不同环境选择压力下的生活史对策，生物量分配直接影响植物的生长和繁殖。

二、繁殖对策

植物的再生依赖于其繁殖的过程，每一种植物生长和繁殖的各个阶段必须要克服环境压力、竞争、捕食和疾病造成的危险；因各个阶段的不同而造成差异，最终形成了特定的繁殖对策（钟章成 1995）。在自然界中，大多数植物同时兼具克隆性和有性生殖能力，故存在两种最为基本的繁殖方式，即无性繁殖和有性生殖（董鸣等 2011）。

（一）无性繁殖

1. 无性繁殖的类型

植物的无性繁殖是指在植物体中具有繁殖功能的细胞，在不经过两性的结合下直接发育成新个体的过程（周云龙 2004）。植物的无性繁殖有多种类型：分裂繁殖、出芽繁殖、孢子繁殖和营养繁殖。①分裂繁殖是生物体直接进行分裂，而分裂出的每一个部分都可以生长成为一个完整的新个体的繁殖方式，采用分裂繁殖方式的植物一般是低等植物，如藻类中的褐藻和硅藻等（马炜梁 2009）；②出芽繁殖是亲代借由细胞分裂产生子代，但是子代并不立即脱离母体，而与母体相连，继续接受母体提供的养分，直到个体可独立生活才脱离母体，如水螅、海绵、苔藓虫和珠芽狗脊（*Woodwardia prolifera*）等；③孢子繁殖是生物体生长到一定阶段会产生具有繁殖功能的细胞，即孢子，而这些孢子不需要经过两性结合便能生长发育成为新个体的繁殖方式，孢子繁殖是无性繁殖的高级形式，常存在于藻类、蕨类植物中（朱学文和董自梅 1999）；④营养繁殖是指植物营养体的一部分（如根、茎、叶等）与母体分开或不分开而直接生长发育成为新个体的繁殖方式，如凤梨（*Ananas comosus*）、小果野蕉（*Musa acuminata*）等（周云龙 2004）。一些重要的珍稀濒危植物，如北极花（*Linnaea borealis*）、香果树（*Emmenopterys henryi*）、朝鲜崖柏（*Thuja koraiensis*）、绵刺（*Potaninia mongolica*）、胡杨（*Populus euphratica*）、四合木（*Tetraena mongolica*）等，以及大多数兰科植物也都具有无性（克隆）繁殖的习性。然而，目前还不太清楚克隆性在珍稀濒危植物中的分布情况，以及克隆性在珍稀濒危植物种群维持、种群恢复和复壮过程中的作用。

2. 无性繁殖对环境的适应对策

生物所处的环境普遍存在着异质性，植物生长和繁殖所必需的资源（如水分、光照和矿物质等）及其生存的环境条件（如温度、湿度和地形等）都呈现异质分布，这些异质分布所导致的结果是植物获取和利用资源的难度大大增加，而造成的连锁效应牵动了植物的生长和发育，进而与适合度相联系；在长期进化过程中，环境的异质性作为一种选择压力，使得该环境中的植物可能形成了某种生态适应性对策（董鸣等 2011）。能进行无性繁殖的植物，大多数也可以进行有性生殖，无性繁殖和有性生殖的权衡很大程度上受生物因素（如传粉者、种子发芽率和基因遗传等）和非生物因素（如光照、水分和温度等）的影响。在很多环境条件下，无性繁殖比有性生殖更容易，适应性更高（王洪义等 2005）。

（1）克隆整合

由于克隆植物存在横生结构（如匍匐茎、根状茎和水平根等），同一基株的分株在一定时间内联系在一起，从而使得各分株之间及分株和基株之间所获取的资源可能存在某种梯度关系，进而形成了局部的源-汇关系，而资源和植物同化物（如激素、光合产物等）通过这种源-汇关系进行传输的现象称为生理整合或克隆整合（van Groenendael & de Kroon 1990；董鸣和于飞海 2007；叶上游等 2008；董鸣等 2011；Song et al. 2013）。克隆整合是克隆植物对环境资源的获取和适应的重要手段，是克隆植物与非克隆植物的最主要区别特征之一（董鸣等 2011）。

由于生境的异质性，斑块环境之间植物生长所必需的资源差异较大，这给植物的生长和繁殖带来极大的挑战，而克隆整合的作用恰好能缓解这种生境资源差异的问题，通过克隆整合，生长在斑块环境较差的分株可以得到生长在相对较好环境中与之相连接的分株的支持，进而增加了存活率（董鸣等 2011）。喀斯特生境是比较典型的异质性环境，土层厚度差异大、降雨的不均匀以及土壤固水能力的不同限制了喀斯特地区植被的生长及分布；通过模拟喀斯特异质性生境，研究克隆植物活血丹（*Glechoma longituba*）在异质性水分环境条件下克隆整合的影响发现，克隆整合显著增加了活血丹的生物量及根、叶生物量分配比，降低了茎生物量分配比，同时增加了叶的气孔导度，降低了气孔指数；通过克隆整合，活血丹改善了植株的生物量积累及各构件的生物量配比，也调整了叶的生理结构，从而提高了活血丹对喀斯特地区异质性生境的适应性（向运蓉等 2019）。克隆整合使得植物快速适应新的环境，提高了植物的生产能力，但也正因为如此，克隆植物在新的环境下很容易快速繁殖并建立稳定的种群，迅速掠夺本地植物的资源从而给本地植物造成巨大损失，克隆整合能提高植物适应能力的这种特性使得具备克隆整合能力的植物成为入侵植物的潜力大大增加（徐承远等 2001）。微甘菊（*Mikania micrantha*）是菊科假泽兰属多年生草质藤本植物，原产于中、南美洲，是世界上最有害的 100 种外来入侵物种之一。李晓霞等（2018）以入侵海南的微甘菊为材料，研究了该植物在异质性光照条件下，克隆整合对其生长的影响，结果发现通过克隆整合，微甘菊显著提高了低光斑块分株的生物量，降低了高光斑块分株的生物量；在异质性光照条件下，各克隆分株间的根冠比降低，净光合速率差异加大；微甘菊总体生长状况不变，但低光斑块下的分株生长状况得到了促进。可见，克隆整合特性是微甘菊对生境变化的适应对策之一。然而，由于克隆整合研究通常需要对植株进行控制实验（如示踪剂标记、异质性环境处理或间隔子切断等）研究，目前对珍稀濒危植物的克隆整合能力的研究还非常有限。

（2）克隆可塑性

形态可塑性是植物通过改变自身的部分形态以适应变化的生境的能力，通常受植物生长的环境条件影响，是环境对基因型表达的一种修饰（de Kroon et al. 2005）。光照是影响植物生长和发育的关键因子之一，而水分是影响植物表型可塑性的环境因子之一，植物对环境中的水分有非常高的敏感性，植物一旦缺水就会产生一系列生理现象，如光合速率降低、呼吸作用降低等，进而导致生长速率降低（董蕾和李吉跃 2013）。土壤水分是植物生境中环境水分的重要组成部分，土壤水分影响着植物的生长发育，对其形态的改变及形成也有重要作用。野外模拟降水试验发现，珍稀濒危植物四合木的新生枝总生长量、中根数量、粗根数量、地上生物量和细根数量对水分增加的表型可塑性相对较强，表明其更倾向于对资源有效探索的投资，从而提高其克隆繁殖的潜力（刘冠志等 2019）。四合木的克隆生长也与环境因子有较强的相关性，即枝条遇到沙埋形成间隔子的游击型克隆生长构型和由根形成的密集型克隆生长构型，不同种群对环境表现出生态对策的高度适应性和可塑性（田福东和刘果厚 2007）。研究珍稀濒危植物绵刺也发现其同时具有游击型和密集型两种克隆生长构型，在不同的生存条件下两种克隆生长构型是可塑的，这种可塑性被认为是绵刺对环境资源利用最优的进化对策（高润宏等 2001）。

克隆可塑性（clonal plasticity）是指克隆性所决定的性状的表型可塑性（董鸣和于飞海 2007）。植物特定基因型在不同环境中产生不同表型的能力称为表型可塑性（Sultan 2000）。表型可塑性是进化变化的一个基本组成部分，它体现了每个基因型应对环境变化时的表型变化程度，是在环境变化面前保持的相对适应度（Thompson 1991），同时表型可塑性是植物后天变异的来源（Huber et al. 1999）。遗传变异是物种适应环境条件的一个重要因素，植物的克隆生长和有性生殖之间存在的某种可能的权衡关系，即对克隆生长资源投入的增加将意味着对有性生殖资源投入的减少；在自然界中，许多克隆植物的有性生殖和更新速率都很低，某些植物甚至将资源投入克隆生长而几乎放弃了有性生殖的过程（张玉芬和张大勇 2006）。因此，作为后天变异的来源，表型可塑性对克隆植物的克隆生长有着重要的意义。

（二）有性生殖

有性生殖是通过两性细胞的结合形成新个体的一种繁殖方式（周云龙 2004）。与克隆生长不同，植物经过有性生殖产生的种子所形成的后代在幼龄期往往有极高的死亡率，而且幼苗的成功定居率也不如克隆后代；但是，有性生殖也有其优点：首先，有性生殖经过个体间两性细胞的结合维持了较高的遗传多样性；其次，有性生殖所产生的后代扩散的距离要比克隆后代大，而且有性生殖所产生的种子可以通过各种机制（如休眠机制）来应对环境的不利阶段，以增加存活率（张玉芬和张大勇 2006）。

1. 有性生殖格局

大部分植物在其生活史中能进行有性生殖和无性繁殖，但是多数植物的世代与植物的有性生殖密切相关；在整个生活史中，只进行一次生殖后即死亡的称为单次生殖生物，而在一生中能进行多次生殖的生物称为多次生殖生物。

有性生殖格局是自然选择的综合结果，不同的植物对不同的生境条件有不同的响应；在生态位空余而生态条件不利的条件下，如演替初期，在相同时间条件下，提前生殖及一次生殖能产生更多的后代，并在短时间内占据空缺的生态位，掠夺更多的资源；而在资源有限且竞争强的生境下，如演替后期，多次生殖生物因个体大，竞争力强，在群落中能稳定存活并产生较大的种子，更有利于后代的存活。因此，在此生境条件下，自然选择更有利于多次生殖生物。

2. 交配系统

植物有性生殖系统复杂而多样化，其中以交配系统为核心；交配系统是指控制配子形成合子的所有属性，是植物所有交配样式的总和（张大勇和姜新华 2001）。植物交配样式包括自交、混交和异交。自交可以在短时间内使植物种群的适合度增加，提高种群对局部生境的适应能力。在缺少外部花粉时，自交可以保证结实率，当异交花粉的受精能力弱于自交花粉时，自交将会占主导地位。从遗传学角度来看，种群遗传分化率高的是自交率高的种群，但是自交产生的种子生活力和生育力往往较低，即出现近交衰退现象，很难维持植物的多样性（高威 2014）。例如，小种群的繁殖，由于种群自身条件的限制，小种群个体很容易产生近交现象，这使得遗传变异通常较小，而有害等位基因纯合概率大大增加，从而出现近交衰退现象（王峥峰等 2005）。为了避免近交衰退，植物进化出各种各样的促进异交的机制，如改变花的结构和功能等，以便利用不同的媒介进行花粉的传播（王玉兵等 2011），常见媒介有风媒、虫媒及鸟媒等。风媒花常常花多而密集，花粉数量多，体积和质量小，表面光滑干燥，雌蕊柱头往往较长，呈羽毛等形状以便接收花粉；虫媒花多具花蜜或可以散发特殊气体，或者花朵较大，颜色各异且鲜艳，以便吸引昆虫注意，花粉数量较风媒花少，但花粉粒较大，花粉外壁粗糙，常有倒刺，且花粉表面多具黏性物质，容易黏附在昆虫上；植物与授粉媒介也存在一些特殊类型，某些植物授粉媒介极其狭窄，如丝兰（*Yucca smalliana*）与丝兰蛾（*Tegeticula maculata*）的特殊传粉类型（周云龙 2004）。异交是植物种群内保持高度遗传变异的重要机制（王崇云和党承林 1999）。

在自然界，大多数植物通常具有同时进行自交和异交的能力，根据环境条件的不同，植物在自交和异交两者之间选择不同的配比，即所谓的混合交配系统，其主要根源为对资源分配的差异，自交率越高，分配给雄性功能的资源就越少；而异交占主导的种群往往更注重对花或者说对雄性部分构件的资源投入（张大勇和姜新华 2001），如鲜艳而美丽的花朵，或者具有特殊腺体，分泌糖分、散发特殊气味等的主要目的是吸引传粉者帮助其进行传粉（黄耀辉 2016）。混合交配系统是植物在繁殖过程中对资源利用的有效策略（张大勇和姜新华 2001），如沼生植物小慈姑（*Sagittaria potamogetonifolia*）便是虫媒传粉兼风媒传粉的以异交为主的混合交配系统植物（汪小凡和陈家宽 2001）；而钝裂银莲花（*Anemone obtusiloba*）则是以自交为主的混合交配系统植物（胡春等 2013）。植物交配系统直接作用于两个世代个体间的遗传关系，进而影响到其遗传结构和基因传递。从种群角度来看，植物交配系统不仅影响种群的遗传结构，还决定了种群的动态（高威 2014）；因此，研究植物的交配系统对植物的保护和管理都有重要的指导意义。

3. 有性繁殖体变异与资源权衡

繁殖体一般是指种子，是植物有性生殖的最初载体（王东丽等 2013）；植物繁殖体在植物的整个生活史中具有重要作用，植物个体以至于种群的更新、扩散和延续都依赖于繁殖体（杨小飞等 2010）。由于环境资源的异质性，植物为了获取资源，在长期的进化过程中缓慢地改变自身以适应环境的变化，其中就包括繁殖体变异。常见的繁殖体变异有种子大小变异、种子器变异和果实形状变异等。种子大小变异是种子形态变异的重要内容，在植物个体间和个体内是一个普遍现象，在种群内，种子大小变异来源于植物个体之间的差异，相比种群内的种子大小变异，植物种群间的变异往往更大（麦静等2015），靳瑰丽等（2018）调查了天山北坡中段荒漠草地的88种植物种子，利用系统比较方法发现88种植物种子大小大体可以划分为4种类型，即A型（0.01～0.10mg）、B型（＞0.10～1.00mg）、C型（＞1.00～10.00mg）和D型（＞10.00～50.00mg），以B型种子和C型种子在数量上占优势，分别占总物种数的36.36%和52.27%，且呈现明显的正态分布，88种植物种子大小在不同科间、科内不同种间及同种植物的异型种子间均呈现极显著差异。在自然选择压力和物种进化压力下，不同的植物产生不同大小的种子，也是植物对环境的适应。从宏观角度看，种子大小与物种的分布和丰富度及群落的更新演替密切相关。海拔梯度与物种丰富度的关系以及沿海拔梯度变化的宏观生物多样性格局备受关注（Körner 2000，2007）。李道新等（2017）调查三峡大老岭地区木本植物种子质量的海拔格局发现，该地区常见木本植物种子质量呈对数正态分布，通过不同生长型植物间的种子质量比较发现，乔木和小乔木的种子质量显著大于灌木和藤本植物，常绿阔叶树种的种子质量显著大于落叶阔叶树种和针叶树种；从海拔梯度上分析发现，所有植物种子质量随海拔上升而呈现降低的趋势，表明种子质量的差异受到海拔梯度上环境因素综合变化的影响。

种子的大小与种子的传播、休眠、萌发及幼苗建成密切相关，种子大小主要从两方面影响植物幼苗：一方面，种子大小与数量呈负相关关系，即产生的种子越大，则数量越少，且大种子的传播和散布优势不如小种子；另一方面，种子大小和幼苗存活呈显著正相关，与较小种子相比，较大种子能为种子的萌发和幼苗的生长提供更多的营养物质，因此具有较高的发芽率和较快的萌发速率，而且由较大种子生长而成的幼苗具有较高的竞争力和对环境资源的获取能力（武高林和杜国祯 2008）。种子的大小体现了植物对有性生殖资源投入的重要程度，种间种子大小的差异可以反映植物对环境资源获取的能力，同时可以间接反映植物群落的演替阶段，小种子植物多在演替初期出现，在这个阶段，小种子数量多，易散布，可以迅速占领尽可能多的生境资源，并且小种子植物寿命短，更新快，充分发挥了其拓殖优势；与此对应，演替中后期，大种子植物占优势，在该阶段，群落收支基本持平，植物寿命往往很长，且对繁殖的资源投入不如初期，而将资源更多地投入营养生长中，以提高植物在群落中的竞争力；大种子通常具有耐阴性强、抗逆性高等特点，以适应光照稀少的林下环境（于顺利等 2007）。

果实的变异与种子的传播密切相关，果实的作用更多的是保护种子和协助种子扩散。根据果实的来源，可以将果实分为真果（true fruit）和假果（spurious fruit），即仅由子房发育而来的果实称为真果，如桃（*Amygdalus persica*）等，而由子房外的其他结构参与了果实的形成，则称为假果，如苹果（*Malus pumila*）等；根据心皮与花部的关系，可将果实分为聚合果（aggregate fruit）和聚花果（collective fruit），离生雌蕊上的每一枚雌蕊形成一个小果，聚合生长在一起所形成的果实称为聚合果，如草莓（*Fragaria × ananassa*）等，而由整个花序发育而来的果实称为聚花果，或称复果（multiple fruit），如无花果（*Ficus carica*）等；根据果实成熟时果皮的性质，可将果实分为肉果（fleshy fruit）

和干果（dry fruit），果皮在果实成熟时肉质化为肉果，如柑橘（*Citrus reticulata*）等，而成熟时，果皮干燥则为干果，如豌豆（*Pisum sativum*）等。不同类型的果实通常与种子传播相适应，如干果等借助自身的机械力传播种子，如大豆（*Glycine max*）、凤仙花（*Impatiens balsamina*）等果实成熟时借助开裂所产生的机械力量使种子传播出去，但受限于机械力的大小，种子传播的距离往往较短，仅在母株附近；借助于人类及动物传播的，如婆婆针（*Bidens bipinnata*）、苍耳（*Xanthium sibiricum*）等具有倒刺；丹参（*Salvia miltiorrhiza*）等能分泌黏液附在人或动物皮毛上，或者产生肉果和坚果等，吸引鸟类等动物来取食，种子因此而得以传播；借助风力传播的果实，往往种子或果实小而轻，常生有毛、翅等结构，如垂柳（*Salix babylonica*）的胎座毛、蒲公英（*Taraxacum mongolicum*）果实上的降落伞状的冠毛等；水生或沼生植物的果实可借助水力传播，如莲（*Nelumbo nucifera*）和椰子（*Cocos nucifera*）等的果实或种子具有浮力，能漂浮随水流而传播；适应人及动物、风力和水力传播的植物，其种子传播距离往往较远（周云龙 2004）。植物繁殖体变异体现了植物对繁殖资源投入的差异，最终目的是更好地繁衍后代并传播。

4. 种子对策

（1）种子扩散

在经过长期的进化之后，植物种子的扩散方式多种多样，从空间角度看，可以分为两步：第一步是指种子从植物体到地表或某表面的过程；第二步是指种子到达地面或某表面以后，再进行的水平或垂直运动，整个过程受非生物因素（风、水流等）和生物因素（如松鼠或其他动物等）的影响（李宏俊和张知彬 2000）。而从“传播者”的角度看，可以分为非生物传播、生物传播和农业传播。非生物传播主要是指风媒传播和水媒传播。生物传播的“传播者”分为动物传播者和植物传播者，动物传播常见的方式有：虫媒传播，如蚂蚁将种子搬进巢穴，种子在适宜条件下生根发芽，完成了种子的传播过程；借助于其他动物，如苍耳借助动物的皮毛进行扩散，草类种子借助牛、羊等的肠道，随粪便排出，完成传播过程。植物传播即“自体散播”，某些植物，如豌豆进行种子弹射传播；在无风的状态下，松科植物种子在种翅的协助下可以飘离母株等（周云龙 2004）。农业传播是指人为传播，是人类有意识地传播植物种子的过程，该过程在农业生态系统中具有相当重要的作用（花奕蕾 2017）。在自然界，不同传播方式下植物对种子投入的资源不同，或者说由于环境的异质性，植物为响应环境而做出了应对措施，依赖非生物传播的植物更倾向于将资源投资于种子上，如产生更多数量的种子、拥有发达的种翅等；而依靠生物传播的植物，往往具有果实等，且在成熟时颜色较为突出，以便动物能够发现并协助进行种子传播。

（2）萌发对策

萌发是指种子从相对静止状态转化到活跃的生长阶段，种子的萌发是一个复杂的过程，受外界环境（如光照、水分、温度等）和种子内部各种机制的影响（鱼小军等 2006）。种子成熟后，如果外界环境不能满足种子萌发的条件，种子会进入静止状态，或称为强迫休眠状态，该状态的特点是，一旦外界条件满足，种子就会迅速萌发。然而某些植物的种子即使外界条件适宜也无法萌发，究其原因是种子还未完全度过生理成熟期，该状态称为深休眠或生理休眠。造成种子休眠的原因除了胚还没有发育完全外，胚的外包被组织过厚或过于坚硬造成不透水、不透气以及种子内生化物质的抑制作用也是主要原因（周云龙 2004）。种子的萌发特性与种子本身的特性密切相关。拥有过厚包被组织的种子，由于不透气、不透水而处于休眠状态，只有等待腐蚀之后种子才会进入萌发状态，如桃的种皮具有厚的木质化结构；而某些植物的种子具有发达的种皮，会对种子萌发造成机械阻碍，从而抑制种子萌发，如反枝苋（*Amaranthus retroflexus*）等的种皮具有透水性，但过于坚固，种子难以穿透种皮，从而抑制了种子萌发。种子内的有机物质也会对种子萌发产生影响，如脱落酸（ABA）促进种子休眠，抑制种子萌发和幼苗生长；而赤霉素（GA）则可以解除种子休眠，促进种子内部水解酶的合成，提高种子的活力，进而提高种子的发芽势和发芽率。同样的，乙烯（ETH）也可以打破种子休眠，促进种子萌发等（罗珊等 2009）。种子的大小对种子的萌发和幼苗建成也产生很大的影响，大的种子通常具有较高的萌发率和较快的萌发速率，甚至能影响幼苗的建成和群落的结构（武高林和杜国祯 2008）。麦静等（2015）比较了厚朴（*Houpoea officinalis*）种子的大小与幼苗生长的关系发现，厚朴种子的萌发能力与种子大小呈正相关，且大种子萌发长成的幼苗具有更高的生长率。

外界的环境条件不仅影响着植物的生长，同时对种子的萌发也产生着重要的影响，外界对种子萌发影响较大的因素包括水分、温度、氧气和光照等（周云龙 2004）。处于相对静止状态的种子想要恢复活力，就必须吸收足够多的水分，以利于种子内各种酶的活化及物质的运输和转化等。例如，刺槐（*Robinia pseudoacacia*）种子在萌发开始阶段，仅 24h 后种子的吸水率就达 57.75%，在 44h 后开始萌发（张圆等 2014）；栀子（*Gardenia jasminoides*）在种子吸胀阶段含水量就达 41.13%，在胚伸长阶段含水量达到最大，为 86.13%，而在种子萌发阶段，种子内酶[如过氧化物酶（POD）、过氧化氢酶（CAT）、超氧化物歧化酶（SOD）等]的活性变化各异。种子的萌发伴随着强烈的呼吸作用，各种储藏物质在酶的作用下迅速分解转化，以供幼胚的生长；因此，适宜的温度和充足的氧气显得很重要，如印加萝卜（*Lepidium meyenii*）种子在 5～30℃时，起始萌发和萌发完成所需时间与温度呈负相关（尚瑞广等 2014）；西藏野生型老芒麦（*Elymus sibiricus*）种子发芽率、发芽势和活力指数等随温度升高而升高，在 25℃条件下达到最佳水平（王传旗等 2017）。种子的休眠或萌发与光照紧密联系，特别是红光（R）和远红光（FR）的作用尤为重要，种子内的 Pfr 含量和 Pfr/（Pr＋Pfr）值（Pfr 和 Pr 分别为光敏素远红光吸收型和红光吸收型）决定了种子的休眠与萌发。喜光植物的种子需要适宜的 Pfr 水平才能萌发，因此，种子需要受到不同程度的白光和红光照射才能起始萌发，与此对应，喜阴植物则需要较长时间的黑暗，以满足种子萌发需求的低水平 Pfr（鱼小军等 2006）。在黑暗条件下，入侵植物紫茎泽兰（*Ageratina adenophora*）种子的发芽率仅为 22%，但随着光照的增加，种子的发芽率呈指数增加，同时适量红光（630nm）和远红光（730nm）的照射能引起种子的休眠或萌发，红光照射量与种子发芽率的提高量呈正相关，而远红光照射量与发芽率降低量呈正相关，说明紫茎泽兰是喜光植物（姜勇等 2012）。

5. 雌雄繁殖差异

不管是对资源的投入还是对环境的响应，植物在雌雄繁殖方面都普遍存在着差异，对雌雄同株植物而言，表现为对雌雄构件资源投入的差异，其目的之一是弥补雌雄构件由于环境因素、生物因素等造成的先天性不足以保证结实率；而对于雌雄异株植物而言，雌雄繁殖的差异最终可能导致植物性别比例失衡，甚至某一群落的同种植物只有单一性别的个体，如杨属（*Populus*）。植物的雌雄部分通常以其生殖器官（花）来区分，单从花的角度看，分为两性花和单性花，即雌雄同花与单一的雄花和雌花，如莲的雌雄蕊共存在一朵花上，南瓜（*Cucurbita moschata*）的雌花没有雄蕊，雄花没有雌蕊。从植物个体的角度看，存在着雌雄同花、雌雄同株异花、雌雄异株、雌花两性花同株（gynomonoecism）、雄花两性花同株（andromonoecism）、三性花同株（trimonoecy）（孟繁静 2000）；植株个体水平的雌雄同花是指植株上仅有两性花，如蔷薇属（*Rosa*）等；雌雄同株异花，如玉米（*Zea mays*）等在同一植株上既生长着雄花又生长着雌花（华志明 1998）；雌雄异株植物仅生长着其对应性别的花，如黄连木（*Pistacia chinensis*）等（赵亚洲等 2010）；雌花两性花同株（又称雌全同株）植物是指植株上既生长着两性花又生长着雌性单性花，如紫菀（*Aster tataricus*）等，该类型的植物较少，被子植物中仅约3%是该类型（卢洋和黄双全 2006）；雄花两性花同株（又称雄全同株）植物是指在植株个体上生长着单性雄花和两性花，如刺山柑（*Capparis spinosa*）等，该类型的植物在被子植物中所占比例不高，不足2%（Vallejo-Marin & Rausher 2007）；雌花雄花两性花同株（又称杂性花同株）植物是植株上同时着生单性花和两性花，如龙眼（*Dimocarpus longan*）等（王宏国 2008）。从植物群落角度看，植物性别大体与个体水平相似，总体上分为两种类型：单型性和多型性。单型性包括雌雄同体、雌雄同株异花、雌花和两性花同体、雄花和两性花同体及雌花兼雄花和两性花同体；多型性包括雌雄异体、雌花和两性花异体、雄花和两性花异体、雌花兼雄花和两性花异体（孟繁静 2000）。

植物产生雌雄差异最主要的目的是适应环境并更好地繁衍。在一般情况下，雌雄异株植物的自然种群的性别比例接近于1∶1，然而由于环境条件的差异，如水分、温度、光照等不同导致性别比例出现偏倚。在低洼地带，某些植物性别偏向于雌性；在海拔偏高地区，某些植物则偏向于雄性。雌雄异株植物在繁殖资源的投入方面也存在着明显的差异，一般而言，雌株植物的繁殖成本比雄株高，雄株通常将资源投入在生物量的积累方面（尹春英和李春阳 2007）。虽然从遗传角度看，雌雄异株情况下形成的种子遗传多样性会更高，但受限于植物不能移动的特性，雌雄异株并不能体现其高度分化的优点，相反，雌雄同株植物更能适应其生存环境，雌雄同株植物一般既可以进行自交，也可以进行异交。和雌雄异株植物相似，雌雄同株植物的异交可以保持高度的变异性，而在环境不利时期，如果外来花粉不足，则植物的异交率难以得到保证，此时，雌雄同株植物可以通过自交以保证结实率，即所谓的繁殖保障（reproductive assurance）效应。由于基因型的限制，种子的遗传变异并不高。因此，在植物表现出繁殖保障效应时，相应地也提高了植株的雌性适合度；当然还有另外一种情况，即自交的花粉比异交的花粉更容易受精，植物会自动选择进行自交，这种现象称为自动选择优势（automatic selection advantage)，此时是以花粉为选择对象，因此提高了植株的雄性适合度。无论是雌雄同株还是雌雄异株，只要是为了传播花粉而进行的资源投入都可以看作对雄性的投入，如颜色鲜艳的花朵、花朵中具有特殊腺体、能分泌花蜜或散发特殊气体等，或者雄花长在高处而雌花长在低处等，这些都是雌雄繁殖差异的表现（张大勇和姜新华 2001）。

三、幼苗生长对策

幼苗阶段是植物生活史中最重要的阶段之一。幼苗建成及存活关系到植物种群的大小及持久性，是种群更新和延续及群落维持较高生物多样性的重要环节。由于生活史对策的差异，不同的植物对资源投入的重点不同，根据 *r*/*K* 对策理论，*r*-对策者生存在严酷而不可预测的环境中，种群内的个体主要将资源投入繁殖中，而用于生长和其他代谢等的资源则较少，因此，该对策者繁殖率很高并产生大量后代，但存活率较低，成体体型相对较小，寿命短；*K*-对策者生活在资源丰富的稳定环境中，但群落内生物之间竞争激烈，因此生物将资源主要用于营养生长及其他除繁殖以外的代谢中，该对策者往往寿命较长，竞争力强，种群数量稳定，成体体型大，但繁殖力较弱，后代数量较少，发育缓慢（张景光等 2005）。

（一）*C*-对策者

在资源丰富的可预测生境中的选择，称为 *C*-选择，*C* 来源于 competition（竞争）一词，*C*-对策者将大部分可利用性资源分配给生长，因此用于种子生产的资源相对较少，却拥有持续的种子库，季节性更新较强，植株的主要光合作用产物及矿质营养元素快速用于合成营养结构，幼苗生长具有明显的季节特性，在生长期，生长速度较快；属于 *C*-对策者的植物物种为草本、灌木和乔木，因此，*C*-对策者寿命呈两极分化，长或比较短。

（二）*S*-对策者

在资源胁迫的生境中的选择，称为 *S*-选择，*S* 来源于 stress（压力）一词，由于生境资源有限或植物生理胁迫限制了其对生境资源的获取，在这种情况下，植物的主要目的是存活，因此，植物的主要资源将用于维持。这就决定了 *S*-对策者是多年生植物，且生长速度较为缓慢，其幼苗生长亦如此，具有持续的幼苗库，属于此类对策者的植物为地衣、草本、灌木和乔木。

（三）*R*-对策者

在资源丰富的临时生境中的选择，称为 *R*-选择；*R* 来源于 ruderal（杂草）一词。*R*-对策者处于高度干扰而低胁迫的生境中，因此，大部分资源都分配给繁殖，产生大量的小型化种子，这就导致了分配给其他部分，诸如营养生长及代谢等的资源减少，幼苗生长迅速，并较快进入成熟期，在植物的生活史早期就开花并进行繁殖生长，该对策者整体特征为繁殖型，生活周期短，多为一年生植物，属于此类的为草本植物。

第三节　珍稀濒危植物性状及其变异

生物多样性是地球所有生命的基础。生物多样性所具有的功能让整个地球的生物圈稳定运行，陆地、海洋和大气的循环与其息息相关。人类是地球众多生命的一员，人类依自然而生，因此，生物多样性的发展与人类的生存和发展密不可分。然而，随着人类的发展，特别是工业革命之后，社会发展迅速，近几十年来，社会步入信息化时代，飞跃发展；在社会快速发展的背景下，环境问题日益突出，全球气温上升、两极冰川融化、海平面上升等严重威胁到生物多样性的稳定。工业革命之后，人类进入了加速发展阶段，人类活动加剧，对自然生命支持系统的干预显著上升；人类消费的增加促进了对自然的过度开发和农业生产；自公元 1500 年以来所灭绝的动植物中，因人类的过度开发或农业生产等活动造成的就达 75%；1970～2014 年，脊椎动物种群规模总体下降了 60%，即在这 44 年中，平均下降超过了一半，且下降趋势并未得到缓解（世界自然基金会 2018）。植物作为生产者，是生态系统的基础，消费者直接或间接依赖于生产者，因此，没有植物就没有其他生物。

我国地域辽阔，生境多样，是世界动植物资源最为丰富的国家之一（陈文汇 2006）。虽然我国野生动植物资源丰富，但我国人口基数大，消费需求高，对自然的过度开发和工业污染等已经严重影响甚至破坏了当地生态的稳定，不少动植物的生存和发展受到威胁，部分已经处于濒危或逐渐向濒危发展，而部分已经永远地消失了。鉴于日益突出的问题，我国也出台了不少政策。对于植物的保护，我国于 1984 年公布了第一批珍稀濒危保护植物，共 354 种，其定义为：由于物种自身的原因或受到人类活动或自然灾害的影响而面临灭绝的野生植物。“极小种群”的概念于 2005 年首次被提出，该概念的定义为：分布狭窄，受胁迫干扰，种群退化和数量持续减少，低于最小存活种群而濒临灭绝的野生植物（杨文忠等 2015）。2012 年由国家林业局（现称国家林业和草原局）与国家发展和改革委员会联合印发了《全国极小种群野生植物拯救保护工程规划（2011—2015 年）》。最初全国范围内确定的极小种群野生植物为 120 种（国家林业局 2009），而随着调查的深入，数目还在不断增加。植物致濒危原因多样，但归结起来可分为两类，即外部因素和植物内部因素。外部因素包括环境因素的改变、生物入侵、人为干扰等（李宗艳和郭荣 2014）。植物内部因素包括植物内部机制无法满足植物生存和繁殖的需求，如花粉传播困难导致植物的结实率低，无法满足种群更新的数量需求；雌雄蕊异熟致使植物受精得不到保障，种子活力低下，无法形成稳定的种子库，甚至影响幼苗的建成；植物幼苗生长缓慢，容易受环境变化的影响，甚至极端气候条件使得幼苗死亡率增加等（张昱和张小平 2009）。

植物性状，又称植物功能性状，体现了植物世代繁衍特征及其对环境的响应和适应能力，将植物个体、生境及生态系统有机地联系起来。环境因子（如温度、光照、水分等）发生变化，生活在该环境下的植物生长和功能性状都会发生相应的改变，如光照的改变会导致植物叶片厚度和叶绿素含量等发生变化，而叶绿素含量的改变又会导致植物光合速率发生变化，使植物的生产力发生变异等（郑朋秦 2015）。在自然状态下，植物之所以濒危，终究还是由于植物跟不上环境的发展变化，深入分析濒危植物的各项性状，有助于了解植物功能变异的过程及机制，提高对濒危植物的保护和管理水平。

一、叶性状

叶片是植物进行光合作用的主要器官，是陆地生态系统初级生产的主要场所，同时，叶片也是植物与环境接触面积最大的器官，叶片的性状分为两大类型：结构性状和功能性状。结构性状主要包括叶片的大小、厚度和叶片的形状等，植物叶片的结构性状在特定环境下保持相对稳定状态；功能性状主要包括光合速率、蒸腾速率和呼吸速率等，功能性状随时间和空间的变化而变化，体现叶片的新陈代谢状态（张林和罗天祥 2004）。

植物叶片的结构性状和功能性状与植物对环境资源的获取以及对资源的分配和利用联系紧密，反映了植物对生境变化的适应及其生存策略（何桂萍等 2018）。一般而言，植物因长期生活在一个相对稳定的生境中，性状也会保持相对稳定。例如，阳生植物枝叶稀疏，叶片小而厚，叶表皮细胞小，排列紧密，叶面常覆盖一层很厚的角质层；而阴生植物枝叶浓密，叶大而薄，颜色较深，叶绿体较多，以适应弱光环境（邵世光 1991；黄秋婵和韦友欢 2009），而某些适应性较强的植物，在强光和弱光条件下都能生存，并且表现出了不同的性状，如水曲柳（*Fraxinus mandschurica*）处于阴生环境和阳生环境下，分别演化出了不同的外部形态和内部解剖结构；阴生环境下，水曲柳叶片大而薄，叶肉细胞通气组织发达，但叶柄和叶片角质层不发达，栅栏组织稀疏；与此对应，在阳生环境下，水曲柳叶片小而厚，叶柄、叶片的角质层呈切向加厚，叶肉细胞小而密，叶片整体可有效折射阳光，以适应高强度光照的环境（王晓钰等 2017）。当然，如果植物性状发生变异，有可能该植物更适应于其生存的环境，也有可能因此而衰弱，随着演变的进行而处于濒危状态。李珊等（2016）研究了濒危植物水青树（*Tetracentron sinense*）14 个天然种群的叶片表型性状发现，种群内部叶片表型变异率为 31.83%，大于种群间的叶片表型变异率（28.85%），叶的其他性状随生态因子的梯度变化而呈现不同的变异规律，如随海拔的升高，叶形变大，而气孔器变小但密度增加；14 个种群的变异系数均值仅为 12.56%，属于较低水平，而低水平的表型变异降低了后代的环境适合度，这可能是水青树濒危的重要原因。李小琴等（2019）对濒危植物风吹楠（*Horsfieldia amygdalina*）幼苗进行遮光处理发现，幼苗各部分生物量相比正常光照大大缩减，随光照时间缩短，叶片生物量的占比上升；遮阴处理使叶的形态性状和生理性状都发生了改变，叶片数量成倍减少，叶形变小，叶厚度变薄，叶脉变得更为紧密；在生理性状方面，叶片叶绿素（主要是叶绿素 a）含量较正常光照条件下显著增加，而最大净光合速率（P_{max}）、光饱和点（LSP）、蒸腾速率（T_r）等显著降低，可见环境因子对植物的生长有重要的影响，而植物也会改变生长策略以应对环境的变化。通过对 3 种微生境（湖边、湖中心、耕地边）下黄梅秤锤树（*Sinojackia huangmeiensis*）叶功能性状的研究发现，由于微地形、水位波动和土壤环境条件的差异，黄梅秤锤树对 3 种生境的适应策略有所不同，并且不是通过单一性状的调整来适应环境的变化，而是通过多种性状之间的权衡达到更好的适应效果（王世彤等 2020）。对湖北星斗山国家级自然保护区的水杉（*Metasequoia glyptostroboides*）原生母树种群功能性状的研究发现，5 个功能性状主要受海拔、坡位和人为干扰的影响，其中，比叶面积对环境因子和干扰的响应规律不明显，叶面积和叶干重在强烈人为干扰的环境中普遍增大，枝和叶的干物质含量对坡向的变化最敏感（陈俊等 2020）。

二、根性状

根是植物的地下部分，是植物重要的功能器官，根的主要功能包括固定、吸收、传输和储藏等。植物的根或称为根系，植物的根系可以分为直根系和须根系，但无论是直根系还是须根系，都有大体相同的分区结构，植物的根尖一般分为成熟区、伸长区、分生区和根冠。植物的根系与植物地上部分（可以称之为冠）存在着比较复杂的关系，它不仅反映了植物和环境的物质与能量交换，同时也是根对环境因素自适应的综合体现。通过根系从土壤中吸收水分和矿物质等运输到茎和叶，以满足茎和叶的生长需求；而叶生产的有机物，通过茎的运输到达根，以满足根的生长发育，在根与冠的物质交换之间存在着一种既相互协调又相互竞争的关系，植物能维持正常的存活，根和冠之间就必须相互传输一定的物质，而植物的根和冠又会为自身的生长争夺有利的资源，如当光成为限制因素时，植物的资源优先应用于地上部分的生长，以期壮大地上部分，使植物能在弱光条件下生长，而当土壤中的矿质营养或水分成为限制因素时，则植物的资源优先应用于根系的生长，以便能在不利的环境条件下生存（陈晓远等 2005）。因此，根系的状态与整株植物的生存发展息息相关。

植物濒危往往是某一方面出现变异所致，即所谓的致濒原因，导致植物濒危的原因有很多，而根系性状便是比较常见的原因。例如，国家二级重点保护野生植物金毛狗（*Cibotium barometz*）为树状蕨类植物，地上部分高大，然而其根系并不发达，吸收和运输能力有限，并不能完全满足整个植株的发展，先天限制了其生存能力（张祖荣和张绍彬 2010）。在生长的过程中，植物根系为了更好地发挥其功能，通常会与根际周围的微生物形成特殊关系，如与真菌共生，形成菌根（梁宇等 2002）。例如，某些豆科植物与细菌共生，形成根瘤（史晓霞等 2006），无论是菌根还是根瘤或其他根际微生物一般都会增加根在某方面的吸收能力。濒危植物根际微生物及其共生关系等同样受到广泛关注。兰科植物是被子植物的大科之一，由于兰科植物很多兼具观赏价值和药用价值，因此，很多野生兰科植物遭到过度采挖，生境破坏严重，已经处于濒危状态，如兰科植物中的兜兰属（*Paphiopedilum*）植物，其野生种都已被列为《濒危野生动植物物种国际贸易公约》（CITES）中的濒危物种（孙晓颖 2014）。兰科植物与菌根真菌的关系紧密，甚至整个生命周期都离不开菌根真菌，某些兰科植物甚至与某种真菌形成比较强烈的共生关系，是一种“生与死”的关系（Hanako et al. 2007），如大花杓兰（*Cypripedium macranthos*）必须与适宜的菌根真菌形成共生关系才能萌发并生长（付亚娟等 2015）。

植物根系的主要功能执行者是根系中的细根，不同学者对细根的定义有所差异，但通常将直径≤2mm 的根定义为细根。在陆地生态系统中，大部分植物的细根生物量占根系总生物量的3%～30%，占植株总生物量的5%左右，但细根是植物整个根系中最活跃的部分（王娜等 2014）。在热带雨林中，细根生物量可能占到森林年净初级生产力的50%（Valverde-Barrantes et al. 2007），同时，细根是植物最敏感的器官之一，能通过改变细根的结构形态等响应环境因子的变化（Nibau et al. 2008）。王小平等（2017）研究国家二级重点保护野生植物连香树（*Cercidiphyllum japonicum*）的细根发现，随着土层深度的增加，其细根分布的比例和生物量都减小，可见，环境条件的不同影响了细根的生长，因为随着土层的增加，土壤的水分和营养物含量相对降低了。植物细根承担了整株植物主要的营养和水分吸收，如果细根稀少甚至没有，植株的吸水能力及其对养分的吸收能力将会大大减弱，相应地，植物的抗逆能力也会大幅度降低。珍稀濒危植物延龄草（*Trillium tschonoskii*）根系不发达，缺乏细根，成熟区根毛极为稀少，其根系性状如总长度、总体积和表面积等比一年蓬（*Erigeron annuus*）、小蓬草（*E. canadensis*）等明显小，说明延龄草吸收水分和矿质元素的能力较低，同时也表明延龄草对环境的适应能力较弱（胡天印等 2007）。

植物的根性状通常反映了植物的营养水平及水分吸收状态，很大程度上体现了植物对环境的适应能力，特别是对珍稀濒危植物而言，深入了解其根性状的变化有助于加深对珍稀濒危植物致濒原因的认识，为制定保护策略提供帮助。

三、茎性状

茎一般生长在地面以上，少部分植物具有地下茎，茎连接植物的叶和根，具有支持和运输功能等，是植物重要的营养器官之一（姜在民和贺学礼 2009）。植物茎包括主茎和分枝，种子植物的茎多数为圆柱形，少部分为三棱形或四棱形。不同植物的茎，长短不一，质地也不同，如草本植物，通常茎较短，茎内含木质部成分较少，而木本植物茎内木质部成分较多，乔木类茎较长，几米到几十米（周云龙 2004）。茎的形态很多，根据植物生长习性的不同而进化出不同类型的茎，如乔木的直立茎、地锦（*Parthenocissus tricuspidata*）的攀缘茎和草莓的匍匐茎等；因环境条件不同及植物为适应不同的功能，茎的形态结构往往发生了变化，即茎的变态，如南瓜（*Cucurbita moschata*）的茎卷须、仙人掌（*Opuntia stricta* var. *dillenii*）的肉质茎和芦苇（*Phragmites australis*）的根状茎等（马炜梁 2009）。

目前，对茎的研究广泛集中于解剖结构的探讨。茎的形态和结构特征是植物对环境适应的量化体现。例如，旱生木本植物具有发达的疏导组织，木质部内分布大量的管状分子，而且维管组织中木纤维发达，以保证有足够强的支持力防止干旱环境的伤害；旱生多浆汁类植物则具有高度发育的储水组织，如仙人掌薄壁组织中的贮藏组织，是特化的储水组织，具有巨大的液泡，可以储藏大量水分（周智彬和李培军 2002）。濒危植物亦如此，在经过长期适应环境后进化出多样化的结构。例如，珍稀植物夏蜡梅（*Calycanthus chinensis*）分布于中国温带地区，单就茎而言，已进化出不同程度的抗旱性结构，如茎外表面具有角质层，以减少水分的散失，老茎的皮层较厚，维管束和髓薄壁细胞均比较发达，幼茎中则具有 4 个维管束，每个维管束内的木质部包含了直径较大的导管，以提升营养物质和水分的运输及储存能力（陈模舜和柯世省 2010）。相比夏蜡梅，海南风吹楠（*Horsfieldia hainanensis*）则分布于湿润的热带雨林中，林下郁闭度较大是最明显的特征，生活在其中的海南风吹楠幼苗茎的外表皮具有表皮毛，角质层较薄，维管束散生，导管直径小，表皮细胞薄而小等，适合生长于林下郁闭度大的环境中；而大树则和夏蜡梅较为相似，次生结构木质部发达、导管数量多且直径较大、髓部面积大等抗逆性强的特征，使海南风吹楠能更好地适应热带雨林生境（蒋迎红等 2018）。除了对抗旱结构的研究外，抗寒结构的研究也有涉及，如朝鲜越橘（*Vaccinium hirtum* var. *koreanum*），该植物是辽宁省珍稀濒危保护植物，分布于朝鲜半岛、日本及我国辽宁等地；我国辽宁省最冷月平均气温为–11℃，极端最低气温可达–32.6℃，在如此寒冷的环境下，朝鲜越橘形成了其独特的抗寒及抗旱结构，其一年生茎的角质层厚度可达10.74μm，远远大于其同属植物笃斯越橘（*Vaccinium uliginosum*）茎的角质层（1.1～2.1μm），可以得出朝鲜越橘具有极强的保水抗旱能力，其皮层厚壁组织和髓细胞含有大量的固状内含物，木质部导管发达，充分体现了其较强的储水运输能力，而木质部和韧皮部分布大量的纤维组织与木质化细胞，说明其枝条机械强度高，抗风雪能力强，最为特殊的是在一年生枝条中存在发达的气腔结构，具有良好的保温作用，使其能在极低温情况下存活（张敏等 2018）。

四、繁殖体性状

植物繁殖体是植物繁殖的最初载体（王东丽等 2013），在长期进化过程中，植物繁殖体经过变异而发展出多样的性状特征，如种子的大小、性状及扩散模式等（杨小飞等 2010；Song et al. 2020）。目前，在繁殖体的研究中，繁殖体的质量及相关性备受关注，如繁殖体的等级分类（小型种子、中型种子、大型种子和特大型种子）（Pyles et al. 2018）、质量范围等，以及繁殖体质量与母本植物的关系、繁殖体质量与环境因子的关系等。繁殖体的性状特征通常与其保存、维持、扩散作用和种子的萌发、幼苗的建成相适应，是植物繁殖系统对环境适应性的重要体现（柴胜丰等 2008）。在自然界中，因繁殖体的特征变异而加剧濒危的植物也屡见不鲜，如种子在发育过程中出现败育或种子质量差等现象，天女花（*Oyama sieboldii*）就是一个典型例子，种子败育率极高，达 49.4%～100.0%（徐卫红等 2012），这就限制了幼苗的建成，而且很多濒危植物的分布范围相对狭窄，在狭窄的生境内，很容易造成近亲繁殖的现象，最终导致恶性循环的产生。某些濒危植物的种子对环境的要求也很高，如顽拗性种子，该类种子不耐储藏，寿命短，往往只有十几天到几十天，一旦超过储藏时间，种子的发芽率就大大降低（刘明航等 2019），这间接可以说明该植物生存的环境先天就被限制了，只能生活在稳定适宜的环境内，一旦环境出现变化或种子传播到另一种环境，就可能会出现种子萌发率低或种子死亡的现象。在濒危植物中，兰科植物是比较特殊的一类，兰科植物需要与真菌形成共生关系才能完成生活史（Dearnaley 2007），种子的萌发条件极为苛刻，除了环境条件适宜外，种子还需要与某些真菌形成共生关系才能萌发，甚至某些种类与真菌形成了单一的共生关系，如澳大利亚一种罕见的附生兰花狭唇兰属植物 *Sarcochilus weinthalii* 仅和角担菌属（*Ceratobasidium*）形成共生关系（Graham & Dearnaley 2012）。

种子的另一个重要特性是休眠特性；除顽拗性种子外，其他种子通常都会有一定的休眠期，种子的休眠是对环境适应的一种响应，如前面所提到的，种子休眠分为两种类型：生理休眠和强迫休眠（周云龙 2004）。对濒危植物而言，种子休眠虽然在某种程度上使种子有更充分的时间完成发育或缓解环境带来的压力，但也进一步加大了种子所要面临的风险。例如，国家二级重点保护野生植物红榄李（*Lumnitzera littorea*），同时也是《关于特别是作为水禽栖息地的国际重要湿地公约》（简称《国际湿地公约》）中的濒危物种，该植物种子存在明显的休眠现象，种子萌发条件范围极其狭窄，当温度低于 15℃时，种子不能萌发；当高于 30℃时，极少萌发并且不能成活；海水盐度高于 30‰时亦不能萌发；并且存在着虫害现象，因虫害导致不能萌发的种子中有 58%是由实蝇幼虫啃食胚组织造成的（杨勇等 2016）。研究发现，红榄李种子从发育到萌发面临了很大的风险。

同种植物在不同生境下存活，往往会发生不同程度的变异，了解濒危植物繁殖体性状可以实时监测其生长更新状况和适应性变化。刘梦婷等（2018）对比了濒危植物黄梅秤锤树野生种群和迁地保护种群的果实性状，发现迁地保护种群的果实质量与野生种群相似，而在果实长度、宽度和长宽比方面，迁地保护种群显著大于野生种群；在种内变异程度方面，果实长宽比和果实质量的种内变异程度与野生种群无显著差异，而迁地保护种群的果实长度和宽度的种内变异程度显著高于野生种群，说明迁地保护种群的稳定性和应对环境变化的潜力并不比野生种群差。张俊杰等（2018）观察了金丝李（*Garcinia paucinervis*）3 个天然野生种群果实和种子的形态性状发现，3 个天然野生种群种间果实和种子的形态已经发生了明显的分化，而种内果实质量和种子质量分化明显，但果实整体形态和种子整体形态分化不显著。由此可见繁殖体的变异或分化体现了植物对当地生境的响应。

五、性状之间的关系

植物各个构件的生长并不是孤立的，也不是简单地组合在一起，它们存在着一些复杂的内在联系，植物的不同构件（根、茎、叶、花、果实和种子等）具有不同的形态结构和功能，植物的生长发育及植物对环境因素变化的响应都受到这些性状动态变化综合作用的影响，不同性状的组合和权衡形成了植物的生活史对策（Pérez-Harguindeguy et al. 2013），根系吸收水分和矿物质提供给地上部分，以满足其生长发展的需要，同时根的机械作用为地上部分提供固着和支撑力；根的生长则需要植物地上部分的光合作用提供的养分，而茎连接了叶和根，其发达的输导组织保证物质运输的畅通。植物各个构件之间的联系往往与环境相适应，环境因子的变化会牵动这些内在关系发生变化，如地下根和地上冠的关系，在不同环境条件下，根和冠表现出不同的关系；在资源充足的条件下，根和冠表现出相辅相成的关系，即所谓的“根深叶茂”；而在环境不利于生长时，则根与冠除了基本的物质交换外，又会为自身的生长争夺有限的物质资源，物质资源的调配通常表现为优先供应给其限制作用的部分（陈晓远等 2005）。茎和叶是植物重要的结构性及功能性器官，茎和叶的关系也是植物生活史对策不可或缺的一面，研究茎和叶关系较早的有 Corner（1949）所提出的科纳法则（Corner rule），该法则指出，茎（或称为枝）越粗，所能支撑的单位叶面积越大，而茎分叉越多，其分梢越细。之后有研究证明了这些观点，在不同的环境和物种之间，存在着相似的单位叶面积与茎直径的尺度变化，即茎直径与茎所支撑的单位叶面积呈正相关，同时发现，叶的大小与茎的杨氏模量之间呈负相关关系（Olson et al. 2009）。可见，叶的大小受到茎的性状限制。

植物是一个整体，各个性状不能孤立存在，它们之间存在着相互作用、相互影响的关系，与环境动态相连，往往牵一发而动全身；因此，分析各个性状最终还得回归植物整体层面，综合分析植物的适应性。

第四节　总结与展望

濒危植物的研究历来受到各领域的广泛关注，随着社会的不断发展，环境污染愈发严重、生境退化以及对自然资源的过度开发利用，不管是濒危植物还是一般野生植物都受到了严重威胁，濒危植物的数量及种类在不断下降。目前，世界各国或地区组织都已加大了对濒危植物的保护力度，并取得了很大的进展；我国于 1987 年发布了《中国珍稀濒危保护植物名录(第一册)》,同时发布保护植物和自然环境的相关条例法规，于 2010 年发布实施《中国生物多样性保护战略与行动计划（2011—2030 年）》，定下了中国 20 年的生物多样性保护蓝图，于 2013 年发布了《中国珍稀濒危植物图鉴》一书（国家环境保护局和中国科学院植物研究所 1987；薛达元 2011；国家林业局野生动植物保护与自然保护区管理司和中国科学院植物研究所 2013）。经过多方组织的努力，珍稀濒危植物保护工作已取得了丰硕的成果，但还存在着一些问题：①很多珍稀濒危植物的研究还停留在初级阶段，珍稀濒危植物的致濒原因可能是多方面的，单从某个方面或某几个方面并不能从根本上改变濒危植物所处的现状；因此，应该从问题本身出发，逆推研究问题的根源；②珍稀濒危植物的分布调查还不够充分，很多濒危植物数量和分布地还处于未知状态；③对珍稀濒危植物的研究不均匀，珍稀濒危植物物种丰富，仅我国就有 15%～20%的动植物物种处于濒危状态，然而，目前对某些濒危植物的研究较为深入，而对其他一些濒危植物的研究则涉及不深；④研究与实施的保护对策结合不够充分，目前很多对珍稀濒危植物的研究还处于理论研究，提出的策略还比较笼统和保守，实施性不强；⑤民众保护意识地区差异较大，宣传范围不够广泛，某些珍稀濒危植物的致濒原因中人为干扰因素占很大比例，在经济较好的地区，民众的野生植物保护意识较强，在经济落后地区，群众对珍稀濒危植物认识不全，保护意识薄弱，而与珍稀濒危植物经常接触的又是当地群众，因此出现宣传工作已经落实而保护效果不显著的现象。

珍稀濒危植物的保护任重道远，各个国家和地区也越发地对该领域重视起来，随着人们思想觉悟的提高和科学技术的发展，相信不久的将来能很好地处理环境与发展的问题，实现人与环境真正的和谐共处。

撰稿人：宋垚彬，李天翔，戴文红，慕军鹏，董　鸣

主要参考文献

柴胜丰, 韦霄, 蒋运生, 等. 2008. 濒危植物金花茶果实、种子形态分化. 生态学杂志, 27(11): 1847-1852.

陈俊, 姚兰, 艾训儒, 等. 2020. 基于功能性状的水杉原生母树种群生境适应策略. 生物多样性, 20(3): 296-302.

陈灵芝. 1993. 中国的生物多样性现状及其保护对策. 北京: 科学出版社.

陈模舜, 柯世省. 2010. 濒危植物夏蜡梅营养器官的解剖结构特征. 植物资源与环境学报, 19(3): 37-41.

陈文汇. 2006. 我国野生动植物资源利用的统计体系研究. 北京: 北京林业大学博士研究生学位论文.

陈小花, 陈宗铸, 雷金睿, 等. 2019. 海南岛3种人工林树种地上生物量分配特征及区域差异. 热带作物学报, 40(4): 815-821.
陈晓远, 高志红, 罗远培. 2005. 植物根冠关系. 植物生理学报, 41(5): 555-562.
程栋梁. 2007. 植物生物量分配模式与生长速率的相关规律研究. 兰州: 兰州大学博士研究生学位论文.
代玉, 张朝晖. 2013. 云南乃古石林5种藓类植物的水土保持作用. 植物科学学报, 31(3): 209-218.
丁剑敏, 张向东, 李国梁, 等. 2018. 濒危植物居群恢复的遗传学考量. 植物科学学报, 36(3): 452-458.
董蕾, 李吉跃. 2013. 植物干旱胁迫下水分代谢、碳饥饿与死亡机理. 生态学报, 33(18): 5477-5483.
董鸣. 1996. 资源异质性生境中的植物克隆生长: 觅食行为. 植物学报, 38(1): 828-835.
董鸣, 于飞海. 2007. 克隆植物生态学术语和概念. 植物生态学报, 31(4): 689-694.
董鸣, 于飞海, 陈玉福, 等. 2011. 克隆植物生态学. 北京: 科学出版社.
范高华, 崔桢, 张金伟, 等. 2017. 密度对尖头叶藜生物量分配格局及异速生长的影响. 生态学报, 37(15): 5080-5090.
付亚娟, 乔洁, 侯晓强. 2015. 珍稀濒危药用植物大花杓兰的研究现状. 江苏农业科学, 43(10): 328-331.
高润宏, 金洪, 张巍, 等. 2001. 珍稀濒危植物绵刺克隆生长构型与资源利用方式关系的研究. 生态环境, 22(4): 67-70.
高威. 2014. 濒危蕨类植物粗梗水蕨的交配系统研究. 武汉: 华中农业大学硕士研究生学位论文.
郭祥泉, 钱国钦, 施向东, 等. 2017. 濒危树种钟萼木当年生苗木生长空间分布与生物量分配研究. 热带农业科学, 37(3): 83-88.
国家环境保护局, 中国科学院植物研究所. 1987. 中国珍稀濒危保护植物名录(第一册). 北京: 科学出版社.
国家林业局. 2009. 中国重点保护野生植物资源调查. 北京: 中国林业出版社.
国家林业局野生动植物保护与自然保护区管理司, 中国科学院植物研究所. 2013. 中国珍稀濒危植物图鉴. 北京: 中国林业出版社.
何桂萍, 田青, 李宗杰, 等. 2018. 摩天岭北坡森林木本植物叶性状在物种和群落水平沿海拔梯度的变化. 西北植物学报, 38(3): 553-563.
胡春, 刘左军, 伍国强, 等. 2013. 钝裂银莲花花部综合特征及其繁育系统. 草地学报, 21(4): 783-788.
胡天印, 李娜, 郭水良. 2007. 珍稀植物延龄草濒危的形态解剖、光合和环境因素分析. 科技通报, 23(4): 508-513.
花奕蕾. 2017. 风传种子的扩散能力和传播策略. 南京: 南京大学硕士研究生学位论文.
华志明. 1998. 玉米性分化调控机制的研究进展. 农业生物技术学报, 6(3): 87-93.
黄秋婵, 韦友欢. 2009. 阳生植物和阴生植物叶绿素含量的比较分析. 湖北农业科学, 48(8): 1923-1924.
黄耀辉. 2016. 夏蜡梅传粉系统和不同交配后代适合度的研究. 杭州: 浙江农林大学硕士研究生学位论文.
姜勇, 王文杰, 李艳红, 等. 2012. 光质、光强对入侵植物紫茎泽兰种子萌发及幼苗状态的影响. 植物研究, 32(4): 415-419.
姜在民, 贺学礼. 2009. 植物学. 咸阳: 西北农林科技大学出版社.
蒋迎红, 刘雄盛, 蒋燚, 等. 2018. 濒危植物海南风吹楠营养器官解剖结构特征. 广西植物, 38(7): 843-850.
靳瑰丽, 鲁为华, 王树林, 等. 2018. 绢蒿荒漠植物种子大小、形状变异及其生态适应特征. 草业学报, 27(4): 150-161.
李道新, 李果, 沈泽昊, 等. 2017. 植物生长型显著影响三峡大老岭地区木本植物种子质量的海拔格局. 植物生态学报, 41(5): 539-548.
李宏俊, 张知彬. 2000. 动物与植物种子更新的关系Ⅰ. 对象、方法与意义. 生物多样性, 8(4): 405-412.
李珊, 甘小洪, 憨宏艳, 等. 2016. 濒危植物水青树叶的表型性状变异. 林业科学研究, 29(5): 687-697.
李小琴, 张凤良, 杨湉, 等. 2019. 遮阴对濒危植物风吹楠幼苗叶形态和光合参数的影响. 植物生理学报, 55(1): 80-90.

李晓霞, 沈奕德, 范志伟, 等. 2018. 异质性光照生境下克隆整合对外来入侵植物薇甘菊生长的影响. 生态学杂志, 37(4): 974-980.
李宗艳, 郭荣. 2014. 木莲属濒危植物致濒原因及繁殖生物学研究进展. 生命科学研究, 18(1): 90-94.
梁宇, 郭良栋, 马克平. 2002. 菌根真菌在生态系统中的作用. 植物生态学报, 26(6): 739-745.
刘冠志, 刘果厚, 兰庆, 等. 2019. 珍稀濒危植物四合木对水分增加的表型可塑性. 东北林业大学学报, 47(9): 44-47.
刘梦婷, 魏新增, 江明喜. 2018. 濒危植物黄梅秤锤树野生与迁地保护种群的果实性状比较. 植物科学学报, 36(3): 354-361.
刘明航, 陈萍, 李盼畔, 等. 2019. 基于邱园种子库的顽拗性种子名录. 绿色科技, (10): 29-32.
刘晓娟, 马克平. 2015. 植物功能性状研究进展. 中国科学: 生命科学, 45(4): 325-339.
卢洋, 黄双全. 2006. 论雌花两性花同株植物的适应意义. 植物分类学报, 44(2): 231-239.
罗珊, 康玉凡, 夏祖灵. 2009. 种子萌发及幼苗生长的调节效应研究进展. 中国农学通报, 25(2): 28-32.
马炜梁. 2009. 植物学. 北京: 高等教育出版社.
麦静, 杨志玲, 杨旭, 等. 2015. 厚朴种子大小变异对萌发及幼苗生长的影响. 种子, 34(4): 32-36.
孟繁静. 2000. 植物花发育的分子生物学. 北京: 中国农业出版社.
聂海燕, 刘季科, 苏建平, 等. 2007. 动物生活史进化理论研究进展. 生态学报, 27(10): 4267-4277.
尚瑞广, 王兵益, 徐珑峰. 2014. 温度、水分和光照对玛咖种子萌发的影响. 西南农业学报, 27(6): 2564-2568.
邵世光. 1991. 阳生植物和阴生植物. 生物学教学, (2): 28-29.
世界自然基金会. 2018. 地球生命力报告 2018: 设定更高目标. 格朗: 世界自然基金会.
史晓霞, 师尚礼, 杨晶, 等. 2006. 豆科植物根瘤菌分类研究进展. 草原与草坪, (1): 12-17.
孙晓颖. 2014. 五种野生兜兰植物菌根真菌多样性研究. 北京: 北京林业大学博士研究生学位论文.
田福东, 刘果厚. 2007. 四合木不同种群间克隆构型及分株种群特征的比较研究. 内蒙古农业大学学报(自然科学版), 28(4): 98-101.
汪小凡, 陈家宽. 2001. 小慈姑的开花状态、传粉机制与交配系统. 植物生态学报, 25(2): 155-160.
王崇云, 党承林. 1999. 植物的交配系统及其进化机制与种群适应. 武汉植物学研究, 17(2): 163-172.
王传旗, 徐雅梅, 梁莎, 等. 2017. 西藏野生老芒麦种子萌发对温度和水分的响应. 作物杂志, (6): 165-169.
王东丽, 张小彦, 焦菊英, 等. 2013. 黄土丘陵沟壑区 80 种植物繁殖体形态特征及其物种分布. 生态学报, 33(22): 7230-7242.
王宏国. 2008. 龙眼花性分化的细胞学机制研究. 福州: 福建农林大学硕士研究生学位论文.
王洪义, 王正文, 李凌浩, 等. 2005. 不同生境中克隆植物的繁殖倾向. 生态学杂志, 24(6): 670-676.
王娜, 程瑞梅, 肖文发, 等. 2014. 马尾松细根研究进展. 世界林业研究, 27(3): 25-29.
王天慧. 2006. 植物表型可塑性及生活史对策研究. 长春: 东北师范大学博士研究生学位论文.
王小平, 肖肖, 王新悦, 等. 2017. 连香树人工林细根生物量分布及根系分泌速率季节变化研究. 安徽农业科学, 45(12): 152-156.
王世彤, 徐耀粘, 杨腾, 等. 2020. 微生境对黄梅秤锤树野生种群叶片功能性状的影响. 生物多样性, 28(3): 277-288.
王晓钰, 陈丹萍, 徐光照, 等. 2017. 不同生态环境下水曲柳的解剖结构差异分析. 安徽农业科学, 45(21): 1-3.
王玉兵, 梁宏伟, 莫耐波, 等. 2011. 珍稀濒危植物瑶山苣苔开花生物学及繁育系统研究. 西北植物学报, 31(5): 958-965.
王峥峰, 彭少麟, 任海. 2005. 小种群的遗传变异和近交衰退. 植物遗传资源学报, 6(1): 101-107.
武高林, 杜国祯. 2008. 植物种子大小与幼苗生长策略研究进展. 应用生态学报, 19(1): 191-197.
向运蓉, 张芳, 段静, 等. 2019. 异质性水分环境中克隆整合对活血丹生物量分配及叶片结构特征的影响. 植物研究, 39(2): 200-207.
邢磊, 薛海霞, 李清河, 等. 2018. 白刺幼苗生物量与氮含量在叶与全株间的尺度转换. 北京林业大学学报, 40(2): 76-81.
徐承远, 张文驹, 卢宝荣, 等. 2001. 生物入侵机制研究进展. 生物多样性, 9(4): 430-438.
徐卫红, 郭连金, 徐芬芬, 等. 2012. 江西三清山濒危植物天女花种子特性研究. 亚热带植物科学, 41(1): 26-30.
薛达元. 2011. 《中国生物多样性保护战略与行动计划》的核心内容与实施战略. 生物多样性, 19(4): 387-388.
杨持. 2014. 生态学. 3 版. 北京: 高等教育出版社.
杨文忠, 向振勇, 张珊珊, 等. 2015. 极小种群野生植物的概念及其对我国野生植物保护的影响. 生物多样性, 23(3): 419-425.
杨小飞, 唐勇, 曹敏. 2010. 西双版纳热带季节雨林 145 个树种繁殖体特征. 云南植物研究, 32(4): 367-377.
杨勇, 钟才荣, 李燕华, 等. 2016. 濒危红树植物红榄李种子形态及萌发特性. 分子植物育种, 14(10): 2851-2858.
叶上游, 潘爽, 王景波, 等. 2008. 克隆植物生理整合作用研究进展. 草原与草坪, (5): 63-69.
尹春英, 李春阳. 2007. 雌雄异株植物与性别比例有关的性别差异研究现状与展望. 应用与环境生物学报, 13(3): 419-425.
于顺利, 陈宏伟, 李晖. 2007. 种子重量的生态学研究进展. 植物生态学报, 31(6): 989-997.
鱼小军, 师尚礼, 龙瑞军, 等. 2006. 生态条件对种子萌发影响研究进展. 草业科学, 23(10): 44-49.
张大勇. 2004. 植物生活史进化与繁殖生态学. 北京: 科学出版社.
张大勇, 姜新华. 2001. 植物交配系统的进化、资源分配对策与遗传多样性. 植物生态学报, 25(2): 130-143.
张景光, 王新平, 李新荣, 等. 2005. 荒漠植物生活史对策研究进展与展望. 中国沙漠, 25(3): 306-314.
张俊杰, 韦霄, 吴少华, 等. 2018. 金丝李果实、种子形态分化及外源物质对种子萌发和幼苗生长的影响. 广西植物, 38(4): 509-520.
张林, 罗天祥. 2004. 植物叶寿命及其相关叶性状的生态学研究进展. 植物生态学报, 28(6): 844-852.
张敏, 王贺新, 徐国辉, 等. 2018. 朝鲜越桔的解剖结构及其环境适应性. 生态学杂志, 37(9): 2581-2588.
张文辉, 祖元刚, 刘国彬. 2002. 十种濒危植物的种群生态学特征及致危因素分析. 生态学报, 22(9): 1512-1520.
张玉芬, 张大勇. 2006. 克隆植物的无性与有性繁殖对策. 植物生态学报, 30(1): 174-183.
张昱, 张小平. 2009. 濒危植物繁育特征及致危因素研究进展. 生物学教学, 34(12): 6-8.
张圆, 王普昶, 王慧慧, 等. 2014. 刺槐种子萌发过程中的水分与抗氧化酶活性变化. 种子, 33(9): 15-19.
张祖荣, 张绍彬. 2010. 重庆市珍稀药用与观赏植物金毛狗濒危原因调查与分析. 北方园艺, (9): 203-206.
赵亚洲, 辛雅芬, 马钦彦, 等. 2010. 雌雄异株树种黄连木种群性比及空间分布. 生态学杂志, 29(6): 1087-1093.
郑朋秦. 2015. 两种匍匐茎草本克隆植物分株对资源交互性斑块生境的功能特化研究. 成都: 四川农业大学硕士研究生学位论文.
钟章成. 1995. 植物种群的繁殖对策. 生态学杂志, 14(1): 37-42.
周云龙. 2004. 植物生物学. 2 版. 北京: 高等教育出版社.
周智彬, 李培军. 2002. 我国旱生植物的形态解剖学研究. 干旱区研究, 19(1): 35-40.
朱学文, 董自梅. 1999. 植物的生殖与生活史. 生物学通报, (8): 13-14.
左有璐, 王振孟, 习新强, 等. 2018. 川西北高寒草甸优势植物生物量分配对策. 应用与环境生物学报, 24(6): 1195-1203.
Bazzaz F A, Chiariello N R, Coley P D, et al. 1987. Allocating resources to reproduction and defense.

BioScience, 37(1): 58-67.
Corner E J H. 1949. The durian theory or the origin of the modern tree. Annals of Botany, 13(52): 367-414.
de Kroon H, Heidrun H, Stuefer J F, et al. 2005. A modular concept of phenotypic plasticity in plants. New Phytologist, 166(1): 73-82.
Dearnaley J D W. 2007. Further advances in orchid mycorrhizal research. Mycorrhiza, 17(6): 475-486.
Díaz S, Hodgson J G, Thompson K, et al. 2004. The plant traits that drive ecosystems: evidence from three continents. Journal of Vegetation Science, 15(3): 295-304.
Graham R R, Dearnaley J D W. 2012. The rare Australian epiphytic orchid *Sarcochilus weinthalii* associates with a single species of *Ceratobasidium*. Fungal Diversity, 54(1): 31-37.
Grime J P. 1979. Plant Strategies and Vegetation Processes. Chichester: Wiley.
Hanako S, Mayumi M, Noboru T, et al. 2007. An antifungal compound involved in symbiotic germination of *Cypripedium macranthos* var. *rebunense* (Orchidaceae). Phytochemistry, 68(10): 1442-1447.
Huber H, Lukács S, Watson M A. 1999. Spatial structure of stoloniferous herbs: an interplay between structural blue-print, ontogeny and phenotypic plasticity. Plant Ecology, 141(1/2): 107-115.
Klinkhamer P G L, Meelis E, Jong T J D, et al. 1992. On the analysis of size-dependent reproductive output in plants. Functional Ecology, 6(3): 308-316.
Körner C. 2000. Why are there global gradients in species richness? Mountains might hold the answer. Trends in Ecology & Evolution, 15(12): 513-514.
Körner C. 2007. The use of 'altitude' in ecological research. Trends in Ecology & Evolution, 22(11): 569-574.
McConnaughay K D M, Coleman J S. 1999. Biomass allocation in plants: ontogeny or optimality? A test along three resource gradients. Ecology, 80(8): 2581-2593.
Nibau C, Gibbs D J, Coates J C. 2008. Branching out in new directions: the control of root architecture by lateral root formation. New Phytologist, 179(3): 595-614.
Olson M E, Aguirre-Hernandez R, Rosell J A. 2009. Universal foliage-stem scaling across environments and species in dicot trees: plasticity, biomechanics and Corner's rules. Ecology Letters, 12(3): 210-219.
Pérez-Harguindeguy N, Díaz S, Garnier E, et al. 2013. New handbook for standardised measurement of plant functional traits worldwide. Australian Journal of Botany, 61(3): 167-234.
Pyles M V, Prado-Junior J A, Magnago L F S, et al. 2018. Loss of biodiversity and shifts in aboveground biomass drivers in tropical rainforests with different disturbance histories. Biodiversity and Conservation, 27(6): 3215-3231.
Shipley B, Meziane D. 2002. The balanced-growth hypothesis and the allometry of leaf and root biomass allocation. Functional Ecology, 16(3): 326-331.
Song Y B, Yu F H, Keser L, et al. 2013. United we stand, divided we fall: a meta-analysis of experiments on clonal integration and its relationship to invasiveness. Oecologia, 171(2): 317-327.
Song Y B, Shen-Tu X L, Dong M. 2020. Intraspecific variation of samara dispersal traits in the endangered tropical tree *Hopea hainanensis* (Dipterocarpaceae). Frontiers in Plant Science, 11: 599764.
Suding K N, Lavorel S, Chapin F S, et al. 2008. Scaling environmental change through the community-level: a trait-based response-and-effect framework for plants. Global Change Biology, 14(5): 1125-1140.
Sultan S E. 2000. Phenotypic plasticity for plant development, function and life history. Trends in Plant Science, 5(12): 537-542.
Thompson J D. 1991. Phenotypic plasticity as a component of evolutionary change. Trends in Ecology & Evolution, 6(8): 246-249.
Vallejo-Marin M, Rausher M. 2007. Selection through female fitness helps to explain the maintenance of male flowers. American Naturalist, 169(5): 563-568.
Valverde-Barrantes O J, Raich J W, Russell A E. 2007. Fine-root mass, growth and nitrogen content for six tropical tree species. Plant and Soil, 290(1-2): 357-370.
van Groenendael J, de Kroon H. 1990. Clonal growth in plants: regulation and function. Hague: SPB Academic Publishing.

第二章　珍稀濒危植物的谱系地理学

第一节　引　　言

珍稀濒危植物是我国生物多样性的重要组成部分。当前对于珍稀濒危植物并没有清晰的界定，但对珍稀植物和濒危植物分别有明确的界定。珍稀植物（rare plant），即珍贵稀有植物，通常是在经济、科研、文化和教育等方面具有特殊重要价值，而其分布有一定局限性，种群数量很少的植物（何平 2005）。濒危植物（endangered plant）是指物种在其分布的全部或显著范围内有随时灭绝危险的植物（何平 2005）。因此，珍稀濒危植物可以概括为那些在其物种分布的全部或显著范围内有随时灭绝危险的珍贵稀有植物，通常种群数量少、分布局限，具有特殊的重要价值。20 世纪 80 年代，由国家环境保护局（现称生态环境部）和中国科学院植物研究所首次采用当时的世界自然保护联盟（IUCN）濒危物种红色名录的濒危等级（Lucas & Synge 1978）中濒危、稀有等级，标注了 388 种维管植物（国家环境保护局和中国科学院植物研究所 1987）。1991 年，中国科学院植物研究所在上述名录的基础上，结合野外调查，编写了《中国植物红皮书：稀有濒危植物（第一册）》（傅立国和金鉴明 1991）。1999 年，由国家林业局（现称国家林业和草原局）和农业部（现称农业农村部）共同组织制定，经国务院正式批准公布了《国家重点保护野生植物名录（第一批）》。2004 年，研究人员利用 IUCN 的等级和标准对我国绝大部分物种进行了评估，编写了《中国物种红色名录（第一卷：红色名录）》（汪松和谢炎 2004）。2013 年，由环境保护部（现称生态环境部）联合中国科学院首次发布了中国 35 000 余种野生高等植物的濒危状况评估报告。中国高等植物受威胁物种占总物种数的 10.84%，共计 3879 种（覃海宁和赵莉娜 2017）。

系统发生生物地理学（phylogeography），又称为谱系地理学或亲缘地理学，也称为分子系统地理学（molecular phylogeography），是生物地理学的一个分支，由约翰·阿维瑟（John Avise）与其同事于 1987 年提出（Avise et al. 1987），主要研究基因谱系（尤其是种内和近缘种间）地理格局的历史演化以及形成的原理和过程。系统发生生物地理学从系统发育角度来探讨类群的地理学格局，并估计影响空间格局的基因流动、历史或生态阻隔等（杜芳 2017），其侧重强调历史因素对现存物种基因谱系造成的影响（Avise 2009）。21 世纪以来，随着分子生物学、进化生态学和保护生物学的发展，生物学家越来越清晰地认识到种内进化和种间或种上进化在物种形成及进化中的重要作用，这推动了谱系地理学研究方法的快速发展（Linder 2017）。群体遗传学中发展的溯祖理论（coalescent theory）为系统发生生物地理学提供了理论根基，并成为系统发生生物地理学统计分析方法的基础。DNA 测序技术和聚合酶链反应（polymerase chain reaction，PCR）的发明从技术层面促进了线粒体 DNA 的应用，为系统发生生物地理学提供了技术基础。种内进化的研究可通过物种现有的基因型频率推断其未来的基因型频率。种间及种上进化则基于溯祖理论，依赖现代物种的基因谱系关系，推断物种过去的进化历程。种内及种间谱系结构及关系的研究为揭示物种的形成过程提供了重要的理论基础。当前系统发生生物地理学的研究已经从简单的描述、推断，逐渐上升到结合多个分子标记、多种统计手段的系统深入分析。

保护生物地理学作为一门新兴的分支学科最早由 Whittaker 等（2005）提出。该学科主要是运用生物地理学的原理、理论和分析方法，研究宏观尺度生物多样性的分布动态，解决生物多样性保护方面的问题（Whittaker et al. 2005）。保护生物地理学可以看作生物地理学和保护生物学的一门交叉学科。它以生物地理学作为保护的理论基础，形成相对独立的保护生物学的分支学科，具有多样的社会价值。由于该学科侧重宏观尺度的研究和分析，因此，既包括了许多理论和分析，同时也包括了大量用于保护的计划框架，其中保护区网络就是保护生物地理学中最有影响力的组成部分。保护生物地理学为气候变化条件下全球尺度的生物多样性保护提供了理论支持。保护生物地理学作为一门学科虽然是近几年才提出的，但过去的几十年里大量生物地理学的理论和方法都在生物多样性保护研究中得到广泛应用。从当前的研究来看，有关保护生物地理学研究中面临的关键问题包括：①时空尺度依赖性；②分类和分布信息的不充分，即林奈式缺陷（Linnean shortfall）和华莱士式缺陷（Wallace shortfall）；③模型结构和参数的影响；④理论不完备。

保护生物学是多学科、多领域交叉的综合学科。然而如果从应用范围尺度进行划分，根据相应的理论，大致可以分为种群尺度、景观尺度和生物地理尺度（Ladle & Whittaker 2011）。保护生物地理学主要关注景观尺度和生物地理尺度层面的研究。其中，在景观尺度研究中，核心是围绕局域和景观尺度的作用过程，具体包括岛屿生物地理学平衡理论（MacArthur & Wilson 1967）的基本影响，以及由此衍生的单个大（single large）保护区和几个小（several small）保护区的争论，生境廊道和基体效应（matrix effect），集合种群理论（metapopulation theory）和嵌套性（nestedness），这些议题是联系生态学和生物地理学的桥梁。在生物地理尺度研究中，主要应用于大尺度研究，一方面关注生物地理格局的绘图和模拟；另一方面关注生物地理学理论，主要揭示物种多样性在地理尺度的分布格局及其成因。有关大尺度自然地理格局的研究实际上是生物地理学研究的核心（Lomolino & Heaney 2004）。简言之，保护生物地理学就是生物地理学在生物保护方面的应用，因此与生物学其他领域（如群落学、种群和行为生态学、宏观生态学、遗传学）不同的是该学科强调大尺度分析。具体包括在大尺度上确定优先保护区，研究物种丰富度或谱系地理结构的生物地理区、特有区域及地理格局等，以及在相对小尺度上关注生境廊道和集合种群动态等（Ladle & Whittaker 2011）。

第二节　珍稀濒危植物谱系地理学研究的重要性

生物多样性是几十亿年来生物进化的结果，是人类赖以生存和发展的基石，为人类生活提供了直接的物质基础，对维持生态平衡、稳定自然环境、促进人类文明起到了重要的作用。然而，随着人口的增长和人类活动的加剧，生物多样性资源正在快速丧失

（Pimm et al. 1995）。人类已逐渐认识到生物多样性的丧失将严重威胁到人类自身的生存和发展，如不立即采取有效的措施加以遏制，人类将面临巨大的生存挑战（Whittaker et al. 2005；Cyranoski 2008）。因此，如何有效地保护生物多样性，并且持续、合理地利用生物多样性，成为近几十年来生态学家和保护生物学家关注的焦点（McNeely et al. 1990；Pimm & Raven 2000；Pringle 2017）。珍稀濒危植物是我国生物多样性的重要组成部分，也是生态系统的重要组成成分，有些珍稀濒危植物在生态系统循环中发挥了不可替代的作用，是重要的自然资源和战略资源。珍稀濒危植物的谱系地理学主要研究濒危物种及其种群形成现有分布格局的历史及其演化过程，侧重于亲缘物种或种内种群间的谱系重建；通过分子标记揭示濒危植物现有种群的遗传结构，运用系统思想探究种群间和种内基因谱系的形成过程及机制。通过谱系地理学研究，揭示珍稀濒危植物的种内差异和系统地理格局，使我们更好地了解目标物种形成及其遗传多样性格局的维持机制（Liu et al. 2012），从而能够有效地保存其特有基因库，为人类发展提供宝贵生物资源，进而为其他虽然不濒危但已受人类活动剧烈影响的物种的保护提供示范。

近 10 多年来，随着测序技术的飞速发展和溯祖理论以及在此基础上建立的各种统计分析方法的不断完善（Eckert 2011），亲缘地理学进入了前所未有的快速发展阶段，毫无争议地成为进化生物学和生物多样性科学领域内一个前沿热点（Hickerson et al. 2010；白伟宁和张大勇 2014）。借助分子生物学技术，人们掌握了更多的物种的遗传特征，并基于这些遗传信息和相应的化石年代信息，构建完整的生命系统树（Mace et al. 2003），其中被子植物系统进化树（The Angiosperm Phylogeny Group 2016）已在生物地理学（Lu et al. 2018）及生物多样性保护研究（Huang et al. 2012；Xu et al. 2017，2019）中发挥重要的作用。这些体现在生物地理学与系统发育生物学的整合研究中。谱系多样性（phylogenetic diversity，PD）或进化独特性（evolutionary distinctiveness，ED）指数基于系统进化树度量了系统进化多样性或独特性特征，从而能更好地反映一个地区物种多样性分化的潜能，这对于未来生物多样性中心的确定可能具有更重要的现实意义（Vane-Wright et al. 1991；Faith 1992），因此，在当前生物多样性热点地区以及优先保护区的确定中，越来越多的研究者开始关注谱系多样性或独特性的空间分布格局，并提出一系列有关测度谱系多样性或进化独特性的计算方法（Redding & Mooers 2006；Isaac et al. 2007；Spathelf & Waite 2007）。一些研究者通过物种将类群的空间分布范围整合到谱系多样性或进化独特性指数的计算中（Rosauer et al. 2009；Cadotte et al. 2010a，2010b）。这些最新整合的指数不仅有效地突出了在生物地理学时间尺度上谱系多样性或进化独特性的空间分布格局，而且通过系统进化树，将彼此孤立的时空格局有机结合在一起，从而为探寻物种多样性的地理空间分布格局与进化历史进程之间的关系找到可能的解决途径。

第三节　珍稀濒危植物谱系地理学的研究现状

国际上对于珍稀濒危植物的研究主要由世界自然保护联盟（IUCN）推动。1974 年，IUCN 成立受威胁植物委员会（Threatened Plants Committee，TPC），并于 1978 年编写了涵盖 89 个国家和地区 250 种植物的 IUCN 植物红皮书。2012 年 IUCN 物种生存委员会（Species Survival Commission，SSC）又制定了《IUCN 物种红色名录濒危等级和标准 3.1 版》（第二版）。改版标准是当前世界各国广泛采用的物种濒危等级评定依据。此外，2002 年《生物多样性公约》（*Convention on Biological Diversity*，CBD）缔约方大会第六次会议正式通过了《全球植物保护战略》（*Global Strategy for Plant Conservation*，GSPC），其目标就是阻止目前持续不断的植物多样性丧失。2010 年，“爱知生物多样性目标”（Aichi Biodiversity Targets）再次重申该目标。然而，由于物力、财力和基础研究的限制，目前无法对所有珍稀濒危物种开展全面保护。针对大部分濒危物种，主要措施就是保护其生存环境和栖息地。然而少数物种由于自然环境和人为干扰，以及自身生物学限制，野外种群数量极低，已趋于灭绝的边缘，因此迫切需要优先开展保护行动，以避免野外灭绝。随着分子生物学技术的快速发展，结合遗传学研究开展种群生物学和种群生态学研究已成为针对物种开展保护生物学研究的重要方向。目前针对珍稀濒危植物谱系地理学方面的研究主要基于不同基因组信息分析，开展了物种遗传多样性分布格局、种群基因谱系关系、祖先分布区重建与模拟和保护关键区的确定 4 个方面的研究。

一、种群遗传结构及其遗传多样性分布格局

物种呈现的遗传多样性分布格局是其在经历漫长的地史过程中，伴随着自身的演化、群体间基因交流、地质事件和环境变迁共同作用的结果。当前，对于物种遗传多样性分布格局的研究，主要是通过筛选合适的分子标记，进而推测物种形成、演化机制及群体的历史动态（杨雪等 2014）。研究人员针对珍稀濒危植物马蹄香（*Saruma henryi*）（李珊等 2010）、黄花红砂（*Reaumuria trigyna*）（张颖娟和王玉山 2008）、三尖杉（*Cephalotaxus fortunei*）（郑志雷 2007）和金钱松（*Pseudolarix amabilis*）（高燕会等 2011）分别利用简单序列重复（simple sequence repeat，SSR）标记、简单序列重复间（inter-simple sequence repeat，ISSR）扩增和随机扩增多态性 DNA（random amplified polymorphic DNA，RAPD）分子标记技术进行研究，结果表明在物种水平上，不同地理分布的种群间检测到明显的遗传分化，即存在不同物种间的遗传多样性，此外，物种遗传多样性水平与其自身特性和所处不同种群有关。金钱松自然种群内存在较高的遗传多样性（高燕会等 2011）。杜玉娟（2012）采用 ISSR 分子标记和叶绿体 DNA 非编码序列标记研究珙桐（*Davidia involucrata*）天然分布区 11 个种群的遗传多样性和谱系地理学，揭示了珙桐遗传多样性水平及空间分布格局和地史变迁信息。宋丽雅等（2017）基于叶绿体 *trn*L-F 和 *trn*S-G 基因片段的测序，对珍稀濒危植物毛茛叶报春（*Primula cicutariifolia*）的研究表明，该种具有高分化的谱系地理结构。滕婕华（2017）基于微卫星 SSR 分子标记方法研究掌叶木（*Handeliodendron bodinieri*）的遗传多样性，利用叶绿体 NDA（cpDNA）间隔区序列和核糖体内转录间隔区基因（ITS）序列分别对掌叶木自然地理分布的 8 个种群进行谱系分化研究。阮咏梅等（2012）采用 8 个微卫星位点检测黄梅秤锤树（*Sinojackia huangmeiensis*）种群内不同生活史阶段植株的遗传多样性、空间遗传结构，分析发现该种不同年龄阶段植株的遗传多样性之间无显著差异，种群出现显著的杂合子缺失，可能是由近交造成的。

二、濒危植物的进化和生存机制

针对濒危植物天目铁木（*Ostrya rehderiana*）及其近缘种，通过全基因组水平的群体遗传学和野外调查研究发现，长时间持续的有效群体大小下降导致近交抑制减弱，加上极端有害突变减少，使濒危树种还能结实，垂而不死，继续生存（Yang et al. 2018）。针对极小种群野生植物东北红豆杉（*Taxus cuspidata*），通过对该种26个种群265个个体利用父系遗传但突变率不同的叶绿体DNA（cpDNA）和线粒体DNA（mtDNA）开展种群遗传多样性分析，结果表明该种致濒主要是近期生境破碎化的结果，冰期等历史因素的影响很小（Su et al. 2018）。毛茛叶报春高分化的谱系地理结构很可能是由于该物种种子散布能力弱、生境片断化和地理隔离明显及二年生的生活史（宋丽雅等 2017）。通过对野生水杉（*Metasequoia glyptostroboides*）的基因组测序和遗传多样性分析表明：区域尺度上，有多个遗传类群，而且很可能存在空间隔离；局域尺度上，个体、种群混杂，不存在明显的空间隔离（内部研究结果，尚未发表）。目前，通过微卫星分子标记开发，采用高通量测序分析，已从2638株野生水杉中确定出核心种质母树40株（内部研究结果，尚未发表）。

三、推测冰期避难所及种群基因谱系关系

基于叶绿体DNA片段、核糖体DNA和单拷贝核基因测定结果，并结合生态位模型（ecological niche model，ENM），研究发现珍稀濒危植物脱皮榆（*Ulmus lamellosa*）种群遗传多样性较高，存在着明显的谱系地理学结构，部分分布区域经历过种群扩张，且在冰期来临时，脱皮榆没有经历大规模的向南迁移而是保留在了原地，形成多个冰期避难所。该种冰期后的迁移路线是从山西南部开始向东北、西北和南方迁移，其濒危主要是由环境变化和人为干扰导致的（刘丽 2017）。Qin等（2017）基于细胞质基因和核基因的分子标记，针对崖柏（*Thuja sutchuenensis*）的遗传多样性水平及分布的研究，并结合模型模拟推断崖柏在历史时期分布区的变迁，分析表明：该种遗传变异的主要来源是群体内部，仅有少量变异来源于群体之间，无明显的谱系地理学结构，且遗传距离与地理距离之间无显著相关；崖柏群体近期内未发生扩张事件；崖柏的遗传多样性低于其他针叶类植物，与银杉（*Cathaya argyrophylla*）接近。银杏（*Ginkgo biloba*）曾广泛分布于北半球欧洲、北美洲和亚洲地区，由于第四纪冰期的作用，该种原来局限地连续分布于我国东部和西南部的两个避难所中（龚维 2007）。金钱槭属（*Dipteronia*）植物化石也曾发现于第三纪的东亚和北美，现存该种仅分布于我国秦岭、大巴山、牛伏山和神农架地区山地，冰期后没有大规模的迁移扩散（柏国清 2010）。

四、珍稀濒危植物的保护研究

对于珍稀濒危植物保护的研究，一般主要包括生物多样性层面和物种层面的保护。在生物多样性保护层面，主要是确定珍稀濒危植物的多样性分布热点地区和优先保护区，针对全国320种珍稀濒危高等植物的物种分布信息，结合物种、谱系和功能性状多

样性分析，确定中国珍稀濒危高等植物优先保护区主要位于中国西南山地；在此基础上，整合自然保护区信息确定保护空缺区（Xu et al. 2019）。在物种层面，主要是确定每个类群或物种在进化上的保护单元（conservation unit）。属下种间常有的杂交过程会使基因发生重组，增加物种遗传多样性水平，采用分子标记手段鉴定种群及种间杂交，可确立优先保护种群，再根据不同群体的遗传多样性水平，即地理分布格局可确定物种进化显著单元（evolutionary significant unit，ESU），从而为制定合理的保护策略提供理论依据（Cheng et al. 2005；杨雪等 2014）。珍稀濒危植物的谱系地理学主要针对珍稀濒危物种开展专门的研究，并划定物种的重点保护单元等。通过对地涌金莲（*Musella lasiocarpa*）野生资源的种群数量、分布特征、谱系地理学、单（低）拷贝核基因的系统进化、濒危情况与等级的分析，揭示了该物种野生种群的分布、系统发育、分子进化及进化过程中经历过的历史事件、单（低）拷贝核基因在地涌金莲系统进化中的作用，并综合致濒原因，划分物种进化显著单元作为保护单元，提出可行的保护策略（王德新 2013）。珙桐的谱系地理学研究为该种遗传资源保护策略的制定提供种群遗传学基本信息（杜玉娟 2012）。目前，通过微卫星分子标记开发，采用高通量测序分析（Morten et al. 2009），研究人员已从2638株野生水杉中确定出核心种质母树40株（内部研究结果，尚未发表）。

第四节　总结与展望

我国珍稀濒危植物资源非常丰富，广泛分布于全国各地，分布面积约占我国国土面积的80%（任海等 2014）。针对珍稀濒危植物开展谱系地理学研究可以揭示植物适应环境变化的潜力、物种致濒机制，为珍稀濒危植物物种的有效保护提供重要依据。对我国珍稀濒危植物开展谱系地理学研究，不但有助于揭示珍稀濒危植物物种形成过程、遗传资源多样性格局形成机制，而且有利于进一步确定珍稀濒危植物遗传多样性分布热点地区，为我国生物多样性保护提供科学指导。目前，针对珍稀濒危植物的谱系地理学研究，至少可以从以下4个方面深入展开。

一、珍稀濒危植物DNA基因文库的构建

人们通过分子生物学技术已经进一步深入认识到遗传基因在物种的形成、发展、迁移、演化过程中的重要作用。基于DNA条形码构建的系统发育树及特定区系中系统发育树重建等工作，在研究群落物种组成、群落构建和维持机制以及揭示植物谱系发生关系的形成原因和演化历史等方面都发挥着不可替代的重要作用（李德铢和曾春霞 2015）。因此对于一个物种的遗传基因特征或特性的认识应当像认识物种的形态及生态学特性一样系统和全面。基于个别类群的线粒体或叶绿体基因测序构建的进化树表明，物种丰富度与谱系多样性的空间分布格局并不完全一致（Forest et al. 2007；Huang et al. 2012）。随着分子生物学技术的快速发展，DNA条形码研究已成为生物多样性研究领域发展最迅速的方向之一。DNA条形码和分子系统发育的研究不仅推动了分类学、生态学、进化生物学等传统领域的快速发展，而且具有潜在的广阔应用前景（李德铢和曾春霞 2015）。2009年，中国科学院昆明植物研究所联合全国相关科研院所和高校，启动了

中国维管植物 DNA 条形码的获取和标准数据库的构建工作（李德铢和曾春霞 2015）。在此基础上，2012 年启动了新一代植物志（iFlora）研究计划（Li et al. 2012）。谱系地理学目前还处于发展初期，当前所有的分子标记都存在一定的缺陷，新兴的标记如特异性片段扩增区域（sequence characterized amplified region，SCAR）、酶切扩增多态性序列（cleaved amplified polymorphic sequence，CAPS）、随机扩增微卫星多态性（random amplification of microsatellite polymorphism，RAMP）等极少被应用在珍稀植物领域的研究中（杨雪等 2014）。因此，随着科技的发展，便捷的 DNA 提取、自动化的分析、简单的操作过程等在未来必将促使珍稀濒危植物在谱系地理学研究中获得更大的发展。结合叶绿体基因组、线粒体基因组和核基因组的全面分析，今后针对珍稀濒危植物建立包含各种基因组信息的 DNA 遗传基因文库，不但有助于摸清珍稀濒危植物的谱系演化关系，还将为珍稀濒危植物优质基因资源的保护提供重要的数据基础。

二、珍稀濒危植物谱系地理格局及其影响因素

常见的谱系地理格局主要包括以下 5 种：①占据不同地理空间的基因谱系不连续的种群，其主要由于地理隔离，造成基因流长期中断和一些过渡类型的逐渐灭绝；②分布于同一地区的基因谱系不连续的种群，其主要由于基因流的长期中断，造成彼此之间产生生殖隔离；③地理分布不同的基因谱系连续的种群，其主要由于遗传距离近的种群隔离分化从而占据不同地区，但分化时间短，种群内突变尚未在种群间散布，因此，占据不同地区的种群遗传距离很近，这种结构可理解为传统种群遗传学中的岛屿模型；④地理空间分布和基因谱系均连续的种群，此类种群不存在地理隔离，种群间相互迁移，具有广泛的基因交流；⑤空间分布部分连续的基因谱系连续的种群，该格局的形成主要是由于地理种群间的中度基因流水平。我国当前珍稀濒危植物分布格局的主要成因包括物种内部因素、地史过程的影响以及人类活动的影响 3 个方面。有相当一部分珍稀濒危植物的遗传、繁殖、生活、适应等能力下降和衰竭，致使其本身存在不同程度的生殖障碍或种子传播障碍，进而导致自然更新困难（杨雪等 2014）。

三、结合谱系特征的珍稀濒危植物分布区的模拟与预测

物种或种群的过去、现在和将来在地理空间上分布格局的变化是当前谱系地理学家和保护生物学家最关心的问题之一。对物种时空格局的深入认识有助于人们进一步揭示这些格局的形成机制，从而更好地服务于人类自身的需求（Whittaker et al. 2005；Lomolino et al. 2006）。当前在可获取的信息和保护资源有限的情况下，针对珍稀濒危植物遗传多样性分布格局的研究，对于探明珍稀濒危植物的物种形成过程具有重要的启发和借鉴意义。近些年来，随着生物多样性面临的威胁不断加剧，人们越发重视对珍稀濒危植物保护的研究（Zhang et al. 2015；Xu et al. 2019）。模型模拟分析是重建过去和预测未来最有力的手段（王娟和倪健 2006），为回答上述问题提供了可能的途径。当前，针对珍稀濒危植物已经开展了大量的种群、群落特征及濒危原因等方面的研究，但由于缺乏基于种群遗传学方面的深入系统研究，研究人员对大部分珍稀濒危植物真正的致濒机

制认识不到位（孙卫邦和韩春艳 2015；黄向鹏等 2016）。现有的研究表明，有相当数量的珍稀濒危植物的遗传多样性水平与一些确定的因素存在明确的相关性，通过这些关联，一方面人们可以借助古地质学、古生物学提供的历史片段信息进行类群的祖先分布区重建（Williams et al. 2006）；另一方面人们可以利用目前种群分布格局及其形成机制，建立机制模型，从而进行不同情景下分布区变化的模拟（Pearman et al. 2008），进而为珍稀濒危物种的未来分布格局变化提供可能的预测（Alvarado-Serrano & Knowles 2014），在全球气候变化空前剧烈的当前，显得尤为重要。

四、基于谱系地理的珍稀濒危植物的系统保护研究

在全面掌握珍稀濒危植物分子亲缘关系的基础上，应加强珍稀濒危植物多样性资源保护宏观规划方案的制订。借鉴中国生物多样性保护研究方面的建议和方案（Liu et al. 2003；Sang et al. 2011；Wu et al. 2011），对珍稀濒危植物开展宏观保护规划分析。我们建议首先应该清楚中国珍稀濒危植物谱系多样性与系统进化独特性的空间分布格局。在时间、精力和资源有限的情况下，我们至少应当首先关注中国珍稀濒危植物遗传资源的空间分布现状，针对珍稀濒危植物谱系多样性资源的自然聚集地开展系统保护。由于财力、物力限制，人类无法同时保护所有的物种（Gaston 2000），因此，重点保护珍稀濒危植物谱系多样性资源的自然聚集地是有效的处理手段。同时我们应当注意到物种并非孤立地存在。任何一个物种都与其适应的生境密切相关，这种生境可以直接表现为植被，而植被本身具有随时空连续演变的特性。对于生命有机体而言，结构和功能的完整性应是关注的核心。因此，对于珍稀濒危植物谱系多样性资源的保护，也应当考虑这些资源在时间和空间层面上结构与功能的完整性。我们的保护应该对应的是一个完整的生命体系统，而不仅仅是可以单一提取的个别物种或这些物种简单的聚集。因此，针对中国珍稀濒危植物谱系多样性资源的保护，需要结合植物所在生境中所有物种的谱系发生关系的空间分布格局和特点，参考中国特有植物多样性的分布格局，在宏观尺度上界定合理的生态功能核心区、缓冲区以及不同生态系统间的连接通道。促进珍稀濒危植物遗传资源及生态系统功能的深入全面分析。在深入研究物种谱系发生过程的基础上，结合物种所处生境或生态系统功能的综合分析，同时，需要整合人与自然和谐共处的理念。将以物种为出发点的保护行动，通过时空格局加以深入认识，揭示物种谱系发生过程与各过程节点生态系统作用过程，从而真正实现对物种的深刻认识。在此基础上，通过执行因地制宜的措施，实现对珍稀濒危植物资源的科学保护和可持续利用。

撰稿人：黄继红，臧润国

主要参考文献

白伟宁, 张大勇. 2014. 植物亲缘地理学的研究现状与发展趋势. 生命科学, 26(2): 125-137.
柏国清. 2010. 金钱槭属植物谱系地理学研究. 西安: 西北大学硕士研究生学位论文.
杜芳. 2017. 生态适应与谱系地理. 见: 李俊清, 牛树奎, 刘艳红. 森林生态学. 3 版. 北京: 高等教育出

版社: 376-392.
杜玉娟. 2012. 孑遗植物珙桐的群体遗传学和谱系地理学研究. 杭州: 浙江大学博士研究生学位论文.
傅立国, 金鉴明. 1991. 中国植物红皮书: 稀有濒危植物(第一册). 北京: 科学出版社.
高燕会, 樊民亮, 骆文坚, 等. 2011. 濒危树种金钱松 RAPD 体系的建立和遗传多样性分析. 浙江农林大学学报, 28(5): 815-822.
龚维. 2007. 孑遗植物银杏的分子亲缘地理学研究. 杭州: 浙江大学博士研究生学位论文.
国家环境保护局, 中国科学院植物研究所. 1987. 中国珍稀濒危保护植物名录(第一册). 北京: 科学出版社.
何平. 2005. 珍稀濒危植物保护生物学. 重庆: 西南师范大学出版社.
黄向鹏, 谷勇, 吴昊. 2016. 珍稀濒危植物濒危机理研究进展. 广东农业科学, 43(4): 78-83.
李德铢, 曾春霞. 2015. 植物 DNA 条形码研究展望. 生物多样性, 23(3): 297-298.
李珊, 周天华, 赵桂仿, 等. 2010. 马蹄香表达序列标签资源的 SSR 信息分析. 中草药, 41(3): 464-468.
刘丽. 2017. 濒危植物脱皮榆的谱系地理学研究. 临汾: 山西师范大学硕士研究生学位论文.
覃海宁, 赵莉娜. 2017. 中国高等植物濒危状况评估. 生物多样性, 25(7): 689-695.
任海, 简曙光, 刘红晓, 等. 2014. 珍稀濒危植物的野外回归研究进展. 中国科学: 生命科学, 44(3): 230-237.
阮咏梅, 张金菊, 姚小洪, 等. 2012. 黄梅秤锤树孤立居群的遗传多样性及其小尺度空间遗传结构. 生物多样性, 20(4): 460-469.
宋丽雅, 李永权, 章伟, 等. 2017. 毛茛叶报春高分化的谱系地理结构. 植物科学学报, 35(4): 503-512.
孙卫邦, 韩春艳. 2015. 论极小种群野生植物的研究及科学保护. 生物多样性, 23(3): 426-429.
滕婕华. 2017. 国家 I 级保护植物掌叶木的遗传多样性和谱系分化研究. 广州: 广州大学硕士研究生学位论文.
汪松, 谢炎. 2004. 中国物种红色名录(第一卷: 红色名录). 北京: 高等教育出版社.
王德新. 2013. 中国特有植物地涌金莲的保护生物学研究. 哈尔滨: 东北林业大学博士研究生学位论文.
王娟, 倪健. 2006. 植物种分布的模拟研究进展. 植物生态学报, 30(6): 1040-1053.
杨雪, 谢伟玲, 邹蓉, 等. 2014. 珍稀濒危植物分子亲缘地理学研究进展. 安徽农业科学, 42(34): 12274-12277.
张颖娟, 王玉山. 2008. 珍稀濒危植物长叶红砂种群遗传多样性的 ISSR 分析. 植物研究, 28(5): 568-573.
郑志雷. 2007. 濒危植物三尖杉分子标记及其遗传多样性分析. 福州: 福建农林大学硕士研究生学位论文.
Alvarado-Serrano D F, Knowles L L. 2014. Ecological niche models in phylogeographic studies: applications, advances and precautions. Molecular Ecology Resources, 14(2): 233-248.
Avise J C. 2009. Phylogeography: retrospect and prospect. Journal of Biogeography, 36(1): 3-15.
Avise J C, Arnold J, Ball R M. 1987. Intraspecific phylogeography: the mitochondrial DNA bridge between population genetics and systematics. Annual Review of Ecology and Systematics, 18(1): 489-522.
Cadotte M W, Borer E T, Seabloom E W, et al. 2010a. Phylogenetic patterns differ for native and exotic plant communities across a richness gradient in Northern California. Diversity and Distributions, 16(6): 892-901.
Cadotte M W, Jonathan D T, Regetz J, et al. 2010b. Phylogenetic diversity metrics for ecological communities: integrating species richness, abundance and evolutionary history. Ecology Letters, 13(1): 96-105.
Cheng Y P, Hwang S Y, Lin T P. 2005. Potential refugia in Taiwan revealed by the phylogeographical study of *Castanopsis carlesii* Hayata (Fagaceae). Molecular Ecology, 14(7): 2075-2085.
Cyranoski D. 2008. Visions of China. Nature, 454(7203): 384-387.
Eckert A J. 2011. Seeing the forest for the trees: statistical phylogeography in a changing world. New Phytologist, 189(4): 894-897.
Faith D P. 1992. Conservation evaluation and phylogenetic diversity. Biological Conservation, 61(1): 1-10.
Forest F, Grenyer R, Rouget M, et al. 2007. Preserving the evolutionary potential of floras in biodiversity

hotspots. Nature, 445(7129): 757-760.
Gaston K J. 2000. Global patterns in biodiversity. Nature, 405(6783): 220-227.
Hickerson M J, Carstens B C, Cavender-Bares J, et al. 2010. Phylogeography's past, present, and future: 10 years after Avise, 2000. Molecular Phylogenetics and Evolution, 54(1): 291-301.
Huang J, Chen B, Liu C, et al. 2012. Identifying hotspots of endemic woody seed plant diversity in China. Diversity and Distributions, 18(7): 673-688.
Isaac N J B, Turvey S T, Collen B, et al. 2007. Mammals on the EDGE: conservation priorities based on threat and phylogeny. PLoS One, 2(3): e296.
Ladle R J, Whittaker R J. 2011. Conservation Biogeography. New York: John Wiley & Sons, Ltd.
Li D Z, W Y H, Yi T S, et al. 2012. The Next-generation flora: iFlora. Plant Diversity and Resources, 34(6): 525-531.
Linder H P. 2017. Phylogeography. Journal of Biogeography, 44(2): 243-244.
Liu J G, Ouyang Z Y, Pimm S L, et al. 2003. Protecting China's biodiversity. Science, 300(5623): 1240-1241.
Liu J Q, Sun Y S, Ge X J, et al. 2012. Phylogeographic studies of plants in China: advances in the past and directions in the future. Journal of Systematics and Evolution, 50(3): 267-275.
Lomolino M V, Heaney L R. 2004. Frontiers of Biogeography: New Directions in the Geography of Nature. Sunderland: Sinauer Associates, Inc.
Lomolino M V, Riddle B R, Brown J H. 2006 Biogeography (3rd Edition) Sunderland: Sinauer Associates, Inc.
Lu L M, Mao L F, Yang T, et al. 2018. Evolutionary history of the angiosperm flora of China. Nature, 554(7691): 234-238.
Lucas G L, Synge H. 1978. The IUCN Plant Red Data Book. London: Threatened Plants Committee, Royal Botanic Gardens.
MacArthur R M, Wilson E O. 1967. The Theory of Island Biogeography. Princeton: Princeton University Press.
Mace G M, Gittleman J L, Purvis A. 2003. Preserving the Tree of Life. Science, 300(5626): 1707-1709.
McNeely J A, Miller K R, Reid W V, et al. 1990. Conserving the world's biological diversity. Washington, D. C.: IUCN, WRI, WWF, World Bank.
Morten A, Schuster S C, Richard H, et al. 2009. Identification of microsatellites from an extinct moa species using high-throughput (454) sequence data. BioTechniques, 46(3): 195-200.
Pearman P B, Guisan A, Broennimann O, et al. 2008. Niche dynamics in space and time. Trends in Ecology & Evolution, 23(3): 149-158.
Pimm S L, Raven P. 2000. Biodiversity: Extinction by numbers. Nature, 403(6772): 843-845.
Pimm S L, Russell G J, Gittleman J L, et al. 1995. The future of biodiversity. Science, 269(5222): 347-350.
Pringle R M. 2017. Upgrading protected areas to conserve wild biodiversity. Nature, 546(7656): 91-99.
Qin A, Liu B, Guo Q, et al. 2017. Maxent modeling for predicting impacts of climate change on the potential distribution of *Thuja sutchuenensis* Franch., an extremely endangered conifer from southwestern China. Global Ecology and Conservation, 10: 139-146.
Redding D W, Mooers A O. 2006. Incorporating evolutionary measures into conservation prioritization. Conservation Biology, 20(6): 1670-1678.
Rosauer D, Laffan S W, Crisp M D, et al. 2009. Phylogenetic endemism: a new approach for identifying geographical concentrations of evolutionary history. Molecular Ecology, 18(19): 4061-4072.
Sang W, Ma K, Axmacher J C. 2011. Securing a future for China's wild plant resources. Bioscience, 61(9): 720-725.
Spathelf M, Waite T A. 2007. Will hotspots conserve extra primate and carnivore evolutionary history? Diversity and Distributions, 13(6): 746-751.
Su J, Yan Y, Song J, et al. 2018. Recent fragmentation may not alter genetic patterns in endangered long-lived species: evidence from *Taxus cuspidata*. Frontiers in Plant Science, 9: 1571.
The Angiosperm Phylogeny Group. 2016. An update of the Angiosperm Phylogeny Group classification for

the orders and families of flowering plants: APG IV. Botanical Journal of the Linnean Society, 181(1): 1-20.

Vane-Wright R I, Humphries C J, Williams P H. 1991. What to protect?—Systematics and the agony of choice. Biological Conservation, 55(3): 235-254.

Whittaker R J, Araujo M B, Paul J, et al. 2005. Conservation biogeography: assessment and prospect. Diversity and Distributions, 11(1): 3-23.

Williams P D, Pollock D D, Blackburne B P, et al. 2006. Assessing the accuracy of ancestral protein reconstruction methods. PLoS Computational Biology, 2(6): e69.

Wu R, Zhang S, Yu D W, et al. 2011. Effectiveness of China's nature reserves in representing ecological diversity. Frontiers in Ecology and the Environment, 9(7): 383-389.

Xu Y, Huang J, Lu X, et al. 2019. Priorities and conservation gaps across three biodiversity dimensions of rare and endangered plant species in China. Biological Conservation, 229: 30-37.

Xu Y, Shen Z, Ying L, et al. 2017. Hotspot analyses indicate significant conservation gaps for evergreen broadleaved woody plants in China. Scientific Reports, 7(1): 1859.

Yang Y, Ma T, Wang Z, et al. 2018. Genomic effects of population collapse in a critically endangered ironwood tree *Ostrya rehderiana*. Nature Communications, 9(1): 5449.

Zhang Z, He J S, Li J, et al. 2015. Distribution and conservation of threatened plants in China. Biological Conservation, 192: 454-460.

第三章　珍稀濒危植物种群生存与维持

第一节　引　　言

物种灭绝是全球最严重的生态问题之一，直接威胁着人类社会的可持续发展（Pimm et al. 2014）。人类活动造成的物种灭绝速度已经超过自然灭绝率的1000倍以上，并且远远超过新物种进化产生的速度（Wake & Vredenburg 2008；Teller et al. 2015）。同时，全球性气候变化使物种面临更加严峻的生存危机（Jackson et al. 2009；Verstraete et al. 2009）。植物种群由于附着生长、对环境依赖程度高等特点而更容易受到环境变化的胁迫。例如，气候变化不仅直接影响植物种群的生存，而且气候变化造成的生境退化也将对植物种群的生存造成二次影响。对于野外种群数量极少、极度濒危、随时有灭绝危险的极小种群野生植物来说，外界环境的变化将对其生存力产生极为显著的影响。一般来说，极小种群野生植物的生境要求独特、生态幅狭窄，潜在基因价值不清，其灭绝将引起基因流失、生物多样性降低、社会经济价值损失巨大（臧润国等 2016）。此外，极小种群野生植物往往只有少量几个种群甚至只有一个种群，种群的生境受到直接或者间接的破坏而导致种群的生存受到严重威胁，种群个体数量下降，某些种群的个体数量已经低于最小可生存种群（minimum viable population，MVP）数量，随时都面临灭绝的危险（Evans & Sheldon 2008）。由于种群结构和生境受到严重破坏，依靠其自身的能力来恢复种群的生存力及种群数量的可能性微乎其微（Schleuning & Matthies 2009）。因此，掌握极小种群的生存动态已经成为当务之急（Beissinger & McCullough 2002）。分析其濒危因素是提供有效人工保护的理论基础。

小种群范式（small population paradigm）和衰退种群范式（declining population paradigm）是保护生物学的两条主线（Caughley 1994）。小种群范式试图了解影响种群维持的最低多度水平，衰退种群范式则想了解种群的多度为什么和怎样到达临界低水平。近年来小种群范式得到了越来越多的关注，在理论研究和实验研究方面都取得了长足的进展（Willi et al. 2006）。然而衰退种群范式没有得到应有的重视，特别是有关种群衰退过程和衰退机制的理论研究更是少见。到目前，仍然缺少理论框架。

对受威胁物种种群衰退机制的研究还停留在个案水平（case-by-case basis），急需进行普适性生态机制的研究。近几十年来，国际上对物种濒危和灭绝的研究给予高度的重视，投入了大量的人力和资金来研究物种濒危机制，发展保护对策，实施保护计划。总体而言，物种濒危机制的研究已从过去现象的描述以及单一的种群生态学和群体遗传学研究，发展成为多学科相互交叉和渗透的综合性研究，不同学科的各种方法（如谱系地理和系统发育分析、分子群体遗传学、种群生存力分析和集合种群等）也被用于濒危物种研究中，取得了令人鼓舞的进展（Frankham et al. 2002；Fisher & Owens 2004；李典谟等 2005；Aguilar et al. 2006），濒危物种的保护也更强调其科学性和长远利益（Stockwell et al. 2013）。尽管如此，迄今对于物种濒危的关键环节——种群衰退过程的研究仍然十分有限，针对植物物种的相关研究更少（Frankham et al. 2002）。濒危植物研究大多以单个物种为研究对象，研究物种濒危的一个或几个环节，如繁殖、存活、遗传多样性等，从生态学角度查清濒危机制的研究很少（张文辉等 2002）。

物理环境很少是静止的，一些重要的环境变量如温度、水分的变化对于自然种群的维持具有重要的影响（Petchey et al. 1997）。认识物种如何响应环境变化是预测种群动态与分布、生物多样性维持的关键因素（Alexander et al. 2015）。

种群生存力分析是制订保护计划和评估生物多样性管理的有效方法。种群生存力分析与生物多样性保护切实相关，定量分析使得结果严谨可靠且具有处理多种数据的能力，另外可结合随机性因素，为多目标保护提供规划（Akçakaya & Sjögren-Gulve 2000）。本章先对当前种群生存力的研究方法进行总结，发现极小种群野生植物生存力分析所面临的问题，并指出可能的研究方向和研究途径。

第二节　种群生存力的研究方法

种群生存力分析作为一个数据驱动、基于模型的研究方法，首先需要明确种群生存力的关键影响因素。当前研究表明，种群生存力受到非生物因素与生物因素的共同胁迫而发生改变（Hedrick 2005）。自然或人为原因导致环境变化、生物相互干扰以及遗传结构的改变都将影响种群的生存潜力（Beissinger & McCullough 2002）。温度及降水的变化将对极小种群野生植物生境的可利用性造成影响，种群的生长、繁殖以及迁移等都会受到气候变化的影响而发生改变（Heller & Zavaleta 2009）。气候变化还可能导致新的植食性动物的迁入（Stiling et al. 2000）。侵蚀、滑坡、生境退化、土地利用变化、富营养化及火灾等将对极小种群野生植物的生境造成破坏（Li & David 2005），影响极小种群野生植物生境的可利用性、植被结构、种间关系（Willis et al. 2008）。生境破碎化，破碎化植被相继退化使得种群的生存、繁殖、迁移、定殖等发生改变（Verstraete et al. 2009）。滥伐森林、城市化、土地清理以及其他人为因素都会影响极小种群的生境，对种群的生存造成严重影响（Baillie et al. 2004）。

生物间相互干扰对极小种群的生存潜力与维持机制的改变起着关键的作用（Anderson et al. 2011）。传粉昆虫减少或环境变化使得极小种群野生植物花期与传粉昆虫活动时期不同步，导致极小种群繁殖受限（Giblin & Hamilton 1999）。种内竞争、共生生物的选择偏好将导致极小种群发生群体湮没（Anttila et al. 1998）。外来种的进入将使得极小种群所处群落中的种间关系发生改变，种间竞争加强，极小种群对生境的占有发生改变（Maina & Howe 2000）。

另外，极小种群由于种群数量少、分布范围狭窄，遗传漂变以及近亲交配的概率大大升高（Kephart et al. 1999）。等位基因丢失、近交衰退、累积的突变负荷和种内杂交都会导致遗传变异丢失，种群适合度降低，影响适应潜力（Willi et al. 2006；Frankham et al. 2010）。根据研究对象的胁迫因素，种群生存力模型可分为种群统计学模型、生境模型以及遗传学模型 3 个类型。以下将从这 3 个方面对种群生存力分析模型进行简要介绍。

一、种群统计学模型

极小种群野生植物的生存潜力与维持机制在其生活史的各个阶段与外界干扰发生密切的交互作用。种群稳定性分析是重要而有效的保护手段（Brook et al. 2000），是建立干扰-生存潜力模型以量化极小种群生存潜力和濒危因素的有效途径，是分析野生植物种群维持机制和发展趋势的有效方法（Menges 1990）。20 世纪 90 年代发展起来的一般方法或模型，如散布近似法、阶段结构种群生物模型对于不同威胁因素对种群生存力影响的重要性进行评价，量化不同威胁因素对种群统计学特征的影响，寻找种群的关键致濒因素（Dennis et al. 1991；Morris et al. 1999；Fox & Gurevitch 2000）。随着种群统计学数据的积累，人们开始建立基于扩散时间的消退模型，主要在模型中引入种群的出生率与死亡率在时间上的变异，考虑种群统计学参数的随机性，在此基础上预测种群灭绝的概率（Morris et al. 1999）。

追踪种群动态的计数模型与利用个体命运预测种群动态的个体模型均能为模拟种群动态提供较好的方法（Dennis et al. 1991；Grimm & Railsback 2013），矩阵模型结合了这两种模型的特点（Leslie 1945），广泛用于模拟种群动态及分析种群生存潜力。然而，建立矩阵模型面临的主要问题就是如何准确地将个体按照年龄、大小、阶段等进行分组（Moloney 1986）。积分投影模型（integral projection model，IPM）假定种群中的个体在某一个或几个数量性状上连续分布，这就避免了矩阵模型中对离散类别的任意分割，同时还降低了参数维度。

然而，当前种群数量模型在分析种群生存力时往往仅考虑种群统计学参数在时间尺度上的变化规律，利用随机参数估计来分析种群生存力，很少进一步分析种群生存力变化的生物驱动力以及生态学基础（Lande 1993），而且通常将环境变化作为很小的随机因素，并未考虑环境突变及大尺度变化（Melbourne & Hastings 2008）。另外，模型参数的假设分布也存在不合理性，忽视了模型参数的自相关性质（Menges 2000）。

二、生境模型

确定多物种适合生境的构成条件是应用生态学的基础，也是制订保护措施的核心组分。种群生存力分析可在空间上整合有关种群的统计学分布、生境偏好、生境斑块间扩散及干扰发生的信息。对种群生境的观测可获取与种群生活史阶段相关的信息和数据（Foll & Gaggiotti 2006）。生境有效性信息为评估种群面临的威胁提供支撑，据此还可以确定保育的适当性（Schleuning & Matthies 2009）。生境模型融合其他学科的研究方法，开始广泛被利用：从基于专家系统的概念模型（Gray et al. 1996），到物种地理分布及气候包络线模型（McKenney et al. 1996），再到多元关联分析、回归分析等统计模型（Guisan et al. 1999），以及基于模式识别等机器学习模型（Scachetti-Pereira 2003），生境模型在逐步完善并为实际种群的管理与保护提供理论依据。虽然利用足够的数据来进行精确预测很难实现，但生境模型提供了良好的方法来整合已知信息，判别管理方案和评估生境适合性。

不同生境模型由于其自身的特点而适合不同的情形，因此在实际研究中选取恰当的模型对研究结果的准确性和保护建议的合理性都极其重要。模型的选取需要综合考虑预测能力、模型复杂程度、估计误差以及模型的可解释性等因素。

三、遗传学模型

保护遗传学从保护遗传多样性的立场出发，为种群生存力分析提供了不同的研究角度。足够的遗传变异是种群适应环境变化的前提条件，因此对于受威胁物种和濒危物种需要维持足够的遗传变异才能经受住考验。小种群中遗传变异的减少将导致一系列的严重后果，如近交衰退、远交衰退以及进化可塑性的丧失。近年，有关稀有植物种群遗传多样性的研究突飞猛涨，但仍然很难评估遗传学、种群衰退以及适合度之间的关联性。

目前有若干不同的分析方法将遗传学与种群生存力分析相结合。Burgman 和 Lamont（1992）利用种群大小下降与近交效应之间的理论联系考察了近交衰退对种群稳定性的影响。通过假定近交系数与种子数之间的负相关性，模拟近交衰退与种群大小的耦合关系。该模型中存在一些不实际的假设，如有效种群大小等于种群中成年个体数，近交效应呈线性变化，但其结合遗传学以及评估遗传效应和其他效应对种群持续的影响。

若表明种群大小、遗传多样性和适合度之间关系的数据较为充足，则可以数据为驱动，建立更为明确的遗传效应模型。在模型中考虑繁殖、近交以及它们的交互效应，分析不同大小种群中各个效应的相对贡献。另一种评定遗传对种群稳定性的方法是关联不同种群的遗传多样性及其生存力。收集不同大小、地理分布、遗传多样性以及不同管理制度下的种群统计学参数，并利用矩阵模型对不同种群生存力进行分析。这种方法聚焦于数据又具有牢固的现实基础，但其是一个静态的模型且未考虑种群未来衰退对遗传多样性的影响。

第三节 极小种群野生植物生存潜力与维持机制研究所面临的挑战

一、植物种群生存力分析特点

当前对于极小种群生存潜力与维持机制研究的方法和模型主要集中在动物种群上，然而植物种群生活史的许多特征都可能对种群生存潜力分析造成阻碍（Menges 2000）。植物个体和种子的休眠（Kalisz & Mcpeek 1992）、种群的周期性增补（Menges & Dolan 1998）、克隆生长（Guerrant 1995）等植物种群的特殊性质都使传统种群生存潜力分析方法受到限制。在针对特殊种群的生存潜力与维持机制研究中，亟待建立考虑种群的具体生活史特征及所处环境的模型。

二、极小种群统计学参数估计偏差

种群生存潜力分析的主要步骤是先对研究种群进行抽样，根据抽取的样本对种群的生长率、繁殖率、死亡率等种群统计学参数进行估计，并在此基础上分析种群的生存力。种群统计学参数估计的统计方法一般基于正态分布假设，要求大样本、正态性、样本间相互独立等假设前提，而极小种群野生植物样本数量极少而使得传统统计方法的前提假设无法满足。在《国家重点保护野生植物名录（第一批）》公布的 120 个极小种群野生植物物种中，株数小于 30 株的物种有 19 种，小于 50 株的有 28 种，而且有进一步增加的趋势。此类极小种群既无法避免近交衰退，也很难维持正常的进化潜力。在极小种群中，个体的作用远超以往，单个关键个体的消亡可能会对整个种群的延续造成严重影响。对于此类极小种群，开发基于小样本的种群统计学参数估计方法将是突破极小种群保护关键技术的第一步。非参数核密度估计、灰色系统研究法、贝叶斯方法和随机模拟的引入将有助于问题的解决，半参数局部建模也可作为一个新的方法尝试引入。小样本分析中一个不可忽视的地方就是统计功效分析，对统计的效应量和统计功效的控制有助于确定适合于特定模型的统计量。

三、生境破碎化造成严重隔离

极小种群野生植物由于种群个体数极少、分布地域狭窄、面临各种威胁而濒临灭绝。随着胁迫强度的增加，种群所面临的威胁也越严重。在环境胁迫较弱时，种群通过生理适应就可以承受环境变化带来的影响。随着胁迫强度的增加，环境选择作用将使得种群的基因频率发生变化，种群中的个体只能依靠自身体内的耐受基因来维持，体内没有当前环境胁迫耐受基因的个体将被淘汰。此时，种群的适应力达到极限，若环境胁迫持续增加，种群将无法应对胁迫而消亡，直至完全灭绝。隔离将影响种群间的基因流动，被隔离种群无法获得来自相邻种群的适应性基因而加速消亡。极小种群由于受到自身内部的遗传丢失、种群间基因交流隔断和外界环境胁迫等多种因素的共同作用，若不采取切实可行的保护措施，将在极短的时间内完全灭绝。

四、生态异质性与种群统计随机性

（一）种内个体差异

在自然种群中，种群特征的种内差异将影响适合度如形态特征、行为特征以及对环境因素的响应。这些差异在种群生态学的研究中通常是被忽视的，因为种群生态学研究主要关注种群水平上的过程。然而，这些差异却是研究进化理论的重要部分（Kendall & Fox 2002）。当种内个体存在差异时，种群水平上的平均并不能代表个体属性。个体在生活史上的差异将影响生态进化过程（eco-evolutionary process），同时一些未被观察到的异质性将影响刻画生活史的种群统计学结果以及种群动态特征（Vindenes & Langangen 2015）。如果未意识或考虑到异质性的影响，种群统计学结果所刻画的种群动态以及生活史（如种群增长率、净繁殖率、世代长度和灭绝风险）可能存在偏差（李伟和黄德世 1999）。

自然种群的灭绝风险依赖于影响种群个体的随机因素。影响种群的随机因素可分为3类：个体水平出生、死亡的概率特性（种群统计随机性），种群在不同时间或空间水平出生率或者死亡率的差异（环境随机性），种内个体间重要性的差异（种群统计异质性）（Melbourne & Hastings 2008）。目前对自然种群灭绝风险的估计可能存在差错，因为相同的变异水平可能被错误地归因于环境因素，而不是种群自身的因素，而这些因素将导致更高或者更低的灭绝风险。

已有研究表明，个体在生活史特征上的差异将影响种群的灭绝风险（Jager 2001）。同时，个体在生态位上的差异对物种共存的促进作用在生态理论中扮演着重要的角色（Chesson 2000）。生态位差异通常可用来表述种间利用不同环境或资源能力的权衡，或者竞争与定殖能力之间的权衡（Lichstein et al. 2007）。种内个体差异能够反映重要的个体水平上的差异，如适应性遗传变异或者环境的变化特征。在某些情形下，在生态位轴上，种内差异的水平还可能超过种间差异（张大勇和姜新华 1999；Clark et al. 2003）。因此，种群内部的个体差异在影响种群维持以及物种间共存中都具有重要的作用。个体差异的存在，使得种群的生活史特征不再是生态位轴或者性状轴上的一个点，而变成了一个分布区域。在应对外界作用（非生物作用如环境变化，生物作用如种群竞争）的过程中，不同个体的响应程度也不尽相同。在这种情况下，仅用种群水平上的平均值并不能体现整个种群中不同个体的响应策略，因为个体分布水平的方差也将起到重要的作用，甚至对维持或共存的结果产生相反的影响。

当生态学过程中出现以下情形时，个体差异将改变生态动力学：①个体性状与生态学参数之间呈非线性关系；②个体差异影响生态位宽度或者生态网络的拓扑结构；③时间尺度上表型密度出现不同步的波动；④表型补贴（phenotypic subsidy）解耦遗传学与生态学的均衡；⑤生态学参数同时驱动和响应生态学均衡；⑥在小种群中随机抽取性状差异（Bolnick et al. 2011）。个体性状差异影响种群和群落动态的6种机制并不是相互排斥的，在一定条件下可能会同时发生。在复杂的情况下，以上几种机制之间还可能产生交互作用，如在多种群互作的群落中，种群统计学随机性引起一个种群的大小产生波动，同时可能会通过非线性关系影响另一个种群的数量增长。

（二）环境的时空异质性

生境丧失、生境破碎化和生境退化是生物多样性面临的最大灭绝威胁，是造成景观变化的3个主要过程（Fischer & Lindenmayer 2007）。异质景观是由环境梯度变化和土地覆盖类型来刻画的，在生境丧失、破碎化以及退化的状况下更容易发生改变。自然扰动过程所产生的异质性往往有助于景观或植被格局的预测。环境的空间异质性通常会改变整个景观的连接度。对于不同的物种，其受到的影响可能存在差异。景观连接度的变化将对物种的生境连接度产生影响，不同物种对生境的感知存在差异，因此不同物种的生境连接度的变化是异步的（Fischer & Lindenmayer 2007）。同时，不同质量的生境斑块在空间上的分布将导致不同斑块上个体的生活史特征产生变化，在整个生境上形成基于斑块质量的源-汇动态（Amarasekare & Nisbet 2001）。在生境退化的情况下，各个斑块的质量还将在时间尺度上发生改变。各个局域斑块退化速率的不同，在时间尺度上导致环境的异质性（陈玉福和董鸣 2003）。环境时空异质性的叠加使得斑块环境的相对质量发生改变，影响源-汇动态。

在全球环境变化的大背景下，已经有大量的实证研究和理论模型尝试量化环境变化的哪一方面对物种的维持产生了何种影响，以及这些因素在未来将如何影响种群动态（Cahill et al. 2013；Urban 2015）。对于栖息于异质且不可预测环境中的种群，其中的个体面临着众多的因素来决定是否扩散，导致种群的进化动力学很难预测（North et al. 2011）。在生境质量具有空间差异的景观中，扩散使得高质量的生境斑块能够被发现。然而，当扩散率较高时，从高质量生境中迁出的个体也较多，这使得整体水平上种群对高质量生境的利用率下降，因此生境质量的空间差异将降低对扩散的选择（Hastings 1983；North et al. 2011）。环境的时空异质性也将对物种的种群生活史特征产生影响。生境破碎化所产生的不连续的斑块扰乱物种的繁殖、生存以及扩散，导致种群的增补低于收支平衡所需水平，增加灭绝风险（Smith & Hellmann 2002）。

预测物种对未来气候变化的潜在响应的模型主要有两种：单个物种的相互关联模型或机制模型；预测如物种丰度和周转代谢等高等级特性的模型（Moritz & Agudo 2013）。关联模型是当前使用最多、最容易扩展的模型，但是其存在固有的缺陷。这些模型通常采用气候包络线的方法来研究物种是否生存于当前的气候生态位中。当前预测环境变化对物种影响的框架与实证研究中对于环境变化速率的关注度存在一定的差异。在预测物种响应的过程中，通常采用的环境变化速率的计算方法要依靠年均温变化数据。然而在这种情况下，四季温度的差异却被掩盖。例如，一个区域中温度在某些季节中是上升的，但是在另一些季节中却是下降的。这种异步的气候变化在时间尺度上是波动的，因此将产生相反的选择压力，导致物种难以响应。气候变化的异步机制是一个至关重要但经常被忽视的组成部分，应该被纳入气候相关的预测框架中（Senner et al. 2018）。

第四节　极小种群野生植物生存力分析发展趋势

一、局部适应与适应力

局部适应对物种多样性的塑造起着重要作用，并且能够促进物种分布的扩展。种群对环境变化的响应能力决定了其灭绝的风险。景观遗传学分析综合了种群遗传学、景观生态学以及空间统计学特征，为研究种群遗传结构与环境变化之间的耦合关系提供了可能。结合种群进化历史，从种群对环境变化的适应出发，建立模型从而定量分析将有助于回答前述问题。

种群的适应性进化将影响与适合度相关的表型状态，如内禀增长率和基本繁殖率。影响种群遗传多样性的过程研究成为研究濒危物种进化与保护的一个重要突破口。对于分布狭窄的极小种群来说，遗传漂变导致的变异减少远高于多基因突变带来的变异增加。因此，极小种群可能缺乏足够的遗传变异来适应环境选择压力，从而使得灭绝风险升高。在较短的瓶颈期，遗传漂变将是引起适应性遗传变异发生改变的主要因素。

塑造个体生活史和行为的表型性状与环境的相互作用决定种群生存潜力。在快速变化的环境中，种群有3种可能的结局：迁徙到更适合的空间；通过适应当前位置的新环境来维持；灭绝。植物种群具有固着生活习性，很难在短时间内迁徙到适合的空间。因此，适应力对植物种群在环境胁迫下的维持具有重要意义。适应力是指其对特定的环境变化的响应能力，通常包含两部分：首先是个体水平上的表型可塑性在生理上适应变化，其次是自然选择使得种群的遗传结构发生变化。种群通过改变表型表达或调整其遗传结构来适应环境的变化。更具体地说，适应潜力是遗传适应引起的变化与表型可塑性引起的变化的总和，遗传适应通常由自然选择、遗传漂变、迁徙、交配类型和重组等进化作用力塑造。表型可塑性是指有机体改变表型以响应环境变化的能力。可塑性适应只能在有限的范围内应对环境的变化，而遗传适应能够容许种群在更广的容忍范围上适应环境变化。极小种群经受剧烈的环境变化后的命运与它们的适应潜力有关。尽管种群对气候变化的局部适应性响应经常发生，但并没有证据表明其气候耐受性发生改变。因此，种群对气候变化的响应极有可能导致其灭绝，尤其在地理分布高度受限和环境变化强烈的情况下。

二、适应力的量化

种群的适应力由表型变异、选择的强度、繁殖力、种间竞争等因素决定。目前，生态学家和进化生物学家尝试量化生态及遗传驱动因素对适应力的影响。种群的适应力通常通过监测同一起源的物种在不同环境中的特性来评估，如北半球温带乔木展示出物候学上的渐变群和沿温度梯度生长，体现了局部适应的存在。物候学研究方法在气候变化的大背景下极具价值，气候因素在空间梯度上的变化能够模拟未来的气候变化，通过寻找空间尺度上的变化，可以在时间尺度上进行预测。

响应函数或迁移函数是量化适应力的有效方法。响应函数描述沿气候梯度分布的种群的表现，通过实测数据，采集不同分布点上的同一种群来分析种群在不同环境下的适应情况。然而，此类实验不仅耗时费力，而且花费昂贵。对于大多数种群来说，很少有大量种源分析实验。迁移函数模型很好地弥补了响应函数的这个缺点。与响应函数比较不同分布点上的相同种群不同，迁移函数通过采用一个响应距离，比较同一分布点上不同种群之间的差异，这样既降低了在不同分布点采样的成本，同时也避免了不同位点采样造成的误差。最适种群并不一定来自最适种源，气候变化对种群适应能力的影响是一个重要的因素。除此之外，种群的空间自相关性、迁徙历史、基因流、适应延迟以及种间竞争等因素在种群的进化过程中也扮演着重要的角色。

当种群很小或数量波动较大时，即使种群能够产生适应性变异，也仍然存在灭绝的风险。此外，若有效种群较小，可遗传变异的数量也将受到限制，遗传漂变将“淹没”选择作用，导致所有表型或等位基因出现选择中性。因此种群无法通过进化来响应选择，更容易受到种群统计随机性与环境随机性的影响，随机性将成为影响小种群命运的主要因素。

只要最优适合度的变化速率低于某一临界值，种群就会通过维持稳定的适应率存活下来。这一临界值由种群的永久性遗传变异、个体繁殖率、有效种群大小、环境随机性以及选择强度等因素共同决定。超过这个阈值，种群的适应速率将不能跟上最优适合度的变化速率，适合度随着适应延迟的增加而降低，最终导致种群灭绝。基因流、不同环境来源的迁徙、进化时间尺度上局部气候变化都导致适应的延迟。数量较小、分布破碎化、繁殖率低、性成熟较晚以及生境海拔较高的种群，通常将遭受更严重的适应延迟。

三、生态-进化反馈

传统种群生存力分析方法存在巨大的局限性，对于绝大多数种群来说，详细的种群统计学数据和长期的种群趋势是无法获取的（Moran & Alexander 2014）。经典种群生存力分析方法更多的是为多样性保护和管理提供启发性的意见与建议，帮助提升研究者的生物学直觉。因此，利用有限的数据建立种群生存力模型应受到更多的关注。

在过去 30 年中，保护生物学的理论研究和实际运用逐渐朝着 3 个独立方向发展：保护种群统计学、保护遗传学和保护生态学，各个方向的发展和运用相互对立。随着生态学家与群体遗传学家在了解自然生态系统的遗传组分、群落结构以及生态功能方面对进化过程重视程度的增加，将种群统计学、遗传学和生态学过程整合成一个统一的方法成为一个研究趋势，有助于了解种群动态变化的外在驱动因素以及内在响应机制（Ferrière et al. 2004）。生态学与进化过程的相互作用对种群动态变化格局的塑造具有关键作用，要先弄清这一过程就需要回答以下重要问题：生境变化下种群的维持机制发生了怎样的改变。哪些种群统计学、遗传以及生态因素在种群适应环境变化的进化潜力中起关键作用。这些因素如何影响种群的适应动态。如何通过进化历史和当前种群的适应性对未来种群动态做出预测，并在此基础上分出保护措施的优先等级。

四、集合种群与集合群落思想

种群的空间结构是种群生态学模型、遗传学模型及适应性进化模型的关键要素（Hanski 1998b）。利用模型证明个体、种群及群落的空间位置及其动态影响是空间生态学的精髓之处：生态交互效应的空间结构影响种群的出生率、死亡率、竞争以及捕食。自然生境的急速退化突出了空间明晰的种群模型在生态学研究中的重要性。集合种群生物学关注局部种群之间的扩散和物种在区域尺度上维持的动态（Hanski 1998a）。生境斑块面积、扩散与隔离、定殖与种群灭绝的作用已被整合到经典的种群动态研究中（Moilanen et al. 1998；Bell & Gonzalez 2011）。这使得集合种群模型可以用于预测破碎景观中个体的运动模式、物种的动态以及群落中多物种的分布格局。

群落生态学关注于解释物种分布的格局，物种丰度以及种间交互。这些空间结构存在于不同空间尺度上，共同影响整个群落的动态。基于集合种群的思想，生态学家在研究多物种互作的过程中发展出了集合群落（metacommunity）。在局域群落中，多个物种交互影响种群统计学参数。集合群落为一系列局域群落的组合，局域群落之间通过不同物种的扩散形成连接（Calcagno et al. 2006），是考虑生态学中不同空间尺度之间联系的重要方式（Leibold et al. 2004）。因此，在集合群落中，生态学的组织尺度就包含 5 种，从小到大依次为个体、种群、集合种群、群落、集合群落。

不同尺度上的生物互作与扩散影响物种的分布范围以及不同尺度上的多样性格局。在同质环境上具有竞争关系的集合群落中，当竞争能力或者繁殖力与扩散能力之间存在一定的权衡时，物种间将产生区域尺度上的共存（Yu et al. 2001；Calcagno et al. 2006）。在异质环境中，不同种群对不同斑块的响应以及在斑块上的表现存在差异。这些差异将影响各个物种的种群统计学参数，改变不同种群统计学过程之间的权衡关系，最终可能对种群和群落动态与共存结果产生显著的影响。

五、整合生态过程中的随机性与异质性

在假定其他条件相同的情况下，较大的种群统计学率差异将导致较高的灭绝风险。种群统计随机性表示由于种内个体差异引起的种群统计学率的变化，因此受到种内个体差异大小的强烈影响，进而导致种群动态产生无规则波动（Kendall & Fox 2002）。种群统计随机性与种内个体差异同等重要。种群模型忽视个体差异的作用，往往很难准确解释种群统计学参数的动态特征，尤其是在小种群中。

在考虑到潜在的、多来源的个体差异的生态学影响之后，经典生态学模型中的一些结论可能需要研究人员重新进行评估。具体可以从以下方面着手进行：个体差异的生态学效果的大小；不同机制的相对贡献；可遗传的差异，环境的差异，随机的差异，遗传结构的差异；有性生殖与无性繁殖；多个性状的差异（Bolnick et al. 2011）。这些问题的研究需要融合种群模型与数量遗传学模型，构建新的理论框架来探究不同层次、不同尺度上的生态学过程。对于连续性状的差异，建模过程中需要考虑到种群密度、性状均值以及性状方差（协方差）的变化动态。

考虑来源于不同生态学过程的异质性同时对物种产生影响，需要验证异质性的尺度是否与种群统计学过程的尺度相同（Sparrow 1999）。如果不同来源的异质性的尺度相差较大，那么物种所感受到的异质性的影响将存在差异。例如，当种群的动态变化受到个体水平上的过程影响时，个体水平上异质性的作用将明显超过种群水平。又如，景观的异质性将影响种群的扩散定殖过程，但是，若种群扩散的距离远小于景观异质性的尺度，种群很难在一次扩散的过程中感受到生境斑块的差异；若种群扩散的距离远大于景观异质性的尺度，景观异质性对同一物种的不同个体产生的作用可能存在差异，此时，异质性对种群的影响变成了种群内部的统计随机性。因此，寻找与关键种群统计学过程尺度相符合的异质性，有助于更加准确地反映现实的生态学过程。

第五节　总结与展望

极小种群野生植物的致濒原因是复杂多样的，内外因素的共同作用使得极小种群的生存潜力受到严重威胁。内因主要为野生植物的生存能力下降，外因主要为生境破坏和资源过度利用，导致种群数量下降。通过搜集数据和模型模拟，了解极小种群所受的关键胁迫，预测环境变化下的种群命运，这将有助于种群保护决策的制定。对于极小种群野生植物，应考虑以就地保护为主，强化近地保护与迁地保护，结合生境保护与生境恢复，改善和扩大物种的生存空间，并建议对种质资源进行保存。适时开展野外回归、恢复和扩大野生种群，扭转或延缓濒危态势。

极小种群野生植物的保护有以下几个关键点：①未雨绸缪。通过模拟种群动态，在

环境状况变恶劣之前采取可能的适应性响应措施。②在将种群回归到恢复的生境时考虑种群的生活史适应对策。当种群足够大时，适应性进化有助于显著降低种群的灭绝风险。③寻找能够提高或阻碍快速适应性响应的遗传机制。④采用基于种群的保护策略。种群作为最基本的遗传单位，了解极小种群植物的遗传结构，有助于更准确地对极小种群植物的生存力进行评价。⑤集合种群思想。

种群进化历史、生活史差异以及环境变化造成的生存力差异，为生物多样性的维持提供了潜在可能。开发有效的保护策略依赖于对受环境威胁种群的本质及种群应对环境的机制之间交互作用的深层次理解。生态学、物候学及进化生物学已有坚实的研究基础，将相关环境数据与进化理论和生态理论相结合建立模型，对于评估环境变化耐受性具有巨大潜力。考虑种群敏感性、适应能力以及胁迫因素将有助于人们提出更加合适的保护策略。

撰稿人：陈冬东，李镇清

主要参考文献

陈玉福, 董鸣. 2003. 生态学系统的空间异质性. 生态学报, 23(2): 346-352.

李典谟, 徐汝梅, 马祖飞. 2005. 物种濒危机制和保育原理. 北京: 科学出版社.

李伟, 黄德世. 1999. 水生植物生产量测定的种群统计学方法. 武汉植物学研究, 17(3): 249-253.

臧润国, 董鸣, 李俊清, 等. 2016. 典型极小种群野生植物保护与恢复技术研究. 生态学报, 36(22): 7130-7135.

张大勇, 姜新华. 1999. 遗传多样性与濒危植物保护生物学研究进展. 生物多样性, 7(1): 31-37.

张文辉, 祖元刚, 刘国彬. 2002. 十种濒危植物的种群生态学特征及致危因素分析. 生态学报, 22(9): 1512-1520.

Aguilar R, Ashworth L, Galetto L, et al. 2006. Plant reproductive susceptibility to habitat fragmentation: review and synthesis through a meta-analysis. Ecology Letters, 9(8): 968-980.

Akçakaya H R, Sjögren-Gulve P. 2000. Population viability analyses in conservation planning: an overview. Ecological Bulletins, 48(1): 9-21.

Alexander J M, Diez J M, Levine J M. 2015. Novel competitors shape species' responses to climate change. Nature, 525(7570): 515-518.

Amarasekare P, Nisbet R M. 2001. Spatial heterogeneity, source-sink dynamics, and the local coexistence of competing species. American Naturalist, 158(6): 572-584.

Anderson S H, Kelly D, Ladley J J, et al. 2011. Cascading effects of bird functional extinction reduce pollination and plant density. Science, 331(6020): 1068-1071.

Anttila C K, Daehler C C, Rank N E, et al. 1998. Greater male fitness of a rare invader (*Spartina alterniflora*, Poaceae) threatens a common native (*Spartina foliosa*) with hybridization. American Journal of Botany, 85(11): 1597-1601.

Baillie J, Hilton-Taylor C, Stuart S N. 2004. 2004 IUCN red list of threatened species: a global species assessment. Gland: IUCN.

Beissinger S R, McCullough D R. 2002. Population Viability Analysis. Chicago: University of Chicago Press.

Bell G, Gonzalez A. 2011. Adaptation and evolutionary rescue in metapopulations experiencing environmental deterioration. Science, 332(6035): 1327-1330.

Bolnick D I, Amarasekare P, Araujo M S, et al. 2011. Why intraspecific trait variation matters in community ecology. Trends in Ecology & Evolution, 26(4): 183-192.

Brook B W, O'Grady J J, Chapman A P, et al. 2000. Predictive accuracy of population viability analysis in conservation biology. Nature, 404(6776): 385-387.

Burgman M A, Lamont B B. 1992. A stochastic model for the viability of *Banksia cuneata* populations: environmental, demographic and genetic effects. Journal of Applied Ecology, 29(3): 719-727.

Cahill A E, Aiello-Lammens M E, Fisher-Reid M C, et al. 2013. How does climate change cause extinction? Proceedings of the Royal Society B: Biological Sciences, 280(1750): 20121890.

Calcagno V, Mouquet N, Jarne P, et al. 2006. Coexistence in a metacommunity: the competition-colonization trade-off is not dead. Ecology Letters, 9(8): 897-907.

Caughley G. 1994. Directions in conservation biology. Journal of Animal Ecology, 63(2): 215-244.

Chesson P. 2000. Mechanisms of maintenance of species diversity. Annual Review of Ecology and Systematics, 31(1): 343-366.

Clark J S, Mohan J, Dietze M, et al. 2003. Coexistence: How to identify trophic trade-offs. Ecology, 84(1): 17-31.

Dennis B, Munholland P L, Scott J M. 1991. Estimation of growth and extinction parameters for endangered species. Ecological Monographs, 61(2): 115-143.

Evans S R, Sheldon B C. 2008. Interspecific patterns of genetic diversity in birds: correlations with extinction risk. Conservation Biology, 22(4): 1016-1025.

Ferrière R, Dieckmann U, Couvet D. 2004. Evolutionary Conservation Biology. Cambridge: Cambridge University Press.

Fischer J, Lindenmayer D B. 2007. Landscape modification and habitat fragmentation: a synthesis. Global Ecology and Biogeography, 16(3): 265-280.

Fisher D O, Owens I P F. 2004. The comparative method in conservation biology. Trends in Ecology & Evolution, 19(7): 391-398.

Foll M, Gaggiotti O. 2006. Identifying the environmental factors that determine the genetic structure of populations. Genetics, 174(2): 875-891.

Fox G A, Gurevitch J. 2000. Population numbers count: tools for near-term demographic analysis. American Naturalist, 156(3): 242-256.

Frankham R, Ballou J D, Briscoe D A. 2010. Introduction to Conservation Genetics (2nd Edition). Cambridge: Cambridge University Press.

Frankham R, Briscoe D A, Ballou J D. 2002. Introduction to Conservation Genetics. Cambridge: Cambridge University Press.

Giblin D E, Hamilton C W. 1999. The relationship of reproductive biology to the rarity of endemic *Aster curtus* (Asteraceae). Canadian Journal of Botany, 77(1): 140-149.

Gray P A, Cameron D, Kirkham I. 1996. Wildlife habitat evaluation in forested ecosystems: some examples from Canada and the United States. *In*: DeGraaf R M, Miller R I. Conservation of Faunal Diversity in Forested Landscapes. Dordrecht: Springer: 407-536.

Grimm V, Railsback S F. 2013. Individual-Based Modeling and Ecology. Princeton: Princeton University Press.

Guerrant Jr E. 1995. Comparative demography of *Erythronium elegans* in two populations, one thought to be in decline (Lost Prairie) and one presumably healthy (Mt. Hebo): interim report on three transitions, or four years of data. Salem: Bureau of Land Management.

Guisan A, Weiss S B, Weiss A D. 1999. GLM versus CCA spatial modeling of plant species distribution. Plant Ecology, 143(1): 107-122.

Hanski I. 1998a. Connecting the parameters of local extinction and metapopulation dynamics. Oikos, 83(2): 390-396.

Hanski I. 1998b. Metapopulation dynamics. Nature, 396(6706): 41-49.

Hastings A. 1983. Can spatial variation alone lead to selection for dispersal. Theoretical Population Biology, 24(3): 244-251.

Hedrick P. 2005. Large variance in reproductive success and the Ne/N ratio. Evolution, 59(7): 1596-1599.

Heller N E, Zavaleta E S. 2009. Biodiversity management in the face of climate change: a review of 22 years of recommendations. Biological Conservation, 142(1): 14-32.

Jackson S T, Betancourt J L, Booth R K, et al. 2009. Ecology and the ratchet of events: climate variability, niche dimensions, and species distributions. Proceedings of the National Academy of Sciences of the United States of America, 106(S2): 19685-19692.

Jager H I. 2001. Individual variation in life history characteristics can influence extinction risk. Ecological Modelling, 144(1): 61-76.

Kalisz S, Mcpeek M A. 1992. Demography of an age-structured annual: resampled projection matrices, elasticity analyses, and seed bank effects. Ecology, 73(3): 1082-1093.

Kendall B E, Fox G A. 2002. Variation among individuals and reduced demographic stochasticity. Conservation Biology, 16(1): 109-116.

Kephart S R, Brown E, Hall J. 1999. Inbreeding depression and partial selfing: evolutionary implications of mixed-mating in a coastal endemic, *Silene douglasii* var. *oraria* (Caryophyllaceae). Heredity, 82(5): 543-554.

Lande R. 1993. Risks of population extinction from demographic and environmental stochasticity and random catastrophes. American Naturalist, 142(6): 911-927.

Leibold M A, Holyoak M, Mouquet N, et al. 2004. The metacommunity concept: a framework for multi-scale community ecology. Ecology Letters, 7(7): 601-613.

Leslie P. 1945. On the use of matrices in certain population mathematics. Biometrika, 33(3): 183-212.

Li Y, David S. 2005. Threats to vertebrate species in China and the United States. Bioscience, 55(2): 147-153.

Lichstein J W, Dushoff J, Levin S A, et al. 2007. Intraspecific variation and species coexistence. American Naturalist, 170(6): 807-818.

Maina G G, Howe H F. 2000. Inherent rarity in community restoration. Conservation Biology, 14(5): 1335-1340.

McKenney D, Mackey B, Hutchinson M, et al. 1996. An accuracy assessment of a spatial bioclimatic model. *In*: Proceedings: Spatial Accuracy Assessment in Natural Resources and Environmental Sciences: Second International Symposium. May 21-23, 1996, Fort Collins, Colorado. Natural Resources Canada, Great Lakes Forestry Centre, Fort Collins, Colorado, General Technical Report RM-GTR-277: 291-299.

Melbourne B A, Hastings A. 2008. Extinction risk depends strongly on factors contributing to stochasticity. Nature, 454(7200): 100-103.

Menges E S. 1990. Population viability analysis for an endangered plant. Conservation Biology, 4(1): 52-62.

Menges E S. 2000. Population viability analyses in plants: challenges and opportunities. Trends in Ecology & Evolution, 15(2): 51-56.

Menges E S, Dolan R W. 1998. Demographic viability of populations of Silene regia in midwestern prairies: relationships with fire management, genetic variation, geographic location, population size and isolation. Journal of Ecology, 86(1): 63-78.

Moilanen A, Smith A T, Hanski I. 1998. Long-term dynamics in a metapopulation of the American pika. American Naturalist, 152(4): 530-542.

Moloney K A. 1986. A generalized algorithm for determining category size. Oecologia, 69(2): 176-180.

Moran E V, Alexander J M. 2014. Evolutionary responses to global change: lessons from invasive species. Ecology Letters, 17(5): 637-649.

Moritz C, Agudo R. 2013. The future of species under climate change: resilience or decline? Science, 341(6145): 504-508.

Morris W, Doak D, Groom M, et al. 1999. A practical handbook for population viability analysis. Washington, D.C.: Nature Conservancy.

North A, Cornell S, Ovaskainen O. 2011. Evolutionary responses of dispersal distance to landscape structure and habitat loss. Evolution, 65(6): 1739-1751.

Petchey O L, Gonzalez A, Wilson H B. 1997. Effects on population persistence: the interaction between environmental noise colour, intraspecific competition and space. Proceedings of the Royal Society B: Biological Sciences, 264(1389): 1841-1847.

Pimm S L, Jenkins C N, Abell R, et al. 2014. The biodiversity of species and their rates of extinction, distribution, and protection. Science, 344(6187): 1246752.

Scachetti-Pereira R. 2003. Desktop GARP User's Manual version 1.1.6. University of Kansas Biodiversity Research Center. http://beta.lifemapper.org/desktopgarp. [2018-6-30] .

Schleuning M, Matthies D. 2009. Habitat change and plant demography: assessing the extinction risk of a formerly common grassland perennial. Conservation Biology, 23(1): 174-183.

Schrott G R, With K A, King A W. 2005. Demographic limitations of the ability of habitat restoration to rescue declining populations. Conservation Biology, 19(4): 1181-1193.

Senner N R, Stager M, Cheviron Z A. 2018. Spatial and temporal heterogeneity in climate change limits species' dispersal capabilities and adaptive potential. Ecography, 41(9): 1428-1440.

Smith J N M, Hellmann J J. 2002. Population persistence in fragmented landscapes. Trends in Ecology & Evolution, 17(9): 397-399.

Sparrow A D. 1999. A heterogeneity of heterogeneities. Trends in Ecology & Evolution, 14(9): 422-423.

Stiling P, Rossi A, Gordon D. 2000. The difficulties of single factor thinking in restoration: replanting a rare cactus in the Florida Keys. Biological Conservation, 94(3): 327-333.

Stockwell C A, Hendry A P, Kinnison M T. 2013. Contemporary evolution meets conservation biology. Trends in Ecology & Evolution, 18(2): 94-101.

Teller B J, Miller A D, Shea K. 2015. Conservation of passively dispersed organisms in the context of habitat degradation and destruction. Journal of Applied Ecology, 52(2): 514-521.

Urban M C. 2015. Accelerating extinction risk from climate change. Science, 348(6234): 571-573.

Verstraete M M, Scholes R J, Smith M S. 2009. Climate and desertification: looking at an old problem through new lenses. Frontiers in Ecology and the Environment, 7(8): 421-428.

Vindenes Y, Langangen O. 2015. Individual heterogeneity in life histories and eco-evolutionary dynamics. Ecology Letters, 18(5): 417-432.

Wake D B, Vredenburg V T. 2008. Are we in the midst of the sixth mass extinction? A view from the world of amphibians. Proceedings of the National Academy of Sciences of the United States of America, 105(S1): 11466-11473.

Willi Y, Van Buskirk J, Hoffmann A A. 2006. Limits to the adaptive potential of small populations. Annual Review of Ecology, Evolution, and Systematics, 37(1): 433-458.

Willis C G, Ruhfel B, Primack R B, et al. 2008. Phylogenetic patterns of species loss in Thoreau's woods are driven by climate change. Proceedings of the National Academy of Sciences of the United States of America, 105(44): 17029-17033.

Yu D W, Wilson H B, Pierce N E. 2001. An empirical model of species coexistence in a spatially structured environment. Ecology, 82(6): 1761-1771.

第四章 种群遗传学方法在濒危物种保护中的应用

第一节 引 言

濒危物种的保护不仅要注重种群统计变化，还需考虑种群遗传动态，因为物种的遗传变异关乎其未来生存和进化的潜力。将种群遗传学方法应用于濒危物种保护，有助于保持遗传变异、避免近交衰退、预测生存潜力、降低灭绝风险等。

本章应用种群遗传学方法从濒危物种的种群间基因流及估测、种群历史动态及推测和优先保护单元的确定等3个方面进行阐述，力求对学习种群遗传学在物种保护的研究和应用方面有所帮助。

第二节 种群间基因流及估测

基因流是配子、个体、种群从一个地方移动到另一个地方从而发生的基因迁移（Slatkin 1987），对植物来说基因流主要通过花粉、种子、孢子或个体等形式从一个种群迁移到另一个种群，其中由花粉和种子扩散引起的花粉流与种子流是其主要形式，也是植物交配系统模式的主要决定因素（陈小勇 1996；Saro et al. 2014）。影响种群间基因流大小的因素主要有栖息地破碎化等，而在动物种群中降低连通性，会使种群间基因流减小，在破碎化植物种群间，遗传分化程度高于连续种群（Sumner et al. 2004；Zhao et al. 2006）。对于濒危物种来说，基因流能够有效地防止小种群和半隔离种群的遗传变异受遗传漂变影响而降低（Allendorf 1983），研究表明，虽然物种、种群、季节等因素造成的种群间基因流有较大差异，但植物种群间的基因流在数百甚至数千米的距离上都足以抵消遗传漂变和中等水平的定向选择（Ellstrand 1992）。

基因流的估计有多种方法，计数柱头上花粉的数目等直接观察法可提供直接的证据，但直接观察不易对花粉和种子扩散尤其是有效基因流进行准确的估计。随着分子技术的发展，结合核基因、线粒体、叶绿体分子标记特别是多态性较高的微卫星标记，评估种群间花粉和种子的迁移率、空间扩散格局及交配系统等，成为保护遗传学研究的重要方面（Godoy & Jordano 2001；Orive & Asmussen 2000）。基于岛屿模型（Neigel 1997），假设种群间个体是平等交换的，通过分子遗传标记获得种群间遗传分化系数 F_{st}（或 G_{st}），通过 $N_m =（1-F_{st}）/4F_{st}$ 可以估计种群的历史基因流。此外，还可以利用稀有等位基因等方法估算基因流（Slatkin 1985；Ouborg et al. 1999）。在植物交配范围内，花粉和种子有效扩散引起的基因流可使用亲本分析方法进行评估（Sork et al. 1999；Holderegger et al. 2010），通过测定亲代和子代的基因型寻找子代可能的父母，能够较好地评估基因流（Meagher & Thompson 1986）。通过叶绿体或线粒体DNA在植物中的单亲遗传特征可估测种群间的种子流（如多数被子植物）或花粉流（如多数裸子植物），从而进一步分析它们在植物种群中的相对强度（Petit et al. 2005）。

濒危物种中保持一定的基因流有助于缓解濒危程度，但是基因流也是一把双刃剑，有些情况下可能存在风险。由于种群规模较小，濒危植物的种子纯度值得关注，要避免其他意外花粉流和种子流造成的遗传污染问题，如基因流导致的“遗传湮没”现象，即个体数量较多的种群与数量较少种群杂交引起小种群遗传多样性丧失的现象，甚至小种群有灭绝风险。另外，基因流也会导致“远交衰退”现象，这种情况下种群间交配的后代可能比种群内交配的后代适合度低，而不同物种间交配产生的杂种稳定性更低，存活数量更少。例如，台湾特有的野生稻与一种水稻品种 *Oryza japonica* 杂交，结果杂种后代的花粉和种子育性下降，最终导致野生稻濒临灭绝（Oka 1992）。

目前人类介导的基因流也发挥着一定作用，定向基因流（targeted gene flow）成为一种新兴的保护策略，其方法是将带有有利基因的个体迁入需要保护的区域，进行有目的、针对性强的基因流引入，可以考虑用于提高濒危物种的适应性（Reese 2018）。例如，濒危的有袋类食肉动物北澳袋鼬（*Dasyurus hallucatus*）常常因攻击有毒的入侵种海蟾蜍（*Rhinella marina*）而死亡，致使种群数量严重下降，但研究发现某些北澳袋鼬种群“知道”海蟾蜍有毒而不去碰触，实验证明这种行为有遗传基础，可能是一个显性性状，保护者将带有该行为基因的北澳袋鼬个体引入可能受海蟾蜍影响的种群中，尝试阻止其种群的进一步减少（Kelly & Phillips 2018）。

第三节　种群历史动态及推测

历史、环境、人类活动等因素（如冰川、地形特征、捕获等）都对物种的空间分布产生影响，进而作用于种群的遗传变异格局。从分子水平探究种群地理分布格局可以揭示其经历的进化过程和历史事件，即从核苷酸序列的分析中估计种群历史动态。通过中性标记不仅可以了解种群遗传变异的分布格局，推测其受到的历史事件、基因流和遗传漂变等因素的影响，而且可以估计种群统计学的动态变化，用于检测气候和人为因素对物种的影响（Castellanos-Morales et al. 2018；Fuller & Doyle 2018）。

应用种群遗传学推断历史过程的研究多基于溯祖理论（coalescent theory），即描述被取样基因序列所呈现的谱系结构是如何被种群遗传过程塑造的（Drummond et al. 2005）。推测种群历史的溯祖方法要有一个“数量模型”，即描述有效种群大小随时间变化的纯数学函数，每个模型都可设置一个或多个“数量参数”。常见的数量模型有大小不变型（一个参数）、指数增长型（随时间变化增长率一致，两个参数）、逻辑斯谛增长型（随时间变化增长率降低，3 个参数）及超常增长型（随时间变化增长率提高，3 个参数）等（Pybus & Rambaut 2002）。另外，还可将上述多个模型联合成一系列更为复杂的模型。推测这些参数的方法主要应用最大似然法或贝叶斯法。

种群历史动态的作用之一为产生瓶颈效应。过去经历了瓶颈效应会导致现存种群表现出较低的遗传多样性，近交率增加、遗传变异降低、有害等位基因固定，进而使物种的适合度降低，灭绝率提高，在濒危物种保护中尤其需要注意避免瓶颈效应。发生瓶颈效应的过程有许多细节差异。例如，产生瓶颈事件的作用时间有长有短，虽然两者都会导致种群遗传变异降低，但是快速作用比缓慢作用产生更严重的长期后果，这是因为缓慢作用中自然选择作用会清除一定量的有害等位基因，但在快速作用中某些个体消失，使得有害基因被偶然固定下来（Beebee & Rowe 2008）。另外，种群对瓶颈效应的不同响应时间将产生不同的影响程度，一般来说经过几十代的短期瓶颈效应后种群会快速恢复，对其遗传多样性没有明显影响；但是长期瓶颈效应导致更多的等位基因丢失，长久下来，每代遗传变异降低 $1/2N_e$（二倍体生物的核基因）或约 $1/N_e$（线粒体或叶绿体基因），这种情况下种群很难在短期内恢复（Wright 1931）。

检测瓶颈效应的常用方法是 Cornuet 和 Luikart（1996）提出的检测期望杂合度（即基因多样性）和从等位基因组合中获得的杂合度（即观察杂合度）之间的差异。中性理论预测在随机交配、大小恒定、突变-漂变平衡的种群中，一定的等位基因数目具有相应的期望杂合度水平，该杂合度与哈迪-温伯格（Hardy-Weinberg）平衡时种群的观察杂合度不同。种群发生瓶颈效应时，稀有等位基因将会快速丢失，但该位点的观察杂合度变化不大（Nei et al. 1975），因此从等位基因数量计算的期望杂合度将低于观察杂合度，出现短暂的杂合度过剩现象，直到种群在低 N_e 水平下重新形成平衡。该方法一般用于检测近期发生的瓶颈效应，即发生时间为过去的 0.2～4 个 N_e 世代内，同时也依赖于所采用分子标记的数量、类型、平均杂合度以及 N_e 的下降程度等指标（Cornuet & Luikart 1996）。当然，发生瓶颈效应后两种杂合度差异的计算还依赖于所假设的突变模型，但是，对于逐步突变模型（stepwise mutation model，SMM）和无限等位基因模型（infinite allele model，IAM）哪种对微卫星位点突变过程的计算更精确尚无定论（Dutech et al. 2004）。通过该方法检测《IUCN 濒危物种红色名录》中的濒危物种杓兰（*Cypripedium calceolus*），由于栖息地丧失和破碎化，多数种群都显示出近期经历了瓶颈效应（Minasiewicz et al. 2018）。

另一种检测瓶颈效应的方法要求实验样品来自同一种群多个不同世代的个体，从世代间等位基因频率的差异中计算各自的 N_e，基于瓶颈效应发生前各个世代的多个 N_e 值的分布来比较，如果某一代 N_e 低于第一代 N_e 的 5%就认为发生了瓶颈效应（Luikart et al. 1998）。该方法的缺点是需要对发生瓶颈效应前后的种群各自取样，难以应用在很多缺乏历史样本的种群中。进行长期监测的种群可采用该方法。例如，针对近期发生生境片断化成为多个小种群的加拿大盘羊（*Ovis canadensis*），基于 5 个微卫星分子标记位点调查的 6 个种群都显示发生了瓶颈效应（Fitzsimmons et al. 1995）。

对于微卫星分子标记的分析还可以采用基于现存种群的等位基因数目与等位基因大小范围比值（M-比率）的方法检测瓶颈效应，由于遗传漂变引起等位基因随机丢失，而等位基因大小范围的减小幅度低于等位基因数目的减小幅度，因此在瓶颈效应下“M-比率”会下降（Garza & Williamson 2001）。应用 SSR 标记对地中海区域的大西洋柏木（*Cupressus atlantica*）和地中海柏木（*C. sempervirens*）种群进行“M-比率”计算，结果显示该值为 0.433~0.659，显著低于哈迪-温伯格平衡种群的模拟值，显示发生了瓶颈效应（Sekiewicz et al. 2018）。

“奠基者效应”（founder effect）是少量个体入侵新领地并最终建成一个新种群的现象，这也是一种瓶颈效应，因为只有很少的个体种群表现出等位基因的遗传漂变。建立初期，新种群快速增长时不太会丢失遗传多样性，但是当种群缓慢增长以后，少量奠基者种群就表现出瓶颈效应。另外，奠基者离源种群的距离与其建立新种群的遗传多样性之间呈现一种函数关系，即离源种群距离越远的新种群显示出越严重的遗传枯竭（genetic impoverishment）（Ibrahim et al. 1996），这是因为裸地上新种群数量呈指数增长时，带有新等位基因的迁入者可能难以进入这个地点。对于种群的扩张现象，应用微卫星分子标记或线粒体 DNA 数据也能检测到。然而微卫星标记在扩张种群中的表现与瓶颈效应相反，会产生杂合度缺失的结果，这是由于突变增加了新的等位基因（Grassi et al. 2008）。若是采用线粒体或叶绿体 DNA，种群扩张则会显示“星芒状”的系统发育关系，即多个新单倍型从单个普遍存在的古老单倍型中产生。

实际上不论种群扩张还是收缩，都会在个体 DNA 位点的分布状态中留下特征信号，个体之间的遗传差异可以反映它们之间的谱系距离，而谱系距离随着种群规模的增加而增大（Rogers 1995）。因此，基于成对个体在多个位点上的差异数量的相对频率可推测种群大小，用直方图表示出来的频率分布就是“成对遗传差异分布”或称为“失配分布”（Rogers & Harpending 1992）。最初种群越小，上下振动幅度越大，随着种群规模增长越快，失配分布纵轴的截距就越小，如果种群数量处于长期稳定的平衡状态，则显示混乱的失配分布格局，即呈多峰分布。而经历近期快速扩张或瓶颈效应的种群则显示单峰分布（接近于泊松分布）格局。

天际线图（Skyline-plot）方法基于单性遗传的 DNA 序列差异推测种群历史动态，该方法最早由 Pybus 等（2000）提出，前提要求独立地获得序列谱系组成并假设谱系结构正确。通过谱系合并事件将种群发展历史分为不同的时间段，每一时间段的种群大小一致，根据时间段长度（γ_i）与该时间段含有的支系数量关系的乘积计算每一时间段的种群大小（Pybus et al. 2000）。因为参数设置自由，该方法早期在含有大量短支系时容易受干扰。为了解决这个问题，Drummond 等（2005）提出了基于贝叶斯的 skyline-plot 方法，此时谱系参数、种群动态参数和核苷酸模型参数都在各自独立的马尔可夫链蒙特卡罗算法（Markov chain Monte Carlo，MCMC）中获得，此外还考虑了建树和溯祖过程中的随机错误率问题。计算结果综合各时间段种群大小后验概率的平均值，以点图的形式画出种群历史及代表系统发育和支系合并关系不确定性的置信区间（Ho & Shapiro 2011）。

以前的研究多数受限于使用少量的遗传标记，因为单个基因构建的系统树可能与种群历史不一致，存在推断错误的潜在风险。大量位点联合既有位点间差异信息又有均化效应，能提高系统进化参数和数量参数估计的准确性。基于基因组信息的种群简化基因组测序（reduced-representation sequencing，RRS）或称基因分型测序法（genotyping-by-sequencing，GBS）是种群遗传学分析的有力武器，可产生数以亿计的单核苷酸多态性（single nucleotide polymorphism，SNP），为深入挖掘个体基因组变异提供非常多的选择。全基因组测序（whole-genome sequencing，WGS）在非模式生物中的应用越来越广泛，相比少量 DNA 片段信息标记可获得更多的数据。上述遗传数据都可进行种群历史动态重建，如使用成对序列马可夫共祖分析（PSMC）程序估计有效种群大小，该程序通过估计位点间等位基因差异推测最近共同祖先（most recent common ancestor，MRCA）的时间，再推断历史有效种群大小，适合分析近期（＜2 万年）或远期（＞300 万年）的种群动态（Li & Durbin 2011）。

需要注意的是进行种群历史动态推断时要求遗传类群具有独立性和随机交配性，即没有种群结构，因为在有种群结构的类群中模拟动态往往得到随时间发展种群数量下降的假阳性结果，或者不能检测到种群随时间真正扩张的假阴性结果。这种现象在不同的检测方法中都存在（Chikhi et al. 2010；Heller et al. 2013）。

第四节　优先保护单元的确定

由于投入保护的多方面力量受限，濒危物种只能优先保护一部分种群，通过分析种群的遗传独特性是确定优先保护种群的常用方法，主要通过鉴别进化显著单元（evolutionary significant unit，ESU）来实现。ESU 最早由 Ryder（1986）提出，指一组独特且有长期进化历史的种群集合，作为识别和保持遗传多样性的一组重点保护单元而设。ESU 在动物种群中一般通过线粒体 DNA 序列显示的系统发育特征来鉴定，将进化完全单系（monophyly）的一组种群认定为一个 ESU（Moritz 1994a）。

虽然有了 ESU，但它对物种的监测和管理缺乏合适的地理尺度，与之常常相提并论的另一个概念——管理单元（management unit，MU）则很好地解决了这个问题，并且将种群遗传特征与种群统计学特征共同结合用于保护实践（Moritz 1994a）。MU 是遗传学在保护生物学中简单而有效并可实践的应用，在遗传监测中建立濒危物种的 MU 是实施保护的有效方法（Palsbøll et al. 2007）。MU 是核基因或线粒体基因中基因频率有显著差异的单元，有时还包括某些关键数量特征如年龄结构、生存力、繁殖力、性比等差异明显的种群（Moritz 1994b）。不同于 ESU，MU 主要基于等位基因频率而不考虑等位基因的系统发育关系，考虑当前而不是历史的种群结构，适用于短期而不是长期的管理计划（Douglas & Bruner 2002）。形成 MU 的主要原因是缺乏大量来自其他种群的基因流，局域种群动态基本只由出生率和死亡率而不是迁移来决定（Palsbøll et al. 2007），或繁盛或衰亡，具有进化的相对独立性，因此非常值得单独管理（Bowen et al. 2005）。

ESU 和 MU 的划定对物种保护有深远的指导意义，应该明确两种概念的应用在理论基础、分析方法和最优采样策略上都是有区别的。Moritz（1994a）清晰地阐明了两者在保护中的异同（图 4-1）：图中分子遗传变异已广泛用于大量濒危类群 ESU 和 MU 的鉴定，相比种群遗传结构，MU 鉴定可提高对濒危物种的监测和保护，调整人类活动对种群和物种数量的影响（Palsbøll et al. 2007）。之前划定 MU 多采用拒绝随机交配的方法，因其常能检测到偏离随机交配的情况，甚至在种群间只有 20%迁移率时也显示拒绝随机交配而划分为不同的 MU，导致较高的错误率。因此 Palsbøll 等（2007）提出采用迁移率和种群遗传分化共同鉴定 MU 的方法，并指出在确定遗传分化阈值时应结合受保护物种的种群大小、地理分布、数量参数等特征。例如，对美洲大陆东西两岸太平洋和大西洋红树植物进行微卫星分析，两岸种群分属两大类群，它们之间存在较大的遗传分化，可作为两个 MU 分开保护（Takayama et al. 2013）。

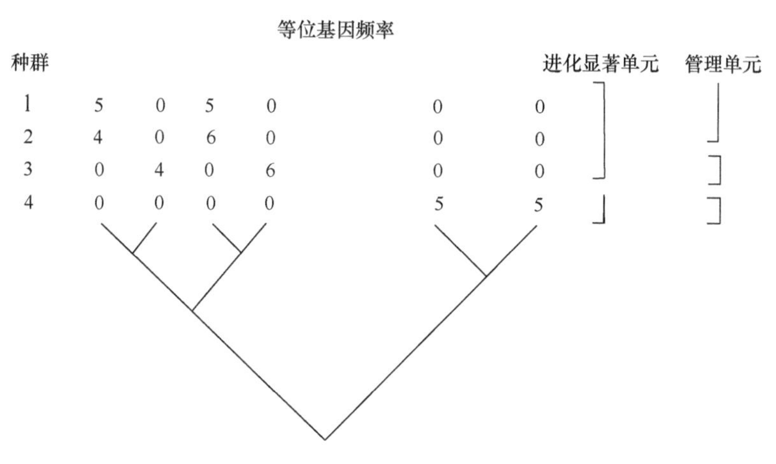

图 4-1 4 个种群中等位基因假设的分布（修改自 Moritz 1994a）
显示等位基因频率和系统发育与进化显著单元（ESU）和管理单元（MU）的关系

ESU 和 MU 被认为是保护单元的“双胞胎”，彼此联系而又相互区别。MU 被评价为能够用于保护生物学和野生种群管理的可操作单元，但是 Bowen（1998）指出 ESU 概念在定义上可能存在漏洞，因为它只能代表过去进化而来的系统发育交互单系，不能代表将来进化支系的潜在起源。为此，Bowen（1998）提出 geminate evolutionary unit 概念，可定义为未来进化支系的潜在来源单元。

第五节 总结与展望

种群遗传学方法是濒危物种种群遗传保育研究的重要基础，为种群遗传结构的鉴别与改善提供保障。近年来，随着大规模测序可行性的增强，越来越多的物种基因组信息得以获得，有利于明晰基因在种群中的作用，从而更有针对性地应用于濒危物种保育中，尤其是提高种群的适应潜力（Teixeira & Huber 2021；Kosch et al. 2022）。相应地，基于濒危物种基因组信息的种群适应性位点鉴定及其在种群中分布格局等方面的研究，将为定向的保育和改善珍稀濒危物种的实践活动提供理论指导。

撰稿人：李媛媛，岳雪华

主要参考文献

陈小勇. 1996. 植物的基因流及其在濒危植物保护中的作用. 生物多样性, 4(2): 97-102.

Allendorf F W. 1983. Isolation, gene flow, and genetic differentiation among populations. *In*: Schonewald-Cox C M, Chambers S M, MacBryde B, et al. Genetics and Conservation: A Reference for Managing Wild Animal and Plant Populations. Menlo Park: Benjamin/Cummings.

Beebee T, Rowe G. 2008. An Introduction to Molecular Ecology (2nd Edition). Oxford: Oxford University Press.

Bowen B W. 1998. What is wrong with ESUs? The gap between evolutionary theory and conservation principles. Journal of Shellfish Research, 17(5): 1355-1358.

Bowen B W, Bass A L, Soares L, et al. 2005. Conservation implications of complex population structure: lessons from the loggerhead turtle (*Caretta caretta*). Molecular Ecology, 14(8): 2389-2402.
Castellanos-Morales G, Paredes-Torres L M, Gamez N, et al. 2018. Historical biogeography and phylogeny of *Cucurbita*: insights from ancestral area reconstruction and niche evolution. Molecular Phylogenetics and Evolution, 128(1): 38-54.
Chikhi L, Sousa V C, Luisi P, et al. 2010. The confounding effects of population structure, genetic diversity and the sampling scheme on the detection and quantification of population size changes. Genetics, 186(3): 983-995.
Cornuet J M, Liukart G. 1996. Description and power analysis of two tests for detecting recent population bottlenecks from allele frequency data. Genetics, 144(4): 2001-2014.
Douglas M R, Brunner P C. 2002. Biodiversity of central alpine *Coregonus* (Salmoniformes): impact of one-hundred years of management. Ecological Applications, 12(1): 154-172.
Drummond A J, Rambaut A, Shapiro B, et al. 2005. Bayesian coalescent inference of past population dynamics from molecular sequences. Molecular Biology and Evolution, 22(5): 1185-1192.
Dutech C, Joly H, Jarne P. 2004. Gene flow, historical population dynamics and genetic diversity within French Guianan populations of a rainforest tree species, *Vouacapoua americana*. Heredity, 92(2): 69-77.
Ellstrand N C. 1992. Gene flow among seed plant populations. New Forests, 6(1): 241-256.
Fitzsimmons N N, Buskirk S W, Smith M H. 1995. Population history, genetic variability and horn growth in bighorn sheep. Conservation Biology, 9(2): 314-323.
Fuller M R, Doyle M W. 2018. Gene flow simulations demonstrate resistance of long-lived species to genetic erosion from habitat fragmentation. Conservation Genetics, 19(6): 1439-1448.
Garza J C, Williamson E G. 2001. Detection of reduction in population size using data from microsatellite loci. Molecular Ecology, 10(2): 305-318.
Godoy J A, Jordano P. 2001. Seed dispersal by animals: exact identification of source trees with endocarp DNA microsatellites. Molecular Ecology, 10(9): 2275-2283.
Grassi F, De Mattia F, Zecca G, et al. 2008. Historical isolation and quaternary range expansion of divergent lineages in wild grapevine. Biological Journal of the Linnean Society, 95(3): 611-619.
Heller R, Chikhi L, Siegismund H R. 2013. The confounding effect of population structure on Bayesian skyline plot inferences of demographic history. PLoS One, 8(5): e62992.
Ho S Y W, Shapiro B. 2011. Skyline-plot methods for estimating demographic history from nucleotide sequences. Molecular Ecology Resources, 11(3): 423-434.
Holderegger R, Buehler D, Gugerli F, et al. 2010. Landscape genetics of plants. Trends in Plant Science, 15(12): 675-683.
Ibrahim K M, Nichols R A, Hewitt G M. 1996. Spatial patterns of genetic variation generated by different forms of dispersal during range expansion. Heredity, 77(3): 282-291.
Kelly E, Phillips B L. 2018. Targeted gene flow and rapid adaptation in an endangered marsupial. Conservation Biology, 33(1): 112-121.
Kosch T A, Waddle A W, Cooper C A, et al. 2022. Genetic approaches for increasing fitness in endangered species. Trends in Ecology & Evolution, 37(4): 332-345.
Li H, Durbin R. 2011. Inference of human population history from individual whole-genome sequences. Nature, 475(7357): 493-496.
Luikart G, Sherwin W B, Steele B M, et al. 1998. Usefulness of molecular markers for detecting population bottlenecks via monitoring genetic change. Molecular Ecology, 7(8): 963-974.
Meagher T R, Thompson E. 1986. The relationship between single parent and parent pair genetic likelihoods in genealogy reconstruction. Theoretical Population Biology, 29(1): 87-106.
Minasiewicz J, Znaniecka J M, Gorniak M, et al. 2018. Spatial genetic structure of an endangered orchid *Cypripedium calceolus* (Orchidaceae) at a regional scale: limited gene flow in a fragmented landscape. Conservation Genetics, 19(29): 1449-1460.
Moritz C. 1994a. Applications of mitochondrial DNA analysis in conservation: a critical review. Molecular Ecology, 3(4): 401-411.

Moritz C. 1994b. Defining “evolutionary significant units” for conservation. Trends in Ecology & Evolution, 9(10): 373-375.

Nei M, Maruyama T, Chakraborty R. 1975. The bottleneck effect and genetic variability in natural populations. Evolution, 29(1): 1-10.

Neigel J E. 1997. A comparison of alternative strategies for estimating gene flow from genetic markers. Annual Review of Ecology and Systematics, 28(1): 105-128.

Oka H I. 1992. Ecology of wild rice planted in Taiwan. II. Comparison of two populations with different genotypes. Botanical Bulletin of Academia Sinica, 33(1): 75-84.

Orive M E, Asmussen M A. 2000. The effects of pollen and seed migration on nuclear-dicytoplasmic systems. II. A new method for estimating plant gene flow from joint nuclear-cytoplasmic data. Genetics, 155(2): 833-854.

Ouborg N J, Piquot Y, Van Groenendael G. 1999. Population genetics, molecular markers and the study of dispersal in plants. Journal of Ecology, 87(4): 551-568.

Palsbøll P J, Berube M, Allendorf F W. 2007. Identification of management units using population genetic data. Trends in Ecology & Evolution, 22(1): 11-16.

Petit R J, Duminil J, Fineschi S, et al. 2005. Comparative organization of chloroplast, mitochondrial and nuclear diversity in plant populations. Molecular Ecology, 14(3): 689-701.

Pybus O G, Rambaut A. 2002. GENIE: estimating demographic history from molecular phylogenies. Bioinformatics, 18(10): 1404-1405.

Pybus O G, Rambaut S, Harvey P H. 2000. An integrated framework for the inference of viral population history from reconstructed genealogies. Genetics, 155(3): 1429-1437.

Reese A. 2018. Evolution experiment aims to save Australian marsupial. Nature, 559(7715): 451-452.

Rogers A R. 1995. Genetic evidence for a Pleistocene population explosion. Evolution, 49(4): 608-615.

Rogers A R, Harpending H. 1992. Population growth makes waves in the distribution of pairwise genetic differences. Molecular Biology and Evolution, 9(3): 552-569.

Ryder O A. 1986. Species conservation and systematics: the dilemma of subspecies. Trends in Ecology & Evolution, 1(1): 9-10.

Saro I, Robledo-Arnuncio J J, González-Pérez M A, et al. 2014. Patterns of pollen dispersal in a small population of the Canarian endemic palm (*Phoenix canariensis*). Heredity, 113(3): 215-223.

Sekiewicz K, Dering M, Romo A, et al. 2018. Phylogenetic and biogeographic insights into long-lived Mediterranean *Cupressus* taxa with a schizo-endemic distribution and Tertiary origin. Botanical Journal of the Linnean Society, 188(2): 190-212.

Slatkin M. 1985. Rare alleles as indicators of gene flow. Evolution, 39(1): 53-65.

Slatkin M. 1987. Gene flow and the geographic structure of natural populations. Science, 236(4803): 787-792.

Sork V L, Nason J, Campbell D R, et al. 1999. Landscape approaches to historical and contemporary gene flow in plants. Trends in Ecology & Evolution, 14(6): 219-224.

Sumner J, Jessop T, Paetkau D, et al. 2004. Limited effect of anthropogenic habitat fragmentation on molecular diversity in a rain forest skink, *Gnypetoscincus queenslandiae*. Molecular Ecology, 13(2): 259-269.

Takayama K, Tanura M, Tateishi Y, et al. 2013. Strong genetic structure over the American continents and transoceanic dispersal in the mangrove genus *Rhizophora* (Rhizophoraceae) revealed by broad-scale nuclear and chloroplast DNA analysis. American Journal of Botany, 100(6): 1191-1201.

Teixeira J C, Huber C D. 2021. The inflated significance of neutral genetic diversity in conservation genetics. Proceedings of the National Academy of Sciences of the United States of America, 118(10): e2015096118.

Wright S. 1931. Evolution in Mendelian populations. Genetics, 16(2): 97-159.

Zhao A L, Chen X Y, Zhang X, et al. 2006. Effects of fragmentation of evergreen broad-leaved forests on genetic diversity of *Ardisia crenata* var. *bicolor* (Myrsinaceae). Biodiversity and Conservation, 15(4): 1339-1351.

第五章　分子生态学技术在濒危植物保护中的应用

第一节　引　　言

生物多样性的维持与生态系统服务功能息息相关（Noss 1990；Loreau et al. 2001；Cardinale et al. 2006；Hooper et al. 2012）。据估计，目前全球物种灭绝速率已达到背景灭绝速率的约 1000 倍（Pimm et al. 2014），越来越多的物种濒临灭绝。生态系统服务功能主要依赖于植物，日益频繁的植物灭绝现象将会影响植物群落与生态系统结构的稳定，进而干扰物质能量循环（吴小巧等 2004）。据统计，中国有 4000～5000 种植物处于濒危或受威胁状态，占植物物种总数的 15%～20%（盛茂银等 2011）。因此，保护濒危植物是生物多样性保护的重要组成部分（Hoffmann & Sgrò 2011）。植物面临濒危状态主要是由于人类过度开发自然资源导致的气候变化（Foley 2005）以及土地利用方式改变（Van Vuuren et al. 2006）导致的众多植物栖息地的大量丧失，同时，小尺度干扰事件如乱砍滥伐或者自然灾害将进一步降低残存种群规模甚至导致植物物种完全灭绝（Van Vuuren et al. 2006）。

改善植物濒危状态的主要策略为就地保护和迁地保护（吴小巧等 2004）。就地保护是在受保护物种所在地区建设自然保护区，通过排除人为干扰等潜在致濒因素就地恢复和保护植物种群，因此是生物多样性保护最直接的方式（陈灵芝 1993）。我国于 1958 年就在云南省建立了西双版纳勐仑自然保护区，对国家野生濒危物种的生活地区进行划圈保护，禁止游客活动干扰（欧阳志勤等 2010）。然而人为因素导致部分濒危植物的原始栖息地破坏殆尽，因而不得不选取与环境因子类似的生境对这些植物进行迁地保护，目前我国受迁地保护的珍稀濒危植物和受威胁植物的数量已达 1500 余种（黄宏文和张征 2012）。尽管传统手段在保护濒危植物上有所成效，但在制定保护策略时往往忽略了物种的遗传因素对种群恢复的影响（Huenneke 1991）。已有研究表明（Booy et al. 2000），由濒危物种有效种群小导致的遗传多样性水平低以及近交衰退能够降低物种的适合度，甚至有可能导致保护失败（Booy et al. 2000）。此外，有些濒危植物能够与近缘种杂交，致使其特有基因库消失，降低其保护价值（Plume et al. 2015）。因此，在对濒危植物进行保护时必须考虑遗传因素并预测其对环境的适应潜力。

令人欣慰的是，随着分子标记技术和高通量测序技术的发展，基因序列甚至基因组数据等遗传信息的获取变得简单可行，这些分子生态学技术正逐渐或者已被广泛应用于濒危植物保护工作中（Laikre 2010）。本章将通过介绍主要的分子生态学技术类型及其在濒危植物保护研究中的实际应用，阐明分子生态学技术在濒危植物保护各环节中的贡献与具体使用方式，为完善保护策略提供有益参考。

第二节　分子生态学技术

分子标记以蛋白质、核酸分子突变为遗传基础，通过在基因水平上检测遗传变异发生的情况以反映生物个体差异（赵淑清和武维华 2000）。分子标记具有一系列的优点，如不受被检测对象发育阶段的影响、重复性高、多态性高，且有些标记表现为共显性，能够区分纯合基因型和杂合基因型，以提供完整的遗传信息（黄映萍 2010）。目前分子标记主要有以下几种：显性分子标记（PCR 产物无法确定，因而无法区分杂合子，只能按条带有无进行分析的分子标记），如随机扩增多态性 DNA（random amplified polymorphic DNA，RAPD）、扩增片段长度多态性（amplified fragment length polymorphism，AFLP）；共显性分子标记（能区分纯合子与杂合子，即二倍体及多倍体染色体特定区段 DNA 上的不同变异都能显现出来，而且可确定扩增产物序列长度的分子标记），如等位酶（allozyme）、限制性片段长度多态性（restriction fragment length polymorphism，RFLP）、简单序列重复（simple sequence repeat，SSR）；基于测序技术的分子标记，如 DNA 条形码（DNA barcode）、简化基因组测序（reduced-representation genome sequencing，RRGS）和全基因组测序（whole-genome sequencing，WGS）等。下文将详述这些分子标记技术的特征与主要应用领域。

一、显性分子标记

（一）RAPD

RAPD 是一种以 PCR 技术为核心的显性标记，利用随机合成的核苷酸序列作为引物，在 PCR 反应中扩增得到基因序列数据（Williams et al. 1990）。RAPD 无须事先得知物种基因组信息，便可用随机引物对基因组的未知区域进行扩增（Bolaric et al. 2005）。然而其存在显性标记的通病，即无法区分纯合子与杂合子（Laikre 2010），重现性较低，容易受到污染（Lynch 1994）。

RAPD 分子标记在 20 世纪 90 年代至 21 世纪初曾被广泛应用于濒危植物遗传多样性评估。采用 RAPD 标记技术比较濒危植物水杉（*Metasequoia glyptostroboides*）野生种群和人工种群的遗传结构，结果表明野生种群的遗传变异低于裸子植物的平均水平，且与野生种群相比，人工种群的遗传变异水平更低，表明在评估物种濒危状态时应充分考虑物种遗传多样性等种群遗传指标（Li et al. 2005）。此外，使用 RAPD 标记对青藏高原多年生特有濒危植物山莨菪（*Anisodus tanguticus*）的种群间和种群内遗传多样性进行评估，发现该物种的遗传变异水平较高且不同种群间遗传分化水平较高，因此在对该物种做出迁地保护或就地保护措施时应考虑从尽可能多的种群中选择基因型不同的个体作为核心种质资源（Zheng et al. 2008）。

（二）AFLP

AFLP 是属于显性标记的一种以 RFLP 标记和 PCR 扩增为核心的多条带基因分型方

法（Arif et al. 2010）。该技术重现性较高且无须提前获取基因组序列信息。更为可贵的是，AFLP 可以进行较全面的基因扫描，获得大量高度可变的标记（Schönswetter et al. 2006）。然而作为一种显性标记，无法区分纯合子和杂合子是该技术的最大不足。

AFLP 在 21 世纪初常用于珍稀濒危植物的遗传多样性和系统发育关系研究（Chikelu & Tohme 2005）。有研究采用 AFLP 技术获取法国阿尔卑斯山脉濒危植物高山刺芹（*Eryngium alpinum*）的 14 个种群的 327 个个体的遗传变异信息，发现该植物的种内遗传多样性水平仍然较高，但是种群间分化程度较低且与地理距离无关，说明花粉或种子主导的基因流受限，种群遗传结构的形成由遗传漂变主导，建议保护具有较高遗传分化水平的种群（Gaudeul et al. 2010）。Fernández-Mazuecos 等（2014）对地中海岛屿伞形科濒危植物 *Naufraga balearica* 的 5 个种群遗传多样性进行评估，基于 AFLP 的分析结果表明该物种的种群间遗传分化水平较高，基因扩散受限，这可能是由于该物种生态位狭窄，分布范围狭小。

二、共显性分子标记

（一）等位酶

等位酶标记属于第一代分子标记，通过提取生物组织中的蛋白质，利用电泳或色谱技术确定特定酶基因位点存在的等位基因（李运贤等 2005），实质是蛋白质编码基因的非同义替换，主要用来检测自然种群的遗传变异（杨洪升等 2017）。等位酶技术属于共显性标记（王中仁 1994），可以区分纯合子和杂合子，但由于等位酶是一类功能性蛋白，可能受到选择，并且主要针对的是蛋白质变异而不是 DNA 水平上的变异。等位酶作为一种保守的标记技术，在基于 PCR 技术的 DNA 分子标记出现前主要用于衡量种群的遗传多样性和遗传结构（王中仁 1994）。

将等位酶技术运用于检测北美濒危植物西洋参（*Panax quinquefolius*）的 32 个野生种群和 12 个人工种群的遗传多样性与遗传结构，发现野生种群内的遗传多样性较低，而种群间的遗传分化水平较高，可能受到较强遗传漂变的影响（Grubbs & Case 2004）。有研究对俄罗斯远东地区的 12 个鱼鳞云杉（*Picea jezoensis*）种群的 20 个酶位点进行等位酶分析，结果表明这些种群的遗传多样性均较高，多态位点为 88.1%（Potenko 2007）。

（二）RFLP

RFLP 是一种早期研发出的共显性标记，可用于定量分析 DNA 序列变异的标记技术，采用不同的限制性内切酶位点可获得不同的酶切片段（Khan et al. 2012），因此专一性较高，可以区分纯合子和杂合子。然而，相对于其他共显性标记，RFLP 的多态性较低，对 DNA 质量要求较高，常用于分析物种亲缘关系和遗传多样性（王和勇等 1999）。

通过 PCR-RFLP 技术分析濒危植物南方红豆杉（*Taxus wallichiana* var. *mairei*）18 个种群的 499 个个体的遗传变异情况，发现该物种的种内遗传多样性较高，且种群间遗传分化水平也较高（张雪梅等 2012）。有研究采用 RFLP 标记技术确定我国 8 个银杏（*Ginkgo biloba*）种群的 158 个个体的遗传结构，结果表明我国西南地区可能是银杏的冰期避难所，可能是由于该地区在冰期免受极端气候波动的影响，据此可考虑将该地区银杏种群作为重点保护对象（Shen et al. 2004）。

（三）SSR

SSR又称为微卫星（microsatellite）或短串联重复序列（short tandem repeat，STR），是由1～6bp的重复单元串联而成的一段DNA序列，通常以双核苷酸串联为主，广泛存在于核基因组、叶绿体基因组和线粒体基因组中，具有多态性高的特点（Bidichandani et al. 1998）。SSR属于共显性标记，可以区分纯合子与杂合子，且重复性好，因此在研究应用中明显优于RAPD、AFLP等显性标记（Wang & Szmidt 2001）。直至今日SSR仍是常用的分子标记，在濒危植物保护中主要应用于评价濒危物种的种内遗传变异，揭示种群历史动态，推断近期导致物种濒危的可能事件（Torres-Diaz et al. 2007）。SSR标记往往具有很高的物种特异性，因此针对不同物种需开发不同类型的SSR引物，尽管此类标记的重复性较好，但是经常由于引物结合区DNA序列变异等出现无效等位基因（null allele）的情况，导致过高估计种群中纯合子的比例。

通过开发10个多态性SSR位点的引物分析濒危植物川蔓藻（*Ruppia maritima*）的遗传多样性，研究发现这些SSR位点具有较高的多态性，各位点等位基因数为2～7个，杂合度为0.24～0.701，这些多态性SSR引物可以进一步为该物种的遗传结构和克隆鉴定提供高质量分子标记，为制定该物种的保护策略提供有益参考（Yu et al. 2009）。研究人员针对活化石物种银杏开发了12个微卫星多态位点，发现每个位点的等位基因数为2～5个，观察杂合度为0.05～0.776，这些标记物可用于该物种保护遗传学研究（Li et al. 2009）。此外，对濒危植物单羽苏铁（*Cycas simplicipinna*）6个种群的115个个体采用微卫星标记获取遗传变异信息，评价其遗传多样性、遗传结构和推断近期种群历史，结果表明单羽苏铁种群间遗传分化程度较高，种群数量近期急剧减少，可能是由于人类活动干扰导致瓶颈效应，为保护该物种提供了理论指导（Feng et al. 2014）。

三、基于测序技术的分子标记

（一）RNA测序技术

目前主流的RNA测序技术为基于高通量测序平台的转录组（transcriptome）测序。该技术能够分析任意物种转录本的结构和表达水平，提供较全面的转录组信息（Zhang et al. 2013）。转录组测序无须预先针对已知序列设计探针，是目前研究濒危植物转录组信息的有力工具。有研究对濒危植物西藏延龄草（*Trillium govanianum*）的多个组织进行转录组测序，通过从头合成（*de novo* synthesis）得到69 174个转录本，结果表明叶片和果实中的某些关键上调基因、下调基因可能是参与甾体皂苷的合成基因，为该濒危植物的保护研究以及栽培利用提供了重要的新发现（Singh et al. 2017）。

Jia等（2019）采用转录组测序技术对濒危植物羌活（*Notopterygium incisum*）的花、叶和茎的转录组进行鉴定，通过基因本体（Gene Ontology，GO）功能注释鉴定出21个与耐寒性相关的基因，为之后展开功能基因组学和保护遗传学研究提供了资源。有研究采用转录组测序技术识别石竹科剪秋罗属濒危植物 *Lychnis kiusiana* 的微卫星标记，结果发现许多微卫星序列与参与植物对光强、盐胁迫、温度刺激和营养缺水反应的基因连锁，为该物种的种质资源保护提供了便捷、高效的分子标记（Park et al. 2019）。

（二）DNA 条形码

DNA 条形码基于一代测序技术，位点易扩增且具有极强的种间通用性，通常仅采用少量的 DNA 位点中的遗传信息完成对物种的鉴定。将样本序列与已知物种对应序列进行比对，若序列完全匹配或具有较高相似度，则分类为同一物种；若差异较大，则可认为是新物种（Hebert et al. 2003）。

DNA 条形码作为植物识别和鉴定的主要工具，主要选择 *matK*、*rbcL* 或 ITS 序列作为候选序列，为鉴定工作提供通用植物条形码（CBOL Plant Working Group 2009）。DNA 条形码主要应用于鉴定濒危物种及其隐存种（Gao & Chen 2009）。有研究选择了 8 种叶绿体基因组序列和 nrITS 序列评估其在鉴定兜兰属濒危植物 *Venus slipper* 中的适用性，结果表明，*matK*+*atp*F-*atp*H+ITS 的多位点组合效率最高，可被用于该濒危植物的鉴定保护（Guo et al. 2016）。有研究利用 *matK*、*rbcL*、*trn*H-*psb*A、*trn*L-F、ITS 5 个候选植物 DNA 条形码区域对欧亚大陆的红豆杉属（*Taxus*）的 47 个个体进行物种鉴定分类，结果表明这些标记可精确鉴定出欧洲红豆杉（*T. baccata*）、东北红豆杉（*T. cuspidata*）、密叶红豆杉（*T. fuana*）和南洋红豆杉（*T. sumatrana*）等 4 个物种，可作为快速鉴定红豆杉属濒危物种的可靠标记（Liu et al. 2011）。此外，基于上述 DNA 条形码序列信息，可构建不同物种或种内不同个体的系统发育树，深入分析物种进化历程（Carstens 2007）。

（三）简化基因组测序

高通量测序能一次对几十万甚至几百万条 DNA 分子序列进行测定，生成大量序列数据，大大降低了核酸测序的单碱基成本并提高了生物信息获取效率（Ekblom & Galindo 2011）。简化基因组测序通过对基因组 DNA 进行酶切后再建库测序，不受参考基因组的限制，总体可覆盖目标物种部分基因组范围（Davey et al. 2013）。简化基因组测序主要有 2 种，即限制性位点相关 DNA 测序（restriction site-associated DNA sequencing，RAD-seq）和基因分型测序（genotyping-by-sequencing，GBS）（Andrews & Luikart 2014）。简化基因组测序大部分基于限制性位点标签进行测序，主要用于高密度标记的研究，采用基因注释技术并筛选单核苷酸多态性（single nucleotide polymorphism，SNP）位点，比较基因组分析，发掘出与环境适应相关的形态和生理功能基因位点，可以准确地结合地理、环境因素揭示濒危植物的进化过程和致濒机制，甚至能够发现与物种适应环境有关的关键次生代谢物的合成基因（Schuster 2008）。GBS 技术以甲基化敏感酶为限制性内切酶，可以避开基因组的重复区域，适用于大样本复杂基因组的基因分型（Sonah et al. 2015）。

有研究利用 RAD-seq 技术开发了 10 个多态微卫星标记和 27 个单态微卫星标记，分析来自 9 个种群 333 个水松（*Glyptostrobus pensilis*）的多态性，结果表明每个位点的等位基因数量有 1～14 个，10 个多态性标记物中有 9 个可以在亲缘关系较近的落羽杉

(*Taxodium distichum*)中成功扩增，为该物种的保护和恢复工作提供工具(Wang et al. 2019)。有研究利用RAD-seq技术开发濒危植物羊踯躅(*Rhododendron molle*)的全基因组SSR标记，并对其3个种群的63个个体进行验证，结果表明二核苷酸多态性是该物种丰富度最高的重复序列，有助于研究羊踯躅及其近缘种的遗传多样性和遗传结构(刘梦露等 2018)。

(四)全基因组测序

测序技术的飞速发展推进了全基因组测序的发展，读长较长的测序技术保证了基因组组装的质量及其完整度。全基因组单核苷酸多态性可以为濒危植物挖掘大量更深层次的种内系统发育结构的信息(Jeffries et al. 2016)，并且目前已应用于推断濒危物种的有效种群大小(Klicka et al. 2016)。有研究对亚洲东北部特有的濒危藻类丝状分枝褐藻(*Coccophora langsdorfii*)的质体基因组和线粒体基因组进行完整测序，并与褐藻科其他物种的质体基因组比较，结果发现其质体基因组为124 450bp，线粒体基因组为35 660bp，其结构和基因含量与褐藻科其他物种相似，但表现出较大的结构重组，其中29个细胞器蛋白基因可以有效地解决该物种的系统发育问题(Graf et al. 2017)。有研究对南洋杉科珍稀濒危植物瓦勒迈杉(*Wollemia nobilis*)进行全基因组测序，通过比较瓦勒迈杉的质体基因组和南洋杉科以及罗汉松科的叶绿体基因组，推断该物种的基因组结构和进化过程，为保护瓦勒迈杉的遗传多样性提供数据支持(Yap et al. 2015)。

有研究对极度濒危植物天目铁木(*Ostrya rehderiana*)和广泛分布的多脉铁木(*O. multinervis*)的基因组进行测序与拼装，结合对2个物种野生个体的基因组重测序以明确天目铁木的致濒机制，结果表明与多脉铁木相比，天目铁木积累了更多的有害突变，但是也清除了大量有害隐性变异，逐渐减少的近交衰退也在一定程度上减轻了其灭绝的风险，未来可通过设计人工杂交策略以减少近亲繁殖，提高后代适合度(Yang et al. 2018)。

总体而言，随着高通量测序技术的发展，基于测序技术的组学分析手段逐渐取代了基于单个基因测序与非测序技术的DNA分子标记技术，成为生态与进化研究的主流技术手段，同时基于这些技术的特点，关于濒危植物遗传因素的研究也正从关注遗传变异水平、遗传结构以及由此推测出的种群间基因流、遗传漂变和种群历史动态格局，向由功能决定的性状对变化环境的适应能力的研究方向转变，更为全面地揭示濒危植物的致濒机制。

第三节 分子生态学技术在濒危植物保护各环节中的应用

保护濒危植物主要有以下4个环节：正确鉴定濒危植物，明确历史致濒机制，揭示当代致濒机制和制定合理的保护策略。基于测序技术的DNA条形码可以准确鉴定出濒危物种，利用包括基因组学在内的大量分子生态学技术可以深度挖掘濒危植物的遗传信息，不仅可以了解种群历史动态，还可以根据其对环境的响应，找出关联基因，揭示历史与当代致濒机制，并结合空间遗传格局以及种内不同支系的进化历程提出合理的保护策略。

一、正确鉴定濒危植物

基于测序技术的 DNA 条形码在物种识别方面显示出了巨大的潜力，特别是对近缘种（Li et al. 2015）。有研究对棕榈科（Palmae）植物的 10 个物种进行鉴定来比较 *matK* 和 *rbcL* 基因对棕榈科植物的鉴定效果。结果表明这两个基因均表现出较高的扩增效率，其中通过 *matK* 基因对棕榈科植物的鉴定准确率高达 90%（Naeem et al. 2014）。有研究对珍稀濒危物种沉香属（*Aquilaria*）7 个物种中提取的 24 个个体进行物种鉴定，结果表明 *trn*L-*trn*F+ITS2 的组合可以很好地区分沉香属物种，有助于规范沉香市场进而保护沉香属濒危植物（Lee et al. 2016）。

此外，杂交引发的基因渐渗也可能导致濒危植物特有的基因库被近缘物种基因库逐渐取代，进而降低保护价值，然而基因渐渗往往不会导致个体产生明显的形态变化，故必须借助 DNA 条形码技术，通过检验细胞质（叶绿体与线粒体基因）、细胞核基因进化格局的一致性判断是否发生基因渐渗。由于杂交可以增加或减少海洋岛屿上的植物多样性，某种情况下可能引起濒危物种的灭绝或新物种的形成，DNA 条形码技术可以对近缘种的杂交动态进行鉴定，对于制定海洋岛屿濒危植物保护策略具有重大价值（Crawford & Stuessy 2016）。

更为重要的是，DNA 条形码技术的广泛应用使得在很多濒危植物物种中发现隐存种的存在，根据各隐存种种群大小、分布状况与遗传多样性水平等因素，进一步区分保护对象并细化保护策略（徐伟和车静 2019）。

二、明确历史致濒机制

遗传多样性水平很大程度上决定了物种对环境的适应潜力（Hamrick & Godt 1996）。对于濒危物种来说，由于历史上发生过的重大地质事件（如第四纪冰期）造成种群规模快速缩减，会导致严重的取样偏差效应与遗传漂变，致使遗传多样性丧失，个体适合度下降，最终形成目前的濒危状态（Hamrick & Godt 1996）。因此通过分子生态学技术，基于当前残留种群中的遗传变异，计算有效种群大小及其历史动态，将分析结果与重大地质事件发生的年代进行匹配，可以揭示历史致濒机制（Yang et al. 2018）。

有研究基于叶绿体 DNA 基因组测序和核 DNA 基因组测序对中国特有的茜草科濒危植物丁茜（*Trailliaedoxa gracilis*）进行遗传多样性和遗传结构分析，结果表明该物种种群总体遗传多样性较高，而各种群内平均遗传多样性较低，体现出明显的空间遗传结构；基于种群历史动态分析发现在更新世冰期-间冰期出现了明显的瓶颈效应，表明该物种的濒危状态与末次冰期有关；在现存的丁茜种群中，春江、鹿泉、玉溪的种群叶绿体 DNA 序列的单倍型多样性最高，应给予优先保护（Jia et al. 2016）。采用全基因组从头（*de novo*）合成技术对分布在印度-马来亚海岸（Indo-Malayan coast）的 6 种濒危红树植物的 26 个种群进行遗传多样性评估，结果表明遗传多样性均较低且有效种群较小，物种的减少与过去海平面变化的速度密切相关，遗传多样性下降使得该物种无法适应急剧变化的环境，因此需要在红树林所在地建立保护区以避免不合理开发导致物种遗传多样性的进一步下降（Guo et al. 2018）。

三、揭示当代致濒机制

人类活动也是造成濒危植物种群规模急剧缩小的重要影响因素。人类活动能够快速破坏原有生境，造成生境片断化，导致濒危植物的栖息地锐减（Kerr & Deguise 2004）；同时也能通过环境污染与诱发生物入侵等方式，在短时间内进一步威胁残存种群的维持（Lavergne et al. 2005；Fenu et al. 2017）。研究近期人类活动造成的干扰对物种遗传组成产生的影响能够反映濒危物种的致濒机制。分子生态学技术的应用可以发掘濒危物种近期种群动态，并且基因组学技术可以帮助确定环境适应相关基因，为濒危植物的生物多样性保护开发监测工具（Khan et al. 2016；Vonholdt et al. 2018）。因此，目前已有越来越多的研究采用分子生态学技术检验人类活动对濒危植物的影响。

人类干扰导致生境片断化，造成种群遗传多样性快速下降，并对残存种群产生强烈的隔离效应，使种群间基因流受限，加剧遗传漂变，威胁遗传多样性的长期维持（Oostermeijer et al. 2003；Vranckx et al. 2011）。通过挖掘遗传变异信息可进一步分析、检验上述人为干扰机制，帮助制订明确的保护方案。基于 HiSeq 测序平台，研究人员利用低覆盖率的简化基因组测序技术对中国东部濒危植物银缕梅（*Shaniodendron subaequale*）两个种群的遗传变异信息进行检测，分析其遗传多样性和遗传结构，发现该物种总体遗传多样性较高且种群间遗传分化水平较高，推断种群间的基因流较弱，可能是长期的地理隔离或遗传漂变导致该物种濒临灭绝（Zhang et al. 2018）。

此外，借鉴在广泛分布的物种中发现的与抵抗病原体和环境适应相关的基因，也能从濒危植物基因组信息中获取近期遭受环境胁迫的信号，帮助诊断威胁物种生存的关键环境因子（Lanes et al. 2018）。例如，通过高通量转录组测序对我国特有的两种濒危高山草本植物羌活和宽叶羌活（*N. franchetii*）进行高海拔环境适应的分子机制研究，共鉴定出 381 个阳性候选基因，通过筛选推断可能至少有 18 个参与植物与病原菌的相互作用通路，进一步丰富了与环境胁迫相关的功能基因研究，为该物种的保护尤其是重点保护种群或个体的选择提供深入的数据支持（Jia et al. 2017）。

四、制定合理的保护策略

在制定保护策略以及保护实践过程中，如何确定优先保护种群或个体是一大难题。目前通过确定濒危植物的进化显著单元（evolutionary significant unit，ESU）和管理单元（management unit，MU）已成为确定濒危物种优先保护对象的主要途径（Peters et al. 2016），进化显著单元是指濒危物种中存在多个单系群，某些单系群与其他单系群间彼此经历了长时间的生殖隔离，有着不同的进化路线与独特的基因库，因而具有显著的进化意义与较高的保护价值（Moritz 1994）。管理单元指的是在核基因水平上与其他种群存在显著遗传差异的种群，这些种群是濒危植物遗传多样性的重点保护对象（Lanes et al. 2018）。因此，鉴定进化显著单元是从进化角度明确濒危植物的保护重点，尽量保存该物种的进化潜力（Mace 2014）；而管理单元的确定则有助于物种现有遗传多样性的长期维持（Lanes et al. 2018）。

进化显著单元已成功运用于众多濒危植物保护策略的制定中。基于多重简单重复序列间扩增的基因分型测序（multiplexed ISSR genotyping by sequencing，MIG-seq）技术对墨西哥西北部的濒危苏铁植物索诺拉双子铁（*Dioon sonorense*）6 个种群中 96 个个体的遗传结构进行评估（这些个体代表了墨西哥分布范围内的北方和南方两个系统地理单元），结果表明北方与南方地区种群间存在较大的系统发育距离，说明两个地区属于两个不同的进化显著单元，均具有较高的保护价值（Gutiérrez-Ortega et al. 2018）。以已有苹果全基因组序列为参考，采用简化基因组测序综合分析中国特有濒危物种新疆野苹果（*Malus sieversii*）6 个种群的遗传多样性和亲缘关系，结果发现了 3 个独立的谱系，因而提出新疆野苹果具有 3 个需要得到重点保护的进化显著单元(Lopez & Barreiro 2013)。

许多濒危植物保护决策中也采用了管理单元分析。Lee 等（2018）利用简化基因组测序技术对韩国郁陵岛特有的柴胡属濒危植物 *Bupleurum latissimum* 进行微卫星位点引物开发，共计开发了 26 个多态性微卫星位点，有助于了解该物种的遗传多样性从而制定合适的保护策略。Lopez 和 Barreiro（2013）采用菊科濒危植物 *Centaurea borjae* 的叶绿体 DNA 非编码区域序列对该物种的遗传结构进行分析，发现显著的遗传差异存在于 4 个种群间，且这 4 个种群都已长期、稳定存在，因此应该确立 4 个管理单元，分别对这 4 个种群进行重点保护以确保该物种遗传多样性的长期维持。

综上所述，分子生态学技术在濒危植物保护中的应用已全面渗透保护流程的各个阶段，从正确鉴定濒危物种，到推断和揭示历史与当代致濒机制，最终参与制定合理的保护策略。此外，在分子标记的应用方面，可以看出随着时间推移具有从使用单分子标记，到采用多分子标记，再到采用基因组学技术的变化趋势。这些技术上的进步也使得具体研究从仅针对遗传多样性、基因流与种群历史动态分析向生物、物理环境因子对物种适合度的具体影响发展，以期获得更全面、完善的保护手段。

第四节　总结与展望

人类的干扰使得生境破碎化、生存环境日益恶化，从而导致物种对环境的适应能力发生变化。因此，通过基因组手段，将环境因子变化与相关植物性状变异建立联系，进而关联遗传变异并确定相关功能基因，将会成为今后采用分子生态学技术研究濒危植物的重点领域。通过全基因组关联分析（genome-wide association study，GWAS）或遗传图谱技术可以查找调控性状变异的关键基因，目前使用较多的是简化基因组测序，随着技术的更新进步、成本的降低，在未来基于全基因组范围的研究将应用于濒危植物的保护研究中。

人类活动导致生物入侵也是重要的致濒机制，由于外来物种在其入侵前期不易察觉，人类往往错过这一防控生物入侵的关键时机。研究利用从环境样品如土壤、沉积物、水中获得的遗传物质即环境 DNA（Thomsen & Willerslev 2015），不仅可以测定环境生物多样性，监测濒危植物，还可以检测入侵物种，对生物入侵进行早期预警，帮助保护区尽早防控潜在的生物入侵事件（Andersen et al. 2012；Bohmann 2014）。已有研究采用基于高通量测序技术的DNA宏条形码技术鉴定野生花卉样本中的物种类别，发现存在昆虫和陆生节肢动物的DNA，为濒危植物的害虫管理和可能的生物入侵事件提供了数据支持与早期预警（Thomsen & Sigsgaard 2019）。尽管环境DNA受限于可用于比对的已有生物条形码数量，但是随着DNA条形码数据库的日益完善，可进一步提高环境DNA技术的鉴定精度，未来，环境DNA技术将成为濒危植物保护的必要手段。

另外，对濒危植物进行迁地保护时往往仅关注引种地的物理环境，而对当地微生物区系尤其是植物共生菌和致病微生物缺乏足够的认识，因此也需要采用环境DNA技术对引种地的土壤样本进行测序分析，确定土壤微生物物种组成，进而评估土壤生物环境对引种的潜在影响（Batty et al. 2001）。同时通过收集环境样本也可以对其他生物类群进行鉴定并推测各物种对濒危物种的影响。有研究对兰科植物金属太阳兰（*Thelymitra epipactoides*）的附生真菌进行分离并利用*ITS*、*NLSU1*、*NLSU2*和*mtLSU*基因对植物真菌及其土壤样品进行测序，结果表明该物种与土壤中的真菌等微生物存在明显的共生关系，在对该兰花植物进行引种保护时，可以考虑引入多种真菌（Noushka et al. 2018）。

分子生态学技术已被广泛应用于濒危植物保护工作中，未来研究中随着高通量测序技术的更新进步与测序成本的降低，基于该技术的基因组学分析手段将会逐渐占据主导地位，深入研究植物濒危状态与其生境变化间的关系。同时，环境DNA技术的广泛应用也将提高人们对濒危物种所处生物环境的认识，为制定保护策略提供必要的基础信息。

撰稿人：王晴晴，王　嵘，陈小勇

主要参考文献

陈灵芝. 1993. 中国的生物多样性现状及其保护对策. 北京: 科学出版社.

黄宏文, 张征. 2012. 中国植物引种栽培及迁地保护的现状与展望. 生物多样性, 20(5): 559-571.

黄映萍. 2010. DNA分子标记研究进展. 中山大学研究生学刊(自然科学、医学版), 31(2): 27-36.

李运贤, 李玉英, 邢倩. 2005. 植物多样性的分子生物学研究方法. 南阳师范学院学报, 4(9): 52-56.

刘梦露, 戴亮芳, 程马龙, 等. 2018. 濒危植物羊踯躅全基因组SSR标记开发与鉴定研究. 西北植物学报, 38(5): 850-857.

欧阳志勤, 杨硕, 卢蕾吉, 等. 2010. 云南珍稀濒危植物的保护现状与对策. 环境科学导刊, 29(5): 31-35.

盛茂银, 沈初泽, 陈祥, 等. 2011. 中国濒危野生植物的资源现状与保护对策. 自然杂志, 33(3): 149-154.

王和勇, 陈敏, 廖志华, 等. 1999. RFLP、RAPD、AFLP分子标记及其在植物生物技术中的应用. 生物学杂志, 16(4): 24-25.

王中仁. 1994. 等位酶分析的遗传学基础. 生物多样性, 2(3): 149-156.

吴小巧, 黄宝龙, 丁雨龙. 2004. 中国珍稀濒危植物保护研究现状与进展. 南京林业大学学报(自然科学版), 28(2): 72-76.

徐伟, 车静. 2019. 从隐存种到我国生物多样性保护研究: 现状与展望. 中国科学: 生命科学, 49(4): 519-530.

杨洪升, 王悦, 王长宝, 等. 2017. 植物遗传多样性研究方法进展. 中国科技信息, (15): 47-48.

张雪梅, 李德铢, 高连明. 2012. 南方红豆杉谱系地理学研究. 西北植物学报, 32(10): 1983-1989.

赵淑清, 武维华. 2000. DNA分子标记和基因定位. 生物技术通报, (6): 1-4.

Andersen K, Bird K L, Rasmussen M, et al. 2012. Meta-barcoding of 'dirt' DNA from soil reflects vertebrate

biodiversity. Molecular Ecology, 21(8): 1966-1979.
Andrews K R, Luikart G. 2014. Recent novel approaches for population genomics data analysis. Molecular Ecology, 23(7): 1661-1667.
Arif I A, Bakir M A, Khan H A, et al. 2010. A brief review of molecular techniques to assess plant diversity. International Journal of Molecular Sciences, 11(5): 2079-2096.
Batty A L, Dixon K W, Sivasithamparam M B. 2001. Constraints to symbiotic germination of terrestrial Orchid seed in a Mediterranean Bushland. New Phytologist, 152(3): 511-520.
Bidichandani S I, Ashizawa T, Patel P I. 1998. The GAA triplet-repeat expansion in Friedreich ataxia interferes with transcription and may be associated with an unusual DNA structure. American Journal of Human Genetics, 62(1): 111-121.
Bohmann K. 2014. Erratum to environmental DNA for wildlife biology and biodiversity monitoring. Trends in Ecology & Evolution, 29(6): 358-367.
Bolaric S, Barth S, Melchinger A E. 2005. Genetic diversity in European perennial ryegrass cultivars investigated with RAPD markers. Plant Breeding, 124(2): 161-166.
Booy G, Hendriks R J J, Smulders M J M, et al. 2000. Genetic diversity and the survival of populations. Plant Biology, 2(4): 379-395.
Cardinale B J, Srivastava D S, Duffy J E, et al. 2006. Effects of biodiversity on the functioning of trophic groups and ecosystems. Nature, 443(7114): 989-992.
Carstens K B C. 2007. Delimiting species without monophyletic gene trees. Systematic Biology, 56(6): 887-895.
CBOL Plant Working Group. 2009. A DNA barcode for land plants. Proceedings of the National Academy of Sciences of the United States of America, 106(31): 12794-12797.
Chikelu M, Tohme J. 2005. Use of AFLP markers in surveys of plant diversity. Methods in Enzymology, 395: 177-201.
Crawford D J, Stuessy T F. 2016. Cryptic variation, molecular data, and the challenge of conserving plant diversity in oceanic archipelagos: the critical role of plant systematics. Korean Journal of Plant Taxonomy, 46(2): 129-148.
Davey J W, Cezard T, Fuentes-Utrilla P, et al. 2013. Special features of RAD sequencing data: implications for genotyping. Molecular Ecology, 22(11): 3151-3164.
Ekblom R, Galindo J. 2011. Applications of next generation sequencing in molecular ecology of non-model organisms. Heredity, 107(1): 1-15.
Feng X, Wang Y, Gong X. 2014. Genetic diversity, genetic structure and demographic history of *Cycas simplicipinna* (Cycadaceae) assessed by DNA sequences and SSR markers. BMC Plant Biology, 14(1): 187.
Fenu G, Bacchetta G, Giacanelli V, et al. 2017. Conserving plant diversity in Europe: outcomes, criticisms and perspectives of the habitats directive application in Italy. Biodiversity and Conservation, 26(2): 309-328.
Fernández-Mazuecos M, Jiménez-Mejías P, Rotllan-Puig X, et al. 2014. Narrow endemics to Mediterranean islands: moderate genetic diversity but narrow climatic niche of the ancient, critically endangered *Naufraga* (Apiaceae). Perspectives in Plant Ecology, Evolution and Systematics, 16(4): 190-202.
Foley J A. 2005. Global consequences of land use. Science, 309(5734): 570-574.
Gao T, Chen S L. 2009. Authentication of the medicinal plants in Fabaceae by DNA barcoding technique. Planta Medica, 75(4): 417.
Gaudeul M, Taberlet P, Tillbottraud I. 2010. Genetic diversity in an endangered alpine plant, *Eryngium alpinum* L. (Apiaceae), inferred from amplified fragment length polymorphism markers. Molecular Ecology, 9(10): 1625-1637.
Graf L, Kim Y J, Cho G Y, et al. 2017. Plastid and mitochondrial genomes of *Coccophora langsdorfii* (Fucales, Phaeophyceae) and the utility of molecular markers. PLoS One, 12(11): e0187104.
Grubbs H J, Case M A. 2004. Allozyme variation in American ginseng (*Panax quinquefolius* L.): variation, breeding system, and implications for current conservation practice. Conservation Genetics, 5(1): 13-23.

Guo Y Y, Huang L Q, Liu Z J, et al. 2016. Promise and challenge of DNA barcoding in Venus slipper (*Paphiopedilum*). PLoS One, 11(1): e0146880.

Guo Z, Li X, He Z, et al. 2018. Extremely low genetic diversity across mangrove taxa reflects past sea level changes and hints at poor future responses. Global Change Biology, 24(4): 1741-1748.

Gutiérrez-Ortega J S, Jiménez-Cedillo K, Pérez-Farrera M A, et al. 2018. Considering evolutionary processes in cycad conservation: identification of evolutionarily significant units within *Dioon sonorense* (Zamiaceae) in northwestern Mexico. Conservation Genetics, 19(5): 1069-1081.

Hamrick J L, Godt M J W. 1996. Conservation genetics of endemic plant species. *In*: John C A, James L H, Anna C T. Conservation Genetics: Case Histories from Nature. New York: Chapman and Hall: 281-304.

Hebert P D N, Cywinska A, Ball S L, et al. 2003. Biological identification through DNA barcodes. Proceedings of the Royal Society B: Biological Sciences, 270(1512): 313-321.

Hoffmann A A, Sgrò C M. 2011. Climate change and evolutionary adaptation. Nature, 470(7335): 479-485.

Hooper D U, Adair E C, Cardinale B J, et al. 2012. A global synthesis reveals biodiversity loss as a major driver of ecosystem change. Nature, 486(7401): 105-108.

Huenneke L F. 1991. Ecological implications of genetic variation in plant populations. *In*: Falk D A, Holsinger K E. Genetics and Conservation of Rare Plants. Oxford: Oxford University Press: 31-44.

Jeffries D L, Copp G H, Handley L L, et al. 2016. Comparing RAD-seq and microsatellites to infer complex phylogeographic patterns, an empirical perspective in the crucian carp, *Carassius carassius*, L. Molecular Ecology, 25(13): 2997-3018.

Jia J, Zeng L, Gong X, et al. 2016. High genetic diversity and population differentiation in the critically endangered plant species *Trailliaedoxa gracilis* (Rubiaceae). Plant Molecular Biology Reporter, 34(1): 327-338.

Jia Y, Bai J Q, Liu M L, et al. 2019. Transcriptome analysis of the endangered *Notopterygium incisum*: cold-tolerance gene discovery and identification of EST-SSR and SNP markers. Plant Diversity, 41(1): 1-6.

Jia Y, Liu M, Yue M, et al. 2017. Comparative transcriptome analysis reveals adaptive evolution of *Notopterygium incisum* and *Notopterygium franchetii*, two high-alpine herbal species endemic to China. Molecules, 22(7): 1158.

Kerr J T, Deguise I. 2004. Habitat loss and the limits to endangered species recovery. Ecology Letters, 7(12): 1163-1169.

Khan S, Alqurainy F, Nadeem M, et al. 2012. Biotechnological approaches for conservation and improvement of rare and endangered plants of Saudi Arabia. Saudi Journal of Biological Sciences, 19(1): 1-11.

Khan S, Nabi G, Ullah M W, et al. 2016. Overview on the role of advance genomics in conservation biology of endangered species. International Journal of Genomics, 2016(5): 3460416.

Klicka L B, Kus B E, Title P O, et al. 2016. Conservation genomics reveals multiple evolutionary units within Bell's Vireo (*Vireo bellii*). Conservation Genetics, 17(2): 455-471.

Laikre L. 2010. Genetic diversity is overlooked in international conservation policy implementation. Conservation Genetics, 11(2): 349-354.

Lanes E C, Pope N S, Ronnie A, et al. 2018. Landscape genomic conservation assessment of a narrow-endemic and a widespread morning glory from Amazonian Savannas. Frontiers in Plant Science, 9: 532.

Lavergne S, Thuiller W, Molina J, et al. 2005. Environmental and human factors influencing rare plant local occurrence, extinction and persistence: a 115-year study in the Mediterranean region. Journal of Biogeography, 32(5): 799-811.

Lee J, Yoon C Y, Han E, et al. 2018. Development of 26 microsatellite markers in *Bupleurum latissimum* (Apiaceae), an endangered plant endemic to Ulleung Island, Korea. Applications in Plant Sciences, 6(4): e1144.

Lee S Y, Ng W L, Mahat M N, et al. 2016. DNA barcoding of the endangered *Aquilaria* (Thymelaeaceae) and its application in species authentication of agarwood products traded in the market. PLoS One, 11(4):

e0154631.

Li X, Yang Y, Henry R J, et al. 2015. Plant DNA barcoding: from gene to genome. Biological Reviews, 90(1): 157-166.

Li Y Y, Zang L P, Chen X Y. 2009. Development of polymorphic microsatellite markers for *Ginkgo biloba* L. by database mining. Conservation Genetics Resources, 1(1): 81-83.

Li Y, Chen X, Zhang X, et al. 2005. Genetic differences between wild and artificial populations of *Metasequoia glyptostroboides*: implications for species recovery. Conservation Biology, 19(1): 224-231.

Liu J, Möller M, Gao L M, et al. 2011. DNA barcoding for the discrimination of Eurasian yews (*Taxus* L. Taxaceae) and the discovery of cryptic species. Molecular Ecology Resources, 11(1): 89-100.

Lopez L, Barreiro R. 2013. Patterns of chloroplast DNA polymorphism in the endangered polyploid *Centaurea borjae* (Asteraceae): implications for preserving genetic diversity. Journal of Systematics and Evolution, 51(4): 451-460.

Loreau M, Naeem S, Inchausti P, et al. 2001. Biodiversity and ecosystem functioning: current knowledge and future challenges. Science, 294(5543): 804-808.

Lynch M. 1994. Analysis of population genetic structure with RAPD markers. Molecular Ecology, 3(2): 91-99.

Mace G M. 2014. Whose conservation? Science, 345(6204): 1558-1560.

Moritz C. 1994. Defining 'Evolutionarily Significant Units' for conservation. Trends in Ecology & Evolution, 9(10): 373-375.

Naeem A, Khan A A, Cheema H M N, et al. 2014. DNA barcoding for species identification in the Palmae family. Genetics and Molecular Research, 13(4): 10341-10348.

Noss R F. 1990. Indicators for monitoring biodiversity: a hierarchical approach. Conservation Biology, 4(4): 355-364.

Noushka R, Lawrie A C, Linde C C. 2018. Matching symbiotic associations of an endangered orchid to habitat to improve conservation outcomes. Annals of Botany, 122(6): 947-959.

Oostermeijer J G B, Luijten S H, Nijs J C M D. 2003. Integrating demographic and genetic approaches in plant conservation. Biological Conservation, 113(3): 389-398.

Park S, Son S, Shin M, et al. 2019. Transcriptome-wide mining, characterization, and development of microsatellite markers in *Lychnis kiusiana* (Caryophyllaceae). BMC Plant Biology, 19(1): 14.

Peters J L, Lavretsky P, Dacosta J M, et al. 2016. Population genomic data delineate conservation units in mottled ducks (*Anas fulvigula*). Biological Conservation, 203: 272-281.

Pimm S L, Jenkins C N, Abell R, et al. 2014. The biodiversity of species and their rates of extinction, distribution, and protection. Science, 344(6187): 1246752.

Plume O, Raimondo F M, Troia A. 2015. Hybridization and competition between the endangered sea marigold (*Calendula maritime*, Asteraceae) and a more common congener. Plant Biosystems, 149(1): 68-77.

Potenko V V. 2007. Allozyme variation and phylogenetic relationships in *Picea jezoensis* (Pinaceae) populations of the Russian Far East. Biochemical Genetics, 45(3-4): 291-304.

Schönswetter P, Popp M, Brochmann C. 2006. Central Asian origin of and strong genetic differentiation among populations of the rare and disjunct *Carex atrofusca* (Cyperaceae) in the Alps. Journal of Biogeography, 33(5): 948-956.

Schuster S C. 2008. Next-generation sequencing transforms today's biology. Nature Methods, 5(1): 16.

Shen L, Chen X Y, Zhang X, et al. 2004. Genetic variation of *Ginkgo biloba* L. (Ginkgoaceae) based on cpDNA PCR-RFLPs: inference of glacial refugia. Heredity, 94(4): 396-401.

Singh P, Singh G, Bhandawat A, et al. 2017. Spatial transcriptome analysis provides insights of key gene(s) involved in steroidal saponin biosynthesis in medicinally important herb *Trillium govanianum*. Scientific Reports, 7: 45295.

Sonah H, O'Donoughue L, Cober E, et al. 2015. Identification of loci governing eight agronomic traits using a GBS-GWAS approach and validation by QTL mapping in soya bean. Plant Biotechnology Journal, 13(2): 211-221.

Thomsen P F, Sigsgaard E E. 2019. Environmental DNA metabarcoding of wild flowers reveals diverse communities of terrestrial arthropods. Ecology and Evolution, 9(4): 1665-1679.

Thomsen P F, Willerslev E. 2015. Environmental DNA: An emerging tool in conservation for monitoring past and present biodiversity. Biological Conservation, 183: 4-18.

Torres-Diaz C, Ruiz E, Gonzalez F, et al. 2007. Genetic diversity in *Nothofagus alessandrii* (Fagaceae), an endangered endemic tree species of the coastal Maulino forest of central Chile. Annals of Botany, 100(1): 75-82.

Van Vuuren D P, Sala O E, Pereira H M, et al. 2006. The future of vascular plant diversity under four global scenarios. Ecology and Society, 11(2): 25.

Vonholdt B M, Brzeski K E, Wilcove D S, et al. 2018. Redefining the role of admixture and genomics in species conservation. Conservation Letters, 11(2): e12371.

Vranckx G, Jacquemyn H, Muys B, et al. 2011. Meta-analysis of susceptibility of woody plants to loss of genetic diversity through habitat fragmentation. Conservation Biology, 26(2): 228-237.

Wang G T, Wang Z F, Wang R J, et al. 2019. Development of microsatellite markers for a monotypic and globally endangered species, *Glyptostrobus pensilis* (Cupressaceae). Applications in Plant Sciences, 7(2): e01217.

Wang X R, Szmidt A E. 2001. Molecular markers in population genetics of forest trees. Scandinavian Journal of Forest Research, 16(3): 199-220.

Williams J G K, Kubelik A R, Livak K J, et al. 1990. DNA polymorphisms amplified by arbitrary primers are useful as genetic markers. Nucleic Acids Research, 18(22): 6531-6535.

Yang Y, Ma T, Wang Z, et al. 2018. Genomic effects of population collapse in a critically endangered ironwood tree *Ostrya rehderiana*. Nature Communications, 9(1): 5449.

Yap J S, Thore R, Abigail G, et al. 2015. Complete chloroplast genome of the Wollemi Pine (*Wollemia nobilis*): structure and evolution. PLoS One, 10(6): e0128126.

Yu S, Cui M Y, Liu B, et al. 2009. Development and characterization of microsatellite loci in *Ruppia maritima* L. (Ruppiaceae). Conservation Genetics Resources, 1(1): 241-243.

Zhang L, Yan H F, Wu W, et al. 2013. Comparative transcriptome analysis and marker development of two closely related Primrose species (*Primula poissonii* and *Primula wilsonii*). BMC Genomics, 14(1): 329.

Zhang Y Y, Shi E, Yang Z P, et al. 2018. Development and application of genomic resources in an endangered palaeoendemic tree, *Parrotia subaequalis* (Hamamelidaceae) from Eastern China. Frontiers in Plant Science, 9: 246.

Zheng W, Wang L, Meng L, et al. 2008. Genetic variation in the endangered *Anisodus tanguticus* (Solanaceae), an alpine perennial endemic to the Qinghai-Tibetan Plateau. Genetica, 132(2): 123-129.

第六章　分子遗传学在极小种群野生植物保护中的应用

第一节　引　　言

植物在维系地球生态系统平衡中具有重要作用，因此了解植物多样性的分布模式并探寻其维持机制具有重要意义。极小种群野生植物指的是受内外因素胁迫干扰而濒临灭绝的物种，针对极小种群野生植物保护的重要方向之一是了解其致濒机制并根据致濒机制制订相应的保护方案。分子遗传学可揭示物种的遗传多样性模式，探究物种的致濒过程从而了解物种的致濒机制。随着分子生物学技术的发展，尤其是聚合酶链反应（polymerase chain reaction，PCR）和DNA测序技术（DNA sequencing technology）的普及应用，相关遗传学理论不断发展，通过遗传学数据能够准确解析极小种群野生植物生态与进化的关键问题。本章将从遗传学基本原理及其在极小种群野生植物保护工作中的应用进行介绍，深入探讨极小种群野生植物生境破碎化的遗传效应及关键致濒因素，为实现物种高效保护提供理论基础。

第二节　极小种群野生植物形成的遗传学基础

一、遗传多样性、基因流与有效种群大小

生物多样性是地球生命系统漫长而艰巨的进化结果，其形成与维持是生态学研究的焦点。近年来生物多样性的保护面临巨大挑战，其中自然生态系统的恶化、人为过度开采、全球气候变化等威胁因素加剧生境破碎化并导致野生植物陷入灭绝的险境（覃海宁和赵莉娜 2017）。极小种群野生植物是指因长期受到内外因素胁迫干扰作用而呈现出种群规模极小、分布地区狭窄、自然更新极差等典型脆弱性特征从而面临极高的灭绝风险，国家急需优先抢救的重点保护濒危植物（臧润国等 2016）。因此保护极小种群野生植物是生物多样性保护中的重中之重。但在实施极小种群野生植物保护之前要了解其遗传学基础，为制定有效的保护政策打好理论基础。

首先，在极小种群野生植物保护中需要了解其遗传多样性分布模式。遗传多样性作为自然界中物种适应外界环境变化和保存进化潜力的根本，迫切需要得到重视，因为一旦植物遗传多样性遭到破坏，短时间内将无法恢复（Nei et al. 1975）。其次，在极小种群野生植物保护中我们应该了解个体间、种群内和种群间的基因流动情况。由于植物的特性，如固着生长、生活史周期长等，大多数植物不能主动躲避外界逆境胁迫，但是可以通过花粉或种子散布以应对环境变化。植物的花粉和种子散布可促进种群内和种群间的基因流动从而影响种群遗传结构（Wright 1931）。因此，一般来说在了解了物种的遗传多样性分布模式后需要解析其遗传结构，因为通过遗传结构可以间接反映其基因流动

情况。最后，应该探究物种的有效种群大小，通过研究物种的有效种群大小可以了解极小种群野生植物的最小存活种群，对了解极小种群野生植物的生存力具有重要意义。这些遗传学原理为极小种群野生植物遗传多样性分布的描绘、响应环境变化的濒危机制的揭示以及保护管理的指导应用提供了重要理论依据（Petit et al. 1998；Cavers et al. 2004；Neale & Kremer 2011；Lefèvre et al. 2013）。

二、生境破碎化引起的遗传改变

引起遗传改变的另一个主要原因是生境破碎化。整体连续性的生态环境因自然或人为因素作用破碎为多个隔离生境单元的生态过程即为生境破碎化，通常生境破碎化伴随着生境单元数量、大小和空间隔离度等特征的变化（Saunders et al. 1991）。

造成生境破碎化的主要原因是地质历史变迁和气候变化。迄今为止，全球已经历过震旦纪、晚古生代和第四纪 3 次大气候变化，造成气候冷暖变迁、植被带更替和海平面升降运动，极大地危及北半球植物的种群生存和分布（Hewitt 2004）。在对现存物种影响最大的第四纪中，我国虽然并未被大规模冰盖覆盖，但是全球气候振荡特别是第四纪气候振荡仍对我国现存植物有显著影响（Qiu et al. 2011）。为了应对气候变化，植物种群发展出南退北进或者沿海拔迁移的适应策略，在这个过程中形成的冰期避难所以及冰期后的迁移路线可能影响物种遗传多样性的分布和环境适应能力（叶俊伟等 2017）。第四纪气候变化后的遗传痕迹为深入剖析极小种群野生植物在未来气候变暖和人类干扰下的持续生存与保护应用提供了重要见解，其中森林植物因其种群规模大和生活史周期长等特点成为研究物种对全球气候变化响应的理想材料（Kramer & Havens 2009；杜芳 2017）。在人口增长和经济发展过程中，不合理地开发自然资源会明显加剧植物生存环境破碎化，导致种群数量锐减、种群间隔离剧增、花粉或种子扩散受到限制，极大地威胁极小种群野生植物的遗传多样性和分布（Aguilar et al. 2008；覃海宁和赵莉娜 2017）。我国的生态环境退化及破碎化极其严重，这些破碎化的生境是植物生存发展的“致危”生境，也是我国极小种群野生植物保护与可持续发展的“瓶颈”。

根据经典种群遗传学理论，有效种群数量下降会导致随机漂变造成的等位基因增加或丢失，近亲交配频率增加，种群内遗传多样性减少，长期的生境隔离和破碎化还会加大种群间的遗传差异，并最终导致物种陷入极度濒危状态（Ellstrand & Elam 1993；Young et al. 1996）。关于生境破碎化影响野生动植物资源保护的生态问题在 20 世纪 80 年代初已开始广泛研究（武晶和刘志民 2014）。已有研究表明破碎化的生境总体上会造成植物遗传多样性下降，但是不同类型植物由于生物和生态因素的不同在同一生境胁迫条件下可能存在响应差异，这与植物的生活史周期长短、繁殖更新过程等相关。例如，生境的破碎化持续时间越长，某些林木物种的异交繁育系统越不易维持，子代遗传多样性越易衰退（Aguilar et al. 2008；Vranckx et al. 2012）。

目前我国极小种群野生植物生境破碎化的研究十分匮乏，亟待开展拯救性保护措施的示范性调研工作。

第三节　遗传学在极小种群野生植物保护中的应用

相关遗传学理论的发展有利于解读极小种群野生植物致濒的关键因素从而应用于物种的短期与长期保护的统筹发展中。下面将主要探讨动态进化历史和近期人类干扰下生境破碎化影响极小种群野生植物遗传多样性分布和种群动态效应，并提出针对性的保护管理措施建议。

一、濒危机制的研究与探讨

极小种群野生植物极易因遗传漂变丢失遗传多样性，降低物种抵御恶劣环境的能力从而给物种带来灾难性的危害，因此在研究物种致濒机制和制定保护策略时充分了解物种遗传多样性及其分布格局是非常有必要的。

极小种群野生植物的遗传多样性维持和濒危机制各不相同，并且因物种各自具有独特的动态进化历史而变得更为复杂。遗传标记技术是有效揭示极小种群野生植物在历史和未来条件下对环境气候变迁的响应机制并理解致濒主要因素的理想手段。研究人员通过随机扩增多态性 DNA（RAPD）标记发现我国特有的珍贵孑遗植物水杉（*Metasequoia glyptostroboides*）8 个野生种群和 3 个恢复种群共 145 个个体的遗传多样性水平都很低（Li et al. 2005）。古水杉曾在北半球广泛分布，但第四纪冰期后一度被认为已经灭绝，直到 20 世纪 40 年代才在湖北利川被重新发现，推测造成该物种濒危的主要原因是第四纪冰川运动引起的气候变化。另外，种子发芽实验表明水杉种子发芽率低，加快了其种群衰退（Li et al. 2012），仅有少数“幸运”个体存活于由复杂多变的山地地形提供的微生境如山涧峡谷、山麓、山坡等形成的避难所中。另一种孑遗植物银杉（*Cathaya argyrophylla*）具有与水杉相似的命运：通过线粒体 DNA（mitochondrial DNA，mtDNA）和核 DNA（nuclear DNA，nDNA）的序列研究表明 15 个银杉种群共 98 个个体的遗传多样性低且仅存在于 4 个相互隔离的冰期避难所中，并且没有检测到冰期后该物种的种群扩张（Wang & Ge 2006）。第四纪气候振荡作用造成了银杉种群分布破碎化，严重干扰了其种子散布、限制基因流动从而扩大种群间差异，而且该物种繁殖存活率极低，这些因素可能共同作用从而造成了银杉的濒危现状。另外，某些极小种群物种的濒危状态会倾向于由多个关键致濒因子共同作用。Poudel 等（2014）对喜马拉雅地区异域分布的红豆杉，包括密叶红豆杉（*Taxus fuana*）（9 个种群）、西藏红豆杉（*Taxus wallichiana*）（17 个种群）和南方红豆杉（*Taxus wallichiana* var. *mairei*）（3 个种群）共 509 个个体进行了基于叶绿体 DNA（chloroplast DNA，cpDNA）和核微卫星（nuclear microsatellite，nSSR）的遗传多样性研究。研究结果表明在喜马拉雅山中部地区，历史气候因素对红豆杉遗传多样性有显著的影响：密叶红豆杉在末次盛冰期经历种群急剧下降，随后快速扩张；喜马拉雅红豆杉种群受末次盛冰期的影响较小并且冰期后种群从喜马拉雅地区东部向中部扩张迁移（Liu et al. 2013）；该地区的南方红豆杉主要在中国南部地区的几个原地避难所存活和扩张（Gao et al. 2007）。另外，森林采伐、过度放牧等人类活动使得该地区成年个体和实生幼苗的数量下降，加剧了该区域内红豆杉种群的濒危程度（Pant & Samant 2008）。

一般来说，极小种群野生植物的生境破坏会干扰物种种群间花粉和种子的散布过程并降低种内遗传多样性，但是近年来研究人员相继发现林木物种在生态环境破碎化后也会显示出与上述研究结果相反的濒危机制。我们利用叶绿体 DNA（cpDNA）和线粒体 DNA（mtDNA）检测了第三纪孑遗植物东北红豆杉（*Taxus cuspidata*）（图 6-1）的 26 个种群共 265 个个体，结果显示该物种的自然和移栽种群具有高遗传多样性、丰富的基因流且种群间缺乏显著的遗传结构（Su et al. 2018）。林木物种的有效种群数量大、生活史周期长等特征在其动态进化历史中保留历史基因流和祖先多态性方面具有独特优势。文献资料表明东北红豆杉经历过 20 世纪六七十年代和 90 年代后的大量砍伐与偷盗破坏，生境恶化和破碎化，种群规模急剧萎缩，生存岌岌可危（李景文等 1964）。另一个由于近期人为破坏引起生境破碎化从而加速植物陷入濒临灭绝险境的物种是矮桦（*Betula potaninii*），该物种在近期动物啃食、烧荒、遗传衰退、杂交和气候变化等威胁下生境退化和破碎化严重，种群生存力堪忧。通过利用突变率不同的遗传标记，包括传统微卫星标记（PCR-SSR）（29 个英国种群和 10 个斯堪的纳维亚半岛北部种群，共 1066 个个体）、RAD-seq（restriction-siteassociated DNA sequencing）（36 个种群，共 190 个个体）产生的单核苷酸变异（RAD-SNP）以及从 RAD-seq 数据开发的微卫星标记（RAD-SSR），研究者揭示了矮桦种群在生境破碎化后依然保留丰富的遗传多样性，为该物种的保护和恢复计划提供科学依据（Borrell et al. 2018）。综上，准确解读不同极小种群野生植物的致濒机制是有的放矢地开展极小种群野生植物保护与恢复实践的重要前提，但是其适宜生境遭到破坏后亟待开展亲本分析，从而推断基因流变化以实现对其动态保护和适应性管理（Sork et al. 1999）。

图 6-1　东北红豆杉植株个体

二、极小种群野生植物的保护与恢复

极小种群野生植物的濒危度极高并且生境严苛，所蕴藏的独特遗传信息极易丢失且不可恢复；某些古老孑遗植物保留动态进化历史的遗传痕迹，在科研方面具有不可替代的价值；从长远角度来看，保护和恢复生物多样性的社会经济价值极高，因此拯救与保护典型极小种群野生植物意义特殊。未来气候变化、种群规模锐减、生境破碎化甚至人类活动干扰等威胁因素无处不在，充分了解极小种群野生植物遗传资源并有效揭示极小种群野生植物的濒危机制，有利于科学制订保护恢复措施。

（一）极小种群野生植物的保护

极小种群野生植物的保护主要为就地保护和迁地保护（Ledig 1988）。就地保护是指在野生植物的原生境中对受威胁个体、种群及群落的结构和功能的有效保护，最终实现植物的遗传、物种和生态系统多样性的保护（Rajora & Mosseler 2001），是极小种群野生植物保护的最根本途径。就地保护中应当优先保护具有高频率私有单倍型的种群，同时修复栖息地内破坏的生态，改善物种的生存环境如林分结构或光温条件等从而提高种群竞争力尤为关键（Kramer et al. 2008）。除了就地保护外，迁地保护也是一项重要的拯救措施。迁地保护倾向采用人工管护措施异地保护物种的遗传多样性和进化潜力（Wang et al. 1993）。该方法主要针对遗传多样性极低的物种如水杉和银杉，以收集遗传多样性丰富的种质资源（种子、花粉、组织、器官等繁殖材料）为重点并且在既定的自然保护区或植物园开展保护工作，但要注意人为造林过程中整体遗传多样性和种群规模可能存在降低的风险。总之根据极小种群物种不同的现状特点采取相应的保护管理措施，对于拯救和保护极小种群物种、维持生物多样性和生态系统稳定具有重要意义。

（二）极小种群野生植物的恢复

植物野外回归是指选择与原生境相近的自然和半自然的生态系统重建新种群，是重要的种群恢复方法（任海等 2014）。该方法是在20世纪七八十年代基于植物园迁地保护发展起来的物种保护方法，但是植物野外回归的研究工作极其困难，尚待完善（Albrecht et al. 2011）。植物野外回归的潜在适生区可通过适宜生境分布模型辅助预测，在此基础上既有的自然保护区或植物园在人员设施和技术指导等方面都有着得天独厚的条件，有利于开展极小种群野生植物的种群恢复工作。种质资源作为植物野外回归的物质基础，人工扩繁如扦插嫁接与组织培养，以及低温冷藏等技术保证了极小种群野生植物种质资源的保存。另外，不同生境区或同一生境区的极小种群野生植物的拟重建种群在野外环境中的生态适应情况可通过同质种植园（common garden）或交互移植实验（reciprocal transplant experiment）来验证。同质种植园是将不同生境的种群种植在同一环境，而交互移植实验是将来自同一生境的种群种植在不同环境（杜芳 2017）。植物野外回归的成功是极小种群野生植物多样性有效保护的重要体现，短期表现为个体成活、种群建立与迁移，长期则表现为回归种群的可持续和生态系统功能的恢复（Pavlik 1996）。

（三）种群监测与宣传教育

资源缺乏、环境破坏等问题日趋凸现，使得极小种群野生植物处于动态环境变化中，相关保护措施发挥作用的关键是落实保护或回归后的管理和监测。例如，设立监测点和配备设施，对受威胁种群进行动态监测管理、采集信息并建设监测管理系统网络。另外，需要警惕过度开发具有优质木材、药材等经济价值的植物，有必要向公众广泛开展有关极小种群野生植物资源价值等题材的宣传教育与利用保护。东北红豆杉是日本岐阜县的标志树种，但是这里的东北红豆杉并不仅仅位于深山老林，人们在有效地利用、经营着这些树种。笔者在日本名古屋和高山市发现东北红豆杉用于绿篱景观、地标景观、神社文化这些人工经营的思想与天然东北红豆杉保护相互补充、相辅相成，让物种保护深入普通人民生活中，能更加有效地加强公众的保护意识（图 6-2）。

图 6-2　日本名古屋和高山市的东北红豆杉绿篱景观（a）、东北红豆杉地标景观（b）、天然东北红豆杉保护（c）以及东北红豆杉神社文化（d）

第四节　总结与展望

典型极小种群野生植物保护与恢复是生物多样性保护中的重要环节，在一定程度上能够为其他濒危物种的保护提供示范，但是种群规模极小、生境胁迫大及繁殖困难等脆弱性特点表明拯救和保护极小种群物种面临巨大困难与挑战。遗传多样性是生物多样性的重要组成部分，迫切需要从分子遗传学角度解析极小种群野生植物的濒危机制及其解濒机制。在全面了解极小种群野生植物的关键致濒因素的基础上，加大对典型极小种群野生植物的保护力度并应用科学手段有效地保护与恢复物种，将为全国极小种群野生植物拯救保护等生态建设工程奠定坚实的理论技术体系。

撰稿人：杜　芳，苏金源，王艳丽

主要参考文献

杜芳. 2017. 生态适应和谱系地理学. 见：李俊清. 森林生态学. 3 版. 北京：高等教育出版社：376-392.
李景文，刘庆良，陈运大. 1964. 红松林皆伐迹地天然更新的研究. 林业科学，9(2)：97-113.
任海，简曙光，刘红晓，等. 2014. 珍稀濒危植物的野外回归研究进展. 中国科学：生命科学，44(3)：230-237.
覃海宁，赵莉娜. 2017. 中国高等植物濒危状况评估. 生物多样性，25(7)：689-695.

武晶, 刘志民. 2014. 生境破碎化对生物多样性的影响研究综述. 生态学杂志, 33(7): 1946-1952.

叶俊伟, 袁永革, 蔡荔, 等. 2017. 中国东北温带针阔混交林植物物种的谱系地理研究进展. 生物多样性, 25(12): 1339-1349.

臧润国, 董鸣, 李俊清, 等. 2016. 典型极小种群野生植物保护与恢复技术研究. 生态学报, 36(22): 7130-7135.

Aguilar R, Quesada M, Ashworth L, et al. 2008. Genetic consequences of habitat fragmentation in plant populations: susceptible signals in plant traits and methodological approaches. Molecular Ecology, 17(24): 5177-5188.

Albrecht M A, Guerrant Jr E O, Maschinski J, et al. 2011. A long-term view of rare plant reintroduction. Biological Conservation, 144(11): 2557-2558.

Borrell J S, Wang N, Nichols R A, et al. 2018. Genetic diversity maintained among fragmented populations of a tree undergoing range contraction. Heredity, 121(4): 304-318.

Cavers S, Navarro C, Lowe A J. 2004. Targeting genetic resource conservation in widespread species: a case study of *Cedrela odorata* L. Forest Ecology and Management, 197(1): 285-294.

Ellstrand N C, Elam D R. 1993. Population genetic consequences of small population size: implications for plant conservation. Annual Review of Ecology and Systematics, 24(1): 217-242.

Gao L M, Möller M, Zhang X M, et al. 2007. High variation and strong phylogeographic pattern among cpDNA haplotypes in *Taxus wallichiana* (Taxaceae) in China and North Vietnam. Molecular Ecology, 16(22): 4684-4698.

Hewitt G M. 2004. Genetic consequences of climatic oscillations in the Quaternary. Philosophical Transactions of the Royal Society B: Biological Sciences, 359(1442): 183-195.

Kramer A T, Ison J L, Ashley M V, et al. 2008. The paradox of forest fragmentation genetics. Conservation Biology, 22(4): 878-885.

Kramer A T, Havens K. 2009. Plant conservation genetics in a changing world. Trends in Plant Science, 14(11): 599-607.

Ledig F T. 1988. The conservation of diversity in forest trees: why and how should genes be conserved? Bioscience, 38(7): 471-479.

Lefèvre F, Koskela J, Hubert J, et al. 2013. Dynamic conservation of forest genetic resources in 33 European countries. Conservation Biology, 27(2): 373-384.

Li Y Y, Chen X Y, Zhang X, et al. 2005. Genetic differences between wild and artificial populations of *Metasequoia glyptostroboides*: implications for species recovery. Conservation Biology, 19(1): 224-231.

Li Y Y, Tsang E P K, Cui M Y, et al. 2012. Too early to call it success: an evaluation of the natural regeneration of the endangered *Metasequoia glyptostroboides*. Biological Conservation, 150(1): 1-4.

Liu J, Möller M, Provan J, et al. 2013. Geological and ecological factors drive cryptic speciation of yews in a biodiversity hotspot. New Phytologist, 199(4): 1093-1108.

Neale D B, Kremer A. 2011. Forest tree genomics: growing resources and applications. Nature Reviews Genetics, 12(2): 111-122.

Nei M, Maruyama T, Chakraborty R. 1975. The bottleneck effect and genetic variability in populations. Evolution, 29(1): 1-10.

Pant S, Samant S. 2008. Population ecology of the endangered Himalayan yew in Khokhan Wildlife Sanctuary of North Western Himalaya for conservation management. Journal of Mountain Science, 5(3): 257-264.

Pavlik B M. 1996. Defining and measuring success. *In*: Falk D A, Millar C I, Olwell M. Restoring Diversity: Strategies for the Reintroduction of Endangered Plants. Washington, D.C.: Island Press: 127-155.

Petit R J, El Mousadik A, Pons O. 1998. Identifying populations for conservation on the basis of genetic markers. Conservation Biology, 12(4): 844-855.

Poudel R C, Möller M, Liu J, et al. 2014. Low genetic diversity and high inbreeding of the endangered yews in Central Himalaya: implications for conservation of their highly fragmented populations. Diversity and Distributions, 20(11): 1270-1284.

Qiu Y X, Fu C X, Comes H P. 2011. Plant molecular phylogeography in China and adjacent regions: tracing the genetic imprints of Quaternary climate and environmental change in the world's most diverse temperate flora. Molecular Phylogenetics and Evolution, 59(1): 225-244.

Rajora O P, Mosseler A. 2001. Challenges and opportunities for conservation of forest genetic resources. Euphytica, 118(2): 197-212.

Saunders D A, Hobbs R J, Margules C R. 1991. Biological consequences of ecosystem fragmentation: a review. Conservation Biology, 5(1): 18-32.

Sork V L, Nason J, Campbell D R, et al. 1999. Landscape approaches to historical and contemporary gene flow in plants. Trends in Ecology & Evolution, 14(6): 219-224.

Su J Y, Yan Y, Song J, et al. 2018. Recent fragmentation may not alter genetic patterns in endangered long-lived species: evidence from *Taxus cuspidata*. Frontiers in Plant Science, 9: 1571.

Vranckx G U Y, Jacquemyn H, Muys B, et al. 2012. Meta-analysis of susceptibility of woody plants to loss of genetic diversity through habitat fragmentation. Conservation Biology, 26(2): 228-237.

Wang B S P, Charest P J, Downie B. 1993. *Ex situ* storage of seeds, pollen, and *in vitro* cultures of perennial woody plant species. FAO Forestry Paper, 113: 83.

Wang H W, Ge S. 2006. Phylogeography of the endangered *Cathaya argyrophylla* (Pinaceae) inferred from sequence variation of mitochondrial and nuclear DNA. Molecular Ecology, 15(13): 4109-4122.

Wright S. 1931. Evolution in Mendelian populations. Genetics, 16(2): 97-159.

Young A, Boyle T, Brown T. 1996. The population genetic consequences of habitat fragmentation for plants. Trends in Ecology & Evolution, 11(1): 413-418.

第七章　珍稀濒危植物濒危状况及濒危机制

第一节　引　　言

中国植物资源丰富，有 3 万多种高等植物和 1 万种特有植物，占全球种数的 8%～12%（Zhang et al. 2015）。丰富的特有植物资源，大多具有药用、观赏、经济价值，许多是在农业、林业、牧业、医学和轻化工业方面很有价值的植物种质资源（覃海宁等 2017）。生物多样性是人类社会赖以生存和发展的基础，生物多样性危机与人口问题、全球变化问题、环境安全问题并列为全球重大环境问题（Mace et al. 2011；Ceballos et al. 2015）。随着社会经济的发展，自然资源的开发利用，环境污染，以及全球气候变化所带来的影响，野生植物生境退化和片断化（Ma et al. 2012）。加上近年来经济的高速发展，造成森林和其他自然生态系统退化甚至丧失，物种资源受到严重威胁，以物种灭绝为特征的生物多样性危机是目前面临的危机之一（Newbold et al. 2015；Venter et al. 2016）。

自 1600 年以来，约 1.6%的哺乳动物和 1.3%的鸟类灭绝（Baillie et al. 2004）。目前，鸟类和哺乳类动物灭绝率是自然灭绝率的 100～1000 倍，灭绝速率增加对生物多样性构成了极大威胁（蒋志刚和马克平 2014）。过去 50 年间，中国至少有 200 种植物种灭绝，并有 5000 多种处于受威胁或濒危状态（Volis 2016）。濒危植物作为生物多样性的重要组成部分，是研究植物起源、区系发生和进化的可靠证据，也是研究植物遗传育种方面的珍贵材料（李昂和葛颂 2002）。同时，濒危植物是古地质和古气候最生动形象的记录，具有重要的保护价值，濒危植物一旦灭绝，将给人类带来难以估量的损失（Liu et al. 2013）。

我国开展了一系列濒危植物保护工作。1987 年出版了《中国珍稀濒危保护植物名录（第一册）》（国家环境保护局和中国科学院植物研究所 1987），涵盖 389 种植物，按受威胁程度分为濒危（121 种）、稀有（110 种）和渐危（158 种）3 类（傅立国和金鉴明 1991）；按保护级别分为一级（8 种）、二级（160 种）和三级（221 种）。国家林业局（现称国家林业和草原局）和农业部（现称农业农村部）于 1999 年发布的《国家重点保护野生植物名录（第一批）》，选列了 246 种 8 类国家重点保护野生植物。其中，一级保护有 48 种 3 类，二级保护有 198 种 5 类（于永福 1999）。为全面掌握我国野生植物资源，进一步推动野生植物和自然生态系统保护工作，国家林业局野生动植物保护与自然保护区管理司和中国科学院植物研究所编撰《中国珍稀濒危植物图鉴》，收录《国家重点保护野生植物名录（第一批）》和《全国极小种群野生植物拯救保护工程规划（2011—2015 年）》中的所有物种，共计 361 种。为进一步确定亟待保护的受威胁野生植物优先对象，研究人员提出极小种群野生植物的概念（Ren et al. 2012），国家林业局启动了《全国极小种群野生植物拯救保护工程规划（2011—2015 年）》（杨文忠等 2015）。

第二节 濒危物种、珍稀濒危植物、极小种群野生植物

濒危物种是指在短时间内灭绝率较高的物种，种群数量已达到存活极限，其种群大小进一步减小将导致物种灭绝（IUCN 1994）。对于野外种群数量不增加的种群，可能意味着数量平衡，也可能意味着种群衰退。物种由于受各种致危因素影响，大多已经不能在自然条件下正常产生个体或延续后代，其种群数量减少到具有灭绝危险的临界水平（Jenouvrier 2013；Early et al. 2016）。

珍稀濒危植物是指在经济、科研、文化和教育等方面具有特殊重要价值，而其分布有一定局限性，种群数量很少的植物（吴小巧 2004）。极小种群野生植物（plant species with extremely small population，PSESP）是指分布地域狭窄或呈间断分布，由于自身原因或长期受到外界因素胁迫干扰，呈现出种群退化和数量持续下降，种群及个体数量已经低于稳定存活界限并随时濒临灭绝的野生植物（Ma et al. 2012）。极小种群野生植物的显著特点是种群数量少、生境狭窄、受外界干扰严重且随时面临灭绝危险。极小种群野生植物是急需优先抢救的濒危物种，也是全球生物多样性保护必不可少的组成部分（臧润国等 2016）。

第三节 濒危植物的特点

濒危植物与一般植物相比，通常具有以下几个特点。

1）地理分布区域狭窄。大多数濒危植物一般呈狭域分布或岛状分布，并且分布范围不断收缩。濒危植物目前的地理分布区域与过去的地理分布范围相比，均出现了较大幅度的收缩，而且种群规模减小（陶翠等 2012）。

2）种群年龄结构多为衰退型，空间分布多呈聚集型。濒危植物大多数种群年龄结构呈现衰退趋势，表现为幼龄个体数量少，老龄个体数量多，种群扩展缺乏足够幼龄个体。缪绅裕等（2008）在仙湖苏铁（*Cycas fairylakea*）自然种群调查中发现，6 个种群年龄结构均呈倒金字塔型，处于种群衰退阶段。

种群生命表和存活曲线表明有些濒危植物的孑遗种，虽然个体寿命较长，但其繁殖力低下，而灌木和多年生草本个体寿命均较短（Tang et al. 2011）。虽然濒危植物寿命长短各异，但是其存活曲线均大多数为 Deevey Ⅱ型或 Deevey Ⅲ型，且其繁殖力很低，如濒危植物中甸刺玫（*Rosa praelucens*）和羽叶丁香（*Syringa pinnatifolia*）的生存曲线分布为 Deevey Ⅲ型、Deevey Ⅱ型（姜在民等 2018；潘丽蛟等 2018）。

濒危植物在群落中一般表现为聚集分布，表明濒危植物所处群落内生境异质性显著，种间竞争激烈。有些濒危植物在幼龄期为聚集分布，成年期以后经种间竞争、自然稀疏，相邻个体死亡，种群分布格局向随机分布过渡（景新明等 1995）。濒危植物种群空间分布格局的另一个特点是，因濒危植物所处生境出现破碎化或其地理分布格局被多次分割而出现异质种群（Li et al. 2012）。

3）生存力和适应力均较差，光合、呼吸和蒸腾等生理代谢速率低。有些濒危植物虽然有较低的光补偿点，较高的量子利用效率，能有效地利用弱光（Senevirathna et al.

2003)，但由于林下光合有效辐射强度比林缘和开阔地小得多，净光合速率在中午以后往往呈现负值。由于分布区狭小、缺乏基因交流及长期的退化，濒危植物的生态适应能力一般较弱。从繁殖对策上看，有些濒危植物为孑遗种，世代周期长，繁殖能力低，在生存上表现为 *K* 对策。而一些较短命的草本植物，产籽量大，生存上表现为 *r* 对策。大多数濒危植物具有耐阴特征，当植被破坏严重或环境干旱化时，大多数濒危植物种群很难适应(李小琴等 2019)。

4）种间竞争力较差。一些濒危植物在群落中由于对光的需求，只有在林内光照满足需求时幼苗才有机会发展，当进入成年期后，在群落竞争中仍处于不利的地位，有让位于阔叶林的趋势（张光富等 2016)。种群在竞争中明显处于不利地位，种群数量迅速下降，有消失的危险（许恒和刘艳红 2018)。

5）种子向幼苗的转化率低。大多数濒危植物种子质量低劣，千粒重低，抗性差，成苗率普遍低。资源冷杉（*Abies ziyuanensis*）种子千粒重比近缘类群低得多，尽管人为播种后出苗率高，但自然条件下成苗概率极低，仅为 0.0024（张玉荣 2009)。如果濒危植物的产种量本身就低，经历种子库筛选之后，几乎阻断了有性生殖。因此，大多数濒危植物的种子库经环境筛选，导致其一年生的幼苗很少，种群无后续资源（钟才荣等 2011)。

6）无性繁殖对种群繁衍的作用极其有限，无性繁殖是对有性生殖的补充，是在有性生殖失败情况下繁衍后代的对策。一般来说，濒危植物的无性繁殖都是营养繁殖，它们在传播距离、产生后代、适应进化方面都不及有性生殖有效（Shapcott et al. 2017)。

7）在群落中，其他生物对濒危植物的不利影响在增强，由于环境破坏，原有群落中生物间互惠互利的稳定关系已经被破坏，动物和微生物对濒危植物的不利影响在强化(王珊 2017)。

在正常地质年代，形态性状单一的植物类群容易濒危，而那些形态性状多样的类群则具有较高的生存率。形态性状多样的植物类群往往具有多样化的生理功能以及比较完善的生态适应性(Flynn et al. 2011)。形态性状单一的植物类群缺乏比较多样化的生理功能，对外界干扰的应变能力较低，这可能是形态性状单一的植物类群易濒危的主要原因(Anstey 2010)。

特有类群，尤其是特有属容易濒危的类群，如一些地方性特有种群，尤其是属级水平上的地方性特有类群容易灭绝，这一现象引起了人们对地方性特有植物类群，尤其是地方性特有属保护的极大关注（Jablonski 1986)。同时，也为保护生物学和生物多样性的保育提供了理论依据。

热带分布的植物类群容易濒危，热带雨林往往被认为具有相对稳定的群落结构，其物种丰富性以及群落结构的复杂性对濒危的形成具有更强的抗性，在正常地质时期的确如此（Barbizan et al. 2019)。

然而，当环境的干扰超出一定范围时，如全球性气候变冷，热带区系中那些似乎很精细的群落结构则显得十分脆弱。当遇到与高纬度区域同样强度的环境干扰时，热带植物类群就会遭受更大的损失（Williams et al. 2003)。此外，热带区系中的生物地理结构孕育了丰富的特有植物类群，在环境干扰下，这些特有植物类群很容易濒危（Thibaut et al. 2016）。处于幼龄阶段的植物类群容易濒危，在系统发育过程中处于幼龄阶段的植物类群对环境缺乏有效的适应（Valverde & Zavala-Hurtado 2006）。

第四节 受威胁物种现状

2013 年《中国高等植物红色名录》首次完成了中国 35 000 余种野生高等植物的濒危状况评估，其中受威胁物种（CR、EN、VU）共计 3879 种，受威胁比例高达 10.84%（覃海宁和赵莉娜 2017）。《中国珍稀濒危植物图鉴》中收录 361 种，其中受威胁物种 239 种，受威胁比例高达 66.2%（国家林业局野生动植物保护与自然保护区管理司和中国科学院植物研究所 2013）。《全国极小种群野生植物拯救保护工程规划（2011—2015 年）》中收录 120 种极小种群野生植物，其中受威胁物种 95 种，受威胁比例高达 79.17%（杨文忠等 2015）（表 7-1）。

表 7-1 中国野生高等植物的濒危状况

等级	极危（CR）	濒危（EN）	易危（VU）	受威胁物种总数	评估物种总数	受威胁物种比例/%
受威胁物种数	614	1 313	1 952	3 879	35 784	10.84
极小种群野生植物物种数	50	31	14	95	120	79.17

数据来源：《中国被子植物濒危等级的评估》（覃海宁等 2017）；全国野生动植物保护及其自然保护区建设工程总体规划（国家林业局 2011）

裸子植物野生资源由于具有药用、园艺和材用等经济价值而面临巨大威胁，裸子植物受威胁物种为 148 种，受威胁比例高达 58.96%，濒危比例远高于被子植物、苔藓植物和蕨类（覃海宁和赵莉娜 2017）。裸子植物中，我国分布的 22 种苏铁科植物均为受威胁物种。其中，云南是野生苏铁的自然分布中心之一，苏铁属（*Cycas*）植物多样性极其丰富，自然分布种为 12～14 种，其生境趋于破碎化，易形成小种群，种群更新与种群间的基因交流困难（何绍顺 2013）。苏铁植物的濒危因子主要包含：①苏铁植物内在原因，苏铁植物生长发育期长，始花年龄较迟，且雌雄异株、雌雄异熟、专一甲虫授粉等因素，导致其自然结实率低。同时，其种子大型，传播困难，种群迁徙扩展速度缓慢，制约了种群的扩展。②生境破坏，苏铁植物分布区毁林开荒现象严重，受破坏地区苏铁的种群数量减少（韦丽君等 2006）。

受威胁物种地理分布不均衡。总体而言，濒危物种数量呈现出由北往南递增、由东往西递增的格局。按地区划分，如云南、四川、广西和西藏所含受威胁物种数较高。单位面积受威胁物种数最高的为海南省，其次为云南省（Zhang et al. 2015）。海南和云南位于我国热带地区，植物资源十分丰富，近年来热带经济林大面积种植、基础设施建设开发以及旅游导致森林破坏严重，植物生境破碎化严重，威胁植物种群的生存和繁衍（覃海宁等 2017）。

我国受威胁被子植物主要集中分布在西南地区以及台湾、海南等岛屿，且主要分布在中低海拔地区（Zhang et al. 2015）。2000m 以下的中低海拔地区是植物类群密集分布区，同时也是农耕活动和城镇用地等人类活动最为频繁的地区，生境丧失及破碎化最为严重，野生物种生存压力也最大（覃海宁等 2017）。濒危植物分布格局表现出山区高于平原，西南山地高于东北山地的空间格局（Zhang et al. 2015）。在濒危植物集中分布的西部喜马拉雅山脉区、西南横断山脉区、南部海南岛地区、东南武夷山脉—台湾山脉区、中部昆仑山脉—秦岭地区、东北小兴安岭—长白山脉地区、西北天山山脉—阿尔泰山地区和北部祁连山—贺兰山脉等八大区中，西南横断山地渐危植物种数最多，约占一半，海南岛次之（李卓 2016）。极小种群野生植物广泛分布于中国南方地区，云南东南部、广西西南部和海南西南部均具有较高的丰富度。这一分布格局和中国受威胁植物分布格局相似（张则瑾等 2018）。

第五节　物种受威胁原因

IUCN（1994）依据全球生物物种濒危状况，将物种濒危原因归结为生境丧失与退化、过度采集、物种内在因素、种间影响、环境污染及气候变化、自然灾害等几种类型。内因指植物进化过程中形成的不利于其生长和繁衍的因素，包括遗传力衰竭、繁殖力衰竭、生活力衰竭和适应力衰竭等四方面。其中，遗传力衰竭指植物不能正常进行受精或受精不育。繁殖力衰竭是植物间出现生殖隔离，基因流不能正常运行。例如，长期进化中，资源冷杉群体受遗传漂变影响，基因交流受阻，进而分化出不同群体（张玉荣 2009）。适应力衰竭是指有些物种分布较狭窄和零散，在其适应局限性生境条件后，换到其他生境条件下，种群和群落基本没有竞争能力。例如，独花兰（*Changnienia amoena*）是我国特有兰科单种属植物，它的分布范围较广泛，但群体规模不大，属于濒危物种，被列为国家二级重点保护野生植物。经研究发现，独花兰环境适应性较差，且自然结实率较低，是其濒危的主要原因（李昂等 2002）。外因是指在外界环境中存在不利于濒危物种发展和繁衍，并造成濒危物种生长压力或者胁迫的因素，分为自然灾害和人为灾害两种。自然灾害指自然暴发而导致的灾害，包括带有突发性、地域性、群发性和准周期性特征的天文、气象、地表地质及生物灾害（Liu et al. 2013）。人为灾害指由人类活动所导致的灾害，如森林的过度砍伐、采矿、城镇建设、草原开垦和过度放牧，以及不合理的围湖造田等人类活动均直接导致植物种群数量减少，生存环境遭到破坏，进而导致其种群缩小甚至灭绝（蒋志刚和马克平 2014）。同时，人类活动还导致生境片断化，并可能对物种造成次生灭绝。另外，外来物种的引入和扩散也会改变原生植被与生境，造成原生物种数量急剧下降，甚至造成物种灭绝。自然灾害和人为灾害往往相互影响，造成更严重的后果（张玉荣 2009）。内部因素和外部因素的共同作用导致植物濒危。学者在先前的研究过程中总结道：致危生境假说主张在现实分布区物种已经不能生存；人为因素主导的致危论主要提出人为因素当中的人为活动是植物濒危的主要原因（李卓 2016）。

已有研究发现，包括原生植被破坏在内的生境退化或丧失是我国被子植物濒危的首要因子，涉及约 84.1%的受威胁物种；直接采挖或砍伐、物种内在因素问题位列致危因子的第二、第三位，分别涉及 38.3%和 14.2%的物种（表 7-2）。其他致危因子包括自然灾害和全球气候变化、种间影响、环境污染，以及外来入侵种等。一个物种的致危因子往往是多方面的（覃海宁等 2017）。

表 7-2 被子植物致危因子统计

致危因子	影响物种数	比例/%
生境退化或丧失	2116	84.1
直接采挖或砍伐	963	38.3
物种内在因素	357	14.2
自然灾害和全球气候变化	39	1.6
种间影响	33	1.3
环境污染	17	0.7

数据来源：《中国高等植物濒危状况评估》（覃海宁等 2017）

珍稀濒危植物和极小种群野生植物的濒危因子与中国被子植物评估中的基本相同，生境退化或丧失、直接采挖或砍伐、物种内在因素是对物种威胁最为严重的 3 类因子。其中珍稀濒危植物中，62.88%的物种受到生境退化或丧失威胁，57.34%的物种受自身内在因素的影响，35.73%的物种受到人为的直接采挖或砍伐导致濒危（国家林业局野生动植物保护与自然保护区管理司和中国科学院植物研究所 2013）。极小种群野生植物的首要濒危因子为物种内在因素，约 61.67%的物种受到影响，生境退化或丧失与直接采挖或砍伐分列第二、第三位，分别有 41.67%和 27.50%的物种受到影响（表 7-3）。极小种群野生植物由于物种本身自然种群数量已极少，且大多具有繁育问题，遗传多样性降低，种群衰退，趋于灭绝（覃海宁等 2017）。因此，其首要致危因子与中国被子植物的评估判断有所差异，但生境退化或丧失、直接采挖或砍伐、物种内在因素仍是影响物种的最重要的 3 种因子。

表 7-3 珍稀濒危植物与极小种群野生植物濒危因子统计

濒危因子	影响物种数		比例/%	
	珍稀濒危植物	极小种群野生植物	珍稀濒危植物	极小种群野生植物
物种内在因素	207	74	57.34	61.67
生境退化或丧失	227	50	62.88	41.67
直接采挖或砍伐	129	33	35.73	27.50
自然灾害	14	6	3.88	5.00
环境污染及全球气候变化	7	4	1.94	3.33

数据来源：《中国珍稀濒危植物图鉴》（国家林业局野生动植物保护与自然保护区管理司和中国科学院植物研究所 2013）

一、生境丧失和破碎化

生境丧失和破碎化使植物物种失去赖以生存的栖息地或其正常生活受到影响，是物种受威胁的普遍和主要原因之一。生境破碎化是指原来连续成片的生境被分割、破碎，形成分散孤立的岛状生境或生境碎片的现象（Bradshaw & Brook 2009），是由自然或人为因素干扰，导致景观由单一性、连续、均质的整体向复杂、异质和不连续方向发展的动态过程（Laurance et al. 2002）。生境破碎化导致物种栖息地破坏，生境质量下降，物种生存面积减少，大面积生境转化为众多小斑块，加剧物种隔离，进而改变种群扩散迁入模式，引起种群遗传多样性降低（Santos et al. 2007）。

由于人类活动的发展，野生种群生境破碎、种群变小。例如，野生兰花、野生稻数量日益减少，逐渐濒危灭绝，物种灭绝将会带来灾难性的后果，如物种连锁灭绝、物种局部灭绝，最终导致全局灭绝（Williams et al. 2003）。物种的野生群体灭绝会导致遗传多样性的丧失；物种灭绝还会导致生态环境的变质、崩溃。物种濒危、灭绝是多因素的结果，物种濒危、灭绝与经济发展、社会发展紧密相关（蒋志刚和马克平 2014）。

尽管与许多发展中国家相比，中国成功地控制了人口增长，但其业已存在的庞大人口基数致使人口增长的绝对值仍非常大，加之不断增长的经济发展速度使得中国对自然资源的需求及由此产生的环境压力不断增大（蒋志刚和马克平 2014）。森林超量砍伐、改变土地性质用作经济林和粮食作物、采矿和筑路、城镇建设、草原开垦和过度放牧，以及不合理的围湖造田等人类社会活动使得物种生存环境遭到破坏，导致其种群缩小甚至灭绝（Myers et al. 2000）。一些珍稀、特有植物种仅剩少量植株甚至个别已经消失，如百山祖冷杉（*Abies beshanzuensis*）、天目铁木（*Ostrya rehderiana*）、狭叶坡垒（*Hopea chinensis*）、崖柏（*Thuja sutchuenensis*）等许多物种分布区显著缩小，种群数量减至极少残株，濒临灭绝（李灿 2018）。苏铁作为所有生物类群中濒危程度最高的类群，起源于 2.8 亿年前的古生代，曾是地球植被的主要成分，苏铁类的化石北至阿拉斯加，南达南极洲，分布十分广泛，之后苏铁类植物逐渐走向衰退，种类大幅度减少，分布范围明显减小（何绍顺 2013）。现存苏铁均为“活化石”植物，也是地球上现存最古老的种子植物（许倩雯 2013）。

二、直接采挖或砍伐

由于药用、食用、园艺观赏和工业原料等经济目的而对野生植物资源进行过度乃至掠夺式的采挖是造成生物多样性受威胁的原因之一（蒋志刚和马克平 2014）。以过去 20 年为例，几乎所有中国最主要和著名的野生植物资源种类都遭受了过度采挖，导致个体减少、种群下降、分布面积缩小的命运。典型的有苏铁科所有物种、红豆杉属（*Taxus*）、石斛属（*Dendrobium*）、兜兰属（*Paphiopedilum*）、沙棘属（*Hippophae*）植物等（覃海宁等 2017）。少数物种的灭绝主要是由人为过度采集所导致的，如五加科的三七（*Panax notoginseng*）和木兰科的绒毛含笑（*Michelia velutina*）（谢凤瑞等 2010）。大规模的非法采挖和贩卖野生苏铁的活动严重威胁野生苏铁种群（韦丽君等 2006）。红豆杉科、麻黄科植物由于用于提炼紫杉醇而致危（覃海宁等 2017）；松科木材材质优良，盗砍盗伐严重，红松（*Pinus koraiensis*）的种子被过度采摘而影响种群的自然更新，并且会导致生态系统中的种子散播者（如松鼠）难以过冬，进一步影响红松种子散播（覃海宁等 2017）。43.48%的兰科植物面临长期的资源过度利用，盗挖采伐是导致兰科植物濒危的重要因子（Zhang et al. 2015）。

三、物种内在因素

物种特化和遗传衰竭往往是导致物种濒危甚至灭绝的内在原因（周志刚 2011）。某些种类的野生植物在长期进化过程中，适应了某种特定的栖息环境，一旦环境改变即难以适应，甚至消亡。例如，独兰花是我国特有的兰科单种属植物，分布范围广泛，在江苏、浙江、安徽、湖南、湖北、陕西和四川都有分布，但群体规模不大，分布零星稀疏，个体数量较少，属于濒危物种（陈心启等 1999）。研究发现独花兰对环境的适应性较差，且自然结实率低，是其濒危的原因（李昂等 2002）。野生紫斑牡丹（*Paeonia rockii*）是所有野生牡丹中受威胁程度最高的物种，属于国家级重点保护野生植物（洪涛等 1992）。紫斑牡丹的种子特性是其野生种群不断减少的重要原因，主要表现在：种子萌发生根率很低，萌发出苗困难，造成自然野生幼苗很少；萌发时间长，且萌动对环境温度要求严格，不宜超过 20℃，种子衰老快、寿命短，自然条件下若未遇到合适温湿度条件，不能较快进入萌发状态，就会死亡；自然条件下的紫斑牡丹只能通过种子进行繁殖，不具备根出条等无性繁殖的能力（景新明等 1995）。

繁殖是生物繁衍后代延续种群的基本过程。繁殖力不高、种子活力低及萌发困难等通常是植物濒危的关键环节（Tang et al. 2011）。银杉（*Cathaya argyrophylla*）作为典型裸子植物受威胁物种，繁殖力低下及物种间强烈的竞争导致种群内幼龄个体较少，中、老龄个体偏多，因而种群多呈衰退趋势（张文辉等 2005）。历史时期气候变迁导致分布大幅度缩小和种群数量剧烈下降，是造成银杉遗传多样性低和繁殖障碍大的可能原因，而低水平的遗传多样性和严重的繁殖障碍反过来又抑制了种群的壮大，形成恶性循环（谢宗强 1995；谢宗强和陈伟烈 1999）。秦岭冷杉（*Abies chensiensis*）的结实率为 55%，种子空粒率为 20.5%，饱满种子的活力仅有 26%，这种低结实率及种子高败育率是秦岭冷杉种群遭遇瓶颈的重要因素（孙玉玲等 2005）。濒危植物遗传多样性的共同特点是遗传变异主要存在于群体内，群体间遗传分化显著，进而产生地理群体隔离、遗传漂变与近交（或自交）衰退、花粉流与基因流受阻、种子扩散受限等（Li et al. 2012）。银杉群体间表现出强烈的遗传分化，小群体的相互隔离和随之而来的遗传漂变导致其遗传变异大幅下降、群体间遗传分化加大（Ge et al. 1998）。

第六节　导致物种濒危的几种假说

一、致危生境假说

在濒危植物的濒危过程中，由于森林过度砍伐、草原过度放牧，森林或草原植被遭到破坏，濒危植物种群所处的生境恶化，甚至使原有的生境丧失（蒋志刚和马克平 2014）。因此，濒危植物现实的分布区已不是其最适生境，而是一种“致危生境”，这种生境增加了种群自交、遗传多样性下降和遗传漂变的机会。尤其是地史变迁使一些濒危植物成为孑遗种，它们的世代周期长，繁殖能力低，生境的破碎化把它们隔离成小种群，导致自交和遗传漂变，种间竞争力下降，使种群走向衰退（Li et al. 2012）。例如，资源冷杉种群的生境受到严重的人为干扰破坏，很难发现其原生群落（张玉荣 2009）。

二、“生境破碎化导致种群异质化”假说

关于濒危植物的致危机制，不同的学者从不同的角度出发，存在着不同的见解。

Primack 和 Morrison（2013）认为主要是生境被破坏，生境破碎化，外来物种引入，疾病的流行增加以及过度开发利用等。Jablonski（1986）把导致植物物种濒临灭绝的主要因素归纳为：生境的片断化和消失，引进物种和食物链被打断。濒危植物的致危过程主要是一个生态学过程，其致危机制也主要是一个生态学机制。生境的破碎化导致种群的异质化，最终使原生生境演变为致危生境，相应地，正常种群演变成濒危种群（Howell et al. 2018）。

生境破碎化是一个面积大而连续的生境如何缩小并分割为两个或更多个小块的过程（Newman et al. 2013）。生境破碎化会导致一个原始生境面积减少，同时形成大量边界生境区以及分布区向边界的距离大大减少，并常常留下像补丁一样的生境残片，适宜的生境斑块以离散形式存在且周围是非适宜生境环境（Santos et al. 2007）。为了种群间交流无障碍，生境斑块间的分割距离不能过大；大的局域种群也存在灭绝风险（邬建国 2000）。生境破碎化对生长在该生境的种群产生的影响是非常明显的，受到破坏的生境可能就是某一个特有物种生活的区域。首先，破碎化的生境可能使植物种群扩散受到限制，对物种的正常散布和移居活动造成直接障碍（Ferreras 2001）。在综合生态因素作用下未受干扰的地区，种子和孢子自由活动在它们的生活空间。当它们到达一个适宜的、未被其他物种占据的地域时，新的种群就在此地扩散。随着时间的推移，物种从一个地区向另一个地区迁移时，它们可能建立起自己的种群，也可能在某地灭绝。在广大的区域，种群依照这种一系列的灭绝和重新建立的模式被称为集合种群（metapopulation），又叫小种群（Bulman et al. 2007）。濒危植物致危机制的生态学过程为：濒危过程始终伴随着生境的破碎化过程。生态因子作用下生境的破碎过程为：原生生境—次生生境—脆弱生境—严酷生境—生境丧失，这个过程是环境因子综合作用下的结果（John et al. 2010）。与此同时，种群的异质化过程是：原生种群—受危种群—渐危种群—濒危种群—种群灭绝，这个过程使濒危植物种群的结构和功能逐渐丧失（Howell et al. 2018）。

三、人为因素主导致危假说

在众多的致危因素中，人为因素，特别是在现代社会中的人类活动对物种生存所带来的前所未有的巨大压力是濒危植物致危的主导因素（张玉武等 2009）。人类对植物物种灭绝的影响不仅远远超过其他任何生物类群，而且是地球历史上任何一个灾变事件所不能相比的（秦卫华等 2016）。一般来说，濒危植物的受危程度与人类活动的干扰强度有着十分密切的关系（蒋志刚和马克平 2014），例如，在广大的平原草地地段，距离人类居民点越远，放牧和割草的强度就越轻，濒危植物的受危程度也就相对越轻（Greuter 1994）。在高大的山地森林地段，山地的基部往往是人类活动强度较大的地段，也是濒危植物受危程度最重的地段；随着海拔的升高，人类活动的强度一般随之减弱，濒危植物的受危程度亦随之减轻（郜旭鸽 2017）。人为因素引起的生境破碎化成为濒危植物受危的主导因素（Laurance et al. 2009）。

第七节　总结与展望

极小种群野生植物的显著特点是种群数量少、生境狭窄、受外界干扰严重且随时面临灭绝危险。极小种群野生植物是急需优先抢救的濒危物种，也是全球生物多样性保护必不可少的组成部分。我国受威胁物种共计 3879 种，受威胁比例高达 10.84%。《全国极小种群野生植物拯救保护工程规划（2011—2015 年）》收录 120 种极小种群野生植物，其中受威胁物种 95 种，受威胁比例高达 79.17%。生境退化或丧失是我国被子植物濒危的首要因子，涉及约 84.1%的受威胁物种。直接采挖或砍伐、物种内在因素问题位列致危因子的第二、第三位，分别涉及 38.3%和 14.2%的物种。生境破碎化使种群扩散受限，物种生活史或种间关系被打断，种群演变成濒危种群。人为因素加重生境破碎化，进一步加重了物种的灭绝风险。

撰稿人：赵志霞，申国珍

主要参考文献

陈心启, 吉占和, 罗毅波. 1999. 中国野生兰科植物彩色图鉴. 北京: 科学出版社.
傅立国, 金鉴明. 1991. 中国植物红皮书: 稀有濒危植物(第一册). 北京: 科学出版社.
国家环境保护局, 中国科学院植物研究所. 1987. 中国珍稀濒危保护植物名录(第一册). 北京: 科学出版社.
国家林业局. 2011. 全国野生动植物保护及其自然保护区建设工程总体规划. http://www.forestry.gov.cn/main/218/ content-452802.html [2012-3-20].
国家林业局野生动植物保护与自然保护区管理司, 中国科学院植物研究所. 2013. 中国珍稀濒危植物图鉴. 北京: 中国林业出版社.
郜旭鸽. 2017. 秦岭山地珍稀濒危保护植物及地理分布格局研究. 杨凌: 西北农林科技大学硕士研究生学位论文.
何绍顺. 2013. 云南野生苏铁就地保护区生境研究. 林业调查规划, 38(5): 50-56.
洪涛, 张家勋, 李嘉珏, 等. 1992. 中国野生牡丹研究(一): 芍药属牡丹组新分类群. 植物研究, 12(3): 223-234.
姜在民, 和子森, 宿昊, 等. 2018. 濒危植物羽叶丁香种群结构与动态特征. 生态学报, 38(7): 2471-2480.
蒋志刚, 马克平. 2014. 保护生物学. 北京: 科学出版社.
景新明, 郑光华, 裴颜龙, 等. 1995. 野生紫斑牡丹和四川牡丹种子萌发特性及与其致濒的关系. 生物多样性, 3(2): 84-87.
李昂, 葛颂. 2002. 植物保护遗传学研究进展. 生物多样性, 10(1): 61-71.
李昂, 罗毅波, 葛颂. 2002. 采用空间自相关分析研究两种兰科植物的群体遗传结构. 生物多样性, 10(3): 249-257.
李灿. 2018. 濒危植物崖柏潜在分布区预测与生境时空变化定量研究. 成都: 成都理工大学硕士研究生学位论文.
李小琴, 张凤良, 杨湉, 等. 2019. 遮阴对濒危植物风吹楠幼苗叶形态和光合参数的影响. 植物生理学报, 55(1): 80-90.
李卓. 2016. 中国濒危植物保护网络优化研究. 北京: 北京林业大学博士研究生学位论文.

缪绅裕, 王厚麟, 黄金玲, 等. 2008. 粤北和粤东北若干珍稀濒危野生植物的种群特征. 热带亚热带植物学报, 16(5): 397-406.
潘丽蛟, 关文灵, 李懿航. 2018. 珍稀濒危植物中甸刺玫种群结构与空间分布格局研究. 亚热带植物科学, 47(3): 229-234.
覃海宁, 赵莉娜. 2017. 中国高等植物濒危状况评估. 生物多样性, 25(7): 689-695.
覃海宁, 赵莉娜, 于胜祥, 等. 2017. 中国被子植物濒危等级的评估. 生物多样性, 25(7): 745-757.
秦卫华, 蒋明康, 徐网谷, 等. 2016. 中国 1334 种兰科植物就地保护状况评价. 生物多样性, 20(2): 177-183.
孙玉玲, 李庆梅, 谢宗强. 2005. 濒危植物秦岭冷杉结实特性的研究. 植物生态学报, 29(2): 251-257.
陶翠, 李晓笑, 王清春, 等. 2012. 中国濒危植物华南五针松的地理分布与气候的关系. 植物科学学报, 30(6): 577-583.
王珊. 2017. 珍稀濒危植物沙冬青衰退与真菌群落结构的耦合关系研究. 呼和浩特: 内蒙古农业大学博士研究生学位论文.
韦丽君, 吕平, 苏文潘, 等. 2006. 中国苏铁属植物保护现状与展望. 热带农业科技, 29(1): 24-26.
邬建国. 2000. Metapopulation (复合种群)究竟是什么？植物生态学报, 24(1): 123-126.
吴小巧. 2004. 江苏省木本珍稀濒危植物保护及其保障机制研究. 南京: 南京林业大学博士研究生学位论文.
谢凤瑞, 王娟, 杜凡, 等. 2010. 澜沧江自然保护区资源植物现状及其保护. 山东林业科技, 40(4): 123-127.
谢宗强. 1995. 中国特有植物银杉及其研究. 生物多样性, 3(2): 99-103.
谢宗强, 陈伟烈. 1999. 中国特有植物银杉的濒危原因及保护对策. 植物生态学报, 23(1): 1-7.
许恒, 刘艳红. 2018. 珍稀濒危植物梓叶槭种群径级结构与种内种间竞争关系. 西北植物学报, 38(6): 1160-1170.
许倩雯. 2013. 福建省苏铁资源调查与开发利用研究. 福州: 福建农林大学硕士研究生学位论文.
杨文忠, 向振勇, 张珊珊, 等. 2015. 极小种群野生植物的概念及其对我国野生植物保护的影响. 生物多样性, 23(3): 419-425.
于永福. 1999. 中国野生植物保护工作的里程碑——《国家重点保护野生植物名录(第一批)》出台. 植物杂志, (5): 3.
臧润国, 董鸣, 李俊清, 等. 2016. 典型极小种群野生植物保护与恢复技术研究. 生态学报, 36(22): 7130-7135.
张光富, 姚锐, 蒋悦茜, 等. 2016. 安徽万佛山不同生境下银缕梅的种内与种间竞争强度. 生态学杂志, 35(7): 1744-1750.
张文辉, 许晓波, 周建云, 等. 2005. 濒危植物秦岭冷杉种群空间分布格局及动态. 西北植物学报, 25(9): 1840-1847.
张玉荣. 2009. 资源冷杉的濒危机制与种群保育研究. 北京: 北京林业大学博士研究生学位论文.
张玉武, 杨红萍, 陈波, 等. 2009. 中国兰科植物研究进展概述. 贵州科学, 27(4): 78-85.
张则瑾, 郭焱培, 贺金生, 等. 2018. 中国极小种群野生植物的保护现状评估. 生物多样性, 26(6): 572-577.
钟才荣, 李诗川, 管伟, 等. 2011. 中国 3 种濒危红树植物的分布现状. 生态科学, 30(4): 431-435.
周志刚. 2011. 珍稀濒危植物四合木无性繁殖技术及生根机理研究. 呼和浩特: 内蒙古农业大学博士研究生学位论文.
Anstey R L. 2010. Bryozoan provinces and patterns of generic evolution and extinction in the Late Ordovician of North America. Lethaia, 19(1): 33-51.
Baillie J E M, Hilton-Taylor C, Stuart S N. 2004. 2004 IUCN Red List of threatened species. a global species assessment. Gland: IUCN.
Barbizan S B, Patricia H M, Anelise N S, et al. 2019. Species diversity, community structure and ecological

traits of trees in an upper montane forest, southern Brazil. Acta Botanica Brasilica, 33(1): 153-162.

Bradshaw C J A, Brook S B W. 2009. Tropical turmoil: a biodiversity tragedy in progress. Frontiers in Ecology and the Environment, 7(2): 79-87.

Bulman C R, Wilson R J, Holt A R, et al. 2007. Minimum viable metapopulation size, extinction debt, and the conservation of a declining species. Ecological Applications, 17(5): 1460-1473.

Ceballos G, Ehrlich P R, Barnosky A D, et al. 2015. Accelerated modern human-induced species losses: entering the sixth mass extinction. Science Advances, 1(5): e1400253.

Early R, Bradley B A, Dukes J S, et al. 2016. Global threats from invasive alien species in the twenty-first century and national response capacities. Nature Communications, 7: 12485.

Ferreras P. 2001. Landscape structure and asymmetrical inter-patch connectivity in a metapopulation of the endangered Iberian lynx. Biological Conservation, 100(1): 125-136.

Flynn D F B, Mirotchnick N, Jain M. 2011. Functional and phylogenetic diversity as predictors of biodiversity: ecosystem-function relationships. Ecology, 92(8): 1573-1581.

Ge S, Hong D Y, Wang H Q, et al. 1998. Population genetic structure and conservation of an endangered conifer, *Cathaya argyrophylla* (Pinaceae). International Journal of Plant Sciences, 159(2): 351-357.

Greuter W. 1994. Extinctions in Mediterranean areas. Philosophical Transactions of the Royal Society of London Series B: Biological Sciences, 344(1307): 41-46.

Howell P E, Muths E, Hossack B R, et al. 2018. Increasing connectivity between metapopulation ecology and landscape ecology. Ecology, 99(5): 1119-1128.

IUCN. 1994. IUCN red list categories. Gland: IUCN.

Jablonski D. 1986. Larval ecology and macroevolution in marine invertebrates. Bulletin of Marine Science, 39(2): 565-587.

Jenouvrier S. 2013. Impacts of climate change on avian populations. Global Change Biology, 19(7): 2036-2057.

John H, Smith A B, David S. 2010. Biodiversity scales from plots to biomes with a universal species-area curve. Ecology Letters, 12(8): 789-797.

Laurance W F, Goosem M, Laurance S G W. 2009. Impacts of roads and linear clearings on tropical forests. Trends in Ecology & Evolution, 24(12): 659-669.

Laurance W F, Lovejoy T E, Vasconcelos H L, et al. 2002. Ecosystem decay of Amazonian forest fragments: a 22-year investigation. Conservation Biology, 16(3): 605-618.

Li Y Y, Tsang E P K, Cui M Y, et al. 2012. Too early to call it success: an evaluation of the natural regeneration of the endangered *Metasequoia glyptostroboides*. Biological Conservation, 150(1): 1-4.

Liu J, Möller M, Provan J, et al. 2013. Geological and ecological factors drive cryptic speciation of yews in a biodiversity hotspot. New Phytologist, 199(4): 1093-1108.

Ma Y, Zhang C, Sun W, et al. 2012. Conservation of the giant tree rhododendron on Gaoligong Mountain, Yunnan, China. Oryx, 46(3): 325-329.

Mace G, Norris K, Fitter A. 2011. Biodiversity and ecosystem services. Trends in Ecology & Evolution, 27(1): 19-26.

Myers N, Mittermeier R A, Mittermeier C G, et al. 2000. Biodiversity hotspot for conservation priorities. Nature, 403(6772): 853-858.

Newbold T, Hudson L N, Hill S L L, et al. 2015. Global effects of land use on local terrestrial biodiversity. Nature, 520(7545): 45-50.

Newman B J, Ladd P, Brundrett M, et al. 2013. Effects of habitat fragmentation on plant reproductive success and population viability at the landscape and habitat scale. Biological Conservation, 159(1): 16-23.

Primack R B, Morrison R A. 2013. Causes of extinction. *In*: Levin S A, Colwell R K, Lubchenco J. Encyclopedia of Biodiversity. San Diego: Academic Press.

Ren H, Zhang Q, Lu H, et al. 2012. Wild plant species with extremely small populations require conservation and reintroduction in China. Ambio, 41(8): 913-917.

Santos K D, Kinoshita L S, Flávio A M. 2007. Tree species composition and similarity in semideciduous forest fragments of southeastern Brazil. Biological Conservation, 135(2): 268-277.

Senevirathna A M W K, Stirling C M, Rodrigo V H L. 2003. Growth, photosynthetic performance and shade adaptation of rubber (*Hevea brasiliensis*) grown in natural shade. Tree Physiology, 23(10): 705-712.

Shapcott A, Lamont R, O'Connor K, et al. 2017. How is genetic variability in the threatened rainforest vine *Marsdenia longiloba* distributed at different geographical scales? Botanical Journal of the Linnean Society, 183(1): 106-123.

Tang C Q, Yang Y, Ohsawa M, et al. 2011. Population structure of relict *Metasequoia glyptostroboides* and its habitat fragmentation and degradation in south-central China. Biological Conservation, 144(1): 279-289.

Thibaut T, Blanfuné A, Verlaque M, et al. 2016. The *Sargassum* conundrum: very rare, threatened or locally extinct in the NW Mediterranean and still lacking protection. Hydrobiologia, 781(1): 3-23.

Valverde P L, Zavala-Hurtado J A. 2006. Assessing the ecological status of *Mammillaria pectinifera* Weber (Cactaceae), a rare and threatened species endemic of the Tehuacán-Cuicatlán Region in Central Mexico. Journal of Arid Environments, 64(2): 193-208.

Volis S. 2016. How to conserve threatened Chinese plant species with extremely small populations? Plant Diversity, 38(1): 45-52.

Venter O, Sanderson E W, Magrach A, et al. 2016. Sixteen years of change in the global terrestrial human footprint and implications for biodiversity conservation. Nature Communications, 7(1): 12558.

Williams S E, Bolitho E E, Fox S. 2003. Climate change in Australian tropical rainforests: an impending environmental catastrophe. Proceedings of the Royal Society B: Biological Sciences, 270(1527): 1887-1892.

Zhang Z, Yan Y, Tian Y, et al. 2015. Distribution and conservation of orchid species richness in China. Biological Conservation, 181: 64-72.

第八章　珍稀濒危植物种群动态及其模型与模拟

第一节　引　　言

在过去几十年中，由于生境的破坏和退化，许多植物物种种群数量都大幅下降。生境的持续破坏，使得当前存活的物种的生存前景依然充满变数，即使其在历史上环境变化的选择作用中存活下来。全球变化和人类活动是导致生境恶化的最重要的因素，生境恶化对局域分布物种的灭绝风险有显著的影响（Senner et al. 2018）。通常，生境恶化会导致整个连续的生境出现破碎化，形成相互隔离的斑块。由于各个斑块的空间分离及空间环境的异质性，各个斑块上的生境质量不尽相同，从而产生生境异质性（Liao et al. 2017a）。因此，了解破碎化异质生境中种群维持的机制已经成为生物多样性保护的核心问题（Haddad et al. 2015）。人们研究种群对生境变化的响应过程并取得了显著的进展（Griffen & Drake 2008；Mortelliti et al. 2010；Liao et al. 2017b）。理论和实证研究都证实了生境退化在调节异质景观上的种群维持方面起着至关重要的作用（Saccheri & Hanski 2006；Liao et al. 2013a，2013b）。生境丧失与生境破碎化均对物种维持产生显著影响，进而影响群落动态。

最近的研究强调了种群在单个斑块和生境斑块网络中产生的适应性结果（Keymer et al. 2000；Hanski et al. 2011）。理论预测表明，强选择作用下扩散距离较短的物种通常将产生局域适应，而当强选择作用引起的不适对种群的统计学过程影响较小时，物种将在景观尺度上形成适应（Hanski & Mononen 2011）。先前研究认为，生境斑块的面积及其空间分布是影响物种适应和维持的关键因素（Moilanen & Hanski 1998；Gilarranz & Bascompte 2012）。生境的空间和时间异质性是决定种群适应性的重要因素，因为它们可能对种群扩散能力和适应潜力产生抑制作用（Senner et al. 2018）。种群的适应性被认为是偏好特定的环境因素（Kawecki & Ebert 2004）。例如，空间学习中使用的线索类型取决于环境的稳定性（Girvan & Braithwaite 1998）。除了破坏的生境数量，种群维持和灭绝的概率还受到景观变化速率的强烈影响（Keymer et al. 2000）。此外，最近的研究表明，进化性响应还可能对生态状况产生反馈，从而改变环境选择对物种的作用方式（Lowe et al. 2017）。然而，当前对于生境退化所产生的多样化的选择作用对种群持续性和适应性影响的研究依然欠缺，这对于预测种群变化和灭绝风险至关重要。因此，了解生境退化下种群的维持机制对于物种保护具有重要的意义。

种群在持续恶化的生境中的维持取决于两个因素的相互作用：生境质量的时空变化动态和种群的生活史特征（Thomas & Kunin 1999；Alexander et al. 2012）。通过在可利用生境斑块之间扩散或快速适应局域环境，种群可以在生境退化中存活下来（Ferrière et al. 2000；Liao et al. 2013b）。然而，种群所采取的这两种维持策略之间并不是相互独立的，因为扩散可以通过奠基者效应、基因流和生活史权衡来影响种群的适应性（Hanski

& Mononen 2011；Bourne et al. 2014）。由于环境中的任何空间异质性变化都将强烈地限制物种在适宜生境斑块间的扩散，生境丧失和破碎存在更大的复杂性，通常会对扩散产生直接的负面影响（Senner et al. 2018）。因此，为了对恶化的景观中的种群轨迹进行准确和一般性的预测，在理论模型和试验中考虑景观结构与种群动态之间复杂的相互作用变得十分必要。

种群动态是种群统计学率与个体间交互作用的综合特征（Hart et al. 2016）。因此，了解这些生态学过程如何在个体水平上运作及其如何影响种群动态变得至关重要，尤其是在异质环境中。虽然利用主流的生态学方法的研究通常认为种群内部的个体相同（Blanquart et al. 2013；Gibert 2016），但越来越多的研究表明个体性状以及个体所生存环境的差异对种群生活史特征的重要性（Cochrane et al. 2015；Hart et al. 2016）。例如，个体差异的存在可以使得种群的生态位宽度扩大，从而提高种群适应性（Violle et al. 2012）；或者通过对环境变化特征的适应性遗传变异促进生态-进化过程，从而影响种群统计学结果（Lichstein et al. 2007；Vindenes & Langangen 2015）。

基于以上分析，本章通过构建一个基于个体的斑块动态模型来分析存在个体差异的条件下，持续退化的空间异质景观中种群的维持和适应。具体来说，将回答以下 3 个问题：①景观结构和种群统计学过程对种群维持概率的影响；②扩散对种群统计学特征的影响及其在异质景观上种群维持中的作用；③种群在不断恶化的异质景观中的适应策略。

第二节　基于个体的斑块动态模型

本研究建立了一个基于个体的空间明晰模型，用于评估景观结构和种群统计学过程对持续退化的生境中一年生物种的维持及适应的影响。首先，我们构建了一个由不同方块组成的人工异质景观，每个方块代表一个生境斑块，各个斑块的生境质量各不相同。种群中的个体在 8 个相邻的斑块中形成局域扩散（Keymer et al. 2000）。为消除边缘效应的影响，本研究假设景观具有周期性边界条件，整个景观卷成一个封闭圆环。种群统计学特征和适应过程基于生态-进化动态的集合种群框架进行模拟，其中种群统计学过程由异质生境中的个体表现（individual performance）所决定。在异质景观中，同一斑块中具有不同表现的个体构成一个亚种群（subpopulation），景观中所有的亚种群构成一个集合种群（metapopulation）（图 8-1a）。研究假设生境退化改变了各个斑块的生境质量，进而影响个体在斑块中的表现。此外，个体表现的变化将改变个体在斑块间扩散和定殖的概率（图 8-1b）。种群繁殖将改变斑块上亚种群大小以及后代个体的平均表现。由生境退化所驱动的扩散-定殖-繁殖动力学在空间尺度上（斑块之间的变化）和时间尺度上（世代之间的变化）同时影响个体表现和种群统计学过程。研究假设种群世代是离散的且不重叠的。每一个世代都经历以下步骤：①局域斑块质量改变个体表现；②个体扩散；③定殖；④繁殖。

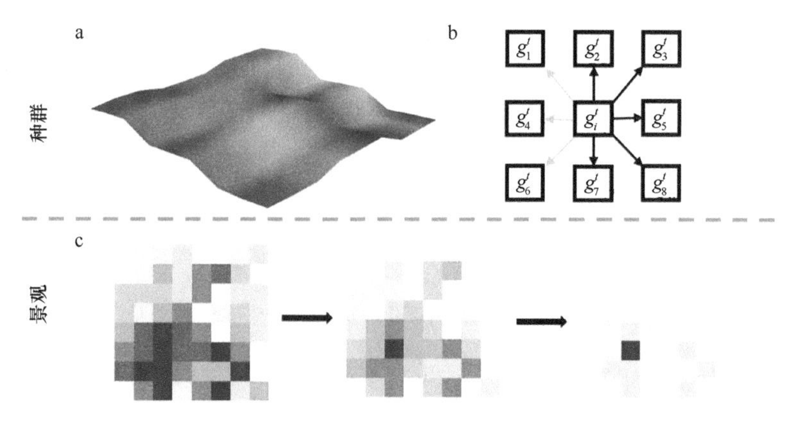

图 8-1　模型结构

a. 具有空间结构的种群的基因型质量适合度。其中的高度表示亚种群的平均基因型质量的高低。b. 个体扩散定殖的拓扑结构。模型假设个体定殖过程中存在竞争，基因型质量高的个体能够定殖到质量低的种群的生境中，而基因型质量低的个体不能定殖到质量高的种群的生境中。c. 栅格化的空间异质生境，每一个小方格代表一个生境斑块，方格颜色的深浅代表生境质量的高低。随着时间变化，各个斑块的生境质量随机下降

一、空间明晰的种群统计学过程

（一）异质景观上具有空间变异的个体表现

本研究假设个体表现受到生境质量和基因型的综合影响。为简单起见，个体在不断退化的环境中存活的固有能力的所有方面都包含在一个连续的指数 g 中，称为“基因型质量”（genotype quality）。斑块 i 中的个体 k 扩散到斑块 j 的表现为

$$w_{i\to j,k}^{t} = g_i^t + h_j^t + \delta_{ij} + \varepsilon_{i,k} + \varepsilon_0 \tag{8-1}$$

其中，g_i^t 是在 t 个世代斑块 i 中亚种群的平均基因型质量；h_j^t 为斑块 j 的生境质量；δ_{ij} 表示亚种群水平上基因型与环境之间的交互作用（本研究中为基因型质量与生境质量之间的互作，方差为 σ_{gh}^2）；$\varepsilon_{i,k}$ 为基因型质量的个体差异（方差为 σ_{iv}^2）；ε_0 为附加误差项，包含了集合种群尺度上其他所有的生态-进化变异对个体表现的影响（方差为 σ_0^2）（Blanquart et al. 2013）。因此，该线性模型包含了不同水平上的随机项，且它们共同影响个体的表现。在此框架下，单个个体的基因型质量为 $g_{i,k}^t = g_i^t + \varepsilon_{i,k}$。

（二）斑块间的个体扩散

个体以概率 m 从其原生斑块扩散到邻近的斑块中。具体来说，斑块 i 中的个体 k 扩散到斑块 j 的概率，取决于扩散成本以及个体表现，包含了扩散成本和扩散到目标斑块中个体表现收益之间的权衡（Tenaillon 2014）

$$m_{i\to j,k}^{t} = \mathrm{e}^{-\beta\left|w_{i,k}^t - w_{i\to j,k}^t\right|} \tag{8-2}$$

其中，β 为扩散成本，其与种群扩散能力之间呈负相关关系。然而，并不是所有扩散的个体都能够成功定殖。

（三）对定殖的选择作用

由于斑块间生境质量及平均基因型质量的差异，两个相邻斑块间个体定殖的概率是有差异的。本研究中假设斑块 i 中的个体 k 能够在斑块 j 上定殖的概率取决于亚种群大小 N_i^t 、增长率 r_i^t ，以及两个斑块上的个体表现

$$a_{i\to j,k}^t=\begin{cases}0 & ,\ g_{i,k}^t-g_j^t<0\\ \left(g_{i,k}^t-g_j^t\right)\mathrm{c}N_i^t\mathrm{e}^{r_i^t}m_{i\to j,k}^t & ,\ g_{i,k}^t-g_j^t>0\\ m_{i\to j,k}^t & ,\ g_{i,k}^t-g_j^t=0\end{cases} \tag{8-3}$$

其中，c 为一个定殖参数； $g_{i,k}^t-g_j^t$ 代表扩散个体与其目标斑块中种群平均基因型质量之间的差异。若差异为负，则表明扩散个体的基因型质量低于目标斑块，由于个体间存在竞争关系，表现差的个体很难成功入侵或定殖到表现好的种群的生境中从而被竞争排除，因此定殖的概率为 0。定殖过程中存在的选择作用使得个体定殖的概率不会超过扩散的概率。当 $g_i^t=g_j^t$ 时，两个斑块上的平均表型相同，个体间不存在竞争关系，个体定殖的概率与扩散的概率相等。

（四）斑块尺度上的繁殖

在异质景观上，繁殖将同时改变子代个体的基因型质量和子代数量。在空间明晰的模型中，子代的平均表型由空间依赖的种群统计学过程所决定。在定殖过程中，新建立的种群获得所有定殖个体的平均基因型质量（Slatkin 1977）。因此，斑块 j 上种群子代的平均基因型质量为

$$g_j^{t+1}=\sum_i\sum_k d_{ij}a_{i\to j,k}^t g_{i,k}^t\Big/\sum_i\sum_k d_{ij}a_{i\to j,k}^t \tag{8-4}$$

其中，d_{ij} 为斑块 i 与斑块 j 之间的景观连接度； $a_{i\to j,k}^t$ 为个体斑块 i 中个体 k 扩散到斑块 j 中的定殖概率。当 $i=j$ 时，a_{jj}^t 表示个体不迁移的概率。因此，世代间平均基因型质量的变化为定殖个体基因型质量的加权平均，权重即为个体定殖的概率。斑块 j 中子代个体的基因型质量为 $g_{j,k}^{t+1}=g_j^{t+1}+\varepsilon_{j,k}\sim N\left(g_j^{t+1},\sigma_{iv}^2\right)$。

在 t 个世代，斑块 j 上亚种群的增长率为

$$r_j^t=r_0-\gamma\left(g_j^t-\theta_j\right)^2\Big/2 \tag{8-5}$$

其中，r_0 为假设种群中所有个体都完全适应局域生境时种群的平均增长率，也就是内禀增长率；γ 为稳定选择强度； θ_j 为斑块 j 上的最优基因型质量。因此，上式中的第二项代表了稳定选择对种群增长率的影响（Lande & Shannon 1996; Hanski & Mononen 2011）。在不同斑块或者不同世代中，亚种群的平均表型 g_j^t 都会发生改变。因此，在集合种群尺度上，各个斑块上的实际增长率存在随机性。种群子代数目 N_j^{t+1}，将不会超过种群上

限，等于 $\min\left[r_j^t N_j^t + \sum_i \left(a_{i\to j}^t N_i^t - m_{j\to i}^t N_j^t\right), K_j\right]$。

二、动态异质景观

本研究中，景观特征可以通过 5 个参数来进行刻画：面积（$L\times W$），斑块质量（h_i），异质性（σ_h^2），斑块间连接度（d_{ij}）以及退化的速率（图 8-1）。每个斑块的初始生境质量独立随机地来源于一个正态分布（均值为 0.5，方差为 σ_h^2，根据不同的模拟情景发生改变）。当 $d_{ij}=0$ 时，两个相邻斑块之间被隔离；当 $d_{ij}=1$ 时，表示斑块间存在完全的连接。本研究采用 North 和 Ovaskainen（2007）提出的空间隐式函数来构建一个斑块质量随机下降的景观。其中，斑块质量下降的程度服从泊松分布。在每个世代，斑块的生境质量保持不变。因此，各个斑块上生境质量的空间差异可体现景观的异质性，生境质量的时间差异则体现了生境退化的速率。在初始状态中，每个斑块上存在特定数量的个体（N_i^0），由局域斑块的承载力（K_i）所决定。

结合每个斑块上的生境质量（h_j^t），各个斑块上每一个世代的个体基因型质量（$g_{j,k}^t$）以及子代个体数量（N_j^t）均可通过前文“空间明晰的种群统计学过程”中的 4 个步骤模拟获得。根据模拟获得的每个斑块中个体数量和个体基因型质量，可以计算出景观尺度上集合种群大小（$N^t=\sum\limits_j N_j^t$）、种群维持概率，以及景观尺度上基因型质量的均值（$\sum\limits_j\sum\limits_k g_{j,k}^t / N^t$）和方差[$\mathrm{Var}\left(g_{j,k}^t\right)$]。

三、模型模拟

本研究中通过计算机模拟来探究景观结构、种群统计学特征以及生境退化对种群动态的交互作用。对于基于摩尔（Moore）近邻模型的二维景观，随机分布的种群的斑块占据率存在一个阈值，通常为 0.4（Keymer et al. 2000）。基于此，本研究设置与其相同的初始斑块占据率。初始斑块上个体的基因型质量服从正态分布（均值为 0.5，方差为 σ_{iv}^2，根据不同的模拟情景发生改变）且随机分布在各个斑块上（Hiebeler 2000）。参数 g 与 h 被限定于[0，1]区间上，基因与环境的交互大小 σ_{ge}^2 通过计算它们之间的相关系数得到。空间尺度上的种群统计学过程根据“空间明晰的种群统计学过程”中的模型来确定。当亚种群的个体数量低于 1 时，局部斑块上的种群灭绝。生境退化的默认速率为每个世代下降 0.0005，这意味着在此退化速率下，整个景观上生境的平均质量在经历 1000 个世代后从 0.5 下降到 0，至此整个景观变得不适宜种群生存。

通过改变扩散成本、个体差异、景观面积及异质性、生境退化速率等参数的不同组合，本研究模拟了不同条件下种群的统计学特征变化动态。每组参数组合都重复 50 次，模拟持续至整个景观上的种群均灭绝或者 1000 个世代。由于生境持续退化并不是无限进行的，种群维持的概率通过计算种群存活时间与模拟时间长度之间的商来确定（默认值为1000个世代）。在模拟的过程中，本研究记录了种群存活的世代长度、各个斑块上亚种群大小、时间和空间尺度上基因型质量的均值与方差。本章理论模型的模拟过程中对变量进行数据抽象化，旨在反映种群统计学特征及生境特征变化对种群维持的影响，因此所有变量无量纲。

第三节　退化景观上的物种维持与适应

一、退化生境上种群的维持概率

研究表明，种群维持的概率受到个体差异和景观面积的正面影响，扩散成本和景观异质性对种群维持的影响却是负面的（图8-2）。由于整个景观上斑块质量是异质的，因此个体扩散到适合的斑块有助于缓和源自生境恶化产生的选择作用。同时，面积较大的景观可以提供更多的适合斑块并能够降低种群统计随机性的影响。种群统计随机性将对持久性产生负面影响，尤其是在面积较小的景观上（Fox & Kendall 2002）。个体差异和景观异质性都可以看作一种异质性的度量（基因型和生境质量），但它们对种群持久性影响的效果却是相反的。个体差异对种群持续性产生正面影响，这是因为个体差异可以扩大整个种群的生态位宽度，从而提高其在空间和时间内跟随高质量斑块的能力（图8-2b，图8-2d）。

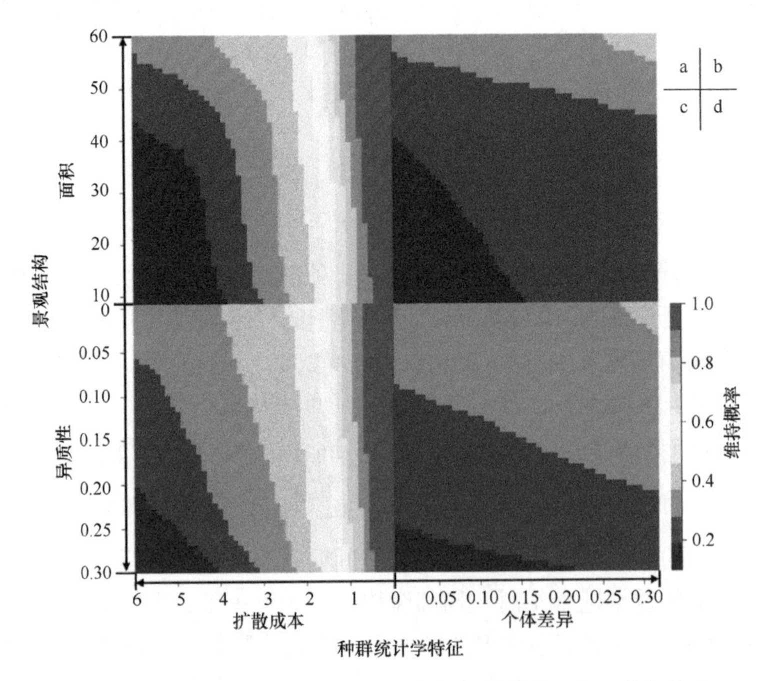

图8-2　景观结构与种群统计学参数对种群维持概率的联合效应

景观结构参数包括景观面积和景观异质性，种群统计学参数包括扩散成本和个体差异。图形的四部分表示两组参数组合下种群的维持概率。a. 扩散成本 vs.景观面积；b. 个体差异 vs.景观面积；c. 景观异质性 vs.扩散成本；d. 景观异质性 vs.个体差异。需要注意扩散成本和景观异质性的轴的方向为负向。每组参数重复模拟50次。对于所有模拟：r_0=1.1，d_{ij}=1，c=0.015，θ_i=1。图a中，$\sigma_{iv}^2=0.3$，$\sigma_h^2=0.3$；图b中，$\beta=4$，$\sigma_h^2=0.3$；图c中，$\sigma_{iv}^2=0.3$，$L=50$；图d中，L=50，β=4

在静态环境中，异质景观提供更多的资源，可以缓解气候变化对种群的影响，并产生更稳定的种群动态（Oliver et al. 2010）。然而，在动态变化的环境中，异质性会使得景观的连接度发生变化，从而影响个体扩散和定殖。当局域生境质量降低到0时，斑块将不适合任何个体的存活，成为阻止局部扩散个体定殖的屏障。此外，部分斑块退化成空斑后，整个景观将被分割成相互之间隔离的小斑块。由于环境变化中的任何空间异质性都将强烈地约束个体在生境之间的运动，因此在这种条件下，个体不能通过扩散来缓解局域生境退化的直接选择作用。因此，种群的维持概率受到景观异质性的负面影响（图 8-2c，图 8-2d）。

二、种群统计学特征与适应

随着生境的持续恶化，种群在整个景观上的斑块占据率也随之下降。这是因为个体因生境退化导致其表现降低并在扩散定殖的过程中竞争失败而被淘汰（图 8-3a）。对于扩散成本较高的种群而言，斑块占据率的下降尤其迅速，因为扩散成本较高的种群扩散概率较低，个体无法通过扩散来缓解生境退化的选择作用。在扩散的过程中，表现好的个体成功扩散和定殖的概率较高，而表现较差的个体由于适应不良而被消除，这导致平均基因型质量上升（图 8-3b）。低质量个体的灭绝同时也会引起个体差异显著降低（图 8-3d）。

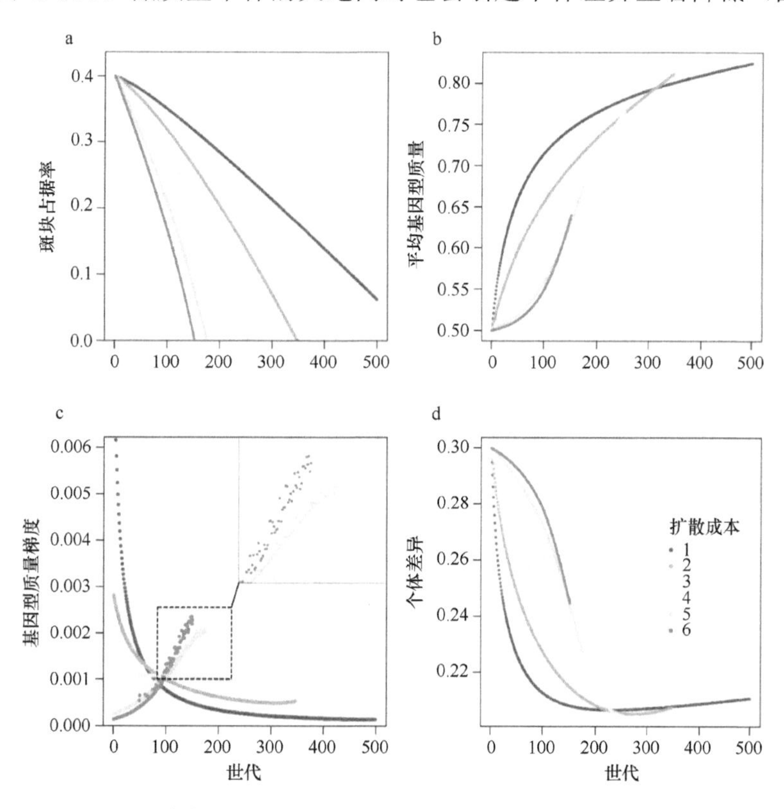

图 8-3 不同扩散成本下退化生境上的种群响应（扩散成本 1～6 表示逐渐增大）

a. 扩散成本越高，斑块占据率下降的速率越快；b. 平均基因型质量在扩散率较低的时候呈对数增长，扩散成本较高的时候呈指数增长；c. 基因型质量梯度变化，对应图 b 中的平均基因型质量，当扩散成本较高时，种群灭绝之前将出现无规则波动；d. 个体差异随着生境退化持续下降。r_0=1.1，d_{ij}=1，$\sigma_{iv}^2=0.3$，c=0.015，θ_i=1，L=50，$\sigma_h^2=0.3$

在“退化生境上种群的维持概率”部分中的结果表明，较高的平均基因型质量和个体差异都会促进种群维持。然而由于强选择作用下物种将产生生活史权衡，种群无法同时保持这两个属性来获取较高的维持概率（图 8-3b，图 8-3d）。

基因型质量梯度（genotype quality gradient）是种群水平上两个世代之间基因型质量的变化量，表示种群对生境退化的响应强度（Blanquart et al. 2013）。随着扩散成本的增加，种群维持的概率降低。在扩散成本较高时，个体的扩散概率较低，基因型质量梯度随着生境恶化而出现不规则波动，并且波动幅度增加直至种群灭绝（图 8-3c）。种群在很大程度上依赖于基因型质量来维持。随着生境退化的持续，生境质量的波动将导致种群生存力发生变化。生境异质性导致不同斑块上个体响应的异步性。在某些斑块或世代中，生境质量的变化会对个体生存产生积极影响，但同时在其他斑块或世代中又产生负面影响。环境恶化的必然性和种群统计随机性增加了基因型质量梯度的不确定性。因此，在灭绝之前，基因型质量梯度产生无规则波动。

三、退化景观上的适应策略

种群长期适合度（long-term fitness，LF）由种群在每个世代平均适合度的几何平均数来度量，通常对变异存在较大的敏感性（Simons 2002）。具体来说，随着景观面积（area）的增加，种群的长期适合度呈现对数增长的趋势$\left[\mathrm{LF}=0.088\times\ln\left(9.93\times\sqrt{\mathrm{area}}-15.99\right),\ R^2=0.88,\ P<0.05\right]$。该结果表明，面积较大的景观中个体定殖和物种形成的概率较高，而灭绝的概率较低。对数形式的增长同时也表明，当景观面积较低时，面积的增加将对种群长期适合度产生显著的促进作用。而当景观面积较大时，增加景观面积的边际效益递减，继续增加景观面积对于种群长期适合度增加的促进作用将降低。

景观异质性可以被认为代表了生境斑块总面积与斑块内平均生境质量之间的权衡（North & Ovaskainen 2007）。图 8-4b 表明，在生境退化条件下，随着景观异质性（LH）的增加，种群的长期适合度出现显著下降（$\mathrm{LF}=-0.18\mathrm{LH}+0.59$，$R^2=0.61$，$P<0.05$）。这与在非持续退化的生境中所观察到的结果不同。这是因为景观异质性的增加将提高景

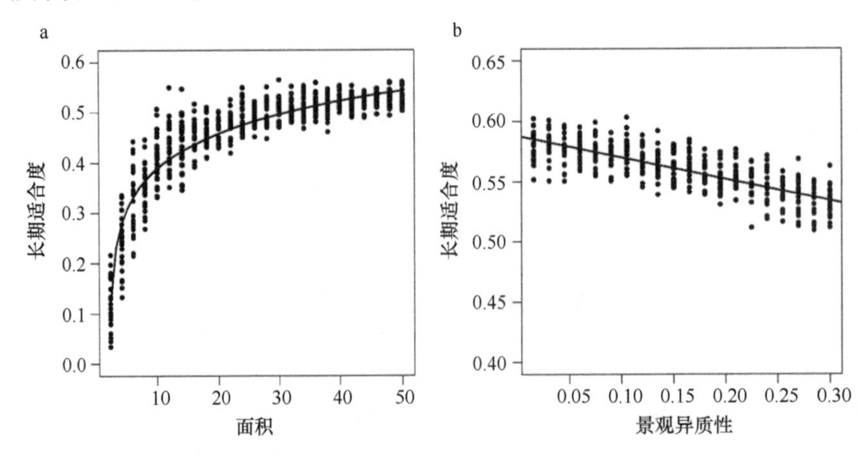

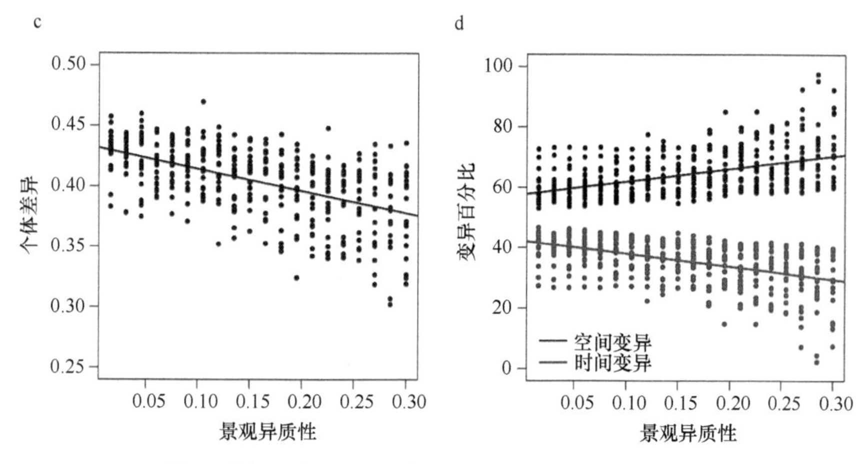

图 8-4 景观结构对种群长期适合度以及时空尺度上个体差异的影响

a. 长期适合度与景观面积之间存在对数关系；b. 景观异质性与长期适合度之间存在负相关关系，异质性高的景观上种群的长期适合度较低；c. 景观异质性与个体差异之间存在负相关关系，随着异质性的增加，个体差异下降；d. 种群通过降低时间尺度上的方差百分比，增加空间尺度上的方差百分比来尽可能维持生存。$L=50$，$\beta=2$，$\sigma_{iv}^2=0.3$。其余参数：$r_0=1.1$，$d_{ij}=1$，$c=0.015$，$\theta_i=1$

观中那些最佳斑块的生境质量，但同时也会导致低质量斑块数量的增加（North & Ovaskainen 2007）。在生境持续退化的情况下，低质量的斑块将迅速退化为不适合个体定殖的空斑。同时，景观中空斑的出现也将降低景观连通性以及个体扩散定殖的概率。子代的基因型质量将产生波动。因此，种群的长期适合度出现下降。

从方差分析（ANOVA）的视角来看，退化景观中个体差异可以分解为空间方差（整个景观上的个体差异）和时间方差（世代之间的个体差异）。本研究发现，随着异质性增加，个体差异（IV）降低（IV = –0.18LH + 0.48，R^2 = 0.47，P<0.05，图 8-4c）。然而，尽管总变异减少，但空间变异占总变异的比例却随着景观异质性的增加而持续增加（空间变异百分比=42.29LH+57.72，R^2=0.42，P<0.05，图 8-4d 黑线）。对应的，时间变异占总变异的百分比随着景观异质性的增加而持续下降（时间变异百分比=–42.29LH+42.27，R^2=0.42，P<0.05，图 8-4d 红线）。通常，空间变异会促进种群维持，但时间变异将会降低种群的长期适合度。因此，尽管生境退化降低了总体方差，空间方差与时间方差比率的增加将有利于长期适合度的维持。降低时间尺度上的方差是一种保守的对冲策略（conservative bet-hedging strategy），它可以帮助种群尽可能维持长期适合度，降低其下降的速率。

四、退化速率对种群响应的影响

在本研究中，种群的平均基因型质量持续增长。这是因为模型中世代之间基因型质量变化采用了加权平均的形式，并且假设只有具有较好表现的个体才能成功定殖或侵入邻近的斑块。生境退化的速度主影响种群维持的概率，而种群响应和适应的过程及模式很少受到影响（图 8-5，图 8-6）。环境选择的累积效应的线性增加将超过种群适合度的非线性增加。因此，尽管平均基因型质量有所增加，但种群仍然面临灭绝风险。

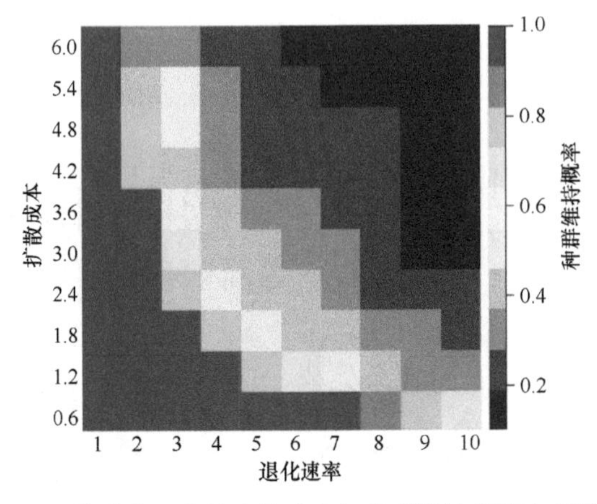

图 8-5　扩散成本、生境退化速率与种群维持概率之间的关系

生境退化速率越高，种群维持概率越低。扩散成本越高，种群维持概率越低。各参数组合重复模拟 50 次。$r_0=1.1$, $d_{ij}=1$, $\sigma_{iv}^2=0.3$, $c=0.015$, $\theta_i=1$, $L=50$, $\sigma_h^2=0.3$, $\beta=4$

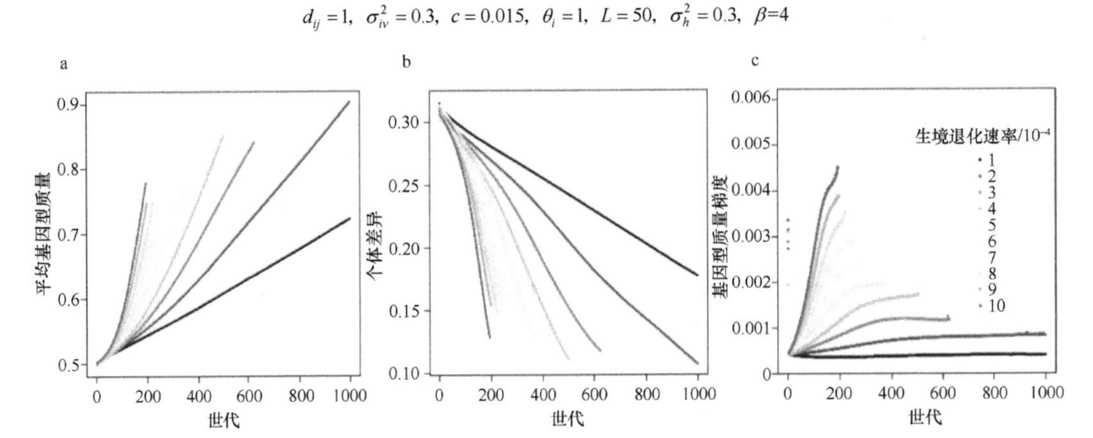

图 8-6　不同退化速率下种群响应特征

不同退化速率下种群的平均基因型质量 a、个体差异 b 和基因型质量梯度 c 表现出相同的趋势，只是响应曲线的斜率存在差异。扩散速率改变种群维持概率，但是种群响应与适应的过程与格局却较少发生改变。所有参数组合模拟重复 50 次。$r_0=1.1$, $d_{ij}=1$, $\sigma_{iv}^2=0.3$, $c=0.015$, $\theta_i=1$, $L=50$, $\sigma_h^2=0.3$, $\beta=4$

第四节　总结与展望

为研究持续退化的景观上种群的维持和适应，本研究构建了一个基于种群生活史过程的空间明晰模型。该模型可以看作将 Hanski 等（2011）所构建的随机斑块动态模型扩展到具有许多亚种群组成的异质景观中。他们的模型并未考虑个体和生境质量中存在的异质性，同时本研究所构建的模型也忽略了他们模型中具有恒定遗传方差进行确定性近似求解的过程。该模型预测了静态景观中种群在不同空间尺度上适应的临界条件。本研究模拟了差异个体在空间和时间尺度上个体基因型质量的均值和方差及其变化动态，研究发现在生境持续退化的情况下，种群大小和基因型质量都不能达到动态平衡。与之前的实验结果类似（Griffen & Drake 2008），本研究的模型证实了生境面积和生境质量对种群持续性具有相同的影响。此外，本研究所构建的模型的一般性质还可用于阐明动态景观中种群维持的临界条件。例如，种群持续性分析可以在存在个体变异的情况下估计

维持种群所需的最小生境面积。

种群统计学过程取决于所有个体的综合特征。中度的个体异步性就会导致种群统计学特征的明显变化，特别是在小种群中，这种情况更为明显。与同质种群相比，种群统计学过程的异质性可以改变许多种群特征，对种群过程的确定属性和随机属性均会产生影响（Vindenes et al. 2008）。个体差异整合了时间和空间层面的个体生活史的差异（Melbourne & Hastings 2008），可以视为一种种群内部的多样性。此外，个体差异的存在可以在种群内部保持提供更多样化的响应选择的能力。较大的个体差异可能包含更多的适应值（adaptive value），以应对多样化的选择，并且能够加快适应和进化的速率，使得种群能够在多样化的选择中维持下来。因此，保护存在于种群内部的个体差异，有利于维持种群的适应潜力。这不仅在面对环境变化时是必不可少的，而且产生救援反馈（rescuing feedback）从而对集合种群的维持产生影响。

景观构型和种群分布的空间结构构成了种群迁移及基因流动的模式（Caplins et al. 2014；Ralph & Coop 2015）。个体可以通过较高的扩散概率来应对生境质量的变化以获得景观尺度上的适应。相反，局部适应仅在扩散率或基因流低于特定阈值时才会发生（Becker et al. 2008；Nowak 2006）。当斑块间存在隔离时，空间分布的个体对局域生境的适应会导致适应性分化（Kawecki & Ebert 2004）。种群被地理距离隔离（isolation by distance）或环境隔离（isolation by environment）也将引起个体表现和遗传变异的异质性（Holderegger et al. 2010；Bradburd et al. 2013）。

种群生活史的数量特征可以解释种群统计历史及预测种群未来的命运。在本研究的模拟中，由于景观结构的变化，不同世代间相同的生境质量变化对基因型质量具有不同的影响。种群波动主要由种群和环境随机性产生，因为由种群内部驱动的循环和混沌仅在少数情况下才会产生（Ovaskainen & Meerson 2010；Black & McKane 2012）。如前文所讨论的那样，种群的长期适合度与种群波动之间存在负相关关系。随机波动可以通过降低种群预期增长率和增加种群大小的方差来显著增加灭绝风险（Chevin et al. 2017）。种群统计学因素，如出生率、死亡率和存活率，均将受到波动的影响，反映了种群生活史或种群统计结构中存在自相关性或时间滞后性（Lande et al. 2002；Wood & Brodie 2016）。种群世代间变化的增加可作为临界状态转变的早期预警，因此可以被视为种群灭绝的预警信号（Scheffer et al. 2012）。

在持续退化的环境中，快速进化（rapid evolution）和适应性可塑性（adaptive plasticity）可能不足以在长时间尺度上支撑种群维持（Simons 2011），因此种群可能将采取保守的赌注对冲策略来应对风险。在赌注对冲策略中，种群将牺牲短期成功来降低长期的变异（Gremer & Venable 2014）。在持续退化的情况下，种群通过降低世代之间的变异以维持稳定的平均基因型质量，从而获得更长的持续性。通过在未来环境不确定的情况下分散个体适合度损失的风险，赌注对冲策略有助于确保整个种群的生存和繁殖（Graves & Weinreich 2017）。较粗的环境粒度对赌注对冲的选择偏好远远超过细粒度生境。局域扩散的个体只能在长时间内经历环境变化，而不能像全局扩散个体那样在短时间内经历所有的空间环境变化。个体栖息在局域斑块上减少了异质斑块之间的交流，但有助于维持个体的空间变异。作为回报，这种情况下局部扩散个体逃离汇斑块（sink patch）的可能性非常低。随着退化的持续，景观变得更加破碎化，个体更可能留在局域斑块上，并受到稳定选择的持续作用。因此，时间尺度上种群的变化较小。

局部适应和扩散可以交互地影响种群对全球变化产生的选择作用的适应性响应（Bourne et al. 2014）。景观异质性和破碎化所产生的选择作用增加了扩散成本。种群统计学过程和遗传效应将同时影响种群对选择的响应（Willi & Hoffmann 2009）。生物和非生物变化的相互作用将改变自然选择的方向与强度，从而塑造种群所经历的生态适应性景观的形状特征（Alexander et al. 2012）。因此，将当前和未来可能的遗传变异水平与所受到的生境选择作用结合，具有预测种群适应或灭绝概率的巨大潜力。

本研究在局部扩散的前提下研究了异质景观上的个体表现。尽管景观在空间和时间尺度上均存在异质性，但是局域扩散的个体只能经历局域尺度的环境变化。与全局扩散的物种相比，局部扩散的个体的命运在很大程度上取决于其所处局域生境的质量。全局扩散的个体可以在短时间内体验环境变化，即使在粗粒度环境中也是如此。在未来的研究中，需要建立一个能够容纳不同尺度的扩散和环境异质性体系的理论框架。基于构建的理论框架，即可确定多种异质性特征（如生境异质性与个体适合度异质性）共同作用下物种在空间尺度上的响应与适应。

撰稿人：陈冬东，李镇清

主要参考文献

Alexander H M, Foster B L, Ballantyne F, et al. 2012. Metapopulations and metacommunities: combining spatial and temporal perspectives in plant ecology. Journal of Ecology, 100(1): 88-103.

Becker U, Dostal P, Jorritsma-Wienk L D, et al. 2008. The spatial scale of adaptive population differentiation in a wide-spread, well-dispersed plant species. Oikos, 117(12): 1865-1873.

Black A J, McKane A J. 2012. Stochastic formulation of ecological models and their applications. Trends in Ecology & Evolution, 27(6): 337-345.

Blanquart F, Kaltz O, Nuismer S L, et al. 2013. A practical guide to measuring local adaptation. Ecology Letters, 16(9): 1195-1205.

Bourne E C, Bocedi G, Travis J M J, et al. 2014. Between migration load and evolutionary rescue: dispersal, adaptation and the response of spatially structured populations to environmental change. Proceedings of the Royal Society B: Biological Sciences, 281(1778): 20132795.

Bradburd G S, Ralph P L, Coop G M. 2013. Disentangling the effects of geographic and ecological isolation on genetic differentiation. Evolution, 67(11): 3258-3273.

Caplins S A, Gilbert K J, Ciotir C, et al. 2014. Landscape structure and the genetic effects of a population collapse. Proceedings of the Royal Society B: Biological Sciences, 281(1796): 20141798.

Chevin L-M, Cotto O, Ashander J. 2017. Stochastic evolutionary demography under a fluctuating optimum phenotype. American Naturalist, 190(6): 786-802.

Cochrane A, Yates C J, Hoyle G L, et al. 2015. Will among-population variation in seed traits improve the chance of species persistence under climate change? Global Ecology and Biogeography, 24(1): 12-24.

Ferrière R, Belthoff J R, Olivieri I, et al. 2000. Evolving dispersal: Where to go next? Trends in Ecology & Evolution, 15(1): 5-7.

Fox G A, Kendall B E. 2002. Demographic stochasticity and the variance reduction effect. Ecology, 83(7):

1928-1934.
Gibert J P. 2016. The effect of phenotypic variation on metapopulation persistence. Population Ecology, 58(3): 345-355.
Gilarranz L J, Bascompte J. 2012. Spatial network structure and metapopulation persistence. Journal of Theoretical Biology, 297: 11-16.
Girvan J R, Braithwaite V A. 1998. Population differences in spatial learning in three-spined sticklebacks. Proceedings of the Royal Society B: Biological Sciences, 265(1399): 913-918.
Graves C J, Weinreich D M. 2017. Variability in fitness effects can preclude selection of the fittest. Annual Review of Ecology, Evolution, and Systematics, 48(1): 399-417.
Gremer J R, Venable D L. 2014. Bet hedging in desert winter annual plants: optimal germination strategies in a variable environment. Ecology Letters, 17(3): 380-387.
Griffen B D, Drake J M. 2008. Effects of habitat quality and size on extinction in experimental populations. Proceedings of the Royal Society B: Biological Sciences, 275(1648): 2251-2256.
Haddad N M, Brudvig L A, Clobert J, et al. 2015. Habitat fragmentation and its lasting impact on Earth's ecosystems. Science Advances, 1(2): e1500052.
Hanski I, Mononen T. 2011. Eco-evolutionary dynamics of dispersal in spatially heterogeneous environments. Ecology Letters, 14(10): 1025-1034.
Hanski I, Mononen T, Ovaskainen O. 2011. Eco-evolutionary metapopulation dynamics and the spatial scale of adaptation. American Naturalist, 177(1): 29-43.
Hart S P, Schreiber S J, Levine J M. 2016. How variation between individuals affects species coexistence. Ecology Letters, 19(8): 825-838.
Hiebeler D. 2000. Populations on fragmented landscapes with spatially structured heterogeneities: landscape generation and local dispersal. Ecology, 81(6): 1629-1641.
Holderegger R, Buehler D, Gugerli F, et al. 2010. Landscape genetics of plants. Trends in Plant Science, 15(12): 675-683.
Kawecki T J, Ebert D. 2004. Conceptual issues in local adaptation. Ecology Letters, 7(12): 1225-1241.
Keymer J E, Marquet P A, Velasco-Hernandez J X, et al. 2000. Extinction thresholds and metapopulation persistence in dynamic landscapes. American Naturalist, 156(5): 478-494.
Lande R, Engen S, Saether B E, et al. 2002. Estimating density dependence from population time series using demographic theory and life-history data. American Naturalist, 159(4): 321-337.
Lande R, Shannon S. 1996. The role of genetic variation in adaptation and population persistence in a changing environment. Evolution, 50(1): 434-437.
Liao J B, Bearup D, Blasius B. 2017b. Diverse responses of species to landscape fragmentation in a simple food chain. Journal of Animal Ecology, 86(5): 1169-1178.
Liao J B, Bearup D, Wang Y, et al. 2017a. Robustness of metacommunities with omnivory to habitat destruction: disentangling patch fragmentation from patch loss. Ecology, 98(6): 1631-1639.
Liao J B, Li Z Q, Hiebeler D E, et al. 2013a. Modelling plant population size and extinction thresholds from habitat loss and habitat fragmentation: effects of neighbouring competition and dispersal strategy. Ecological Modelling, 268: 9-17.
Liao J B, Li Z Q, Hiebeler D E, et al. 2013b. Species persistence in landscapes with spatial variation in habitat quality: a pair approximation model. Journal of Theoretical Biology, 335: 22-30.
Lichstein J W, Dushoff J, Levin S A, et al. 2007. Intraspecific variation and species coexistence. American Naturalist, 170(6): 807-818.
Lowe W H, Kovach R P, Allendorf F W. 2017. Population genetics and demography unite ecology and evolution. Trends in Ecology & Evolution, 32(2): 141-152.
Melbourne B A, Hastings A. 2008. Extinction risk depends strongly on factors contributing to stochasticity. Nature, 454(7200): 100-103.
Moilanen A, Hanski I. 1998. Metapopulation dynamics: effects of habitat quality and landscape structure. Ecology, 79(7): 2503-2515.
Mortelliti A, Amori G, Boitani L. 2010. The role of habitat quality in fragmented landscapes: a conceptual

overview and prospectus for future research. Oecologia, 163(2): 535-547.
North A, Ovaskainen O. 2007. Interactions between dispersal, competition, and landscape heterogeneity. Oikos, 116(7): 1106-1119.
Nowak M A. 2006. Evolutionary Dynamics. Boston: Harvard University Press.
Oliver T, Roy D B, Hill J K, et al. 2010. Heterogeneous landscapes promote population stability. Ecology Letters, 13(4): 473-484.
Ovaskainen O, Meerson B. 2010. Stochastic models of population extinction. Trends in Ecology & Evolution, 25(11): 643-652.
Ralph P L, Coop G. 2015. Convergent evolution during local adaptation to patchy landscapes. PLoS Genetics, 11(11): e1005630.
Saccheri I, Hanski I. 2006. Natural selection and population dynamics. Trends in Ecology & Evolution, 21(6): 341-347.
Scheffer M, Carpenter S R, Lenton T M, et al. 2012. Anticipating critical transitions. Science, 338(6105): 344-348.
Senner N R, Stager M, Cheviron Z A. 2018. Spatial and temporal heterogeneity in climate change limits species' dispersal capabilities and adaptive potential. Ecography, 41(9): 1428-1440.
Simons A M. 2002. The continuity of microevolution and macroevolution. Journal of Evolutionary Biology, 15(5): 688-701.
Simons A M. 2011. Modes of response to environmental change and the elusive empirical evidence for bet hedging. Proceedings of the Royal Society B: Biological Sciences, 278(1712): 1601-1609.
Slatkin M. 1977. Gene flow and genetic drift in a species subject to frequent local extinctions. Theoretical Population Biology, 12(3): 253-262.
Tenaillon O. 2014. The utility of fisher's geometric model in evolutionary genetics. Annual Review of Ecology, Evolution, and Systematics, 45(1): 179-201.
Thomas C D, Kunin W E. 1999. The spatial structure of populations. Journal of Animal Ecology, 68(4): 647-657.
Vindenes Y, Engen S, Saether B E. 2008. Individual heterogeneity in vital parameters and demographic stochasticity. American Naturalist, 171(4): 455-467.
Vindenes Y, Langangen O. 2015. Individual heterogeneity in life histories and eco-evolutionary dynamics. Ecology Letters, 18(5): 417-432.
Violle C, Enquist B J, McGill B J, et al. 2012. The return of the variance: intraspecific variability in community ecology. Trends in Ecology & Evolution, 27(4): 244-252.
Willi Y, Hoffmann A A. 2009. Demographic factors and genetic variation influence population persistence under environmental change. Journal of Evolutionary Biology, 22(1): 124-133.
Wood C W, Brodie E D. 2016. Evolutionary response when selection and genetic variation covary across environments. Ecology Letters, 19(10): 1189-1200.

第九章　珍稀濒危植物保育研究进展

第一节　引　　言

生物多样性包含了地球上所有生命的多样性和变异性，对生态系统的生产力和稳定性有积极影响（Liang et al. 2016），是维持生态系统正常运转和良好循环的基本要素（Maclaurin & Sterelny 2008）。生物多样性也是人类生活和生产资料的来源，是维持人类生存的物质基础，具有极其重要的价值（Hooper et al. 2005）。然而由于全球变暖、生物入侵以及人类活动导致的生境破坏、环境污染、土地利用变化等，全球生物多样性正在急剧丧失，生物多样性受到前所未有的严重威胁（Cardinale et al. 2012；Cafaro 2015），据研究，现在平均每小时就有一个物种灭绝（Convention on Biological Diversity 2010）。目前物种的灭绝速率被认为比根据化石记录和分子系统学估计的背景物种灭绝速率高几个数量级（De Vos et al. 2015）。

濒危物种是指生长环境遭受巨大威胁，正面临着大规模灭绝风险，需要重点保护的物种（Orme et al. 2005；Schipper et al. 2008）。珍稀濒危植物在经济、科学研究、文化教育等方面都具有特殊的重要价值。每个珍稀濒危物种都是一个基因库，在植物遗传育种中是宝贵的材料。例如，与野生稻（*Oryza rufipogon*）相比，现代栽培稻（*Oryza sativa*）丢失了大约 1/3 的等位基因和一半的基因型，其中包含了大量的优良基因，如抗病、抗虫、抗野草和高产高质基因。此外，还有很多珍稀濒危物种具有药用价值，如杜仲（*Eucommia ulmoides*）、人参（*Panax ginseng*）等，超过 11 000 个植物种在中国用于中药材。此外，濒临灭绝的种子植物具有巨大的文化、宗教和美学价值。濒危的种子植物，特别是孑遗物种是研究植物起源和演化的重要依据。在生态价值方面，一种植物的消失可能会导致十几种伴生植物的消失。珍稀濒危植物保育的重要性、紧迫性和必要性是不言而喻的。

由于地理格局和生态特征的独特性及地形、气候的异质性，中国具有非常高的生物多样性（陈灵芝 1993；马克平 2015），高等植物数量占全球种数的 8%～12%，其中约 1/3 是特有种（Zhang & Gilbert 2015），并且存在很多孑遗物种（Volis 2016）。这些特征使得中国在全世界植物多样性保育中处于非常独特的地位。然而由于长期的人类文明进程、剧烈的人口增长和飞速发展的社会经济，森林等自然生态系统退化严重，物种生存面临严重威胁，导致中国的濒危物种比例十分高（Zhang & Ma 2008；Lenzen et al. 2010）。2013 年 9 月，环境保护部（现称生态环境部）和中国科学院联合发布了《中国生物多样性红色名录——高等植物卷》，对中国 35 784 种高等植物进行了野外濒危现状的评估，完成了《中国高等植物受威胁物种名录》。其中，受威胁物种共 3879 种，占评估物种的 10.84%（覃海宁等 2017）。

在过去的几十年间，中国政府、相关机构及群体付出了巨大努力来保护生物多样性。

经过第八次机构改革，组建了生态环境部和自然资源部，以更好地协调经济发展和环境保护的需求。中国科学院建立了 2 个生物多样性监测网络——中国森林生物多样性监测网络（CForBio）和中国生物多样性监测与研究网络（Sino BON），在线发布了中国植物志中英文版和中国生物物种名录（http://sp2000.org.cn/）。对 12 000 000 个标本进行了数字化并发布在网上（http://www.nsii.org.cn/2017/）（Ma et al. 2017）。珍稀濒危植物的生存潜力、濒危机制及保护和恢复策略也成为生态学家和保护生物学家研究的热点（臧润国等 2016）。以“生物多样性与保护”和“中国”为关键词在 Web of Science 上搜索，可以找到 3000 多篇论文，研究内容涉及土地利用和土地覆盖变化等人类活动对生物多样性的影响、保护区的有效性、气候变化和生物多样性、生物多样性和生态系统功能与服务、外来入侵物种的负面影响、群落构建机制及其对生物多样性保育的影响等方面。鉴于珍稀濒危植物保护的重要性，在此我们试图对中国珍稀濒危植物保护的研究现状进行梳理，概述其进展和不足，从而为今后珍稀濒危植物的保护、发展和利用策略的制定提供支持及依据。

第二节　珍稀濒危植物种群、群落及生境的基础调查

有明确空间定位的物种数据是制定生物多样性保护策略的前提，是进行系统保护的基础。珍稀濒危植物分布地域狭窄，种群及个体数量较少。保护每一个珍稀濒危物种都应该从绘制其分布范围、调查其现有种群的数量开始。具体操作时应该基于珍稀濒危植物的分布格局、特定分布点的地理和环境信息、自然栖息地生境特征，采用地理信息系统、卫星遥感数据和物种分布模型等技术方法，分析其种群状况、栖息地的位置、土壤和气候特点、生态位宽度、潜在分布地点以及濒危因素，以对其进行针对性保护（Varghese & Murthy 2006）。这些信息对于确定物种的保育状况、生境需求、物种分布的影响因素，以及未来保护措施的制订都是至关重要的。

此外，需要对每个受威胁物种的每一个种群开展种群结构调查，对每个具有繁殖能力的成年个体进行定位、绘图。在进行初步的种群调查之后，理想的做法是对种群动态和繁殖物候进行长期监测，否则难以确定物种的受威胁因素，制订管理计划或确定种子收集日期。IUCN 红色名录中濒危等级为“数据缺乏”的物种比例很高，这是因为没有对物种进行精确的种群统计及评估。在进行种群调查时，应同时进行物种生物学研究，即研究授粉方式和主要传粉者、种子扩散、繁殖结构、种子休眠情况、个体成熟年龄和果实/种子生产格局。种群调查有助于发现存在繁殖困难的种群，继而借助开花、结果、引种实验来控制发芽和生长条件，揭示种群更新失败的原因，并最终通过减少竞争物种、引入保育植物、增加传粉昆虫等相应的方式来解决繁殖问题。结合生境适宜性和种群过程模型的研究也为评估物种在气候变化下的空间分布变化和灭绝概率提供了一个改进的方法。有研究对澳大利亚 5 种具有不同种群特征的物种应用了这一方法，结果强调了当评估气候变化对生物多样性的影响时，直接量化灭绝风险（种群下降和其他随机生存力）和生境面积。灭绝风险反映了种群维持面临的威胁，它对物种的生活史特征很敏感。在模型中量化灭绝风险结合了重要的种群和生态系统过程，这些过程可能会影响物种应

对气候变化的脆弱性（Fordham et al. 2012）。

在国内，对珍稀濒危物种遗传变异的研究远远多于对其生态位、种群结构或种群生存潜力的研究（Volis 2016）。目前仅有团队对银杏（*Ginkgo biloba*）、水杉（*Metasequoia glyptostroboides*）、银杉（*Cathaya argyrophylla*）、珙桐（*Davidia involucrata*）等孑遗植物的自然种群动态、群落组成和非生物环境展开了研究（Tang et al. 2012；Qian et al. 2016，2018）。由于相关行政机构没有把收集、整理和传播珍稀濒危植物的物种生态学、群落结构、生境调查和动态监测作为优先事项，加上许多保护生物学家不愿意分享此类数据，关于物种发生的信息很难获得，甚至大多数受保护地区的行政部门也不确定他们负责保护的生物资源的详细状况。对于中国植物区系的有效保护，一个可搜索的数据库和与保护相关的信息存储库是至关重要的（Volis 2016），包括并不限于物种发生数据、自然保护区和其他类型保护地的地理分布数据库，以及正在实施或已完成的保护项目的信息。为了进行有效的全面协调，建议科学家将这些数据作为生物多样性保护项目的标准程序公开（Volis 2018）。

第三节　珍稀濒危植物濒危机制和受威胁因子研究

很多情况下，珍稀濒危物种是自然和人类原因共同造成的。造成植物濒危的内因有以下几点：第一，很多过去广泛分布的孑遗物种，由于晚第三纪和第四纪的气候恶化，这些物种在很多地方局域灭绝，仅在少量避难所形成小而孤立的种群，这些植物由于遗传变异能力较差，对生存环境的要求较高，无法适应环境的变化。第二，植物自身的形态特征单一，缺乏多样化的生理功能和对外界干扰做出即时反应的能力。第三，很多珍稀濒危植物在一定程度上存在生殖障碍，如雌蕊和雄蕊发育不同步、花粉败育、花粉管达不到胚囊、胚囊败育等。这些内因可以归纳为植物生存能力差和适应性差。然而，物种消失如此之快主要还是因为大规模的人类干扰。很长一段时间，因为人口快速增长、工业快速发展、城镇规模扩大、环境污染严重，以及对植物资源的掠夺性开发和利用，植物物种很快陷入了受威胁、脆弱、濒危的困境（López-Pujol & Zhang 2009）。

利用遗传多样性手段分析濒危机制是最有效和最直接的方法。遗传多样性分析不仅能够反映珍稀濒危植物遗传多样性的高低，还能在一定程度上找出致濒原因，从而制定出有针对性的保护策略（贺水莲等 2016）。研究发现，处于灭绝风险中的物种在空间和系统发育上不是随机分布的，这一格局可能与灭绝驱动因子强度和物种对灭绝因子敏感性的地理差异有关（Davies 2019）。另外，与抵抗一个灭绝因子有关的性状的变化可能会导致对另一个灭绝驱动因子敏感性的增加。关于生物灭绝的主要驱动因素已经进行了大量研究，目前更重要的是研究特定物种对灭绝因子的敏感性变化，以及采取保护行动来降低灭绝因子的强度。为了实现这一目标，我们需要更好地理解灭绝驱动因素、物种生态特征和物种进化史之间的交互作用（Fréville et al. 2007；Murray et al. 2014）。

确定物种面临的威胁是设计有效的保护战略的关键一步。详细描述濒危物种所面临威胁的特点和格局，对于制订有效的恢复计划、指导保护策略、分配保护资源、评估减少威胁的政策可行性至关重要。因此，迫切需要尽可能具体地研究濒危物种的受威胁因子（Prugh et al. 2010）。通过分析美国 2733 种稀有、易危植物所面临的威胁发现，在美国，大陆植物最常受到户外娱乐活动，尤其是越野车、远足和相关活动的威胁，其次是牲畜、住宅开发、入侵物种和道路建设等常见的威胁，几乎所有威胁的频率都在随时间增加而增加。通过将威胁的普遍性与相关研究的内容进行比较发现，近75%的威胁种类相对于其普遍程度而言并未得到充分研究，而一些较稀有的威胁种类得到的关注最多（Hernández-Yáñez et al. 2016）。为了能够科学充分地提供减少威胁的信息，研究工作应该根据每种威胁的实际发生率和严重程度进行分配，但是对于一些特定威胁因子的研究远远超过正常比例。例如，气候变化可能成为 21 世纪生物多样性变化的主要驱动力，获得了科学界和公众越来越多的关注（Thomas et al. 2004）。然而，一些保护学家认为，把过多的注意力放在气候变化上，会忽视一些普遍存在的重要威胁，这些威胁可能与气候变化相互作用，进一步破坏生物多样性（Tingley et al. 2013）。如果研究的关注度与物种面临威胁的相对严重性和分布频率相匹配，则更有助于保护工作的开展（Novacek 2008）。

毫无疑问，人类活动一直并将继续是中国植物多样性的主要威胁。农业和伐木造成的自然栖息地的丧失一直存在，且在 20 世纪五六十年代大规模的森林砍伐后急剧增加。由于伐木、木炭生产、农业发展、过度放牧和野生植物采集等活动的持续存在，野生种群的减少趋势还在继续。对中国极小种群野生植物威胁因子分布格局的研究表明，这些植物主要受到过度利用、生境破碎化、种群数量太小的威胁（Wang et al. 2017）。过度采集对于中国的很多植物是一个严重威胁，解决这一威胁不仅需要立法禁止这种行为，还需要加大环保教育。只有培养人们的保护意识，才能从根本上解决这个问题。缺乏对植物实用价值之外其他价值的认识和欣赏，是造成植物多样性持续丧失的一大原因。应鼓励人工培育物种，并对儿童进行欣赏和保护自然的教育。积累的证据表明，环保教育能够鼓励市民参与保护行动，尤其是濒危植物分布区当地居民的环保教育可能将破坏者转变为保护者（Mei 2013；Chen et al. 2016）。

第四节　珍稀濒危植物就地保护

植物保护的 3 种主要方式是就地保护、迁地保护和野外回归。其中，就地保护是生物多样性保护和恢复的重要方式。《生物多样性公约》对就地保护的定义是“物种可存活种群在其自然生境内的维持和恢复”。就地保护在植物保育中起着至关重要的作用，因为它对破坏或改变物种栖息地的行为起到了禁止作用。截至 2015 年底中国共建立了 2740 个自然保护区，约占陆地国土面积的 14.83%，高于世界平均水平（环境保护部 2016）。中国利用自然保护区和国家公园体系就地保护了约 65%的维管植物群落（Ren et al. 2014）。

由于珍稀濒危野生植物一般生境要求独特、生态幅狭窄，因此维护其现存自然生境是保护的重要方式之一。Chi 等（2017）建立了中国 603 种濒危药用植物的物种县级分布数据库，利用前 5%丰富度算法和互补算法确定了受威胁药用植物的多样性热点区及保护空缺。Zhang 等（2015）研究了中国 3244 种濒危植物的丰富度格局，通过叠加物种分布和陆域国家级、省级自然保护区分布评估了就地保护状态。Xu 等（2019）收集了 320 种国家重点保护野生植物和极小种群野生植物物种的详细分布数据，结合功能性状和进化信息进行保护空间规划，确定了由物种丰富度、谱系特有性和功能多样性 3 个多样性维度共同定义的保护关键区，揭示了自然保护区和优先保护区之间的空间分布差异，为中国珍稀濒危植物就地保护提出了具体且有针对性的建议。这些研究有助于解决自然保护区空间分布不平衡的问题，基于特定区域的多样性特征调整现存保护区体系，改进相关的自然保护法规、具体制度和技术标准（Sang et al. 2011）。

尽管我们普遍认为物种在法律保护下是可以长期存活的，保护地的建立和维持也是地区与全球生物多样性保护策略的重点，但是部分保护区的避难所作用可能无法长期持续下去。原因如下：第一，面积较小的保护区产生了巨大的边缘效应，增加了外部活动的干扰，降低了当地种群的维持潜力，尤其是小种群特别容易受到种群数量、外界环境和遗传随机性的影响。第二，随着当前全球尺度上的人口增长和环境恶化，保护地越来越成为一个个互相隔离的破碎化的生境岛屿，很多植物被限制在这些保护地里难以扩散。当基质生境变得越来越不适宜生存时，物种在栖息地碎片中局域灭绝，而且重新定居的可能性较低（Jackson et al. 2009）。第三，几乎所有自然保护区内的生态系统都表现出一定程度的人为导致的变化，这些变化破坏了现存物种间的相互作用和生态过程。生境破碎化和环境退化导致很多物种的种群数量降低到可存活种群数量的阈值之下，这样的种群即使处于最严格的保护状态下也依然会灭绝。当种群不能维持时，说明栖息地发生退化并需要马上采取行动。因此，濒危物种就地保护需要确定栖息地现状是否可以维持可存活种群数量，然后通过精心设计的保护策略同时保护物种及其栖息地。为了使就地保护有效，必须对生态系统的生态过程和濒危物种的种群动态有充分的了解，才能确认濒危原因并且实施管理方案来消灭威胁、恢复种群（Volis 2016）。

此外，气候变化可能会改变珍稀濒危植物的分布，当植物的适宜生境发生转移时，自然保护区对濒危植物的保护能力降低，甚至导致自然保护区内濒危植物的灭绝。已经有研究使用生态位模型（ecological niche model）针对气候变化对自然保护区内濒危植物的影响展开了研究，结果发现气候变化会危害欧洲保护区的植物多样性（Araújo et al. 2011）。为了使物种能够改变其分布范围以适应气候变化，一般建议通过在边界增加适宜生境或建立生态廊道来提高自然保护区的生态连通度（Krosby et al. 2010）。由于建立廊道缺乏可操作性强的生态理论和技术指导，有时通过增加栖息地面积和质量也能达到同样的目的（Hodgson et al. 2009）。应对气候变化影响的另一个普遍建议是将保护区边界或缓冲区向两侧扩展，但这种方法只适用于地理距离短、海拔急剧变化的情况，此时保护区规模的增加可以为物种提供足够的机会，让它们找到更适宜生存的栖息地。然而，对许多物种来说，保护区规模或配置的变化不会显著改变其生境条件的变化程度，可以沿着气候梯度建立形似踏脚石的间断的小斑块生境，增加物种在斑块间的扩散。踏脚石斑块可以连接相邻的自然保护区，也可以连接保护区内的不同功能区（异质生境）（Volis 2018）。

通常，珍稀濒危植物种群占据的生境很小，在许多情况下被严重破坏的环境所包围，或者位于人口稠密、人类活动频繁的低山丘陵地区，在这类地区建立大面积集中的自然保护区是不现实的，一个有效的解决办法是建立保护小区或微保护区（Laguna et al. 2004）。保护小区并不是保护区的替代选择，而是对保护区的补充。保护小区很久以前就被认为是在破碎的景观中保护多样性高的植物区系的有效方法，并且已经成为区域和国家保护区战略设计的一部分（Kadis et al. 2013）。此外，除了在建立和管理自然保护区时采用系统的保护规划之外，每一个保护区都必须有一个全面的监测计划，跟踪生态系统随时间的变化。自然保护区的保护有效性无法用监控/巡逻花费的时间和金钱来评估，而应该通过表征保护效果的参数变化，如目标物种的种群大小（通常是旗舰种或极度濒危种）、目标栖息地的面积和完好程度来体现（Volis 2018）。

尽管自然保护区的数量和面积均增长较快，但是我们需要对中国现有的自然保护区网络的保护效率有一个理性的认识。第一，很多自然保护区是在没有足够概念基础或系统规划的情况下建立的，其位置、面积等设计不合理，生物地理或生态系统的代表性不足，许多保护区甚至没有明确的边界（Liu et al. 2003；Xu et al. 2012）。第二，自然保护区缺乏资金、管理团队、工作人员以及专业知识，很多保护区只能通过利用自然资源自给自足（López-Pujol et al. 2006；Cao et al. 2015）。第三，政府对经济快速发展的追求，导致自然保护区内旅游业的发展和自然资源的不可持续利用（张则瑾 2016；Buckley et al. 2016）。第四，自然保护区面临着严重的管理重叠问题，有些自然保护区甚至涉及了7个行政部门。由于不同部门间管理标准不同、利益冲突、部门间缺乏沟通和信息共享，管理混乱、效率低下（Xu et al. 2012；赵广华等 2013）。第五，居住在自然保护区内的当地居民持续的违法活动甚至合法活动也对保护多样性造成了不利影响。第六，对自然保护区有效性的评估经常被忽视，并且对自然保护区缺乏长期的监测（Ma et al. 2009；Cao et al. 2015；Zhang et al. 2017）。除了这些公认的问题以外，更为严重的是自然保护区仅覆盖了濒危植物分布区的27.5%，这与中国的濒危植物比例比世界上很多其他地区都高不符（Zhang et al. 2015）。

第五节　珍稀濒危植物迁地保护

迁地保护是指将保护对象的全部或部分种群从受威胁的自然栖息地转移到新的环境中。植物迁地保护与就地保护相辅相成、互为补充，在人为干预及精细管护下使得植物多样性得到充分保护、研究、评价和利用，是收集和保存珍稀濒危植物种质资源的重要方式，也是珍稀濒危植物回归引种及野生种群恢复重建的基础和原始材料保障。迁地保护通常包括建立植物园、种子库、基因库、种质资源库以及植物离体组织培养保存库。

植物园是迁地保护珍稀濒危植物最为常规和有效的场所，为野外物种的迁地保护做出了重要贡献，通过活体植物收集等方式，保护了全球30%（105 634个物种）的植物物种（Mounce et al. 2017）。至今，我国植物园迁地栽培的高等维管植物约有396科3633属23 340种（含种下等级）。其中我国本土植物为288科2911属约20 000种，分别占我国本土高等植物科的91%、属的86%、物种数的60%（黄宏文和张征 2012）。有一些植物园是重点面向我国珍稀濒危植物的，如中国科学院西双版纳热带植物园、华南植物园和昆明植物园，为濒危植物提供避难所并参与植物保护项目。然而，植物园收集和维持珍稀濒危物种成活个体的能力和效率不应被高估，由于管理不善，出现了收集个体数量过少、对种群遗传多样性的代表性不够、物种信息错误、采样地点信息缺乏等问题（Hurka 1994）。另外，当近缘种、亚种或生态型在植物园中的位置相距过近时，存在天然杂交的风险，产生的后代可能缺乏遗传完整性并存在不适应的基因组合，降低了这些迁地保护植物用于繁育的可能性（Maunder et al. 2004）。有些植物园只重视移栽，未对迁地保存植物的生理生态学特征进行全面、系统的研究，也缺乏人员来执行专业的保育措施，导致一些迁地保存的植物生长不健康，保护效果大大降低。此外，植物园之间还没有建立植物物种多样性信息和监测网络，信息交流滞后导致很多不必要的重复性研究（Mei 2013）。各植物园间重复引种比例高、处于同一地理区系的植物园间重复引种比例甚至高达 85%以上（Huang 2011）。另外，植物园所能容纳的单个物种的个体数量有明显的局限。这些问题严重限制了植物园收集的资源在多样性保护中的可利用性。

收集种子进行储存称为“种子库”，作为一种储存农作物种子的传统保护方式，在过去 20 年里越来越多的植物园和研究机构正在建立种子库来保护野生植物，为保护野生植物遗传多样性提供了一个有效的途径（Lupton 2016），收集的种子可以用于研究、野外回归或种群恢复（Miller et al. 2011）。种子库为保护植物免受栖息地丧失和退化、外来物种入侵、人类利用、污染、病虫害和气候变化等威胁提供了保障。种子库作为迁地保护的方法具有以下优点：其成本仅为就地保护的 1%；可以保存种群的遗传多样性；可以存储在一个相对狭小的空间内；许多物种的种子可以在低温和低湿条件下存活数百年（Li & Pritchard 2009）。种子库越来越多地被用于保护珍稀濒危物种，确保这些物种的材料可用于恢复和回归项目。科学家、政府部门和非政府组织越来越重视将种子库作为一种有效和经济的保护工具。作为一种预防灭绝的保险措施，以种子库为基础的种子迁地储存的成本较低。最近，关于在传统种子库储存温度下种子寿命低于预期的研究，以及使用低温保存顽拗型种子的技术创新和经济投入评估，为采用超低温贮藏种子以长期保护植物提供了令人信服的证据（Fuller et al. 2004）。保护学家认为需要加大力度，为来自生物多样性热点地区以及具有顽拗型种子的植物开发迁地保护方法，而低温贮藏在实现这一目标和使传统种子得以长期保存方面将变得越来越重要（Li & Pritchard 2009）。

中国现有植物园约 180 个，国家级种质资源库 3 个。通过植物园及其他迁地保护设施，保护了中国植物区系成分约 60%的植物物种（Ren et al. 2014）。然而迁地基础设施对于珍稀濒危物种的保护效率较低。研究表明，目前我国植物园迁地保育濒危及受威胁植物的数量约为 1500 种。作为整个亚洲拥有最大种子库的中国西南野生生物种质资源库，收集了 8855 个物种的种子/植物离体材料，其中只有 47 种（不到 0.6%）属于极度濒危物种。《全球植物保护战略》（*Global Strategy for Plant Conservation*，GSPC）的目标要求：“到 2020 年，至少 75%的受威胁植物物种被迁地收集，其中至少 20%可用于保护和恢复项目”。目前国内珍稀濒危植物迁地保护的比例距该目标尚有较大距离，因此需要解决濒危物种和迁地设施保存物种之间的脱节，建立迁地保护物种数据库，用于对受威胁的植物物种进行优先排序，决定收集和保存在植物园及种子库的物种顺序（O’Donnell & Sharrock 2017）。

为了使迁地收集在保护受威胁物种方面发挥作用，必须明确面向保护，即迁地收集不仅必须充分反映物种在储存期间的遗传多样性，而且必须确保储存的种质可供今后在原地恢复工作中使用。对于珍稀濒危物种，必须对所有正在繁殖的成年个体在不同年份进行重复取样，以保证取得足够的样本并减少对野生种群的危害（Volis 2016）。此外，最好分别建立短期和长期种子库。长期种子库保存的种子可用于研究物种生物学、繁殖和更新，而短期种子库保存的种子直接就地保护或繁殖后用于就地保护（Volis 2015）。

第六节　珍稀濒危植物野外回归

目前植物保护的重点是被动地保护破碎的自然栖息地，但从全球范围内物种和自然栖息地的消失速度来看，这似乎是不够的。在人类世（Anthropocene），保护的未来在于栖息地的恢复和大规模的植物回归。回归是指在一个物种出现濒危的现有分布区或已经灭绝的历史分布区内人为建立新种群，其目的是建立一个遗传多样性足以适应环境变化的有活力、能自我维持的种群。作为物种保护和种群恢复的重要策略之一，回归在越来越多的珍稀濒危植物保护实践中得到了应用。回归中的 3 个主要概念是增强回归、重建回归和异地回归。增强回归是指个体被添加到现有种群中，增加种群的个体数量或遗传多样性；在重建回归中，在其历史分布区域重新建立或修复该物种种群；在异地回归中，物种的个体从现有的分布区域迁移到历史分布区以外的新生境中（Maunder 1992）。作为一个完整的恢复计划的组成部分，野外回归越来越受到重视。中国政府对《全球植物保护战略》的承诺之一是 2020 年前，使中国 10%左右的受威胁物种回归原生境（目标 8）。为了实现这一承诺，按照当前发布的《中国生物多样性红色名录——高等植物卷》，必须至少回归 370 多个物种。为了达到这一目标，将植物回归保护的指导方针总结为政策和程序，毫无疑问会增加植物野外回归的成功率。

从理论上说，通过回归可以使珍稀濒危植物种群得到恢复。但从实践上而言，植物野外回归是一项高风险和高花费的工程，并且不同物种的回归也面临着各不相同的困难（周翔和高江云 2011）。在自然生态系统中，植物与其他生物之间的关系极为复杂。一个新物种很难在一个稳定的群落或生态系统中建立，即使这个物种曾经是它的组成成分。种群野外回归具有重要的理论和实践意义，但是珍稀濒危物种往往难以适应人类干扰和快速的环境变化，因此物种回归实践中成功的案例并不多见（Ren et al. 2014）。Godefroid 等（2011）通过 Web of Science 数据库和问卷调查，收集了 172 个物种的 249 个案例，发现野外回归的平均存活率为 52%，而且存活率随时间的延长而下降，仅有不足 20%的案例中植物正常开花或结果。Dalrymple 等（2012）收集了来自欧洲、美国、澳大利亚和南非的 700 个植物物种的回归案例，发现特有种比广布种回归成功的可能性更高，这可能与政府对特有种保护的投资力度更大有关。

在对濒危植物进行迁地保护和研究的基础上，中国开展了多次回归试验。Liu 等（2015）评估了中国 222 个野外回归案例，这些案例涉及了 154 个物种，其中 87 个为中国特有物种，101 个被列入“中国物种红色名录”，其中 26%是针对水利工程导致的大规模栖息地破坏而实施的重建回归。仅有不到一半的案例有个体是否存活的记录，统计分析表明成活率与植物生活型和回归的植物材料类型有显著的相关性。仅有30%的案例有关于个体是否开花或结果的记录，植物开花或结果的可能性与植物生活型、回归类型、繁殖体类型、繁殖体来源和回归时间显著相关。

目前，珍稀濒危植物回归的研究和实践进展主要集中在以下5个方面。

1）建立回归生物学作为生物多样性保护的重要工具。回归是就地保护和迁地保护之间的桥梁，是迁地保护的最终目标。很多国际组织制定了物种回归的程序和指南，描述了回归的目标、适合的物种、生境要求、植株要求、回归程序、回归种群的管理和监测以及种群回归的成功标准（IUCN 2009）。中国科学院华南植物园负责完成的“华南珍稀濒危植物的野外回归研究与应用”项目，建立了“选取适当的珍稀植物进行基础研究和繁殖技术攻关，再进行野外回归和市场化生产，实现其有效保护，同时通过区域生态规划及国家战略咨询，推动整个国家珍稀濒危植物回归工作”的模式，这种模式初步实现了珍稀濒危植物的产业化，产生了良好的社会、生态和经济效益（Ren et al. 2012）。国家林业局（现称国家林业和草原局）也于2016年发布了《珍稀濒危植物回归指南》。

2）遗传多样性在回归中的重要性。通过人为手段在野外自然条件下建立新种群，存在种群较小、个体数量有限、产生遗传漂变和近交衰退等情况。因此在珍稀濒危种群回归过程中考虑遗传多样性很重要，因为它涉及了物种的进化过程及其对环境变化的适应性，在实践中决定了种源收集时需要考虑不同来源个体的数量，多来源的种苗会携带更多的遗传多样性并在回归过程中的成功概率更高。种群生态学和复合种群理论可为回归中的遗传多样性提供理论参考。在回归中要考虑通过遗传挽救来减少或避开低适合度种群，以增加基因流从而影响中性变异和适应性变异（Van Andel & Aronson 2012）。研究发现，回归种群在20年以后其遗传多样性会降低，虽然还存在明显的遗传分化，但增强回归会导致亚种群间的遗传同质化（Tollington et al. 2013）。

3）回归地点的选择。一般而言，评估回归地点的主要标准是与现存种群分布点的生态相似性，但对于珍稀濒危植物而言，其现存种群可能位于破碎化和退化的环境中，该标准可能并不适用。此时回归地点的选择必须基于对物种历史分布点、生态需求和潜在回归地生境条件的详细了解。研究可以使用物种分布模型、引种试验或两者结合的方式来确定目标物种最适宜的回归生境。

4）全球气候变化背景下的回归。全球气候变化改变了物种的分布范围，并导致物种与分布的生境之间关系的变化。在全球气候变化背景下，异地回归成为常见的选择，可以利用生境分布模型，找到适当的回归地点。回归种群能够增加物种的分布和多度，改进基因流，加强复合种群动态并降低种群灭绝的风险（Falk et al. 1996）。然而异地回归有可能导致种间杂交，在物种入侵大范围发生的背景下，珍稀濒危植物的回归可能会产生不利的遗传或进化学后果（Ricciardi & Simberloff 2009）。

5）回归成功的标准。成功开展回归研究及实践工作，需要拥有多学科知识背景的研究团队，提前进行一系列的理论基础和应用基础研究，雄厚的资金支持，科学合理的实验方法，各机构和单位的密切配合以及民众的广泛参与（IUCN 1998）。回归的成功标准分为短期和长期两类，前者包括个体的成活、繁衍，种群的建立和扩散；后者包括回归种群的自我维持、自我恢复及其在生态系统中发挥功能等（Falk et al. 1996）。因此，植物回归在生态系统恢复和功能重建中具有重要作用，也是一个检验种群建立和自然系统管理模式的机会（Ren et al. 2014）。研究表明，影响回归成功的因子包括繁殖材料类型、种源、生境、种植时间及种间作用等（Guerrant & Kaye 2007；Godefroi et al. 2011；Rayburn 2011）。在回归中还需要考虑伴生植物、雌雄比例、基因交流和生态适应性（Lawrence & Kaye 2011）。为了提高回归成功率和多样性保护效率，在回归实际操作中需要整合生物技术、生态技术、工程技术，建立材料繁殖-生境恢复-园艺措施-种间关系恢复的技术体系，并进一步强调就地保护、迁地保护和野外回归三位一体的集成技术（Ren et al. 2014）。

第七节　珍稀濒危植物扩繁技术

繁殖是植物生活史中最为关键的环节之一，也是种群更新与维持的重要环节。包括极小种群野生植物在内的受威胁物种是在长期演化过程中内在因素和外在因素综合作用的结果，而物种自身繁育力的衰退、生活力的下降等是导致其走向濒临灭绝的内在原因。成功的繁殖对于维持种群数量，尤其是濒临灭绝物种的种群数量至关重要，因此繁殖瓶颈的突破是珍稀濒危物种解濒研究的重中之重，是发展规模化的扩繁技术体系的基础。目前，环境保护部（现称生态环境部）建立了 32 个种质资源苗圃和 255 个引种基地，用于进行濒危植物及其他植物物种繁育（Volis 2016）。

我国虽然已对 40 多种极小种群野生植物进行了繁殖生物学和繁殖技术的研究，但扩繁成功的物种仍屈指可数（臧润国等 2016）。因此，应优先以建立的保护小区（点）为研究平台，在系统开展目标物种繁殖生物学特性研究的基础上，根据目标植物种群大小、生物学特性、小生境状况及自然分布等，研究人工促进其结实的方法和措施；在获得种子的基础上，研究种子萌发与壮苗培育的配套技术。对不能成功获得种子的珍稀濒危野生植物，研究有效的营养繁殖方法（扦插、嫁接、组织培养等）和关键技术。利用种子萌发、扦插、嫁接、无菌播种和组织培养等多种技术手段，研究珍稀濒危野生植物的快速繁育技术，分析快速繁育过程中的限制性因子，制定目标物种种苗的扩繁技术规程，为珍稀濒危野生植物的种群复壮和扩繁利用提供关键技术体系，并且建立种苗繁殖示范基地进行种苗扩繁，提供足够的种苗应用于就地保护、迁地保护和野外回归。

繁殖生物学知识对于有效保护珍稀濒危植物必不可少（Gong et al. 2015）。例如，依靠种子建立新个体的物种，种群活力与种子动态密切相关，而制订保护措施要考虑限制种子生产、扩散和萌发的因素（Zhao & Sun 2009）。研究认为，传粉是一些动植物群体多样性高的关键因素（Van Der Niet & Johnson 2012）。在一些小保护区，传粉网络的崩溃会对当地重要的濒危、特有和经济植物物种的繁殖产生负面影响，降低濒危物种的种群多度（Ma et al. 2013）。动物散播种子的行为会受到人类行为的严重干扰，由于过度狩猎，作为种子扩散者的灵长类动物大量消失，增加了热带雨林物种灭绝和生物量长期减少的风险（Peres et al. 2016）。对繁殖能力低的濒危物种的繁殖生物学研究是近年来的研究热点，已成为保护管理的一个重要方面（Chen et al. 2016）。然而国内对于濒危物种种子/孢子生物学的研究依然较少，通过调查首批 120 种重点保护的极小种群野生植物繁殖生物学的相关研究，发现从文献和数据库中仅能获取到 28 个物种的发芽信息，8 个物种的种子储存信息。另外，60%的物种长期存储需要低温条件。研究说明仅仅列出物种名录是不够的，这些受威胁严重物种的保护工作受到了繁殖生物学信息空白的阻碍（Wade et al. 2016）。

第八节 极小种群野生植物保护研究进展

根据国家林业局（现称国家林业和草原局）对全国重点保护野生植物资源的调查，百山祖冷杉、银杉、华盖木（*Pachylarnax sinica*）、落叶木莲（*Manglietia decidua*）、宝华玉兰（*Yulania zenii*）和银缕梅（*Shaniodendron subaequale*）等 55 种野生植物的野外种群已低于稳定存活界限，随时面临野外灭绝的危险（国家林业局 2011）。因此，国家林业局提出了极小种群野生植物（plant species with extremely small population，PSESP）的概念，具体是指分布地域狭窄，长期受到外界因素胁迫干扰，呈现出种群退化和个体数量持续减少，种群和个体数量都极少，已经低于稳定存活界限的最小生存种群。这些植物大多数为我国特有植物，具有重要的生态、经济和文化价值（Ren et al. 2012）。《全国野生动植物保护及自然保护区建设工程总体规划》最终确定了首批 120 种重点保护的极小种群野生植物，包含 36 种国家一级重点保护野生植物，26 种国家二级重点保护野生植物，58 种省级重点保护野生植物（国家林业局 2011）。

作为最易丧失的生物资源之一，如果保护不够及时，极小种群物种的生物特征和基因价值很可能在人类尚未了解之前就伴随着物种的灭绝而消失了，最终给生态系统和人类社会带来不可估量的损失。因此，对其进行保护是生物多样性保护的重中之重，有助于延缓物种灭绝，维护生态平衡，保存资源，促进生态可持续发展，对于我国的生物多样性保护具有极为重要的意义（张则瑾等 2018）。极小种群野生植物概念的提出及其拯救保护工程的实施，在我国野生植物保护中具有里程碑式的意义：一方面标志着相关行政主管部门的管理策略发生了转变，即在以法律法规、行政手段和宣传教育等为主要策略的基础上，更加强调“基于种群管理的物种保护”理念，以实现科学保护野生植物的目标；另一方面也要求相关的科学研究要与野生植物拯救保护工作接轨，促进了种群生态学、繁殖生物学、植物地理学、保护生物学等相关学科的基础理论和应用技术研究更好地服务于我国野生植物保护实践，在实现学科发展的同时提升野生植物保护管理水平（杨文忠等 2015）。

由于极小种群野生植物种群数量小、面临胁迫严重及繁殖困难等固有特点，决定了对其研究的困难性和挑战性。一般植物种群理论大都基于大样本方法而发展起来，对极小种群野生植物并不完全适用，因此所有研发方案都必须考虑极小种群野生植物的诸多特点，特别是要重点研发基于小样本的方法和理论体系（臧润国等 2016）。目前相关研究较少，尤其是发育生物学、种群遗传学、繁殖生物学、种群生态学和群落生态学方面。另外，种子繁育、野外回归、栖息地保护等保护方法可能与非极小种群物种存在巨大差异，可以效仿的成功案例很少，需要建立一个合适的系统的方法框架。目前中国对极小种群野生植物的保护和恢复策略包括：启动国家重点保护野生植物资源调查并建立信息系统；提升自然保护区系统管理水平，关注就地保护；建立国家植物园系统，加强近地、就地保护和迁地保护；增加繁育中心并与就地保护和迁地保护相结合；栖息地保护和恢复；改善和扩大物种的生存空间；理性地结合保护、种质资源保存和可持续利用；总体规划，政府指引，科学家、政府和公众参与并合作制定可行的政策法规，强调国际合作和公众教育。

自全国实施极小种群野生植物拯救保护工程以来，很多地区基于资源调查数据、濒危机制研究结果和植物物种保护实践，开展了极小种群野生植物拯救保护研究，提出了就地、近地和迁地保护，种苗繁育和回归引种，实施种质资源保存（种子园、繁育圃）等一系列措施（郑进烜等 2013；贺水莲等 2016；孙湘来等 2017）。张则瑾等（2018）整理了 120 种极小种群野生植物的高精度分布图，探讨其分布格局并通过国家级和省级保护区网络评估了其保护现状。还有一些研究对特定物种进行了系统研究，在对目标物种遗传多样性水平和遗传结构进行研究的基础上，制定了科学的取样策略；在对目标物种及其近缘种的生态学特征、生物学特性研究的基础上，制定了具体的技术方法；在对目标物种迁地保护、近地保护和回归自然的“人工种群”进行长期管护、监测的基础上，对保护的有效性做出了科学评价（曾洪 2016；李西贝阳等 2017；康洪梅等 2018；李瑞姣 2018）。在政府特殊津贴的财政支持下，国家和区域水平极小种群野生植物拯救保护项目（包括野外调查，就地保护地点的建立，用于迁地保护和种群恢复和繁育的种质资源库的建立等）在中国一些地区取得了显著进展。国家和地区政府也举办了培训，在植物园等机构进行了关于极小种群野生植物概念及其重要性的教育和公众宣传。

第九节　珍稀濒危植物保护相关法律法规的制定

珍稀濒危物种保护是一个复杂的工程，需要运用多种手段进行调控，其中制定法律法规是最为重要、最为有效的手段之一。中国自然保护历史悠久，关于野生动植物保护的法规可能早于周朝。政府高度重视野生植物的保护和管理，《中华人民共和国宪法》第九条规定，国家保障自然资源的合理利用，保护珍贵的动物和植物，禁止任何组织或者个人用任何手段侵占或者破坏自然资源。为此，全国人民代表大会常务委员会先后颁布了《中华人民共和国环境保护法》（2014 年 4 月 24 日修订）、《中华人民共和国森林法》（2019 年 12 月 28 日修订）。国务院颁布了《风景名胜区管理暂行条例》（1985 年）、《野生药材资源保护管理条例》（1987 年）、《中华人民共和国自然保护区条例》（2017 年 10 月 7 日修订）、《中华人民共和国野生植物保护条例》（2017 年 10 月 7 日修订）。这些法律法规明确了野生植物的保护和管理，为野生植物保护提供了法律依据，保障了我国野生植物保护机制的建立和实施，建立了从中央到地方的执法监管体系。

我国野生植物保护机制的建立尚处于起步阶段。虽然它取得了初步的成功，但我们需要客观地看待这些机制存在的不足。一是要建立完善的国家、地方级法律体系，有效保护植物品种。到目前为止，我国已有 600 多条与环境资源保护相关的地方性法规，但有关野生植物保护的法规却很少，几乎没有关于珍稀濒危种子植物的法律法规。现有的地方性法规没有根据当地野生植物保护的特点和实际情况进行立法，缺乏地方色彩，与国家规定重复。而在美国，许多州都制定了适合当地情况的植物保护规定，并通过立法来决定受州法律保护的物种（López-Pujol et al. 2006）。二是管理制度不完善，除了行政责任，缺乏针对民事和刑事责任的条例。缺乏执法行政人员，日常管理工作不规范、缺乏法制化，处于一种混乱而被动的敷衍状态（詹长英 2008）。三是野生植物资源保护管理资金没有纳入各级政府的财政预算，政府预算内野生植物资源保护支出管理相当有限，没有稳定的资金来源保证。因此，基础设施建设、科研设施、行政执法、宣传教育等工作难以有效开展，不能满足野生植物资源保护的要求（许宁宁 2010；Mei 2013）。

第十节　植物保护战略实施进展

据评估，全球共有 94 000～194 000 个植物物种面临野外灭绝的风险（Miller et al. 2012）。《全球植物保护战略》（*Global Strategy for Plant Conservation*，GSPC）旨在制止全球范围内植物多样性和生物物种的持续丧失，2002 年由联合国《生物多样性公约》（*Convention on Biological Diversity*，CBD）制定并通过，在地方、国家、区域和全球发挥着促进植物多样性保护、恢复和可持续利用的作用。《全球植物保护战略》从全球植物资源本底调查编目、植物多样性保护、植物多样性可持续利用、植物多样性保护的宣传普及及公众教育、植物多样性保护的能力建设 5 个方面为全球、区域、国家和地方各层面的植物多样性保护行动提供了指导性的框架。在《生物多样性公约》的框架内，GSPC 首次被纳入了可衡量的成果目标。

《中国植物保护战略（2010—2020）》是由中国科学院、国家林业局（现称国家林业和草原局）和环境保护部（现称生态环境部）共同制定的，于 2008 年正式启动。经过对《全球植物保护战略》和中国中长期发展规划要求的充分考虑，《中国植物保护战略（2010—2020）》以《全球植物保护战略》提出的 16 个目标为基本框架，将是今后一段时期中国野生植物保护管理的行动纲领，必将对中国植物的保护管理发挥重要的作用。该战略的 16 个目标具体如下：①中国本土植物物种的调查与编目；②植物保护状况的评估；③植物保护和可持续利用应用模式的研究与发掘；④重要生态地区的保护；⑤植物多样性关键地区的保护；⑥在至少 30%的农耕区推介植物多样性保护的原理与方法；⑦中国受胁及濒危物种的就地保护；⑧受胁及濒危物种的迁地保护及恢复计划；⑨加强重要社会-经济作物的遗传多样性的综合保育，维持民间传统利用作物遗传多样性的知识和实践；⑩加强外来入侵物种管理计划的制订，确保本土植物群落、生境及生态系统安全；⑪杜绝国际贸易对野生植物物种的威胁；⑫加强植物原材料产品的可持续利用与管理；⑬遏止支撑生计的植物资源和相关传统知识的减少，鼓励中国民间传统知识和实践的传承与创新；⑭加强植物多样性保护的宣传普及和公众教育；⑮加强植物多样性保护的能力建设；⑯植物保护的网络体系建设。

2019 年对该战略实施进展情况的评估发现，目标①、②、④、⑤和⑦在 2018 年前已达成，2020 年需实现的目标③、⑧、⑨、⑭和⑯目前取得了实质性进展，目标⑥、⑩、⑪、⑫、⑬和⑮进展有限，而这些目标大部分与植物资源的可持续利用有关（Ren et al.

2019）。2021 年出版的《中国履行＜全球植物保护战略（2011—2020）＞进展报告》报告指出，中国在 2020 年之前提前达到了《全球植物保护战略》中目标①、②、④、⑤、⑦和⑯的要求，已实现《全球植物保护战略》约 70%的目标，形成了较完整的植物多样性保护体系（任海 2021）。植物保护战略为中国解决可持续发展、减贫、经济社会发展、生态文明建设等方面的问题提供了有益的框架，同时确保民众能够继续从植物多样性中受益。然而作为一个发展中国家，人口多、面积大、地理环境多样、经济不发达、区域经济发展不平衡，在这种情况下，很难在全国范围内完成所有关于植物多样性保护、恢复和利用的目标，特别是与可持续利用和植物管理相关的目标。此外，制度整合、部门协作、财政和人力资源有限，缺乏分类学、生物学和保护学数据，缺乏相应的方法、技术和工具，保护优先种的选择标准不清晰，都成为限制植物保护战略目标达成的因素（Wen & Gratzfeld 2013；Volis 2016）。

中国政府认识到生态环境和生物多样性保护的重要性，投入了大量人力、物力和财力实施该战略。2018 年 3 月，中国成立了自然资源部，全面管理生物多样性保护工作。通过加强科学家、环保人士、教育专家和政策制定者之间的伙伴关系，增加利益相关者之间的沟通，并动员更多的资金支持，这个新成立的部门可能有更大的潜力来实施全面的保护计划。这将有助于确保在中国全面实施植物保护战略，从而使世界受益（Ren et al. 2019）。

第十一节　总结与展望

生物多样性对人类的福祉至关重要。世界卫生组织评估，发展中国家 80%的人口依赖从传统植物中提取的药物，但人类在整个历史上一直在减少生物多样性，甚至正在推动地球历史上的第六次大规模灭绝事件（Johnson et al. 2017）。2008 年植物生命国际（Plantlife International）的评估报告称，5 万种野生药用植物中有 15 000 种面临灭绝风险（Hamilton 2008）。

在全球范围内，利用自然资源实现经济增长可以减轻欠发达地区和生物多样性丰富国家的贫困程度（Meng et al. 2019）。因此，快速的经济增长将不可避免地对珍稀濒危植物保护产生负面影响。植物保护主义者总是面临这样的困境：在全球范围内维持植物多样性的努力与减少贫困的努力正在发生越来越多的冲突（Sanderson & Redford 2003）。尽管这一困境在学术界甚至政界得到了承认，但两者之间的矛盾在制定公共政策时很少被考虑，特别是影响经济增长速率的宏观经济政策方面（Czech 2008）。在当前中国经济增长加速的背景下，充分认识这一冲突不仅是必要和紧迫的，而且是制定有效的保护规划时所必不可少的。必须指出的是，中国确实在改善现状方面做出了重大努力，经过第八次机构改革，组建了生态环境部和自然资源部，以便更好地协调经济发展和环境保护的需求。

本章呈现了中国珍稀濒危植物保育各个方面的研究。下一步，应加大对珍稀濒危植物变化的基础调查和长期观测，以便保护策略的实施。同时，希望能有更多研究关注更广的时空尺度，包括实验研究和跨境研究，以及更多应用导向的研究，为制定珍稀濒危植物的保护、发展和利用策略提供科学依据。

撰稿人：许 玥，臧润国

主要参考文献

陈灵芝. 1993. 中国的生物多样性现状及其保护对策. 北京：科学出版社.

国家林业局. 2011. 全国野生动植物保护及自然保护区建设工程总体规划. http://www.forestry.gov.cn/main/218/ 20101012/452802.html [2012-12-20].

贺水莲，杨扬，杜娟，等. 2016. 云南省极小种群野生植物保护研究现状：基于遗传多样性分析. 安徽农业科学, 44(6): 31-34.

环境保护部. 2016. 2015 年中国环境状况公报. http://www.mee.gov.cn/gkml/sthjbgw/qt/201606/t20160602_353138.htm [2017-3-20].

黄宏文，张征. 2012. 中国植物引种栽培及迁地保护的现状与展望. 生物多样性, 20(5): 559-571.

康洪梅，张珊珊，史富强，等. 2018. 主要气候因子对极小种群野生植物云南蓝果树生长的影响. 东北林业大学学报, 46(7): 23-27.

李瑞姣. 2018. 极小种群野生植物日本荚蒾抗旱性和耐荫性研究. 杭州：浙江农林大学硕士研究生学位论文.

李西贝阳，付琳，王发国，等. 2017. 极小种群野生植物广东含笑应当被评估为极危等级. 生物多样性, 25(1): 91-93.

马克平. 2015. 中国生物多样性监测网络建设：从 CForBio 到 Sino BON. 生物多样性, 23(1): 1-2.

任海. 2021. 中国履行《全球植物保护战略（2011—2020）》进展报告. 北京：科学出版社.

孙湘来，石绍章，赵小迎，等. 2017. 海南省极小种群野生濒危植物现状与保护对策. 绿色科技, (18): 11-13.

覃海宁，杨永，董仕勇，等. 2017. 中国高等植物受威胁物种名录. 生物多样性, 25(7): 696-744.

许宁宁. 2010. 中国濒危物种保护立法研究. 青岛：中国海洋大学硕士研究生学位论文.

杨文忠，向振勇，张珊珊，等. 2015. 极小种群野生植物的概念及其对我国野生植物保护的影响. 生物多样性, 23(3): 419-425.

臧润国，董鸣，李俊清，等. 2016. 典型极小种群野生植物保护与恢复技术研究. 生态学报, 36(22): 7130-7135.

曾洪. 2016. 极小种群野生植物圆叶玉兰种群生态学研究. 成都：四川农业大学硕士研究生学位论文.

詹长英. 2008. 我国保护珍稀濒危野生植物资源的法律思考. 中国林业经济, (1): 27-30.

张则瑾. 2016. 中国陆地自然保护区的保护现状及效应. 北京：北京大学博士研究生学位论文.

张则瑾，郭焱培，贺金生，等. 2018. 中国极小种群野生植物的保护现状评估. 生物多样性, 26(6): 572-577.

赵广华，田瑜，唐志尧，等. 2013. 中国国家级陆地自然保护区分布及其与人类活动和自然环境的关系. 生物多样性, 21(6): 658-665.

郑进烜，华朝朗，陶晶，等. 2013. 云南省极小种群野生植物拯救保护现状与对策研究. 林业调查规划, 38(4): 61-66.

周翔，高江云. 2011. 珍稀濒危植物的回归：理论和实践. 生物多样性, 19(1): 97-105.

Araújo M B, Alagador D, Cabeza M, et al. 2011. Climate change threatens European conservation areas. Ecology Letters, 14(5): 484-492.

Buckley R, Zhou R, Zhong L. 2016. How pristine are China’s parks? Frontiers in Ecology and Evolution, 4: 136.

Cafaro P. 2015. Three ways to think about the sixth mass extinction. Biological Conservation, 192: 387-393.

Cao M, Peng L, Liu S. 2015. Analysis of the network of protected areas in China based on a geographic perspective: current status, issues and integration. Sustainability, 7(11): 15617-15631.

Cardinale B J, Duffy J E, Gonzalez A, et al. 2012. Biodiversity loss and its impact on humanity. Nature, 486(7401): 59-67.

Chen Y, Chen G, Yang J, et al. 2016. Reproductive biology of *Magnolia sinica* (Magnoliaceae), a threatened species with extremely small populations in Yunnan, China. Plant Diversity, 38(5): 253-258.

Chi X, Zhang Z, Xu X, et al. 2017. Threatened medicinal plants in China: distributions and conservation priorities. Biological Conservation, 210: 89-95.

Convention on Biological Diversity (CBD). 2010. Biodiversity target. http://www.biodiv.org/doc/decisions/COP-06-dec-en.pdf [2011-2-28].

Czech B. 2008. Prospects for reconciling the conflict between economic growth and biodiversity conservation with technological progress. Conservation Biology, 22(6): 1389-1398.

Dalrymple S E, Banks E, Stewart G B, et al. 2012. A meta-analysis of threatened plant reintroductions from across the globe. *In*: Maschinski J, Haskins K E, Raven P H. Plant Reintroduction in a Changing Climate. Washington, D.C.: Island Press: 31-50.

Davies T J. 2019. The macroecology and macroevolution of plant species at risk. New Phytologist, 222(2): 708-713.

De Vos J M, Joppa L N, Gittleman J L, et al. 2015. Estimating the normal background rate of species extinction. Conservation Biology, 29(2): 452-462.

Falk D A, Millar C, Olwell M. 1996. Restoring Diversity: Strategies for Reintroduction of Endangered Plants. Washington, D.C.: Island Press.

Fordham D A, Akçakaya H R, Araújo M B, et al. 2012. Plant extinction risk under climate change: are forecast range shifts alone a good indicator of species vulnerability to global warming? Global Change Biology, 18(4): 1357-1371.

Fréville H, McConway K, Dodd M, et al. 2007. Prediction of extinction in plants: interaction of extrinsic threats and life history traits. Ecology, 88(10): 2662-2672.

Fuller B J, Lane N, Benson E E. 2004. Life in the Frozen State. Boca Raton: CRC Press.

Godefroid S, Piazza C, Rossi G, et al. 2011. How successful are plant species reintroductions? Biological Conservation, 144(2): 672-682.

Gong W C, Chen G, Vereecken N, et al. 2015. Floral scent composition predicts bee pollination system in five butterfly bush (*Buddleja*, Scrophulariaceae) species. Plant Biology, 17(1): 245-255.

Guerrant Jr E O, Kaye T N. 2007. Reintroduction of rare and endangered plants: common factors, questions and approaches. Australian Journal of Botany, 55(3): 362-370.

Hamilton A C. 2008. Medicinal plants in conservation and development case studies and lessons learnt. Salisbury: Plantlife.

Hernández-Yáñez H, Kos J T, Bast M D, et al. 2016. A systematic assessment of threats affecting the rare plants of the United States. Biological Conservation, 203: 260-267.

Hodgson J A, Thomas C D, Wintle B A, et al. 2009. Climate change, connectivity and conservation decision making: back to basics. Journal of Applied Ecology, 46(5): 964-969.

Hooper D U, Chapin F S, Ewel J J, et al. 2005. Effects of biodiversity on ecosystem functioning: a consensus of current knowledge. Ecological Monographs, 75(1): 3-35.

Huang H. 2011. Plant diversity and conservation in China: planning a strategic bioresource for a sustainable future. Botanical Journal of the Linnean Society, 166(3): 282-300.

Hurka H. 1994. Conservation genetics and the role of botanical gardens. *In*: Sandlund O T, Hindar K, Brown A H D. Conservation Genetics. Basel: Birkhauser Verlag: 371-380.

IUCN. 1998. Guidelines for Re-introductions. Prepared by the IUCN/SSC Re-introduction Specialist Group. Gland: International Union for Conservation of Nature.

IUCN. 2009. Guidelines for the *in situ* re-introduction and translocation of African and Asian rhinoceros. Gland: IUCN.

Jackson S F, Walker K, Gaston K J. 2009. Relationship between distributions of threatened plants and protected areas in Britain. Biological Conservation, 142(7): 1515-1522.

Johnson C N, Balmford A, Brook B W, et al. 2017. Biodiversity losses and conservation responses in the Anthropocene. Science, 356(6335): 270-275.

Kadis K, Thanos C A, Lumbreras E L. 2013. Plant Micro-reserves: From Theory to Practice. Athens: Utopia Publishing.

Krosby M, Tewksbury J, Haddad N M, et al. 2010. Ecological connectivity for a changing climate. Conservation Biology, 24(6): 1686-1689.

López-Pujol J, Zhang F M, Ge S. 2006. Plant biodiversity in China: richly varied, endangered, and in need of conservation. Biodiversity and Conservation, 15(12): 3983-4026.

López-Pujol J, Zhang Z. 2009. An insight into the most threatened flora of China. Collectanea Botanica, 28(1): 95-110.

Laguna E, Deltoro V I, Pèrez-Botella J, et al. 2004. The role of small reserves in plant conservation in a region of high diversity in eastern Spain. Biological Conservation, 119(3): 421-426.

Lawrence B A, Kaye T N. 2011. Reintroduction of *Castilleja levisecta*: effects of ecological similarity, source population genetics, and habitat quality. Restoration Ecology, 19(2): 166-176.

Lenzen M, Lane A, Widmercooper A, et al. 2010. Effects of land use on threatened species. Conservation Biology, 23(2): 294-306.

Li D Z, Pritchard H W. 2009. The science and economics of *ex situ* plant conservation. Trends in Plant Science, 14(11): 614-621.

Liang J, Crowther T W, Picard N, et al. 2016. Positive biodiversity-productivity relationship predominant in global forests. Science, 354(6309): aaf8957.

Liu H, Ren H, Liu Q, et al. 2015. Translocation of threatened plants as a conservation measure in China. Conservation Biology, 29(6): 1537-1551.

Liu J, Ouyang Z, Pimm S L, et al. 2003. Protecting China's biodiversity. Nature, 300(5623): 1240-1241.

Lupton D. 2016. The Oman Botanic Garden (3): a review of progress (2010–2016) with emphasis on herbarium and seed bank collections, propagation challenges and garden design principles. Sibbaldia, (14): 119-132.

Ma K, Shen X, Grumbine R E, et al. 2017. China's biodiversity conservation research in progress. Biological Conservation, 210: 1-2.

Ma Y, Chen G, Grumbine R E, et al. 2013. Conserving plant species with extremely small populations (PSESP) in China. Biodiversity and Conservation, 22(3): 803-809.

Ma Z, Li B, Li W, et al. 2009. Conflicts between biodiversity conservation and development in a biosphere reserve. Journal of Applied Ecology, 46(3): 527-535.

Maclaurin J, Sterelny K. 2008. What is biodiversity? Chicago: University of Chicago Press.

Maunder M. 1992. Plant reintroduction: an overview. Biodiversity and Conservation, 1(1): 51-61.

Maunder M, Hughes C, Hawkins J A, et al. 2004. Hybridization in *ex situ* plant collections: conservation concerns, liabilities, and opportunities. *In*: Guerrant E O J, Havens K, Maunder M. *Ex situ* Plant Conservation: Supporting Species Survival in the Wild. Washington, D.C.: Island Press: 325-364.

Mei Y. 2013. The Current situation and protection of China rare and endangered seed plants. International Journal of Environmental Protection, 3(5): 29-34.

Meng H H, Zhou S S, Li L, et al. 2019. Conflict between biodiversity conservation and economic growth: insight into rare plants in tropical China. Biodiversity and Conservation, 28(2): 523-537.

Miller J S, Porter-Morgan H A, Stevens H, et al. 2012. Addressing target two of the *Global Strategy for Plant Conservation* by rapidly identifying plants at risk. Biodiversity and Conservation, 21(7): 1877-1887.

Miller S A, Bartow A, Gisler M, et al. 2011. Can an ecoregion serve as a seed transfer zone? Evidence from a common garden study with five native species. Restoration Ecology, 19(201): 268-276.

Mounce R, Smith P, Brockington S. 2017. *Ex situ* conservation of plant diversity in the world's botanic gardens. Nature Plants, 3(10): 795-807.

Murray K A, Arregoitia L D V, Davidson A, et al. 2014. Threat to the point: improving the value of comparative extinction risk analysis for conservation action. Global Change Biology, 20(2): 483-494.

Novacek M J. 2008. Engaging the public in biodiversity issues. Proceedings of the National Academy of Sciences of the United States of America, 105(S1): 11571-11578.

O'Donnell K, Sharrock S. 2017. The contribution of botanic gardens to *ex situ* conservation through seed banking. Plant Diversity, 39(6): 373-378.

Orme C D L, Davies R G, Burgess M, et al. 2005. Global hotspots of species richness are not congruent with endemism or threat. Nature, 436(7053): 1016-1019.

Peres C A, Emilio T, Schietti J, et al. 2016. Dispersal limitation induces long-term biomass collapse in overhunted Amazonian forests. Proceedings of the National Academy of Sciences of the United States of America, 113(4): 892-897.

Prugh L R, Sinclair A R, Hodges K E, et al. 2010. Reducing threats to species: threat reversibility and links to industry. Conservation Letters, 3(4): 267-276.

Qian S, Tang C Q, Yi S, et al. 2018. Conservation and development in conflict: regeneration of wild *Davidia involucrata* (Nyssaceae) communities weakened by bamboo management in south-central China. Oryx, 52(3): 442-451.

Qian S, Yang Y, Tang C Q, et al. 2016. Effective conservation measures are needed for wild *Cathaya argyrophylla* populations in China: insights from the population structure and regeneration characteristics. Forest Ecology and Management, 361: 358-367.

Rayburn A P. 2011. Recognition and utilization of positive plant interactions may increase plant reintroduction success. Biological Conservation, 144(5): 1296.

Ren H, Jian S, Liu, H, et al. 2014. Advances in the reintroduction of rare and endangered wild plant species. Science China Life Sciences, 57(6): 603-609.

Ren H, Qin H, Ouyang Z, et al. 2019. Progress of implementation on the *Global Strategy for Plant Conservation* in (2011-2020) China. Biological Conservation, 230: 169-178.

Ren H, Zhang Q, Lu H, et al. 2012. Wild plant species with extremely small populations require conservation and reintroduction in China. Ambio, 41(8): 913-917.

Ricciardi A, Simberloff D. 2009. Assisted colonization is not a viable conservation strategy. Trends in Ecology & Evolution, 24(5): 248-253.

Sanderson S E, Redford K H. 2003. Contested relationships between biodiversity conservation and poverty alleviation. Oryx, 37(4): 389-390.

Sang W, Ma K, Axmacher J C. 2011. Securing a future for China's wild plant resources. BioScience, 61(9): 720-725.

Schipper J, Chanson J S, Chiozza F, et al. 2008. The status of the world's land and marine mammals: diversity, threat, and knowledge. Science, 322(5899): 225-230.

Tang C Q, Yang Y, Ohsawa M, et al. 2012. Evidence for the persistence of wild *Ginkgo biloba* (Ginkgoaceae) populations in the Dalou Mountains, southwestern China. American Journal of Botany, 99(8): 1408-1414.

Thomas C D, Cameron A, Green R E, et al. 2004. Extinction risk from climate change. Nature, 427(6970): 145-148.

Tingley M W, Estes L D, Wilcove D S. 2013. Climate change must not blow conservation off course. Nature, 500(7462): 271-272.

Tollington S, Jones C G, Greenwood A, et al. 2013. Long-term, fine-scale temporal patterns of genetic diversity in the restored Mauritius parakeet reveal genetic impacts of management and associated demographic effects on reintroduction programmes. Biological Conservation, 161: 28-38.

Van Andel J, Aronson J. 2012. Restoration Ecology: The New Frontier. Oxford: John Wiley & Sons.

Van Der Niet T, Johnson S D. 2012. Phylogenetic evidence for pollinator-driven diversification of angiosperms. Trends in Ecology & Evolution, 27(6): 353-361.

Varghese A O, Murthy Y V N K. 2006. Application of geoinformatics for conservation and management of rare and threatened plant species. Current Science, 91(6): 762-769.

Volis S. 2015. Species-targeted plant conservation: time for conceptual integration. Israel Journal of Plant

Sciences, 63: 232-249.

Volis S. 2016. How to conserve threatened Chinese plant species with extremely small populations? Plant Diversity, 38(1): 45-52.

Volis S. 2018. Securing a future for China's plant biodiversity through an integrated conservation approach. Plant Diversity, 40(3): 91-105.

Wade E M, Nadarajan J, Yang X, et al. 2016. Plant species with extremely small populations (PSESP) in China: a seed and spore biology perspective. Plant Diversity, 38(5): 209-220.

Wang C, Zhang J, Wan J, et al. 2017. The spatial distribution of threats to plant species with extremely small populations. Frontiers of Earth Science, 11(1): 127-136.

Wen X, Gratzfeld J. 2013. Efforts in safeguarding China's botanical heritage: the implementation of the CSPC. Proceedings of the Fifth Global Botanic Gardens Congress, 20-26 October 2013, Dunedin, New Zealand, Botanic Gardens Conservation International.

Xu J, Zhang Z, Liu W, et al. 2012. A review and assessment of nature reserve policy in China: advances, challenges and opportunities. Oryx, 46(4): 554-562.

Xu Y, Huang J, Lu X, et al. 2019. Priorities and conservation gaps across three biodiversity dimensions of rare and endangered plant species in China. Biological Conservation, 229: 30-37.

Zhang L B, Gilbert M G. 2015. Comparison of classifications of vascular plants of China. Taxon, 64(1): 17-26.

Zhang L, Luo Z, Mallon D, et al. 2017. Biodiversity conservation status in China's growing protected areas. Biological Conservation, 210: 89-100.

Zhang Y B, Ma K P. 2008. Geographic distribution patterns and status assessment of threatened plants in China. Biodiversity and Conservation, 17(7): 1783-1798.

Zhang Z, He J, Li J, et al. 2015. Distribution and conservation of threatened plants in China. Biological Conservation, 192: 454-460.

Zhao X, Sun W. 2009. Abnormalities in sexual development and pollinator limitation in *Michelia coriacea* (Magnoliaceae), a critically endangered endemic to Southeast Yunnan, China. Flora, 204(6): 463-470.

第十章　亚热带山地珍稀濒危植物生态学研究

第一节　引　　言

生物多样性是人类赖以生存和发展的物质基础，对维护基本环境平衡和生态稳定具有重要意义（孙志勇和季孔庶 2012）。珍稀濒危植物是生物多样性的重要组成部分（吴小巧等 2004）。珍稀植物主要指新近纪以前（包括新近纪）古植物中幸存至今的孑遗种和特有种（许天全 1984），与地球中其他生物共同构成了自然界的繁荣景象。然而近百年来，以土地利用方式的改变为主的人类活动、气候变化等因素造成大量珍稀植物生境破碎化，正在引起生物多样性危机。据有效统计，珍稀植物灭绝速率已达到自然情况的1000 倍（Merriam 2018）。

目前，我国受威胁的珍稀濒危植物主要分布在中部和南部横头山到鞍山地区，贵州、湖南、广西边境山区等地所在的亚热带区域（Zhang & Ma 2008）。我国亚热带地域辽阔，北起秦岭—大别山—淮河以南，西迄川滇青藏高原边界，东临海洋，地跨 22°N～34°N（贺金生等 1998），覆地约 250 万 km^2。地形以山地、丘陵为主。土壤类型主要为黄棕壤、红壤与砖红壤。由于受海洋季风的调节，且雨热同期，年平均温度为 15～20℃，年降水量达 800～2000mm。优越的自然条件和第四纪受大陆冰川影响较少等原因，使得我国亚热带地区拥有丰富的珍稀植物。

我国亚热带地区山脉众多，且山体的高度，所处地理经度、纬度，以及山体的走向和坡度不同。森林与山地是稀有濒危植物的主要生存环境。因此该区域是研究山地植被分布格局及其形成机制的良好基地。我国的植物学家、生态学家对亚热带区域山地植被的物种组成、成分区系、群落结构动态、种间关系等方面进行了大量的研究，积累了丰富的资料，取得了丰硕的研究成果，为亚热带珍稀植物研究做出了突出的贡献。方精云、江明喜、孙书存等对贡嘎山、猫儿山、玉龙雪山、神农架、八大公山、缙云山等地区的植被类型及生物多样性的调查，揭示了我国亚热带地区珍稀植物群落的组成结构和物种多样性的垂直分布格局，对我国亚热带山地垂直带规律和多样性的研究具有重要意义。本章通过进一步的野外调查和查阅前人研究的资料，首次对亚热带山地珍稀植物群落构建机制、种群结构与动态、遗传多样性、物种濒危机制等研究领域进行综述，并就本区域珍稀植物的保护提出有效建议。

第二节　亚热带山地珍稀濒危植物资源特点

一、珍稀植物种类多样，特有、孑遗植物丰富

我国亚热带主要植物区系以丰富多样、古老独特著称（贺金生等 1998），是起源于

古老的第三纪或更早期的古植被和植物区系的后裔。东亚的亚热带植物区系起源中心与北美有共同的古老历史渊源。我国特有、孑遗珍稀植物众多，如珙桐（*Davidia involucrata*）、粗榧（*Cephalotaxus sinensis*）、鹅掌楸（*Liriodendron chinense*）、水松（*Glyptostrobus pensilis*）、多种苏铁属（*Cycas*）、银杉（*Cathaya argyrophylla*）、观光木（*Michelia odora*）等，这与青藏高原隆起、强盛的东亚季风形成和第四纪冰期秦巴山脉至西南山地对该地原有植被的庇护有直接的关系（沈泽昊等 2000）。此外，在我国 198 个特有属中，该区域拥有 148 属，约占全国的 74.7%，其中属于我国单种属的植物有 77 种，如水杉（*Metasequoia glyptostroboides*）、银杏（*Ginkgo biloba*）、白辛树（*Pterostyrax psilophyllus*）、水青树（*Tetracentron sinense*）等。这些珍稀物种大多残存于森林与山地的常绿落叶阔叶混交林、常绿阔叶林等内部，形成不连续的种群、群落斑块，成为亚热带山地植被的特色（商侃侃和达良俊 2013）。

亚热带珍稀植物是区域生物多样性的重要贡献类群。据统计，我国的亚热带山地植物有 1670 多属 14 600 种以上，占全国总属数的 56%以上，仅鄂西神农架就有维管植物 166 科 765 属 1919 种。被子植物约 14 500 种，有近 200 个特有属。我国是世界上裸子植物最为丰富的国家，拥有 10 科 34 属 191 种 47 变种，而我国亚热带就分布有裸子植物 10 科 32 属约 150 种，蕨类植物约 45 科 140 属 100 多种。我国亚热带山地珍稀植物乔木层主要有壳斗科（Fagaceae）、樟科（Lauraceae）、山茶科（Theaceae）、木兰科（Magnoliaceae）、金缕梅科（Hamamelidaceae）、豆科（Fabaceae）、杜英科（Elaeocarpaceae）等。亚乔木层主要有冬青科（Aquifoliaceae）、山矾科（Symplocaceae）、山茶科（Theaceae）、樟科、蔷薇科（Rosaceae）等。灌木层有壳斗科、杜鹃花科（Ericaceae）、茜草科（Rubiaceae）、马鞭草科（Verbenaceae）、五加科（Araliaceae）、紫金牛科（Myrsinaceae）、省沽油科（Staphyleaceae）、芸香科（Rutaceae）、忍冬科（Caprifoliaceae）、竹亚科（Bambusoideae）等。草本层多为姜科（Zingiberaceae）、百合科（Liliaceae）、兰科（Orchidaceae）、莎草科（Cyperaceae）、天南星科（Araceae）、禾本科（Gramineae）及蕨类植物等。

二、植被类型丰富

我国亚热带地域宽广，跨 12 个纬度，内部自然条件差异较大，山地垂直带影响下的珍稀植物分异明显，植被类型多种多样。随着水热条件的变化，本区有亚热带常绿阔叶林、亚热带针阔混交林、竹林、亚热带落叶阔叶混交林。常绿阔叶林为我国亚热带自然资源与环境的本底，在世界上分布面积最大、发育最为典型（贺金生等 1998）。群落外貌终年常绿，林相整齐，主要由壳斗科、樟科、山茶科、木兰科等植物组成。

第三节　亚热带山地珍稀濒危植物的生态学特征

一、亚热带山地珍稀植物群落学特征

（一）珍稀植物群落结构研究

群落结构包括形态方面和生态方面的结构，它体现群落中不同个体的组配情况和更

新机制，并能反映与环境之间的相互适应关系（杨一光 1986）。亚热带山地珍稀树种多具古老性、孑遗性，生境破碎化、自身生物特性使多数树种繁殖能力弱，群落结构不完整，自然更新能力差。例如，梵净山淘金河流域的连香树（*Cercidiphyllum japonicum*）群落中，连香树暂时处于优势地位，但年龄结构、林层结构较单一，极易被其他植株取代（吴定军等 2012）。群落的垂直结构特征是群落的重要形态特征以及群落中植物间或植物与环境间相互关系的一种体现，对于群落关系的研究具有深刻的生态学意义。亚热带山地珍稀植物群落垂直结构复杂，多表现为植被自上而下逐渐密集，这为亚热带山地不同垂直带上的珍稀植物提供了适合其生长的环境。亚热带常绿阔叶林群落成层现象明显，乔木层普遍具有自然成层特征。珍稀植物群落多分为乔木层（第一亚层、第二亚层）、灌木层和草本层，层间植物丰富（魏新增等 2009）。大量野外考察发现亚热带山地珍稀植物群落乔木层繁茂，导致灌木层、草本层组成种类贫乏。湖北九宫山、浙江大盘山、河南桐柏山、湖南大围山、广东连州田心、福建武夷山等地区的香果树（*Emmenopterys henryi*）野生群落垂直结构明显，乔木层种类多，但由于多位于沟谷地带的狭窄区域，更新能力弱，群落演替过程中优势地位可能被替代（徐小玉等 2002；刘成一等 2011；吴定军等 2012；曾庆昌等 2014；彭仙丽等 2017a；芦伟等 2018；宋述灵等 2018）。

种群的径级结构和高度级是群落结构的重要指标，对阐明群落的形成及其稳定性乃至动态变化与演替趋势都有重要的意义。田玉强等（2002）揭示了湖北五峰后河国家级自然保护区亚热带常绿落叶阔叶混交林中珍稀植物群落乔木层物种数和个体数与径级和高度级之间的关系（杨开军和张小平 2007）。王世彤等（2018）在平原低地残存的次生林中发现黄梅秤锤树群落萌蘖数与母株胸径具有极显著的正相关性，成树和幼苗、幼树和幼苗都是在小尺度上呈负关联性。群落外貌取决于群落的层片结构。叶的特征是构成群落外貌的重要方面。亚热带山地珍稀植物群落多以高位芽、地面芽植物占优势。在以叶的性质为指标分析神农架南坡珍稀群落外貌特征时发现，群落中多为中小型草质单叶物种，其反映出珍稀植物群落的过渡性、原生性较强等特征（孔磊等 2015）。

群落谱系结构结合了物种的进化历史来反映群落的组成特征，对于了解长期的珍稀植物群落构建机制、种间关系和群落聚群等过程有着重要作用，有助于衡量生态位过程（竞争排斥和生境过滤）和中性过程对群落构建的相对重要性。吴倩倩等（2018）探讨了不同时间和空间尺度上台湾水青冈（*Fagus hayatae*）群落谱系结构的动态变化，发现生境过滤作用是调控群落聚群的主导过程，表现为空间尺度越大，时间越久，生境过滤作用越强，空间尺度的变化对谱系结构的时间动态变化有明显影响。张奎汉等（2013）发现在亚热带森林珍稀植物群落的构建中，小尺度上中性过程可能起主导作用，而大尺度（$\geq 100m^2$）上生态位过程可能更重要。现有研究表明群落谱系结构的变化受到很多方面的影响，如尺度、生态特征、环境因子等。而温度和降水是影响亚热带地区珍稀群落物种多样性及谱系多样性的主导因子。

（二）珍稀植物分布特征

在长期进化过程中，亚热带山地珍稀植物经历气候、地质等变化后在局部区域保留下来，呈不连续的间断分布和替代分布，如银杏、珙桐、水青树、香果树、蓝果树（*Nyssa sinensis*)、青钱柳(*Cyclocarya paliurus*)、青檀(*Pteroceltis tatarinowii*)等多数种类仅残存于我国的亚热带常绿阔叶林地区(马志波等 2017),且地理分布交互重叠,呈现局部区域内长期共存格局。大量珍稀植物野外考察文献中提到,我国亚热带山地珍稀植物地理分布区域狭窄,多呈狭域分布或岛状分布。例如,银杉、攀枝花苏铁(*Cycas panzhihuaensis*)、鹅掌楸等为岛状分布(田玉强等 2002),而江苏、浙江、安徽亚热带山地的香果树通常呈现散生或斑块状分布(杨开军和张小平 2007)。研究表明大量亚热带珍稀植物分布地正在不断收缩,如攀枝花苏铁在 20 年前可以找到 13 个分布地点,现仅残留 5 个地点。我国亚热带山地坡度大,一些区域土壤抗侵蚀能力和保水弱,加上降雨强度大、季节分布集中,使山地生态系统具有极大的潜在脆弱性,加之气候、环境变化,使珍稀植物生境特殊,多位于沟谷、陡坡等地,种群更新和竞争能力较弱,且极易受到人类活动影响(张文辉等 2002)。例如,无法与生长迅速、耐阴的阔叶树种竞争的银杉,残存个体多数被迫退居到土层浅薄、岩石裸露的山脊甚至悬崖和孤立台地(彭仙丽等 2017a),领春木(*Euptelea pleiosperma*)多生长于浙江(天目山)、四川、贵州、云南及西藏等亚热带和暖温带湿润避风的山谷沟壑,阴湿林缘或坡地(杨锦超等 2018)。此外,与纬度相关的季节性变化影响着亚热带山地植被垂直带系列的建成,各山地所反映出的植被垂直分布存在差异(谢宗强和陈伟烈 1999)。例如,珙桐群落最适分布为海拔 1800～1900m,位于山体的中上部(杨得坡和张晋豫 1999),而海南粗榧(*Cephalotaxus hainanensis*)群落则在海南黎母山、五指山、吊罗山、霸王岭、卡法岭、尖峰岭等海拔 700～1100m 的山地中表现出较高的生物多样性(何增丽等 2017)。特殊的地理位置、独特的地形地貌和良好的水热条件使亚热带山地河岸带成为珍稀植物生物多样性保护的区域(魏新增等 2009)。

(三)珍稀植物物种多样性

物种多样性是测定群落特征的重要指标之一。它受生境中生物和非生物多种因素的影响,因此可以通过对多样性的研究,揭示物种之间的相互关系,反映群落种类组成特征及其数量对比关系。不同的珍稀植物群落乔木层物种多样性变化较小,均匀度较高,表明珍稀植物群落结构的复杂性和群落发展的相对稳定性。云南昭通北部山地珙桐分布在边缘地区,常与其他常绿、落叶阔叶植物共生,乔木层物种多样性较高,而灌木层为金佛山方竹(*Chimonobambusa utilis*)单优势种,使该层的物种丰富度和多样性指数降低,群落结构稳定(陈俪心等 2018)。王剑伟等(2008)发现乔木层中半自然群落的物种多样性指数和均匀度较低,而自然群落的物种多样性指数和均匀度较高,群落稳定性高。物种-多度关系是物种多样性研究的重要内容。张尚炬等(2007)采用 5 种物种相对多度分布模型对福建省龙栖山南方红豆杉群落物种相对多度进行拟合,对不同模型的对比分析得出韦布尔(Weibull)分布模型最佳,且该地南方红豆杉群落物种多度分布不均匀,物种组成以少数几个种为主,群落中的多数物种个体数量较少。吴承祯等(2004)用韦布尔分布模型拟合福建省戴云山长苞铁杉(*Tsuga longibracteata*)群落物种多度分布,结果表明乔木层、灌木层物种多度分布呈近似双曲线形式的倒"J"形,尤以乔木层物种分布明显,但物种多度分布不均匀。

（四）珍稀植物群落主要树种竞争规律研究

植物种内或种间普遍存在竞争，而这种竞争关系是塑造亚热带山地群落结构和动态的关键驱动因素。珍稀植物在群落内种间竞争中常处于较为不利的地位，竞争能力较差，因数量稀少而导致的竞争压力主要来自种间。四川省峨眉山梓叶槭（*Acer amplum* subsp. *catalpifolium*）群落种内和种间竞争强度分别占总竞争强度（222.87）的 15.16% 和 84.84%，竞争主要来自种间（许恒和刘艳红 2018）。而吊皮锥（*Castanopsis kawakamii*）种内竞争强度随着吊皮锥高度和胸径增大而逐渐减少，为吊皮锥林的经营和保护提供依据（缪绅裕等 2008）。很多亚热带山地珍稀植物在群落中由于对光的需求，只有在林窗下且光照满足的条件下幼苗才有机会发展。当进入成年期后，可达到稳定生长或在群落中处于不利的竞争地位，而有让位于阔叶林的趋势，如银杉、鹅掌楸等。

物种的联结性与相关性是表达组成群落各物种间关系的生态学概念，是植物群落重要的数量和结构特征之一，对于正确认识群落的结构、功能和分类有着重要的指导意义。许多学者已对我国珍稀植物种间联结做过一些研究，但是亚热带山地珍稀植物群落分布范围大、面积广、结构复杂，不同群落类型的研究仍有待不断补充。林长松（2008）对玉舍十齿花（*Dipentodon sinicus*）群落学特征及其优势乔木种群的种间关系、灌木种间联结性进行分析，为研究亚热带高海拔地区常绿-落叶混交林群落的演替、保护珍稀植物群落多样性等提供科学依据。通过划分林层，研究两个典型中亚热带天然阔叶林内珍稀植物群落各层组成物种的种间联结，得出该区域的随机过程塑造群落的结论，并且提出需进一步关注猴欢喜（*Sloanea sinensis*）和新木姜子（*Neolitsea aurata*）两种珍稀植物的种间关系（马志波等 2017）。陶琪等（2017）探讨群落中主要草本物种与缙云黄芩（*Scutellaria tsinyunensis*）的相互作用，发现寻找和保护与缙云黄芩正关联性较强的物种来共同形成利于特定物种生存的环境，或者在野外将缙云黄芩移植到分布正关联物种的群落中，有利于缙云黄芩野外扩繁。群落种群间总体关联性与多物种对间的联结程度能较好地反映群落的演替阶段（俞筱押等 2017）。种间正负关联比越高，群落结构越趋于稳定，多物种易于稳定共存（陶琪等 2017）。例如，北亚热带向中亚热带过渡区域山地内狭果秤锤树（*Sinojackia rehderiana*）群落各主要木本植物种群间未形成紧密的耦合关系，群落的结构和功能不稳定，尚处于动态演替过程（周赛霞等 2019）。

生态位理论是研究群落中物种共存与竞争机制的重要理论依据，能够量化种间关系和物种与环境之间的相互作用，是评价种间关系以及种群在群落中所处位置的重要手段之一。魏志琴等（2004）发现珍稀植物群落物种间生态位重叠值的大小可能更多地取决于物种的生态学特征，而不是其生态位宽度。张孝然等（2017）研究表明大黄花虾脊兰（*Calanthe sieboldii*）在无强光直射的陡崖下生存于小环境中，生态位宽度较大，生态位重叠程度低，能够充分利用环境资源。俞筱押等（2017）对贵州茂兰喀斯特森林中四药门花（*Loropetalum subcordatum*）群落乔木层、灌木层、草本层主要物种的生态位特征进行研究，发现四药门花与落叶物种之间可能存在对资源需求的互补性。

二、亚热带山地珍稀植物种群生态学研究

我国亚热带植物种群生态学研究，从初期的濒危植物的种群空间结构、种间关联、年龄结构等动态分析和预测，发展到深入分析系统压力和随机干扰对种群存活的影响；探讨异质种群结构和动态及其对生境的需求；分析种群的光合、水分和生理、生态适应方式以及生态位、生态场等种间竞争特征。从研究珍稀植物种群的开花结实等繁殖特征，发展到深入研究种群传粉生态、繁殖分配、种子雨、种子库、幼苗更新、克隆繁殖方式等生活史过程中的关键环节和适应不同环境压力的繁殖对策。以下将从种群结构、种群空间分布格局和种群繁殖特性 3 个方面对亚热带山地珍稀植物种群生态学研究进行概述。

（一）亚热带山地珍稀植物种群结构研究

种群结构是植物种群的重要属性，不仅反映了种群个体在空间上的组配方式，也在一定程度上反映了种群的发展趋势。彭仙丽等（2017b）采用空间代替时间和分段匀滑技术，研究苏南山区珍稀植物香果树 5 个斑块种群的大小结构、生命表及萌枝率，发现不同斑块的香果树种群结构存在波动性，种群总体趋于 Deevey Ⅱ型，其幼年阶段个体较丰富，而 5 个香果树的斑块化种群由于萌枝比例较高，属于增长型种群。种群年龄结构综合反映了植物的数量变化趋势及其与环境间的相互关系，能较好地解释种群动态变化。李翔等（2018）研究发现秦岭庙台槭种群幼龄个体少，中龄和老龄个体占优势，自然更新能力差，种群数量总体呈衰减趋势。鞠文彬等（2014）从种群密度、生命表和生境关联（草本层郁闭度和林分受干扰强度）等方面研究发现，桫椤（*Alsophila spinulosa*）各龄级阶段密度与草本层郁闭度均无显著相关性（$P \geqslant 0.18$），种群具有前期锐减、中期稳定、后期衰退的结构和动态特点。

谱系分析方法可以揭示种群数量的周期性波动，是探讨林分分布波动性和年龄更替过程周期性的数学工具。在研究珍稀植物种群动态时，谱分析一般针对衰退型种群进行分析。宋萍等（2008）发现桫椤种群数量波动性是大周期内有小周期的多谐波叠加，各周期作用基本上随周期的缩短而减小，基波的影响最显著。种群数量发生变化反映了植物种群数量动态受多种限制因素的影响，如有限的资源、空间以及种内、种间物种个体对资源的竞争。吴承祯和洪伟（2002）探讨了福建省戴云山余脉分布的长苞铁杉种群，揭示了其在不同自疏阶段中的密度变化规律，并发现长苞铁杉种群密度变化机制既受其自疏作用的影响，也受其伴生树种他疏作用的制约。珍稀植物幼龄个体多以高死亡率为代价通过严酷环境的过滤和筛选（吴承祯和洪伟 2002；吴显坤等 2015），但也有珍稀植物随着年龄增长，在营养发育过渡阶段承受一定强度的竞争筛选，表现为中龄时期高死亡率（池翔等 2017）。研究珍稀植物种群在不同发育阶段的空间格局变化可以推断种群新生个体的产生、成年个体的死亡以及种群发展的动态特征。周赛霞等（2010）依据 6 年的观测数据，对后河国家级自然保护区主要珍稀植物的种群动态进行时间上的对比，分析发现中等径级个体死亡率最高，且死亡植株在小尺度上聚集分布，在较大尺度上随机分布，更新幼树几乎在所有尺度聚集分布，活树和死树在所有尺度空间正关联，活树

和更新幼树在大部分尺度负关联。种群增长是个体补充率和具有繁殖潜能个体的存活率的函数。吴承祯等（2000a）提出自适应种群增长新模型，运用遗传算法对自适应模型进行参数估计，比其他种群增长模型更符合吊皮锥种群的实际增长趋势。珍稀植物的阶段性补充率随着外界条件的变化而不断变化，有许多因素可引起个体补充率的变化，如林冠层林窗的形成与消失就直接影响珍稀种群的补充率。另外，种子库、幼苗库的形成，植物的无性生长等都影响种群内个体补充率。

（二）亚热带山地珍稀植物种群空间分布格局研究

我国亚热带山地珍稀植物种群空间分布格局多为聚集型，如鹅掌楸、长喙毛茛泽泻（*Ranalisma rostrata*）等在群落中均表现为聚集分布。多数珍稀植物聚集强度随着空间距离的增大而逐渐减小，如金花茶（*Camellia petelotii*）（黄明钗等 2013）。种群的空间分布格局存在着尺度上的依赖性。袁春明等（2012）发现长蕊木兰（*Alcimandra cathcartii*）种群的分布格局随空间尺度及发育阶段不同而变化，可能是其形成存在不同的机制。黄明钗等（2013）采用单变量和双变量成对相关函数分析了金花茶的空间分布格局及其与样地 25 个主要树种之间的空间关联性，发现绝大多数主要树种与金花茶有不同尺度上的空间关联性。种群空间分布格局是种群死亡、更新动态和环境异质性共同作用的结果。何增丽等（2017）发现生境异质性和扩散限制影响了盆架树（*Alstonia rostrata*）和尖蕾狗牙花（*Tabernaemontana bufalina*）空间格局的形成，相对于尖蕾狗牙花，密度制约对盆架树空间格局形成的影响更显著。陈俪心等（2018）从山系尺度上研究亚热带山地的珙桐种群，发现气候的季节间变化比某一季节的具体气候特征更为重要，且其适宜生境的环境特征以及限制珙桐向外扩散的环境特征共同决定了凉山山系珙桐的分布格局。邻体距离统计能够更直观地展现个体“生存空间”和邻域大小的变异、邻体间的空间关系乃至作用强度等。党海山等（2004）利用方差均值比和修正的克拉克-埃文斯（Clark-Evans）最近邻体分析法这两种分布格局判定方法，对湖北省五峰后河国家级自然保护区 1hm^2 固定样地中胸径（DBH）≥5cm、重要值＞2.5 的 26 个树种的种群结构和分布格局类型进行了研究。何东和江明喜（2012）基于空间定位数据运用邻体距离统计法研究了神农架地区领春木种群的空间分布特征，比较了幼苗各径级（代表各生活史阶段）形成的时间序列上的空间格局差异，探讨了空间格局与立苗、补员、种内竞争等种群动态过程的相互关系，并得出领春木的聚集分布可能与种子散布、生境异质性对立苗格局的作用有关的结论。

近年来，不少生态学家又引入了一些新的关于种群分布格局的分析方法，如分形维数中的计盒维数、信息维数、关联维数，其能够分别从种群的空间占有能力、格局强度和个体空间关联的尺度变化来反映珍稀植物种群分布格局的分形特性。田玉强等（2003）研究湖北五峰后河国家级自然保护区的 4 个优势树种和 7 个珍稀树种种群的计盒维数得出种群在不同尺度中呈聚集分布。吴承祯等（2000b）应用聚集度指标、Iwao 方程和泰勒（Taylor）幂法则模型对珍稀濒危植物长苞铁杉种群空间分布格局进行系统研究，结果表明长苞铁杉种群分布格局处于聚集分布与随机分布之间的临界状态。宋萍等（2005）运用“空间序列代替时间变化”的方法，以茎干高度作为个体大小的指标，分析桫椤种群的结构特征，发现其生长过程中分布格局从集群型向随机型转变，这种变化是种内和种间竞争以及种群与生境相互作用的结果，反映了亚热带珍稀植物种群的一种适应机制。

（三）亚热带珍稀植物种群繁殖特性研究

探索环境对亚热带珍稀植物繁殖的影响以及植物在特定环境的繁殖行为对策，被认为是种群生态学中重要的研究领域。繁育系统是植物内部的遗传机制和外部环境相互作用的一种表现形式，是种群有性生殖的纽带，在决定植物的进化路线和表征变异方面起重要作用。

果实和种子是植物繁殖系统的重要特征，是受遗传控制较强的特征。对种实特性表型变异的研究，有助于从繁殖生态学角度解释物种濒危的原因。亚热带珍稀植物种实性状受内部遗传特征决定的同时还受该区域特殊的气候、生境特征等外部因素的影响。杨旭等（2012b）对厚朴（*Houpoea officinalis*）不同分布群体的种实性状进行研究，发现变异主要来源于单株间及单株内，种子质量与海拔呈极显著负相关，产地均温和热量因子是制约种子地理变异的主导生态因子。研究表明，珙桐种子包被与果皮包被的资源损耗具有相对独立性，果实表型特征与种子发育程度不存在相关性（王伟伟等 2006）。

亚热带珍稀植物会因其自身特性而表现出结实率低、种子自然萌发困难的繁殖生态学特征。杨旭等（2012a）发现厚朴在自然状态下传粉效率低、柱头最佳可授期短、同株自花授粉败育影响其种群繁衍。大多数兰科植物在授粉后胚珠才开始发育，种子发育过程与生长素和乙烯信号转导途径密切相关。种子萌发机制和过程是珍稀植物繁育的重要环节之一，既是种子繁殖的前提，也是种群繁衍、扩展分布区域、增加遗传变异、提高对多变环境适应能力的主要途径。研究发现，在自然条件下，存在于榕果内的北碚榕（*Ficus beipeiensis*）种子需要在果皮吸水变软或腐烂后，持续处于适宜温湿环境长达 2 个月才能萌发（唐澄莹等 2017）。种子的休眠往往是植物为了度过不利环境而形成的一种适应性机制，亦是调节萌发最佳时间和空间分布的一种机制，其对整个种群的生存、繁衍以及进化具有重要意义。种皮限制、生理后熟、萌发抑制物浓度过高是亚热带珍稀植物种子生理休眠的主要原因（张兴旺等 2007）。陈坤荣等（1990）认为珙桐种胚形态后熟和生理后熟是其休眠期长的主要原因。雷泞菲等（2003）发现珙桐果肉中含有抑制物质，而且其抑制强度显著大于内果皮和胚乳。张俊杰等（2018a）认为种子内存在内源抑制物的同时缺乏萌发促进物质，造成生理休眠。云树（*Garcinia cowa*）主要是坚硬的种皮限制了气体的出入，导致其休眠。研究表明亚热带珍稀植物种子中内源激素之间的平衡关系比单一激素对胚胎发育或败育的作用更重要。闫晓娜等（2015）发现扇脉杓兰（*Cypripedium japonicum*）的 4 种激素[赤霉素（GA_3）、细胞分裂素（ZR）、生长素（IAA）和脱落酸（ABA）]峰值发生具有明显的时间顺序性，GA_3、ZR、IAA 和 ABA 在扇脉杓兰授粉后 20 天、30 天、40 天、115 天依次出现。研究表明约 8%的物种种子对干燥敏感，以热带和亚热带湿润阔叶林中珍稀植物种子的脱水敏感性最高。张俊杰等（2018b）研究金丝李（*Garcinia paucinervis*）种子的脱水敏感性和储藏特性，发现金丝李种子失水率为 18%～24%时，其平均萌发时间与新鲜种子差异不大，可能与该含水量范围引起了种子内源激素含量或某些酶的活性变化有关。

大量研究发现亚热带山地许多濒危植物在强大的选择压力下，会形成“大量、集中开放”的开花模式，吸引到更多的传粉者，从而实现繁殖的成功。此外，在亚热带珍稀植物种群繁殖、更新研究中发现，由于生境严酷性和物种自身生物学特性等因素，萌生现象发生频繁，甚至成为种群中的主要繁殖方式。例如，分布于亚热带森林样地中的珍稀濒危植物连香树、领春木、珙桐、金钱槭、掌叶木（*Handeliodendron bodinieri*）等因其种子繁殖受到一定的限制，均以萌生繁殖为主（王芳和喻理飞 2014）。萌枝以残桩萌枝或根蘖萌枝的方式对干扰做出反应，可以通过物质交换与传输的生理整合作用共同利用生境内的资源，延续母体生活史从而保障种群的繁衍，迅速补充幼树群体，是顺利打破种群更新瓶颈的一种策略。然而如果长期依赖萌生更新，会导致珍稀植物种群遗传多样性、种群整体活力和群落稳定性下降。

第四节　亚热带山地珍稀濒危植物遗传多样性研究

遗传多样性是生物的一种自然属性，是生物多样性的基础和核心。我国亚热带山地珍稀植物多种多样，是生物遗传多样性研究的宝库。关于亚热带珍稀植物遗传多样性研究较早见于李进等（1997）采用同工酶电泳的方法分析不同海拔川滇高山栎（*Quercus aquifolioides*）种群遗传多样性的变化。近年来，珍稀植物遗传多样性研究多涉及引物筛选与分析方法优化、遗传多样性和亲缘关系分析、种群遗传多样性与遗传结构、功能基因等内容。

一、遗传多样性的分析方法

随着生物技术的发展，目前比较常用的遗传多样性的分析方法主要包括等位酶技术、蛋白质测序、DNA 测序、DNA 分子标记等。基于 PCR 技术的 RFLP、RAPD、SSR、ISSR、AFLP、SNP 等分子标记技术成为珍稀植物种群遗传多样性研究的主要方法。近年来随着生物技术的发展，大量珍稀植物研究实验发现，SSR 标记具有全基因组覆盖、共显性遗传、重复性好、多态性高等特性，已成为多数珍稀植物遗传多样性分析、系统发育研究、遗传图谱构建、种质鉴定及基因定位等研究的首选标记。葛永奇（2003）发现，银杏个体中 ISSR 的进化速率要比 RAPD 快，相比较而言，ISSR 分子标记技术更加合适。张丽芳和方炎明（2018）采用正交试验设计 L_{16}（4^3），对影响 SSR-PCR 扩增结果的因素（引物、模板 DNA 浓度和循环数）进行优化筛选，建立了适合银缕梅（*Shaniodendron subaequale*）的最佳 SSR-PCR 反应体系。不同珍稀植物存在遗传特性差异，分子标记方式的选择往往会影响物种遗传多样性分析和系统发育进化研究。马徐（2015）使用不同分子标记技术对武陵山地区 33 种珍稀植物进行遗传多样性研究，其中使用 RAPD 方法研究的物种有杜仲（*Eucommia ulmoides*）、银杏、珙桐、白豆杉（*Pseudotaxus chienii*）、南方红豆杉（*Taxus wallichiana* var. *mairei*）、水杉（*Metasequoia glyptostroboides*）；使用 ISSR 方法研究的物种有篦子三尖杉（*Cephalotaxus oliveri*）、连香树、杜仲、银杏、厚朴、巴东木莲（*Manglietia patungensis*）、珙桐、黄连（*Coptis chinensis*）、穗花杉

（*Amentotaxus argotaenia*）、南方红豆杉，对我国亚热带地区珍稀植物遗传多样性的研究具有重要意义。此外，研究发现基于 AFLP 技术的高效微卫星片段筛选（fast isolation by AFLP of sequences containing repeats，FIASCO）法是一种高效、省时省力、成本较低的微卫星标记开发方法。目前已有很多亚热带山地珍稀植物采用 FIASCO 法开发微卫星引物，如星花玉兰（*Yulania stellata*）、鹅掌楸、巴东木莲、落叶木莲（*Manglietia decidua*）等。为获得更全面的遗传多样性信息、系统发育信息，越来越多的学者开始将多个不同来源或不同功能的 DNA 序列标记组合。利用 *trn*L-*trn*F 对桫椤研究表明其种群可分为两个地理群——海南与广东、广西。基于 cpDNA *trn*K 内含子、*trn*S-*trn*G 和核基因组 AFLP 对银杏研究表明其第四纪冰期在我国存在东部和西南部两个避难所，并提出了对避难所种群实施就地保护的策略。

二、分类鉴定

种质资源的有效鉴定是开展研究与保护工作的前提。亚热带山地珍稀植物基于其自身的遗传漂变、迁徙、变异和选择的影响，导致不同群落类型中其遗传多样性水平的显著性变化，在长年累月的积累变异中，其性状产生较大差异，因此有必要进一步划分归类，有益于珍稀植物的利用和保护。分子鉴定和 DNA 条形码技术能为珍稀植物种源鉴定和核心种质的确定提供便捷方法。武星彤和文亚峰（2017）发现核基因组插入-缺失位点研究，可对大部分红豆杉属物种进行有效的鉴别。景袭俊和胡凤荣（2018）利用序列相关扩增多态性（sequence-related amplified polymorphism，SRAP）分子标记对中国云南、贵州、浙江等 5 个省份的 31 种石斛属（*Dendrobium*）植物进行分子鉴定，研究中获得的 18 个物种特异性标记可鉴别出叠鞘石斛（*D. denneanum*）、细茎石斛（*D. moniliforme*）、梳唇石斛（*D. strongylanthum*）等 10 个种。

三、种质资源与种群遗传结构研究

遗传多样性是珍稀植物生存、发展、进化的基础。种群作为进化的基本单位，在自然界中有着特定的分布格局，形成种群遗传结构。一个物种的进化潜力及其对环境的适应能力既取决于种内遗传变异的大小，也有赖于种群的遗传结构。珍稀植物种群（或物种）遗传多样性越高即遗传变异越丰富，对外界环境变化的潜在适应性就越强，越易扩展其分布范围和开拓新的环境。物种的遗传结构包括空间和时间两个方面。研究种群的空间遗传结构及其影响因素，有助于理解遗传多样性的空间分布模式及种群的维持机制，为研究珍稀物种的生态及适应性进化机制奠定基础。杨爱红等（2014）采用 13 对微卫星引物，对鹅掌楸的 1 个片断化种群进行研究发现，烂木山种群内存在寨内和山林两个遗传分化明显的亚种群，烂木山种群个体在 200m 以内呈现显著的空间遗传结构，其空间遗传结构强度较低（S_p = 0.0090），而两个亚种群内的个体仅在 20m 的距离范围内存在微弱或不显著的空间遗传结构。亚种群的遗传分化可能导致了此种群形成与其内部亚种群不同的空间遗传结构模式。季祥彪等（2008）采用 RAPD 对贵州地区的野生春兰（*Cymbidium goeringii*）种群进行研究，其中利用 48 个引物产生的 201 个 RAPD 标记

（62.0%）具有多态性，遗传多样性较高，其中 5 个地区 1/3 种质的多态性都高于 60%，表明大多数种质的遗传多样性与起源地区相关。为揭示伯乐树（*Bretschneidera sinensis*）资源分布相对集中的南亚热带地区天然种群的遗传多样性水平和遗传结构，徐刚标等（2013）采用 7 条 ISSR 引物分析了采自湖南、江西、广东、广西和贵州 5 个省（区）15 个天然种群的 219 株个体的样本，伯乐树遗传多样性水平较高，曼特尔（Mantel）检测发现，种群间遗传距离与其地理距离存在显著相关性，邻近种群可能存在较高的遗传相似性。种群的空间遗传结构通常是多种因素共同作用的结果，如历史气候变化、地势条件、种群大小、生境异质性以及基因流等。遗传变异随生态因子的变化发生梯度变异趋势，如海拔、纬度、气温、降雨等，这些生态因子可能影响遗传多样性水平及其分布。探讨亚热带山地区域珍稀植物遗传多样性及其与生态因子间的相关性，评价遗传变异及其产生的格局，将有助于更好地开展种质资源的保护与利用。许玉兰等（2012）采用 SSR 分子标记分析了云南松（*Pinus yunnanensis*）主分布区范围内 20 个天然群体的遗传多样性、遗传分化以及与生态因子间的相关性，低纬度、低海拔、温暖、降水量多的环境下云南松遗传多样性丰富，生态隔离的作用明显高于地理隔离的作用，其中以气候因子对云南松遗传多样性的影响最大。谢一青等（2008）运用 RAPD 技术，对现存于武夷山内 4 个不同海拔的亮叶桦（*Betula luminifera*）天然种群共 91 个基因株的遗传多样性进行分析发现，不同种群遗传变异水平随海拔差异呈现规律性变化，表现为沿海拔升高而呈现由高到低的分布。

生境片断化不但会导致种群变小、遗传多样性水平降低，还会阻碍基因交流，形成更强的空间遗传结构片断化。陈克霞等（2008）采用 RAPD 标记分析经历长期天然片断化的山姜（*Alpinia japonica*）种群遗传多样性程度和遗传分化格局，发现一些长期处于片断化状态的珍稀植物种群内遗传多样性较高，与其异交的繁殖方式、克隆生长世代维持时间长、种群更新减缓有关，且其高遗传多样性对其遗传结构的稳定起到了一定的促进作用。珍稀植物种群亲代受到遗传漂变、瓶颈效应和人为干扰等诸多因素影响，必将影响其后代遗传结构，因此，通过种群不同世代遗传结构比较研究可以准确反映种群整体遗传多样性。吴则焰等（2008）按胸径将福建省屏南水松（*Glyptostrobus pensilis*）种群划分为成树、小树、幼苗 3 个年龄级，利用 ISSR 分子标记技术从时间尺度上揭示了其不同世代间遗传多样性的变化规律，即不同年龄级的遗传多样性差别较大，根井正利（Nei's）基因多样性、香农-维纳多样性指数（Shannon-Wiener's diversity index）均以成树最高，小树次之，幼苗最低，水松种群遗传多样性世代间呈现衰退趋势。水松种群不同年龄级内、年龄级间均存在遗传变异，但遗传变异主要存在于年龄级内。于华会等（2010）对四川 6 个野生厚朴种群的遗传结构进行分析，发现 6 个厚朴种群间的遗传结构具有独立性特点，种群间基因交流相对较少，种群之间易产生遗传分化。李群等（2005）发现四川省珍稀濒危植物延龄草（*Trillium tschonoskii*）7 个自然种群间出现了一定程度的遗传分化，可能由基因流障碍和遗传漂变引起。李峰卿等（2017）研究红豆树（*Ormosia hosiei*）种群 3 个流域及同流域不同种群间的遗传变异水平及遗传结构，发现红豆树的遗传变异主要存在于流域内或种群内，流域间和同流域不同种群间均属于中等程度遗传分化而同支流种群间高的基因流则与种群间缺乏地理隔离和种子传播方式有关。邱芬等（2018）发现云贵地区金铁锁（*Psammosilene tunicoides*）的遗传多样性可能与其繁殖方式、分布区较长的进化历史有关，群体间遗传分化大可能是地理阻隔截断了不同群体间的基因交流。

四、功能基因

珍稀植物体内基因众多、功能多样，它们相互协同作用共同完成生命过程。发掘珍稀植物资源的优异功能基因是当前植物分子生物学的研究热点之一，探究功能基因的表达模式是植物分子生物学研究的重要方面。蔡文伟（2006）以经诱导物诱导处理刚产生血竭和未经诱导物处理的海南龙血树（*Dracaena cambodiana*）组培苗为材料，利用抑制消减杂交技术构建了龙血树血竭生物合成相关基因的差减 cDNA 文库，随机挑取 200 个克隆，经 RNA 印迹（Northern Blot）筛选剔除假阳性后，共获得 59 个差异较明显的阳性克隆，测序后得到 51 条差异片段，分离到与信号转导相关的 cDNA 片段 5 个，转录翻译相关蛋白 cDNA 片段 5 个，物质能量代谢酶类 cDNA 片段 12 个。戴鹏辉等（2016）从珙桐果实及种子转录组数据库中筛选到一个编码调控原花青素生物合成的 MYB 转录因子的基因 *DiMYB1*，对其进行克隆及功能分析，发现 *DiMYB1* 基因在败育种子中的表达量显著高于正常种子，且在中期败育种子中的表达量达到最高。周兴文等（2011）利用逆转录聚合酶链反应（reverse transcription PCR，RT-PCR）和 cDNA 末端快速扩增法（rapid amplification of cDNA end，RACE），从我国金花茶花瓣中获得了查尔酮合成酶基因的 cDNA 全长，其中氨基酸序列分析显示该基因编码的蛋白质具有 CHS（查尔酮合成酶）基因家族保守存在的所有功能活性位点和特征的肽序列。

第五节 亚热带山地珍稀濒危植物濒危机制

近 100 年来，人类活动导致的生物灭绝速率远超过地质历史的任何时期，生物多样性丧失已成为全球最严重的环境问题之一。世界自然保护联盟已评估的超过 6.1 万个生物物种中大约 40%受到威胁。我国亚热带山地拥有世界上保存最完整、最古老的植物区系，近年来已有大量珍稀植物减少甚至消失，因此针对该区域珍稀濒危植物的濒危机制及保育策略研究对我国乃至世界珍稀植物的保护都具有重要意义。

一、外部原因

（一）自然因素

我国亚热带地区地质史上由于陆地的隆起和下沉、冰期和冰后干热期的交替等造成大规模的气候变迁，很多物种都从历史上的广布种逐渐变为稀有种乃至濒危种。例如，银杉在第四纪冰川之后从广布于欧亚大陆的物种变为仅间断分布在我国亚热带山区的珍稀濒危植物。

生态环境因素是导致亚热带区域物种稀有或濒危的重要原因之一。一些植物学家认为植物濒危是由于受到环境制约，生境的片断化和岛屿化。森林的破坏除在较短的时间内直接导致植物的灭绝或濒临灭绝外，还会在较长的时间内间接作用于植物物种，使其逐渐走向灭绝。由于大片亚热带山地中低海拔区域原来大面积连片的原始森林被分割成小块，种群变小，生境隔离，阻碍种群间的物种迁移和基因流动，并在随机遗传漂变的作用下，使种群遗传结构单一，适应能力降低，最终种群走向灭绝。而灭绝强烈度依赖于面积的大小，面积越小，生物物种灭绝率越高。分布于云南西北部横断山区亚高山的长苞冷杉（*Abies forrestii* var. *georgei*），由于大面积采伐，数量骤减，森林皆伐后迹地的小气候条件对喜阴的长苞冷杉幼树的光合作用和生长很不利，致使长苞冷杉天然更新困难，自然分布区日益缩小，植株越来越少而成为渐危物种。中高海拔地段受威胁因素较少，气候、温度等不适宜的环境因素是珍稀植物存活、自然更新的主要限制因子。极端低温与极端高温都有可能直接影响植物的繁衍生存，最终导致植物的极度减少或灭绝。不利的气象条件会降低种子的质量，花期多雨会阻碍花粉粒飞散，春季的高山严寒会使部分球花甚至全部球花中途败育等。天目铁木（*Ostrya rehderiana*）对光的适应范围较窄，具有较高的光照强度需求，且生态位较窄，最终导致其濒危。王强等（2014）发现夏季强光和高温限制了长叶榧（*Torreya jackii*）的光合能力，使其竞争能力变弱，不得不退到坡度大、裸岩多、土壤较为贫瘠的下坡和山麓，最终造成长叶榧分布范围日趋缩小，成为濒危物种。物种群落结构和分布与立地土壤条件也密切相关。低纬度高海拔地区梵净山特有珍稀濒危物种梵净山冷杉（*Abies fanjingshanensis*）生境土壤的研究发现梵净山冷杉的死亡与土壤磷、钾以及其他土壤阳离子交换量含量密切相关，其中磷含量缺乏是限制梵净山冷杉生长的不利因子（颜秋晓 2016）。许多植物需要靠昆虫和鸟兽传递花粉，而森林植被的破坏消失、环境的变迁恶化，使那些为特定植物传粉的昆虫和鸟兽也随之减少或消失，导致这些物种由于失去了传粉媒介而繁殖力下降，影响了繁殖和更新，从而走向灭绝和濒危。

（二）人为因素

人为因素是人类活动所引起的使珍稀植物生存受到威胁的灾害，如过度采伐、放牧、耕地开垦及经济林地的蚕食分割、人为火灾等直接灾害；由于工业污染引起的酸雨、光化学烟雾、核物质泄漏、温室效应等导致森林大面积死亡而造成大量生境破坏等间接灾害，使得生态系统过程发生了显著的变化，产生边缘效应，变化后的生境明显不利于原生植被的物种生存，从而引起了物种种群局部灭绝以致完全丧失。人为干扰是我国亚热带山地珍稀植物濒危的最主要原因。

二、内部原因

珍稀植物濒危的内部因素包括繁殖、遗传、生理生态等方面，它们是威胁植物生长繁衍导致其稀有濒危的重要原因。亚热带区域很多珍稀植物或多或少存在繁殖障碍，诸如雌蕊和雄蕊发育不同步、花粉败育、花粉管不能正常到达胚囊及胚胎败育等。一些珍稀植物虽然能够结种，但其种皮坚硬，种子繁殖极为困难，常规播种很难发芽出苗，自然更新能力较弱，处于稀有状态。种子到幼苗的转化率较低也是该区域珍稀植物濒危机制之一。曹基武等（2010）研究发现球花花期不遇或授粉不足等造成了银杉种子结实率低、结实质量差，进而影响种子萌发，不利于种群自然更新繁育。天目玉兰（*Yulania amoena*）和宝华玉兰（*Y. zenii*）等珍稀植物种子成熟脱落后常被动物取食，干燥后又易丧失发芽力，最终导致植株日渐稀少。珍稀濒危植物的种子萌发需要相对严苛的生态条件、外界环境与种子生物学特性的巧妙耦合，一旦环境变化，则影响种子转化为新生命个体，其种子的休眠特性与其致濒原因密不可分，若种子不能萌发成苗，则该植物种群渐渐趋向衰退或灭绝。雷泞菲等（2003）发现珙桐果肉中含有对发芽有抑制作用的物质，致使胚的生长和分化，导致珙桐种子生理休眠时间长，不利于萌发。羽叶丁香（*Syringa pinnatifolia*）的休眠种子萌发对温度、光照强度和水分等微环境的依赖性较强，原有生境破坏导致微环境改变可能是其种群有性生殖失败而致濒的关键（和子森等 2016）。亚热带珍稀植物光合能力、水分利用率等生理代谢较弱，可塑性较差，在群落中的竞争能力低，生长环境日益恶化加剧了物种的濒危速度。夏蜡梅（*Calycanthus chinensis*）的光合能力较弱，在种间竞争中处于不利地位，是导致其濒危的原因之一。五桠果叶木姜子（Litsea dilleniifolia）对强光的适应性较差，受森林持续片断化的影响，强光胁迫加剧，导致种群衰退。温度因子对于亚热带山地珍稀植物的生存具有重要作用。郭亚男等（2016）以红皮糙果茶（*Camellia crapnelliana*）、伯乐树、金花茶、坡垒（*Hopea hainanensis*）4 种珍稀植物一年生幼苗成熟叶片为材料，通过电解质渗出液测定半致死温度，得出在胁迫温度区间内，金花茶抗寒性较弱，耐受性差，更易死亡。物种的遗传学特性是物种濒危的最根本原因。稀有或特有种往往出现遗传变异下降。造成遗传衰退的原因有选择作用、群体有效大小降低、遗传漂变以及自交等。Karron（1997）总结了 10 个属的同属种的对比研究，这 10 个属的同属种既包括分布范围很大的广布种也包括分布区很窄的特有或稀有种，结果表明，不管从多态位点比例还是从平均每个位点等位基因数来看，特有或稀有种的遗传变异水平都要比其近缘（同属）广布种低。近年来的一些研究表明，有些稀有或濒危种具有较高的遗传变异性，并未表现出遗传多样性水平下降。遗传水平的高低并不能直接预期物种是否稀有或濒危，但为物种濒危机制的探讨提供了极其重要的资料。

第六节　总结与展望

保护珍稀植物既是人类未来的需要，更是当代生活的需要。世界自然基金会等一些重要的国际组织认为，21 世纪是生物多样性保护的关键时期，而亚热带珍稀物种应视为优先保护之列。保护的目标是通过不减少基因和物种多样性，不毁坏重要的生境和生态系统的方式，尽快挽救和保护珍稀植物资源，以保证生物多样性的持续发展和利用。根据亚热带珍稀植物的分布特点、保护现状和濒危机制，应采取如下几个主要方面的保护对策。

一、就地保护

就地保护是在原生境中保护自然生态系统和自然生态环境中受到威胁的植物种类，是最为有效的保护措施。通过在当地社区大力开展科学普及教育和培训，提高当地社区的整体素质，采用原住民的传统知识把具有传统特色的当地品种和特有品种保存在传统的生态系统中；另外，根据植物资源的丰富程度，建立一定范围的自然保护区、森林公园、风景名胜区等。据统计，长江流域共建立各种类型、不同级别的自然保护区561个，湖北省已就地保护的55种珍稀濒危植物占湖北省总数62种的88.71%。其中朴树（*Celtis sinensis*）、水青树、连香树、香果树、鹅掌楸、银杏、华榛（*Corylus chinensis*）、青檀、领春木、紫茎（*Stewartia sinensis*）、天麻（*Gastrodia elata*）等的就地保护地点已有10个。然而少数物种由于分布区狭窄、数量极少或零星分布，未进行就地保护，如七子花（*Heptacodium miconioides*）、润楠（*Machilus nanmu*）、矮牡丹（*Paeonia jishanensis*）、丽江铁杉（*Tsuga forrestii*）等。同时对野外资源不多但尚能生存的亚热带珍稀植物还需加强就地保护力度，如巴东木莲、红豆树、白辛树、瘿椒树（*Tapiscia sinensis*）、华榛、青檀等。另外，可大力发展自然保护小区、自然保护点和禁伐区。对于珍稀濒危保护植物分布较集中、种类较多，可在面积较小的地方建立自然保护小区，它不受林权等管理体制及专职管理机构的限制，灵活多样。例如，在神农架林区太阳坪、咸丰白家河、活龙坪等地均可建立自然保护小区。

二、迁地保护

迁地保护是将濒危植物迁入人工环境中或易地实施保护，已经成为全球生物多样性保护行动计划的一个重要组成部分。迁地保护的主要承担载体为植物园。植物园以收集、保存多样性的植物为基本特征。研究发现亚热带珍稀植物在植物园迁地保护过程中存在一系列风险，主要表现为遗传风险。例如，引种或取样的不足，容易导致被保存的物种缺乏足够的遗传代表性；种群间隔离导致迁移和基因流减少；盲目引种、不合理定殖以及材料的来源不清，导致珍稀植物遗传混杂、近交衰退或杂交衰退；人为选择和生长环境的改变，容易造成濒危物种对迁地保护的遗传适应性差等。同时，针对珍稀植物建立可持续性的种群将面临种子、萌发的幼苗、幼苗存活和繁殖产生后代数量上的严格限制。这些限制均是某一区域内种群没有达到环境最大承载量情景下的限制，而且有地方和区域两个尺度之分，因此亚热带珍稀植物早期的各种限制对珍稀植物的定居很重要。例如，有的珍稀种类幼苗的定居需要隐蔽环境，但其长大后又需要充足光照，有些则相反。因此在迁地保护中要采集足够多的样品进行保育，回归的珍稀植物种源要基于种子转移区的原则，建立和最大限度还原物种原始生境，考虑关键种的扩展表型效应，这种效应可能影响一个生态系统的氮矿化、凋落物分解、与植物相关的昆虫群落结构等。

三、建立现代化的离体保存基因库

离体保存主要是以组织培养的方式来贮藏种质。将珍稀濒危植物的种子、根、茎、叶、花粉等器官、组织或试管苗贮藏于种质库或基因库内，并建立野生植物种质保存基因库，以便长期保存和满足将来研究需要。同时超低温保存法也是长期贮藏种质的离体保存方法之一。

四、加强珍稀植物的繁殖和归化自然

除了共同的致濒机制外，不同植物有其自身生物特性。因此，应高度重视亚热带山地不同海拔、不同纬度等不同环境下珍稀植物生理生态特性及其濒危机制，并进行人工繁育。根据其机制从生理生化等方面进行保护，通过人工授粉、嫁接、分株、扦插、组织培养，或者对种子休眠期较长的物种通过人工调控等措施解决其繁殖困难问题。到目前为止，我国已经成功繁育了珙桐、连香树、香果树等几十种亚热带珍稀植物。有些种类已拥有较大的人工种群，并得到广泛引种栽培。然而引种繁殖时人为扩大的种群，并不能完全代替野生生境中处于自然进化历程中某一阶段的自然种群，其种群生态位不同，在长期栽培状态下，种群会丧失野生状态所具有的遗传特性。因此必须将人工繁殖的珍稀植物种群再移植到其原有的生境中，让其归化自然，生长繁衍，恢复为原本的野生状态。

五、加强珍稀植物和野生植物资源的科学研究

目前，针对我国亚热带山地珍稀濒危植物的保护已开展了珍稀致濒机制和生物生态学基础研究、珍稀濒危植物的繁殖技术研究、人工模拟群落试验，以及有效保护的一些关键技术研究。例如，昆明植物园和中国科学院西双版纳热带植物园等对珍稀濒危植物遗传多样性的研究。通过采取科学研究的途径，运用现代生物分子技术，探索珍稀植物濒危机制，开展保护原理和胚胎发育过程中基因表达的研究，解析各发育环节的功能基因，应用转基因技术，改变胚胎发育过程等。

撰稿人：江明喜，李晶

主要参考文献

蔡文伟. 2006. 海南龙血树血竭生物合成相关基因的分离. 海口: 华南热带农业大学硕士研究生学位论文.

曹基武, 刘春林, 张斌, 等. 2010. 珍稀植物银杉的种子萌发特性. 生态学报, 30(15): 4027-4034.

陈克霞, 王嵘, 陈小勇. 2008. 天然片断生境中山姜(*Alpinia japonica*)种群遗传结构. 生态学报, 43(6): 2480-2485.

陈坤荣, 文方德, 李卓杰, 等. 1990. 珙桐种子休眠生理研究. 种子, (4): 70.

陈俪心, 和梅香, 王彬, 等. 2018. 基于MaxEnt模型的凉山山系珙桐种群适宜生境分布及其影响因素分析. 四川大学学报(自然科学版), 55(4): 873-880.

池翔, 郑维列, 郭其强, 等. 2017. 藏柏种群年龄结构数量动态分析. 中南林业科技大学学报, 37(12): 114-119.

戴鹏辉, 任锐, 曹福祥, 等. 2016. 珙桐MYB转录因子*DiMYB1*基因的克隆及表达分析. 植物生理学报, 52(8): 1255-1262.

党海山, 江明喜, 田玉强, 等. 2004. 后河自然保护区珍稀植物群落主要种群结构及分布格局研究. 应用生态学报, 15(12): 2206-2210.

葛永奇. 2003. 孑遗植物银杏遗传多样性研究. 杭州: 浙江大学硕士研究生学位论文.

郭亚男, 李仕裕, 木楠, 等. 2016. 4 种珍稀濒危植物的半致死温度研究. 林业与环境科学, 32(16): 20-24.
何东, 江明喜. 2012. 从空间分布特征认识珍稀植物领春木的种群动态. 植物科学通报, 30(3): 213-222.
何增丽, 许涵, 秦新生, 等. 2017. 海南尖峰岭热带山地雨林 2 种夹竹桃科植物的空间分布格局与关联性. 生物多样性, 25(10): 1065-1074.
和子森, 陈苏依勒, 程明, 等. 2016. 濒危植物羽叶丁香种子休眠与萌发特性研究. 植物生理学报, 52(4): 560-568.
贺金生, 陈伟烈, 李凌浩. 1998. 中国中亚热带东部常绿阔叶林主要类型的群落多样性特征. 植物生态学报, 3(4): 16-24.
黄明钗, 史艳财, 韦霄, 等. 2013. 珍稀濒危植物金花茶的点格局分析. 生态学杂志, 32(5): 1127-1134.
季祥彪, 王国鼎, 乔光, 等. 2008. 贵州野生春兰遗传多样性的 RAPD 分析. 华中农业大学学报, 27(2): 297-302.
景袭俊, 胡凤荣. 2018. 兰科植物研究进展. 分子植物育种, 16(15): 5080-5092.
鞠文彬, 高信芬, 包维楷. 2014. 画稿溪国家级自然保护区珍稀植物桫椤种群结构与更新. 植物科学学报, 32(2): 113-121.
孔磊, 朱莹, 沈静静, 等. 2015. 江苏溧阳香果树群落组成及物种多样性分析. 中南林业科技大学学报, 35(3): 84-89.
雷泞菲, 苏智先, 陈劲松, 等. 2003. 珍稀濒危植物珙桐果实中的萌发抑制物质. 应用与环境生物学报, 9(6): 607-610.
李峰卿, 周志春, 谢耀坚. 2017. 3 个小流域红豆树天然居群的遗传多样性和遗传分化. 分子植物育种, 15(10): 4263-4274.
李进, 陈可咏, 李渤生. 1997. 川滇高山栎群体遗传结构的初步研究. 北京林业大学学报, 19(2): 93-98.
李群, 肖猛, 郭亮, 等. 2005. 四川省珍稀濒危植物延龄草遗传多样性分析. 北京林业大学学报, 23(4): 1-6.
李翔, 侯璐, 李双喜, 等. 2018. 濒危树种庙台槭种群数量特征及动态分析. 植物科学学报, 36(4): 524-533.
林长松. 2008. 珍稀保护植物十齿花群落灌木种间联结性分析. 中国农学通报, 24(3): 106-111.
刘成一, 廖建华, 陈月华, 等. 2011. 湖南大围山香果树群落特征及物种多样性分析. 中南林业科技大学学报, 31(11): 110-113, 141.
芦伟, 唐战胜, 郑振杰, 等. 2018. 浙江古田山濒危植物香果树群落组成和结构特征. 生态环境学报, 27(6): 1052-1059.
马徐. 2015. 武陵山地区濒危植物遗传多样性研究进展. 安徽农业科学, 43(9): 1-6.
马志波, 黄清麟, 庄崇洋, 等. 2017. 基于分层的典型中亚热带天然阔叶林的种间关联性. 北京林业大学学报, 39(12): 10-16.
缪绅裕, 王厚麟, 黄金玲, 等. 2008. 粤北和粤东北若干珍稀濒危野生植物的种群特征. 热带亚热带植物学报, 16(5): 397-406.
彭仙丽, 李莉, 张光富, 等. 2017a. 苏南山区 5 个斑块香果树群落物种组成及多样性特征. 植物资源与环境学报, 26(4): 93-100.
彭仙丽, 任小杰, 张光富, 等. 2017b. 苏南山区不同斑块中香果树种群的结构与更新. 生态学杂志, 36(10): 2716-2724.
邱芬, 雷瀚, 陈杰, 等. 2018. 云贵地区金铁锁 EST-SSR 遗传多样性分析. 中草药, 49(16): 3895-3906.
商侃侃, 达良俊. 2013. 孑遗落叶阔叶树种微地形空间分异格局及共存机制研究概述. 生态学杂志, 32(7): 1912-1919.
沈泽昊, 金义兴, 赵子恩, 等. 2000. 亚热带山地森林珍稀植物群落的结构与动态. 生态学报, 20(5): 800-807.
宋萍, 洪伟, 吴承祯, 等. 2005. 珍稀濒危植物桫椤种群结构与动态研究. 应用生态学报, 16(3): 413-418.
宋萍, 洪伟, 吴承祯, 等. 2008. 珍稀濒危植物桫椤种群生命过程及谱分析. 应用生态学报, 38(12):

2577-2582.
宋述灵, 姚小华, 余泽平, 等. 2018. 江西官山乐昌含笑群落组成、种群动态与自然择优. 江西农业大学学报, 40(3): 533-544.
孙志勇, 季孔庶. 2012. 植物多样性研究进展. 林业科技开发, 26(4): 5-9.
唐澄莹, 张艳玲, 汪云叶, 等. 2017. 珍稀植物北碚榕的种子萌发及繁殖研究. 西南大学学报(自然科学版), 39(2): 34-39.
陶琪, 吴思航, 马凯阳, 等. 2017. 缙云黄芩与伴生物种的种间关联度分析. 西北植物学报, 37(5): 974-982.
田玉强, 李新, 胡理乐, 等. 2002. 后河自然保护区珍稀濒危植物群落乔木层结构特征. 武汉植物学研究, 20(6): 443-448.
田玉强, 李新, 江明喜. 2003. 后河自然保护区珍稀濒危植物种群分布格局的分形特征: 计盒维数. 应用生态学报, 14(5): 681-684.
王芳, 喻理飞. 2014. 喀斯特山地珍稀濒危植物掌叶木种群结构与分布格局研究. 林业科技通讯, (6): 6-9.
王剑伟, 张光富, 陈会艳. 2008. 特有珍稀植物宝华玉兰种群分布格局和群落特征. 广西植物, 28(4): 489-494.
王强, 金则新, 郭水良, 等. 2014. 濒危植物长叶榧的光合生理生态特性. 生态学报, 34(22): 6460-6470.
王世彤, 吴浩, 刘梦婷, 等. 2018. 极小种群野生植物黄梅秤锤树群落结构与动态. 生物多样性, 26(7): 749-759.
王伟伟, 苏智先, 胡进耀, 等. 2006. 珍稀濒危植物珙桐不同采收期的种子特性研究. 广西植物, 26(2): 178-182.
魏新增, 何东, 江明喜, 等. 2009. 神农架山地河岸带中珍稀植物群落特征. 植物科学学报, 27(6): 607-616.
魏志琴, 李旭光, 郝云庆. 2004. 珍稀濒危植物群落主要种群生态位特征研究. 西南农业大学学报(自然科学版), 26(1): 1-4.
吴承祯, 洪伟. 2002. 珍稀濒危植物长苞铁杉种群密度效应模型. 林业科学, 38(4): 157-161.
吴承祯, 洪伟, 陈辉, 等. 2000a. 珍稀濒危植物青钩栲种群数量特征研究. 应用生态学报, 11(2): 173-176.
吴承祯, 洪伟, 吴继林, 等. 2000b. 珍稀濒危植物长苞铁杉的分布格局. 植物资源与环境学报, 9(1): 31-34.
吴承祯, 洪伟, 闫淑君, 等. 2004. 珍稀濒危植物长苞铁杉群落物种多度分布模型研究. 中国生态农业学报, 12(4): 173-175.
吴定军, 付素静, 高宇琼, 等. 2012. 梵净山淘金河谷珍稀濒危植物连香树的群落结构研究. 内蒙古农业科技, (4): 38-40.
吴倩倩, 梁宗锁, 刘金亮, 等. 2018. 不同时间和空间尺度上台湾水青冈群落谱系结构动态变化. 生态学报, 38(4): 1320-1327.
吴显坤, 南程慧, 汤庚国, 等. 2015. 珍稀濒危植物浙江楠种群结构分析. 安徽农业大学学报, 42(6): 980-984.
吴小巧, 黄宝龙, 丁雨龙. 2004. 中国珍稀濒危植物保护研究现状与进展. 南京林业大学学报(自然科学版), (2): 72-76.
吴则焰, 刘金福, 洪伟, 等. 2008 屏南水松天然林主要种群直径分布规律研究. 林业勘察设计, (1): 4-8.
武星彤, 文亚峰. 2017. 南方红豆杉分子遗传学研究进展. 经济林研究, 35(2): 228-232.
谢一青, 李志真, 黄儒珠, 等. 2008. 武夷山不同海拔光皮桦种群遗传多样性及其与生态因子的相关性. 林业科学, 44(3): 50-55.
谢宗强, 陈伟烈. 1999. 濒危植物银杉的群落特征及其演替趋势. 植物生态学报, 23(1): 49-56.
徐刚标, 梁艳, 蒋燚, 等. 2013. 伯乐树种群遗传多样性及遗传结构. 生物多样性, 21(6): 723-731.

徐小玉, 姚崇怀, 潘俊. 2002. 湖北九宫山香果树群落结构特征研究. 西南林学院学报, 22(1): 5-8.
许恒, 刘艳红. 2018. 珍稀濒危植物梓叶槭种群径级结构与种内种间竞争关系. 西北植物学报, 38(6): 1160-1170.
许天全. 1984. 鄂西南山地的珍贵稀有植物. 武汉植物学研究, 2(2): 275-282.
许玉兰, 蔡年辉, 康向阳, 等. 2012. 云南松及其近缘种间遗传关系研究现状. 西北林学院学报, 27(1): 98-102.
闫晓娜, 田敏, 王彩霞. 2015. 扇脉杓兰种子发育过程中的生理生化变化. 林业科学研究, 28(6): 851-857.
颜秋晓. 2016. 梵净山国家自然保护区3种珍稀植物土壤性状特征. 贵阳: 贵州大学硕士研究生学位论文.
杨爱红, 张金菊, 田华, 等. 2014. 鹅掌楸贵州烂木山居群的微卫星遗传多样性及空间遗传结构. 生物多样性, 22(3): 375-384.
杨得坡, 张晋豫. 1999. 珍稀濒危保护植物领春木的生态调查研究. 河南科学, (2): 174-177.
杨锦超, 杜凡, 石明, 等. 2018. 濒危植物狭叶罗伞形态特征及其群落和种群学研究. 西南林业大学学报(自然科学), 38(3): 130-136.
杨开军, 张小平. 2007. 稀有植物香果树的研究进展. 中国野生植物资源, 26(2): 1-4.
杨旭, 杨志玲, 王洁, 等. 2012a. 濒危植物凹叶厚朴的花部综合特征和繁育系统的研究. 生态学杂志, 31(3): 551-556.
杨旭, 杨志玲, 王洁, 等. 2012b. 濒危植物凹叶厚朴种实特性. 生态学杂志, 31(5): 1077-1081.
杨一光. 1986. 湖南省八大公山自然保护区的珍稀植物及其群落特征. 湖南师范大学自然科学学报, (2): 83-90.
于华会, 杨志玲, 刘若楠, 等. 2010. 四川六个厚朴种群遗传结构. 生态学杂志, 29(11): 2168-2174.
俞筱押, 余瑞, 黄娟, 等. 2017. 贵州茂兰喀斯特森林四药门花群落优势种群生态位特征. 生态学杂志, 36(12): 3470-3478.
袁春明, 孟广涛, 方向京, 等. 2012. 珍稀濒危植物长蕊木兰种群的年龄结构与空间分布. 生态学报, 32(12): 3866-3872.
曾庆昌, 缪绅裕, 唐志信, 等. 2014. 广东连州田心自然保护区香果树种群及其生境特征. 生态环境学报, 23(4): 603-609.
张俊杰, 柴胜丰, 王满莲, 等. 2018b. 珍稀濒危植物金丝李种子脱水耐性和贮藏特性. 广西植物, 39(2): 199-209.
张俊杰, 韦霄, 柴胜丰, 等. 2018a. 珍稀濒危植物金丝李种子的休眠机理. 生态学杂志, 37(5): 1371-1381.
张奎汉, 鲍大川, 郭屹立, 等. 2013. 后河自然保护区珍稀植物群落谱系结构的时空变化. 植物科学学报, 31(5): 454-460.
张丽芳, 方炎明. 2018. 银缕梅SSR-PCR反应体系的优化及引物筛选. 分子植物育种, 16(6): 5340-5346.
张尚炬, 范海兰, 洪滔, 等. 2007. 珍稀植物南方红豆杉群落物种-多度关系. 东北林业大学学报, 35(9): 45-48.
张文辉, 祖元刚, 刘国彬. 2002. 十种濒危植物的种群生态学特征及致危因素分析. 生态学报, 22(9): 1512-1520.
张孝然, 蒲真, 黄治昊, 等. 2017. 大黄花虾脊兰生境特征及生存群落物种生态位分析. 植物科学学报, 35(6): 799-806.
张兴旺, 操景景, 龚玉霞, 等. 2007. 珍稀植物青檀种子休眠与萌发的研究. 生物学杂志, 24(1): 28-31.
周赛霞, 彭焱松, 高浦新, 等. 2019. 濒危植物狭果秤锤树群落内主要树种的空间分布格局和关联性. 热带亚热带植物学报, 27(4): 349-358.
周赛霞, 彭焱松, 黄汉东, 等. 2010. 后河自然保护区珍稀植物群落主要树种6年动态变化. 武汉植物学研究, 28(3): 315-323.

周兴文, 李纪元, 范正琪. 2011. 金花茶查尔酮合成酶基因全长克隆与序列分析. 生物技术通报, (6): 58-64.

Karron J D. 1997. Genetic consequences of different patterns of distribution and abundance. *In*: Kunin W E, Gaston K J. The Biology of Rarity. Population and Community Biology Series, vol. 17. Dordrecht: Springer: 174-189.

Merriam E R. 2018. Brook trout distributional response to unconventional oil and gas development: landscape context matters. Science of the Total Environment, 628-629: 338-349.

Zhang Y, Ma K P. 2008. Geographic distribution patterns and status assessment of threatened plants in China. Biodiversity and Conservation, 17(7): 1783-1798.

专　论　篇

第十一章　桫椤种群与保护生物学研究进展

第一节　引　　言

桫椤（*Alsophila spinulosa*），又名树蕨、刺桫椤等，木贼纲桫椤科桫椤属，为国家二级重点保护野生植物，也是仅存的木本蕨类植物。桫椤为中生代孑遗植物，距今有两亿多年，拥有“活化石”之称，其对古生物学、古气候、古环境变迁和物种遗传等具有重要的科学研究价值（宗秀虹 2017）。由于受到第四纪冰川的影响，以及近代人类对自然环境的开发破坏，适宜桫椤生存的生境不断减少，桫椤种群数量锐减，现仅低纬度地区（31°N 以南）仍有分布（Tryon 1970）。全世界约有桫椤科植物 650 种（成晓霞 2017），在我国现分布有 2 属 14 种和 2 变种，主要分布于西南地区、华南地区等地。

我国桫椤研究最早始于 20 世纪 80 年代。研究初期，研究者将重点放在桫椤种群调查上，从群落学角度开始了我国的桫椤研究（屠玉麟 1990；张家贤和周伟 1992）。经过大量野外调查，研究者发现桫椤种群处于濒危状态，提出了通过桫椤孢子进行快速人工繁育以保护该种群，探讨了蕨类植物繁育可能存在的问题（Morini 2000；Pence 2000），并通过多种途径成功培育出了桫椤幼苗（毕世荣等 1985；Hemsley 1991）。近年来，研究者在桫椤种群生态学研究方面开展了大量的工作，并从分子生物学角度开始对桫椤遗传多样性进行研究。研究人员对桫椤种群结构和空间分布格局（周崇军 2005；龙文兴等 2008）、种群动态（龙文兴等 2008；鞠文彬等 2014）、生态位（宗秀虹 2017）、种群竞争（何跃军等 2004）、物种多样性（何跃军等 2013；宗秀虹等 2016）等特征进行了详细的分析，运用生态场理论探讨了桫椤种群特点及其新的研究方法（宋萍等 2008a；Ponce et al. 2010），并从分子生物学角度分析了各地桫椤种群的遗传多样性及遗传分化（李媛等 2010；Wang et al. 2012），但由于缺少环境因子对桫椤生长发育影响及其响应机制研究，桫椤个体生理生化学研究匮乏，现阶段桫椤濒危原因的探讨依旧多停留于表层，无法从机制层面对其进行解释。基于此，本章通过综述国内外桫椤研究，展示现阶段研究成果，同时总结当前研究中存在的问题与不足，以期推动相关研究进展。

第二节　植物分布

作为古老的孑遗植物，桫椤对生境要求较为严格，多生长于热带雨林和季雨林中，随着地质及气候变化，其分布逐步缩小和南迁，现主要分布于低纬度地区（Tryon 1970），如印度、缅甸、越南、菲律宾、日本等国，在我国主要分布于秦岭以南，喜马拉雅山以东的西南、华南和华中南部等地区（Tryon & Tryon 1982；Zhang 1998；刘后鑫 2016；宗秀虹 2017）。从水平分布上看，桫椤种群呈斑块状分布（代正福和周正邦 2000），分布于贵州习水长嵌沟、赤水（Wang et al. 2012；宗秀虹等 2016），云南（张光飞和苏文华 2005），四川（敖光辉 2005；黄茹等 2009；鞠文彬等 2014），重庆（尚进和李旭光 2003），广东（徐锦海和许冬焱 2008；邓华格等 2010），福建（张思玉和郑世群 2001；宋萍等 2008a），海南（龙文兴等 2008；赵瑞白等 2018），台湾（Huang et al. 2001）等地。

第三节 种群生态学

生态位宽度是指生物所能利用的各种资源的总和，即生物利用资源多样性的一个指标。研究显示桫椤在其群落中均具有较宽的生态位，对环境具有极强的适应性，是群落的建群种与优势种，且多数属于增长型种群，林下具备大量的幼苗，表明桫椤种群具备良好的自然繁殖更新能力（周崇军 2005；龙文兴等 2008；邓华格等 2010；鞠文彬等 2014），但由于与毛竹等植物生态学特性相似，其生长可能会受到这些植物的影响。同时，桫椤种群普遍存在低龄级的高死亡率和高龄级的低存活率（周崇军 2005；鞠文彬等 2014），有人认为桫椤在幼苗发育过程中，可能存在较强的环境筛，导致幼苗在此期间难以适应而大量死亡（宋萍等 2008b），在进入高龄级后桫椤种群又逐渐进入生理衰老期，进而导致衰退现象的出现（徐德静等 2014）。生态位重叠分析显示，桫椤群落内的主要植物生态位重叠普遍，种间正联结越强，生态位重叠越大，负联结越强，生态位重叠越小（李丘霖等 2017）。

在空间分布格局上，由于桫椤的繁殖特性及其对环境的依赖性，其种群通常呈现集群分布，山地雨林种群的集群程度高于低地雨林（周崇军 2005；龙文兴等 2008；邓华格等 2010），且具有更高的种群密度及幼苗数量，更加适合桫椤种群生存及幼苗存活（龙文兴等 2008；邓华格等 2010）。然而受环境及种内、种间关系的影响，桫椤种群的分布方式可能会发生改变（Wang & Guan 2011；徐德静等 2014），这种影响包括幼苗在生长发育初期为抵御其他物种入侵，增强种群在群落中对养分空间的占有而形成集群分布（宋萍等 2009），随着种群的进一步发育，为保证个体能够获得充足的养分与空间而延迟被排斥，其空间分布格局也有可能会由集群分布转向随机分布，对空间的占有能力下降（梁士楚 1992；石胜友等 2005；徐德静等 2014）。

第四节 群落生态学

目前，国内研究者对桫椤进行了大量的研究，对其群落物种组成及生物多样性有了一定程度的了解（王密等 2005；郝云庆等 2009；何跃军等 2013；宗秀虹等 2016）。对各地桫椤群落的调查结果均表明其植物种类组成十分丰富，通过调查四川乐山五通桥区新春桫椤沟自然保护区共得到种子植物 106 科 343 属 800 余种，其中双子叶植物占绝大多数，裸子植物极少，群落中较常出现樟科、壳斗科、桑科、荨麻科等泛热带分布植物，但由于多为小乔木，在群落中重要值较低，仅部分地区伴生有杉木（*Cunninghamia lanceolata*）及马尾松（*Pinus massoniana*），但尚未与常绿阔叶林发生混交（敖光辉 1997）。此外，桫椤群落区系组成复杂，以热带-亚热带性质的科、属为主（尚进和李旭光 2003；郝云庆等 2009）。在赤水桫椤保护区内，桫椤群落植物科包括 8 个分布区类型，其中热带及温带分布类型分别占 79.59%和 20.41%，表现出了显著的热带区系性质，同时又显示出了向温带过渡的趋势，存在较明显的热带-亚热带区系性质（宗秀虹等 2016），但缺乏中亚分布、地中海西亚至中亚分布及温带亚洲分布，结果表明桫椤群落植物区系组成复杂，干旱分布类型的植物难以适应桫椤群落生境（宗秀虹 2017）。在植物生活型方面，大量研究均显示出桫椤群落的伴生植物生活型相似，均以高位芽植物占优势，有明显的亚热带常绿阔叶林特征，但不同地区存在一定差异（屠玉麟 1990）。涪陵磨盘沟由于环境阴湿，桫椤群落多以小高位芽、地上芽等为主（尚进和李旭光 2003），而肇庆九龙湖桫椤群落以中矮高位芽为主，地上芽较少（徐锦海和许冬焱 2008）。贵州赤水桫椤群落由于竹类的大量生长，缺乏高位芽植物，同时地上芽及地下芽植物占优势，地面芽植物较少（宗秀虹等 2016）。

第五节　生理生态学

桫椤作为一种古老的孑遗植物，在经历第四纪冰川后其分布范围及种群数量受到威胁，但在漫长的演化过程中，桫椤形成了一些适应生存的特性，其种群在低纬度地区有所分布。为研究桫椤种群数量下降的原因，杜凌等（2018）使用直角双曲线修正模型对桫椤光合特性进行了拟合，发现其光合参数具有阳生植物的特点，但光补偿点和光饱和点较低，过高的光照强度及 CO_2 浓度反而会抑制桫椤正常的光合作用。在对桫椤进行无机组成元素分析时发现重金属元素含量极低（Jiang et al. 2016），这是否与其体内含有的赖氨酸芽孢杆菌有关，有待进一步研究（宋培勇等 2013）。通过进行化学组分分析，发现其茎秆、叶和茎皮的化学组分在大类上基本相同，有机成分主要包括多肽、蛋白质类、有机酸类、酚类、黄酮类等物质，其中黄酮类物质牡荆素具有治疗心脏疾病和抑菌作用（唐栩 2003；陈封政等 2006，2008；董六一等 2011；李书华等 2013），而 3,4,6-三羟基-1-环己烯羧酸则具有一定的抗菌作用（成英等 2011；Li et al. 2013）。随着 RAPD 等技术被广泛应用于分析植物种群的遗传结构，李媛等（2010）和 Wang 等（2012）对部分地区桫椤种群的遗传多样性进行了分析，发现云南屏边大围山桫椤种群内存在较高水平的遗传多样性，而各种群间未出现显著的遗传分化，这种高水平的遗传多样性可能是其进化和生活史特征及有性生殖时的基因重组导致的，而低分化水平可能是种群间基因流动频繁的结果。随着空间尺度的增大，遗传多样性主要分布在种群间，种群分化明显，这可能是由于空间隔离和桫椤孢子的脆弱性使得两地种群发生较大的分化，而种内遗传多样性水平极低，则可能是由群体内近亲繁殖水平较高等因素导致的（王艇等 2003；Zhou & Wang 2008）。

第六节　生　态　场

为了更好地解释植物与环境的相互作用，Wu 等（1985）第一次提出了生态场的概念，以一种较为严格的定量模型对生物与环境的相互作用机制与规律进行探究（王德利 1994）。生态场是生物之间相互作用的生态空间，生态势则是其基本特征函数（Wu et al. 1985）。该方法不仅有助于解释植物群落概念的争论（Feagin et al. 2005），同样适用于模拟物种灭绝及猎物-捕食者的相互作用（Nakagiri & Tainaka 2004）。由于生态场能够用于植物个体之间的相互作用描述（Miina & Pukkala 2002），研究通过建立生态场模型，发现植物个体生态势往往与胸径及高度相关（Hokkanen et al. 1995），桫椤表现为个体生态势大小与其个体大小成正比，中型和大型植株个体生态场作用大，彼此间会出现强烈叠加，形成种群生态场，通过其中的种群等势线可直观反映出种群内部的作用强度关系及变化（宋萍等 2009）。个体生态势在场源植物处具有最大值，并随距离的增大而下降，其最大作用范围与衰减速率同样与个体大小相关（宋萍等 2008a），木本植物生态场范围往往大于草本植物（Hokkanen et al. 1995；Miina & Pukkala 2002；王亚秋 2005）。通过生态场可判断场源植物对环境的占有能力及其对周边植物生长的作用及强度，而这种作用既可能有利于周围植物的生长，如锡盟沙地榆（*Ulmus pumila* var. *sabulosa*）树林通过形成草原沃岛改善周围植物环境（刘建等 2003），也可能产生不利影响，如羊草生态场内，距场源植物越近抑制效果越明显（王德利 1994）。

第七节　保护生物学

蕨类植物的繁育一直是人们关注的问题，其保护越来越受到重视（Barnicoat et al. 2011；Galán & Prada 2011），蕨类植物对目前气候的不良适应与其生物学特性有密切关系，如孢子寿命短、孢子萌发与配子体发育均对环境条件有严格要求（程治英等 1990；Hemsley 1991）。张祖荣和张绍彬（2010）在桫椤的栽培试验中指出，通过加强水分及光照管理，自然条件下桫椤孢子繁殖效果最佳。对桫椤孢子萌发及配子体发育的研究发现，低光照环境可诱导小黑桫椤（*Alsophila metteniana*）孢子萌发，这可能和启动与萌发有关的代谢、基因的表达及蛋白质的合成相关（Demaggio & Greene 1980），高温、酸性条件对孢子萌发具有促进作用，高盐浓度的培养基则不适于孢子萌发，配子体生长则同样需要较高的环境温度（杜红红等 2009；王紫娟等 2016）。使用 MS 培养基对黑桫椤（*A. podophylla*）及大叶黑桫椤（原变种）（*A. gigantea* var. *gigantea*）孢子进行无菌培养可顺利获得萌发的孢子（徐艳等 2004；张银丽等 2007），但孢子的进一步发育可能还需要额外的生长调节剂进行诱导（蒋胜军等 2002）。土壤种子库（孢子库）是种群更新与扩展的基础，也可反映种群未来的结构与动态变化（Pugnaire & Lázaro 2000；Caballero et al. 2003）。然而蕨类植物土壤孢子库无法在湿润环境下长期存活，因而在物种保护方面无法起到重要作用（Gupta et al. 2014）。Morini（2000）、Pence（2000）、Mikuła 等（2011，2015）在研究中指出，离体培养时，低温保存的配子体库及不同温度下孢子库的储存等可作为非原生境保护的重要方法。Agrawal 等（1993）报道了桫椤孢子在超低温保存后仍具有较高的萌发率，说明液氮超低温保存桫椤孢子具有可行性，随后徐艳等（2006）发现使用液氮超低温长期保存的孢子萌发率仍具有较高的相对保持率。而短期储存时，4℃保存更有利于孢子保持活力（Li et al. 2010；Martínez et al. 2014）。栽培试验显示，较高的温度及空气相对湿度有利于孢子萌发（王俊浩等 1996）。1985 年，毕世荣等（1985）首先通过诱导桫椤愈伤组织成功培养出桫椤幼苗，随后程治英等（1991）通过不定芽诱导孢子繁殖的方式得到了桫椤幼苗，此外还发现使用赤霉素处理孢子可有效打破休眠。

第八节　总结与展望

通过对我国桫椤种群及群落进行调查，发现其一般生长在水热条件良好、年降水量充沛，相对湿度较高、土壤深厚、人为破坏较小的低纬度地区，普遍为增长型和稳定型种群，由于环境差异的影响有时会出现下降型群落。桫椤种群的分布格局主要为集群分布，但在不同的群落环境作用下也会出现不同的格局类型。桫椤群落结构复杂，垂直结构明显，物种组成十分丰富，以高位芽植物为主，但群落内裸子植物种类极少或缺失。桫椤群落内各物种利用资源的相似程度较高，普遍存在种间竞争，但强度较低，而桫椤生态位宽度较大，对资源利用程度较高，其生长并未受到显著的负面影响。通过 RAPD 等技术对各地桫椤种群遗传多样性进行分析，发现小尺度范围的分析结果表现出桫椤种群内部遗传多样性较高，但两种群间的遗传分化不明显，大尺度范围下的分析结果则相反，由于地理阻隔、自身生物学特性和“奠基者效应”等因素，其种群间分化明显，种群内遗传多样性水平却极低。桫椤孢子体发育较慢，孢子萌发需要一定的光照和温度条件，用于培育的 MS 培养基盐浓度不宜过高。引种栽培时，对栽培基质进行消毒，并在培育期间严格管理温度、光照、水分等条件，幼苗即可正常生长发育。

综上，虽然目前已对桫椤资源分布和群落结构及组成开展了较为详细的研究，但桫椤濒危机制的研究仍然还很薄弱，将来的研究应采用现代分子生物学技术手段并结合复合种群理论，从种群遗传多样性方面研究局域种群动态及其过程，探索桫椤种群的濒危机制；此外，通过生态因子与桫椤之间的相互作用，研究生境条件对桫椤生长发育的影响并探索其生态过程及种群适应性调控对策，开展桫椤孢子繁育的繁殖机制研究与探索；在种群生态保护方面应研究迁地保护和就地保护的理论与技术，为桫椤种群的自然保护及繁育提供支撑。

撰稿人：韩　勖，何跃军，徐鑫洋，方正圆

主要参考文献

敖光辉. 1997. 四川省荣县金花乡桫椤自然保护区植被区系组成分析. 四川师范大学学报(自然科学版), 20(2): 84-90.

敖光辉. 2005. 四川省荣县桫椤自然保护区桫椤群落研究. 四川大学学报(自然科学版), 42(3): 592-598.

毕世荣, 苏成端, 徐正兰, 等. 1985. 桫椤组织培养的研究. 植物生理学通讯, (1): 38.

陈封政, 李书华, 向清祥. 2006. 濒危植物桫椤不同部位化学组分的比较研究. 安徽农业科学, 36(1): 45-56.

陈封政, 向清祥, 李书华. 2008. 孑遗植物桫椤叶化学成分的研究. 西北植物学报, 28(6): 1246-1249.

成晓霞. 2017. 赤水桫椤国家级自然保护区桫椤群落对毛竹干扰的生态响应. 重庆: 西南大学硕士研究生学位论文.

成英, 陈封政, 何兴金. 2011. 桫椤茎杆中化合物成分研究. 安徽农业科学, 39(30): 18672-18674.

程治英, 陶国达, 许再富. 1990. 桫椤濒危原因的探讨. 云南植物研究, 12(2): 186-190.

程治英, 张风雷, 兰芹英, 等. 1991. 桫椤的快速繁殖与种质保存技术的研究. 云南植物研究, 13(2):

181-188.
代正福, 周正邦. 2000. 中国野生桫椤科植物种类及其生境类型. 贵州农业科学, 28(6): 47-49.
邓华格, 温志滔, 缪绅裕, 等. 2010. 广东罗浮山黑桫椤种群及所在群落的基本特征研究. 安徽农业科学, 38(4): 1917-1919, 2031.
董六一, 邵旭, 江勤, 等. 2011. 牡荆素对大鼠实验性心肌缺血损伤的保护作用及其机制. 中草药, 42(7): 1378-1383.
杜红红, 李杨, 李东, 等. 2009. 光照、温度和 pH 值对小黑桫椤孢子萌发及早期配子体发育的影响. 生物多样性, 17(2): 182-187.
杜凌, 丁波, 徐德静, 等. 2018. 桫椤对光照和 CO_2 的响应曲线及其模型拟合研究. 广东农业科学, 45(7): 56-61.
郝云庆, 江洪, 余树全, 等. 2009. 桫椤植物群落区系进化保守性. 生态学报, 29(8): 4102-4111.
何跃军, 刘济明, 钟章成, 等. 2004. 桫椤群落的种内种间竞争研究. 西南农业大学学报(自然科学版), 26(5): 589-593.
何跃军, 徐德静, 吴长榜, 等. 2013. 丹霞地貌桫椤群落结构特征及其多样性的垂直变化. 贵州农业科学, 41(3): 119-125.
黄茹, 齐代华, 陶建平, 等. 2009. 竹类入侵干扰对桫椤种群空间分布格局的影响. 四川师范大学学报(自然科学版), 32(1): 106-111.
蒋胜军, 曾霞, 王胜培, 等. 2002. 海南白桫椤孢子组织培养的研究. 热带农业科学, 22(6): 9-12.
鞠文彬, 高信芬, 包维楷. 2014. 画稿溪国家级自然保护区珍稀植物桫椤种群结构与更新. 植物科学学报, 32(2): 113-121.
李丘霖, 宗秀虹, 邓洪平, 等. 2017. 赤水桫椤群落乔木层优势物种生态位与种间联结性研究. 西北植物学报, 37(7): 1422-1428.
李书华, 赵琦, 成英, 等. 2013. 桫椤茎中牡荆素的抑菌活性. 食品研究与开发, 34(7): 4-6.
李媛, 侯可雷, 应站明, 等. 2010. 孑遗植物中华桫椤 2 个群体遗传多样性的 ISSR 分析. 基因组学与应用生物学, 29(4): 679-684.
梁士楚. 1992. 黔灵山云贵鹅耳枥种群结构和动态初探. 贵州科学, 16(2): 23-32.
刘后鑫. 2016. 桫椤科植物叶形态结构特征及其分类学意义. 临汾: 山西师范大学硕士研究生学位论文.
刘建, 朱选伟, 于飞海, 等. 2003. 浑善达克沙地榆树疏林生态系统的空间异质性. 环境科学, 24(4): 29-34.
龙文兴, 杨小波, 吴庆书, 等. 2008. 五指山热带雨林黑桫椤种群及其所在群落特征. 生物多样性, 16(1): 83-90.
石胜友, 郭启高, 成明昊, 等. 2005. 涪陵磨盘沟自然保护区桫椤种群分布格局的分形特征. 生态学杂志, 24(5): 581-584.
尚进, 李旭光. 2003. 重庆涪陵磨盘沟桫椤群落特征的初步研究. 西南师范大学学报(自然科学版), 28(2): 294-297.
宋培勇, 李林, 肖仲久, 等. 2013. 4 株桫椤内生细菌的分离鉴定及系统发育分析. 应用与环境生物学报, 19(3): 528-531.
宋萍, 洪伟, 吴承祯, 等. 2008a. 濒危植物桫椤种群生态场研究. 应用与环境生物学报, 14(4): 475-480.
宋萍, 洪伟, 吴承祯, 等. 2008b. 珍稀濒危植物桫椤种群生命过程及谱分析. 应用生态学报, 19(12): 2577-2582.
宋萍, 洪伟, 吴承祯, 等. 2009. 濒危植物桫椤种群格局的分形特征. 山地学报, 27(2): 195-202.
唐栩. 2003. 黄酮类化合物 DO1 抗肿瘤的药理作用研究. 广州: 中山大学硕士研究生学位论文.
屠玉麟. 1990. 贵州桫椤群落的初步研究. 植物生态学与地植物学学报, 14(2): 165-171.
王德利. 1994. 植物生态场导论. 长春: 吉林科学技术出版社.
王俊浩, 黄玉佳, 石国良. 1996. 鼎湖山桫椤的繁殖栽培. 广西植物, 16(3): 283-286.
王密, 屠玉麟, 何谋军. 2005. 赤水桫椤自然保护区植物和植被多样性现状及特点分析. 贵州师范大学学报(自然科学版), 23(1): 19-22.
王艇, 苏应娟, 李雪雁, 等. 2003. 孑遗植物桫椤种群遗传变异的 RAPD 分析. 生态学报, 23(6): 1200-1205.
王亚秋. 2005. 榆树个体生态场行为的研究. 长春: 东北师范大学硕士研究生学位论文.
王紫娟, 张武, 蔡菲菲. 2016. 不同培养基培养对白桫椤孢子萌发及其配子体生长发育的影响. 云南农业大学学报(自然科学版), 31(5): 839-843.
徐德静, 郭能彬, 王鹏鹏, 等. 2014. 习水自然保护区桫椤种群结构与分布格局研究. 西南大学学报(自然科学版), 36(11): 93-98.
徐锦海, 许冬焱. 2008. 肇庆九龙湖水源涵养林黑桫椤群落特征的研究. 安徽农业科学, 36(17): 7434-7436.
徐艳, 刘燕, 石雷. 2006. 大叶黑桫椤孢子超低温保存. 植物生理学通讯, 42(1): 55-57.
徐艳, 石雷, 刘燕, 等. 2004. 大叶黑桫椤孢子的无菌培养. 植物生理学通讯, 40(1): 72.
张光飞, 苏文华. 2005. 云南桫椤科植物的分类和地理分布. 南京林业大学学报(自然科学版), 29(1): 59-63.
张家贤, 周伟. 1992. 桫椤物候研究. 生态学杂志, 11(3): 64-66.
张思玉, 郑世群. 2001. 永定桫椤群落的结构特征. 植物资源与环境学报, 10(3): 30-34.
张银丽, 李杨, 季梦成, 等. 2007. 黑桫椤孢子的无菌栽培. 植物生理学通讯, 43(6): 1139-1140.
张祖荣, 张绍彬. 2010. 桫椤与荷叶铁线蕨的孢子繁殖技术研究. 安徽农业科学, 38(19): 10007-10009, 10056.
赵瑞白, 杨小波, 李东海, 等. 2018. 海南岛桫椤科植物地理分布和分布特征研究. 林业资源管理, (2): 65-73, 97.
周崇军. 2005. 赤水桫椤保护区桫椤种群特征. 贵州师范大学学报(自然科学版), 23(2): 10-14.
宗秀虹. 2017. 赤水桫椤国家级自然保护区桫椤 *Alsophila spinulosa* (Wall. ex Hook.) R. M. Tryon 群落特征及种群动态研究. 重庆: 西南大学硕士研究生学位论文.
宗秀虹, 张华雨, 王鑫, 等. 2016. 赤水桫椤国家级自然保护区桫椤群落特征及物种多样性研究. 西北植物学报, 36(6): 1225-1232.
Agrawal D C, Pawar S S, Mascarenhas A F. 1993. Cryopreservation of spores of *Cyathea spinulosa* Wall. ex. Hook. f. — An endangered tree fern. Journal of Plant Physiology, 142(1): 124-126.
Barnicoat H, Cripps R, Kendon J, et al. 2011. Conservation *in vitro* of rare and threatened ferns: case studies of biodiversity hotspot and island species. In Vitro Cellular & Developmental Biology - Plant, 47(1): 37-45.
Caballero I, Olano J M, Loidi J, et al. 2003. Seed bank structure along a semi-arid gypsum gradient in Central Spain. Journal of Arid Environments, 55(2): 287-299.
Demaggio A E, Greene C. 1980. Biochemistry of fern spore germination: glyoxylate and glycolate cycle activity in *Onoclea sensibilis* L. Plant Physiology, 66(5): 922-924.
Feagin R A, Wu X B, Smeins F E, et al. 2005. Individual versus community level processes and pattern formation in a model of sand dune plant succession. Ecological Modelling, 183(4): 435-449.
Galán J M G Y, Prada C. 2011. Pteridophyte spores viability. *In*: Kumar A, Fernández H, Revilla M A. Working with Ferns. New York: Springer Science + Business Media: 193-205.
Gupta S, Hore M, Biswas S. 2014. An overview of the study of soil spore bank of ferns: need for suitable exploitation in India. Proceedings of the National Academy of Sciences India Section B: Biological Sciences, 84(3): 779-798.
Hemsley A R. 1991. Spores of the pteridophyta. *In*: Tryon A F, Lugardon B. Surface, Wall Structure, and Diversity Based on Electron Microscope Studies. Berlin: Springer: 648.
Hokkanen T J, Järvinen E, Kuuluvainen T. 1995. Properties of top soil and the relationship between soil and trees in a boreal Scots pine stand. Silva Fennica, 29(3): 5556.
Huang Y M, Chiou W L, Lee P H. 2001. Morphology of the gametophytes and young sporophytes of Cyatheaceae native to Taiwan. Taiwania, 46(3): 274-283.

Jiang B, Tang L J, Huang J H. 2016. Study on the inorganic components elements in rare and endangered plant *Alsophila spinulosa*. Spectroscopy and Spectral Analysis, 36(5): 1468-1472.

Li S H, Wu S L, Liu F. 2013. A new organic acid derived from the stem of *Alsophila spinulosa* (Hook.)Tryo. Asian Journal of Chemistry, 25(4): 2317-2318.

Li Y, Zhang Y L, Jiang C D, et al. 2010. Effect of storage temperature on spore viability and early gametophyte development of three vulnerable species of *Alsophila* (Cyatheaceae). Australian Journal of Botany, 58(2): 89-96.

Martínez O G, Tanco M E, Prada C, et al. 2014. Gametophytic phase of *Alsophila odonelliana* (Cyatheaceae). Nordic Journal of Botany, 32(1): 92-97.

Miina J, Pukkala T. 2002. Application of ecological field theory in distance-dependent growth modelling. Forest Ecology and Management, 161(1): 101-107.

Mikuła A, Makowski D, Walters C, et al. 2011. Exploration of cryo-methods to preserve tree and herbaceous fern gametophytes. *In*: Kumar A, Fernández H, Revilla M A. Working with Ferns. New York: Springer Science + Business Media: 78-84.

Mikuła A, Tomiczak K, Makowski D, et al. 2015. The effect of moisture content and temperature on spore aging in *Osmunda regalis*. Acta Physiologiae Plantarum, 37(11): 229.

Morini S. 2000. *In vitro* culture of *Osmunda regalis* fern. Journal of Horticultural Science, 75(1): 31-34.

Nakagiri N, Tainaka K I. 2004. Indirect effects of habitat destruction in model ecosystems. Ecological Modelling, 174(1): 103-114.

Pence V C. 2000. Survival of chlorophyllous and nochlorophyllous fern spores through exposure to liquid nitrogen. American Fern Journal, 90(4): 119-126.

Ponce R A, Senespleda E L, Palomares O S. 2010. A novel application of the ecological field theory to the definition of physiographic and climatic potential areas of forest species. European Journal of Forest Research, 129(1): 119-131.

Pugnaire F I, Lázaro R. 2000. Seed bank and understorey species composition in a semi-arid environment: the effect of shrub age and rainfall. Annals of Botany, 86(4): 807-813.

Tryon R. 1970. The classification of the Cyatheaceae. Contributions from the Gray Herbarium of Harvard University, 200(200): 3-53.

Tryon R M, Tryon A F. 1982. Ferns and Allied Plants: with Special Reference to Tropical America. New York: Springer-Verlag.

Wang T, Su Y, Yuan L. 2012. Population genetic variation in the tree fern *Alsophila spinulosa* (Cyatheaceae): effects of reproductive strategy. PLoS One, 7(7): e41780.

Wang Z J, Guan K Y. 2011. Genetic structure and phylogeography of a relict tree fern, *Sphaeropteris brunoniana* (Cyatheaceae) from China and Laos inferred from cpDNA sequence variations: implications for conservation. Journal of Systematics and Evolution, 49(1): 72-79.

Wu H I, Sharpe P J H, Walker J, et al. 1985. Ecological field theory: a spatial analysis of resource interference among plants. Ecological Modelling, 29(1-4): 215-243.

Zhang X C. 1998. A taxonomic revision of Plagiogyriaceae (Pteridophyta). Blumea, 43(2): 401-469.

Zhou Y, Wang C T. 2008. Isolation and characterization of microsatellite loci in the tree fern *Alsophila spinulosa*. American Fern Journal, 98(1): 42-45.

第十二章　东北红豆杉种群与保护生物学研究进展

第一节　引　　言

东北红豆杉（*Taxus cuspidata*），又名赤柏松、紫杉、朱树，为红豆杉科红豆杉属的一种常绿乔木或小灌木，树皮红褐色或灰红褐色，已被中国列为“国家一级重点保护野生植物”。东北红豆杉常生于湿润肥沃的河岸、谷地、漫岗，成群或散生于针阔混交林内。由于地质构造和地势地形的变化，其在特殊的环境中得以保留，形成明显的地理种群隔离，该种分布区狭窄，种群面积一般较小。

《本草纲目》中记载，红豆杉入药可利尿、通经，对肾病、肠胃病、糖尿病有独特疗效。世界许多国家的医学专家研究表明，紫杉醇对食管癌、肺癌、卵巢癌、结肠癌及急性白血病有特殊的防治效果，特别是对晚期卵巢癌和转移性乳腺癌的治愈率达33%，总有效率在75%以上。中国主要有4种红豆杉，分别是东北红豆杉、云南红豆杉（*T. yunnanensis*）、西藏红豆杉（*T. wallichiana*）和南方红豆杉（*T. wallichiana* var. *mairei*）。隋广文等（2010）发现其中东北红豆杉紫杉醇含量最高，因此药效也最好。《中药大辞典》中专门记载红豆杉中所含的生物碱，具有利尿通经、降血压、杀虫止痒的作用，对肾病、糖尿病、风湿病、月经不调和白血病等均有良好的疗效（严仲铠和李万林 1996）。东北红豆杉茎、枝、叶、根含紫杉醇、紫杉碱、双萜类化合物，其价格是黄金的几十倍，素有“植物黄金”之称，具有抗癌功能，并有抑制糖尿病及治疗心脏病的功效。据资料介绍，全世界的紫杉醇年需求量至少为1920～4800kg，目前全世界的紫杉醇仅有250kg，供求关系严重失衡。生产1kg紫杉醇，需要30t红豆杉枝叶，目前，全世界的野生红豆杉仅有1000万株左右（乔艺和郑春雨 2008），红豆杉的资源严重缺乏。

东北红豆杉的木材也极其珍贵，材质致密芳香，耐蚀性强，为特种工业和上等家具用材。力学性质测试表现：干燥时不翘不裂，可用于雕刻、玩具及美术工艺品等。此外，该树还是良好的室内盆景，果实成熟时极具观赏价值，绿叶可释放氧气。东北红豆杉还可用于园林、庭院绿化及盆景等，可以起到保持水土、涵养水源、净化空气、预防感冒、促进睡眠的作用等（刁云飞 2015）。

东北红豆杉果实成熟后味甜，可直接食用或开发罐头等绿色产品，其果实有驱蛔虫、消积食等药用效果，种子可榨油，叶可制作茶叶，种皮味甜可食用。由于东北红豆杉的诸多功能被发现，其身价倍增，致使野生红豆杉资源匮乏。本章主要从东北红豆杉的物种特征、环境特征、种群生物学、保护生物学四方面阐述东北红豆杉的生活环境和生长规律，最后给出有关东北红豆杉保护生物学方面的保护对策和相关建议。

第二节　物种特征

一、生活史过程

东北红豆杉为裸子植物，雌雄异株，通常在 20～30 年完成性别分化并开始结果。东北红豆杉的花期为每年的 5～6 月，果期为 7～10 月，种子千粒重为 37～45g，产量有大小年之分，每隔 1～2 年会有 1 次较高的产量出现。其胚胎发育过程如下。

（一）雌配子的形成

花芽形成于上一年 7～9 月，随后进入冬眠状态。胚珠直生（图 12-1a），3～4 月初恢复发育，胚珠珠孔张开（图 12-1b），5 月中旬大孢子母细胞形成（图 12-1c），下旬减数分裂形成线性排列的四分体（图 12-1d），6 月中、下旬雌配子体形成，近珠孔端的 3 个退化，近合点端的 1 个大孢子进一步发育，这个大孢子是雌配子体的第一个细胞，经过多次有丝分裂后呈游离核状态（图 12-1e）。此时雌配子体的体积已明显增大，中央为一个大液泡，被薄层细胞质包围（图 12-1f）。

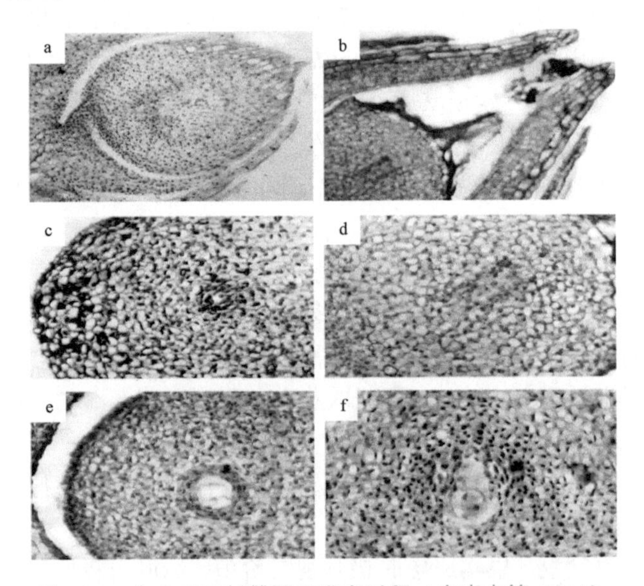

图 12-1　东北红豆杉雌配子发育过程（唐晓杰等 2014）

a. 直生胚珠 100×；b. 胚珠珠孔张开 100×；c. 大孢子母细胞 200×；d. 线性排列的四分体 200×；e. 雌胚子体初期 200×；f. 雌胚子体增大期 200×

（二）雄配子形成

7 月中旬雄球花开始分化，8 月中旬形态可辨，逐渐发育成球形，外被鳞片，翌年 4 月雄球花发育完成。雄球花单生，有一短轴，轴顶端螺旋状排列着 9～14 个小孢子叶，每个小孢子叶背面着生 5～10 个小孢子囊，小孢子母细胞位于小孢子囊内，3 月下旬开始减数分裂；减数分裂期的雄球花膨大、饱满、球形，直径为 2～3mm，仍包被于鳞片中。减数分裂形成四分体，从中散出的小孢子是雄配子体第一个细胞，为单核花粉粒，着色力较强，细胞核位于中央，随着花粉发育，花粉粒中部逐渐形成一个液泡，细胞质呈一薄层环绕花粉壁内侧。当花粉发育成熟时，鳞片褪落，小孢子囊呈米黄色；当气候条件适宜时，小孢子囊开裂，散出花粉。

（三）胚胎发育

东北红豆杉开花传粉时间通常是在 4 月下旬至 5 月上旬。花粉落到珠孔分泌的液滴中，通过珠孔进而落到珠心上。传粉后 10 天花粉在珠心上开始萌发（图 12-2c），并进行一次核分裂，形成一个精子器细胞和一个管细胞。花粉管伸入珠心组织，进一步形成精原细胞、不育细胞和管核。花粉管生长速度很快，自传粉后 25 天开始和雌配子接触，此时的雌配子处于游离核阶段。精原细胞进行有丝分裂，形成 2 个精子。6 月底，当花粉管长到颈卵器上面时，末端破裂，释放出精子。精子进入颈卵器后，向卵核移动。当精子靠近卵核时，卵核迎着精子一侧，表面内陷，并逐渐将精子包围。初期，雌、雄配

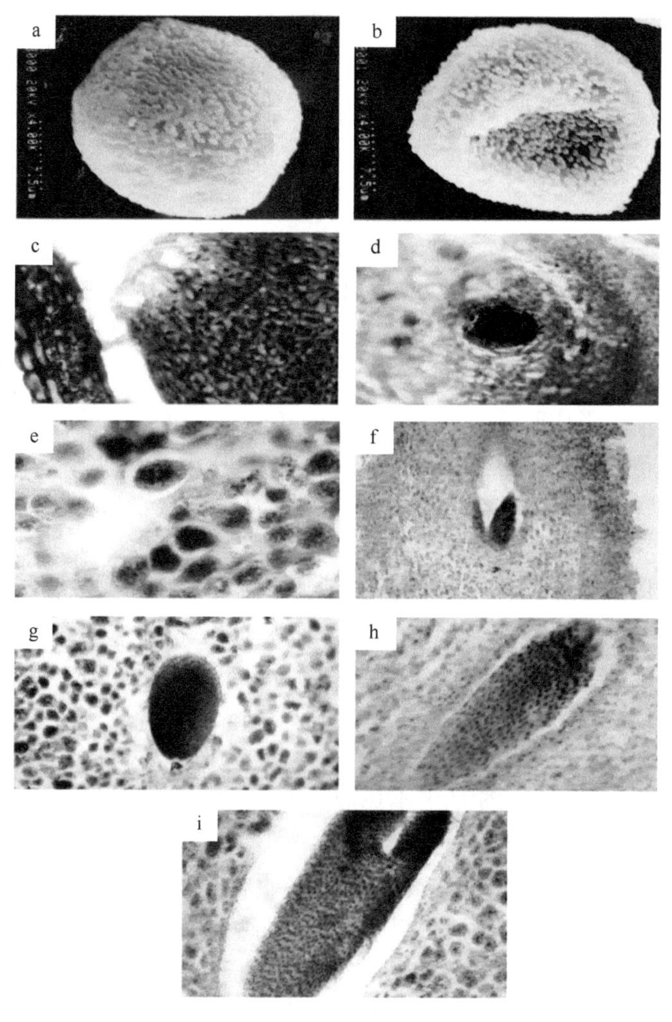

图 12-2　东北红豆杉胚胎发育（唐晓杰等 2014）

a. 成熟花粉粒；b. 花粉粒萌发区；c. 花粉开始萌发 200×；d. 合子形成区 200×；e. 卵形胚 400×；f. 柳叶形胚 100×；g. 鱼雷形胚 200×；h. 棒槌形胚 100×；i. 种子成熟时胚 200×

子均保留核膜，卵核染色质疏松而粗糙。完成融合之后，在合子核周围出现一个致密的新细胞质区域（图 12-2d）。经过多次横裂，初生胚柄细胞形成单列多细胞胚柄，胚柄伸长，原胚进入雌配子体组织中，原胚附近的雌配子体细胞解体，形成雌配子体腔。与此同时，胚细胞开始分裂，后端细胞伸长成管状，形成次生胚柄。初生胚柄和次生胚柄继续延长，原胚进入雌配子体深处。同时，雌配子体逐渐形成胚乳。在原胚进入雌配子体过程中，原胚细胞不断纵向、横向分裂，再经过平周分裂后，发育成球形胚。胚柄逐渐萎缩，直至消失。由于幼胚顶端细胞不断纵向分裂，7 月中旬幼胚发育成卵形胚（图 12-2e）。胚细胞继续分裂，胚体不断增大，7 月下旬发育成柳叶形胚（图 12-2f）。柳叶形胚开始形成根原始细胞和根端，根端两侧细胞分裂，周缘细胞增大，呈弧形排列，状似鱼雷，因而称为鱼雷形胚（图 12-2g）。在弧形下端为根冠区域，该区域大部分细胞进行横向分裂，细胞有规律地纵向排列。8 月中旬，胚体顶端中央部分细胞稍突起，形成苗端。这时，胚发育成棒槌形（图 12-2h）。苗端进一步发育，呈圆锥状突起，将来形成胚芽。胚根与胚芽之间形成胚轴。随后在苗端肩部突起，突出细胞继续分裂、伸长，形成子叶，子叶之间为胚芽。9 月中旬，具有子叶、胚芽、胚轴、胚根等结构完整的胚体已经形成（图 12-2i）（唐晓杰等 2014）。

二、繁殖特征

东北红豆杉雌、雄株茎器官的解剖学结构特征显示其主要由表皮、皮层和维管柱 3 个部分构成，其中，维管柱包含初生韧皮部、初生木质部、维管形成层和髓。茎的表皮、皮层、韧皮部、木质部以及维管形成层在雌、雄株结构组成上较为一致，但东北红豆杉雌株茎中髓的特征表现为由不规则圆形薄壁组织构成，而雄株茎中的髓是中空的。

东北红豆杉种子形成时期一般发生在 7～10 月，花期一般为 5～6 月，果熟期为 10 月（杜连弟 2007）。初期为青色三棱状颗粒，此时种子中的主要成分为水分，随后继续生长变大为青色卵形果实，随着种子继续发育，其含水量减少，种子体积逐渐变小，种皮颜色变深。在种子发育中期，假果皮形成，浅红色肉质包覆种子基部，成熟后变成深红色，体积膨大，将种子包裹于其中。种子成熟时呈卵形，皮紫褐色，外覆上部开口的红色肉质假果皮，成熟时为杯状，富含浆汁，果皮中有大量的果胶和石细胞。种子内部大部分为乳白色富油质的胚乳，胚针状，白色。刚采收的红豆杉种子的胚长度为 1.5～1.9mm（廖云娇 2009）。当完成生理后熟准备萌发时，胚中子叶呈淡绿色（廖云娇等 2010）。

有研究认为东北红豆杉结实的大小年周期为 5～7 年，经过近几年的调查发现，东北红豆杉作为阔叶红松林的伴生树种，其结实大小年的周期性与当地的红松表现出一致性。东北红豆杉假种皮和种子具有较大的质量及直径，成熟后不能借助风力离开母树周围，在野外也观测到东北红豆杉成熟后自然落到母树树冠下，在母树周围 8m 内散乱分布，其中 3m 内聚集大量的种子（刘彤等 2009）。种子自母株脱落时为紫褐色，有光泽，长约 6mm，上部有 3 或 4 条钝纵脊，顶有小凸尖，种脐通常为三角形或近方形（Conifer Specialist Group 2006）。而东北红豆杉花粉在自然温度下，散粉后 2 周即有 50%丧失生活力，因此，其半衰期为 2 周，7 周后全部丧失生活力（程广有等 1998）。

周志强等（2009）对天然东北红豆杉种群繁殖力进行调查研究，结果发现东北红豆杉天然种群中，雌雄比为 1∶2，而且其雌株和雄株的繁殖特点不同。张春雨等（2009）通过树木年轮学方法，发现雄株生长速率显著大于雌株，这可能是种群维持自身长期发展的一种适应。东北红豆杉胸径＜5cm 的开花植株均为雄株；胸径＞10cm 的开花植株中，总体数量上雄株明显高于雌株，几乎为雌株的 2 倍，其中胸径为 20～30cm 的开花植株中，雌株数量略高于雄株（图 12-3）。*t* 检验表明，差异极显著，说明不同径级雌、雄植株的比例显著偏离 1∶1。对比调查东北红豆杉雌雄株的胸径发现，雄株最早在胸径为 1.5cm 进入花期，雌株在胸径为 9.5cm 时进入花期；开花雄株的最大胸径为 92cm，雌株的最大胸径为 68.1cm。依据上述数据分析，雄株进入花期早于雌株 20 年左右，最大繁殖年龄则可能高于雌株 1300 年左右。相对于雌株而言，东北红豆杉雄株繁殖生长开始较早，持续时间更长（周志强等 2009）。随着天然东北红豆杉胸径、冠幅、高度的增加，大、小孢子叶球产量及结实量将呈增长趋势。实际上，多数木本植物胸径、冠幅、高度三者在一定程度上都存在相关性，这 3 个指标均是对林木的生存力和竞争力集中而直接的反映；而具有较大生存能力和竞争力的个体，这 3 个指标也必然较优，其繁殖能力也会处于一个较高的水平。东北红豆杉大孢子叶球和结实的平均数量随胸径的增加呈增长趋势，小孢子叶球的平均数量在胸径为 60cm 时达到峰值，此后呈下降趋势，结实率则是在胸径为 10～40cm 时最高。

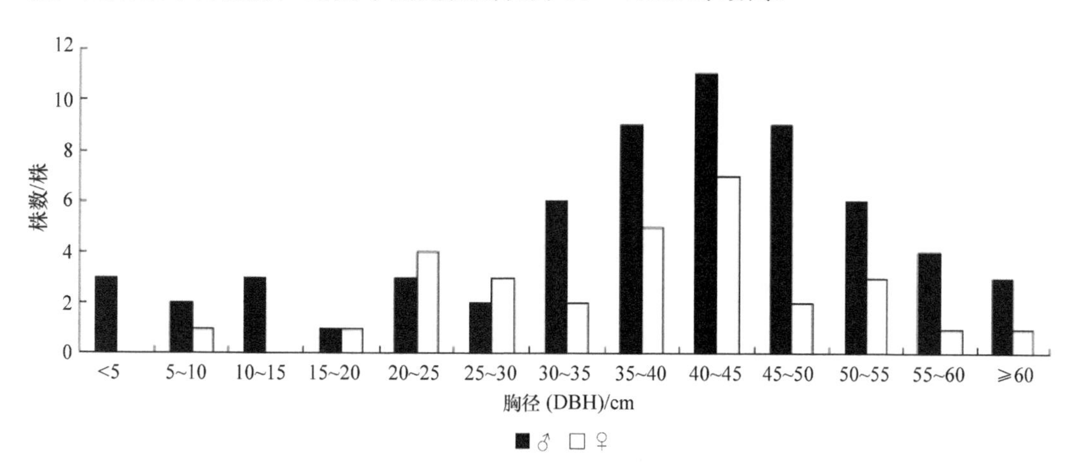

图 12-3　东北红豆杉开花雌、雄株胸径分布（周志强等 2009）
胸径范围有重叠的，重叠的数据被包括在前一数据范围中，下一数据范围的起始数据为大于该数。余同

三、形态特征

东北红豆杉一年生枝条平滑无毛，呈浓绿色；二年生、三年生枝条呈红褐色或黄褐色；冬季生的芽淡黄褐色，芽鳞先端渐尖，背面有纵脊（袁丽娜 2011）。成年东北红豆杉树皮呈红褐色，有浅裂纹，枝条平展或斜上直立，小枝基部有宿存芽鳞，树冠倒卵形或广卵形或三角状卵圆形，枝条密生。叶排列不规则、微呈镰形，线形叶，半直或稍弯曲，长 1.5～2.5cm，宽 2.5mm，表面深绿色，有光泽。雌雄异株，球花生于前年枝的叶腋，雄球花具雄蕊 9～14，雌球花具一胚珠，胚珠卵形，淡红色，直生。种子卵形，成

熟时紫褐色，有光泽，长约 6mm，直径 5mm。外覆上部开口的假种皮，成熟时倒卵圆形，呈杯状，浓红色，富含浆汁，可食用（柏广新和吴榜华 2002）。

四、生理特征

东北红豆杉抗寒性强，能耐–45℃低温。适宜生长在气候冷湿，土壤疏松、肥沃，排水良好的地方，忌积水地和沼泽地，土壤含水量为 40%～60%，酸性坡地上生长最佳。其材质优良，纹理通直，结构致密，富弹性，力学强度高，具光泽，有香气，耐腐朽，易刨削，不易开裂反翘，不含松脂，边材狭、黄白色，心材紫赤褐色，着色涂漆胶接性能优越，适用于乐器、雕刻、高级家具美工装饰等。东北红豆杉同时也是耐旱能力较强的树种。水分胁迫导致其叶绿素含量逐渐减少，但降幅不大，显示出东北红豆杉具有较强的抗旱性。野外调查结果表明，天然东北红豆杉极少受到病虫害侵染，说明其具有一定的抗病虫能力（谷岱霏等 2014）。

东北红豆杉的连年生长量波动很大，在 15～30 年内生长较快。实际调查可知，在中等立地条件下，东北红豆杉生长到 160 年时达到自然成熟（平均直径 25cm），树高停止生长，直径生长变得缓慢，树冠扁平，枝条稀疏，树木枯梢空心，个别树木发生折断和倾倒现象（吴榜华等 1996）。

五、生化特征

东北红豆杉的根、叶、皮均可提取紫杉醇。紫杉醇是一种三环二萜类有机化合物，是近年来从植物天然产物中提取出的最有效的抗癌药物之一，在国际市场上备受青睐。张鸿和杨明惠（2000）对包括东北红豆杉在内的 3 种国产红豆杉各部位的紫杉醇含量进行了分析，结果表明东北红豆杉中紫杉醇含量高，植物各部位分布规律按紫杉醇含量由高到低排列为皮、木、嫩枝、叶。

东北红豆杉种子休眠主要受到种皮约束、营养物质积累及内源激素水平等因素影响。经过研究发现（胡俊杰等 2016），东北红豆杉的种子中确实含有抑制种子萌发的物质，而且其中种胚虽小，但所含有的抑制萌发物质活性最强。东北红豆杉种子主要以粗脂肪的形式贮藏养分，而提高脂肪酶活性所需温度较低，所以东北红豆杉种子需要长时间的低温处理才能萌发，这是自然条件下东北红豆杉种子需要经历两个冬季才能萌发的主要原因（张公伟 2017）。种子中含有大量脱落酸（ABA）也是东北红豆杉种子休眠的一个重要原因，特别是种皮中 ABA 含量特别高，当干种子吸水膨胀时，种皮中的 ABA 会被动地向胚中扩散，使胚中 ABA 含量增加，从而抑制了种子萌发。

植物在生长过程中雄株比雌株的生长速率快，而固有的生长速率决定了防御水平，与生长快的植株相比，生长慢的植株趋向于把更多的资源用于防御，造成雌、雄株对防御蛋白的分配不同。不同性别的植株在繁殖和生长方面的营养需求及产出不同，通常雌株比雄株具有更高的繁殖成本，导致其在生理上的差异。这不仅表现在生物量的不同，还表现在植物体内的资源分配模式的不同（尹春英和李春阳 2007），有可能是不同性别的东北红豆杉倾向于利用不同的蛋白酶抑制剂形成组成抗性的原因。将同时期东北红豆杉防御蛋白活性最低均值和落叶松（*Larix gmelinii*）防御蛋白活性最高均值进行比较发现，东北红豆杉显著高于落叶松，从生理生化角度说明了东北红豆杉具有更强的组成抗性，这也可能是东北红豆杉很少遭受昆虫侵袭的原因之一（张睿彬等 2015）。东北红豆杉中除防御蛋白外，还存在其他重要的次生防御物质以抵抗病虫害侵袭。胡晓等（2011）研究表明，紫杉醇和三尖杉宁碱都具有对舞毒蛾幼虫的拒食活性。常醉等（2012）研究表明，7 月东北红豆杉防御蛋白和两种紫杉烷类物质的含量均高于 5 月和 9 月，有利于抵抗病虫害的侵袭，这也从生理生化角度解释了东北红豆杉很少遭受昆虫侵袭的原因。7 月东北红豆杉针叶内过氧化氢酶（CAT）、胰凝乳蛋白酶抑制剂（CI）的活性雌株显著高于雄株，多酚氧化酶（PPO）的活性雄株显著高于雌株；雌、雄株侧重利用不同的防御蛋白发挥防御功能，说明东北红豆杉雌、雄株应对病虫害可能采取不同的防御策略（谷岱霏等 2014）。

六、物候

柏广新和吴榜华（2002）认为东北红豆杉的最佳物候期为 5 月末至 6 月末，而且地径生长出现两次高峰期，将东北红豆杉的物候周期粗略分为生长期和休眠期。生长期包括营养生长和繁殖生长。营养生长期是指从叶芽的萌发到营养器官生长的停止。繁殖生长期是指从花芽的萌发到开花、结果（种子）、果实和种子成熟。休眠期是指从生长的结束到明年春天冬芽的萌发。东北红豆杉的休眠期是从 9 月中旬到翌年 3 月底。营养生长期是从 3 月下旬到 9 月中旬。然而，繁殖生长期是到 9 月下旬。观测结果表明，繁殖生长期要比营养生长期长。春季树木物候与温度密切相关，物候的节律经常是温度节律的反映，每一个物候期的开始需要一定的积温。

七、地理起源、区系与分布

东北红豆杉由于花粉无气囊而传播距离短，基本上断绝了与其他近缘种的基因交流，造成了明显的地理隔离。东北红豆杉在各区的适宜生境，或为沟谷湿地，或为近海亚高山地带的冷湿气候区，难以确定主分布区，表现出明显的分布间断性和分散性特征。

早在 1983 年吴榜华教授等就对东北红豆杉的生物学特性进行了研究，发现东北红豆杉生长缓慢，但其寿命可达 200 多年（柏广新和吴榜华 2002）。生长过程中可适应较大的光照范围，在幼树时期却喜荫庇，忌强光，直至 7～8 年后喜光，可抵御一定的强光胁迫。东北红豆杉的生存范围多在温带，其种群天然分布区内的热月气温为 18.2～19.7℃，冷月气温为−18.8～−17.8℃，活动积温为 1923～2149℃，在此气温范围下生长。东北红豆杉在相对湿度为 70%时生长良好，体现其对环境湿度的敏感（吴榜华 1983；周以良等 1986；吴榜华等 1993b）。

东北红豆杉属于长白山区系植物，具有华北区系植物特点，适宜在东北地区，以及北京、天津、河北、山西、山东、浙江、江苏、上海等地区种植。海拔 700～800m 是种群的最适生长范围；分布在阴坡的种群数量明显高于阳坡；山地的中部和上部更适合东北红豆杉生长；东北红豆杉种群多数分布在坡度 15°以下的山地，随着坡度的增加，种群数量明显减少；随着胸径的增大，东北红豆杉种群所受到的竞争压力逐渐减小，胸径在 20cm 以前受到的竞争压力最大，海拔、坡位和坡度是限制东北红豆杉生存群落分布的主要生态因子。

第三节 环 境 特 征

一、土壤特征

东北红豆杉适生于半阴坡林冠下偏酸（pH 4.5～6）的土壤环境。研究表明（徐博超等 2012），长期干旱条件会使东北红豆杉幼苗的叶绿素发生降解，所以东北红豆杉适宜生长在湿润土壤水分条件下。干旱会降低东北红豆杉幼苗叶片叶肉细胞利用 CO_2 的能力，使叶片利用光能效率降低，进而限制了能量的转换和有机物的积累。根据东北红豆杉幼苗在不同土壤水分条件下的光合和生理特性，土壤含水量分别为（80±5）%和（50±5）%的土壤水分条件对东北红豆杉幼苗的影响不大。

二、气候特征

东北红豆杉的自然地理分布范围为 32°N～53°N，123°E～155°E，垂直分布于海拔 250～1200m，该地属于温带大陆性季风气候，雨热同季。柏广新和吴榜华（2002）曾在《中国东北红豆杉研究》一书中提到有学者进行过东北红豆杉径向生长与气候要素关系研究，并得出 2 月、3 月平均气温和 5 月、6 月降水量对树木径向生长有正效应，但对其他气候要素并没有进行相关分析。

温度是影响东北红豆杉径向生长的主要气候因子，尤其冬春季节的最低温度与平均温度是影响东北红豆杉径向生长的主要因子。研究分析表明（周志强等 2010），生长季前期的低温是限制其径向生长的主要因素，生长季前期温度低可能导致休眠芽的损害，不利于生长季节光合物质的积累。生长季前期温度较高，可能有利于延长生长季节从而有利于径向生长。前一年 9 月和当年 6 月降水与树木年轮年表显著正相关，即生长季及生长季后期的干旱可能是生长的限制因素，这与高温的分析结果相吻合。

三、群落特征

群落类型主要为温带针阔混交林。地带性植被以松科为主，包括红松（*Pinus koraiensis*）、臭冷杉（*Abies nephrolepis*）、杉松（*Abies holophylla*）和鱼鳞云杉（*Picea jezoensis*），槭树科的花楷槭（*Acer ukurunduense*）、髭脉槭（*Acer barbinerve*）和青楷槭（*Acer tegmentosum*），椴树科的紫椴（*Tilia amurensis*），桦木科的硕桦（*Betula costata*）、千金榆（*Carpinus cordata*），蔷薇科的斑叶稠李（*Prunus maackii*）、稠李（原变种）（*Prunus padus* var. *padus*）、地榆（*Sanguisorba officinalis*）、花楸树（*Sorbus pohuashanensis*）、水榆花楸（*Sorbus alnifolia*）、秋子梨（*Pyrus ussuriensis*）、山荆子（*Malus baccata*）、山刺玫（*Rosa davurica*）、土庄绣线菊（*Spiraea pubescens*）、牛叠肚（*Rubus crataegifolius*）

和珍珠梅（*Sorbaria sorbifolia*）。含有物种最多的科为槭树科，包括东北槭（*Acer mandshuricum*）、茶条槭（*Acer tataricum* subsp. *ginnala*）、花楷槭、青楷槭、三花槭（*Acer triflorum*）、三角槭（*Acer buergerianum*）、五角槭（*Acer pictum* subsp. *mono*）、髭脉槭和紫花槭（*Acer pseudosieboldianum*）和松科。属数占优势的有蔷薇科、毛茛科、百合科、虎耳草科和伞形科（周志强等 2004）。

第四节　种群生态学

一、种群遗传结构

自 20 世纪 70 年代从短叶红豆杉（*Taxus brevifolia*）树皮中提取紫杉醇以来，该属植物备受人们重视，但这也给红豆杉属野生资源带来了毁灭性的破坏，使其处于濒危状态。为保护红豆杉属自然资源免于灭绝，许多国家已明令禁止采伐，红豆杉属植物及其制品的国际贸易受到严格控制。为实现红豆杉属植物的有效保护和利用，各国皆加强了遗传多样性等研究，以制定科学的遗传保育策略。

Lewandowski 等（1995）利用 18 个同工酶位点研究发现波兰地区欧洲红豆杉（*Taxus baccata*）种群具有较高的遗传多样性，可提供具有较高利用和保护价值的优良种质。Senneville 等（2001）利用等位酶研究表明，加拿大魁北克地区 6 个加拿大红豆杉（*Taxus canadensis*）天然种群的遗传多样性很低，种群遗传分化水平很高，认为是由于种子传播方式使其迁徙扩张受到限制。Shah 等（2008）利用 RAPD 分子标记研究发现巴基斯坦地区密叶红豆杉（*T. fuana*）的遗传多样性很低，并因其生境严重的片断化及缺乏有效的基因流而导致种群间产生巨大的遗传分化。

周其兴（1998）研究我国红豆杉之间的亲缘关系发现：聚类分析结果显示东北红豆杉与红豆杉和南方红豆杉的亲缘关系最近，并且在种群水平上遗传一致度较高。程广有（1999）对东北红豆杉天然群体遗传多样性进行研究，建议加强黑龙江穆棱群体与其他群体间的基因交流。Li 等（2006）利用 RAPD 分子标记研究证实了东北红豆杉一个栽培变种矮紫杉（*Taxus cuspidata* ‘Nana’）存在很高的遗传多样性。

二、种群动态

东北红豆杉耐阴，密林下亦能生长，多年生，难成林，多见于以红松、白桦（*Betula platyphylla*）、紫椴和山杨（*Populus davidiana*）等为主的针阔混交林内。周志强等（2007）通过研究海拔、坡度、坡向、坡位等生态因子对东北红豆杉种间竞争强度或主要竞争物种排序的影响，得到东北红豆杉在阴坡受到的种间竞争压力是阳坡的 3.27 倍，主要物种的竞争强度显著高于阳坡，竞争物种的排序发生更迭；随着坡位的提升，东北红豆杉受到的种间竞争压力明显增加，主要竞争种类和强度也发生变化；坡度增加，种间竞争强度增加，主要竞争物种排序发生变化；海拔对种间竞争的影响总体不大，但影响主要竞争物种的竞争强度和排序。

三、种内关系

刘彤等（2007）发现东北红豆杉在胸径小于 20cm 时受到的竞争压力最大，随着胸径的增大，种群所受到的竞争压力逐渐减小。吴榜华等（1993a）研究了东北红豆杉种群的径级结构、高度结构和年龄结构，运用生命表描述了东北红豆杉种群动态的总趋势，判定东北红豆杉种群分布格局的类型属于聚集型，径级结构总趋势与倒“J”形分布较接近，种群的存活曲线介于 Deevey Ⅱ型和Ⅲ型之间。Zu 等（2006）认为老龄东北红豆杉中空、中龄成树被砍伐、小树和幼苗经常被野生动物啃食是东北红豆杉种群呈下降趋势的主要原因。

四、种间关系

李云灵（2008）以黑龙江穆棱东北红豆杉自然保护区天然东北红豆杉种群为研究对象，在野外调查的基础上，采用数量生态学方法，分别从种内与种间竞争、种间联结性、种间协变、种间分离以及种群生态位 5 个方面，定量分析了东北红豆杉生存群落中各树种之间尤其是东北红豆杉与其他树种间的种间关系。研究表明东北红豆杉的种内竞争强度较小，主要竞争压力来自种间；在 5m × 10m、10m × 10m 和 10m × 20m 三种样方尺度下主要树种在总体上都呈负关联，20m × 20m 的样方尺度下呈不显著的正关联。随着样方尺度增大，显著性关联的种对数增加；在不同环境梯度下，主林层中东北红豆杉生态位宽度值较大，在演替层中生态位宽度值较小。刁云飞（2015）和刁云飞等（2016）同样在黑龙江省穆棱东北红豆杉国家级自然保护区固定样地内进行观察测定，发现东北红豆杉林具有较高的物种多样性，大部分树种的更新良好，而东北红豆杉更新极差；不同物种具有不同生境偏好，物种空间分布与生境紧密关联；红松、臭冷杉、紫椴、青楷槭、毛榛（*Corylus mandshurica*）、硕桦、髭脉槭与东北红豆杉可能存在生态位分化（刘彤等 2007）。

五、种群调节

天然东北红豆杉的种内竞争强度仅占总竞争强度的 4%，更多竞争压力来自紫椴、臭冷杉、红松和五角槭等地带性植被的优势树种，东北红豆杉受到的竞争压力在胸径＜20cm 时最大，随着胸径增大逐渐减小（刘彤等 2007）。

六、天然更新

东北红豆杉在自然条件下雄树多、雌树少，天然结实率低，且种子具有深休眠特性（周志强等 2009）。在自然条件下，需要两冬一夏才能萌发，大量的种子在漫长的休眠期间丧失生命力（程广有等 2004）。种子外层有假种皮包被，成熟时一起脱落，果径和质量大，不能由风力传播（尹雪等 2016）。东北红豆杉在研究地区呈散生状态，且分布面积较广，种子只能依靠动物传播，主要为鸟类。东北红豆杉红色假种皮色泽鲜艳，吸引鸟类进食；种子被红色假种皮包裹，且种皮坚硬致密，使得鸟类的胃酸无法消化，随着鸟类的飞行和迁徙，可以将种子传播到距离较远的地方（Tomas & Polwart 2003）。

第五节 保护生物学

一、物种历史

红豆杉分布于北半球温带至中亚热带地区，全世界共 14 种，我国主要有 4 种红豆杉，分别是东北红豆杉、云南红豆杉（*Taxus yunnanensis*）、西藏红豆杉（*Taxus wallichiana*）和南方红豆杉。

其中，东北红豆杉又称紫杉、赤柏松，是我国东北分布的珍贵第三纪孑遗树种，是黑龙江省唯一的国家一级重点保护野生植物，在地球上已有 250 万年的历史，是植物活化石。1996 年联合国教育、科学及文化组织（简称联合国教科文组织）将其列为世界珍稀濒危植物；1999 年被列为我国一级珍稀濒危野生植物。目前我国发现年龄最长的红豆杉约为 3000 年。

二、濒危原因

（一）雌雄比例不合理

东北红豆杉为严格的雌雄异株树种，其结实率很大程度上取决于雌、雄植株的搭配。只有雌、雄植株合理搭配，才能有充足的花粉供给胚珠。而天然群体中雌、雄植株的产生是随机的，雌雄比例及搭配常常不合理。东北红豆杉植株散生于针阔混交林下，潮湿无风的小气候和花粉无气囊，不利于花粉的远距离传播，胚珠不能捕获到足够的花粉是天然结实率低的首要因素（秦祎婷等 2014a，2014b）。东北红豆杉在自然条件下雄树多，雌树少，天然结实率低，只有在雌、雄株混生的地方才能采集到种子，且种子不易收藏（马盈等 2013）。

（二）授粉困难

东北红豆杉的花粉无气囊，传播距离短，需要借助风、昆虫，甚至一些鸟兽等来传粉，不利于结实，影响其繁殖更新。天然东北红豆杉大多生长在林区郁闭度较大的森林中，在阴暗的林下缺乏有效的传播因子（如风等），故产生的新个体大多分布在离母体不远的地方，而东北红豆杉只能选择占据那些竞争压力小的空间，这样就限制了东北红豆杉种群个体的扩展。东北红豆杉结籽的大树已不多见，种子更为奇缺。

（三）胚胎发育失败

研究观察东北红豆杉胚胎发育过程发现，发育中期的种子有较多空壳，表明受精后的胚在发育中、后期夭折，可能是种子产量的一个限制因素。加拿大红豆杉胚珠授粉率与雄球花数量正相关，26%的胚珠在发育中期夭折（Allison 1991）。东北红豆杉结实存在大小年现象，每隔 2～3 年才能丰收一次。同时东北红豆杉种子拥有坚硬致密的种皮，使得种胚的发育受到抑制，是导致种子休眠、胚胎发育不良的主要因素之一。

（四）外界干扰

东北红豆杉对环境条件的要求严格（如相对湿度在 70%以上时生长良好），而现在天然林遭到大面积的反复破坏，适合东北红豆杉生长的林分越来越少。因此不合理的利用导致环境退化，使该物种趋于稀少。由于天然林的砍伐破坏，适于幼树生长的环境逐渐减少，限制了东北红豆杉的正常生长。同时，动物干扰也在一定程度上影响了东北红豆杉的天然更新，如前述种内关系中提及的被野生动物啃食也是明显的外界干扰因素。

在东北红豆杉种子脱离母株时，并未达到真正意义上的生理成熟。在正常的自然条件下，需要经过 2～3 年完成生理后熟才能萌发。在休眠期内，大量种子丧失生活力，无法萌发。对东北红豆杉土壤种子库的研究指出，种子在休眠期丧失活力的首要原因是被昆虫和啮齿类动物啃食，占损失量的 52%；其次是腐烂，占 29%。当年下落的完好种子中，仅有 3%补充到土壤种子库中（刘彤等 2009）。

三、保护对策

目前，天然种群处于濒危状态。因此，如何保护好天然红豆杉资源，有效地开发人工原料基地林，实现红豆杉资源的可持续利用就显得尤为重要，是当前迫切需要解决的问题（曹振岭等 2007）。据调查，东北红豆杉当年下落的种子主要存在于凋落物层。凋落物层在种子的传播与散布过程中拦截了大量种子，成为种子进入土壤中进而萌发的一大障碍，而且凋落物层中的种子又容易受到动物及病虫的危害，造成种子的大量损失（刘彤等 2009）。因此，在东北红豆杉种子成熟下落后，在其母树周围，及时而适当地扰动枯枝落叶层，增加种子与土壤的接触机会，是减少种子损失、促进自然更新的有效方式。

红豆杉属植物的种子具有深休眠特性，自然条件下需经两冬一夏才能萌发，故生产上需进行催芽处理。关于其休眠的机制，吴榜华（1983）认为是由于胚有生理后熟现象。吴啸峰（1985）从红豆杉种子中提取出了抑制萌发的物质。注意种子的储存方式，经过变温层积催芽，对打破休眠习性具有很好的效果。张志霞（1988）研究了东北红豆杉种子贮藏的安全含水率为 20%～25%。吴榜华（1983）对东北红豆杉的催芽过程进行了研究，提出了隔年埋藏法和越冬埋藏法两种方法。美国学者提出经过 4 个月的暖层积（室温）和一年的低温层积（1～4℃），才可打破东北红豆杉种子的休眠（李霆等 1984）。马小军等（1996）研究表明东北红豆杉种胚的形态发育集中在一个月内完成，室温沙藏裂口率达 80%，裂口种子在 20℃条件下发芽率最高，为 89%。东北红豆杉种子在常温、–20℃、–25℃、–30℃和–96℃环境中保存 3 个月后，发现–20℃、–25℃、–30℃和–96℃这几个温度条件对种子生活力影响并不显著，但都明显好于常温环境，说明温度较低的环境比常温环境更有利于东北红豆杉种子的长期保存。其中在–25℃环境中保存的东北红豆杉种子的生活力略高于其他低温条件（韩雪等 2010）。经历多次自然越冬的红豆杉幼苗对低温的耐受力要远高于初次室外经历越冬的幼苗，因此，在人工繁育东北红豆杉幼苗时，务必在初次室外越冬前做好防寒保暖措施（张继武 2013）。

四、政策建议

东北红豆杉的自然分布集中在黑龙江省的长白山北部地区，天然林面积小且仅有零星分布。目前，东北红豆杉人工繁育规模小、技术不配套。科学研究工作存在起步较晚，研究力量薄弱、分散，信息交流不畅以及人工繁殖系统性、规范性缺乏等诸多问题。东北红豆杉作为珍贵濒危树种，缺乏一个全面系统的发展计划。

由于东北红豆杉资源量少，生产紫杉醇的原料严重短缺。因此，发展东北红豆杉播种实生育苗，既可为生产紫杉醇提供原料，又能有效地保护野生资源，是调整种植结构的一个优选项目。我国已经在北京、上海、辽宁、云南等地相继建立了紫杉醇生产厂，从东北红豆杉资源管理和保护的角度出发，用现代先进的管理技术手段和科学的生物统计方法，在东北建立一个管理比较规范、规模比较大的东北红豆杉母林基地生物资源系统保护工程，对东北红豆杉资源的保护和开发有重要意义。天然东北红豆杉生长极为缓慢，成熟年龄也较长，通常自然成熟为 160 年，建议对东北红豆杉所在林分进行抚育管理，促进其生长。同时确定东北红豆杉各种生物量指标，对东北红豆杉地上生物量进行立体剖析，从而为东北红豆杉综合利用提供了良好的理论基础。

紫杉醇的市场需求是威胁天然东北红豆杉种群生存的重要因素，然而，红豆杉属植物的一个共同特征是生长缓慢、自身繁殖率低、紫杉醇含量很低，远远不能满足临床需要。同时，野生红豆杉是国家一级重点保护野生植物，严格禁止非法砍伐，因此，严重地制约着紫杉醇的工业化生产，但仅仅保护现有的东北红豆杉树木既被动又满足不了药源开发的需求，应采取积极有效的措施进行快速繁殖和人工造林。组织培养技术是目前应用于林业繁育领域较成功的一种繁育技术，东北红豆杉的愈伤诱导率达到了 87%，如果在此基础上进一步研究东北红豆杉的分化、生根、移栽技术，最后形成一套完整的组织培养繁育技术，则组织培养技术周期短、繁殖量大的特点就能满足市场的需求。与此同时，对东北红豆杉种群的生态学及生物学特性进行定位和检测研究，亦可为积极保护和促进野生资源的引种及人工快繁研究提供理论依据。在强化人工栽培与快速繁殖技术试验的推广应用时，还应建立东北红豆杉种质保护区，一方面保护现有种质资源，更重要的是选育高紫杉醇产量的红豆杉栽培品种，为大规模种植和快速繁殖提供材料。应用组织培养技术，拓宽东北红豆杉的人工繁育途径，达到快速扩繁的目的；应用细胞工程学方法生产紫杉醇及其他紫杉烷类化合物，以达到工厂化生产紫杉醇的目的（马盈等 2013）。

第六节　总结与展望

由于东北红豆杉生长较缓慢，且对生长环境要求较严格，种群竞争力较弱，天然更新缓慢和地理分布局限等，再加之长期的过度采伐利用，东北红豆杉自然资源稀少并已濒临灭绝。红豆杉属最重要的价值在于它的药用价值，即其内所含的有效成分紫杉醇。红豆杉不仅有巨大的药用价值，还是水土保持、园林绿化和室内外盆景的优良树种。然而东北红豆杉在自然界中种子繁殖出苗率极低，造成东北红豆杉树木稀少珍贵。因为紫杉醇是当今世界公认的广谱、高活性的抗癌药物，东北红豆杉遭到了过度砍伐，其野生资源受到了严重威胁，已被中国列为“珍稀濒危灭绝保护植物”和“国家一级重点保护野生植物”。目前，其天然种群处于濒危状态。因此，如何保护好天然红豆杉资源、有效地开发人工原料基地林、实现红豆杉资源的可持续利用就显得尤为重要，也是当前迫切需要解决的问题（檀丽萍和陈振峰 2006）。

东北红豆杉最有发展前景的内容是提取紫杉醇用于治疗疾病。目前市场上高纯度的紫杉醇价格是 200 万元/kg，每公顷人工种植的红豆杉可以提取 1%纯度的紫杉醇 1kg，因此，要想满足医药行业对于天然植物紫杉醇的需求，必须大量种植红豆杉，这又带动了种苗生产、栽培管理等一系列的产业需求，具有广大的发展远景，可以创造出巨大的经济效益和社会效益（杨威等 2016）。国内外研究人员从天然红豆杉植物提取、化学半合成、化学全合成、生物合成、真菌发酵、植物组织细胞培养和基因工程 7 个方面着手以缓解资源短缺问题。完善东北红豆杉的种质保存、良种选育、繁殖技术，强化对东北红豆杉资源的保护是其应用的基础，在此基础上应用科学技术使其大量繁殖并充分推广应用。鉴于目前种子繁殖技术已经获得成功，急需大量繁育实生幼苗，进行野外荒山种植，恢复自然生态。这是保护生态环境，造福子孙后代的大事，所以有条件的科研单位和生产单位以及农民专业户，应通过人工处理红豆杉种子，繁育红豆杉实生树苗，这应该是极具发展前景的朝阳产业。

撰稿人：郭忠玲

主要参考文献

柏广新, 吴榜华. 2002. 中国东北红豆杉研究. 北京: 中国林业出版社.

曹振岭, 李淼, 任玉娜, 等. 2007. 园林绿化的优良树种东北红豆杉的特征特性与繁殖技术. 安徽农业科学, 35(30): 135-136.

常醉, 周志强, 夏春梅, 等. 2012. 天然东北红豆杉枝中紫杉醇和三尖杉宁碱含量变化特征. 北京林业大学学报, 34(2): 71-77.

程广有. 1999. 东北红豆杉天然群体过氧化物同功酶的遗传多样性. 延边大学农学学报, 21(4): 245-248.

程广有, 唐晓杰, 高红兵, 等. 2004. 东北红豆杉种子休眠机理与解除技术探讨. 北京林业大学学报, 26(1): 5-9.

程广有, 唐晓杰, 杨振国, 等. 1998. 不同贮藏温度对东北红豆杉花粉寿命的影响. 吉林林学院学报, 14(4): 196-198.

刁云飞. 2015. 东北红豆杉-红松林群落结构与空间关联性研究. 哈尔滨: 东北林业大学硕士研究生学位论文.

刁云飞, 金光泽, 田松岩, 等. 2016. 黑龙江省穆棱东北红豆杉林物种组成与群落结构. 林业科学, 52(5): 26-36.

杜连弟. 2007. 红豆杉的开发利用价值. 河北林业科技, (3): 50.

谷岱霏, 胡晓, 刘彤, 等. 2014. 不同生长时期东北红豆杉针叶内防御蛋白的变化. 东北林业大学学报, 42(7): 48-50.

韩雪, 代俊杰, 杨波. 2010. 不同温度对东北红豆杉种子活力的影响. 吉林农业科技学院学报, 19(4): 11-12.

胡俊杰, 建德锋, 陈刚, 等. 2016. 东北红豆杉种子不同部位抑制萌发物质比较. 东北林业大学学报, 44(6): 11-12, 22.
胡晓, 严善春, 鲁艺芳, 等. 2011. 东北红豆杉次生代谢物对舞毒蛾拒食活性的影响. 北京林业大学学报, 33(5): 151-154.
美国农业部要务局. 1984. 美国木本植物种子手册. 李霆, 陈幼生, 颜启传, 等, 译. 1984. 北京: 中国林业出版社: 568.
李云灵. 2008. 东北红豆杉种间关系研究. 哈尔滨: 东北林业大学硕士研究生学位论文.
廖云娇. 2009. 东北红豆杉种子休眠生理机制的研究. 北京: 中国农业大学硕士研究生学位论文.
廖云娇, 李雪, 董学会. 2010. 不同变温层积过程中东北红豆杉种子生理生化特性和胚形态的变化. 中国农业大学学报, 15(1): 39-44.
刘彤, 胡林林, 郑红, 等. 2009. 天然东北红豆杉土壤种子库研究. 生态学报, 29(4): 1869-1876.
刘彤, 李云灵, 周志强, 等. 2007. 天然东北红豆杉(*Taxus cuspidata*)种内和种间竞争. 生态学报, 37(3): 924-929.
马小军, 丁万隆, 陈震. 1996. 温度对东北红豆杉种子萌发的影响. 中国中药杂志, 21(1): 20-22.
马盈, 丰庆义, 杨凯. 2013. 东北红豆杉繁殖技术研究进展评述. 林业勘查设计, (1): 62-64.
乔艺, 郑春雨. 2008. 濒危物种: 东北红豆杉. 吉林农业, (1): 34-35.
秦祎婷, 李雪, 翟志席, 等. 2014b. 东北红豆杉种子发育过程生理特性研究. 东北农业大学学报, 45(11): 8-13.
秦祎婷, 李雪, 翟志席, 等. 2014a. 东北红豆杉种子生物学特性研究进展. 北方园艺, (23): 171-175.
隋广文, 赵海涛, 赵传彦. 2010. 东北红豆杉的发展前景与效益分析. 特种经济动植物, 13(7): 40.
檀丽萍, 陈振峰. 2006. 中国红豆杉资源. 西北林学院学报, 21(6): 113-117.
唐晓杰, 程广有, 张骁, 等. 2014. 东北红豆杉配子形成与胚胎发育解剖观察. 东北林业大学学报, 42(10): 24-27.
吴榜华. 1983. 紫杉生物学特性及其营林技术的研究. 吉林林业科技, (6): 7-10.
吴榜华, 臧润国, 张启昌, 等. 1993a. 东北红豆杉种群结构与空间分布型的分析. 吉林林学院学报, 9(2): 1-6.
吴榜华, 张启昌, 李德志, 等. 1993b. 东北红豆杉资源状况及生长规律的初步调查. 吉林林学院学报, 9(2): 11-16.
吴榜华, 张启昌, 李德志. 1996. 东北红豆杉生长及营林技术的研究. 吉林林学院学报, 12(3): 125-129.
吴啸峰. 1985. 红豆杉种子抑制物质的初步研究. 植物生理学通讯, (4): 23-26.
徐博超, 周志强, 李威, 等. 2012. 东北红豆杉幼苗对不同水分条件的光合和生理响应. 北京林业大学学报, 34(4): 73-78.
严仲铠, 李万林. 1996. 中国长白山药用植物彩色图志. 北京: 人民卫生出版社: 110-111.
杨威, 郑德龙, 薛爽, 等. 2016. 东北红豆杉繁育技术与发展前景. 农业与技术, 36(21): 96-97, 101.
尹春英, 李春阳. 2007. 雌雄异株植物与性别比例有关的性别差异研究现状与展望. 应用与环境生物学报, 13(3): 419-425.
尹雪, 穆立蔷, 李中跃, 等. 2016. 3 种鸟类对东北红豆杉的取食方式及传播. 东北林业大学学报, 44(1): 81-84, 89.
袁丽娜. 2011. 东北红豆杉工厂化育苗生产模式优化及技术体系的构建. 吉林: 吉林大学硕士研究生学位论文.
张春雨, 高露双, 赵亚洲, 等. 2009. 东北红豆杉雌雄植株径向生长对邻体竞争和气候因子的响应. 植物生态学报, 33(6): 1177-1183.
张公伟. 2017. 东北红豆杉种子低温层积过程中贮藏物质及内源激素的变化. 林业勘查设计, (2): 88-89.
张鸿, 杨明惠. 2000. 国产红豆杉各部位紫杉醇含量分析. 中草药, 31(6): 36, 72.
张继武. 2013. 东北红豆杉幼苗越冬过程中理化特性研究. 黑龙江科技信息, (12): 261.

张睿彬, 胡晓, 刘彤, 等. 2015. 性别、胸径和叶龄对东北红豆杉针叶内防御蛋白活力的影响. 北京林业大学学报, 37(8): 48-52.

张志霞. 1988. 紫杉种子的贮藏及快速催芽. 吉林林业科技, (2): 10-11.

周其兴, 葛颂, 顾志建, 等. 1998. 中国红豆杉属及其近缘植物的遗传变异和亲缘关系分析. 中国科学院大学学报, 36(4): 323-332.

周以良, 董世林, 聂绍荃. 1986. 黑龙江树木志. 哈尔滨: 黑龙江科学技术出版社: 76-78.

周志强, 胡丹, 刘彤. 2009. 天然东北红豆杉种群生殖力与开花结实特性. 林业科学, 45(5): 80-86.

周志强, 刘彤, 胡林林, 等. 2010. 穆棱东北红豆杉年轮-气候关系及其濒危机制. 生态学报, 30(9): 2304-2310.

周志强, 刘彤, 李云灵. 2007. 立地条件差异对天然东北红豆杉(*Taxus cuspidata*)种间竞争的影响. 生态学报, 37(6): 2223-2229.

周志强, 刘彤, 袁继连. 2004. 黑龙江穆棱天然东北红豆杉种群资源特征研究. 植物生态学报, 28(4): 476-482.

Allison T D. 1991. Variation in sex expression in Canada yew (*Taxus canadensis*). American Journal of Botany, 78(4): 569-578.

Conifer Specialist Group. 2006. *Taxus cuspidata*. The IUCN Red List of Threatened Species. http://www.iucnredlist.org/ [2007-2-28].

Lewandowski A, Burczyk J, Mejnartowicz L. 1995 Genetic structure of English yew (*Taxus baccata* L.) in the Wierzchlas Reserve: implications for genetic conservation. Forest Ecology and Management, 73(1): 221-227.

Li X L, Yu X M, Guo W L, et al. 2006. Genomic diversity within *Taxus cuspidate* var. *nana* revealed by random amplified polymorphic DNA markers. Russian Journal of Plant Physiology, 53(5): 684-688.

Senneville S, Beaulieu J, Daoust G, et al. 2001. Evidence for low genetic diversity and metapopulation structure in Canada yew (*Taxus canadensis*): considerations for conservation. Canadian Journal of Forest Research, 31(1): 110-116.

Shah A, Li D Z, Gao L M, et al. 2008. Genetic diversity within and among populations of the endangered species *Taxus fauna* (Taxaceae) from Pakistan and implications for its conservation. Biochemical Systematics and Ecology, 36(3): 183-193.

Tomas P A, Polwart A. 2003. *Taxus baccata* L. Journal of Ecology, 91(3): 489-524.

Zu Y G, Chen H F, Wang W J, et al. 2006. Population structure and distribution pattern of *Taxus cuspidata* in Muling region of Heilongjiang Province, China. Journal of Forestry Research, 17(1): 80-82.

第十三章　南方红豆杉种群与保护生物学研究进展

第一节　引　　言

南方红豆杉（*Taxus wallichiana* var. *mairei*）在植物分类上归属于红豆杉科（Taxaceae）红豆杉属（*Taxus*）。红豆杉科植物是一类十分古老的裸子植物，最早的化石出现于欧洲的侏罗纪至白垩纪，在我国，最早的化石出现于青海的中新世地层（陈谦海和陈雪梅 1997）。红豆杉属植物在漫长的历史进化过程中，历经强阳光、薄空气、高温、干旱、严寒、冰川等地球气候骤变的自然选择作用，为了适应生存，通过自身突变的积累，产生了各种生物碱、黄酮、甾醇、糖苷、酚类、木脂素等化合物，这些化合物已成为人类开发利用的珍稀贵重药物（Daniewski et al. 1998）。

红豆杉科植物的雌性繁殖结构与其他针叶树差异较大，由于尚未发现过渡类型的植物化石，因此，红豆杉科的系统分类位置至今仍存在着很大争议（王伏雄等 1979；Wang & Chen 1990；苏应娟 1994；Bobrov & Melikian 2006；Christenhusz et al. 2011），争议焦点是该类群是否为单系。

Pilger（1926）在《自然植物科志》（*Die Natürlichen Pflanzenfamilien*）中，将红豆杉科、三尖杉科（Cephalotaxaceae）和罗汉松科（Podocarpaceae）并列置于松杉纲。Pilger 和 Melchior（1954）将红豆杉科归属于红豆杉纲（Taxopsida），该纲仅包括红豆杉科。郑万钧和傅立国（1978）在《中国植物志》中将红豆杉科列于松杉纲中的红豆杉目，与松杉目（Pinales）并列。不主张成立红豆杉纲的学者认为，红豆杉科植物的雌性繁殖器官为多数苞片结构的顶生单一胚珠，它起源于退化的松球花，与松杉类存在共同的特征，宜将它置于松杉纲内作为一个目；一些学者主张将红豆杉科列入球果目（Quinn et al. 2002）或成立红豆杉目（Bobrov et al. 1999；Semikhov et al. 2001），依据是红豆杉科植物的雌性繁殖枝与松杉目的球花有着本质区别，应成立红豆杉目甚至红豆杉纲。

尽管红豆杉科的分类地位及系统关系争议较大，但自林奈以欧洲红豆杉（*T. baccata*）为模式种发表红豆杉属以来，很少有人提出异议。

红豆杉属植物的形态极为相似，该属的植物种分类被公认为极其困难而备受争议。红豆杉属植物种分类，因作者不同，从 1 种含多个变种到 24 种 55 变种（Spjut 2007）。Earle（2008）将红豆杉属植物划分为欧洲红豆杉、短叶红豆杉（*T. brevifolia*）、加拿大红豆杉（*T. canadensis*）、东北红豆杉（*T. cuspidata*）、佛罗里达红豆杉（*T. floridana*）、墨西哥红豆杉（*T. globosa*）和南洋红豆杉（*T. sumatrana*）。2004 年，《濒危野生动植物物种国际贸易公约》（*Convention on International Trade in Endangered Species of Wild Fauna and Flora*，CITES）基于 Farjon（2001）分类法，将红豆杉属植物分为 10 个植物种，其中 5 种分布于亚洲，5 种分布于欧洲和北美洲。在 CITES 物种附录II中，仅列出密叶红豆杉（*T. fuana*）、西藏红豆杉（*T. wallichiana*）、中国红豆杉（*T. chinensis*）、东北红豆杉、欧洲红豆杉和苏门答腊红豆杉，其他红豆杉属植物种没有被列出。

第二节 物种特征

一、形态学特征

南方红豆杉为常绿乔木，成年树的树高 15m，最高达 36m 以上；胸径 150cm 左右，最粗达 200cm 以上。生长极为缓慢，寿命达 500 年以上。干型通直圆满，枝叶浓密，色泽苍翠。大枝开展，小枝互生。冠形开放，成年冠幅面积可达 $15m^2$ 以上。一年生枝条绿色或淡黄绿色，秋后绿黄色、淡褐黄色或淡红褐色，二年生和三年生枝条黄褐色、淡红褐色或灰褐色。冬芽黄褐色、淡褐色或红褐色。老龄主干粗壮，多分叉。树皮灰褐色、红褐色或暗褐色，纵裂成狭长薄片脱落。

南方红豆杉针叶螺旋状着生，基部扭转呈二列状，线形略弯而呈镰刀状，长 2.0～3.5cm，宽 3.0～5.0mm，上部常渐窄或微渐窄，先端渐尖，叶缘通常不反卷。针叶背面中脉隆起明显，中脉两侧各有一条淡黄色或淡灰绿色气孔带，中脉带上无角质乳头状突起点，或局部有成片或零星分布的角质乳头状突起点，或与气孔带相邻的中脉带两边有一至多条角质乳头状突起点，中脉带清晰可见，其色泽与气孔带相异，呈黄绿色或绿色，绿色的边带较中脉带宽且明显。芽鳞脱落或少数宿存于小枝的基部。

南方红豆杉根系较浅，主根不发达，侧根水平展开，易倒伏。实生苗主干明显，扦插苗主茎不发达，常呈灌木状。南方红豆杉天然种群中，偶见附有覆土的倒木枝条上生根，形成少量压条幼苗，说明南方红豆杉的根和枝的萌发力较强。

南方红豆杉属于典型的阴性树种，对温度、光照和湿度的要求较严格。在气候较温暖、雨量充沛、湿度较高地区的酸性灰棕壤、黄壤及黄棕壤上生长良好。最适 pH 为 4.5～5.0，在排水良好和湿润、松散、肥沃的土壤上生长，在贫瘠、黏重的土壤上生长不良。幼苗喜阴、忌晒，空气和土壤湿度过大，易感染立枯病。幼树和成年树木在林冠郁闭度为 0.5～0.6 的条件下长势良好。通常生长于山地北向阴坡、沟谷溪旁、山坡中下部及居民点附近水湿条件较好的林地。

南方红豆杉年生长节律表现为一年内具有 2 次生长现象。5～7 月，枝条顶芽处于休眠状态，生长暂停或减缓，腋芽抽生，形成 I 级侧枝。随着 I 级侧枝生长及 II 级侧枝、鳞芽形成，I 级侧枝生长优势受到抑制，生长减缓。8 月以后，主枝重新生长。9 月以后，随着气温降低，日照渐短，地上部分生长逐渐停止。

野生南方红豆杉一般以散生形式和“混生、复层、异龄”为主要特征，处于群落乔木层的 II 、III亚层。天然种群分布格局中基本无纯林，极少有团块分布。少数呈块状分布的南方红豆杉天然种群多为小种群，表现为高大乔木，并成为群落中的优势种。单株散生在优势种树冠下的南方红豆杉植株，由于长期弱光照，通常表现为小乔木（费永俊等 1997）。

南方红豆杉为雌雄异株、异花授粉植物，天然种群中雌株少，雄株多，雄株与雌株的比例为 4∶1 左右，偶见雌雄同株现象（陈立新等 2013）。根据“南岭山地水松等珍稀树种濒危机制及保育技术”项目组（简称“项目组”）对江西省修水县油岭南方红豆杉县级自然保护区的调查，雄株和雌株比例为 5∶1 左右。南方红豆杉一般 15 年生以后才能正常开花结实。

南方红豆杉果期为 6～9 月，种子于当年 10～11 月成熟，包被于肉质红色杯状的假种皮中。种子由种皮、种胚和胚乳部分构成，坚果状，卵圆形、卵形、广椭圆形，紫褐色，先端有突起的短钝尖头，两侧微具 2 条钝脊，种脐椭圆形或三角形。成熟种子大小差异较大，长 3.78～5.84mm，直径 3.84～5.86mm，平均含水量为 8.5%。种皮质量占完整种子的 51.83%（张艳杰等 2007）。

南方红豆杉木材有光泽，香气浓，纹理通直，结构致密，坚韧耐用，干后少开裂，心材呈橘红色，边材呈淡黄褐色，是建筑、家具及文具等上等用材。南方红豆杉枝、叶、树皮中含有紫杉醇，是当今发现的具独特作用的天然抗肿瘤药物。

二、物候特征

南方红豆杉球花着生于叶腋，雄球花圆球形，雌球花具短柄，基部具数对交叉对生的苞片，顶端直生一个胚珠。据廖文波等（2002）观测，骑田岭南麓的广东省连州市南方红豆杉种群，4 月初至 5 月下旬，展叶抽梢；5～6 月，雄球花现蕾。雄球花的花期为 7～11 月，花期较长。雌球花在 8 月下旬至 10 月现蕾，花期为 10 月至翌年 1 月。种子生长发育期为翌年 3～9 月，成熟期为 10～11 月。

湖南省长沙市区南方红豆杉的树液流动起始期为 2 月下旬，萌芽期为 4 月中旬，顶芽展梢期为 4 月中旬至 6 月上旬。雄球花 7 月下旬现蕾，花期 8 月至翌年 3 月。雌球花从 10 月中旬至 11 月中旬现蕾，花期为翌年 2～5 月。果实形态成熟期为 10 月 15 日左右。每年有 2 次生长现象，新梢第 2 次生长期为 8 月 5 日至 10 月 14 日，11 月 28 日停止生长。与广东省连州市比较，长沙市区南方红豆杉的枝叶展梢，雌、雄球花现蕾和开放，果实发育、生长、成熟，都有推迟现象，这可能与气候有关。

三、解剖学结构

红豆杉科植物幼苗纤细，下胚轴不增粗，初生根由表皮、皮层和中柱三部分组成。内皮层都有明显的凯氏带和凯氏点，中柱鞘由 1～3 层薄壁细胞组成，初生木质束为二原型。下胚轴较长，5～10cm。上胚轴和茎的初生维管束排成一环，髓部明显（叶能干等 1996）。子叶 2 片，薄。子叶横切面呈梭形，中脉处稍厚。表皮细胞近长方形或不规则多角形，排列紧密。上表皮无气孔，或有散生的气孔；下表皮有 2 条气孔带，各有 5 列气孔。气孔带处，有些副卫细胞壁向外突出，形成不分叉的角质钉，气孔单环形，副卫细胞 5～7 个。叶肉分化，栅栏组织细胞短或呈乳突状，海绵组织细胞多近圆形，叶肉细胞中质体为正常叶绿体。叶肉组织之间有或无单宁细胞。维管束一条，稍窄，维管束鞘不明显，传输组织无树脂道。

南方红豆杉幼茎最外面有明显的周皮与皮孔，一些原表皮细胞残留在上面。木栓层细胞长方形，成层堆叠在一起。栓内层细胞内含物较多，细胞间有间隙。薄壁细胞 5 或 6 层，细胞内含物较多，细胞内有叶绿体，细胞间隙不明显。形成层细胞向内分裂形成次生木质部，木质部内管胞以正方形整齐排列，占据幼茎绝大部分空间。幼茎中央髓部占据空间较小，但细胞直径较大。

南方红豆杉叶横切面包括表皮、叶肉和叶脉。表皮细胞单层，呈正多面体、长圆形，排列紧密。表皮细胞外面覆盖一层角质附属物。上表皮下有 2 或 3 层同化组织细胞，长形，细胞排列十分紧密，细胞内叶绿体多。同化组织中有较大型的薄壁细胞，内含物丰富，呈针状和晶状结晶体。叶下面有一层表皮细胞，细胞内叶绿体含量明显少于同化组织细胞。维管束外有一圈维管束鞘包围，木质部直径小，排列整齐（李效贤等 2011）。

南方红豆杉茎干向下萌生的气生不定根的初生结构，由外到内可清晰地分为表皮、皮层及维管柱三部分。表皮由一层长方形或近方形薄壁细胞组成，细胞排列整齐紧密。皮层由 8 或 9 层大型薄壁细胞组成，细胞近圆形或不规则形，排列较紧密，内皮层细胞具有加厚凯氏带，没有石细胞和树脂道。维管柱包括中柱鞘和初生维管组织，中柱鞘为一层薄壁细胞，细胞比内皮层略大，富含单宁类物质。初生维管组织由初生木质部和初生韧皮部组成，两者相间排列。初生木质部 2 束，根为二原型。初生木质部由管胞组成，韧皮部由筛胞组成，发育为外始式。维管柱内紧挨中柱鞘内侧具有 2～4 层大型薄壁细胞，近圆形或不规则形，明显比维管柱内的其他细胞大。

南方红豆杉气生根的次生结构发生于根毛区，由周皮和次生维管组织组成，无树脂道。周皮由木栓、木栓形成层和栓内层三部分组成。木栓形成层向外分化形成木栓，向内分化形成栓内层。木栓具有多层呈扁长方形的细胞，细胞壁厚，逐渐栓化。栓内层为一层薄壁细胞，细胞内富含单宁类物质。次生维管组织由次生木质部和次生韧皮部组成。次生木质部由管胞和木射线组成。管胞近方形，径向纵行排列，大小基本一致，径向延伸，单列；射线发达。次生韧皮部由筛胞、韧皮薄壁细胞和韧皮射线组成，含有不规则形状的石细胞。

据黄日明等（2012）报道，南方红豆杉心材、边材区别明显，边材狭窄，早材到晚材为缓变。生长轮明显，平均宽度为 2.4mm，晚材率为 30.4%。早材管胞长度平均为 2108μm，弦向直径为 30.6μm；晚材平均长度为 2592μm，弦向直径为 24.0μm。管胞长宽比为 82∶1。管胞长度分布频率呈正态分布。木射线 7～10 条/mm，全由薄壁细胞组成，交叉场纹孔柏形。野生南方红豆杉的管胞长度比人工栽培的南方红豆杉管胞长度明显要短。

黄日明等（2013）研究表明，野生南方红豆杉木材基本密度为 0.581g/cm^3，气干密度为 0.686g/cm^3，体积干缩系数为 0.390，差异干缩为 1.47，体积吸水湿胀率为 9.22%，差异湿胀为 1.41，60 个昼夜吸水性为 95.8%。边材的总纤维素、纤维素、聚戊糖及灰分含量都比心材高，心材抽出物含量远比边材高。表明南方红豆杉木材属于密度大、胀缩性小、吸水性低的优良木材。

四、传粉生物学特征

红豆杉属植物花部综合特征表现为花粉量大、花粉粒小、表面光滑、不具黏性。雄花营养结构简化以增加花粉进入空气的效率，雌花柱头常特化以利于捕获花粉。与其他裸子植物一样，红豆杉属植物雌球花珠孔端在传粉期分泌传粉滴粘住花粉，通过传粉滴蒸发、收缩，完成其传粉过程（王兵益 2008）。

与其他靠传粉滴捕获小孢子的针叶树不同，红豆杉属植物雌性生殖器单个顶生，捕获小孢子没有明确方向，小孢子小、没有气囊，花粉不能长距离飞行。然而红豆杉属植物传粉滴大、裸露时间长，不具备远距离飞行特征的小孢子在常温下能长时间存活，在一定范围内保持较高的小孢子密度，这种依靠传粉滴大、裸露时间长和小孢子密度高的授粉机制，保证了红豆杉属植物雌、雄花期可遇（王兵益 2008）。

很多针叶植物的雌性生殖结构是保证传粉效率的重要装置，利用胚珠覆盖物的亲水（或疏水）性质来避免雨水的冲刷，或者依靠雨水冲刷来授粉。红豆杉属植物依靠传粉滴长时间裸露和高密度小孢子提高传粉效率的特征，很容易受到不良环境条件的影响。如果传粉期为长雨季期，传粉过程将会受阻，从而降低翌年的种子产量。多数红豆杉属植物雌雄异株，雌株胚珠接受花粉效率与空气中小孢子密度密切相关。由于小孢子不具备远距离飞行的功能，胚珠没有主动获取雄性小孢子的结构，植株密度会影响红豆杉属植物的授粉效率。胚珠成熟期长虽然迎合了易变的雄株散粉期，但以损失授粉率为代价，因此红豆杉属植物的多数胚珠是不能授粉的，种子产量低（费永俊等 2005）。

南方红豆杉不存在花被阻拦花粉的障碍，但枝繁叶茂、树冠叶幕及雌球花弯向叶背的特征，降低了林冠下层雌株捕捉花粉的机会，因此，天然植物群落中的南方红豆杉雄株传粉受到坡向、种群大小及群落结构等环境条件的影响（费永俊等 2005）。由于天然南方红豆杉植株大多零星散生，雌株缺乏充足的传粉源，这在一定程度上影响南方红豆杉有性结实性能（费永俊等 2005）。

南方红豆杉种子成熟后假种皮鲜红且含有糖分，易遭鸟类啄食或鼠类取食。鸟类为红豆杉种子远距离传播的主要搬运者，种子传播的最远距离可达 400m。蚂蚁类为 2 次主要传播者（朱琼琼和鲁长虎 2007；邓青珊等 2008，2010）。

五、种子萌发特征

南方红豆杉种子属于综合性休眠类型。种子休眠的主要原因是种子中含有复杂的化学抑制物质和种子胚需要后熟。已经鉴定出的南方红豆杉种子中具有萌发抑制性的化学物质为乙酸、正庚酸、壬酸、辛酸和邻苯二甲酸二乙酯等。各种抑制物质在种子各部位的抑制活性强弱依次为胚＞内种皮＞胚乳＞中种皮＞外种皮。新采收的南方红豆杉种子，虽然种胚结构完整，但胚小，不具备萌发能力，需要经过两冬一夏，完成生理后熟后才能正常萌发。

南方红豆杉外种皮表面角质化，具蜡质层，细胞小、排列紧密、细胞壁厚，由木栓化厚壁细胞组成的中种皮透水性差，内种皮膜质，导致种皮坚硬，表面角质化，影响通气和透水，也是种子萌发困难的原因。然而张志权和陈志明（2000）研究认为，在适宜温度和水分条件下，南方红豆杉种皮障碍不会严重影响种子萌发。

南方红豆杉种子催芽萌发研究表明，在暖温（25℃）到低温（5℃）条件下层积处理，能显著消除种子内的发芽抑制物质，促进胚纵向生长，打破休眠，促进萌发，大大缩短休眠时间（张志权和陈志明 2000）。红豆杉种子中的储藏物质特别是脂类物质的分解、转化和利用可能是解除种子休眠的关键，低一高一低变温层积处理后，结合植物生长调节剂及微量元素处理，可提早解除种子休眠，能有效缩短育苗周期，催芽效果明显，提高苗木整齐度（陈登雄和方兴添 1998；曹基武和陈湘远 1999；黄儒珠和方兴添 2002；黄儒珠等 2006；周洪英等 2007）。熊耀康等（2009）研究发现，破除南方红豆杉种子休眠的最佳方法是 0.05%赤霉素处理，辅以低（4℃）—高（23℃）—低（4℃）变温层积法处理 120 天。

浓硫酸处理可使种壳变薄、破坏种皮外层致密组织细胞，增加种皮透性，并减弱机械障碍，促进种子萌发，在林业生产实践上广泛应用。于海莲（2009）试验表明，浓硫酸处理加快南方红豆杉种子休眠解除的主要原因是改善了种皮透性，也可能是浓硫酸处理过程中释放的短暂热量激活了与代谢呼吸有关的酶。吉前华等（2007）用硫酸溶液浸泡南方红豆杉种子，再用流水冲洗后发现，种子经过处理后，一定程度上消除了种皮的阻碍作用，增加了外种皮的透气性，种子充分吸收水分，抑制物被氧化分解，增强分生组织的活化能力。

六、自然分布特点

南方红豆杉主要分布于我国、印度北部、缅甸、越南、马来西亚、印度尼西亚等国的山地或溪谷。国家林业和草原局野生动植物保护司组织的“全国重点保护野生植物资源调查”和各省（自治区、直辖市）自然保护区的综合科学考察报告中的植物名录及相关的文献资料数据显示，在我国，南方红豆杉分布于浙江省中西部、安徽省南部和西部、福建省、江西省、湖南省、湖北省西部、河南省西部、贵州省、重庆市、四川省北部和东南部、云南省东北部、甘肃省南部、山西省东南部、陕西省东南部及台湾省中部等地的 310 多个县市。

南方红豆杉自然分布最北端为山西省壶关县，最东端为浙江省宁海县，最西端为云南省云龙县，最南端为台湾地区嘉义县阿里山。从最北端山西省壶关县，向西沿太行山南端北麓、中条山、秦岭，经岷山南端东麓的甘肃省陇南、邛崃山东麓四川省九寨沟、大凉山，至哀牢山的云南省景东县止。向东沿桐柏山、武当山、大别山、括苍山，至台湾阿里山止。南界从云南省景东县，经六韶山、凤凰山、九万大山、大瑶山、云开大山，至莲花山北麓止。分布区内多呈间断性分布，以大巴山南麓、天目山西麓、云贵高原东部分布相对集中，多呈群落分布，尤以南岭山地和长江流域资源最为丰富（文亚峰等 2013）。在太行山南端北麓、伏牛山西麓、大别山南端及云贵高原中东部、川西山地，南方红豆杉多以小种群或散生株零星分布。与红豆杉属其他物种相比，南方红豆杉地理分布区最广，是适应我国地理气候环境最强的植物种之一，基本涵盖了我国亚热带、热带及暖温带大陆性季风气候区。

南方红豆杉自然分布区内山峦起伏，地形、地貌多样，气候复杂多变，海拔变化较大。在秦岭山地，南方红豆杉垂直分布海拔为 500～1300m，地势多为“U”形深谷的底部或缓坡（张峰和上官铁良 1988；伍建军等 2002；张桂萍等 2003）；在四川盆地周边丘陵山地，分布海拔为 500～1600m（宋会兴等 2002；罗建勋和孙启武 2003）；在长江以南的平原周边地区，南方红豆杉分布于海拔 200～500m 的低山岗地（孙启武等 2009）；在江南丘陵、南岭山地，垂直分布海拔为 500～1200m（傅瑞树和宋建华 2003；孙启武等 2009；王磊等 2010）；在云贵高原，分布海拔为 800～1900m（张华海 2009）。

南方红豆杉种群分布最高处为秦岭北麓，海拔为 2100m（张九东 2009）；分布最低处为安徽省宁国市胡乐镇霞乡村，海拔为 200m（孙启武等 2009）。

同一地区的不同山地，南方红豆杉的垂直分布高度不尽相同。一般，南方红豆杉分布于山地西部，海拔较高；分布于山地东部，海拔较低。例如，雪峰山西南段的湖南省会同县鹰嘴界国家级自然保护区，南方红豆杉分布海拔为 450m；雪峰山西坡的湖南省中方县康龙省级自然保护区，海拔为 700m 左右。

第三节 群落生态学

南方红豆杉为典型的阴性树种，对温度、光照和湿度的要求较严格。在气候较温暖、雨量充沛、湿度较高地区的酸性灰棕壤、黄壤及黄棕壤上生长良好。通常散生于山地北向阴坡、沟谷溪旁、山坡中下部及居民点附近水湿条件较好的林地，与阔叶树、竹类及针叶树混生。

大多数南方红豆杉自然群落处于衰退特征。梵净山国家级自然保护区南方红豆杉资源集中分布于 750～1150m 的低山、丘陵地带，种群小，已极度濒危（王艳等 2009）。山西阳城莽河猕猴国家级自然保护区南方红豆杉种群中的幼龄个体十分匮乏，已处于退化的早期阶段（茹文明 2001；张桂萍等 2003）。安徽省南部山区南方红豆杉种群有较多的幼龄个体，但幼苗竞争能力弱，在群落中处于被动适应地位，由幼苗成长为幼树的过程中要经过严格的环境筛选（孙启武等 2009）。广东韶关地区天然群落中，南方红豆杉以多种形式存在，局部可构成优势种、建成种或仅呈零星分布，种群年龄结构为隐退型（廖文波等 2002；伍建军等 2002）。

目前，国内学者已对不同地区的南方红豆杉群落区系特征及群落结构进行了研究，结果表明，全国各地的南方红豆杉群落的地理区系特性相当复杂。温带南缘的太行山猕猴国家级自然保护区，南方红豆杉生长在以槭属（*Acer*）、柿属（*Diospyros*）、梣属（*Fraxinus*）、栎属（*Quercus*）、鹅耳枥属（*Carpinus*）为主的落叶阔叶林中。长江以南的中亚热带地区，南方红豆杉生长在以锥属（*Castanopsis*）、青冈属（*Cyclobalanopsis*）、木荷属（*Schima*）、含笑属（*Michelia*）、栗属（*Castanea*）、毛竹（*Phyllostachys edulis*）为主的常绿阔叶林分中，多处于林冠中层。林冠下层的南方红豆杉幼苗喜阴，忌晒，在林分郁闭度为 0.5～0.6 的条件下长势良好。随着郁闭度增加，南方红豆杉长势渐弱（费永俊等 1997）。粤北地区，南方红豆杉常与毛竹、木兰属（*Magnolia*）、含笑属、槭属、赤杨叶属（*Alniphyllum*）、枫香树属（*Liquidambar*）、栲属等南岭区系成分聚生（廖文波等 2002；聂文等 2008）。根据植物群落属分布型统计，热带分布型所占比率由北向南逐步增多。

全国各地南方红豆杉群落的物种组成和结构差异明显。山西阳城莽河猕猴国家级自然保护区南方红豆杉群落结构调查结果显示，群落中共有维管植物 40 科 51 属 60 种，属的区系成分以温带成分占优势，种的区系成分以东亚和中国特有种占优势（茹文明 2001；张桂萍等 2003）。广西元宝山国家级自然保护区南方红豆杉种群结构调查结果（黄玉清等 2000；李先琨和黄玉清 2000；李先琨等 2002）表明，物种多样性指数接近亚热带地带性代表群落，包含 80 种植物，分属 43 科 64 属。王祖良等（2003）对浙江省临安县（现称临安区）桐坑南方红豆杉野生古群落的演替历史和物种多样性调查分析认为，人为干扰已使南方红豆杉原始古群落成为孤岛，但其天然更新良好，处于旺盛更替生长阶段，需要人为干预进行更有效的保护，促使该群落的恢复。曹基武等（2013）对湖南省芷江县南方红豆杉天然群落结构的调查表明，该地区的植物区系地理成分复杂，科属组成均以热带成分为主，温带成分占有较大的比例，反映了芷江县南方红豆杉群落的植物区系具有由亚热带向暖温带过渡的特征。

一、群落物种组成

2011 年，项目组对南岭山地 10 个典型的南方红豆杉群落野外调查结果表明，群落种类组成较复杂，群落类型主要有毛竹林、次生针阔混交林、次生阔叶混交林及散生单株，为典型的亚热带常绿阔叶林群落。散生南方红豆杉多为大树、古树，主要分布于村旁屋后，林下空旷地，地被物稀少，较少见到幼苗。

野外调查的植物数据资料统计结果表明，南岭山地 10 个南方红豆杉群落调查样方内共出现天然生长的植物 89 科 175 属 236 种。其中，蕨类植物 9 科 9 属 10 种，种子植物 80 科 166 属 226 种。种子植物中，裸子植物 4 科 6 属 6 种，被子植物 76 科 160 属 220 种。蕨类植物、裸子植物及被子植物分别占调查群落中植物的科属种总数的比例与其他研究报道的南方红豆杉群落中的物种组成比例相近（苏宗明等 2000；廖文波等 2002；何爱兰和朱圣潮 2005；聂文等 2008；曹基武等 2013）。研究表明，南方红豆杉群落以被子植物为主，蕨类植物和裸子植物比例较小。

南方红豆杉主要分布在半阳坡、半阴坡及阴坡。尽管海拔、气候、土壤母质、水文、地形地貌等立地条件不同，物种组成差异明显，但林相较整齐，具有明显的乔、灌、草 3 个层次，建群种或优势种明显。10 个南方红豆杉群落调查样方的乔木层共出现 63 种林木，隶属于 29 科 47 属。乔木层第Ⅰ亚层一般高度为 12m 以上，郁闭度为 0.30～0.50，主要有毛竹、南方红豆杉（树高 10～17m）、杉木（*Cunninghamia lanceolata*）、赤杨叶（*Alniphyllum fortunei*）、栲（*Castanopsis fargesii*）、日本柳杉（*Cryptomeria japonica*）、多脉青冈（*Quercus multinervis*）；乔木层第Ⅱ亚层高度为 5.0～12m，郁闭度为 0.25～0.40，主要有南方红豆杉（树高 5.0～8.0m）、毛竹、细叶青冈（*Quercus shennongii*）等树种。乔木层中，树冠重叠严重，林内光照严重不足。

灌木层盖度一般为 0.30～0.80，高度为 0.5～4.5m。群落中共出现 87 种植物，隶属于 36 科 56 属。主要灌木植物种有蜡莲绣球（*Hydrangea strigosa*）、油茶（*Camellia oleifera*）、绿叶甘橿（*Lindera neesiana*）、木竹子（*Garcinia multiflora*）、冻绿（*Rhamnus utilis*）、赛山梅（*Styrax confusus*）、白马骨（*Serissa serissoides*）、山鸡椒（*Litsea cubeba*）、朱砂根（*Ardisia crenata*）、豆腐柴（*Premna microphylla*）、紫珠（*Callicarpa bodinieri*）等。

草本层盖度为 0.10～0.70，高度为 30～100cm。群落中共出现 57 种植物，隶属于 33 科 52 属。主要草本植物有芒（*Miscanthus* sp.）、圆叶娃儿藤（*Tylophora rotundifolia*）、狗脊（*Woodwardia japonica*）、变豆菜（*Sanicula chinensis*）、牛膝（*Achyranthes bidentata*）等。

层间植物共出现 30 种，分属 18 科 25 属。主要藤本植物有南蛇藤（*Celastrus orbiculatus*）、流苏子（*Coptosapelta diffusa*）、黑老虎（*Kadsura coccinea*）、山木通（*Clematis finetiana*）、葛麻姆（*Pueraria montana* var. *lobata*）、海金沙（*Lygodium japonicum*）、清风藤（*Sabia japonica*）、忍冬（*Lonicera japonica*）等。

南方红豆杉与毛竹、杉木等地域性优势树种形成混交林时，为非优势树种，很难自然形成以其为建群种或优势种的地域性森林群落。位于骑田岭西北麓的南方红豆杉柔毛油杉自然保护区赤竹坪村样方，群落外貌主要由柳杉决定；越城岭山脉的湖南金童山国家级自然保护区少田子样方，群落外貌由栲决定，主要伴生树种为红椿（*Toona ciliata*）、拟赤杨、多花泡花树（*Meliosma myriantha*）、杉木，南方红豆杉很难成为优势种；位于都庞岭北麓阳明山国家级自然保护区和大庾岭东麓的大余县内良乡样地，毛竹密度较大，均匀分布。毛竹鞭根迅速扩张，使原有树种隐退。如果毛竹没有人为控制而退出林分，南方红豆杉可能被自然淘汰，将向隐退型方向发展。

当特殊小环境生态条件能够满足南方红豆杉和其他乡土植物形成天然群落，而且南方红豆杉处于相对重要位置时，能形成以南方红豆杉为优势种的群落。在南方红豆杉柔毛油杉自然保护区荷叶镇山田村样方中，乔木层植株大多数为古树，优势种为南方红豆杉，平均树高为 16.4m，最高达 19m，平均胸径为 39.5cm，密度为 3.1 株/100m^2，伴生树种为贵州石楠（原变种）（*Photinia bodinieri* var. *bodinieri*）、香椿（*Toona sinensis*）、喜树（*Camptotheca acuminata*）、木犀（*Osmanthus fragrans*）。在江西信丰县金盆山林场南方红豆杉保护小区样地，乔木层优势种为南方红豆杉，伴生树种为杨梅（*Myrica rubra*）、拟赤杨、木莲（*Manglietia fordiana*）、毛竹、罗浮柿（*Diospyros morrisiana*）、杉木。在广西千家洞擂鼓岭样地，优势种为南方红豆杉，伴生种为杉木、川黄檗（*Phellodendron chinense*）、灯台树（*Cornus controversa*）、南酸枣（*Choerospondias axillaris*）、甜槠、青冈。

除了村旁屋后及祠堂，附近居民有意识地将南方红豆杉作为风水林加以保护外，没有南方红豆杉天然纯林。

二、群落植物种重要值

南岭山地南方红豆杉群落乔木层中的树种重要值为 0.30～42.60，平均值为 2.58，大于重要值平均值的乔木植物种有 12 个。按重要值大小顺序，依次为南方红豆杉、毛竹、杉木、拟赤杨、多脉青冈、栲、柳杉、红楠（*Machilus thunbergii*）、枫香、灯台树、甜槠、润楠。最大重要值与最小重要值相差 52 倍，表明南岭山地南方红豆杉群落中优势种的优势地位突出。在乔木层的 12 个优势植物种中，南方红豆杉重要值为其他 11 个乔木优势种重要值总和的 60.13%，暗示南方红豆杉在南岭山地植物群落中的优势地位比较突出。

灌木层（含更新层）重要值为 0.15～10.63，平均值为 1.21，大于重要值平均值的植物种有 32 个。

灌木层中不含更新层的大于重要值平均值的灌木植物种有 22 个。按重要值大小顺序依次为油茶、柃木（*Eurya japonica*）、蜡瓣花（*Corylopsis sinensis*）、毛棉杜鹃花（*Rhododendron moulmainense*）、大青（*Clerodendrum cyrtophyllum*）、蜡莲绣球、红果山胡椒（*Lindera erythrocarpa*）、海桐（*Pittosporum tobira*）、阔叶十大功劳（*Mahonia bealei*）、

白背叶（*Mallotus apelta*）、紫金牛（*Ardisia japonica*）、胡颓子（*Elaeagnus pungens*）、格药柃（*Eurya muricata*）、微毛柃（*Eurya hebeclados*）、山胡椒（*Lindera glauca*）、山鸡椒、棘茎楤木（*Aralia echinocaulis*）、紫花杜鹃（*Rhododendron amesiae*）、冻绿、黄丹木姜子（*Litsea elongata*）、鹅掌柴（*Schefflera heptaphylla*）、刚竹（*Phyllostachys sulphurea* var. *viridis*）。这些植物种多数是中亚热带常绿阔叶林中常见的灌木植物。

灌木层中更新层是由乔木树种的幼树组成的，按重要值大小顺序依次为南方红豆杉、杉木、四照花（*Cornus kousa* subsp. *Chinensis*）、红楠、刺楸（*Kalopanax septemlobus*）、八角枫（*Alangium chinense*）、中华槭（*Acer sinense*）、冬青（*Ilex chinensis*）、杨桐（*Adinandra millettii*）、灯台树、枫香树（*Liquidambar formosana*）、狭叶润楠（*Machilus rehderi*）、黑壳楠（*Lindera megaphylla*）等。灌木层中更新层的植物种对群落发展、演替起着重要作用。

南方红豆杉群落中草本层植物重要值为0.14～4.82，平均值为0.83，大于重要值平均值的植物种有7个。按重要值大小顺序依次为凤尾蕨（*Pteris* sp.）、淡竹叶（*Lophatherum gracile*）、鳞毛蕨（*Dryopteris* sp.）、麦冬（*Ophiopogon japonicus*）、狗脊、薹草（*Carex* sp.）、翠云草（*Selaginella uncinata*）。这些草本植物是南方红豆杉群落草本层中的优势种和重要组成成分，也是亚热带常绿阔叶林下草本层中常见的植物种。然而这些植物种中缺少耐阴湿的大叶型草本，表现出与阴湿环境的典型常绿阔叶林的差异。

三、物种多样性

南岭山地南方红豆杉群落中的总物种数为21～55种，平均值为37.40种；乔木层物种数为6～16种，平均值为7.50种；灌木层物种数为12～36种，平均值为26.80种；草木层物种数为8～15种，平均值为8.10种。群落中灌木层的物种多样性指数大于乔木层和草本层的物种多样性指数，但是乔木层和草本层物种多样性指数之间没有明确的大小关系。总体来看，群落各层次之间的物种丰富度的特征是灌木层＞草本层＞乔木层。这可能是因为有些群落中的南方红豆杉大树被非法盗伐，形成的林窗多，对灌木和草本的荫蔽减少，导致其他植物种入侵。另外，南方红豆杉群落中灌木本来就多，再加上一些乔木树种幼苗，使得灌木层的物种丰富度更高。

南方红豆杉群落间物种丰富度变异分析表明，群落间的物种丰富度标准差最大（7.39），乔木层物种丰富度指数在群落间的标准差（3.53）次之，灌木层（2.65）和草本层（2.54）的物种丰富度指数标准差接近。说明南岭山地南方红豆杉群落中灌木层和草本层中植物种的数目变化不大。这可能是因为不同南方红豆杉群落与居民点的远近距离不同，近居民点受人为因素干扰程度重，一些乔木被砍伐，导致不同群落间的物种数目差异较大。

10个南方红豆杉群落的辛普森指数（Simpson index）为0.923～0.956，平均值为0.942，群落之间差值很小，说明南方红豆杉群落物种的集中性很强。乔木层Simpson指数平均值为0.796，除广西千家洞擂鼓岭、湖南桂阳县荷叶镇、湖南城步县金童山少田子以外，其余样地群落均大于0.7，说明其集中性有一定的差异。灌木层Simpson指数为0.901～0.941，集中性很强。

南方红豆杉群落的香农-维纳多样性指数（Shannon-Wiener's diversity index）为2.502～3.601。乔木层为1.080～2.671，灌木层为2.412～3.060，草本层为2.28～3.229。与我国中亚热带东部常绿阔叶林主要类型的群落多样性相比，接近于栲林、大叶锥（*Castanopsis megaphylla*）林中乔木层、灌木层、草本层的物种多样性，而略低于木荷（*Schima superba*）、米槠（*Castanopsis carlesii*）林中乔木层、灌木层、草本层的物种多样性（贺金生等 1998），也略低于中亚热带中部衡山典型常绿阔叶林和常绿落叶阔叶林总体乔木层、灌木层、草本层的物种多样性（旷建军等 2007；彭珍宝等 2007）。Shannon-Wiener多样性指数一般用来评价物种多样性，这表明南方红豆杉群落与地带性植被相似，物种多样性丰富。

总体而言，南岭山地南方红豆杉群落具有较大的物种丰富度，更新良好，优势树种能稳定发育演替，物种多样性较高。

四、群落植物生活型

生活型是植物对综合生境条件长期适应而在外貌上表现出来的植物类型，群落外貌主要由生活型组成决定。通过不同地区或不同群落间生活型谱的比较，可以了解不同地区或不同群落的环境特点，特别是气候特点（宋永昌 2001）。南方红豆杉群落中的植物生活型以高位芽为主，占65.25%，高位芽植物中以小高位芽比例较大，占28.39%，中高位芽次之，占24.15%。

位于不同气候带的植物群落，高位芽植物比例与温度和降水量呈显著正相关（雷泞菲等 2002）。在我国，从北到南，植物群落中的高位芽植物比例逐渐增加，同一气候带，如亚热带不同地区植物群落中，高位芽植物的比例也呈随纬度降低而增加的趋势。

南岭南方红豆杉群落中的高位芽植物比例比暖温带（秦岭北麓）高，略低于北亚热带（安徽黄山北坡）、中亚热带（江西井冈山），低于南亚热带（广东南昆山）及南亚热带南缘（广东鼎湖山）。表13-1中的植物群落中，除贵州山原栲树林外，地上芽植物通常很少甚至缺乏，可能与植物群落所在的山地特殊地形有关。南方红豆杉群落地面芽植

表13-1　不同亚热带地区植物生活型谱

植被	植物生活型占比/%					
	高位芽	地上芽	地面芽	隐芽	一年生	层间藤本
南岭南方红豆杉林	65.25	2.55	5.08	2.73	2.56	12.71
井冈山常绿阔叶林	75.70	1.80	16.00	5.00	0.60	未统计
鼎湖山常绿阔叶林	84.50	5.40	6.00	4.10	0.00	未统计
黄山北坡常绿阔叶林	74.54	1.47	18.14	5.88	1.96	未统计
秦岭北麓栓皮栎林	52.00	5.00	38.10	3.70	1.30	未统计
武夷山常绿阔叶林	84.60	2.60	5.10	5.10	2.60	未统计
莽山常绿阔叶林	70.33	1.67	9.32	3.39	0.00	未统计
广东南昆山常绿阔叶林	83.80	2.90	2.90	4.80	0.00	5.70
贵州山原栲树林	0.00	31.90	31.90	10.10	1.10	未统计
西双版纳季雨林	67.20	4.20	2.90	0.60	0.00	25.00

物比例小于莽山常绿阔叶林，可能是南方红豆杉群落在许多分布位点海拔偏高，由局部较冷湿的环境造成的，也可能是南方红豆杉群落处于当地森林植被的演替阶段，由一些高大的先锋树种组成。

五、种群结构

南方红豆杉群落的乔木层可分为 2 个亚层，第Ⅰ亚层高 10m 以上，第Ⅱ亚层高 4～10m。灌木层也可分为 2 个亚层，第Ⅰ亚层高 2～4m，第Ⅱ亚层高 0.5～2m。

将南方红豆杉划分为 5 个树高级别：树高＜0.5m 为Ⅰ级，0.5m≤树高＜2m 为Ⅱ级，2m≤树高＜5m 为Ⅲ级，5m≤树高＜8m 为Ⅳ级，树高＞8m 为Ⅴ级。10 个南方红豆杉种群样地中，Ⅰ级幼苗数量最多，共有 617 株，占总数的 71.33%；其次为Ⅲ级个体，共有 101 株，占总数的 11.68%；Ⅳ级植株（92 株）与Ⅲ级植株的株数大体接近，占总数的 10.64%；Ⅴ级大树个体较少，为 34 株，占总数的 3.93%；Ⅱ级幼树最少，仅有 21 株，占总数的 2.43%。这组数据反映了南岭山地南方红豆杉主要集中出现在 0～0.5m 和 2～8m，即草本层、乔木层第Ⅱ亚层和灌木层第Ⅰ亚层中，Ⅱ级幼树和Ⅴ级大树较少。

南方红豆杉种群中Ⅰ级幼苗十分丰富，说明南方红豆杉幼苗存活率较高，种群中有庞大的幼苗库。种群中Ⅱ级幼树严重稀缺，这可能是南方红豆杉幼苗生长过程中逐步需求充分的光照条件，林内光照条件严重不足，幼苗要经历严格的光照因子选择压力，以高死亡率为代价。种群中Ⅳ级植株与Ⅲ级植株的株数大体相等的现象说明，一旦少数幼苗通过了光照环境选择压力，就能够生长发育成为幼树，进入林层后，尽管生长缓慢，但具备一定的竞争能力，生长逐渐趋于稳定。同时也说明南方红豆杉进入幼树阶段以后，幼树能够进入营养生长和繁殖生长阶段。种群中Ⅴ级大树缺少，可能与南方红豆杉被人为盗伐有关。这暗示着幼苗较高的死亡率和人为破坏是导致南方红豆杉濒危的主要原因之一。

10 个南方红豆杉群落基本上表现为类似的大小级年龄结构，总体表现为隐退模式。江西省大余县内良乡和广东连州田心省级自然保护区群落样方中Ⅰ级幼苗达 90 株左右，这 2 个群落为竹林，说明竹林有利于南方红豆杉种子天然萌发形成幼苗，但竹鞭盘根错节导致南方红豆杉大量死亡。如果加以人为因素干扰，如适度伐除部分毛竹，增加林内透光度，有可能使其成为扩展型种群。湖南省桂阳县荷叶镇和千家洞国家级自然保护区的样地中，Ⅴ级大树与Ⅳ级树木大体相当，但Ⅲ级个体缺少，属于衰退型种群。尽管南岭山地南方红豆杉种群中Ⅰ级幼苗很多，但Ⅱ级幼树严重不足，这说明南方红豆杉种群具有强烈的自疏作用，如果不加以人为抚育措施从而为南方红豆杉幼苗生长提供必要的光环境条件，则南方红豆杉很难成为群落中的建群树种。

第四节　繁殖生物学

红豆杉属植物繁殖生物学研究始于 19 世纪中叶，限于技术因素，大部分观察借助光学显微镜。20 世纪初，Coker（1903）研究了欧洲红豆杉小孢子发生、发育特征以及小孢子形成和自由核时期形态特征，Dupler（1917，1919，1920）较系统地研究了加拿大红豆杉雄球花及配子体发育过程。20 世纪中叶，Sterling（1948a，1948b）先后开展了东北红豆杉胚珠的解剖结构、原胚、早期胚胎发生和胚胎分化过程研究工作。Wilde（1975）较系统地阐述了欧洲红豆杉和加拿大红豆杉的球果形态学特征。20 世纪 80 年代，Niklas（1982，1985）探讨了东北红豆杉风媒传粉与空气干扰模式之间的关系。Pennell 和 Bell（1985，1986，1987，1988）系统地研究了欧洲红豆杉大、小孢子发生机制及受精过程。Krizo 和 Koríneková（1989）研究了欧洲红豆杉小孢子发生和雄配子体发育。20 世纪末，Brukhin 和 Bozhkov（1996）研究了欧洲红豆杉雌配子体发育与胚胎发生过程。DiFazio 等（1996）报道了短叶红豆杉（*Taxus brevifolia*）雌株发育变异特性，Anderson 和 Owens（2000，2001）系统地研究了短叶红豆杉大小孢子发生、传粉、受精和胚发育过程。我国红豆杉属植物繁殖系统发育研究相对较晚，王兵益（2008）从植物繁殖发育过程、传粉机制、性别决定及性表达等方面研究了云南红豆杉繁殖发育规律。程广有和沈熙环（2001）探讨了东北红豆杉开花结实的规律。

一、雄配子发生、发育

（一）小孢子叶球生长、发育

项目组野外调查发现，7 月下旬，在湖南长沙地区生长的南方红豆杉雄株的多数枝条叶腋处可见小孢子叶球，但很难与营养芽区分。8 月下旬，南方红豆杉雄株着生的小孢子叶球顶端变圆，但营养芽顶端较尖。南方红豆杉小孢子叶球主要着生在雄株当年生的枝条上，偶见于多年生枝条。小孢子叶球由 13～20 个放射状排列的小孢子叶组成，外被苞片。小孢子叶包含 4～9 个盾形小孢子囊，小孢子囊排列在小孢子叶尖端。当年 8～12 月为小孢子叶球生长旺盛期，此时纵径生长大于横径生长，至翌年 1 月中下旬，横径生长逐渐大于纵径生长。1 月下旬，小孢子叶球成熟，但小孢子叶球体积变化不明显。在南方红豆杉小孢子叶球生长、发育过程中，小孢子叶球外观的颜色由浅绿色逐渐变为黄褐色。

（二）小孢子发生

南方红豆杉小孢子发生始于 8 月下旬。孢原细胞经有丝分裂形成初生壁细胞和初生造孢细胞后，再次进行有丝分裂形成次生壁细胞和次生造孢细胞。10 月中旬，可见由 3 层细胞组成的小孢子囊壁。小孢子囊壁外层为一层方形细胞组成的表皮层，表皮层不断进行垂周分裂，以适应内部组织的迅速增长。小孢子囊壁中间层为多边形细胞组成的中层，内层为绒毡层。小孢子母细胞时期，绒毡层细胞多为单核，偶见双核；减数分裂期多为双核。次生造孢细胞不断分裂，充满整个小孢子囊，形成造孢组织。11 月初，造孢细胞停止分裂，形状由多边形变为圆形，最后转化为小孢子母细胞。小孢子母细胞含一个大而圆的细胞核，染色较深。11 月中旬，小孢子母细胞进入减数分裂期，经过前期Ⅰ、中期Ⅰ、后期Ⅰ、末期Ⅰ后，2 个子核之间出现明显细胞壁，形成二分体。第 2 次分裂形成四分体，四分体有左右对称型、四面体型和线型 3 种类型，其中左右对称型居多。减数分裂完成第 2 次分裂后，4 个核之间形成细胞壁，分隔为 4 个细胞，随后进入游离小孢子时期，并以这种形态休眠越冬。同一个小孢子叶球内可见从小孢子母细胞到成熟四分体的各个时期，表现出小孢子母细胞发育不同步现象。直到翌年 1 月下旬，游离小孢子重新生长，细胞核增大，逐渐移至细胞中央，细胞壁逐渐增厚，花粉粒成熟。成熟花粉粒直径约为 20μm，表面褶皱成不规则形状，单核，不具气囊。外壁两层，内层薄，表面有颗粒状雕纹，其直径大约为 25μm。2 月中下旬，小孢子囊破裂，花粉散出。散粉时间持续较长，约 15 天。

（三）雄配子体发育

南方红豆杉由于小孢子叶球发育不同步，从传粉到受精持续时间约为 2 个月。传粉时，胚珠分泌传粉滴并通过传粉滴的聚缩获取花粉。

传粉后，花粉落在胚珠珠孔分泌的传粉滴上，被带入胚珠中。传粉滴在 30min 内消失，已授粉的胚珠不再分泌传粉滴。进入珠心的花粉外壁破裂，内壁向外延伸形成花粉管并向雌配子体方向延伸、膨胀。传粉 10 天后，可观察到已经萌发的花粉管，胚性细胞进入花粉管。胚性细胞在花粉管内进行首次有丝分裂，形成生殖细胞与管细胞，此次分裂为不均等分裂，形成的较大细胞为管细胞，较小细胞为生殖细胞，2 个细胞均具浓密的细胞质。其中，管细胞在花粉管的生长端，生殖细胞紧随其后。生殖细胞进行第 2 次有丝分裂，形成柄细胞和体细胞。刚开始，柄细胞、管细胞和体细胞彼此接触排列在一条直线上，体细胞位于中间，管细胞大于柄细胞。体细胞进一步增长变大，由初始椭圆形变为圆形，细胞核位于中央，细胞质变浓，柄细胞绕过体细胞，与管细胞并排在体细胞之前，此时柄细胞与管细胞外形类似，三者一起向花粉管生长端移动。花粉管伸入雌配子体内进行受精前，管细胞与柄细胞逐渐退化解体，体细胞周边细胞质逐渐稀薄，细胞核移向细胞边缘，迅速分裂，形成 2 个精子。

二、雌配子体发生、发育

（一）胚珠发育

南方红豆杉具有特殊的胚珠结构，其胚珠由珠心和珠被组成，胚珠外面有一层与珠被紧密结合的假种皮。胚珠成熟后，外被红色假种皮。

8 月下旬，一年生雌株枝条叶腋处可发现两种芽：一种是普通的营养芽，另一种是珠鳞芽，即幼小的胚珠，从外形上难以区分。营养芽顶端圆锥形，珠鳞芽两侧稍稍隆起，隆起部分为珠被原基，逐渐发育为珠被。10 月下旬，胚珠逐渐发育分化为珠心和珠被，此时胚珠被多层芽鳞包裹，外观很难与营养芽区分。翌年 1 月下旬，胚珠生长增大至伸出芽鳞，从外观上可对营养芽和珠鳞芽进行区分，珠鳞芽顶端逐渐变圆，呈现浅黄色，芽鳞逐渐退化成基部的苞片。2 月中旬，珠被与珠心分离，在珠心上方，珠被不愈合形成珠孔，珠心上部细胞呈方形，下部呈不规则圆形。2 月中下旬传粉前后，胚珠的珠孔分泌传粉滴，引导花粉粒进入胚珠，珠心顶端细胞不规则内陷，细胞核变小靠边，传粉结束后，珠孔封闭。3 月初到 7 月下旬，胚珠生长，体积逐渐增大，珠心受到雌配子体挤压，由早期的椭圆形变为葫芦形。胚珠多为单生直立，偶见一个苞片内着生 2 个胚珠，3 对相互交叉的苞片包裹在胚珠外，起到保护胚珠的作用。7 月底到 8 月下旬，胚珠基部分生组织细胞经过一系列有丝分裂后，缓慢生长形成杯形的假种皮。假种皮与珠被结合紧密。8 月底到 10 月下旬，假种皮显著增大，由绿色逐渐变为红色。红色杯形假种皮常被鸟虫取食。10 月底，种子完全成熟后自行脱落。此外，在胚珠发育中期，可见胚珠萎蔫脱落。

（二）大孢子发生

当年 11 月下旬，南方红豆杉珠心的中下部出现一团染色较深的细胞，细胞质浓密，细胞核较大，与周围细胞区分明显，为造孢组织。造孢组织的细胞一般为大孢子母细胞。在造孢组织分化的同时，周围细胞进行有丝分裂。翌年 1 月，造孢组织最中央可见大孢子母细胞，大孢子母细胞体积较大，染色较深，一般有 3～5 个大孢子母细胞。从 1 月中旬开始，大孢子母细胞经过减数分裂，形成 4 个大孢子细胞，4 个大孢子细胞呈线性排列。大孢子母细胞经减数分裂形成具有明显细胞壁的二分体，二分体再次减数分裂形成大孢子四分体。大孢子母细胞经过减数分裂产生 3 或 4 个大孢子。合点端的大孢子通常最大，为功能性大孢子，将来发育成雌配子体。随着功能性大孢子的增长，其余 3 个大孢子细胞逐渐变小，最终退化。同一珠心内出现多个大孢子母细胞并排发育的现象。

（三）雌配子体发育

翌年 3 月下旬，功能性大孢子经过一系列有丝分裂形成多核的雌配子体。雌配子体形成初期，自由核零散分布于胚囊中，经过一系列有丝分裂后，形成大量自由核。随着胚囊液泡化，自由核逐渐分布于胚囊边缘。翌年 4 月上旬，自由核经过多次有丝分裂后，逐渐形成细胞壁。首先，胚囊边缘的自由核形成细胞壁，围成中央腔，然后细胞壁径向延长，细胞向心生长，直到彼此接触，形成完全封闭的组织，此时，无壁的自由核全部形成有壁的细胞，雌配子体细胞化过程完成。观察中可见多个雌配子体，这是由于多个大孢子母细胞发育或大孢子母细胞分裂形成的 4 个大孢子细胞中不止 1 个发育成功能性大孢子。同一胚珠不同位置出现多个雌配子体。

（四）卵细胞发育和受精

翌年 4 月中旬，雌配子体珠孔端细胞膨大，形成颈卵器原始细胞，与此同时，珠心细胞逐渐被生长的雌配子体吸收。颈卵器原始细胞经过 1 次不均等的平周分裂，形成 1 个小的初生颈细胞和 1 个大的中央细胞。初生颈细胞进行垂周分裂，在雌配子体内形成单层颈细胞。中央细胞体积膨大，细胞核逐渐不明显，位于颈卵器上部，细胞质逐渐变淡，富含液泡，位于颈卵器下部，再次进行平周分裂形成 1 个腹沟核和 1 个卵核。腹沟核较小，位于颈卵器珠孔端，很快消失，卵核较大，位于颈卵器的合点端。卵细胞发育，核区逐渐扩大，变得明显，细胞质变浓，卵细胞逐渐移向颈卵器中央，发育成熟，等待受精。南方红豆杉颈卵器为长椭圆形，位于雌配子体的珠孔端，同一胚珠内的颈卵器数目为 2～6 个。

翌年 5 月初开始受精，传粉与受精间隔约 2 个月。传粉时，珠被完全包裹胚珠，传粉滴从珠孔内分泌。受精时，颈卵器颈部断裂，花粉管进入颈卵器，核内含物和花粉管中的部分细胞质内含物被摄入卵细胞。花粉管中内含物具有破坏性，进入颈卵器使卵细胞内出现大的液泡化区域，卵核向卵细胞基部移动。当精核与卵核接触时，卵核膜和精子核膜沿着接触点融合。首先是2层膜中的外层膜退化，然后内层膜融合产生连通2个核质的通道。卵核膜和精子核膜以这种方式迅速扩展融合，直到2个核完全融合在一起形成合子。合子向颈卵器的基部移动，受精过程完成。精核细胞质随着精子一起进入卵细胞内，包裹接触的卵核，形成浓密的保护层。受精后的卵细胞中，2个不育核和1个非功能性精子位于细胞质顶端。1个珠心内可见多个花粉管同时伸向颈卵器，每个花粉管内都存在发育的雄配子体，说明花粉萌发率高。受精前，体细胞迅速分裂形成2个大小相似的精子，其中之一进入颈卵器与卵细胞结合，或者两者同时与2个颈卵器内的卵细胞结合，形成2个受精卵。当精核与卵核接触时，两者核膜沿着接触点融合，外层膜退化，边缘变得模糊，染色较浅。随着精子的体积增大，核区逐渐明显，与卵细胞类似。2个核融合后形成的受精卵向颈卵器的基部移动，受精过程完成。

三、胚胎发育

（一）原胚发育

翌年5月下旬原胚形成。受精卵沉入颈卵器合点端形成合子后，垂直于颈卵器长轴方向，进行第1次有丝分裂，形成2个体积较大、细胞质浓密的游离核；第2次分裂后，形成4个四边形游离核；第3次分裂形成8个核，体积逐渐变小；第4次分裂后，16个游离核开始形成细胞壁，成为细胞。游离核的排列受颈卵器形状的影响。16个细胞原胚分为2层，上层9～13个细胞组成开放层细胞，下层3～7个细胞组成初生胚细胞层。开放层细胞再次进行有丝分裂，形成上层细胞和胚柄细胞，上层细胞一般不具有完整的细胞壁。

（二）幼胚发育与多胚现象

翌年6月中旬，胚柄细胞伸长之前，很难区分初生胚细胞和胚柄细胞，两者之间并没有明确界限。6月下旬，胚柄细胞迅速生长、伸长，形成管状细胞，将下方的初生胚细胞推出颈卵器基部的胞壁，进入雌配子体。随着开放层细胞核的逐渐消失，胚的自由端被挤向雌配子体，初生胚细胞有丝分裂，形成大量的胚细胞，次生胚柄的生长开始。原胚柄细胞核位于合点端，次生胚柄细胞核位于中央。

胚细胞经过有丝分裂形成6～14个细胞，体积不断增大，进入幼胚阶段。幼胚自由端（free apex）细胞核大且明显，胚柄细胞长，但细胞核不明显，细胞质稀薄。胚柄细胞进一步伸长，自由端细胞进行平周分裂和垂周分裂，形成冠状细胞层，此时胚柄细胞染色较浅，胚柄发达，有时形成莲座状。随着自由端细胞持续分裂，胚柄细胞开始退化消失，形成棒状胚，残存于棒状胚基部。南方红豆杉幼胚早期阶段存在简单多胚和裂生多胚现象。在发育过程中，靠近合点端胚的发育逐渐变快，靠近珠孔端的胚可能因为缺乏营养而逐渐变小消失，少数能继续发育到幼胚后期。

四、幼胚分化与后期胚发育

翌年 8 月上旬，幼胚进一步发育，自由端细胞变小，染色变深，细胞核大，细胞质稠密，呈半圆形。幼胚呈圆柱状，前端中部形成一团同心圆形细胞。此时，胚柄端细胞较大，染色浅，细胞质稀薄。9 月初，随着同心圆半径扩大，顶端分生组织的侧翼细胞分裂形成 2 个子叶。

翌年 9 月中旬，胚下部细胞继续分裂形成根原始细胞，根原始细胞向上形成原形成层，向侧面形成胚皮层，向下产生根冠。原形成层细胞狭长，没有细胞间隙，进一步分化为原生木质部细胞和原维管组织。胚皮层细胞近方形，核圆，横向分裂。根原始细胞出现后，胚体顶端中央部分稍稍突起，形成苗端细胞。苗端细胞核大，染色较深，初为半圆形，进一步发育形成锥形小丘，夹于肩部突出的两子叶之间。翌年 10 月底，胚成熟后，所有分生组织连成一片。许多种子的假种皮已经变红，但胚的分化尚未完成。

第五节 种群生态学

遗传多样性是指种内遗传变异总和，是生物长期进化的产物，也是生物适应性生存和发展的基础。在缺乏植物种内遗传变异大小、空间分布格局及其与环境之间的关系等基本种群遗传学背景资料下，无法制订科学有效的保护措施，挽救濒于灭绝的植物种，保护受威胁的植物种。植物保护等级的划定、有效种群数量和最小生存种的确定、遗传材料收集的策略、迁地保护或就地保护方案的选择，都依赖于对植物遗传多样性的了解。对于珍稀濒危植物种的保护，必须充分重视遗传多样性和种群遗传结构的研究，以避免近交衰退、遗传漂变等引起植物种群的生存能力下降（王崇云 2008）。

周其兴等（1998）利用等位酶技术研究了广西、湖南和贵州 3 个天然种群的遗传多样性，发现南方红豆杉遗传多样性水平较高。张宏意等（2003）基于 RAPD 分子标记对广东、湖南和江西较小分布区 12 个自然种群遗传多样性进行研究，结果发现地域相距较远的种群间遗传分化较大，其中，粤北种群遗传多样性较低。张蕊等（2009）利用 ISSR 分子标记研究来自 10 个省（区）15 个南方红豆杉代表性种源的遗传多样性，结果表明，南方红豆杉具有丰富的遗传多样性，种源遗传多样性受其产地经度和纬度非线性的共同影响，偏南和偏西地区种源的遗传多样性较低而偏东和偏北种源的遗传多样性较高。Zhang 等（2009）利用 ISSR 分子标记研究表明，南方红豆杉具有丰富的遗传多样性，但 Zhang 和 Zhou（2013）的研究结果认为，南方红豆杉种群遗传多样性中等且遗传分化较低。

项目组从南岭山地及周边地区湖南、江西、广西、广东、贵州、福建 6 个省（自治区）23 个南方红豆杉自然种群中随机采集 464 株成年个体，采用 SSR 标记技术分析其种群遗传多样性水平和遗传结构，了解南岭山地残存的南方红豆杉天然种群的遗传变异水平，为科学地保护本地区的南方红豆杉遗传资源提供种群遗传学信息。

一、种群遗传多样性

SSR引物（表13-2，表13-3）在23个南方红豆杉自然种群的464株个体中共检测到39个等位基因，单个位点平均基因数目为6.5。POPGENE32软件分析表明，单个位点上有效等位基因数（N_e）为1.8306～7.3179，平均为3.2366；单个位点上观测杂合度（H_o）为0.0000～0.6056，期望杂合度（H_e）为0.4542~0.8643；单个位点上Nei's期望杂合度（H）为0.4537～0.8633；单个位点上遗传分化系数（F_{st}）为0.1093～0.2533，平均为0.2014；单个位点上基因流（N_m）为0.7368～2.0365，平均为1.1298。除了位点TSSR37，种群在其他5个位点均偏离哈迪-温伯格平衡，观测杂合度低于期望杂合度。

表13-2　SSR-PCR引物序列及退火温度

引物	重复单元	引物序列（5′—3′）	退火温度/℃
TSSR-37	$(GGAGAC)_3$	F：CGCTGGACATTTGCAGAGC R：CGCCAGAACCGCTCTCAT	58
TSSR-45	$(TGGGTT)_4$	F：TGGAGATGACCAGCTTCAGC R：GGCAAATGCAGCCGCTTT	57.5
N-TY16	$(CAGTT)_5CT(AT)_2(AGAGGG)_4$	F：GTGACAGATCTACCACATCGTGA R：TGGTAGTTGGAGCCCCTATACAT	59.5
N-TY24	$(AT)_3(ATCAT)_{10+}$	F：GTTCTCTACCCATAGCGTTCATTCAG R：ATTCTGTCCTCCCCATAGATCTCC	61
NTWJ11	$(AGAT)_6$	F：CGACCGACCATATATCTGTC R：TCAAGGTATGGAATGGACTG	57
NTWJ12	$(AAAAC)_{12}$	F：GGAGATGGTATAGGCTCTAGG R：CACGATGGAGATACCGTATC	57

表13-3　6个SSR位点的遗传多样性、遗传分化和基因流

引物	N_a	N_e	I	H_o	H_e	H	F_{st}	N_m
TSSR-37	5	1.8306	0.9242	0.4418	0.4542	0.4537	0.1093	2.0365
TSSR-45	4	2.8771	1.0970	0.6056	0.6531	0.6524	0.1375	1.5688
N-TY16	4	2.7180	1.1421	0.0065	0.6328	0.6321	0.2533	0.7368
N-TY24	9	7.3179	2.0574	0.0022	0.8643	0.8633	0.2424	0.7814
NTWJ11	6	2.1901	1.0610	0.0043	0.5440	0.5434	0.2193	0.8902
NTWJ12	11	2.4858	1.4176	0.0000	0.5984	0.5977	0.2463	0.7649
平均	6.5	3.2366	1.2832	0.1767	0.6245	0.6238	0.2014	1.1298

注：N_a. 观测等位基因数；N_e. 有效等位基因数；I. Shannon指数；H_o. 观测杂合度；H_e. 期望杂合度；H. Nei's期望杂合度；F_{st}. 种群间遗传分化系数；N_m. 基因流

种群水平上，N_e、H_o、H_e及H的平均值分别为2.3358、0.1756、0.5062和0.4922。其中，江西五梅山种群遗传多样性最高，广西钟山种群遗传多样性最低。各种群近交系数（F_{is}）为0.2693～0.7319，表明南方红豆杉属于混合交配系统。

参试的23个南方红豆杉种群在物种（H_{es} = 0.6245）和种群（H_{ep} = 0.5062）水平上均表现出较丰富的遗传多样性，与Zhang和Zhou（2013）对13个南方红豆杉种群遗传多样性的研究结果（H_{es} = 0.538，H_{ep} = 0.538），以及欧洲红豆杉（*T. baccata*）（H_{ep} = 0.6218）

（Dubreuil et al. 2010）、密叶红豆杉（*Taxus fuana*）（H_{ep} = 0.539）、西藏红豆杉（*T. wallichiana*）（H_{ep} = 0.419）（Poudel et al. 2014）的研究结果相接近。

遗传多样性水平很可能与其长寿命、异交为主的繁育系统和较长的进化历史等生物学特性密切相关。然而，生境片断化、栖息地的丧失导致种群缩小，并且彼此隔离，加上有限的种子传播，严重地阻碍了种群内和种群间的基因交流，导致种群内近交的发生，进一步加剧了种群间的遗传分化。物种水平上较高的遗传多样性说明南方红豆杉种内遗传变异丰富，物种进化潜力大。表明南方红豆杉濒危的原因可能是其自身生物学特性和外部因素导致的，如幼苗竞争力弱、生境要求严格、人为不合理砍伐和生境破坏等。

二、种群遗传结构

种群遗传分化系数是种群遗传结构的重要参数。分子方差分析表明，南方红豆杉物种遗传变异大部分来自种群内（82.68%），种群间遗传分化系数小（F_{st} = 0.1732，P < 0.001），比 Zhang 和 Zhou（2013）的研究结果略高（F_{st} = 0.159），这可能与研究地域范围有关。Zhang 和 Zhou（2013）采集的南方红豆杉来自贵州、云南、福建、广西、江西、浙江、广东、四川、重庆 9 个省（自治区、直辖市）。短叶红豆杉遗传结构分析也存在不同地理区域间的遗传分化小而地区内相邻种群间却存在较强的遗传分化现象，这也可能与标记位点及数量有关。

植物种群遗传结构现状一般被解释为交配系统、种子传播方式、生活史、分布区大小等因素综合作用的结果（Nybom & Bartish 2000；Nybom 2004；Glémin et al. 2006）。南方红豆杉天然种群遗传分化系数（0.1732）低于 Nybom（2004）对 116 种植物的种群遗传分化系数统计分析的平均值，这表明南岭山地南方红豆杉种群间存在广泛的基因流。这可能是由于南方红豆杉为风媒异花授粉树种，传粉能力强，其种子具有红色带甜味的肉质假种皮，可借助鸟及鼠类的吞食而得以远距离传播，现存的种群片断化时间短，因而未发生严重的遗传分化。

评价植物种群遗传结构还需综合考虑植物交配系统、繁殖特性等因素。本研究表明，23 个南方红豆杉自然种群大部分位点均偏离哈迪-温伯格平衡，近交系数 F_{is} > 0，纯合度较高，杂合度不足，表明各种群内均存在严重的近亲繁殖现象。这可能是红豆杉属植物为典型的阴性树种，生长于混交林的林冠中、下层，传播花粉的风速较低，花粉不能穿越高山，局限于几米范围内传播（Allison 1991）。尽管鸟类传播种子的最远距离可达 400m 以上（朱琼琼和鲁长虎 2007），但种子在自然状态下要经过两冬一夏才能萌发，成苗率低，幼苗对生境光照、土壤、水肥条件要求极为苛刻，成活率低（邓青珊等 2008；李宁等 2014）。植物花粉、种子的散布特征对其种群结构具有重要的影响。

STRUCTURE 分析结果显示，南方红豆杉 464 株个体分为两大组群。第 1 组由江西九连山种群全部个体及其他 21 个种群中的部分个体构成；第 2 组由湖南莽山种群全部个体及其他 21 个种群中的部分个体构成。非加权组平均法（UPGMA）聚类结果表明，23 个南方红豆杉自然种群聚为两大类群，其中江西九连山种群独立聚为类群Ⅰ；其余 22 个种群聚为类群Ⅱ。两者结果略有不同。被 STRUCTURE 划分为一类的个体在 UPGMA 聚类图中却没有被聚为一类。这种现象已在许多报道中出现（徐刚标等 2013），这是由于 UPGMA 聚类与 STRUCTURE 软件的设置和分析依据不同，以及突变、有限种群大小、种群间基因流等促使南方红豆杉自然种群偏离哈迪-温伯格平衡。

曼特尔（Mantel）检验结果显示，南方红豆杉种群间的遗传距离和地理距离相关性不显著（$r = -0.1059$，$P = 0.8170$）（图 13-1）。在 23 个南方红豆杉种群中，江西九连山和湖南阳明山种群之间的遗传距离最大（$\Phi_{st} = 0.8878$），江西金盆山与江西五梅山种群之间的遗传距离最小（$\Phi_{st} = 0.0372$），这与 Zhang 和 Zhou（2013）的研究结论一致（$r = 0.2199$，$P = 0.1186$）。利用 UPGMA 聚类将 13 个种群划分成 4 类，且其类群划分与地理分布一致，与上述结果存在明显差异。可能的原因如下：一是采样地分布范围不同，较小的分布范围里种内遗传分化较高，无明显地理分化；二是南方红豆杉分布环境不同，南岭山地相似的气候和地貌不利于地理分化；三是生境片断化影响（陈小勇 2000；李静等 2005），原来连成片的种群变为孤立的小种群，而南方红豆杉种群生境片断化是在其最近的繁殖世代发生的。

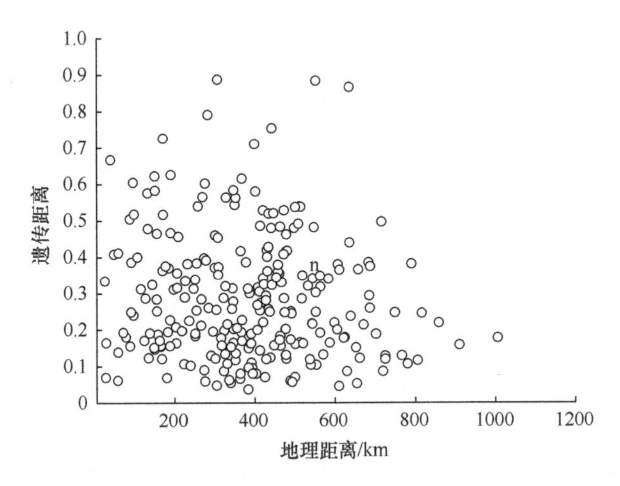

图 13-1　南方红豆杉种群遗传距离和地理距离的相关性

第六节　总结与展望

一、物种进化史

物种进化史包括物种的起源、演化、发展以及在此过程中对物种产生重要影响的一些历史事件。由于冰川或地质变化作用，很多物种都是从历史上的广布种逐渐变为稀有种乃至濒危种。红豆杉属植物起源于恐龙时代，白垩纪、始新世时期曾广泛分布于北温带。经过几次冰川时期，多数地域的红豆杉属植物已经消失，变为不连续地，分布在北半球（兰士波等 2012）。

一般认为，第四纪冰期（距今 200 万～300 万年前，结束于 1 万～2 万年前）温度比目前低 5～12℃，海平面下降 100～150m。植物受到第四纪冰期和间冰期交替引起的气候变化影响很大，一些植物灭绝，一些植物迁移或适应性进化形成新物种以适应冰期的恶劣气候。幸存下来的植物种，在冰期后变暖的气候条件下从避难所扩散后重新分布

（陈冬梅等 2011）。

秦巴山地绵亘于华中地区，成为阻挡北部空气入侵的屏障，从第三纪以来，这里基本上没有受到第四纪大陆冰川的侵袭，从而保存着丰富的中国特有成分植物及大量原始温带属和古老孑遗植物（应俊生 2001）。南岭山地于三叠纪末期升出海面而成为陆地，长期以来受东亚季风气候的影响，保持湿热的气候环境，对中生代和新生代的植物进化起着重要的作用，残留着许多古老、孑遗、珍稀植物种类，特有成分集中（林英等 1981）。秦巴山地和南岭山地是著名的第四纪冰川时期植物避难所（应俊生 2001）。南方红豆杉经第四纪冰川时期地质构造的运动和地形地势的变化，可能仅在秦巴和南岭山地“避难所”的特殊环境中遗留下来，通过迁移和扩散，形成了明显隔离的现存地理种群。

二、濒危原因

（一）掠夺式砍伐

南方红豆杉材质坚硬，边材黄白色，心材赤红，质坚硬，纹理致密，不翘不裂，耐腐力强，纹理直，结构细，具弹性，耐腐朽，剖面花纹美丽，有光泽及香气，为建筑、车辆、细木工、雕刻、高级家具等的优质硬木用材，一直是当地林农砍伐的对象。例如，20 世纪 80 年代末至 90 年代初，南岭山地几万株南方红豆杉的树皮被剥，大量野生南方红豆杉资源被破坏。云南志奔山砍伐了 92 000 株南方红豆杉（茹文明等 2006）。尽管国家出台了珍稀濒危物种保护条例，但是由于南方红豆杉树皮含有紫杉醇，一些利欲熏心的不法分子置国家法令于不顾，肆无忌惮地砍伐和剥皮，致使大量的南方红豆杉大树死亡。

（二）生境丧失

20 世纪 50 年代的“大跃进”时期大炼钢铁，森林资源遭受极度破坏。20 世纪 70 年代后期至 80 年代的人工速生丰产林营建，以及 20 世纪 80 年代后期的经济林迅速发展，21 世纪初公路、铁路和水库扩建，使原来集中连片的森林被分割成小块，生态系统向逆行演替方向发展，原有的南方红豆杉生境片断化或岛屿化更为严重，原有种群被分割成若干个生境隔离的小种群，阻碍了种群间的基因迁移，种群规模进一步收缩变小。

虽然南方红豆杉并不是主要用材树种，但南方红豆杉分布的林分常是森林采伐的对象。20 世纪采伐方式落后，对南方红豆杉生存环境的破坏较大。森林上层树种被采伐后，林地小气候条件发生改变，对喜阴的南方红豆杉幼树的光合作用和生长极为不利，原林层下的南方红豆杉表现出生长不良、枯黄、干死等现象，严重影响南方红豆杉的生存。

雌雄异株、风媒传粉和鸟类传播种子被认为是红豆杉属植物繁殖特性的最适机制，人类活动的干扰，使原有植被破坏，生境片断化，引起南方红豆杉天然种群变小，呈岛屿状分布或散生。种群密度降低后，改变了群落中南方红豆杉与其他生物间的关系，尤其是南方红豆杉与传播其种子的鸟类的关系。群落中植株数量少、密度低，传粉效率难以保证（Lamont et al. 1993）。南方红豆杉种子有红色的假种皮，对鸟类、啮齿动物有一定的吸引作用，这对种子传播具有积极意义，但这种传播作用会因生境破碎而受到干扰，种子的有限传播导致繁殖成功率的下降，表现出对种群大小的敏感性。

（三）内在因素

南方红豆杉繁殖周期长和复杂的繁殖过程可能是其濒危的主要原因之一。南方红豆杉以雄配子体形式过冬，在较长的雄配子体发育过程中，如果出现气候异常等不良环境，靠自身的能力很难恢复，会增加胚珠、种子或幼苗死亡的概率。

雌雄繁殖系统发育不一致是南方红豆杉濒危的另一个主要原因。南方红豆杉雌雄繁殖系统发育不一致，导致胚珠发育滞后于小孢子叶球的散粉期，只有早期发育的胚珠得到授粉。不同海拔的南方红豆杉种群，由于气候差异，尽管种群间距离较近，但种群间的开花不同步，限制了种群间的传粉。这种不经济的交配系统，大大降低了授粉率。

散生异龄、雌雄株比例悬殊也是南方红豆杉濒危的主要原因。红豆杉属植物与其他风媒传粉的针叶树不同，胚珠结构简单，花粉也没有气囊，仅靠林分中较高的花粉密度及较长时间分泌的较大传粉滴来保证传粉效率。显然，长时间裸露的花粉虽然能提高传粉效率，但容易受外界环境因素的影响。南方红豆杉传粉受精时期为 5～7 月，正值长江流域的梅雨季节。烟雨绵绵的天气，必然会严重影响授粉效率，导致南方红豆杉天然种群的结实量低。

天然种群中南方红豆杉株间距离很大，常处于乔木层下层，林分中的花粉密度很难达到较高的水平以满足正常授粉，可能会导致传粉和受精受阻。

植物的成功更新取决于种子的产生、土壤种子库密度、种子的萌发及幼苗的成活。虽然红豆杉植株间的间隔较大仍可授粉并形成数量较多的种子，但大部分南方红豆杉种子还没有来得及补充到土壤种子库中就已经被取食、移走或腐烂。南方红豆杉种子休眠属于综合型休眠，经过两冬一夏，最后能够成功萌发成幼苗的种子数量很有限（岳红娟等 2010）。

南方红豆杉是典型阴性树种，对气候、温度、光照和湿度要求较严格，对海拔、坡位、坡向也较为敏感，常生长在阴坡、半阴坡及沟谷的常绿阔叶林或落叶、常绿阔叶混交林中，多处于中层林冠。虽然南方红豆杉成年树木较耐阴，但天然萌发后的幼苗在成长过程中需要一定的光照条件以满足其自身的光合作用。大多数南方红豆杉天然群落的乔木层郁闭度太大，林内光照严重不足，一至三年生的南方红豆杉幼树在生长发育过程中，经受较大的环境（光照）选择压力，导致幼龄生长不良甚至出现大量死亡。由于南方红豆杉幼龄生长极其缓慢，天然群落中南方红豆杉对空间的利用，无论是地上还是地下，都不占优势，幼树生长和竞争能力弱，受到强烈的环境选择压力，种群早期锐减、中后期才趋于稳定的林分天然更新特性，可能也是其濒危原因之一（孙启武等 2009；王磊等 2010）。

南方红豆杉天然种群年龄结构多呈现幼龄个体少、老龄个体多的特点，种群扩展缺乏足够的幼龄个体。在天然种群更新过程中，由于光照、水分胁迫和外界干扰，个体数量不均衡死亡而出现从聚集向随机分布靠近的趋势（王磊等 2010）。

由于南方红豆杉生长发育、更新高度适应于特定水平的温度、湿度和光照条件，森林破碎化引起林地环境条件改变，可能引起南方红豆杉在片断化森林中消失，导致南方红豆杉的天然分布范围仍在不断地收缩。

南方红豆杉物种遗传多样性较高，可能是由于南方红豆杉曾广泛分布于北半球，具有比较丰富的种群遗传物质基础。幸存下来的南方红豆杉种群保留了祖先种群的大部分遗传变异。根据南方红豆杉种群遗传多样性高、种群间遗传分化不明显、存在明显的地理变异模式的种群遗传结构特征，可以推测，南方红豆杉生境片断化，种群间隔离是其最近繁殖世代发生的，南方红豆杉的濒危不是因其种群遗传进化潜力下降引起的。

尽管现存的南方红豆杉天然种群维持了较丰富的遗传多样性，但这些相距很远且多数被高山阻隔的天然小种群，随着繁殖世代推移，遗传漂移和近交衰退越来越明显。小种群固有的遗传漂移属性将引起等位基因，尤其是稀有等位基因丢失或固定的可能性越来越大，最终导致遗传多样性丧失。大多数天然大种群，通过多种机制避免近亲交配，而小种群中近缘个体间交配是不可避免的，当经历一定的繁殖世代后，种群中每个个体都变成近缘个体，以至于不存在非近缘个体间的交配。近亲交配会导致后代个体数目少、死亡率高、生活力弱、不育或交配成功率低，引起种群繁殖健康度下降，更容易灭绝。

有研究表明，小种群更易受环境随机性和种群统计随机性的影响。遗传多样性丧失、种群统计随机性和环境随机性，只要一个因素发生作用，就会使种群更容易受另外两个因素的影响而增加灭绝的风险（陈小勇 2000）。分割成片断化、隔离的南方红豆杉小种群，就特别容易受环境变化、种群统计随机性和种群遗传因素的影响而使种群繁殖率下降、死亡率升高，这将进一步降低南方红豆杉种群大小，最终导致南方红豆杉物种的灭绝。

三、保护措施

制约我国红豆杉属植物保护工作的一个重要因素是对其生物学特性知之甚少，不能采取科学、合理及有效的保护措施对红豆杉属植物进行迁地保护和就地保护。对一种生物的生物学背景了解得越多，就越有可能对这个物种提出切实可行的保护措施。结合项目组对南方红豆杉群落生态学、繁殖生物学、种群遗传学和森林培育学的研究结果，对其遗传多样性保护策略的制定提出一些建议。

（一）就地保护

南方红豆杉天然种群或散生古树大多数分布于自然保护区之外，保护空缺现象严重。自然保护区内的南方红豆杉植株数量过少，可能比其最小可繁衍的种群数量还要少。如果不保护保护区以外的南方红豆杉遗传资源，保护区内的南方红豆杉可能会因种群过小，终究无法保存而灭绝。因此，必须加大对自然保护区以外的南方红豆杉天然资源的保护力度，将南方红豆杉的保护任务落实到乡、村及个人。尤其是南方红豆杉资源丰富、分布集中的地方，应建立南方红豆杉保护小区，实施重点保护。防止公路、农田、乡村建设和其他大范围的人类建筑造成南方红豆杉保护小区生境再次片断化，并对周边的植物区系加以保护，以维持其生存所需的生态环境条件。

对于自然保护区内的南方红豆杉，应根据其种群分布特征，制定相应的保护策略，不可能采用单一的保护方案。为了达到在单块原地保存林中能维持多地保存林中遗传多样性的目的，应按不同的气候生态类型区，选择一个南方红豆杉资源分布最集中的自然保护区，重点开展定位监测研究，系统地观察、记录南方红豆杉天然群落中植株生长、发育、繁殖的特点，个体数量消长等基础性数据，并建立南方红豆杉天然种群管理档案。

南方红豆杉为典型阴性树种，常生长于混交林的林冠下层，但林下南方红豆杉幼苗常因林中光照严重不足，生长不良甚至出现大量死亡，因此，应定期对南方红豆杉群落的乔灌层植株进行适度间伐或择伐，适度清理地面的草本层，使群落乔木冠层郁闭度保持在 0.5～0.6，以维持林中透光度在 20%～30%，为天然群落中南方红豆杉幼树成活创造适宜的光照条件，促进南方红豆杉天然更新。对于南方红豆杉资源稀少的自然保护区，可采取封山育林等常规自然保护区管理措施，禁止人为因素干扰保护区内植被，维持其天然状态。这部分南方红豆杉种群可作为“廊道”“踏脚石”，以保证物种水平上基因流的畅通。

目前，我国各级自然保护区现有的管护人员总体待遇很差，严重影响其责任心；公众保护意识教育不足，经济开发与自然保护之间的矛盾尚未妥善解决。一些省级，尤其是县市级自然保护区的工作多停留在对“偷砍盗伐”案件查实处理，对南方红豆杉野生古树被盗都不知情。因此，要加强各级自然保护区的技术力量，培训现有保护区人员，增强保护区周边农民的保护意识和对盗伐珍稀濒危植物行为的打击力度。

（二）迁地保护

当前的全球性气候变化将会改变现有植物多样性热点地区的分布格局，现有依据植物丰富度、多样性及特有性建立的自然保护区，其植物多样性在 50～100 年后很可能发生巨大变迁（BGCI 2003；McClean et al. 2006）。因此，植物迁地保护作为就地保护的补充，是生物多样性保护的重要组成部分。

南方红豆杉不同种群在生长性状和形态特征等方面存在显著差异（焦月玲等 2007；欧建德 2012；王艺等 2012），尤其是地理纬度（海拔）相差很大的种群，存在着开花节律不一致的现象，这可能是分布在不同气候生态类型区的南方红豆杉种群，因长期适应特定的环境生态条件产生了适应性遗传分化的结果。这种适应性基因在遗传多样性保护中特别重要，是物种进化和环境适应的基础（Gauli et al. 2009）。因此，收集、保存南方红豆杉物种水平遗传多样性，在一个地点建立迁地保护林，从繁殖更新角度来说，不仅面临着因远交衰退可能导致种群后代适应性下降的风险，还可能存在花期不遇的潜在危机，因此，是不可取的。

为了全面捕获南方红豆杉遗传多样性，尤其是选择性基因多态性，也为了增加迁地保护林中植株的成活率和保存率，在空间设置上，应优先考虑特定的气候、土壤类型，在不同的气候、土壤生态类型区，以保护特定的生态类型区的种群遗传多样性为主，建立相应的迁地保护中心。迁地保护林应设在适宜于南方红豆杉生长、发育的生境，并能满足营造、抚育、管护、研究和管理所需，使之成为专用保存地，得到长期保存。

不同地区的南方红豆杉迁地保护林规模与管理，应根据本地区的实际情况采用不同的选择和管理标准。对于南方红豆杉资源丰富的气候土壤类型区，规模要大；对于资源分布较少的生态类型区，迁地林规模可适当小一些。迁地保护林管理可以从任其自然生长到实行选择性疏伐管理。随着这些分离的迁地保护种群对不同环境选择压力和管理体系的适应，从而保证了南方红豆杉不同迁地保护种群中保存着不同的等位基因组合。

南方红豆杉雌雄异株，为典型的异交繁育系统，对近交衰退的耐性较差。生境片断化引起种群变小而带来的遗传效应对南方红豆杉遗传多样性影响很大，因此，尽管中性分子标记揭示的种群间遗传分化很小，营建迁地保护林时，要从不同海拔、不同坡位、不同林分类型等多个种群中收集足够的遗传材料以保证能收集到选择性稀有基因的可能性，人为地创造基因交流和重组条件，维持天然种群的遗传多样性水平，避免近亲衰退，以提高对环境的适应能力。

目前，国内一些植物园及有关科研单位先后建立的南方红豆杉迁地保护林，对南方红豆杉迁地保护发挥了重要作用，但这些主要是为了保护物种或保存某个（或少数）天然种群遗传多样性而建立的，种群取样代表性差，保存的植株数量较少，遗传多样性涵盖度低（黄宏文和张征 2012）。为了实现“保存、测定、评价、利用”相结合的目标，营建南方红豆杉迁地保护林时，分种群、家系，按照田间试验设计，进行造林规划，以弥补就地保存只能保存而不能开展测定和评价利用的缺陷，为进一步开展南方红豆杉良种选育和资源开发利用提供理论依据与种质材料。

为了保证迁地保护不存在遗传学和生态学风险，应加强迁地保护林周边植被保护与建设，进一步开展南方红豆杉种群生物学特性和繁殖生态习性研究，开发选择性标记，评价南方红豆杉迁地保护林遗传多样性保护效果。

撰稿人：徐刚标，肖玉菲

主要参考文献

曹基武, 陈湘运. 1999. 南方红豆杉营林技术的研究与应用. 林业科技开发, (5): 12-13.

曹基武, 吴林世, 刘春林, 等. 2013. 湖南芷江县南方红豆杉群落特征及植物区系分析. 湖南林业科技, 40(4): 39-43.

陈登雄, 方兴添. 1998. 南方红豆杉种子催芽研究初探. 福建林学院学报, 18(3): 267-269.

陈冬梅, 康宏樟, 刘春江. 2011. 中国第四纪冰期潜在植物避难所研究进展. 植物研究, 31(5): 623-632.

程广有, 沈熙环. 2001. 东北红豆杉开花结实的规律. 东北林业大学学报, (3): 44-46.

陈立新, 华波, 彭宝珠, 等. 2013. 南方红豆杉人工授粉与雌雄同株现象研究. 现代农业科技, (11): 181.

陈谦海, 陈雪梅. 1997. 贵州红豆杉资源利用与保护. 贵州科学, 15(3): 219-222.

陈小勇. 2000. 生境片断化对植物种群遗传结构的影响及植物遗传多样性保护. 生态学报, 20(5): 884-892.

邓青珊, 陈思静, 鲁长虎. 2010. 鸟类对南方红豆杉种子的取食与搬运. 林业科学, 46(2): 157-161.

邓青珊, 朱琼琼, 鲁长虎. 2008. 南方红豆杉的天然更新格局及食果鸟类对其种子的传播. 生态学杂志, 27(5): 712-717.

费永俊, 刘志雄, 王祥, 等. 2005. 南方红豆杉响应不同传粉式样的结实表现. 西北植物学报, 25(3): 478-483.

费永俊, 雷泽湘, 余昌均, 等. 1997. 中国红豆杉属植物的濒危原因及可持续利用对策. 自然资源, (5): 59-63.

傅瑞树, 宋建华. 2003. 福建省南方红豆杉资源保护与可持续利用探讨. 福建林业科技, 30(1): 53-56.
何爱兰, 朱圣潮. 2005. 浙江丽水生态示范区南方红豆杉群落的物种多样性. 杭州师范学院学报(自然科学版), 4(2): 129-132.
贺金生, 陈伟烈, 李凌浩. 1998. 中国中亚热带东部常绿阔叶林主要类型的群落多样性特征. 植物生态学报, 22(4): 303-311.
黄宏文, 张征. 2012. 中国植物引种栽培及迁地保护的现状与展望. 生物多样性, 20(5): 559-571.
黄日明, 陈瑞英, 段萍, 等. 2013. 南方红豆杉木材理化性质的研究. 福建林学院学报, 33(4): 377-380.
黄日明, 段萍, 陈承德. 2012. 南方红豆杉木材解剖特征研究. 闽西职业技术学院学报, 14(2): 112-115.
黄儒珠, 方兴添. 2002. 南方红豆杉种子的化学成分分析. 应用与环境生物学报, 8(4): 392-394.
黄儒珠, 郭祥泉, 方兴添, 等. 2006. 变温层积处理对南方红豆杉种子生理生化特性的影响. 福建师范大学学报(自然科学版), 22(2): 95-98.
黄玉清, 李先馄, 苏宗明. 2000. 元宝山南方红豆杉种群结构: II 高度结构. 广西植物, 20(2): 126-130.
吉前华, 郭雁君, 李少琼, 等. 2007. 不同处理对南方红豆杉种子萌发的影响. 安徽农业科学, 35(31): 9858-9860.
焦月玲, 周志春, 余能健, 等. 2007. 南方红豆杉苗木性状种源分化和育苗环境对苗木生长的影响. 林业科学研究, 20(3): 363-369.
旷建军, 旷柏根, 胡春辉, 等. 2007. 南岳衡山种子植物区系地理分析: 南岳衡山植物区系研究(二). 湖南林业科技, 39(2): 12-20.
兰士波, 马盈, 李红艳. 2012. 红豆杉起源演化与开发利用述评. 中国林副特产, 120(5): 95-98.
雷泞菲, 苏智先, 宋会兴, 等. 2002. 缙云山常绿阔叶林不同演替阶段植物生活型谱比较研究. 应用生态学报, 13(3): 267-270.
李宁, 王征, 鲁长虎, 等. 2014. 斑块生境中食果鸟类对南方红豆杉种子的取食和传播. 生态学报, 34(7): 1681-1689.
李先琨, 黄玉清. 2000. 元宝山南方红豆杉种群分布格局及动态. 应用生态学报, 11(2): 169-172.
李先琨, 苏宗明, 向悟生, 等. 2002. 濒危植物元宝山冷杉种群结构与分布格局. 生态学报, 22(12): 2246-2254.
李效贤, 张春椿, 熊耀康. 2011. 南方红豆杉的鉴别研究. 中药材, 34(4): 538-540.
廖文波, 苏志尧, 崔大方, 等. 2002. 粤北南方红豆杉植物群落的研究. 云南植物研究, 24(3): 295-306.
林英, 龙迪宗, 杨祥学, 等. 1981. 江西省九连山自然保护区的植被. 植物生态学与地植物学丛刊, 5(2): 110-120.
李静, 叶万辉, 葛学军. 2005. 生境片断化对植物的遗传影响. 中山大学学报(自然科学版), 44(S2): 193-199.
罗建勋, 孙启武. 2003. 四川野生红豆杉资源的保护与可持续利用. 四川林业科技, 24(1): 43-47.
聂文, 唐代生, 魏丹. 2008. 湖南阳明山国家自然保护区南方红豆杉群落特征研究. 湖南林业科技, 35(2): 24-28.
欧建德. 2012. 不同地理种源南方红豆杉幼林观赏性状遗传变异初探. 西南林业大学学报, 32(4): 41-44.
彭珍宝, 夏江林, 旷建军, 等. 2007. 南岳衡山种子植物区系组成及代表类群特征分析: 南岳衡山植物区系(一). 湖南林业科技, 39(1): 30-37.
茹文明. 2001. 山西蟒河自然保护区南方红豆杉林的调查研究. 植物研究, 21(1): 42-46.
茹文明, 张金屯, 张峰, 等. 2006. 濒危植物南方红豆杉濒危原因分析. 植物研究, 26(5): 624-628.
宋会兴, 周莉, 苏智先. 2002. 四川省国家重点保护野生植物资源与保护. 资源科学, 24(3): 54-58.
苏应娟. 1994. 红豆杉科系统位置的研究概况. 中山大学研究生学刊(自然科学与医学版), 15(1): 80-87.
苏宗明, 黄玉清, 李先琨. 2000. 广西元宝山南方红豆杉群落特征的研究. 广西植物, 20(1): 1-10.
孙启武, 王磊, 张小平, 等. 2009. 皖南山区南方红豆杉种群动态研究. 林业科学研究, 22(4): 579-585.
王兵益. 2008. 云南红豆杉生殖生态学研究. 北京: 中国林业科学研究院博士研究生学位论文.

王崇云. 2008. 进化生态学. 北京: 高等教育出版社.
王伏雄, 陈祖铿, 胡玉熹. 1979. 从胚胎发育和解剖结构讨论红豆杉科的系统位置. 植物分类学报, 17(3): 1-7.
王磊, 孙启武, 郝朝运, 等. 2010. 皖南山区南方红豆杉种群不同龄级立木的点格局分析. 应用生态学报, 21(2): 272-278.
王艳, 姚松林, 祁翔, 等. 2009. 梵净山自然保护区南方红豆杉资源分布现状调查. 西南农业学报, 22(4): 1073-1076.
王祖良, 赵明水, 楼炉焕, 等. 2003. 临安桐坑南方红豆杉群落区系组成和群落学特征研究. 浙江林业科技, 23(3): 1-8.
文亚峰, 谢伟东, 韩文军, 等. 2013. 南岭山地南方红豆杉的资源现状及其分布特点. 中南林业科技大学学报(自然科学版), 32(7): 1-5.
伍建军, 廖文波, 崔大方, 等. 2002. 粤北南方红豆杉植物群落的物种多样性和种群格局. 广西植物, 22(1): 61-66.
熊耀康, 谢志慧, 张春椿, 等. 2009. 破除南方红豆杉种子休眠方法的研究. 浙江中医药大学学报, 33(5): 732-737.
徐刚标, 梁艳, 蒋燚, 等. 2013. 伯乐树种群遗传多样性及遗传结构. 生物多样性, 21(6): 723-731.
叶能干, 廖海民, 李淑久. 1996. 从幼苗形态学特征探讨红豆杉科各属间的系统演化. 植物分类学报, 34(2): 142-151.
应俊生. 2001. 中国种子植物物种多样性及其分布格局. 生物多样性, 9(4): 393-398.
于海莲. 2009. 南方红豆杉种子休眠机理及催芽技术的研究. 北京: 北京林业大学硕士研究生学位论文.
岳红娟, 仝川, 朱锦懋, 等. 2010. 濒危植物南方红豆杉种子雨和土壤种子库特征. 生态学报, 30(16): 4389-4400.
张峰, 上官铁梁. 1988. 山西南方红豆杉(*Taxus mairei*)森林群落的生态优势度分析. 山西大学学报(自然科学版), 11(3): 82-86.
张桂萍, 张建国, 茹文明. 2003. 山西蟒河南方红豆杉群落和种群结构研究. 山西大学学报(自然科学版), 26(2): 169-172.
张宏意, 陈月琴, 廖文波. 2003. 南方红豆杉不同居群遗传多样性的 RAPD 研究. 西北植物学报, 23(11): 1994-1997.
张华海. 2009. 贵州珍稀濒危植物地理分布研究. 种子, (6): 68-72.
张蕊, 周志春, 金国庆, 等. 2009. 南方红豆杉种源遗传多样性和遗传分化. 林业科学, 45(1): 50-55.
张艳杰, 高捍东, 鲁顺保. 2007. 南方红豆杉种子中发芽抑制物的研究. 南京林业大学学报(自然科学版), 31(4): 51-56.
张志权, 陈志明. 2000. 南方红豆杉种子萌发生物学研究. 林业科学研究, 13(3): 280-285.
郑万钧, 傅立国. 1978. 中国植物志(第 7 卷). 北京: 科学出版社.
周洪英, 金平, 邹天才. 2007. 温度和植物激素对提高南方红豆杉种子出苗率的研究. 种子, 26(5): 12-15.
周其兴, 葛颂, 顾志建, 等. 1998. 中国红豆杉属及其近缘植物的遗传变异和亲缘关系分析. 植物分类学报, 36(4): 323-332.
朱琼琼, 鲁长虎. 2007. 食果鸟类在红豆杉天然种群形成中的作用. 生态学杂志, 26(8): 1238-1243.
张九东. 2009. 陕西省红豆杉(*Taxus wallichiana* var. *chinensis* (Pilger) Florin)资源研究. 西安: 陕西师范大学硕士研究生学位论文.
宋永昌. 2001. 植被生态学. 上海: 华东师范大学出版社.
王艺, 张蕊, 冯建国, 等. 2012. 不同种源南方红豆杉生长差异分析及早期速生优良种源筛选. 植物资源与环境学报, 21(4): 41-47.
Allison T D. 1991. Variation in sex expression in Canada yew (*Taxus canadensis*). American Journal of Botany, 78(4): 569-578.

Anderson E D, Owens J N. 2000. Microsporogenesis, pollination, pollen germination and male gametophyte development in *Taxus brevifolia*. Annals of Botany, 86(5): 1033-1042.

Anderson E D, Owens J N. 2001. Embryo development, megagametophyte storage product accumulation and seed efficiency in *Taxus brevifolia*. Canadian Journal of Forest Research, 31(6): 1046-1056.

BGCI. 2003. Global strategy for plant conservation. http://en.wikipedia.org/wiki/Global_strategy_for_plant_conservation [2004-3-21].

Bobrov A V F, Melikian A P, Yembaturova E Y. 1999. Seed morphology, anatomy and ultrastructure of *Phyllocladus* L. C. & A. Rich. ex Mirb. (Phyllocladaceae (Pilg.) Bessey) in connection with the generic system and phylogeny. Annals of Botany, 83(6): 601-618.

Bobrov A V F, Melikian A P. 2006. A new class of coniferophytes and its system based on the structure of the female reproductive organs. Komarovia, 4: 47-115.

Brukhin V B, Bozhkov P V. 1996. Female gametophyte development and embryo- genesis in *Taxus baccata* L. Acta Soccietatis Botanicorum Poloniae, 65(1-2): 135-139.

Christenhusz M J M, Reveal J L, Farjon A, et al. 2011. A new classification and linear sequence of extant gymnosperms. Phytotaxa, 19(1): 55-70.

Coker W C. 1903. On the gametophytes and embryo of *Taxodium*. Botanical Gazette, 33(1): 89-107.

Daniewski W M, Gumulka M, Anczewski W, et al. 1998. Why the yew tree (*Taxus baccata*) is not attacked by insects. Phytochemistry, 49(5): 1279-1282.

DiFazio S P, Vance N C, Wilson M V. 1996. Variation in expression of *Taxus brevifolia* in Western Oregon. Canadian Journal of Botany, 74(12): 1943-1946.

Dubreuil M, Riba M, Santiago C, et al. 2010. Genetic effects of chronic habitat fragmentation revisited: strong genetic structure in a temperate tree, *Taxus baccata* (Taxaceae), with great dispersal capability. American Journal of Botany, 97(2): 303-310.

Dupler A W. 1917. The gametophytes of *Taxus canadensis* Marsh. Botanical Gazette, 64(2): 115-136.

Dupler A W. 1919. Staminate strobilus of *Taxus canadensis*. Botanical Gazette, 68(5): 345-366.

Dupler A W. 1920. Ovuliferous structures of *Taxus canadensis*. Botanical Gazette, 69(6): 492-521.

Earle C J. 2008. Gymnosperm Database. http://www.conifers.org/index.html [2009-2-28].

Farjon A. 2001. World Checklist and Bibliography of Conifers (2nd Edition). London: Royal Botanic Gardens, Kew: 300.

Gauli A, Gailing O, Stefenon V M, et al. 2009. Genetic similarity of natural populations and plantations of *Pinus roxburghii* Sarg. in Nepal. Annals of Forest Science, 66(7): 1-10.

Glémin S, Bazin E, Cliarleswortli D. 2006. Impact of mating systems on patterns of sequence polymorphism in flowering plants. Proceedings of the Royal Society B: Biological Sciences, 1604(273): 3011-3019.

Krizo M, Korínecková M. 1989. Microsporogenesis of the yew (*Taxus baccata* L.) under conditions of Central Slovakia. Biologia, 44(1): 21-26.

Lamont B B, Klinkhamer P G L, Witkowski E T F. 1993. Population fragmentation may reduce fertility to zero in *Banksia goodie*: a demonstration of the Allee effect. Oecologia, 94(3): 446-450.

McClean C J, Doswald N, Küper W, et al. 2006. Potential impacts of climate change on Sub-Saharan African plant priority area selection. Diversity and Distributions, 12(6): 645-655.

Niklas K J. 1982. Simulated and empiric wind pollination patterns of conifer ovulate cones. Proceedings of the National Academy of Sciences of the United States of America, 79(2): 510-514.

Niklas K J. 1985. Wind pollination of *Taxus cuspidata*. American Journal of Botany, 72(1): 1-13.

Nybom H, Bartish I V. 2000. Effects of life history traits and sampling strategies on genetic diversity estimates obtained with RAPD markers in plants. Perspectives in Plant Ecology, Evolution and Systematic, 3(2): 93-114.

Nybom H. 2004. Comparison of different nuclear DNA markers for estimating intraspecific genetic diversity in plants. Molecular Ecology, 13(5): 1143-1156.

Pennell R I, Bell P R. 1985. Microsporogenesis in *Taxus baccata* L. the development of the archesporium. Annals of Botany, 56(3): 415-427.

Pennell R I, Bell P R. 1987. Megasporogenesis and the subsequent cell lineage within the ovule of *Taxus baccata* L. Annals of Botany, 59(6): 693-704.

Pennell R I, Bell P R. 1988. Insemination of the archegonium and fertilization in *Taxus baccata* L. Journal of Cell Science, 89(4): 551-559.

Pennell R I, Bell P R. 1986. The development of the male gametophyte and spermatogenesis in *Taxus baccata* L. Proceedings of the Royal Society B: Biological Sciences, 228: 85-96.

Pilger R. 1926. Gymnospermae. *In*: Engler A, Prantl K. Die Natürlichen Pflanzenfamilien, Band 13. Leipzig: Wilhelm Engelmann.

Pilger R, Melchior H. 1954. Gymnospermae. *In*: Melchior H, Enger W E A. Syllabus der Pflanzenfamilien. Berlin: Gebrüder Borntraeger: 312-334.

Poudel R C, Miller M, Li D Z, et al. 2014. Genetic diversity, demographical history and conservation aspects of the endangered yew tree *Taxus contorta* (syn. *Taxus fuana*) in Pakistan. Tree Genetics & Genomes, 10(3): 653-665.

Quinn C J, Price R A, Gadek P A. 2002. Familial concepts and relationships in the conifer based on *rbcL* and *matK* sequence comparisons. Kew Bulletin, 57: 513-531.

Semikhova V F, Arefeva L P, Novozhilova O A, et al. 2001. Systematic relationships of Podocarpales, Cephalotaxales, and Taxales based on comparative seed anatomy and biochemistry data. Biology Bulletin of the Russian Academy of Sciences, 28(5): 459-470.

Spjut R W. 2007. Taxonomy and nomenclature of *Taxus*. Journal of the Botanical Research Institute of Texas, 1: 203-289.

Sterling C. 1948a. Gametophyte development in *Taxus cuspidata*. Bulletin of the Torrey Botanical Club, 75(2): 147-165.

Sterling C. 1948b. Proembryo and early embryogeny in *Taxus cuspidata*. Bulletin of the Torrey Botanical Club, 75(5): 469-485.

Wang F H, Chen Z K. 1990. An outline of embryological characters of gymnosperms in relation to systematics and phylogeny. Cathaya, 2: 1-10.

Wilde M H. 1975. A new interpretation of microsporangiate cones in Cephalotaxaceae and Taxaceae. Phytomorphology, 25: 434-450.

Zhang D Q, Zhou N. 2013. Genetic diversity and population structure of the endangered conifer *Taxus wallichiana* var. *mairei* (Taxaceae) revealed by simple sequence repeat (SSR) markers. Biochemical Systematics and Ecology, 49: 107-114.

Zhang X M, Gao L M, Moller M, et al. 2009. Molecular evidence for fragmentation among populations of *Taxus wallichiana* var. *mairei,* a highly endangered conifer in China. Canadian Journal of Forest Research, 39(4): 755-764.

第十四章　密叶红豆杉种群与保护生物学研究进展

第一节　物 种 特 征

密叶红豆杉（*Taxus fuana*），又称喜马拉雅密叶红豆杉或红豆杉，有时也被当作 *Taxus contorta* 的同物异名，是一种生长于海拔 400～2500m 喜马拉雅山区的红豆杉属裸子植物。植物体为乔木或大型灌木，高达 12m，基径 3.5m。枝条斜展，向上呈“V”形分叉。雌雄异株，一年生枝绿色，干后呈淡褐黄色、金黄色或淡褐色，二年生、三年生枝淡褐色或红褐色。冬芽卵圆形，基部芽鳞的背部具脊，先端极尖，宿存于小枝基部。叶条形，较密地排列成彼此重叠的不规则 2 列，斜上呈 60°～90°；叶柄长 1～1.5mm；叶片上下等宽或上端微渐窄，通常狭直，密集，长 1.5～3.5cm，宽 1.5～2.5mm，质地较厚，先端有凸起的刺状尖头，长 0.5～1mm，基部两侧对称，边缘反卷或不反卷，下面有两条淡黄色气孔带，背面中脉带与气孔带同色，均密生均匀细小乳头状突起。雄球花卵圆形，长 6～8mm；球花主轴伸长达到顶部鳞片上并形成长 1mm 的短柄；苞片两轮，内轮小，覆瓦状排列，外轮较大，半透明状灰绿色；小孢子叶桃褐色。种子柱状矩圆形，腋生，无柄，长约 6.5mm，径 4～5mm，上下等宽或上部较宽，微扁，上部两侧微有钝脊，顶端有凸起的钝尖，基部有椭圆形的种脐，生于红色肉质杯状假种皮中。密叶红豆杉产于中国西藏吉隆，印度、巴基斯坦、尼泊尔也有分布。每年 4 月传粉，约 5 月球花开放，9～11 月种子成熟。密叶红豆杉树冠开展，冠形不规则，多丛枝，每株鲜枝叶的产量为 35～70kg（普布顿珠和臧刚 2009；朱婉萍 2013；张浩和刘全儒 2017）。

第二节　环 境 特 征

一、气候特征

研究区域位于我国西藏自治区日喀则市吉隆县南部的吉隆地区，其南部和西南部与尼泊尔毗邻，地理位置处于 28°21′N～28°29′N，85°13′E～85°21′E，海拔 2600～3250m，处于珠穆朗玛峰国家级自然保护区范围内。本区域属于亚热带山地季风气候区（杨人凡 2011），年平均气温为 8～11℃，最暖月气温可达 19℃以上，最冷月气温为–4～0℃，年无霜冻日数为 120～240 天，年均降水量为 800mm 左右，年均湿度大于 60%。由于受到喜马拉雅山天然屏障的阻碍，印度洋暖湿气流在向北推进时，在此地形成降雨，使该地段降雨量集中，成为西藏少有的降雨中心之一。主导风向为东南风，最大降雪厚度为 10cm，最大冻土深度为 15cm。

二、群落特征

密叶红豆杉只在吉隆地区有分布。吉隆地区属于喜马拉雅中段南坡地带，该区包括多甫、吉普、冲色、江村等地，地势平坦、开阔。密叶红豆杉主要分布在海拔 2600～3200m 的峡谷谷底坡地及河谷地带，土壤为黄棕壤，小环境阴凉、较湿润。自然分布为散生于其他群落中，林分组成中，乔松、长叶云杉占 60%，密叶红豆杉占 30%，其他占 10%。其分布的森林类型有 3 种：①长叶云杉-乔松-红豆杉林分布于海拔 2700m，下木层有杜鹃（*Rhododendron* spp.）、云南铁杉（*Tsuga dumosa*）、槭树（*Acer* spp.）、花椒（*Zanthoxylum* spp.）、蔷薇（*Rosa* spp.）、小檗（*Berberis* spp.），林下植物主要为五加（*Eleutherococcus* spp.）、常春藤（*Hedera* spp.）；②铁杉-杜鹃-红豆杉林，分布于海拔 2700m，下木层有漆树（*Toxicodendron* spp.）、冬青（*Ilex* spp.）、箭竹（*Fargesia* spp.）、杜鹃、花椒、鼠李（*Rhamnus* spp.）、栒子（*Cotoneaster* spp.）、小檗、桦木（*Betula* spp.），林下植物主要为茶藨子（*Ribes* sp.）、鬼吹箫（*Leycesteria* sp.）、唐松草（*Thalictrum* sp.）、蕨（*Pteridium* spp.）等；③乔松-红豆杉林。分布于海拔 3100～3200m，下木层有花楸树（*Sorbus* sp.）、花椒、栒子、柳（*Salix* spp.）、木姜子（*Litsea* spp.）、小檗、悬钩子（*Rubus* spp.）、箭竹，林下植物有扁核木（*Prinsepia* spp.）、蔷薇、黄花木（*Piptanthus* spp.）、香薷（*Elsholtzia* spp.）、泡花树（*Meliosma* spp.）、草莓（*Fragaria* spp.）、虎耳草（*Saxifraga* spp.）、绣球（*Hydrangea* sp.）、勾儿茶（*Berchemia* spp.）、茶藨子等（普布顿珠和臧刚 2009）。

第三节　种群生态学

一、种群空间结构

在植物生态学中，种群空间结构是一个比较复杂的概念，主要描述的是种群个体及其属性特征在空间上的配置格局，一般由垂直结构和水平结构两大部分组成（Law et al. 2001）。种群的垂直结构主要体现在种群个体数量以及属性特征在垂直空间上的配置格局，如高度结构、冠层结构等（Latham et al. 1998；Lefsky et al. 1999；余新晓等 2010）。种群水平结构中研究最多的是种群空间分布格局，是对种群个体在水平空间上分布状况的描述，反映了种群内个体彼此间的相互关系（Dale 1999）。

为了研究密叶红豆杉的种群空间结构，我们对吉隆地区分布的 6 个密叶红豆杉种群进行了每木调查（高度＞50cm）（徐海等 2006），记录每棵树的坐标、径级、树高、冠幅、雌雄等信息，总计调查密叶红豆杉 5088 棵。其中吉普种群由于数量大采用抽样调查法，其他 5 个种群为每木调查。密叶红豆杉种群概况见表 14-1。

表 14-1　密叶红豆杉种群概况

种群名称	干扰类型	种群数量/棵*	种群面积/m×m	海拔/m
吉普	盗采	约 3000	1600 × 200	2700
多甫	砍伐	95	250 × 70	2790
朗久	砍伐，片断化	63	250 × 80	2865
吉隆	砍伐	2534	750 × 550	2965
开热	砍伐	1766	800 × 160	3140
唐蕃	旅游	64	60 × 45	3200

注：*不含幼苗（高度＜50cm）；吉普种群实际抽样调查植株为 567 棵，其余种群全部调查

（一）种群高度结构

植物种群的垂直结构包括高度结构和冠层结构等，植物种群的高度结构是阐述植物种群垂直结构的一个重要指标，反映了种群个体在垂直空间上的配置状况，与植物本身发育阶段、生活型以及外界环境条件等密切相关，对直观展示种群中不同高度个体在群落中的地位和作用、说明种群特点及演替趋势等具有重要的参考价值（黄玉清等 2000；梁士楚和王伯荪 2002；覃弦和龙翠玲 2016）。为此，我们对密叶红豆杉种群高度结构进行了研究。

对 6 个密叶红豆杉种群植株高度级数据进行整理分析，按照密叶红豆杉种群高度分级的标准[幼树级（H1），0.3m≤H≤3m；中树级（H2），3m<H≤5m；成树一级（H3），5m<H≤7m；成树二级（H4），7m<H≤9m；成树三级（H5），9m<H≤11m；成树四级（H6），H>11m]，分别统计各种群在不同高度级上的个体数量（表 14-2），并计算其所占比例，绘制种群高度级结构图（图 14-1）。

表 14-2　密叶红豆杉种群高度级概况

种群	H1	H2	H3	H4	H5	H6	总计
开热	503	375	474	109	19	11	1491
唐蕃	14	17	20	8	0	0	59
朗久	10	14	24	3	0	0	51
吉普	51	172	190	89	33	8	543
吉隆	849	776	258	20	0	0	1903
多甫	29	40	13	1	0	0	83

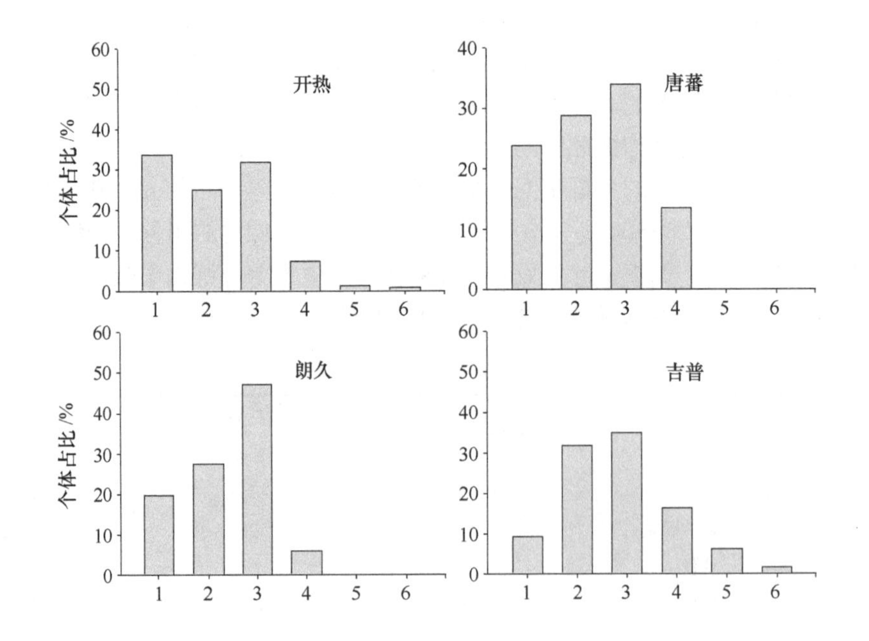

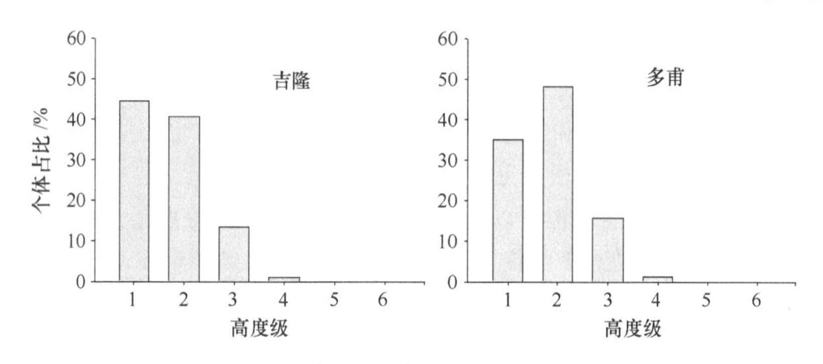

图 14-1　密叶红豆杉种群高度级结构图

由图 14-1 可见，6 个密叶红豆杉种群树高均呈连续分布状态，各种群高度级结构相对完整。

开热种群植株个体数量在各高度级上有明显的波动过程。种群中最大树高 15m，在 H1 幼树级（0.3m≤H≤3m）和 H3 成树一级（5m<H≤7m）上个体存活数较多（503 棵和 474 棵），分别占总株数的 33.74%和 31.79%。种群主要组成个体高度级偏低，H3 高度级中个体在群落竞争中占优势地位。种群高度级结构趋于倒“J”形，随种群的发展，高度级大的个体数量将不断增加。

唐蕃种群的高度结构为不对称的单峰山状结构，植株数量随高度级的增加呈先增后减的趋势。最大树高为 8.8m，个体多度主要集中在 H2 和 H3 高度级（3m<H≤7m）上，占总株数的 62.82%，表明种群中等高度级的存活个体较多。各个高度级上植株数量变化幅度较小，分层最不明显。种群高度级结构趋于“纺锤形”。

朗久种群高度结构也为不对称的单峰山状结构，植株数量随高度级的增加呈先增后减的趋势。H3 高度级个体存活数最多，占总株数的 47.06%，最大树高 8.2m，H4 高度级个体数量占比最少，高度结构简单。种群高度级结构呈“纺锤形”。

吉普种群高度结构整体相对趋于正态分布，植株数量随高度级的增加呈先增后减的“单峰型”趋势。种群高度分布范围较广，最大树高 15.1m。个体多度主要集中在 H2 和 H3 中等高度级上。种群高度级结构呈“纺锤形”。

吉隆种群高度级结构为典型的倒“J”形，植株个体数量随高度级的增加而减少。种群树高分布范围狭窄，最大树高 10.8m。植株个体主要分布在 H1 和 H2 高度级（0.3m≤H≤5m）上，种群低高度级和中等高度级个体最多，共 1625 棵，占总数的 85.39%。

多甫种群高度结构同为不对称的单峰山状结构，植株数量随高度级的增加呈先增后减的趋势。种群个体集中分布在 H2 高度级（3m<H≤5m），种群主要由高度级较小的个体组成。种群树高分布结构相对简单，最大树高仅 8.2m，高度级结构介于倒“J”形与“纺锤形”之间。

种群高度结构在一定程度上可以作为种群相对年龄来分析种群的年龄结构，判断其发展趋势。从结果中也可以看出，开热、吉隆以及多甫种群的高度级结构均趋于下宽上窄的正金字塔结构，低高度级个体较多，高高度级个体较少，表现出增长趋势，而唐蕃、朗久以及吉普种群高度级结构均呈两头窄中间宽的“纺锤形”结构，种群以中等高度级个体居多，表现出一定的衰退趋势。这也与我们团队对密叶红豆杉大小级结构分析所得结果相似，但应指出无论是以高度级还是大小级作为相对年龄对种群年龄结构进行分析，都可能会出现较大误差。许多种群的同龄个体在生长过程中会产生分化，部分个体会出现生长停滞的状态，高度和径级都很少增长，导致年龄的增长与高度径级的增长不相关，这种现象在森林群落中很常见（王伯荪等 1995）。

对种群高度级结构的描述也可以在一定程度上反映种群特点（张亚芳等 2015）。6个密叶红豆杉种群个体数在H2、H3的中等高度级上（3m＜H≤7m）分布较多，可能的原因是中等高度级个体采取的生活史策略相对保守，种群在该高度级上生长相对缓慢，死亡率较低，个体数量相对较多（Bin et al. 2012；卢志军等 2013）。

（二）树高与径级的相关关系

在森林生态系统中，林木树高的增长与其在垂直高度上对光照资源的获取能力有关，而径级的增长则多与植株的水分吸收、机械支持等能力有关，因此，树高-径级的关系反映的是植物在垂直与水平空间上的一种生长权衡，受立地条件、气候、光环境等因素影响（Aiba & Kohyama 1996；李利平等 2011）。我们对密叶红豆杉树高与径级的相关关系进行分析，采用广义线性模型（generalized linear model，GLM）对树高和径级进行线性回归（图 14-2），同时引入尖削度（taperingness）的概念，用来表征径级-树高的资源分配（表 14-3）。

由图 14-2 可见，6 个密叶红豆杉种群的树高和径级均呈极显著正相关关系（P＜0.001），树高随径级的增大而增大。线性回归方程斜率可以表征树高与径级的异速生长指数或相对生长指数，反映的是植物各功能间对有限资源分配冲突的一种权衡（Silvertown & Charlesworth 2001）。当斜率等于 1 时，树高与径级是等速关系；当斜率大

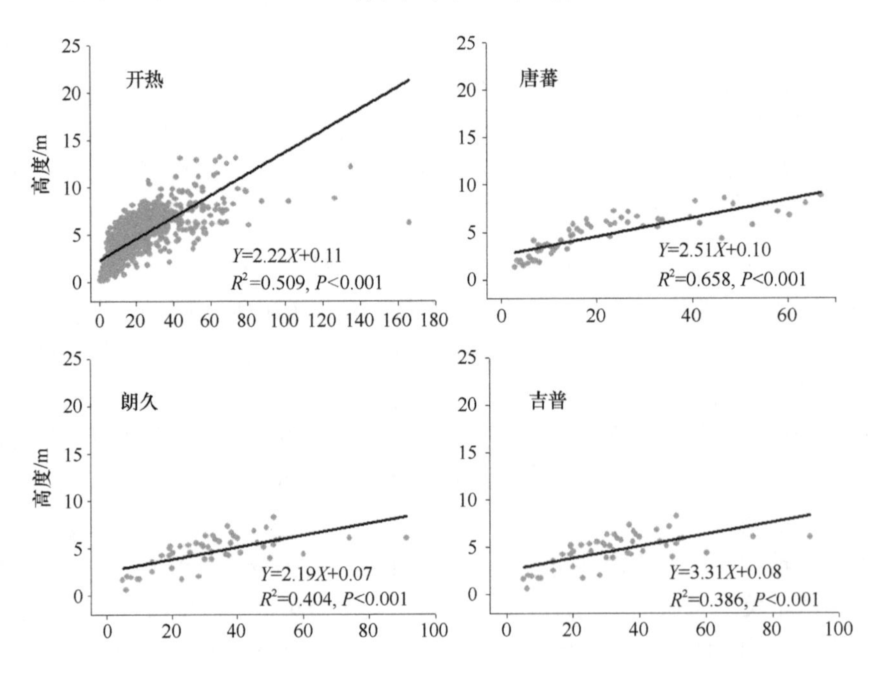

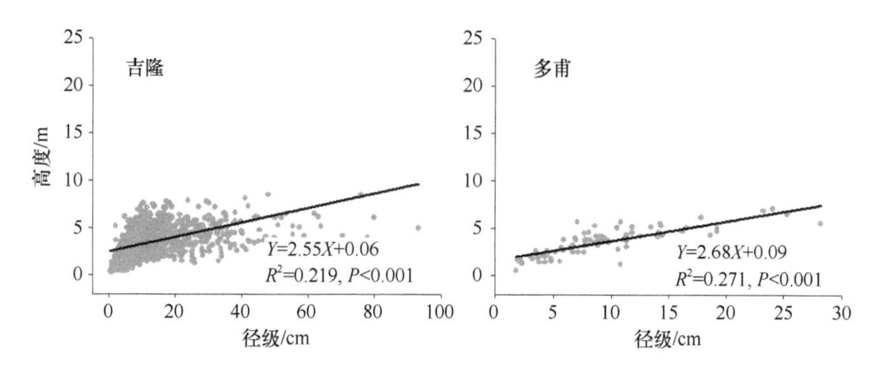

图 14-2 密叶红豆杉种群径级与树高散点图

表 14-3 密叶红豆杉种群尖削度比较

指标类型	开热	唐蕃	朗久	吉普	吉隆	多甫
平均径级/cm	16.70	21.70	32.00	27.80	12.70	11.00
平均树高/m	4.10	4.63	4.34	5.62	3.35	3.64
尖削度/（cm/m）	4.07	4.69	7.37	4.94	3.79	3.02

于 1，则表示树高的增长程度大于径级，而斜率小于 1 时，则反之。结果显示 6 个密叶红豆杉种群树高与径级的异速生长指数均大于 1，表明 6 个种群的树高增长速率均大于径级。这主要与当地环境和密叶红豆杉的生态适应策略有关（史元春等 2015）。吉隆地区降水充沛，立地条件良好，适合密叶红豆杉生长，植物将更多的资源用于树高生长，故各种群树高增长速率要大于径级。其中吉普种群的异速生长指数最高，为 3.31，种群中植株普遍较高；开热与朗久种群的异速生长指数相对较低，种群中植株普遍相对较矮。

尖削度为种群内所有植株平均径级与树高的比值，一般来说在立地条件较好的地区，林木倾向于垂直生长，尖削度较小。研究结果显示朗久种群的尖削度远远大于其他种群，表明相对于其他种群，该种群将更多的资源分配在径级的生长上，在一定程度上可以说明该地立地条件相比其他种群较差，这也是该种群异速生长指数最低的原因。而多甫种群尖削度最小，立地条件相对最好。

（三）种群冠层结构

树冠是树木进行呼吸作用和光合作用的重要场所，对树木的生长过程具有重要作用，是反映树木竞争水平的重要指标（雷相东等 2006）。冠幅作为重要的可视化参数，是树冠重要的特征因子，直接影响着树木的生产力和生活力，冠幅的大小决定树木与外界资源的接触面积，在一定程度上反映树木的空间占有率和空间利用能力（符利勇等 2013；卢杰等 2013）。通过实地调查，我们对密叶红豆杉的冠层结构有了初步了解，6 个密叶红豆杉种群的冠幅大小基本信息见表 14-4，从表中可知，6 个种群冠幅大小为 0.1～16.35m，其中吉普种群的平均冠幅最大，为 5.97m，多甫种群平均冠幅最小，为 2.91m，6 个种群的变异系数分别为 0.64、0.51、0.50、0.39、0.45 和 0.51。

表 14-4　密叶红豆杉种群冠幅统计信息

种群	最小/m	最大/m	平均/m	标准差/m	变异系数
开热	0.10	16.35	3.78	2.40	0.64
唐蕃	1.10	9.70	4.20	2.15	0.51
朗久	0.28	7.20	3.85	1.92	0.50
吉普	1.20	12.80	5.97	2.30	0.39
吉隆	0.10	9.60	3.24	1.47	0.45
多甫	0.40	7.40	2.91	1.49	0.51

将密叶红豆杉的冠幅分为 9 个等级（C1 级：冠幅≤1m；C2 级：1m＜冠幅≤2m；C3 级：2m＜冠幅≤3m；C4 级：3m＜冠幅≤4m；C5 级：4m＜冠幅≤5m；C6 级：5m＜冠幅≤6m；C7 级：6m＜冠幅≤7m；C8 级：7m＜冠幅≤8m；C9 级：冠幅＞8m），对密叶红豆杉冠层结构进行分析（图 14-3）。研究结果表明，6 个密叶红豆杉种群植株冠幅具体分布差异较大，但整体结构分布趋于中小冠幅级（除吉普种群外）。

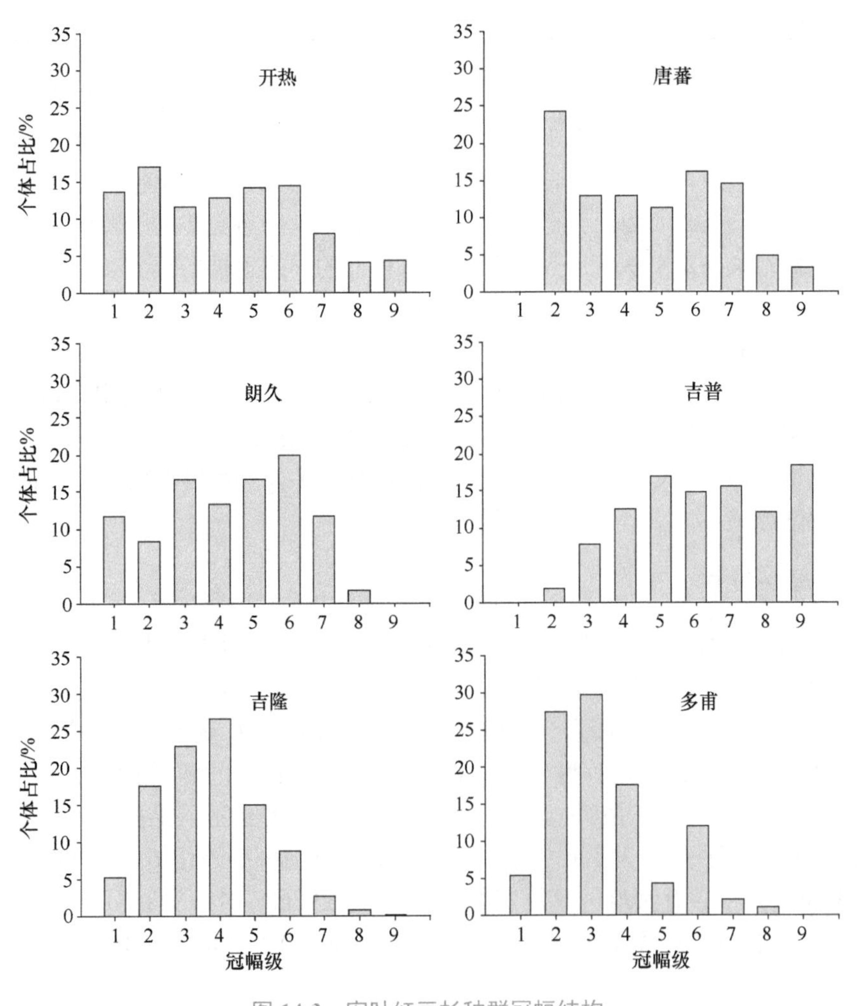

图 14-3　密叶红豆杉种群冠幅结构

开热、唐蕃以及朗久种群冠幅结构相似，均表现为大冠幅个体数量少，中小冠幅个体数量差异小，表明3个种群竞争水平相似。开热种群冠幅为0.10～16.35m，冠幅范围在6个种群中最大，平均冠幅为3.78m。冠幅结构总体变化趋势平缓，各冠幅级上植株数量差异较小，分布相对均匀。整体上，大冠幅级（冠幅＞6m）的植株数量最少。唐蕃种群冠幅为1.10～9.70m，缺失C1冠幅级植株，冠幅结构呈先减后增再减的波浪形趋势。C2冠幅级的植株个体数最多，占总数的24.19%。种群整体上以中小冠幅级植株个体数居多，大冠幅级数量最少。朗久种群冠幅为0.28～7.20m，平均冠幅为3.85m。种群中大冠幅个体数量最少，中冠幅个体数量最多，占总数的50%。

吉普种群最小冠幅为1.20m，最大冠幅为12.80m，平均冠幅为5.97m，在6个种群中最大，变异系数最小（0.39），种群以大中冠幅级个体居多。结合吉普种群高度结构，种群中等高度的植株为多，即该种群中，中等植株个体拥有大冠幅的比例较大，表明吉普密叶红豆杉种群在群落中处于优势地位。

吉隆种群冠幅为0.10～9.60m，平均冠幅为3.24m。冠幅结构趋于正态分布，植株个体数量随冠幅级增大呈先增后减趋势，大冠幅个体较少。种群个体数量大，但整体冠幅偏小，可能与当地群落构成复杂、竞争激烈有关，立地条件也是影响其冠幅结构的重要因素。

多甫种群冠幅为0.40～7.40m，平均冠幅在6个种群中最小，为2.91m。冠幅结构大致呈先增后减的单峰型趋势。植株个体数主要集中在C2、C3的小冠幅级上（1～3m），大冠幅级个体稀少，种群处于初生阶段，为进展种群。

（四）种群冠幅与径级的关系

对6个密叶红豆杉种群冠幅大小与径级进行相关性分析，并做回归处理（图14-4），

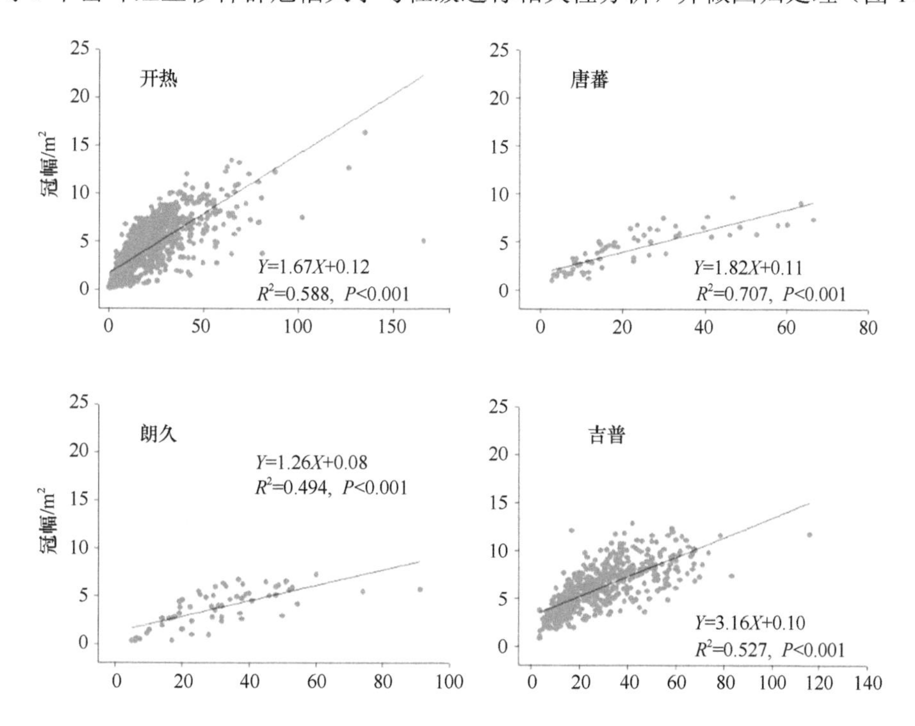

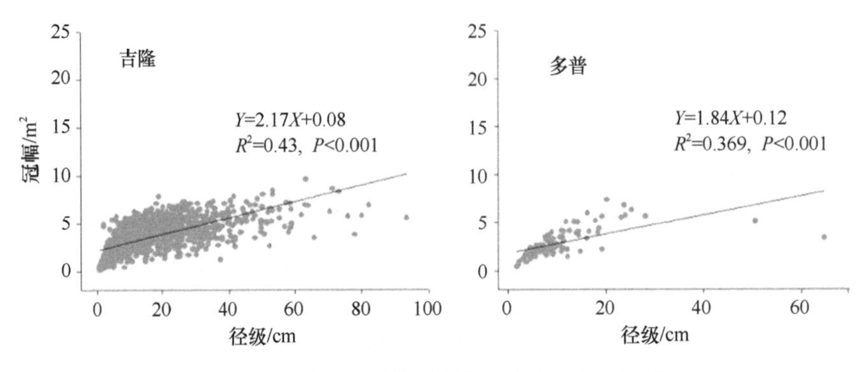

图 14-4 密叶红豆杉种群冠幅大小与径级散点分布

结果显示，6 个密叶红豆杉种群的冠幅和径级均呈极显著正相关关系（$P<0.001$），冠幅随径级增大而增大。其中唐蕃种群的相关系数最大（$r = 0.899$），可能与该种群所处环境有关。唐蕃为吉隆地区著名景点，景区内密叶红豆杉生长较好，同时在实地调查过程中发现群落中其他树种被有选择性地砍伐，群落内种间竞争相对较弱，密叶红豆杉可以无约束地生长，故该种群冠幅与径级有明显的相关关系。

各种群冠幅与径级的异速生长指数（回归方程斜率）比较显示，6 个密叶红豆杉种群异速生长指数均大于 1，表明 6 个种群的冠幅生长速率均大于径级。这与 Niklas（1992）管道模型理论中所提出的植株基于对水分的需求，冠幅与径级应表现为同速生长关系的结果有所不同，这可能与当地气候环境有关。低温、干旱和风雪灾害等不利环境条件下，植物会倾向于将更多的资源分配到径级的生长中，使之能够获得较高的水分运输和抵御外界机械刺激的能力（张志祥等 2010；赵平等 2013）。吉隆区域属于亚热带季风气候区，受印度洋暖湿气流与西风南支急流的交替控制和影响，该区域降水丰富，每年都会有 2 个月以上的雨季，区域年均气温相对较高，气候适宜，密叶红豆杉对径级的投资较少。同时，密叶红豆杉为林下层树种，在最大潜在高度和生长速率有限的情况下，密叶红豆杉为获取更多的光照资源，将更多的光合产物投入冠幅的生长中以增加光合面积，故 6 个种群的冠幅生长速率均显著大于径级。

（五）种群空间分布格局

森林的空间分布格局具有多尺度的空间依赖性，不同的研究尺度下获得的格局信息也会有所不同（张金屯和孟东平 2004；闫海冰等 2010）。我们选择点格局分析中的 Ripley's K 函数与成对相关函数 $g(r)$，分别通过异质性泊松（heterogenous Poisson）过程对各个密叶红豆杉种群空间分布格局进行多尺度分析（图 14-5）；采用先决条件（antecedent condition）零假设，即大径级固定、小径级随机的方式对种内关联性进行多尺度分析（图 14-6）；采用随机标签模型（random labeling model）检验雌、雄植株间的空间关联（图 14-7）。

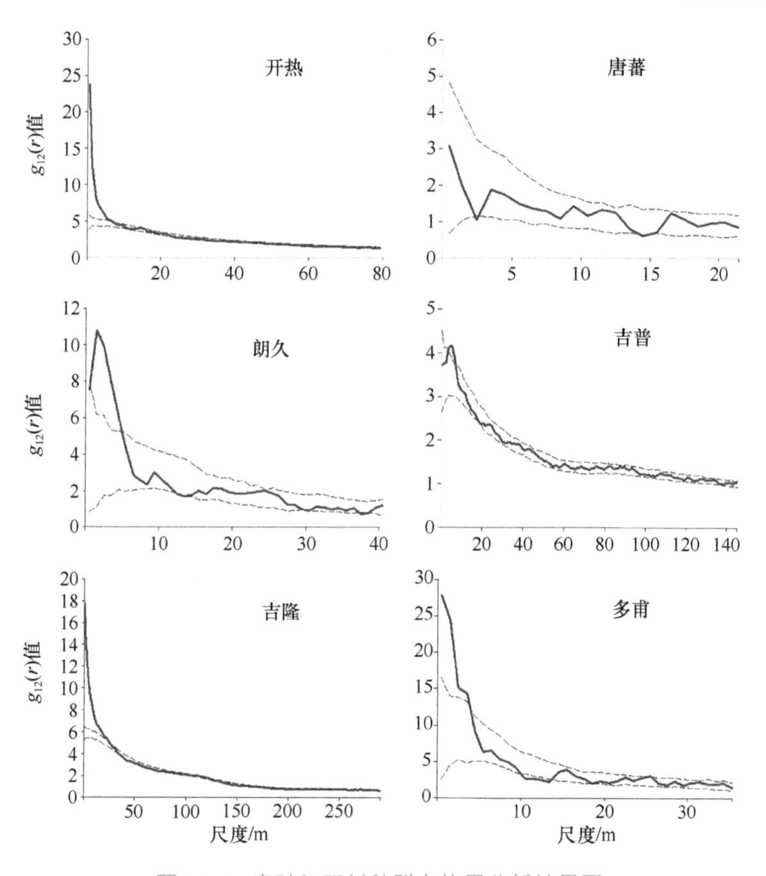

图 14-5　密叶红豆杉种群点格局分析结果图

红色实线为 $g_{12}(r)$值，表示以对象 1 的每一个体为圆心、距离个体 r 为半径的指定环宽圆区域内对象 2 的个体数量；黑色虚线为拟合的 99%置信区间

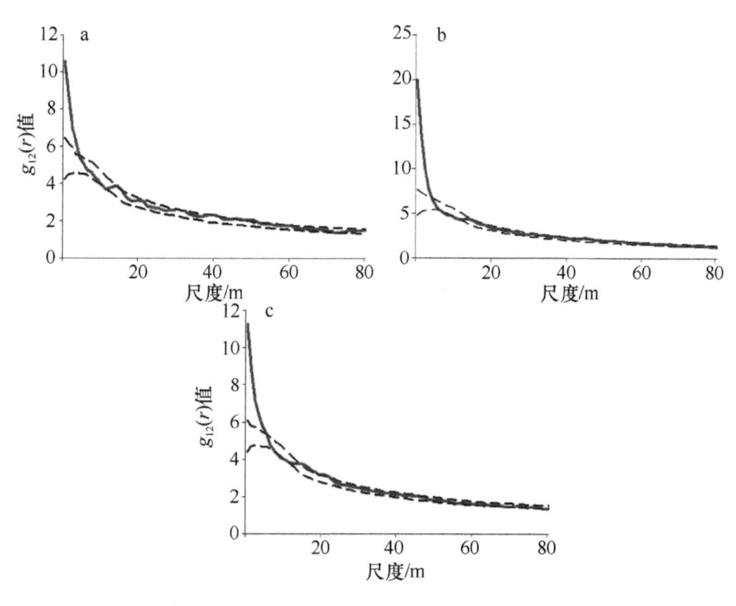

图 14-6　开热种群不同类型植株间的空间关联

a. 大树 vs.小树；b. 中树 vs.小树；c. 大树 vs.中树。红色实线为 $g_{12}(r)$值，表示以对象 1 的每一个体为圆心、距离个体 r 为半径的指定环宽圆区域内对象 2 的个体数量；黑色虚线为拟合的 99%置信区间

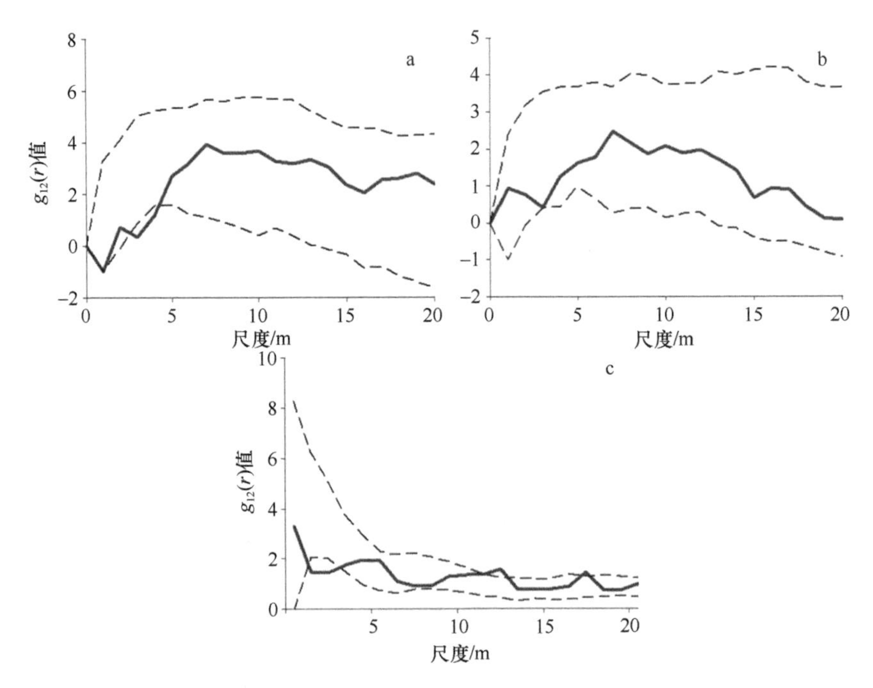

图 14-7 唐蕃种群不同类型植株间的空间关联

a. 大树 vs.小树；b. 中树 vs.小树；c. 大树 vs.中树。红色实线为 $g_{12}(r)$值，表示以对象 1 的每一个体为圆心、距离个体 r 为半径的指定环宽圆区域内对象 2 的个体数量；黑色虚线为拟合的 99%置信区间

密叶红豆杉种群空间分布格局结果显示，各个种群在不同尺度上的分布格局具有差异，开热、朗久、吉隆以及多甫种群在相对较小的尺度上主要呈现聚集性分布特征，而随着尺度的增加，种群的这种聚集性逐渐减弱，总体表现出随机分布的特征。开热种群在 0～7m 尺度内为明显聚集分布，聚集强度随尺度的增大而减少，在 7m 尺度上过渡为随机分布，大于 7m 尺度上均呈随机分布；朗久种群在 0～5m 尺度内呈明显聚集分布，聚集强度随尺度的增大先增大再减小，呈钟形变化，在 1.5m 尺度上聚集强度达到最大。5m 为过渡尺度，在大于 5m 尺度上均为随机分布；多甫种群同样在 0～5m 尺度内呈明显聚集分布，聚集强度随尺度的增大而减少，在 10～14m 尺度内呈轻微均匀分布，而在其他尺度内则都为随机分布；吉隆种群在 0～24m 尺度内为聚集分布，在其他尺度内均趋于随机分布。

一般来说，在小尺度内植物空间格局特征的不同可能是由于不同程度的种内竞争、繁殖体扩散限制、与其他种的相互作用等因素。而在较大尺度上的这种变异性则可能是受物种分布的异质性和本身的生物学特性，以及异质性的非生物环境（土壤养分、土壤水分、光照和地形等）所制约（He et al. 1997；Harms et al. 2000；闫海冰等 2010）。密叶红豆杉种群的这种小尺度聚集分布格局有利于其大径级植株对小径级植株形成庇护作用，增强小径级植株的环境适应能力，以提高其存活率（尤海舟等 2010）。同时，密叶红豆杉为喜阴植物，大径级植株的大冠幅可以为幼苗、幼树形成良好的遮阴条件，提高了其存活概率，因此形成了大树周边的聚集分布。此外，环境的异质性和种间竞争过程中密叶红豆杉种群的自调节机制也是这种空间格局产生的原因之一，为了维持种群自身稳定，种群倾向于以集群的方式占有和利用有限的资源（张金屯和孟东平 2004；闫海冰等 2010）。而较大尺度上种群趋于随机分布，这可能是由密叶红豆杉种群所在环境决定的，是密叶红豆杉与环境长期相互适应、相互作用的结果（李俊清 1986）。植株径级结构也是影响植物空间分布格局的因素之一，随着径级的增大，种群植株个体对水分、光照、养分、空间等资源的需求增大，在有限资源的条件下，种内竞争加剧，导致自疏现象的产生，使植株个体数量递减，同时减弱了种群分布的聚集程度，最终表现为随机或均匀分布（张健等 2007）。唐蕃和吉普种群以成年大树居多，故两个种群在全部空间尺度上趋于随机分布。

我们对密叶红豆杉种群种内空间关联性进行分析，结果表明，开热种群种内不同径级间密叶红豆杉均表现出在小尺度内相关，而在大尺度内则趋于相互独立（图 14-6）。大树与小树、中树与小树均在 0～4m 尺度上为显著相关，在更大空间尺度上彼此趋于独立；大树与中树在 0～6m 尺度内表现为显著相关，其他尺度内趋于彼此独立。

唐蕃种群种内不同径级间密叶红豆杉整体趋于彼此相互独立（图 14-7）。大树与小树在 3～4m 空间尺度上呈负相关，表现为两者在该尺度上相互排斥，但排斥强度不大，而两者在其他尺度上则均为相互独立；中树和小树在全部空间尺度上彼此独立；大树和中树在 1～3m 尺度上呈负相关，其他尺度上均为相互独立。

由于朗久种群仅分布有 1 棵小树，只对大树与中树的空间关联进行分析（图 14-8）。结果显示，朗久种群种内大树与中树在 0～6m 尺度内呈显著相关，在其他尺度上均为彼此独立。

吉普种群种内不同径级间密叶红豆杉的空间关联性差异较大（图 14-9）。大树和小

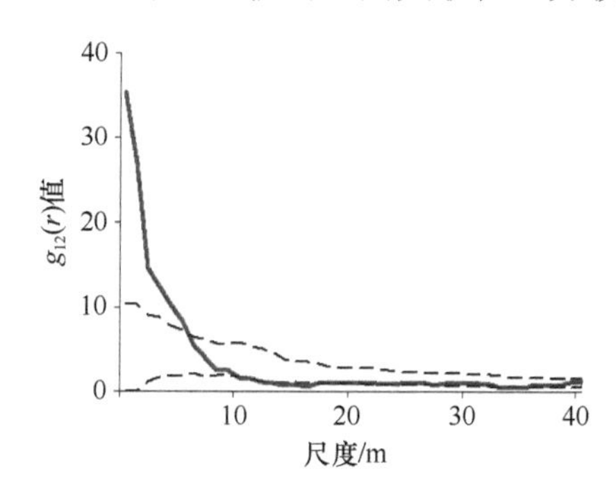

图 14-8　朗久种群不同类型植株间的空间关联

红色实线为 $g_{12}(r)$值，表示以对象 1 的每一个体为圆心、距离个体 r 为半径的指定环宽圆区域内对象 2 的个体数量；黑色虚线为拟合的 99%置信区间

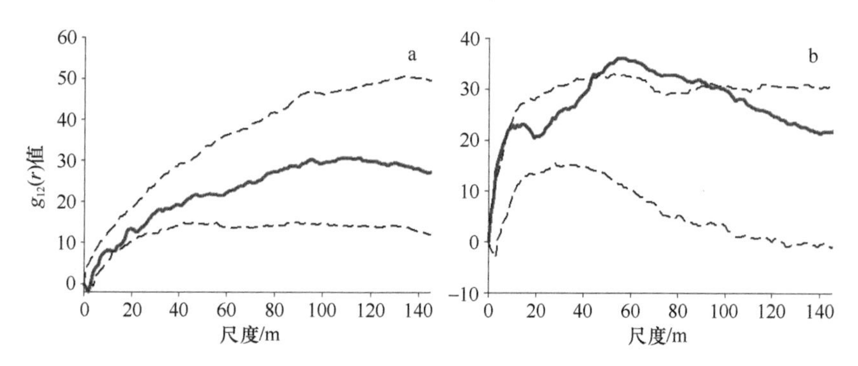

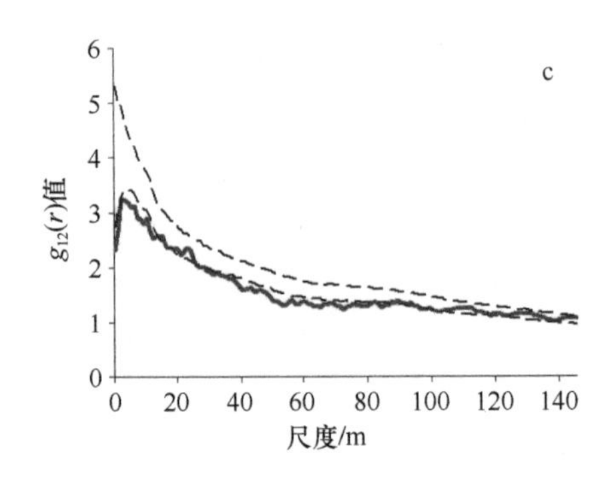

图 14-9 吉普种群不同类型植株间的空间关联

a. 大树 vs.小树；b. 中树 vs.小树；c. 大树 vs.中树。红色实线为 $g_{12}(r)$值，表示以对象 1 的每一个体为圆心、距离个体 r 为半径的指定环宽圆区域内对象 2 的个体数量；黑色虚线为拟合的 99%置信区间

树在全部空间尺度内彼此独立；中树和小树除在 3～7m 和 44～92m 尺度上为显著相关，其他尺度均为相互独立；大树和中树整体趋于负相关。

吉隆种群种内不同径级间密叶红豆杉的空间关联性随尺度变化明显（图 14-10）。大树与小树在 0～6m 尺度内为显著正相关，在 10～107m 和 124～172m 尺度内为负相关，其他尺度内彼此独立；中树与小树在 0～11m 尺度上为显著正相关，而在其他尺度上彼此的空间关联性都不大；大树与中树在 0～8m 尺度上显著正相关，在 10～156m 尺度上为负相关，其他尺度上两者的关联性不大。

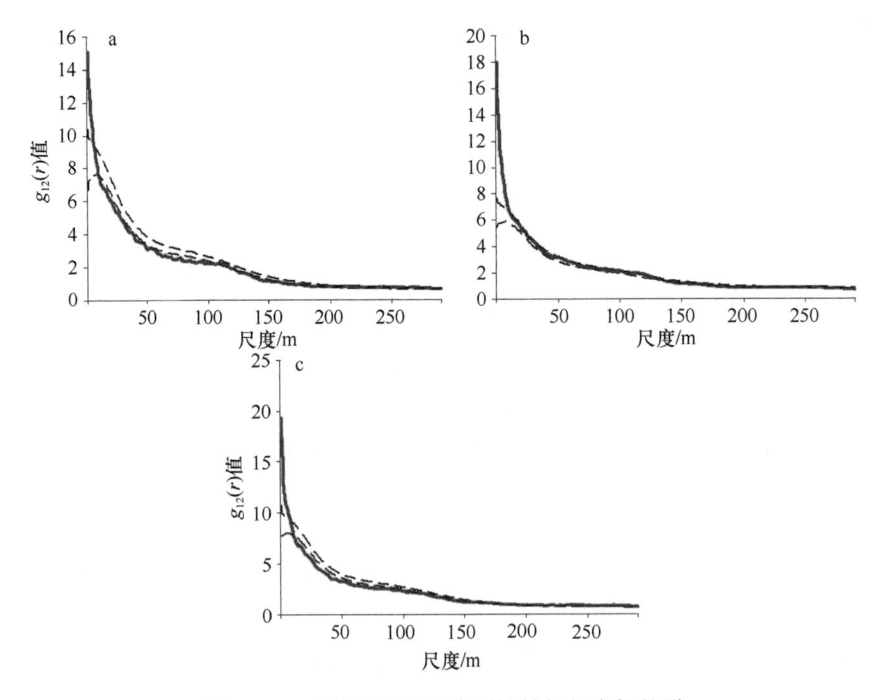

图 14-10 吉隆种群不同类型植株间的空间关联

a. 大树 vs.小树；b. 中树 vs.小树；c. 大树 vs.中树。红色实线为 $g_{12}(r)$值，表示以对象 1 的每一个体为圆心、距离个体 r 为半径的指定环宽圆区域内对象 2 的个体数量；黑色虚线为拟合的 99%置信区间

多甫种群种内不同径级间密叶红豆杉的空间关联性随尺度变化同样较为明显（图 14-11）。大树与小树在 1.5m、6.5m、8.5m 以及 10.5m 尺度上呈负相关，1.5m 时两者排斥强度最大。其他尺度上两者趋于相互独立；中树与小树仅在 1～2m 尺度上为显著正相关，其余尺度上均为彼此独立；大树和中树在 2～10m 尺度上为显著负相关，其他尺度上趋于相互独立。

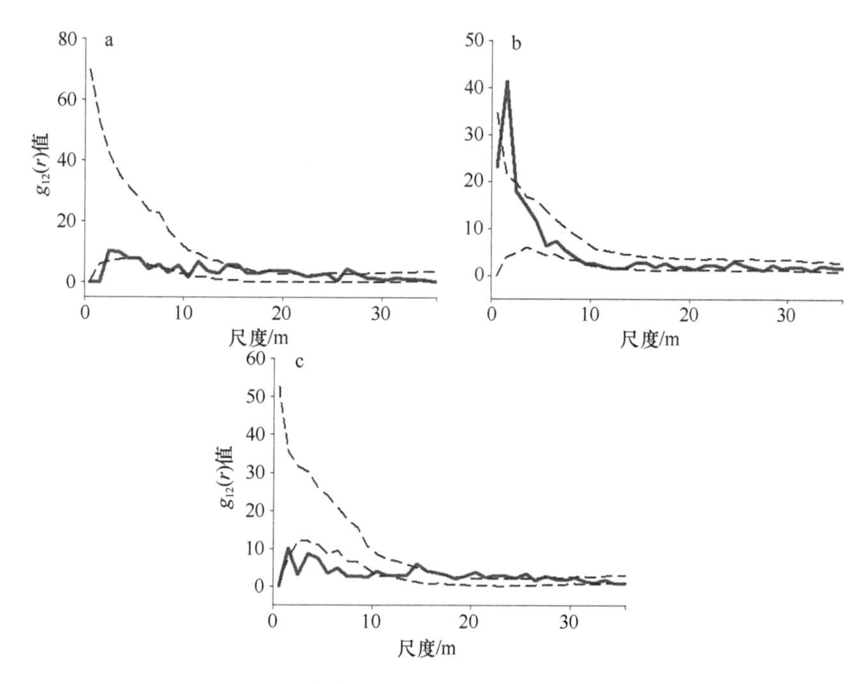

图 14-11　多甫种群不同类型植株间的空间关联

a. 大树 vs.小树；b. 中树 vs.小树；c. 大树 vs.中树。红色实线为 $g_{12}(r)$值，表示以对象 1 的每一个体为圆心、距离个体 r 为半径的指定环宽圆区域内对象 2 的个体数量；黑色虚线为拟合的 99%置信区间

从结果中可见，开热、朗久以及吉隆 3 个种群各径级间的空间关联均表现为在小尺度上显著正相关，随着尺度的增大，空间关联性逐渐减弱，并趋于不相关。结果体现了植物种间、种内空间关联对空间尺度的强烈依赖性，表明密叶红豆杉不同径级的个体间在小尺度空间阈值范围内才会发生相互作用，若超出阈值，径级间的生态联系将明显减弱（刘振国和李镇清 2005；Harper et al. 2006；楚光明等 2014）。该结果也能与前面分析的种群整体空间分布结果相结合，小尺度内种群呈聚集分布，大径级个体对小径级个体具有庇护作用，为依存状态，体现在不同径级间空间关联即为显著正相关。多甫种群也是在小尺度内聚集分布，但由于种群内大树个体数量较少，格局分析的结果误差大，仅以中树与小树的空间关联而论，两者仍为小尺度内显著正相关，大尺度关联性小，符合上述结果。唐蕃和吉普种群在全部尺度内趋于随机分布，体现在两者种群内不同径级间空间关联在全尺度上趋于不相关。

在随机标签零假设条件下，检验密叶红豆杉雌、雄植株间的空间关联性。双变量空间关系分析表明（图 14-12），开热种群内雌、雄植株在 0～29m 尺度内为正相关，关联强度随尺度的增大呈先增后减趋势，在 3m 尺度上，雌株和雄株的关联性达到最大。在大于 29m 尺度上，两者的关联性略有波动，或呈轻微正相关，或呈轻微负相关，整体趋于相互独立。从全部尺度上来看，开热种群雌、雄植株间的关联性都不强；吉普种群内雌、雄植株在 0～13m 尺度上为轻微正相关，在大于 13m 尺度上彼此相互独立，整体趋于不相关；吉隆种群内雌、雄植株整体关联性同样较小，趋于相互独立，在 0～53m 尺度上为轻微正相关，在大于 53m 尺度上相互独立；唐蕃种群、朗久种群和多甫种群内雌、雄植株在全部尺度内均为相互独立或相关性极小。总体来看，6 个种群雌、雄植株间的相关性均不强，整体趋于相互独立。结果表明密叶红豆杉雌、雄植株个体在空间分布上的相互独立，雌株和雄株存在一定程度的空间分离。这可能与雌、雄植株在占有空间和资源利用上的差异性有关，这种空间关系有利于密叶红豆杉雌、雄植株对有限资源和空间的充分利用（赵亚洲 2010）。

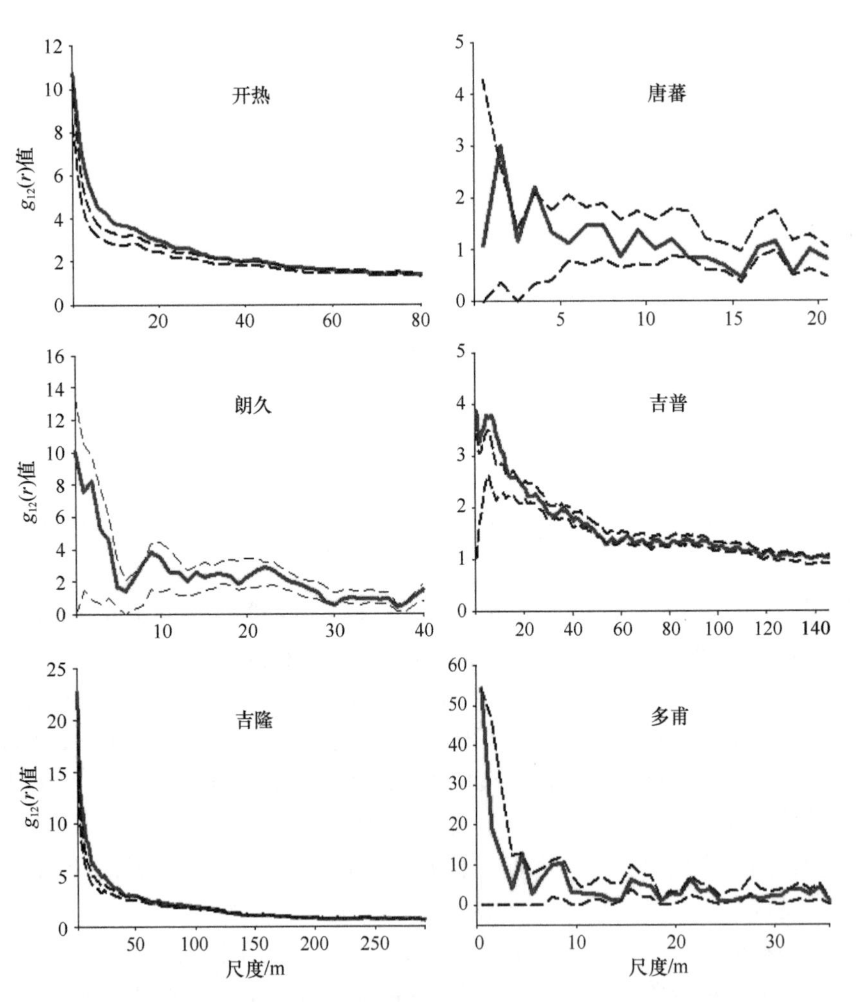

图 14-12　密叶红豆杉种群雌、雄植株间的空间关联

红色实线为 $g_{12}(r)$值，表示以对象 1 的每一个体为圆心、距离个体 r 为半径的指定环宽圆区域内对象 2 的个体数量；黑色虚线为拟合的 99%置信区间

二、种群动态

植物种群生态学研究的焦点是种群动态，主要探究种群大小或数量在时空上的变化规律（洪伟等 2004），可分为种群结构动态和种群数量动态两个方面，是种群生态学研究的核心问题（Begon et al. 1996）。种群结构包括年龄结构、径级结构、高度结构、树冠结构、分布格局等，用来描述种群个体及其属性特征在空间上的配置格局，是种群自身特性、外部环境条件及种群相互间关系综合作用的结果（彭少麟 1993），在很大程度上能够反映种群在群落中的作用和地位以及种群与外界环境的相互关系（朱学雷等 1999；李先琨等 2003）。种群数量动态主要是描述种群中植物密度（大小）与生物量随着时间和空间变化的规律以及其相互间的关系（李根前等 2004），它是植物个体存活能力与外界环境相互作用的结果（闫淑君等 2002；张志祥等 2010）。种群生命表和存活曲线是种群数量动态研究的重要工具，通过对生命表的结构分析与存活曲线的绘制可以得到许多重要的数量动态变化参数，如存活率、消失率、死亡率等，从数量变化的角度直观地展现种群生存规律与种群发展趋势，结合种群的结构动态，可以很好地对种群未来进行预测。

（一）种群结构动态

种群结构主要描述的是种群个体及其属性特征在空间上的配置格局，不仅可以反映现有的种群状态、环境与种群的相互关系以及种群在生态系统中的作用和地位，还可以反映过去的种群结构和种群受干扰情况，结合数量上的动态变化，可以准确推测出种群的发展趋势，对预测种群未来具有重要的参考价值（彭少麟 1993；茹文明 2006）。对树木种群结构和动态的理解是林地保护与管理的基础（Peterken 1981；Thomas & Packham 2007），因而通过对密叶红豆杉种群动态的研究，可以为其物种资源的保护、恢复、发展以及保护计划的制订和管理提供理论依据。

由于密叶红豆杉生长速度缓慢，生长周期漫长，依照草本植物的年龄划分方法，以实际观测的方式追踪其个体生命轨迹显然不合适。因此，只能通过种群中现有不同年龄阶段的个体数量来推测种群在时间上的动态变化过程。此外，密叶红豆杉为国家一级重点保护野生植物，采用生长锥钻取木芯和伐木计数年轮的方法对每个个体的破坏性较大，同时又由于缺乏解析木的资料，故我们采用空间代替时间的方法，将林木依径级大小分级（S1 级：地径≤6cm；S2 级：6cm＜地径≤18cm；S3 级：18cm＜地径≤30cm；S4 级：30cm＜地径≤42cm；S5 级：42cm＜地径≤54cm；S6 级：54cm＜地径≤66cm；S7 级：地径＞66cm），以大小级结构作为年龄结构的估计，分析种群动态。

我们对各大小级的现存植株个体数进行统计（表 14-5），以大小级百分比为纵坐标，以大小级为横坐标作 6 个密叶红豆杉种群大小级结构图（图 14-13）。同时分别以种群现存个体数的自然对数与大小级为纵坐标及横坐标，作 6 个密叶红豆杉种群的存活曲线（图 14-14）。

表 14-5　密叶红豆杉种群大小级结构

种群名称和分项含义		S1	S2	S3	S4	S5	S6	S7	总计
开热	*X*	429	728	384	125	47	26	21	1760
	%	24.4	41.4	21.8	7.1	2.7	1.5	1.2	100
唐蕃	*X*	7	28	14	7	4	3	1	64
	%	10.9	43.8	21.9	10.9	6.3	4.7	1.6	100
朗久	*X*	1	12	19	17	10	2	2	63
	%	1.6	19.0	30.2	27.0	15.9	3.2	3.2	100
吉普	*X*	9	194	143	113	62	33	13	567
	%	1.6	34.2	25.2	19.9	10.9	5.8	2.3	100
吉隆	*X*	715	1237	365	135	50	16	8	2526
	%	28.3	49.0	14.4	5.3	2.0	0.6	0.3	100
多甫	*X*	25	58	10	0	1	1	0	95
	%	26.3	61.1	10.5	0	1.1	1.1	0	100

注：总计为 S1~S7 合计；*X* 为种群数量，%为比例

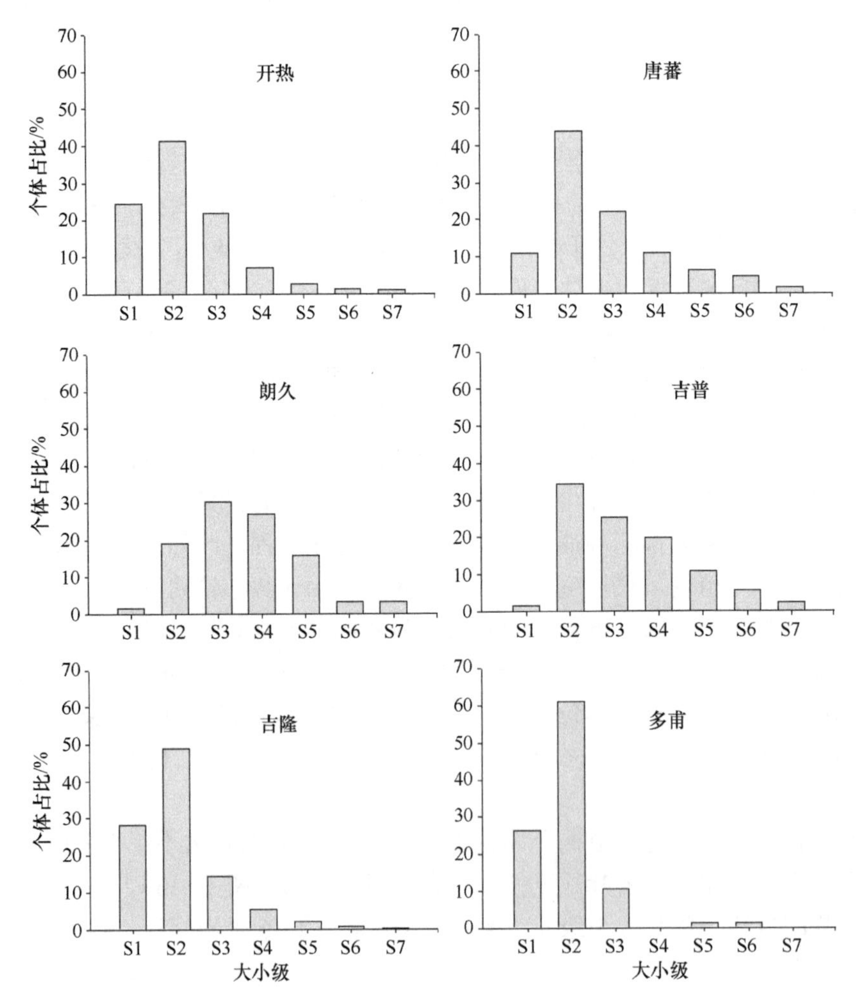

图 14-13　密叶红豆杉种群大小级结构图

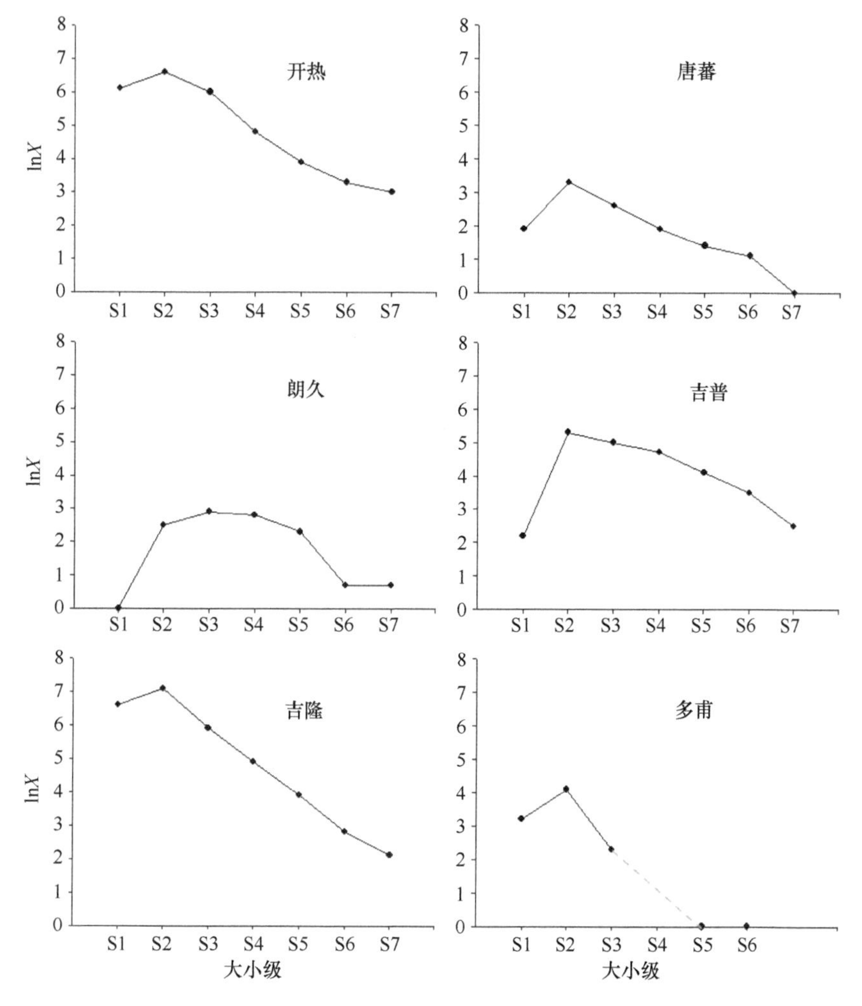

图 14-14 密叶红豆杉种群存活曲线

研究结果显示，6 个种群中，开热与吉隆的密叶红豆杉种群个体数量较多，为大种群；唐蕃、朗久和多甫种群个体数量较少，为小种群；吉普种群为抽样调查，整体预估个体数为 3000 左右，也为大种群。综合来看，6 个种群的个体数量均随径级的增大呈先增后减的“单峰型”趋势。

开热、吉隆与多甫种群个体多度主要集中在 S1 与 S2 大小级（地径≤18cm），表明幼树和中树居多，两者总和分别占各自种群个体总数的 65.8%、77.3%、87.4%。说明 3 个种群自然更新良好，在一定时期内表现出增长趋势；唐蕃和吉普种群个体主要分布在 S2 和 S3 大小级（6cm＜地径≤30cm），中树和成树居多，其总和分别占各自种群个体总数的 65.7%和 59.4%。种群缺乏幼龄个体，更新较差，表现出一定的衰退趋势；朗久种群植株个体以成树居多，幼树与中树的总和仅占植株总数的 20.6%，表明朗久种群有明显的衰退趋势。

种群大小级结构结果显示，6 个密叶红豆杉种群在大小级结构上具有一定的一致性，均表现出小径级和大径级个体较少、中等径级个体较多的组配状况，表明种群更新较差，可能的原因是幼苗存活率低导致幼树较少。中等径级个体较多的最主要原因是幼树较高的存活率。密叶红豆杉性喜阴湿，各种群林下郁闭度较高且降水充沛，为幼树的生长发育提供了良好的环境条件，使得幼树存活率较高，有更多的幼树可以发育成中树。此外，中等径级个体的生活史策略可能相对保守，种群在该大小级上生长相对缓慢，死亡率较低（Bin et al. 2012；卢志军等 2013）。大量研究表明，年轻的树一般是小树，但小树可能处于任何年龄（刘建等 2005），密叶红豆杉较长的生命周期使得种群在中等径级阶段积累了大量不同年龄段的个体，故在该阶段的个体数量相对较多。当密叶红豆杉中树阶段发育成大树阶段时，由于环境异质性与有限空间资源的限制，种群间与种群内发生竞争，种群自疏与他疏作用加强，因此表现为随径级的增大、个体数量递减的现象（武小钢和郭晋平 2009）。

具体到各个种群，开热、吉隆以及多甫种群 S1 径级个体数少于 S2 径级，但 S1 径级（幼树）相对丰富，个体多度均高于除 S2 径级以外其他径级，大小级结构介于倒“J”形与“纺锤形”之间，种群更新呈现部分间断，但在很长一段时期内种群都会保持一定的增长趋势。值得注意的是，多甫种群大径级上出现缺失现象，且大小级分布范围狭窄，仅 S2 级个体数就占总数的 61.1%，表明种群相对年轻，具有一定的自我更新发展潜力，属于进展种群。

唐蕃、吉普以及朗久种群大小级结构呈“纺锤形”，S1 径级个体数远少于 S2 径级，随着群落的发展，种群大小级结构将逐渐向“瓮形金字塔型”（下窄上宽）转变，这与山西蟒河南方红豆杉、云南兰坪云南红豆杉、河南伏牛山中国红豆杉等种群的大小级结构分布相似（张桂萍等 2003；李帅锋等 2013；张志录等 2016），种群呈衰退趋势。朗久种群个体多度主要集中在 S3、S4 成树级，小径级和大径级个体均极少，衰退趋势最为明显。

结合种群存活曲线（图 14-14），参照 Leak（1975）与岳明（1995）的划分理论对几个密叶红豆杉种群类型进行初步划分。开热与吉隆种群生存曲线大致趋于直线，且开热种群曲线较吉隆曲线更平缓，同时鉴于两者大小级结构介于倒“J”形与“纺锤形”之间，种群小径级个体居多，可以初步判定属于增长型种群；多甫种群径级出现缺失现象，缺失部分用虚线相连，整体生存曲线略呈弧形凸起，为初始增长型种群；唐蕃、吉普与朗久种群生存曲线大致呈单峰凸形，且朗久种群曲线的凸出程度明显大于唐蕃与吉普种群，三者大小级结构均呈“纺锤形”，故唐蕃与吉普种群为初始衰退种群，朗久为中期衰退种群。

为进一步验证上述密叶红豆杉种群类型划分的科学性，我们采用幂回归方程对密叶红豆杉种群现存个体数（密度）与大小级进行拟合（表 14-6）。一般认为，增长种群与

表 14-6　密叶红豆杉种群大小级与其现存个体数的幂回归方程

种群名称	回归方程	r	P
开热	$D = 1122.854S^{-1.828}$	–0.868	0.011
唐蕃	$D = 20.76115S^{-1.042}$	–0.661	0.106
朗久	$D = 4.205417S^{0.222}$	0.126	0.787
吉普	$D = 44.53735S^{0.090}$	0.052	0.912
吉隆	$D = 2376.399S^{-2.481}$	–0.887	0.008
多甫	$D = 66.74322S^{-2.200}$	–0.857	0.063

注：S 为大小级；D 为不同大小级的现存个体数的估计值

稳定种群生存曲线符合负幂函数分布（$y = ax^{-b}$），而衰退种群则不符合（Leak 1975；Harper 1977）。利用 SPSS 将表 14-6 中数据进行幂回归处理。

结果显示，6 个种群中仅有开热与吉隆种群符合负幂函数分布且回归方程显著（$P<0.05$），可以认为这两个种群为增长型或稳定型种群。唐蕃与多甫种群符合负幂函数分布但回归方程不显著，不具备统计学意义，可以认为两个种群为下降型种群。多甫种群类型的划分与根据大小级结构和生存曲线得出的结果有差异，其方程不显著的可能原因是该样地面积小，种群数量少，7 个径级的划分相对于该种群来说略显粗糙，导致自由度过小。同时，该种群大径级个体缺失、生存曲线不连续也是导致回归方程不显著的原因之一。由于该种群符合负幂函数分布，结合两种划分方法，可以认为多甫种群为初始增长型种群。朗久与吉普种群不符合负幂函数分布，为下降型种群。根据幂函数方程指数的绝对值可以定量比较种群间的增长性，绝对值越大表示种群越趋于增长，绝对值越小则表示种群越趋于稳定（岳明 1995）。开热与吉隆种群的负幂函数方程指数绝对值分别为 1.828 和 2.481，吉隆种群增长性大于开热种群，开热种群趋于稳定型种群，而吉隆种群则更趋于增长型种群。

综上所述，可以看出 3 种不同方法对密叶红豆杉种群类型的划分具有较高的一致性，结合 3 种方法可以判定：开热种群属于稳定型种群，吉隆种群属于增长型种群，多甫种群属于初始增长型种群，唐蕃与吉普种群属于初始衰退型种群，朗久种群属于中期衰退型种群。

（二）种群数量动态

种群数量变化动态指数见表 14-7，结果显示 6 个密叶红豆杉种群各径级间均有明显的波动过程，主要表现为 S1 径级个体向 S2 径级个体转化过程中种群动态指数 V_n 均小于零，除朗久种群外，其余种群 S2 径级到 S3 径级的贡献潜力均大于零（$V_n>0$），说明各样地种群都存在小径级（幼龄）个体缺乏的现象，种群个体在 S1 到 S2 径级的过渡中呈现衰退趋势，其中朗久与吉普种群的衰退趋势最大。

表 14-7　密叶红豆杉种群数量变化动态指数

种群名称	相邻大小级间 V_n/%						$P_{极大}$	V_{pi}/%	V_{pi}'/%
	S1	S2	S3	S4	S5	S6			
开热	−41.07	47.25	67.45	62.40	44.68	19.23	0.007	30.52	0.21
唐蕃	−75.00	50.00	50.00	42.86	25.00	66.67	0.143	34.52	4.90
朗久	−91.67	−36.84	10.53	41.18	80.00	0	0.143	19.12	2.73
吉普	−95.36	26.29	20.98	45.13	46.77	60.61	0.016	31.12	0.49
吉隆	−42.20	70.49	63.01	62.96	68.00	50.00	0.018	36.83	0.66
多甫	−56.90	82.76	100.00	−100.00	0	100.00	0.143	47.13	6.73

开热种群从 S2 径级开始，各径级间 $V_n>0$，且各 V_n 值差异较小，种群个体结构表现出较为平缓的增长趋势。种群整体的数量变化动态指数 V_{pi} 为 30.52%，当考虑到未来外部环境的随机性干扰时，种群动态指数 V_{pi}' 趋于 0（V_{pi}'= 0.21%），增长趋势很小，在一定时期内种群趋于稳定状态。随机干扰风险极大值 $P_{极大}$ = 0.007，说明种群受外界干

扰的影响较小。

吉隆种群在各个径级上的动态指数 V_n 变化与开热种群相似，波动相对平稳，但在值上相差较大，$V_{pi}=36.83\%$，$V_{pi}'=0.66\%$，数值上同样大于开热种群，从定量的角度可以说明吉隆种群增长趋势大于开热种群，种群趋于增长型与稳定型之间。该结果也印证了前文对两个种群类型的划分。种群 $P_{极大}=0.018$，表明种群受外界干扰的影响较小。

吉普与唐蕃种群在 S2～S6 径级过渡中 $V_n>0$ 且数值较小，说明该阶段种群结构增长性低，呈缓慢增长趋势。朗久种群在 S2～S3 径级的发育过程中 V_n 同样小于零，表明种群中小径级个体增长潜力小。多甫种群存在径级缺失现象，在 S2～S3 径级过渡中 $V_n>0$ 且数值较大，种群个体结构在该阶段有很大的增长性。4 个种群的动态指数 V_{pi} 均大于零，为增长型种群，这与前文的种群类型划分结果有差异。可能的原因是未统计幼苗数据，种群整体动态指数有误差，加之大小级划分可能不太精细，导致唐蕃、朗久以及吉普种群的分析结果与通过大小级结构而划分的种群类型有差异。

一般来说，森林树种幼苗生存率极低，能成为下一级苗木的极少。Rundel（1971）研究了不同立地条件下巨杉（*Sequoiadendron giganteum*）的年龄结构，发现在西黄松（*Pinus ponderosa*）树林中的巨杉近 500 年没有产生后代。然而必须指出，单凭近 500 年无后代仍不能简单地得出该种群将衰亡的结论，长寿命的多年生木本植物只要有偶然的时机使足够数量的幼苗成长就能维持种群的存在。巨杉的寿命长达 2000～3000 年，如果在此期间有一段时间适于后代生长，种群就能延续。同样，密叶红豆杉也属于长寿命物种。李俊清和王业蘧（1986）指出林下无幼苗并不表示其处于衰退状态，而只是漫长演替进程中相对平均年龄分布波动的一个片段。因此仅靠幼苗的多寡难以对种群的未来做出预测，我们绘制立木级结构图时常不包括幼苗（王伯荪等 1995）。所以我们前面对种群类型的划分仍具有可靠性。

有趣的是，开热与吉隆种群的整体动态指数与大小级结构的分析结果相互印证，猜测可能的原因与种群的大小有很大关系。大种群植株个体数量多，幼苗数量对种群动态指数的影响较小，而小种群个体数量少，幼苗数据缺失，很难准确计算种群整体动态指数，造成误差较大。从这里我们也可以看出，对小种群而言，幼苗对种群的发展至关重要，为了更好地保护密叶红豆杉，对其幼苗的研究保护亟待加强。

然而唐蕃、朗久以及吉普种群的整体动态指数也并不是完全没有意义，在一定程度上可以表征 3 个种群在未来一段时间内具有一定的增长趋势，但不能掉以轻心的是，从长远来讲，它们仍具有衰退趋势，需要着重保护。种群的大小也是各个种群对外界环境干扰敏感性具有差异的主要原因。唐蕃、朗久以及多甫种群 $P_{极大}$ 相比其他种群大，表明种群对环境变化更敏感，这也与其本身为小种群有关。

第四节　保护生物学

一、濒危原因

密叶红豆杉自身的生物学特性是其濒危的最主要原因。密叶红豆杉通常为常绿乔木或灌木，为雌雄异株、异花授粉植物，属于典型的阴性树种。常处于林冠下乔木层第 2、第3层，散生，基本无纯林存在，也极少呈团状分布。据调查，树龄140年以上的密叶红豆杉，直径仅 42cm，生长很慢。密叶红豆杉只能在排水良好的酸性灰棕壤、黄壤、黄棕壤上生长良好，苗期过湿易染立枯病。苗喜阴，忌晒，幼树和成树在冠层郁闭度为0.5～0.6时长势好，随郁闭度增加，生长势减弱。红豆杉萌发力强，耐修剪，耐寒。天然更新方式有两种，即种子繁殖和无性萌芽繁殖。由于天然红豆杉多散生于林中，物种间隔离和花时不遇使传粉受精受阻，种子数量少。另外，红豆杉种子种皮厚，处于深休眠状态，自然状态下需经两冬一夏才能萌发，即使正常萌发，形成的幼苗抗逆性也差，成活率低。显然，红豆杉属植物靠种子有性生殖扩大种群是不可能的。相对而言，红豆杉萌芽繁殖成活率高得多，能很好地适应环境变化。这种无性繁殖方式在利用资源和空间上，得益于母体提供充足的营养物质和能量而具有明显的整合作用，但这也只能就地维持种群而不能扩大种群。因此，密叶红豆杉的天然更新能力弱。上述生物学特性决定了野生密叶红豆杉资源的分散性，有限性及发展的难度。这也正是红豆杉珍稀濒危的客观原因（马明东和刘跃建 2004）。

人为干扰也是密叶红豆杉濒危的部分原因，但相对于国内其他红豆杉属植物因紫杉醇而遭到大量人为砍伐和剥皮，导致其野生资源濒临灭绝不同，由于地处偏远，密叶红豆杉野生资源基本未遭到太严重破坏，但也存在不同程度的砍伐现象，尚未对种群产生非常大的影响，我们必须警惕的一点是，如果砍伐无法得到有效遏制，密叶红豆杉种群的衰退乃至消亡是必然的。

二、保护对策

吉隆地区的密叶红豆杉呈区域块状分布，各种群间的发展状态、种群数量、受干扰程度等都具有一定差异，需要有针对性的保护。

从整体上而言，吉隆地区属于亚热带季风气候区，受印度洋暖湿气流与西风南支急流的交替控制和影响，该区域降水丰富，每年都会有2个月以上的雨季，区域年均气温相对较高，气候适宜，非常适合密叶红豆杉的生长，故对其的保护以就地保护为主，辅以近地保护和迁地保护。主要措施如下。

（1）落实管护机构和管理人员

吉隆地处偏远，人烟稀少，政府需加大对吉隆地区植物保护的人手和资金投入，在密叶红豆杉的各个分布点建立保护点并指定专人负责。通过配备专职人员，负责保护管理工作的具体实施，并定期进行相关专业培训和监督检查，落实宣教培训体系建设。

（2）严格遵守林政法规，依法治林，完善管理制度

为了有效地保护和合理开发利用红豆杉资源，必须认真贯彻《中华人民共和国森林法》《野生药材资源保护管理条例》以及国家林业和草原局、西藏自治区林业厅关于保护珍贵树种的通知、关于切实保护国家珍贵濒危树种的紧急通知等一系列文件和通知精神，加大宣传力度，以点带面，切实做好密叶红豆杉分布区的各项保护和管理工作。

（3）开展监测和管护

对各保护点开展动态监测，掌握种群及生境变化规律；加强保护点的林地管理，严禁征占用；加强就地保护点原生境的保护管理力度，加强巡护、监管，严禁采伐、开荒、

放牧、种植等改变原生境生态的行为，并加强该林区的森林防火和森林保护。有效地保护密叶红豆杉的天然野生环境，使其能稳定生存。在所调查的6个种群中，吉隆、开热以及朗久种群砍伐最为严重，需加强对这3个种群的巡查力度，定期和不定期地进行全面巡查，严禁采伐。特别需注重6～30cm径级的植株保护。同时建立起村民的监督举报奖励机制，让当地村民也参与到密叶红豆杉的保护管理中，增强主人翁意识。

吉隆地区密叶红豆杉种群数量差异大，部分种群数量少，受到干扰后的自然恢复能力差，本次调查中多甫、朗久以及唐蕃种群为小种群，需优先保护；对于衰退趋势明显的种群，如唐蕃、吉普、朗久种群，也需重点保护。

（4）建立护照档案

为了掌握野生密叶红豆杉的生长发育情况，对其野生状况建立护照档案，对每个野生种群和野生植株统一编号，用 GPS 定位，挂牌，记录其生长状况、世代序列、种子产量、种子去向等。

（5）保护设施建设

在保护点，根据地理位置、生境特点、物种特性、保护管理现状等，针对性地建设标桩（牌）、防护栏、巡护路、管护房、隔离带、宣传牌等必要的基础设施，购置相关监测、保护仪器设备，加强护林防火、病虫害防治，严禁破坏生境和危害保护物种的活动。在各个密叶红豆杉种群中，幼苗、幼树多在大树周边分布，可在大径级或结实率高的雌树周边设立警示牌和防护栏，防止人为干扰、兽类侵害等的发生，以提高种群的自然更新能力。

（6）加强林区内红豆杉幼苗、幼树的经营保护

调查中发现部分红豆杉中龄、成龄树虽然遭到一定的破坏，但伐桩、枝干萌枝较多，林下的幼苗、幼树天然更新较好，对于适合经营的地段，可通过合理的人为干预来促进红豆杉的天然更新。

（7）种质资源采集管理与保存

加强管理，依法、科学地采集极小种群野生植物的种子、器官、组织、花粉等种质资源。建立严格的采集证制度，规范采集技术与采集人员并在每次采集后进行谱系记录，严格记录每一次的采集活动，建立谱系信息系统，定时更新和追踪记录。

各种群均以雌株为少，需着重注意对雌株的保护。同时依托现有的13处国家林木种质资源库及科研院校的相关设施，开展密叶红豆杉野生植物种质资源保存工作。

（8）科研考察工作站的建设

当前国内外对密叶红豆杉的相关研究甚少，对其濒危机制、生态特性、生长繁殖规律等尚不明确，本团队对该地密叶红豆杉的调查研究并未包括吉隆地区所有的种群，仍有许多种群尚未调查，对其种群结构、动态、遗传结构等均未知，故建立科研考察站、开展密叶红豆杉的各项研究非常有必要，可以为密叶红豆杉的管理与保护提供更科学合理的理论参考依据。

（9）建立红豆杉资源保护试验区

密叶红豆杉是喜马拉雅地区的特有树种，目前尚存天然分布，在国内仅分布于西藏西南的吉隆。就当前市场需求而言，密叶红豆杉天然资源远远不能满足。而密叶红豆杉

生长较慢，栽植难。若仅对目前的资源进行开发利用，那么红豆杉资源很容易被毁灭。目前，一方面要加强对现有资源的保护，另一方面要迅速扩大资源数量。调查和实验证明，密叶红豆杉具有较强的萌发能力，可采集的穗条多，扦插繁殖技术已过关，因此可以通过扦插繁殖的方式培育苗木，就地或异地建立人工林（周进 2000）。

第五节　总结与展望

本章在对密叶红豆杉天然种群实地调查的基础上，从种群生态学的角度出发，对种群大小结构、数量动态、高度结构、冠层结构、性比格局、空间分布格局以及受干扰状态等方面进行了介绍。从目前来看，吉隆地区的密叶红豆杉种群数量估计在 8000 株以上，吉隆地区降水丰富、气温适宜，气候环境条件适合密叶红豆杉的生长。然而，各个区域密叶红豆杉种群更新能力差，幼树较少，部分种群呈现衰退趋势。各个区域密叶红豆杉种群（除朗久种群外）均表现为雄性数量较多，雌株数量偏少，在多数径级，特别是小径级上各种群均为雄株多于雌株。雌株数量过少会导致密叶红豆杉结实率的下降，影响种群天然更新和种群发展。

随着社会的建设和发展，特别是城镇建设和路网建设等，使密叶红豆杉种群面临新的威胁，并会对其产生一些不可预知的影响。如“一带一路”的经济建设和国际交往，包括中尼铁路建设等，都有可能带动密叶红豆杉分布区或邻近地区主动或被动地列入当地的旅游和开发范围。由于吉隆口岸开放导致的生境退化和丧失以及当地民众的乱砍滥伐可能会是该物种保护和恢复面临的新的威胁，这些都值得进一步关注。

撰稿人：宋垚彬，徐　力，申屠晓露，陈　艳，董　鸣

主要参考文献

楚光明, 王梅, 张硕新. 2014. 准噶尔盆地南缘洪积扇无叶假木贼种群空间点格局. 林业科学, 50(4): 8-14.

符利勇, 孙华, 张会儒, 等. 2013. 不同郁闭度下胸高直径对杉木冠幅特征因子的影响. 生态学报, 33(8): 2434-2443.

洪伟, 王新功, 吴承祯, 等. 2004. 濒危植物南方红豆杉种群生命表及谱分析. 应用生态学报, 15(6): 1109-1112.

黄玉清, 李先琨, 苏宗明. 2000. 元宝山南方红豆杉种群结构: Ⅱ、高度结构. 广西植物, 20(2): 126-130.

雷相东, 张则路, 陈晓光. 2006. 长白落叶松等几个树种冠幅预测模型的研究. 北京林业大学学报, 28(6): 75-79.

李根前, 赵粉侠, 李秀寨, 等. 2004. 毛乌素沙地中国沙棘种群数量动态研究. 林业科学, 40(1): 180-184.

李俊清. 1986. 阔叶红松林中红松的分布格局及其动态. 东北林业大学学报, 16(2): 11-16.

李俊清, 王业蘧. 1986. 天然林内红松种群数量变化的波动性. 生态学杂志, 5(5): 1-5.

李利平, 安尼瓦尔 •买买提, 王襄平. 2011. 新疆山地针叶林乔木胸径-树高关系分析. 干旱区研究, 28(1): 47-53.

李帅锋, 刘万德, 苏建荣, 等. 2013. 云南兰坪云南红豆杉种群年龄结构与空间分布格局分析. 西北植物学报, 33(4): 792-799.

李先琨，向悟生，欧祖兰，等. 2003. 濒危植物南方红豆杉种群克隆生长空间格局与动态. 植物分类与资源学报, 25(6): 625-632.
梁士楚，王伯荪. 2002. 红树植物木榄种群高度结构的分形特征. 植物生态学报, 26(4): 408-412.
刘建，刘凤红，董鸣，等. 2005. 浑善达克沙地南缘榆树种群的大小结构和邻体格局. 中国沙漠, 25(1): 75-80.
刘振国，李镇清. 2005. 植物群落中物种小尺度空间结构研究. 植物生态学报, 29(6): 1020-1028.
卢杰，郭其强，郑维列，等. 2013. 藏东南高山松种群结构及动态特征. 林业科学, 49(8): 154-160.
卢志军，鲍大川，郭屹立，等. 2013. 八大公山中亚热带山地常绿落叶阔叶混交林物种组成与结构. 植物科学学报, 31(4): 336-344.
马明东，刘跃建. 2004. 红豆杉资源及开发利用综述. 四川林业科技, 25(1): 21-25.
彭少麟. 1993. 森林群落波动的探讨. 应用生态学报, 4(2): 120-125.
普布顿珠，臧刚. 2009. 西藏喜马拉雅红豆杉的分布及繁殖技术初探. 中南林业调查规划, 28(4): 51-53.
茹文明. 2006. 濒危植物南方红豆杉生态学研究. 太原：山西大学博士研究生学位论文.
史元春，赵成章，宋清华，等. 2015. 兰州北山侧柏株高与冠幅、胸径异速生长关系的坡向差异性. 生态学杂志, 34(7): 1879-1885.
覃弦，龙翠玲. 2016. 茂兰喀斯特森林不同演替阶段优势乔木种群结构及数量动态. 林业资源管理, (6): 57-63.
王伯荪，李鸣光，彭少麟. 1995. 植物种群学. 广州：广东高等教育出版社: 21.
武小钢，郭晋平. 2009. 关帝山华北落叶松天然更新种群结构与空间格局研究. 植物科学学报, 27(2): 165-170.
徐海，惠刚盈，胡艳波，等. 2006. 天然红松阔叶林不同径阶林木的空间分布特征分析. 林业科学研究, 19(6): 687-691.
闫海冰，韩有志，杨秀清，等. 2010. 华北山地典型天然次生林群落的树种空间分布格局及其关联性. 生态学报, 30(9): 2311-2321.
闫淑君，洪伟，吴承祯，等. 2002. 武夷山天然米槠林优势种群结构与分布格局. 热带亚热带植物学报, 10(1): 15-21.
杨人凡. 2011. 西藏吉隆盆地冲锥堆积体的成因研究. 成都：成都理工大学硕士研究生学位论文.
尤海舟，刘兴良，缪宁，等. 2010. 川滇高山栎种群不同海拔空间格局的尺度效应及个体间空间关联. 生态学报, 30(15): 4004-4011.
余新晓，岳永杰，王小平，等. 2010. 森林生态系统结构及空间格局. 北京：科学出版社: 8.
岳明. 1995. 陕北黄土区森林地带侧柏种群结构及动态初探. 植物科学学报, 13(3): 231-239.
张桂萍，张建国，茹文明. 2003. 山西蟒河南方红豆杉群落和种群结构研究. 山西大学学报(自然科学版), 26(2): 169-172.
张浩，刘全儒. 2017. 密叶红豆杉. 生物学通报, 52(10): 14.
张健，郝占庆，宋波，等. 2007. 长白山阔叶红松林中红松与紫椴的空间分布格局及其关联性. 应用生态学报, 18(8): 1681-1687.
张金屯，孟东平. 2004. 芦芽山华北落叶松林不同龄级立木的点格局分析. 生态学报, 24(1): 35-40.
张亚芳，李登武，王梅，等. 2015. 黄土高原不同地区杜松种群结构与动态. 林业科学, 51(2): 1-10.
张志录，刘中华，陈明辉，等. 2016. 河南伏牛山区天然红豆杉种群结构与动态研究. 水土保持研究, 23(3): 262-268.
张志祥，刘鹏，邱志军，等. 2010. 浙江九龙山自然保护区黄山松种群冰雪灾害干扰及其受灾影响因子分析. 植物生态学报, 34(2): 223-232.
赵平，孙谷畴，倪广艳，等. 2013. 成熟马占相思水力导度对水分利用和光合响应的季节性差异. 应用生态学报, 24(1): 49-56.
赵亚洲. 2010. 黄连木种群雌雄异株的结构特征研究. 北京：北京林业大学博士研究生学位论文.

周进. 2000. 喜马拉雅红豆杉资源及其保护对策. 西藏科技, (4): 70-73.
朱婉萍. 2013 抗癌植物红豆杉的研究与应用. 北京: 科学出版社: 17.
朱学雷, 安树青, 张立新, 等. 1999. 海南五指山热带山地雨林主要种群结构特征分析. 应用生态学报, 10(6): 641-644.
Aiba S I, Kohyama T. 1996. Tree species stratification in relation to allometry and demography in a warm-temperate rain forest. Journal of Ecology, 84(2): 207-218.
Begon M, Mortimer M, Thompson D J. 1996. Population Ecology: A Unified Study of Animals and Plants (3rd Edition). Hoboken: Wiley-Blackwell.
Bin Y, Ye W, Muller-Landau H C, et al. 2012. Unimodal tree size distributions possibly result from relatively strong conservatism in intermediate size classes. PLoS One, 7(12): e52596.
Dale M R T. 1999. Spatial Pattern Analysis in Plant Ecology. Cambridge: Cambridge University Press.
Harms K E, Wright S J, Calderón O, et al. 2000. Pervasive density-dependent recruitment enhances seedling diversity in a tropical forest. Nature, 404(6777): 493-495.
Harper J L. 1977. Population Biology of Plant. New York: Academic Press.
Harper K A, Bergeron Y, Drapeau P, et al. 2006. Changes in spatial pattern of trees and snags during structural development in *Picea mariana*, boreal forests. Journal of Vegetation Science, 17(5): 625-636.
He F, Legendre P, Lafrankie J V. 1997. Distribution patterns of tree species in a Malaysian tropical rain forest. Journal of Vegetation Science, 8(1): 105-114.
Latham P A, Zuuring H R, Coble D W. 1998. A method for quantifying vertical forest structure. Forest Ecology and Management, 104(3): 157-170.
Law R, Purves D W, Murrell D J, et al. 2001. Causes and effects of small-scale spatial structure in plant populations. Analytical Biochemistry, 25(1): 164-171.
Leak W B. 1975. Age distribution in virgin red spruce and northern hardwoods. Ecology, 56(6): 1451-1454.
Lefsky M A, Cohen W B, Acker S A, et al. 1999. Lidar remote sensing of the canopy structure and biophysical properties of Douglas-fir western hemlock forests—concepts and management. Remote Sensing of Environment, 70(3): 339-361.
Niklas K J. 1992. Plant Biomechanics: An Engineering Perspective to Plant Form and Function. Chicago: University of Chicago Press.
Peterken G F. 1981. Woodland Conservation and Management. New York: Springer.
Rundel P W. 1971. Community structure and stability in the Giant Sequoia groves of the Sierra Nevada, California. American Midland Naturalist, 85(2): 478-492.
Silvertown J W, Charlesworth D. 2001. Introduction to Plant Population Biology. Oxford: Blackwell Science.
Thomas P, Packham J. 2007. Ecology of Woodlands and Forests: Description, Dynamics and Diversity. Cambridge: Cambridge University Press.

第十五章　西双版纳粗榧种群与保护生物学研究进展

第一节　引　　言

生物多样性是人类社会赖以生存和发展的基础，它不仅提供了人类生存不可缺少的生物资源，也构成了人类生存与发展的生物圈环境（张维平 1998）。生物多样性关系到地球上人与生物的生存，保持生物多样性具有很大的经济、科学、生态和美学价值，已引起全社会的广泛关注和重视（李纯厚等 2005）。而来自人类的压力正威胁着很多物种以及生态系统，所以，人类应该积极地为拯救物种而做出努力（Mittermeier et al. 2003）。生物多样性是指所有来源于活的生物体中的变异性，包括陆地、海洋和其他水生生态系统及其所构成的生态综合体；包括物种内、物种之间和生态系统的多样性。换句话说，生物多样性是生态系统、物种和遗传材料及它们之间的变异性，它包括生态系统多样性、物种多样性和遗传多样性 3 个水平（Glowka et al. 1994）。生物多样性的重要性体现在其对人类生存和发展不可或缺的有用性或有益性方面。人类的目标是谋求社会经济的持续发展，要达到这一目标，关键是要保护好人类的生命支持系统，该系统由生物与环境相互作用构成，其核心就是生物多样性（刘红梅和蒋菊生 2001）。可以说，任何一个物种的存亡都会影响到许多其他关联物种的生存和生活。通常，一个物种的灭绝将会引起10～30 种其他伴生物种的丢失（洪德元 1990）。地球上生物多样性的减少会给人类的生存和安全，甚至能否继续生存带来严重后果。而人类活动对生物多样性的干扰和造成物种灭绝的情况（灭绝率和灭绝速度）越来越严重（蒋有绪 2002）。

濒危植物是指在短时间内灭绝率较高的物种，种群数量已达到存活极限，种群大小进一步减小将导致物种灭绝（陈领 1999）。人们根据植物受危程度对保护植物进行濒危植物的分类，这一分类可使人们对植物的受危程度有一个比较明确的认识，进而有针对性地对受威胁植物采取相应的保护措施。随着环境的恶化与生物多样性的丧失，濒危动植物的保育工作日趋重要。保育生物学是应用科学手段来解决由于人类干扰或其他因素引起的物种、群落和生态系统问题的一门学科，其目的是提供生物多样性保护的原理和工具（Soule 1985）。加强对物种尤其是珍稀濒危物种的保育工作，对保护生物多样性十分重要。保护珍稀濒危物种应该是人类的责任和义务，不仅对人类自身有重大的价值，对整个生态系统、生物圈都有重大意义。

西双版纳粗榧（*Cephalotaxus mannii*），别名海南粗榧、薄叶三尖杉、红壳松、薄叶篦子杉，为三尖杉科（Cephalotaxaceae）三尖杉属雌雄异株常绿乔木，为三尖杉科三尖杉属孑遗植物，是国家一级重点保护野生植物（杜道林和符文英 2003）。

西双版纳粗榧的根、茎、叶和果实都含有生物碱，对各种白血病及急性淋巴病有特殊疗效，尤以主干树皮部位含量最高，其中三尖杉酯碱（harringtonine）、高三尖杉酯碱（homoharringtonine）、异三尖杉酯碱（isoharringtonine）和脱氧三尖杉酯碱

（deoxyharringtonine）有较强的抗肿瘤活性（杜道林等 2001）。前两种现已被用于临床治疗急性粒细胞白血病、慢性粒细胞白血病、单核细胞白血病、早幼粒细胞白血病、红白血病等各种非淋巴型白血病，对真性红细胞增多症、恶性淋巴瘤、绒毛膜癌也有显著疗效，并已编入《中国药典》1990 版（王献溥和王有生 1994）。西双版纳粗榧中的三尖杉酯碱是目前最有潜力的抗癌自然药源之一，目前市场上销售的三尖杉酯碱主要从植物体直接提取，而西双版纳粗榧本身生长缓慢，资源稀少，加之又是国家一级重点保护野生植物，提取成本较高，因此市场销售价格比较昂贵。自 20 世纪六七十年代人们开始对西双版纳粗榧树皮、枝、叶中抗癌有效成分进行深入研究，西双版纳粗榧的开发利用已有近 60 年的历史，由于其药用价值，加之西双版纳粗榧的木材材质均匀、纹理细致，是名贵的用材树种，长期以来遭到人们的过度砍伐，从而陷入濒危的境地。

西双版纳粗榧现有资源远远不能满足社会对三尖杉酯碱的生产需求，因此，如何利用有限的西双版纳粗榧资源来生产更多的三尖杉酯碱成为研究热点，人们也围绕这个主题展开了广泛的研究。包括：开发产生三尖杉酯碱的新植物物种（周玫 2009）；抚育生产三尖杉酯碱的植物品种资源（陈玉凯等 2014）；培育产生三尖杉酯碱植物资源的愈伤组织（符文英等 2004）；探索相关植物资源产生三尖杉酯碱的内在机制或者参与合成三尖杉酯碱的相关酶的基因（陈蕾等 2014）；研究相关内生菌产生三尖杉酯碱的机制（李培等 2017）；通过发酵工程、细胞工程、化学合成等来替代植物资源生产三尖杉酯碱等（李辉等 2009）。

研究人员通过各种技术手段研究生产三尖杉酯碱，可以有效地解决西双版纳粗榧植物资源的供需矛盾。希望研究人员针对该研究取得的进展，既可以最大化地利用该植物资源，又能从本质上保护该濒危植物。

第二节 物种特征

一、生活史过程及繁殖特征

西双版纳粗榧为多年生高大常绿乔木，雌株一般 3～4 月开花，当年秋季授粉，翌年春季果实开始发育，10～11 月成熟。由于母树不是每年都结实，其天然授粉率又低，因此雌株结实率很低，种子较难收获，多次采集发现每株仅有数十粒种子（王献溥和王有生 1994）。另外，成熟种子有休眠特性，落地后不能马上发芽，要等到翌年或第三年春天才能发芽成苗。如果不能直接接触到土壤，大部分种子在休眠期间逐渐失去活力而腐烂，所以，在自然条件下，由种子形成的实生苗及幼龄植株极少。可见，西双版纳粗榧的天然授粉率低及种子发芽率低也是该物种濒临灭绝的原因（庞晓慧和宋经元 2010）。利用种子繁殖的西双版纳粗榧幼苗，从播种到发芽、子叶出土，一般需 4～6 个月；西双版纳粗榧幼苗生长较快，但成树生长较慢。在海南，西双版纳粗榧幼苗一年有两个生长高峰期，均为雨水较充沛的季节，3～5 月春梢生长量大，抽枝数多，下半年的 8～9 月为海南的雨季，西双版纳粗榧还有一个生长高峰，但生长量不如春季生长量大。西双版纳粗榧幼苗以及幼树基本上没有花芽的生长。西双版纳粗榧的萌蘖能力较强，遭受砍伐后，伐根常有萌条迅速生长。

由于西双版纳粗榧的繁殖力较差，种子萌发率较低，扦插繁殖生根慢，因此有研究采用西双版纳粗榧的茎尖、芽、茎段、幼苗根段等离体组织进行培养，但是最终只获得了愈伤组织，未能进行离体繁殖。目前有研究采用西双版纳粗榧的离体快速繁殖技术成功获得西双版纳粗榧繁殖体：用西双版纳粗榧当年生幼嫩的茎段，消毒后接种到培养基，待腋芽膨大，叶片展开，抽出新梢后再接种到增殖培养基上，利用腋芽萌发与枝条伸长，不断进行切段培养，平均增殖系数可达 2.5（李志英等 2005）。

二、染色体特征

西双版纳粗榧有丝分裂间期核为复杂染色中心型；分裂前期染色体构型为中间型。体细胞的中期染色体数目为 $2n=24$，核型为 K（$2n$）= 24 = 22m（ISAT）+ 2sm（2SAT），中期染色体由 22 条中部着丝点染色体和 2 条近中部着丝点染色体组成，没有正中部着丝点染色体。除 2 条近中部着丝点染色体的短臂具随体外，第 22 条中部着丝点染色体的短臂上也具随体。第 2 条和第 12 条染色体的长臂与第 3 条和第 5 条染色体的短臂具次缢痕。着丝点端化值为 54.47%，染色体长度比为 1.81，平均臂比值为 1.28，核型不对称，属于 2A 型（顾志建等 1998；庞晓慧和宋经元 2010）。

王峻玉等（2004）还研究了不同西双版纳粗榧种群的核型及其变异特征，研究人员采用核型分析和巢式方差分析等对分布于海南的西双版纳粗榧 5 个种群染色体水平遗传多样性进行了研究，结果发现，虽然西双版纳粗榧不同种群核型表现出一定差异，但差异不显著，都为较原始的 2A 型；无论是相对长度还是臂比，种群内的变异量总是远远超过种群间的变异量；其中霸王岭种群和吊罗山种群间的相对长度和臂比都是最高的，霸王岭和卡法岭种群、卡法岭和吊罗山种群的变异最低；5 个地点西双版纳粗榧种群间的表型分化系数（V_{st}）值平均为 10%，即在常规染色体的遗传变异中，平均只有 10% 的变异来自种群间，而大部分变异（约 90%）来自种群内的个体和细胞间。这样的分化系数表明在西双版纳粗榧种群间进行着频繁的基因交换。

三、形态特征

西双版纳粗榧树干通直，通常高达 10～20m，胸径可达 30～50cm，稀达 110cm；树皮通常为浅褐色或者褐色，稀黄褐色或红紫色，裂成皮状脱落。枝条基部有宿存芽鳞。叶片呈条形，交互对生、排成两排，通常质地较薄，向上微弯或直，长 2～4cm，宽 2.5～3.5mm，基部圆截形，稀圆形，先端微急尖、急尖或者近渐尖，干后边缘向下反曲，上面中脉隆起，下面有 2 条白色气孔带。西双版纳粗榧的气孔分布于叶片下表面，每一气孔带为 12～15 列，多数为 14 列；气孔结构为完全或不完全的双环或单环型气孔，其大小变化较大；每个气孔有副卫细胞 2～6 个，其大小变化也较大（杜道林等 2000）。雌雄异株，偶有同株，雄球花的总梗长约 4mm。种子簇生于枝端，翌年成熟、下垂，全部包于肉质假种皮中，种子倒卵状椭圆形、椭圆形或倒卵圆形，微扁，长 2.2～2.8cm，顶端中央有一小凸尖（杜道林和符文英 2003），成熟前假种皮绿色，成熟后常呈红色。种皮坚硬，胚乳丰实，胚长 5～6mm。西双版纳粗榧雌雄异株，雌株 5 月开花，当年秋季授粉，翌年春季果实开始发育，11月成熟（王献溥和王有生 1994）。

西双版纳粗榧雌株因天然授粉率低，雌株结实率很低，加上易遭鸟兽为害，故难获种子。西双版纳粗榧枝条也可以用来扦插生根繁殖，有实验表明，西双版纳粗榧半木栓化枝条可扦插成活，最佳的扦插基质为椰糠，吲哚丁酸（IBA）为生根的最好药剂，浓度以1500mg/L最理想，秋季扦插比春季成活率高，侧枝扦插生根率较直生枝高，且发根快；西双版纳粗榧通过嫩茎或者叶片进行组织培养诱导愈伤组织分化成芽，同时细胞培养也是西双版纳粗榧的繁殖方式（符文英等 2004）。总体来说，西双版纳粗榧繁殖不易，生长缓慢，再加之过度采伐使得这个国家一级重点保护野生植物濒于灭绝的边缘。

西双版纳粗榧属于中等生长速度类型。14年生幼林（833株/hm^2）年平均胸径生长量为0.42cm，树高年平均增长量为0.39m，材积为0.72m^3/hm^2，地上部分总生物量为7.678t/hm^2。西双版纳粗榧在自然条件下生长较慢，通过测定一株54年生解析木发现，树高17.4m，胸径21cm，树高生长最快时期出现在20～30年生时，年平均生长50cm高；20年后胸径生长开始加快，到30～50年生时达到最快，年平均胸径生长0.5cm左右。另外，其在幼苗、幼树期间需要遮阴，成长后需光量不断增加。因此，在进行西双版纳粗榧就地保护和迁地保护时，应根据西双版纳粗榧生长特性，尽量满足该物种不同生活史阶段对环境的要求，可提高成活率（李意德和张振才 1992）。

四、地理起源、区系与分布

西双版纳粗榧在我国分布于海南白沙、琼中、东方、定安、昌江、乐东、保亭，广东信宜，广西容县、东兴、恭城、田林、大瑶，云南麻栗坡、富宁、广南、勐海、景洪、车里、龙陵，西藏墨脱。印度东部、缅甸北部、泰国北部及西部、老挝北部、越南北部也有分布，但多呈零星分布状态（傅立国 1984；胡玉熹 1999）。

西双版纳粗榧主产海南，零散分布于海南中南部的黎母山、五指山、吊罗山、霸王岭、卡法岭、尖峰岭等海拔700～1100m的山地雨林中（王有生等 1992；向志强等 1999），为三尖杉科植物中分布最南的树种（符文英等 2003）。西双版纳粗榧喜暖热湿润气候，耐阴性较强，多分布在雨林中山地沟谷、溪涧旁等一些湿度较大的环境中（祁珊珊等 2010b）。

第三节　环境特征

一、群落特征

祁珊珊等（2010a）通过样地法，调查西双版纳粗榧主要分布地霸王岭自然保护区内的西双版纳粗榧群落特征。在霸王岭自然保护区内，设置20m × 30m的长方形大样方，选取14个大样方进行调查研究。并进一步计算分析树种的蓄积量、香农-维纳多样性指数（Shannon-Wiener's diversity index）、辛普森指数（Simpson index）以及均匀度指数等生物多样性指数。在各个大样方中进行每木调查，记录种名、株数、高度（采用目测方法）、胸径（在距地面1.3m高处测定乔木的胸径），以及盖度。由于灌木、草本数量太多，于是在 20m × 30m 的大样方中再随机选取 3 个 5m × 5m 的小样方，调查、记录其中的灌木以及草本，记录植物名称、植株数量、盖度、物候期等。

从调查的结果来看，霸王岭西双版纳粗榧样方群落中，胸径达 50～100cm 或以上的大树并不少见，乔木层的树种相当丰富，并且海南本地植物占大多数。调查的样方中共有 25 棵西双版纳粗榧成年植株，平均胸径为 41.90cm，平均树高为 19.06m。对西双版纳粗榧和其他乔木树种的平均胸径进行成组 t 检验，有极显著差异（$t = 10.457$，$df = 13$，$P < 0.001$）。样方中西双版纳粗榧的平均胸径都明显大于样方中其他乔木的平均胸径。对平均树高进行成组 t 检验，结果显示 $t = 6.688$，$df = 13$，$P < 0.001$，说明样方中西双版纳粗榧和其他乔木的平均树高有极显著差异，西双版纳粗榧的平均树高明显大于其他乔木树种的平均树高。

通过对乔木层的香农-维纳多样性指数（Shannon-Wiener's diversity index）进行 t 检验得出：$t = 17.985$，$df = 13$，$P < 0.001$，说明所调查的 14 个样方中的乔木层多样性指数有极显著差异。表明西双版纳粗榧生境不稳定，植被分布情况不均一。通过对灌木层及草本层的 Shannon-Wiener 多样性指数进行分析，得出 $t = 26.224$，$df = 13$，$P < 0.001$，表明样方中灌木层的生物多样性指数有极显著差异，说明西双版纳粗榧所处的生境中，灌木、草本分布不是很均匀。在同一样方中乔木层和灌木层、草本层的生物多样性大小基本趋向一致，对同一样方中的乔木和灌木的 Shannon-Wiener 多样性指数进行成组 t 检验分析，结果表明同一样方中乔木和灌木的多样性指数差异不显著（$t = 0.019$，$P = 0.204$），说明在同一样方中两者相对稳定，乔木层的树种数目和灌木层、草本层的树种数目相差不大。乔木层、灌木层和草本层的辛普森指数（Simpson index）t 检验结果表明，14 个样方中的乔木层（$t = 28.727$，$df = 13$，$P < 0.001$）以及灌木层、草本层（$t = 44.969$，$df = 13$，$P < 0.001$）的辛普森优势度都有极显著差异，说明样方中乔木和灌木、草本的优势度在各个样方中都有明显的不同。乔木层以及灌木层、草本层的辛普森指数的成组 t 检验分析结果说明两个植被层的辛普森优势度无显著差异（$t = 1.110$，$P = 0.302$），各个样方中乔木和灌木、草本的物种数比较统一，没有很大的差异。乔木层、灌木层和草本层的均匀度指数 t 检验结果分别为：乔木层，$t = 25.977$，$df = 13$，$P < 0.001$；灌木层、草本层，$t = 32.597$，$df = 13$，$P < 0.001$，表明样方中乔木层和灌木层、草本层的均匀度指数都有极显著差异，不同样方中的乔木分布均匀性很不一致，不同位置的乔木分布不均一，保护区内各个地点的乔木没有达到分布均匀；各个样方的灌木、草本也是如此。乔木层以及灌木层、草本层的均匀度指数的成组 t 检验结果说明乔木层、灌木层这两个植被层的均匀度指数没有显著差异（$t = 0.707$，$P = 0.408$），保护区内的乔木层和灌木层的植被分布较为一致，没有很大的差异。

西双版纳粗榧分布点的群落组成成分依地区及海拔不同而异，一般由热带、亚热带森林的优势科、属所组成，海拔较高的地区也有部分温带科、属植物分布其中，形成以热带、亚热带组成成分为主并掺有温带成分的特殊山地雨林群落类型，该类型群落植物组成种类丰富，通常在百种以上，没有明显的优势种，以樟科、桃金娘科、壳斗科、山茶科、冬青科、木兰科、茜草科植物为主，其次为大戟科、木犀科、桑科、杜英科、紫金牛科、野牡丹科、芸香科、罗汉松科植物。常见的植物有红紫麻（*Oreocnide rubescens*）、象头蕉（*Ensete wilsonii*）、药用狗牙花（*Tabernaemontana bovina*）、蓝树（*Wrightia laevis*）、沙煲暗罗（*Polyalthia obliqua*）、刺桑（*Streblus ilicifolius*）、白背厚壳桂（*Cryptocarya maclurei*）、红毛山楠（*Phoebe hungmoensis*）、短药蒲桃（*Syzygium globiflorum*）、海南山龙眼（*Helicia hainanensis*）等（祁珊珊等 2010a）。

二、生境特征

西双版纳粗榧喜暖热湿润气候，耐阴性较强，多分布在深山雨林中的山地沟谷、溪涧旁的山坡等一些湿度较大的环境中；气温凉爽、雨量充沛、云雾多、湿度大、地表腐殖质丰富的阴湿环境适宜西双版纳粗榧生长（杜道林等 2009）。其生长环境中的土壤属于山地黄壤或砖红壤性黄壤，pH 为 4～5。野外西双版纳粗榧 1～2 龄幼苗耐阴性较强，但是随着生长的增快，其对阳光的需求也越来越多，由于雨林中的光线不足，在野外多见低龄幼苗，稍大龄的幼苗很少见。

第四节　种群生态学

一、种群空间结构

种群结构是植物种群的重要属性，不仅反映了种群个体在空间上的组配方式，也在一定程度上反映了种群的发展趋势。笔者通过样方每木调查法研究西双版纳粗榧在海南的主要分布区——霸王岭及尖峰岭国家级自然保护区的种群结构特征，掌握种群结构的现状及发展趋势，了解其所在群落的状况。

祁珊珊等（2010b）采用样地法调查保护区内西双版纳粗榧种群生长情况：在霸王岭国家级自然保护区内有西双版纳粗榧分布的地区取 20m × 30m 长方形样方，共 14 个；在尖峰岭国家级自然保护区内做 10m × 20m 样方，共 10 个，总样方面积为 $2000m^2$。采用每木调查记录样方内西双版纳粗榧植株的基本情况，记录样方内每株乔木的种名、株数、高度、胸径及盖度等。依据西双版纳粗榧径级结构（胸径，D）大小及植株高度（H），将西双版纳粗榧植株粗分为 2 个阶段，幼苗阶段（即胸径＜2.5cm 的植株）与非幼苗阶段（即胸径≥2.5cm 的植株）。其中，根据植株高度，幼苗阶段的植株再分为两级：Ⅰ级幼苗阶段（H＜33cm，记为Ⅰ）以及Ⅱ级幼苗阶段（H≥33cm，记为Ⅱ）；非幼苗阶段的植株根据胸径的大小也相应细分为 3 级：幼树阶段（2.5cm≤D＜7.5cm，记为Ⅲ），中树阶段（7.5cm≤D＜22.5cm，记为Ⅳ），大树阶段（D≥22.5cm，记为Ⅴ）。

调查统计结果表明，霸王岭及尖峰岭国家级自然保护区内西双版纳粗榧分布较零散，并且资源较少，胸径大于 22.5cm 的大树数量分别占其种群数量总数的 15.9%和 18.3%。由于西双版纳粗榧为雌雄异株，部分母株树下 1～2 龄的Ⅰ级幼苗（H＜33cm）数量较多，分别占种群数量的 71.9%和 62.2%；调查发现，林下的Ⅱ级幼苗数量较少，只分别占种群数量的 6.1%和 9.8%，这可能是因为西双版纳粗榧Ⅰ级幼苗生长的需求不大，但是随着西双版纳粗榧幼苗的逐渐长大，对阳光的需求增大，而茂密的原始森林不能满足这一需求，所以，Ⅰ级幼苗的存活率较小，造成Ⅱ级幼苗数量较少；另外，Ⅲ级幼树及Ⅳ级中树阶段的西双版纳粗榧数量也并不多，以霸王岭国家级自然保护区为例，幼树及中树的数量分别只占总数的 2.6%和 3.5%。由于Ⅰ级幼苗存活率不高，引起Ⅱ级幼苗的数量不多，最终导致西双版纳粗榧大树数量少。因此，西双版纳粗榧的幼苗、幼树更新情况并不乐观。

研究还发现，部分西双版纳粗榧果实被小型动物啃食，所以种子受到威胁；由于西双版纳粗榧地处雨林深处，阳光不充足，不能满足西双版纳粗榧幼苗生长的需求，因此西双版纳粗榧的幼苗存活率不高，加之幼苗对于雨林内复杂环境的抵抗力低，导致Ⅱ级幼苗、幼树、中树阶段的种群数量极低，而少数的幼苗存活下来并生长到成年阶段，生长状况基本稳定，所以Ⅴ级大树的数量稍稳定。对于西双版纳粗榧的就地保护，建议采取改善生长地幼苗的光照等有效的育苗措施，提高幼苗存活率；及时采集西双版纳粗榧果实，必要时需先进行种子育苗，再将生长稳定的幼苗移至野外以提高西双版纳粗榧的种群数量。

目前西双版纳粗榧的种群数量少，特别是西双版纳粗榧幼苗、幼树数目极为短缺，并且西双版纳粗榧的种群有逐渐衰弱的趋势。西双版纳粗榧种群数量不能提升，关键在于 1～2 龄幼苗的成活率很低，这就造成成年大树的种群数量甚少，加之 20 世纪人们对其过度砍伐、不合理利用导致可结实母株数量锐减。

二、种群遗传结构

向志强等（2002）根据西双版纳粗榧的地理分布，选取了霸王岭、尖峰岭、黎母山、卡法岭以及吊罗山 5 个西双版纳粗榧种群研究其遗传多样性。结果表明西双版纳粗榧 5 个种群的期望杂合度较低，平均为 0.135，观察杂合度也较低，平均为 0.139，实际观察的杂合体比率与理论期望值相当，固定指数 F 值均接近 0，未达到统计上的显著水平，表明它们的差异不显著。不同种群的不同基因位点，基因多样性不同，在 5 个种群中，黎母山种群的基因多样性最大，吊罗山种群次之，尖峰岭种群最小。5 个种群间各多态位点的配对 t 检验表明，5 个种群间基因多样性的差异并不显著（$P<0.05$）（向志强等 2002）。

西双版纳粗榧不仅数量少，而且种群遗传多样性水平低，低于一般的裸子植物和针叶植物（向志强等 2002）。由于其数量少，因此，现存的种群数量容易发生基因漂变，使遗传基因丢失。西双版纳粗榧种群的遗传多样性水平低，表明其对环境适应力较弱，生存力不强，表现在生理生态上的特征为生长缓慢，结实率低，种子萌发困难。

若按西双版纳粗榧在海南岛的分布区，霸王岭种群和吊罗山种群分别位于东西两端，尖峰岭种群和黎母岭种群分别位于南北端，这两组种群的变异分量较高，而位于中部的卡法岭种群则与其余 4 个种群的遗传距离相对较低，这似乎表明种群间地理距离影响到了其基因的交流。然而在海南岛内，各种群间相距最远也不过 120km，所处的地理位置也在 18°40′N～19°10′N，108°51′E～109°53′E 的小范围内，相同的气候区远不能够使西双版纳粗榧各种群间产生明显的遗传多样性差异，至少在核型水平是如此，并没有产生生态型的分化。对这一结果的解释应考虑小环境的作用，即使在环境相同的地区也可能出现相差很大的不同的小环境，对于非集群分布尤其是零星分布的植物，小环境对其遗传结构的影响显然是值得重视的。此外，各种群间遗传距离有所差异的另一个原因是台风及种子被食等因素的影响。吊罗山、尖峰岭位于受台风影响大的沿海地带，而霸王岭和黎母岭受台风影响较小，卡法岭介于两者之间。在环境较稳定和较严酷的地区之间，产生遗传多样性的差异（王峻玉等 2004）。

三、种间关系

近年来，植物内生真菌的次生代谢产物研究发展迅速，已经分离得到生物碱、甾体、萜类、醌类、木质素等多种类型化合物，并多具有抗肿瘤、抗菌、促进宿主植物生长、生物防治等生物活性。因此，有学者对西双版纳粗榧内生真菌多样性进行分析，并对这些内生真菌的抗肿瘤和抗菌活性进行了初步筛选，为进一步研究活性菌株中的活性成分奠定基础。有研究人员以海南五指山国家级自然保护区的西双版纳粗榧种群为研究对象，分离获得 416 株内生真菌菌株，并通过形态学观察和序列分析进行鉴定，将得到的菌株分别归入 12 个属，其中 10 个属为半知菌，2 个属为子囊菌。在西双版纳粗榧不同组织中，刺盘孢属（*Colletotrichum*）、拟茎点霉属（*Phomopsis*）均为优势类群（齐静等 2014）。戴文君等（2009）对西双版纳粗榧内生真菌的抗肿瘤和抗菌活性进行初步筛选，发现有部分西双版纳粗榧的内生真菌具有细胞毒活性，或者具有抗菌活性。从西双版纳粗榧分离得到的内生真菌具有一定的组织专一性，其中树皮部位的内生真菌在数量和种群组成上均较丰富，并与枝、叶中的内生真菌存在明显差异。具有细胞毒活性的内生真菌均分离自树皮部位，具有抗菌活性的菌株则分离自树皮和枝条部位，而从叶中分离得到的菌株未筛选出任何活性。有研究表明，处于生物多样性丰富、生长竞争激烈环境下的内生真菌产生活性次生代谢产物的可能性较大（Owen & Hundley 2004）。西双版纳粗榧的活性菌株主要分布在树皮部位，可能与树皮中较为丰富的微生物种群组成有关。内生真菌产生抗肿瘤的代谢产物的研究表明西双版纳粗榧内生真菌是寻找有价值的生物活性成分的潜在资源，其生物活性成分值得进一步研究。

四、天然更新

天然更新是指一个植物物种或群落从其种子成熟、进入土壤到萌发、生长，最后长成健壮个体的连续过程。种子的多少，幼苗存活率和幼苗之间的竞争限制了森林的恢复与更新。热带雨林在维持生物多样性和全球的二氧化碳平衡上起到很重要的作用，而热带雨林的天然更新能力又是缓解全球环境压力的重要途径。因此，维持良好的热带雨林天然更新，对于全球环境至关重要。

戴志聪等（2010）在 1996～2005 年的 10 年间，每年对海南岛主要的 4 个西双版纳粗榧野生种群区内的幼苗天然更新状况进行连续观测研究。1996 年 8 月，从 4 个西双版纳粗榧主要种群中各随机选取 1 株健壮的西双版纳粗榧母株，并将其作为中心，取 10m × 10m 的样方作为固定样方，标记样方内当年至 10 年生的全部西双版纳粗榧植株，每年的 8 月统计每个固定样方内当年至 10 年内的每株幼苗及幼树的数量，并记录其相应的植株高度，每年新生苗另作标记并观测记录数据。计算幼苗存活率、植株高度的年增加值和植株高度的年增加比作为西双版纳粗榧幼苗天然更新情况的指标。

调查结果显示：在计算的 10 年内，西双版纳粗榧 1 龄幼苗的平均存活率最低，不到 40%，随着林龄的增加，幼苗存活率逐渐上升，7 龄之后幼苗存活率稳定，可达 100%。统计各林龄西双版纳粗榧幼苗植株平均高度的年增加比发现，1 龄、2 龄幼苗高度增加比最大，2 龄西双版纳粗榧幼苗高度增加比最高，为 84.47%，之后各龄西双版纳粗榧幼苗的高度年增加比变小，并有小幅度波动。统计 4 个西双版纳粗榧种群在 10 年内各林龄幼苗高度，并计算出各林龄的植株高度的年增加比发现，4 个西双版纳粗榧种群植株高度的年增加比趋势基本一致。1 龄、2 龄植株高度增加比最大，随后大幅度下降，4 龄后，比值有较小的上下波动，但比值都不大。其中吊罗山的 2 龄幼苗高度年增加比最大，为 91.55%。各林龄西双版纳粗榧幼苗植株平均高度的年增加值有所波动，其中，2 龄西双版纳粗榧幼苗高度的年增加值最大，之后有所下降，到 6 龄植株高度的年增加值达到第二高值，随后增加值又有所下降，到 9 龄、10 龄又有上升的趋势。

环境因子对西双版纳粗榧幼苗天然更新也有很大的影响。影响其幼苗存活率的环境因子大小为土壤湿度＞纬度＞经度＞平均气温＞土壤厚度＞坡度＞海拔＞日照时数＞平均降水量＞年积温；影响西双版纳粗榧幼苗高度年增加比的环境因子大小为坡度＞土壤厚度＞平均气温＞经度＞纬度＞土壤湿度＞海拔＞日照时数＞平均降水量＞年积温；影响西双版纳粗榧幼苗高度增加值的环境因子大小为坡度＞土壤厚度＞平均气温＞经度＞纬度＞土壤湿度＞海拔＞日照时数＞平均降水量＞年积温。可见，土壤湿度条件、气温是影响西双版纳粗榧幼苗存活率及生长的主要环境因子。

由于现今西双版纳粗榧的种群数量已经很少，加之西双版纳粗榧野外种群幼苗天然更新极其困难，西双版纳粗榧野外保育工作更加紧迫。一方面应考虑采取相关保育措施，改善西双版纳粗榧幼苗生长地的光照条件，保证其土壤湿度以确保西双版纳粗榧幼苗更新的进程；另一方面应大力研究人工抚育西双版纳粗榧的技术，提高西双版纳粗榧幼苗成活率（戴志聪等 2010）。

第五节　保护生物学

一、濒危原因

目前，西双版纳粗榧在海南的种群数量很小。据 1978 年调查，胸径在 20cm 以上的林木在海南有 2000 株左右；1992 年底复查时，胸径超过 10cm 的林木不到 1300 株；现今种群数量更小，种群已陷于濒危境地。该树种被列为国家一级重点保护野生植物后，虽然得到一定的保护，但由于西双版纳粗榧材质好，纹理清晰，属于高级木材，是砍伐的首选树种。在未发现其所含成分的抗癌功效之前，该树种就已遭到毁灭性采伐，发现其抗癌功效后，情况更加严重。加之该树种生长缓慢，对生态环境的要求高，被破坏的资源在短时间内很难得到更新和恢复。

西双版纳粗榧种群数量减少的原因有：①人为砍伐；②森林面积减少，适宜的生态环境恶化；③生境破碎化；④台风的影响；⑤森林动物对成熟种子的食用等。从遗传多样性角度推测的致濒机制为：低水平的遗传变异使种群的适应能力下降，无法对环境的变化做出迅速而有效的适应性反应。当环境由于人为因素或其他偶然因素遭到破坏，种内个体发育受阻，只有为数很少的个体对种群的增长做出贡献，结果使种群呈现出负增长。西双版纳粗榧种群生态环境的恶化在各调查地点很普遍而且很严重，当种群数量一再减少，随机漂变的发生概率会显著提高，由于基因的丧失，种群的杂合度进一步降低，适合度随之降低，种群数量加速下降，因此西双版纳粗榧种群承受着极高的灭绝风险。野外调查时发现，除了一定数量的老树和相对较多的幼苗外，几乎找不到中龄的个体。说明生境的微小变化就可能影响西双版纳粗榧的正常发育。所以，对这一关键的生活史阶段以及对该阶段作用的主要生态因子及其作用方式等问题的研究对西双版纳粗榧种群的保护和扩展十分重要。研究还表明，西双版纳粗榧对外界环境反应不敏感，环境适应能力不强，生存力较弱。因此在西双版纳粗榧就地保护和迁地保护时，必须满足其对环境的需要，特别是满足其对潮湿阴暗环境的需要。所以保护西双版纳粗榧必须连同它生活的整个生态系统加以保护，故建立自然保护区是很有必要的。目前，海南省已建立了一些自然保护区，如霸王岭国家级自然保护区、尖峰岭国家级自然保护区、白水岭热带森林自然保护区，保护着一定数量的西双版纳粗榧。同时在具体保育时，需充分注意到西双版纳粗榧幼期喜阴、成体喜阳的特点，做到随着生长的需要改变其生态环境，以满足西双版纳粗榧不同生长时期对环境的不同需求。

西双版纳粗榧种群遗传多样性水平低，表现在生理生态上的特性为生长缓慢、结实率低、种子萌发困难。这也是西双版纳粗榧濒危的内因。而破坏性开发、台风袭击、动物对果实种子的食用等，只是其珍稀濒危的外因。因此对西双版纳粗榧这种适应力和生存力本就较弱的珍稀濒危物种，要使其完全摆脱濒危境地，仅进行就地保护远远不够，还必须进行复壮和迁地保护，以扩大种群数量和分布区域，提高其遗传多样性水平（符文英等 2003）。

二、保护现状

西双版纳粗榧在海南已较为罕见，未见有成片分布，据 1992 年底的调查，通过实测和访问统计，胸径 10cm 以上的林木已经不足 1300 株，尖峰岭和霸王岭较多，黎母山和吊罗山次之，其他地方都较少，大多分布于交通不便的偏僻山区。野外调查中还发现，除了一定数量的老树和相对较多的幼苗外，几乎找不到中龄个体。据 2007 年调查，海南尖峰岭国家级自然保护区西双版纳粗榧已查明植株仅有 154 株，估计包括幼苗、幼树最多不超过 1000 株。以上数据说明西双版纳粗榧资源量日趋减少，现已极度濒危。

三、保护对策

（一）就地保护

要保护濒危植物及其遗传多样性，则要保护濒危植物赖以生存的自然综合环境及其生态系统，这样才能使濒危植物得以保存。所以，首先要注意植物栖息环境的保护，恢复原来的最适生境所需的条件，发现新形成的最适生境条件，注意环境条件各因素的季节和年间变化是否能满足濒危植物种群组成和维持生存繁衍的需要。

就地保护是濒危植物解危的主要措施，但应区别对待：对于人为直接采挖和砍伐所导致的种群大幅减少的濒危植物，应通过行政干预、立法等措施，立即停止人为破坏，使其种群逐渐恢复生机，这是目前较为普遍适用的方法。对生境丧失或破坏使濒危植物处于濒危状态的，应对其生存的环境进行保护，如停止破坏森林、垦荒、过度放牧，这是解除濒危的根本措施。

就地保护在必要时要建立自然保护区，使濒危植物拥有一个休养生息的生存空间，特别对遗传多样性相对较高的种群的生存空间尤其需要重点保护和恢复。近 10 年，我国自然保护区发展迅速，特别是森林类型的保护区，数量已超过 400 个，面积达全国自然保护区总面积的 70%。然而由于我国森林植物类型较多，需要保护的濒危植物生境还很多，因此在加强其他类型的自然保护区建设的同时，还有待进一步加强森林类型保护区的建立。在未划为自然保护区的植物多样性丰富地区和濒危植物集中分布地，要尽快规划建立自然保护区，尽可能使这些濒危植物得到就地保护。同时，对已建立的保护面积不够的自然保护区要扩大面积，或者建设生态廊道而将其同其他自然保护区连接起来。此外，还要注意加强草原、荒漠、湿地、高原等各种生态类型保护区的建设。因为在这些不同植被类型地区，具有不同的植物区系，也生存着各种珍贵的特有植物种类。

（二）迁地保护

迁地保护是在栖息地生境破碎成斑块状，或者原有生境不复存在的条件下，或者当濒危植物数量下降到极低水平时所采取的措施。然而由于某些濒危植物本身内在的抗逆性、适应力等方面存在缺陷，仅保护环境不足以使其复壮，必须通过生物技术使其复壮。迁地保护的目的是当种群达到一定数量时，放归自然，建立自然状态下可生存的种群。无论是迁地保护还是就地保护，一般应采取先保护后解救的策略。当前，应加强和巩固原有珍稀濒危引种繁育中心的建设和管理，并不断引种新的濒危植物。

（三）恢复残存种群

要保护濒危植物的种群遗传性，激发稀有种的种群遗传变异并改变其保守性的趋势，恢复和加强种群的生活力，恢复残存种群是重要的一环，也是最困难的一环，往往容易被忽视。恢复残存种群的第一步是把残存种群分为几个或多或少的独立亚种群。要把这些相对隔离在各地的亚种群看作整个种群的一部分，这对于物种的生存繁衍十分重要，可以促使种群间遗传物质的交换，对于原来广泛分布而现在栖息地改变被隔离成地区性的种群，在维持相对独立的亚种群之间进行引种远交是十分有意义的。

（四）离体保存基因库

从种质保存来看，建立濒危植物资源种质保存基因库十分重要，且更为迫切。因此，有必要建立濒危植物离体保存基因库，利用濒危植物种子、根、茎、花粉等器官的储藏以保护种质资源。

濒危植物的低温冻存技术将在濒危植物离体保护中发挥越来越重要的作用。很多保护生物学家都希望能利用这一技术方法保护完整的生态系统，如热带雨林。低温冻存技术提供了这种可能。尽管迄今在多数热带植物的种子保存方面尚存在许多问题，然而“冷冻保护”的概念已经形成。人们设想建立一种“拉链式冷藏袋”，把整个生物群落，包括传粉昆虫、土壤动物和寄生虫都冷冻起来，以备未来恢复和重建生态系统。

（五）归化自然

引种繁殖濒危植物的目的是保存其种质，扩大其种群，但是这些种群处于人工栽培的条件下。人为环境下的植物种群并不能完全替代那些野生生境中处于自然进化历程某一阶段的自然种群，它们的种群生态位显然不同，植物处于长期栽培状态还会丧失野生状态所具有的许多遗传特性。因此，要想成功保护濒危植物种质，仅将其保存在植物园还不够，必须将那些人工繁殖的种群再移植到其植物原有的生境中，让其归化到自然环境中，并且正常生长发育，产生后代，恢复原来的野生植物状态。

四、政策建议

保护濒危植物是一项长期的战略任务，它关系到我国国民经济是否能持续发展，也关系到子孙后代的利益。所以，对濒危植物的保护要制订一个长远的规划。按照“加强资源保护，积极驯养繁殖，合理经济利用”的原则，编制出一个宏微观兼顾、远近期结合、战略性与经营管理性相统一的野生濒危植物资源保护发展规划。在加强濒危植物科学研究的同时，更要加速濒危植物保护的法制建设。保护濒危植物是一项复杂而艰巨的任务，为了有效保存和发展大自然留给人们的财富，首先应对其进行详细研究。为此，要展开综合调查，了解与熟悉当地的自然条件、地理景观、植物区系、种群资源储量、季节物候相、历史变化以及社会情况，以便为制订保护发展规划提供依据。濒危植物的研究涉及的领域、途径多种多样，常因研究的目的、目标不同而各有侧重，但其研究内容一般包括：物种调查；功能与生物量研究；演化趋势和致危因素分析；人为活动与生态效应的关系；保护途径的拓展；繁育、养殖技术的试验；物种资源与基因库的确定；管理、监测体系的设置；生态经济政策的调整以及濒危植物的利用价值等。同时，也应注意开展濒危植物保育方面的国际合作交流。

为了控制、防范濒危植物的减少与破坏，特别是为了防止濒危植物的灭绝，应加速濒危植物保护的法制建设。然而，我国有关濒危植物保护和利用的法规迄今还不完善。此外，一些法律尚缺乏实施细则等配套的法规，还有待进一步完善和健全，使我国野生生物资源的管理完全走向法制化。在保护濒危植物方面，还应该广泛开展各种宣传工作，引起人们的足够重视。在宣传工作中，要强调保护濒危植物的重要性和必要性。通过出版研究报告、普及读物和画册，充分利用报纸、杂志、广播、电视、电影、网络等多种形式进行宣传，发挥舆论的作用，使大家认识到保护濒危植物是建设精神文明和物质文明的重要内容，是造福子孙后代的事业，只有这样才能使保护濒危植物的艰巨任务有更广泛的群众基础。

第六节　总结与展望

西双版纳粗榧是国家一级重点保护野生植物，对于珍稀濒危植物的研究，最能反映该地区植物区系的特殊性（初立业等 2002）。通过对霸王岭国家级自然保护区西双版纳粗榧的群落调查，发现霸王岭国家级自然保护区地处偏远，人为干扰较少，具有优越的自然条件、较好的生态环境。所以，对西双版纳粗榧的就地保护是最好的保育措施，保持良好的生态环境，使西双版纳粗榧能更好地生长，扩大数量，从而提高生物多样性以及获得更多的生态和经济效益。加强对保护区的建设和管理，并加强宣传有关法律法规，提高群众的认识，同时加强对珍稀濒危植物的调查和科学研究（王发国等 2007），从而保护物种多样性。在就地保护西双版纳粗榧的同时，更重要的是将有价值的自然生态系统和野生生物生境保护起来，丰富生物多样性，维持生态平衡（吴小巧等 2004）。物种多样性的变化与生境紧密相关，群落的生境差异可能是植物多样性不同的主要原因（程芸 2008）。因此要保护好物种生境，丰富植被多样性，以达到保护好自然环境和物种生境的目的。

撰稿人：祁珊珊，戴志聪，杜道林

主要参考文献

陈蕾, 江雪飞, 乔飞. 2014. 海南粗榧紫杉烷 13α-羟化酶基因的克隆及实时定量表达分析. 分子植物育种, (5): 975-981.
陈领. 1999. 中国的濒危物种及其保护. 动物学报, 45(3): 350-354.
陈玉凯, 杨琦, 莫燕妮, 等. 2014. 海南岛霸王岭国家重点保护植物的生态位研究. 植物生态学报, 38(6): 576-584.
程芸. 2008. 武陵山区珙桐群落生物多样性与天然更新研究. 林业调查规划, 33(2): 1-4.
初立业, 宁世江, 唐润琴. 2002. 广西九万山珍稀濒危植物及其保育对策. 广西植物, 22(3): 225-227.
戴文君, 戴好富, 陈苹, 等. 2009. 海南粗榧内生真菌抗肿瘤抗菌活性的筛选. 微生物学通报, 36(8): 1217-1221.
戴志聪, 祁珊珊, 邢旭煌, 等. 2010. 珍稀濒危植物海南粗榧幼苗天然更新与环境因子的灰色关联分析. 林业资源管理, (2): 50-56.
杜道林, 符文英. 2003. 珍稀濒危植物海南粗榧种群保护生物生态学. 长沙: 湖南科学技术出版社.
杜道林, 祁珊珊, 戴志聪, 等. 2009. 珍稀濒危植物海南粗榧保育群落植被生物多样性研究. 中国环境科学学会 2009 年学术年会, 武汉.
杜道林, 苏杰, 郭力华, 等. 2001. 海南粗榧(*Cephalotaxus mannii* Hook. f.)化学元素含量及变异研究. 植物生态学报, 25(1): 119-124.
杜道林, 苏杰, 向志强, 等. 2000. 海南粗榧叶表面扫描电镜观察. 海南师范学院学报(自然科学版), 13(1): 82-85.
符文英, 杜道林, 符木均. 2004. 海南粗榧愈伤组织的诱导和培养. 植物生理学通讯, 40(1): 34-36.
符文英, 杜道林, 邢诒旺. 2003. 海南粗榧保护和开发利用的研究. 分子植物育种, 1(5): 795-799.
傅立国. 1984. 三尖杉属的研究. 植物分类学报, 22(4): 277-288.
顾志建, 周其兴, 岳中枢. 1998. 三尖杉科的核形态学研究. 植物分类学报, 36(1): 48-53.

洪德元. 1990. 生物多样性面临的危机. 中国科学院院刊, 5(2): 117-120.
胡玉熹. 1999. 三尖杉生物学. 北京: 科学出版社.
蒋有绪. 2002. 生物多样性保育及入世后的对策. 科学对社会的影响, (4): 19-22.
李纯厚, 贾晓平, 杜飞掩, 等. 2005. 南海北部生物多样性保护现状与研究进展. 海洋水产研究, 26(3): 74-79.
李辉, 符再德, 石慧, 等. 2009. 沉淀聚合法制备高三尖杉酯碱印迹聚合物. 化工进展, 28(10): 1787-1791.
李培, 阳辉蓉, 胡晓苹, 等. 2017. 海南粗榧内生真菌F127发酵液的次级代谢产物研究. 热带作物学报, 38(5): 962-968.
李意德, 张振才. 1992. 海南粗榧早期生长特性及栽培前景. 林业科学研究, 5(2): 163-169.
李志英, 王祝年, 徐立. 2005. 海南粗榧的离体快速繁殖. 植物生理学通讯, 41(6): 786.
刘红梅, 蒋菊生. 2001. 生物多样性研究进展. 热带农业科学, (6): 69-76.
庞晓慧, 宋经元. 2010. 海南粗榧的资源学研究进展. 陕西农业科学, 56(1): 119-121.
齐静, 蒋春洁, 吴延春, 等. 2014. 海南粗榧内生真菌多样性分析. 广东农业科学, 41(13): 147-151.
祁珊珊, 戴志聪, 司春灿, 等. 2010a. 珍稀濒危植物海南粗榧保育群落植被生物多样性研究. 福建林业科技, 37(1): 6-11.
祁珊珊, 戴志聪, 司春灿, 等. 2010b. 珍稀濒危抗癌植物海南粗榧种群结构和资源价值研究. 林业资源管理, (1): 53-58.
王发国, 张荣京, 邢福武, 等. 2007. 海南鹦哥岭自然保护区的珍稀濒危植物与保育. 武汉植物学研究, 25(3): 303-309.
王峻玉, 杜道林, 符碧, 等. 2004. 不同海南粗榧种群核型及其变异研究. 海南师范学院学报(自然科学版), 17(1): 50-58.
王献溥, 王有生. 1994. 海南粗榧濒危的原因和保护措施. 广西植物, 14(4): 369-372.
王有生, 崔雯涛, 王献溥. 1992. 海南粗榧生物生态学特征初步研究. 植物资源与环境, 1(2): 63-64.
吴小巧, 黄宝龙, 丁雨龙. 2004. 中国珍稀濒危植物保护研究现状与进展. 南京林业大学学报(自然科学版), 28(2): 72-76.
向志强, 付永川, 刘玉成, 等. 1999. 不同种群中海南粗榧(*Cephalotaxus mannii*)形态变异研究. 广西植物, 19(2): 35-39.
向志强, 刘玉成, 杜道林. 2002. 不同种群海南粗榧(*Cephalotaxus mannii*)遗传多样性研究. 广西植物, 22(3): 209-213.
张维平. 1998. 生物多样性与可持续发展的关系. 环境科学, 19(4): 92-96.
周玫. 2009. 黔产三尖杉化学成分研究. 贵阳: 贵州大学硕士研究生学位论文.
Glowka L, Burhenne-Guilmin F, Synge H, et al. 1994. A Guide to the Convention on Biological Diversity. Switzerland: IUCN: 13-30.
Mittermeier R A, Mittermeier C G, Brooks T M. 2003. Wilderness and biodiversity conservation. Proceedings of the National Academy of Sciences of the United States of America, 100(18): 10309-10313.
Owen N, Hundley, N. 2004. Endophytes: the chemical synthesizers inside plants. Science Progress, 87(2): 79-99.
Soule M E. 1985. What is conservation biology. BioScience, 35(11): 727-734.

第十六章　水杉种群与保护生物学研究进展

第一节　引　　言

水杉（*Metasequoia glyptostroboides*）隶属于杉科（Taxodiaceae，后合并到柏科Cupressaceae）水杉属，是该属的唯一现存种。自其发现以来引起了国内外科学界的大量关注，我国先后接待了来自美国、德国、瑞典等世界各国科学家的考察，并将种子赠予多个国家，目前栽培的水杉树木遍及全世界50多个国家和地区（Ma 2007）。我国和世界学者都对水杉开展了许多研究和保护活动，从原生种群到引种栽培，从调查实践到理论探究，显示出科学界、政府和民众的重视。本章对水杉的历史和现状进行综述，探讨水杉种群可持续生存的困难，讨论目前保护措施的不足，提出保护建议和计划。

第二节　水杉属和水杉的系统进化地位与历史分布

水杉的发现是20世纪世界植物学上的一件大事。在其发现之前，科学界认为该属（种）在2000万年前已经灭绝（Chaney 1948a），只在北美、俄罗斯、日本、中国等地发现多种类似物种的化石（如*Sequoia dusticha*、*S. japonica*、*S. chinensis*、*S. macrolepis*等约10种），并且都被归于北美红杉属（*Sequoia*）（Hu 1948；Chaney 1950）。1941年日本学者通过对化石和红杉植株在球果鳞片排列方式与着生位置等方面的比较，认为这些化石物种不属于红杉属，而应归为一个新建立的化石属——水杉属（*Metasequoia*）（Miki 1941）。仅仅几年之后，中国科学家就在湖北省利川市（原四川省万县）谋道镇发现了3株存活的水杉属植物，后来在邻近地区又发现了100多株（Merrill 1948a）。1948年经鉴定我国终于发表此“活化石”植物新种——水杉（*Metasequoia glyptostroboides* Hu & W. C. Cheng）（胡先骕和郑万钧 1948）。活水杉植株的发现打破了以前这类植物的研究靠化石推测的时代，使全世界科学家从生理、生态、进化、遗传、古生物学、生物地理等多个领域研究水杉属乃至松柏类植物，有学者把水杉的发现视为植物界的一个里程碑事件（Andrews 1948）。

水杉个体染色体数目为 $2n=22$，染色体大小和形态与另一杉科植物巨杉（*Sequoiadendron giganteum*）非常相似（Stebbins 1948），而树木形态和核型分析与杉科植物北美红杉（*Sequoia sempervirens*）最为接近（Stebbins 1948；李林初 1987）。水杉最明显的形态特征是多个部位对生，包括叶片、小枝、芽鳞、大小孢子叶球；与大多数松柏类树种不同，其最特别的生理特征是落叶，这一点杉科植物仅在落羽杉属（*Taxodium*）和水松属（*Glyptostrobus*）中存在，但落叶特征是平行进化而非亲缘关系所致（Stebbins 1948）。蛋白质免疫分析和DNA分析都表明与水杉亲缘关系最近的还是红杉属和巨杉属，因此3个属常被合称为红杉亚科（Sequoioideae）（李林初 1987；Price &

Lowenstein 1989；Brunsfeld et al. 1994；Tsumura et al. 1995；Kusumi et al. 2000；Gadek et al. 2000）。

多种证据表明水杉属的进化速率较慢。与柏科近缘种的核苷酸序列相比，红杉亚科有相对较低的核苷酸替代率（Yang 2005）。水杉在蛋白质和新陈代谢水平上也表现出进化慢的特点，Yang 等（1999）在其叶片中发现动物体中常见的引起水钠排泄的激素——心房肽（atrial natriuretic peptide），说明早在陆生植物中就已进化出这种内分泌系统。水杉属的形态从起源至今变化不大，化石和现代个体的枝条很相似（Yang 1998；Liu et al. 1999），根和真菌共生的菌根也至少有 5000 万年没有变化（Stockey et al. 2001），对温度的适应性从白垩纪起源以来变化也不大（Liu et al. 2007），生物活性物质组成也自白垩纪以来几乎没有变化（Juvik et al. 2016）。

追踪水杉属化石可以大致了解时间、空间分布格局。水杉属起源于约一亿年前的白垩纪（Cretaceous）高纬度俄罗斯地区，然后快速向两个相反方向扩张，一条从俄罗斯东部向南扩至日本北部和中国东北部，另一条向北穿过白令陆桥到达北美；在约 6000 万年前的古新世（Paleocene），水杉属的分布扩张至北美高纬度地区以及北欧，同时有些也扩张至低纬度地区；但是，约 4000 万年前的始新世（Eocene）由于全球严重变冷，水杉属只在中低纬度地区被发现，高纬度地区都已消失，至 3000 万年前的渐新世（Oligocene）时期继续迁移至美国和中国其他地区，以及中亚地区，到中新世（Miocene）气候转暖，水杉属分布更加分散，分布北缘又重新进入北极圈，中新世中末期又分别在欧亚大陆和北美洲消失；之后再次由于温度降低，大约在上新世（Pliocene）至更新世（Pleistocene），水杉属从太平洋两岸都消失了，只在日本的中南部发现化石，目前孑遗的水杉种群仅在我国湖北利川、重庆石柱和湖南龙山交界处有小片分布（Chaney 1948b；Yang 1998；LePage et al. 2005；Liu et al. 2007）。

第三节　生理生态学

水杉是落叶乔木，雌雄同株，主干通直挺拔，树形优美，枝叶茂密，常用作行道树和园林绿化树种。Vann 等（2004）研究光合特性推测水杉落叶是因为在特殊地区，因减少呼吸抵抗光合作用的亏缺而进化出落叶特征。对野生水杉观察发现，一般 20 年左右成熟并产生雌花，25 年出现雄花（张卜阳和张丰云 1980），风媒传粉，种子有翅，在风力作用下从球果中飘散。根据当地研究者的多年观察，球果大小大致有 3 种类型：大果型、中果型、小果型。大果型树木倾向于生长在山坡上，耐旱能力较好，一般发展为宽大的树冠，种子产量高；小果型树木多沿着溪流生长，耐旱能力较弱（Li 1998）。辛霞等（2004）经过实验发现水杉种子最适萌发温度为 24℃，黑暗条件萌发较好。覆盖凋落物对种子萌发影响较大，室内实验表明覆盖 1cm 比不覆盖萌发率降低一半，覆盖 2cm 时不萌发（尤冬梅和马广礼 2008）；野外实验也表明水杉种子在空旷土壤的萌发率比覆盖着凋落物林下高（Vann et al. 2004）。幼苗生长不耐黑暗，林下光照弱的生境不如空旷地带容易定殖（Vann et al. 2004）。

水杉刚被发现之际我国就采集了大量的种子分发到其他国家和地区，第一批种子于

1948 年 1 月寄到美国阿诺德植物园（Arnold Arboretum）等地（Merrill 1948a），经过 20 年的栽植，国外许多地区报道了引种水杉的生长情况。总体上，温度低的地方未见很大伤害，但空气湿润或降雨多的区域长势明显好一些。有些栽植的个体已经开始繁殖，可见雄球果和雌球果，个别的还有少量种子（Wyman 1968）。然而栽种 20 年左右处于发育初期，虽然能够开花结籽，花粉粒和雄配子体发育正常，但是仅有少数胚珠发育正常，瘪的、不能育的种子较多（南京林产工业学院林学系森林植物教研组和宁夏农学院园林系植物教研组 1977）。不只发育初期，人工栽种五六十年的个体所结种子在质量和发芽率等方面依然不如野生个体的种子，已经表现出近交衰退的现象（Li et al. 2012）。

野生水杉的生长会受到雷劈、烟熏、色卷蛾等危害。蛾子幼虫侵染幼苗，使之被切断后拖回地下洞中；成体也见昆虫啃食，茶蓑蛾（*Cryptothelea minuscula*）往往吃叶片，星天牛（*Anoplophora chinensis*）和长角天牛（*A. glabripennis*）会在树干上打孔道，另有成熟的朝鲜黑金龟（*Holotrichia diomphalia*）食叶片，而它的幼体则以其根为食（Kuser 1982）。国外报道了华盛顿地区水杉枝顶枯死和树干溃疡等，这是葡萄座腔菌（*Botryosphaeria dothidea*）导致的。相似的症状也在引种种植的红杉和巨杉中出现，出现症状的地区往往与潮湿和海洋性气候有关。国外生长的水杉也有遭到虫害，如日本金龟子、臭虫和未知食叶虫为害的报道（Kuser 1982）。

第四节　种群生态学

一、种群分布与动态

水杉种群的栖息地为山脉包围的深谷，四周都有溪流，最终注入长江（Chu & Cooper 1950）。种群分布于海拔 850～1350m、面积约 800km^2 的地区，分布区气候多雨，冬季还有少量冰雪天气（Merrill 1948b），种群生境小气候特点为阴郁、潮湿（Chu & Cooper 1950）。通过水杉分布区植物区系的分析，Hu（1980）认为该区域现代植物区系的建立很大程度上与早第三纪（early Tertiary）或晚中生代（late Mesozoic）发生的地势和气候改变相关。即使更新世（Pleistocene）冰川影响广泛，该地区植物区系也免受更新世大陆冰川的直接影响，免受中新世（Miocene）和上新世（Pliocene）造山运动与陆地抬升带来的干旱影响（如同纬度的西藏地区），免受局域山脉的冰川和火山作用的影响（如日本）。地理上，此地在长江中段、海拔中等，冰期这里比庐山、黄山、天目山等高山地带降雨少；地质上，北部、西部、西北部有秦岭连续高大山脉遮挡极寒的北方南移气候带，而西南—东北向的山脉又能使南部热环流空气进入。由于诸多因素综合作用，该地区的植物和植物区系受到的大陆冰川干扰无疑比欧洲和北美小，也比长江下游少。

最早发现水杉集中的地方是水杉坝区域，早期考察的学者都对这一区域做了详细的描述。该地为典型的封闭洼地，西面是高 1500m 由二叠纪石灰岩组成的齐岳山，是许多溪流的发源地；东面与之大概平行走向的是高 1400m 由侏罗纪砂岩组成的福宝山。水杉树几乎都生长在砂岩的地方，石灰岩钙质土中只有当地人偶尔种的个体，土壤偏酸性或近中性，溪流主要流经砂岩，为先向南 25km 再向东 20km 的走向（Chu & Cooper 1950）。水杉植株广泛散生于山坡上，沿小溪分布，旁边有水稻田，但不形成密集的大片森林

(Merrill 1948b)。在水杉坝附近平坦的山谷几乎都被水稻田占据，西面山坡向上 400m 以及东面山坡向上 300m 的山谷地带有砍伐迹象，已是半自然林 (Chu & Cooper 1950)。水杉刚被发现时仅有 1000 多株，本就稀有而且当地居民还常常砍伐，木材用于室内装饰，因此种群被快速破坏，处于灭绝的边缘 (Hu 1948)。

发现之初，水杉个体直径大多为 60～90cm，中等大小的树不常见，据钻木芯判断最大的树年龄至少 300 年 (Chu & Cooper 1950)。1974 年利川林业局建水杉管理站时调查发现，胸径 20cm 以上的共有 5420 株，其中有 1700～1800 株已成熟和产生种子 (Bartholomew et al. 1983)。

局域尺度上，水杉种群分布在山谷下部，沿着小溪并向下延伸到低平地上，沿途的岩石和卵石都被苔藓覆盖 (Chu & Cooper 1950)。20 世纪四五十年代，种群繁殖不是十分活跃，种子散落在石缝和潮湿的沙地上，但是 10m × 10m 样方内直径 2.5cm 以下的幼苗还占全部个体的一半以上 (Chu & Cooper 1950)，至 1980 年时林下已没有任何幼苗 (Bartholomew et al. 1983)，按照 1948 年对胸径等级的分类，2009 年调查发现除最高等级外其余低等级均没有任何个体，即所有野生个体树干直径都大于 25.4cm (Tang et al. 2011)。

一般来说水杉比杉木 (*Cunninghamia lanceolata*) 生长快，但是在郁闭的林中水杉幼苗、幼树的生长却很缓慢，甚至发育不良，一年生幼苗高 2～4cm，在阳光充裕的地方一年生幼苗可达 10cm (郑万钧和曲仲湘 1949)。林下约 3m 高幼树的生长遇到严重阻碍，主要是藤本植物密切交织在大树和灌木之中，水杉幼苗和大树的枝条容易被缠绕弯曲、折断。待幼苗穿透灌木层后，水杉才能比其他物种更快速地生长、展枝，最终明显高于其他树种 (Chu & Cooper 1950)。

二、种群遗传多样性

水杉野生种群的遗传多样性研究总体表现为较低或中等水平，种群间遗传分化程度不高 (表 16-1)。通过 3 个种群种子、胚乳的等位酶分析，多态位点占 83.3%，等位基因平均为 2.94，平均期望杂合度为 0.3873，遗传变异 91.4%来自种群内，8.6%来自种群

表 16-1 水杉自然种群和人工种群的遗传多样性

两种分析	文献来源	检测种群数	检测个体数	多态位点百分比/%	平均每个位点等位基因数	平均期望杂合度	遗传分化系数
			自然种群				
等位酶	张文英和李明鹤 (1994)	3	49	83.30	2.9400	0.3873	—
RAPD	李春香等 (1999)	8	27	53.00	—	—	—
	李晓东等 (2003)	6	42	38.60	0.1309	0.0940	0.1082
	Li 等 (2005)	8	81	87.93	—	0.3176	0.2980
			人工种群				
等位酶	Kuser 等 (1997)	46	119	20.00	1.7000	0.0910	—
RAPD	李晓东等 (2005)	8	124	33.15	1.3750	0.1610	—
	李晓东等 (2003)	2	6	8.77，10.53	—	—	—
	Chen 等 (2003)	4	88	84.90	1.8500	0.3502	0.0970
	史全芬等 (2005)	9	148	35.92	—	—	—
	Li 等 (2005)	3	64	81.03	—	0.2982	—

间，种群间遗传分化程度不高（张文英和李明鹤 1994）。采用 RAPD 技术分析水杉野生种群的 27 个个体，多态位点百分比为 53%，表明有中等遗传变异水平（李春香等 1999）。对 6 个自然种群的 RAPD 分析表明遗传多样性较低，多态位点百分比为 38.6%，平均每个位点等位基因数为 0.1309，总基因多样性为 0.1054，平均期望杂合度为 0.0940，桂花种群和小河种群的遗传多样性最高，遗传分化系数为 0.1082（李晓东等 2003）。Li 等（2005）采用 RAPD 标记对野生水杉 8 个种群的 81 个个体进行分析，多态位点百分比为 87.93%，平均期望杂合度为 0.3176，遗传分化系数为 0.298，野生种群遗传多样性低于裸子植物平均值。

对人工种植种群的遗传变异研究普遍表明没有达到野生种群水平，表现出近交现象，并且种植种群的遗传相似性高（表 16-1）。对于水杉引种萌发的幼苗进行等位酶的遗传特征分析，相比其他松类物种，水杉显示出较低的遗传多样性、相对高的近交和遗传分化程度（Kuser et al. 1997）。李晓东等（2005）应用 9 个等位酶系统的 23 个酶位点对 8 个栽培种群进行检测，多态位点百分比为 33.15%，平均等位基因数为 1.375，平均期望杂合度为 0.161，遗传多样性较低。研究采用 RAPD 标记发现美国和中国武汉 2 个人工种群的多态位点百分比分别为 8.77%和 10.53%，远远低于野生种群（李晓东等 2003）。史全芬等（2005）采用 RAPD 标记对 9 个栽培种群分析表明，多态位点百分比为 35.92%，略低于自然种群。Li 等（2005）采用 RAPD 对比了人工种植种群和野生种群的遗传组成，发现人工种群的遗传多样性没有显著低于野生种群，但是其遗传组成却与野生种群之间更加相似，表明人工种群来源相似或无性繁殖频繁的引种策略；通过遗传分析不同年代建立的人工种群也表明存在很高的遗传相似性（Chen et al. 2003）。

在基因组水平上，报道过水杉表达序列标签（expressed sequence tag）（Zhao et al. 2013）及叶绿体基因组（Chen et al. 2015），但需要深入研究。

第五节　群落生态学

水杉种群发现之初我国老一辈科学家就开展了当地群落生态学的调查研究。分布区特有的林相是水杉混交林，分布于河谷两旁的侧沟里，沟长 50～100m，每个沟内有多达四五十株的水杉植株，树龄大小不一。水杉混交林发育茂盛，树种繁多，除水杉外以杉木和落叶阔叶树居多（郑万钧和曲仲湘 1949）。1948 年钱尼（Chaney）等美国科学家与中国学者一起考察水杉坝，对群落进行描述，有的水杉种群生长在稻田旁，也有的顺着山涧向上延伸到自然生境。因为生长在多个隔离的山涧中，种群不连成森林，周围有锥栗（*Castanea henryi*）、小叶栎（*Quercus chenii*）、枫香树（*Liquidambar formosana*）、李属（*Prunus*）植物等阔叶树，林下灌木以常绿的山胡椒属（*Lindera*）植物为主，高处山坡上亮叶桦（*Betula luminifera*）、水青冈（*Fagus longipetiolata*）、连香树（*Cercidiphyllum japonicum*）最为常见，伴有的针叶树种为杉木、三尖杉（*Cephalotaxus fortunei*）、马尾松（*Pinus massoniana*）、南方红豆杉（*Taxus wallichiana* var. *mairei*）等，这些树种基本与中新世高纬度地区的化石记录一致（Chaney 1948c）。

Chu 和 Cooper（1950）选取了自然环境下 10 个 10m × 10m 的水杉样方进行报道，

树种较多的有杉木、茅栗（*Castanea seguinii*）、枫香树、盐肤木属（*Rhus* spp.）3 种、灯台树（*Cornus controversa*）等。样方中水杉、杉木、茅栗和枫香树是 4 种最主要的树种，在胸径大于 2.5cm 的成体中占 74%，在小于 2.5cm 的幼苗中占 54%，水杉在样方中无论是幼苗还是成熟个体都是个数最多的。灌木层密度不高，主要的灌木和藤本植物有尼泊尔常春藤（*Hedera nepalensis*）、粉花绣线菊（*Spiraea japonica*）、蜡莲绣球（*Hydrangea strigosa*）、宜昌荚蒾（原变种）（*Viburnum erosum* var. *erosum*）等。草本层较为稀疏，发现的仅有茜草类和某种豆类植物，有些地方苔藓类较多。

国际著名植物学家胡秀英女士对 1946~1948 年共 5 次采集并保存在美国哈佛大学阿诺德树木园（Arnold Arboretum）的水杉生长地区植物标本进行了全面鉴定，总结水杉分布区大约 800km^2 范围植物群落特点（Hu 1980）如下。

1）物种多样性非常高，共有 127 科 301 属 550 种维管植物。最多的科是蔷薇科（Rosaceae），包含 16 属 50 种，其他还有壳斗科（Fagaceae）、樟科（Lauraceae）、杜鹃花科（Ericaceae）、山茶科（Theaceae）等物种数目也较多。种类最多的属是栎属（*Quercus*），包含 13 个物种，其他还有山胡椒属、李属、槭属（*Acer*）、冬青属（*Ilex*）、荚蒾属（*Viburnum*）、杜鹃花属（*Rhododendron*）、木姜子属（*Litsea*）、柳属（*Salix*）、悬钩子属（*Rubus*）、越橘属（*Vaccinium*）、山矾属（*Symplocos*）等种类较多。

2）群落中木本植物物种占 76.4%，草本植物占少数，其中 76.6%是多年生。约 56%的物种是落叶的，其余 44%为常绿的。

3）该区域物种特有性极高，除水杉外，杜仲（*Eucommia ulmoides*）、水青树（*Tetracentron sinense*）都是我国华中地区的种类，还有猫儿屎（*Decaisnea insignis*）、红果树（*Stranvaesia davidiana*）、瘿椒树（*Tapiscia sinensis*）、山拐枣（*Poliothyrsis sinensis*）、异叶梁王茶（*Metapanax davidii*）等都是中国特有种。

4）该地区裸子植物丰富，自然分布的裸子植物有 17 种，隶属于 6 科 14 属，多数为单种属或者少种属，有些很古老的如银杏属（*Ginkgo*）、金钱松属（*Pseudolarix*）、柏木属（*Cupressus*）、榧树属（*Torreya*）等，很多代表了独立的进化支系。裸子植物的属呈现 6 种分布格局：①有 4 个属广泛分布于北半球，包括松属（*Pinus*）、落叶松属（*Larix*）、刺柏属（*Juniperus*）、红豆杉属（*Taxus*）；②有 2 个属是东亚和北美东部间断分布，包括铁杉属（*Tsuga*）、榧树属（*Torreya*）；③还有 1 个属[黄杉属（*Pseudotsuga*）]是东亚和北美西部间断分布；④另有 1 个属[柏木属（*Cupressus*）]是喜马拉雅-地中海分布和北美西部、中部分布；⑤另有 1 个属[三尖杉属（*Cephalotaxus*）]是中国-日本分布；⑥包括水杉属在内的银杏属、油杉属（*Keteleeria*）、金钱松属、杉木属（*Cunninghamia*）、台湾杉属（*Taiwania*）5 个属仅在中国中低纬度地区分布。然而水杉地区的植物区系起源复杂，难以说清（Hu 1980）。

第六节　保护生物学

位于利川谋道镇的一株水杉大树是最早发现的模式种，研究人员采用钻取年轮芯的方法估计树龄约为 450 年，其余大树也都有三四百年树龄（Bartholomew et al. 1983）。

据访谈，人类迁移到此地定居大约在 200 多年前，晚于多数水杉大树的年龄，但此后当地人口快速增长导致土地利用状况发生了巨大变化。据统计，至 1980 年左右小河乡大约 1/3 的土地已被农田占有，高密度人口已经对当地植被造成严重破坏（Bartholomew et al. 1983）。

大量的人为活动已经严重影响了水杉分布区的植被，破坏了水杉种群的栖息地。水杉林附近的大量平地几乎都已经被开垦为农田，种植水稻、玉米等农作物和黄连（*Coptis chinensis*）等经济作物，水杉树木的有效繁殖和种群的自然更新几乎不复存在。这种情况从 1948 年的调查就已发现（Chu & Cooper 1950），至 1980 年调查情况愈加恶化，由于人类和家畜的严重干扰，水杉树下几乎已经没有植物，水杉种群已经被开垦的山坡和平地分隔成小块，片断化极其严重（Bartholomew et al. 1983）。目前，随着人口增长，人类活动日益频繁，正在改变土地利用方式，使森林、草地成为农田、房屋、经济作物区，不仅侵占了野生水杉种群的栖息地，减少了种群可持续生存的面积，而且即使留下的部分也片断化严重。栖息地片断化对以异交为主的物种尤为有害，导致隔离的小种群产生，进而引起遗传上的近交现象和杂合度丢失。因此，人类活动对栖息地的破坏已严重影响了水杉的有效繁殖和种群更新。

人类的干扰不但破坏栖息地，还产生人为种植现象，人们不断地把水杉树苗和幼树移到自己居住地附近，所以在当地的河边、路边、田边空地经常看到一排排的水杉树，很难分清是自然生长还是移栽的种群。照这样继续下去，多数水杉大树如果都死掉，留下的都是人为种植树木，与现在银杏的命运相同（Chu & Cooper 1950）。野生大树种群一旦灭绝将没有自然替代的种群出现，即使有广泛种植的个体，也丢失了水杉种甚至水杉属长期地质年代条件下进化来的支系，还丧失了该支系未来进化的方向和潜力。“恐龙”时代的祖先植物境况岌岌可危！

自“利川县水杉管理站”设立，到目前“湖北星斗山国家级自然保护区”成立，人们已经实施了多种措施保护现存水杉大树。目前来看，管理部门对野生水杉的保护即使在最乐观的情况下也只能确保大树存活，但是，物种的延续是要保证野生种群能够自然更新。种质资源管理目标也是要为种群将来的生存进化而保持尽可能多的遗传多样性，对野生种群基因的保护更需要有大量的幼苗，这样才会带来包含中性突变和适应性遗传变异的多种基因型，为迁地保护提供资源。现有的保护措施对水杉栖息地的保护不足，导致自然种群几乎没有繁殖更新能力，要使幼苗能够自然更新，就要对种群周围生境开展保护。因此，除了保护现存野生大树，还要加强对水杉自然种群栖息地的保护，尽可能减少人类活动。

第七节　总结与展望

水杉遭遇的最大威胁是人类活动的影响，保护面临的最难问题是土地利用冲突，水杉的保护战略要从单个物种转变为生态系统的保护和管理。类似于北美红杉的保护措施，政府应平衡好水杉保护和当地居民经济收入，保护工作应是国家、省级、地方政府、保护区等部门联合科学研究、保护组织、居民活动共同努力的结果（Langlois

2005)。水杉的保护已经迫在眉睫，应尽快制订长期、有针对性的保护计划并实施。

Langlois（2005）参照美国《濒危物种法案》（ESA）的条款设计了一套水杉的保护方案，我们参考并修改了该方案，作如下建议（表 16-2）。

表 16-2　水杉保护计划应包括的要素

要素	行动内容	时间表
1	确定潜在的保护地点	1 年
2	制订保护监管方案（明确科学的目标、管理人员职权和职责、经济影响、管理计划、栖息地复杂性等）	1 年
3	制订一份有力度的保护提案（提交给政府机关和资金来源部门）	1 年
4	发展一个保护共享网络（水杉目录、需求评估、水杉组织）	1 年
5	与当地政府和当地居民建立合作伙伴关系，以便发挥管理人员职责	2 年
6	为儿童和成人设计教育计划，培养其对水杉作为中国自然遗产标志所具有的长期保育的态度	2 年
7	发展保育水杉的科学研究计划（包括野外和实验室研究）	2 年
8	扩大和升级水杉保护研究站	2 年
9	建立资金预算制度并开发有效的市场效益（得到公众支持和资金支持）	2 年
10	建立评价体系，决定计划阶段性实施成果	2 年

一、保护地点

适当的保护地点的确定不是一件容易的事情，物种分布地点的普查需要科研人员、各级政府和当地管理者的共同合作。对于分布范围广的物种，保护计划一般是从点到面开展，因此需要先确定一个相对小、涵盖全面、有大概率持续生存力并有研究价值的地区开展保护计划，这一最初区域为 200～600km^2，然后再逐步扩大保护实施范围。

鉴于水杉分布范围狭小（约 600km^2 或加之延伸区域约 800km^2），野生个体数量有限（5000 多株），因此将整体的分布范围和数量都作为保护目标即可。在整个分布区内，水杉个体分散分布在多处隔离的小区域，要把所有个体的地点定位，并且结合航空测量、区域鉴定、地理信息系统（GIS）等技术手段完成全部个体的分布格局调查。

二、监管方案

尽快成立一个项目组织，制订管理方案，实施水杉的保护计划。项目组应包括各利益相关方代表，如科学家、林业管理者、保护学家、政府部门人员、地方政府管理人员、非政府组织（NGO）、当地居民等。科学家要阐明保护生物多样性的价值，特别是对于这种在特定生境中生存的独一无二的、珍稀的、濒危的物种，要强调管理生态系统和为人类保护遗产的重要性；各级政府要着力建立国家公园和省级保护项目，建立法律保护濒危物种，设立保护基金，不能等到资源减少到可持续水平以下时再开始保护行动；保护组织、当地居民是保护活动的重要力量。

制订保护计划时要系统，制订的方案包括：科学研究目标、长期管理要求、地方经济影响、管理人员职权和职责、文化环境、教育项目、资金投入机制、获取利用限制、可持续林业实践等。最重要的还是尽可能降低人类活动的影响，所以计划限制人口，并在一定程度上开展生态旅游。

三、正式保护提案

要制订一份有针对性、有力度的、正式的水杉保护提案，提交给政府部门、科学组织、资金来源部门、其他感兴趣的组织等。提案不一定像保护计划那样详细，但是重点要包含对保护野生水杉种群强烈支持的理由。其他应包括简短生境描述、管理方案总结、教育计划、市场途径、资金来源等重要内容，类似于项目计划书。除此之外，还可以包括一个内容提要和目标区域摄影图像等。

四、共享网络

建立一个信息交流共享的网络，包括水杉目录、研究成果、野外观测、分布格局、气候限制、保护力度、资金应用等。

五、建立保护区域

同当地政府和当地居民建立合作伙伴关系，使得保护计划顺利制订和实施。主要探讨对地方的影响、生活方式的改变、收益机会、保护地所有权、长期管理和责任、合理安置需求、地方教育项目等。创建生态旅游基地，把当地居民培训为生态导游，当地居民是自然史观察良好的候选人。

六、教育项目

对儿童和成人的教育项目必不可少，也包括对教师的培训。内容是保护水杉的重要性以及古老自然遗产的重要性，教育目标是使人们建立长期保护水杉的理念。

七、科学研究计划

为了提出研究、野外监管和生境管理多环节的目标以制订合理的保护计划，对水杉的科学研究必不可少。科学家应研究和建议森林保护等级、监管遗传变异、评估生长参数、发现抵御病虫害能力、评估可持续发展力等方面。建立允许科学家开展研究的保护区域，该区域不能被居民和管理所破坏。

八、发展水杉保护站

目前的水杉管理站在人员、装备、资金上都要扩展，自建站以来对所有水杉母树已经进行过多次普查、挂牌、登记、造册、防虫、防火等有效管理，将来的管理需要更高效的配置。

九、资金预算和市场效益

进行项目资金预算。要从宣传上入手，把水杉作为中国人民的珍宝来对待。水杉是我国的自然遗产，值得全国乃至世界的保护，让人们知道水杉“活化石”的巨大价值。还可以鼓励水杉种子、苗木、扦插等行业的发展，以支持水杉的保护。同时为当地居民开创其他经济收益方式，制订杜绝人为改变土地利用的措施。

十、评价体系

实施过程需要阶段性评估，如生长参数、遗传多样性、管理利用、研究内容等，以便完善保护策略。

水杉是大自然留给人类和中国的珍宝，我们应认真对待水杉的保护工作，要以长远的眼光、用科学的方法、实施有效的策略，迫切并充分开展保护水杉这项大工程。

撰稿人：李媛媛，陈小勇

主要参考文献

胡先骕, 郑万钧. 1948. 水杉新科及生存之水杉新种. 静生汇报, 1: 160-161.

李春香, 杨群, 周建平, 等. 1999. 水杉自然居群遗传多样性的RAPD研究. 中山大学学报(自然科学版), 38(1): 59-63.

李林初. 1987. 从核型看北美红杉的起源. 云南植物研究, 9(2): 187-192.

李晓东, 黄宏文, 李建强. 2003. 孑遗植物水杉的遗传多样性研究. 生物多样性, 11(2): 100-108.

李晓东, 杨佳, 史全芬, 等. 2005. 8 个栽培水杉居群遗传多样性的等位酶分析. 生物多样性, 13(2): 97-104.

南京林产工业学院林学系森林植物教研组, 宁夏农学院园林系植物教研组. 1977. 水杉(*Metasequoia glyptostroboides*)开花结籽发育形态的初步观察. 植物学报, 19(4): 252-258.

史全芬, 杨佳, 李晓东, 等. 2005. 水杉栽培居群的遗传多样性研究. 云南植物研究, 27(4): 403-412.

辛霞, 景新明, 孙红梅, 等. 2004. 孑遗植物水杉种子萌发的生理生态特性研究. 生物多样性, 12(6): 572-577.

尤冬梅, 马广礼. 2008. 水杉枯落物对其种子萌发的影响初探. 南阳师范学院学报, 7(6): 51-53.

张卜阳, 张丰云. 1980. 水杉开花结实发育过程的初步研究. 湖北林业科技, (4): 6-10.

张文英, 李明鹤. 1994. 用同工酶研究水杉群体的遗传结构. 华南农业大学学报, 15(3): 129-135.

郑万钧, 曲仲湘. 1949. 湖北利川县水杉坝的森林现况. 科学, 31(3): 73-80.

Andrews H N. 1948. *Metasequoia* and the living fossils. Missouri Botanical Garden Bulletin, 36: 79-85.

Bartholomew B, Boufford D E, Spongberg S A. 1983. *Metasequoia glyptostroboides*: its present status in central China. Journal of the Arnold Arboretum, 64: 105-128.

Brunsfeld S J, Soltis P S, Soltis D E. 1994. Phylogenetic relationships among the genera of Taxodiaceae and Cupressaceae: evidence from *rbcL* sequences. Systematic Botany, 19(2): 253-262.

Chaney R W. 1948a. *Metasequoia* summary. Bulletin of the Torrey Botanical Club, 75(4): 439-440.

Chaney R W. 1948b. Redwoods in China. Natural History Magazine, 57(10): 440-444.

Chaney R W. 1948c. The bearing of the living *Metasequoia* on problems of Tertiary paleobotany. Proceedings of the National Academy of Sciences of thc United States of America, 34(11): 503-515.

Chaney R W. 1950. A revision of fossil *Sequoia* and *Taxodium* in western north America based on the recent discovery of *Metasequoia*. Transactions of the American Philosophical Society, 40(3): 171-263.

Chen J, Hao Z, Xu H, et al. 2015. The complete chloroplast genome sequence of the relict woody plant *Metasequoia glyptostroboides* Hu et Cheng. Frontiers in Plant Science, 6(77): 447.

Chen X Y, Li Y Y, Wu T Y, et al. 2003. Size-class differences in genetic structure of *Metasequoia glyptostroboides* Hu et Cheng (Taxodiaceae) plantations in Shanghai. Silvae Genetica, 52(3): 107-109.

Chu K, Cooper W S. 1950. An ecological reconnaissance in the native home of *Metasequoia glyptostroboides*. Ecology, 31(2): 260-278.

Gadek P A, Alpers D L, Heslewood M M, et al. 2000. Relationships within Cupressaceae sensu lato: a combined morphological and molecular approach. American Journal of Botany, 87(7): 1044-1057.

Hu H H. 1948. How *Metasequoia*, the "Living Fossil", was discovered in China. Journal of New York Botanical Garden, 49(585): 201-207.

Hu S Y. 1980. The *Metasequoia* flora and its phytogeographic significance. Journal of the Arnold Arboretum, 61(1): 41-94.

Juvik O J, Nguyen X H T, Andersen H L, et al. 2016. Growing with dinosaurs: natural products from the Cretaceous relict *Metasequoia glyptostroboides* Hu & Cheng: a molecular reservoir from the ancient world with potential in modern medicine. Phytochemistry Reviews, 15(2): 161-195.

Kuser J. 1982. *Metasequoia* keeps on growing. Arnoldia, 42(3): 130-138.

Kuser J E, Sheely D L, Hendricks D R. 1997. Genetic variation in two *ex situ* collections of the rare *Metasequoia glyptostroboides* (Cupressaceae). Silvae Genetica, 46(5): 258-264.

Kusumi J, Tsumura Y, Yoshimaru H, et al. 2000. Phylogenetic relationships in Taxodiaceae and Cupressaceae sensu stricto based on *matK* gene, *chlL* gene, *trn*L-*trn*F IGS region, and *trn*L intron sequences. American Journal of Botany, 87(10): 1480-1488.

Langlois G A. 2005. A conservation plan for *Metasequoia* in China. *In*: LePage B A, Williams C J, Yang H. The Geobiology and Ecology of *Metasequoia*. Dordrecht: Springer: 367-418.

LePage B A, Yang H, Matsumoto M. 2005. The evolution and biogeographic history of *Metasequoia*. *In*: LePage B A, Williams C J, Yang H. The Geobiology and Ecology of *Metasequoia*. Dordrecht: Springer: 3-114.

Li J H. 1998. *Metasequoia*: an overview of its phylogeny, reproductive biology, and ecotypic variation. Arnoldia, 58(59): 54-59.

Li Y Y, Chen X Y, Zhang X, et al. 2005. Genetic differences between wild and artificial populations of *Metasequoia glyptostroboides*: implications for species recovery. Conservation Biology, 19(1): 224-231.

Li Y Y, Tsang E P K, Cui M Y, et al. 2012. Too early to call it success: an evaluation of the natural regeneration of the endangered *Metasequoia glyptostroboides*. Biological Conservation, 150(1): 1-4.

Liu Y J, Li C S, Wang Y F. 1999. Studies on fossil *Metasequoia* from north-east China and their taxonomic implications. Botanical Journal of the Linnean Society, 130(3): 267-297.

Liu Y J, Arens N C, Li C S. 2007. Range change in *Metasequoia*: Relationship to palaeoclimate. Botanical Journal of the Linnean Society, 154(1): 115-127.

Ma J S. 2007. A world survey of cultivated *Metasequoia glyptostroboides* Hu & Cheng (Taxodiaceae: Cupressaceae) from 1947 to 2007. Bulletin of the Peabody Museum of History, 48(2): 235-253.

Merrill E D. 1948a. A living *Metasequoia* in China. Science, 107(2771): 140.

Merrill E D. 1948b. *Metasequoia*, another "Living Fossil". Arnoldia, 8(1): 1-8.

Miki S. 1941. On the change of flora in Eastern Asia since the Tertiary Period (I). The clay or lignite beds flora in Japan with special reference to the *Pinus trifolia* beds in central Hondo. Journal of Japanese Botany, 11: 237-303.

Price R A, Lowenstein J M. 1989. An immunological comparison of the Sciadopityaceae, Taxodiaceae, and Cupressaceae. Systematic Botany, 14(2): 141-149.

Stebbins G L. 1948. The chromosomes and relationships of *Metasequoia* and *Sequoia*. Science, 108(2796): 95-98.

Stockey R A, Rothwell G W, Addy H D, et al. 2001. Mycorrhizal association of the extinct conifer

Metasequoia milleri. Mycological Research, 105(2): 202-205.

Tang C Q, Yang Y, Ohsawa M, et al. 2011. Population structure of relict *Metasequoia glyptostroboides* and its habitat fragmentation and degradation in south-central China. Biological Conservation, 144(1): 279-289.

Tsumura Y, Yoshimura K, Tomaru N, et al. 1995. Molecular phylogeny of conifers using RFLP analysis of PCR-amplified specific chloroplast genes. Theoretical and Applied Genetics, 91(8): 1222-1236.

Vann D R, Willians C J, LePage B A. 2004. Experimental evaluation of photosystem parameters and their role in the evolution of stand structure and deciduousness in response to palaeoclimate seasonality in *Metasequoia glyptostroboides* (Hu et Cheng). *In*: Hemsley A R, Poole I. The Evolution of Plant Physiology. Amsterdam: Academic Press: 427-445.

Wyman D. 1968. *Metasequoia* after twenty years in cultivation. Arnoldia, 28(10-11): 113-123.

Yang H. 1998. From fossils to molecules: the *Metasequoia* tale continues. Arnoldia, 58(4): 60-71.

Yang H. 2005. Biomolecules from living and fossil *Metasequoia*: biological and geological applications. *In*: LePage B A, Williams C J, Yang H. The Geobiology and Ecology of *Metasequoia*. Dordrecht: Springer: 253-281.

Yang Q, Gower Jr W R, Li C, et al. 1999. Atrial natriuretic-like peptide and its prohormone within *Metasequoia*. Proceedings of the Society for Experimental Biology and Medicine, 221(3): 188-192.

Zhao Y, Thammannagowda S, Staton M, et al. 2013. An EST dataset for *Metasequoia glyptostroboides* buds: the first EST resource for molecular genomics studies in *Metasequoia*. Planta, 237(3): 755-770.

第十七章　银杉种群与保护生物学研究进展

第一节　引　　言

北半球第三纪时期温暖湿润的气候条件曾维持了大量植物的分布和扩散，从渐新世早期开始，由于气候变冷，大量物种逐步向低纬度地区退缩，直到晚第三纪至第四纪期间，分布区域进一步缩减至东亚、北美和欧洲西南部这三大冰期避难所区域。这些第三纪曾经在北半球广泛分布，但目前只存在于上述 3 个区域的植物称为第三纪孑遗植物（Wolfe 1975；Tiffney 1985；Xiang et al. 1998；Milne & Abbott 2002）。在三大冰期避难所区域里，中国中南部的山区由于有着特殊的地理地貌条件，成为一个非常重要的第三纪孑遗植物避难所，其中分布有众多珍稀濒危的孑遗物种，如银杉（*Cathaya argyrophylla*）、银杏（*Ginkgo biloba*）、珙桐（*Davidia involucrata*）、水青树（*Tetracentron sinense*）和连香树（*Cercidiphyllum japonicum*）等。针对此类物种展开研究，可以了解其如何响应环境和气候变化，也将为针对此类物种开展保护工作提供理论参考。

从生物地理尺度来说，气候是决定物种分布最为重要的一个因素（Pearson & Dawson 2003；Mejías et al. 2007；Loidi et al. 2010）。而在景观或更小的空间尺度上，物种的分布格局则更多地受到局部具体条件的影响。例如，局部的生物（竞争者、捕食者组成等）和非生物条件（微地形、光环境、土壤营养条件等）均会影响到个体的存活、散布以及死亡，进而形成多样的物种分布格局。对于孑遗植物来说，针对种群个体存活和死亡的监测，也是了解此类物种如何适应环境，以及做出更有针对性的有效保护措施的基础（Fahrig & Merriam 1994；Menges & Gordon 1996）。

分布在中国的众多孑遗植物中，最具有代表性和被人所熟知的是水杉（*Metasequoia glyptostroboides*）和银杉这两个“活化石”（López-Pujol et al. 2006；López-Pujol & Ren 2010；Tang et al. 2011；Tang 2015）。其中，银杉不仅被认为是当前濒危程度很高的物种之一，也是我国国家一级重点保护野生植物，只在我国亚热带山地的局部地区有零星的残存，间断分布于大娄山、越城岭、八面山和大瑶山（傅立国和金鉴明 1991；汪松和解焱 2004）。

根据最新的统计数据，我国现存银杉个体数量约为 3018 株：其中，大娄山 1549 株（MR-1），越城岭 267 株（MR-2），八面山 879 株（MR-3），大瑶山 323 株（MR-4）（谢强等 1998；冯育才 2006；Chongqing Environmental Protection Bureau 2011）。在过去的 30 多年时间里，我国在森林管理和生物多样性保护方面的努力与行动相对早些时期已经有了巨大的变化。以银杉的保护为例，多个专为保护银杉的国家级、省级保护区相继建立，如金佛山国家级自然保护区（重庆）、大沙河省级自然保护区（贵州）、花坪国家级自然保护区（广西）、八面山国家级自然保护区（湖南）等。保护区建立以后，针对重点保护对象的保护措施是否有效，需要进行相应的跟踪研究和评价，从而为保护政策的修订与实施提供及时有效的反馈。

本研究以大娄山区的银杉种群为研究对象，调查了现有银杉种群的结构和更新现状，讨论自金佛山和大沙河保护区建立以来针对银杉保护措施的有效性。

第二节　研究地点及方法

一、研究地区概况

本研究调查地位于大娄山脉，该山脉主体位于贵州北部，北端延伸至重庆西南部，是贵州高原和四川盆地的界山，属于典型的喀斯特山地类型。该区域属于亚热带湿润气候，区内生物多样性丰富。该区域同时也是重要的第三纪孑遗植物的避难所之一，孕育了众多如银杏、银杉、珙桐、鹅掌楸（*Liriodendron chinense*）和连香树等典型第三纪孑遗树种（Tang et al. 2012，2013）。

核心调查地点在28°52′36″N～29°11′49″N，107°04′03″E～107°35′13″E，海拔1250～1750m，包括老龙洞、银杉岗、中长岗、奔杉（位于金佛山国家级自然保护区），以及甑子岩、沙凼、水井湾、狮子岭、下瓢湾、石香炉（位于大沙河省级自然保护区）。这10个调查点覆盖了整个大娄山区银杉分布的海拔范围。研究区域年均温为8.3～12.4℃，1月最低气温为–2.3～0.9℃，7月最高气温为17.9～23.4℃。年平均降水量为1164～1382mm，其中80%的降雨集中在6~9月（图17-1）。

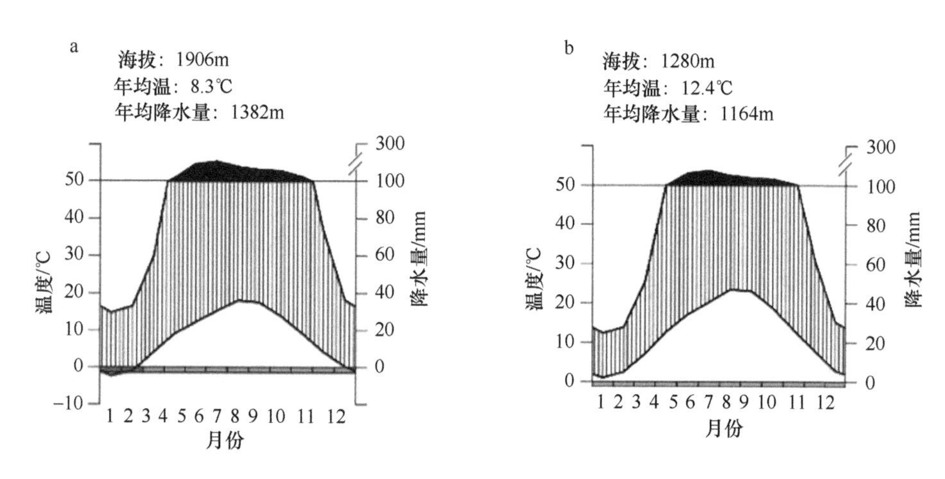

图17-1　银杉分布海拔上限（a，大沙河）、下限（b，金佛山）沃尔特-利特（Walter-Lieth）气候图

二、调查与数据分析

在调查区域内共设立22个植物群落调查样方，其中12个位于金佛山自然保护区（老龙洞2个、银杉岗7个、中长岗2个、奔杉1个），10个位于大沙河自然保护区（甑子岩1个、沙凼1个、水井湾2个、狮子岭2个、下瓢湾1个、石香炉3个）。所设立的

样方面积为 45～800m^2。

在每一个调查样方内对 1.3m 以上的木本层植物进行每木调查，鉴别植物种类，测定并记录每株植物的胸径（DBH，cm）和高度（H，m）。对于每株银杉的幼苗（H<1.3m），通过芽鳞痕判断和记录年龄，同时记录幼苗高度。在所有被调查的银杉个体中选取 30 株，在 1.3m 处使用生长锥进行年轮取样。年轮样品在实验室处理后使用 WinDendro 年轮分析系统进行分析。调查的植物群落数据采用双向指示种分析法（TWINSPAN 法）进行聚类。聚类所得每个植物群落类型的优势物种，每个物种的相对优势度由优势度分析法确定（Ohsawa 1984）。公式如下

$$d = 1/N\left\{\sum_{i\in T}(x_i - x)^2 + \sum_{j\in U}x_j^2\right\}$$

其中，x_i 为前位物种（top species，T）的相对优势度值，用相对基部面积的百分比值表征每个种的优势度；x 为以优势种（dominant species）数量确定的优势种理想百分比（ideal percentage share）；x_j 为剩余种（remaining species）的百分比；N 为总种数。如果只有一个优势种，则优势种的理想百分比为 100%。如果有两个优势种，则它们的理想百分比为 50%，如果有 3 个优势种，则理想百分比为 33.3%，依次类推。

在 22 个植物群落调查样方中，8 个样方（水井湾 2 个、狮子岭 1 个、石香炉 3 个、甑子岩 1 个、沙凼 1 个）中的银杉幼苗曾于 2003 年进行过普查（冯育才 2006）。将这 8 个样方中的幼苗现场调查数据按照 H<0.2m、0.2m≤H<0.5m、0.5m≤H<1m 三个高度级进行分类和数量统计，并与 2003 年的普查结果进行对比，评价 10 年间银杉幼苗数量的变化情况。

第三节 主 要 结 果

一、银杉群落组成

22 个调查样方中记录到 110 个木本树种，共计 30 科 65 属。根据 TWINSPAN 的分类结果，银杉所在植物群落可以分为 4 种类型：银杉（*Cathaya argyrophylla*）-马尾松（*Pinus massoniana*）-杉木（*Cunninghamia lanceolata*）群落，银杉-细叶青冈（*Quercus shennongii*）-杉木群落，银杉-台湾水青冈（*Fagus hayatae*）群落，银杉-细叶青冈群落（图 17-2）。

植物群落类型 1（第一组，图 17-2）和类型 2（第二组，图 17-2）主要分布于低海拔地区，群落中物种如杉木、丁香杜鹃（*Rhododendron farrerae*）等均为典型的人为干扰的指标物种。而群落类型 3（第三组，图 17-2）和类型 4（第四组，图 17-2）中的弯尖杜鹃（*Rhododendron adenopodum*）、巴东栎（*Quercus engleriana*）则是自然植物群落的典型指标（表 17-1）。

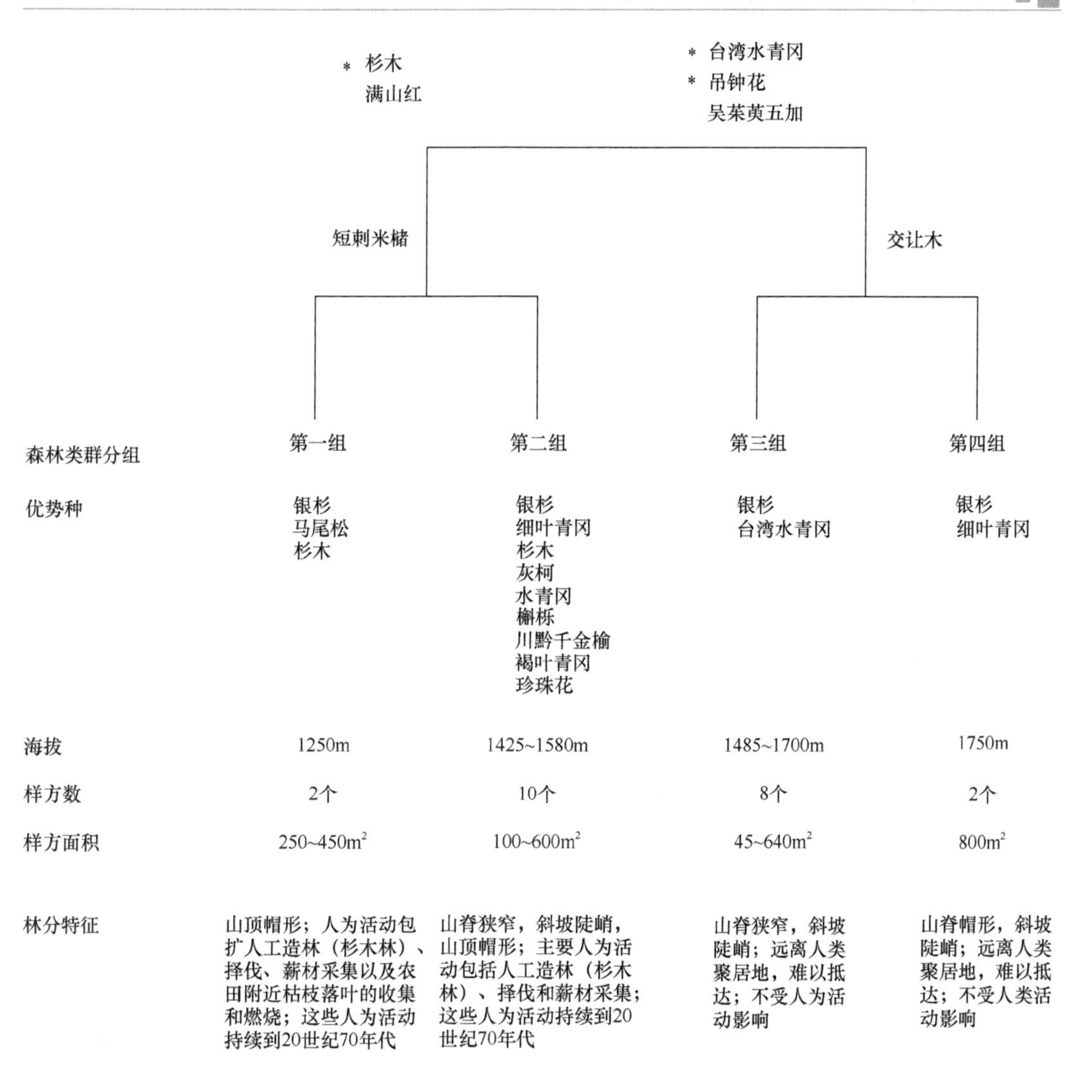

图 17-2 基于 TWINSPAN 的植物群落分类结果以及各植物群落类型的生境特征

*表示 TWINSPAN 分析得出的指示种

表 17-1 4 种类型植物群落组成表

物种	生活型	相对基部面积（RBA）/%			
		第一组	第二组	第三组	第四组
银杉（*Cathaya argyrophylla*）	常绿针叶乔木	**44.42**	**37.55**	**40.06**	**52.54**
杉木（*Cunninghamia lanceolata*）	常绿针叶乔木	**16.2**	**6.36**		
马尾松（*Pinus massoniana*）	常绿针叶乔木	**20.32**			
黄山松（*Pinus taiwanensis*）	常绿针叶乔木		2.35		
刺柏（*Juniperus formosana*）	常绿针叶乔木		1.06		
中华木荷（*Schima sinensis*）	常绿阔叶乔木	1.84	1.12	0.51	0.07
四川大头茶（*Polyspora speciosa*）	常绿阔叶乔木	1.23		0.07	
日本杜英（*Elaeocarpus japonicus*）	常绿阔叶乔木	3.99	0.46		
短刺米槠（*Castanopsis carlesii* var. *spinulosa*）	常绿阔叶乔木	3.1			
细叶青冈（*Quercus shennongii*）	常绿阔叶乔木		**12.46**	4.92	**13.48**
交让木（*Daphniphyllum macropodum*）	常绿阔叶乔木		0.28		5.27
多脉青冈（*Quercus multinervis*）	常绿阔叶乔木		2.44	0.35	

续表

物种	生活型	相对基部面积（RBA）/%			
		第一组	第二组	第三组	第四组
粗脉杜鹃（*Rhododendron coeloneurum*）	常绿阔叶乔木		1.43	0.33	
灰柯（*Lithocarpus henryi*）	常绿阔叶乔木		**4.64**		
褐叶青冈（*Quercus stewardiana*）	常绿阔叶乔木		**3.15**		
曼青冈（*Quercus oxyodon*）	常绿阔叶乔木		1.04		
巴东栎（*Quercus engleriana*）	常绿阔叶乔木				7.71
珍珠花（*Lyonia ovalifolia*）	常绿阔叶小乔木	0.53	**2.59**	2.26	
马醉木（*Pieris japonica*）	常绿阔叶小乔木	1.34	1.65	1.84	
吴茱萸五加（*Gamblea ciliata* var. *evodiifolia*）	常绿阔叶小乔木			5.25	3.17
吊钟花（*Enkianthus quinqueflorus*）	常绿阔叶小乔木			0.91	4.43
小果珍珠花（*Lyonia ovalifolia* var. *elliptica*）	常绿阔叶小乔木				2.62
弯尖杜鹃（*Rhododendron adenopodum*）	常绿阔叶灌木			3.21	
缺萼枫香树（*Liquidambar acalycina*）	常绿阔叶乔木	0.92	1.94		
石灰花楸（*Sorbus folgneri*）	常绿阔叶乔木		0.32	1.47	
水青冈（*Fagus longipetiolata*）	常绿阔叶乔木		**4.05**		
川黔千金榆（*Carpinus fangiana*）	常绿阔叶乔木		**3.36**		
野漆（*Toxicodendron succedaneum*）	常绿阔叶乔木		1		
台湾水青冈（*Fagus hayatae*）	常绿阔叶乔木			**38.06**	
小花香槐（*Cladrastis delavayi*）	常绿阔叶乔木				2.8
长圆叶梾木（*Cornus oblonga*）	常绿阔叶小乔木				4.22
丁香杜鹃（*Rhododendron farrerae*）	落叶阔叶灌木	4.16	0.12		0.11
杜鹃（*Rhododendron simsii*）	落叶阔叶灌木	1.21		0.08	0.06

注：RBA＜1%的物种已省略，数据加粗的为优势物种

二、银杉的种群结构

大娄山银杉的胸径-年龄拟合方程为：$y = 3.8x + 39.16$（图 17-3）。通过年轮宽度推定的生长速率为 0.34～0.77mm/a。

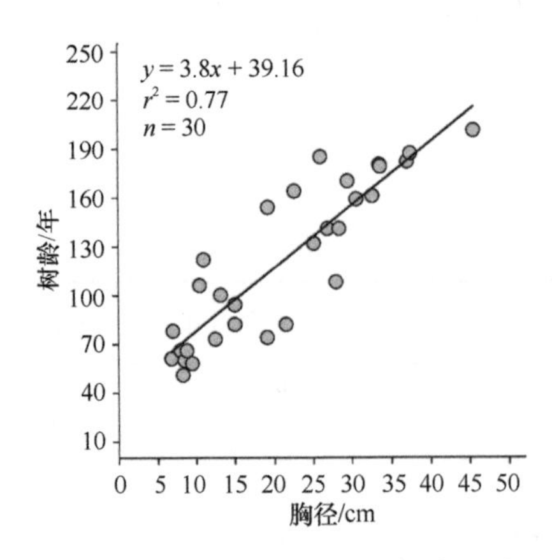

图 17-3　大娄山银杉胸径-年龄关系

在 22 个调查样方中，共记录到 589 个银杉个体，其中 522 个为存活个体，23 个死亡个体（H≥1.3m），44 个个体为幼苗（H＜1.3m）。大娄山银杉种群整体呈现反“J”形胸径和年龄结构。大部分死亡个体分布在 0～10cm 胸径级和 40～80 年的年龄级区间。大娄山银杉种群整体的年龄结构在 0～40 年的区间有明显间断（图 17-4）。同时，在不

同核心调查地点，银杉的种群年龄结构也不连续（图 17-5）。

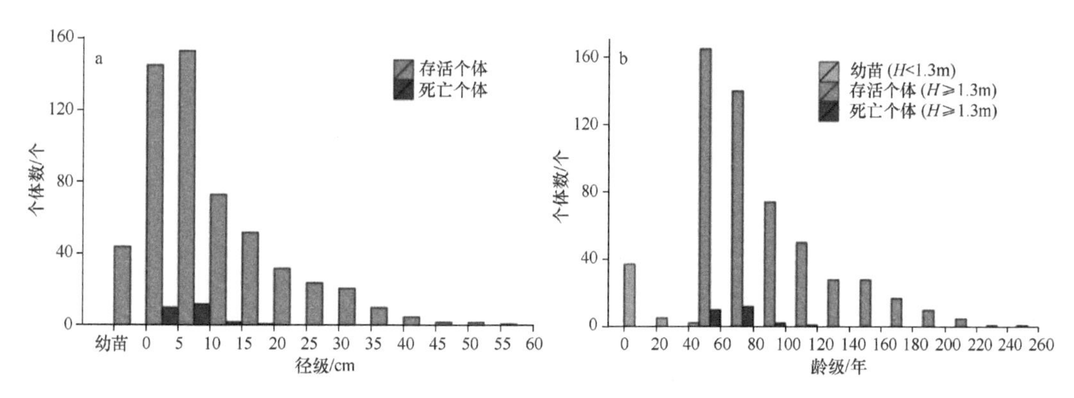

图 17-4　大娄山银杉种群整体胸径与年龄分布

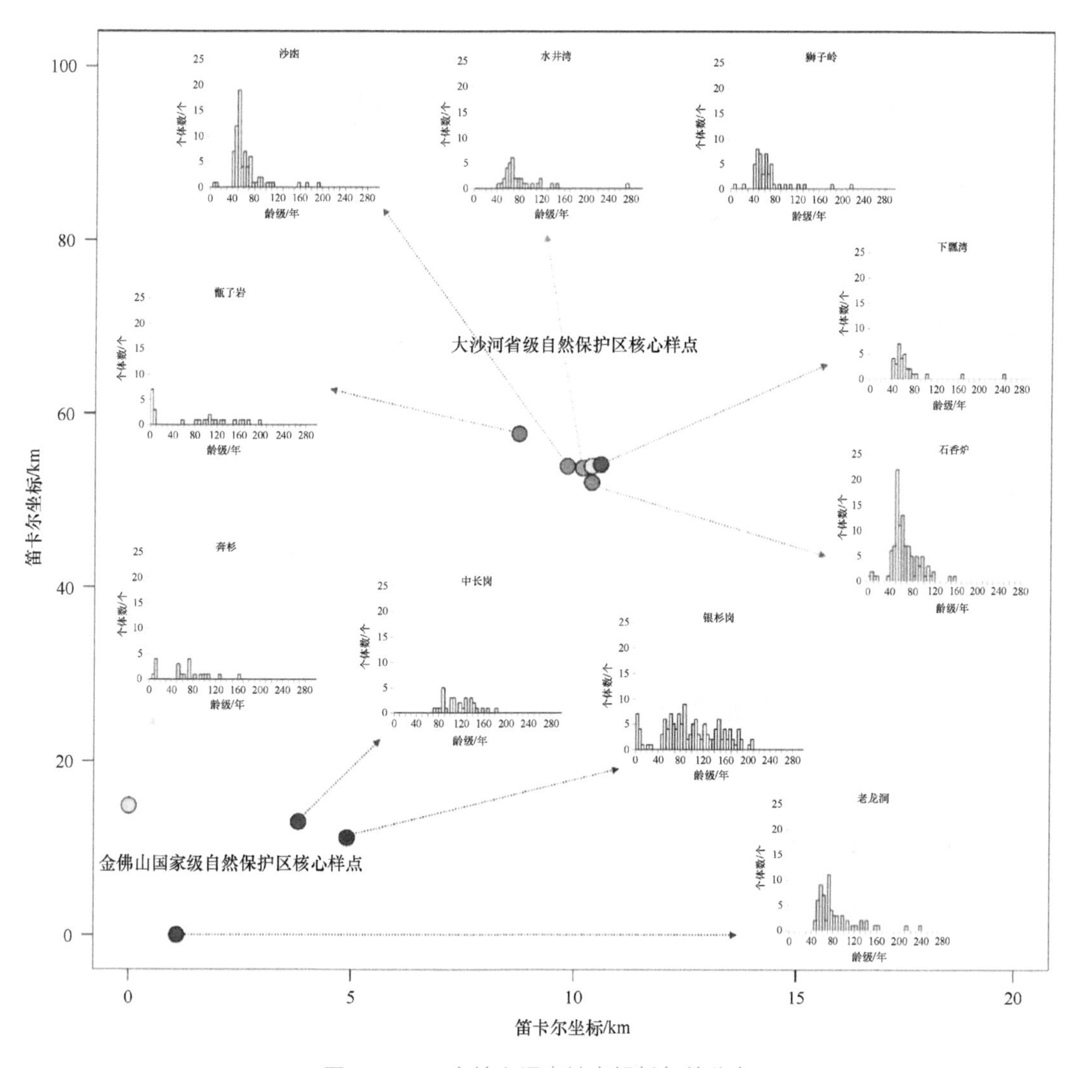

图 17-5　10 个核心调查地点银杉年龄分布

针对不同的植物群落类型，在群落第一组和第二组中的银杉年龄级分布呈现反“J”

形，而在群落第三组和第四组中，银杉年龄级分布则为多峰型（图 17-6）。银杉的幼苗（H<1.3m）主要分布于群落第三组和第四组的 0～10 年的年龄级区间（图 17-6b～图 17-6c）。死亡的银杉个体（H≥1.3m）在群落类型 1 的 40～60 年的年龄级区间（图 17-6a），群落类型 2 的 50～70 年的年龄级区间（图 17-6b），以及群落类型 3 的 60～80 年的年龄级区间（图 17-6c）数量最多。

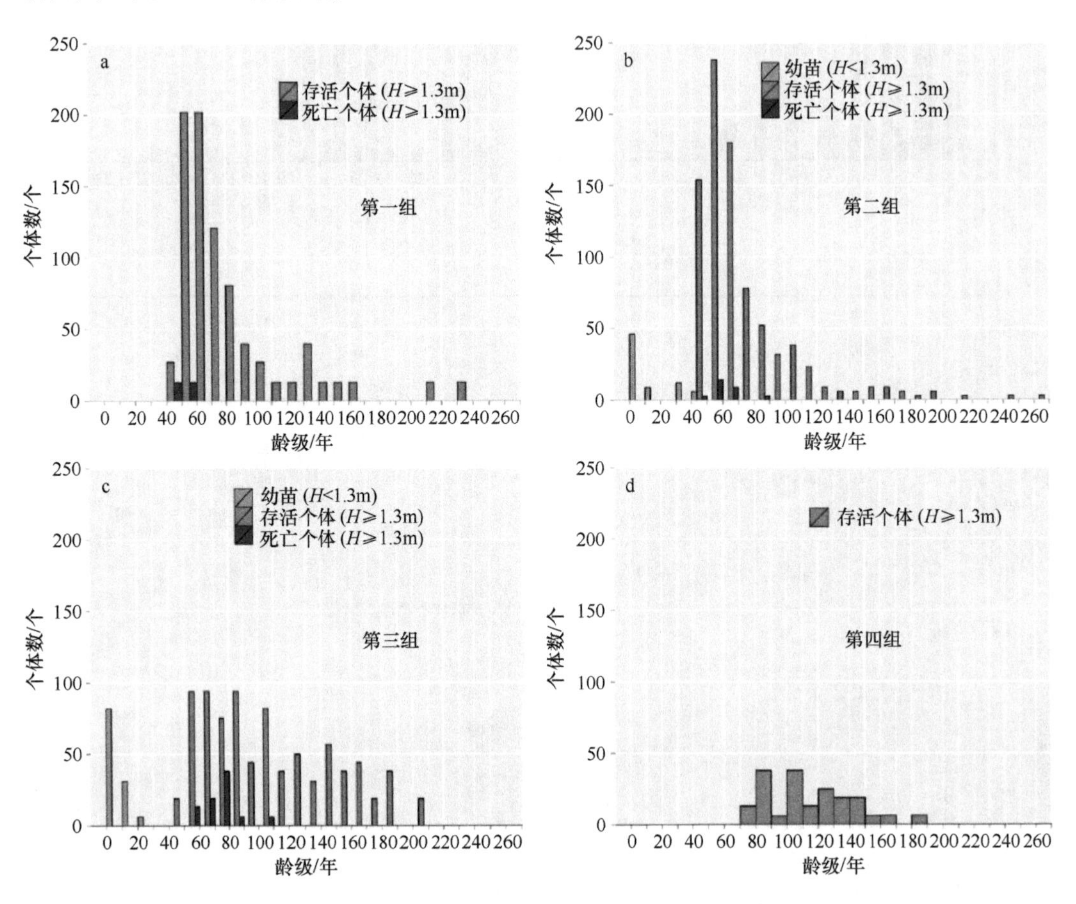

图 17-6　不同植物群落类型中银杉的年龄分布

10 年的银杉幼苗普查结果对照表明，高度小于 0.2m 的银杉幼苗数量在 10 年期间极大程度减少（图 17-7）。这种幼苗的大量死亡现象在狮子岭和沙凼两个地点尤为明显。由于较大个体的幼苗（0.2m≤H<0.5m 和 0.5m≤H<1m）数量并没有明显增加，高度小于 0.2m 的银杉幼苗数量减少是幼苗死亡所造成的。

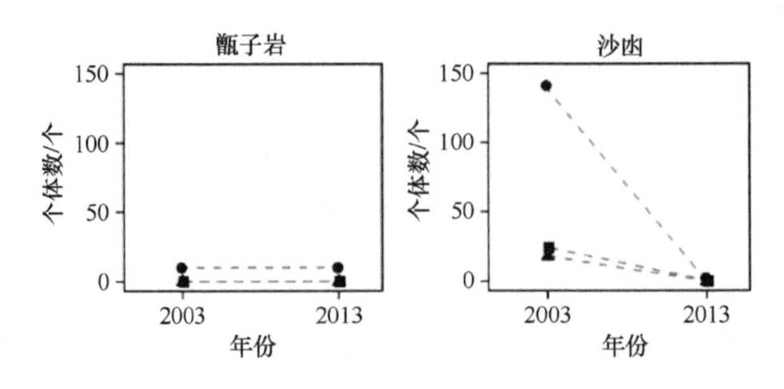

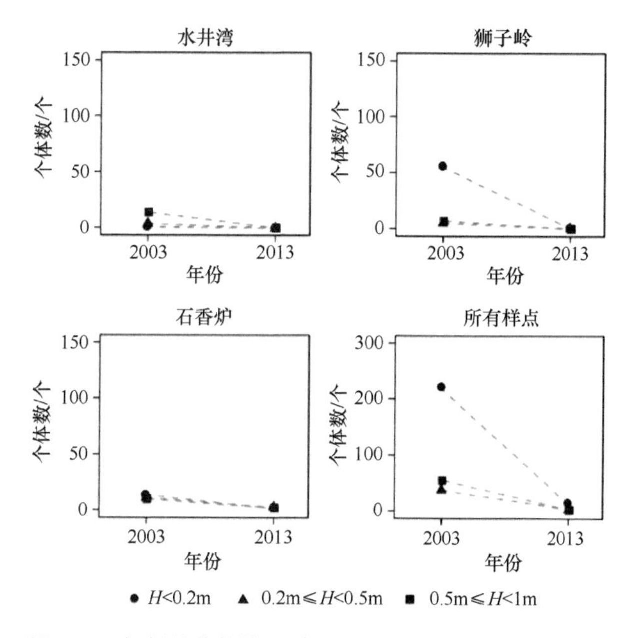

图 17-7　银杉幼苗数量 10 年（2003～2013 年）前后对照

第四节　总结与展望

一、银杉种群现状

本研究是目前为止首个从大小结构、年龄结构等方面定量分析不同森林立地条件中银杉自然种群特征的研究。年龄结构是体现物种种群特征的重要考察指标（Pickett & White 1985；Rockwood 2006）。例如，如果种群受到突发性的环境变动事件或种间竞争强度变化的影响时，种群的年龄结构通常会出现“间断”；如果种群的年龄结构没有出现此类明显的间断，则意味着该物种种群更新相对较为稳定和连续（Whipple & Dix 1979; Kenkel et al. 1997; Sano 1997; Pierson & Turner 1998; Pulido et al. 2001）。本研究中，银杉的年龄结构在多个调查地点中出现间断，表明这些地点的银杉更新存在明显的问题（图 17-4）。

目前，世界自然保护联盟（IUCN）濒危物种红色名录中将银杉的濒危等级列为易危（vulnerable，VU），且关于其种群变化趋势的描述为“稳定”（Yang & Liao 2013）；这样的等级评定和描述严重低估了银杉在自然条件下的濒危情况。在我国 4 个主要银杉种群分布区域中，大娄山是最为核心、个体数量最大的一个银杉分布区。然而，在大娄山，多数的银杉种群年龄结构并不连续、种群与种群之间高度隔离，呈现出“不稳定”的状态（如甑子岩和奔杉，图 17-5）。加之银杉幼苗在过去 10 年中大量减少、死亡的趋势，采取怎样的保护和管理措施才能使得银杉种群可以维持自我更新是未来应当重点关注的课题。

二、保护区内银杉种群更新条件

对于一些生态位狭窄的物种来说，通常需要特殊的生境条件才能维持其种群的更新

（Grubb 1977；Young et al. 2005；Bailey et al. 2012；Tang et al. 2015）。大娄山银杉主要分布在一些高度隔离的山顶平台、狭域山脊、峭壁之上（图 17-8）。这样的特殊生境说明，光环境对于银杉的更新是一个重要的影响因素。而针对调查地内银杉个体和幼苗的生长情况也发现，密闭的阔叶树树冠之下的银杉个体生长情况较差，地表也很少出现更新的幼苗个体（图 17-9）。

在 4 种类型的植物群落中，银杉种群在 0～40 年的年龄级出现了间断。这个时间节点正好对应了保护区建立的时间点：30～40 年前，金佛山和大沙河保护区的建立，使得银杉种群被严格保护起来，远离一切人为活动干扰（如选择性地砍伐与银杉共存的阔叶树种）。大娄山大部分的银杉个体年龄为 40～80 年（图 17-4），也证明了大部分现有银杉个体均在保护区建立之前生长和更新而成。由于银杉相对于群落中大量阔叶树种的竞争力较弱，现有的严格保护措施（杜绝一切人为干预）并不能很好地促进银杉种群的生长和更新。群落类型 1 和类型 2 中，由于所在区域曾经有一定程度的、针对其他树种的砍伐和人为活动干扰历史，银杉的种群结构反而相比群落类型 3 和类型 4 要连续。可见，

图 17-8　银杉个体、群落以及典型生境外貌

a. 银杉个体和球果；b. 狭域山脊的典型银杉生境；c. 远眺的银杉群落外貌；d～f. 分别为山顶、平地、陡崖的典型生境

图 17-9　不同生境中银杉幼株、幼苗的生长情况

a、b. 林窗中健康年轻的银杉个体；c、d. 受到常绿阔叶树压迫的银杉个体；e~g. 苔藓中幸存的银杉幼苗；h. 林下茂密竹林中没有存活的银杉幼苗

适当地对群落中阔叶树种进行切枝和树冠的修整以保证林下的光环境，应当是更适合银杉保护和管理的对策。除了保证林下的光环境，在调查时还发现，现场的一些特殊微生境也有利于银杉幼苗的存活和生长。例如，在地表湿润的苔藓上，银杉幼苗的存活和生长情况较为良好。相反，在干燥或竹子分布较密的干燥土壤上，则几乎无法见到存活的银杉幼苗（图 17-9）。因此，在针对银杉进行保护和管理时，也应当注重局部特殊微生境条件的修饰和维护。

撰稿人：杨永川，钱深华

主要参考文献

冯育才. 2006. 贵州大沙河自然保护区银杉种群结构初步研究. 见: 谢双喜, 喻理飞, 周庆. 大沙河自然保护区本底资源. 贵阳: 贵州科技出版社: 520-527.

傅立国, 金鉴明. 1991. 中国植物红皮书: 稀有濒危植物(第一册). 北京: 科学出版社.

汪松, 解焱. 2004. 中国物种红色名录(第一卷): 红色名录. 北京: 高等教育出版社.

谢强, 谭海明, 李长春, 等. 1998. 广西银杉种群的数量和分布格局分析. 广西师范大学学报(自然科学版), 16(4): 68-74.

Bailey T G, Davidson N J, Close D C. 2012. Understanding the regeneration niche: microsite attributes and recruitment of eucalypts in dry forests. Forest Ecology and Management, 269: 229-238.

Chongqing Environmental Protection Bureau. 2011. Conservation status of 12 endangered and rare species in Chongqing. EU-China Biodiversity Programme, Chongqing, China.

Fahrig L, Merriam G. 1994. Conservation of fragmented populations. Conservation Biology, 8(1): 50-59.

Grubb P J. 1977. The maintanance of species-richness in plant communities: the importance of the regeneration niche. Biological Reviews, 52(1): 107-145.

Kenkel N C, Hendrie M L, Bella I E. 1997. A long-term study of *Pinus banksiana* population dynamics. Journal of Vegetation Science, 8(2): 241-254.

López-Pujol J, Ren M X. 2010. China: a hot spot of relict plant taxa. *In*: Rescigno V, Maletta S. Biodiversity Hotspots. New York: Nova Science Publishers: 123-137.

López-Pujol J, Zhang F M, Ge S. 2006. Plant biodiversity in China: richly varied, endangered, and in need of conservation. Biodiversity and Conservation, 15(12): 3983-4026.

Loidi J, Biurrun I, Campos J A, et al. 2010. A biogeographical analysis of the European Atlantic lowland

heathlands. Journal of Vegetation Science, 21(5): 832-842.
Mejías J A, Arroyo J, Marañón T. 2007. Ecology and biogeography of plant communities associated with the post Plio-Pleistocene relict *Rhododendron ponticum* subsp. *baeticum* in southern Spain. Journal of Biogeography, 34(3): 456-472.
Menges E S, Gordon D R. 1996. Three levels of monitoring intensity for rare plant species. Natural Areas Journal, 16(3): 227-237.
Milne R I, Abbott R J. 2002. The origin and evolution of tertiary relict floras. Advances in Botanical Research, 38: 281-314.
Ohsawa M. 1984. Differentiation of vegetation zones and species strategies in the subalpine region of Mt. Fuji. Vegetatio, 57(1): 15-52.
Pearson R G, Dawson T P. 2003. Predicting the impacts of climate change on the distribution of species: are bioclimate envelope models useful? Global Ecology and Biogeography, 12(5): 361-371.
Pickett S T A, White P S. 1985. The Ecology of Natural Disturbance and Patch Dynamics. New York: Academic Press.
Pierson E A, Turner R M. 1998. An 85-year study of saguaro (*Carnegiea gigantea*) demography. Ecology, 79(8): 2676-2693.
Pulido F J, Díaz M, De Trucios S J H. 2001. Size structure and regeneration of Spanish holm oak *Quercus ilex* forests and dehesas: effects of agroforestry use on their long-term sustainability. Forest Ecology and Management, 146(1-3): 1-13.
Rockwood L L. 2006. Introduction to Population Ecology. Oxford: Blackwell Publishing Ltd.
Sano J. 1997. Age and size distribution in a long-term forest dynamics. Forest Ecology and Management, 92(1-3): 39-44.
Tang C Q. 2015. Endemism and tertiary relict forests. *In*: Tang C Q. The Subtropical Vegetation of Southwestern China: Plant Distribution, Diversity and Ecology. New York: Springer: 185-273.
Tang C Q, Yang Y, Ohsawa M, et al. 2011. Population structure of relict *Metasequoia glyptostroboides* and its habitat fragmentation and degradation in South-Central China. Biological Conservation, 144(1): 279-289.
Tang C Q, Yang Y, Ohsawa M, et al. 2013. Survival of a tertiary relict species, *Liriodendron chinense* (Magnoliaceae), in southern China, with special reference to village fengshui forests. American Journal of Botany, 100(10): 2112-2119.
Tang C Q, Yang Y, Ohsawa M, et al. 2015. Community structure and survival of Tertiary relict *Thuja sutchuenensis* (Cupressaceae) in the subtropical Daba Mountains, Southwestern China. PLoS One, 10(4): e0125307.
Tang C Q, Yang Y, Ohsawa M, et al. 2012. Evidence for the persistence of wild *Ginkgo biloba* (Ginkgoaceae) populations in the Dalou Mountains, southwestern China. American Journal of Botany, 99(8): 1408-1414.
Tiffney B H. 1985. Perspectives on the origin of the floristic similarity between eastern Asia and eastern North America. Journal of the Arnold Arboretum, 66(1): 73-94.
Whipple S A, Dix R L. 1979. Age structure and successional dynamics of a Colorado subalpine forest. American Midland Naturalist, 101(1): 142-158.
Wolfe J A. 1975. Some aspects of plant geography of the Northern Hemisphere during the late Cretaceous and Tertiary. Annals of the Missouri Botanical Garden, 62(2): 264-279.
Xiang Q Y, Soltis D E, Soltis P S. 1998. The eastern Asian and eastern and western North American floristic disjunction: congruent phylogenetic patterns in seven diverse genera. Molecular Phylogenetics and Evolution, 10(2): 178-190.
Yang Y, Liao W. 2013. *Cathaya argyrophylla*. The IUCN Red List of Threatened Species. e.T32316A2814173. https://dx.doi.org/10.2305/IUCN.UK.2013-1.RLTS.T32316A2814173.en [2018-5-20].
Young T P, Petersen D A, Clary J J. 2005. The ecology of restoration: historical links, emerging issues and unexplored realms. Ecology Letters, 8(6): 662-673.

第十八章　崖柏种群与保护生物学研究进展

第一节　引　　言

崖柏（*Thuja sutchuenensis*）为柏科（Cupressaceae）崖柏属（*Thuja*）常绿乔木（郑万钧 1983），我国特有的第三纪孑遗植物。在全球，崖柏属共有崖柏、朝鲜崖柏（*T. koraiensis*）、北美乔柏（*T. plicata*）、北美香柏（*T. occidentalis*）和日本香柏（*T. standishii*）5 个间断分布种。我国有崖柏和朝鲜崖柏两个种。在崖柏属系统发育进化树上，崖柏与日本香柏为姊妹类群（Li & Xiang 2005；Peng & Wang 2008）。

1892 年 4 月，崖柏被法国传教士保罗·纪尧姆·法吉斯（Paul Guillaume Farges）在我国重庆市城口县海拔 1400m 处的石灰岩山地首次发现，但此后“绝迹”了 100 多年，1999 年 10 月被重新发现（刘正宇等 2000；Xiang et al. 2002）。在崖柏“绝迹”期间，世界自然保护联盟物种生存委员会（IUCNSSC）曾将其定为野外灭绝（extinct in the wild，EW）物种（Fu & Jin 1992；Farjon & Page 1999）。2003 年修订为极危（critically endangered，CR）物种（汪松和解焱 2004）。

崖柏的重新发现，在国内外植物学界曾引起极大轰动。起因在于：一是崖柏起源古老，木材化石出现在侏罗纪中期，大量消失在第三纪，对于研究柏科植物的系统发育、中国西南地区植物区系演化及古地理、古生物、古气候等具有重要的科学价值，有“活化石”和“植物中的大熊猫”的美称（刘建锋等 2005；Tang et al. 2015）；二是崖柏的生态适应性强，树姿优美，材质优良（成俊卿 1958），在荒山造林和园林绿化中具有广阔的应用前景；三是崖柏的组织和器官中含有多种对人体有益的挥发性和非挥发性物质（吴章文等 2010；郑群明等 2011），在医药保健等方面具有巨大的开发潜力。

在崖柏“绝迹”期间，因材料缺乏，对崖柏的研究几近空白，仅有一些零散的形态描述（郑万钧 1983）和木材性质的报道，大量研究是在崖柏重新发现之后。本章简要概述了我们多年来从保护生物学研究角度出发，应用群落生态学、种群生态学、生理生态学、分子生物学、繁殖生态学等原理和方法，在崖柏地理分布和生境、群落特征、种群特征、遗传多样性、生理生态、繁殖生态以及回归等方面的研究进展，并对崖柏未来的研究方向进行探讨，以期为崖柏的深入研究和拯救提供参考。

第二节　地理分布和环境特征

一、地理分布

在过去 100 多年，人们只知道崖柏标本采集地的大概方位，但并不清楚崖柏的分布范围。现已查明，崖柏天然分布在我国重庆市城口县和开州区以及四川省宣汉县的石灰岩山地。分布范围在31°25′N～31°44′N，108°23′E～108°54′E。集中分布区域在城口县的咸宜乡和明中乡，开州区的白泉乡、关面乡和满月乡，宣汉县的漆树乡和三墩乡。垂直分布的下限在海拔700m，上限在海拔2200m。集中分布区域在海拔1300～1900m（图18-1）（马凡强等 2017）。

二、环境特征

（一）气候特征

崖柏分布区位于亚热带与暖温带的过渡地带。总的气候特点是：温暖多湿，但有季节变化。年均气温为9.98℃，极端最高温为29.1℃，极端最低温为–7.2℃。在崖柏垂直分布上限有3个月的积雪期。年均降水量为1315.23mm。降水分配不均。最湿季节平均降水量为614.71mm，最干季节为52.55mm（马凡强等 2017）。

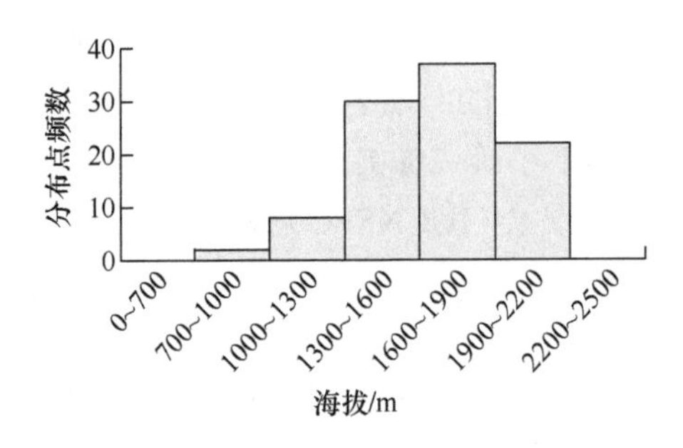

图18-1 不同海拔崖柏分布频率图

（二）地形和土壤特征

崖柏分布区地处大巴山南麓和东南麓。分布区内喀斯特地貌发育，多峰丛、溶洞和暗河，山峰海拔多在2000m左右。岭谷高差800～1200m。出露岩石种类较多，有石灰岩、白云岩、板岩和砂岩，崖柏主要分布在石灰岩地区；土壤类型有山地黄褐土、山地黄棕壤、山地棕色森林土、山地草甸土，崖柏分布地段的土壤主要是山地黄棕壤和山地棕色森林土。崖柏分布典型地段的土壤有机质含量为55.96g/kg，全氮含量为1.25g/kg，全磷含量为0.37g/kg，全钾含量为2.21g/kg，碱解氮含量为105.39mg/kg，速效钾含量为72.56mg/kg，有效磷含量为7.5mg/kg，pH平均为7.53。土壤养分含量处于中等偏下水平（全国土壤普查办公室 1979）。土壤容重为1.33g/cm^3，总孔隙度为48.18%（马凡强等 2017）。土壤物理性状总体评价为良好（洪毓康 1995；王月容等 2010）。

第三节 群落生态学

一、物种组成和区系特征

崖柏群落植物种类丰富，约有251种，隶属于82科159属。其中，蕨类植物9科9

属 9 种，种子植物 73 科 150 属 242 种。在种子植物中，有裸子植物 3 科 6 属 10 种，被子植物 70 科 144 属 232 种（王祥福等 2007）。

在植物区系组成中，热带分布科占总科数的 39.58%，温带分布科占 60.42%。在热带分布中，以泛热带和东亚（热带、亚热带）及热带南美间断分布科为主；在温带分布中，以北温带和南温带间断分布科为主。地理成分具有热带向温带过渡性质。世界广布、北温带广布、东亚和北美间断分布对崖柏群落中的种子植物区系性质影响很大。在全国 15 个种子植物属分布区类型中，崖柏群落中出现了 13 个，并以温带成分占优势。表征科为桦木科（Betulaceae）、漆树科（Anacardiaceae）和荚蒾科（Viburnaceae）。在区系中，寡种科和单种科分别占总科数的 30.99%和 41.10%；寡种属和单种属分别占总属数的 30.67%和 67.33%（王祥福等 2007）。寡种科和单种科以及寡种属和单种属所占比例大小是判别植物区系起源古老性的重要依据（臧润国等 2005）。崖柏群落中寡种科和单种科以及寡种属和单种属占的比例较大，表明崖柏群落植物区系起源具有古老性特征（王祥福等 2007）。

二、维管植物的生活型组成

崖柏群落的植物生活型组成以高位芽植物占优势，为 73.2%。地面芽植物为 18%，地下芽植物为 6%，地上芽和一年生植物分别为 2%和 0.8%，层间植物较少。叶质以纸质和革质为主，分别为 48.8%和 36.4%，叶级以小叶为主，为 60.8%；叶缘以非全缘叶为主，为 56.8%；叶型以单叶为主，为 86%（郭泉水等 2009）。

高位芽植物占优势，说明群落所在地的植物生长季具有温热多湿的气候特点，小叶植物多，说明植物所在地气候干燥且寒冷，单叶植物所占比例高，是典型亚热带常绿阔叶林的明显特征（于顺利等 2003）。与我国典型常绿阔叶林（蒋有绪等 1998）比较，崖柏群落中的高位芽植物的比例低于典型亚热带常绿阔叶林，而小叶植物的比例较高。崖柏群落的生活型组成，与地处亚热带北缘的气候特征相对应。

三、成层现象与层片结构

崖柏群落层次结构简单，可分出乔木层、灌木层和草本层。乔木层高 7～15m，灌木层在 4m 以下。层片结构复杂。其中，乔木层主要由常绿针叶、常绿阔叶以及落叶阔叶高位芽植物层片组成，以崖柏、高山栎（*Quercus semecarpifolia*）和川陕鹅耳枥（*Carpinus fargesiana*）为其代表种；灌木层主要由常绿和落叶矮高位芽植物层片组成，代表种为粉红杜鹃（*Rhododendron oreodoxa* var. *fargesii*）、蕉梗花（*Abelia uniflora*）、冬青叶鼠刺（*Itea ilicifolia*）、细枝柃（*Eurya loquaiana*）、具柄冬青（*Ilex pedunculosa*）、豪猪刺（*Berberis julianae*）等；草本层主要由地面芽和地下芽以及一年生植物层片组成，代表种为丝叶薹草（*Carex capilliformis*）、单头蒲儿根（*Sinosenecio hederifolius*）和红缨合耳菊（*Synotis erythropappa*）（郭泉水等 2009）。各层片中的大多数植物对干燥的气候和贫瘠的土壤均有较强的适应性。

四、物种多样性

崖柏群落的物种多样性因群落类型和群落垂直分层不同而异。以崖柏-黄杨（*Buxus sinica*）群落中的物种多样性指数和丰富度最高，但生态优势度最低；以长尾槭（*Acer caudatum*）-崖柏林中的均匀度最高（刘建锋和王建修 2005）；在群落层次上，物种多样性指数的大小排序是灌木层＞草本层＞乔木层；物种均匀度指数是乔木层＞灌木层＞草本层，物种丰富度的大小排序是灌木层＞草本层＞乔木层；生态优势度的大小排序是乔木层＞草本层＞灌木层。

第四节　种群生态学

一、年龄结构和空间分布格局

崖柏种群的年龄结构不完整。缺失部分主要是幼苗、幼树和胸径为 24～28cm 的大树（刘建锋等 2004）。种群的年龄结构与种群的稳定性有关。一般认为，增长型种群为正金字塔型，即幼龄级个体占的比例大，中老龄级个体占的比例小，衰退型种群为倒金字塔型，即幼龄级个体较少，超过繁殖年龄的老龄级个体占的比例较大（姜汉侨等 2005）。由此推断，崖柏种群正处于衰退状态。

崖柏的空间分布多为集群分布。集群强度因群落类型不同而异。以多齿长尾槭-崖柏林最大，其次是崖柏-铁杉（*Tsuga chinensis*）林、崖柏-巴东栎（*Quercus engleriana*）林，再次为崖柏-黄杨林（刘建锋等 2004）。空间分布格局的形成主要取决于物种的生物学特性和环境条件，以及两者之间的相互作用（姜汉侨等 2005）。崖柏主要靠种子繁殖，种子传播量与传播距离成反比。实地调查发现，崖柏的幼苗、幼树多聚集在母树的周围。不同森林群落类型中的植被盖度、土壤条件、枯落物厚度、岩石裸露状况等环境条件存在差异，是不同森林群落类型中崖柏集群强度不同的主要原因。

二、种间关联性

崖柏种群与其他种群的关联不显著，仅有崖柏与川陕鹅耳枥和高山栎为正关联，与铁杉和华西花楸（*Sorbus wilsoniana*）为负关联（郭泉水等 2007）。种间关联是种间关系的表现特征之一。正关联表示两个种经常（或总是）在一起，负关联表示两个种不常在一起（常杰和葛滢 2001）。崖柏与川陕鹅耳枥和高山栎为正关联，表明崖柏与这些物种在环境资源的利用上具有相似性；与铁杉和华西花楸为负关联，表明崖柏与这些物种在环境资源的利用上有所不同。崖柏种群与其他乔木种群的关联性表现是不同植物种群长期竞争、适应和选择的结果。

三、生态位特征

在崖柏群落中，崖柏种群水平生态位宽度较大，位居第一位，其次是川陕鹅耳枥、高山栎等；垂直生态位宽度排在高山栎、乌岗栎、青榨槭之后，位居第四位（表 18-1）。

表 18-1　崖柏群落优势乔木种群的生态位宽度

编号	优势种群	水平生态位宽度	排序	垂直生态位宽度	排序
1	崖柏	0.535 744	1	0.432 169	4
2	高山栎	0.226 451	3	0.649 324	1
3	川陕鹅耳枥	0.336 529	2	0.031 250	15
4	华千金榆	0.191 571	4	0.427 438	5
5	大叶青冈	0.117 925	9	0.424 623	6
6	华中八角	0.170 519	6	0.363 911	11
7	小叶青冈	0.110 389	11	0.333 333	12
8	城口青冈	0.162 338	7	0.394 450	9
9	铁杉	0.084 211	13	0.401 786	7
10	虎皮楠	0.096 457	12	0.388 971	10
11	青榨槭	0.173 868	5	0.459 375	3
12	华西花楸	0.114 499	10	0.296 296	13
13	乌岗栎	0.134 444	8	0.460 459	2
14	川鄂山茱萸	0.078 165	15	0.229 167	14
15	中华槭	0.083 333	14	0.400 000	8

生态位是种群生态学研究的核心（柳江等 2002），是物种在特定尺度、特定环境中的功能单位，包括物种对环境的要求和环境对物种的影响两个方面及其相互作用规律，是物种属性的特征表现（Hurlbert 1978；Aplet & Vitosek 1994；Leibold 1995）。崖柏种群水平生态位较宽，反映出崖柏是一种对资源对象和数量和质量要求不高的树种（Weider 1993；李生等 2003；张继义等 2003）。

垂直生态位宽度反映的是物种利用随高度变化的以光因子为主导的生态资源的能力。与高山栎、乌岗栎、青榨槭比较，崖柏的垂直生态位宽度较窄，说明崖柏与这些树种存在以光为主导的生态资源上的竞争，且处于弱势。崖柏为阳性树种，只是幼苗耐阴，随着苗木生长，对光的需求会显著增多。实地调查发现，崖柏幼树多出现在林窗或比较开阔的地带，而在郁闭度较大的林冠下则很少出现。这种现象与崖柏垂直生态位宽度较窄的计算结果相吻合。

四、种群的遗传多样性和群体进化历史

遗传多样性是物种所具有的独特的基因库和遗传结构，是物种进化的动力来源，也是物种适应变化的环境得以长期存在的根本。从某种意义上说，保护物种就是保护物种的遗传多样性或进化潜力。种内遗传多样性越丰富，物种对环境变化的适应能力越强，其进化潜力也就越大（宋丛文等 2004）。

对 6 个崖柏天然种群遗传多样性的研究结果如下。

1）对多个叶绿体基因标记的筛选均没有检测到任何遗传变异。采用遗传学分析软件 Arlequin 3.11（Excoffier et al. 2005）对两个核基因位点（4CL 和 LEAFY）遗传多样性水平估算的结果显示，在核基因水平上，崖柏的遗传多样性水平很低（表 18-2，θ_{wt} = 0.001 73，π_t = 0.001 97），与濒危物种银杉类似。

表 18-2　崖柏群体在两个核基因位点（4CL 和 LEAFY）上的遗传变异水平

基因位点	总变异						非同义突变		同义突变	
	序列长度 L/bp	变异位点数 S	Nei's 基因多样性指数 N_h	单倍型丰富度 H_d	总核苷酸多样性 π_t	总核苷酸多样性 θ_{wt}	非同义核苷酸多样性 π_a	非同义核苷酸多样性 θ_{wa}	同义核苷酸多样性 π_s	同义核苷酸多样性 θ_{ws}
4CL	1 528	25	29	0.781	0.002 31	0.002 36	0.000 38	0.001 62	0.004 70	0.003 45
LEAFY	2 136	16	22	0.805	0.001 62	0.001 10	0.002 57	0.001 27	0.000 72	0.001 57
平均	1 832	20.5	25.5	0.793	0.001 97	0.001 73	0.001 48	0.001 45	0.002 71	0.002 51

注：θ_{ws} 指 Watterson's 参数（Watterson 1975）

造成崖柏遗传多样性水平较低的原因可能有 3 个方面：一是该树种的世代时间较长，基因交换频率较低以及有效群体较小带来的遗传漂变。二是可能与该树种的群体动态历史有关。通过对该树种群体动态历史的检测结合化石记录发现，崖柏群体在近期内未发生明显扩张事件。在很早以前，该树种曾广布于我国北方地区。由于末次冰期气候变得寒冷干燥，向南退缩（Cui et al. 2015）。在退缩过程中的瓶颈效应使得崖柏的遗传多样性降低。三是受自然灾害和人类活动的影响，生境片断化，群体数量较少。本研究结果与刘建锋（2003）应用显性分子标记估算提出的"崖柏种内遗传多样性水平较高"的结果不尽相同。

2）利用 DNASP v5.00.07（Librado & Rozas 2009）对两个核基因单倍型检测的结果发现：从核基因 4CL 上检测到 25 个变异位点，得到 29 种等位基因；从核基因 LEAFY 上检测到 16 个变异位点，得到 22 种等位基因（表 18-2）；利用 NETWORK v4.6.1.3（Bandelt et al. 1999，http://www.fluxus-engineering.com）对所得单倍型进化关系进行构建的结果（图 18-2，图 18-3）显示，在 4CL 基因的 29 种等位基因中，有 13 种为群体共享等位基

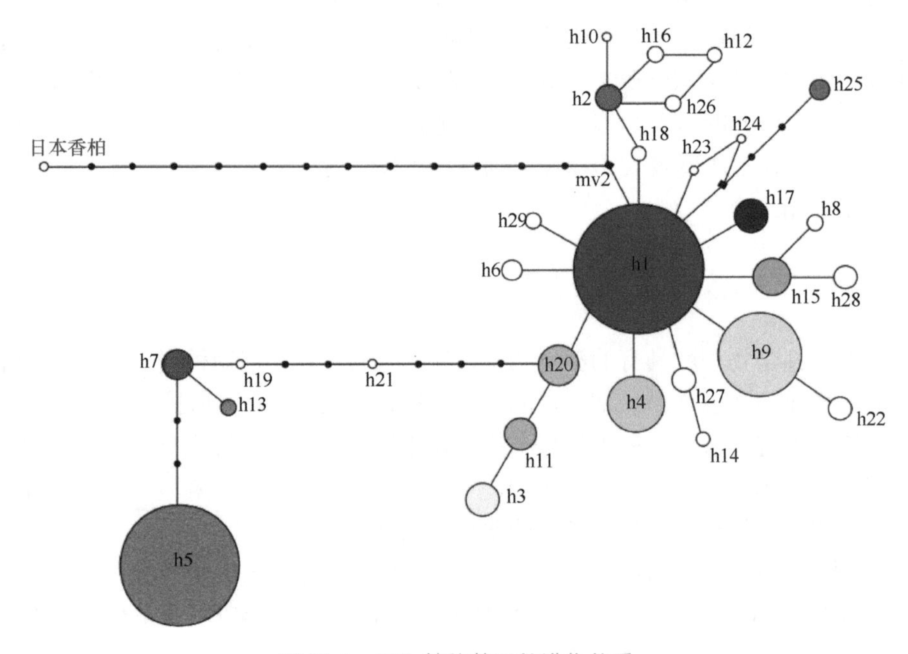

图 18-2　4CL 等位基因的进化关系

因，16 种为群体特有等位基因。群体特有等位基因的绝大多数（13/16）处在等位基因系统发育网络的末梢（图 18-2）。在等位基因的网络（network）中，h1 可能是最原始的等位基因。理由是：①处于 network 的中央位置；②频率最高，分布范围最广；③与日本香柏（*Thuja standishii*）之间的关系最近（图 18-2）。在 LEAFY 基因的 22 种等位基因中，有 10 种为群体共享等位基因，12 种为群体特有等位基因。在 12 种群体特有等位基因中有 6 种位于等位基因系统发育网络的末梢位置（图 18-3）。在等位基因的网络中，h3、h4 和 h5 的分布频率最高，分布范围最广，可能比较原始。总体来说，崖柏核等位基因的分布具有以下 3 个明显的特征：多样性丰富，特有性高，无明显的地理结构。

3）采用 Arlequin 3.11（Excoffier et al. 2005）中单倍型错配分布方法对崖柏群体动态历史的检测结果表明：物种近期未发生群体扩张事件。4CL 基因单倍型错配分布结果（图 18-4，4CL：方差总和的概率 $P_{SSD}=0.36>0.05$，粗糙指数的概率 $P_R=0.47>0.05$）虽然没有拒绝群体扩张的假说，但其错配分布曲线呈双峰分布，因而也不能表明群体在历史上发生过扩张；LEAFY 基因单倍型错配分布的结果（图 18-4，LEAFY：$P_{SSD}=0.04<0.05$，$P_R=0.03<0.05$）则直接拒绝了群体发生扩张的假说，且从多峰分布曲线

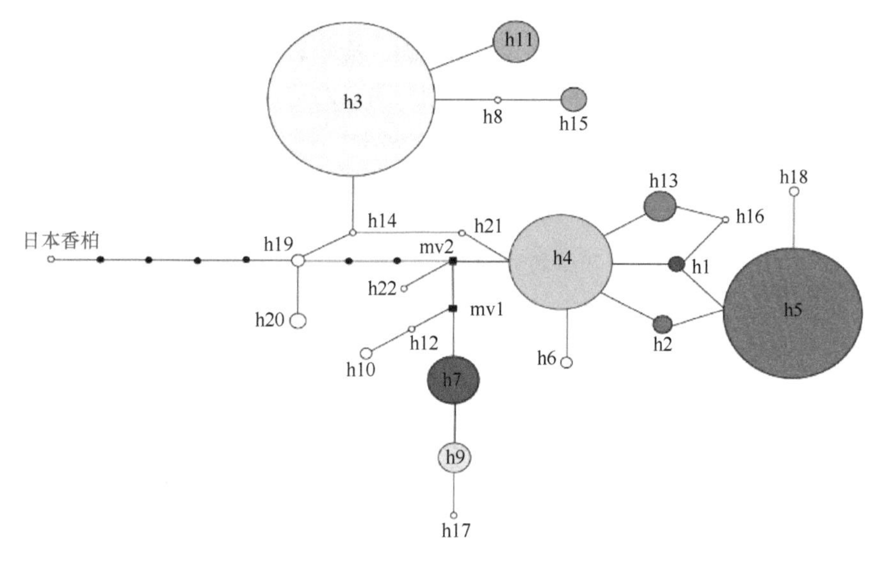

图 18-3　LEAFY 等位基因的进化关系

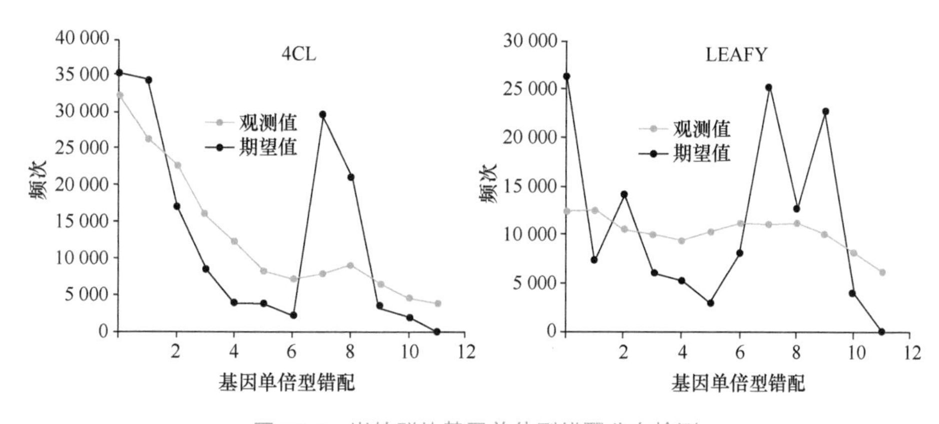

图 18-4　崖柏群体基因单倍型错配分布检测

上也能进一步表明群体未发生扩张事件。另外，我们同时对核基因 4CL 和 LEAFY 这两个功能性状的单拷贝核基因进行了中性检验，其检验结果[表 18-3，4CL：Tajima's $D = -0.059\ 17$，$P_{(D)} = 0.559 > 0.10$，$F_S = -5.022\ 32$，$P_{(F_S)} = 0.13 > 0.10$；LEAFY：Tajima's $D = 1.376\ 96$，$P_{(D)} = 0.925\ 00$，$P > 0.10$，$F_S = 0.693\ 64$，$P_{(F_S)} = 0.652 > 0.10$]表明这两个基因均没有显著偏离中性突变，也支持群体未发生显著扩张，大小基本保持稳定。

表 18-3　崖柏遗传多样性参数估算和群体分化水平以及对两个核基因位点的中性检验

基因位点	H_s	H_t	G_{st}	N_{st}	Tajima's D	$P_{(D)}$	Fu's F_S	$P_{(F_S)}$
4CL	0.732（0.029 3）	0.789（0.025 7）	0.073（0.034 9）	0.091（0.013 2）^{ns}	−0.059 17	0.559 00	−5.022 32	0.130 00
LEAFY	0.788（0.023 0）	0.813（0.023 4）	0.031（0.003 3）	0.034（0.011 4）^{ns}	1.376 96	0.925 00	0.693 64	0.652 00

注：H_s. 种群内遗传多样性；H_t. 总遗传多样性；G_{st}. 遗传分化系数；N_{st}. 遗传分化系数（考虑序列差异）；ns. N_{st} 与 G_{st} 差异不显著（$P > 0.05$）；D. Tajima's D 统计检验（Tajima 1989）；F_S. Fu's F_S 检验（Fu 1996）；括号内数字表示标准误

4）对崖柏遗传变异组成成分的分子方差分析（AMOVA）表明：崖柏遗传变异主要（表 18-4，4CL：92.55%；LEAFY：97.13%）存在于群体内部，仅有少量变异（表 18-4，4CL：7.45%；LEAFY：2.87%）存在于群体间，说明崖柏群体不具有明显的遗传结构。对遗传距离与地理距离相关性的曼特尔（Mantel）检验表明：种群间的遗传距离与地理距离之间没有显著相关性（表 18-4）。未检测到明显的遗传结构，且遗传变异的主要成分存在于群体内部，这与刘建锋（2003）和 Mosseler 等（1992）的研究结果相吻合。虽然未检测到明显的谱系遗传结构，遗传变异的主要成分存在于群体内部，群体间遗传差异很小，但群体间的差异达到显著水平（表 18-4）。其原因可能与该树种分布不连续有关，崖柏多分布在悬崖、峭壁和陡坡，从而对种子流和花粉流的传播起到了限制作用，造成种群间显著分化。另外，崖柏的种子结实率和发芽率都很低（秦爱丽等 2015），种子流有限也可能是造成种群间分化显著的原因。

表 18-4　遗传变异方差分析及 Mantel 检验

基因位点	变异来源	自由度	平方和	变异组分	变异/%	遗传分化系数	Mantel 检验
4CL	群体间	5	70.937	0.133 12	7.45	0.074 50**	$r = 0.733$，$P = 0.107$
	群体内	563	931.000	1.653 64	92.55		
	合计	568	1 001.937	1.786 76			
Leafy	群体间	5	42.264	0.070 60	2.87	0.028 67**	$r = -0.035$，$P = 0.541$
	群体内	515	1 232.039	2.392 31	97.13		
	合计	520	1 274.303	2.462 91			

**表示 $P < 0.01$

第五节　生理生态学

一、对光照条件的生理响应

光是影响植物生存、生长及更新的最重要的环境因子之一。不同植物的生态习性不同，对光环境的适应策略也会有所不同。以三年生崖柏实生苗为试验材料，采用人工遮阴的方式：全光、遮阴（50%全光）、遮阴（25%全光），测定不同光环境下苗木的光合能力及叶绿素荧光参数，结果表明（表 18-5，表 18-6）：遮阴使崖柏幼苗叶片表观量子效率和最大净光合速率增加；随着光强的减弱，暗呼吸速率、光补偿点和光饱和点下降；遮阴导致光系统Ⅱ（PSⅡ）最大光化学效率、PSⅡ潜在活性、PSⅡ有效光量子产量和非光化学淬灭系数增加；光化学淬灭系数和电子传递速率逐渐降低。遮阴环境使崖柏幼苗叶片的叶绿素含量显著增加（刘建锋等 2011a）。崖柏存在较明显的光合午休现象，午休时间因光环境不同而变化，全光环境下出现在 12：00 左右，遮阴环境下则有所推迟。光合午休时间发生在当天光强和温度最高的时刻（杨文娟等 2013）。

表 18-5　不同光处理对崖柏叶片光合生理参数的影响

月份	指标	全光（100%）	遮阴（50%全光）	遮阴（25%全光）
6	CO_2 补偿点（CCP）/（μmol/mol）	38.35 ± 2.68a	31.84 ± 3.46a	47.78 ± 5.27a
	羧化效率（C_e）/（mol/mol）	0.036 ± 0.005a	0.036 ± 0.007a	0.029 ± 0.010a
	光呼吸速率（R_p）/[μmol/（m^2·s）]	1.84 ± 0.15a	1.62 ± 0.23a	1.78 ± 0.17a
7	CO_2 补偿点（CCP）/（μmol/mol）	35.00 ± 5.12b	45.17 ± 9.41ab	63.30 ± 10.16a
	羧化效率（C_e）/（mol/mol）	0.031 ± 0.011a	0.038 ± 0.016a	0.031 ± 0.007a
	光呼吸速率（R_p）/[μmol/（m^2·s）]	1.61 ± 0.45a	1.94 ± 0.53a	2.06 ± 0.37a
8	CO_2 补偿点（CCP）/（mol/mol）	49.09 ± 5.24a	54.85 ± 3.76a	66.08 ± 6.49a
	羧化效率（C_e）/（mol/mol）	0.058 ± 0.004a	0.043 ± 0.013a	0.038 ± 0.008a
	光呼吸速率（R_p）/[μmol/（m^2·s）]	3.73 ± 0.58a	3.06 ± 0.43a	3.41 ± 0.34a
9	CO_2 补偿点（CCP）/（mol/mol）	48.62 ± 6.48a	56.63 ± 8.12a	43.35 ± 2.43a
	羧化效率（C_e）/（mol/mol）	0.045 ± 0.003a	0.032 ± 0.007a	0.030 ± 0.005a
	光呼吸速率（R_p）/[μmol/（m^2·s）]	2.82 ± 0.24a	2.25 ± 0.37a	1.74 ± 0.45b

表 18-6　遮阴对崖柏叶绿素荧光参数的影响

月份	指标	全光（100%）	遮阴（50%全光）	遮阴（25%全光）
6	PSⅡ最大光化学效率（F_v/F_m）	0.78 ± 0.02c	0.81 ± 0.02b	0.83 ± 0.01a
	PSⅡ潜在活性（F_v/F_o）	3.55 ± 0.33c	4.34 ± 0.51b	4.98 ± 0.41a
	PSⅡ有效光量子产量（F_v'/F_m'）	0.32 ± 0.03b	0.34 ± 0.01b	0.43 ± 0.06a
	非光化学淬灭系数（NPQ）	1.97 ± 0.24b	2.47 ± 0.22a	2.00 ± 0.42b
	光化学淬灭系数（qP）	0.41 ± 0.07a	0.30 ± 0.03b	0.20 ± 0.07c
	电子传递速率（ETR）	165.80 ± 33.28a	127.97 ± 11.31b	105.59 ± 38.31b
7	PSⅡ最大光化学效率（F_v/F_m）	0.78 ± 0.02b	0.82 ± 0.02a	0.83 ± 0.02a
	PSⅡ潜在活性（F_v/F_o）	3.63 ± 0.49b	4.45 ± 0.52a	5.03 ± 0.63a
	PSⅡ有效光量子产量（F_v'/F_m'）	0.32 ± 0.04b	0.34 ± 0.01b	0.40 ± 0.05a
	非光化学淬灭系数（NPQ）	2.09 ± 0.46b	2.94 ± 0.47a	2.44 ± 0.48ab
	光化学淬灭系数（qP）	0.30 ± 0.06a	0.30 ± 0.04a	0.25 ± 0.05a
	电子传递速率（ETR）	117.68 ± 16.22a	127.92 ± 17.27a	122.85 ± 16.80a
8	PSⅡ最大光化学效率（F_v/F_m）	0.80 ± 0.01b	0.84 ± 0.01a	0.83 ± 0.02a
	PSⅡ潜在活性（F_v/F_o）	4.02 ± 0.17b	5.23 ± 0.37a	5.10 ± 0.59a
	PSⅡ有效光量子产量（F_v'/F_m'）	0.35 ± 0.02b	0.40 ± 0.02a	0.43 ± 0.04a
	非光化学淬灭系数（NPQ）	2.19 ± 0.26a	2.53 ± 0.47a	2.42 ± 0.49a
	光化学淬灭系数（qP）	0.25 ± 0.04a	0.22 ± 0.07a	0.20 ± 0.02a
	电子传递速率（ETR）	109.20 ± 19.98a	108.70 ± 29.69a	109.38 ± 18.47a

表观量子效率反映了叶片在弱光下的光合能力，其值越大，表明植物吸收与转换光能的色素蛋白复合体可能越多，利用弱光能力越强。崖柏在弱光环境下的表观量子效率较全光环境下高，说明崖柏幼苗对弱光具有较强的适应性。PS II 最大光化学效率（F_v/F_m）反映了 PS II 反应中心的光能转换效率（Heraud & Beardall 2000）。在不受光抑制的情况下，F_v/F_m 一般为 0.75～0.85，且不受生长条件的影响（何炎红等 2005）。不同遮阴及全光下，崖柏的 F_v/F_m 处于正常范围，说明自然光下崖柏没有受到明显的光胁迫，与表观量子效率的推论一致。叶绿素和类胡萝卜素是植物光合作用过程中吸收光能的色素，其中叶绿素是主要的吸收光能物质，直接影响植物光合作用的光能利用（Maxwell & Johnson 2000）。遮阴导致崖柏幼苗叶片单位面积叶绿素含量的增加，这有利于提高崖柏幼苗对弱光的利用率，从而保证叶片在弱光环境中吸收更多的光能用于光合作用。

崖柏与侧柏（*Platycladus orientalis*）比较，表观量子效率差异不显著（表 18-7），但光补偿点显著高于侧柏。而最大净光合速率、光饱和点和暗呼吸速率均无显著差异。崖柏的 CO_2 补偿点显著高于侧柏，光呼吸速率略高于侧柏，两者的羧化效率相当。在气体交换参数方面，崖柏的叶片气孔导度和蒸腾速率均低于侧柏，而瞬时水分利用效率和气孔限制值略高于侧柏；随着光照强度的增加，崖柏和侧柏的净光合速率与胞间 CO_2 浓度增加，而气孔限制值降低；两个树种间的叶绿素荧光参数，如初始荧光、最大荧光、可变荧光、PS II 最大光化学效率、PS II 实际光化学量子效率、非光化学淬灭系数等均无显著差异，而崖柏的光化学淬灭系数显著低于侧柏（刘建锋等 2011b）。

表 18-7　崖柏和侧柏叶片的光合作用特征参数比较

光合作用特征参数	树种	
	崖柏	侧柏
表观量子效率（AQY）/[μmol/（m^2·s）]	0.039 ± 0.009a	0.027 ± 0.012a
最大净光合效率（P_{nmax}）/[μmol/（m^2·s）]	3.672 ± 0.712a	4.218 ± 0.896a
暗呼吸速率（R_d）/[μmol/（m^2·s）]	1.486 ± 0.264a	1.281 ± 0.575a
光补偿点（LCP）/[μmol/（m^2·s）]	81.0 ± 17.9a	59.7 ± 17.8b
光饱和点（LSP）/[μmol/（m^2·s）]	388.8 ± 58.9a	337.3 ± 48.7a
CO_2 补偿点（CCP）/（μmol/mol）	138.2 ± 11.9a	116.8 ± 8.6b
羧化效率（C_e）/（mol/mol）	0.016 ± 0.005a	0.018 ± 0.007a
光呼吸速率/[μmol/（m^2·s）]	2.108 ± 0.614a	1.840 ± 0.944a

注：同一行数据后带有不同字母表示在 0.05 水平上差异显著

综上可知，崖柏幼苗对光具有较强的耐受范围（尤其是低光）和适应调节能力，这可能是崖柏幼苗能够在林内较荫蔽的环境中生存的重要机制。崖柏与侧柏在光合特性和叶绿素荧光参数方面具有较大的相似性。

二、对水分条件的生理响应

干旱是限制植物生长最主要也是最常见的非生物胁迫（Chen et al. 2010）。在长期进化过程中，植物演化出了不同的生理机制来适应其分布区的环境条件（主要是水热条件）。光合作用对干旱胁迫非常敏感（Mahajan & Tuteja 2005；Delatorre et al. 2008；宋莉英等 2009），渗透调节物质对干旱胁迫也会做出相应的反应（Picon et al. 1996）。

以四年生崖柏实生苗为试验材料，对干旱处理和复水过程中崖柏的光合特性及水分利用效率的研究结果表明，当土壤相对含水量降至30%时，崖柏叶片的相对含水量开始下降，净光合速率、蒸腾速率、胞间CO_2浓度、光饱和点和最大光合速率等均随着土壤可利用水分的减少而降低，但表观量子效率、表观量子需要量及光补偿点均未发生明显变化；水分利用效率随着土壤相对含水量的下降逐渐提高。在停止浇水 50 天（土壤相对含水量下降约 95%）后，崖柏叶片开始萎蔫，净光合速率趋于零，但复水 3 天后，即可恢复至对照的 88.6%。由此说明，崖柏属于通过限制水分的大量消耗来避免干旱胁迫的干旱避免型植物（金江群等 2012）。干旱胁迫下，崖柏叶片脯氨酸含量提高；可溶性糖在干旱处理 30 天后增加，可溶性蛋白在干旱处理 20 天后增加，复水后下降，复水 7 天后则降至对照水平（金江群 2013）。

一般认为，在干旱胁迫下，植物细胞内的脯氨酸、可溶性糖、可溶性蛋白等含量的增加，可起到增强组织抗脱水能力、防止细胞过度失水的作用（Pastori & Trippi 1992；Sairam 1994；Kraus et al. 1995）。这可能是崖柏能够耐受干旱的生理适应机制。

三、对温度条件的生理响应

低温是制约植物生长、发育和分布的重要环境因子（Boyer 1982）。植物对低温的响应，是一个受多因素影响的调控过程。不仅物种之间有差别，而且同一物种也会因温度的高低、低温作用时间的长短、光照强度以及植物生理年龄和叶片发育情况等的不同而产生一定的变化（李功蕃等 1987；许春辉等 1988；Oquist & Huner 1993；Lundmark et al. 1998；Ensminger et al. 2004；简令成和王红 2009）。研究低温胁迫下崖柏的生理反应特征，对于了解崖柏的耐寒性及耐寒机制，以及引种栽培、育种等都具有重要的理论和实践意义。

以从崖柏原生地迁入北京的三年生崖柏实生苗为试验材料，对于其叶片形态、光合作用和叶绿素荧光参数对迁入地秋冬季节性自然降温响应的研究结果（表 18-8，表 18-9）表明：随着季节性降温，崖柏叶片的净光合速率、最大光合速率、表观量子效率、蒸腾速率、气孔导度、叶绿素含量、PS II 最大光化学效率、PS II 潜在活性、PS II 有效光量子产量、光化学淬灭系数和非光化学淬灭系数等均呈下降趋势，但胞间CO_2浓度、暗呼吸速率呈增加趋势。当日平均气温降至–6.40℃，日平均最低气温降至–10.46℃时，崖柏幼苗的净光合值趋于 0。当日平均气温降至–7.77℃，最低温度达到–13.96℃时，崖柏幼苗叶片出现卷曲，表现出明显的冻害症状（朱莉等 2013b）。

表 18-8　不同测定时期崖柏和侧柏幼苗叶片的光合参数

测定时期	最大光合速率（P_{max}）/[μmol CO_2/（m^2·s）]		表观量子效率（Φ）/ [μmol/（m^2·s）]		暗呼吸速率（R_d）/[μmol CO_2/（m^2·s）]	
	崖柏	侧柏	崖柏	侧柏	崖柏	侧柏
11 月 3 日	7.133 ± 0.620a	13.156 ± 0.323a	0.055 ± 0.004a	0.056 ± 0.011a	0.719 ± 0.080a	0.541 ± 0.125b
11 月 21 日	5.391 ± 0.647b	10.407 ± 1.005b	0.027 ± 0.010b	0.043 ± 0.006a	0.928 ± 0.349a	0.646 ± 0.153b
11 月 30 日	2.120 ± 0.161c	4.700 ± 0.457c	0.050 ± 0.008a	0.042 ± 0.005a	0.937 ± 0.038a	0.885 ± 0.065a

注：表中不同字母表示在 0.05 水平上差异显著，下同

表 18-9　不同测定时期崖柏和侧柏幼苗叶片的叶绿素荧光参数

指标	树种	11 月 3 日	11 月 21 日	11 月 30 日
PS Ⅱ最大光化学效率（F_v/F_m）	崖柏	0.78 ± 0.01a	0.48 ± 0.11b	0.43 ± 0.04b
	侧柏	0.81 ± 0.01a	0.73 ± 0.01b	0.63 ± 0.01c
PS Ⅱ潜在活性（F_v/F_o）	崖柏	3.52 ± 0.18a	0.98 ± 0.48b	0.75 ± 0.11b
	侧柏	4.20 ± 0.18a	2.64 ± 0.12b	1.72 ± 0.03c
PS Ⅱ有效光量子产量（F_v'/F_m'）	崖柏	0.45 ± 0.04a	0.29 ± 0.08b	0.29 ± 0.04b
	侧柏	0.46 ± 0.14a	0.43 ± 0.04a	0.34 ± 0.03a
光化学淬灭系数（qP）	崖柏	0.25 ± 0.08a	0.26 ± 0.04a	0.20 ± 0.03a
	侧柏	0.50 ± 0.14a	0.29 ± 0.01b	0.28 ± 0.03b
非光化学淬灭系数（NPQ）	崖柏	2.41 ± 0.39a	1.16 ± 0.19b	0.52 ± 0.05c
	侧柏	2.57 ± 0.57a	1.84 ± 0.08b	1.47 ± 0.02b

与侧柏比较（图 18-5），在最低气温由 12.5℃降至–13.96℃的过程中，侧柏的超氧化物歧化酶（SOD）和过氧化物酶（POD）活性同时增强，而崖柏只有超氧化物歧化酶活性增强，过氧化物酶活性基本上没有变化；侧柏和崖柏叶片中的脯氨酸含量（Pro）、可溶性糖含量、丙二醛含量（MDA）等均随秋冬季节性自然降温而增加（朱莉等 2013a）。由此可知，在秋冬季节性自然降温过程中，侧柏为了适应低温环境而建立的防御系统比崖柏更为完善。长期观察发现，在北京引种栽培，苗龄在 3 年之前，需做防寒处理，四年生以后，可不用采取防寒措施。

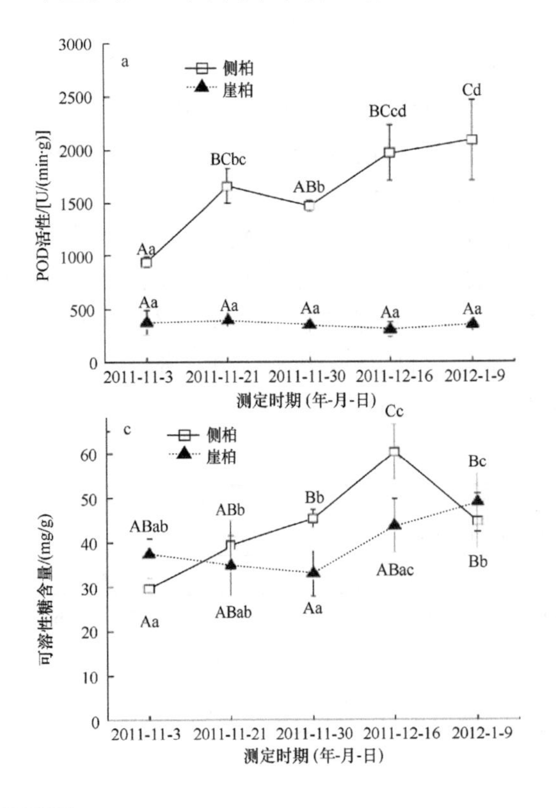

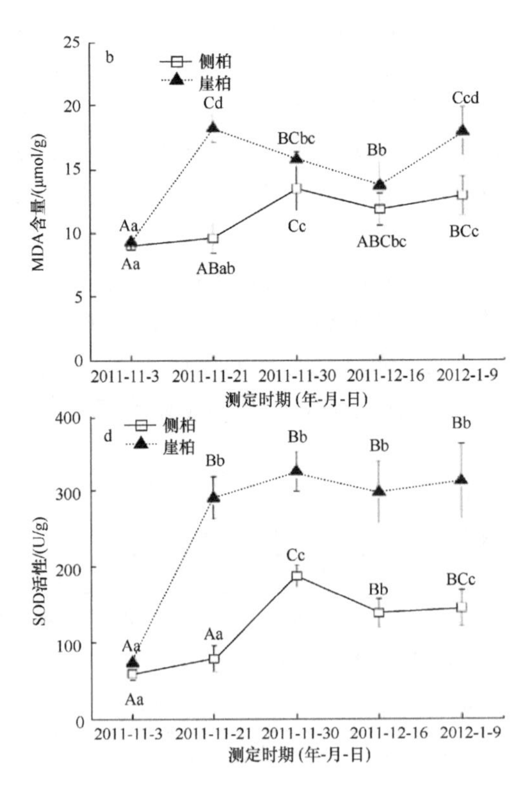

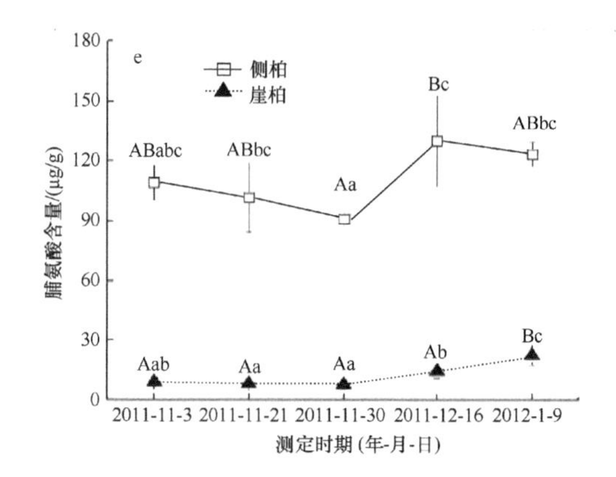

图 18-5　自然降温过程中不同树种叶片 POD 活性等的变化（相同大小写字母表示差异不显著）

第六节　繁殖生物学

一、球果和种子性状

崖柏球果平均长 8.34mm，宽 4.54mm。单果出种量为 4.5 个，种鳞 5 对，顶部和基部种鳞发育不全，中间的第 2 对和第 3 对种鳞长 4.89mm，宽 3.15mm，长宽比为 1.55。每片种鳞腹部着生种子 1～2 粒，种子长 3.25mm，宽 1.13mm，厚 0.96mm；种翅长 4.04mm，宽 0.39mm。种子千粒重为 1.4962g。10 月下旬崖柏种子成熟。饱满的种子为褐色，表面有光泽。种子成熟时，球果的颜色由绿色变为浅黄色（朱莉等 2014b）。

二、种子繁殖、扦插繁殖和组织培养

（一）种子繁殖

1. 种子萌发特征

在 MLR-350H 植物光照培养箱（温度 25℃，相对湿度 75%，光照强度 2000lx，日持续光照 8h）中进行种子萌发试验的结果表明，崖柏种子没有休眠期。种子成熟后，置于适宜的温度和水分条件下就可以萌发。浸种后播种 7 天即可见种子萌发，到第 18 天基本结束。没有萌发的种子大多是胚发育不全或空粒。设置不同的光、温、水处理，进行控制试验的结果表明，在控温 25℃条件下，崖柏的种子发芽率可达 88%，在 20℃条件下为 77%，30℃条件下为 33%。25℃和 20℃条件下的发芽率差异不显著，但与 30℃条件下的发芽率存在显著差异（$0.01<P<0.05$）。不同温度下的发芽指数差异显著，20℃和 30℃条件下的种子萌发进程缓慢。30℃条件下的种子霉变率较高；崖柏种子在光照和连续黑暗条件下均可萌发。光照条件下种子发芽率为 88%，持续黑暗条件下为 75%，发芽指数分别为 9.26 和 7.78，光照和持续黑暗条件下的差异不显著；浸种 72～120h，浸种时间长短对种子发芽率和种子霉变率均无显著影响。浸种 72h、96h 和 120h 的种子发芽率分别为 88%、86%、82%，发芽指数分别为 9.26、9.37、9.58。崖柏种子发芽率随着贮藏时间的延长而下降。干贮 2 年后，崖柏种子发芽能力基本丧失。

2. 圃地播种育苗

播种育苗效果不仅与种子性状（包括种子质量、萌发特征等）有关，还受育苗基质的影响。应用同一种育苗基质培育不同树种，其效果也会有所不同，育苗设施和育苗地域不同也会产生不同的育苗效果（邓煜和刘志峰 2000）。

在重庆雪宝山国家级自然保护区崖柏繁育圃，以森林腐殖土、耕作土、草炭土、珍珠岩和蛭石为基质原料，按体积比配制成 3 种育苗基质，分别为：①耕作土∶森林腐殖土（体积比 1∶1）(FS)，②草炭土（GS)；③草炭土∶珍珠岩∶蛭石（体积比 1∶1∶1）(GPS)。育苗基质对崖柏种子育苗影响的田间试验结果显示，GPS 和 GS 比 FS 育苗基质的温度调节能力强，GPS 能够在温度较低的月份将基质温度调节到较高水平，GS 能够在温度较高的月份将基质温度调节到较低水平；不同育苗基质土壤密度表现为 FS＞GS＞GPS；土壤持水量（包括最大持水量、毛管持水量、田间持水量）与土壤密度的排序相反；不同基质的 pH 差异显著，FS 偏碱性，GS 和 GPS 呈弱酸性；3 种育苗基质都可满足崖柏幼苗对土壤肥力的基本需求，但含有草炭土的 GPS 和草炭土 GS 的土壤肥力较高；不同育苗基质的出苗率表现为 GS＞GPS＞FS，GS 和 GPS 的差异不显著；FS 的出苗率仅为 GS 的 23%，GPS 的 27%；在崖柏幼苗生长期间，对 3 次调查的平均苗高、地径、一级侧枝数、主根长、一级侧根数、平均单株地上和地下干重 7 个形态质量指标的隶属函数值进行计算及综合评判的结果表明，GPS 育苗基质的苗木形态质量最优，其次是 GS，FS 最差。初步分析认为，不同基质水、肥、气、热等的差异，以及各因素的协调能力是导致崖柏幼苗形态质量出现差别的重要原因（秦爱丽等 2015）。

（二）扦插繁殖

1. 硬枝扦插繁殖

采用正交试验，研究母株年龄、扦插基质和生长调节剂对二至六年生崖柏幼树硬枝扦插的影响，探讨崖柏幼树硬枝扦插的最佳内部控制因素和适宜的外部环境条件（朱莉等 2014a)。结果显示崖柏幼树硬枝扦插生根具有持续时间较长的特点。扦插后 4 个月，各处理组合中生根的插穗仍然很少，扦插后 11 个月，各处理的插穗仍在陆续生根，没有生根插穗的地上部分也未见枯死，仍保存着继续生根的潜力；母株年龄、生长调节剂、扦插基质等对崖柏幼树硬枝扦插生根都会产生一定的影响，但各因素的影响作用大小不同，且主导因素和影响程度随着扦插后时间的延续而不断发生变化。对扦插后 130 天和 240 天的调查分析显示，影响作用为母株年龄＞扦插基质＞生长调节剂，扦插后 345 天则为扦插基质＞母株年龄＞生长调节剂；母株年龄对各调查时段插穗生根的影响均达到显著程度（$P<0.05$）。表明崖柏幼树硬枝扦插存在较明显的年龄效应。在扦插后 240 天和 345 天，扦插基质的影响也达到了显著程度。然而不同生长调节剂处理间的差异不显著；对崖柏幼树硬枝扦插生根的较好处理有 3 种：二年生母株的插穗、GGR_6（一种绿色植物生长调节剂）1000mg/L 速蘸 2min 处理、基质为草炭土∶蛭石∶珍珠岩（体积比 1∶1∶2）的混合物。其扦插后不同调查时段的最高生根率分别达到 35.0%、65.0%、75.0%；不同试验因素和处理水平对崖柏幼树插穗生根数量和根系质量影响较小。仅在扦插后 445 天的调查结果中显示，不同母株年龄和扦插基质对插穗的生根数量

与最长根根长的影响达到显著程度。

2. 嫩枝扦插繁殖

在中国林业科学研究院科研温室，选择正交表 L_9（3^4）进行正交试验设计，开展崖柏嫩枝扦插繁殖试验，研究母树年龄、生长调节剂、扦插容器、扦插基质等对插穗生根率、不定根数量、根长及根系干重的影响，探讨影响崖柏嫩枝扦插的内在因子和外在环境条件。结果表明，母树年龄对插穗生根率和根系发育影响较大。母树年龄越小，插穗的生根率越高。一级不定根数量、一级不定根最长根长和根系干重的变化与生根率随母树年龄变化的规律基本一致。生长调节剂[吲哚丁酸（IBA）]对插穗生根率与根系发育也有较大影响。扦插后 70 天的插穗生根率及扦插后 260 天的一级不定根数量、一级不定根最长根长和根系干重均以 IBA（2000mg/L）速蘸 2min 处理最优。扦插容器类型对插穗生根率的影响不显著，但对一级不定根最长根长的影响极显著。优劣次序为：黑色软塑料营养杯＞无纺布育苗袋＞白色硬塑料营养杯。基质类型对插穗生根率的影响随着扦插后时间的延长逐渐增大，对扦插后 70 天的插穗生根率影响不显著，对扦插后 260 天的插穗生根率影响极显著。用草炭土、珍珠岩、蛭石配制的混合基质优于纯草炭土；不同基质对一级不定根最长根长和根系干重影响显著。结果表明，崖柏嫩枝插穗生根率、根系数量、根长、根系干重不仅受到母树年龄、生长调节剂、扦插容器、扦插基质等因子的单独影响，还受到各因子的综合作用。随着生根发育阶段的变化，对插穗生根率和根系发育起重要作用的因子也在不断发生变化（秦爱丽等 2018）。对崖柏嫩枝插穗生根率的最佳处理组合为：从三年生母树上采集插穗、用 GGR_6 速蘸处理、无纺布育苗袋、草炭土∶珍珠岩∶蛭石（体积比 1∶2∶1）。对根系发育的最佳处理组合为：从三年生母树上采集插穗、用 IBA 速蘸处理、黑色软塑料营养杯、草炭土∶珍珠岩∶蛭石（体积比 1∶1∶1），该处理组合的生根率达 95%。

3. 组织培养

以成年和幼年崖柏当年生鳞叶茎段为外植体，对其消毒处理、诱导芽分化和继代培养、伸长生长和生根培养以及植株再生等各个环节进行研究发现：用野生成年崖柏当年生鳞叶茎段作为外植体，受污染率高达 100%，用温室培养的四年生崖柏当年生鳞叶茎段作为外植体，可使污染率下降到 25%；在 DCR、1/2 QP、1/2 SH、LP 培养基中添加异戊烯基腺嘌呤（2-IP）、苄氨基腺嘌呤（BA）、2,4-二氯苯氧乙酸（2,4-D）、吲哚丁酸（IBA）、细胞分裂素（ZT）等植物生长调节剂诱导芽分化，其诱导率可达 100%；在 DCR 和 1/2 QP 培养基中添加活性炭适用于芽伸长生长培养，采用这种处理方式可有效遏制无根组培苗玻璃化和褐化现象；DCR + IBA（2.0mg/L）+ 1-萘乙酸（NAA，1.0mg/L）和 DCR + IBA（2.0mg/L）+ NAA（0.5mg/L）为生根处理的最佳组合，采用该处理方法，可使生根率分别达到 46.67%和 40%；在温室中，用草炭土+珍珠岩（2∶1）作为基质，移栽成活率可达 73%。影响崖柏组织培养成效的主要因素是外植体选择、消毒处理、培养基类型以及添加植物生长调节剂的种类和质量。

第七节 保护生物学

回归自然是珍稀濒危植物种群重建的一条重要途径，也是一项高风险和高花费的工程。回归生境选择是回归的一个重要环节。一旦回归在不适宜的生境中，回归种群难以适应，整个回归工作就只能宣告失败。回归试验是了解回归物种对生境要求的最佳途径。海拔梯度包含了温度、湿度、土壤肥力等诸多环境因子的剧烈变化，对植物的生长速率、生产力、物质代谢等会产生极大影响（李凯辉等 2007；潘红丽等 2009），是开展植物回归试验的理想因子。为此，在大批量崖柏回归之前，首先进行了回归试验。试验地点设在重庆市开州区雪宝山及周边海拔 178m（白鹤）、1360m（营盘）、2250m（车场坝）的山地，供试苗木为 1.5 年生崖柏实生容器苗。按照设计，在每个海拔区段栽植了 324 株。栽植后，定期观测各试验地的空气温度和土壤温度以及回归苗木生长、存活情况，并对土壤的理化性质进行测定。整个试验周期为 1 年。试验结果（图 18-6，图 18-7）表明，回归苗木的存活率以中海拔最高，达 100%，低海拔次之，为 94%，高海拔最低，仅为 35%。苗木出现死亡的时间为栽植后第二年的 3～4 月。高海拔和低海拔苗木死亡高峰出现的时间不同，高海拔在 5～8 月，低海拔在 7～9 月。除最长一级侧枝长和一级侧根数表现为中海拔＞低海拔＞高海拔外，其他表型生长指标和苗木鲜重、干重均表现为低海拔＞中海拔＞高海拔，且不同海拔区段间差异显著（P＜0.05）；通过关联度计算发现，影响回归崖柏苗木存活和生长的最主要生态因子是空气温度和土壤温度，其次是土壤 pH，再次为土壤密度，其他土壤理化指标的影响较小。说明海拔梯度造成的温度、水分和土壤肥力的异质性对回归崖柏苗木的存活与生长影响较大。高海拔地区过低的空气温度和土壤温度以及土壤积水对回归苗木的存活与生长有制约作用；中、低海拔可以满足回归崖柏苗木存活和生长的基本要求，可以作为崖柏回归的首选之地（简尊吉等 2017）。

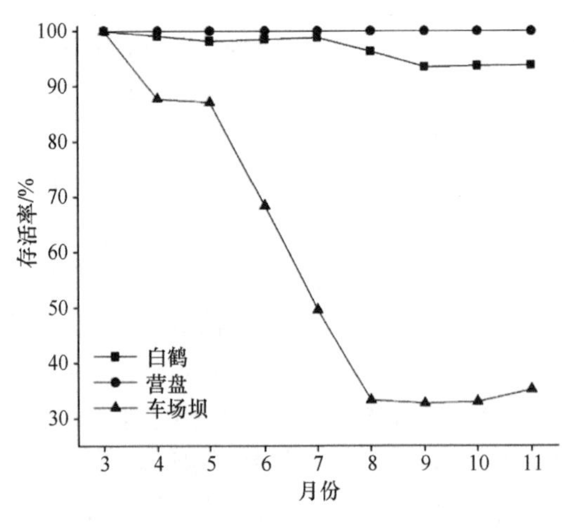

图 18-6 不同试验地苗木存活曲线

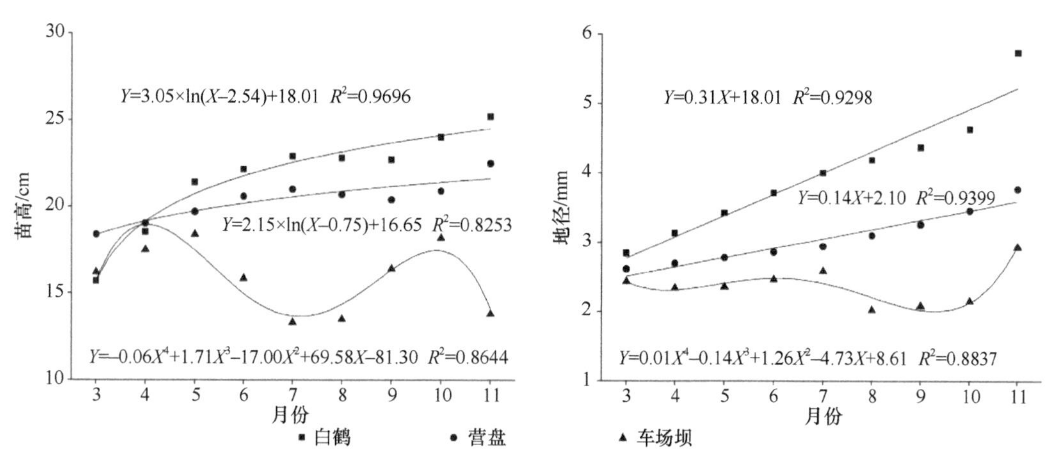

图 18-7　不同试验地苗木苗高和地径的生长曲线

第八节　总结与展望

科学研究是拯救濒危物种的基础，在拯救濒危物种中也起着关键作用。崖柏“绝迹”年代久远，与我国其他濒危树种相比，有关崖柏的研究历史较短，目前研究还不够系统和深入，建议在过去研究的基础上，重点抓好以下几方面工作。

（1）崖柏繁殖生物学研究

作为内部遗传机制与外部环境相互作用的一种表现形式，植物的繁殖生物学特性不仅直接关系到种群的遗传和空间结构，而且会影响到种群动态，特别是整个物种长期生存的能力（李典谟和徐汝梅 2005）。从繁殖生物学的角度出发，引起物种濒危的主要问题大致可以概括为 3 个方面：一是物种自身在繁殖发育过程中出现异常，从而导致败育现象的发生；二是由于交配系统存在一定差异，最终引起自交衰退或远交衰退；三是在繁殖阶段受到不同环境因素的胁迫，对繁殖和种群的有效更新产生重大影响。

濒危植物的繁殖障碍比较普遍。主要表现是雌蕊和雄蕊发育不同步、花粉败育、花粉管不能正常到达胚囊及胚胎败育等（Owens et al. 1990；Owens 1995；何政坤等 2000）。不同树种的繁殖障碍有所不同。例如，北美香柏有 49%的种子败育是由花粉不育引起的（Owens 1995），北美乔柏仅有 16%的胚珠可发育为饱满种子，胚珠未能授粉是影响其结实率的首要原因，而花粉可育性低是次要原因（Owens 1995）。崖柏结实周期长，种子质量差，饱满的种子极少，显而易见，崖柏存在明显的繁殖障碍。对于该现象出现的原因目前还知之甚少。该问题的解决，有助于理解引起崖柏种群衰退的内在原因，同时也可为制定提高崖柏种子质量的对策提供科学依据。

（2）加强崖柏回归后的监测工作

濒危植物回归包括物种现状调查（如物候观察、分布、生境调查、繁殖生态学、群体遗传结构及遗传多样性分析等）、繁殖体收集及回归材料的扩繁、回归地点的选择、回归材料的释放和定殖、回归后的监测和管理等 5 个阶段。任何一个阶段出现问题，都可能导致回归失败。回归成功和失败机制的揭示来自对每个回归阶段存在的问题的深入分析。目前，国内外虽然有许多回归成功和失败的案例，但是能够说清楚为何成功与失败的却寥寥无几。主要问题在于对回归的监测没有引起足够的重视（任海等 2014）。Godefroid 和 Vanderborght（2011）对现有回归案例调查后认为，目前植物回归后的监测时间普遍较短（一般不超过 4 年）。一般基于短期监测结果，对植物回归进行乐观评价。

对回归种群动态进行监测，可以掌握整个回归种群和个体对生境的长期适应过程，可以及时发现回归过程中存在的问题，并为回归种群维护和管理技术的实施提供依据。监测内容包括：个体的存活率、植株生长情况、个体定殖的位置效应（如朝向、郁闭度、附生植物定殖的高度等）、物候、种间关系、土壤理化性质和干扰因子等。回归效果评价的基本标准是：回归植物要完成从种子萌发到长成植株再产生种子的全过程（黄宏文 2018）。因此，监测时间至少应延续到回归种群达到正常繁殖的年龄。回归材料释放后的 2～3 年要持续监测，之后可间隔 2 年或 5 年监测 1 次。

崖柏回归自 2015 年开始，回归 60 余万株，面积达 4000 多亩①，现苗龄 5 年。崖柏回归株数之多，面积之大，在我国濒危植物回归记载中尚无先例。为了确保崖柏回归取得成效，建议有关部门将崖柏回归监测列入长期支持项目，以期确保崖柏回归取得实质性成效。

撰稿人：秦爱丽，郭泉水，马凡强

主要参考文献

常杰, 葛滢. 2001. 生态学. 杭州: 浙江大学出版社.

成俊卿. 1958. 中国裸子植物木材的解剖性质和用途. 北京: 中国林业出版社.

邓煜, 刘志峰. 2000. 温室容器育苗基质及苗木生长规律的研究. 林业科学, 36(5): 33-40.

郭泉水, 王祥福, 巴哈尔, 等. 2007. 崖柏群落优势乔木树种种间关系. 生态学杂志, 26(12): 1911-1917.

郭泉水, 王祥福, 巴哈尔, 等. 2009. 崖柏群落维管束植物生活型组成、叶子性状及层次层片结构. 应用生态学报, 20(9): 2057-2062.

何炎红, 郭连生, 田有亮. 2005. 白刺叶不同水分状况下光合速率及其叶绿素荧光特性的研究. 西北植物学报, 25(11): 2226-2233.

何政坤, 张淑华, 蔡锦荧. 2000. 台湾油杉空粒种子形成原因的探讨. 台湾林业科学, 15(2): 209-227.

洪毓康. 1995. 土质学与土力学. 北京: 人民交通出版社.

黄宏文. 2018. “艺术的外貌、科学的内涵、使命的担当”——植物园 500 年来的科研与社会功能变迁(二): 科学的内涵. 生物多样性, 26(3): 92-102.

简令成, 王红. 2009. 逆境植物细胞生物学. 北京: 科学出版社.

简尊吉, 马凡强, 郭泉水, 等. 2017. 回归崖柏苗木存活和生长对海拔梯度的响应. 林业科学, 53(11): 1-11.

姜汉侨, 段昌群, 杨树华, 等. 2005. 植物生态学. 北京: 高等教育出版社.

蒋有绪, 郭泉水, 马娟, 等. 1998. 中国森林部落分类及其群落学特征. 北京: 科学出版社.

金江群. 2013. 崖柏无性繁殖及其对干旱—复水的生理响应研究. 北京: 中国林业科学研究院硕士研究生学位论文.

金江群, 郭泉水, 朱莉, 等. 2012. 干旱和复水对崖柏光合特性及水分利用效率的影响. 植物科学学报,

① 1 亩≈666.7m^2。

30(6): 599-610.
李典谟, 徐汝梅. 2005. 物种濒危机制和保育原理. 北京: 科学出版社.
李功藩, 吴亚君, 刘冬, 等. 1987. 光系统Ⅱ颗粒的多肽组成分析和重组后的放氧活性. 植物生理与分子生物学学报, 13(4): 344-350.
李凯辉, 胡玉昆, 王鑫, 等. 2007. 不同海拔梯度高寒草地地上生物量与环境因子关系. 应用生态学报, 18(9): 2019-2024.
李生, 陈存及, 曹永慧, 等. 2003. 乳源木莲天然林主要种群生态位的研究. 江西农业大学学报(自然科学版), 25(3): 374-378.
刘建锋. 2003. 我国珍稀濒危植物: 崖柏种群生态学研究. 北京: 中国林业科学研究院硕士研究生学位论文.
刘建锋, 江泽平, 肖文发, 等. 2005. 极度濒危植物: 崖柏种群空间格局与动态的初步研究. 江西农业大学学报(自然科学版), 27(5): 708-712.
刘建锋, 王建修. 2005. 极度濒危植物: 崖柏群落物种多样性的初步研究. 重庆林业科技, (2): 13-17.
刘建锋, 肖文发, 郭志华, 等. 2004. 珍稀濒危植物: 崖柏种群结构与动态初步研究. 江西农业大学学报(自然科学版), 26(3): 377-380.
刘建锋, 杨文娟, 江泽平, 等. 2011a. 遮荫对濒危植物崖柏光合作用和叶绿素荧光参数的影响. 生态学报, 31(20): 6000-6003.
刘建锋, 杨文娟, 史胜青, 等. 2011b. 崖柏与侧柏光合特性和叶绿素荧光参数的比较研究. 西北植物学报, 31(10): 2071-2077.
刘正宇, 杨明宏, 易思荣, 等. 2000. 崖柏没有绝灭. 植物杂志, (3): 8-9.
柳江, 洪伟, 吴承祯, 等. 2002. 退化红壤区植被恢复过程中灌木层主要种群的生态位特征. 植物资源与环境学报, 11(2): 11-16.
马凡强, 秦爱丽, 郭泉水, 等. 2017. 极度濒危物种崖柏的地理分布及其生境特征. 生态学杂志, 36(7): 1777-1784.
潘红丽, 李迈和, 蔡小虎, 等. 2009. 海拔梯度上的植物生长与生理生态特性. 生态环境学报, 18(2): 722-730.
秦爱丽, 郭泉水, 简尊吉, 等. 2015. 不同育苗基质对崖柏场圃发芽率和苗木生长的影响研究. 林业科学, 52(9): 9-17.
秦爱丽, 简尊吉, 马凡强, 等. 2018. 母树年龄、生长调节剂、容器与基质对崖柏嫩枝扦插的影响. 林业科学, 54(7): 40-50.
全国土壤普查办公室. 1979. 全国第二次土壤普查暂行技术规程. 北京: 农业出版社.
任海, 简曙光, 刘红晓, 等. 2014. 珍稀濒危植物的野外回归研究进展. 中国科学: 生命科学, 44(3): 230-237.
宋丛文, 张新叶, 胡兴宜, 等. 2004. 秃杉种内遗传多样性的 RAPD 分析. 湖北林业科技, (4): 1-4.
宋莉英, 孙兰兰, 舒展, 等. 2009. 干旱和复水对入侵三裂叶蟛蜞菊叶片叶绿素荧光特性的影响. 生态学报, 29(7): 3714-3719.
汪松, 解焱. 2004. 中国物种红色名录(第一卷): 红色名录. 北京: 高等教育出版社: 307.
王祥福, 郭泉水, 巴哈尔, 等. 2008. 崖柏群落优势乔木种群生态位. 林业科学, 44(4): 6-13.
王祥福, 郭泉水, 刘正宇, 等. 2007. 崖柏群落种子植物区系组成分析. 林业科学研究, 20(6): 755-762.
王月容, 周金星, 周志翔, 等. 2010. 不同土地利用方式下洞庭湖退田还湖区土壤物理特性. 华中农业大学学报(自然科学版), 29(3): 306-311.
吴章文, 吴楚材, 陈奕洪, 等. 2010. 8 种柏科植物的精气成分及其生理功效分析. 中南林业科技大学学报, 30(10): 1-9.
许春辉, 赵福洪, 王可玢, 等. 1988. 低温对黄瓜系统Ⅱ的影响. 植物学报, 30(6): 601-605.
杨文娟, 江泽平, 刘建锋, 等. 2013. 不同光环境下濒危植物崖柏的光合日动态. 林业科学研究, 26(3):

273-278.
于顺利, 马克平, 陈灵芝. 2003. 蒙古栎群落叶型的分析. 应用生态学报, 14(1): 151-153.
臧润国, 成克武, 李俊清, 等. 2005. 天然林生物多样性保育与恢复. 北京: 中国科学技术出版社.
张继义, 赵哈林, 张铜会, 等. 2003. 科尔沁沙地植物群落恢复演替系列种群生态位动态特征. 生态学报, 23(12): 2741-2746.
郑群明, 吴楚材, 谭益民, 等. 2011. 崖柏乙醇提取物抑菌作用的初步研究. 中南林业科技大学学报, 31(4): 67-78.
郑万钧. 1983. 中国树木志(第一卷). 北京: 中国林业出版社.
朱莉, 郭泉水, 金江群, 等. 2013a. 崖柏和侧柏幼苗对自然降温的生理生化反应. 林业科学研究, 26(2): 220-226.
朱莉, 郭泉水, 金江群, 等. 2013b. 崖柏幼苗光合作用与叶绿素荧光参数对秋冬自然降温的响应. 河北农业大学学报, 36(4): 49-55.
朱莉, 郭泉水, 秦爱丽, 等. 2014a. 世界极危物种: 崖柏幼树硬枝扦插繁殖研究. 河北林果研究, 29(1): 5-11.
朱莉, 郭泉水, 朱妮妮, 等. 2014b. 世界级极危物种: 崖柏的球果和种子性状研究. 种子, 33(7): 56-63.
Aplet G H, Vitosek P M. 1994. An age-altitude matrix analysis of Hawaiian Rain forest succession. Journal of Ecology, 82(1): 137-147.
Bandelt H J, Forster P, Röhl A. 1999. Median-joining networks for inferring intraspecific phylogenies. Molecular Biology and Evolution, 16(1): 37-48.
Boyer J S. 1982. Plant productivity and environment. Science, 218(4571): 443-448.
Chen J W, Zhang Q L, Xiao S, et al. 2010. Gas exchange and hydraulics in seedlings of *Hevea brasiliensis* during water stress and recovery. Tree Physiology, 30(7): 876-885.
Cui Y M, Sun B, Wang H F, et al. 2015. Exploring the formation of a disjunctive pattern between Eastern Asia and North America based on fossil evidence from *Thuja* (Cupressaceae). PLoS One, 10(9): e0138544.
Delatorre J, Pinto M, Cardemil L. 2008. Effects of water stress and high temperature on photosynthetic rates of two species of *Prosopis*. Journal of Photochemistry and Photobiology B: Biology, 92(2): 67-76.
Ensminger I, Sveshnikov D, Campbell D A, et al. 2004. Intermittent low temperatures constrain spring recovery of photosynthesis in boreal Scots pine forests. Global Change Biology, 10(6): 995-1008.
Excoffier L, Laval G, Schneider S. 2005. Arlequin version 3.0: an integrated software package for population genetics data analysis. Evolutionary Bioinformatics Online, 1(1): 47-50.
Farjon A, Page C N. 1999. Conifers. Status Survey and Conservation Action Plan. Gland: IUCN-SSC Conifer Specialist Group.
Fu Y X. 1996. New statistical tests of neutrality for DNA samples from a population. Genetics, 143(1): 557-570.
Fu L K, Jin J M. 1992. China Plant Red Data Book: Rare and Endangered Plants: Vol. 1. Beijing: Science Press.
Godefroid S, Vanderborght T. 2011. Plant reintroductions: the need for a global database. Biodiversity and Conservation, 20(14): 3683-3688.
Heraud P, Beardall J. 2000. Changes in chlorophyll fluorescence during exposure of *Dunaliella tertiolecta* to UV radiation indicate a dynamic interaction between damage and repair processes. Photosynthesis Research, 63(2): 123-134.
Hurlbert S H. 1978. The measurement of niche overlap and some relatives. Ecology, 59(1): 67-77.
Kraus T E, Mckersie B D, Mckersie R A. 1995. Paclobutrazole induced tolerance of wheat leaves to paraquat may involve antioxidant enzyme activity. Journal of Plant Physiology, 145(4): 570-576.
Leibold M A. 1995. The niche concept revisited mechanistic models and community context. Ecology, 76(5): 1371-1382.
Li J H, Xiang Q P. 2005. Phylogeny and biogeography of *Thuja* L. (Cupressaceae), an Eastern Asian and North American disjunct genus. Journal of Integrative Plant Biology, 47(6): 651-659.

Librado P, Rozas J. 2009. DnaSP v5: A software for comprehensive analysis of DNA polymorphism data. Bioinformatics, 25(11): 1451-1452.

Lundmark T, Bergh J, Strand M, et al. 1998. Seasonal variation of maximum photochemical efficiency in boreal Norway spruce stands. Trees, 13(2): 63-67.

Mahajan S, Tuteja N. 2005. Cold, salinity and drought stresses: an overview. Archives of Biochemistry and Biophysics, 444(2): 139-158.

Maxwell K, Johnson G N. 2000. Chlorophyll fluorescence a practical guide. Journal of Experimental Botany, 51(345): 659-668.

Mosseler A, Egger K N, Hghes G A. 1992. Low levels of genetic diversity in red pine confirmed by random amplified polymorphic DNA marker. Canadian Journal of Forest Research, 22(9): 1332-1337.

Nei M, Li W H. 1979. Mathematical model for studying genetic variation in terms of restriction endonucleases. Proceedings of the National Academy of Sciences of the United States of America, 76(10): 5269-5273.

Oquist G, Huner N P A. 1993. Cold-hardening-induced resistance to photoinhibition of photosynthesis in winter rye is dependent upon an increased capacity for photosynthesis. Planta, 189(1): 150-156.

Owens J N. 1995. Constraints to seed production: temperate and tropical forest trees. Tree Physiology, 15(7/8): 477-484.

Owens J N, Colangeli A M, Morris S J. 1990. The effect of self-, cross-, and no pollination on ovule, embryo, seed, and cone development in western red cedar (*Thuja plicata*). Canadian Journal of Forest Research, 20(1): 66-75.

Pastori G M, Trippi V S. 1992. Oxidative stress induces high rate of glutathione reductase synthesis in a drought-resistant maize strain. Plant and Cell Physiology, 33(7): 957-961.

Peng D, Wang X Q. 2008. Reticulate evolution in *Thuja* inferred from multiple gene sequences: implications for the study of biogeographical disjunction between eastern Asia and North America. Molecular Phylogenetics and Evolution, 47(3): 1190-1202.

Picon C, Guehl J M, Ferhi A. 1996. Leaf gas exchange and carbon isotope composition responses to drought in a drought-avoiding (*Pinus pinaster*) and a drought-tolerant (*Quercus petraea*) species under present and elevated atmospheric CO_2 concentrations. Plant, Cell & Environment, 19(2): 182-190.

Sairam R K. 1994. Effect of moisture stress on physiological activities of two contrasting wheat genotypes. Indian Journal of Experimental Biology, 32: 594-597.

Tajima F. 1989. Statistical methods to test for nucleotide mutation hypothesis by DNA polymorphism. Genetics, 123(3): 585-595.

Tang C Q, Yang Y, Ohsawa M, et al. 2015. Community structure and survival of Tertiary relict *Thuja sutchuenensis* (Cupressaceae) in the subtropical Daba Mountains, southwestern China. PLoS One, 10(4): e0125307.

Watterson G A. 1975. On the number of segregating sites in genetical models without recombination. Theoretical Population Biology, 7(2): 256-276.

Weider L J. 1993. Niche breadth and life history variation in a hybrid *Daphnia* complex. Ecology, 74(3): 935-943.

Xiang Q P, Farjon A, Li Z Y, et al. 2002. *Thuja sutchuenensis*: a rediscovered species of the Cupressaceae. Botanical Journal of the Linnean Society, 139(3): 305-310.

第十九章　银杏自然群落的结构及种群更新研究[①]

第一节　引　　言

银杏（*Ginkgo biloba*）是现存裸子植物中最古老的孑遗植物，也是银杏纲植物现存的唯一种（Royer et al. 2003）。银杏在中生代侏罗纪曾广泛分布于北半球，白垩纪晚期开始衰退，第四纪冰川降临，在欧洲、北美洲和亚洲绝大部分地区灭绝，进而成为中国的特有种（周志炎 2003；Tang et al. 2018）。银杏被认为是具有高度生态保守性的物种，具有许多原始性状，对研究种子植物系统发育、古植物区系、古地理及第四纪冰川气候有重要价值（Royer et al. 2003；Zhao et al. 2019）。

银杏原产于中国，但中国是否存在野生银杏？它的原产地在哪里？中外植物学家、林学家和园艺学家已争论上百年，其中的焦点集中在浙江天目山的银杏种群（Tredici et al. 1992；梁立兴和李少能 2001；林协和张都海 2004；Zhao et al. 2019）。然而，自 20 世纪 90 年代以来，在中国中南部地区，研究先后报道了多个地区具有古银杏种群（江明喜等 1990；向应海和向碧霞 1997；Tang et al. 2012）。而在贵州务川县、凤冈县以及毗邻的重庆南川区则相继发现银杏残存群落的报道（向碧霞等 2006；向准和向应海 2008），分子生物学的证据也支持贵州务川县和重庆南川金佛山可能是银杏第四纪冰期的避难所（Fan et al. 2004；Shen et al. 2005；Gong et al. 2008；Zhao et al. 2019）。事实上，在中国中南部地区，尤其湘黔渝鄂交界处是东亚亚热带植物区系华中区系成分分布的核心地段，以植物的丰富性及高度特有性成为世界生物多样性的热点地区之一（Myers et al. 2000），同时，也是第四纪冰期时众多孑遗植物如水杉（*Metasequoia glyptostroboides*）、银杉（*Cathaya argyrophylla*）、蓝果树（*Nyssa sinensis*）、连香树（*Cercidiphyllum japonicum*）、瘿椒树（*Tapiscia sinensis*）、水青冈（*Fagus longipetiolata*）、鹅掌楸（*Liriodendron chinense*）等的避难所（Tang et al. 2011）。

到目前为止，对银杏的研究主要集中于形态学、细胞学、植物化学以及分子生物学等方面（Tredici 1992；曹福亮 2002；Fan et al. 2004；Shen et al. 2005；Tredici 2007；Gong et al. 2008；Zhao et al. 2019）。由于没有明确的自然立地的存在，长期以来，对银杏种群的研究集中于种群原生性的考证上（Tredici et al. 1992；梁立兴和李少能 2001；林协和张都海 2004；江明喜等 1990；向应海和向碧霞 1997）。对银杏群落的研究，则由于近年来才逐步发现（向碧霞等 2006；向准和向应海 2008；Zhao et al. 2019），多为简单的群落组成等属性的描述，缺乏对群落的定量分析以及对银杏种群更新的深入研究。因此，银杏野生种群的生物学、生态学属性在很大程度上仍处于未知状态（Royer et al. 2003；Zhao et al. 2019），银杏群落的结构与动态尚待深入解析。而事实上，以群落为

---

① 本章节相关论文在 2011 年发表于《生态学报》。原文献如下：杨永川，穆建平，Tang C Q，杨轲. 2011. 残存银杏群落的结构及种群更新研究. 生态学报，31(21): 6396-6409。有更新和完善

研究对象，由于分布面积的相对局限性、个体分布的相对集中性以及群落内部生境的相对一致性（宋永昌 2016），相比在人类高强度活动区域动辄分布区以平方千米计的种群的研究，在银杏野生与否的判定上，也应更具科学性。

植物群落与其发育环境之间的关系是群落生态学研究的核心问题之一（杨永川和达良俊 2006）。在小尺度空间上，地形分异以及由此导致的地表干扰机制的差异，是不同植物群落得以形成和维持的基础（Sakai et al. 1995；杨永川和达良俊 2006）。在稳定的、低环境胁迫的中生生境，如上部边坡等，通常发育由气候决定的群落类型，相反，在具有各种类型胁迫和干扰的不稳定生境，如下部边坡、沟谷、崖锥等，则发育由各种地形决定的植物群落（Yang et al. 2014）。不稳定立地为很多第三纪孑遗植物提供了生存的空间，如珙桐（*Davidia involucrata*）、蓝果树、香果树（*Emmenopterys henryi*）、水青树（*Tetracentron sinense*）、连香树、领春木（*Euptelea pleiosperma*）等（Sakai et al. 1995；Sakio 1997；Tang & Ohsawa 2002）。不同强度和频率的地表干扰一方面弱化了种间竞争，促进了物种的共存；另一方面为物种的更新提供了不同的微生境条件（Tang & Ohsawa 2002）。对多数第三纪孑遗植物而言，萌枝更新是相对于实生苗更新更为有效的生存对策，因为实生苗更新通常与周期性干扰所形成的开敞地密切相关，在生活史周期内是否发生这样的干扰是其能否成功的关键（Sakio 1997）。而萌枝的产生模式与树干基部的形态密切相关，不同微生境内不同形式、强度和频率的地表干扰又是树干基部形态的主要决定因素，因此萌枝的产生在不同微生境内可能具有差异（Kubo et al. 2001）。已有报道表明银杏具有强大的萌枝能力（Tredici et al. 1992），但其与生境之间的关系尚不明确，而实生苗的有无尚无定论（Tredici et al. 1992；向碧霞等 2006；Zhao et al. 2019），因此，对银杏种群更新的研究还需进一步深入。

本研究以分布于贵州和重庆 7 个地点的残存银杏群落为对象，通过对生境特征、物种组成、垂直结构、主要组成种种群结构等群落结构特征以及银杏种群更新特征的研究，以期明确银杏群落的性质、动态以及银杏种群的更新特征，进一步深化对自然生境中银杏生物学、生态学属性的认识，并为该区域残存银杏群落的可持续保护和管理提供基本的科学依据。

第二节 研究地点及方法

一、研究地点

本研究共选择了 7 个研究地点，分别为位于重庆市南川区金佛山的杨家沟，贵州省遵义市凤冈县的响水岩、青原村，务川县的大竹园、廖家村、青冈园和十二盘。金佛山位于四川盆地东南部，属于贵州大娄山东段的一条支脉，主峰风吹岭海拔 2251m，最低处鱼跳岩海拔 340m。金佛山自然环境复杂，地质古老，北坡地势陡峻，峡谷深切；南坡地势平缓，研究地点杨家沟位于南坡。凤冈县位于大娄山南麓的斜坡地带，海拔最低 398m，最高 1433m。研究地点响水岩及青原村位于凤冈县南部的万佛山。务川县位于大娄山东南麓，海拔最低 326m，最高 1743m，研究地点大竹园位于华荣山，廖家村、青冈园和十二盘位于锯齿山。7 个研究地点受干扰的程度不尽一致，但是最近的大规模干扰基本都早在 1958～1962 年，近年来没有明显的人为干扰迹象；而杨家沟、响水岩和大竹园 3 个地点的残存群落自然程度最高。

7 个研究地点的海拔为 1000～1200m，年均温为 13.0～14.4℃，最热月均温（7 月）为 22～24.2℃，最冷月均温（1 月）为 1.8～3.6℃，年降水量为 1271.7～1395.5mm（表 19-1）。

表 19-1 研究地点概况

环境要素	重庆南川区	贵州凤冈县		贵州务川县			
	杨家沟	响水岩	青原村	廖家村	青冈园	大竹园	十二盘
	NCYJG	FGXSY	FGQYC	WCLJC	WCQGY	WCDZY	WCSEP
经度（E）	107°15′50.6″	107°45′52.9″	107°38′20.2″	108°01′53.6″	108°04′46.6″	107°49′6.3″	108°04′43.1″
纬度（N）	28°56′5.5″	27°48′51.2″	27°43′21.5″	28°40′43.6″	28°42′21.3″	28°22′23″	28°41′56″
海拔/m	1100	1000	1100	1200	1100	1200	1200
年均温 ᵃ/℃	13	14.4	13.8	13.2	13.8	13.2	13.2
最热月均温 ᵃ/℃	22	24.2	23.6	23.0	23.6	23.0	23.0
最冷月均温 ᵃ/℃	1.8	3.6	3.0	2.4	3.0	2.4	2.4
年降水量/mm	1395.5（方任吉等 1982）	1320（李心江和李媛媛 2010）	1320（李心江和李媛媛 2010）	1271.7（向碧霞等 2006）	1271.7（向碧霞等 2006）	1271.7（向碧霞等 2006）	1271.7（向碧霞等 2006）
微地形	下部边坡	沟谷	沟谷	沟谷	沟谷	沟谷	崖锥

a. 温度数据来源于中国气象科学数据共享服务网（http://data.cma.cn/）中离研究地点最近的站点数据，并按照海拔以气温递减率 0.6℃/100m 进行估算

二、调查方法

2010 年 7～9 月，在对 7 个研究地点进行充分踏查之后，选择银杏分布较为集中的地段设置样方，样方面积各有不同，为 600～3000m^2。对样方进行微地形识别（Larson et al. 2000；杨永川和达良俊 2006），杨家沟样方位于下部边坡，十二盘样方位于崖锥，其余 5 个样方均位于沟谷（表 19-1）。对每个样方目测分层，估计各层盖度，对高度超过 1.5m 的木本植物进行每木调查，分别用胸径尺和测高杆测定每株植物的胸径（DBH，cm）、高度（H，m），同时对植株中高度超过 1.5m 的萌枝测定胸径。为比较不同微地形单元内银杏的更新特性，对杨家沟、响水岩和十二盘 3 个样方内所有高度低于 1.5m 的银杏基部萌枝和实生苗进行计数。

三、数据分析

（一）样方优势种

优势种由优势度分析法确定（Ohsawa 1984）。公式如下

$$d = 1/N\left\{\sum_{i\in T}(x_i - x)^2 + \sum_{j\in U} x_j^2\right\}$$

其中，x_i 为前位物种（top species，T）的相对优势度值，用相对基部面积的百分比值表征每个种的优势度；x 为以优势种（dominant species）数量确定的优势种理想百分比（ideal percentage share）；x_j 为剩余种（remaining species）的百分比；N 为总种数。如果只有一个优势种，则优势种的理想百分比为 100%。如果有两个优势种，则它们的理想百分比为 50%，如果有 3 个优势种，则理想百分比为 33.3%，依次类推。

（二）多样性指数

多样性指数采用格利森（Gleason）指数、Shannon-Wiener 多样性指数和皮卢（Pielou）均匀度指数进行测度（Yang & Li 2009）。公式如下

$$D_G = S/\ln A$$

$$H' = -\sum_{i=1}^{S} P_i \log_2 P_i$$

$$J' = H'/\log_2 S$$

其中，S 是样方的物种数；A 为样方面积；P_i 为第 i 种的相对优势度。

（三）银杏萌枝率

计算并比较杨家沟、响水岩和十二盘 3 个样方的银杏萌枝率（萌枝数量/总个体数）。将萌枝率分解为 2 个指标，即有萌个体率（有萌个体数/总个体数）和有萌个体萌枝数（萌枝数量/有萌个体数）。应用χ^2检验对 3 个样方银杏萌枝率和有萌个体率进行了比较，而对有萌个体萌枝数，应用克鲁斯卡尔・瓦莱斯（Kruskal Wallis）检验进行了比较（Sakai et al. 1995；Nanami et al. 2004）。在不同微地形的 3 个样方以及以 3 个样方为整体，对银杏茎干数与主干胸径之间的关系进行非参数斯皮尔曼（Spearman）检验（Sakai et al. 1995）。

四、植物名称、受威胁等级及保护等级和生活型

文内所有植物的中文名称和拉丁名均以《中国植物志》和 *Flora of China* 为准。物种受威胁等级参照《中国物种红色名录（第一卷）：红色名录》（汪松和解焱 2004）。物种的保护等级参照《国家重点保护野生植物名录（第一批）》（国家林业局和农业部 1999）。生活型的划分参照《中国植被》的生活型分类体系（吴征镒 1980）。

第三节　研究结果

一、群落物种组成

在 7 个样方中，共记录到木本植物 82 种，分属 45 科 72 属。含种数最多的科为樟科，有 7 种，其次为壳斗科和蔷薇科，各有 5 种，含 4 种的有杜英科和榆科，含 3 种的有 5 个科，含 2 种的有 7 个科，含 1 种的有 28 个科。含种数最多的属为山胡椒属（*Lindera*）

和荚蒾属（*Viburnum*），各有 3 种，含 2 种的属有 6 个，其余 64 个属均含 1 种。

82 个组成种中，列入《中国物种红色名录（第一卷）：红色名录》中受威胁物种的有 9 种，银杏为濒危种，南方红豆杉（*Taxus wallichiana* var. *mairei*）、柏木（*Cupressus funebris*）、白辛树（*Pterostyrax psilophyllus*）、红椿（*Toona ciliata*）、华榛（*Corylus chinensis*）和杜仲（*Eucommia ulmoides*）为易危种，而瘿椒树和紫果槭（*Acer cordatum*）为近危种。列入《国家重点保护野生植物名录》（第一批）的有 4 种，其中银杏和红豆杉为一级，红椿和川黄檗（*Phellodendron chinense*）为二级。

在生活型构成上，常绿针叶乔木 3 种，常绿阔叶树 37 种，其中，常绿阔叶乔木、常绿阔叶小乔木和常绿阔叶灌木分别为 19 种、7 种和 11 种；落叶阔叶树 42 种，其中落叶阔叶乔木、落叶阔叶小乔木和落叶阔叶灌木分别为 28 种、4 种和 10 种。常绿阔叶树和落叶阔叶树在种数上基本接近，但常绿阔叶树的相对优势度远低于落叶阔叶树，在 7 个样方中，落叶阔叶乔木均占据绝对优势地位（图 19-1，表 19-2）。

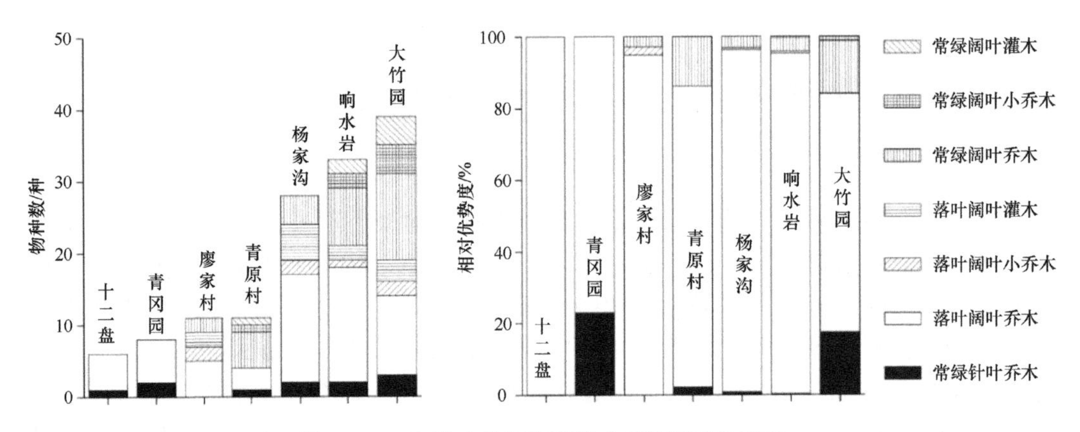

图 19-1　7 个样方的生活型组成及其相对优势度

表 19-2　群落组成与物种相对优势度

样方	十二盘	青冈园	廖家村	青原村	杨家沟	响水岩	大竹园
	WCSEP	WCQGY	WCLJC	FGQYC	NCYJG	FGXSY	WCDZY
样方面积/m^2	1200	2000	600	1000	2000	3000	2000
Gleason 指数	0.99	1.32	2.03	1.30	4.21	4.12	5.39
Shannon-Wiener 多样性指数	0.35	1.39	0.53	1.17	1.02	1.46	2.71
均匀度指数	0.12	0.42	0.14	0.37	0.20	0.29	0.51
常绿针叶乔木							
南方红豆杉（*Taxus wallichiana* var. *mairei*）	—	4.92	—	2.19	<0.01	0.01	7.86*
杉木（*Cunninghamia lanceolata*）	0.14	—	—	—	0.83	0.27	2.7
柏木（*Cupressus funebris*）	—	18.03	—	—	—	—	6.86
落叶阔叶乔木							
银杏（*Ginkgo biloba*）	94.97*	67.52*	92.53*	72.21*	85.69*	78.41*	45.81*
胡桃楸（*Juglans mandshurica*）	3.68	0.06	0.42	—	0.07	0.25	0.25
珊瑚朴（*Celtis julianae*）	0.04	0.01	—	—	—	1.31	1.69
八角枫（*Alangium chinense*）	—	0.01	0.01	—	<0.01	—	0.01

续表

样方	十二盘	青冈园	廖家村	青原村	杨家沟	响水岩	大竹园
	WCSEP	WCQGY	WCLJC	FGQYC	NCYJG	FGXSY	WCDZY
糙叶树（*Aphananthe aspera*）	—	—	—	6.46	0.98	0.1	2.5
枫香树（*Liquidambar formosana*）	—	—	—	—	5.56	7.17	15.48*
枳椇（*Hovenia acerba*）	0.37	9.3	—	—	—	0.47	—
灯台树（*Cornus controversa*）	—	—	0.02	—	0.1	0.64	—
椴树（*Tilia tuan*）	—	—	1.85	—	1.19	—	—
油柿（*Diospyros oleifera*）	—	—	—	5.32	0.48	—	—
梧桐（*Firmiana simplex*）	—	—	—	—	0.1	0.29	—
槲栎（*Quercus aliena*）	—	—	—	—	0.04	0.22	—
华榛（*Corylus chinensis*）	—	—	—	—	0.03	—	0.12
南酸枣（*Choerospondias axillaris*）	—		—	—	—	1.43	0.25
华中樱桃（*Cerasus conradinae*）	—	—	—	—	—	0.06	0.16
杜仲（*Eucommia ulmoides*）	0.79	—	—	—	—	—	—
油桐（*Vernicia fordii*）	—	0.17	—	—	—	—	—
红椿（*Toona ciliata*）	—	—	—	—	0.63	—	—
野漆（*Toxicodendron succedaneum*）	—	—	—	—	0.26	—	—
楝（*Melia azedarach*）	—	—	—	—	0.23	—	—
榔榆（*Ulmus parvifolia*）	—	—	—	—	0.08	—	—
榉树（*Zelkova serrata*）	—	—	—	—	—	4.09	—
白辛树（*Pterostyrax psilophyllus*）	—	—	—	—	—	0.22	—
瘿椒树（*Tapiscia sinensis*）	—	—	—	—	—	0.19	—
刺楸（*Kalopanax septemlobus*）	—	—	—	—	—	0.08	—
川黄檗（*Phellodendron chinense*）	—	—	—	—	—	0.02	—
天师栗（*Aesculus chinensis* var. *wilsonii*）	—	—	—	—	—	—	0.23
陀螺果（*Melliodendron xylocarpum*）	—	—	—	—	—	—	0.1
落叶阔叶小乔木							
盐肤木（*Rhus chinensis*）	—	—	0.06	—	<0.01	0.01	—
野茉莉（*Styrax japonicus*）	—	—	—	—	0.01	—	0.14
化香树（*Platycarya strobilacea*）	—	—	2.2	—	—	—	—
飞龙掌血（*Toddalia asiatica*）	—	—	—	—	—	—	<0.01
落叶阔叶灌木							
球穗花楸（*Sorbus glomerulata*）	—	—	—	—	0.08	0.47	—
山胡椒（*Lindera glauca*）	—	—	—	—	—	0.08	0.01
水麻（*Debregeasia orientalis*）	—	—	0.02	—	—	—	—
雀梅藤（*Sageretia thea*）	—	—	0.01	—	—	—	—
鸡桑（*Morus australis*）	—	—	—	—	0.44	—	—
猫儿屎（*Decaisnea insignis*）	—	—	—	—	0.01	—	—
角叶鞘柄木（*Torricellia angulata*）	—	—	—	—	0.01	—	—
玉叶金花（*Mussaenda pubescens*）	—	—	—	—	<0.01	—	—
青荚叶（*Helwingia japonica*）	—	—	—	—	—	—	0.01
棣棠花（*Kerria japonica*）	—	—	—	—	—	—	<0.01

续表

样方	十二盘 WCSEP	青冈园 WCQGY	廖家村 WCLJC	青原村 FGQYC	杨家沟 NCYJG	响水岩 FGXSY	大竹园 WCDZY
常绿阔叶乔木							
黑壳楠（*Lindera megaphylla*）			2.85	7.21	<0.01	—	0.68
竹叶楠（*Phoebe faberi*）			0.02	—	—	0.69	0.16
冬青（*Ilex* sp.）	—	—	—	—	2.39	<0.01	0.02
野桂花（*Osmanthus yunnanensis*）	—	—	—	2.45	—	2.05	—
仿栗（*Sloanea hemsleyana*）	—	—	—	0.81	—	—	10.34*
棕榈（*Trachycarpus fortunei*）	—	—	—	—	0.01	—	0.16
褐毛杜英（*Elaeocarpus duclouxii*）	—	—	—	—	—	0.01	0.18
钩锥（*Castanopsis tibetana*）	—	—	—	—	—	0.89	1.74
灰柯（*Lithocarpus henryi*）	—	—	—	2.3	—	—	—
杨梅（*Myrica rubra*）	—	—	—	0.96	—	—	—
桃叶石楠（*Photinia prunifolia*）	—	—	—	—	0.79	—	—
光叶槭（*Acer laevigatum*）	—	—	—	—	—	0.15	—
香桂（*Cinnamomum subavenium*）	—	—	—	—	—	0.02	—
老挝檬果樟（*Caryodaphnopsis laotica*）	—	—	—	—	—	0.01	—
栲（*Castanopsis fargesii*）	—	—	—	—	—	—	0.85
紫果槭（*Acer cordatum*）	—	—	—	—	—	—	0.16
肉桂（*Cinnamomum cassia*）	—	—	—	—	—	—	0.12
网脉山龙眼（*Helicia reticulata*）	—	—	—	—	—	—	0.12
巴东栎（*Quercus engleriana*）	—	—	—	—	—	—	0.08
常绿阔叶小乔木							
柞木（*Xylosma congesta*）	—	—	—	—	—	0.38	—
巴东荚蒾（*Viburnum henryi*）	—	—	—	—	—	<0.01	—
山杜英（*Elaeocarpus sylvestris*）	—	—	—	—	—	—	0.98
山矾（*Symplocos sumuntia*）	—	—	—	—	—	—	0.1
珊瑚树（*Viburnum odoratissimum*）	—	—	—	—	—	—	0.01
尖叶榕（*Ficus henryi*）	—	—	—	—	—	—	<0.01
吴茱萸（*Tetradium ruticarpum*）	—	—	—	—	—	—	<0.01
常绿阔叶灌木							
香叶树（*Lindera communis*）	—	—	—	0.05	—	<0.01	0.01
油茶（*Camellia oleifera*）	—	—	—	0.04	—	—	0.03
火棘（*Pyracantha fortuneana*）	—	—	0.01	—	—	—	—
西域旌节花（*Stachyurus himalaicus*）	—	—	—	—	<0.01	—	—
十大功劳（*Mahonia fortunei*）	—	—	—	—	<0.01	—	—
鳞斑荚蒾（*Viburnum punctatum*）	—	—	—	—	—	<0.01	—
六月雪（*Serissa japonica*）	—	—	—	—	—	<0.01	—
异叶梁王茶（*Metapanax davidii*）	—	—	—	—	—	—	0.09
尖连蕊茶（*Camellia cuspidata*）	—	—	—	—	—	—	0.01
胡颓子（*Elaeagnus pungens*）	—	—	—	—	—	—	<0.01
铁仔（*Myrsine africana*）	—	—	—	—	—	—	<0.01

注：*表示优势种，—表示未出现

同时在 4 个以上样方中出现的物种有 7 个，分别为常绿针叶乔木红豆杉和杉木（*Cunninghamia lanceolata*），以及落叶阔叶乔木银杏、胡桃楸（*Juglans mandshurica*）、糙叶树（*Aphananthe aspera*）、珊瑚朴（*Celtis julianae*）和八角枫（*Alangium chinense*）。银杏在杨家沟、响水岩、青原村、廖家村、青冈园和十二盘等6个样方中为单优势种，在大竹园与枫香树（*Liquidambar formosana*）、仿栗（*Sloanea hemsleyana*）和红豆杉共同为优势种（表 19-2）。

物种丰富度（Gleason 指数）为 0.99～5.39，大竹园、杨家沟和响水岩明显高于其他样方。Shannon-Wiener 多样性指数为 0.35～2.71，均匀度指数为 0.12～0.51，均较低。总体而言，多样性指数以大竹园样方最高，而十二盘样方最低（表 19-2）。

二、群落垂直结构特征

群落的高度为 30～40m，最高的为响水岩样方，达到 40m。除林床（H<1.5m）外，群落一般可分为 3 层，乔木 1 层 20～30m，乔木 2 层 8～20m，以下为灌木层，响水岩样方在乔木 1 层上有超高层的存在。乔木层和超高层为以银杏为主体的落叶阔叶树，且银杏的高度分布较为连续，少量的针叶树和常绿阔叶树能进入乔木层。而灌木层则含有较多的常绿成分（图 19-2）。乔木 1 层盖度多为 80%～90%，乔木 2 层为 20%～30%，灌木层为 40%～50%，林床为 30%～50%。

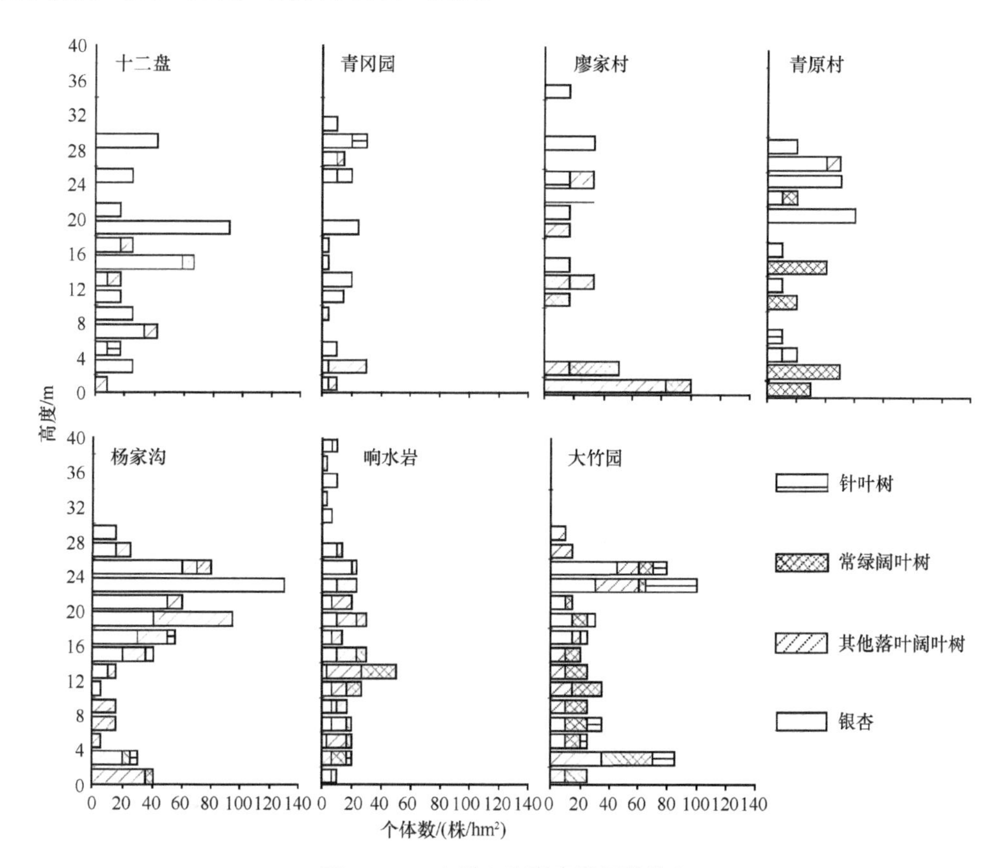

图 19-2　7 个样方的高度级频率分布

三、群落主要种的大小级结构特征

7 个样方中，银杏均有较多的萌枝，尤其是在位于沟谷的响水岩、青原村、大竹园、廖家村和青冈园等 5 个样方内。银杏的大小级结构在响水岩、大竹园和廖家村样方呈反“J”形，而在其余 4 个样方中为多峰型，但径级分布连续，表现出明显的更新过程。其他主要组成种中，除大竹园的红豆杉大小级结构为“L”形外，其余均为单峰型。银杏的茎干数量远多于其他主要种类（图 19-3）。

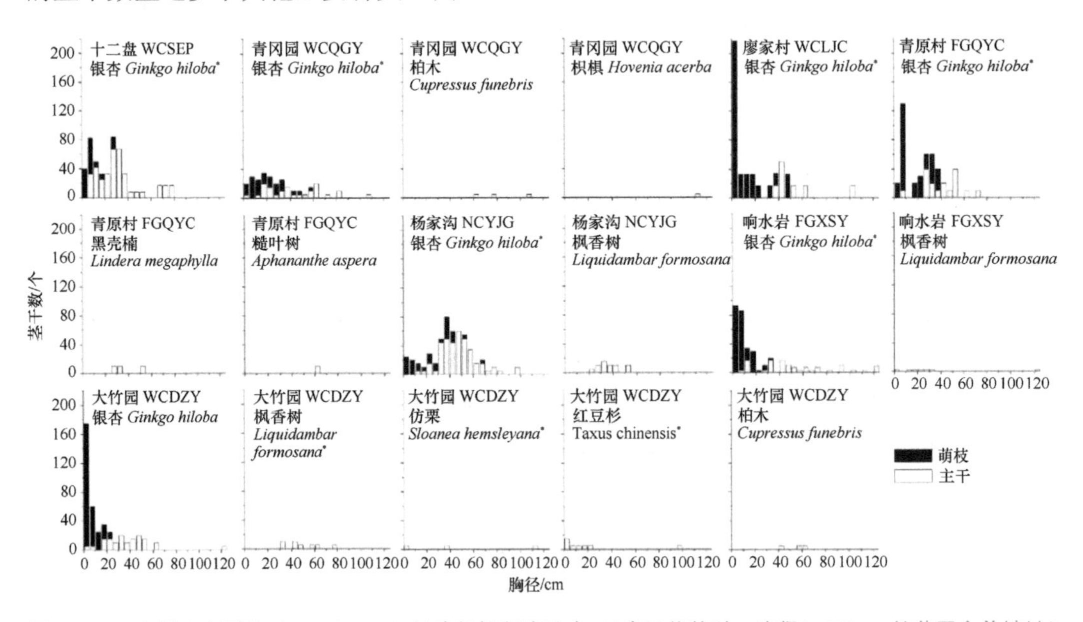

图 19-3　7 个样方主要种（RBA≥5%）的胸径级频率分布（*表示优势种，胸径＞120cm 的茎干合并统计）

四、银杏的种群更新特征

在位于不同微地形单元的 3 个样方中，仅在杨家沟和十二盘样方各发现一株一年生幼苗，均生长于裸露的岩石缝内。银杏萌枝率在位于沟谷的响水岩样方为 2.58，显著高于位于下部边坡的杨家沟和位于崖锥的十二盘样方的 0.44 及 0.43（$P<0.05$，χ^2 检验），有萌个体率也表现为相同的趋势，响水岩样方为 0.53，显著高于杨家沟和十二盘样方的 0.39 和 0.29（$P<0.05$，χ^2 检验）（表 19-3）。而有萌个体萌枝数 3 个样方有一定的差异，但并不显著（Kruskal-Wallis 检验，$n = 3$，$P = 0.21$，图 19-4）。响水岩样方有萌个体平

表 19-3　不同微地形单元银杏的萌枝参数

微地形	样方	个体数			有萌个体率	萌枝数	萌枝率
		单株个体	有萌个体	总计			
沟谷	响水岩	18	20	38	0.53a	98	2.58a
下部边坡	杨家沟	60	15	75	0.39b	33	0.44b
崖锥	十二盘	33	11	44	0.29b	19	0.43b

注：同列不同字母表示差异达显著水平（$P<0.05$，χ^2 检验）

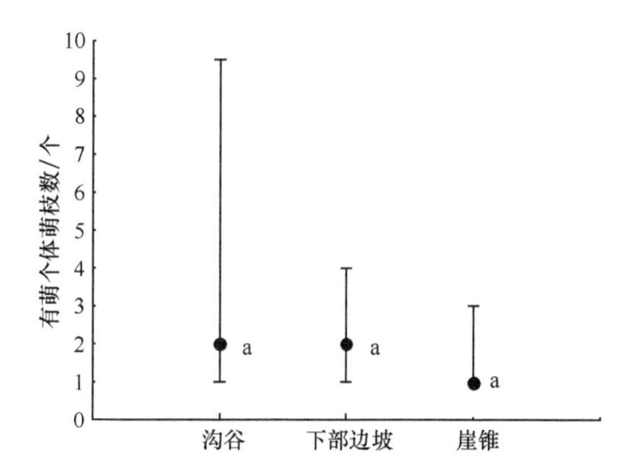

图 19-4　不同微地形单元样方内银杏的有萌个体萌枝数

●表示中位值。相同字母表示无显著差异，线条下限和上限分别表示第 10 和第 90 百分位

均萌枝个数为 5 个，单株个体最大萌枝数为 34 个；杨家沟样方有萌个体平均萌枝个数为 2.2 个，单株个体最大萌枝数为 8 个；十二盘样方有萌个体平均萌枝个数为 1.7 个，单株个体最大萌枝数为 3 个。

在样方水平以及综合 3 个样方的水平上，银杏茎干数与主干胸径之间除在杨家沟样方呈边际相关外（Spearman 检验，$n = 75$，$r = 0.23$，$P = 0.052$），均不存在显著的相关关系（图 19-5）。表明银杏的萌枝能力与主干胸径无明显关系。

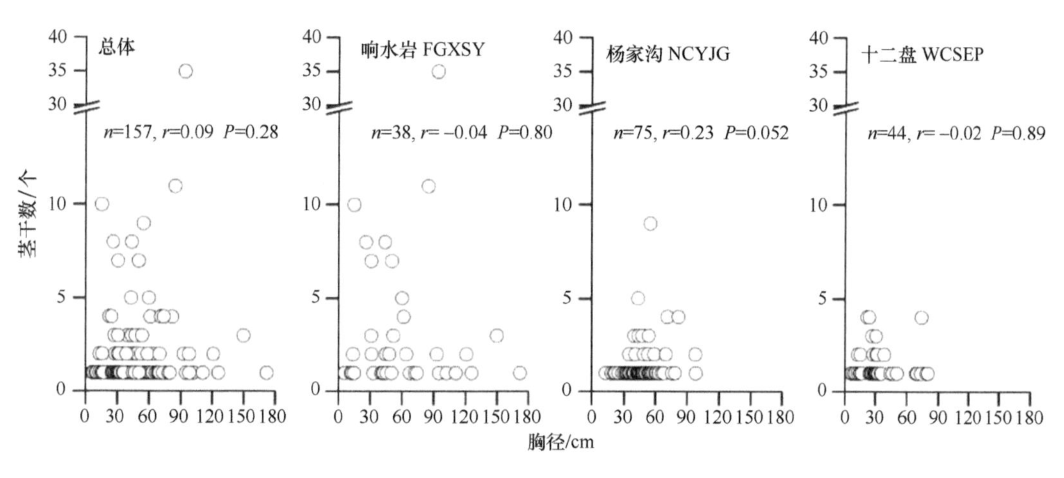

图 19-5　银杏茎干数与主干胸径的关系

r 和 P 为非参数 Spearman 检验结果

第四节　总结与展望

一、残存银杏群落的原生性

以往关于中国是否有野生银杏的争论，其焦点往往在于有长久历史的寺庙和道观等的存在（Tredici et al. 1992；梁立兴和李少能 2001；Royer et al. 2003；林协和张都海 2004）。而本次调查的 7 个样方尽管分布在村寨人类居住地周边，但其附近均无寺庙和

道观。比较样方中最大银杏个体的年龄和人类迁入的年代，可作为判定其野生与否的依据之一。参考大娄山区银杏年龄与胸径之间的关系（Tang et al. 2012）：年龄= 13.2 + 2.2×胸径（$r = 0.87$，$P < 0.01$），杨家沟样方最大银杏个体的年龄为 230 年，而当地人类迁入约 200 年，响水岩样方最大银杏个体年龄为 343 年，而人类迁入的历史尚不足 200 年（向淮和向应海 2008）。而在群落水平上，与银杏伴生的红豆杉、杜仲、瘿椒树等均为典型的第三纪孑遗植物，华榛和天师栗（*Aesculus chinensis* var. *wilsonii*）更是 6000 万年前就在广域范围内与银杏固定伴生在一起的 *Corylus insignis* 和 *Aesculus hickeyi* 的最近现存亲缘种（Royer et al. 2003）。

而银杏的分布与村寨的分布相连，可能与特殊的地形相关。7 个样方均位于贵州、重庆交界的大娄山及周边区域，大娄山山体形成于燕山运动的末期，其后又受到喜马拉雅山造山运动的影响，主要由古生代和中生代碳酸盐岩层组成，喀斯特地貌发育，由于经受长期剥蚀和多次构造抬升，形成了深沟狭谷、峭壁悬崖和大断层及下陷地的中高山地貌，垂直高差可达 500～800m（方任吉等 1982；Qian et al. 2016），适宜人类居住和发展的地方有限。从我们的观察来看，该地区的村寨也主要分布在麓坡和靠近崖锥的台地等较为平坦的区域。在典型的喀斯特地貌区域，落水洞、溶洞、暗河等均很发育，地表水分难以保存（杨平恒等 2007），因此，水是人类生存和发展的关键，而 7 个样方有 5 个分布在沟谷，分布在崖锥与下部边坡的样方也靠近沟谷，水源较为丰富。因此，形成了独特的残存银杏群落与村寨相连的特殊景观。事实上，化石证据表明，自晚白垩纪至新生代，银杏已局限分布于溪畔等干扰性强的生境，这些生境湿润且排水性好，因此，银杏也被归类为水边林的组成成分，而频繁的干扰很可能阻碍了对银杏的生态筛选，使其能够在远小于其潜在分布范围的生境中留存下来（Kovar-Eder et al. 1994；Royer et al. 2003）。

二、残存银杏群落的性质与动态特征

从 7 个样方的种类组成来看，尽管常绿阔叶树和落叶阔叶树种类数接近，但是落叶阔叶树，主要是落叶阔叶乔木占据了绝对的优势地位，而从高度级分布来看，乔木层也主要由以银杏为主的落叶阔叶乔木构成（图 19-1，表 19-2）。从 7 个样方所处的生境来看，也是下部边坡、崖锥和沟谷这 3 类不稳定的微地形单元（表 19-1）。而在金佛山上的稳定立地条件下，在 1400m 以下地势平缓的砂岩发育的酸性黄壤上分布的植被类型为以栲（*Castanopsis fargesii*）和青冈（*Quercus glauca*）为优势种的常绿阔叶林，主要伴生种为云山青冈（*Quercus sessilifolia*）、日本杜英（*Elaeocarpus japonicus*）、罗浮槭（*Acer fabri*）、四川冬青（*Ilex szechwanensis*）、润楠（*Machilus nanmu*）、大头茶（*Polyspora axillaris*）、川杨桐（*Adinandra bockiana*）、曼青冈（*Quercus oxyodon*）等。在同高度石灰岩上仍为栲和青冈占优势，但含有较多的喜钙落叶树，如灯台树（*Cornus controversa*）、黑弹树（*Celtis bungeana*）和枫香树（*Liquidambar formosana*）等。而在石灰岩陡坡上（50°～60°）则发育以灯台树、大头茶和黑弹树为优势种的常绿落叶阔叶混交林，含较多的落叶树种朴树（*Celtis sinensis*）、四照花（*Cornus kousa* subsp. *chinensis*）、鹅掌柴（*Schefflera heptaphylla*）、黄杞（*Engelhardia roxburghiana*）、杨树（*Populus* sp.）、黄连木（*Pistacia chinensis*）、老鸹铃（*Styrax hemsleyanus*）、天台鹅耳枥（*Carpinus tientaiensis*）、八角枫（*Alangium chinense*）、合欢（*Albizia julibrissin*）、木蜡树（*Toxicodendron sylvestre*）、飞蛾槭（*Acer oblongum*）、化香树（*Platycarya strobilacea*）等，其下有日本杜英、大头茶、青冈、川桂（*Cinnamomum wilsonii*）、虎皮楠（*Daphniphyllum oldhami*）、中华木荷（*Schima sinensis*）等形成的常绿层片（方任吉等 1982）。而本研究的银杏群落与石灰岩陡坡上发育的常绿落叶阔叶混交林具有较多的共同种。因此，残存的银杏群落可能是发育在不稳定立地上的落叶阔叶林，是一类地形植物群落。

在区域尺度上，植被类型由地带性气候条件控制，而在局域尺度上，地形分异导致的干扰频率、强度的差异以及光、热、水和土壤养分等资源因子的空间再分配是决定植被特征的关键因子（杨永川和达良俊 2006）。下部边坡、崖锥和沟谷等微地形单元被认为是具有频繁的滑坡、坡塌和侵蚀等干扰的生境，这限制了很多地带性顶极物种的定居，并且弱化了物种的竞争能力，使得一些早期演替种或者具有特殊适应能力的物种，如具有强萌枝能力的种类在此生存，形成地形顶极群落（Ohsawa 1984；Sakai et al. 1995；Sakio 1997；杨永川和达良俊 2006）。

在本研究的 7 个样方中，银杏在 6 个样方中为唯一的优势种，而在大竹园样方，尽管与其他树种共为优势种，但银杏也为第一优势种（表 19-2）。群落主要种群大小级结构可用于诊断群落演替阶段并预测群落发展趋势（李楠等 2009）。从种群大小级结构来看，各样方中银杏均具有连续的更新过程，种群结构完整，而其他主要种，其更新均不连续，难以取代银杏的地位（图 19-3）。此外，从目前的研究来看，几乎所有的银杏化石均发现于纬度 40°以上向极的区域，在寒冷并具有较大季节温差的第三纪，更是整体上从南半球消失，并局限分布于北纬 40°以上（Royer et al. 2003）。而其现存自然种群的自然分布地，从我们在贵州和重庆的样地来看，分布于 1100～1200m 区域。在这些区域，与高纬度类似，低温和低光照可能限制一些具有快速生长的竞争性对策的杂草类物种的生长速度，弱化其竞争能力，如本研究中的枫香树、糙叶树和枳椇（*Hovenia acerba*）等。加之银杏寿命很长，在群落中具有顶极性种类的功能，因此，残存的银杏群落可被认为是落叶阔叶林地形顶极群落，将长期存在。

三、银杏种群更新特征

作为一个具有生态保守性的物种，银杏存活超过 1 亿年，强大的萌枝能力是其得以存留下来的重要手段（Tredici et al. 1992）。在 7 个样方中，银杏均有大量的萌枝存在，确保其连续的更新过程，这可能是其面对频繁干扰的重要对策。对于木本植物而言，萌枝是重要的存留对策，尤其是在高强度干扰生境中更是普遍的反应（Bellingham & Sparrow 2000）。很多第三纪孑遗植物，如珙桐、蓝果树、香果树、水青树、连香树和领春木等都生存在不稳定的立地，也都具有很强的萌枝能力（Sakai et al. 1995；Sakio 1997；Tang & Ohsawa 2002；Yang et al. 2014）。这可能是这些第三纪孑遗植物得以度过冰期并得以存留下来的普遍特征。

银杏在各个生境中均能萌枝，且萌枝数与主干胸径（年龄）大小无关（图 19-5），这与天目山银杏个体的萌枝特性类似（Tredici et al. 1992），因此，萌枝的形成可能是银杏自身的固有特征。根生垂乳（basal chichi）是银杏萌枝形成的基础，Tredici（1992）研究表明，所有的银杏幼苗均能形成垂乳，而 6 周龄的幼苗就有在茎受损的情况下形成萌枝的能力，因此，银杏具有很强的萌枝潜力，萌枝形成与年龄无关，而与干扰有关。这在不同微地形单元样方内银杏的萌枝能力比较中得到很好的证实（表 19-3，图 19-4）。通常，在沟谷，由径流导致的侵蚀和沉积每年均会发生，在下部边坡，由滑坡、坡塌等导致的干扰周期一般在一年以上，而在崖锥，由岩石碎屑流（debris flow）导致的干扰一般在 10 年以上（Sakio 1997）。另外，由于村寨的存在，尽管对残存银杏群落本身的人为干扰已经很小，但其周边的地形受到强烈的人为改造。例如，在杨家沟，由于村寨位于样方下的麓坡（foot slope），为控制地灾，样方附近的沟谷被人为拓宽，样方上部也修建了防护设施，导致由滑坡或坡塌产生的干扰缺失。同样，十二盘样方周边均被改造为耕地，而样方内均为大的岩石而无法改变，导致原有的岩屑流干扰消失，而位于沟谷的响水岩样方由于仍然保持季节性洪水干扰，从而导致了萌枝能力的差异。

相比较而言，银杏的有性生殖相对困难。在本研究中，仅在杨家沟样方和十二盘样方各发现一株一年生幼苗，且均生长于裸露的岩石缝隙中，未发现实生的幼树。Tredici 等（1992）对天目山银杏种群的研究中也未发现幼苗和幼树。也有报道指出，残存的银杏群落中有大量的实生苗存在（向碧霞等 2006）。而江明喜等（1990）在大洪山区的研究表明，在郁闭度较大的森林中，没有银杏的幼苗和幼树，而在疏林中，则银杏的有性更新良好。我们于 2010 年 10 月对日本横滨市内一块没有人为管理的银杏人工林（35°28′21.33″N，139°35′20.90″E，林龄约 100 年）进行的调查表明，林内没有银杏的实生幼苗和幼树存在，而在林缘处却有大量的一年生幼苗，在 1m^2 范围内达到 50 株，但在 12 月多数死亡。经对幼苗进行逐株检查后发现，大量落叶形成的凋落物层导致幼苗的根系并未插入土壤中（未发表数据）。因此，银杏具有典型阳生树种的特征，光和凋落物层可能是其有性更新的重要限制因子，但这还需要进一步的深入研究。本研究中的 7 个样地均具有多层结构（图 19-2），仅乔木 1 层的盖度就达到 80%～90%，在如此郁闭的条件下，银杏的有性更新过程很难完成。幼苗的建立过程通常是植物生活史中最脆弱的阶段（Nakashizuka 2001），这可能也是银杏有性生殖的瓶颈，萌枝从而成为主要的更新模式，并成为其种群得以长期存留的关键。很多生存于沟谷的物种，如连香树、薄叶润楠（*Machilus leptophylla*）、水胡桃（*Pterocarya rhoifolia*）等，其实生苗需要开敞地（open site）的存在（Tang & Ohsawa 2002；Sakio et al. 2002；杨永川和达良俊 2006），而能造成开敞地的干扰周期通常为数十年（Sakio 1997），同生群的出现是这类干扰后典型的植被特征。而在本研究的 7 个银杏种群中，排除萌枝的作用，大小级结构上均有多个峰值的存在（图 19-3），但是否是同生群，需要作进一步的年龄解析和水平空间分布研究。

四、残存银杏群落的管理启示

由于银杏种子具有良好的经济效益，加之近年来地方政府的重视，本研究中的 7 个银杏群落中的银杏大树均得到很好的保护，且因为银杏强大的萌枝能力，这些群落可能长期得到维持。然而对植物的更新而言，有性生殖与无性繁殖具有不同的生态学意义（Grime & Hillier 1992）。有性生殖与植物种群的持久性、遗传变异等各种生态学现象相联系，而无性繁殖则对种群的长期存留、跨越瓶颈以及维持群落的稳定性具有重要的意义。由萌生所形成的萌芽林普遍存在着林木衰退早、易感染病虫害、缺乏应变能力等方面的严重缺陷和不足，最终必将导致种群的遗传多样性降低和生产力下降，并降低其对环境变化的反应能力（Rice et al. 1993）。因此，在人类对残存银杏群落生境周边地貌的改变难以逆转的情况下，如何模拟自然干扰、促进银杏种群的实生苗更新是一个亟待研究的课题。

植物群落是植被的组成单位，亦是植被生态学的基本研究对象。自然界中的物种并不能独立存在，而是必须与其他物种共存于群落之中，共同反映群落的历史渊源和更为广阔的空间上的联系（宋永昌 2016）。因此，残存银杏群落的存在，为研究上亿年来银杏及其伴生种的共同演化提供了珍贵的研究素材。而本研究中的 7 个样方是目前发现的少有的银杏集中分布地，且其内还生存着众多珍稀濒危物种，如红豆杉、红椿、川黄檗、柏木、白辛树、华榛、杜仲、瘿椒树和紫果槭等。因此，从群落水平上强化对残存银杏群落的保护，势在必行。

撰稿人：杨永川

主要参考文献

曹福亮. 2002. 中国银杏. 南京: 江苏科学技术出版社.

方任吉, 刘玉成, 钟章成, 等. 1982. 南川金佛山植被调查报告. 西南师范学院学报(自然科学版), (2): 82-100.

国家林业局, 农业部. 1999. 国家重点保护野生植物名录(第一批). 中华人民共和国国务院公报, 13: 39-47.

江明喜, 金义兴, 张全发. 1990. 湖北大洪山地区银杏的初步研究. 武汉植物学研究, 8(2): 191-193.

李楠, 杨永川, 李百战. 2009. 重庆铁山坪残存常绿阔叶林群落结构及动态研究. 西南大学学报(自然科学版), 31(7): 12-20.

李心江, 李媛媛. 2010. 凤冈县封山育林区水源涵养效果研究. 贵州农业科学, 38(7): 173-174.

梁立兴, 李少能. 2001. 银杏野生种群的争论. 林业科学, 37(1): 135-137.

林协, 张都海. 2004. 天目山银杏种群起源分析. 林业科学, 40(2): 28-31.

宋永昌. 2016. 植被生态学. 2 版. 北京: 高等教育出版社.

汪松, 解焱. 2004. 中国物种红色名录(第一卷): 红色名录. 北京: 高等教育出版社.

吴征镒. 1980. 中国植被. 北京: 科学出版社.

向碧霞, 向淮, 向应海. 2006. 务川县野银杏; 贵州古银杏种质资源考察资料Ⅶ. 贵州科学, 24(2): 56-67.

向淮, 向应海. 2008. 凤冈响水岩野银杏森林群落: 贵州省古银杏种质资源考察资料Ⅸ. 贵州科学, 26(3): 38-48.

向应海, 向碧霞. 1997. 贵州省务川县银杏古森林残存群落考证初报. 贵州科学, 15(4): 239-244.

杨平恒, 章程, 高彦芳, 等. 2007. 土壤环境因子对土下岩溶溶蚀速率的影响: 以重庆金佛山国家自然保护区为例. 中国地质, 16(2): 125-129.

杨永川, 达良俊. 2006. 丘陵地区地形梯度上植被格局的分异研究概述. 植物生态学报, 30(3): 504-513.

周志炎. 2003. 中生代银杏类植物系统发育、分类和演化趋向. 云南植物研究, 25(4): 377-396.

Bellingham P J, Sparrow A D. 2000. Resprouting as a life history strategy in woody plant communities. Oikos, 89(2): 409-416.

Fan X X, Shen L, Zhang X, et al. 2004. Assessing genetic diversity of *Ginkgo biloba* L. (Ginkgoaceae) populations from China by RAPD markers. Biochemical Genetics, 42(7): 269-278.

Gong W, Chen C, Dobeš C, et al. 2008. Phylogeography of a living fossil: Pleistocene glaciations forced *Ginkgo biloba* L. (Ginkgoaceae) into two refuge areas in China with limited subsequent postglacial expansion. Molecular Phylogenetics and Evolution, 48(3): 1094-1105.

Grime J P, Hillier S H. 1992. The contribution of seedling regeneration to the structure and dynamics of plant communities and larger units of landscape. *In*: M Fenner. Seeds: The Ecology of Regeneration in Plant Communities. Wallingford: CAB International: 349-364.

Kovar-Eder J, Givulsecu R, Hably L, et al. 1994. Floristic changes in the areas surrounding the Paratethys during Neogene time. *In*: Boulter M C, Fisher H C. Cenozoic Plants and Climates of the Arctic. Berlin: Springer: 347-369.

Kubo M, Shimano K, Sakio H, et al. 2001. Sprout trait of *Cercidiphyllum japonicum* based on the relationship between topographies and sprout structure. Journal of Japanese Forestry Society, 83(4): 271-278.

Larson D W, Mattes U, Kelly P E. 2000. Cliff Ecology: Pattern and Process in Cliff Ecosystems. Cambridge: Cambridge University Press.

Myers N, Mittermeier R A, Mittermeier C G, et al. 2000. Biodiversity hotspots for conservation priorities. Nature, 403(6772): 853-858.

Nakashizuka T. 2001. Species coexistence in temperate, mixed deciduous forests. Trends in Ecology & Evolution, 16(4): 205-210.

Nanami S, Kawaguchi H, Tateno R, et al. 2004. Sprouting traits and population structure of co-occurring *Castanopsis* species in an evergreen broad-leaved forest in southern China. Ecological Research, 19(3): 341-348.

Ohsawa M. 1984. Differentiation of vegetation zones and species strategies in the subalpine region of Mt. Fuji. Vegetatio, 57(1): 15-52.

Qian S H, Yang Y C, Tang C Q, et al. 2016. Effective conservation measures are needed for wild *Cathaya argyrophylla* populations in China: insights from the population structure and regeneration characteristics. Forest Ecology and Management, 361(3): 358-367.

Rice K J, Gordon D R, Hardison J L, et al. 1993. Phenotypic variation in seedlings of keystone-tree species (*Quercus douglasii*): the interactive effects of acorn source and competitive environment. Oecologia, 96(4): 537-547.

Royer D L, Hickey L J, Wing S L. 2003. Ecological conservatism in the "living fossil" Ginkgo. Paleobiology, 29(1): 84-104.

Sakai A, Ohsawa T, Ohsawa M. 1995. Adaptive significance of sprouting of *Euptelea polyandra*, a deciduous tree growing on steep slopes with shallow soil. Journal of Plant Research, 108(3): 377-386.

Sakio H. 1997. Effects of natural disturbance on the regeneration of riparian forests in a Chichibu Mountains, central Japan. Plant Ecology, 132(2): 181-195.

Sakio H, Kubo M, Shimano K, et al. 2002. Coexistence of three canopy tree species in a riparian forest in the Chichibu Mountains, central Japan. Folia Geobotanica, 37(1): 45-61.

Shen L, Chen X Y, Zhang X, et al. 2005. Genetic variation of *Ginkgo biloba* L. (Ginkgoaceae) based on cpDNA PCR-RFLPs: inference of glacial refugia. Heredity, 94(4): 396-401.

Tang C Q, Ohsawa M. 2002. Tertiary relic deciduous forests on a humid subtropical mountain, Mt. Emei, Sichuan. China. Folia Geobotanica, 37(1): 93-106.

Tang C Q, Yang Y C, Ohsawa M, et al. 2011. Population structure of relict *Metasequoia glyptostroboides* and its habitat fragmentation and degradation in south-central China. Biological Conservation, 144(1): 279-289.

Tang C Q, Yang Y C, Ohsawa M, et al. 2012. Evidence for the persistence of wild *Ginkgo biloba* (Ginkgoaceae) populations in the Dalou Mountains, Southwestern China. American Journal of Botany, 99(8): 1408-1414.

Tang C Q, Matsui T, Ohashi H, et al. 2018. Identifying long-term stable refugia for relict plant species in East Asia. Nature Communications, 9(1): 4488.

Tredici P D. 1992. Natural regeneration of *Ginkgo biloba* from downward growing cotyledonary buds (basal chichi). American Journal of Botany, 79(5): 522-530.

Tredici P D. 2007. The phenology of sexual reproduction in *Ginkgo biloba*: Ecological and evolutionary implications. Botanical Review, 73(4): 267-278.

Tredici P D, Lin H, Yang G. 1992. The Ginkgos of Tian Mu Shan. Conservation Biology, 6(2): 202-209.

Yang Y C, Li N. 2009. Role of urban remnant evergreen broad-leaved forest on natural restoration of artificial forests in Chongqing metropolis. Journal of Central South University Technology, 16(S1): 276-281.

Yang Y C, Fujihara M, Li B Z, et al. 2014. Structure and diversity of the remnant natural evergreen broad-leaved forests at three sites affected by urbanization in Chongqing metropolis, Southwest China. Landscape and Ecological Engineering, 10(1): 137-149.

Zhao Y P, Fan G Y, Yin P P, et al. 2019. Resequencing 545 ginkgo genomes across the world reveals the evolutionary history of the living fossil. Nature Communications, 10(1): 4201.

第二十章 胡杨种群与保护生物学研究进展

第一节 引 言

以胡杨（*Populus euphratica*）为建群种的荒漠河岸林（riparian forest）是我国西北地区荒漠绿洲中的重要植被类型。胡杨是杨属中最古老的物种之一，其分布地域辽阔，在欧亚非三大陆均有天然林的存在。胡杨主要分布于中国、西亚和地中海地区（王世绩等 1995）。我国现有胡杨林面积为 $3.95 \times 10^5 hm^2$，约占全球总面积的 61%以上，分布于新疆、内蒙古西部、青海、甘肃和宁夏。新疆分布的胡杨林是目前全世界最大的天然胡杨林，占我国现有胡杨林面积的 90%以上。

全球变化与人为干扰导致的水资源匮乏和水体污染，使胡杨林退化严重（Cao et al. 2012；李景文 2014；Zheng et al. 2016）。绿洲胡杨林退化导致我国西北干旱区生态安全问题日益严重。目前，针对胡杨林退化，国内外已有学者开展了保护与恢复的研究工作（武逢平等 2008；曹德昌等 2009；Petzold et al. 2013；Ling et al. 2015；郑亚琼等 2016；朱成刚等 2017；陈晓林等 2018）。水是维系绿洲最关键的生态因子，为了保护绿洲及其珍贵的胡杨林，我国水利部门制定了严格的河流分水政策，以保证绿洲的生态用水。分水政策确实在很大程度上解决了胡杨林等绿洲植被的存活问题，但胡杨林更新不良的问题依旧严重，胡杨个体枯死现象依然存在（Cao et al. 2012；黄晶晶等 2013）。而这些问题由于旅游与农牧业发展等人类活动的不断增强而日益加重（张现慧等 2016）。因此，胡杨种群的繁殖对策和更新机制是认识绿洲植被退化机制进而实施对其保护和恢复措施的根本基础。本章以我国典型胡杨分布区即内蒙古额济纳绿洲胡杨林为研究对象，探讨胡杨种群的繁殖适应对策及影响因素，分析胡杨种群更新困难的机制，为制订科学的保护与恢复措施提供理论依据。

第二节 物候期特征

我国从 20 世纪 50 年代末就开展胡杨研究。1959 年，秦仁昌先生发表了一部关于胡杨的论文集（秦仁昌 1959），对我国新疆塔里木河流域的胡杨做了较为全面的介绍。胡杨在其生命周期中要通过许多生活史对策来适应它所处的严酷环境（Harper 1967，Harper et al. 1970；Lincoln et al. 1982；Silvertown & Dodd 1997）。其生活史特征包含一组彼此相关的繁殖特征变量，如开花年龄、结实量、种子大小和繁殖分配等（张昊 2006）。胡杨的某些特征属于 *K*-对策种的类型，然而也有些特征（繁殖对策方面）具有明显的 *r*-对策类型的特征。这也证明了生物界广泛存在的“*r*-*K* 策略连续”（*r*-*K* continuum of strategies）系统（Pianka 1970；张大勇 2004）。

胡杨采用“大量、个体相对集中、群体相对分散、雌雄异步开始、近同期结束”

的独特开花模式（图 20-1），从开花到种子成熟经历的时间长达（150 ± 2.1）天，占当年活动期的 68.18%（张昊等 2007），是杨树植物中种子成熟期最晚的树种（王世绩等 1995）。张玉波等（2005）对胡杨的种子雨时空散布进行了研究，发现在不同的胡杨群落中种子雨的散布存在着时间异质性。在种子雨散布过程中有高峰期现象，在高峰期集中了种子雨数量的 87%（图 20-2）。胡杨种子散播的时间异质性是一种“风险分摊”机制（张玉波等 2005）。通过不同个体、不同群落在不同时间段种子成熟并散布就可以增加种子飘落在洪水中的可能性，从而保证一定的繁殖成功率。这是胡杨对其生长地荒漠地区内陆河流域的水文动态过程长期适应的结果（赵文智等 2005），但目前缺乏关于“风险分摊”形成机制方面的研究（董鸣 1996b，2011）。

图 20-1　胡杨的雌（a）、雄（b）花序（张昊摄）

图 20-2　胡杨种子雨高峰期及其短暂的种子库

在自然条件下胡杨种子的存活时间不长。在全光条件下，胡杨种子仅能存活 6 天，在庇荫条件下，胡杨种子也只能存活不到 40 天（张玉波等 2005；Cao et al. 2012）。由于每年的泄洪期不长，随着泄洪期的结束，刚产生的幼苗又大量死亡，最终极少有幼苗可以存活下来并发育成林（张楠等 2013）。近几十年来，胡杨分布区的河流来水量都很少，甚至断流，这也是近年来胡杨林不断衰退的一个重要原因。

第三节　繁殖生物学

胡杨具有根蘖形式的克隆繁殖和利用种子的有性生殖两种繁殖方式。有些学者认为克隆繁殖与有性生殖间相互竞争资源，两种繁殖方式间可能存在着权衡关系（Cheplick 1995；Eriksson 1997）。在克隆繁殖方面，人们研究较多的是克隆植物的适合度评价（Caldwell & Pearcy 1994）、克隆植物的觅食行为以及克隆整合和克隆内分工（董鸣 1996a）。虽然近年来胡杨种群的繁殖生态学研究已经取得了一些成果，但是总体上还有许多制约胡杨种群保护与恢复的关键性科学问题需要深入研究。

一、胡杨林有性生殖特征

（一）胡杨结实与种子扩散特征

1. 胡杨母树的结实量

胡杨母树可以产生大量的种子，不同区域种子雨强度和落种密度存在很大差异。虽然不同的母树林分在落种密度方面有较大差异，但落种数量巨大，在胡杨林内，落种强度达 40 000 粒/m^2 以上（表 20-1），胡杨在有性生殖方面具有巨大的潜力。

表 20-1　不同群落间胡杨种子雨的时间异质性

研究项目	样地 1	样地 2
开始时间	8 月 12 日	7 月 19 日
持续天数/d	14	18
高峰期持续时间/d	10	11
日均落种强度/[粒/（m^2·d）]	2 968	3 627
总落种强度/（粒/m^2）	41 548	65 280

2. 种子扩散特征

胡杨的种子雨也具有明显的季节动态和年际变化。种子雨开始时间的跨度为 24 天，结束时间的跨度为 30 天，种子雨持续时间为 9～15 天。在整个种子雨阶段，胡杨的种子雨 90%以上都发生在高峰期，并且主要集中在白天的 10：00～18：00。这主要是因为在荒漠地区 10：00～18：00 这段时间内，气温和风速逐渐升高，湿度逐渐降低，气候条件逐渐变得越来越适合胡杨种子的散播。

胡杨的种子雨与气象条件的相关性不仅表现在一天中不同时间的落种强度随气象条件的变化而变化，而且在整个种子雨季节里，种子雨强度出现峰值的日期也与气象因子，尤其是风速的变化存在紧密的联系。这主要是因为胡杨种子风力传播的特性。

胡杨的种子雨散布在不同的群落间有明显的时间异质性（表 20-1）。对两个样地的种子雨观测表明，胡杨种子雨不但落种强度有差异，而且开始时间和持续天数也不同。

从表 20-1 的结果也可得出不同胡杨种群、不同个体种子雨的起止和持续天数存在明显差异。同一林分中，不同个体种子雨飘落开始与结束的时间也不同，而且同一个体不同部位开始与结束的时间也不同；而上述差异可能是维持胡杨种群整体有较长种子雨持续时间的一种机制。

3. 种子寿命

胡杨种子在野外的存活时间非常有限，只能形成短暂的种子库。萌发控制试验结果表明在全光条件下，种子的生活力只能保持 6 天，种子的发芽率每天平均下降 16.7%。第 1 天至第 4 天种子的发芽率下降最快，平均下降速度为 24.0%/d。处于遮阴条件下的种子寿命要远远高于全光条件下的种子，15 天后还有 2/3 的种子能够萌发，经过 40 天后全部种子才失去生活力。

4. 胡杨种子更新困难的可能机制

虽然胡杨的潜在有性生殖能力强大，但胡杨散播种子的季节是一年中温度最高的时期，种子离开母树很快，无法形成永久种子库。因此，从种子更新的角度，春季洪水对胡杨种子的萌发已经没有意义。胡杨有性生殖所能够利用的水只有与种子雨同期的夏季洪水。这里的研究结果也在一定程度上证明了“上游给水节律与胡杨繁殖节律错位假说”（张昊等 2007）。

胡杨种子雨在不同群落间存在散布时间的异质性，这可能是立地条件、林分起源差异造成的结果。此外，这也有可能是胡杨的一种繁殖适应对策。荒漠地区环境条件十分恶劣，水分条件的变化也十分迅速，一次洪水或者一次降雨可能是某些种子萌发生长的唯一机会。

（二）胡杨种子萌发及影响因素

1. 盐胁迫对胡杨种子发芽率的影响

在控制条件下，对经过盐溶液处理（NaCl 溶液与 $NaHCO_3$ 溶液）的胡杨种子累积萌发率统计发现，经过两种溶液处理的种子萌发率均有所下降，但 NaCl 溶液与 $NaHCO_3$ 溶液对种子萌发率的影响程度不同（表 20-2）。

表 20-2 不同盐溶液处理与对照种子发芽率的差异

盐溶液	浓度/（mmol/L）	发芽率与对照差异率	盐溶液	浓度/（mmol/L）	发芽率与对照差异率
NaCl	30	–0.173*	$NaHCO_3$	30	–0.087
	60	–0.133*		60	–0.253*
	90	–0.040		90	–0.473*
	120	–0.193*		120	–0.467*
	150	–0.300*		150	–0.667*
	180	–0.360*		180	–0.840*

*萌发率与对照相比差异显著（$P<0.05$）

胡杨种子萌发类型为冒险型，盐分及水分胁迫对胡杨种子的萌发均有抑制作用。高浓度 NaCl 和 $NaHCO_3$ 溶液处理的胡杨种子萌发率显著降低，NaCl 溶液浓度低会促进胡杨种子的萌发。随着基质水分浓度的提高，胡杨种子的萌发率会升高，但水分含量超出培养基质的最大持水量时种子的萌发率会降低。胡杨种子在3天之内每天发芽率都很高，完成发芽，3天之后发芽率降低。种子萌发与盐胁迫的关系总体上表现出“高抑低促、时间集中”的特点。

2. 不同基质对胡杨种子萌发的影响

采用3种不同基质（河沙、淤泥与林下土）研究胡杨种子萌发情况。研究结果表明不同水分含量梯度的基质培养的胡杨种子萌发率显著不同，随着土壤湿度的增加，胡杨林下土及淤泥培养的种子萌发率逐渐增大，而河沙培养的种子当基质水分含量超过30%时，其萌发率略微下降，以往有研究表明这可能是由于河沙的最大持水量较另外两种基质小，当水分的含量超过河沙的最大持水量时，水分对胡杨种子的浸泡造成萌发率的下降。上述研究结果表明水分因子是最为重要的因素，在缺水条件下，盐分、土壤条件等都可能成为限制因子。

综合胡杨种子繁殖研究结果，胡杨母树可以产生大量的种子，而且其萌发率也很高，这说明在自然条件下，胡杨的种子量、种子活力等都不是制约胡杨更新的因素，胡杨种子更新问题主要来源于人为干扰，特别是水资源短缺、区域水文过程改变及流域分水方式等可能是重要的制约因素。

二、胡杨无性繁殖特征

目前在我国分布的胡杨林的更新主要依赖于无性繁殖，其中根蘖萌生方式在种群更新中所起的作用最大。

（一）不同生境条件下的根蘖繁殖特征

在额济纳胡杨林内选择河岸沙丘地、河水漫灌后的林间空地及胡杨林下地3种生境作为调查地点，调查3种生境内胡杨群落的基本特征。

1. 根蘖发生的数量特征

胡杨根蘖幼苗在不同生境内具有不同的数量。在额济纳胡杨林内，根蘖幼苗的平均密度为（7.125 ± 5.3）株/100m^2。河水漫灌后的林间空地的根蘖幼苗总体密度最大，为（11.3 ± 4.6）株/100m^2，河岸沙丘地、胡杨林下地根蘖幼苗密度分别为（6.4 ± 5.4）株/100m^2，（3.7 ± 2.8）株/100m^2。河水漫灌后的林间空地的根蘖幼苗密度显著大于其他两种生境内的根蘖幼苗密度（图20-3）。

从幼苗的年龄分布组成来看，在河岸沙丘地、胡杨林下地中，随着幼苗龄级的增大，其密度也不断增大，即这两种生境中不同龄级幼苗的比例随着年龄的增加而变大；而河水漫灌后的林间空地中2龄的幼苗占比最大，为64%，1龄幼苗与2年幼苗的比率分别为21%与15%（图20-4）。

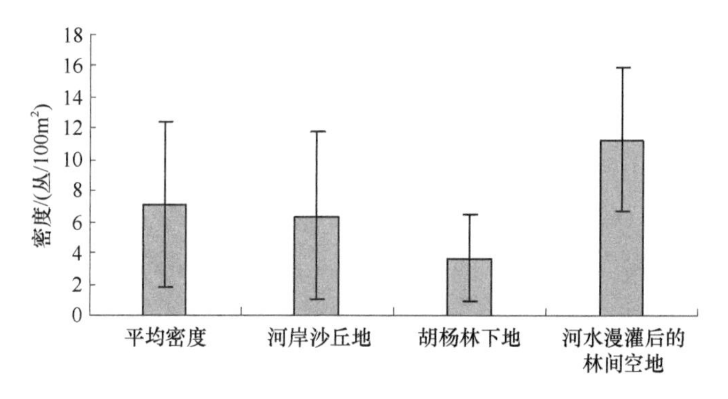

图 20-3　胡杨根蘖幼苗的密度

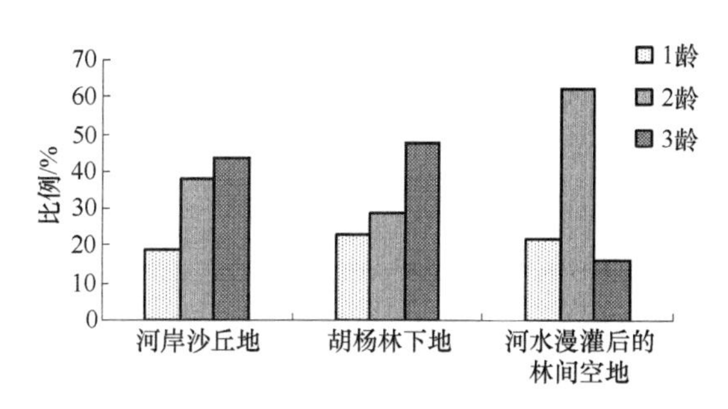

图 20-4　各生境中不同龄级幼苗的比例

每丛胡杨根蘖幼苗的枯株率与每丛胡杨的株数呈正相关关系。研究中发现，胡杨的中龄林具有最大的潜在根蘖繁殖能力，因此，中龄胡杨种群在胡杨更新中起到了关键的作用，需要加强对中龄胡杨的保护来维持胡杨的更新，提高种群的生存力。以往的研究发现胡杨根蘖幼苗的密度与胡杨母体的密度呈显著正相关关系，本次研究结果表明，每一株胡杨母体对根蘖幼苗的平均贡献率与母体密度呈负相关。

2. 胡杨母体特征对根蘖幼苗的影响

胡杨母体生长到 5 年以后开始出现根蘖更新，当胡杨母体生长到中龄时具有最大的根蘖繁殖能力，随着年龄的增加，母体根蘖繁殖能力逐渐减弱（表 20-3）。

表 20-3　胡杨种群特征与根蘖幼苗密度关系表

胡杨林	龄级/年	胸径范围/cm	样方数量/个	根蘖幼苗密度/（丛/100m²）
幼龄林	5～10	5.8～15.7	18	2.5
中龄林	11～20	15.7～26.3	4	4.2
近熟林	21～50	26.3～40.3	6	3.1
成熟林	＞51	＞40.3	3	1.25

随着样方胡杨母体密度的增加，每株胡杨大树对胡杨根蘖幼苗萌生方式的平均贡献率有减小的趋势，在胡杨母体密度最小的样方（2 株大树）中发现根蘖幼苗为 32 丛，即平均每株胡杨大树产生 16 丛根蘖幼苗。

3. 根蘖萌生幼苗的死亡率

在研究中发现，由根系萌生的休眠芽产生的根蘖幼苗在茎的基部可以萌生出不定芽，这些不定芽可以在条件适宜的情况下生长成为幼苗的茎，在原来的茎死亡后继续生长，维持植株的存活，或者与原来的茎一起生长，发育成为一丛胡杨。对根蘖幼苗的枯枝率进行分析后的结果表明，河岸沙丘地内生长的大部分根蘖幼苗生长良好，21 株幼苗没有发生枯枝，占调查幼苗总数的 77.8%，仅有 3 株幼苗完全死亡；在河水漫灌后的林间空地，16 株幼苗没有发生枯枝，占该生境内调查苗数的 47.1%，全部枯死的苗数占该生境内调查苗数的 29.4%；胡杨林下地未枯枝及全部枯死的幼苗分别占幼苗总数的 47.4%和 5.3%。

随着胡杨幼苗年龄的增加，幼苗的未枯枝苗数所占比例逐渐增大，在 3 种生境内都表现出了这种趋势。

4. 根不定芽及根蘖幼苗的数量特征

在地下水位高于 4m 的林型内，浅层土壤中的胡杨根系上萌生的不定芽可以形成根蘖幼苗，生长成胡杨幼树。在不同生境内，胡杨根系萌生的不定芽密度存在差异，在河水漫灌后的林间空地生境中胡杨根系萌生的不定芽密度最大，显著高于另外两种生境中根系萌生的不定芽密度，该生境内根系萌生的不定芽的最大密度达到 12.2 个/m，平均密度为（5.9 ± 2.2）个/m。河岸沙丘地、胡杨林下地生境根系萌生的不定芽平均密度分别为（2.7 ± 2）个/m、（3.1 ± 2.9）个/m。在调查的所有根系中，大部分的根系只能生长出一株根蘖幼苗，但有时可以萌出 2 条以上的根蘖（图 20-5）。

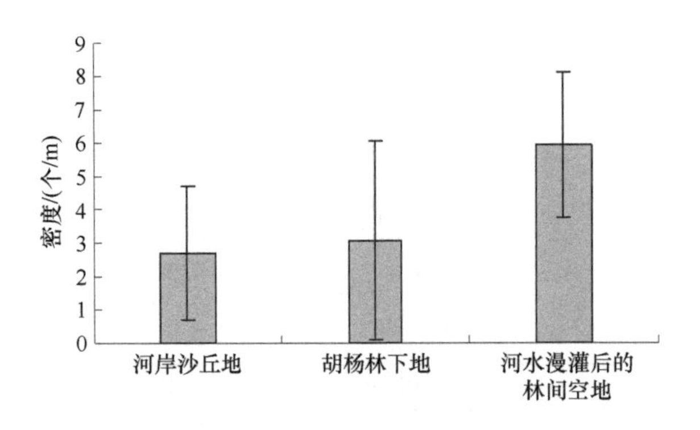

图 20-5　不同生境胡杨根系不定芽的密度

5. 根蘖幼苗萌发点的深度

不同生境内，根蘖幼苗的萌发点在土壤中分布的层次存在着差异（图 20-6）。河岸沙丘地中萌发点在土壤中的分布区间为 2.5～11cm。在胡杨林下地和河水漫灌后的林间空地中，根蘖幼苗萌发点在土壤中的分布范围比沙丘地中幼苗萌发点的分布范围广，这两种生境内幼苗萌发点的最深分布点距地表分别为 26cm 与 30cm。胡杨林下地中幼苗萌发点较多分布于 10～20cm，萌发点的分布范围位于这两个区间内的幼苗分别占该生境内调查幼苗总数的 33.3%和 27.8%。调查中发现，在河水漫灌后的林间空地，根蘖幼苗的萌发点距地表深度最浅。该生境内，幼苗萌芽点主要分布于5～15cm，萌芽点分布于这两个区间的幼苗均为8株，占该生境内调查幼苗总数的30.8%（图20-6）。

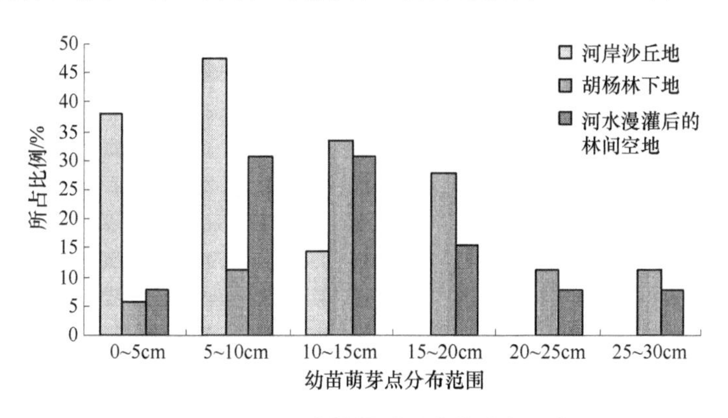

图20-6 不同生境根系不定芽发生层次

研究发现，额济纳胡杨林保护区内胡杨根系在土层分布深度小于30cm可以产生不定芽，分布深于30cm的根系则无法萌生出根蘖幼苗。3种生境内不定芽的密度都随着土层的加深先增大后减小，河岸沙丘地、胡杨林下地、河水漫灌后的林间空地中不定芽分布密度最大的土壤层次分别为5～10cm、10～15cm与5～15cm。

（二）不同林隙条件下根蘖发生与生长特征

通过对额济纳绿洲胡杨不同生境内，如林下、河滩等根蘖更新调查发现：不同生境条件下胡杨根系产生根蘖的规律不相同；同时在胡杨林内不同林隙中，胡杨的根蘖更新也存在很大的差别，表现在不同的林隙中，林隙特征（林隙周边胡杨的林龄、林隙内植物种类和盖度、土壤类型及状况和人为干扰情况等）可能是影响林隙内胡杨根蘖幼苗发生和生长的因素。主要研究的问题是在额济纳荒漠绿洲胡杨群落的林隙中，不同林隙的根蘖幼苗发生和生长的影响因素；哪些因素是关键因子，这些因子如何影响胡杨根蘖更新。针对上述问题，在额济纳胡杨林封育比较好的二道桥、四道桥和七道桥胡杨林地内随机选取60个胡杨林隙，研究林隙特征对根蘖发生与生长的影响。

结果表明，额济纳绿洲的胡杨林保护区内胡杨根蘖幼苗的发生情况总体上较好，根蘖幼苗的年产生量在2007年平均达到514丛/hm^2，而最多的情况竟达到3792丛/hm^2，苦豆子（*Sophora alopecuroides*）林隙中最多的情况也达到了2275丛/hm^2，但在其后的生长过程中，幼苗的继续存活却是一个严峻的问题。在林区内一年生幼苗和二年生幼苗的密度显著大于三年以上的幼苗密度，造成这一现象的原因可能是多方面的。这可能是根蘖幼苗在生长过程中，不同根蘖之间或同一丛内不同植株的根蘖之间竞争迅速加大，在遭遇环境因子，如干旱、盐分等胁迫时，大量个体死亡，说明根蘖幼苗最易受到环境胁迫和种内竞争的影响时段为根蘖发生初期2年内。所以，在考虑利用胡杨根蘖进行育苗时，初期的抚育与管理是提高育苗成活率的关键。

（三）不同林隙内根蘖发生的主要影响因素

林隙植被情况（林隙类型、地被物盖度和苦豆子密度）为影响根蘖发生的主要因子，其次为土壤因素。而通过对一年生胡杨根蘖幼苗发生密度与上述各因素的相关分析结果表明，这些因素对于胡杨根蘖幼苗发生的作用都不是很显著。这一结果表明胡杨根蘖发生受到所调查的林隙内各因子的影响相对较小。上述因子以外的影响因素，如胡杨自身的生物学特性，胡杨产生根蘖的根系上不定芽的产生是随机的，受环境因子的诱发作用不显著，以往的研究都表明苦豆子对于胡杨的幼体有抑制作用。在苦豆子的抑制作用下，一些弱质幼苗遭到淘汰。在经过逐步淘汰的过程以后，只有很少的一部分生长健壮的幼苗存活下来，这也就导致在我们的观察中发现苦豆子林隙下胡杨根蘖幼苗的高度和基径都较胡杨林隙下的幼苗状况好。

与胡杨根蘖幼苗生长过程中苦豆子的强烈影响相比较，苦豆子与胡杨根蘖幼苗的发生过程的联系实际并不密切，这一现象的深层原因在于胡杨根蘖繁殖本身的特性。胡杨的根蘖繁殖在植物界是一种广泛存在的繁殖方式。自然条件下，胡杨会通过浅层次的地下横走根发生根蘖芽从而发育成具有潜在独立生长能力的新的个体。胡杨的根蘖繁殖不仅是其作为克隆植物的一种繁殖方式，也是它的一种觅食行为。胡杨的根蘖繁殖作为胡杨的一种觅食行为是其对于林区内资源异质性的一种反应，并且通过这一行为实现在各个相连分株及母株之间的资源共享和风险分摊。在调查中发现，胡杨的根蘖幼苗与林隙周边大树的平均距离均在 12m 以上，而当地胡杨林内成年胡杨个体的林冠基本都达到 10m × 10m 甚至以上的水平（图 20-7）。

图 20-7　胡杨根蘖发生的野外调查

结合以上研究，我们提出以下两个假说：①胡杨根蘖随机性。在胡杨根蘖产生的过程中，根系上产生不定芽的过程以及胡杨根蘖幼苗的发生受环境影响不显著，表现为随机性。②资源异质性。即胡杨生存的必需资源不仅在空间分布上表现为斑块性，而且土壤养分和水分的斑块性在时间上也是有差异的。也就是说胡杨的根蘖点在其发生的那一小段时间内会选择一个好的微环境，包括土壤养分和水分等条件，但这一发生点的微环境又会随着时间而发生变化。所以这些幼苗被发现时其所在地点的土壤、水分等条件差异不明显。

第四节　总结与展望

一、胡杨林更新的影响因素与作用机制

在自然条件下胡杨能够进行种子繁殖和根蘖克隆生长两种更新方式，但人类对资源

的过度使用和自然环境的破坏导致水资源的短缺与水体污染，使得胡杨林种群退化严重。目前的研究表明水分条件是胡杨生长发育状况的重要决定因素（康向阳 1997），但绿洲植被的恢复不是简单的有水就能解决的问题。要解决胡杨的更新问题，繁殖是基础（罗晓云和崔常勇 2004；张玉波等 2005）。Weller 等（2000）提出绿洲的关键生态因子——水分满足后，植物群落演替或恢复还与自身的繁殖特性有关。对荒漠区河岸林的研究表明物种对水文过程、河流泛滥节律等的繁殖适应对策是其实现更新的必要条件（Lytle & Merritt 2004；Lytle & Poff 2004）。

在长期的自然进化过程中，胡杨适应了荒漠地区的水文过程和河流泛滥节律，使其在种子繁殖方面形成了一整套的繁殖适应对策，一方面能够产生大量的有活性的种子，另一方面则通过种子散布在个体和群落两个层次的时间异质性而延长种子散播时间以增加种子遇到合适水分条件的机会。然而由于生态用水短缺，即便在国家的干预下分得了上游的一部分河水，由于人为干扰、筑坝以及旅游设施建设等，渠道绝大部分被硬质化，导致水资源与水文过程的改变，不能满足当地胡杨林繁殖与更新的需要。河道的硬质化改变了原本的河水自然泛滥形成的河漫滩环境，使得胡杨种子失去了安全萌发生境，导致目前自然条件下胡杨种子繁殖失败。

目前，胡杨根蘖幼苗的更新情况总体上较好，胡杨林中很多林隙下均有胡杨根蘖幼苗的更新。这些根蘖幼苗都发生在地表浅层的末级横走根上，在其他级别的根上极少有根蘖幼苗的存在，一般都有休眠的或已死亡的不定芽。由此可见胡杨的根蘖发生机制在于胡杨根系在水平上的扩散，同时在末级根上广泛生长不定芽，当遇到有利环境条件时不定芽及时萌发形成新的个体，未遇到有利环境条件时不定芽保持休眠，根系则继续生长寻找新的合适生境。由于荒漠地区的水分条件变化迅速，并不是每株幼苗都能顺利发育成为大树，许多根蘖幼苗因为水分条件的改变和土壤积盐作用而很快死亡。只有在一些幼苗大量集中发生的林隙下，由于幼苗的荫庇作用而减弱了土表的水分蒸发，并降低土壤的积盐作用，使得这些幼苗顺利成长。此外，在胡杨幼苗的生长过程中林隙内的地被植物和人为干扰也具有重要的影响。地被植物的作用主要表现在与幼苗竞争有限的资源而使得弱质幼苗遭到淘汰，使得有限的资源能在健壮的幼苗上得到更加有效的利用。对胡杨幼苗的人为干扰主要是放牧活动，由于羊群的啃食，更新幼苗屡遭破坏。这些影响因素也提示我们在胡杨种群保护中幼苗抚育管理的重要性。

二、胡杨林保护建议

胡杨适应性极强，耐盐碱、水湿，抗干旱风沙，是我国西北荒漠河岸林的建群种，也是我国干旱荒漠区能自然形成大面积森林的乔木树种，对于保护我国西北广大荒漠地区脆弱的生态环境和保障绿洲农牧业生产起着重要的作用。然而自 20 世纪 90 年代年起，湖泊、泉眼、沼泽地相继干涸，胡杨这一优质林木资源受到了严重的威胁。为了保护珍贵的胡杨林，我国先后在新疆、内蒙古和甘肃建立了多个胡杨自然保护区，并制订了一些胡杨分布区的分水和补水方案，这些措施对胡杨林保护区起到了积极的作用。不过目前，我国胡杨林保护和维持困难的根本性问题仍未解决。

首先，我们对准确的胡杨林分布面积与更新状况仍不清楚。造成这一现状的主要原因是胡杨林多分布于荒漠地区，这些区域缺乏系统调查资料。目前使用的胡杨分布统计资料主要是20世纪90年代的数据。研究显示，由于缺水、筑坝以及旅游开发等多种因素的干扰，我国主要胡杨分布区面积整体上在减少，胡杨更新不良与退化面积不断增大。同时，令人欣慰的是，研究人员在荒漠区的科学考察已经发现一些新的胡杨分布区，但这些胡杨林的生存状况岌岌可危。

其次，由于水资源的短缺和污染，我国胡杨林退化严重，出现大面积枯死；同时，由于缺水，大面积胡杨依赖于根蘖更新，林分质量差，急需开展种质资源保护和生境质量评估。

最后，胡杨林现有保护技术仍是粗放型的，质量不高，多为简单的补水或封育，保护和恢复效果不明显。再加上我国各地胡杨林旅游的过度开发，更进一步加剧了胡杨林的退化和破坏。需要依据胡杨的繁殖特性进行科学的规划，胡杨的种群繁殖特性及更新恢复途径如图20-8所示。

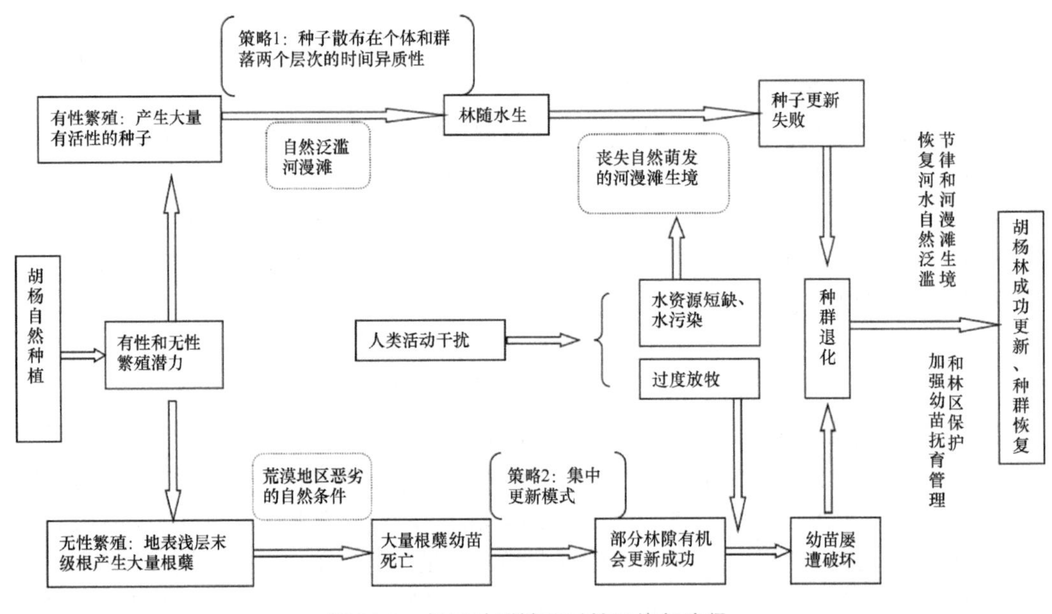

图20-8 胡杨种群繁殖对策及恢复途径

撰稿人：李景文，曹德昌，李俊清

主要参考文献

曹德昌，李景文，陈维强，等. 2009. 额济纳绿洲不同林隙胡杨根蘖的发生特征. 生态学报，29(4): 1954-1961.

陈晓林，陈亚鹏，李卫红，等. 2018. 干旱区不同地下水埋深下胡杨细根空间分布特征. 植物科学学报，36(1): 45-53.

董鸣. 1996a. 资源异质性环境中的植物克隆生长：觅食行为. 植物学报，38(10): 828-835.

董鸣. 1996b. 异质性生境中的植物克隆生长：风险分摊. 植物生态学报，20(6): 543-548.

董鸣. 2011. 克隆植物生态学. 北京: 科学出版社.
黄晶晶, 井家林, 曹德昌, 等. 2013. 不同林龄胡杨克隆繁殖根系分布特征及其构型. 生态学报, 33(14): 4331-4342.
康向阳. 1997. 甘肃胡杨恢复发展的限制因子及对策. 中国沙漠, 17(1): 53-57.
李景文. 2014. 大漠胡杨. 大自然, (6): 38-42.
罗晓云, 崔长勇. 2004. 蒙古额济纳地区胡杨林退化原因的探讨: 以"怪树林"为例. 地质科技情报, 23(1): 82-85.
秦仁昌. 1959. 关于胡杨和灰杨的一些问题. 见: 中国科学院新疆综合考察队, 苏联科学院地理所. 新疆维吾尔自治区自然条件论文集. 北京: 科学出版社.
王世绩, 陈炳浩, 李护群. 1995. 胡杨林. 北京: 中国环境科学出版社.
武逢平, 李俊清, 李景文, 等. 2008. 胡杨(*Populus euphratica*)在额济纳绿洲三种生境内的根蘖繁殖特性. 生态学报, 28(10): 4703-4709.
张大勇. 2004. 植物生活史进化与繁殖生态学. 北京: 科学出版社.
张昊. 2006. 额济纳绿洲胡杨种群生活史对策研究. 北京: 北京林业大学博士研究生学位论文.
张昊, 李俊清, 李景文, 等. 2007. 额济纳绿洲胡杨种群繁殖物候节律特征的研究. 内蒙古农业大学学报, 28(2): 60-66.
张楠, 杨雪芹, 曹德昌, 等. 2013. 土壤水肥因子对胡杨幼苗生长权衡和木质化的影响. 西北植物学报, 33(4): 771-779.
张现慧, 钟悦鸣, 谭天逸, 等. 2016. 土壤水分动态对胡杨幼苗生长分配策略的影响. 北京林业大学学报, 38(5): 92-99
张玉波, 李景文, 张昊, 等. 2005. 胡杨种子散布的时空分布格局. 生态学报, 25(8): 1994-2000.
赵文智, 常学礼, 李秋艳. 2005. 人工调水对额济纳胡杨荒漠河岸林繁殖的影响. 生态学报, 25(8): 1987-1993.
郑亚琼, 张肖, 梁继业, 等. 2016. 濒危物种胡杨和灰叶胡杨的克隆生长特征. 生态学报, 36(5): 1331-1341.
朱成刚, 李卫红, 陈亚鹏, 等. 2017. 克隆水分整合有助胡杨无性系幼株在极端干旱生境下保持更高生存优势. 应用生态学报, 28(5): 1448-1454.
Caldwell M M, Pearcy R W. 1994. Exploitation of Environmental Heterogeneity by Plants: Ecophysiological Processes Above- and Below-ground. New York: Academic Press.
Cao D, Li J, Huang Z, et al. 2012. Reproductive characteristics of a *Populus euphratica* population and prospects for its restoration in China. PLoS One, 7(7): e39121.
Cheplick G P. 1995. Life history trade-offs in *Amphibromus scabrivalvis* (Poaceae): allocation to clonal growth, storage, and cleistogamous reproduction. American Journal of Botany, 82(5): 621-629.
Eriksson O. 1997. Clonal life histories and the evolution of seed recruitment. *In*: de Kroon H, van Groenendae J M. The Ecology and Evolution of Clonal Plants. Leiden: Backhuys Publishers.
Harper J. 1967. A Darwinian approach to plant ecology. Journal of Ecology, 55(2): 247-270.
Harper J L, Lovell P H, Moore K G. 1970. The shapes and sizes of seeds. Annual Review of Ecology and Systematics, 1(1): 327-356.
Lincoln R J, Boxshall G A, Clark P F. 1982. A Dictionary of Ecology, Evolution and Systematics. Cambridge: Cambridge University Press.
Ling H, Zhang P, Xu H, et al. 2015. How to regenerate and protect desert riparian *Populus euphratica* forest in arid areas. Scientific Reports, 5: 15418.
Lytle D A, Merritt D M. 2004. Hydrologic regimes riparian forests: a structured population model for cottonwood. Ecology, 85(9): 2493-2503.
Lytle D A, Poff N L. 2004. Adaptation to natural flow regimes. Trends in Ecology & Evolution, 19(2): 94-100.
Petzold A, Pfeiffer T, Jansen F, et al. 2013. Sex ratios and clonal growth in dioecious *Populus euphratica* Oliv., Xinjiang Prov., Western China. Trees, 27(3): 729-744.

Pianka E R. 1970. On *r*- and *k*-selection. American Naturalist, 104(940): 592-597.
Silvertown J, Dodd M. 1997. Comparing plants and connecting traits. *In*: Silvertown J, Franco M, Harper J L. Plant Life Histories. Cambridge: Cambridge University Press: 3-16.
Weller S G, Keeler K H, Thomson B A. 2000. Clonal growth of *Lithospermum caroliniense* in contrasting sand dune habitats. American Journal of Botany, 87(2): 237-242.
Zheng Y, Jiao P, Zhao Z, et al. 2016. Clonal growth of *Populus pruinosa* Schrenk and its role in the regeneration of riparian forests. Ecological Engineering, 94: 380-392.

第二十一章　盐桦近缘种种群与保护生物学研究进展

第一节　引　　言

盐桦（*Betula halophila*），又名盐生桦，落叶灌木，桦木科（Betulaceae）桦木属（*Betula*）植物，具有较强的耐盐性，中国特有的珍贵树种。1999年，该种被列为第一批国家二级重点保护野生植物（国家林业局和国家农业部 1999），2011年，该种被列为全国亟待拯救保护的120种极小种群野生植物之一（国家林业局 2011）。盐桦最早于1955年在新疆阿勒泰市巴里巴盖被发现（新疆阿勒泰地区林科所和新疆林业科学院 2010）。此后一直无人问津，直到1996年，盐桦的潜在价值受到人们的重视，才再次进入研究人员的视野。1999年，研究人员在盐桦模式标本采集地找到残存的盐桦野生种群。2000年和2001年新疆阿勒泰地区林业科学研究所和新疆林业科学院专家分别在阿勒泰地区林业科学研究所植物资源圃和新疆林业科学院树木园对发现的野生盐桦种群的部分植株进行了迁地保护（新疆阿勒泰地区林科所和新疆林业科学院 2010）。2003年，该种残存的野外种群遭受过一次严重水淹，至此之后，相关研究人员在该种的模式标本产地再未发现该种的踪迹。该物种野生种群的消失至今已15年有余。

对于盐桦的系统分类地位一直都存在争议（Wang et al. 2016）。杨昌友等（2006）对新疆桦木科植物划分出很多变种，其中，尤其以小叶桦（*B. microphylla*）的种下分类单位最多。王成通过高通量测序分析结果表明盐桦很可能与小叶桦是同一个种（内部交流，尚未发表）。对于1999年研究人员在盐桦模式标本产地发现的所谓的盐桦种群，杨昌友等（2006）认为是小叶桦的变种。由于未发现盐桦野外种群，因此，还需要系统全面的研究才能确定前人移栽的野外植株是否为盐桦。从现有的研究和现存的争议中不难发现，新疆桦木属不同种可能具有很大的生境或分布相似性。新疆分布的桦木科桦木属共包括垂枝桦（*B. pendula*）、圆叶桦（*B. rotundifolia*）、甸生桦（*B. humilis*）、盐桦、小叶桦和天山桦（*B. tianschanica*）6种（杨昌友 1992）。这6种桦树主要分布在北疆山地，包括阿尔泰山、天山和准噶尔西部山地。其中，天山桦主要分布在天山，其他5种主要分布在阿尔泰山地区。只有盐桦为新疆特有分布物种，仅在阿尔泰山地区巴尔巴盖有分布。

通过对盐桦野生植物迁地保护个体种子繁育幼苗的叶片开展转录组和小RNA测序发现，盐桦幼苗存在多个盐胁迫响应基因，说明该种可能为培育抗盐树种提供基因资源（Shao et al. 2018）。为了尽可能了解该种可能的野生种群特征及生境状况，抢救该种仅存的迁地保护野生资源，应通过人工辅助恢复该种的野生种群，同时发挥该种的生态环保价值。目前急需了解该种可能的生存现状、种群特征及群落生境等相关潜在的信息。由于该种的野生种群已彻底消失，因此，我们通过对该种近缘种的野生种群开展相关研究，希望通过对其近缘种的研究为盐桦种群的保护和回归提供重要的参考依据。

第二节　群落调查与数据分析

一、群落调查

2017 年 7～8 月，在新疆阿尔泰山、准噶尔西部山地和天山北坡调查了在新疆分布的珍稀濒危植物盐桦所在桦木科所有物种所在植物群落的物种丰富度。根据《新疆植物志（第一卷)》(杨昌友 1992）和 *Flora of China*（Wu et al. 1999）的记载，新疆分布的桦木科植物共计 6 种，分别是垂枝桦、小叶桦、天山桦、圆叶桦、甸生桦和盐桦。其中盐桦记录的野外分布点，自 2003 年以后就再没有找到该种的野外分布个体。因此，野外调查主要针对盐桦的 5 个近缘种展开。研究共针对 5 个种选择了 13 个地点进行群落调查。这些调查点跨越了新疆阿尔泰山南坡、准噶尔西部山地和天山北坡的 8 个地区：青河县、福海县、阿勒泰市、喀纳斯国家级自然保护区、吉木乃县、和布克赛尔蒙古自治县、精河县和巩留县。

在每个地点，设置 20m × 20m 的样方 2 个，所有样方均设置在林相整齐的林分中，尽量避免人为因素的影响，调查样方数共计 26 个。记录样方中出现的所有乔木、灌木和草本植物，同时用 GPS 和罗盘测量，并记录每个样方的经纬度、海拔。所有调查以包含 5 种桦木科植物的群落结构为主，因此，本研究中涉及的群落类型直接使用 5 种桦木科植物命名，即垂枝桦林、小叶桦林、天山桦林、圆叶桦林和甸生桦林，其中前 3 种为乔木林，后 2 种为灌木林。

二、数据收集与整理

主要通过野外调查和植物辨识，参考 *Flora of China*（Wu et al. 1999）整理盐桦近缘种植物群落植物名录，并参照吴征镒等（2006）确定科、属分布区类型。各调查样方的年均温和年降水量数据通过 Worldclim 数据共享平台（http://www.worldclim.org/）获得研究区数据图层。潜在蒸散量数据通过 Atlas of the Biosphere 数据共享平台（https://library.mcmaster.ca/maps/geospatial?location=89）获得研究区数据图层。基于获得的研究区基础数据图层，针对野外调查点，在 ArcGIS 9.3（ESRI 2008）中运用空间分析工具提取各点相应的数据值。空间分布图的绘制在 ArcGIS 中完成。

三、数据分析

物种丰富度和相似性分析：本研究采用物种丰富度（S）度量 α 多样性，同时为了比较不同群落类型的物种组成，计算了不同群落类型的索伦森（Sorensen）相似性系数（Magurran 1988），公式如下：$\mathrm{SI}=\dfrac{2c}{a+b}$，其中，SI 为 Sorensen 指数；$a$ 和 b 分别表示两个群落类型中，仅出现在一个群落类型中的物种数，c 表示两个群落类型共有的物种数。物种丰富度和环境及空间因子关系的分析：总体物种丰富度与各主要环境及空间因子关系主要采用线性回归（LM）进行分析，不同桦木林植物群落与主要影响因子的关系主要采用冗余分析（redundancy analysis, RDA）。相似性分析、LM 分析和 RDA 分析分别采用 R 软件（R Core Team 2019）中的 fossil、vegan 程序包中的 sorenson、lm 和 rda 程序进行计算。

第三节　结果与分析

一、盐桦近缘种植物群落物种组成

新疆地区盐桦近缘种植物群落中共有种子植物 207 种，隶属于 50 科 142 属。其中裸子植物 4 种，被子植物 203 种。在 50 科中，含物种数最多的科依次为菊科（26 种）、禾本科（18 种）、豆科（18 种）、蔷薇科（14 种）和唇形科（11 种），其余科所含物种数不足 10 种。有 20 科，仅有 1 种出现，占科总数的 40%。在 142 属中，柳属（*Salix*）物种数最多，含 6 种，其次为桦木属（5 种）、老鹳草属（*Geranium*）（5 种）、车轴草属（*Trifolium*）（4 种）和蓼属（*Polygonum*）（4 种），此外，有 105 属仅含 1 种。

根据吴征镒等（2006）对世界种子植物科、属分布区类型的划分系统，我们也统计了新疆地区盐桦近缘种植物群落的植物区系科、属地理成分组成。从科的分布区类型来看，盐桦近缘种植物群落区系有 50 科，共计有 4 个分布类型，即世界分布（28 科）、欧亚温带分布（12 科）、全热带分布（9 科）和北温带分布（1 科），各类型占比依此为 56%、24%、18%和 2%。盐桦近缘种植物群落区系 142 属，共计有 12 个分布区类型，即欧亚温带分布（61 属）、世界分布（35 属）、温带分布（24 属）、地中海-西亚-中亚分布（6 属）、热带分布（6 属）、东亚分布（3 属）、温带亚洲分布（2 属）、中亚特有分布（1 属）、亚热带亚洲和热带美洲环太平洋的洲际间断分布（1 属）、旧世界热带分布（1 属）、热带亚洲分布（1 属）和东亚-北美间断分布（1 属），各类型占比依此为 42.96%、24.65%、16.90%、4.23%、4.23%、2.11%、1.41%、0.70%、0.70%、0.70%、0.70%、0.70%。由此可见，盐桦近缘种植物群落植物区系物种组成以世界分布和温带分布成分为主。

二、盐桦近缘种不同植物群落植物地理成分组成

从科的地理分布型来看，在 5 种桦木林植物群落中，世界分布科的占比均超过 60%（图 21-1a），可见，世界分布是盐桦近缘种植物群落科的主要组成。天山桦林的世界分布科组成占比最低，圆叶桦林的世界分布科组成占比最高（图 21-1a）。在所有 5 种桦木林植物群落中，只有圆叶桦林缺少热带分布科类型，其他 4 种桦木林均包含世界分布、温带分布和热带分布类型，且各类型占比大小依次为世界分布＞温带分布＞热带分布（图 21-1a）。

从属的地理分布型来看，在 5 种桦木林植物群落中，温带分布属的占比均超过 60%（图 21-1b），可见，温带分布是盐桦近缘种植物群落属的主要组成。垂枝桦林的温带分

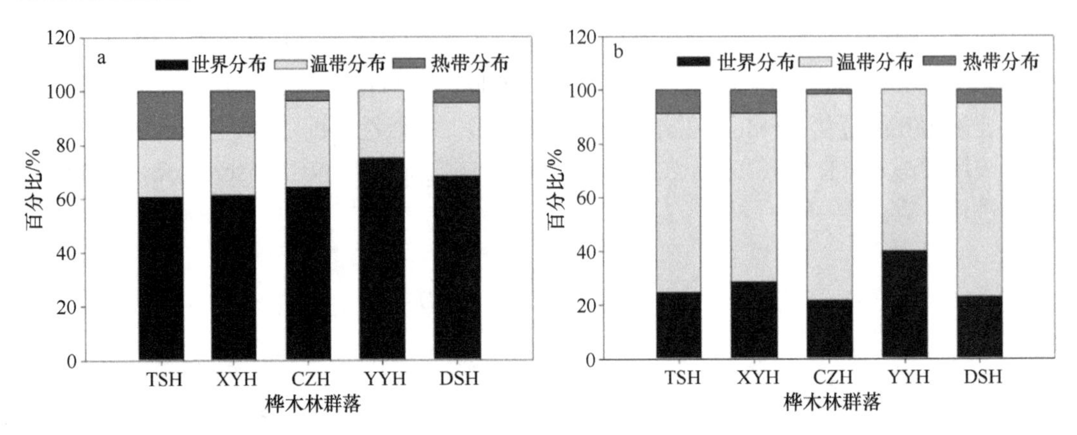

图 21-1　不同盐桦近缘种植物群落植物科（a）、属（b）地理成分占比对比

TSH. 天山桦林；XYH. 小叶桦林；CZH. 垂枝桦林；YYH. 圆叶桦林；DSH. 甸生桦林

布组成占比最高，世界分布组成占比最低（图 21-1b）。在所有 5 种桦木林植物群落中，与科的分布型类似，只有圆叶桦林缺少热带分布类型，其他 4 种桦木林均包含世界分布、温带分布和热带分布类型，且各类型占比大小依次为温带分布＞世界分布＞热带分布（图 21-1b）。

三、不同植物群落物种丰富度和相似性

天山桦林、垂枝桦林、小叶桦林、圆叶桦林和甸生桦林的样方平均物种数分别是 36 种、21 种、30 种、16 种和 20 种，乔木林的物种丰富度均高于灌木林，天山桦林和小叶桦林的物种丰富度显著高于圆叶桦林的物种丰富度（$P<0.05$）（图 21-2）。上述林型样方植物属的丰富度分别是 29、19、26、12 和 17，乔木林的植物属丰富度均高于灌木林，天山桦林和小叶桦林的植物属丰富度显著高于圆叶桦林的植物属丰富度（$P<0.05$）（图 21-2）。上述林型样方植物科的丰富度分别是 19、14、14、9 和 13，乔木林的植

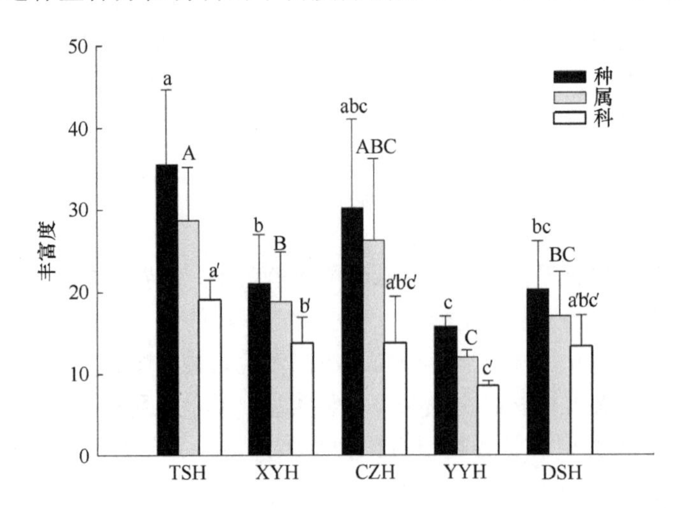

图 21-2　不同盐桦近缘种植物群落植物组成丰富度统计和方差分析

不同字母表示在 0.05 水平上差异显著。TSH. 天山桦林；XYH. 小叶桦林；CZH. 垂枝桦林；YYH. 圆叶桦林；DSH. 甸生桦林

物科丰富度均高于灌木林，天山桦林和小叶桦林的植物科丰富度显著高于圆叶桦林的植物科丰富度（P<0.05）（图 21-2）。群落物种相似性分析表明，圆叶桦林和小叶桦林的物种组成最相似。

四、盐桦近缘种植物群落物种丰富度随环境因子的变化

新疆盐桦近缘种植物群落物种丰富度随着经度的增加显著降低（R^2 = 0.10，P<0.10），随纬度的增加也显著降低（R^2 = 0.19，P<0.05）（图 21-3a，图 21-3b）。新疆盐

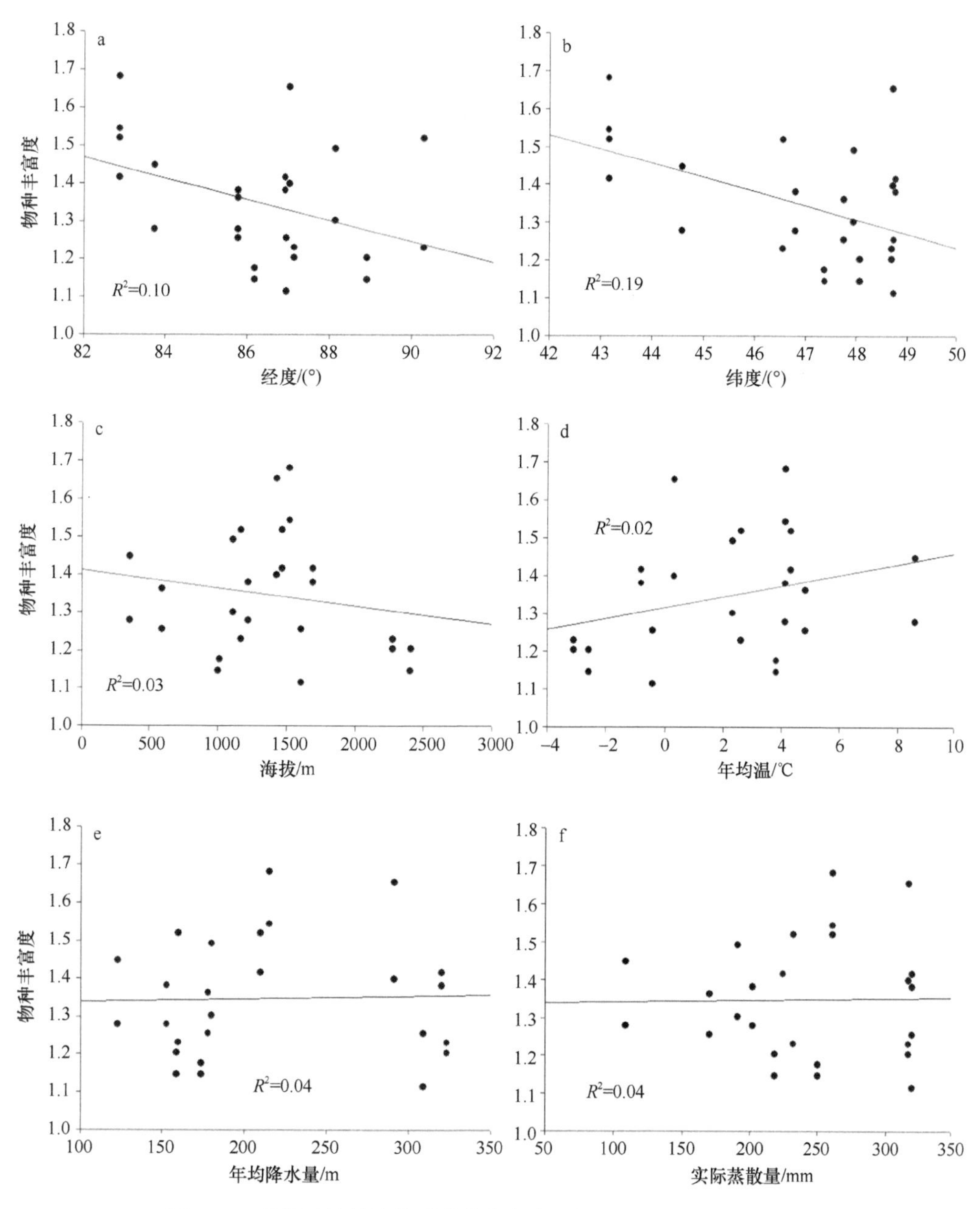

图 21-3　盐桦近缘种植物群落物种丰富度与地理和环境因子的关系

桦近缘种植物群落物种丰富度随着海拔增加而呈现微弱下降的趋势（R^2 = 0.03）（图 21-3c）。新疆盐桦近缘种植物群落物种丰富度随年均温、年均降水量和实际蒸散量的增加都呈现增加趋势，但并不显著（图 21-3d～图 21-3f）。

五、不同桦木林植物群落与环境因子的关系

影响不同植物群落的环境因子不同（图 21-4）。天山桦林、垂枝桦林和甸生桦林主要受经度和纬度梯度变化的影响；小叶桦林和圆叶桦林主要受海拔、年均温、年均降水量和实际蒸散量的影响。

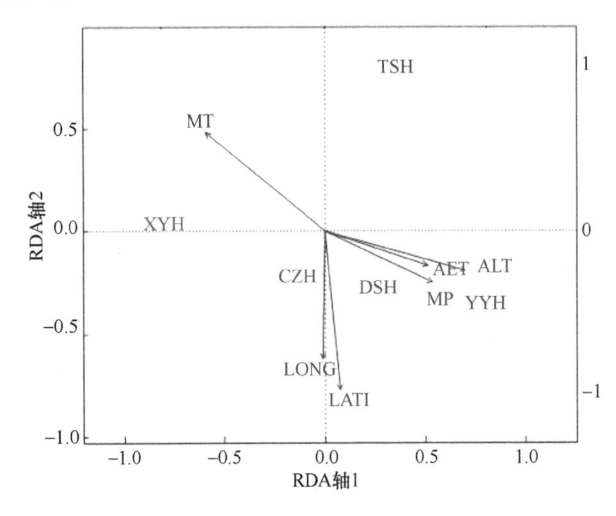

图 21-4　不同盐桦近缘种植物群落与地理和环境因子的关系

红色字符代表桦木林类型（TSH. 天山桦林；XYH. 小叶桦林；CZH. 垂枝桦林；YYH. 圆叶桦林；DSH. 甸生桦林）。蓝色字符代表环境因子（LONG. 经度；LATI. 纬度；ALT. 海拔；MT. 年均温；MP. 年均降水量；AET. 实际蒸散量）

第四节　总结与展望

本研究调查的盐桦近缘种植物群落中种子植物共计 207 种，隶属于 50 科 142 属，分别占新疆高等植物总数（尹林克 2006）的 31.06%、16.19%和 5.07%，占新疆种子植物总数（潘晓玲 1995）的 43.48%、19.37%和 5.92%。桦木科植物都为典型的温带分布型植物（吴征镒等 2006）。新疆桦木林植物群落以世界分布和温带分布成分为主。阿尔泰地区植被是在经历了北方成分、古地中海成分的先后侵入逐渐形成的（陈文俐和杨昌友 2000）。这里的北方成分和古地中海成分主要都为世界分布及温带分布。构成新疆桦木林植物群落的主要科为菊科、禾本科、豆科、蔷薇科和唇形科植物，这些科都是世界分布科，这也反映出新疆桦木林植物对严酷气候的适应性（潘晓玲 1995）。其中，菊科、禾本科和豆科为世界种子植物中 3 个含万种以上的特大科（吴征镒和王荷生 1983）。世界分布大科在盐桦近缘种植物群落中的出现也最频繁。热带分布科或属的少量出现可能是早第三纪新疆处于炎热气候时期遗留下来的成分（潘晓玲 1995），这也体现了新疆植物区系的独特性（Huang et al. 2011，2018）。接近 45%的科都在桦木科植物群落中出现，说明盐桦近缘种所在植物群落是新疆多样性聚集分布的较为典型的植被类型，这也间接

体现了盐桦近缘种植物群落在新疆植物区系中的重要性。

根据《新疆植物志（第一卷）》（杨昌友 1992）的记载，在新疆分布的盐桦近缘种植物中，除天山桦仅分布于天山地区外，垂枝桦、小叶桦、圆叶桦、甸生桦和盐桦 5 个植物种都主要分布在阿尔泰山地区，其中垂枝桦和小叶桦在准噶尔西部山地有少量分布。新疆山地阔叶林主要由垂枝桦、天山桦和欧洲山杨（*Populus tremula*）等小叶树种构成，通常与山地针叶林有着密切的联系（新疆森林编辑委员会 1989）。阿尔泰山植物区系属于西伯利亚森林植物区系的一部分，在第三纪，西伯利亚广泛分布着图尔盖植物群落（陈文俐和杨昌友 2000）。桦木属植物是阿尔泰山山地上部耐寒的泰加林的重要组成部分（陈文俐和杨昌友 2000），同时也是新疆山地阔叶小叶林的重要组成树种（中国科学院新疆综合考察队和中国科学院植物研究所 1978）。在阿尔泰山山地中，很多透光的山坡广泛分布以桦木为主的阔叶林（陈文俐和杨昌友 2000），这可能反映了桦木林是该地植被发育中重要的先锋树种，桦木科植物生态适应性广，是次生林的先锋树种（陈之端 1999）。

新疆地区不同桦木林类型植物地理成分组成不同。所有桦木林的科的分布类型以世界分布为主，属的分布类型以温带分布占优势。圆叶桦林中缺乏热带分布的科、属，与其他 4 种桦木林地理成分呈现出明显的不同。这也可能表明圆叶桦林与盐桦其他 4 种的亲缘关系较远。王年对于新疆分布的 6 种桦木属植物的系统分化关系表明，圆叶桦最早与盐桦的其他 4 种近缘种分离开来（内部交流，尚未发表）。在物种组成上，圆叶桦林与天山桦林、小叶桦林和垂枝桦林 3 种乔木林型的物种相似度最高，而与灌木林甸生桦林的物种相似度远较乔木林低。这可能也反映了不同生活型物种可能由于存在生态位重叠，从而表现出与乔木林物种组成的相似性更高。同时也可能说明乔木种表现出更明显的生态位保守性特征，而灌木种相对于乔木种而言，则具有更明显的进化趋同效应。相同生长型的桦木种间物种组成相似度更高，不同生长型间物种相似度相对较低。

从新疆全区来看，由于新疆地处干旱区，气候是该地物种多样性分布格局的决定性因素（Li et al. 2013）。但从更小的局域尺度看，不同地点的不同桦木林植物丰富度不同。总体上看，乔木林植物丰富度高于灌木林植物丰富度。圆叶桦林的植物丰富度与 3 种乔木林植物丰富度均差异显著，甸生桦林则与 3 种乔木林没有显著差异。这似乎更体现了圆叶桦林与其他桦木林的差异性。圆叶桦林主要分布在林缘上线，相较于其他桦木林海拔分布最高。环境因素分析表明，圆叶桦林主要受海拔、年均降水量和潜在蒸散量的影响。物种丰富度随海拔升高无显著变化趋势，这可能也进一步表明在新疆地区物种丰富度随海拔变化存在区域分异（李利平等 2011）。

由于未再发现极小种群野生植物盐桦的野外种群，因此对物种的生物学特性急需深入研究，才能实现对该种的有效保护，进而实现野外种群的野外回归。通过该种原生地近缘种的空间分布及其构成植物群落物种组成情况的分析，有助于提升对盐桦物种生物学特性，尤其是植物群落生境的认识。研究初步分析了不同桦木林植物组成情况的差异以及主要环境和空间影响因子，为针对盐桦开展后续潜在分布生境及野外回归地的确定提供了重要的生态学基础参考依据。

撰稿人：黄继红，臧润国

主要参考文献

陈文俐, 杨昌友. 2000. 中国阿尔泰山种子植物区系研究. 云南植物研究, 22(4): 371-378.

陈之端. 1999. 桦木科植物的起源和散布. 见: 路安民. 种子植物科属地理. 北京: 科学出版社: 236-258.

国家林业局. 2011. 全国极小种群野生植物拯救保护工程规划(2011—2015 年). 北京.

国家林业局, 农业部. 1999. 国家重点保护野生植物名录(第一批). 中华人民共和国国务院公报, 13: 39-47.

李利平, 安尼瓦尔•买买提, 郭兆迪, 等. 2011. 新疆山地针叶林植物物种组成与丰富度研究. 干旱区研究, 28(1): 40-46.

潘晓玲. 1995. 新疆种子植物区系研究. 广州: 中山大学博士研究生学位论文.

吴征镒, 王荷生. 1983. 中国自然地理: 植物地理(上册). 北京: 科学出版社.

吴征镒, 周哲昆, 孙航, 等. 2006. 种子植物分布类型及其起源和分化. 昆明: 云南科技出版社.

新疆阿勒泰地区林科所, 新疆林业科学院. 2010. 新物种: 沼泽小叶桦特性研究与繁育应用. 乌鲁木齐（未正式发表资料）.

新疆森林编辑委员会. 1989. 新疆森林. 乌鲁木齐/北京: 新疆人民出版社/中国林业出版社.

杨昌友. 1992. 新疆植物志(第一卷). 乌鲁木齐: 新疆科技卫生出版社.

杨昌友, 王健, 李文华. 2006. 新疆桦木属(*Betula* L.)新分类群. 植物研究, 26(6): 648-655.

尹林克. 2006. 新疆珍稀濒危特有高等植物. 乌鲁木齐: 新疆科学技术出版社.

中国科学院新疆综合考察队, 中国科学院植物研究所. 1978. 新疆植被及其利用. 北京: 科学出版社.

ESRI. 2008. ArcGIS 9.3. New York: ESRI Press.

Huang J H, Chen J H, Ying J S, et al. 2011. Features and distribution patterns of Chinese endemic seed plant species. Journal of Systematics and Evolution, 49(2): 81-94.

Huang J H, Liu C R, Guo Z J, et al. 2018. Seed plant features, distribution patterns, diversity hotspots, and conservation gaps in Xinjiang, China. Nature Conservation, 27: 1-15.

Li L, Wang Z, Zerbe S, et al. 2013. Species richness patterns and water-energy dynamics in the drylands of Northwest China. PloS One, 8: e66450.

Magurran A E. 1988. Ecological Diversity and Its Measurement. Princeton: Princeton University Press.

R Core Team. 2019. R: A language and environment for statistical computing. R Foundation for Statistical Computing, Vienna, Austria (Informally published information).

Shao F, Zhang L, Wilson I W, et al. 2018. Transcriptomic analysis of *Betula halophila* in response to salt stress. International Journal of Molecular Sciences, 19(11): 3412.

Wang N, Mcallister H A, Bartlett P R, et al. 2016. Molecular phylogeny and genome size evolution of the genus *Betula* (Betulaceae). Annals of Botany, 117(6): 1023-1035.

Wu Z, Raven P H, Hong D. 1999. Flora of China, Vol. 4. Beijing or St. Louis: Science Press or Missouri Botanical Garden Press.

第二十二章　天目铁木种群与保护生物学研究进展

第一节　引　　言

天目铁木（*Ostrya rehderiana*）是桦木科（Betulaceae）铁木属（*Ostrya*）落叶乔木。该物种是陈焕镛先生（Chun 1927）根据秦仁昌先生于 1925 年 10 月 2 日从西天目山采集的标本命名的，其种加词是纪念哈佛大学阿诺德树木园著名树木学家阿尔弗雷德·雷德尔（Alfred Rehder）。目前天目铁木仅存 5 株野生成体，是国家一级重点保护野生植物，被 IUCN 列为极危物种。

第二节　系统进化位置

铁木属拉丁名 *Ostrya* 来自希腊语 ostrua（像骨头一样），意指很坚硬的木头。铁木属分布于东亚和西亚、南欧、北美与中美，共有 8～10 种，均为落叶乔木。

我国最初报道的铁木属有 5 个物种。铁木（*O. japonica*）分布较广，在我国河北、河南、陕西、甘肃及四川西部等地均有报道，日本、韩国也有分布。多脉铁木（*O. multinervis*）是我国特有种，分布于浙江、湖南、湖北、贵州、四川等地。天目铁木（*O. rehderiana*）只分布于浙江西天目山。毛果铁木（*O. trichocarpa*）仅分布于我国广西，分布范围狭窄，被 IUCN 列为濒危。云南铁木（*O. yunnanensis*）仅分布于我国云南。Lu 等（2016）采用 4 个叶绿体 DNA 片段以及核 DNA ITS 序列对分布于我国的 5 种铁木进行分析，认为存在 4 个独立的种，即铁木、多脉铁木、天目铁木、毛果铁木，将云南铁木合并到多脉铁木。苞片、果和叶的形态特征分析也支持我国铁木属划分为 4 个独立物种、云南铁木归并到多脉铁木的结论。由于多脉铁木的学名 *O. multinervis* 先前已用于描述一种化石铁木，Turner（2014）建议采用学名 *O. chinensis*。

西亚和欧洲仅有 1 种铁木，即欧洲铁木（*O. carpinifolia*），分布于欧洲南部地中海区域以及中东等地（Holstein & Weigend 2017）。

美洲有 3 种铁木。诺顿铁木（*O. knowltonii*）分布于美国犹他、亚利桑那、新墨西哥、得克萨斯等州。大弯铁木（*O. chisosensis*）是仅分布于美国得克萨斯州大弯国家公园的特有种，为极度濒危植物，现存 639 株成体（Stritch 2014），但 Holstein 和 Weigend（2017）把该种归并到诺顿铁木。美洲铁木（*O. virginiana*）分布较广，分布区包括美国和加拿大东部、墨西哥、洪都拉斯、萨尔瓦多、危地马拉等地；Holstein 和 Weigend（2017）把该物种分为 2 个亚种。

与铁木属其他种类一样，天目铁木染色体数目为 $2n = 16$（孟爱平等 2004）。不管是分子遗传标记还是形态特征，都支持天目铁木为独立的物种，分子标记表明，天目铁木与铁木、多脉铁木的共同祖先为姊妹种关系（图 22-1）（Lu et al. 2016）。

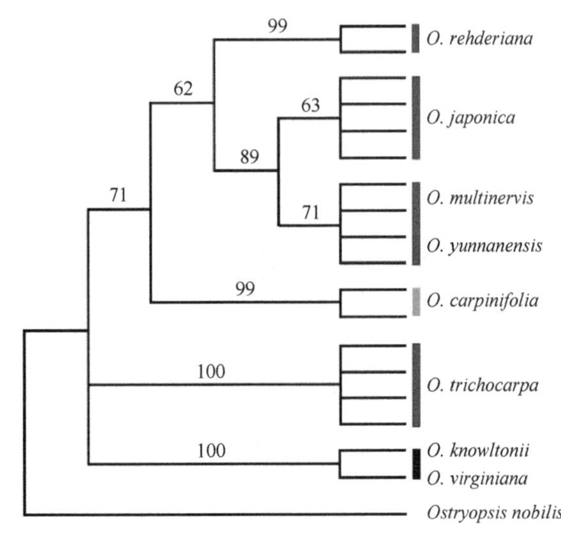

图 22-1 天目铁木与铁木属其他物种及滇虎榛（*Ostryopsis nobilis*）的系统进化关系（Lu et al. 2016）
不同颜色代表不同地区（红色，中国；蓝色，欧洲，黑色，北美），数字代表支持率（最大简约法）

第三节 分布与物种特征

天目铁木树形高大，仅分布于我国浙江省西天目山低海拔处，秦仁昌先生在西天目山采集到天目铁木标本时，这一物种在疏林里相当常见（Chun 1927）。据调查，20世纪中后叶天目铁木大树多有被砍伐、开垦成茶园的现象，不少中幼龄个体被毁。据此判断，天目铁木应为常绿阔叶林或常绿落叶阔叶混交林中常见的伴生种类，并且天然更新良好。

天目铁木现存的 5 株野生成体分布于临安区 313 县道两侧。县道东侧 1 株，因雷击顶梢已消失，树干倾斜于道路上方，生存状况堪忧；另外 4 株位于道路另一侧山坡。多年观察发现，每年只有 1 株天目铁木的结实量较大，树下有少量幼苗生长；这一现象也得到了基因组数据的支持，多数子代来自 1 个母本（Yang et al. 2018）。5 株天目铁木附近均有民居，周边已无自然植被残存，山坡上多为人工种植的竹林。

天目铁木幼苗生长较快，一年生苗高为 9.4～66.0cm，平均为 29.1cm；二年生苗高为 1.09～1.94m，平均为 1.42m，根系深约 40cm（张若蕙等 1990）。天目铁木木材的物理力学性能中等，气干密度为 0.721g/cm^3（赵明水和张华峰 2006）。

王晓燕等（2015）研究了天目铁木光合和蒸腾作用的日动态，发现其净光合速率（P_n）在 11：30 和 14：30 存在峰值，P_n 分别为 7.49μmol/（m^2·s）和 6.85μmol/（m^2·s），两个高峰之间 P_n 明显较低[5.58μmol/（m^2·s）]，表明存在光合午休现象。天目铁木 P_n 在 12：30 降低的同时（图 22-2a），气孔导度（G_s）也下降（图 22-2c），而气孔限制值（L_s）增大（图 22-2d），阻止了 CO_2 的供应，导致胞间 CO_2 浓度（C_i）降低（图 22-2b），说明“午休”现象由气孔限制因素导致（王晓燕等 2015）。回归分析表明，P_n 与光合有效辐射（PAR）呈极显著正相关（$P<0.01$）。瞬时光能利用效率（RUE）与净光合速率日变化呈现相反的格局，为早晚 RUE 高、午间低（图 22-2e）。

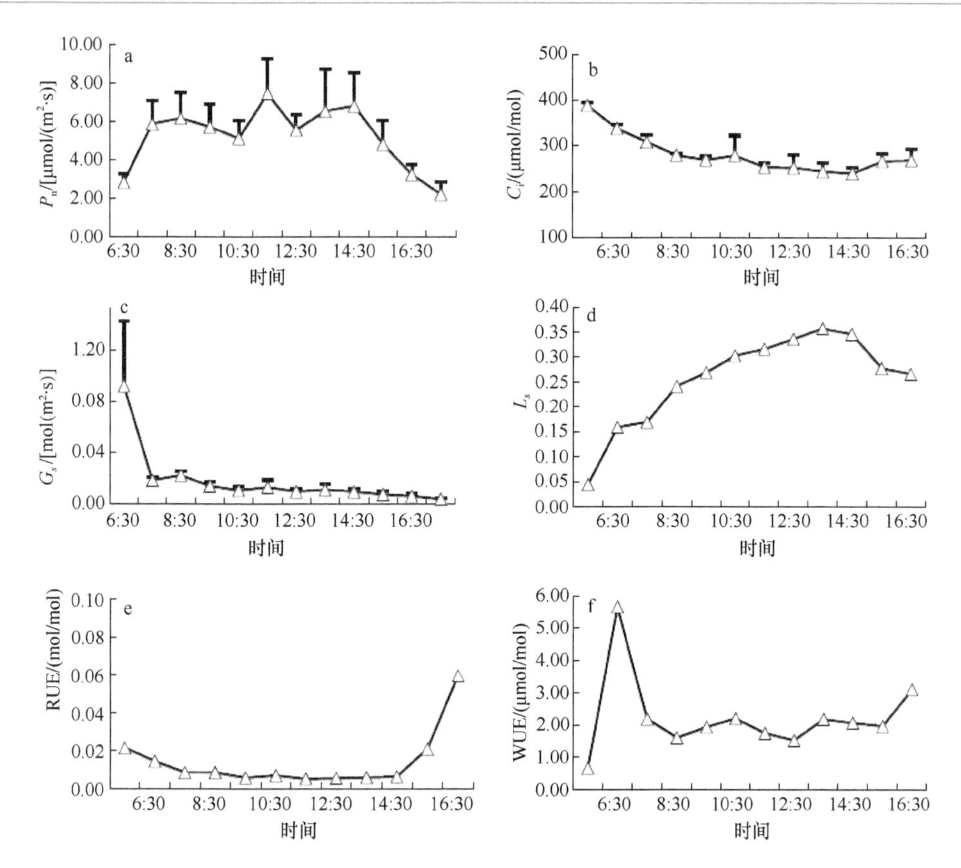

图 22-2　天目铁木净光合速率（a）、胞间 CO_2 浓度（b）、气孔导度（c）、气孔限制值（d）、光能利用效率（e）和水分利用效率（f）的日变化（王晓燕等 2015）

天目铁木的蒸腾速率（T_r）存在 2 个峰值，一个出现在早晨 6：30[T_r = 4.28mmol H_2O/（m^2·s）]，另一峰值在中午 13：30[T_r = 4.32mmol H_2O/（m^2·s）]（图 22-3）。一般而言，早晨湿度较高，蒸腾速率往往较低，在天目铁木中测得的早晨峰值比较意外，原因不明。当排除 6：30 的蒸腾速率数值后，T_r 与 PAR、气温（T_{air}）呈极显著的正相关，原因可能是增加的 PAR 提高 T_{air}，从而使蒸腾加快。T_r 与 G_s、饱和蒸汽压亏缺（VPD）呈显著正相关，当天目铁木蒸腾速率达到最高值时，VPD 也达到最大值，说明蒸腾作用受叶面饱和蒸汽压作用下气孔开闭的影响。对 T_r 的逐步回归表明，PAR 和 T_{air} 是影响 T_r 的主要环境因子（王晓燕等 2015）。

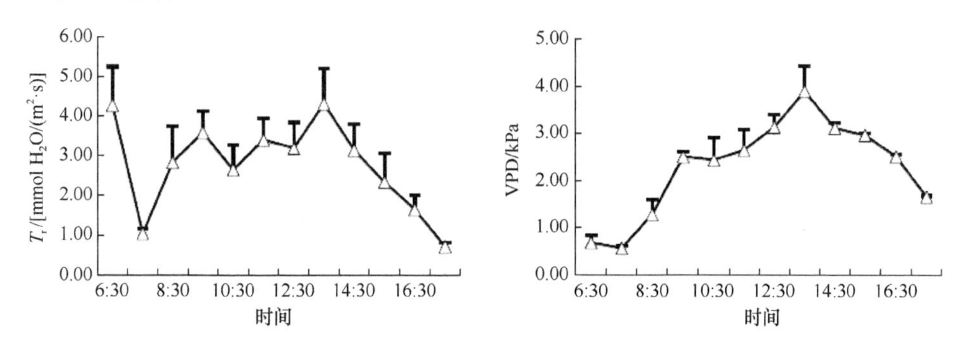

图 22-3　天目铁木蒸腾速率（T_r，a）和叶面饱和蒸汽压亏缺（VPD，b）的日变化（王晓燕等 2015）

第四节 遗传多样性与历史动态

遗传变异是物种适应变化环境的基础，反映了物种的适应潜力，研究表明濒危物种的遗传多样性显著低于非濒危的近缘种（Spielman et al. 2004）。Li 等（2012）采用 6 个 AFLP 组合对现存 5 株大树及其 128 株后代进行了分析，在亲本中共有 204 条条带，其中多态条带百分比为 29.9%，低于采用 AFLP 方法在其他极度稀少植物中得到的百分比，如 *Grevillea scapigera*（75.5%）（Krauss et al. 2002）、*Metrosideros bartlettii*（44%）（Drummond et al. 2000）。5 株野生天目铁木个体中平均每个个体有 181 条条带，显著高于子代的 159 条条带；亲代期望杂合度为 0.406，也显著高于子代的 0.257（Li et al. 2012）。这些结果表明，现存天目铁木种群的遗传多样性低，并且在子代中丢失了部分遗传变异。

全基因组分析得到相似的结论，Yang 等（2018）对现存的 5 株亲本和 9 株子代进行了全基因组分析，发现该物种序列多样性极低，全基因组序列多样性（π）为 1.66×10^{-3}，低于同属的常见种多脉铁木（2.79×10^{-3}）、同科的垂枝桦（*Betula pendula*）（8.84×10^{-3}）（Salojärvi et al. 2017）以及其他绝大多数植物（图 22-4）（Yang et al. 2018）。全基因组以及不同区域的杂合度均显著低于多脉铁木，积累了较多的遗传负荷，近交程度也显著高于多脉铁木（Yang et al. 2018）。这些结果表明，遗传因素已成为威胁天目铁木存活的重要因子，应在保育过程中加以重视。

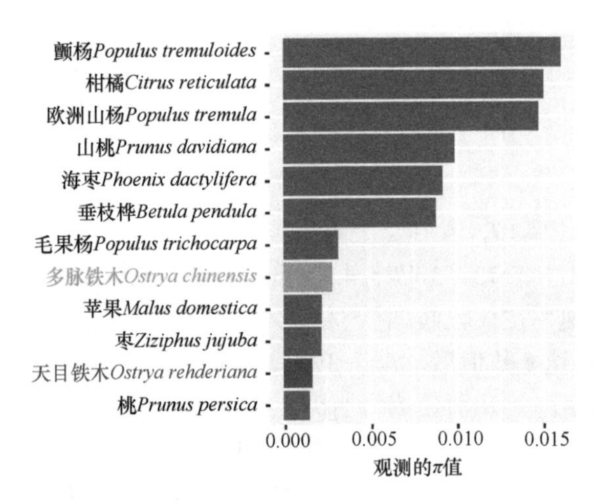

图 22-4 天目铁木与其他已测序植物的序列多样性（Yang et al. 2018）

利用全基因组信息，Yang 等（2018）反演了天目铁木和多脉铁木的种群历史动态，发现两者的有效种群规模均在距今约 100 万年前的冰期事件前开始降低，并在该冰期呈现显著下降趋势。天目铁木有效种群规模在末次盛冰期和全新世持续下降，最终趋近于 0（图 22-5）。而多脉铁木的有效种群规模则在末次盛冰期之后，大约 5000 年前有所恢复并趋于稳定（图 22-5）。由此可见，天目铁木种群衰退不仅仅是人为因素所致，自然因素在其衰退中也起着重要作用。

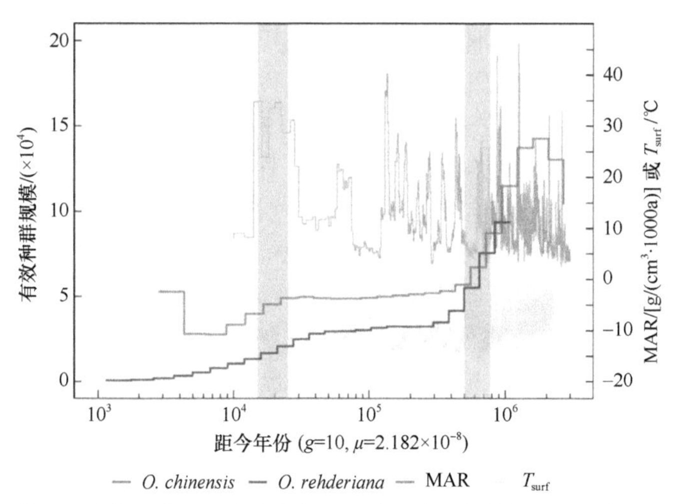

图 22-5 利用全基因组信息反演的多脉铁木与天目铁木种群规模的历史动态（Yang et al. 2018）

g. 世代时间；μ. 每世代突变率；T_{surf}. 地表气温；MAR. 黄土质量累积速率

第五节 繁殖生物学

根据天目铁木发表时的描述，彼时天目铁木更新良好，而目前野生幼苗少，存在一定的更新困难，原因之一是生境发生了改变，不利于天目铁木种子萌发和（或）幼苗生长。

前人对天目铁木的有性生殖进行了观察和研究。天目铁木雌雄花序均为葇荑花序，花单性、同株。雄花序 6 月初开始出现，翌年 4 月初开花；雌花序 4 月随当年新枝上的混合芽展出（张若蕙等 1988b）。有效传粉期为 8 天，离体花粉寿命约为一周（张若蕙等 1988b），低温冷藏可延长花粉活力。

天目铁木种子为典型的风力扩散，翅果，9 月开始成熟掉落，种子雨一直持续到次年 1、2 月。种子轻，带苞果实千粒重为 14.69g，去苞千粒重为 11.9g（张若蕙等 1988a）。

天目铁木种子不育率高，原因是饱满种子率低，为 20%～56%，这可能与天目铁木雌雄异熟有关，我们的观察表明雄花先熟、雌花后熟，结实最多的成体开花时间较早，雌花成熟时其他个体雄花开放。而开花较迟的个体结实明显偏少，加上天目铁木存在较严重的近交衰退，自交种子活力较差，因而保留下来的后代数也较少（Li et al. 2012）。

天目铁木种子果皮坚硬、透水性差，多数种子在干藏或湿沙藏 1 年后丧失活力（管康林和陶银周 1988）。种子具有休眠性，未经低温层积的种子不能萌发，需经过 100～120 天层积才能通过生理后熟，破除休眠，促进萌发（管康林和陶银周 1988）。种子水浸处理 2 天，再于 10～22℃层积处理，种子萌发率为 5.3%～19.6%。赤霉素处理对种子萌发有一定的促进作用，经 100ppm（ppm，浓度单位，1ppm=0.001‰）赤霉素浸泡 2 天后再低温层积，种子萌发率可达 22.7%（管康林和陶银周 1988）。

第六节 总结与展望

天目铁木分布地——天目山于 1956 年被林业部（现称国家林业和草原局）划为森林禁伐区，1975 年被确定为省级自然保护区，1986 年成为全国首批国家级自然保护区，

1996年被联合国教科文组织批准接纳为国际人与生物圈计划（MBA）保护区网络成员，2006年成为国家林业局（现称国家林业和草原局）51个示范自然保护区之一。

5株野生天目铁木成体均位于保护区外的村庄。为保护好这一物种，1987年天目山自然保护区管理局和浙江林学院购买了现存的5株野生成体及其所处的407m^{2}土地，归保护区所有。此外，20世纪80年代，也从野外挖掘幼树移栽到保护区，至1988年，有28株存活，2株进入开花期（管康林和陶银周 1988）。

目前，浙江天目山国家级自然保护区管理局已对天目铁木进行了良好的保护，周围设立围栏并有专人管护。除5株野生大树外，保护区还在树木园择地建立了人工种群，数量在170株左右，树龄约为30年，部分个体已开始开花结实，但人工种群尚未发现天然更新的幼苗。此外，浙江省林业科学研究院、舟山市林业科学研究院、丽水庆元五岭、杭州午潮山等地都有引种，以保护天目铁木资源。尽管后代数量已超过100株，但有效种群规模很小，采用分子标记估算的有效种群规模仅为1株（Li et al. 2012）。

尽管目前对天目铁木的保护很重视，但也面临着一些问题，主要问题和建议如下。

1）天目铁木野生成体分布集中，极易受意外事件而致野生绝灭。目前天目铁木仅存5株大树，其中1株顶梢已毁，长势较差。此外，5株个体分布在很窄的范围，极易受随机环境变化和灾害性事件影响而导致这5株个体死亡，造成该物种野生绝灭，以致种质资源丧失。由于有性生殖后代很难完全携带亲代的遗传信息，建议对仅存的5株成体采用无性繁殖方法扩繁，保存在不同地点，降低种质资源丧失的风险。

2）由于天目铁木的当前生境已发生改变，天然更新困难，急需通过科学研究确定制约天然更新的因素，进而通过针对性措施，消除或避免制约因素，促进天目铁木的天然更新，恢复野生种群规模。

3）目前天目铁木保护小区面积小（仅约400m^2），这样小的生境只能维持数个成体，要扩大野生种群规模，需要扩大合适生境的面积。建议开展抢救性保护，通过购买保护小区周边土地，扩大保护小区面积，并清除竹林，尽可能恢复适合天目铁木生长的常绿阔叶林或常绿落叶阔叶混交林，为天目铁木野生种群规模的扩大和天然更新提供合适的生境。

撰稿人：刘超男，王　嵘，李媛媛，陈小勇

主要参考文献

管康林, 陶银周. 1988. 濒危物种: 天目铁木的现状和繁殖. 浙江林学院学报, 5(1): 90-92.

孟爱平, 何子灿, 李建强, 等. 2004. 桦木科两种濒危植物的染色体数目. 武汉植物学研究, 22(2): 171-173.

王晓燕, 杨淑贞, 赵明水, 等. 2015. 濒危植物天目铁木和羊角槭的光合及蒸腾特性日动态比较. 华东师范大学学报(自然科学版), (2): 113-121.

张若蕙, 龚关文, 沈锡康, 等. 1988a. 天目铁木花粉、种子及幼苗的研究. 浙江林业科技, 8(4): 7-11, 30.

张若蕙, 沈锡康, 杨逢春. 1990. 天目铁木生长节律的观察. 浙江林学院学报, 7(1): 58-62.

张若蕙, 张金谈, 邹达明, 等. 1988b. 天目铁木的花及花粉形态. 浙江林学院学报, 5(1): 93-96.

赵明水、张华峰. 2006. 天目铁木物理力学性质初步分析. 浙江林业科技, 26(1): 52-55.

Chun W Y. 1927. New species and new combinations of Chinese plants. Journal of the Arnold Arboretum, 8(1): 19-22.

Drummond R S M, Keeling D J, Richardson T E, et al. 2000. Genetic analysis and conservation of 31 surviving individuals of a rare New Zealand tree, *Metrosideros bartlettii* (Myrtaceae). Molecular Ecology, 9(8): 1149-1157.

Holstein N, Weigend M. 2017. No taxon left behind? A critical taxonomic checklist of *Carpinus* and *Ostrya* (Coryloideae, Betulaceae). European Journal of Taxonomy, 375(375): 1-52.

Krauss S L, Dixon B, Dixon K W. 2002. Rapid genetic decline in a translocated population of the endangered plant *Grevillea scapigera*. Conservation Biology, 16(4): 986-994.

Li Y Y, Guan S M, Yang S Z, et al. 2012. Genetic decline and inbreeding depression in an extremely rare tree. Conservation Genetics, 13(2): 343-347.

Lu Z Q, Zhang D, Liu S Y, et al. 2016. Species delimitation of Chinese hop-hornbeams based on molecular and morphological evidence. Ecology and Evolution, 6(14): 4731-4740.

Salojärvi J, Smolander O P, Nieminen K, et al. 2017. Genome sequencing and population genomic analyses provide insights into the adaptive landscape of silver birch. Nature Genetics, 49(6): 904-908.

Spielman D, Brook B W, Frankham R. 2004. Most species are not driven to extinction before genetic factors impact them. Proceedings of the National Academy of Sciences of Sciences of the United States of America, 101(42): 15261-15264.

Stritch L. 2014. *Ostrya chisosensis*. The IUCN Red List of Threatened Species, 2014: e.T194284A2309626. https://dx.doi.org/10.2305/IUCN.UK.2014-3.RLTS.T194284A2309626.en[2021-5-24].

Turner I M. 2014. Names of extant angiosperm species that are illegitimate homonyms of fossils. Annales Botanici Fennici, 51(5): 305-317.

Yang Y, Ma T, Wang Z, et al. 2018. Genomic effects of population collapse in a critically endangered ironwood tree *Ostrya rehderiana*. Nature Communications, 9(1): 5449.

第二十三章　长柄双花木种群与保护生物学研究进展

第一节　引　　言

植物是自然界重要的组成部分，参与整个生态系统的物质循环，对生态系统的维持与稳定起着重要的作用。某一植物灭绝通常会导致 10～30 种伴生物种的散失（吴小巧 2004），严重影响群落的物种组成和生态系统的稳定。对植物物种多样性的保护，特别是对濒危植物的保护是现阶段急需、迫切的工作，而深入了解保护对象，更有利于对其开展保护工作。开展濒危物种保护工作在生物多样性保护中具有十分重要和关键的作用（李晓红等 2013）。物种濒危的原因分为自然因素和人为因素两大方面，自然因素主要包括物种的进化史、所处的生态环境变化以及自身的遗传学特性（Fiediler & Jain 1986；万开元等 2004）；人为因素则主要为人为干扰、城市开发造成的生境破碎化等（万开元等 2004）。现阶段，对濒危物种的致濒机制开展了大量研究，万开元等（2004）概括了主要的珍稀濒危植物致濒机制：濒危的“关键性”理论（Paine 1969；张文辉 1998；祖元刚 1999）、致危生境假说（贺善安等 1998）、叠加效应假说（Hubby & Lewontin 1966）、“生境破碎化导致种群异质化”濒危假说（Wilcove & May 1986）和人为因素主导致危论（祖元刚 1999）等。

研究双花木属在探索长柄双花木系统发育和东亚长柄双花木区系地理方面具有重要的科学意义（傅立国 1992）。双花木属是金缕梅科孑遗的单种属，其原种双花木（*Disanthus cercidifolius*）仅分布于日本。长柄双花木（*Disanthus cercidifolius* var. *longipes*）是金缕梅科双花木属植物，是双花木属中国-日本植物区系的替代种（傅立国 1989）。长柄双花木分布区局限，且个体数量稀少（傅立国 1992；肖宜安等 2002），目前已处于濒危状态，被列为国家二级重点保护野生植物。现阶段，长柄双花木的研究主要集中在群落组成和物种多样性（李矿明和汤晓珍 2003；谢国文等 2016；欧阳园兰等 2018）、种群结构和动态（肖宜安等 2003，2004a；王国兵等 2017）、种子休眠和萌发（史晓华等 2002；徐本美等 2007）、繁育体系（肖宜安等 2004b；Xiao et al. 2009）、扦插繁殖（黄绍辉等 2007）、遗传多样性（李美琼 2011；谢国文等 2014）以及火烧恢复（缪绅裕等 2013）等方面，还需要更为深入的研究才能更好地保护该物种。相关研究表明，因人为破坏等因素，长柄双花木分布群落遭受着严重的影响，物种多样性很低，该种已经成为其分布群落的建群种之一，在其生态系统恢复中将起重要作用（肖宜安等 2004c）。因此探讨长柄双花木的生态学特征对该物种的保护极为重要和迫切。

第二节　物 种 特 征

一、生活史过程

长柄双花木属于落叶灌木，种子具有深度休眠习性，第二年才能发芽（史晓华等 2002）。其植株一般 3 月初萌芽，4 月展叶，5 月初花芽开始分化，9 月下旬叶片开始转红并逐渐凋落，9～11 月开花，于翌年 9～10 月果实成熟（张嘉茗等 2013；谢国文等 2014）。花开时，叶大多已脱落，花与去年的蒴果并存。自然状态下，存活 50 年左右，出现衰老、死亡现象。其中广东大东山潘家洞种群在 50 年左右开始衰老（缪绅裕等 2014），官山种群在 60～70 年出现主枝死亡高峰，可能因为该年龄阶段侧枝数量较多，分枝之间养分竞争激烈（王国兵等 2017）。现阶段，井冈山种群的长柄双花木最大树龄为 65 年（2002 年）（肖宜安 2004c），官山种群的长柄双花木最大树龄为 90 年（2016 年）（王国兵等 2017），南岭种群最大植株的基径为 101.72mm，估计生长年限为 68 年（2014 年）（缪绅裕等 2014）。

二、繁殖特征

（一）长柄双花木的花部综合特征

植物花的综合特征包括两个方面：花部构成和花的开放式样。花部构成主要包括花的结构、颜色、气味、分泌物质类型及其产量等单朵花的所有特征；花的开放式样则指花在某时间开放的数量、花在花序上的空间排列状况等，是花在种群水平上的表现特征。

1999～2002 年连续 4 年对井冈山长柄双花木种群开展花部特征调查发现，长柄双花木常 2 个头状花序对生于叶腋两侧，每个花序具 2 朵无梗、对生的两性花，花被片 5 片。花蕾期花苞常呈淡绿色，2 个对生的花蕾形成椭圆柱状。单花从开放到散粉末期一般持续 5～6 天，花开放时，一般 1 或 2 片花瓣伸出花苞，然后其他花苞逐渐伸出并展开；同一花序上的 2 朵花，一般同时开放（图 23-1a），但也有先后开放的（图 23-1b）。多数花在开放第 2 天散发香味，少数在开放当天散发香味，直至花瓣凋谢；花瓣基部具有分泌物质，分泌物质无甜味（表 23-1）。花开放时，柱头明显高于花药的位置。花柱在花期基本不伸长；花丝则在开花当天或第 2 天开始伸长，当花药与柱头靠近时，花药开始 2 瓣开裂并散出花粉。另外，一般 2 花丝先伸长并首先散出花粉；其余 3 雄蕊滞后 1～2 天（图 23-1c，图 23-1f）。花药卵形，2 室，朝外并斜向上裂开，5 花药完全裂开散粉时，花粉形成明显的“花粉圈”，并环绕柱头（图 23-1e）。单花期依其形态和散粉特征可分为以下时期：散粉前期——开花当天至花药开裂前，花萼开裂，花瓣未完全伸展，2 花丝开始伸长；散粉初期——开花第 2～3 天，花瓣完全伸展，2 花丝伸长与柱头齐平，1 或 2 个花药开裂（图 23-1f）；散粉盛期——第 3～5 天，3～5 个花药开裂，柱头颜色转黄；枯萎期——第 6～7 天花药全部开裂或枯死，且其中花粉全部散出，花瓣开始下垂，柱头变褐或者枯黄（图 23-1d），甚至整个花序掉落。

图 23-1　长柄双花木开花过程中花形态特征变化

表 23-1　长柄双花木花形态功能特征

观测项目		观测结果
花瓣雄蕊枯萎顺序		同时
花瓣发育状态	颜色变化	淡红—深红—褐色
	大小变化	花瓣伸长—卷缩
雄蕊发育状态	花丝长短	明显伸长（1.10mm→2.26mm）
	花药与柱头间距	由长变短（1.02mm→0.22mm）
	花药开裂方式	外向朝上，2 纵裂
柱头发育状态	颜色	浅绿—浅黄—褐色—黑色
	形状	无明显变化
	位置	直立
气味		有
分泌物		有

（二）杂交指数和花粉-胚珠比

按照 Dafni（1992）的方法对长柄双花木进行杂交指数（out crossing index，OCI）的测量，其结果见表 23-2。长柄双花木花直径约为 15mm；该种虽然属于两性花，但开花时柱头与花药分离，直到花药散粉时柱头位置仍比花药高；而且花药散粉初期雌蕊尚未成熟。因此可以认为其雌、雄器官在空间和时间上是分离的。其杂交指数大于 4。根据 Dafni（1992）的标准其繁育系统可定为异交，部分自交亲和，需要传粉者。

表 23-2 长柄双花木杂交指数观测结果

观测项目	花朵直径	花药散粉与柱头可授期时间间隔	柱头与花药空间间隔	OCI 值	繁育系统类型
结果	＞6mm*	雄蕊先熟	空间分离	＞4	异交，部分自交亲和，需要传粉者

*采用 Dafni 法进行杂交指数测定：花朵或花序直径＜1mm、1~2mm、2~6mm 及＞6mm 时分别记为 0、1、2、3

由表 23-3 可知，长柄双花木的花粉-胚珠比（pollen-ovule ratio，P/O）约为 1250，按照 Cruden（1977）的标准，该物种的繁育系统属于兼性异交类型。

表 23-3 长柄双花木的花粉-胚珠比

观测项目	每朵花花粉数量/粒	每朵花的胚珠数目/个	花粉-胚珠比	繁育系统类型
结果	≈8800	7 ± 2	1250	兼性异交

（三）套袋实验

经过套袋和人工授粉等实验后，其结果（表 23-4）表明：长柄双花木不存在无融合生殖现象，自然条件下结实率只有 2.75%左右，与连续多年的野外调查结果（2.80%）基本一致。而其自花授粉结实率低，人工异株异花授粉结实率则可达 45%左右。上述结果显示该物种的繁育系统以异交为主。

表 23-4 长柄双花木套袋实验结果（平均数 ± 标准误）

授粉方式	柱头落置花粉粒数/粒	平均结籽率/%
去雄，套袋，不授粉	0	0
去雄，不套袋，自然授粉	11.6 ± 0.52	4.60 ± 2.10
去雄，套袋，人工异株花粉	63.9 ± 2.30	45.01 ± 2.73
去雄，套袋，人工自花授粉	57.9 ± 1.90	2.73 ± 0.06
不去雄，套袋，自花授粉	19.1 ± 1.49	1.13 ± 0.09
不去雄，不套袋，自然授粉	23.5 ± 1.23	2.75 ± 0.29

（四）长柄双花木传粉生态学特征

1. 风对花粉散布的作用

由图 23-2 可知，用玻片法所收集到的花粉数从距离标记树树冠外缘 0.5m 处的近 160 粒急剧下降到 2.0m 处的不到 20 粒。这说明风对花粉的传播作用效果很低。2002 年 10 月

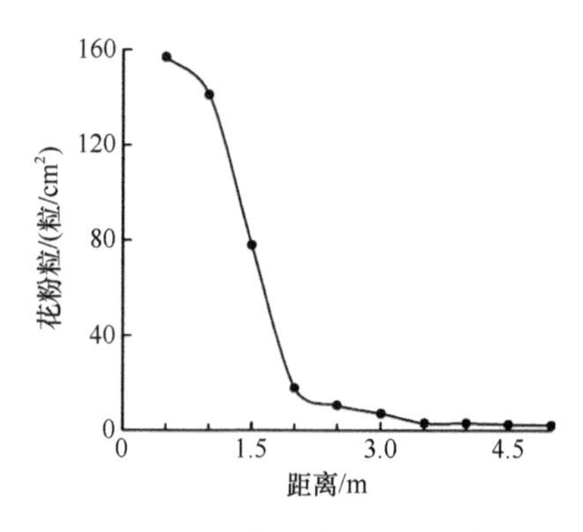

图 23-2 风对花粉散布的影响效果

上旬和2003年9月下旬，在开花前用纱网将花序套袋，以防止昆虫传粉，用于估计风媒传粉效率。2年共套袋200个花序，其平均结果率分别只有0.058%和0.072%，而2年人工授粉的最大结果率分别为48.19%和47.30%。由此可知风媒传粉的效率是极低的。

2. 虫媒传粉

长柄双花木的传粉昆虫主要有黑纹食蚜蝇（*Episyrphus balteatus*），黑花果蝇（*Scaptodrosophila coracina*），蜂类[主要是亚非马蜂（*Polistes olivaceus*）和中华蜜蜂（*Apis cerana*）]，稻绿蝽（*Nezara viridula*）和七星瓢虫（*Coccinella septempunctata*）等。在定点观察中捕获到黑纹食蚜蝇10只，蜂类5只（2只亚非马蜂，3只中华蜜蜂），稻绿蝽2只，七星瓢虫1只；另外捕获了少量黑花果蝇做室内观察（图23-3）。

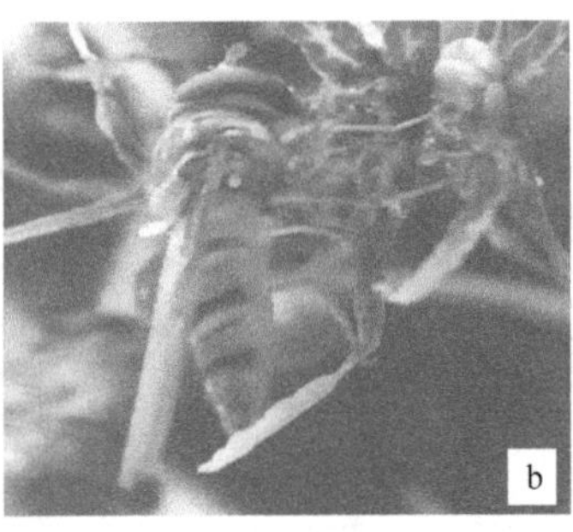

图23-3　长柄双花木的主要有效传粉昆虫黑纹食蚜蝇

从表23-5可以看出，不同传粉昆虫的传粉效率是有差异的，黑花果蝇、蝽类和七星瓢虫的传粉效率都非常低，平均每访花1次，只能带给柱头约0.5粒花粉，甚至更少。亚非马蜂和中华蜜蜂每次访花可以带给柱头11～18粒花粉；黑纹食蚜蝇带给柱头的花粉量则显著高于其他传粉昆虫，平均可以达到24粒。不同传粉昆虫年际传粉效率差异不显著（$R^2 = 0.997$，$P = 0.906$）。

表23-5　长柄双花木不同传粉媒介的传粉效率（平均数 ± 标准误）

年份	传粉媒介					
	黑花果蝇	黑纹食蚜蝇	亚非马蜂	中华蜜蜂	稻绿春	七星瓢虫
2002	0.56 ± 0.131	23.81 ± 1.974	11.34 ±2.330	16.21 ±1.072	0.60 ± 0.050	0.59 ±0.094
2003	0.39 ± 0.054	25.62 ± 1.348	13.10 ±1.914	18.40 ± 1.584	—	—

昆虫总体传粉效率可以从虫媒效率指数得知，2002年和2003年的虫媒效率指数分别是0.056 ± 0.001和0.079 ± 0.003，在年份间存在显著差异。而2002年和2003年的风媒传粉效率指数分别为0.0012和0.0015，年份间没有显著差异。

就传粉者而言，黑纹食蚜蝇数量虽然少，但访花频率较高，单次访花的传粉效率也相对较高，是长柄双花木最主要的有效传粉昆虫。黑花果蝇则以其数量多且访花频率高（几乎一直在花上）而成为另一个有效传粉昆虫。蜂类的单次访花效率虽然相对较高，但因数量少且访花频率极低，所以其总体传粉效率极低；蝽类和七星瓢虫的传粉效率更低，而且不是固定传粉者，因而蜂类、蝽类和七星瓢虫都可被认为是无效传粉者。

与许多濒危植物类似，长柄双花木也存在明显的“花多果少”的繁殖模式。从传粉的角度看，这可能是因为有效传粉昆虫数量少；传粉昆虫对传粉环境要求高；传粉昆虫活动范围小，进而使其传粉效率低、效果也相对较差，因此结实率低。而其“花多”且“集中开放”的繁殖模式，一方面在一定程度上吸引了一定数量的有效传粉昆虫，如黑纹食蚜蝇等，这种策略增加了对传粉者的吸引而减少了植物灭亡的危险（Stanton et al. 1986）；另一方面也是对环境的一种适应行为。另外，传粉昆虫种类和数量都较少，且传粉效率低，从而使长柄双花木产生了“果少”的繁殖结局。这也可能是其在繁殖方面的一个重要致濒因素。

三、染色体

长柄双花木的染色体数目 $2n = 16$，核型公式 $K(2n) = 63 + 10sm$（潘开玉和杨亲二 1994）。双花木属所有序列单倍型多态性（H_d）为 0.679 77，全基因组序列多样性（π）为 0.002 52（李丽卡等 2016）。孟艺宏等（2018）通过转录组测序发现，长柄双花木重复基因序列种类比较丰富，共有 193 种，单碱基到六碱基重复均有分布，长度主要为 10～21bp，拥有丰富的 SSR 位点，有助于开展种群遗传多样性及系统进化等方面的研究。

四、构件性

长柄双花木个体的繁殖枝数及花序数均与个体年龄、分布群落类型及海拔有关。年龄小的个体，繁殖构件在发育时的败育率高于年龄大的个体，这可能与其有机物质的积累有关；另外，繁殖构件的败育与海拔无相关性，而与构件发育时间、分布的树冠层次以及所获得的光资源相关。植物有机物质的积累与其接受的光资源有关，因此影响个体繁殖构件败育的主要生境因子可能是个体所获得的光资源条件。长柄双花木繁殖构件的败育率随发育时间而增加，也可能是后期所获得的其他有效资源量的下降所致。

（一）繁殖构件分布的时空动态

每种植物的繁殖构件都有一定的分布格局和数量动态（祖元刚等 2002）。国内外对此报道不多，国内主要集中在繁殖分配和构件的可塑性等方面（王仁忠 2000；陶建平和钟章成 2003）。2003 年，我们调查井冈山不同生境的长柄双花木种群，分析其繁殖构件动态与海拔之间的关系发现，长柄双花木个体的繁殖枝数及花序数均随个体年龄增长先增加后稍有下降（图 23-4）。但不同冠层中繁殖枝数的变化情况有所不同，树冠中、下层着生的繁殖枝数随年龄增长缓慢增加，当个体年龄达到 30～35 年时，个体所着生的繁殖枝数及花序数均达到高峰；此后随个体年龄的继续增长，繁殖枝数和花序数均呈现下降趋势。而树冠上层所着生的繁殖枝数和花序则有所不同。在个体年龄约为 20 年时，繁殖枝数和花序数均达到一个小的高峰，而 30 年左右的个体，不论繁殖枝数还是花序数均有所下降，此后在 35 年时再次上升到最高值，而后又呈下降趋势。

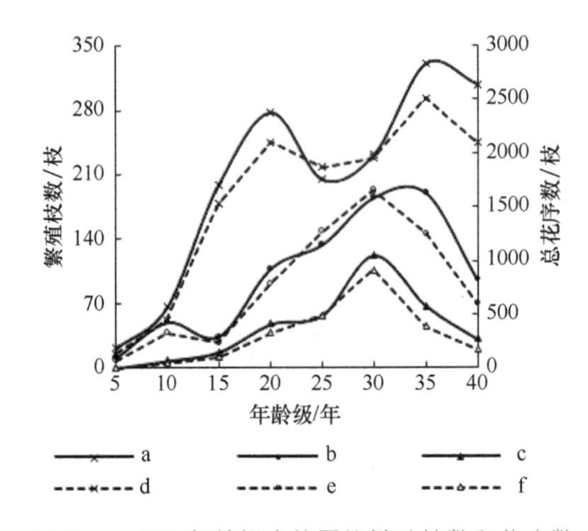

图 23-4　不同年龄级个体平均繁殖枝数和花序数

a. 上层繁殖枝数；b. 中层繁殖枝数；c. 下层繁殖枝数；d. 上层花序数；e. 中层花序数；f. 下层花序数

长柄双花木着生的繁殖枝数随海拔升高而逐渐增加，在海拔 810m 左右处达到最大值；此后随海拔升高着生的繁殖枝数减少（图 23-5）。单株花序数的变化趋势与繁殖枝数变化趋势一致。树冠上层繁殖枝数及花序数的变化比中、下层要显著。在低海拔处，冠层间的繁殖枝数和花序数差异不明显，但随海拔上升，冠层上部的繁殖枝数和花序数显著多于中层和下层；且这种差异在海拔 810m 左右处最为明显。

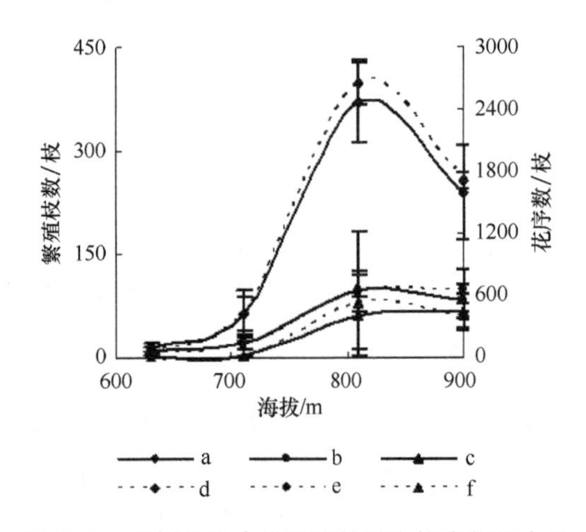

图 23-5　长柄双花木繁殖构件随海拔变化的变异

a. 上层繁殖枝数；b. 中层繁殖枝数；c. 下层繁殖枝数；d. 上层花序数；e. 中层花序数；f. 下层花序数

（二）繁殖构件败育的时空动态

芽期败育率随年龄增长而迅速下降随后又上升（图 23-6）。在繁殖初期个体各冠层败育率均相对较高，随着年龄的增长而迅速下降，在个体年龄为 20～30 年时达到最低，此后又有所回升。从不同树冠层次看，下层败育率显著高于其他冠层败育率，上层和中层间则不存在显著差异。花期、果期败育率在不同年龄级个体间以及相同年龄级个体的不同层次间均不存在显著差异。

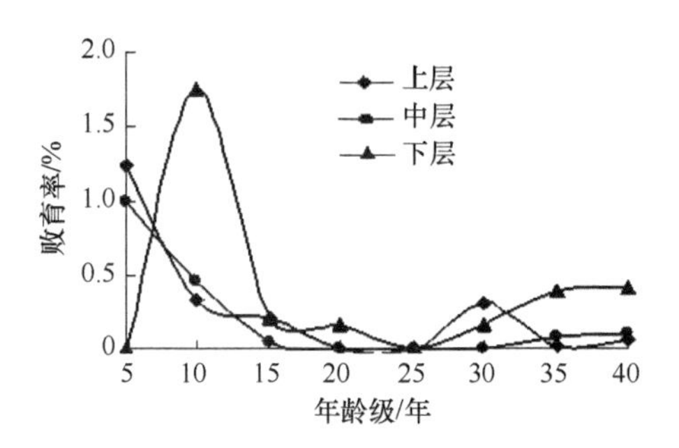

图 23-6　不同年龄级个体花败育率

在花芽发育的同一时期中，其败育率在不同海拔间均不存在显著差异（图 23-7）；但是在同一海拔中，芽期败育率显著低于花期败育率（$R^2 = 0.958$，$P = 0.001$）和果期败育率（$R^2 = 0.871$，$P = 0.0001$）。表明繁殖构件的败育与海拔没有相关性，而与其发育时期显著相关。

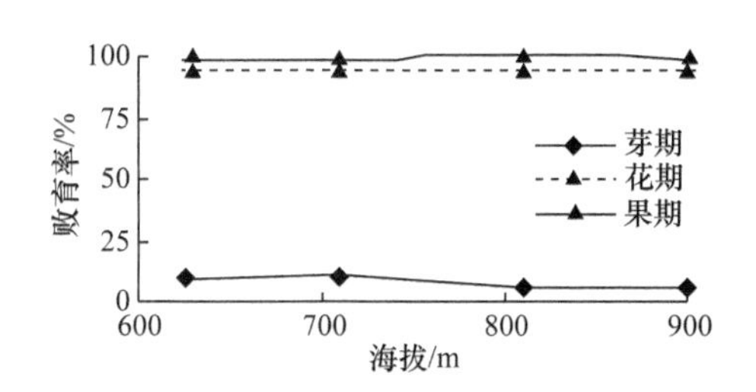

图 23-7　不同海拔繁殖构件的败育率

五、形态特征

长柄双花木为落叶灌木，高 2～4m，胸径 15cm（《中国植物志》描述为 6cm 左右），有的可超过 20cm；多分枝，小枝曲折，具长短枝之分。叶互生，卵圆形，长 5～7.5cm，宽 6～9cm。先端钝圆，基部心形，全缘，掌状脉 5～7；叶柄长 5～7cm。头状花序有两朵对生无梗的花；花序梗长 1～2.5cm；花两性，萼筒浅杯状，裂片 5，卵形，长 1～1.5cm；花瓣 5，红色，狭长披针形，长 7～14mm；雄蕊 5，花丝短，花药内向 2 瓣开裂；子房上位，2 室，胚珠多数；花柱 2，极短，柱头略弯钩，蒴果倒卵圆形，长 1.2～1.6cm，直径 1.1～1.5cm，木质，室背开裂；每室有种子 5～8 粒；种子长圆形，长 4～5mm，黑色，有光泽。

六、生理特征

（一）不同生境下净光合速率日变化特征

不同生境条件下长柄双花木净光合速率（P_n）、气孔导度（G_s）、胞间 CO_2 浓度（C_i）以及气孔限制值（L_s）的日变化结果见图 23-8。在光强相对高的纯林及常绿阔叶林中个体净光合速率最初随光强的增强而上升，随后随着午间光强的增加其净光合速率不断降低，表现出“午休”现象。而在午间光强增加的过程中随着净光合速率的下降，叶片气孔导度、胞间 CO_2 浓度也显著降低，气孔限制值则显著增加。上述结果表明，较强光照条件下长柄双花木午间气孔的部分关闭所导致的气孔限制是其光合作用午休的一个重要原因。而在竹林中生长的长柄双花木，由于光照极弱，只在 9：30 时净光合速率和气孔导度随着光强的增强而增加，在其他时间由于光强太弱，净光合速率和气孔导度极低，但胞间 CO_2 浓度却随着气孔导度的下降而增加，说明在此生境条件下，光强太弱是导致其光合作用低的主要原因。

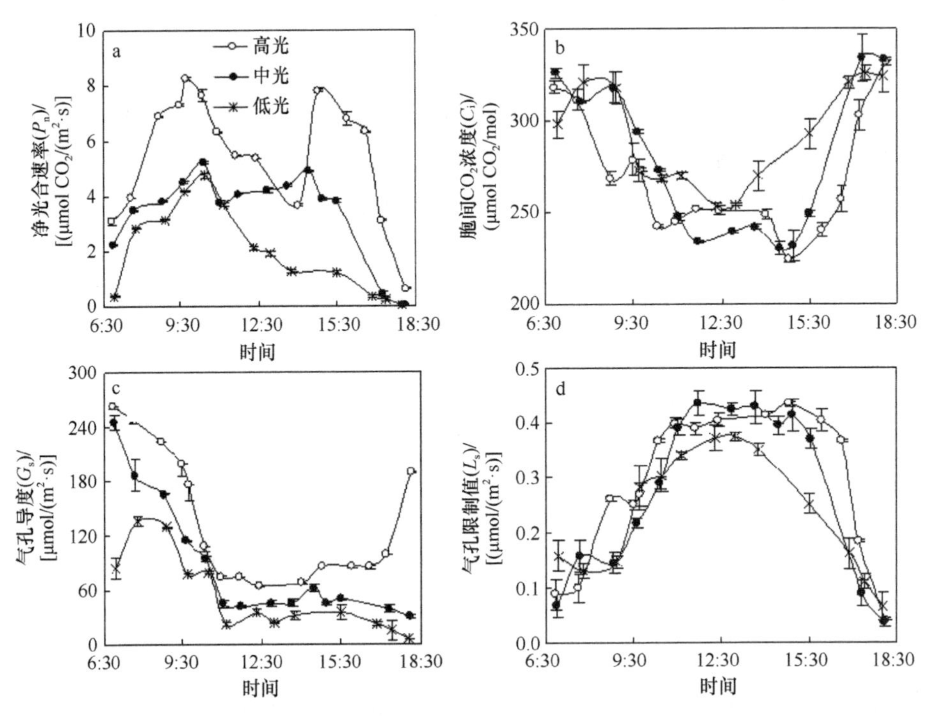

图 23-8 不同生境条件下长柄双花木净光合速率（P_n）、气孔导度（G_s）、胞间 CO_2 浓度（C_i）、气孔限制值（L_s）的日变化

（二）蒸腾速率与水分利用效率

长柄双花木蒸腾速率和水分利用效率的日变化情况见图 23-9。结果表明：在纯林中，其蒸腾速率相对较高，但在中午因为大部分气孔处于关闭状态，蒸腾速率也有所下降；

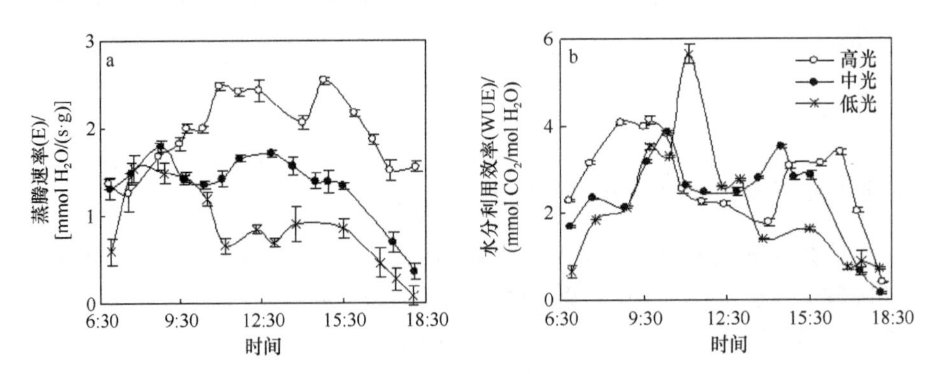

图 23-9 不同生境条件下长柄双花木蒸腾速率（E）及水分利用效率（WUE）的日变化

而此时的水分利用效率则显著降低。在竹林中，长柄双花木蒸腾速率的变化趋势与其所处生境的光合有效辐射、净光合速率的变化基本一致。在中午时其蒸腾速率显著低于其他生境中个体的蒸腾速率，结果使得其水分利用效率明显较高。

七、开花物候

（一）单花开花进程及花表型变化

长柄双花木单花花期一般为6～7天。花蕾期花苞片常呈淡绿色，2个对生的花蕾呈椭圆柱状至圆柱状。花开放时，一般1或2片花瓣伸出花苞，然后其他花瓣逐渐伸出并展开；同一花序上的2朵花一般同时开放，但也有先后开放的。部分花序只有1朵花开放，另一朵败育。晴天花蕾多在中午前后开放，这可能与开花当天的气温有关。

多数花在开放第2天才散发香味，直至花瓣凋谢，而少数花在开放当天就散发香味；花瓣基部具有分泌物质，无甜味，其出现时间与香味散发时间一致，但含量较少，多次用微量注射器均未收集到该分泌物质，其性质有待进一步研究。

（二）种群开花进程

1999~2002年连续4年调查井冈山5个地理种群的长柄双花木开花物候，结果表明：在蔡家田种群，开花时间进程在年度间基本相似（图23-10），其中在1999年、2000年其开花比例均逐渐上升至高峰，然后缓慢下降。而2001年和2002年则有所不同，在开始的数周内，开花进程缓慢，继而开花比例迅速上升至高峰期，然后逐步下降。在茨坪的人工种群中，开花曲线则呈现明显的“钟”形曲线。引起两个种群间开花物候差异的原因可能与海拔等有关，值得进一步研究。

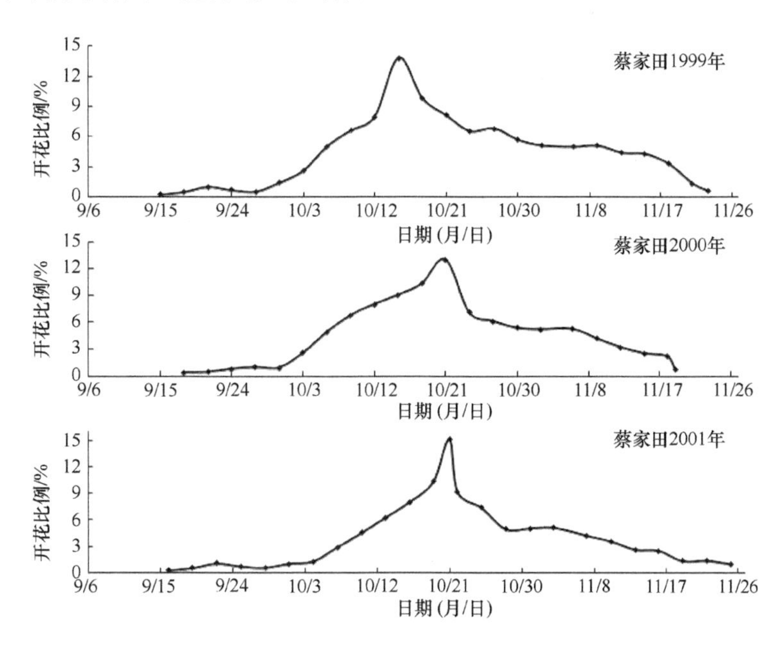

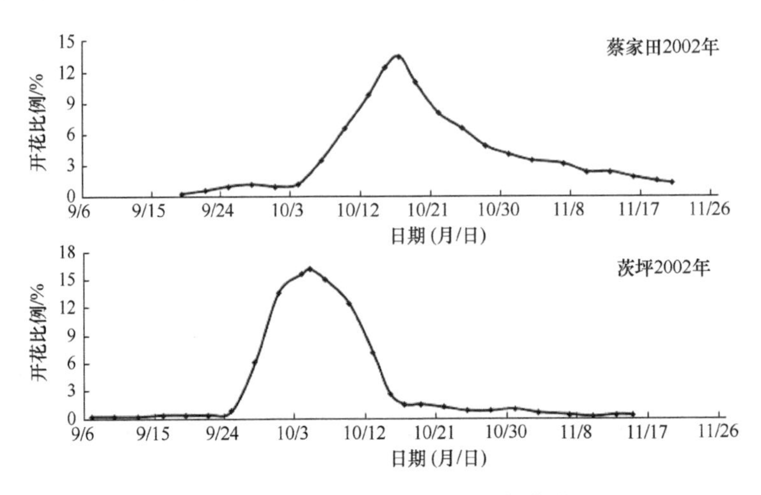

图 23-10 长柄双花木开花物候曲线

八、地理起源、区系与分布

中国金缕梅科植物的原始性和复杂性是任何其他地区都无法比拟的，中国南部不仅是金缕梅科植物区系的现代分布中心，还可能是它的起源中心。对于金缕梅科植物系统发育和地理分布的深入探讨，将为研究中国植物区系的起源和发展提供很有价值的资料（张宏达等 2004）。孟艺宏等（2019）通过 MaxEnt 3.2.19 软件模拟发现双花木属植物最适分布区在我国南岭、武夷山东麓与黄山、罗霄山脉，以及日本纪伊山、赤石山及阿尔卑斯山脉。目前，长柄双花木在我国主要分布在浙江省、湖南省、江西省和广东省。浙江省有两个长柄双花木分布区，分别为开化龙潭和龙泉佳溪（李根有等 2002）；湖南省主要有 3 个地区，分别为道县空树岩、常宁阳山、宜章莽山（谢国文等 2010），2016 年，在邵阳县河伯岭国有林场发现长柄双花木 20 余株，2018 年发现 500 余株（莫莎莎 2016）；江西有 6 个地区发现野生长柄双花木种群，分别为井冈山、玉山三清山、南丰军峰山、宜丰官山及婺源等（高浦新等 2013；李晓红等 2013）。其中，三清山地区长柄双花木分布在海拔 400～1250m（沈如江等 2009），为中高海拔地区的珍稀物种群落；官山将军洞种群分布在官山自然保护区内，分布在海拔 600～800m，种群分布地坡面向西，坡度为 30°（李矿明和汤晓珍 2003），王国兵等（2017）在 2016 年的调查发现，官山将军洞种群分布在海拔 600～1100m，面积达 13hm^2，是我国现阶段最大的保护、研究基地；广东仅在南岭大东山潘家洞发现野生种群的长柄双花木，有 1 万余株，分布面积为 2.5hm^2（缪绅裕等 2013），主要分布在 630～1300m 的低山地（谢国文等 2014）。除此之外，孟艺宏等（2019）研究发现，我国的黄山、武夷山脉等地也是长柄双花木的适宜生存区，可能存在野生长柄双花木种群。

第三节　环 境 特 征

一、土壤特征

长柄双花木野生种群生存的土壤以红壤、黄壤、山顶草甸土等为主，土壤较为贫瘠，而山体以花岗岩为主，土层较浅、颗粒岩石较多，土壤偏酸性。随着海拔的增加，江西三清山、官山的土壤类型有红壤、红黄壤、山地黄壤、黄棕壤、山地草甸等（李矿明和汤晓珍 2003；沈如江等 2009），其中官山长柄双花木种群的土壤类型以山地黄壤为主（李矿明和汤晓珍 2003），其土壤较为贫瘠，呈颗粒结构，含石量达 30%，土层中根系含量较多；井冈山样地中，长柄双花木种群以红棕壤为主（肖宜安等 2004c）；浙江开化种群以红壤为主（谢国文等 2016）；南岭大东山潘家洞种群的土壤以山地黄壤和山顶灌丛草甸土为主（唐绍清等 1997；缪绅裕等 2014）。

二、气候特征

长柄双花木的生存环境为亚热带季风气候，喜欢生长在气候温凉、雨水多、云雾重、湿度较大的地区。江西井冈山属于亚热带季风气候，四季分明，雨量充沛，年平均气温为 14.2℃，1 月为最冷月，平均温度为 3.2℃，7 月为最热月，平均气温仅为 23.9℃，极端最高温也只有 34.8℃；年平均降水量为 1856.3mm，年平均降雨天数为 213 天。官山自然保护区属于中亚热带温暖湿润区，受东南季风影响，气候温和湿润，年均气温为 16.4～17.1℃，1 月平均气温为 4.5～4.9℃，7 月平均气温为 27.2～28.5℃，极端最低气温为−10℃，极端最高气温为 38℃，无霜期为 250 天，年均降水量为 1600～1700mm，年日照时数为 1638h（李矿明和汤晓珍 2003）。浙江开化属于亚热带季风气候，四季分明、温和宜人。常年平均气温为 16.4℃，昼夜温差平均为 10.5℃，年平均降水量为 1814mm，无霜期为 252 天，素有“中国的亚马孙雨林”之称。广东南岭大东山属于典型的中亚热带季风气候；年均气温为 15.5℃，最冷月 1 月均温为 8.9℃，最热月 7 月均温为 28.5℃，≥10℃年均有效积温为 6236.5℃；年均降水量为 1637.6mm，集中在 3～8 月；盛吹东南风（缪绅裕等 2014）。

三、群落特征

（一）江西井冈山地区长柄双花木群落物种组成及其区系特征

我们的实地调查统计结果（表 23-6）表明，井冈山长柄双花木群落中共有高等植物 80 种(含变种)，分属 51 科 64 属。其中蕨类植物 7 科 7 属 9 种，占群落中总种数的 11.25%；裸子植物 2 科 2 属 2 种，即马尾松(*Pinus massoniana*)和杉木(*Cunninghamia lanceolata*)，占群落总种数的 2.5%；被子植物 42 科 55 属 69 种，占群落中总种数的 86.25%。种子植物 57 属，占井冈山种子植物总属数（刘仁林和唐赣成 1995）的 7.87%。

表 23-6　长柄双花木群落物种组成情况

植物类型	科数	比例/%	属数	比例/%	种数	比例/%
蕨类植物	7	13.73	7	10.94	9	11.25
裸子植物	2	3.92	2	3.12	2	2.5
被子植物	42	82.35	55	85.94	69	86.25
合计	51	100	64	100	80	100

按照吴征镒（1979）的方法，将群落中的57属种子植物进行属的分布区类型确定，其结果见表23-7。结果表明，在51属（剔除世界分布的6属）中，热带性属（第2～6项）28个，占51属的54.90%；且以泛热带分布型属和热带亚洲分布型属为主，两者分别占热带性属数的50%和32.14%。温带性属（第7～10项）22个，占总属数的43.14%；其东亚和北美洲间断分布型属最多，达9属，占温带性总属数的40.91%；其次是北温带分布和东亚分布属性，均为6属，占温带性总属数的27.27%；中国特有属1个，占1.96%。显然在该群落的区系组成中，热带性成分占优势，这与刘仁林和唐赣成（1995）调查的井冈山种子植物区系特征是一致的。值得注意的是，在这51属中，没有一个属是纯热带性属，仅有少数从热带延伸到亚热带的属，如柏拉木属（*Blastus*）、古柯属（*Erythroxylum*）、润楠属（*Machilus*）等。群落区系组成中虽然以热带性成分占优势，但温带性成分也有较大分量，这与井冈山在区系分区上属于“从热带到温带的过渡区域”（肖宜安 2000）是一致的。

表23-7 群落物种属的分布区类型

分布区类型	属数	占总属数比例/%
1. 世界分布	6	10.53
2. 泛热带分布	14	24.56
3. 热带亚洲-热带美洲间断分布	1	1.75
4. 旧世界热带分布	2	3.51
5. 热带亚洲至热带大洋洲分布	2	3.51
6. 热带亚洲分布	9	15.79
7. 北温带分布	6	10.53
8. 东亚-北美洲间断分布	9	15.79
9. 温带亚洲分布	1	1.75
10. 东亚分布	6	10.53
11. 中国特有分布	1	1.75
合计	57	100

（二）江西官山长柄双花木分布区群落结构特征

李矿明和汤晓珍（2003）的研究结果表明，官山自然保护区长柄双花木群落外貌呈深绿色，主林冠高5～7m，树冠呈半球形波状起伏，林冠郁闭度为0.7。600m^{2}的圆形地内平均有乔灌木树种19种362株，其中长柄双花木有36丛322株，占总株数的88.95%，重要值为0.931，平均胸径为7.5cm。在垂直结构上可以分为3层，第1层为乔木层，平均高12m，呈散生分布，树冠不连续，有赤杨叶（*Alniphyllum fortunei*）、山柿（*Diospyros japonica*）、合欢（*Albizia julibrissin*）、石灰花楸（*Sorbus folgneri*）各1种。第2层为主灌木层，高2～7m，有树种5种254株，其中长柄双花木有244株，占该层总株数的96.1%。树干弯曲，分枝低，具有明显的灌木性质。另外散生有山柿、黄檀（*Dalbergia hupeana*）、南方红豆杉（*Taxus wallichiana* var. *mairei*）和毛樱桃（*Prunus tomentosa*）。第3层为低矮灌木层，高2m以下，有树种12种104株，长柄双花木有78株，占75.0%。散生有红楠（*Machilus thunbergii*）、三尖杉（*Cephalotaxus fortunei*）、阴香（*Cinnamomum burmannii*）、五裂槭（*Acer oliverianum*）、长尾毛蕊茶（*Camellia caudata*）、茶荚蒾（*Viburnum setigerum*）、白檀（*Symplocos paniculata*）、海金子（*Pittosporum illicioides*）、卫矛一种（*Euonymus* sp.）、六月雪（*Serissa japonica*）、箬竹（*Indocalamus tessellatus*）。草本层稀少，盖度不足5%，有淡竹叶（*Lophatherum gracile*）、多花黄精（*Polygonatum cyrtonema*）、狗脊（*Woodwardia japonica*）。藤本有桑科的葡蟠（*Broussonetia kaempferi*）。

对重要值计算的结果还表明长柄双花木的重要值远高于其他成分。林下更新情况表现为林下干净，低矮灌木、幼苗及草本植物分布稀少。通过10个2m × 2m的小样方测定，40 m的样方内仅1株长柄双花木幼苗，另有红楠2株、三尖杉1株。

在一个群落中，如果有许多物种，而且它们的多度非常均匀，则该群落有较高的多样性；反之，如果群落中物种少且其多度不均匀，则群落的多样性就低。此外，物种多样性与群落的稳定性和生境条件有关，多样性指数高则群落稳定，生境条件优越。

江西官山长柄双花木灌丛无论辛普森指数（Simpson index）还是Shannon-Wiener多样性指数都是比较低的，基于两种方法计算出来的均匀度指数以及随机偶遇率也不高，说明：①该群落以长柄双花木占优势，其他树种不均匀地散生在群落中；②所处的生境条件特殊，群落相对不稳定；③在分层方面，所有的多样性指标均是第3层高于第2层。即第2层具有较高的优势度而第3层具有较高的多样性，从动态角度看，长柄双花木的重要性可能逐渐降低。

（三）湖南道县长柄双花木群落特征

湖南道县空树岩是国内仅报道有长柄双花木成片分布的地区，其长蕊杜鹃（*Rhododendron stamineum*）、长柄双花木灌丛群落分布海拔为1180m，坡向为NE 40°，位于山坡中上部，土壤为板岩发育的山地黄棕壤，比较肥沃。500m^{2}的样地内乔木层有树种20种共134株。以长蕊杜鹃、长柄双花木为优势种，其中长蕊杜鹃的重要值为0.565，长柄双花木的重要值为0.300。

与江西官山种群相比，两个群落共有种仅3种，物种的相似度为15.48%。由此可见，这两个群落之间区别较大，且没有多少联系；湖南道县空树岩的长蕊杜鹃、长柄双花木灌丛群落的物种多样性指数、均匀度指数、种间相遇概率均要高于江西官山的长柄双花木灌丛群落，表明空树岩的生境条件较好，群落的稳定性较高；从长柄双花木的重要值看，江西官山要远远高于湖南道县空树岩。换言之，江西官山长柄双花木灌丛种的优势度更明显，是以长柄双花木占优势的单优群落。

（四）浙江省开化县长柄双花木分布区群落结构特征

据资料记载，长柄双花木在浙江仅龙泉和开化两地有分布，区域十分狭小。浙江最早在1958年发现于开化县的龙洞，但因地图上开化并无龙洞之名，后人遂将采集地点误当作龙潭，故后来一直未再采到过标本，从而认为它在开化已绝迹。李根有等（2002）在开化与安徽交界的齐溪国家森林公园范围内重新找到了该种，并发现了较大面积的种群，同时对其数量分布与林学特性进行了研究。

开化的长柄双花木分布于齐溪国家森林公园范围内的溪沿至里秧田一带，地理坐标为 29°24′05″N，118°13′15″E。龙泉分布于住龙镇水塔村吴大源一带，地理坐标为 28°07′05″N，118°50′15″E。在开化分布的面积约为 101.38hm^2，龙泉则只有 7.75hm^2，两地合计 109.13hm^2。开化种群的平均密度约为 353 丛/hm^2，总计 35 780 丛。龙泉种群的平均密度约为 121 丛/hm^2，总计 940 丛，两地共计 36 720 丛。

龙泉种群存在于甜槠+青冈（Form. *Castanopsis eyrei* + *Cyclobalanopsis glauca*）林中，分布于沟谷地带，东北坡向，坡度为 20°～25°，海拔为 650～800m。乔木层以甜槠、青冈占绝对优势，伴生种有李属（*Prunus* sp.）、乌冈栎（*Quercus phillyreoides*）、黄檀等，郁闭度为 0.7；灌木层优势种为檵木（*Loropetalum chinense*）和马银花（*Rhododendron ovatum*），伴生种有长柄双花木、盐肤木（*Rhus chinensis*）等；草本层优势种为里白（*Diplopterygium glaucum*），伴生种有芒萁（*Dicranopteris pedata*）等；层外植物优势种有香港黄檀（*Dalbergia millettii*）和菝葜（*Smilax china*）等。

在开化种群中，群落类型多样，生境复杂，坡向除南坡外均有分布，坡度多为 30°～60°，海拔为 450～760m。乔木层优势种除建群种外，还有木荷（*Schima superba*）和赤杨叶等，伴生种常见有树参（*Dendropanax dentiger*）、红楠、黄檀等；灌木层优势种主要为长柄双花木、鹿角杜鹃（*Rhododendron latoucheae*）和阔叶箬竹（*Indocalamus latifolius*）等，伴生种十分丰富，主要有盐肤木、半边月（*Weigela japonica* var. *sinica*）等；草本层优势种有里白和蕨（*Pteridium aquilinum* var. *latiusculum*）等，主要伴生种有淡竹叶等；层外优势种有菝葜和香花鸡血藤（*Callerya dielsiana*）等，伴生种主要有流苏子（*Coptosapelta diffusa*）、牯岭勾儿茶（*Berchemia kulingensis*）等。该种群最高密度出现在马尾松林下，有的地段在 25m^2 范围内可达 17 丛之多，其他依次为甜槠-青冈林（12 丛）、青冈-马尾松林（10 丛）、青冈林（9 丛）和毛竹林（8 丛）等。

（五）广东大东山长柄双花木群落物种组成和种群结构特征

缪绅裕等（2014）调查广东南岭大东山长柄双花木种群发现，大东山地区群落主要有长柄双花木、马尾松、黄山松（*Pinus taiwanensis*）、多花杜鹃（*Rhododendron cavaleriei*）、麻栎（*Quercus acutissima*）、桂南木莲（*Manglietia conifera*）、两广杨桐（*Adinandra glischroloma*）、疏齿木荷（*Schima remotiserrata*）、甜槠、青冈等。长柄双花木在低海拔地区的优势明显高于高海拔地区。其中低海拔地区乔木层种类数相对较少，部分地段长柄双花木的生长过于密集，林下几乎没有草本植物。在海拔 1020～1260m 地段，长柄双花木的重要值最大，其次是黄山松和马尾松。随着海拔的增加，长柄双花木的种群个体数和密度呈下降趋势。

四、生境特征

长柄双花木的生境较为复杂，分布于海拔 600～1300m 的山沟边、山坡上、山谷、河边等，偶也见于山脊上，但多生于沟谷地带各种群落中，如阔叶灌丛、常绿阔叶林、针阔混交林、毛竹（*Phyllostachys edulis*）林和杉木林等，在杉木采伐迹地上也生长良好，成片或散生状。

第四节　种群生态学

一、种群遗传结构

通过等位酶电泳方法分析长柄双花木不同地理种群间的遗传结构。通过电泳共获得35条清晰的酶谱带，可确定17个基因位点，其中9个为多态位点，8个为单态位点，多态位点百分率为62.70%（表23-8）；多态位点都具有2个等位基因。平均等位基因数为1.63个，平均等位基因有效数为1.87；平均预期杂合度H_e为0.43，平均实际杂合度H_0为0.59。各种群在各遗传变异指标上的差异都不大（表23-9），其多态位点数均为9个，且上屋背种群、下屋背种群和清水溪种群的等位基因位点数也都一样。说明它们的变异水平相近，各种群之间分化不大，这一点还可以从遗传分化系数得到进一步的证明。在种群水平上实际杂合度（H_o）普遍高于相应的预期杂合度（H_e），F值小于“0”等都说明存在杂合子过量（Wright 1978）。

表23-8　种群间的遗传变异状况

种群	A	B	C	D	E	平均
等位基因位点数/个	13	15	15	15	14	14.4
多态位点数/个	9	9	9	9	9	9
多态位点百分数/%	69.23	60.00	60.00	60.00	64.29	62.70
平均等位基因数（A）/个	1.69	1.60	1.60	1.60	1.64	1.63
平均等位基因有效数（A_e）	1.89	1.81	1.89	1.83	1.92	1.87
内繁育系数（F）	−0.60	−0.46	−0.49	−0.57	−0.58	−0.54

注：A. 白石坳种群；B. 上屋背种群；C. 下屋背种群；D. 清水溪种群；E. 七里船种群

表23-9　种群多态位点的基因多度分析

分析项目	PER-1	PER-3	MDH-1	MDH-4	EST-1	EST-2	SOD-1	SOD-2	IDH-2	种群平均
H_e	0.51	0.49	0.44	0.42	0.36	0.51	0.39	0.45	0.34	0.43
H_o	0.63	0.93	0.62	0.49	0.32	0.63	0.51	0.63	0.52	0.59
G_{st}	0.01	0.01	0.04	0.15	0.19	0.04	0.07	0.29	0.23	0.11
N_m	∞	3.80	6.30	∞	∞	6.20	2.80	0.36	0.86	2.30

从表23-9中可知，在9个多态位点中，只有SOD-2在种群之间的基因分化程度较高，其G_{st}达29%，即该位点有29%的遗传多样性来自种群之间；最低的G_{st}为0.01。G_{st}值在位点间变动很大，说明不同位点对种群间遗传结构差异的贡献是不同的（钟敏和王洪新 1995）。长柄双花木总体遗传分化程度很低，遗传分化系数G_{st}仅为0.11，即有89%的遗传变异来自种群内部，只有11%的变异存在于种群之间。有研究表明（Hamrick et al. 1997；杨持 2002），植物多态位点的遗传变异只有18%来源于种群内部，82%存在于种群间；自交种有51%的遗传变异保存于种群之间，异交种则只有10%。长柄双花木只有12%的遗传变异存在于种群间，比上述结果还低，这进一步说明该物种可能是一种以异交为主的物种。

李丽卡等（2016）对长柄双花木的cpDNA片段分析发现，我国所有长柄双花木种群均只发现单一的一种单倍型，江西官山种群与井冈山种群拥有独享单倍型，其他地理种群都为同种共享单倍型，说明我国分布的长柄双花木种群中，官山种群和井冈山种群与其他地理种群的基因交流较少，而其他地理种群之间拥有更多的基因交流。另外，中国和日本两个群体分化明显，我国的长柄双花木种群与日本双花木种群均为单系类群，未发现两者之间存在共享单倍型，两个群体之间缺少基因（李丽卡等 2016）。

二、种群动态

（一）生命表及繁殖表

1. 长柄双花木的静态生命表

以 5 年为 1 个年龄级，“以空间代替时间”的方法编制其静态生命表（岳春雷等 2002）（表 23-10）：从以上生命表可知，长柄双花木 1～5 年龄级的种群死亡率相对较高。表 23-10 还表明，50 年龄级时，种群死亡率又出现一个高峰。

表 23-10　井冈山长柄双花木种群的生命表

X	l_x	d_x	q_x	L_x	T_x	e_x	a_x	$\ln a_x$	$\ln l_x$	K_x
1	1000	238	238	881	5015	5.02	412	6.021	6.908	0.272
5	762	240	315	642	4134	5.43	314	5.749	6.636	0.379
10	522	27	52	509	3492	6.69	215	5.371	6.258	0.053
15	495	34	69	478	2983	6.03	204	5.318	6.205	0.071
20	461	22	48	450	2505	5.43	190	5.247	6.133	0.049
25	439	7	16	436	2055	4.68	181	5.198	6.084	0.017
30	432	87	201	389	1619	3.75	178	5.182	6.068	0.226
35	345	37	107	327	1238	3.59	142	4.956	5.844	0.112
40	308	26	84	295	903	2.93	127	4.844	5.730	0.091
45	282	3	11	281	608	2.16	116	4.754	5.642	0.009
50	279	148	530	205	327	1.17	115	4.745	5.631	0.756
55	131	75	573	94	122	0.93	54	3.989	4.875	0.853
60	56	0	0	28	28	0.5	23	3.135	4.025	3.135

注：X 代表年龄级；l_x 代表 X 年龄级开始时的标准化存活数；d_x 代表从 X 到 X+1 期的标准化死亡数；q_x 代表 X 年龄级的个体死亡数；L_x 代表从 X 到 X+1 平均存活的个体数；T_x 代表 X 年龄级及以上各年龄级的个体存活数；e_x 代表进入 X 级个体的平均生命期望；a_x 代表 X 年龄级开始时的实际存活数；K_x 代表种群消失率

2. 种群繁殖力表

长柄双花木种群繁殖力表见表 23-11。由表 23-11 可知，长柄双花木种群的净繁殖率仅为 0.8337，这说明每一世代种群将以 0.8337 倍的数量增加；内禀增长率只有−0.0047，也就是说种群的瞬时死亡率高于瞬时出生率；周限增长率是 0.9953，表示该种群的数量将大幅下降。以上参数同时说明了长柄双花木种群在当前的环境状况下无法完成自我更新，种群将呈现负增长趋势，只不过其负增长（下降）速度相对比较缓慢（$\lambda = 0.9953$），属于缓慢负增长型种群。

表 23-11　井冈山长柄双花木种群繁殖力表

分析项目	1	5	10	15	20	25	30	35	40	45	50	55	60
l_x	1	0.762	0.522	0.495	0.461	0.439	0.432	0.345	0.308	0.282	0.279	0.131	0.056
m_x	0	0	0	0	0.044	0.333	0.167	0.133	0.636	1	0.082	0.032	0.783
l_xm_x	0	0	0	0	0.020	0.146	0.072	0.046	0.196	0.282	0.023	0.004	0.044
Xl_xm_x	0	0	0	0	0.409	3.658	2.16	1.61	7.84	12.69	1.144	0.233	2.63

注：表头为年龄级；l_x 代表 X 年龄级时的存活率；m_x 代表 X 年龄级时植株平均产生的子代存活率；l_xm_x 代表繁殖适合度。种群净繁殖率 $R_0 = 0.8337$；内禀增长率 $r_m = -0.0047$；周限增长率 $\lambda = 0.9953$；世代平均周期 $T = 38.83$ 年

3. 种群繁殖价分析

长柄双花木累积剩余繁殖价随年龄增长逐渐递减，而其他繁殖参数均随年龄增大而出现先增后减的现象（表 23-12）。也就是说，其他参数均存在一个最高点。表明长柄双花木种群的繁殖能力存在一定的最佳年龄段，其时间为 20～40 年，这与野外调查结果一致，因而其种群的最大繁殖能力也出现在这一年龄段内。

表 23-12　井冈山长柄双花木种群繁殖价分析

X	l_{x+1}/l_x	m_x	V_x	RRV_x	$SRRV_x$	TRV_x	ORE_x
1		0	2.031	1.548	20.052	22.083	0.015
5	0.762	0	2.031	1.391	18.504	20.535	0.015
10	0.685	0	2.031	2.439	17.113	19.144	0.015
15	0.948	0	2.573	2.393	14.674	17.247	0.019
20	0.931	0.044	2.571	2.688	12.281	14.852	0.019
25	0.952	0.333	2.824	2.310	9.593	12.417	0.021
30	0.984	0.167	2.348	1.711	7.283	9.631	0.017
35	0.799	0.133	2.142	2.275	5.572	7.714	0.016
40	0.893	0.636	2.548	2.137	3.297	5.845	0.019
45	0.916	1.000	2.333	0.504	1.160	3.493	0.017
50	0.989	0.082	0.510	0.179	0.656	1.166	0.004
55	0.470	0.032	0.380	0.477	0.477	0.857	0.003
60	0.427	0.783	1.116	0	0	1.166	0.008
合计						136.15	

注：X 代表年龄级；l_{x+1} 代表 X+1 年龄级时的存活率；l_x 代表 X 年龄级时的存活率；m_x 表示 X 年龄级的植株平均产生的子代数；V_x 表示繁殖价；RRV_x 表示剩余繁殖价；$SRRV_x$ 表示累积剩余繁殖价；TRV_x 表示总繁殖价；ORE_x 表示繁殖投资策略

繁殖价（V_x）是个体对下一代贡献的大小，剩余繁殖价（RRV_x）及总繁殖价（TRV_x）等参数说明繁殖机会期望的大小，表明种群繁殖能力的大小，从而也影响其种群数量的恢复（吴明作等 2001）。长柄双花木种群的繁殖价随年龄增加先升后降，在年龄达到 50 年时，繁殖价迅速降低，表明这时长柄双花木对后代的贡献也逐渐减少。

繁殖投资策略（ORE_x）反映了繁殖可能实现或者分配的程度。长柄双花木种群的繁殖投资策略（ORE_x）值随年龄增加逐渐上升，当年龄为 25 年时达到最大值，然后又不断降低。表明长柄双花木个体在年龄为 25 年或更大时的繁殖能力较强，实现繁殖的可能性增加。此后实现繁殖的可能性逐渐减弱，种群恢复能力降低。

（二）种群动态模型的建立与预测

1. 种群图解生命表

根据表 23-10 和表 23-11 中的相关数据，可以得到长柄双花木种群各年龄级个体的存活率和出生率，并可据此绘制其图解生命表（图 23-11）。生命表的实质是描述种群生死过程的一种图解模式（孙儒泳 1993）。因此利用生命表也可以描述种群在今后若干时期中的变化动态。

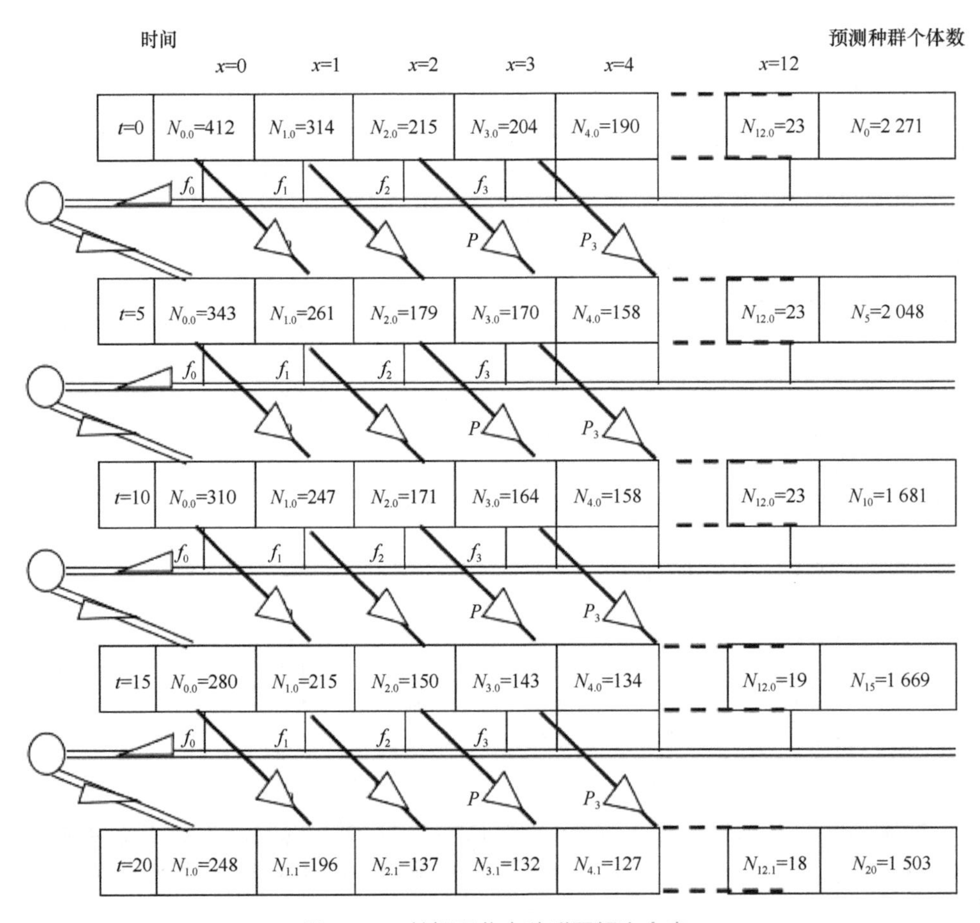

图 23-11　长柄双花木种群图解生命表

x, 龄级；$N_{x,t}$, 某个龄级 x、某一时刻 t 的个体数量；N_t, 某时刻所有的个体数量；t, 时间；P, 特定龄级的存活概率；三角形代表 x 个龄级在下一时间转化为 x+1 龄级的过程

2. 莱斯利（Leslie）矩阵模型的建立与预测

根据实验、野外调查及计算获得的基础数据，研究建立了长柄双花木种群的 Leslie 矩阵模型（表 23-13），并由模型预测了种群未来 50 年的动态（表 23-14）。由表 23-12 可知，该种群各个年龄级的个体数及种群总数总体上表现出持续下降趋势。虽然在这 50 年中，各年龄级个体数量都出现“急剧下降—小量上升—稳步下降”的过程，但对于这种“小量上升”只认为是一种小的波动。

表 23-13　井冈山长柄双花木种群莱斯利（Leslie）矩阵模型

0	0	0	0	0.171	0.162	0.160	0.128	0.114	0.104	0.103	0.048	0.021
0.729												
	0.792											
		0.940										
			0.941						0			
				0.968								
					0.892							
						0.840						
		0					0.904					
								0.951				
									0.731			
										0.456		
											0.299	0

表 23-14　井冈山长柄双花木种群 50 年内年龄结构及其数量动态预测（单位：株）

年龄级	N_0	N_5	N_{10}	N_{15}	N_{20}	N_{25}	N_{30}	N_{35}	N_{40}	N_{45}	N_{50}
1	412	150	146	146	150	153	132	112	95	83	74
5	314	300	109	107	106	110	111	96	82	69	61
10	215	249	238	87	84	84	87	88	76	65	55
15	204	202	234	224	81	79	79	82	83	72	61
20	190	192	190	220	210	77	75	74	77	78	67
25	181	184	186	184	213	204	74	72	72	74	76
30	178	161	164	166	164	190	182	66	65	64	66
35	142	150	136	138	139	138	160	153	56	54	54
40	127	128	135	123	125	126	125	144	138	50	49
45	116	121	122	129	117	118	120	119	137	131	48
50	115	85	88	89	94	85	87	87	87	100	96
55	54	52	39	40	41	43	39	39	40	40	46
60	23	16	16	12	12	12	13	12	12	12	12
总计	2271	1990	1803	1665	1536	1419	1284	1144	1020	892	765

注：N_0 表示现存种群个体数，N_5～N_{50} 分别表示未来 5 年，10 年，…，50 年种群个体数

3. 时间序列模型及预测

根据一次移动平均法对未来 2 年、5 年、10 年各龄级种群数量和种群结构动态进行预测，结果见表 23-15。从表 23-15 可知，长柄双花木种群总数将从目前的 2184 株下降至 10 年后的 1825 株，其结果与 Leslie 矩阵模型所预测的结果基本一致。然而各年龄级种群数量则有增有减：部分年龄级个体数量出现先增后减或先减后增的趋势；大部分年龄级个体数稳步下降，如 15 年生、26 年生个体的数量等；相反年龄级个体数尤其是老龄个体数则稳步上升，如 59 年生、62 年生个体的数量。上述结果仍说明该种群属于衰退型种群。

表 23-15 井冈山长柄双花木种群年龄结构的时间序列预测

年龄	原始数据	$M_2^{(1)}$	$M_5^{(1)}$	$M_{10}^{(1)}$	年龄	原始数据	$M_2^{(1)}$	$M_5^{(1)}$	$M_{10}^{(1)}$
1	97				34	34	30	38	36
2	81	89			35	26	30	36	36
3	51	66			36	13	20	26	33
4	98	75			37	31	22	26	32
5	85	92	82		38	30	31	27	32
6	49	67	73		39	39	35	28	33
7	37	43	64		40	29	34	28	32
8	43	40	62		41	5	17	27	27
9	54	49	54		42	29	17	26	26
10	44	49	45	64	43	15	22	23	25
11	51	48	46	59	44	41	28	24	26
12	39	45	46	55	45	37	39	25	27
13	31	35	44	53	46	26	32	30	28
14	43	37	42	48	47	41	34	32	29
15	51	47	43	44	48	23	32	34	29
16	41	46	41	43	49	21	22	30	27
17	45	43	42	44	50	5	13	23	24
18	35	40	43	43	51	37	21	25	28
19	31	33	41	41	52	27	32	23	27
20	52	42	41	42	53	32	30	24	29
21	69	61	46	44	54	7	20	22	26
22	27	48	43	43	55	12	10	23	23
23	33	30	42	43	56	10	11	18	22
24	30	32	42	41	57	16	13	15	19
25	31	31	38	39	58	17	17	12	18
26	43	37	33	40	59	9	13	13	17
27	41	42	36	39	60	2	6	11	17
28	26	34	34	38	61	5	4	10	14
29	34	30	35	39	62	1	3	7	11
30	37	36	36	37	63	3	2	4	8
31	59	48	39	36	64	7	5	4	8
32	34	47	38	37	65	7	7	5	8
33	25	30	38	36	合计	2184	2114	2008	1825

注：$M_2^{(1)}$、$M_5^{(1)}$、$M_{10}^{(1)}$ 分别表示未来 2 年、5 年、10 年种群的个体数

三、种间关系

我们采用种间联结指数及χ^2 统计量测定了长柄双花木分布群落中优势种群的种间联结性。研究发现井冈山长柄双花木群落内 13 个优势种群构成 78 个种对，其中绝大多数种群（种对）间的联结性不显著，联结性达到显著关系的只有 7 个种对，即甜槠-深

山含笑（*Michelia maudiae*）、甜槠-桂竹（*Phyllostachys reticulata*）、深山含笑-桂竹、杉木-圆锥绣球（*Hydrangea paniculata*）、深山含笑-杨梅（*Myrica rubra*）、阔叶箬竹-杉木、阔叶箬竹-圆锥绣球。其中前 4 个种对间的关系为显著正关联；深山含笑-杨梅、阔叶箬竹-杉木则为显著负关联；而阔叶箬竹-圆锥绣球之间为极显著负关联。长柄双花木与其他 12 个物种之间有 8 个种对表现为正联结，4 个种对为负联结，但均未达到显著水平。

根据种间联结指数和群落结构，可以将井冈山长柄双花木分布群落中的 13 个主要优势种分为 3 个生态种组：第一生态种组由甜槠、深山含笑、长柄双花木和桂竹组成；第二生态种组由檵木、毛竹、阔叶箬竹、杨梅、毛冬青（*Ilex pubescens*）、马尾松和白檀（*Symplocos paniculata*）组成；第三生态种组由杉木与圆锥绣球组成。

四、种群调节

从种群动态预测结果看，长柄双花木种群数量存在一定的波动，这种波动是由于该年龄级内部个体的死亡和由低龄级向高龄级的迁移而产生的。从其繁殖投资策略（ORE_x）值来看，该种群仍具有实现繁殖的可能，野外调查也表明这一结果是准确的。然而由于其现实繁殖价等参数很小，同时由于物种繁殖生长与营养生长相对抗的原理，将形成一种恶性循环（吴明作等 2001），这不利于种群的恢复。因此长柄双花木种群在目前人为干扰较为严重的情况下，依靠有性生殖途径实现恢复的能力有限。从另外一方面来看，长柄双花木种群数量上的波动也正预示了该种群仍存在一定的恢复潜能，只要保护得当种群数量有可能逐步恢复。

第五节　保护生物学

一、物种历史

长柄双花木为双花木属植物双花木的变种，为孑遗植物。其分布区较为狭窄，早期报道的长柄双花木的分布区主要在江西官山自然保护区，湖南省道县空树岩、常宁阳山、宜章莽山，浙江省开化龙潭及龙泉佳溪等地（傅立国和金鉴明 1991），随后随着旅游开发、野外资源调查等方式，越来越多的野生长柄双花木种群被发掘。因其野生种群稀少，加上人为破坏及其生境破碎化，现存野生种群数量锐减，已达到濒危状态，为国家二级重点保护野生植物。

二、濒危原因

（一）内在原因

长柄双花木的繁衍依赖于有性生殖过程。长柄双花木的繁育系统以异交为主，部分自交亲和类型。虽然长柄双花木自交亲和，但其自花授粉的结籽率仅为（1.13 ± 0.09）%，远远低于异花授粉的（45.01 ± 2.73）%（肖宜安 2004b），在花粉竞争中自花花粉常常具有优势，使长柄双花木的结实率低。从传粉角度看，长柄双花木属于“集中开花模式”，而实际调查中发现，自然状态下，其访花昆虫稀少，与周边伴生显花植物相比，竞争能力差，从而导致长柄双花木有性生殖效率降低。这可能是长柄双花木致濒的繁殖生物学因素之一。

与其他许多植物相比，长柄双花木具有较低的净光合速率，表明其对光能的利用效率相对较低，净光合积累也较低。而在其每年的繁殖时期，尤其是开花盛期（9 月下旬至 10 月上旬）以后，叶片不仅已经基本失去光合积累能力，甚至已经凋落，该期生命活动所需的有机养分均依赖于前期的光合积累。此外，该物种开花量较大，可能需要消耗大量积累的养分，可能因养分供应不足而使其结实受到限制，从而导致其有性生殖过程失败，并最终引起物种的濒危，甚至灭绝。

长柄双花木的结实率、种子自然萌发率、成苗率等都很低，这必然导致其种群数量的下降。长柄双花木种子属于“二年种子”类型，种皮坚硬光滑，不透水、不透气，导致其在萌发过程中吸水性能差。这一特性严重阻碍其种子萌发，自然条件下需经过漫长的“两冬一夏”后才能发芽(徐本美等 2007)。未经处理的长柄双花木种子萌发率极低，在经过酸蚀、GA_3（赤霉素）等处理后，萌发率可得到一定的提高（李晓红等 2013）。而有关其繁殖生态等方面对种群数量动态的影响则正在进一步研究中。

（二）外在原因

一方面是由于人为直接砍伐及其引起的生境破碎化。据了解，井冈山长柄双花木分布区域内的森林在近 20 年来不断遭到大量砍伐，其中在 1997 年前后，各分布点均修筑了简易的机动车道，部分分布点周围的森林被彻底砍伐，改种人工杉木林。这不但造成长柄双花木种群数量的直接锐减，也使其原有生境破碎化，进一步加剧现有种群的下降趋势。需要指出的是，分布区周围农民常将该植株当作“樵柴”砍伐的现象一直在持续。甚至直到作者前往该地开展野外实验时，仍很少有人知道该物种是国家保护物种，虽然野外发现少量长柄双花木植株在砍伐后能萌发新枝，但多次砍伐后其萌枝能力则可能下降甚至完全丧失。另一方面则是有些外来个体户的采挖，仅 2000 年就有外来个体户在分布区采挖数百棵各龄级植株，严重影响长柄双花木的生存。

三、保护对策与建议

对于长柄双花木的保护，应该将就地保护和迁地保护相结合。对于现阶段已发现的长柄双花木种群，因采取就地保护策略，保护其原始生境及群落物种组成。例如，广东南岭大东山潘家洞自然种群毗邻南岭国家级自然保护区实验区，可以扩大保护区范围，将其纳入保护区域（缪绅裕等 2013）。而对于离保护区较远的区域，除了保护当地生境以外，还应加强对当地居民的宣传力度，从思想上提高居民的保护意识，严厉禁止砍伐与胡乱采挖。在进行迁地保护时，应注意对一些特殊的小种群进行保护，尤其是那些具有较低基因频率的种群（Primack 1980），如井冈山地区的蔡家田种群。现阶段，已建立了浙江龙泉凤阳山国家级自然保护区、杭州植物园、江西井冈山国家级自然保护区和庐山植物园 4 个迁地保护区（肖宜安 2001），应在其适宜生存区域建立更多的迁地保护中心。同时，也能通过人工培育幼苗，使其度过死亡高峰期之后重新移植回原始生境，人为参与自然种群的更新。此外，应该深入研究长柄双花木的种群生存和繁衍策略，运用现有的技术手段，从栽培技术手段、克隆繁殖等方向入手，为更好地保护长柄双花木提供技术支撑。

第六节　总结与展望

为了更好地保护珍稀濒危植物，国内外学者从个体、种群、群落 3 个水平对濒危植物开展了大量研究，通过了解濒危植物的物种特征、种群关系和群落特点，探索不同物种的濒危机制，为物种的保护提供理论支持与指导。长柄双花木作为金缕梅科孑遗的单种属植物，研究其生物学特性及其空间分布格局，科学分析其濒危机制，能更有针对性地制订保护措施，在开展物种保护方面具有重要的意义。长柄双花木在种子萌发、幼苗生长以及种子结实等方面效率较低，致使种群自然繁衍成功率下降，种群更新能力较差。从遗传角度来看，濒危植物往往表现出较低的遗传多样性水平（Shapcott et al. 2009；Kawase et al. 2010；李为民等 2012；李建辉和金则新 2016），而长柄双花木种群拥有较高的遗传多样性水平，能为后续生存与适应性进化提供有力保障，但是其种群逐渐呈岛屿状分布，不利于不同种群间的基因交流，如不加以保护，最终可能导致其种群遗传多样性降低，濒危程度加剧。

撰稿人：肖宜安

主要参考文献

傅立国. 1989. 中国珍稀濒危植物. 上海: 上海科学技术出版社: 179.

傅立国, 金鉴明. 1991. 中国植物红皮书: 珍稀濒危植物(第一册). 北京: 科学出版社: 324-325.

高浦新, 李美琼, 周赛霞, 等. 2013. 濒危植物长柄双花木(*Disanthus cercidifolius* var. *longipes*)的资源分布及濒危现状. 植物科学学报, 31(1): 34-41.

贺善安, 顾姻, 夏冰. 1998. 植物园发展的动向. 植物资源与环境, 7(2): 48-58.

黄绍辉, 方炎明, 谭雪红, 等. 2007. 不同浓度 NAA 对长柄双花木扦插繁殖的影响. 植物资源与环境学报, 16(4): 74-75.

李根有, 陈征海, 邱瑶德, 等. 2002. 浙江省长柄双花木数量分布与林学特性. 浙江林学院学报, 19(1): 22-25.

李建辉, 金则新. 2016. 濒危植物种群的遗传多样性与遗传结构. 见: 董鸣. 生态学透视: 种群生态学. 北京: 科学出版社: 276-293.

李矿明, 汤晓珍. 2003. 江西官山长柄双花木灌丛的群落特征与多样性. 南京林业大学学报(自然科学版), 27(3): 73-75.

李丽卡, 李象钦, 谢国文, 等. 2016. 基于 cpDNA 片段探讨中-日间断分布双花木属植物的系统发育学. 生物技术通报, 32(1): 80-87.

李美琼. 2011. 濒危植物长柄双花木的遗传多样性: 南昌: 南昌大学硕士研究生学位论文.

李为民, 李思锋, 黎斌. 2012. 利用 SSR 分子标记分析秦岭冷杉自然居群的遗传多样性. 植物学报, 47(4): 413-421.

李晓红, 曾建军, 周兵. 2013. 特有濒危植物长柄双花木濒危原因及其保护对策. 井冈山大学学报(自然科学版), 34(6): 100-106.
刘仁林, 唐赣成. 1995. 井冈山种子植物区系的研究. 植物科学学报, 13(3): 210-218.
孟艺宏, 徐琤, 姜小龙, 等. 2019. 双花木属植物潜在分布区模拟与分析. 生态学报, 39(8): 2816-2825.
孟艺宏, 徐琤, 徐刚标. 2018. 基于转录组序列的长柄双花木 SSR 标记开发. 植物遗传资源学报, 19(4): 740-747.
缪绅裕, 陈志明, 李晓杰, 等. 2013. 南岭大东山火烧迹地长柄双花木种群特征. 林业资源管理, (3): 88-93.
缪绅裕, 曾庆昌, 陈志明, 等. 2014. 南岭大东山长柄双花木群落物种组成与种群结构特征分析. 植物资源与环境学报, 23(1): 51-57.
莫莎莎. 2016. 邵阳县河伯岭: 发现大面积国家二级保护植物——长柄双花木. http://www.syx.gov.cn/syxlyj/gzdt/201810/3773f3415a204eb3a0af8b74d2cf90af.shtml[2021-5-25].
欧阳园兰, 温开德, 王国兵, 等. 2018. 官山长柄双花木群落特征与种群更新的定位研究. 江西科学, 36(1): 47-53.
潘开玉, 杨亲二. 1994. 双花木属和壳菜果属(金缕梅科)的核型研究. 植物分类学报, 32(3): 235-239.
沈如江, 林石狮, 凡强, 等. 2009. 江西省三清山长柄双花木优势群落研究. 武汉植物学研究, 27(5): 501-508.
史晓华, 徐本美, 黎念林, 等. 2002. 长柄双花木种子休眠与萌发的初步研究. 种子, (6): 5-7.
孙儒泳. 1993. 普通生态学. 北京: 科学出版社.
唐绍清, 张宏达, 唐志信, 等. 1997. 粤北大东山种子植物区系研究. 广西植物, 17(2): 127-132.
陶建平, 钟章成. 2003. 光照对苦瓜形态可塑性及生物量配置的影响. 应用生态学报, 14(3): 336-340.
万开元, 陈防, 李作洲, 等. 2004. 珍稀植物濒危机制及保育策略中的营养条件. 生态环境, 13(2): 261-267.
王国兵, 徐定兰, 吴钦树, 等. 2017. 江西官山国家级自然保护区长柄双花木生长规律及种群年龄结构. 南方林业科学, 45(4): 8-11.
王仁忠. 2000. 人工油松种群生长与生殖分配关系的研究. 植物研究, 20(4): 450-457.
吴明作, 刘玉萃, 姜志林. 2001. 栓皮栎种群生殖生态与稳定性机制研究. 生态学报, 21(2): 225-230.
吴小巧. 2004. 江苏省木本珍稀濒危植物保护及其保障机制研究. 南京: 南京林业大学博士研究生学位论文.
吴征镒. 1979. 论中国植物区系的分区问题. 云南植物研究, 1(1): 1-22.
肖宜安. 2000. 井冈山常绿阔叶林特征初探. 井冈山师范学院学报, (5): 60-62.
肖宜安. 2001. 濒危植物长柄双花木(*Disanthus cercidifolius* Maxim. var. *longipes* H. T. Chang)种群适应与遗传多样性研究. 重庆: 西南师范大学硕士研究生学位论文.
肖宜安, 何平, 邓洪平, 等. 2002. 井冈山长柄双花木种群形态分化的数量分析. 武汉植物学研究, 20(5): 365-370.
肖宜安, 何平, 李晓红, 等. 2003. 长柄双花木分布群落中优势种群间联结性研究. 西南师范大学学报(自然科学版), 28(6): 952-957.
肖宜安, 何平, 李晓红. 2004b. 濒危植物长柄双花木的花部综合特征与繁育系统. 植物生态学报, 28(3): 333-340.
肖宜安, 何平, 李晓红. 2004a. 濒危植物长柄双花木开花物候与生殖特性. 生态学报, 24(1): 14-21.
肖宜安, 何平, 李晓红, 等. 2004c. 濒危植物长柄双花木自然种群数量动态. 植物生态学报, 28(2): 252-257.
谢国文, 李丽卡, 赵俊杰, 等. 2014. 南岭国家濒危植物长柄双花木遗传多样性研究. 广州大学学报(自然科学版), 13(4): 47-52.
谢国文, 谭巨清, 曾宇鹏, 等. 2010. 国家重点保护物种长柄双花木南岭群落植物区系与资源. 广东教育学院学报, 30(5): 79-87.
谢国文, 徐惠明, 李象钦, 等. 2016. 濒危植物长柄双花木赣浙群落的物种多样性研究. 广州大学学报

(自然科学版), 15(4): 33-38.
徐本美, 孙运涛, 李锐丽, 等. 2007. “二年种子”休眠与萌发的研究. 林业科学, 43(1): 55-61.
杨持. 2002. 四合木保护生物学. 北京: 科学出版社.
岳春雷, 江洪, 朱荫湄. 2002. 濒危植物南川升麻种群数量动态的分析. 生态学报, 22(5): 793-796.
张宏达, 黄云辉, 缪汝槐, 等. 2004. 种子植物系统学. 北京: 科学出版社.
张嘉茗, 廖育艺, 谢国文, 等. 2013. 国家珍稀濒危植物长柄双花木的种群特征. 热带生物学报, 4(1): 74-80.
张文辉. 1998. 裂叶沙参种群生态学研究. 哈尔滨: 东北林业大学出版社.
钟敏, 王洪新. 1995. 干旱和湿润生境下辽东栎群体遗传结构及其适应意义的初步研究. 植物学报, 37(9): 661-668.
祖元刚. 1999. 濒危植物裂叶沙参保护生物学. 北京: 科学出版社.
祖元刚, 王文杰, 杨逢建, 等. 2002. 植物生活史型的多样性及动态分析. 生态学报, 22(11): 1811-1818.
Cruden R W. 1977. Pollen-ovule ratios: a conservative indicator of breeding systems in flowering plants. Evolution, 31(1): 32-46.
Dafni A. 1992. Pollination Ecology: A Practical Approach. Oxford: Oxford University Press.
Fiediler P L, Jain S K. 1986. Conservation Biology. London: Chapman and Hall Press.
Hamrick J L, Linhart Y B, Mitton J B. 1997. Relationship between life history characteristics and electrophoretically detectable genetic variation in plants. Annual Review of Ecology and Systematics, 10(1): 173-200.
Hubby J L, Lewontin R C. 1966. A molecular approach to the study of genic heterozygosity in natural populations. Ⅰ. The number of alleles at different loci in *Drosophila pseudoobscura*. Genetics, 54(2): 577-594.
Kawase D, Tsumura Y, Tomaru N, et al. 2010. Genetic Structure of an endemic Japanese conifer, *Sciadopitys verticillata* (Sciadopityaceae), by using microsatellite markers. Journal of Heredity, 101(3): 292-297.
Paine R T. 1969. A note on trophic complexity and community stability. American Naturalist, 103(929): 91-93.
Primack R B. 1980. Variation in the phenology of natural populations of montane shrubs in New Zealand. Journal of Ecology, 68(3): 849-862.
Shapcott A, Dowe J L, Ford H. 2009. Low genetic diversity and recovery implications of the vulnerable Bankoualé palm *Livistona carinensis* (Arecaceae), from North-eastern Africa and the Southern Arabian Peninsula. Conservation Genetics, 10(2): 317-327.
Stanton M L, Snow A A, Handel S N. 1986. Floral evolution: attractiveness to pollinators increases male fitness. Science, 232(4758): 1625-1627.
Wilcove D S, May R M. 1986. National park boundaries and ecological realities. Nature, 324(6094): 206-207.
Wright S. 1978. Evolution and the Genetics of Populations: Differentiation Within and Among Natural Populations. Chicago: University of Chicago Press.
Xiao Y, Neog B, Xiao Y, et al. 2009. Pollination biology of *Disanthus cercidifolius* var. *longipes*, an endemic and endangered plant in China. Biologia, 64(4): 731-736.

第二十四章　夏蜡梅种群与保护生物学研究进展

第一节　引　言

夏蜡梅（*Cocalycanthus chinensis*）于20世纪60年代初在我国浙江省临安顺溪坞首次被发现，1963年，我国植物学家郑万钧和章绍尧两位先生根据采自顺溪坞的标本，作为新种发表，当时将其置于美国蜡梅属（*Calycanthus*）中，命名为 *Calycanthus chinensis*，并成立新组 Sect. *Sinocalycanthus*（郑万钧等 1963）。后来基于夏蜡梅的花较大、无香气、花被片二型等不同于美国蜡梅属的特性，郑万钧先生等主张将其单立成属。1964年，郑万钧和章绍尧以夏蜡梅为模式种，成立夏蜡梅属（*Sinocalycanthus*），并将种名组合为 *Sinocalycanthus chinensis*（郑万钧和章绍尧 1964）。该属仅1种，产自中国浙江和安徽。

夏蜡梅的芽无鳞片，花单生枝顶，能育雄蕊超过10，多枚单雌蕊，每个果托内含多个瘦果，这些特征与分布于北美的美国蜡梅属极为相像，因而其分类地位一直存在着争议。《中国植物志（第30卷，第2分册）》（蒋英和李秉滔 1979）将其归于美国蜡梅属；在 Nicely（1965）蜡梅科的专著中，甚至不承认该种的建立。李林初（1989，1990）也将夏蜡梅归于美国蜡梅属，但他似乎更倾向于独立，根据夏蜡梅核型、地理分布以及花粉形态的特殊性，指出夏蜡梅独立为属可能是正确的，应予以重新确认。另外，夏蜡梅的叶表皮特征（李烨和李秉滔 1999）、花粉形态（张若蕙等 1989；李林初 1990）和传粉昆虫（刘洪谔等 1999）也不同于美国蜡梅，国内学者普遍赞同夏蜡梅独立为新属。目前，蜡梅科包含3个属，分别是美国蜡梅属、蜡梅属（*Chimonanthus*）和夏蜡梅属。蜡梅科（Calycanthaceae）在分类系统中属于一个较为原始的类群，具有花部多数、分离、螺旋状排列，花被片没有分化成花萼和花冠；雄蕊的花丝宽扁，药隔伸延，昆虫传粉，花粉粒双槽；具油细胞，节部为单叶隙双叶迹维管束；种子体积大、无翅等诸多比较原始的性状（张若蕙和刘洪谔 1998；李烨和李秉滔 2000b）。蜡梅科植物起源、演化的研究，对于阐明东亚-北美植物区系历史的发展和联系具有极为重要的意义。

一般认为，夏蜡梅属比美国蜡梅属更为原始（李林初 1988，1990；李烨和李秉滔 2000a），尤其是夏蜡梅具有原始的“1A”类型的核型，原始的大枝二歧状分枝方式，以及花白色、无香味，没有食物体（food body）等吸引昆虫传粉的特化结构，李林初（1988）认为蜡梅科植物极有可能起源于东亚（中国）；但根据进化性状的数量，李烨和李秉滔（2000a）认为，该科中最原始的属并不是夏蜡梅属，而是蜡梅属。然而，也有很多学者认为美国蜡梅属比夏蜡梅属原始，且蜡梅属是该科中最进化的（刘洪谔等 1999；张若蕙和沈湘林 1999；张若蕙和刘洪谔 1998）。

夏蜡梅又名牡丹木、黄琵琶等，一般于5月中旬开始开花，花期约为30天；花较大，花被片二型，外花被片白色，边缘紫红色，内花被片金黄色，肉质肥厚，观赏价值高；果托好似一只精美的花瓶，壮观而雅致。春夏可赏花，秋天能观果，是蜡梅家族中出有名的名贵观赏花木。另外，夏蜡梅的叶片对流行性感冒等具有一定的疗效（倪士峰等 2003），用其树皮和松针叶的煎煮液清洗，可以快速缓解生漆过敏。

夏蜡梅的起源演化与分类地位独特，分布区狭窄、种群数目少，且近年来由于人们挖掘野生苗木，自然生境渐趋恶化，已威胁到该物种的生存繁衍。因此，急需对这种珍稀植物资源进行综合研究和有效保护。本章从群落、种群、分子水平分析了夏蜡梅的濒危现状，结合生理生态、遗传结构和繁育系统揭示了夏蜡梅的濒危机制，并分析了夏蜡梅对环境胁迫的适应性，提出了夏蜡梅的解危措施和保护对策，以期为探明该物种的濒危机制从而进行科学有效的保护提供基础资料。

第二节　物种特征

一、形态特征

夏蜡梅为落叶灌木，高 1～3m，树皮灰白色或灰褐色，皮孔凸起；大枝二歧状分枝，小枝对生，芽无鳞片，藏于叶柄基部内。单叶对生，膜质，宽卵状椭圆形、卵圆形或倒卵形，长 18～26cm，宽 11.6～16cm，翠绿色；叶基部两侧略不对称，叶缘全缘或有不规则细齿（郑万钧和章绍尧 1964；蒋英和李秉滔 1979）。

花两性，无香味，单生于枝顶。花托凹陷成杯状，中空。没有花萼和花冠的分化，由花被片组成，螺旋状排列在杯状花托上；花被片二型，外轮花被片相对较大，12～14 片，白色，具淡紫色边晕；内部花被片 9～12 片，呈副冠状，肉质肥厚，淡黄色，腹面基部散生淡紫红色细斑纹。可育雄蕊 18～19，长约 8mm，花丝短，宽而扁，花药密被短柔毛，药隔外伸，短而尖；退化雄蕊 11～12，被微毛。雌蕊是由 1 个心皮构成的单雌蕊，每朵花 11～12，彼此分离，着生于花托的内面，被绢毛，花柱白色，丝状伸长，具有一个干燥下延的柱头，每枚雌蕊内有 2 个胚珠，边缘胎座，双珠被、厚珠心（蒋英和李秉滔 1979；张若蕙和刘洪谔 1998；张文标和金则新 2007）。

果托钟状或近顶口紧缩，像一只精美的花瓶；成熟时由绿色转变为黄绿色，密被柔毛，顶端有 14～16 个披针状钻形的附生物。1 个果托内有 5～20 个果实，为含 1 粒种子的瘦果，长椭圆形，具棱，长（1.32 ± 0.11）cm，宽（0.69 ±0.06）cm，厚（0.61 ± 0.05）cm，鲜重为（0.25 ± 0.04）g，被绢毛（蒋英和李秉滔 1979；张若蕙和刘洪谔 1998；蔡琰琳和金则新 2008）。

二、繁殖特征

1. 花部形态与杂交

夏蜡梅单花顶生，花各部形态和数量都存在较大的变异。夏蜡梅花为两性花，单花花期为 7～9 天，开花进程中，雄蕊向心聚合，最后包围雌蕊，柱头与花药基本等高。夏蜡梅花雌雄异熟，雌蕊先熟，雌雄蕊无明显异位。单花花期依其形态和雌雄性功能表达可分为6个时期：蕾期、开花前期、雌性期、两性期、雄性期和谢花期。夏蜡梅杂交指数为3，花粉-胚珠比为29 571 ± 5839。授粉实验结果显示其不存在无融合生殖，为自交亲和，虫媒在传粉过程中起了较大的作用，表明夏蜡梅的繁育系统以异交为主，但自交亲和，为混合交配系统（Cruden 1977；Dafni 1992；张文标和金则新 2009）。夏蜡梅的主要传粉者来自球螋科、蜜蜂科和食蚜蝇科的昆虫传粉，但植株的花朵不散发香气，且内轮花被片、雄蕊和退化雄蕊顶端没有多汁液的“食物体”，说明该植物的花对昆虫的诱惑力小，适应昆虫传粉的机制还不是很完善（刘洪谔等 1999；张文标和金则新 2008）。

2. 种子萌发与幼苗生长

夏蜡梅种子没有休眠期，容易萌发，播种前不需浸种等处理。幼苗为子叶出土型，幼苗的子叶宽大肥厚，生长期长，一直至10月底或11月初与真叶一起脱落，子叶在一年生幼苗的生长过程中具有重要作用（陈模舜和柯世省 2009）。种子春播发芽率为57%，播后65天就开始出苗，出苗早，萌发期短，只持续30～40天（张若蕙等 1994）。当子叶展开，根系发育完全后，苗木可以移栽，此时成活率可保持100%（张宏伟等 1997）。实生苗的生长从4月开始，每个生长季节只有1个生长高峰，夏蜡梅出现最早（7月），结束期也最早，9月中旬后不再生长；早结束的原因主要是叶片在夏季容易受日灼，从而引起真菌感染，使叶片和嫩梢枯死脱落（张若蕙等 1994）。播种育苗的夏蜡梅，第4年的苗木高度超过1m，此时植株会开花。

三、核型分析

据李林初（1989，1986）报道，夏蜡梅的染色体为 $2n = 22$，与同科中多种植物的染色体数一致，与属的基数 $x = 11$ 相符；无非整倍性变异和多倍现象，也未见B染色体。核型公式为K（$2n$）= 22 =18m+2m（SAT）+ 2sm，在演化上处于相当原始的地位。除第10对染色体具近中着丝点外，其余均为中部着丝点染色体，臂比为1.10～1.71。第4对染色体短臂带一随体，全组染色体长度为1.49～2.52μm，相对长度为6.51～11.09，按相对长度系数值可分为两组：第1组（1～4号）为中长染色体，第2组（5～11号）为中短染色体，全组染色体的相对长度组成可表示为 $2n = 22 = 6M_2 + 2M_2$（SAT）+ $14M_1$，没有长染色体和短染色体。染色体总长度为 22.90μm。加州夏蜡梅（*Calycanthus occidentalis*）的核型公式也是K（$2n$）= 22=20m（SAT）+ 2sm，长度为6.81～12.03μm，臂比为1.19～2.05，变化幅度均大于夏蜡梅，属于“2A”类型。

在刘洪谔等（1996）的研究结果中，夏蜡梅的染色体长度为3.26～4.90μm，平均为3.98μm，最短；臂比为1.13～2.17，平均为1.245，仅大于美国蜡梅（*Calycanthus floridus*）和柳叶蜡梅（*Chimonanthus salicifolius*）；不对称系数为54.79，仅大于美国蜡梅的53.81；同时，没有观察到有随体的染色体，核型公式为K（$2n$）= 22=20m+2sm，为斯特宾斯（Stebbins）分类的“2A”类型，只有美国蜡梅为“1A”类型。

四、开花物候

根据夏蜡梅的实际分布情况在临安大明山选择3个样地观察开花物候，3个样地分别为海拔相同生境不同的种群 A、种群 B 和海拔较高的种群 C。大明山夏蜡梅 3 个种群的开花进程呈明显的单峰型，峰值出现在 5 月下旬，花期在 1.5 个月左右，种群中个体开花同步性高，表明夏蜡梅的开花属于“集中开花模式”（张文标和金则新 2008）。夏蜡梅个体的开花频率较低，只有少数的个体开花频率较高。夏蜡梅种群 A 和 B 处于相同海拔，在个体水平上，种群 A 和种群 B 的始花日没有显著差异，但在种群水平上，种群 A 的始花时间最早，到达中值日也最早。而种群 C 因为高海拔的影响，始花日、开花中值日和终花日均明显滞后于种群 A 和种群 B。其中，高海拔种群 C 比同属于阔叶林的低海拔种群 B 的始花日滞后了 12 天左右，而花期持续时间延长了 3 天左右。开花振幅为种群 B＞种群 A＞种群 C。说明环境因子的差异也会导致个体和种群开花物候的变化（Neil & Wu 2006）。夏蜡梅个体的结实率在不同的开花时间内存在显著差异，而不同开花时间的结籽率并没有显著差异。在种群间个体水平上，终花日与结实率和结籽率分别呈极显著和显著的负相关，开花中值日与结实率也呈极显著负相关。3 个种群相比，结实率和结籽率均以种群 C 最差，而种群 A 和种群 B 之间不存在明显差异。不同的种群环境对夏蜡梅的开花物候有着较大的影响，但对其传粉成功率没有产生明显的影响，而高海拔种群由于其更恶劣的气候条件使其传粉成功率明显低于低海拔种群。在季节性生境中，植物开花和结果的时间通常与气候条件相联系，并对后代的生存是最有利的（Hamann 2004）。夏蜡梅花期在每年的 5～6 月，开花高峰在 5 月中下旬。相对于其他的伴生物种，夏蜡梅的花期较早，此时其分布区的温度还较低并且多雨，不利于传粉昆虫的活动，因此，夏蜡梅的集中开花模式可能有助于增加个体的传粉成功率。同时这种开花模式也可能是导致该物种濒危的一个因素。

五、分布

夏蜡梅多数生于海拔 550～1200m 的中山地带，喜凉爽湿润的气候，在溪沟两旁的沟谷地段及常绿阔叶林下等较为荫蔽、湿润的生境中生长旺盛，成为常绿阔叶林灌木层的优势种及次生灌丛的主要建群种；但该种的野生资源十分有限，仅间断分布于浙江省临安西部狭小的范围内和天台县龙溪乡岭里村的一个山坡上，是浙江特有的古老孑遗植物（徐耀良等 1997；李烨和李秉滔 2000b），被列为国家二级重点保护野生植物（傅立国和金鉴明 1991）。陈香波等（2008）发现安徽省绩溪县龙须山也有夏蜡梅的自然种群，该地位于安徽与浙江交界，距浙江省清凉峰分布点的直线距离仅约 25km，两地是紧密相连的。

第三节　群落生态学

一、群落的区系组成

植物区系是指某一地区或某一地质时期内植物种类的总称，是植物界在一定的自然地理条件综合作用下发展和演化的结果（于政中和宋铁英 1995）。对浙江大雷山夏蜡梅分布样地进行群落学调查，设置 10 个面积为 500m^2 的研究样地。该区的地带性植被为常绿阔叶林，夏蜡梅群落普遍处于次生林阶段，乔木层多为5～7m的小乔木，高大的乔木很少；灌木层种类丰富，以夏蜡梅为主，平均高度为2m；草本层具有一定数量的层间植物。据统计，10个样地中有维管植物193种，隶属于74科165属。蕨类植物7科9属9种，裸子植物5科6属6种，被子植物62科150属178种。种类数量占优势的科为蔷薇科（Rosaceae）17种，豆科（Leguminosae）11种，菊科（Compositae）9种等。所含种数较多的属为悬钩子属（*Rubus*）6种，杜鹃花属（*Rhododendron*）、樟属（*Cinnamomum*）、冬青属（*Ilex*）、山茶属（*Camellia*）和蔷薇属（*Rosa*）各3种，区系组成中仅含1～2种的有48科，占总科数的64.86%；含1种的有146属，占总属数的88.48%，反映出该群落的科、属组成很复杂。

二、群落的地理成分分布

按照吴征镒等（2003）世界种子植物科的分布区类型划分，大雷山夏蜡梅群落种子植物中，世界广布的有21科，大多为草本植物，是组成群落草本层的主要成分。地理成分中占优势的是热带分布的科，共27个，大多为常绿阔叶树种，是组成群落乔木层的主要成分。温带地理成分共19科，大多为针叶、落叶树种，其中杉科植物是群落乔木层的优势种。大雷山夏蜡梅群落156属种子植物，按照吴征镒先生的中国种子植物属的分布区类型来划分（吴征镒 1991，1993），世界分布的植物有16属，热带类型的植物有53属，温带类型的植物有84属，中国特有分布属有3属，包括杉木属（*Cunninghamia*）、夏蜡梅属和大血藤属（*Sargentodoxa*），这3属植物的数量较多，尤其是夏蜡梅和杉木（*Cunninghamia lanceolata*），分别为该群落中灌木层和乔木层的优势种。由此可见，大雷山夏蜡梅群落科的分布区类型中，热带成分占优势，温带成分也有较大的分量，这与天台县种子植物区系特征（金则新和郑林友 2006）是一致的，反映出大雷山夏蜡梅群落区系地理成分的复杂性和具有亚热带和暖温带双重属性，但暖温带属性更为突出。此外，在大雷山夏蜡梅群落木本植物中，包含植物系统演化中很多原始的科、属，这些树种都在白垩纪就已经出现，表明该群落植物区系丰富和起源古老。

三、群落的物种多样性

采用群落乔木层的重要值作为划分群落类型的依据（高贤明等 2001），大雷山10个样地中夏蜡梅群落可分为毛竹林、日本柳杉-杉木林、杉木林、杉木-马尾松林、杉木-山胡椒林、杉木-木荷林、山胡椒-杉木林、枹栎林8种类型。不同群落类型的物种多样性存在较大的差异。从木本植物物种多样性来看，除毛竹林和山胡椒-杉木林外，不同类型群落的木本植物物种多样性明显高于草本植物。其中，杉木-木荷林的木本植物物种丰富度和物种多样性指数最高，杉木林和山胡椒-杉木林的物种丰富度最低，毛竹林的多样性指数最低；木本植物群落均匀度指数以杉木林最高，毛竹林最低。杉木-马尾松林的草本层物种丰富度最高，日本柳杉-杉木林次之，杉木林最低；Simpson指数、Shannon-Wiener多样性指数、种间相遇概率和群落均匀度指数反映了相同状况，都以毛竹林的两个样地中最高，杉木-山胡椒林次之。这可能与各个群落的地理环境、群落结构和群落稳定性有关。

四、物种多样性与土壤因子的关系

土壤是植物群落的主要环境因子之一，土壤的性质与植物群落组成结构和植物多样性有密切的关系（Tilman et al. 1996；Harrison 1999；宋创业等 2008）。大雷山夏蜡梅群落各样地的物种多样性与土壤 pH、含水量、有机质含量、全氮含量、有效磷含量、有效钾含量等理化性质具有一定的相关性。在这 6 项指标中，除 pH 外，其余 5 项在样地间差异较大，多数为显著或极显著水平。对于木本植物，其 Simpson 指数、种间相遇概率、群落均匀度指数与土壤含水量显著负相关，Shannon-Wiener 多样性指数、种间相遇概率、群落均匀度指数与有机质含量显著正相关，Simpson 指数与有机质含量极显著正相关；但木本植物物种多样性与土壤其他指标的相关性均不显著。草本层的物种丰富度、Shannon-Wiener 多样性指数与土壤含水量显著正相关，物种丰富度与全氮含量极显著正相关，Shannon-Wiener 多样性指数与全氮含量显著正相关，Simpson 指数与 pH 显著正相关，群落均匀度指数与有效钾含量显著正相关，Shannon-Wiener 多样性指数、种间相遇概率与有机质含量显著负相关，Simpson 指数、群落均匀度指数与有机质含量极显著负相关。夏蜡梅群落的物种多样性与土壤有机质含量的相关性较大，与其他理化性质关系不明显，表明有机质是影响夏蜡梅群落物种多样性的主要土壤因子。

第四节　生理生态特征

一、夏蜡梅生理生态

自然条件下，夏季临安大明山的夏蜡梅冠层叶片的净光合速率（P_n）日进程呈“双峰”曲线。第一个峰值出现在 8：00 左右，第二个峰值出现在 16：00 左右，P_n 在午间降低幅度很大，有明显的光合“午休”现象。胞间 CO_2 浓度（C_i）在一天中呈早晚高、中午有回升的近“W”变化趋势。午间 P_n 降低的同时 C_i 升高、气孔限制值（L_s）降低，说明夏蜡梅的光合“午休”主要是由非气孔限制因素，如叶肉细胞活性或光合酶活性的降低引起的叶片光合能力的下降造成的。逐步多元回归和通径分析表明，光合有效辐射（PAR）、大气相对湿度（RH）和大气 CO_2 浓度（C_a）与 P_n 的相关性达到显著水平，这 3 个因子是影响夏蜡梅 P_n 的主要环境因子。夏蜡梅及其伴生植物悬铃叶苎麻（*Boehmeria tricuspis*）、盐肤木（*Rhus chinensis*）、半边月（*Weigela japonica* var. *sinica*）等的 P_n 日进程都是典型的“双峰”曲线，第一个峰值出现在 8：00～10：00；第二个峰值出现在 14：00 左右。一天中最大净光合速率（P_{max}）最高的是悬铃叶苎麻，最低的是夏蜡梅。而日均 P_n 最大的是盐肤木，最小的是夏蜡梅。林下夏蜡梅的光合日变化则是典型的“单峰”曲线，P_n 峰值是冠层夏蜡梅 P_{max} 的 2/5。由于林下最大 PAR 不足全光下的 1/20，PAR 成为限制林下夏蜡梅 P_n 的关键因子。此外，夏蜡梅及其伴生植物日均 P_n 的季节变化同样也表现为悬铃叶苎麻＞半边月＞盐肤木＞冠层夏蜡梅＞林下夏蜡梅，说明夏蜡梅的光合能力较弱（马金娥等 2007）。从光响应和 CO_2 响应试验结果来看，与上午相比，中午和下午的表观量子效率、羧化效率、光饱和点明显减小，而光补偿点和CO_2补偿点则相反，说明夏蜡梅叶片发生了光合作用的光抑制。夏蜡梅是典型的阴生植物，其光合午休程度比典型的阳生植物高（柯世省等 2002）。夏蜡梅在群落中 P_n 处于最低水平，又是落叶植物，年总光合量较小，物质积累能力低，生长速度慢，在群落中很难占领空间从而取得优势地位，这可能是其致濒的原因之一。

二、夏蜡梅不同大小级种子的生理特征

1. 不同大小级种子的化学成分分析

高等植物种子的新陈代谢和发育完全依赖种子的贮藏物，它可为种子萌发和幼苗初期生长提供所必需的营养物质及能量（Blöchl et al. 2007）。对不同大小级种子的化学成分研究表明，夏蜡梅种子的含水量和碳水化合物含量不高，主要贮藏物质是脂肪和蛋白质。大种子的粗脂肪和粗蛋白质含量比小种子高，而碳水化合物含量却比小种子低。在矿质元素方面，除 Ca 之外的大量元素（N、P 和 K）以及所研究的半数微量元素（Mg、Mn、Cu 和 Zn）在大种子中的含量显著高于小种子。因此推测矿质元素含量的差异可能会是夏蜡梅不同大小级种子在萌发、幼苗生长发育等生理方面差异的内在原因。种子化学成分是影响种子萌发的关键因素，蜡梅类种子含油量高，干藏可能会引起变质而使种子活力丧失（张若蕙等 1994）。因此，若夏蜡梅种子在萌发期所处的环境干燥，可能会造成其萌发率低，自然更新不良，种群扩展困难。

2. 种子大小对其萌发生理特征的影响

在夏蜡梅不同大小级种子发芽过程中，小种子在发芽初期速度最快，中种子相对缓慢，大种子最慢。大种子和中种子均在 75 天左右达到最大发芽率，而小种子大约 65 天时达到最大发芽率，萌发结束相对较早。大种子的日平均发芽率、发芽势和发芽值均显著高于中种子和小种子。播种初期，小种子的可溶性糖和脂肪含量相对于大种子、中种子显著下降，淀粉酶、蛋白酶和脂肪酶活性显著高，之后不如大种子，这也可能是小种子起初发芽最早、最快的原因。夏蜡梅种子的出苗和萌发情况较为统一，其中小种子出苗最早，大种子最晚，且小种子早期的出苗率也最高。在幼苗建立的早期阶段，大种子幼苗的生长表现等超过小种子。在 5 月中旬到 10 月中旬夏蜡梅幼苗生长过程中，大种子幼苗形态指标和生物量指标普遍比小种子高，但显著差异主要出现在经历炎热的夏季之后。说明夏季高温高热的不利环境条件对大种子幼苗的伤害较少，其生活力与抵抗力可能高于小种子幼苗。夏蜡梅种子大小对其幼苗的生长发育和植株建立有一定影响，大种子能产生更强健的幼苗，可能能更好地适应不适宜的气候条件。

三、夏蜡梅的逆境生理生态

1. 干旱胁迫对夏蜡梅生理特征的影响

试验结果表明，夏蜡梅在中度干旱胁迫下，P_n和类胡萝卜素含量降低，同时超氧化物歧化酶（SOD）活性、过氧化物酶（POD）活性、还原型谷胱甘肽（GSH）活性及抗

坏血酸（AsA）含量上升；在重度胁迫下，SOD、POD 活性也进一步上升，而过氧化氢酶（CAT）活性、GSH 活性及 AsA 含量大幅下降；在重度胁迫下，植物体内的代谢趋于混乱，使 SOD 和 POD 活性下降，膜脂过氧化作用进一步加重（柯世省和金则新 2007b）。轻度和中度干旱胁迫下 P_n 显著降低，其中气孔限制因素起到了主要作用，通过更大程度地降低蒸腾作用来提高植物水分利用效率。重度干旱条件下光合能力的下降则由非气孔限制起主要作用，且在复水后不能完全逆转（柯世省和金则新 2007a）。此外，初始荧光（F_o）、最大荧光（F_m）和最大光化学效率（F_v/F_m）在轻度和中度水分胁迫下变化不明显，而在重度水分胁迫下表观量子效率和 F_v/F_m 均明显降低，表明光能转换效率下降，光合作用受到严重抑制（柯世省和金则新 2008）。以上结果表明，轻度和中度干旱胁迫下夏蜡梅能适应较干旱的环境，适度的干旱胁迫能引起其抗旱性响应，但严重的水分胁迫下其光合机构受到了较为严重的损伤，其光合能力也难以恢复正常。因此，在夏蜡梅的栽培管理中，应避免其遭受严重的水分胁迫。

2. 光强对夏蜡梅生理特征的影响

自然条件下，过高或过低的光照强度影响夏蜡梅的光合、形态、物质分配以及叶片中化合物成分，同时在长期的进化过程中夏蜡梅也通过改变自身的特性来适应变化的环境。100%全光照、37%全光照和 10%全光照 3 种光环境下夏蜡梅的研究结果显示，夏蜡梅叶片的 P_n 日变化均为双峰曲线，在 37%全光照下值最大。在不同的光环境下，叶绿素 a/b、光饱和点和光补偿点随光强的增加而增大，而叶绿素含量、类胡萝卜素含量则降低，表现出对光强有一定的适应性。从植株生长状况来看，37%全光照处理下夏蜡梅生长葱郁、枝繁叶茂。在生物量积累方面，37%全光照处理下的植株生物量在整个处理季节均显著高于其他两个光照条件。夏蜡梅的平均叶面积以 37%全光照处理为最大，100%全光照处理的平均叶面积最小。37%全光照处理的夏蜡梅植株根总长、根表面积、根体积和根的平均直径都占有绝对优势，具有较高的根冠比。叶片的质膜透性和丙二醛含量都随着光强的加剧而增加，而且都在 8 月达到最大，而后又逐渐下降。从本试验结果来看，37%全光照对夏蜡梅子叶的生长发育最为有利，因此在进行夏蜡梅种子繁殖和幼苗管理中，应提供适宜的光照条件。

3. 铜离子对夏蜡梅种子萌发生理的影响

设置 1μmol/L、10μmol/L、50μmol/L、100μmol/L、400μmol/L、800μmol/L 和 1200μmol/L 不同铜离子浓度处理，8 天后分析铜离子对夏蜡梅种子萌发率和根伸长抑制率的影响。试验结果显示 1μmol/L 铜离子处理夏蜡梅种子萌发过程中淀粉酶、蛋白酶和脂肪酶活力最大，可以提高种子的呼吸速率，加快萌发代谢，促进种子萌发，但这种作用是暂时的，随着铜离子的积累和胁迫时间的增加，促进作用将消失。高浓度铜离子抑制夏蜡梅种子萌发过程中淀粉酶、蛋白酶和脂肪酶活力，降低贮存物质的呼吸作用，且在萌发初期即产生明显的抑制作用，从而抑制种子萌发（刘文莉等 2007）。夏蜡梅种子萌发过程中 SOD 和 CAT 的活性均随铜离子浓度的增加而先升高后降低，而高浓度铜离子的胁迫，使植物体内的活性氧大量积累，并超出细胞自身的抵御能力，造成抗氧化酶系统严重失衡，表现出严重的铜毒害现象（刘文莉等 2008）。铜离子对夏蜡梅种子发芽的抑制率远小于对根伸长的抑制率。不同浓度的铜离子处理与夏蜡梅种子根伸长抑制率呈显著正相关，而发芽抑制率与重金属浓度的相关性不显著，但低浓度铜溶液（1μmol/L）对夏蜡梅种子的萌发有明显的促进作用。这一结果很可能与种子发芽和根生长过程有关。种子发芽除了从环境中摄取必需养分外，还可以从胚内获得养分供应，而根生长的全过程受环境的直接影响，对环境污染更敏感。

第五节　种群生态学

一、种群大小结构

研究不同生境条件下植物种群年龄结构不仅可以反映种群现实状况，还可以揭示植物种群与环境间的适合度，对于濒危植物的保护和利用研究具有重要意义（Crawley 1986；Manuel & Molles 2002）。根据冠幅和株高计算植株的体积开立方得到立方根（d）从而划分大小级（杨洪晓等 2006）。对于大雷山夏蜡梅种群的大小级结构，在 10 个样地的全部夏蜡梅中，Ⅰ级（$d \leqslant 0.5$m）个体最多，共 252 株，占总数的 38.07%；其次为Ⅲ级（1m<$d \leqslant$2m）个体，占总数的 27.04%；再次为Ⅱ级（0.5m<$d \leqslant$1m）个体，占总数的 24.77%；Ⅳ级（2m<$d \leqslant$3m）个体少，只占总数的 9.21%，Ⅴ级（d>3m）个体极少，仅占 0.91%，且树龄 10 年左右的植株，主干开始枯萎死亡。反映出整个夏蜡梅种群的年龄结构呈金字塔型，属于增长型；同时，夏蜡梅是短寿命的木本物种。在 10 个样地中，7 个样地为Ⅰ级个体数少，Ⅲ级个体数多或Ⅰ级个体数最多，种群的年龄结构属于稳定型或增长型；剩下 3 个郁闭度高的样地表现为Ⅰ级个体数很少或缺少，但中龄级Ⅲ级个体数最多，种群的年龄结构呈倒金字塔型，趋向衰退型。说明濒危植物种群的年龄结构并非都呈衰退型，在适合的生境条件下也可呈现出积极发展并实现自我更新（张文辉等 2002）。大雷山夏蜡梅群落多为针阔混交林，郁闭度多数在 45%左右，比较适合夏蜡梅的生长，经过一段时间的更新有望发展壮大。

二、种群空间分布格局

种群的空间分布是指组成种群的个体在其生活空间中的位置状态或布局，通常分为随机分布、集群分布和均匀分布 3 种类型（张金屯 1998；谢宗强等 1999）。将夏蜡梅各样地所调查的数据进行种群分布格局和集群强度分析。其中杉木林和山胡椒-杉木林样地的 t 值分别为 0.5994 与 0.1283，小于 2.093，为随机分布；负二项分布参数（K）分别为 51.6632 和 15.1695，大于 8，为随机分布。各样地的均值与方差比率为 1.0417～9.2598，均大于 1。10 个样地的扩散指数 I_δ 均大于 1，为集群分布；各样地的凯西（Cassie）指数（$1/K$）与丛生指数（I）均大于 0，聚块性指数（m^*/m）均大于 1，为集群分布。综合以上各指数，杉木林和山胡椒-杉木林样地为随机分布，其余各样地均为集群分布，但集群强度有所差异，毛竹林样地集聚度最高，杉木-木荷林其次。说明夏蜡梅的萌蘖更新能力较强。

三、种群遗传多样性

遗传多样性及遗传分化。对夏蜡梅天然种群建立并优化 ISSR 扩增体系，探讨各种群的遗传多样性及遗传分化情况。研究共采集了 10 个种群，双石边种群（SSB）、前坑种群（QK）、龙塘山种群（LTS）、白水坞种群（BSW），以及根据不同海拔和坡向在大明山采集了 4 个种群（DMSⅠ、DMSⅡ、DMSⅢ、DMSⅣ）、天台县大雷山 2 个种群（DLSⅠ、DLSⅡ）。利用 12 个 ISSR 引物对 10 个夏蜡梅种群共 200 个个体的 DNA 样品进行了 ISSR 分析，共扩增出 156 条条带，其中有 114 条条带为多态条带，占 73.08%。各种群的多态位点百分率（*P*）有较大差异，平均为 23.65%，以 DMSⅠ种群最高（27.56%），DMS Ⅳ种群次之（26.92%），DLSⅡ种群最低（17.31%）。天台县 2 个种群的多态位点百分率均比临安低。Shannon 指数（*I*）平均为 0.1251，种水平为 0.3097。Nei's 基因多样性指数（*h*）为 0.1987，10 个种群平均为 0.0839。*I* 和 *h* 都显示出夏蜡梅总体多样性水平较高，种群内多样性水平较低。其中以 QK 种群最高，DMSⅠ种群次之，DLSⅠ种群最低。10 个夏蜡梅种群间遗传分化系数（G_{st}）为 0.5779，基因流为 0.3651。无论是 ISSR 分子标记还是 RAPD 分子标记均显示夏蜡梅大部分变异存在于种群间，小部分变异存在于种群内，种群间的基因流很低（金则新和李钧敏 2007；Li & Jin 2006）。根据夏蜡梅种群间的遗传距离，对 10 个种群进行聚类，大致可以将 10 个种群分为两大类群，即天台县内的 2 个种群组成一大类群，临安市（现为临安区）内 8 个种群组成另一大类群。临安种群又可以分为 2 个亚类群，即大明山 4 个种群聚成一个亚类群，而其余 4 个种群聚成另一个亚类群。

在大雷山 4 个不同生境灌丛、常绿阔叶林、杉木林和毛竹（*Phyllostachys edulis*）林中，Shannon 指数最高的是灌丛种群，其次是毛竹林种群，最低的是常绿阔叶林种群，Nei's 基因多样性指数估算的遗传多样性大小顺序与 Shannon 指数相同，表明常绿阔叶林中的夏蜡梅种群遗传多样性比灌丛、毛竹林等种群低（张文标等 2007）。在海拔相近、坡向不同的 2 个大明山种群中，阴坡种群（DMSⅣ）比阳坡种群（DMSⅢ）的遗传多样性高，表明阴坡的生境更适合夏蜡梅的生长。在坡向相似、海拔不同的 DMSⅠ、DMSⅡ、DMSⅢ等 3 个种群中，遗传多样性指数均以海拔较低的种群（DMSⅠ）最大，海拔较高的种群（DMSⅢ）最小，表明随着海拔的升高，夏蜡梅的遗传多样性逐渐降低。

空间遗传结构与分子系统地理学。采用 ISSR 对大明山与大雷山两个种群夏蜡梅的空间遗传结构进行分析。在大明山和大雷山所有夏蜡梅植株 0～49.5m 内设置 10 个不同空间距离等级，每个距离等级中的植株数量均大于 30 株。将不同距离等级下的谷本（Tanimoto's）距离（*D*）指数（Deichsel & Trampisch 1985）值与随机区间大小比较来划分随机分布、均匀分布和聚集分布等空间分布类型（Degen et al. 2001；Alfonso-Corrado et al. 2004）。研究表明大明山夏蜡梅全体植株在 4.95～14.85m 的距离尺度内呈现显著的聚集分布，在 19.8～24.75m 与大于 29.7m 的距离尺度下为均匀分布，而在其余的距离尺度内夏蜡梅植株均呈随机分布。在大明山夏蜡梅不同年龄级植株的空间遗传结构中，Ⅰ级植株基因型的空间分布类型在该距离尺度下为随机分布；Ⅱ级植株均呈随机分布；Ⅲ级植株在 0～44.55m 的距离尺度内基因型为随机分布，44.55～49.5m 的距离尺度内基因型为均匀分布。而大雷山夏蜡梅在 0～49.5m 的距离尺度内所有植株和不同年龄级植株基因型的空间分布类型均为随机分布。

通过叶绿体基因组微卫星标记（cpSSR）分子标记分析夏蜡梅叶绿体水平的遗传变异，以确定分布在浙江临安和天台地区 8 个种群的分子系统地理格局。cpSSR 标记与 ISSR 标记呈现相似的遗传多样性结果。cpSSR 扩增多态性结果显示夏蜡梅 3 个叶绿体多态位点共扩增出 8 个不同的等位基因，从而组合出 4 种不同的单倍型（h1、h2、h3、h4）。夏蜡梅 8 个分析种群总的单倍型多样性为 0.4565；各种群中，BSW 的单倍型多样性最高，为 0.3947，其次是 DMSⅡ，为 0.1895，最低的是 SSB、QK、DLSⅠ、DLSⅡ，单倍型多样性为 0，种群平均单倍型多样性为 0.098。从单倍型在各种群的分布情况看，单倍型 h2、h3 是分析种群的主体单倍型，其次是单倍型 h1，单倍型 h4 只在 LTS 种群中出现，成为该种群的特异单倍型。另外，天台地区两个种群（DLSⅠ、DLSⅡ）只有单倍型 h3，其余单倍型只存在于临安各种群中，并且临安各种群并未探测到任何一个 h3 单倍型。在本研究探测到的 4 种单倍型中，h2 是临安地区的主体单倍型，而 h3 是天台地区的主体单倍型。在夏蜡梅叶绿体单倍型网络关系中，h1 与 h2 的亲缘关系最近，其次是 h3，最后是 h4。

根据夏蜡梅各种群间的溯祖系数，探究 8 个种群的进化亲缘关系。临安 6 个种群中，QK、SSB 种群具有同一起源时间，其他 4 个种群具有不同的起源时间。种群起源时间从早到晚依次为 BSW、DMSⅠ、DMSⅡ、LTS 种群，最后同时分别扩展到 QK、SSB 种群；DLSⅠ、DLSⅡ种群具有同一起源时间，而且局限分布于天台大雷山地区，并推测 DLSⅠ、DLSⅡ种群的起源时间与 BSW 种群由于冰期的作用首先分隔。结合种群进化起源以及系统地理格局，推测夏蜡梅的迁移路线为：临安地区的夏蜡梅首先从大明山地区迁移到清凉峰，然后再到龙岗镇的 SSB、颊口镇的 QK；而天台大雷山区域的夏蜡梅可能未向外进行迁移扩散。根据陆慧萍等（2004）介绍的单倍型模型公式，计算夏蜡梅 8 个种群的遗传贡献。从大到小，8 个种群的种群内遗传贡献度排序为 LTS = DMSⅠ= DMSⅡ= BSW＞DLSⅠ= DLSⅡ= SSB = QK，独特性贡献率排序为 LTS＞DLSⅠ= DLSⅡ＞DMSⅠ= DMSⅡ= BSW＞SSB = QK，可见，LTS 种群的遗传贡献率远高于其他种群，这是因为该种群含有 1 个特有单倍型。Petit（1998）认为贡献率越高的种群，越值得优先保护。因此，本研究中 LTS 种群最应优先保护，其次是 DLSⅠ、DLSⅡ、DMSⅠ、DMSⅡ、BSW 种群。根据优先保护种群的地理分布地，进一步确定夏蜡梅的优先保护单元为临安清凉峰国家级自然保护区、大明山、天台大雷山。

第六节　保护生物学

根据夏蜡梅物种水平上的遗传多样性较高、种群水平的遗传多样性较低、遗传多样性主要存在于种群间以及分布较为零散等特点，对夏蜡梅的保护不能仅仅运用单一的手段和简单的方法，而应采取综合措施，抑制种群衰败趋势。

一、就地建立保护小区

对夏蜡梅的保护应以就地保护为主。夏蜡梅野生种群少，主要分布于天台大雷山和临安昌化等少数地区，因此，现有的每一个种群都应被保护，因为任何一个种群的丧失都将导致遗传变异的严重流失，所以应在夏蜡梅的原产地建立保护区和保护小区，为夏蜡梅的生存创造适宜的生境。在散生分布地区，把保护任务具体落实到乡、村，责任到户。对优先保护种群及单元实行重点保护。

二、建立合理的保护方法

自然保护区的保护方法较为单一，一般都采用封山育林的方式。野外观察发现，夏蜡梅的适生生境是受到一定干扰的低山丘陵，而在林分郁闭度过大的常绿阔叶林下的生长受到严重影响，甚至会在林中消失。因此要进一步开展夏蜡梅生态学特性研究，根据夏蜡梅的生长发育规律，制订科学的保护方法。例如，在郁闭度过大的林分中，对灌木层和乔木层进行适当的间伐和择伐等，使其所处群落维持在次生的针阔混交林中，为夏蜡梅种子萌发、幼苗定居创造条件，促进夏蜡梅的更新。此外，在夏蜡梅的保护中应加强对夏蜡梅科学保护知识的宣传，使当地农民意识到夏蜡梅的保护价值，禁止随意乱砍滥伐和采摘种子。

三、迁地保护

通过迁地保护可以将分散分布的野生植物集中到一定范围内，保存大量的种质资源，为其他保护措施提供研究材料。由于夏蜡梅种群间有较大的遗传分化，基因流低。在迁地保护时，应从所有种群中选取足够的样本，通过加大种群间的种子和幼苗的交换或者植株的迁移，人为创造基因交流和重组的条件，更好地维持、提高该物种遗传多样性的水平及其对环境的适应能力。在迁地保护方面，要注意选取不同地区、不同海拔、不同林分、不同坡向等的苗木，尽量全面保护夏蜡梅的遗传多样性。

四、加大种群间的基因流动

基因流主要包括花粉流和种子流，夏蜡梅由于花粉的低效扩散及种子的限制性传播，种群间呈现较大的遗传分化。因此，通过人工授粉、人工播种、人工移植等方法，加强种群之间的基因交流，提高夏蜡梅的遗传多样性及其对环境的适应能力。由于夏蜡梅的基因流受到一定限制，应开展不同区域种群间的交配，如在大明山和大雷山夏蜡梅之间进行人工杂交，促进基因交流。因此，深入研究夏蜡梅的杂交能力、后代产生情况及后代适合度对于夏蜡梅的保护具有重要指导意义。

五、积极开展夏蜡梅的开发研究

保护工作的最终目标不是使物种仅仅得到保存，而应让它们充分为社会服务（易思荣和黄娅 2003）。夏蜡梅的花大而美丽，可开发成绿化观赏树种而广泛推广；夏蜡梅叶片挥发油含量丰富，对感冒、咳嗽、气喘等具有一定的疗效（刘力等 1995；倪士峰等 2003）。“合理利用就是最好的保护”，积极开展夏蜡梅的开发研究，提高其保护价值，对于夏蜡梅的保护具有重要的实践意义。

第七节　总结与展望

一、夏蜡梅稀有和濒危的历史因素

一般认为夏蜡梅在中生代北极第三纪森林中广泛存在（张若蕙和沈湘林 1999），距今至少已有几百万年的历史。在第四纪冰川时期，由于气候变迁夏蜡梅种群大尺度缩减，但在第四纪冰期，亚洲主要受到西伯利亚大陆冰川的影响，不如欧洲和美洲的大陆冰川发达。尤其是由于喜马拉雅山区青藏高原的抬升，以及山脉多为东西走向，中国没有直接受第四纪大陆冰川的侵袭。中国冰川主要是山地冰川，其规模比大陆冰川小得多，因此在许多地方形成了第三纪植物的“避难所”，使得夏蜡梅在中国被保存下来。之后的气候波动使已经片断化的夏蜡梅种群数量进一步下降，分布范围极度缩小，形成了目前仅间断分布于浙江临安、天台和安徽绩溪等极狭小范围的格局。因此，可以认为历史时期的气候变迁是造成夏蜡梅种群大幅减少的主要原因。

二、夏蜡梅稀有和濒危的人为因素

人为因素是导致物种濒危的最重要因素之一。许多植物的稀有、濒危和灭绝都和人类的发展有关。夏蜡梅花大而美丽，在 20 世纪六七十年代曾作为绿化树种而普遍受到欢迎，种子价格炒得很高，当地居民曾经一度采集夏蜡梅的种子来卖，破坏了夏蜡梅的幼苗更新。由于长期滥采滥挖，夏蜡梅野生资源遭到严重破坏，野生分布范围逐步缩小，个体数量也日渐减少。在夏蜡梅分布区域内，人类干扰频繁，植被破坏严重，野生夏蜡梅种群数目和种群规模不断变小，呈散生状态，生境逐渐片断化，被分隔成若干个呈岛状分布的小种群，严重威胁着夏蜡梅的生存和繁衍。

近年来的封山育林使灌丛正在向森林发展。当采取封山育林的措施后，林分郁闭很快，夏蜡梅很快成为下层灌木而失去与其他物种竞争阳光的能力，最终走向消亡。例如，临安龙塘山自然保护区成立后，次生常绿阔叶林的恢复很快，夏蜡梅成为林下灌木，逐渐从林中消失。如今在祝川、苏坞，只有林缘、路边和林窗尚有夏蜡梅存在，密林中的夏蜡梅已经消失。

三、夏蜡梅稀有和濒危的内在因素

夏蜡梅的繁殖特性。夏蜡梅花为虫媒花（刘洪谔等 1999），但其花白色，无香味，加上它不形成“食物体”，表明对昆虫传粉的适应机制较不完善，相对于风媒传粉有很大的局限性（金则新和李钧敏 2007）。同时，不同海拔不同微生境夏蜡梅种群的不同步开花期，也限制了种群之间的传粉活动（张文标和金则新 2008）。由于传粉机制的适应性差、部分雌蕊长期不能授粉，夏蜡梅出现了雌蕊退化现象；另外，夏蜡梅雌蕊柱头可授期的有效时间很短，可能使得它的后代不能广泛繁衍（李林初 1988；张丽萍等 2009）。

夏蜡梅的开花属于“集中开花模式”，这种模式可能不利于花粉在群体间的扩散，导致自交和近交比例增加。夏蜡梅在长期进化过程中形成的以异交为主、自交亲和的混合交配系统，使得夏蜡梅种群间发生较大程度的自交和近交（张文标和金则新 2007），限制了花粉在各种群间的流动。夏蜡梅果实为蒴果，果实成熟后依靠重力散播，种子为果托所包被，因此其后代向外扩散的能力相当有限，再加上人为采收和动物噬食，限制了种子的有效传播（金则新和李钧敏 2007）。此外，由于人类活动干扰和原有植被破坏所导致的生境片断化，夏蜡梅局限于互不相连的小区域内，形成若干个呈岛状分布的小种群（Li & Jin 2006），研究表明，当种群内植物数量少、密度低时，将不足以维持较多的传粉者，导致传粉者数量减少，活动强度降低或发生不利于传粉的变化（Lamont et al. 1993），这将进一步限制花粉在夏蜡梅种群间的扩散。

夏蜡梅生理生态特性。夏蜡梅在较适宜条件下其光饱和点和光补偿点比阳生植物低，是典型的阴生植物，其光合“午休”程度比典型的阳生植物高（柯世省等 2002）。与其伴生植物相比，在相同环境条件下夏蜡梅的最大净光合速率和平均净光合速率都最小，水分利用效率低，在消耗等量水分条件下同化的 CO_2 较少。同时净光合速率/呼吸速率较低，其值小于 1，较高的呼吸消耗不利于干物质的积累，进而导致其生物量下降。在 7 月生长旺盛季节，夏蜡梅在群落中净光合速率处于最低水平，又是落叶植物，年总光合量较小，物质积累能力低，生长速度慢，在群落中很难占领空间从而获得优势地位。夏蜡梅的以上光合特性影响到物质的合成和积累，使其在群落竞争中处于不利地位，这可能是夏蜡梅濒危的原因之一。

夏蜡梅种群的遗传多样性。遗传变异是生物适应环境变化的一个重要能力。RAPD 与 ISSR 分子标记技术均显示夏蜡梅物种水平的遗传多样性较高，而种群水平的遗传多样性较低。夏蜡梅可能在北极第三纪森林中广泛分布（张若蕙和沈湘林 1999），具有比较丰富的遗传基础。由于受第四纪冰川的影响，其分布范围极度缩小，幸存的个体在一些“避难所”中保留下来。因此，可以推测现存的夏蜡梅是从“避难所”发展而来，保留了其祖先丰富的遗传多样性。cpSSR 显示单倍型分布存在明显的地域性，存在两大冰期避难所，即临安大明山、天台大雷山。由于夏蜡梅受第四纪冰川的影响，其分布范围极度缩小，仅间断分布于浙江省临安市（现称临安区）和天台县极狭小的范围内。另外，在夏蜡梅分布区域内，人类活动日益频繁，资源过度开发，植被破坏严重，野生夏蜡梅种群数目和种群规模在不断变小，呈散生状态，生境逐渐片断化，使夏蜡梅局限于互不相连的小区域内，被分隔成若干个呈岛状分布的小种群。生境破碎化后，夏蜡梅种群逐渐变小，种群有效规模下降，种群间的基因流下降，微生境异质性的选择作用增加了遗传漂变以及近交的程度，通过近交衰退和杂合度的降低影响个体的适合度，进而导致遗传多样性的丧失，从而使种群内遗传多样性降低，这可能是夏蜡梅濒危的原因之一。

撰稿人：金则新

主要参考文献

蔡琰琳, 金则新. 2008. 濒危植物夏蜡梅果实、种子形态变异研究. 西北林学院学报, 23(3): 44-49.

陈模舜, 柯世省. 2009. 生长环境光强对夏蜡梅子叶显微形态结构和光合参数的影响. 广西植物, 29(3): 366-371.

陈香波, 张丽萍, 王伟, 等. 2008. 夏蜡梅在安徽首次发现. 热带亚热带植物学报, 16(3): 277-278.

傅立国, 金鉴明. 1991. 中国植物红皮书: 稀有濒危植物(第一册). 北京: 科学出版社: 196-197.

高贤明, 马克平, 陈灵芝. 2001. 暖温带若干落叶阔叶林群落物种多样性及其与群落动态的关系. 植物生态学报, 25(3): 283-290.

蒋英, 李秉滔. 1979. 中国植物志(第30卷, 第2分册). 北京: 科学出版社: 1-10.

金则新, 李钧敏. 2007. 珍稀濒危植物夏蜡梅遗传多样性ISSR分析. 应用生态学报, 18(2): 247-253.

金则新, 郑林友. 2006. 浙江省天台县种子植物区系分析. 福建林业科技, 33(1): 11-15.

柯世省, 金则新. 2007a. 干旱胁迫和复水对夏蜡梅幼苗光合生理特性的影响. 植物营养与肥料学报, 13(6): 1166-1172.

柯世省, 金则新. 2007b. 干旱胁迫对夏蜡梅叶片脂质过氧化及抗氧化系统的影响. 林业科学, 43(10): 91-96.

柯世省, 金则新. 2008. 水分胁迫和温度对夏蜡梅叶片气体交换和叶绿素荧光特性的影响. 应用生态学报, 19(1): 43-49.

柯世省, 金则新, 陈贤田. 2002. 浙江天台山七子花等6种阔叶树光合生态特性. 植物生态学报, 26(3): 363-371.

李林初. 1986. 夏蜡梅属核型的研究. 广西植物, 6(3): 221-224.

李林初. 1988. 夏蜡梅属起源的探讨. 西北植物学报, 8(2): 67-72.

李林初. 1989. 夏蜡梅属的细胞地理学研究. 广西植物, 9(4): 311-316.

李林初. 1990. 夏蜡梅属花粉形态的研究. 植物研究, 10(1): 93-98.

李烨, 李秉滔. 1999. 蜡梅科植物的叶表皮特征及其在分类上的意义. 热带亚热带植物学报, 7(3): 202-206.

李烨, 李秉滔. 2000a. 蜡梅科植物的分支分析. 热带亚热带植物学报, 8(4): 275-281.

李烨, 李秉滔. 2000b. 蜡梅科植物的起源演化及其分布. 广西植物, 20(4): 295-330.

刘洪谔, 徐耀良, 杨逢春. 1999. 蜡梅科植物的开花与传粉. 北京林业大学学报, 21(2): 121-123.

刘洪谔, 张若蕙, 黄少甫, 等. 1996. 8种蜡梅的染色体研究. 浙江林学院学报, 13(1): 28-33.

刘力, 张若蕙, 刘洪谔, 等. 1995. 蜡梅科7树种的叶精油成分及其分类意义. 植物分类学报, 33(2): 171-174.

刘文莉, 金则新, 柯世省. 2007. 铜对夏蜡梅种子萌发代谢的影响. 云南农业大学学报, 22(1): 132-137.

刘文莉, 金则新, 柯世省. 2008. 铜对夏蜡梅种子萌发及抗氧化酶活性的影响. 环境化学, 27(1): 44-48.

陆慧萍, 沈浪, 张欣, 等. 2004. 优先保护种群的确定Ⅱ. 单倍型丰富度模型及在银杏中应用. 生态学报, 24(10): 2312-2316.

马金娥, 金则新, 张文标. 2007. 濒危植物夏蜡梅及其伴生植物的光合日进程. 植物研究, 27(6): 708-714.

倪士峰, 潘远江, 傅承新, 等. 2003. 夏蜡梅挥发油气相色谱-质谱研究. 分析化学, 31(11): 1405.

宋创业, 郭柯, 刘高焕. 2008. 浑善达克沙地植物群落物种多样性与土壤因子的关系. 生态学杂志, 27(1): 8-13.

吴征镒. 1991. 中国种子植物属的分布区类型. 云南植物研究, 13(S4): 1-139.

吴征镒. 1993. “中国种子植物属的分布区类型”的增订和勘误. 云南植物研究, 15(S1): 141-178.

吴征镒, 周浙昆, 李德铢, 等. 2003. 世界种子植物科的分布区类型系统. 云南植物研究, 25(3): 245-257.

谢宗强, 陈伟烈, 刘正宇, 等. 1999. 银杉种群的空间分布格局. 植物学报, 41(1): 95-101.

徐耀良, 张若蕙, 周骋. 1997. 夏蜡梅的群落学研究. 浙江林学院学报, 14(4): 355-362.
杨洪晓, 张金屯, 吴波等. 2006. 毛乌素沙地油蒿种群点格局分析. 植物生态学报, 30(4): 563-570.
易思荣, 黄娅. 2003. 重庆市珍稀濒危植物适生环境及濒危原因初探. 西北植物学报, 23(5): 705-714.
于政中, 宋铁英. 1995. 数量森林经理学. 北京: 中国林业出版社.
张宏伟, 翁东明, 徐荣章. 1997. 夏蜡梅生态生物学特性的研究. 浙江林业科技, 17(1): 15-17.
张金屯. 1998. 植物种群空间分布点格局分析. 植物生态学报, 22(4): 344-349.
张丽萍, 陈香波, 金荷仙. 2009. 夏蜡梅的研究进展. 浙江林业科技, 29(1): 65-70.
张若蕙, 刘洪谔. 1998. 世界蜡梅. 北京: 中国科学技术出版社.
张若蕙, 刘洪谔, 沈锡康, 等. 1994. 八种蜡梅的繁殖. 浙江林业科技, 14(1): 1-7.
张若蕙, 沈湘林. 1999. 蜡梅科的分类及地理分布与演化. 北京林业大学学报, 21(2): 7-11.
张若蕙, 张金谈, 郝海平, 等. 1989. 蜡梅科的花粉形态及其系统位置的探讨. 浙江林学院学报, 6(1): 1-8.
张文标, 金则新. 2007. 夏蜡梅果实和种子形态变异及其与环境因子相关性. 浙江大学学报(理学版), 34(6): 689-695.
张文标, 金则新. 2008. 濒危植物夏蜡梅(*Sinocalycanthus chinensis*)的开花物候与传粉成功. 生态学报, 28(8): 4037-4046.
张文标, 金则新. 2009. 濒危植物夏蜡梅花部综合特征与繁育系统. 浙江大学学报(理学版), 36(2): 204-210.
张文标, 金则新, 李钧敏. 2007. 不同生境夏蜡梅群体遗传多样性的 RAPD 分析. 植物研究, 27(1): 51-56.
张文辉, 卢志军, 李景侠, 等. 2002. 陕西不同林区栓皮栎种群空间分布格局及动态的比较研究, 西北植物学报, 22(3): 476-483.
郑万钧, 章绍尧. 1964. 蜡梅科的新属: 夏蜡梅属. 植物分类学报, 9(2): 135-139.
郑万钧, 章绍尧, 洪涛, 等. 1963. 中国经济树木新种及学名订正. 林业科学, 8(1): 1-14.
Alfonso-Corrado C, Esteban-Jiménez R, Clark-Tapia R, et al. 2004. Clonal and genetic structure of two Mexican oaks: *Quercus eduardii* and *Quercus potosina* (Fagaceae). Evolutionary Ecology, 18(5-6): 585-599.
Blöchl A, Peterbauer T, Richter A. 2007. Inhibition of raffinose oligosaccharide breakdown delays germination of pea seeds. Journal of Plant Physiology, 164(8): 1-4.
Crawley M J. 1986. Plant Ecology. London: Blackwell Scientific Publications: 97-185.
Cruden R W. 1977. Pollen-ovule ratios: a conservative indicator of breeding systems in flowering plants. Evolution, 31(1): 32-46.
Dafni A. 1992. Pollination Ecology: A Practical Approach. New York: Oxford University Press.
Degen B, Caron H, Bandou E, et al. 2001. Fine-scale spatial genetic structure of eight tropical tree species as analysed by RAPDs. Heredity, 87(4): 497-507.
Deichsel G, Trampisch H J. 1985. Cluster analyse und Diskriminanzanalyse. Stuttgart: Gustav Fisher Verlag.
Hamann A. 2004. Flowering and fruiting phenology of a Philippine submontane rain forest: climatic factors as proximate and ultimate causes. Journal of Ecology, 92(1): 24-31.
Harrison S. 1999. Local and regional diversity in a patchy land-scape: native, alien and endemic herbs on serpentine soils. Ecology, 80(1): 70-80.
Lamont B B, Klinkhamer P G L, Witkowski E T F. 1993. Population fragmentation may reduce fertility to zero in *Banksia goodie*: a demonstration of the Allee effect. Oecologia, 94(3): 446-450.
Li J M, Jin Z X. 2006. High genetic differentiation revealed by RAPD analysis of narrowly endemic *Sinocalycanthus chinensis* Cheng et S.Y. Chang, an endangered species of China. Biochemical Systematics and Ecology, 34(10): 725-735.
Manuel C, Molles J. 2002. Ecology: Concept and Applications (2nd Edition). New York: McGraw-Hill Companies: 186-254.
Neil K, Wu J G. 2006. Effects of urbanization on plant flowering phenology: a review. Urban Ecosystems,

9(3): 243-257.
Nicely K A. 1965. A monographic study of the Calycanthaceae. Castanea, 30(1): 38-89.
Petit R J, Mousadik A E, Pons O. 1998. Identifying populations for conservation on the basis of genetic markers. Conservation Biology, 12(4): 844-855.
Tilman D, Wedin D, Konops J M H. 1996. Productivity and sustainability influenced by biodiversity in grassland ecosystems. Nature, 349(6567): 718-720.

第二十五章　珙桐种群与保护生物学研究进展

第一节　引　　言

珙桐（*Davidia involucrata*）是我国特有的单种单属植物，起源古老，是第三纪古热带植物区系中的孑遗植物（钟章成等 1984），被誉为“活化石”“植物界的大熊猫”，现为国家一级重点保护野生植物。珙桐是研究植被进化和分类的珍贵素材，具有很高的理论和学术研究价值（陈文年等 2014）；珙桐花如白鸽展翅栖息于枝头，独特的花形使其还具有很高的观赏价值；另外珙桐的木材属于优质建材，果实可榨油，还具有较好的经济价值（苏智先 2009）。然而由于珙桐自然分布范围狭窄，对环境适应性较差，加上自然条件下出苗率低，自然更新困难，逐渐面临灭绝的危险（陈蘋坤和徐莺 2010）。开展珙桐保育研究，提高其生存能力，对实现资源可持续利用具有十分重要的意义。目前，珙桐的研究已从生物特性、群落特征、种群生态学、生理学、生物化学、人工引种等方面展开，这些研究为珙桐的保护奠定了理论基础。

第二节　物 种 特 征

一、生活史过程

珙桐属于多年生高大落叶乔木，从种子萌动、幼苗生长、繁殖成熟、开花结实至衰老死亡，历时可达200年以上（苏智先和张素兰 1999）。整个生活史周期可分为营养生长和繁殖生长2个阶段，或者繁殖前期、繁殖期和繁殖后期3个时期（袁力等 1984），繁殖前期还可细分为种子萌发、幼株形成和营养生长向繁殖生长转换3个时期（苏智先等 1998；苏智先和张素兰 1999）。3～6月是珙桐的高生长期，7月初基本停止，茎的生长可延续到8月中旬。高生长结束后，茎尖和叶腋分别形成圆锥形、红褐色、具4或5对鳞片的休眠芽。休眠芽分为花芽和叶芽，但外观上一般难以区分（陈坤荣等 1998b）。

珙桐种子的休眠期很长，一旦解除休眠后，每年3月初，气温回升后叶芽开始萌动膨大，随后子叶展开生长，被灰白色绒毛。花芽萌发较慢，4月上旬花序展开，盛花期为5月上旬，平均花期为26天。开花时间受海拔、气温、地形等环境因子的影响，高海拔处开花较晚（陈蘋坤和徐莺 2010；王宁宁和沈应柏 2010）。经过15～20天的发育，雄花的个别雄蕊开始散粉，散粉持续8～10天。授粉完成后进入果实发育期。果实发育一般需要4～5个月，每年9～10月果实成熟脱落。脱落的种子还需要长达约2年的后熟期才能具备发芽能力（陈蘋坤和徐莺 2010）。珙桐自幼龄期进入繁殖生长期至少需要8年，20年后才进入盛果期，并有隔年结果现象，即授粉受精后第2年才发育成果实（陈蘋坤和徐莺 2010；陈坤荣等 1998b）。尽管珙桐植株产果量高，但大部分果实在发芽前即被野兽吃掉或者霉烂，自然条件下种子的发芽率很低，因此也有“千花一果”之称。

二、繁殖特征

珙桐为两性花或雌雄花同株，头状花序，通常由多数雄花与 1 朵雌花或 1 朵两性花组成，着生于幼枝顶端；雌花或两性花生于花序的顶端，雄花环绕于周围，花序基部有 2 或 3 片花瓣状苞片；大苞片膜质，长圆状卵形或长圆状倒卵形，长 7～15（～20）cm，宽 3～5（～10）cm，初为淡绿色，后变为乳白色，脱落前变为棕黄色。雄花无花被，雄蕊 1～7；雌花和两性花有退化花瓣 6～10；子房下位，6～10 室，与花托合生，子房顶端有退化的花被和短小的雄蕊；花柱粗壮， 6～10，柱头向外平展，每室有 1 个胚珠。

果实为核果，卵圆形，长 3～4cm，直径为 1.5～2cm，仅 3～5 室发育，熟果青紫色，有黄色斑点；外果皮很薄，中果皮厚，肉质，内果皮坚硬，木质化，构成果核，有沟纹，内含 3～5 粒种子；果梗粗壮，长 5～7cm。种皮薄膜状紧贴内果皮，种子类型为双子叶有胚乳种子，胚乳富含淀粉和脂肪，胚芽、胚轴、胚根、子叶等胚的 4 个组成部分发育完整，子叶宽大肥厚（罗世家 2002；王宁宁和沈应柏 2010）。

自然条件下，珙桐种子一般休眠期较长，需要经过 2～4 年的休眠期才能萌发（苏智先和张素兰 1999）。有关珙桐种子休眠的原因目前报道还存在争议。万朝琨（1988）、罗世家（2002）等提出珙桐果核壁高度木质化增厚、各组成成分在三维空间排列上相互穿插、纵横交织、彼此嵌合的结构特点导致萌发机械阻力强，透水、透气性差，是影响珙桐休眠的主要原因。戴大临等（1995）提出珙桐内果皮中较高的 Ni 含量可能促进了果皮中抑制萌发物质的形成，认为珙桐果皮结构和成分特性是阻碍其种子萌发不可忽视的因素。张家勋（1995）等对珙桐繁殖和栽培技术进行了研究，结果显示用物理方法处理珙桐种子，发芽率提高，但并未改变它的发芽时间。陈坤荣（1988）和陈坤荣等（1990）认为，珙桐种子果皮戳破与否，8 天后吸水量无差异，因此种子休眠并非由内果皮的透水性差所引起。而新采收的种子，胚轴顶端的胚芽未完成形态分化，仅有胚芽原基微微隆起，需经过多年湿砂层积才能逐渐分化成具有纤毛和叶脉的胚芽，下胚轴也呈发芽状态，完成形态后熟。然而经形态后熟的种子还需完成生理后熟才能萌发，通过成分分析发现珙桐内果皮和种子中含抑制物脱落酸（ABA）和酚类物质，认为种子形态成熟后还需在生理上达到成熟状态，使种子内的各类激素含量相互平衡才能萌发，所以种胚形态后熟和生理后熟是影响珙桐种子萌发的主要因素（陈坤荣等 1998a）。赤霉素（GA）和 6-苄基腺嘌呤（6-BA）被认为可参与珙桐种子萌发调节，通过外源 6-BA 和 GA 的浸种处理可打破珙桐种子休眠，明显促进发芽（万斌和秦帆 2005），即足够的细胞分裂素与 ABA 达到生理上的平衡以解除 ABA 的抑制作用，促进萌发（李卓杰等 1989）。董社琴等（2004）在研究中发现 6-BA 在种子萌发中起解抑制作用；生长素吲哚乙酸（IAA）对完成种子形态后熟有作用；另外，GA 对解除种子生理后熟至关重要。

三、染色体特征

有关珙桐染色体数目的报道非常少，Dermen（1932）在文献中指出，珙桐染色体数目为 $2n \approx 40$，这篇报道也成为分类学家经常引用的有关珙桐染色体数目的主要文献，但相关争论一直存在。Goldblatt（1978）报道指出珙桐染色体数目 $n=21$，He 等（2004）通过核型分析也认为珙桐染色体数目 $2n = 42$。李汝娟和尚宗燕（1989）报道，光叶珙桐（*D. involucrata* var. *vilmoriniana*）和珙桐染色体数目有差异，光叶珙桐的染色体数为 $2n=42$，珙桐的染色体数为 $2n=40$，两者都为二倍体。

珙桐种子败育严重，是影响珙桐自然繁殖的重要原因之一。调控种子败育的分子机制和关键基因的相关研究还很少。Li 等（2016）对珙桐果实及种子进行转录组测序，通过分析发现，*DEG* 基因（与胁迫响应、激素信号转导、细胞程序性死亡、木质素合成、次生细胞壁生物合成相关的基因）是正常种子和败育种子间表达出现差异的基因。在种子败育过程中主要调节因子是 MYB 转录因子、WRKY 转录因子、受体激酶和漆酶。MYB 转录因子与原花青素合成相关，在败育种子中表达量上调最为显著。戴鹏辉等（2016）根据珙桐转录组测序结果，筛选到一个与原花青素合成相关的基因，并确定该基因编码一个珙桐 MYB 转录因子，将其命名为 *DiMYB1*。对该基因的分析结果表明，*DiMYB1* 在珙桐紫色幼叶中的表达量最高，其次是雄蕊，另外其表达量在珙桐败育种子中显著高于正常种子，且中期在败育种子中的表达量达到最高。该研究组还进一步对珙桐的 *DiMYB1* 基因进行了生物信息学分析（戴鹏辉等 2017）。熊亚丽等（2016）通过分析 *CesA* 基因家族在珙桐种子发育过程中的表达模式和珙桐种子中纤维素合成的变化规律发现，*CesA* 基因在败育种子中的表达量显著高于正常种子，且在正常种子发育后期表达量上调；各组织中该基因表达量比较结果显示，在果肉中表达量较高，在败育种子中的表达量显著高于其他组织，因此认为 *CesA* 基因是调控珙桐种子发育的关键基因。

在珙桐的抗逆性分子机制研究中，刘美等（2011）、季春红等（2010）都对珙桐对温度的适应机制进行了初步探讨，成功找到了珙桐的热休克蛋白 18（HSP18）核苷酸序列和 *DiRCI* 低温诱导膜蛋白基因。Yu 等（2016）对珙桐的叶绿体 DNA 基因组进行了测序，结果显示珙桐叶绿体基因组全长为 169 196bp，129 个基因中有 83 个蛋白质编码基因（PCG）、40 个 tRNA 基因和 6 个 rRNA 基因，这将为珙桐的遗传学研究提供有力的支撑。

四、构件性

珙桐具有很强的萌蘖能力，其茎组织多为薄壁细胞，薄壁细胞在一定条件下有恢复分蘖的再生能力，进而能产生不定根和不定芽。萌蘖繁殖是珙桐重要的繁殖方式。

五、形态特征

珙桐幼苗具子叶 2 片，卵状披针形，基部圆形，顶端急尖，子叶柄长 0.5～1.3cm，子叶长 3.5～7cm，宽 1～2.5cm，上面被白色短绒毛。胚根长约 5.5cm，入土部分米色或乳白色，地上部红色。下胚轴圆柱形，光滑无毛，浅绿色或红色，长 3.5～12cm。上胚轴长 0.7～2.5cm，绿色或红色。第一对真叶对生，2～4 对真叶近似对生，其余真叶均互生。幼叶上下两面都密生白绒毛。叶纸质，顶端有短针尖，上面绿色，下面浅绿色。子叶及真叶叶腋形成腋芽较早。

据记载，珙桐成树株高 20m 以上，最高可达 30m 以上，胸径达 1m 左右。树皮灰黄色，粗糙，呈不规则片状脱落。树形端正，树枝上伸，树冠馒头形或圆锥形（程芸 2008a）。叶纸质，互生，无托叶，常密集于幼枝顶端，宽卵形或近圆形，边缘有粗锯齿，上面初被长柔毛，下面密被淡黄色或淡白色丝状粗毛。

光叶珙桐为珙桐的变种，同属我国特有第三纪孑遗种，国家一级重点保护野生植物。目前认为珙桐及光叶珙桐在叶片形态方面存在差异。珙桐叶下表皮密被淡黄色或淡白色丝状单细胞粗毛（程芸 2008a）；光叶珙桐的叶色较珙桐叶色更淡而质薄，叶下面常无毛，或仅叶下面沿叶脉被稀疏单细胞短毛或丝状粗毛，展叶初期，叶背面生有白粉状物（孙彬等 1993）。珙桐叶缘的锯齿齿尖朝上，而光叶珙桐的齿尖朝外，且齿先端更锐利；光叶珙桐叶片基部心形，而珙桐的叶片基部有部分交错覆盖（程芸 2008a）。

六、生理特征

有关珙桐光合特性、叶片解剖结构、酶活性、化学物质含量、组织培养技术等方面的报道较多。从珙桐分布区气候特点看，珙桐对环境的适应性较差，对珙桐的抗逆生理等的深入探讨和研究将为珙桐对环境的适应性机制及异地保护研究提供一定的理论基础。珙桐引种保护过程中出现的极端高温和低温是影响其引种成功的重要因素，研究珙桐对温度的适应性也是其引种驯化的重点（代勋和王磊 2012）。丁坤元（2015）对珙桐幼苗进行了夜间连续低温处理，发现低温会对珙桐叶片叶绿素和光合特性产生抑制作用。彭红丽和苏智先（2004）用人工气候箱模拟低温，结果表明珙桐叶片内叶绿素含量和过氧化物酶（POD）活性均降低，但脯氨酸含量增加，而脯氨酸可作为渗透调节物质从而调节细胞水分，另外也能对膜质和蛋白质起到保护作用，因此叶片内脯氨酸含量可作为衡量珙桐抗寒性的指标。李月琴等（2009）研究了珙桐离体叶片在高温处理后的叶绿素、可溶性糖、游离脯氨酸、丙二醛、电导率、超氧化物歧化酶（SOD）、POD、过氧化氢酶（CAT）各指标的变化，结果表明珙桐离体叶片能耐 39℃高温胁迫 2～4h。张成程等（2017）通过人工气候室模拟高温对珙桐幼苗叶绿素荧光参数进行了研究，结果表明，50℃高温持续两天即会对珙桐光系统Ⅰ和光系统Ⅱ造成不可逆转的损伤，而在 30℃高温下处理两天不会对珙桐叶片光系统造成明显影响，45℃高温下的损伤在 1 个月后可恢复。

遮阴处理可在一定程度上缓解高温对珙桐的影响，同时也能起到减弱光辐射和保湿的作用。刘西俊等（1987）提出，遮阴可明显降低珙桐叶片蒸腾速率，保持叶片水分，是珙桐重要的栽培管理措施。另外，适当遮阴还能提高珙桐幼苗的光合效率、单叶面积和比叶面积，即提高珙桐的光截获能力（韩素菊 2014）。不过遮阴处理需适当，过高或过低的光照强度都会影响珙桐的光合作用、呼吸作用、叶绿素含量、比叶重、根冠比、有机物积累等（王宁宁 2010）。

珙桐对干旱胁迫敏感（代勋和王磊 2012）。王宁宁等（2011）研究发现，干旱胁迫会对珙桐光系统造成不可逆的伤害，严重抑制其光合作用和生长发育。干旱胁迫后，叶片失水脱落，叶面积显著降低，净光合速率、气孔导度、蒸腾速率、水分利用效率都显著低于对照，叶绿素荧光参数也受到影响。干旱还会对珙桐代谢产生影响，对细胞膜产生氧化损伤，进而影响珙桐的生长、光合叶面积、光合特性、叶绿素荧光参数等（王宁宁等 2011；吴庆贵等 2014）。虽然珙桐能在一定程度上通过产生渗透调节物质、抗氧化酶等来缓解干旱胁迫，但随着干旱程度的增加，干旱胁迫对珙桐的影响会增大（王宁宁等 2011）。为了提高珙桐幼苗的抗旱能力，薛波等（2008）采用几种抗旱节水化控制剂（$CaCl_2$、水杨酸、保水剂）对珙桐幼苗进行处理，结果发现，$CaCl_2$、水杨酸和保水剂对珙桐幼苗抗旱性的影响均呈正向作用，$CaCl_2$和水杨酸主要是在胁迫前期使珙桐苗维持较高的抗旱性；随着干旱的持续，保水剂对水分胁迫有缓解作用，使土壤维持较高含水量，有利于保持幼苗抗旱性。周大寨等（2010）研究了吸水剂对珙桐幼苗在干旱和盐胁迫下保护酶系的影响，结果显示吸水剂处理能有效提高珙桐幼苗的抗旱性和抗盐性。

据报道，气候变化将对珙桐的分布产生影响（吴建国和吕佳佳 2009；张清华等 2000），但有关气候变化如何影响珙桐的研究目前报道还很少。引起气候变化的主要原因是大气中温室气体排放增多，由于二氧化碳增多引起的温度变化会导致温度带的变化，继而引起植被分布的变化（王宁宁等 2011）。王宁宁等（2011）发现高浓度二氧化碳会改变珙桐叶片栅栏组织比例，叶绿素含量、光合作用也会受到影响。由于大气中温室气体排放增多引起臭氧层空洞而引发的紫外线辐射增加也是全球变化的主要内容。高菊等（2013）、Li 等（2014）研究了紫外线辐射对珙桐生长、光合作用、存活率、次生代谢物质等的影响，结果认为珙桐对紫外线较敏感，在土壤中不同氮浓度影响下珙桐对紫外线的抗性不同。

七、生化特征

1966 年，美国学者门罗 • E • 沃尔（Monroe E. Wall）从珙桐科植物喜树（*Camptotheca acuminata*）茎的提取物中分离得到了独特的抗癌活性物质——喜树碱（camptothecine，CPT），它是迄今发现的唯一作用于 DNA 拓扑异构酶 I 而发挥细胞毒性以达到抗癌作用的天然植物活性成分（Hsiang et al. 1985；黄江等 2005）。这一发现引发了研究珙桐科植物化学成分的热潮，近年来，研究人员已从该科植物中分离得到几十种天然化合物，其中不少化合物具有抗癌、抗病毒等生物活性。

有关珙桐化学成分的研究主要从成分分离、提取方法、有效成分功能等方面开展。向桂琼和卢馥荪（1989）首次对珙桐化学成分进行研究，从枝条石油醚提取物中分离得到了蒲公英萜酮、蒲公英萜醇、β-谷甾醇、3,4-*O*-*O*-次甲基 3′-*O*-甲基鞣花酸、3,3′,4-*O*-三甲基鞣花酸、鞣花酸等 6 种化合物。欧阳明安和周剑宁（2003）从珙桐叶甲醇提取物的水溶性部分得到 6 个黄酮及苷元成分。刘荣等（2007）从珙桐枝皮甲醇提取物的水溶性部分得到 3 个苷元化合物，这 3 种物质均为首次从该植物中获得。另外，研究者还对珙桐果实不同组分的总酚含量（方志荣等 2008）、叶片水提物的抗氧化性（曾军等

2009）、叶槲皮素高效液相色谱法（HPLC）分析及总黄酮提取液的抗氧化性（张悦等 2009，2011）等进行了研究。段荣华和石国荣（2013）以珙桐叶片甲醇提取物为研究对象，分析得出聚酰胺对珙桐叶提取物的分离纯化效果最好，对珙桐叶甲醇提取物中多酚和黄酮的吸附率与解吸率都较高。

八、物候特征

苏智先和张素兰（1999）以卧龙自然保护区珙桐种群为例对珙桐种群物候进行了研究，发现自然状态下，珙桐种子的萌发率极低，一般需要 2～4 年才能萌发。萌发成功后的幼苗，其枝、叶、芽具有明显的季节性伸展，茎周期性加粗，叶的物候特征明显，2 月下旬开始萌动，3 月上旬膨大，3 月下旬全部展开，4 月上旬迅速生长，5 月中旬达到最大叶面积，4 月中旬抽春梢，7 月达 20～60cm 长，个别植株 8 月上旬抽秋梢至 10 月上旬停止。珙桐种群繁殖周期仅 7 个月，具有规律性，一般 3 月底或 4 月初孕蕾，初花期为 4 月 20 日左右，盛花期在 5 月上旬，末花期为 5 月 20 日左右，花期约为 30 天。5 月下旬幼果逐渐形成，10 月下旬果实成熟脱落，11 月中下旬全部脱落，果期约为 150 天。

九、地理起源、区系与分布

珙桐是东亚植物区系中国-日本植物亚区华中区系的代表种类（吴征镒 1979），晚白垩纪和第三纪时期曾广泛分布在世界许多地区，包括我国亚热带地区也较普遍（杨一川和李体俊 1989）。然而由于第四纪冰川作用全球性急剧降温，国外珙桐已经绝迹，现仅残存于我国，且仅分布在受冰川活动影响较小的我国西南地区地形复杂的亚热带山地（吴刚等 2000）。珙桐及其变种光叶珙桐在其整个分布区大致呈开口向北的间断马蹄形分布格局，滇西北区被四川盆地所间断，因而有其间断分布区。珙桐的天然分布区南至贵州清镇县（现为清镇市），北至甘肃文县，东到湖北长阳县，西到云南贡山县，主要包括四川、云南、贵州、湖南、湖北、陕西和甘肃的局部地区。从地理位置上看，地理纬度为 26°45′N～32°45′N、98°06′E～111°20′E。在此范围内间断分布在中山至高山峡谷地带。珙桐的集中分布区在四川盆地邛崃山、峨眉山、二郎山、大小凉山；云贵高原北部的大娄山、梵净山、武陵山、鄂西神农架、巫山、湘西北一带（陈迎辉等 2010），其中四川的大小凉山和卧龙保护区分布数量与面积最大，且百年以上大树较多（张家勋 1995）。珙桐的垂直分布范围在海拔 600～3200m，极限分布区分别在湖南壶瓶山和云南高黎贡山（陈迎辉等 2010）。其分布区东部多见于海拔 600～2400m 的地区，西部则多见于海拔 1400～3200m 的垂直带中，垂直分布的上限和下限自东向西有逐渐增高的趋势（司继跃等 2009）。珙桐种群在整个分布区的最适分布海拔为 1200～2200m（苏智先和张素兰 1999），但不同分布区其最适垂直分布范围存在差异，如四川汶川县三江的珙桐种群，其最适分布区海拔为 1500～1800m，而四川大小凉山山地，最适分布区海拔为 1400～2200m（苏智先和张素兰 1999）。

近年来，由于人类活动造成的 CO_2 等温室气体排放增加将导致全球气候变化，并且有研究表明，气候变化将导致树种地理分布区的改变（徐德应 1994）。张清华等（2000）运用地理信息系统、计算机软件及全球气候模型（GCM）预测了2030年气候变化的结果，并就气候变化对珙桐地理分布变化的影响进行了预测，结果认为，到2030年，珙桐的适宜分布区将发生变化，且珙桐分布的面积将比当前气候条件下的适宜分布面积减少约20%。吴建国和吕佳佳（2009）认为气候变化后，珙桐的适宜分布范围将向我国西部及西南部地区扩展，目前适宜分布区也将被破碎化。

第三节 环境特征

一、土壤特征

珙桐分布区的土壤多为山地黄壤和山地黄棕壤，但珙桐也能够在多种土壤类型上生长，包括山地黄壤、棕壤、红壤等，偏酸性，pH为4.5～6.0，团粒结构，土层疏松、含大量植物根系，有机质含量较丰富，腐殖质厚，含有大量砾岩碎片，基岩为砂岩、板岩或页岩（钟章成等 1984；林洁等 1995；司继跃等 2009）。土壤基质指岩体在风化一成土过程中形成的、由＜0.01mm的矿质和有机颗粒组成的连续相，是珙桐幼苗生长不可或缺的因素。有研究以珙桐生长的森林类型下的黄壤为培养基质，与普通土壤进行对照试验，结果显示黄壤基质培育的珙桐幼苗的生长明显好于普通土壤培育，土壤分析也显示黄壤中的腐殖质及营养元素含量明显高于普通土壤。良好的土壤物理性质能促进植物根的发育及其对水分和无机盐的吸收。代勋和王磊（2012）对云南三江口自然保护区珙桐生境土壤水分物理性质进行了分析，该地区土壤具有含水量高、容重适宜的特点，有利于珙桐生长。杨敬天等（2013，2014）对不同地区珙桐种群林下土壤进行研究后认为，不同地区土壤微生物数量存在差异。土壤酶活性也随土层增加而降低，且脲酶活性是影响土壤有机质形成和积累的主要因素。对北川片口珙桐种群林下土壤进行调查后发现土壤偏酸性，pH为4.93～6.57；有机质、全氮、碱解氮、全磷、有效磷含量随土层加深而减少，养分含量等级为中等偏下，有效磷含量严重偏低，可能会对珙桐生长产生一定限制，但土壤容重为1.27g/cm^3，土壤孔隙度平均为52.22%，对珙桐生长有利。贵州纳雍珙桐自然保护区内不同湿地类型的土壤pH为4.43～5.44，有机质含量为96.75～245.38g/kg，腐殖质平均含量为56.69g/kg，其中胡敏酸（HA）平均含量为39.27g/kg，富里酸（FA）平均含量为17.42g/kg，全氮、全磷丰富，平均含量分别为5.25g/kg和362.52g/kg，有效磷平均含量为4.41mg/kg，相对较低，全钾和速效钾含量分别为8.83g/kg和60.83mg/kg，为中等偏下水平（吴鹏等 2014）。肖开煌等（2006）在四川卧龙国家级自然保护区对不同海拔珙桐根际土壤进行研究发现，整个调查区域土壤pH变化范围小；珙桐根际土壤速效磷、速效氮、速效钾、有机质含量和含水量在土壤不同土层深度差异显著；腐殖质层土壤养分不同海拔间存在差异，低海拔区高于高海拔区；淀积层有机质、腐殖质层含水量与群落物种多样性显著相关。土壤性质与珙桐群落主要物种重要值的相关分析表明，幼树重要值与pH的相关性随土层加深而增强，而成树重要值与含水量的相关性随土层加深而增强。腐殖质层土壤指标速效氮和速效钾含量与珙桐重要值的相关性最强，它们可能是珙桐生长的限制因子。

二、气候特征

根据张家勋等（1995）的调查结果，珙桐分布区多为凉湿型气候，具有潮湿、多雨多雾、夏凉和冬季寒冷期长的特点，日照时间为1200～1400h，个别分布区如雷波县的西宁林区，全年日照时间更短，只有800h，有些年份日照时间低于800h。

珙桐种群分布区水平及垂直分布跨度较大，因此分布区内各项生态因子指标的变幅也较大，年平均气温为8.9～15℃，1月平均气温为0.43～3.60℃，7月平均气温为18.4～22.5℃，≥10℃的积温为2897.0～5153.9℃，极端高温为35～38℃，极端低温为–18～–7℃，平均相对湿度为80%，年降水量为600～2600.9mm（司继跃等 2009）。

三、生境特征

珙桐分布区具有湿润的小气候条件。冬季寒冷、夏季凉爽，冬春季少雨而夏秋季雨水较多，常有云雾笼罩，空气湿度大。群落在不同的海拔、山坡的不同坡位均有分布，坡度为0°～40°（林洁等 1995），地貌多为丘陵、中山和山地峡谷地带，其分布区的小地形一般为深切割的山间溪沟两侧和山坡沟谷地段（司继跃等 2009）。

第四节　种群生态学

一、种群空间结构

珙桐种群在天然群落中是典型的集群分布，个体分布极不均匀。沈作奎等（1998）在湖北星斗山自然保护区的调查显示，珙桐呈簇生状密集分布，且各簇大小、簇间距离、簇内个体密度不等，而出现这种现象主要是珙桐个体繁殖特点所决定的。珙桐个体以根和根茎处的萌蘖繁殖为主，数株幼树围绕母树生长，每簇有3～10株幼树，最多可达15株。珙桐天然种群中也具有种子繁殖的特点，但因为种子硕大、散布力差，实生苗离母树的距离很近，也属于集群行为。而萌生种群对强聚集性这种分布格局的贡献率更大（雷妮娅等 2007）。罗世家等（2009）在对四川大相岭龙苍沟珙桐种群进行研究发现，珙桐种群的空间分布格局还与种群中的树木年龄有关，从幼苗到幼树阶段的聚集分布逐渐过渡到成树阶段的随机分布。这是因为随着幼苗向大树发育的全过程，环境因子作用加强，种内、种间竞争加剧，幼苗、幼树出现高死亡率，树木自然稀疏而导致分布格局的变化。张亚爽等（2005）认为珙桐集群分布的聚集强度与取样尺度和海拔有关，取样尺度越小则聚集强度越大。海拔对于珙桐无性分株的分布格局类型无显著影响，但对于珙桐基株种群，海拔中部表现为聚集分布，而海拔上限和下限表现为随机分布；另外海拔对聚集强度也有较明显的影响，且基株种群和分株种群有差异，因此珙桐种群结构和分布格局受其繁殖特性的影响较大（刘海洋等 2012）。另外也有研究指出，群落类型与种群分布格局有一定关系。雷妮娅等（2007）在对小凉山区珙桐种群分布调查中发现，纯林中珙桐分布系数为1.83，比混交林中的分布系数（2.91～4.33）小得多，表明在相对均一的适生环境中，珙桐在群落中占据优势地位以后，其分布格局有向随机分布逼近的趋势。

焦健等（1998b）在甘肃文县珙桐群落优势种种群分布格局调查中发现其主要表现为随机分布。

二、种群遗传结构

等位酶是最早用于种群生物学研究的分子手段（Konrnad 2001），可探测种群的遗传结构（Wu et al. 2001）。李建强等（2000）采用同工酶凝胶电泳的方法对神农架地区珙桐种群内和种群间在等位酶位点上的多态性和遗传变异程度、基因交流程度和水平等进行分析。分析指出由于风媒传粉，种群间基因交流频繁，基因流作用使得各种群间的相似性与其地理位置并不相关；从遗传分化系数看，珙桐的遗传多样性绝大多数存在于种群内部，并且推测神农架、三峡地区可能是第四纪冰期珙桐的避难所。彭玉兰等（2003）对四川、云南、湖北的光叶珙桐进行等位酶分析，发现光叶珙桐遗传多样性水平较高且高于原变种珙桐，认为影响珙桐分布格局的重要因素可能是外部环境，并且推测四川盆地边缘山地是光叶珙桐的遗传多样化中心，可能是地质灾害中光叶珙桐真正的避难所。随着分子生物学的发展，更多的分子标记技术被应用到珙桐的研究中。徐刚标和申响保（2007）对湘西和鄂西两个天然珙桐群体的60个样品进行RAPD分析，发现湘西和鄂西两个群体间存在着非常频繁的基因流，但群体间遗传结构差异不明显。李雪萍等（2012a，2012b）用AFLP和ISSR标记对珙桐的6个天然种群和2个人工种群进行分析后发现，珙桐的遗传多样性较高，种群间存在一定的遗传分化和基因流动，但遗传分化主要存在于种群内；另外在珙桐与其变种光叶珙桐间用AFLP未找到差异标记。有关珙桐遗传分化也存在不同的研究结果，宋从文和包满珠（2004a，2004b）利用RAPD标记对珙桐全分布区的5个天然种群进行遗传多样性分析，结果认为珙桐具有丰富的遗传多样性，但由于小种群效应，以及缺乏有效的基因流，种群间遗传分化巨大，并将珙桐划分为东南部和西北部两个种源区。Luo等（2011）和张玉梅等（2012）采用ISSR标记分析认为珙桐在物种和种群水平上均维持较高的遗传多样性，种群间存在高度遗传分化，且相对隔离的种群具有不同的遗传结构，种群间遗传距离与对应的地理距离呈显著正相关。近年来研究人员还对珙桐进行了谱系地理及种群遗传研究，这将有助于在基因组水平上更好地了解其种群动态。Chen等（2015）对6个cpDNA的非编码区进行测序，系统发生树分析揭示了3个主要的cpDNA单倍型支系以及4个类群。Ma等（2015）利用cpDNA和nSSR（核微卫星标记）标记揭示了珙桐较高的遗传多样性，并且认为与种子相比，花粉传播对珙桐遗传结构的形成作用更大；系统树结果也显示珙桐以四川盆地为界可分为东西两个支系，这对遗传多样性的保护具有重要指导意义。

三、种群动态

种群年龄结构的分析是探索种群动态的有效办法。由于乔木种群个体年龄难以确定，在实际工作中多采用空间代替时间的方法，以立木胸径代替年龄，即采用径级结构来代替年龄结构，对乔木种群的动态变化特征进行分析（杨心兵等 2000）。王洁等（2015）

对湖南、四川、贵州、湖北、云南、四川等地的珙桐种群动态研究结果进行了总结，9个研究区域中，从珙桐种群的径级结构和高度结构来看，云南省东北地区、湖北星斗山国家级自然保护区2个地区珙桐种群为金字塔型，包括四川卧龙地区在内均呈现出稳定增长的种群动态；另外6个研究区域即湖南八大公山、湖南壶瓶山、四川喇叭河自然保护区、贵州柏箐喀斯特苔原区、湖北七姊妹山自然保护区、甘肃文县等地的珙桐种群近似于倒金字塔型，为衰退种群。湖北后河国家级自然保护区光叶珙桐种群的径级分布也呈倒金字塔型，光叶珙桐种群更新不良，年龄结构属于中衰型（杨心兵等 2000）。倒金字塔型种群结构中以成年大树为多而缺乏幼苗，在一定海拔范围内，有随海拔升高而分布数量增多的现象（马宇飞和李俊清 2005）。

存活曲线和死亡曲线的走势反映了生存率和死亡率随年龄变化的情况，是反映种群动态的重要特征。以往相关研究结果显示，属于倒金字塔型年龄结构的衰退种群即湖南壶瓶山、八大公山、湖北七姊妹山自然保护区以及四川喇叭河省级自然保护区种群，存活曲线类型的变化趋势为 Deevey Ⅱ型和 Deevey Ⅲ型之间以及 Deevey Ⅲ型（王洁等 2015），这与实际情况相似，珙桐繁殖依靠萌蘖（主要方式）和种子繁殖相结合的方式，萌生苗出生率高，实生苗很少，且珙桐对环境要求严格，所以幼苗期死亡率一直处于很高的水平；当生长到一定大小时，生长稳定且竞争减小，死亡率降低；而生长到一定生理年龄后，死亡率又陡然升高（马宇飞和李俊清 2005）。

四、种内关系

珙桐个体在天然林中以集群分布为主要特征，因为萌蘖繁殖和实生苗都是以母树为中心，随着幼树的不断长大，簇生会导致种内竞争生存空间，如大的个体占据空间、树冠密集、林内光照条件差等这些局部条件差异会影响种子萌发和幼树生长，因此不可避免地存在自然稀疏，可能导致一部分幼树死亡；同时实生苗幼苗会与母树争夺空间和环境资源，如水分、营养等从而出现母树中空渐至死亡的现象（艾训儒和谭建锡 1999）。李尤等（2006）在对珙桐种内和种间竞争的研究中发现，珙桐种内竞争强度比种间竞争强度大，且随着年龄增加种内竞争强度逐渐减小。这与实际情况相符，珙桐在生长发育过程中，随着林木径级增大，林木因自疏作用导致的间距增大，使得对光、热、水、肥的竞争强度减小，同时林木逐渐趋于均匀化。另外，由于竞争作用，特别是对可利用光资源和空间的竞争，植株不同部位会表现出很大的差异性（邬荣领等 2002），李尤等（2006）的研究结果还显示，不同的竞争强度下，珙桐主干各层的逐级分枝率、分枝角度、平均枝长、当年生枝条长都有一定差异，且下层的分枝角度、平均枝长和当年生枝条长对邻体的竞争表现出极强的可塑性，说明珙桐可通过形态调整提高对资源的利用能力和对生境的适应性。

五、种间关系

生态位宽度和生态位重叠能在一定程度上反映物种对资源的利用能力以及解释物种的竞争或共存关系（林勇等 2017）。林勇等（2017）在湖北木林子国家级自然保护区的研究中发现，珙桐在群落主林层优势种中的重要值和生态位宽度最小。因为珙桐幼年时期（10 年生以前）喜荫蔽环境，对光照要求较低，进入中龄期后对光照的需求不断增加，植株生长会受到高郁闭度的影响，而位于林窗内部或边缘的植株快速生长而最终导致珙桐呈斑块状分布，因此珙桐种群的生态位宽度较小（Wang et al. 2004；程芸 2008b；林勇等 2017）。珙桐与群落其他种群的生态位重叠小或无重叠现象，主要是因为珙桐聚集分布的山坡沟谷地段与其他种群的分布交错程度低，群落内物种差异大，种间生态特性相似程度小，因此种间对资源的争夺利用程度小（林勇等 2017）。黄金伟（2013）在建始县高岩子林场对优势乔木的生态位研究结果也认为，珙桐的生态位宽度小，虽然在海拔上珙桐与云锦杜鹃（*Rhododendron fortunei*）的生态位完全重叠，这是因为珙桐和云锦杜鹃都仅分布在海拔 1500m 以下的范围，但从坡向上看，云锦杜鹃仅分布于南坡而珙桐在南坡并无分布，两者生态位完全不重叠。

不同研究区域珙桐的生态位特征会有差异。艾训儒（2006）研究了武陵山腹地百户湾林场珙桐群落优势种群空间生态位特征，在坡向和海拔梯度上珙桐的生态位宽度较小，从海拔来看，与枹栎（*Quercus serrata*）、石楠（*Photinia serratifolia*）、云锦杜鹃的生态位重叠值较大，而在坡向上，与小果珍珠花（*Lyonia ovalifolia* var. *elliptica*）的生态位完全重叠，因此珙桐与该地区优势种之间也存在地形上的潜在竞争。研究湖北星斗山国家级自然保护区珙桐种群及其伴生种生态位发现，珙桐在该区域具有较宽的生态位，与其他树种生态位重叠值大，研究者认为珙桐与山茶（*Camellia japonica*）、山矾（*Symplocos sumuntia*）、青冈（*Cyclobalanopsis glauca*）和水青冈（*Fagus longipetiolata*）在演替生长的过程中必然会发生激烈的种间竞争。巫溪县白果林场的珙桐在濒危植物群落中其生态位最宽，但与连香树、水青树等珍稀树种和非珍稀树种的生态位重叠值都不是很大（魏志琴等 2004），可能是因为珙桐的聚集分布使得其与其他伴生树种在水平空间上的生态位有所分化（覃林 1999）。丁章超等（2014）在贵州纳雍针对光叶珙桐群落进行了优势种群生态位研究，研究发现光叶珙桐在该群落中生态位宽度较大，与其他优势种群均有生态位重叠，且与西南红山茶的重叠指数最大，说明光叶珙桐与西南红山茶在利用相同等级的资源条件时会有较激烈的竞争。

目前有关珙桐种间竞争的研究还较少。李尤等（2006）发现珙桐与伴生树种间的竞争强度因树种不同而有很大差异。刘海等（2014）比较了珙桐及其伴生种的光合特征，珙桐成年植株的净光合能力、蒸腾特性均低于伴生乔木，略高于灌木，但利用水分的效率低于所有伴生植物均值，这说明珙桐对所处生境的适应能力不是很强，在群落中的竞争力也较弱。

六、种群调节

影响种群个体数量的因素很多。有些因素的作用是随种群密度的变化而变化的。珙桐种群在天然群落中以母树为中心，通过萌蘖繁殖以群体行为不断扩大生存空间为主要存在方式。随着萌蘖的发生和种子萌发，幼苗年龄增长、个体增大，种群内密度增加，簇生的生长方式会导致种群内幼苗和幼树之间以及幼苗和母树之间竞争强度的加强，幼苗、幼树死亡率极高（罗世家等 2009）。这种自疏现象是珙桐种群调节的一种重要方式。另外，由于珙桐对环境条件要求严苛，环境因子对珙桐种群也有一定的调节作用，如气候变化、海拔（马宇飞和李俊清 2005）等对珙桐个体数量都有影响。

七、天然更新

珙桐可通过有性和无性两种方式进行繁殖，但其繁殖，特别是有性生殖各环节特征均限制了种群的自然更新。珙桐种子资源从数量上来看并不缺乏，班继德（1995）的研究中在 500 m^2 的样方内发现了 1500 粒种子，说明埋藏的种子是充足的，但是成苗率很低。种子萌发前有很长的休眠期，在此期间易被动物取食或产生霉变从而失去发芽能力，种皮限制、种子败育严重、环境筛作用等因素都对珙桐种子成苗率产生了极大影响（陈艳和苏智先 2011）。还有的研究发现，珙桐的繁殖器官完全发育成熟至少需要 15～20 年，性成熟周期较长也可能是影响其繁殖能力和更新的原因之一（王磊等 2011）。无性繁殖即萌蘖繁殖导致个体的聚集分布格局，增加了种内竞争强度，自身生长差，且母树若正处于生长旺盛期，萌生苗成活率低，成树可能性小，使得群落的更新不能有效衔接（陈光平等 2016）。周丹等（2014）在对滇西北光叶珙桐更新情况的研究中发现，影响该地区光叶珙桐的更新主要有 4 方面原因：①自身原因。光叶珙桐喜光，郁闭环境限制了种子萌发和幼苗生长，种子休眠期长也导致霉变、微生物侵蚀、动物啃食等相应增加。②生境原因。所处落叶阔叶林中大量枯枝落叶由于温度偏低分解速度慢，堆积厚，以及草本层茂密，阻碍了种子和土壤接触。③动物啃食。据调查该地区果实被啃食率为 23.4%；另外珙桐胚乳具有特殊香味，出苗后会吸引动物啃食，小动物还会咬断根部，造成幼苗死亡率高。④人为干扰。采种、挖苗、砍伐等人为干扰也会影响实生苗数量，而实生苗储备缺乏是珙桐种群更新不良的重要原因。另外，林分立地条件及林内光照等环境条件对幼苗生长的影响也很大，如阴坡幼树生长优于阳坡（程芸 2008b），这也会对成苗率产生影响。综合来看，萌发困难是影响珙桐林下更新的主要原因（程芸 2008b）。所以珙桐种群以萌条更新为主，即主要依靠无性繁殖来维持其种群结构的稳定存在（马宇飞和李俊清 2005；王海明等 2005）。

八、物种历史

珙桐有“植物活化石”之称。早在晚白垩纪到第三纪时期，珙桐就开始发育，到第三纪早期，其分布可达 37°N～38°N 的黄河流域。中新世以后，气候逐渐转冷，该时期珙桐的区系已和现在相似。到第三纪晚期，中国滇东北和川西南在地貌上统一，植被也为统一植物群，珙桐分布可能遍及这一地区，甚至珙桐可能是日照短的地区或者阴坡面的主要植物类型，这时珙桐在全世界许多地方广泛分布。到第四纪初期，北半球高纬度和中纬度地区都经历了若干次冰期，全球温度急剧下降，大部分植被消失，珙桐也在很多地区灭绝，仅在中国西南地区地形十分复杂的亚热带山地得以幸存，因此珙桐也被称为第三纪植物区系的直接后裔（吴刚等 2000）。

第五节　群落生态学

珙桐群落植物种类相当丰富，多样性较高，种子植物科 44～69 科，属的组成变化较大，最少有 56 属，最多达 128 属，70～115 种（司继跃等 2009；苏智先 2009）。从四川、湖北、甘肃、贵州的珙桐群落调查结果来看，群落中乔木层种类主要有 30～46 种；灌木层不发达，稀疏、数量少；草本层相当发达，总盖度为 60%～80%。光叶珙桐群落特征与珙桐群落类似，湖北省长阳区光叶珙桐的调查结果表明，光叶珙桐群落物种丰富，2900m^2 的样方中，有维管植物 238 种，隶属于 81 科 170 属（刘海洋等 2012）。珙桐一般难以形成以其为优势树种的森林群落，主要是以共优种或次优种与其他阔叶树组成混交林（钟章成等 1984）。在一些特殊生境条件下能形成以其为建群种的优势群落。也有相当数量的植株由于小生境破碎而散生（林洁等 1995）。

此外，珙桐群落具有另外一个共性，即在物种组成上含有许多古老、特有和稀有成分（钟章成等 1984；司继跃等 2009；苏智先 2009；刘海洋等 2012）。由于珙桐分布的范围多在我国西南部复杂的亚热带山地地区，受第四纪冰川作用影响较小，很多珍稀植物得以残存。因此珙桐群落内物种组成不仅丰富，还含有较多古老、特有和稀有物种。四川喇叭河地区、四川峨眉山、甘肃文县珙桐群落中均发现大量古老、孑遗植物（刘海洋等 2011）。四川峨眉山珙桐群落中第三纪古热带区系的残遗或后裔占 42%（杨一川和李体俊 1989）；四川喇叭河地区占 39.6%（王海明等 2005）；甘肃文县珙桐群落中的珙桐属、栎属（*Quercus*）、槭属（*Acer*）等植物也为第三纪植物区系的后裔和残遗，在群落中起重要作用（焦健等 1998a）。湖南壶瓶山珙桐群落中也有较多古老、特有、稀有成分，如珙桐属、水青树属（*Tetracentron*）、槭属、青荚叶属（*Helwingia*）、荚蒾属（*Viburnum*）、冬青属（*Ilex*）、山矾属（*Symplocos*）、樟属（*Cinnamomum*）等（刘海洋等 2011）。另外，滇东北珙桐群落中的古老、特有植物除珙桐外还有水青树属、水青冈属、藤山柳属（*Clematoclethra*）、鬼臼属（*Dysosma*）、木兰属（*Magnolia*）、八角属（*Illicium*）、鹅耳枥属（*Carpinus*）、枫杨属（*Pterocarya*）、重楼属（*Paris*）、木瓜红属（*Rehderodendron*）等（罗柏青等 2009）。湖北省长阳区光叶珙桐群落中有金钱槭（*Dipteronia sinensis*）、水青树（*Tetracentron sinense*）、白辛树（*Pterostyrax psilophyllus*）、领春木（*Euptelea pleiosperma*）、连香树（*Cercidiphyllum japonicum*）、天师栗（*Aesculus chinensis* var. *wilsonii*）和竹节参（*Panax japonicus*）等珍稀濒危植物（王玉兵等 2010）。

珙桐是东亚植物区系中国-日本植物亚区华中区系的代表性物种。刘海洋等（2012）以壶瓶山国家级自然保护区为例，以吴征镒（1991）对中国种子植物分布区类型的划分原则为依据，对珙桐群落中属的区系分布进行了统计，发现珙桐群落中植物区系组成以东亚分布和北温带分布类型占优势，东亚分布类型主要位于灌木层和草本层，北温带分布类型主要位于乔木层和草本层，其次是亚热带分布，主要位于灌木层。从总体区系成分看，四川、湖北、湖南、云南等地的珙桐群落区系地理成分大体相似，珙桐群落区系的温带成分所占比例大于热带成分，其种类组成都具有亚热带向温带过渡的特征（钟章成等 1984；林洁等 1995；王海明等 2005；程芸 2008a；罗柏青等 2009；苏智先 2009；刘海洋等 2011）。

第六节　保护生物学

一、濒危现状

自然更新困难是导致珙桐濒危的主要原因之一。珙桐自然更新主要包括两种方式：一种是种子繁殖，另一种是萌蘖繁殖。自然条件下珙桐生长极为缓慢，种子萌发到实生苗一般需要15～18年才开花结实，进入盛果期则需要20～25年，而且结果大小年明显，早期落果非常严重，有“千花一果”之说（张征云等 2003；陈艳和苏智先 2011）。另外，珙桐种子败育现象严重，其两性花一般具有6～10个胚囊，但发育成熟的种子仅1～3粒，甚至没有种子（张征云等 2003）。此外，珙桐种子落地后胚并未发育成熟，还需形态后熟过程（陈坤荣等 1998a）；并且果实中各个部分均含有大量抑制物质，这些物质降解缓慢，完成生理后熟的种子还需经过内源激素的调控作用达到生理后熟才能具备发芽能力（陈坤荣等 1998a；雷泞菲等 2003；范川等 2005）。珙桐种子种皮坚硬、透水透气性差，以及林下枯枝落叶厚，种子很难接触土壤；林下郁闭度高，光照条件难以满足种子萌发需求等制约因素都限制了珙桐种子的萌发和更新（张征云等 2003）。珙桐萌蘖生长的繁殖特点也加大了种群内个体间对环境资源的竞争，幼苗、幼树死亡率高，这也是影响珙桐更新的重要原因（李尤等 2006；罗世家等 2009）。

珙桐生境范围狭窄（张征云等 2003），小生境要求的特殊性（吴刚等 2000）也是珙桐濒危的重要原因。珙桐对生长环境要求严苛，喜欢温凉、湿润、多雨、多雾的气候，喜中性或微酸性腐殖质深厚的土壤，不耐瘠薄，不耐干旱，不能忍受38℃以上高温，多生长在山地沟谷及两侧山坡中、下部的小生境。不同生长阶段对光照需求不同，萌发及10年生以前幼年时期喜欢较荫蔽环境，生长缓慢，进入中龄期后，需光量增加，此时若光照不足，生长将受到抑制（吴刚等 2000；张征云等 2003；马宇飞 2004；禹玉婷等 2006）。另外，珙桐对环境变化非常敏感，环境变化造成珙桐天然更新困难，对珙桐种群稳定性产生影响，这也是近年来珙桐分布面积和数量急剧下降并濒于灭绝的重要原因（吴刚等 2000）。

珙桐树形优美，花形如白鸽展翅，是驰名世界的绿化观赏树种。其树干挺直，材质轻而坚，纹理细，是建筑、室内装修、工艺美术等的优质材料；果实含油率达20%，是良好的工业用油（刘家熙 2000）。这些经济价值也驱使人们砍伐珙桐、采摘种子、采挖幼苗等。吴刚等（2000）在对珙桐的生存与人为活动关系的研究中指出，随着人类活动的加剧，区域开发项目的增多，珙桐的天然分布面积和天然种群数量急剧下降，数据显示，随着人口密度的增加，天然珙桐种群数量呈对数曲线的速度下降，并且在人为干扰强烈地区，珙桐种群数量在短短50年内即可由优势种群衰退到濒临灭绝的程度。可见珙桐种群对人为干扰的影响非常敏感，人为干扰也是珙桐天然分布面积和数量急剧下降并濒于灭绝的主要原因（张家勋等 1995）。

二、保护现状

迁地保护是指生物多样性的组成部分在原来的生活环境中受到严重威胁或无法生

存，为避免灭绝将其移到原生环境之外，有利于其生长繁殖的场所进行保护和栽培、繁殖等相关研究。迁地保护也是人类抢救珍稀濒危植物的重要措施之一（罗世家 2012）。珙桐引种栽培的历史最早是法国传教士保罗•纪尧姆•法吉斯（Paul Guillaume Farges）于 1897 年从川西北采集到珙桐种子并引种到法国进行异地繁殖后种植到巴黎植物园、邱园以及阿诺德树木园。后来欧内斯特•亨利•威尔逊（Ernest Henry Wilson）又于 1900 年来到中国搜集珙桐种子并寄回英国繁殖。日本名古屋于 1981 年引种珙桐。目前珙桐引种的北线到丹麦哥本哈根，欧美国家如法国、德国、瑞士均已将珙桐用于城市绿化（戴应金和吴代坤 2009）。我国开始对珙桐进行引种是 1980 年，张家勋等（1995）成功将珙桐引种到河南郑州。2001 年北京林业大学和山东昆仑山国家森林公园进行了种质资源搜集、选择和区域试验，分别从湖南八大公山、湖北恩施、四川雷波等种源地引种，成功使我国珙桐栽培区向北推进了 11 个纬度。之后江苏、浙江、福建、河北、山西、台湾等省均成功引种珙桐。由于珙桐对环境要求较严格，迁地保护过程中针对不同气候环境条件，对各项栽培管理措施要求较高（戴应金和吴代坤 2009）；另外种源地选择也至关重要（张家勋等 1995）。

研究工作是保护珙桐的基础，针对珙桐繁殖困难的特点，近年来开展了大量繁殖技术的研究工作。目前珙桐的人工繁育主要有 3 条途径：种子育苗、扦插繁殖和组织培养（陈艳和苏智先 2011）。种子育苗技术主要是针对种子休眠和成苗率，有以下几种打破种子休眠的方法（王献博等 1995；范川和李贤伟 2004；王伟伟和苏智先 2005），如种子敲击法、变温法、湿砂层积、超声波处理、生长调节剂处理（万斌和秦帆 2005）、酸处理（陈大新和杨敬元 2005）等。为了提高珙桐幼苗的成苗率和存活率，还从芽苗移栽、苗期管理等方面对珙桐栽培技术等进行了大量研究（徐华等 2007；朱凤云和杨艳丽 2008；郭林文等 2009；陈海云和杨文仙 2011；贺全红和王秋霞 2013）。早在 20 世纪 80 年代我国即对珙桐扦插技术进行了研究（张著诰等 1981），不同母树年龄、幼苗不同部位、当年生枝条不同部位、激素处理等对插条生根率均有影响，但由于珙桐茎内无先生根原基，目前珙桐的扦插繁殖尚不理想（吴代坤等 2010；陈艳和苏智先 2011）。组织培养方面的研究也有大量报道，研究人员利用珙桐不同部位，包括种子、根、茎、叶等均成功诱导出愈伤组织或取得较高的冬芽诱导率，但只有少数成功获得分化苗且分化率、增殖系数低。金晓玲等（2007）利用茎、余阿梅等（2009）利用胚、邹利娟等（2009）利用冬芽经诱导生根得到完整植株。

不同地区珙桐群落的生存状态存在较大差异。珙桐生境范围狭窄、自然更新困难，加上人为干扰使得珙桐栖息地遭到破坏，分布范围缩小，因此对珙桐种质资源保护应以就地保护为主（杜玉娟 2012）。就地保护是在珍稀濒危物种的自然栖息地和自然环境中进行保护（叶水英和张至洁 2009），目前主要是建立各种类型和级别的自然保护区，以及风景名胜区、森林公园等（吴小巧等 2004；罗世家 2012）。

在我国珙桐分布的主要地区，已建立了为数不少的含有珙桐的自然保护区（罗世家 2012）。然而专门针对珙桐的自然保护区仅云南省袁家湾珙桐市级自然保护区，还有许多地方的珙桐等珍稀植物资源未纳入保护区范围，因此优先保护种群的确定就成为珙桐就地保护成功的关键（陈艳和苏智先 2011）。中国先后出版了《中国珍稀濒危保护植物名录（第一册）》、《中国珍稀濒危植物》和《中国植物红皮书：稀有濒危植物（第一册）》系列书籍，国务院还颁布了《国家重点保护野生植物名录（第一批）》，并确定了重点保护植物的保护级别，为珍稀植物的保护提供了依据。保护级别的确定多以全国范围内的分布情况为依据，而植物在不同区域的分布情况、数量等往往存在差异，需要根据当地情况对其优先保护顺序作必要和适当的调整。近年来许多地区都开展了不同区域的珍稀濒危植物优先保护顺序研究，如湖北后河国家级自然保护区（张娥等 2017）、湖北长阳崩尖子国家级自然保护区（张娥等 2015）、湖北神农架国家级自然保护区（任毅等 1999）、湖北星斗山国家级自然保护区（方元平等 2006）、重庆雪宝山国家级自然保护区（孙凡等 2007）、陕西化龙山国家级自然保护区（傅志军 2002）等，主要从受威胁程度、遗传多样性损失大小及物种价值几个方面进行定量评估，利用定量评价来划分珍稀濒危植物优先保护序列已成为比较可观、准确地评价植物受威胁程度和优先保护序列的评价指标体系（康诗瑶 2016）。

三、保护对策

珙桐群落变化是一个动态过程，应对珙桐群落进行长期监测，才能准确掌握中国珙桐资源现状（王洁等 2015）。环境破坏、气候变化等对珙桐分布范围影响很大，但目前影响珙桐生存的关键环境因子尚不明确，加强环境因子与珙桐个体生长以及种群动态间的相关研究，对珙桐保护和利用以及开展原生地或异地保护、保护现有种质资源都具有重要意义。

另外，还应建立系统的研究体系，利用先进的生物学技术深入开展珙桐的相关研究，为珙桐繁育、种质资源保护提供理论基础。除了理论研究还应加强应用研究，有针对性地解决珙桐种子繁育和生长过程中的问题，以及保护过程中存在的栽培、人工育种等问题，加强就地和迁地保护过程中的实践研究（王洁等 2015）。

四、政策建议

加强依法管理，制定相关法律法规和文件，健全保护政策法规体系，使野生资源管理法制化。对违禁盗采、砍伐等破坏森林资源的行为予以严厉打击。各相关部门协同配合，将法制化管理落到实处。

加强宣传教育、提高人们的科学素养，保护区由于地处偏远地区，教育相对落后，应通过长期的宣传教育和科普活动来加强当地人们的素质和保护意识，认识到人与环境是不可分割的，要取得长远的发展，必须要加强对环境的保护。在日常生活中加强宣传，提高公众保护意识。

提高保护区工作人员待遇，最大限度地调动工作人员的积极性。另外还需加大有关部门对保护区工作的关注，争取财政支持以及各方资金，从而达到更好地保护各种资源的目的（张建华等 2015）。

第七节　总结与展望

珙桐的濒危状况、濒危机制的探讨是保护工作的基础，研究者从生物学特征、种群和群落生态学特征、生理特性、遗传特性等方面进行了深入探讨，为珙桐的保育奠定了理论基础。珙桐保护的应用研究主要针对珙桐种子萌发难、幼苗不易存活等开展，进行了人工育苗、栽培、组织培养等相关技术研究，从就地保护和迁地保护多方面进行了尝试。然而珙桐保护中还有诸多问题需要解决，可以从以下几方面加强：一是珙桐分布格局的形成机制尚不明确；二是未来气候变化下，珙桐的适应性评价；三是珙桐迁地保护过程中环境对其影响以及珙桐对极端环境的抗性；四是珙桐保护应用性研究有待加强。

撰稿人：李　艳，陈　艳，宋垚彬，董　鸣

主要参考文献

艾训儒. 2006. 百户湾森林群落优势种群空间生态位研究. 西北林学院学报, 21(1): 12-17.

艾训儒, 谭建锡. 1999. 星斗山自然保护区珙桐种群结构特征研究. 湖北民族学院学报, 17(1): 12-15.

班继德. 1995. 鄂西植被研究. 武汉: 华中理工大学出版社.

陈大新, 杨敬元. 2005. 珙桐繁殖技术. 湖北林业科技, 5: 61-62

陈海云, 杨文仙. 2011. 濒危植物珙桐的种子育苗技术. 福建林业科技, 38(3): 110-112.

陈光平, 蒲屹芸, 安明态, 等. 2016. 宽阔水国家级自然保护区珙桐群落特征及演替趋势分析. 现代农业科技, (22): 132-135.

陈坤荣. 1988. 珙桐种子休眠原因研究初报. 植物生理学通讯, 25(3): 24-28.

陈坤荣, 陈玉惠, 田广红, 等. 1998a. 珙桐种子层积期间过氧化物酶同工酶的变化. 西南林学院学报, 18(3): 143-147.

陈坤荣, 李桐森, 田广红, 等. 1998b. 珙桐繁殖的生物学特性. 西南林学院学报, 18(2): 68-73.

陈坤荣, 文方德, 李卓杰, 等. 1990. 珙桐种子休眠生理研究. 种子, 48(4): 70.

陈蕘坤, 徐莺. 2010. 珙桐繁育的研究进展. 北方园艺, (23): 196-200.

陈文年, 肖小君, 陈发军, 等. 2014. 珍稀濒危植物珙桐的研究现状及展望. 安徽农学通报, 20(7): 17-19.

陈艳, 苏智先. 2011. 中国珍稀濒危孑遗植物珙桐种群的保护. 生态学报, 31(19): 5466-5474.

陈迎辉, 彭春良, 李迪友, 等. 2010. 珙桐的生物生态特性和人工引种促花研究. 中南林业科技大学学报, 30(8): 64-67.

程芸. 2008a. 珙桐与光叶珙桐的生物学特性及群落结构研究. 北京: 北京林业大学硕士研究生学位论文.

程芸. 2008b. 武陵山区珙桐群落生物多样性与天然更新研究. 林业调查规划, 33(2): 1-4.

代勋, 王磊. 2012. 珙桐生理学研究进展. 昭通师范高等专科学校学报, 34(5): 14-17.

戴大临, 文艺, 施寒梅. 1995. 珙桐果皮中镍、钙元素的 EDS 分析. 电子显微学报, 45(10): 69-73.

戴鹏辉, 任锐, 曹福祥, 等. 2016. 珙桐 MYB 转录因子 *DiMYB1* 基因的克隆及表达分析. 植物生理学报, 52(8): 1255-1262.

戴鹏辉, 任锐, 董旭杰, 等. 2017. 珙桐转录因子 *DiMYB1* 基因的生物信息学分析. 北方园艺, (2): 112-116.

戴应金, 吴代坤. 2009. 珙桐迁地保护现状及技术策略探讨. 湖北林业科技, (6): 46-48.

丁坤元. 2015. 夜间低温及氮肥对珙桐幼苗光合参数的影响. 北京: 北京林业大学硕士研究生学位论文.

丁章超, 李新秀, 谢双喜. 2014. 贵州纳雍光叶珙桐群落主要优势种群生态位研究. 天津农业科学, 20(8): 120-123, 126.
董社琴, 李冰雯, 王爱荣. 2004. 植物生长调节剂对珙桐种胚离体培养的影响. 湖北农学院学报, 24(4): 291-293.
杜玉娟. 2012. 孑遗植物珙桐的群体遗传学和谱系地理学研究. 杭州: 浙江大学博士研究生学位论文.
段荣华, 石国荣. 2013. 珙桐叶甲醇提取物的分离纯化. 广州化工, 41(3): 77-80
范川, 李贤伟. 2004. 珙桐的研究现状及展望. 林业科技, 29(6): 55-58.
范川, 李贤伟, 鲜俊仁, 等. 2005. 珙桐外中果皮对储藏种子生活力的影响. 四川农业大学学报, 23(4): 495-497
方元平, 刘胜祥, 瞿建平. 2006. 星斗山国家级自然保护区国家重点保护野生植物优先保护定量研究. 生态科学, 25(3): 198-201.
方志荣, 苏智先, 胡进耀, 等. 2008. 珙桐种子几种呼吸代谢酶活性及果实不同组织总酚含量测定. 绵阳师范学院学报, 27(5): 70-73.
傅志军. 2002. 化龙山国家保护植物优先保护顺序的定量分析. 山地学报, 20(2): 250-252.
高菊, 李艳, 高燕. 2013. UV-B 辐射增强下氮素对珙桐幼苗生长和光合特性的影响. 江苏农业科学, 41(10): 343-347.
郭林文, 李福来, 汪宁军. 2009. 珙桐引种育苗技术初探. 陕西林业科技, (3): 72-74.
韩素菊. 2014. 遮阴对珙桐幼苗光合特性及生长特征的影响研究. 四川林业科技, 35(5): 45-48.
贺全红, 王秋霞. 2013. 珙桐播种育苗技术. 湖北林业科技, (1): 80-81.
黄江, 刘荣, 王从周, 等. 2005. 珙桐科植物化学成分研究进展. 亚热带植物科学, 34(2): 70-75.
黄金伟. 2013. 建始县高岩子林场优势乔木生态位特征. 湖北林业科技, 42(4): 34-37.
季春红, 苏智先, 杨军, 等. 2010. 珙桐中一个与低温相关基因的克隆及其表达研究. 云南植物研究, 32(2): 151-157.
焦健, 田波生, 孙学刚. 1998a. 甘肃文县珙桐群落的区系组成结构特征. 甘肃农业大学学报, 33(1): 57-61.
焦健, 田波生, 孙学刚. 1998b. 甘肃文县珙桐群落优势种种群分布格局及动态变化趋势. 甘肃农业大学学报, 33(3): 266-271.
金晓玲, 吴安湘, 沈守云. 2007. 珍稀濒危植物珙桐离体快繁技术初步研究. 园艺学报, 34(5): 1327-1328.
康诗瑶. 2016. 峨眉山市珍稀濒危植物优先保护研究. 成都: 成都理工大学硕士研究生学位论文.
雷妮娅, 陈勇, 李俊清, 等. 2007. 四川小凉山珙桐更新及种群稳定性研究. 北京林业大学学报, 29(1): 26-30.
雷泞菲, 苏智先, 陈劲松, 等. 2003. 珍稀濒危植物珙桐果实中的萌发抑制物质. 应用与环境生物学报, 9(6): 607-610.
李建强, 张敏华, 黄宏文, 等. 2000. 珙桐的等位酶位点变异分析. 武汉植物学研究, 18(3): 247-249.
李汝娟, 尚宗燕. 1989. 我国 5 种珍稀植物的染色体观察. 武汉植物学研究, 7(3): 217-220.
李雪萍, 李在留, 贺春玲, 等. 2012a. 珙桐遗传多样性的 AFLP 分析. 园艺学报, 39(5): 992-998.
李雪萍, 郑雪, 朱文琰, 等. 2012b. 濒危植物珙桐遗传多样性与遗传结构的 ISSR 分析. 广东农业科学, (6): 121-123.
李尤, 苏智先, 张素兰, 等. 2006. 珙桐群落种内与种间竞争研究. 云南植物研究, 28(6): 625-630.
李月琴, 雷泞菲, 徐莺, 等. 2009. 高温胁迫对珙桐叶片生理生化指标的影响. 四川大学学报, 46(3): 809-813.
李卓杰, 陈润政, 傅家瑞, 等. 1989. 珙桐种子休眠和萌发中酸性磷酸酶同工酶的研究. 西南林学院学报, 9(1): 8-13.
林洁, 沈泽昊, 贺金生, 等. 1995. 珙桐群落学特征及群落环境分析. 植物学通报, 12(S2): 71-78.
林勇, 艾训儒, 姚兰, 等. 2017. 木林子自然保护区不同群落类型主要优势种群的生态位研究. 自然资源学报, 32(2): 49-60.
刘海, 吴沿友, 沈志君, 等. 2014. 珙桐与主要半生植物基本光合特征比较. 林业科技, 39(1): 9-10.
刘海洋, 金晓玲, 薛会雯, 等. 2012. 珙桐群落特征及种群生态学研究进展. 中国农学通报, 28(22): 1-4.
刘海洋, 金晓玲, 薛会雯, 等. 2011. 壶瓶山自然保护区珍稀濒危植物珙桐群落的研究. 中南林业科技大学学报, 31(4): 31-36, 41.
刘家熙. 2000. 中国的“活化石”植物. 化石, 7(3): 29-30.
刘美, 苏智先, 齐刚, 等. 2011. 珙桐热休克蛋白序列分析及功能预测. 光谱实验室, 28(1): 36-40.
刘荣, 王从周, 欧阳明安. 2007. 珙桐枝皮中的生物碱甙成分研究. 广西植物, 27(2): 277-280.
刘西俊, 王淑燕, 周丕振, 等. 1987. 珙桐苗期水分状况的研究. 西北植物学报, 7(4): 270-275.
罗柏青, 杜凡, 王娟, 等. 2009. 滇东北珙桐群落结构特征研究. 林业调查规划, 34(1): 15-19.
罗世家. 2002. 珙桐种子的解剖研究. 湖北民族学院学报, 20(4): 18-19.
罗世家. 2012. 珙桐遗传多样性与保护生物学研究. 武汉: 华中农业大学博士研究生学位论文.
罗世家, 包满珠, 赵善雄, 等. 2009. 大相岭龙苍沟珙桐种群空间分布格局研究. 生物数学学报, 24(3): 531-536.
马宇飞. 2004. 珍稀濒危植物珙桐的种群生态学和胚胎学的初步研究. 北京: 北京林业大学硕士研究生学位论文.
马宇飞, 李俊清. 2005. 湖北七姊妹山珙桐种群结构研究. 北京林业大学学报, 27(3): 12-16.
欧阳明安, 周剑宁. 2003. 珙桐叶中黄酮干成分. 广西植物, 23(6): 568-570.
彭红丽, 苏智先. 2004. 低温胁迫对珙桐幼苗的抗寒性生理生化指标的影响. 汉中师范学院学报, 22(2): 50-53.
彭玉兰, 胡运乾, 孙航. 2003. 光叶珙桐的等位酶分析及其生物地理学意义. 云南植物研究, 25(1): 55-62.
任毅, 黎维平, 刘胜祥. 1999. 神农架国家重点保护植物优先保护的定量研究. 吉首大学学报, 20(3): 20-24.
沈作奎, 艾训儒, 徐伟声. 1998. 星斗山自然保护区珙桐繁殖方式及生长分析. 湖北林业科技, 98(4): 1-3.
司继跃, 雷妮娅, 司培燕, 等. 2009. 珙桐(*Davidia involucrata* Baill)研究综述. 科学技术与工程, 9(13): 3713-3725.
宋从文, 包满珠. 2004a. 利用 RAPD 标记对珙桐地理种群遗传分化的研究. 林业科学研究, 17(5): 605-609.
宋从文, 包满珠. 2004b. 天然珙桐群体的 RAPD 标记遗传多样性研究. 林业科学, 40(4): 75-79.
苏智先. 2009. 珍稀濒危植物珙桐种群研究进展. 见: 董鸣, 维尔格. 生态学文集: 贺钟章成教授 80 华诞. 重庆: 西南师范大学出版社.
苏智先, 张素兰. 1999. 珙桐种群生殖物候及其影响因子研究. 四川师范学院学报, 20(4): 313-318.
苏智先, 钟章成, 张素兰. 1998. 植物生殖生态学研究进展. 生态学杂志, 17(1): 39-46.
孙彬, 李柏年, 林璋德, 等. 1993. 两种珙桐叶片结构的观察. 西北植物学报, 13(3): 198-202.
孙凡, 杜洋文, 李霞, 等. 2007. 雪宝山自然保护区国家重点保护野生植物优先保护定量研究. 西南大学学报, 29(9): 101-107.
覃林. 1999. 星斗山珙桐种群与主要伴生树种的生态位分析. 科技简报, (6): 29-31.
万斌, 秦帆. 2005. 促进珙桐种子发芽的技术研究. 西南园艺, 33(2): 9.
万朝琨. 1988. 珙桐种子休眠的解剖学研究. 中南林学院学报, 8(1): 35-39.
王海明, 李贤伟, 陈治谏, 等. 2005. 四川喇叭河自然保护区珙桐群落特征与更新. 山地学报, 23(3): 360-366.
王洁, 张边江, 叶海泉. 2015. 珙桐种群分布现状及保护策略研究进展. 北方园艺, (18): 203-205.
王磊, 代勋, 张承志, 等. 2011. 云南三江口自然保护区珙桐群落特征与更新研究. 宝鸡文理学院学报(自然科学版), 31(4): 49-52.

王宁宁. 2010. 珙桐苗木光合特性对干旱、光照强度和二氧化碳浓度的响应. 北京: 北京林业大学硕士研究生学位论文.
王宁宁, 胡增辉, 沈应柏. 2011. 珙桐苗木叶片光合特性对土壤干旱胁迫的响应. 西北植物学报, 31(1): 101-108.
王宁宁, 沈应柏. 2010. 珙桐生理生态学研究进展. 现代农业科技, (7): 218-220.
王伟伟, 苏智先. 2005. 珙桐种子休眠及催芽问题的研究进展. 种子科技, (6): 338-340.
王献博, 李俊清, 张家勋. 1995. 珙桐的生物生态学特性和栽培技术. 广西植物, 15(4): 347-353.
王玉兵, 黄光强, 汤庚国, 等. 2010. 湖北长阳光叶珙桐群落优势乔木种群生态宽度与重叠. 湖北民族学院学报, 28(3): 261-265
魏志琴, 李旭光, 郝云庆. 2004. 珍稀濒危植物群落主要种群生态位特征研究. 西南农业大学学报, 26(1): 1-4.
邬荣领, 胡建军, 韩一凡, 等. 2002. 表型可塑性对木本植物树冠结构与发育的影响. 林业科学, 38(4): 141-156.
吴代坤, 戴应金, 李双龙, 等. 2010. 珙桐繁殖技术研究现状. 四川林业科技, 31(5): 118-120.
吴刚, 肖寒, 李静, 等. 2000. 珍稀濒危植物珙桐的生存与人为活动的关系. 应用生态学报, 11(4): 493-496.
吴建国, 吕佳佳. 2009. 气候变化对珙桐分布的潜在影响. 环境科学研究, 22(12): 1371-1381.
吴鹏, 朱军, 崔迎春, 等. 2014. 纳雍珙桐自然保护区湿地土壤化学性状研究. 贵州林业科技, 42(1): 7-12.
吴庆贵, 杨敬天, 邹利娟, 等. 2014. 珙桐幼苗生理生态特性对土壤干旱胁迫的响应. 江苏农业科学, 42(2): 119-122.
吴小巧, 黄宝龙, 丁雨龙. 2004. 中国珍稀濒危植物保护研究现状与进展. 南京林业大学学报, 28(2): 72-76.
吴征镒. 1979. 论中国植物区系的分区问题. 云南植物研究, 1(1): 1-22.
吴征镒. 1991. 中国种子植物属的分布区类型. 云南植物研究, 13(S4): 1-139.
向桂琼, 卢馥荪. 1989. 中国特有植物珙桐化学成分研究. 植物学报, 31(7): 540-543.
肖开煌, 苏智先, 黎云祥, 等. 2006. 珙桐群落中珙桐地位及其土壤特征的相关性. 西华师范大学学报, 27(4): 403-407.
熊亚丽, 曹福祥, 刘志明, 等. 2016. 珙桐种子败育相关基因 *CesA* 的克隆及表达分析. 植物生理学报, 52(10): 1481-1490.
徐德应. 1994. 大气 CO_2 增长和气候变化对森林的影响研究进展. 世界林业研究, 2(7): 26-31.
徐刚标, 申响保. 2007. 湘鄂西地区珙桐天然群体遗传结构的研究. 中南林业科技大学学报, 27(6): 5-9.
徐华, 宋晓斌, 郭树杰, 等. 2007. 珙桐山地育苗试验. 西南林学院学报, 27(6): 35-38.
薛波, 李贤伟, 张健, 等. 2008. 抗旱节水化控制剂对珙桐幼苗抗旱性的影响: 模型构建、主效应与交互效应分析及最优选择. 生态学杂志, 27(11): 1883-1894.
杨敬天, 胡进耀, 张涛, 等. 2013. 北川片口珙桐种群土壤理化性质的初步研究. 四川林业科技, 34(3): 40-44, 65.
杨敬天, 胡进耀, 张涛, 等. 2014. 珙桐土壤微生物数量及其与土壤因子的关系. 江苏农业科学, 42(1): 278-281.
杨心兵, 刘胜祥, 杨福生. 2000. 湖北省后河自然保护区光叶珙桐种群结构的研究. 生物学杂志, 17(1): 15-17.
杨一川, 李体俊. 1989. 四川峨眉山珙桐群落的初步研究. 植物生态学与地植物学学报, 13(3): 270-276.
叶水英, 张志洁. 2009. 中国濒危植物的濒危原因及保护对策. 江西农业学报, 21(1): 134-136.
余阿梅, 苏智先, 王立强, 等. 2009. 珍稀濒危植物珙桐胚的萌发与快速繁殖. 植物学报, 44(4): 491-496.
禹玉婷, 徐刚标, 汪晓萍. 2006. 珙桐研究进展. 经济林研究, 24(4): 92-94.
袁力, 周丕振, 张学信. 1984. 珙桐生长规律初步研究. 陕西林业科技, (2): 22-23.

曾军, 石国荣, 张湘元, 等. 2009. 珙桐叶水提物的抗氧化性能. 湖南农业大学学报, 35(3): 295-298.
张成程, 周庆, 任少华, 等. 2017. 珙桐高温胁迫试验研究. 园艺与种苗, (5): 45-47.
张娥, 汪正祥, 李泽, 等. 2015. 湖北崩尖子自然保护区珍稀濒危植物保护优先性评价. 西部林业科学, 44(6): 100-105.
张娥, 王业清, 朱晓琴, 等. 2017. 湖北后河自然保护区珍稀濒危植物优先保护次序对比研究. 湖北林业科技, 46(3): 24-28.
张家勋. 1995. 珙桐繁殖和栽培技术研究. 北京林业大学学报, 17(3): 24-29.
张家勋, 李俊清, 周宝顺, 等. 1995. 珙桐的天然分布和人工引种分析. 北京林业大学学报, 17(1): 25-30.
张建华, 杨朝雄, 潘德权, 等. 2015. 纳雍珙桐自然保护区珍稀濒危植物资源初步研究. 种子, 34(1): 58-62.
张清华, 郭泉水, 徐德应. 2000. 气候变化对我国珍稀濒危树种: 珙桐地理分布的影响研究. 林业科学, 36(2): 47-52.
张亚爽, 苏智先, 胡进耀. 2005. 四川卧龙自然保护区珙桐种群的空间分布格局. 云南植物研究, 27(4): 395-402.
张玉梅, 徐刚标, 申响保, 等. 2012. 珙桐天然种群遗传多样性的 ISSR 标记分析. 林业科学, 48(8): 62-67.
张悦, 苏智先, 罗明华, 等. 2009. HPLC 分析四川不同产地珙桐叶槲皮素的含量. 光谱实验室, 26(6): 1500-1503.
张悦, 苏智先, 罗明华, 等. 2011. 珙桐叶总黄酮提取工艺及体外抗氧化性. 光谱实验室, 28(3): 987-991.
张征云, 苏智先, 申爱英. 2003. 中国特有植物珙桐的生物学特性、濒危原因及保护. 淮阴师范学院学报, 2(1): 66-69, 86.
张著诰, 侯润详, 陈德明. 1981. 珙桐扦插育苗试验. 林业科技通讯, (1): 1-3.
钟章成, 秦自生, 史建慧. 1984. 四川卧龙地区珙桐群落特征的初步研究. 植物生态学与地植物学丛刊, 8(4): 253-263.
周大寨, 肖强, 肖浩, 等. 2010. 吸水剂对三种胁迫下珙桐幼苗保护酶系的影响. 湖北民族学院学报, 28(3): 273-276.
周丹, 石明, 杜凡, 等. 2014. 滇西北光叶珙桐群落特征及种群更新研究. 西部林业科技, 43(6): 109-115.
朱凤云, 杨艳丽. 2008. 珙桐种子育苗技术. 黑龙江农业科学, (4): 156.
邹利娟, 苏智先, 胡进耀, 等. 2009. 濒危植物珙桐的组织培养与植株再生. 植物研究, 29(2): 187-192.
Chen J M, Zhao S Y, Liao Y Y, et al. 2015. Chloroplast DNA phylogeographic analysis reveals significant spatial genetic structure of the relictual tree *Davidia involucrate* (Davidiaceae). Conservation Genetic, 16(3): 583-593.
Dermen H. 1932. Cytological studies of *Cornus*. Journal of the Arnold Arboretum, 13: 410-415.
Goldblatt P. 1978. A contribution to cytology in Cornales. Annals of the Missouri Botanical Garden, 65(2): 650-655.
He Z C, Li J Q, Wang H C. 2004. Karyomorphology of *Davidia involucrata* and *Camptotheca acuminate*, with special reference to their systematic positions. Botanical Journal of the Linnean Society, 144(2): 193-198.
Hsiang Y H, Hertzberg R, Hecht S, et al. 1985. Camptothecin induced protein-linked DNA breaks via mammalian DNA topoisomerase Ⅰ. Biological Chemistry, 260(27): 14873-14878.
Konrnad B. 2001. Evolution and genetic analysis of populations: 1950-2000. Taxon, 50(1): 7-41.
Li M, Dong X J, Peng J Q, et al. 2016. *De novo* transcriptome sequencing and gene expression analysis reveal potential mechanisms of seed abortion in dove tree (*Davidia involucrata* Baill.). BMC Plant Biology, 16(1): 82.
Li Y, Gao J, Zhang L S, et al. 2014. Responses to UV-B exposure by saplings of the relict species *Davidia involucrata* Bill are modified by soil nitrogen availability. Polish Journal of Ecology, 62(1): 101-110.
Luo S J, He Y H, Ning G H, et al. 2011. Genetic diversity and genetic structure of different populations of the endangered species *Davidia involucrata* in China detected by inter-simple sequence repeat analysis.

Trees, 25(6): 1063-1071.
Ma Q, Du Y J, Chen N, et al. 2015. Phylogeography of *Davidia involucrate* (Davidiaceae) inferred from cpDNA haplotypes and nSSR data. Systematic Botany, 40(3): 796-810.
Wang G, Han S H, Wang H C, et al. 2004. Living characteristics of rare and endangered species: *Davidia involurata*. Journal of Forestry Research, 15(1): 39-44.
Wu J E, Shong H, Wang J C, et al. 2001. Allozyme variation and the genetic structure of populations of *Trochodendron aralioides*, A monotypic and narrow geographic genus. Journal of Plant Research, 114(1): 45-57.
Yu T, Lü J, Li J Q, et al. 2016. The complete chloroplast genome of the dove tree *Davidia involucrate* (Nyssaceae), a relict species endemic to China. Conservation Genetics Resources, 8(3): 263-266.

第二十六章　梓叶槭种群与保护生物学研究进展

第一节　引　言

梓叶槭（*Acer amplum* subsp. *catalpifolium*）为槭树科槭属的落叶乔木，是我国特有的珍稀濒危树种，国家二级重点保护野生植物（顾云春 2003）。树形优美，树干高大，材质坚硬、致密，为优良的绿化和用材树种。梓叶槭主要分布于四川中部平原地区，生于海拔400～1200m的亚热带常绿阔叶林中，由于砍伐及毁林耕种等人为干扰，目前仅在四川有分布记载，且数量极少，已陷于濒危状态（方文培 1981）。

第二节　物种特征

一、生活史过程

在梓叶槭的原生地，春季，随着温度的上升，种子开始萌动，在充分吸收水分的情况下，种子只需要4～5天的时间便可以发芽了，刚刚冒出的嫩芽为淡绿色，随着胚根扎进土壤中，子叶也随之打开，幼苗就此形成。

在水分和光照充分的情况下，1月龄的梓叶槭幼苗便可以达到10cm左右，8个月的苗木，根茎部已经木质化，可以移出苗圃用于栽培，一般来说，4～5年的梓叶槭开始结果，果期为8～11月，果实早期为绿色，随着其逐渐成熟，颜色转为淡黄色，最后为棕褐色，即完全成熟，可以进行采摘和储藏。

依据不同年份气候的差异，3月底至4月初，枝条开始抽芽，新出嫩芽为棕红色；随着叶片的展开，颜色逐渐由红转绿，并伴随着花的开放，这个过程大多发生在4月上旬，一般在10～15天内，梓叶槭便可以完成它的展叶过程；一般在9月，成年的大树开始结果，而其翅果需要1～2个月的时间才能成熟甚至脱离。一般来说，梓叶槭果实在生长期为绿色，而达到成熟期时因水分流失等会逐步转变为淡黄色，进而为棕褐色，这也是梓叶槭种子成熟的标志。

二、繁殖特征

梓叶槭的花分为两种，分别为两性花和雄花，且两者同株，这为该物种的繁殖提供了便利条件，但该特征也说明该物种在繁殖系统上的原始性。

梓叶槭花期4月上旬，果期8～9月。研究表明，梓叶槭的种子活力一般较高，但因为种子和果皮等的机械阻碍作用，在无任何外界干预的情况下，种子发芽率不超过50%，而去除种翅和果皮后，其种子萌发率显著增加，可达80%以上（马文宝等 2014）。事实上，果皮和种翅对种子的阻碍作用主要是影响了种子的吸水过程，研究表明，如果可以在低温、消毒的环境下对翅果进行充分的浸水，种子的发芽率也会得到大大提升。可见，在萌动期间是否可以吸收到足够的水分是梓叶槭种子是否可以顺利发芽的限制因子之一（余道平等 2008）。

三、形态特征

梓叶槭出土萌发，子叶 2 片，长椭圆形，长 3～4mm，宽 1～1.5mm，先端平圆，基部箭形，上面绿色，下面淡白绿色，边缘淡绿色。初生叶对生，披针形，叶缘波状，长 3～5cm，宽 2～3cm，先端渐尖，基部心形，侧脉 5～9 对，上面绿色，下面色较淡。幼树或幼枝上的叶常在中部以下具裂片，上面深绿色，无毛，有光泽，下面脉腋被丛毛，叶脉在两面均显著；叶柄无毛，长 5～14cm。伞房花序，长 6cm；成体梓叶槭高度可达 20～25m，落叶大乔木，胸径可达 1m 左右；树冠伞形，冠幅较大。叶厚纸质，卵形或长圆状卵形，长 10～20cm，宽 5～9cm，先端尾状钝尖，基部圆形或心脏形，老枝上的叶常不分裂。花小，雄花与两性花同株，萼片及花瓣均为 5，黄绿色；雄蕊 8；花盘盘状，位于雄蕊外侧；花柱 2 裂，柱头反卷。翅果长 5～5.5cm，小坚果 2 或 3 个，长约 1.5cm，成熟时淡黄色，翅与小坚果张开成锐角或近于直角。

四、地理起源、区系与分布

梓叶槭在分布类型上属于北温带分布类型，在区系上属于喜马拉雅-横断山成分（孙航 2002）。该物种的起源应为横断山脉，目前已知的主要分布区域仅限于中国四川省的平武、都江堰、雷波、峨眉山等四川盆地低山区以及盆地西、南向盆地周边山地的过渡区。

第三节　环 境 特 征

一、土壤特征

梓叶槭主要分布在四川盆地以及盆地周边的亚热带常绿阔叶林中。土壤以黄壤为主，为该森林类型下发育形成的地带性土壤，表层暗棕色，下层以黄色为主。酸性强，pH 为 4.5～5.5，黏重，易板结，土性冷凉；土壤养分缺乏，缺磷尤其严重。

在盆地周围中山区，亦有以山地黄棕壤为基质的梓叶槭分布，主要见于都江堰和平武等地，此类土为山地黄壤和山地棕壤之间的过渡类型，较山地黄壤肥沃，具有轻微的富铝化特征，表层暗棕色，下层黄棕色；偏酸性，pH 为 5.0 左右。

母岩复杂多样，有砂页岩、石灰岩和板岩等。

二、气候特征

梓叶槭的分布区均位于亚热带季风气候区，夏季受东南季风影响，冬季受变性大陆气团的影响。气候具有温暖湿润、四季分明的特点，年均气温为 14～18℃，1 月平均气温为 5～8℃，≥10℃的积温为 5400～6000℃。年均降水量为 800～1400mm。此外，云雾多，日照少，湿度大等（四川植被协作组 1980）。梓叶槭的主要分布区水热特征详见表 26-1。

表 26-1 梓叶槭主要分布区气候信息

分布地点	海拔/m	年均气温/℃	年均降水量/mm
都江堰	800～1000	14.28	1155
平武	1100～1150	15.20	957
雷波	990～1000	14.50	1099
大邑	1900～2000	15.35	1223
峨眉山	680～750	16.07	1376

三、生境特征

分布区的植被类型为偏湿性常绿阔叶林，气候温暖湿润，基质以山地黄壤和棕黄壤为主，成土母岩除了二叠纪、三叠纪的石灰岩外，主要为侏罗纪、白垩纪的砂页岩。坡度较陡，大多大于 20°。郁闭度为 0.70～0.75。林内乔木层亦可分为 2 或 3 个亚层。林下灌草盖度较高，林下环境湿润、光照差。

第四节 种群生态学

一、种群空间结构

作为极小种群物种，梓叶槭种群相对较小，这也给相关科研工作提出了新的挑战。许恒和刘艳红（2018a）利用静态生命表等方法对四川峨眉山、都江堰两个梓叶槭种群结构的研究发现，两个种群在径级结构上均有多个峰值，其中峨眉山种群的径级主要集中在Ⅲ～Ⅴ龄级（径级范围：10～25cm），占据近 61%，第Ⅵ龄级（径级范围：25～30cm）占据了 23%左右；都江堰种群主要集中在Ⅰ～Ⅴ龄级（径级范围：0～25cm），占据了 65.4%，其中Ⅴ龄级（径级范围：20～25cm）最高，占据 12%左右；整体来说，峨眉山种群幼苗、幼树数量严重不足，而都江堰种群结构相对完整，但幼苗-幼树转化率极低，种群出现衰退型发展趋势。

二、种群动态

许恒和刘艳红（2018a）利用时间序列预测模式对梓叶槭种群数量动态开展研究发现，峨眉山种群数量动态变化指数小于 0，表明种群扩张受限，峨眉山梓叶槭幼苗数量较少，而通过对比研究发现，干扰是其种群退化的主要驱动因素。都江堰种群中仅第Ⅳ龄级（径级范围：15～20cm）小于 0，表明幼龄级梓叶槭数量充足，中龄级数量稀少。通过对比研究发现，干扰虽然对种群产生影响，但影响不大。种群处于增长型，但随着老龄级增多，有可能导致种群衰退。

三、种内与种间关系

梓叶槭作为珍稀濒危树种，在群落中常以伴生种的形式存在。许恒和刘艳红（2018b）对峨眉山、都江堰、大邑和平武等4个种群的研究发现，与种内竞争相比，种间竞争占据了梓叶槭竞争强度的主要位置。竞争强度与个体大小、种群密度相关。径级处于0～30cm的梓叶槭个体所受竞争压力最大，占据了种内竞争强度的77%。从结构分布上看，梓叶槭中小径级树木较多，大径级树木较少，这可能与其所受人为干扰有关。在被测的29种伴生物种中，竞争强度的排序为：日本柳杉（*Cryptomeria japonica*）＞华润楠（*Machilus chinensis*）＞白栎（*Quercus fabri*）＞刺楸（*Kalopanax septemlobus*）＞灯台树（*Cornus controversa*）＞白桦（*Betula platyphylla*）＞杉木（*Cunninghamia lanceolata*）＞厚朴（*Houpoea officinalis*）＞亮叶桦（*Betula luminifera*）。

在现存的梓叶槭野生植株上，尚未发现动物啃食、寄生虫以及病虫害等。

四、天然更新

梓叶槭种群的天然更新普遍较差，在现存的几处小种群中，仅有都江堰种群天然更新比例较为正常。同时，针对梓叶槭种子的室内萌发研究结果表明，梓叶槭种子的种皮机械阻隔是影响其萌发率的主要因子，这种机械阻隔可能直接妨碍了梓叶槭种子的渗透吸水，所以去除种皮阻隔或长时间浸泡种子（使种皮开裂，水分得以进入）均可显著提高种子的萌发率。目前，针对梓叶槭天然种群更新的研究还未发现，但综合梓叶槭的生境特征初步推断，影响梓叶槭种子野外萌发率的主要因素是翅果如何落地、接触土壤进而实现吸水萌发的过程（张宇阳等 2018）。

五、表型可塑性

因梓叶槭为我国特有种，现仅发现在四川省有分布。截至目前，针对梓叶槭表型可塑性的研究还比较少见。作者对四川5个分布地点的梓叶槭开展了种子和果实可塑性的相关研究，具体如下。

（一）梓叶槭种实性状的可塑性

通过对梓叶槭天然分布的5个小种群（平武、都江堰、大邑、峨眉山、雷波）翅果、种子等9个种实表型性状（包括种子长、种子宽、种子长宽比、种子厚度、翅果长、翅果宽、翅果长宽比、果柄长和着生痕）的研究发现，梓叶槭的种实表型性状在种群间和种群内都存在极显著的差异。种内变异占据了更主要的位置（占该差异的63.11%），而起主要作用的是翅果长宽比、种子长宽比、翅果长和种子长等。

表型分化系数指示了植物对于环境的适应程度，即表型分化系数越大，植物对于环境的适应能力越强，适应的环境范围越广（辜云杰等 2009）。梓叶槭平均表型分化系数为26.79（表26-2），低于云南松（*Pinus yunnanensis*）、高山松（*Pinus densata*）以及白皮松（*Pinus bungeana*），但高于思茅松（*Pinus kesiya* var. *langbianensis*）和岷江柏木

（*Cupressus chengiana*）等裸子植物（李斌等 2002；毛建丰等 2007；李帅锋等 2013；冯秋红等 2017）。

表 26-2　梓叶槭种实表型性状的方差分量及种群间表型分化系数

表型性状	方差分量			方差分量百分比/%			表型分化系数%
	种间	种内	随机误差	种间	种内	随机误差	
翅果长	0.0418	0.1413	0.0066	22.06	74.48	3.46	22.85
翅果宽	0.0024	0.0053	0.0013	26.47	58.86	14.68	31.02
着生痕	0.0045	0.0052	0.0013	41.28	47.29	11.43	46.60
种子长	0.0033	0.0108	0.0018	20.61	67.85	11.54	23.30
种子宽	0.0013	0.0024	0.0009	28.54	52.43	19.03	35.25
种子厚度	0.0001	0.0006	0.0004	8.23	52.10	39.67	13.64
果柄长	0.1608	0.1852	0.0078	45.46	52.35	2.20	46.48
翅果长宽比	0.0012	0.0495	0.0043	2.22	89.93	7.86	2.41
种子长宽比	0.0048	0.0197	0.0026	17.68	72.71	9.61	19.56
平均值	—	—	—	23.61	63.11	13.27	26.79

从种群水平来说，梓叶槭的种子厚度、果柄长的变异程度相对较大（表 26-3），这两个性状可能是梓叶槭表型变异的主要来源。种子厚度也代表了种子的饱满程度，是影响植物定居的主要因素，相比之下，厚度大的种子（饱满的种子）更容易成功定居，并繁衍后代。整体来说，梓叶槭种实表型的变异程度在植物界较低，这也在一定程度上决定了其种群繁育策略的多样性较低，这是导致其野外幼苗数量极少的原因之一。

表 26-3　梓叶槭天然小种群表型性状的变异系数

表型性状	变异系数/%					平均值/%
	都江堰种群	平武种群	雷波种群	大邑种群	峨眉山种群	
翅果长	14.68	7.87	6.84	11.18	17.09	11.53
翅果宽	14.8	8	8.77	11.10	11.87	10.91
着生痕	9.98	6.63	13.68	22.14	8.31	12.15
种子长	16.76	13.17	15.7	16.21	21.12	16.59
种子宽	14.99	8.35	10.91	11.09	14.69	12.01
种子厚度	46.16	67.73	39.74	22.70	26.86	40.64
果柄长	28.9	23.57	25.88	30.13	34.16	28.53
翅果长宽比	13.71	6.86	9.95	10.89	11.59	10.60
种子长宽比	13.84	10.34	28.61	19.31	15.93	17.61
平均值	19.31	16.95	17.79	17.19	17.96	17.84

（二）梓叶槭种实对环境的适应

植物表型变异是同种植物适应不同环境的结果（冯秋红等 2017）。研究发现，翅果和种子的形态在不同种群间均存在差异，如雷波种群具有最大的翅果，平武种群具有最大的种子，而都江堰种群的种实表型均为最小（表 26-4），这可能展现了梓叶槭种群种子定居策略的多样性。例如，在盆地丘陵区（都江堰）的梓叶槭种子个体较小且饱满度较差，而在盆地边缘中山区（平武和雷波）的梓叶槭种群的种子均具有较好的饱满程度，但根据各自种群所处环境的差异，进化选择了不同的定居方式，如通过增加传播能力（翅果大小）来帮助后代的顺利定居或反之（Sorensen & Miles 1978）。而这种差异的产生可能与梓叶槭所生存的自然条件（低山区、湿度大、多云雾）有关，也与群落环境，如与伴生种间的竞争关系有关。

表 26-4　梓叶槭天然小种群间表型性状的平均值及标准偏差

种群	样本数	平均值±标准偏差								
		翅果长/cm	翅果宽/cm	着生痕/cm	种子长/cm	种子宽/cm	种子厚度/cm	果柄长/cm	翅果长宽比	种子长宽比
都江堰种群	320	3.24 ± 0.35c	1.11 ± 0.15c	0.54 ± 0.05b	0.77 ± 0.12d	0.46 ± 0.06e	0.11 ± 0.04c	1.42 ± 0.39d	2.93 ± 0.32ab	1.71 ± 0.23b
平武种群	120	3.38 ± 0.27b	1.10 ± 0.09c	0.68 ± 0.05a	0.92 ± 0.12a	0.56 ± 0.05a	0.13 ± 0.09a	2.10 ± 0.49b	3.07 ± 0.21ab	1.63 ± 0.17c
雷波种群	180	3.71 ± 0.26a	1.22 ± 0.10a	0.49 ± 0.04c	0.89 ± 0.12ab	0.52 ± 0.06b	0.13 ± 0.03a	1.24 ± 0.29e	3.06 ± 0.27a	1.76 ± 0.41b
大邑种群	120	3.21 ± 0.32d	1.11 ± 0.15c	0.48 ± 0.06d	0.86 ± 0.14b	0.49 ± 0.05d	0.11 ± 0.03c	2.21 ± 0.65a	3.01 ± 1.11ab	1.78 ± 0.27a
峨眉山种群	200	3.41 ± 0.32b	1.16 ± 0.11b	0.54 ± 0.04b	0.84 ± 0.10c	0.50 ± 0.05c	0.12 ± 0.02b	1.59 ± 0.40c	2.93 ± 0.25b	1.71 ± 0.23b

注：同列数字后的字母不同表示在 0.05 水平上差异显著

第五节　群落生态学

梓叶槭主要分布于亚热带常绿阔叶林中，因其湿润多雨的气候特点，该类型群落具有较高的植物多样性，外观呈现深绿色，群落组成物种丰富、结构层次分明。就群落结构而言，主要包括乔、灌、草 3 层。乔木层主要有润楠（*Machilus nanmu*）、慈竹（*Bambusa emeiensis*）、灯台树（*Cornus controversa*）、漆树（*Toxicodendron vernicifluum*）和枫杨（*Pterocarya stenoptera*）等；灌木层主要有细齿叶柃（*Eurya nitida*）、石海椒（*Reinwardtia indica*）、半宿萼茶（*Camellia szechuanensis*）、紫麻（*Oreocnide frutescens*）、楠木（*Phoebe zhennan*）和短序荚蒾（*Viburnum brachybotryum*）等；草本层以蕨类植物占据了重要的地位，包括边缘鳞盖蕨（*Microlepia marginata*）、两色鳞毛蕨（*Dryopteris setosa*）、刺头复叶耳蕨（*Arachniodes aristata*）、卵叶盾蕨（*Neolepisorus ovatus*），此外还有山姜（*Alpinia japonica*）、楼梯草（*Elatostema involucratum*）和光脊荩草（*Arthraxon epectinatus*）等（四川森林编辑委员会 1992）。

梓叶槭所处群落的区系成分以亚热带和热带分布为主，按照属的统计，所占比例接近 80%，而温带分布占据了 20%左右。

第六节　保护生物学

一、物种历史

虽然槭属的植物起源在学术界还存在争议（徐廷志 1998），但截至目前梓叶槭仅在中国四川省有所发现，故其起源应为横断山脉。近几十年来，在经受了人为干扰后，梓叶槭种群数量急剧下降，有关报道表明，存活株数不足 100 株，处于濒危状态。

二、濒危原因

梓叶槭的濒危原因主要有两个方面：一方面是人为干扰，包括人类毁林开荒、建房等对梓叶槭造成的砍伐、砍伤、栖息地破坏等多种形式。虽然在梓叶槭栖息地大规模的干扰不多，但因其天然分布区小，且呈现零星分布，故人为干扰是导致其濒危的主要原因。另一方面梓叶槭天然更新困难也是其种群难以恢复的主要原因之一，而较低的种实多样性也间接指示了该物种繁殖策略较少，这也在一定程度上影响了梓叶槭的天然更新。

三、保护现状

在梓叶槭的分布区域内，仅峨眉山为风景名胜区，对其内分布的梓叶槭具有一定的保护意义。而在其他分布区域均无保护措施，这也是梓叶槭濒危现状持续至今的主要原因。

四、保护对策与建议

建议在梓叶槭分布较为集中的区域建立保护小区，如峨眉山，保证该区域梓叶槭种群及群落的完整性，为梓叶槭种质资源保育、种群复壮奠定基础。

第七节　总结与展望

梓叶槭是我国特有的珍稀濒危树种，国家二级重点保护野生植物，主要分布于四川中部平原地区，生于海拔 400～1200m 的亚热带常绿阔叶林中，目前仅在四川有分布记载，且数量极少，已陷于濒危状态。

梓叶槭属于北温带分布类型，是喜马拉雅-横断山区系成分。该物种的起源应为横断山脉。梓叶槭主要分布在四川盆地低山区以及盆地西、南向盆周山地过渡区，土壤以黄壤为主。分布区属于亚热带季风气候区，夏季受东南季风影响，冬季受变性大陆气团的影响，气候具有温暖湿润、四季分明的特点。梓叶槭群落生物多样性较高，外观呈现深绿色，群落组成物种丰富、结构层次分明。林下灌木层、草本层盖度较高，环境湿润且光照差。

梓叶槭种实表型具有一定的可塑性，但在植物界仍然较低，这也在一定程度上决定了其种群繁育策略较少。梓叶槭种群的完整性较差，天然更新成为种群发展的普遍问题。虽然人为干扰是梓叶槭致濒的主要原因，但截至目前未发现针对梓叶槭的保护区甚至保护小区，有待有关部门的关注与解决。

撰稿人：冯秋红

主要参考文献

方文培. 1981. 中国植物志(第 46 卷). 北京: 科学出版社.

冯秋红, 史作民, 徐峥静茹, 等. 2017. 岷江柏天然种群种实表型变异特征. 应用生态学报, 28(3): 748-756.

辜云杰, 罗建勋, 吴远伟, 等. 2009. 川西云杉天然种群表型多样性. 植物生态学报, 33(2): 291-301.

顾云春. 2003. 中国国家重点保护野生植物现状. 中南林业调查规划, 22(4): 1-7.

李斌, 顾万春, 卢宝明. 2002. 白皮松天然种群种实性状表型多样性研究. 生物多样性, 10(2): 181-188.

李帅锋, 苏建荣, 刘万德, 等. 2013. 思茅松天然群体种实表型变异. 植物生态学报, 37(11): 998-1009.

马文宝, 许戈, 姬慧娟, 等. 2014. 珍稀植物梓叶槭种子萌发特性初步研究. 种子, 33(12): 87-90.

毛建丰, 李悦, 刘玉军, 等. 2007. 高山松种实性状与生殖适应性. 植物生态学报, 31(2): 291-299.

四川森林编辑委员会. 1992. 四川森林. 北京: 中国林业出版社.

四川植被协作组. 1980. 四川植被. 成都: 四川人民出版社.

孙航. 2002. 北极-第三纪成分在喜马拉雅-横断山的发展及演化. 云南植物研究, 24(6): 671-688.

徐廷志. 1998. 槭属的系统演化与地理分布. 云南植物研究. 20(4): 383-393.

许恒, 刘艳红. 2018b. 极小种群梓叶槭种群结构及动态特征. 南京林业大学学报(自然科学版), 62(2): 47-54.

许恒, 刘艳红. 2018a. 珍稀濒危植物梓叶槭种群径级结构与种内种间竞争关系. 西北植物学报, 38(6): 1160-1170.

余道平, 彭启新, 李策宏, 等. 2008. 梓叶槭种子生物学特性研究. 中国野生植物资源, 27(6): 30-64.

张宇阳, 马文宝, 于涛, 等. 2018. 梓叶槭种群结构和群落特征研究. 应用与环境生物学报, 24(4): 697-703.

Sorensen F C, Miles R S. 1978. Cone and seed weight relationship in Douglas-fir from western and central Oregon. Ecology, 59(4): 641-644.

第二十七章　七子花种群与保护生物学研究进展

第一节　引　　言

七子花（*Heptacodium miconioides*）是忍冬科（Caprifoliaceae）的落叶小乔木，为我国特有的单种属植物（徐炳声 1988）。该植物于1907年由E. H. 威尔逊（E. H. Wilson）在一次科学探险活动中首次在我国的湖北兴山采得标本（NO. 2232），其同事 Rehder（1916）将其命名为七子花。1952年，H. K. 艾里•肖（H. K. Airy Shaw）根据采自我国浙江宁波的标本（W. Hancock NO. 22及NO. 98）发表了本属的另一新种——浙江七子花（*Heptacodium jasminoides*）。同年C. R.梅特卡夫（C. R. Metcalfe）对湖北兴山标本（E. H. Wilson NO. 2232）和浙江宁波标本做了比较形态解剖学研究，认为七子花与浙江七子花除了芽鳞片的数目、叶片的形状和花序的宽狭有所区别外，其他方面完全一致。1931年，郝景盛将浙江标本（耿以礼，NO. 1068）亦鉴定为七子花。徐炳声（1988）未见到七子花的模式标本，也未见到湖北省模式产地的同类标本，但他根据原始描述，认为这个种在形态上与浙江七子花没有明显的种级区别，而且两者分布纬度基本相同，因此予以归并。

七子花独特的花序外形曾困惑过一些植物学家，不知如何安放其系统位置。由于它的基本聚伞花序具3朵花，并且轮生和短缩成头状，似忍冬属（*Lonicera*）忍冬亚属（*Lonicera* subgen.）（Rehder 1916）和鬼吹箫属（*Leycesteria*），特别是鬼吹箫（*Leycesteria formosa*）（Airy Shaw 1952）；Weberling（1966）也从花序特征得出相同结论，认为它和忍冬族（Lonicereae）近缘；Metcalfe（1952）根据木材解剖结构，包括气孔复合体、皮层的组成和内腔，以及木质部的导管和纤维等，认为它接近于鬼吹箫属和毛核木属（*Symphoricarpos*）。虽然这些结构与忍冬族的其他成员有明显差异，但由于生态条件和族内变异分布等，这种差异可能并不重要，在忍冬族分类系统（Fukuoka 1972）中也把它放在忍冬族内。然而，七子花的子房结构和果实性状似六道木属（*Abelia*）（Rehder 1916），其树皮的外貌似双盾木属（*Dipelta*）和猬实属（*Kolkwitzia*）（Coombes 1990）；徐炳声（1988）选择了33个性状（大多数为外部形态性状）建立了一个树状图，结果显示这个属更接近于北极花族（Linnaeeae）。另外，Golubkova（1965）曾以其建立一新族——七子花族（Heptacodieae），但至今未被接受。虽然七子花介于忍冬族和北极花族之间，但从总体考虑，尤其是子房的结构和果实的性状，在狭义忍冬科内的分族中比花序更为重要，故置于后一族为宜。无论如何，它是联系忍冬族和北极花族之间的纽带（汤彦承和李良千 1994）。另外，七子花还是优良的观赏树种，树形优雅，花色美丽；其宿存的花萼增大，并变为紫红色，好似第二次开花，因而吸引众多研究者的注意。

七子花的分布地属于中亚热带季风气候，气候温暖湿润，光照充足，雨量充沛，四季分明，各分布地的气候因子相差不大。七子花大多分布于沟谷地带，生境条件较为恶劣，岩石露头率较高，土层较薄，植被覆盖率较低，群落透光率较高，伴生植物种类较少。七子花在各个坡向都有出现，并且在北坡和南坡、东坡和西坡出现的概率差不多。就坡位而言，七子花在谷底、下坡和中坡均有出现，上坡很少存在。坡度为 5°～45°，以 20°～25°这一范围生长最集中（俞建等 2003）。土壤类型主要为红壤，其次为红黄壤或黄壤。

浙江省内的七子花主要分布地情况如下。小将种群位于新昌县小将林场，七子花分布于次生林中，未见明显的沟谷，岩石露头率较低，附近的植被砍伐较严重。四明山种群位于宁波四明山林场，七子花分布在狭长的沟谷及两侧，地势较为平坦，分布地已开发成旅游景点，人类活动较为频繁，干扰日益加重。大盘山种群位于磐安县大盘山国家级自然保护区内，七子花分布在沟谷及两侧，样地内伴生植物较少，群落透光率较高。括苍山种群位于临海市括苍山，七子花主要分布在沟谷中，地势较为平坦，岩石露头率高，群落透光率高，生境一侧被烧荒砍伐，种植果树。天台山种群位于天台县华顶国家森林公园内，七子花沿沟谷及两侧分布，岩石露头率高，群落透光率较低，七子花分布密度较高，伴生植物种类较多。北山种群位于金华市北山，七子花分布地沟谷特征不明显，土层较厚，虽然有碎石分布，但岩石露头率较低，群落透光率较高。东白山种群位于东阳市东白山茶场附近，周围基本上为人工茶园，七子花分布在次生林中，人为干扰较严重。干坑种群位于临安区清凉峰国家级自然保护区干坑，七子花分布地地势较为平坦、开阔，坡度较小，伴生植物种类较少。观音坪种群位于临安区塘源山观音坪，七子花分布地多为悬崖峭壁，坡度较大，岩石露头率高，群落内伴生植物种类较多，群落透光率较低（Jin & Li 2007）。

由于受破坏和长期樵采的影响，原本分布范围狭窄的七子花更为稀少，在模式标本产地湖北兴山已灭绝。因此，七子花先后被列入《中国植物红皮书：稀有濒危植物（第一册）》（傅立国和金鉴明 1991）、中国被子植物关键类群中高度濒危种类（陈灵芝 1993）和《中国生物多样性保护行动计划》优先保护物种（中国生物多样性保护行动计划总报告编写组 1994），现已被列为国家首批二级重点保护野生植物（于永福 1999）。本章介绍七子花的生物学特性，包括形态结构特征、繁殖特性、细胞学特征、种子和果实的发育规律等，并从开花、雌雄配子发育、传粉和结实的角度探讨该物种濒危的原因。

第二节 物种特征

七子花属于落叶灌木或小乔木，株高可达 7m；幼枝略呈四棱形，红褐色，疏被短柔毛；枝具条纹，髓部发达；茎干树皮灰白色，叶状剥落。冬芽具鳞片，一般在 3 月中旬开始活动，3 月底展枝长叶，1 个月后，新枝及其叶片就基本成形，但新枝仍然在缓慢伸长，且这种生长可延续到 7 月，即到花期开始后停止。叶对生，全缘，叶柄 1～2cm，叶厚纸质，卵形或矩圆状卵形，长 8～15cm，宽 4～8.5cm，顶端长尾尖，基部钝圆或略呈心形；近基部三出脉，下面脉上有稀疏柔毛，无托叶。顶生圆锥花序近塔形，长 8～15cm，宽 5～9cm，具 2～4 节；由多轮紧缩呈头状的聚伞花序组成，每轮含 1 对具 3 朵花的聚伞花序及 1 朵顶生单花，共 7 朵花，属名即基于此（徐炳声 1988）。然而这个“顶生单花”不是 1 朵花，而是 1 个未发育的小花序，因七子花有开多轮花的花序（边才苗等 2002）。花序分枝开展时，上部长约 1.5cm，下部长 2.5～4cm；小花序头状，各对小苞片形状、大小不等，最外 1 对有缺刻。花冠白色，鲜艳，有芳香味，花无柄，花萼基部联合。果实为瘦果状核果，长椭圆形，外包宿存增大的萼筒，冠以宿存而增大的萼裂片，3 室，2 室空而扁，第三室含 1 粒种子。种子近圆柱形（长 5～6mm），上部扁，外种皮膜质；胚乳肉质，胚呈短圆柱形，生于种子基部。花期约 2 个月，初花期在 7 月 5 日前后，终花期为 9 月上旬，但某些年份可延迟到 9 月下旬；花期有 2 个开花高峰，分别为 7 月下旬和 8 月中旬。果实发育期为 2～2.5 个月，10 月中下旬开始落果落叶，11 月底成为无叶的休眠枝。

第三节　生理生态学

在晴朗天气条件下，七子花苗期叶片的净光合速率（P_n）日变化呈“双峰”型。第 1 个高峰出现在 9：00 左右，第 2 个高峰则在 15：00 左右，在中午前后出现光合“午休”现象。胞间 CO_2 浓度（C_i）的日进程基本与 P_n 相反，在中午出现光合“午休”时 C_i 增加，表明七子花苗期叶片 P_n 在午间降低主要受非气孔限制因素的影响。七子花苗期叶片的光能利用效率以早上最高，中午最低。从全天来看，光能利用效率平均为 4mmol/mol，较低的光能利用效率可能是七子花苗期生长缓慢的重要原因（柯世省等 2002b）。七子花与其主要伴生植物净光合速率日变化的比较中，七子花及伴生植物枹栎（*Quercus serrata*）、天台阔叶枫（*Acer amplum* subsp. *tientaiense*）、港柯（*Lithocarpus harlandii*）、云锦杜鹃（*Rhododendron fortunei*）、甜槠（*Castanopsis eyrei*）等 6 种植物叶片的 P_n 日进程均表现为“双峰”曲线，出现光合“午休”现象。从七子花等 6 种植物的日进程可以看出，港柯、甜槠、云锦杜鹃等常绿树种具有较强的光合能力，其日均 P_n 均比落叶树种七子花、枹栎、天台阔叶枫大。常绿树种中，港柯、甜槠的光合能力较强，而云锦杜鹃的光合能力较弱。落叶树种中，七子花的光合能力虽然比天台阔叶枫强，但比枹栎弱，表明七子花的光合能力较弱。

对七子花的光响应曲线研究表明，七子花苗期叶片上午光合作用饱和点（LSP）光强为 930μmol/（m^2·s）以上，中午降到 550μmol/（m^2·s），而下午有所上升，为 700μmol/（m^2·s）左右。光合作用高峰时其 LSP 与典型阳生植物相当（Larcher 1997）。光补偿点（LCP）在 9：00 为 38μmol/（m^2·s）左右，12：00 为 107μmol/（m^2·s），15：00 为 43μmol/（m^2·s），LCP 比典型阳生植物高（Larcher 1997）。表观量子效率在上午为 0.035μmol/（m^2·s）左右，与自然条件下一般植物的表观量子效率[0.03～0.05μmol/（m^2·s）]（Larcher 1997）相比处于下限。中午、下午的表观量子效率分别为 0.017μmol/（m^2·s）、0.022μmol/（m^2·s）左右，有不同程度的下降（柯世省等 2002b）。由于晴天的光合有效辐射（PAR）很强，而七子花苗期叶片的 LSP 只有 1000μmol/（m^2·s）左右，且中午前后光合结构接收的光能超过它所能利用的量，出现光抑制现象，因此在七子花苗期的栽培管理过程中，可适当遮阴，以减小水分蒸腾和提高光能利用率。较高的 LCP 表明七子花苗期的耐阴能力差，这可能是七子花林内很少见到七子花幼苗，难以自然更新而成为濒危物种的一个重要原因。

对七子花苗期叶片 CO_2 响应曲线的研究发现，上午七子花苗期叶片的羧化效率为

0.0339，中午降到 0.0145，下午稍有上升，为 0.0216，表明中午前后的强光、高温、低湿使得七子花叶片的羧化效率下降，并进一步引起光合能力的下降。以回归方程计算各个时段的 CO_2 补偿点，9：00、12：00、15：00 分别为 177.6μmol/mol、205.5μmol/mol、114.8μmol/mol，表明七子花属于 C_3 植物（柯世省等 2002b）。从中可以看出，七子花苗期叶片中午前后的羧化效率较低，而 CO_2 补偿点又较高，这是净光合速率午间降低的一个重要原因。

不同冠层七子花叶片 P_n 日进程中，上层叶片的光合日进程曲线呈典型的“双峰”型；中层叶片 P_n 日进程曲线为“单峰”型；下层叶片 P_n 日进程曲线很平缓，近似一条直线。比较它们的日均 P_n，其大小顺序为上层＞中层＞下层。从七子花树冠 3 个层次叶片 P_n 日变化来看，随着高度的降低，郁闭度增大，PAR 下降，各时刻 P_n 有递减趋势，光合作用时间也逐渐缩短，光合产物积累和能量转化效率减少。不同生境中的七子花小树冠层上层叶片 P_n 测定结果显示，林窗和林缘中的七子花 P_n 日进程均为“双峰”曲线；林下七子花的 P_n 很低，曲线平缓。从日均 P_n 的大小可以看出，分布在林窗、林缘的七子花的日均 P_n 大于林下，差异均极显著，此外，中树冠层上层的叶片与分布在林窗、林缘的小树叶片由于都有较强的 PAR，其日均 P_n 差异不显著，说明 P_n 大小受树龄影响很小，受 PAR 影响很大（金则新和柯世省 2002）。

七子花等落叶树种一般从 3 月下旬开始展叶，至 11 月下旬叶片基本落完。从 5～11 月平均 P_n 也可看出，6 种阔叶树的大小顺序为港柯＞甜槠＞云锦杜鹃＞枹栎＞七子花＞天台阔叶枫（柯世省等 2002a）。七子花在生长季节内平均 P_n 处于中下水平，加上生长期比常绿树种短，物质积累能力低，使得七子花生长缓慢，在竞争激烈的群落中处于劣势。6 种阔叶树 LCP 季节动态有一个共同的变化规律，即随着叶片的逐渐成熟和叶绿素含量的增加，LCP 呈下降趋势，在 8 月各种类的 LCP 均达到最低值，之后七子花等落叶树种随着叶片的衰老，叶绿素含量逐渐降低，LCP 不断升高，在 11 月 LCP 达到最高值。而常绿树种随着叶龄的增大，LCP 也有所上升，但上升幅度比落叶树种低。由于七子花的 LCP 较高，而群落内的郁闭度较大，林内光照弱，造成七子花种苗因光合不足而死亡，故一般在林下很少见到低于 1m 的幼苗。七子花等 6 种植物的 LSP 随着叶片的生长发育、叶绿素含量增加而逐渐上升，一般在 8 月达到最大值，之后随着叶龄增大而逐渐下降。落叶树种在 11 月叶片将脱落，LSP 很低，而常绿树种 LSP 降幅不大（柯世省等 2002a）。七子花相对于常绿树种而言，其 LCP 较高，LSP 较低，对光适应的生态幅度较窄。

七子花叶片在生长初期，叶绿素含量较低，随着幼叶的成长，叶绿素含量逐渐增加，至 8 月叶完全发育成熟，叶绿素含量达到最大值，随着叶龄的增大与衰老，叶绿素含量又逐渐下降。从生长季节 5～11 月叶绿素含量平均值可知，叶绿素含量平均值最高的是港柯，其次是天台阔叶枫，第三是七子花，最低的是甜槠。硝酸还原酶在氮素同化中起关键作用，是植物生长发育和蛋白质合成的限制因子，体内蛋白质合成旺盛，硝酸还原酶活力高。七子花等 6 种阔叶树种硝酸还原酶活力在生长季节内的变化趋势大致为，随着叶片的生长，叶绿素含量的增加，净光合速率的增大，硝酸还原酶活力也逐渐增大，各树种一般在 8 月达到最大值。不同植物硝酸还原酶活力差异较大，5～11 月平均硝酸还原酶活力最大的是港柯[13.41μg NO_2/(g·h)]，最小的是天台阔叶枫[6.32μg NO_2/(g·h)]，而生长较慢、光合能力较弱的七子花为 6.87μg NO_2/（g·h）（柯世省等 2002a）。这表明不同树种硝酸还原酶活力的高低与 P_n 有一定的相关性，硝酸还原酶活力大的树种，其 P_n 一般也大。

第四节　繁殖生物学

一、开花物候

七子花的顶芽于 3 月初开始萌动，逐渐展枝长叶，在 5 月上旬花芽开始分化发育，6 月中下旬形成花序，显现基轮花的花蕾，7 月初开花。由于多数花序（56%左右）开 2 轮花，部分花序开 3 轮花，且下轮花开放时，上轮花尚未发育成熟，同一花序中相邻 2 轮小花有 15 天左右的开放间隔，因而花期很长，超过 2 个月，且有 2 个开花高峰期。以浙江天台山狮子岩坑为例，该种群的海拔较低，气温相对较高，开花略为早一些，52%的花在 7 月开放；且有少数花序开 4 轮小花，花期滞后，9 月仍有近 6%的花朵开放，因而花期最长。开花后 15 天子房开始膨大并形成幼果，经过近 65 天果实成熟，10 月中旬就有果实连同宿存萼一起脱落；随后叶片也开始飘落，至 11 月中旬全部成为无叶的休眠枝（边才苗等 2005）。

二、繁殖特征

（一）花部特征

七子花的花序为顶生圆锥花序，由多轮紧缩呈头状的聚伞花序组成，每轮由 1 对各具 3 朵花的聚伞花序构成。根据开花轮数，花序有 4 种类型：多数为Ⅱ型花序，开 2 轮小花；部分为Ⅰ型花序，只开基轮花；少数为Ⅲ型和Ⅳ型花序，分别开 3 轮和 4 轮小花。从外观形态上看，七子花的花冠白色，鲜艳，有芳香味；无梗，总苞片大而圆，卵形，宿存，内包含 10 枚常两两交互对生、密被绢毛的鳞片状苞片和小苞片，外面 4 枚，里面 6 枚。萼筒陀螺状，密被刚毛，萼檐 5 裂，裂片长椭圆形，与萼筒等长（2～2.5cm），密被刺刚毛，花后增大而宿存；花冠白色，筒状漏斗形，筒稍曲，基部两侧不等，5 裂，稍呈二唇形，裂片长椭圆形，上唇直立，3 裂，下唇开展或反卷，2 裂；花冠长 1～1.5cm，外面密生倒向短柔毛。雄蕊 5，花丝着生于花冠筒中部，较花冠裂片长，花药长椭圆形，内向药，瓣裂，花丝着生在药室背部中间，在开放前 3 天有明显的生长，至即将开放时，高出柱头约 1.4mm，使药室基部与柱头平齐。子房 3 室，多胚珠，其中含有多数胚珠的 2 室不育，另 1 室含 1 个能育的胚珠；花柱被毛，柱头圆盘形（边才苗等 2004）。

小孢子发育和雄配子形成。七子花的花粉三角形或近球形，具有 3 个孔沟，萌发孔为极面分布。根据沃克（Walker）对花粉表面纹饰演化趋势的研究，七子花花粉的进化程度较高，形成较晚（徐根娣等 2006）。在七子花花药发育过程中，部分小孢子母细胞减数分裂时，形态发生异常，同一花粉囊内可观察到小孢子母细胞减数分裂前期Ⅰ以及小孢子的不同发育时期，因此，其减数分裂呈现不同步现象（胡江琴和王利琳 2003）。然而用采自北山的花药压片观察显示，同一药室的小孢子母细胞减数分裂基本同步（章月琴等 2004）。因此，生境的差异可能是导致这种不同步的主要原因。当减数分裂完成后，可形成四分体，随后胼胝质降解，小孢子从四分体时期释放出并进一步发育，经过两次有丝分裂最后形成的成熟花粉粒为三细胞型。七子花小孢子的发生和发育基本遵循被子植物的常见规律，但还可观察到几种变异现象：①花粉粒在花粉囊内萌发，并形成花粉管；②花粉没有细胞核，染色很浅，但体积与正常花粉相同；③许多空瘪花粉相互粘连在一起（胡江琴和王利琳 2003）。

（二）杂交与传粉方式

七子花为自交亲和，杂交可育，繁育系统属于混合交配型。根据 Dafni（1992）的标准测量，七子花的杂交指数为 2～3。依据 Cruden（1977）的方法，七子花的花粉-胚珠比（P/O）都大于 796.6，小于 5859.2。实地调查发现，七子花花期可观察到西方蜜蜂（*Apis mellifera*）的背腹式传粉及菜粉蝶（*Pieris rapae*）的来访，但来访昆虫不多，传粉效率也不高（边才苗等 2002）。七子花不存在自花授粉的限制机制，可借助风力等自花授粉，而且可能是主要的传粉方式（边才苗等 2004，2005）。在自然状态下以自花传粉为主，且柱头上落置的花粉数多，1/3 能萌发，少数可到达胚珠。说明七子花雌蕊接受的花粉是过量的，其中仅有为数不多的花粉能到达胚珠，大多数花粉因资源限制不能萌发或萌发后中途夭折。

种子结实与发育。七子花的子房为 3 室多胚珠，其中仅独居 1 室的 1 个可育。以可育胚珠为例，其总体平均结实率为 40%，且种群间的差异不明显。其中Ⅰ型花序的结实率最高，平均结实率为 54.42%；Ⅱ型花序次之，平均为 35.83%；Ⅲ型花序最小，平均为 27.65%。同时，它们形成的种子大小也不同，由Ⅰ型花序产生的种子最重，平均为 11.02g；Ⅱ型和Ⅲ型花序依次减小，分别为 8.79g 和 8.45g，但只有Ⅰ型花序与Ⅲ型花序的种子重量差异为显著水平（$P<0.05$），说明花序类型是影响七子花结实数量和质量的重要因素之一（边才苗等 2004）。七子花的生境条件差，资源限制及开花位置是影响其结实的主导因素。同时果实的发育时间短，最长的是基轮花产生种子，发育期约为 3 个月，一般只有 2.5 个月；而来自中轮花的种子，其发育期多数不到 2.5 个月，部分三轮花形成的种子，整个发育期还不足 2 个月。因此在果实成熟脱落时，种子的发育尚未完成。对落果内种子的解剖观察显示，大多数种子只有心形和马蹄形的胚，没有发育成熟，双子叶胚稀少（边才苗等 2004）。因此七子花种子休眠期长、萌发率很低。

第五节 种群生态学

一、七子花种群结构

（一）种群径级结构

种群是构成群落的基本单位，其结构不仅对群落结构具有直接影响，并能客观地体现出群落的发展趋势。对浙江省天台山七子花种群7个样地的年龄结构进行分析可看出，七子花种群的年龄结构相似，各样地大小级分布的基本形状相近。在7个样地内均缺乏Ⅰ级幼苗，幼苗储备严重不足。Ⅱ级幼树极少，仅在样地7中出现2棵，且生活力较弱。Ⅲ级小树较多，各样地均有出现。种群中个体最多的是Ⅳ级中树。Ⅴ级大树很少，仅在其中4个样地中出现（金则新 1997）。由于七子花种群分布在裸岩、陡岩或岩石露头极多的生境中，生境条件恶劣，阻碍了七子花种群的天然更新，在样地中看不到Ⅰ级幼苗，Ⅱ级幼树也极少，从种群动态方面分析，种群年龄结构属于中衰型（董鸣 1987）。

（二）种群高度结构

以七子花植株高度来划分的高度结构反映了种群个体在垂直空间上的配置。研究统计7个样地的七子花个体总和，个体最高高度不超过14m；6～8m高的植株最多，共101株，占总数的28.45%；其次为8～10m高的个体，共78株，占总数的21.97%。处于第1亚层（高度大于10m）的个体有90株，占总数的25.35%，其余多分布在第2亚层，少量分布在灌木层中。根据野外调查的数据，采用线性回归的方法，得到株高与胸径之间较好的相关关系：$y = 5.8453 + 0.2933x$，$r = 0.6902$（$P < 0.01$）。

二、七子花种群空间分布格局

种群空间分布格局分析是对物种生物学特性、种间关系和生境条件等因素综合作用下的种群个体水平空间配置和分布状态做出定量描述。通过对天台山七子花整个种群分布格局的测定结果可知，方差/均值为1.5741，大于1，t值为5.1261，经显著性检验为极显著，故为集群分布；其他指标负二项分布参数（K）$=4.4167$，为集群分布；扩散指数（I_{δ}）为1.2254，大于1；Cassie指数为0.2264，大于0；从生指标（I）$=0.5741$，大于0；聚块性指数（m^*/m）$= 1.2220$，大于1。故七子花整个种群的分布格局是集群性的，但集群程度不很高（金则新 1999）。七子花种群在空间中的分布状态取决于其生物学特性和环境的异质性以及两者之间的相互作用（吴榜华和臧润国 1994）。造成这种集群分布的原因主要是亲代种子的散布习性。因为种子多散落在母树周围，再加上群落内石窝等微环境的发育，造成种子的集群分布，因此由种子萌发成幼苗继而长成植株也表现为集群分布。此外，由于七子花种群分布在裸岩或岩石露头极多的山坡沟谷，生境差异很大，这样也就造成了种群呈集群分布。

为了进一步分析七子花种群分布格局，对七子花种群大小级分布格局进行测定。Ⅲ级小树呈集群分布，且集群程度较大；Ⅳ级中树亦呈集群分布，但集群程度比Ⅲ级小树低；Ⅴ级大树个体数较少，呈均匀分布。用m^*/m来判断该种群在幼树→中树→大树变化过程中扩散与聚集的趋势时，可以看出从幼树到中树，m^*/m逐渐减小，因此种群呈扩散的趋势；从中树到大树，m^*/m逐渐减小，种群同样表现为扩散的趋势（金则新 1999）。种群在幼年阶段集群强度高，有利于存活和发挥群体效应，而成年后由于个体增大，集群强度低，有利于获得足够的环境资源，因此种群集群强度的变化是种群的一种生存策略或适应机制（吴榜华和臧润国 1994）。

三、七子花种内、种间竞争关系

在浙江天台山七子花群落样地中，共测得对象木（七子花）102株，最小胸径为4.9cm，最大胸径为31.4cm。多数胸径集中分布在5～20cm，这部分林木占七子花总数的82.35%，而幼树与大树的数量不多。七子花分布地位于山沟沟谷及两侧，地形比较复杂，生境异质性大，水热条件优越，植物种类丰富。在样地中共测得竞争木67种，共627株（金则新和张文标 2004）。

（一）种内竞争关系

七子花在生长过程中不断与同种个体竞争，并因此产生自疏现象。然而七子花种内竞争强度随林木径级的变化而有所不同，即中小径级的七子花所受到的竞争强度大，较大径级的七子花所受到的竞争强度小。同样，不同径级的七子花，其受到的总的竞争强度也并不相同，一般七子花的径级越小，其受到的总的竞争强度越大；反之，径级越大，其所受到的总的竞争强度越小，这与实际情况相符合（金则新和张文标 2004）。通常在森林群落中，植物在生长发育初期，因为个体小，位于群落的下层，林冠处于被压制状态，周围的竞争木与其发生剧烈的竞争。随着个体的生长、发育，胸径不断增大，本身的竞争能力也随之增大，林木因自疏过程而加大植株间的距离，由于种群的调节，个体间对光、热、水、土等生态条件及资源的竞争强度降低，因此竞争木与七子花的竞争关系逐渐减弱。

（二）种间竞争关系

植物在生长过程中，不仅与同种个体发生种内竞争，而且与周围其他物种的植株不断争夺营养空间，产生种间竞争，种间竞争因植物种类不同而有很大的差异。总竞争指数以七子花种内为最大，达40.6232，这表明种内竞争比伴生树种与七子花之间的竞争激烈。在伴生树种中，又以苦枥木（*Fraxinus insularis*）的竞争指数最大，为23.9110，其次是红脉钓樟（*Lindera rubronervia*），其大小顺序为种内＞苦枥木＞红脉钓樟＞青钱柳（*Cyclocarya paliurus*）＞青榨槭（*Acer davidii*）＞暖木（*Meliosma veitchiorum*）＞细齿稠李（*Padus obtusata*）＞日本柳杉（*Cryptomeria japonica*）＞赤杨叶（*Alniphyllum fortunei*）＞红果山胡椒（*Lindera erythrocarpa*）＞白木乌桕（*Neoshirakia japonica*）＞阔蜡瓣花（*Corylopsis platypetala*）＞马鞍树（*Maackia hupehensis*）＞尖连蕊茶（*Camellia cuspidata*）＞豹皮樟（*Litsea coreana* var. *sinensis*）＞四照花（*Cornus kousa* subsp. *chinensis*）＞雷公鹅耳枥（*Carpinus viminea*）＞云锦杜鹃＞稀花槭（*Acer pauciflorum*）＞光叶毛果枳椇（*Hovenia trichocarpa* var. *robusta*）（限于篇幅，其余竞争指数较小的47种略）（金则新和张文标 2004）。天台山局部形成的七子花群落中，七子花种群的种内竞争大于种间竞争，由于同种个体对生长、繁殖、存活的条件有着非常相似的要求，因此种内竞争要比种间竞争激烈。在伴生植物中，苦枥木的竞争指数最大，表明苦枥木与七子花的生态需求较一致，可视为群落的优势种。红脉钓樟、青钱柳等种群的竞争指数也较大，说明它们的生态需求与七子花也有一定的相似性。其他种类的竞争指数较低，对七子花的竞争能力弱。各种类的植物个体平均竞争指数最大的是白木乌桕，其次是青钱柳，第三是细齿稠李。这些树种一般植株高、冠幅大，多位于乔木层的第Ⅰ亚层，对七子花构成较大的竞争压力，但由于个体数较少，虽然平均竞争指数较大，但总竞争指数不高。

四、种群遗传多样性

物种的遗传多样性既是维持其繁殖活力和适应环境变化的基础，同时又是其他一切多样性的基础和最重要的部分（Spiess 1998）。对浙江省 9 个七子花天然种群（括苍山、四明山、北山、天台山、小将、东白山、大盘山、干坑、观音坪）遗传多样性及遗传分化进行 ISSR 分析（Jin & Li 2007）。在物种水平上，多态位点百分率（P）为 78.31%，表现出较高的遗传多样性水平。各种群的多态位点百分率有较大的差异，各种群的 P 为 22.75%～33.33%，平均为 27.22%，种群内的遗传多样性较低。9 个种群中以括苍山种群 P 最高，最低的是观音坪种群。研究计算的七子花各种群 Shannon 指数（I）为 0.1015～0.1724，平均为 0.1328，种水平为 0.3760。Nei's 基因多样性指数（h）在种的水平为 0.2469，9 个种群的大小为 0.0652~0.1153，平均为 0.0880。I 和 h 都显示出七子花总体多样性水平较高，种群内多样性水平较低。用 I 和 h 计算的 9 个种群遗传多样性大小顺序完全一致，均为括苍山种群最大，天台山最小。

七子花种群的遗传分化分析表明，七子花总的遗传变异中，66.33%的变异发生在种群间，33.67%的变异发生于种群内，种群间有极显著的遗传分化（Φ_{st} = 0.6630，P＜0.001）。由 I 计算的种群内和种群间的遗传变异占总的遗传变异比例中，种群内的遗传多样性占 35.66%，种群间占 64.34%。由 h 计算的种群间遗传分化系数（G_{st}）为 0.6434（Jin & Li 2007）。这些特征都验证了七子花种群间的遗传分化较高，种群内的遗传分化较低，大部分变异存在于种群间而非种群内。由 G_{st} 所估算的基因流为 0.2771，表明七子花种群间的基因流很低。

七子花 9 个种群中，遗传相似度为 0.7533～0.8669，平均为 0.7986，其中东白山与北山的遗传相似度最大，其次是东白山与小将，遗传相似度最小的是四明山与观音坪。9 个种群的遗传距离为 0.1429～0.2833，平均为 0.2050，说明各种群间存在较大程度上的遗传分化。根据七子花 9 个种群间的遗传距离进行的非加权组平均法（UPGMA）聚类分析显示，大致可以将 9 个种群分为两大类群，即浙江省西部临安的干坑与观音坪是第一大类群，其余分布于浙江省中部与东部的 7 个种群组成第二大类群。第二大类群又可分为两个亚类，第一亚类主要由大盘山种群和括苍山种群组成；第二亚类由小将、北山、东白山、天台山、四明山等种群组成（Jin & Li 2007）。

此外，RAPD 分子标记分析结果（李钧敏和金则新 2005）与 ISSR 结果（Jin & Li 2007）基本一致，均揭示了七子花具有较低的种群水平上的遗传多样性及较高的物种水平上的遗传多样性，七子花种群之间具有较高的遗传分化，9 个七子花种群可分为东部种群与西部种群。Mantel 检验显示，两种分子标记得到的种群遗传距离之间存在极显著的正相关（$r = 0.4801$，$P = 0.006$），揭示了较为一致的七子花种群遗传结构。研究利用 cpSSR 标记分析了七子花种群 cpDNA 的遗传多样性，发现检测 cpDNA 的多态位点百分率为 0，不存在遗传变异。cpDNA 的检测结果与 Lu 等（2006）的研究结果一致，即没有检测到 cpDNA 的变异。因此推测七子花在遭遇冰期之后只剩下唯一的一个种群，现存七子花种群全部都来自这个唯一种群的母株，因为七子花 cpDNA 是母系遗传，所以所有植株的 cpDNA 没有变异。

第六节　群落生态学

七子花群落是次生的常绿、落叶阔叶混交林类型。七子花群落成层现象明显，可以分为乔木层、灌木层和草本层，地被层不发达，此外还有一些层间植物（金则新 1998）。对浙江省天台山狮子岩坑 9 个面积为 500m^2 的七子花群落样地进行调查显示，七子花群落共有维管植物 186 种（含变种），隶属于 69 科 143 属。其中木本植物 105 种，草本植物 56 种，藤本植物 25 种，反映出该群落的科、属组成很分散且复杂。从出现在样地中的 62 科种子植物分布区类型来看，世界广布的有 15 科，热带分布的有 27 科，占总科数的 57.45%（总科数未包括世界分布的科）；温带分布的有 21 科，占总科数的 44.68%。从出现在样地中的 135 属种子植物分布区类型来看，中国特有分布的有香果树属（*Emmenopterys*）、青钱柳属（*Cyclocarya*）、七子花属、大血藤属（*Sargentodoxa*）等 4 属，占总属数的 3.15%（总属数未包括世界分布的 16 属），热带成分有 46 属，占 36.22%；温带成分有 77 属，占 60.63%。从属的区系地理分布来看，七子花群落暖温带特征显著，热带、亚热带成分也有相当大的比重（金则新 2000）。科、属组成多样性中，Simpson 指数（D）平均为 0.9631，Shannon-Wiener 多样性指数（H'）平均为 3.4728，Gini 均匀度指数（J_{gi}）平均为 0.9897，Pielou 均匀度指数（J_{sw}）平均为 0.9590，其值较大。天台山七子花群落属、种多样性＞科、属多样性＞科、种多样性（金则新 2002）。

七子花群落木本植物种类较丰富，9 个样方中共有木本植物 105 种，3088 株。Simpson 指数（D）为 16.7293，Shannon-Wiener 多样性指数（H'）为 3.4261，种间相遇概率为 0.9429，多样性指数较高。群落均匀度指数为 0.7362，其值偏低。草本植物共出现 56 种，2597 株。Simpson 指数（D）为 15.4517，Shannon-Wiener 多样性指数（H'）为 3.1537，种间相遇概率为 0.9358，草本植物的物种多样性指数均比木本植物的相应指数低；而草本植物的群落均匀度指数为 0.7835，其值也较低。木本植物的多样性指数显著大于草本植物，但木本与草本植物群落的均匀度指数无显著差别，这与草本植物分布特点和群落内的郁闭程度有关。从群落的物种多度-分布来看，木本植物、草本植物的物种多度分布均符合对数级数分布，说明七子花群落富集种少，稀疏种多，群落的均匀度指数相对较低（金则新 2002）。

物种多样性作为测定群落结构水平的指标，可以较好地反映群落的结构（朱守谦 1987）。七子花群落的林龄为 60 年左右，林分尚处于中龄阶段。群落物种多样性在垂直结构上的分布特点为：灌木层＞乔木层＞草本层，但乔木层和灌木层之间的物种多样性指数 D、H'、J_{sw} 均无明显差异，而乔木层、灌木层的多样性指数则显著大于草本层。从群落的均匀度来看，乔木层与灌木层、乔木层与草本层、灌木层与草本层之间均无明显差异。各样地间在 3 层中的物种多样性为乔木层的变化较小，草本层、灌木层的变化较大（金则新 1999）。在七子花群落中七子花为第一优势种，次优势种为苦枥木，第三优势种是红脉钓樟。天台山部分森林群落类型组成为甜槠群落，占绝对优势的马尾松（*Pinus massoniana*）群落，与七子花群落相邻的苦枥木群落（金则新 2003）。将七子花群落与这些森林群落物种多样性比较，从木本植物以及群落各层次的物种多样性指数、群落均匀度指数可知，七子花群落的物种多样性比较大，多数指数比马尾松群落、甜槠群落大，而与苦枥木群落相差不明显。群落均匀度指数由大到小的顺序为七子花林、甜槠林、苦枥木林、马尾松林，七子花林与马尾松林、甜槠林、苦枥木林间差异均极显著（金则新 2003）。从以上分析可看出，落叶阔叶林物种多样性比常绿阔叶林大，表明稳定群落的物种多样性并不一定高，相反，次生过渡性群落会出现多样性高的现象。

第七节　保护生物学

稀有和濒危可表示植物受威胁的程度。对植物来说包括 3 种不同的情况：①分布范围广，但种群不大；②分布窄，但种群很大；③分布范围窄且种群不大（Drury 1980；Fiedler & Ahouse 1992）。七子花则属于第三种情况。七子花的分布范围较为狭窄，种群很小，野外很少见到幼苗，自然更新困难，种群的濒危程度较高。Stebbins（1980）提出了基因库-生态位相互作用理论（gene pool-niche interaction theory），可以较好地解释七子花的濒危机制：七子花的濒危除了与特定的遗传结构有关外，还与特定的进化历史、局限的生态环境有关。

一、物种历史

种群的进化历史包括种群的起源演化发展以及在此过程中一些历史事件对类群的影响。物种的稀有或濒危可能是其进化历史或物种形成过程的一种体现。七子花为忍冬科七子花属的单种属植物。汤彦承和李良千（1994）基于忍冬科植物的分布、化石资料和以木本为主的特性，认为忍冬科是一个古老的科，可能起源于晚白垩纪或早第三纪，并认为忍冬科植物在早第三纪时已广泛分布于北半球，而东亚为狭义忍冬科的多样化中心。七子花属为第三纪植物群成分（汤彦承和李良千 1996）。因此，推测七子花在长期进化过程中可能经历了第四期冰期，而在冰期避难所存留了小部分种群，再经扩散、演化成现在的七子花种群。而七子花物种水平高的遗传多样性和种群水平低的遗传多样性也暗示了七子花的各个种群可能保留了祖先丰富的遗传多样性。然而由于人类的过度砍伐，使得生境破坏和严重的破碎化，七子花的个体数锐减，种群进一步变小，种群间的隔离加剧。种群变小的两个遗传学后果是增加了遗传漂变和近交的作用，通过近交衰退和杂合度的降低而影响个体的适合度，进而导致遗传多样性的丧失，从而加剧七子花的濒危程度。

二、濒危原因

（一）人为因素

随着人口的不断增长，人类经济活动的不断加剧，尤其是人类对资源掠夺式的开发，植物的生存环境已发生了明显变化。俞建等（2003）对浙江省七子花资源的调查表明，七子花种群在浙江省呈间断状分布于浙江西北天目山脉的临安昌化、浙江东部的天台山和括苍山等岛状区域内。七子花种群现有分布区狭窄，呈斑块状间断分布，除少量几个区域分布集中外，其余区域种群内植株数量小，多为小种群或较小种群。多数七子花种群不在自然保护区内，尚没有有效的保护措施，使得七子花的生存面临威胁，七子花模式标本产地湖北兴山县已经找不到七子花，估计自然种群已绝灭。人类的过度砍伐，使得七子花的生境被破坏，生境严重的破碎化和片断化导致七子花的个体数锐减，这是导致七子花濒危的人为因素，也是很重要的一个关键因素。

（二）自然因素

1. 七子花种群所处的特异的生态环境

生态环境因素是导致物种稀有或濒危的重要原因。七子花在自然状态下对光的要求较为独特，性喜光，不耐荫蔽，也不耐强光，光补偿点较高，光饱和点较低，对光适应的生态幅度较窄（金则新和柯世省 2002）。在强光下其光合器官易遭受光抑制和光损伤，导致严重的光合午休，物质积累能力较差。七子花的生活能力弱、适应性差，在生存竞争中处于不利地位，在立地条件较好的山坡等地有让位于其他常绿阔叶树种的趋势，不得不退到土层瘠薄、岩石裸露的沟谷等恶劣的生境中（金则新 1999），而在其他生境如山坡、山脊中一般均不分布。因所需的特殊生境及低适应能力使得七子花的适宜生境正在缩小，造成七子花的分布不连续，被分隔成若干个呈岛状分布的小种群，这可能也是七子花成为濒危物种的原因之一。

2. 七子花种群的繁殖生物学和种群动态特点

植物自身的繁殖生物学特性和种群生物学特点是物种濒危的两个十分重要的方面（Kruckeberg 1985；Fiedler & Ahouse 1992）。七子花虽然是虫媒花，但昆虫的传粉效率低，且生境周围传粉昆虫不多。七子花结实率低，且胚发育不完全，果实脱落时，大多数种子只有心形或马蹄形的胚，野外观察还发现临安的七子花种群出现不结果实的现象。种子体积小，外有较厚的果皮包被，胚未完全成熟，使得种子萌发率极低，仅为 5%～10%，且休眠期长，达 360～450 天（王诗云等 1995）。七子花有性生殖作用不明显，种群内很少见到七子花幼苗，种群年龄结构呈衰退型。七子花的生境条件较差，萌蘖繁殖是其维持和发展种群的重要适应方式。野外调查发现，七子花植株大多形似灌木，呈成丛生长的特征，每一植株（基株）通常从基部分出 2～5 个萌生枝（最多可达 15 个），并且很难看到七子花的实生苗，也很难看到实生苗长成的幼树。七子花自花授粉的比例很高（边才苗等 2002），而自交可降低种质的更新速度，引起种质衰退。这些繁殖的限制可能是七子花致濒的关键原因。

3. 七子花种群的遗传多样性

稀有或特有种往往出现遗传上的衰退也即遗传变异下降（Wright 1931；Stebbins 1942）。七子花种群水平的遗传多样性较低，但物种水平却具有较高的遗传多样性，种群之间具有很高的遗传分化。七子花有性生殖较弱，基本上呈岛屿状分布，使得花粉的传播受到了很大的阻碍。自然条件下种子难以萌发，自然更新能力差，有效种子流的形成受到了极大的限制，最终导致种群间的基因流水平很低，种群间遗传分化水平高。造成遗传衰退的原因有选择作用、种群有效大小降低、遗传漂变以及自交等（Kruckeberg 1985；Karron 1991）。七子花有限的基因交流，导致大量遗传变异的丧失，使其遗传结构趋于简单和单调。另外，由于人为的干扰、生境的破坏以及由此引起的种子适合度的下降和繁育系统的变化，阻碍了七子花种群的天然更新，种群内遗传多样性降低。空间自相关分析推测，七子花具有较大比例的自产与近交。自（近）交衰退使七子花对环境的适应性下降，使已经濒危的七子花种群变得更加濒危。

第八节　总结与展望

七子花分布范围狭窄，种群日趋缩小，濒危程度日益加重，如果再遇到过强的环境胁迫，或者现有个体数很少、面积很小的生境被破坏，就很有可能导致该种的灭绝。因此，急需对七子花进行切实有效的保护。通过对七子花种群遗传结构的分析，同时结合七子花繁殖生物学特点、生理生态特性及特有的生境，我们建议对七子花应采取以下保护措施。

1）七子花种群间遗传分化程度很高，任一种群遗传多样性的丢失均可能导致遗传多样性的降低，因此需要就地保存所有种群。建议在七子花各分布地建立七子花自然保护区或保护小区，严禁樵采，促进其自然更新。

2）七子花种群分散，间隔过大，所以种群间的基因流几乎不存在。因此，可在遗传差异大的种群间进行七子花植株的迁移，人为加大七子花种群间的基因流，有利于其多样性的提高，提高七子花对环境的适应能力。

3）重视对七子花研究成果的应用和推广。结合目前国内对七子花的生物学特性、生态习性和濒危机制等的研究理论，对不同的七子花产地，制订不同的保护措施，为七子花的生存创造适宜的生境，避免盲目保护。

4）进一步开展对七子花种子生物学的研究，打破种子的休眠期，提高种子的萌发率，并在较大的空间上进行补播，增加种群中幼苗的数量，创造基因交流和重组的条件，以达到保护遗传多样性的目的。

5）探索快速有效的繁殖方法，通过人工繁育扩大种群规模，为七子花的迁地保护和园林利用创造条件；有计划地引种驯化，收集各种群的种质资源，建立七子花迁地保护园。此外，建立七子花种质资源基因库也非常重要。因此，应建立濒危植物离体保存基因库，利用其种子、根、茎、花粉等器官的贮藏来保存种质资源，以便更好地保护七子花这一中国特有的濒危物种。

撰稿人：金则新

主要参考文献

边才苗, 金则新, 李钧敏. 2002. 七子花的繁殖生物学研究. 云南植物研究, 24(5): 615-618.
边才苗, 金则新, 李钧敏. 2004. 濒危植物七子花繁殖器官的形态及其变异. 植物研究, 24(2): 170-174.
边才苗, 金则新, 李钧敏. 2005. 濒危植物七子花的生殖构件特征. 西北植物学报, 25(4): 756-760.
陈灵芝. 1993. 中国的生物多样性: 现状及其保护对策. 北京: 科学出版社.
董鸣. 1987. 缙云山马尾松种群年龄结构初步研究. 植物生态学与地植物学学报, 11(1): 50-58.
傅立国, 金鉴明. 1991. 中国植物红皮书: 稀有濒危植物(第一册). 北京: 科学出版社: 198-199.
胡江琴, 王利琳. 2003. 七子花小孢子发生和雄配子体发育的研究. 科技通报, 19(5): 387-391.
金则新. 1997. 浙江天台山七子花种群结构与分布格局研究. 生态学杂志, 16(4): 15-19.
金则新. 1998. 浙江天台山七子花群落研究. 生态学报, 18(2): 127-132.
金则新. 1999. 浙江天台七子花群落种群分布格局研究. 广西植物, 19(1): 47-52.
金则新. 2000. 浙江天台山七子花群落物种多样性. 武汉植物学研究, 18(1): 26-32.
金则新. 2002. 浙江天台山七子花群落优势种群结构及物种多样性研究. 生态学杂志, 21(2): 18-21.
金则新. 2003. 浙江天台山七子花群落与其他森林群落物种多样性比较. 浙江师范大学学报(自然科学版), 26(3): 270-274.
金则新, 柯世省. 2002. 浙江天台山七子花群落主要植物种类的光合特性. 生态学报, 22(10): 1645-1652.
金则新, 张文标. 2004. 濒危植物七子花种内与种间竞争的数量关系. 植物研究, 24(1): 53-58.
柯世省, 金则新, 陈贤田. 2002a. 浙江天台山七子花等 6 种阔叶树光合生态特性. 植物生态学报, 26(3): 363-371.
柯世省, 金则新, 李钧敏, 等. 2002b. 七子花苗期光合生理生态特性研究. 武汉植物学研究, 20(2): 125-130.
李钧敏, 金则新. 2005. 浙江省境内七子花天然种群遗传多样性研究. 应用生态学报, 16(5): 795-800.
汤彦承, 李良千. 1994. 忍冬科(狭义)植物地理及其对认识东亚植物区系的意义. 植物分类学报, 32(3): 197-218.
汤彦承, 李良千. 1996. 试论东亚被子植物区系的历史成分和第三纪源头: 基于省沽油科、刺参科和忍冬科植物地理的研究. 植物分类学报, 34(5): 453-478.
王诗云, 徐惠珠, 赵子恩, 等. 1995. 湖北及其邻近地区珍稀濒危植物保护的研究. 武汉植物学研究, 13(4): 354-368.
吴榜华, 臧润国. 1994. 紫杉种群结构动态与分布格局的研究. 生态学报, 14(增刊): 9-13.
徐炳声. 1988. 中国植物志(第 72 卷). 北京: 科学出版社: 108-110.
徐根娣, 邵邻相, 郝朝运, 等. 2006. 我国特有植物七子花叶表面和花粉的扫描电镜观察. 浙江师范大学学报(自然科学版), 29(4): 443-447.
于永福. 1999. 中国野生植物保护工作的里程碑: 国家重点保护野生植物名录(第一批)出台. 植物杂志, (5): 3-11.
俞建, 于明坚, 金孝锋, 等. 2003. 浙江七子花资源现状及保护建议. 浙江大学学报(理学版), 30(3): 314-318.
章月琴, 徐冬青, 蔡洁洁. 2004. 七子花减数分裂及小孢子形成. 亚热带植物科学, 33(2): 18-20.
朱守谦. 1987. 贵州部分森林群落物种多样性研究. 植物生态学与地植物学学报, 11(4): 286-295.
中国生物多样性保护行动计划总报告编写组. 1994. 中国生物多样性保护行动计划. 北京: 中国环境科学出版社.
Larcher W. 1997. 植物生态生理学. 5 版. 翟志席, 郭玉海, 马永泽, 等, 译. 北京: 中国农业大学出版社.
Airy Shaw H K. 1952. A second species of the genus *Heptacodium* Rehd. (Caprifoliaceae). Kew Bulletin, 7(2): 245-246.
Coombes A J. 1990. *Heptacodium jasminoides*, the Chinese seven-son flower in Britain. Kew Magazine, 7(3):

133-138.

Cruden R W. 1977. Pollen-ovule ratios: a conservative indicator of breeding systems in flowering plants. Evolution, 31(1): 32-46.

Dafni A. 1992. Pollination Ecology. New York: Oxford University Press: 1-57.

Drury W H. 1980. Rare species of plants. Rhodora, 82(829): 3-48.

Fiedler P L, Ahouse I J. 1992 Hierarchies of causes: toward an understanding of rarity in vascular plant species. *In*: Fiedler P L, Jain S K. Conservation Biology the Theory and Practice of Nature Conservation Preservation and Management. New York: Chapman and Hall: 23-47.

Fukuoka N. 1972. Taxonomic study of the Caprifoliaceae. Memoirs of the Faculty of Science, Kyoto University, Series of Biology, 6: 15-58.

Golubkova V. 1965. De genere *Heptacodium* Rehd. e familia Caprifoliaceae Juss. Nov Syst Pl Vas, 2: 230-236.

Jin Z X, Li J M. 2007. Genetic differentiation in endangered *Heptacodium miconioides* Rehd. based on ISSR polymorphism and implications for its conservation. Forest Ecology and Management, 245(1-3): 130-136.

Karron J D. 1991. Patterns of genetic variation and breeding systems in rare plant species. *In*: Falk D A, Holsinger K E. Genetics and Conservation of Rare Plants. New York: Oxford University Press: 87-98.

Kruckeberg A R. 1985. Biological aspects of endemism in higher plants. Annual Review of Ecology Systematics, 16(1): 447-479.

Lu H P, Cai Y W, Chen X Y, et al. 2006. High RAPD but no cpDNA sequence variation in the endemic and endangered plant, *Heptacodium miconioides* (Caprifoliaceae). Genetica, 128(1-3): 409-417.

Metcalfe C R. 1952. Notes on the anatomy of *Heptacodium*. Kew Bulletin, 7(2): 247-248.

Rehder A. 1916. Caprifoliaceae. *In*: Sargent C S. Plantae Wilsonianae. Vol. 2. Cambridge: Cambridge University Press: 617-619.

Spiess E B. 1998. Genes in Populations (2nd Edition). New York: John Wiley & Sons: 773.

Stebbins G L. 1942. The genetic approach to problems of rare and endemic species. Madrono, 60(4): 240-258.

Stebbins G L. 1980. Rarity of plant species: a synthetic viewpoint. Rhodora, 82(829): 77-86.

Weberling F. 1966. Zur systematischen Stellung der Gattung *Heptacodium* Rehder. Botanische Jahrbücher, 85: 253-258.

Wright S. 1931. Evolution in mendelian populations. Genetics, 16(2): 97-159.

第二十八章　极小种群野生植物黄梅秤锤树研究进展

第一节　物种特性

黄梅秤锤树（*Sinojackia huangmeiensis*）隶属于安息香科（Styracaceae）秤锤树属（*Sinojackia*）。该种为2007年发表的新种，目前它是该属最后一个被发现和记录的物种，其与秤锤树最大的形态差别在于其花和果实均较小，花具有卵圆形花瓣，果实具有乳状突起的短喙（Yao et al. 2007a）。与该属其他物种一样，黄梅秤锤树为极度濒危物种。

秤锤树属是安息香科的少种属，中国特有属。该属由我国植物学家胡先骕根据秦仁昌于1927年在南京幕府山采集的模式标本定名，是我国植物学家发表的第一个新属（Hu 1928）。目前，该属已定名的有7个物种（Hu 1928；黄淑美 1987；罗利群 1992；Chen 1997，1998；Yao et al. 2007a），包括秤锤树（*S. xylocarpa*）、狭果秤锤树（*S. rehderiana*）、棱果秤锤树（*S. henryi*）、肉果秤锤树（*S. sarcocarpa*）、细果秤锤树（*S. microcarpa*）、怀化秤锤树（*S. oblongicarpa*）和黄梅秤锤树。原来该属还有一个物种，即长果秤锤树（*S. dolichocarpa*），现已更名为长果安息香（*Changiostyrax dolichocarpa*）（祁承经 1981；陈涛 1995）。由于该属有的物种的发现时间较晚，且有的物种存在种名甚至属名的更改，不同的志书包含的物种数和物种名有所不同。1987年，《中国植物志》中包含了秤锤树、狭果秤锤树、棱果秤锤树和长果秤锤树（现已更名为长果安息香）等4个物种（黄淑美 1987）。2001年，*Flora of China* 包含了秤锤树、狭果秤锤树、棱果秤锤树、肉果秤锤树和长果秤锤树（现已更名为长果安息香）5个物种（Hwang & Grimes 1996）。

由于秤锤树属植物大部分种群分布在海拔较低、人类活动较频繁的地区，因此生境破坏非常严重，再加上其种子萌发困难等，该属植物的自然更新受到严重的干扰，种群大小不断减小。在1999年国家林业局（现称国家林业和草原局）和农业部（现称农业农村部）共同发布的《国家重点保护野生植物名录（第一批）》中，第一批只有秤锤树和长果秤锤树（现已更名为长果安息香）被列为国家二级重点保护野生植物（傅立国和金鉴明 1991）；第二批将肉果秤锤树列为国家二级重点保护野生植物，但仅为讨论稿，尚未正式发布。事实上，所有的秤锤树属植物都处于濒危状态（姚小洪等 2005）。2012年，国家林业局联合国家发展和改革委员会联合印发《全国极小种群野生植物拯救保护工程规划（2011—2015年）》，公布了我国120种极小种群野生植物名录。黄梅秤锤树、细果秤锤树、长果安息香（原为长果秤锤树）位列其中。

黄梅秤锤树为落叶灌木或小乔木，高达3～4m。叶纸质，椭圆形或倒卵状椭圆形。花期一般为每年3月中下旬到4月中下旬。总状花序生于侧枝顶端，有白花2～6朵，单花为完全花。单个成年开花植株在盛花期有数百到数千朵花。花两性，单花花期5～7天。柱头高于花药，可在一定程度上避免同花自交的发生。黄梅秤锤树不存在无融合生殖现象，繁育类型以异交为主，部分自交亲和且需要传粉者。黄梅秤锤树的访花昆虫主要有黑带食蚜蝇（*Episyrphus balteatus*）、中华蜜蜂（*Apis cerana*）、中华回条蜂（*Habropoda sinensis*）和麝凤蝶（*Byasa alcinous*），其中前三者为有效的传粉者，而麝凤蝶是否为有效的传粉者有待进一步研究（张金菊等 2008）。在自然状态下的黄梅秤锤树结实率较低。实验表明其自交结实率低，说明该物种自交亲和性低。果实于 9～10 月成熟，不开裂，外表皮有较浅的棱。果实主要靠重力传播。与秤锤树属其他物种的果实形态差别较大，喙部较秤锤树短（Yao et al. 2007a；张金菊等 2008）。作为灌木和小乔木，其花白色、美丽，果实形似秤锤，颇为美观，因此，与该属其他植物一样，适宜作为园林绿化观赏树种。种子存在一定程度的休眠，外果皮较厚且难以去除，为潜在的物理障碍，导致室内或田间萌发试验较难开展（Li et al. 2008）。然而，与秤锤树属其他物种的野外更新较差或者无更新的情况不同，黄梅秤锤树的野外更新状况较好（姚小洪等 2005；王世彤等 2018），其机制有待进一步研究。

第二节　系 统 位 置

最初，秤锤树属物种的界定基本是根据花、果实、叶片和茎干等形态特征确定的。不同物种之间的界定也存在一定的争议。怀化秤锤树被认为是肉果秤锤树的异名（罗利群 2005）。黄梅秤锤树和狭果秤锤树被认为是秤锤树的异名（Luo & Luo 2011）。当然，最典型的例子是长果秤锤树，即原来该属还有一个物种被命名为长果秤锤树，但是后来依据其叶、花和果实的形态特征将其上升为一个单独的属，命名为长果安息香属（*Changiostyrax*），而该物种则被重新定名为长果安息香（祁承经 1981；陈涛 1995；陈涛和张宏达 1996）。

该属物种自 1928 年首次被报道，到最近一次 2007 年黄梅秤锤树作为新种被发现，经历了多次新种的发现和描述，因此，不同时期的分子系统发育研究包含的物种属有所不同。基于核 DNA 片段和核微卫星标记的分子系统发育研究也基本支持根据形态差异对该物种的界定。Fritsch 等（2001）在对安息香科植物进行系统发育和生物地理学研究时，首先运用 47 个形态特征进行建树，结果支持将当时秤锤树属的 4 个种（棱果秤锤树、细果秤锤树、狭果秤锤树和秤锤树）聚为一支，也支持长果安息香与秤锤树属的物种分开；然后，运用叶绿体 *trn*L 内含子或 *trn*L-*trn*F 间隔区、叶绿体 *rbcL* 基因和核基因的内转录间隔区（ITS）建立了安息香科的系统发育树，其中只包含了秤锤树属的两个物种（秤锤树和狭果秤锤树）和从秤锤树属分离出去的长果安息香，虽然作者侧重于分析安息香科的生物地理学，但是分子系统树初步支持将秤锤树属和长果安息香属分开。然而，Fritsch 等（2001）并未过多探讨秤锤树属的种间系统发育。

除没有找到野生或栽培活体的棱果秤锤树之外，并将长果秤锤树也作为秤锤树属的一种，以白辛树（*Pterostyrax psilophyllus*）为外类群，基于核基因的内转录间隔区（ITS）和叶绿体基因间隔区 *psb*A-*trn*H，Yao 等（2008）将秤锤树属的 6 个物种（细果秤锤树、怀化秤锤树、肉果秤锤树、黄梅秤锤树、秤锤树和狭果秤锤树）来重建了秤锤树属物种的系统发育关系。最大简约法分析表明基于这两个 DNA 序列构建的严格一致的系统树中，长果秤锤树为一个单系类群。然而，基于 ITS 和 *psb*A-*trn*H 序列构建的系统发育树却没有解决其他秤锤树属植物种间的亲缘关系问题。因此，Yao 等（2008）又采用核微卫星分子标记方法，通过构建 UPMGA 聚类树来探究秤锤树属植物的亲缘关系。UPMGA 聚类树中长果秤锤树同样为单系类群，支持长果秤锤树作为长果安息香属唯一物种的新分类地位；同时，UPMGA 聚类树将秤锤树属除棱果秤锤树外的 6 个物种划分为两个分支，细果秤锤树单独为一个分支，另外一个分支包含了怀化秤锤树、肉果秤锤树、黄梅秤锤树、秤锤树和细果秤锤树。此外，Yao 等（2008）将秤锤树属植物和其他 8 个安息香科植物的果实性状特征进行主成分分析，结果表明秤锤树属物种明显聚为一组，长果秤锤树与其他秤锤树属植物分开。综合以上分析，Yao 等（2008）基于果实性状特征、叶绿体和核 DNA 片段、核微卫星标记的结果均支持 Chen（1997）将长果秤锤树作为一个新属（长果安息香属）的观点；同时，这也与 Fritsch 等（2001）基于形态和分子标记的研究结果一致。

范晶等（2015）基于 rDNA-ITS 序列建立了秤锤树属除棱果秤锤树外其他 6 个物种（细果秤锤树、怀化秤锤树、肉果秤锤树、黄梅秤锤树、秤锤树和狭果秤锤树）的系统发育树，将 6 个物种分为两大类群：一个类群包含肉果秤锤树、秤锤树和怀化秤锤树，另一个类群包括黄梅秤锤树、狭果秤锤树和细果秤锤树。同时，范晶等（2015）通过比较不同物种的果实性状来为其建立的系统树提供支持证据，即在系统树中亲缘关系越近的物种（如肉果秤锤树与秤锤树、狭果秤锤树和细果秤锤树），其果实形态越相似。这与 Yao 等（2008）基于核基因的内转录间隔区（ITS）和叶绿体基因间隔区 *psb*A-*trn*H 或者核微卫星标记建立的系统树均存在一定的出入。这种差异的原因尚不明确，可能是所用分子标记不同导致的，也可能是当前系统发生学（phylogenetics）采用的分子标记对亲缘关系密切的物种的分辨能力不足，未来的研究可以尝试系统发育基因组学（phylogenomics），采用更高分辨率的基因组学手段（如 RAD-seq 或 GBS）来建立系统发育树，同时可以分析当代和历史的杂交与基因渐渗（Kim et al. 2018）。

第三节　群落生态学

黄梅秤锤树目前仅有 1 个野生种群，生长于龙感湖湖畔湖岸带生境，残存于湖北省黄梅县龙感湖国家级自然保护区，该保护区是长江中下游重要的湿地和鸟类保护区之一。该区域位于长江中游北岸，大别山尾南缘，属于亚热带季风气候，四季分明，降水丰沛，年平均气温为 17.1℃，最冷月（1 月）平均气温为 4.3℃；最热月（7 月）平均气温为 29.0℃，年降水量为 1347.4mm。森林类型属于次生常绿落叶阔叶混交林，主要植物有麻栎（*Quercus acutissima*）、枸骨（*Ilex cornuta*）、朴树（*Celtis sinensis*）、黄梅秤锤树、枫香树（*Liquidambar formosana*）、槲栎（*Quercus aliena*）、黄连木（*Pistacia chinensis*）、野桐（*Mallotus japonicus* var. *floccosus*）、大青（*Clerodendrum cyrtophyllum*）、樟树（*Cinnamomum camphora*）和山胡椒（*Lindera glauca*）等。该群落被局限在大约 $2hm^2$ 的范围内，周围被龙感湖、池塘、稻田和旱田包围。该森林群落的形成和干扰历史不详，群落中最大个体树木的胸径为 57cm。作为风水林，林内人为活动相对频繁，但未见明显的人为砍伐痕迹。

王世彤等（2018）以黄梅秤锤树当前唯一的野生种群为依托，参照美国史密森热带森林研究中心（Center for Tropical Forest Science，CTFS）森林动态样地建设技术规程（Condit 1998）建立了面积为 $1hm^2$ 的固定监测样地，研究了黄梅秤锤树野生植物群落的物种组成、优势种的径级结构、黄梅秤锤树的空间分布格局、种内与种间空间关联性和种群更新特征。样地内共有木本植物 21 科 28 属 31 种，树木个体数为 1225 株/hm^2，与同属于亚热带区域的山地原生林和林次生林相比，如五峰后河珍稀植物群落 $1hm^2$ 固定样地（木本植物 38 科 60 属 107 种）（田玉强等 2002）和湖南省大山冲森林公园次生混交林（2493 株/hm^2）（郭婧等 2015），物种丰富度和个体密度明显降低，这说明地形以及人类活动干扰对样地中物种多样性产生很大的影响。

群落优势种为麻栎、枸骨、朴树和黄梅秤锤树。麻栎的径级结构呈单峰型，为衰退型种群；枸骨、朴树和黄梅秤锤树的径级结构呈倒“J”形或偏倒“J”形，表明更新良好。样地内小径级木占总体的 67.18%，所占比例较大，说明群落更新状况良好，但样地中枸骨、朴树、黄梅秤锤树等灌木和小乔木数量比较多也是造成小径级个体较多的原因之一。样地内优势种麻栎的径级结构呈单峰型，与乔木上层优势种的特征相符，随着演替的进行，自然更新可能会受到影响。枸骨、朴树和黄梅秤锤树的径级结构呈“J”形或倒“J”形分布，小径级个体较多，一方面说明种群自然更新良好，另一方面是其自身灌木或小乔木的生物学特性所致。胸径最大的物种为麻栎（57.00cm），样地所有植物的平均胸径为 9.02cm，远大于同属于亚热带的天童山样地（5.66cm）和古田山样地（5.21cm）（宋永昌等 2015），这是因为虽然小径级木的比例较高，但胸径 20cm 以上的大径级木占 14.70%，所占比例也相对较高。这说明该区域的保护确实具有一定效果，现存的物种能够进行正常生长，但随着演替的进行，中径级木对大径级木的补充可能会有减少。

第四节　种群生态学

一、种群结构

黄梅秤锤树的空间分布整体上呈现出随着尺度的增加，先聚集分布后随机分布，最后均匀分布的特征。种群在小尺度上呈聚集分布与种子的扩散限制（Seidler & Plotkin 2006）和自身生物学特性有关（韩有志和王政权 2002）。黄梅秤锤树的种子个体大而且重，扩散能力有限，并且萌生枝多，因此在小尺度上呈聚集分布。同时，作为小径级木，往往具有较强的聚集能力，在小尺度上争夺空间资源，种内竞争激烈，当尺度扩大到一定范围时，竞争减弱，最终表现为随机分布（张毓涛等 2011）。此外，密度依赖性（density dependent）死亡使个体数量减少，种群分布的聚集程度减弱，也逐渐形成随机或均匀分布（Wright 2002）。

黄梅秤锤树与其他 3 个优势种（麻栎、枸骨、朴树）在空间上主要呈负关联性。在黄梅秤锤树集中分布的东南部区域，其他 3 个优势种分布较少。这可能是因为某一物种首先占据了林下生态位，影响了其他物种的进入，产生了生态位的分化，环境资源得到更加充分的利用（徐丽娜和金光泽 2012）。但同时，黄梅秤锤树与其他优势种在种群边缘的竞争，使黄梅秤锤树的生长以及种群分布范围的扩大受到了影响。物种间的竞争较为激烈，说明物种组成和群落结构还未达到稳定阶段（郭垚鑫等 2011）。

黄梅秤锤树野生种群（即龙感湖种群）个体数量总共有 501 棵，其中胸径大于 1cm 的个体为 193 棵，幼苗为 308 棵，产生萌蘖的个体为 123 棵，萌蘖数为 356 个。这与前人的研究略有差异，多于罗梦婵等（2016）报道的 456 棵，也多于阮咏梅等（2012）报道的 433 棵。样地中黄梅秤锤树的幼苗和萌蘖个体数较多，说明种群的自然更新能够正常进行，并且靠种子和萌蘖两种方式进行自然更新。黄梅秤锤树萌蘖率与相对幼苗密度具有极显著的负相关性，这可能是因为在繁殖过程中，如果将更多的养分分配给分蘖，则分配到种子中的养分减少，种子产量或质量下降进而导致幼苗数量减少，可能意味着黄梅秤锤树在有性生殖和营养繁殖之间的权衡。有研究表明，植物萌蘖能力与样方内所有个体的胸径断面积之和具有显著的负相关性，这是因为在大径级个体较多的样地中，资源的有效性抑制了植物的萌蘖能力（郭屹立等 2015）。然而，不论是黄梅秤锤树的相对幼苗密度还是萌蘖率，与样方内的所有物种的个体数或者胸高断面积之和均呈现不显著的负相关关系。此外，黄梅秤锤树的萌蘖数与母株的胸径具有极显著的正相关性，这可能是因为样地中以小径级个体为主，胸径较大的植株更有利于获得资源而提高萌蘖能力。

黄梅秤锤树种群不同发育阶段的关联性分析表明，幼苗与幼树和成树在小尺度上均呈负关联，在大尺度上关联性不显著，而成树和幼树在整体上关联性不显著。这说明成树和幼树与幼苗争夺资源，并且幼苗的更新并非在母树下发生，而是在距母树一定范围外进行。这可能是因为落叶树种耐阴性较差，靠近母树的地方光线较差，不利于种子的萌发，实生苗较少（何东等 2009），而母树附近的林间空隙反而能够满足种子萌发的需求，幼苗在此处相互庇护聚集生长（张震等 2010）。随着个体的生长，由于负密度制约效应，可能会使聚集在一起的幼苗数量减少，影响了幼苗向成年个体的过渡。成树和幼树在整体上关联性不显著，可能是因为它们的空间距离较远，独立竞争及抵抗性都较强，不易受到影响（吴初平等 2018）。

总体来说，高比例的小径级木和普遍的种间负关联均表明该群落处于演替的早中期，物种组成和群落结构还未达到稳定阶段。作为长江中下游冲积平原区具有代表性的残存风水林，该野生植物群落在生物多样性维持和珍稀植物保护方面具有重要的作用，应加强保护和管理。

二、遗传多样性与遗传结构

人类活动所导致的生境破碎化，正威胁着全球陆地植被生态系统。理论上，生境破碎化会导致植物遗传多样性的丧失和种群间遗传分化的增大，对物种的遗传变异和遗传结构产生较大的影响，进而影响物种的适合度和适应性进化潜力。秤锤树属植物的分布受生境破碎化的严重影响，属内各物种的野生种群数量少，残存的野生种群数量较少。因此，采用种群遗传学方法对破碎化生境中秤锤树属植物的遗传多样性、遗传分化和微尺度空间遗传结构进行研究，有利于了解种群动态和制定有效的保护和管理策略。

Yao 等（2006）从秤锤树中分离和筛选了 24 个多态性微卫星位点。同时，尝试将这些引物用于秤锤树属其他物种（细果秤锤树、怀化秤锤树和狭果秤锤树）和长果安息香，结果表明针对秤锤树的微卫星标记在秤锤树属其他物种中同样可以进行多态性扩增，这预示着这些微卫星标记可以为秤锤树属其他种或安息香科中秤锤树属其他近缘种的种群遗传学研究提供有力的工具。

阮咏梅等（2012）以黄梅秤锤树当前唯一的野生种群为研究对象，对种群内的 60 株成年个体（开花且产生果实）、175 株幼树（高度大于 1m 且无花果）和 198 株幼苗（高度低于 1m 且无花果）全部定位，采用 8 个微卫星多态性位点检测了种群内以上 3 个生活史阶段的遗传多样性和微尺度空间遗传结构，并分析了花粉和种子的传播距离与传播式样。黄梅秤锤树的平均遗传多样性（$H_e = 0.772$）与同属的狭果秤锤树（$H_e = 0.785$）接近（Yao et al. 2011），但高于长果安息香（$H_e = 0.643$）（Yao et al. 2007b）。相比具有同类型繁育系统的其他物种，如多年生草本植物山姜（*Alpinia japonica*；$H_e = 0.413$；陈克霞等 2008）和一种热带乔木物种南美鸡翅木（*Vouacapoua americana*；$H_e = 0.506$；Dutech et al. 2004），黄梅秤锤树残存种群维持了较高的遗传多样性水平。黄梅秤锤树种群较大的近交系数（F_{IS} 显著大于 0，$P < 0.01$）表明当前的种群存在很高的杂合子缺失。黄梅秤锤树呈现聚集分布，幼树和大部分的幼苗都聚集在成年结果树的周围，因此近距离种子散布造成亲缘个体聚集，并发生频繁的杂交，这可能是纯合子过剩的主要原因。黄梅秤锤树的成年植株、幼树和幼苗群体间的遗传多样性不存在明显差异。然而，其幼苗、成年个体和幼树的近交系数不同（幼树＞幼苗＞成年个体），这可能是由于从幼苗到幼树阶段，双亲近交个体总体上有一个累积过程，因此幼树的近交系数值更高；而随着植株密度的不断增大，幼苗阶段以后个体间竞争加剧，导致近亲个体大量死亡，即在种群自疏（self-thinning）过程中更多地选择杂合基因型，从而造成成年个体具有更低的近交系数值。树高在 10m 以内的成年个体、幼树和幼苗植株均呈现出显著的空间遗传结构，说明种子扩散局限在成年母树周边；种子和花粉传播的平均距离分别为（9.07 ± 13.38）m 和（23.81 ± 23.60）m，且花粉和种子传播式样均呈“L”形分布；种子雨重叠少、有限的基因流、自疏以及近亲繁殖是造成各年龄阶段出现空间遗传结构的主要原因。因此，在采集秤锤树迁地保护材料时个体间距离应超过 10m，以降低采样个体的遗传相似性。

Zhang 等（2012）对生境破碎化条件下秤锤树属 4 个现存野生种群的物种（细果秤锤树、狭果秤锤树、黄梅秤锤树和肉果秤锤树）进行遗传多样性和遗传结构研究，同时进行了破碎化小种群经常面临的瓶颈效应的检验。其中细果秤锤树有 3 个种群，狭果秤锤树有 2 个种群，黄梅秤锤树有 1 个种群。此外，作者根据罗利群（2005）的建议，将怀化秤锤树归为肉果秤锤树，因此该项研究中肉果秤锤树有四川乐山和湖南怀化 2 个种群。虽然经历了严重的生境破碎化，但是秤锤树属现存物种仍然具有较高的遗传多样性和较低的遗传分化，这可能归因于其以异交为主的繁育系统和较长的寿命。遗传变异与种群大小并不显著相关。与成年个体相比，幼苗的遗传多样性并未显著降低，但是幼苗（尤其是黄梅秤锤树）的近交系数和遗传分化系数均显著高于成年个体，这表明生境破碎化导致的基因流限制使得在最近的几个世代中近亲交配比例的升高。然而，当前适合度（种子产量）与遗传多样性和种群大小并不相关。此外，瓶颈效应检验表明 8 个秤锤树属现存种群中有 4 个经历了一定程度的瓶颈效应。

Zhao 等（2016）专门针对黄梅秤锤树又设计了 18 个多态性微卫星位点。同时，尝试将这些引物用于秤锤树属其他物种（秤锤树、狭果秤锤树和肉果秤锤树）和长果安息香，结果表明针对黄梅秤锤树的微卫星标记在秤锤树属其他物种中同样可以进行多态性扩增。Zhao 等（2016）运用这 18 对微卫星标记对采集于黄梅秤锤树唯一野生种群内高度超过 1m 的 123 株个体进行遗传多样性分析，找出 18 个能够代表该种群遗传多样性的核心种质资源，旨在为黄梅秤锤树的保护提供科学参考。

三、果实性状特征

植物可以通过改变自身生理或形态特征来响应环境的变化，形成适应当前环境的性状，最大程度地获取和保留光照、水分、养分等有限资源，这些可以影响植物的生长、繁殖、存活，并且能够对环境变化做出响应的一系列属性称为植物功能性状。植物功能性状的变化可以体现出植物对环境变化的响应与适应。植物可以通过性状的可塑性变化来应对环境胁迫。植物功能性状的种内变异程度大小可以在一定程度上表征植物应对环境变化的潜力。此外，通过比较迁地保护植物的关键性状（如种子或果实）及其种内变异程度，可以对迁地保护种群进行适应性评价。

随着全球气候变暖加剧，极端气候日益频繁。而极小种群野生植物多数物种只有 1 或 2 个野生种群，极易受到极端气候造成的不利影响而灭绝。极小种群野生植物黄梅秤锤树当前唯一的野生种群位于龙感湖湖岸带，极易受到极端降水的危害，这是因为极端降水会造成湖面水位升高，进而导致水淹灾害。由于 2016 年 7 月华中地区经历了极端降雨天气，黄梅县当月的降水量仅次于 1998 年，水位的上涨造成了黄梅秤锤树部分个体被水淹。靠近湖岸的一侧，黄梅秤锤树的死亡个体数显著高于受水淹程度较低的远离湖岸带一侧。Wei 等（2018）通过比较水淹个体和正常个体所产生的果实的性状和元素含量，探讨极端气候条件对极小种群野生植物更新繁殖能力的影响。正常黄梅秤锤树个体产生的果实，长度为 20.11～30.09mm，宽度为 6.13～12.26mm，重量为 0.377～0.454g；水淹黄梅秤锤树个体产生的果实，长度为 16.13～28.13mm，宽度为 4.54～10.39mm，重量为 0.222～0.244g。统计结果表明，水淹显著减小了黄梅秤锤树的果实长度、宽度和重量。同时，在测定的 14 种元素中，只有 4 种元素（N、P、Zn 和 Mn）在正常个体和水淹个体产生的果实之间有显著差异，并且这 4 种元素均在水淹个体产生的果实中含量较高。以上结果表明，极端气候导致的水淹致使湖岸带植物黄梅秤锤树果实减小，但是部分元素含量升高。然而，由于目前对秤锤树属植物进行种子萌发试验在方法上存在困难，因此对于这些性状变化对其萌发和更新的影响尚需要进一步的研究。

刘梦婷等（2018）以黄梅秤锤树为研究对象，在其当前唯一的野生种群（黄梅县下新镇钱林村）和移栽于 2005 年左右当前唯一能够结实的迁地保护种群（中国科学院武汉植物园）中采集果实样品，比较迁地保护种群和野生种群的果实形态性状的均值和变异程度，分析果实元素含量与土壤元素含量之间的差异，以期为极小种群野生植物的迁地保护评价提供参考。所研究的野生种群和迁地保护种群的地理位置略有差异，但相距较近（约

150km），均位于亚热带气候区，其海拔、年均温和年降水量基本一致。这基本符合气候相似性理论的要求。迁地保护种群的果实长度、宽度和长宽比均显著高于野生种群。虽然迁地保护种群的果实重量也略高于野生种群，但是两者之间没有显著差异。贝叶斯方差分析表明，迁地保护种群的果实形态性状的种内变异程度不低于野生种群。通过比较黄梅秤锤树野生种群和迁地保护种群的土壤元素含量发现，野生种群的土壤 C、N、P 和 K 的含量显著高于迁地保护种群，而 Mn、Ni 和 Zn 则反之，即迁地保护种群土壤中这 3 种元素的含量显著高于野生种群。其余元素（Ca、Mg、Al、B、Fe、Cu、Mo）在土壤中的含量在迁地保护种群和野生种群之间没有显著差异。野生种群的果实 Mn 和 Al 含量显著高于迁地保护种群，而 Ni、Fe 和 Cu 含量则反之，即迁地保护种群产生的果实中这 3 种元素的含量显著高于野生种群。其余元素（C、N、P、K、Ca、Mg、B、Zn、Mo）的含量在迁地保护种群和野生种群产生的果实之间没有显著差异。总之，土壤和果实中绝大多数元素（Ni 除外）的含量在两个种群间的变化规律不一致。

第五节　总结与展望

作为 2007 年才被发现和记录的物种，针对黄梅秤锤树的研究相对较少。①黄梅秤锤树形态特征与秤锤树属其他物种相似，但是果实和花的大小不同使其被确定为一个新的物种（Yao et al. 2007a）。繁育系统、传粉方式和种子传播方式与同属其他物种相同。也有学者对该物种的地位提出异议（Luo & Luo 2011），认为它是秤锤树的一个异名。此外，传统的分子系统发育研究虽然可以很好地将秤锤树属物种与安息香科的近缘属划分开来，但是对属内各物种间的亲缘关系尚不能明确界定（Yao et al. 2008；范晶等 2015），未来研究可以考虑采用分辨更高的系统发育基因组学手段。②作为生境破碎化极为严重的秤锤树属的物种之一，黄梅秤锤树与同属的其他物种一样，分布范围极其狭小，仅残存于龙感湖畔一个面积不足 2hm^2 的风水林中。虽然实验室针对该物种的种子萌发试验目前仍存在技术上的困难，但是与同属其他物种野生种群普遍更新较差不同，黄梅秤锤树的野生种群更新良好（姚小洪等 2005；王世彤等 2018）。同时，和许多珍稀濒危植物一样（Wei et al. 2015），该物种的萌蘖更新能力较强（王世彤等 2018）。目前，虽然通过种子对黄梅秤锤树进行人工繁殖尚存在困难，但是通过扦插和组织培养进行繁育已经可行。③虽然该物种当前仅有一个野生种群，但是不管是与相同繁育类型的其他物种相比，还是与同属其他物种相比，黄梅秤锤树当前唯一的野生种群维持了相对较高的遗传多样性（阮咏梅等 2012）。黄梅秤锤树的遗传多样性在幼苗、幼树和成树等不同发育阶段之间无显著差异，表明生境破碎化尚未造成后代的遗传多样性丧失，但是存在负遗传学效应的早期信号，即幼苗近交系数高于成年个体（Zhang et al. 2012）。不同年龄阶段均在 10m 以内呈现出明显的空间遗传结构，这为迁地保护提供了理论参考，即在迁地保护取样时个体间距应在 10m 以上。

黄梅秤锤树作为秤锤树属的代表性物种，被列入全国 120 种极小种群野生植物名录中。秤锤树属物种面临严重的生境破碎化，秤锤树和棱果秤锤树甚至已经被认为野外灭绝，现存野生种群的几个种，原生生境均较差，人为干扰和破坏严重，种群数和种群规模均较小，亟待加强保护和恢复（姚小洪等 2005）。然而，黄梅秤锤树作为秤锤树属当前唯一一个位于国家级自然保护区内的物种，而且其刚好分布在旨在保护湿地和鸟类的龙感湖国家级自然保护区，考虑到该属物种分布的海拔普遍较低，所处位置多为人为活动密集的区域，不适宜建立范围较大的自然保护区，因此建立有针对性的保护小区，可以在一定程度上保护其现有生境，有助于种群恢复。同时，针对极度濒危的物种，迁地保护也是一种行之有效的保护手段。目前针对秤锤树属物种的迁地保护位点不多，主要针对秤锤树，且有的位点保护数量过少（姚小洪等 2005）。中国科学院武汉植物园保存的该属物种数较多，但是存在种间杂交的问题（Ye et al. 2006；Zhang et al. 2010），这不利于濒危物种的有效保护。针对黄梅秤锤树的迁地保护，在尚未定名之前，研究人员就在中国科学院武汉植物园进行了移栽，但是个体数很少。最近，国家重点研发计划项目“典型极小种群野生植物保护与恢复技术研究”（臧润国等 2016）的开展，在华北（北京、山东）、华东（浙江）、华中（湖北）、华南（海南、广东）和西南（云南）各区域建立了针对极小种群野生植物的迁地保护基地，作为代表性物种之一的黄梅秤锤树得到了广泛的迁地栽培，这为黄梅秤锤树的种群扩大奠定了良好的基础。后期在加强人为管理的基础上，定期监测其存活和生长状况，通过与原生种群进行适应性比较，可以为秤锤树属植物与极小种群野生植物的保护和恢复提供技术支持及理论参考。

撰稿人：魏新增，姚小洪，江明喜

主要参考文献

陈克霞, 王嵘, 陈小勇. 2008. 天然片段生境中山姜(*Alpinia japonica*)种群遗传结构. 生态学报, 28(6): 2480-2485.

陈涛. 1995. 中国安息香科一新属: 长果安息香属. 广西植物, (4): 289-292.

陈涛, 张宏达. 1996. 亚洲安息香科植物地理分布研究. 中山大学学报(自然科学版), 35(1): 97-103.

范晶, 罗永福, 黄明远, 等. 2015. 四川濒危肉果秤锤树 rDNA-ITS 分子鉴定、种子形态学及繁育分析. 基因组学与应用生物学, 34(11): 2483-2491.

傅立国, 金鉴明. 1991. 中国植物红皮书: 珍稀濒危植物(第一册). 北京: 科学出版社.

郭婧, 喻林华, 方晰, 等. 2015. 中亚热带 4 种森林凋落物量、组成、动态及其周转期. 生态学报, 35(14): 4668-4677.

郭垚鑫, 康冰, 李刚, 等. 2011. 小陇山红桦次生林物种组成与立木的点格局分析. 应用生态学报, 22(10): 2574-2580.

郭屹立, 王斌, 向悟生, 等. 2015. 弄岗北热带喀斯特季节性雨林 15 hm^2 样地木本植物萌生特征. 生态学杂志, 34(4): 955-961.

韩有志, 王政权. 2002. 森林更新与空间异质性. 应用生态学报, 13(5): 615-619.

何东, 魏新增, 李连发, 等. 2009. 神农架山地河岸带连香树的种群结构与动态. 植物生态学报, 33(3): 469-481.

黄淑美. 1987. 安息香科. 中国植物志(第 60 卷, 第 2 分册). 北京: 科学出版社: 143-149.

刘梦婷, 魏新增, 江明喜. 2018. 濒危植物黄梅秤锤树野生与迁地保护种群的果实性状比较. 植物科学学报, 36(3): 354-361.

罗利群. 1992. 四川秤锤树属一新种. 中山大学学报(自然科学版), 31(4): 78-79.

罗利群. 2005. 秤锤树属(安息香科)的一个新异名. 植物分类学报, 43(6): 561-564.
罗梦婵, 石巧珍, 杨俊杰, 等. 2016. 湖北省珍稀濒危植物黄梅秤锤树种群现状研究. 安徽农业科学, 44(23): 67-68.
祁承经. 1981. 湖南安息香科一新种. 植物分类学报, 19(4): 526-528.
阮咏梅, 张金菊, 姚小洪, 等. 2012. 黄梅秤锤树孤立居群的遗传多样性及其小尺度空间遗传结构. 生物多样性, 20(4): 460-469.
宋永昌, 阎恩荣, 宋坤. 2015. 中国常绿阔叶林 8 大动态监测样地植被的综合比较. 生物多样性, 23(2): 139-148.
田玉强, 李新, 胡理乐, 等. 2002. 后河自然保护区珍稀濒危植物群落乔木层结构特征. 武汉植物学研究, 20(6): 443-448.
王世彤, 吴浩, 刘梦婷, 等. 2018. 极小种群野生植物黄梅秤锤树群落结构与动态. 生物多样性, 26(7): 749-759.
吴初平, 袁位高, 盛卫星, 等. 2018. 浙江省典型天然次生林主要树种空间分布格局及其关联性. 生态学报, 38(2): 537-549.
徐丽娜, 金光泽. 2012. 小兴安岭凉水典型阔叶红松林动态监测样地: 物种组成与群落结构. 生物多样性, 20(4): 470-481.
姚小洪, 叶其刚, 康明, 等. 2005. 黄梅秤锤树与长果安息香属植物的地理分布及其濒危现状. 生物多样性, 13(4): 339-346.
臧润国, 董鸣, 李俊清, 等. 2016. 典型极小种群野生植物保护与恢复技术研究. 生态学报, 36(22): 7130-7135.
张金菊, 叶其刚, 姚小洪, 等. 2008. 片断化生境中濒危植物黄梅秤锤树的开花生物学、繁育系统与生殖成功的因素. 植物生态学报, 32(4): 743-750.
张毓涛, 李吉玫, 常顺利, 等. 2011. 天山中部天山云杉种群空间分布格局及其与地形因子的关系. 应用生态学报, 22(11): 2799-2806.
张震, 刘萍, 丁易, 等. 2010. 天山云杉林不同发育阶段种群分布格局研究. 北京林业大学学报, 32(3): 75-79.
Chen T. 1997. A new species of *Sinojackia* Hu (Styracaceae) from Zhejiang, east China. Novon, 7(4): 350-352.
Chen T. 1998. A new species of *Sinojackia* Hu (Styracaceae) from Hunan, south China. Edinburgh Journal of Botany, 55(2): 235-238.
Condit R. 1998. The CTFS and the Standardization of Methodology. *In*: Condit R. Tropical Forest Census Plots. Berlin, Heidelberg: Springer: 3-7.
Dutech C, Joly H I, Jarne P. 2004. Gene flow, historical population dynamics and genetic diversity within French Guianan populations of a rainforest tree species, *Vouacapoua americana*. Heredity, 92(2): 69-77.
Fritsch P W, Morton C M, Chen T, et al. 2001. Phylogeny and biogeography of the Styracaceae. International Journal of Plant Science, 162(S6): 95-116.
Hu H H. 1928. *Sinojackia*, a new genus of Styracaceae from southeastern China. Journal of Arnold Arboretum, 9(2-3): 130-131.
Hwang S M, Grimes J. 1996. Styracaceae Dumortier. *In*: Wu Z Y, Peter H R, Hong D Y. Flora of China Volume 15. Beijing: Science Press & St. Louis: Missouri Botanical Garden Press.
Kim B Y, Wei X Z, Fitz-Gibbon S, et al. 2018. RADseq data reveal ancient, but not pervasive, introgression between Californian tree and scrub oak species (*Quercus* sect. *Quercus*: Fagaceae). Molecular Ecology, 27(22): 4556-4571.
Li Z H, Zhang B, Zhang D, et al. 2008. Seed dormancy and germination of *Sinojackia dolichocarpa* C. J. Qi. HortScience, 43(3): 592.
Luo L Q, Luo C. 2011. Taxonomic circumscription of *Sinojackia xylocarpa* (Styracaceae). Journal of Systematics and Evolution, 49(2): 163-164.
Seidler T G, Plotkin J B. 2006. Seed dispersal and spatial pattern in tropical trees. PLoS Biology, 4(11): e344.

Wei X, Wu H, Meng H, et al. 2015. Regeneration dynamics of *Euptelea pleiospermum* along latitudinal and altitudinal gradients: Trade-offs between seedling and sprout. Forest Ecology and Management, 353: 232-239.

Wei X Z, Liu M T, Wang S T, et al. 2018. Seed morphological traits and element concentrations of an endangered tree species displayed contrasting responses to waterlogging induced by extreme precipitation. Flora, 246-247: 19-25.

Wright J S. 2002. Plant diversity in tropical forest: a review of mechanisms of species coexistence. Oecologia, 130(1): 1-14.

Yao X H, Ye Q G, Fritsch P W, et al. 2008. Phylogeny of *Sinojackia* (Styracaceae) based on DNA sequence and microsatellite data: implications for taxonomy and conservation. Annals of Botany, 101(5): 651-659.

Yao X H, Ye Q G, Ge J W, et al. 2007a. A new species of *Sinojackia* (Styracaceae) from Hubei, central China. Novon, 17(1): 138-140.

Yao X H, Ye Q G, Kang M, et al. 2007b. Microsatellite analysis reveals interpopulation differentiation and gene flow in the endangered tree *Changiostyrax dolichocarpa* (Styracaceae) with fragmented distribution in central China. New Phytologist, 176(2): 472-480.

Yao X H, Ye Q G, Kang M, et al. 2006. Characterization of microsatellite markers in the endangered *Sinojackia xyloccarpa* (Styracaceae) and cross-species amplification in closely related taxa. Molecular Ecology Notes, 6(1): 133-136.

Yao X H, Zhang J J, Ye Q G, et al. 2011. Fine-scale spatial genetic structure and gene flow in a small, fragmented population of *Sinojackia rehderiana* (Styracaceae), an endangered tree species endemic to China. Plant Biology, 13(2): 401-410.

Ye Q G, Yao X H, Zhang S J, et al. 2006. Potential risk of hybridization in *ex situ* collections of two endangered species of *Sinojackia* Hu (Styracaceae). Journal of Integrative Plant Biology, 48(7): 867-872.

Zhang J J, Ye Q G, Gao P X, et al. 2012. Genetic footprints of habitat fragmentation in the extant populations of *Sinojackia* (Styracaceae): implications for conservation. Botanical Journal of the Linnean Society, 170(2): 232-242.

Zhang J J, Ye Q G, Yao X H, et al. 2010. Spontaneous interspecific hybridization and patterns of pollen dispersal in ex situ populations of a tree species (*Sinojackia xylocarpa*) that is extinct in the wild. Conservation Biology, 24(1): 246-255.

Zhao J, Tong Y Q, Ge T M, et al. 2016. Genetic diversity estimation and core collection construction of *Sinojackia huangmeiensis* based on novel microsatellite markers. Biochemical Systematics and Ecology, 64: 74-80.

第二十九章　领春木种群与保护生物学研究进展

第一节　物 种 特 征

一、物种特征与分布范围

领春木（*Euptelea pleiosperma*）隶属于领春木科（Eupteleaceae）领春木属。从植物区系特征来看，领春木科为东亚成分的特征科。领春木科仅有 1 个属，即领春木属，仅包含 2 个物种，均为风媒的落叶灌木或小乔木，成年个体在光照条件较好的环境中可产生大量不开裂的翅果，靠重力、风和水流传播。两个物种均为 2 倍体（$2n = 28$）（潘开玉等 1991）。一种为日本领春木（*E. polyandra*），日本特有种，仅分布于日本群岛的四国岛、九州岛和本州岛等岛屿；也有该物种在朝鲜有分布的报道（Endress 1993），但此后没有相关的实例研究报道。另外一种即为领春木，东亚特有植物，稀有种，古老孑遗植物。在我国分布范围较广，北至太行山，南至云南文山县（现称文山市），东至浙江天目山，西至西藏波密县；主要分布区为秦巴山地、武陵山系、川西高原东侧、云贵高原和横断山区（傅立国和金鉴明 1991）。关于该物种的分布信息，在许多涉及区域植被、群落、种群的研究中均有所提及（邓联合和周新成 1982；滕崇德和窦景新 1986；沈显生 1989；向成华和牟克华 1997；Tang & Ohsawa 1997，2002；田玉强等 2002；Xu & Wilkes 2004；Jiang et al. 2005；陈坤浩等 2007；魏新增等 2008；Wei et al. 2010a；Wang & Qin 2011；Wei et al. 2015a；Cao et al. 2016；Wei et al. 2016），在此不再赘述。

关于领春木在我国以外的东亚其他地区的分布，不同的文献有不同的报道，涉及不丹、缅甸、尼泊尔和印度等（傅立国和金鉴明 1991；Fu & Endress 2001；应俊生和陈梦玲 2011）。然而，除了印度东北部的阿萨姆邦有直接的标本记录外（Hooker & Thomson 1864），其余的分布均为植物志书或专著记载，无详细信息参考，尚需进一步考证。

据《中国植物志》记载，领春木的分布海拔为 900～3600m；《中国植物红皮书：稀有濒危植物（第一册）》中该物种的分布海拔为 720～3600m（傅立国和金鉴明 1991）。其中，海拔较高的种群多位于川西高原和横断山脉。近年来的研究又报道了更低海拔的种群。目前已知海拔最低的种群为位于山西阳城蟒河猕猴国家级自然保护区，隶属太行山脉，海拔为 641m（Wei et al. 2015a）。当然，Tang（2000）在峨眉山发现了更低海拔（580m）的分布，但是只做了定性描述，尚不清楚是零星分布还是形成了稳定的种群。

由于领春木嫩叶在光线充足的环境下往往呈现棕红色，因此该物种被认为可以作为园艺观赏物种。然而，作为山地植物，该物种在低海拔城市中存在存活和繁殖困难的问题，很可能是难以应对夏季高温。例如，中国科学院武汉植物园在 2007 年通过实生苗移栽对领春木实施迁地保护，移栽时特意模拟野外生境特征营造了人工河岸带群落，移栽个体存活了约 3 个自然年，可以开花，但未见果实，之后全部死亡。更早时候，杭州植物园在 1956 年曾对该物种进行种子繁殖和露天栽培，但未获成功（卢炯林和王磐基 1990），其不适应低海拔环境的机制尚有待进一步研究。

二、系统地位

领春木属植物自发现之初，其系统位置就存在争议（Hooker & Thomson 1864），但是形态学、分子系统发育、解剖学和细胞学的证据逐渐明确领春木科在毛茛目（Ranunculales）的基部位置，同时也明确了在真双子叶植物的基部位置，因此该属植物一直作为古老残遗植物的一种被报道。

领春木属最初由学者西博尔德（Siebold）和祖卡里尼（Zuccarini）定名，根据采自日本的日本领春木的形态特征确定属名为 *Euptelea*，归在榆科（Ulmaceae）。然而这些采自日本的标本没有成熟的果实，这为进一步确定系统位置带来了困难。Hooker 和 Thomson（1864）在格里菲斯植物标本馆（Griffithian Herbarium）查阅标本时发现了采自印度阿萨姆邦的领春木标本，幸运的是这些标本带有果实，起初格里菲斯将这些领春木标本归在山毛榉科（Cupuliferae），直到胡克（Hooker）和汤姆森（Thomson）观察描述它们之前，格里菲斯再也没有关注这些标本。Hooker 和 Thomson（1864）对花、果、叶片和木材的形态特征进行了详细的描述，并与榆科、山毛榉科、毛茛科（Ranunculaceae）、木兰科（Magnoliaceae）、番荔枝科（Annonaceae）、五桠果科（Dilleniaceae）等类别的特征进行比较，确定领春木属与毛茛科和木兰科特征最为相近，且更倾向于木兰科，但与两者也存在一定的差异。也有观点认为，由于领春木属物种的结构特征介于木兰类植物（magnoliids）和金缕梅目（Hamamelidales）之间，其系统位置最初在两者之间摇摆（Nast & Bailey 1946；Takhtajan 1980，1997；Cronquist 1981；Thorne 1992）。后来发现，其花粉特征和叶结构更加倾向于金缕梅目分支（Praglowski 1975；Endress 1986；Wolfe 1989），但是其风媒花特征使其系统位置的确定仍存在困难（Endress 1986）。

直到 20 世纪后半叶，将领春木属作为一个独立科的观点才被普遍接受（Hutchinson 1973；Takhtajan 1980，1997；Cronquist 1981；Thorne 1983；Dahlgren 1983；Endress 1986；APG 1998；吴征镒等 2003）。但是不同的学者在其上一级分支中的观点并不一致。例如，Cronquist（1981）将领春木科置于金缕梅目；Thorne（1983）和 Dahlgren（1983）则将它置于连香树目（Cercidiphyllales）；Takhtajan（1980，1997）把它提升为目，置于金缕梅亚纲（Hamamelidae）。

随着分子系统发育研究的深入，这些仅靠形态差异确定系统位置所引起的争议逐渐被解决。起初，领春木科似乎是科级水平的第二级分支（Chase et al. 1993；Qiu et al. 1993，1999；Hoot & Crane 1995；Soltis et al. 1997，2000；Hoot et al. 1999；Magallón et al. 1999；Zanis et al. 2003），分子和结构分析也支持这一拓扑结构（Doyle & Endress 2000）；第二种拓扑结构是将领春木科视为毛茛目其他类群的姊妹分支，这是 21 世纪第一个 10 年内更多新的分子系统研究的结果（Hilu et al. 2003；Soltis et al. 2003；Kim et al. 2004；Worberg et al. 2007），当然也得到 1998 年综合分子和结构两个方面的研究的支持（Nandi et al. 1998）。第三种可能是将领春木科和罂粟科（Papaveraceae）作为毛茛目其余类群的姊妹类群（Qiu et al. 2005）。当前被普遍接受并且有更多分子系统证据的观点是由被子植物种系发生学组（Angiosperm Phylogeny Group）（APG 1998，2003）提出的，即将领春木属作为一个独立的科置于毛茛目，位于真双子叶植物的基部。基于 *rbcL* 基因序列的分子系统发育研究也支持将领春木科置于毛茛目的观点（俸宇星等 1998）。早期的分子系统发育研究将领春木和日本领春木划为两个物种，但是每个物种仅有一个样本（Wang et al. 2009）。Cao 等（2016）在两个物种分布区尺度上采集样品，通过叶绿体和线粒体 DNA 片段与微卫星分子标记相结合，也将两个物种明显划分开来，同时表明两个物种的分化时间大约在中新世晚期。

也有不少学者从解剖学和细胞学的角度，结合形态特征，尝试为领春木科植物的系统演化和系统地位提供证据。有学者最初将日本领春木归为昆栏树科的一员（Nast & Bailey 1946），但是 Smith（1946）将日本领春木归为当时仅有领春木一个物种的领春木科。即 Smith（1945，1946）、Nast 和 Bailey（1946）从外部形态及内部结构上对领春木属、昆栏树属（*Trochodendron*）和水青树属（*Tetracentron*）进行了比较研究，支持将它们分为 3 个独立的科。王伏雄等（1984）对领春木的孢粉学特征进行了研究，结果支持 Cronquist（1981）将领春木科置于金缕梅目的观点。Whitaker（1933）报道了日本领春木的染色体数目（$2n = 28$）。潘开玉等（1991）对领春木的染色体数目（$2n = 28$）、大小孢子、雌雄配子体发育进行了研究。Davis（1966）描述了领春木胚珠的系统及结构。田先华等（2005）对领春木导管穿孔板的纹孔膜残余特征进行观察，结果支持领春木科为一个比较原始的木本双子叶植物类群的观点。李红芳和任毅（2005）基于领春木茎次生木质部中导管穿孔板的变异推测领春木科的演化水平和系统位置，结果表明，与金缕梅科植物仅有梯状穿孔板不同，领春木的导管具有与毛茛目植物更相似的多种类型（网状、梯状、混合型）的穿孔板。Ren 等（2007）通过研究花形态发生特征，试图找出该属与其他基部双子叶植物花形态的相似性。虽然领春木自身具有一些独特特征（如风媒花、花被缺失和花基部明显辐射对称等），但是也有一些符合基部双子叶植物的祖征（如自由心皮、花粉基部着生和轮生叶序等），这一点和毛茛目的特征也很好地吻合。总体来说，解剖学的证据支持系统发育研究的结果，即领春木科在毛茛目的基部，同时也是双子叶植物的基部。

领春木属的化石记录遍布北半球，至少可以追溯到古新世。该属最早的化石发现于美国阿拉斯加始新世和渐新世地层（Wolfe 1989），木材化石见于俄勒冈中始新世地层（Scott & Barghoorn 1955）。在东亚地区，日本中部的叶化石见于上新世地层（Ozaki 1991），果和叶化石见于更新世中期（Onoe 1989）。中国该属叶化石见于内蒙古平庄中新世地层（陶君容 2000）和东南部福建等地（郑亚慧和王文轩 1994）。然而 Manchester 等（2009）认为这些化石记录尚不确定。

关于领春木花粉在地层中分布的研究，目前仅有一例。通过对 1996 年在山西沁水下川盆地中不同层深的土壤样品进行孢粉分析，孙建中等（2000）指出，虽然灌木植物花粉不多，但领春木属为该区域距今 1.2 万~3.6 万年以来灌木植物花粉的两个主要来源之一；同时，该区域的气候在这段时期内发生了 6 次变化，主要特点是气候在干冷和温湿之间波动，而领春木的花粉含量也有一定程度的波动。

三、拉丁名更正

在过去的研究中，领春木的拉丁名一直有两种写法，即 *Euptelea pleiospermum* Hook. f. et Thoms.和 *Euptelea pleiosperma* J. D. Hooker & Thomson。前者见于中文版的《中国植物志》，此后多个省份的植物志也一直沿用这种写法，也见于许多相关的科研论文中（潘开玉等 1991；Tang & Ohsawa 2002；李红芳和任毅 2005；Wei et al. 2010a）。后者则见于《中国植被》（吴征镒 1980）和英文版的中国植物志，即 *Flora of China* 中（Fu & Endress 2001），也有一些相关的科研论文沿用这种写法（Ren et al. 2007；Cao et al. 2016），但是仍沿用前者的种加词。针对这个问题，我们考证了该物种命名的原始文献，即 1864 年胡克（Hooker）和汤姆森（Thomson）两位学者发表于 *Botanical Journal of The Linnean Society* 的关于领春木属物种特征的讨论。根据他们的报道，日本领春木为该属最先被发现的物种，而领春木则被格里菲斯首次采集于印度阿萨姆邦和米什米之间的一处山地，标本放置于格里菲斯标本馆，Hooker 和 Thomson 最早对该物种进行描述和定名，最初的定名为 *Euptelea pleiosperma*。因此，可以认定 1979 年版的《中国植物志》（第 27 卷）中该物种的拉丁名（*Euptelea pleiospermum*）拼写有误，应更正为 *Euptelea pleiosperma*。

第二节　群落生态学

一、群落组成与群落特征

据 1980 年出版的《中国植被》描述，中亚热带山地常绿落叶阔叶混交林中有许多特有珍稀濒危植物，如珙桐（*Davidia involucrata*）、伯乐树（*Bretschneidera sinensis*）、连香树（*Cercidiphyllum japonicum*）、领春木、金钱槭（*Dipteronia sinensis*）和鹅掌楸（*Liriodendron chinense*）等。作为亚热带山地珍稀植物群落中的重要一员，领春木的分布范围比其他大多数珍稀植物的分布范围都广（Tang & Ohsawa 2002；应俊生和陈梦玲 2011），从南亚热带到秦岭淮河沿线，北部甚至到达暖温带的太行山。

领春木为偏好湿润生境的温带落叶树种。这一特征在诸多文献中可以得到印证。Hooker 和 Thomson（1864）指出，领春木的第一份标本采集地即为印度阿萨姆邦的湿润区域，且该区域植物区系与中国和日本密切关联。《中国植被》指出，领春木多分布于溪边杂木林中（吴征镒 1980）。Tang 和 Ohsawa（2002）指出，领春木为四川峨眉山湿润亚热带山地落叶孑遗植物群落的重要物种之一。陈坤浩等（2007）指出喀斯特地区的领春木多分布在海拔较高、雨雾日多、温凉湿润的山地生境。魏新增等（2008）和 Wei 等（2010a）发现领春木与其他珍稀植物在神农架地区的河岸带生境中集中分布。虽然领春木在山地阴坡生境中也有零散分布，但总体来说，该物种喜好湿润生境，多在山地沟谷集中分布。这种现象并非领春木一种特例。古老孑遗植物偏好沟谷河岸带生境的现象在欧洲和东亚其他国家也常有报道（Hampe & Arroyo 2002；Sakio et al. 2002；Suzuki et al. 2002；Mejías et al. 2007；Pulido et al. 2008），但是古老孑遗植物为何偏好这类生境，尚无确切的解释。一是在冰期等古地质气候条件下，沟谷为其提供避难所，从而使其在恶劣的环境下残存下来；二是山地河岸沟谷水肥条件良好，但是干扰强烈，经常产生林窗，而这些植物进化出了包括阳生喜光、偏好湿润微生境和萌蘖繁殖等一系列适应山地河岸带生境的策略，这些策略又在很大程度上限制其适应山地河岸带以外的生境条件（Sakai et al. 1995，1997；应俊生 2001；方精云等 2004；魏新增等 2008；Wei et al. 2010a，2010b）。

领春木群落在物种组成、区系成分、生活型谱、叶片性质等方面均介于常绿阔叶林和落叶阔叶林之间，表现出该类常绿落叶阔叶混交林的过渡性特征（陈坤浩等 2007；魏新增等 2009；Wei et al. 2010a，2018；Wei & Jiang 2012a）。在整个分布区尺度上，伴生种多为蜡莲绣球（*Hydrangea strigosa*）、山梅花（*Philadelphus incanus*）、红椋子（*Cornus hemsleyi*）、木姜子（*Litsea pungens*）、灯台树（*Cornus controversa*）、泡花树（*Meliosma cuneifolia*）、鹅耳枥（*Carpinus turczaninowii*）和小叶柳（*Salix hypoleuca*）（Wei et al. 2018）。在神农架地区的山地河岸带珍稀植物群落中，其伴生种则主要有亮叶桦（*Betula luminifera*）、连香树、灯台树、皂柳（*Salix wallichiana*）和短梗稠李（*Padus brachypoda*）（Wei et al. 2010a；Wei & Jiang 2012a）。总体来说，领春木群落物种多样性丰富，科、属组成分散，区系成分复杂；物种组成的地理成分在科水平上以热带成分为主或者温带与热带成分持平，在属水平上则以温带性质为主；群落外貌以中小型草质单叶的落叶阔叶高位芽植物组成为特征；群落垂直结构复杂，成层现象明显，树冠层分布不连续。

值得一提的是，华中神农架地区与云贵高原喀斯特区领春木群落的上述特征基本相似，但是前者的东亚特有成分和中国特有成分远多于后者（陈坤浩等 2007）。作为川东-鄂西种子植物特有属分布中心的重要组成部分，神农架地区植物区系起源古老、孑遗植物丰富、我国特有单种属多。以领春木和连香树为代表的珍稀濒危植物在神农架地区集中分布于河岸带中（魏新增等 2008；何东等 2009；Wei et al. 2010a）。这可能是由于秦巴山地的屏障和神农架山高、坡陡、谷深的地貌特征，使地处沟谷的河岸带生境避免了冰期恶劣环境的影响，进而使许多珍稀、特有、孑遗植物得以在河岸带集中分布，群落表现出古老、孑遗性（应俊生 2001）。山地河岸带作为低坡位生境，是养分、水分和土壤的汇集地，为珍稀植物提供空气潮湿、土层深厚、腐殖质丰富的特殊微生境（方精云等 2004）。具体来说，神农架山地河岸带珍稀植物群落分布于中海拔地段，海拔为980～2070m，平均海拔为1560.83m。以领春木为优势种的珍稀植物群落多分布于坡度较大（平均坡度为31.9°）且向阳（辐射指数为0.61）的河岸带生境。该山地河岸带生境土壤湿度高。基质类型多为沙砾或石块，表现出基质的粗质地（coarse texture）。土壤为微酸性或中性，pH为5.08～7.82，平均pH为6.55。该亚热带山地河岸带生境具有丰富的速效钾、硝态氮、土壤有机质和较强的阳离子交换能力。然而，该生境的速效磷和铵态氮含量较低。Wei等（2010a）采用群落调查与多变量分析相结合的方法，探讨神农架山地河岸带珍稀植物群落与环境因子的关系，结果表明珍稀孑遗植物对营养状况差但种间竞争较弱的生境具有良好的适应性，对亚热带山地河岸带温暖潮湿的微气候具有依赖性。同时，河岸带珍稀植物群落自上而下逐渐密集的群落垂直结构，为幼苗稍耐阴、成年趋于喜光的珍稀植物的不同发育阶段提供了有利于其生长的光环境（魏新增等

2009)。因此，珍稀植物在河岸带集中生长，是特殊的地貌特征和河岸带适宜的微生境共同作用的结果。对珍稀植物（尤其是孑遗植物）进行就地保护，亚热带山地河岸带是一个关键而特殊的区域。

二、物种多样性与遗传多样性

加拿大学者马克·韦伦多（Mark Vellend）基于岛屿生物地理学理论，提出了物种多样性与遗传多样性关系的概念（Vellend 2003）。一般来说，岛屿面积越大，群落水平上物种多样性越高，种群水平上优势种的有效种群大小会增大，进而使其遗传多样性增加，这往往会使物种多样性和遗传多样性呈正相关关系。值得一提的是，这里所提的物种多样性与遗传多样性往往是指群落的物种多样性及其优势种的遗传多样性。理论上，在主导因素单一且平行作用于物种多样性与遗传多样性的生态系统中时，两者更容易呈现正相关关系（Vellend 2005；Vellend & Geber 2005）。随着物种多样性与遗传多样性关系研究的推进，学者逐渐意识到由于物种多样性和遗传多样性的影响因素的多样性和它们作用机制的复杂性（Vellend & Geber 2005），不同的生态系统中两者关系有所不同，除了少数的负相关关系被报道外（Puşcaş et al. 2008；Xu et al. 2016；Marchesini et al. 2018），绝大多数为正相关或不相关关系（Wei et al. 2018）。关于同一类型的生态系统中，尚不明确其物种多样性与遗传多样性的关系是否会随着其他因素的差异而有所改变。Wei 和 Jiang（2012a）首次报道了在类型相似但干扰程度不同的森林生态系统中，物种多样性与遗传多样性的关系由正相关变为不相关，运用野外群落调查和分子标记技术相结合的方法，探讨了自然和干扰条件下山地植物群落物种多样性与群落优势种领春木遗传多样性的关系及其形成机制。研究发现，在自然条件下，相同的海拔梯度格局是物种多样性与遗传多样性正相关关系的一种新的形成机制；同时指出，在干扰条件下，物种多样性降低而遗传多样性并未发生显著变化，进而破坏了两者的正相关关系。与前人研究相比，该研究首次以长寿命生物有机体（树木）作为研究对象，探讨物种多样性和遗传多样性的关系。结果指出，对于生命周期较长的生物有机体来说干扰并未使物种多样性和遗传多样性产生相同的变化趋势。这一论点颠覆了前人关于干扰后物种多样性和遗传多样性均降低的观点。

生物多样性与遗传多样性的关系除了在上述理论层面的研究外，近年来也用于探讨大尺度上物种多样性与遗传多样性的地理格局是否吻合。Myers 等（2000）在自然（*Nature*）上发表了全球 25 个生物多样性热点区域以来，极大地促进了这些区域生物多样性和珍稀濒危特有植物的保护及研究。当前生物多样性热点区域的确定多以高物种丰富度和高物种特有性为依据，而往往忽视了生物多样性的另外一个重要维度，即遗传多样性（Laikre et al. 2010；Miraldo et al. 2016）。近年来，随着遗传多样性的广泛研究，学者开始意识到生物多样性中心的确定需要考虑遗传多样性（Brooks et al. 2015）。当前物种多样性中心已经有比较公认的研究结果，如果在大尺度上物种多样性与遗传多样性能够呈现正相关关系，那么可以推测当前的物种多样性中心很可能也是遗传多样性中心。在这一预期的推动下，Wei 等（2018）在公认的全球 25 个生物多样性中心之一的华中-西南地区开展木本植物群落物种多样性与遗传多样性关系研究。在物种分布区尺度下，以领春木为优势种的珍稀植物群落物种多样性和遗传多样性并未呈现显著的正相关关系。这主要受以下两个方面因素的驱动：一是物种多样性和遗传多样性呈现不同的纬度梯度格局。物种多样性随纬度的升高逐渐降低，符合冰冻耐受假说（freezing-tolerance hypothesis）的预期。遗传多样性呈现单峰的纬度梯度格局，符合中心边缘假说（central-marginal hypothesis）的预期。二是物种多样性和遗传多样性受不同环境因子的影响。物种多样性仅受气候因子的影响，而遗传多样性则主要受土壤因子的影响。结合欧洲学者前期的研究结果（Fady & Concord 2010；Taberlet et al. 2012），可以推断大尺度上遗传多样性与物种多样性的空间格局并不重叠，当前的生物多样性中心很可能并非遗传多样性中心。基于此，学者开启了一个新的研究方向，即确定物种的遗传多样性中心。虽然遗传多样性的研究在过去几十年得到了长足的发展，但是当前并非所有的物种都有分布区尺度上的遗传多样性数据，因此当前的做法是选择某一区域的代表性类群，尝试确定其遗传多样性中心（Souto et al. 2015；Ballesteros-Mejia et al. 2020）。

第三节　种群生态学

一、种群动态

作为珍稀孑遗植物，领春木的更新方式主要有实生苗更新和萌蘖繁殖两种方式（魏新增等 2008；Wei et al. 2010a；Wang & Qin 2011；He et al. 2013；Wei et al. 2015a）。在野外调查过程中发现领春木幼苗较少，且往往出现在河漫滩石砾缝或者河岸沟谷陡坡薄土层的微环境中，对幼苗存活和幼树建立较为不利。实验室种子萌发试验表明该物种的萌发率为 30%左右（Wei et al. 2010b）。珍稀植物多存在更新限制，但是往往具有较强的萌生能力（Tang & Ohsawa 2002）。由于萌蘖现象是植物应对干扰的重要手段，因此对于偏好河岸带生境的植物来说，萌蘖繁殖就更加普遍（Sakai et al. 1995；Kubo et al. 2005；何东等 2009；Wei et al. 2010a）。此外，邢世海和陈娜（2005）以领春木茎段为外植体，成功地诱导出愈伤组织，同时将获得的愈伤组织用于适宜增殖培养条件的研究，至于是否成功获得组培苗，作者未作明确说明。

（一）种群大小级结构与更新动态

在山地景观尺度上，魏新增等（2008）以神农架地区四大水系（沿渡河、香溪河、南河和堵河）河流上游河岸带中的领春木种群为研究对象，从种群的大小级结构、静态生命表、存活曲线、空间分布格局及其动态 5 个方面分析了神农架地区河岸带中领春木种群的数量特征。结果表明：①幼龄期个体缺乏，中龄期个体相对丰富，老龄期个体数量稀少。纺锤形的大小级结构表明种群属于衰退型，但是以萌蘖为主要更新方式使其种群在较长一段时间内得以维持；②现存的Ⅰ、Ⅱ级个体数少导致静态生命表中Ⅰ、Ⅱ级个体死亡率出现负值，自疏现象造成Ⅳ级个体出现死亡率高峰，由于接近实际寿命，在Ⅶ级死亡率达到最高；③虽然其幼苗存活率较低，但是由于其幼树的存活率较高，因而其存活曲线接近 DeeveyⅠ型，表明该地区河岸带的环境条件比较适宜领春木种群的生长。然而由于分布格局受种群自身生物学特性、自然环境因素（如坡向和海拔）、人为干扰的影响，不同河流有所差异。此外，Wei 等（2010a）将神农架地区的领春木群落划分为 3 个群丛，各群丛内的领春木大小级结构也为纺锤形。以上结果表明，神农架地区河岸带中领春木种群属于衰退型种群。Wang 和 Qin（2011）指出，山西太宽河自然保护区的领春木种群也为衰退型，种群更新严重依赖萌蘖繁殖。虽然领春木种群为衰退型，且作为小乔木在亚热带森林激烈的物种竞争中处于劣势，但是目前领春木种群可以靠乔木树种较长的生命周期、以萌蘖为主要更新方式和适宜的河岸带生境而得以维持，使其灭绝得到较长时间的延缓。然而，以萌蘖为主要更新方式和明显的地理隔离会导致种群的遗传多样性下降，进而导致种群的进一步衰退。

沿纬度和海拔迁移是山地植物应对全球变暖的重要策略。为了揭示气候变化是否已导致领春木向高纬度和高海拔迁移，Wei 等（2015a）在领春木中国分布区范围内，沿纬度梯度和不同纬度山地的海拔梯度开展种群结构和更新动态研究。结果发现：①领春木的幼苗相对密度沿纬度梯度逐渐升高，这为气候变暖条件下领春木向高纬度迁移提供证据。②沿着其分布区北部的秦岭山脉，领春木相对幼苗密度随海拔的升高而增大；沿中纬度的神农架山地，领春木的相对幼苗密度则随海拔的升高而降低；沿分布区南部的峨眉山，领春木的相对幼苗密度未呈现明显的海拔梯度格局。总体来说，沿不同纬度山地（秦岭 33°N，神农架 31°N，峨眉山 29°N），相对幼苗密度呈现不同的海拔梯度格局，这为海拔梯度上树木更新动态和迁移趋势驱动因素（全球变暖、种间竞争、土地利用变化）的复杂性提供证据。③在纬度梯度和海拔梯度上，相对幼苗密度和萌蘖繁殖率均呈现相反的梯度格局，即两者之间存在明显的权衡，萌蘖繁殖是延缓其分布区“后缘”（trailing edge）收缩的重要策略。

（二）种群瞬态与遍历性

种群瞬态（transient dynamics），即始于不稳定种群结构的种群增长轨迹线在收敛于平衡（equilibrium）前的波动与振荡。传统的种群统计学主要关注的是给定种群的遍历性（ergodic）表现，亦即种群增长轨迹线在收敛于其理论上的稳定种群结构之后的特征，基本上忽略了不稳定种群结构导致的瞬态行为。在种群生物学与保育生物学领域中，人们对瞬态的关注日益增加。对于群落交错区的稀有种而言，其种群的瞬态问题可能尤为尖锐，因为群落交错区的生境相对不稳定，短时效的生态过程显得更重要，而且稀有种一般种群规模小，其种群统计学特征对生境的随机变化更敏感。领春木作为亚热带山地河岸带珍稀濒危植物，研究其种群瞬态对深入认识其种群行为和有效管理其种群动态具有重要意义。基于领春木的种群投影矩阵（population projection matrix），He 等（2013）计算了其种群瞬态爆发与衰减的潜力，对种群瞬态变量（包括瞬态种群增长率、种群动量和阻尼率）进行了灵敏度分析，以对比遍历性种群增长率的灵敏度分布。研究发现，领春木种群的瞬态种群增长率与种群动态相对于遍历性期望值有明显的偏离；其瞬态行为的幅度（0.5～1.6）相对于大多数乔木（0.001～1000）而言是比较保守的；瞬态爆发的潜力可能来自早期成年树的繁殖，而瞬态衰减的潜力则来自幼苗的死亡；不论是瞬态种群增长率还是遍历性瞬态种群增长率都对存活率的变化最敏感，对生长率变化次之，对繁殖率的变化则迟钝，但是在繁殖率中，萌枝更新的灵敏度要高于实生苗更新；初始种群结构中个体数相对稳定的种群结构里个体数偏少或偏多的径级或生活史阶段具有较高的瞬态灵敏度，表明这些径级或生活史阶段是种群瞬态的重要驱动力之一。

（三）从空间格局认识种群动态

格局、过程和尺度的关系一直是生态学研究领域的核心问题之一。空间格局与过程关系在一定程度上塑造了种群维持、生长与繁殖的条件，在此条件下，种群采用一定的生活史策略，故空间分析可能可以阐明立苗、竞争、扩散等动态过程的机制。如果在植物种群内对不同大小级或年龄阶段的个体分别进行格局分析，则能够清晰而有效地揭示与解释其生活史过程。

魏新增等（2008）以样方为基础采用相邻格子样方，通过方差均值比、平均拥挤度指数、聚块性指数和 Morisita 指数对神农架地区河岸带中的领春木种群进行空间分布格局分析。研究结果显示种群空间分布格局总体为聚集分布，这与大多数珍稀植物种群一致。人为干扰和自然环境影响其分布格局，使种群由聚集分布向随机分布发展。因此领春木种群在河岸带中沿海拔呈现“一带多岛”现象。从幼龄期到中龄期再到老龄期，不同发育阶段的领春木种群的分布格局由聚集分布逐渐变为随机分布。

何东和江明喜（2012）基于空间定位数据以最近邻距离统计研究了神农架地区领春木的空间分布特征，比较幼苗（DBH≤2.5cm）、幼树（2.5～7.5cm）和成树（≥7.5cm）各径级（代表各生活史阶段）形成的时间序列上的空间格局差异，进而探讨空间格局与立苗、补员、种内竞争等种群动态过程的相互关系。结果显示，在邻域尺度上，领春木的空间格局呈聚集态；幼苗（或幼树）的大小与其距离最近幼树（或成树）的远近没有相关性，幼树（或成树）周围一定距离以内出现同等大小个体的概率约等于幼苗（或幼树）出现的概率，且幼树与最近幼苗（或成树与最近幼树）的平均距离与幼树之间（或成树之间）的平均最近邻距离没有显著差异；任意个体的大小、任意个体与相应最近邻体的大小之和与相应的最近邻距离均为显著的正相关关系，但幼树间的最近邻距离并不大于幼苗随机死亡产生的最近邻距离，成树间最近邻距离也不大于幼苗+幼树随机死亡产生的最近邻距离。这些结果表明，领春木的聚集分布可能与种子散布、生境异质性对立苗格局的作用有关；已定殖的大个体可能不限制其邻域内小个体的布局与生长，但是长期的补员过程与邻体间的相互作用有关；邻体间存在一定程度的竞争作用，但是竞争强度并未充分激化直至发生距离依赖性死亡。

二、叶片和种子性状地理格局

功能性状可以用来表征物种应对环境变化的响应，研究种内性状的变异幅度，探究性状的地理梯度格局及其成因，有助于我们推测物种应对环境变化的适应潜力和策略，预测气候变化下物种的命运，进而为物种的保护提供科学依据。

Meng 等（2017）在领春木分布区范围内对其 20 个代表性种群的 13 个叶片性状的地理格局及其影响因素进行研究。其中 5 个叶片性状表现出较高的种内变异，包括叶面积、叶密度和 3 个叶经济性状（叶片干物质含量、比叶面积和叶片磷含量）。叶片性状沿纬度和经度呈现明显的地理梯度格局。叶面积、叶周长、叶长、叶宽、叶柄长度和比叶面积均随纬度的升高（由南向北）而逐渐增大，而叶片密度则呈现相反的趋势。叶面积、叶长和叶宽均随经度的升高（由西向东）而逐渐增大，而叶片磷含量则呈相反的经度梯度格局。由叶片性状的地理格局可以推断，北部领春木种群通过快速生长（高比叶面积）和低建成投资策略（低叶片密度）来适应高纬度环境，这有利于气候变化条件下该物种向高纬度迁移。除了叶宽、叶厚度、叶片干物质含量和叶长宽比外，其余性状均可以被气候或地理因子解释。其中，纬度和温度是叶片性状变异的主要驱动因素。温度对叶性状的作用强于降雨，这可能是由于领春木分布于山地河谷中，水分相对充足，降水并非限制因子；而山地环境温度往往偏低，更容易成为限制因子。总体来说，领春木叶片种内变异是由其分布区内环境因子变化导致的，但至于性状变异是由局域适应性还是表型可塑性导致的，则需要进一步的同质园试验来验证。

为了探讨领春木在种群建立早期对河岸带生境和山地气候条件的适应性，Wei 等（2010a）用采自神农架地区的翅果或种子进行萌发试验，探讨果翅、储藏条件、种子重量、基质、基质含水量、浸泡天数、光照模式、赤霉素和硝酸钾对萌发率和萌发时间的影响。领春木种子的萌发率（31.1% ± 2.1%）略高于其果实的萌发率（27.5% ± 2.0%），但是两者之间没有显著差异。种子的初始萌发时间 t_0（5.0 天 ± 0.0 天）和达到最终萌发率 50%的时间 t_{50}（7.0 天 ± 0.3 天）均显著小于果实的 t_0（8.3 天 ± 0.3 天）和 t_{50}（12.1 天 ± 0.2 天）。与此类似，种子的整个萌发过程所需时间（12.6 天 ± 0.7 天）也极显著（$P<0.001$）短于果实（18.0 天 ± 0.7 天）。总之，果皮延长了萌发过程，但对萌发率没有影响。经果翅浸提液处理的种子萌发率为（27.2 ± 3.3）%。与蒸馏水对照相比，果翅浸提液对种子的萌发率没有影响。因此，可以推测果翅对萌发的延缓仅仅是物理作用。采集于 2008 年的领春木果实的萌发率显著高于 2005～2007 年采集采集的领春木果实的萌发率，2005～2007 年采集的果实的萌发率均极低，且各年份之间没有显著差异，表明领春木种子的活性衰退较快，不利于种子库的形成。2008 年采集的保存于 4℃条件下的领春木果实的萌发率显著高于采集于同一年份保存于室温下的领春木果实的萌发率，表明冷藏有利于其萌发。种子大小对萌发率和萌发时间均没有显著影响。不同的基质（滤纸和沙子）对萌发率和萌发时间没有显著影响，但是基质湿度对萌发率有显著影响，萌发率在基质含水量为 20%时达到最高，更高的湿度不仅降低萌发率，也延长了萌发时间。领春木果实在浸泡 1～13 天后，萌发率和萌发时间均无显著差异。经过赤霉素处理，光/暗交替光照环境下的萌发率均显著高于黑暗条件下的萌发率。在光照模式下，500ppm 和 1000ppm（ppm, 含义为百万分之一）的赤霉素溶液均未对萌发率与萌发时间产生显著影响。硝酸钾对领春木果实萌发产生显著影响。在试验所采用的浓度范围内（0.001～0.01mol/L），领春木果实萌发率随硝酸钾浓度的升高而增大。与对照相比，0.01mol/L 硝酸钾溶液显著提高了领春木果实的萌发率。硝酸钾溶液对 t_0 没有任何影响，但是 0.01mol/L 硝酸钾溶液明显延长了 t_{50}。领春木个体在亚热带山地河岸带生境的建成与它的果实或种子的一些萌发特性是密切相关的。首先，非深度休眠使其种子在第二年春天发芽，使幼苗避免了山地冬季的严寒；其次，特殊的基质含水量需求使其适于在河岸带生境萌发；最后，对光照和硝酸钾的需求是其识别山地河岸带经常发生的干扰和随

之而来的林窗的重要机制。室内萌发试验的结果表明，冷藏后领春木的果实或种子的萌发率可以达到中等水平。因此，尽管领春木具有很多适应山地河岸带生境的独特机制，我们仍然可以推断领春木在自然条件下的萌发率要低于这个水平。同时，由于领春木的小体积对幼苗存活不利，我们还可以推测高的幼苗死亡率是其更新限制的另一个原因。当然，这些推测的验证需要进一步的野外萌发试验和萌发后幼苗存活状况监测。鉴于领春木的种子活力在一年以后基本完全丧失，我们认为通过保存种子来防止未来其野外种群灭绝并不是一种可行的长期策略。

种子是植物生活史周期中的一个重要环节，种子性状可以直接影响植物适合度和物种延续。种子大小和萌发时间等性状在植物生活史早期阶段扮演着重要角色，包括对种子萌发、幼苗建立和幼苗存活的影响。有研究表明植物早期生活史阶段具有较强的灵活性，且某些种子性状具有有利于植物应对环境变化的潜力。一般来说，分布范围广的物种因对不同环境的适应而表现出不同程度的表型差异；大部分研究表明种内差异可以提高物种能力从而有利于物种适应不同的环境梯度。因此，研究种子性状变异及其驱动因子有助于我们理解植物对不同环境的适应，并预测植物如何响应未来气候变化，从而为物种保护提供科学依据。Wu 等（2018）在领春木分布范围内对其 18 个代表性种群的翅果形态性状（长、宽、重量）、营养性状（碳、氮、磷含量）和萌发性状（萌发率、t_0 和 t_{50}）的地理格局及驱动因子进行研究。上述性状在种群间差异显著，且有较大的变异系数，以果实重量、磷含量和萌发率最为明显。部分果实性状沿经纬度和海拔呈现明显的地理梯度格局。果实重量和碳含量随纬度的升高（由南向北）而逐渐降低；对于以风传播为主的物种来说，翅果越轻，迁移距离越长，因此我们推测北方的小种子有利于领春木在气候变暖情况下向北迁移。果实长度、宽度、磷含量和 t_{50} 随经度的升高（由西向东）而逐渐减小。萌发时间（t_0 和 t_{50}）随海拔的升高而逐渐升高。年均温和土壤磷含量对半数左右的果实性状均具有显著的正效应或负效应，是大部分果实性状变异的主要驱动因子。果实重量和果实氮含量对果实萌发率均具有显著的正效应；果实内在属性（58.4%）对果实萌发率的解释度大于母本环境（7.0%），即果实内在属性对果实萌发的影响大于母本环境。路径分析表明，环境因子对果实萌发的间接影响大于直接影响，即母本环境可以通过影响果实内在属性从而影响果实的萌发格局。因此，可以推测，气候变化可能首先影响果实性状，进而对萌发格局产生影响。

第四节 分子生态学

一、种群遗传学

领春木的基因组大小大约为 654Mbp（Hanson et al. 2005）。运用 FIASCO 方法，Zhang 等（2008）对来自神农架山地的一个自然种群的 32 个个体的核 DNA 进行微卫星位点开发和多态性检验，共开发出 14 对针对该物种的微卫星引物。

生境破碎化的遗传效应是近 20 年来种群遗传学的研究热点之一。在破碎化生境中，小而隔离的种群特别容易受到基因流限制、瓶颈效应、近交衰退和遗传漂变的影响，导致种群内遗传多样性的丧失和种群间遗传分化的增强，进而降低物种对环境变化的适应能力。生境破碎化之前种群的隔离程度对其在生境破碎化条件下是否产生负遗传效应具有决定性作用。生境破碎化之前历史稀有种的隔离程度通常要大于常见种，因此，可以假设历史稀有种对生境破碎化并不敏感。森林采伐是造成植物生境丢失和生境破碎化的重要原因之一。在20世纪70年代到80年代初，神农架作为华中最大的木材供应基地，大规模的采伐和筑路导致严重的生境破碎化，这为开展珍稀孑遗木本植物的生境破碎化遗传效应研究提供了良好的场所。Wei和Jiang（2012b）以领春木为研究对象，运用树木年轮学方法确定了5个种群在生境破碎化之前和之后产生的同生群，通过种群遗传学方法比较种群内的遗传多样性和种群间的遗传分化。结果表明，生境破碎化并没有导致该历史稀有种发生明显的遗传多样性丧失和遗传分化增强；但是，破碎化之后产生的同生群出现较高的近交系数和明显的稀有等位基因丧失，这是负遗传效应发生的早期信号。该研究为历史稀有种对生境破碎化具有较强的耐受能力提供了证据。

二、景观遗传学

景观遗传学是景观生态学和种群遗传学相交叉而产生的一个新兴研究领域。其核心问题是景观空间特征和景观生态过程对基因流及种群空间结构的影响。其研究过程主要分为3个步骤：①揭示种群遗传的空间结构特征；②关联遗传结构和景观特征；③推测景观特征对种群遗传结构的塑造作用及其对种群进化的影响。过去10余年，景观特征对遗传变异的影响和基因流障碍的确定是景观遗传学研究的主要方向。

在山地景观尺度上，Wei等（2013）以神农架地区河岸带中的领春木为研究对象，揭示其景观遗传结构，进而探讨景观特征（山脊和沟谷）对其在河流内和河流间扩散的影响。结果表明：①领春木的遗传多样性并未出现下游聚集现象，其沿河流的线性扩散格局符合经典复合种群模型；②河流沟谷为其传播廊道，来自同一河流的种群沿海拔梯度的基因流强度较大，而来自不同河流但位于相似海拔的种群间的基因流强度较弱。这种基因流扩散模式有助于该物种在气候变暖的情况下沿海拔向上迁移。

在流域尺度上，自然河岸带景观往往呈树状网络结构。然而，前人关于河岸带植物遗传结构的研究往往只关注线性模型，未能揭示河溪树状网络在河岸带植物景观遗传结构形成中的作用。Wei等（2015b）以山地河岸带植物领春木为研究对象，运用8对微卫星标记，揭示自然条件下河溪树状网络中该物种的遗传多样性格局、基因流和景观遗传结构，旨在检验以下两个假设：①交汇点种群的遗传多样性高于支流种群；②该物种在河溪树状网络中的遗传结构由溪流内扩散（in-stream dispersal）或溪流间扩散（out-of-stream dispersal）主导。实验结果表明：与假设①相反，遗传多样性和有效种群大小在交汇点及支流种群间均未呈现显著差异。在所研究的6对支流-交汇点组合中，其中2对呈现不对称向下的基因流，另外4对则呈现向上和向下对称的基因流。分子方差分析结果表明，流域间（1.21%，$P = 0.23$）和个体间种群内（0.20%，$P = 1.00$）无显著的遗传分化；然而，流域内支流间的遗传变异占总变异的1.34%（$P = 0.01$），而更大比例的遗传变异在支流内种群间（5.63%，$P = 0.01$）。基于STRUCTURE软件的贝叶斯聚类分析和基于Nei’s遗传距离的无根树均表明，来自不同流域的个体被划归同一遗传相似群组。距离隔离（IBD）检验结果表明，遗传距离与欧几里得距离、河流距离（两种群间沿河溪树状网的最短距离）和陆地距离（考虑海拔因素的欧几里得距离）均未呈现显著的相关关系。以上结果表明领春木在河溪树状网络中的遗传结构不符合经典的河流等级模型（stream hierarchy model，SHM）。总之，在较小的研究尺度上（5km），河溪树状网络在领春木景观遗传结构形成中的作用有限，这是由该物种扩散能力较强、基因流并非局限于河流沟谷所致。

在物种分布区尺度上，中心-边缘假说（central-marginal hypothesis）是物种分布区限制的重要理论假设之一。一般来说，中心-边缘假说假设物种的中心分布区比边缘分布区具有更加适宜的生存环境，进而导致：①中心区种群丰度更大、种群内遗传多样性更高、种群间遗传分化更小；②中心向边缘的不对称基因流。在物种分布区尺度上，植物在纬度梯度上的遗传变异格局往往由中心-边缘动态和冰期后向北扩张（北半球）共同决定，进而导致沿纬度梯度遗传多样性的最高点多数情况下稍向南偏移，这种现象在受冰期影响较大的欧美地区更为突出。然而，以往此类研究往往忽略遗传变异地理格局形成的另一重要驱动因子——地形的影响。因此，本研究选取受冰期影响较弱且地形复杂的华中-西南地区，在物种分布区尺度上揭示植物遗传变异的地理格局及其形成过程中各驱动力（中心-边缘动态、冰期后迁移和地形）的相对作用。Wei 等（2016）以东亚特有孑遗植物领春木为研究对象，采用核基因组微卫星标记和物种分布模型，揭示其遗传多样性与遗传分化的地理格局，探讨地形（四川盆地、秦巴山地）和冰期后扩张对其遗传变异地理格局的影响。结果表明：①遗传多样性和遗传分化的地理格局整体上符合中心-边缘假说；这是由于该物种的冰期分布区与当前分布区基本吻合，除了当前四川盆地为非适宜生境；②四川盆地种群存在遗传障碍，而秦巴山地（秦岭、大巴山）种群不存在；③与以往研究结果不同，遗传多样性沿纬度梯度的顶点并未南偏，反而呈现一定程度的北偏；这是由于该物种受冰期后分布区扩张的影响较弱，而其分布区中南部有较大面积的不适生境（四川盆地），同时，分布区中北部有较大面积的连续适宜生境（秦巴山地）。

三、谱系地理学和物种分化

领春木属的两个物种作为东亚特有的古老孑遗植物，对其进行谱系地理学研究，不仅可以揭示中国-日本间断分布的同属孑遗植物的物种分化历史，还可以揭示种内谱系分化和种群动态历史及影响因素（古地质和古气候）。Cao 等（2016）运用叶绿体和核 DNA 片段、微卫星标记重建了领春木属两个现存物种的进化历史和种群动态历史。首先，我国分布的领春木的主要谱系分化在空间上与中国-日本和中国-喜马拉雅森林植物亚区的分化基本一致，基于化石校正的分子钟方法估算的分化时间在上新世晚期。其谱系分化的驱动力为隔离线东西受不同的季风影响，即西部谱系受印度洋季风影响，具有多雨的夏季和秋季；而中东部谱系则受太平洋季风影响，产生暖湿的夏季和较冷的冬季。这种气候上的差异，加上青藏高原东缘的最后一次快速隆起和上新世与更新世东亚季风气候的加强，很可能促进了东西谱系的分化（邱英雄等 2017）。其次，中国-日本间断分布的领春木和日本领春木在叶绿体基因及核基因上是互为单系类群的姐妹种，同时出现了明显的生态位分化，未见明显的种间杂交。基于叶绿体 DNA 片段的化石校正的松散分子钟方法推测它们的种间分化发生在中新世末期，同时中新世末期的全球变冷变干以及上新世末期青藏高原的快速隆起及其驱使的东亚气候变化也是领春木属两个物种分化的重要驱动因素（邱英雄等 2017）。在更新世末期，领春木属的两个物种很可能经历了不同的种群动态历史，我国秦岭-淮海以南至西南横断山区的复杂地形使领春木种群残存在多个山地避难所中，通过沿海拔的收缩扩张来应对气候变化，但是其大体的分布范围相对稳定（Wei et al. 2016），而日本领春木则发生了重复性的沿纬度梯度的收缩和扩张（Cao et al. 2016）。

第五节　总结与展望

领春木为双子叶植物基部类群代表物种之一。基于形态学、解剖学和分子系统发育学的证据，该物种的系统位置基本明确，为毛茛目领春木科领春木属，仅有一个姐妹种，即分布于日本的日本领春木。领春木和日本领春木分化于中新世末期，且两者之间未见明显的种间杂交（Cao et al. 2016）。

领春木为我国亚热带山地常绿落叶阔叶混交林中残存的古老孑遗珍稀植物的代表性物种，通过研究其在不同时空尺度上对环境变化产生的响应与适应，可以在一定程度上揭示我国亚热带山地珍稀植物的种群动态和维持机制，进而为珍稀植物的合理保护和资源保存提供科学依据。整体上，不同尺度上影响领春木种群动态的因素不一致。①古气候和古地质事件（如冰期）是领春木属物种分化及种内谱系分化的关键驱动力，但是对领春木的分布范围变化和种群动态影响较小，物种分布模型模拟显示领春木在冰期和当代的分布大体上只是沿海拔发生了扩散和收缩，最明显的是四川盆地在冰期是其适应生境，但是在当代并非其适宜生境；这与分布于日本的日本领春木沿纬度梯度发生的收缩与扩张不同（Cao et al. 2016；Wei et al. 2016）。②当代气候、地形和人类活动对领春木种群动态、遗传多样性和功能性状的地理格局影响较大。领春木偏好山地沟谷生境，并进化出了适应河岸带特殊生境的种子萌发策略（Wei et al. 2010b）。作为山地河岸带植物，对其景观遗传结构在流域尺度、山地景观尺度和分布区尺度的研究发现，随着空间尺度的增大，地形对其景观遗传结构的影响越来越大（Wei et al. 2013，2015b，2016）。在区域尺度上，人为活动导致的生境破碎化对领春木的更新有明显的限制作用，但是对其遗传多样性和遗传分化的影响相对较弱，同时，也存在近交系数增大和稀有等位基因丧失等早期的负向种群遗传学效应（Wei & Jiang 2012a，2012b）。在分布区尺度上，气候变化使领春木沿纬度梯度呈现向北迁移的趋势，沿海拔梯度呈现复杂的格局，表明其海拔梯度迁移受气候变化、土地利用变化和种间竞争等多种因素的影响，这在很大程度上决定了其沿海拔梯度的迁移趋势（Wei et al. 2015a）。当代气候和地形共同影响领春木的遗传多样性地理梯度格局，遗传多样性的纬度梯度格局整体上符合中心-边缘假说的预期，即呈现“中间高、两端低”的单峰格局，但是位于其纬度分布范围中北部的秦巴山地当前为该物种最大的连续适宜分布区，而位于中南部的四川盆地为非适宜生境，这在很大程度上导致了领春木遗传多样性的纬度梯度的单峰格局呈现略向中北部偏移的趋势（Wei et al. 2016）。领春木叶片和果实性状变异明显，且呈现明显的地理梯度格局，纬度和温度是其性状变异的重要驱动因子，气候变暖可能通过影响果实性状进而影响萌发和更新动态（Meng et al. 2017；Wu et al. 2018）。

上述研究通过整合种群生态学、种群遗传学、景观遗传学、谱系地理学、功能性状等领域的方法和手段，在不同时空尺度上揭示了领春木的种群动态及其维持机制。但是对其当前仅在亚热带山地沟谷分布的原因（古地质历史因素、生境过滤和扩散限制）、形态变异的驱动因素（局域适应性与表型可塑性）、应对全球气候变化的能力和策略等方面尚需进一步研究。此外，亚热带山地珍稀植物群落还有许多与领春木在生活史策略、繁育系统和传播方式等方面不同的物种，在未来的研究中可以考虑对其他不同类型的物种开展案例研究，也可以对已有的关于不同类型的物种的研究进行数据整合分析，以期发现更多共性的现象，揭示更多共性的规律。

撰稿人：魏新增，江明喜

主要参考文献

陈坤浩, 骆强, 谢永贵, 等. 2007. 贵州大方喀斯特区领春木群落特征研究. 武汉植物学研究, 25(5): 515-520.

邓联合, 周新成. 1982. 加强对湖北五峰县后河林区稀有树种群落的保护. 植物生态学与地植物学丛刊, 6(1): 84-85.

方精云, 沈泽昊, 崔海亭. 2004. 试论山地的生态特征及山地生态学的研究内容. 生物多样性, 12(1): 10-19.

倖宇星, 汪小全, 潘开玉, 等. 1998. *rbcL* 基因序列分析对连香树科和交让木科系统位置的重新评价: 兼论低等金缕梅类的关系. 植物分类学报, 36(5): 411-422.

傅立国, 金鉴明. 1991. 中国植物红皮书: 珍稀濒危植物(第一册). 北京: 科学出版社: 680-681.

何东, 江明喜. 2012. 从空间分布特征认识珍稀植物领春木的种群动态. 植物科学学报, 30(3): 213-222.

何东, 魏新增, 李连发, 等. 2009. 神农架地区河岸带连香树的种群结构与动态. 植物生态学报, 33(3): 469-481.

李红芳, 任毅. 2005. 领春木茎次生木质部中导管穿孔板的变异. 植物分类学报, 43(1): 1-11.

卢炯林, 王磐基. 1990. 河南珍稀濒危保护植物. 开封: 河南大学出版社.

潘开玉, 路安民, 温洁. 1991. 领春木的染色体数目及配子体的发育. 植物分类学报, 29(5): 439-444.

邱英雄, 鹿启祥, 张永华, 等. 2017. 东亚第三纪孑遗植物的亲缘地理学: 现状与趋势. 生物多样性, 25(2): 136-146.

沈显生. 1989. 安徽大别山天堂寨山区植被研究. 武汉植物学研究, 7(2): 131-139.

孙建中, 柯曼红, 石兴邦, 等. 2000. 下川遗址的古气候环境. 考古, (10): 81-91.

陶君容. 2000. 中国晚白垩世至新生代植物区系发展演变. 北京: 科学出版社.

滕崇德, 窦景新. 1986. 山西植物区系的初步分析. 武汉植物学研究, 4(1): 43-54.

田先华, 李红芳, 庞承义, 等. 2005. 领春木(领春木科)导管穿孔板中纹孔膜残余的观察. 西北植物学报, 25(7): 1345-1349.

田玉强, 李新, 胡理乐, 等. 2002. 后河自然保护区珍稀濒危植物群落乔木层结构特征. 武汉植物学研究, 20(6): 443-448.

王伏雄, 钱南芬, 张玉龙. 1984. 昆栏树属、水青树属和领春木属花粉形态的研究. 植物分类学报, 22(6):

456-460.
魏新增, 何东, 江明喜, 等. 2009. 神农架山地河岸带中珍稀植物群落特征. 武汉植物学研究, 27(6): 607-616.
魏新增, 黄汉东, 江明喜, 等. 2008. 神农架地区河岸带中领春木种群数量特征与空间分布格局. 植物生态学报, 32(4): 825-837.
吴征镒. 1980. 中国植被. 北京: 科学出版社.
吴征镒, 路安民, 汤彦承, 等. 2003. 中国被子植物科属综论. 北京: 科学出版社: 403.
向成华, 牟克华. 1997. 宽坝林区珍稀濒危植物资源的初步研究. 生物多样性, 5(3): 202-205.
邢世海, 陈娜. 2005. 珍稀濒危植物领春木愈伤组织的培养. 安徽农业科学, 33(1): 69-71.
应俊生. 2001. 中国种子植物多样性及其分布格局. 生物多样性, 9(4): 393-398.
应俊生, 陈梦玲. 2011. 中国植物地理. 上海: 上海科学技术出版社.
郑亚慧, 王文轩. 1994. 闽东南中新统佛昙群层序及孢粉组合. 古生物学报, 33(2): 200-216.
APG (Angiosperm Phylogeny Group). 1998. An ordinal classification for the families of flowering plants. Annals of the Missouri Botanical Garden, 85(4): 531-553.
APG (Angiosperm Phylogeny Group). 2003. An update of the Angiosperm Phylogeny Group classification for the orders and families of flowering plants: APG Ⅱ. Botanical Journal of the Linnean Society, 141(4): 399-436.
Ballesteros-Mejia L, Lima J S, Collevatti R G. 2020. Spatially-explicit analysis reveal the distribution of genetic diversity and plant conservation status in Cerrado biome. Biodiversity and Conservation, 29(5): 1537-1554.
Brooks T M, Cuttelod A, Faith D P, et al. 2015. Why and how might genetic and phylogenetic diversity be reflected in the identification of key biodiversity areas? Philosophical Transactions of the Royal Society B: Biological Sciences, 370(1662): 20140019.
Cao Y N, Comes H P, Sakaguchi S, et al. 2016. Evolution of East Asia's Arcto-Tertiary relict *Euptelea* (Eupteleaceae) shaped by Late Neogene vicariance and Quaternary climate change. BMC Evolutionary Biology, 16(1): 266.
Chase M W, Soltis D E, Olmstead R G, et al. 1993. Phylogenetics of seed plants: an analysis of nucleotide sequences from the plastid gene *rbcL*. Annals of the Missouri Botanical Garden, 80(3): 528-580.
Cronquist A. 1981. An Integrated System of Classification of Flowering Plants. New York: Columbia University Press.
Dahlgren R. 1983. General aspects of angiosperm evolution and macrosystematics. Nordic Journal of Botany, 3(1): 119-149.
Davis G A. 1966. Systematic Embryology of the Angiosperms. New York: Wiley: 264.
Doyle J A, Endress P K. 2000. Morphological phylogenetic analysis of basal angiosperms: comparison and combination with molecular data. International Journal of Plant Sciences, 161(S6): S121-S153.
Endress P K. 1986. Floral structure, systematics and phylogeny of Trochodendrales. Annals of the Missouri Botanical Garden, 73(2): 297-324.
Endress P K. 1993. Eupteleaceae. *In*: Kubitzki K. The Families and Genera of Vascular Plants. New York: Springer-Verlag: 299-300.
Fady B, Conord C. 2010. Macroecological patterns of species and genetic diversity in vascular plants of the Mediterranean basin. Diversity and Distributions, 16(1): 53-64.
Fu D Z, Endress P K. 2001. Eupteleaceae. *In*: Wu Z Y, Peter H R, Hong D Y. Flora of China. http://foc.eflora.cn/content.aspx?TaxonId=10329. [2015-3-20].
Hampe A, Arroyo J. 2002. Recruitment and regeneration in populations of an endangered South Iberian Tertiary relict tree. Biological Conservation, 107(3): 263-271.
Hanson L, Boyd A, Johnson M A T, et al. 2005. First nuclear DNA C-values for 18 eudicot families. Annals of Botany, 96(7): 1315-1320.
He D, Wang Q G, Franklin S B, et al. 2013. Transient and asymptotic demographics of the riparian species *Euptelea pleiospermum* in the Shennongjia area, central China. Biological Conservation, 161: 193-202.

Hilu K W, Borsch T, Müller K, et al. 2003. Angiosperm phylogeny based on *matK* sequence information. American Journal of Botany, 90(12): 1758-1776.

Hooker J D, Thomson T. 1864. On the genus *Euptelea*, Sieb. & Zucc. Botanical Journal of the Linnean Society, 7(28): 240-243.

Hoot S B, Crane P R. 1995. Inter-familial relationships in the Ranunculidae based on molecular systematics. *In*: Jensen U, Kadereit J W. Systematics and Evolution of the Ranunculiflorae. New York: Springer: 119-131.

Hoot S B, Magallón S, Crane P R. 1999. Phylogeny of basal eudicots based on three molecular datasets: *atp*B, *rbcL*, and 18S nuclear ribo- somal DNA sequences. Annals of the Missouri Botanical Garden, 86(1): 1-32.

Hutchinson J. 1973. The Families of Flowering Plants. Oxford: Oxford University Press: 135.

Jiang M X, Deng H B, Cai Q H, et al. 2005. Species richness in a riparian plant community along the banks of the Xiangxi River, the Three Gorges region. International Journal of Sustainable Developmental & World Ecology, 12(1): 60-67.

Kim S, Soltis D E, Soltis P S, et al. 2004. Phylogenetic relationships among early-diverging eudicots based on four genes: were the eudicots ancestrally woody? Molecular Phylogenetics and Evolution, 31(1): 16-30.

Kubo M, Sakio H, Shimano K, et al. 2005. Age structure and dynamics of *Cercidiphyllum japonicum* sprouts based on growth ring analysis. Forest Ecology and Management, 213(1-3): 253-260.

Laikre L, Allendorf F W, Aroner L C, et al. 2010. Neglect of genetic diversity in implementation of the convention on biological diversity. Conservation Biology, 24(1): 86-88.

Magallón S, Crane P R, Herendeen P S. 1999. Phylogenetic pattern, diversity, and diversification of eudicots. Annals of the Missouri Botanical Garden, 86(2): 297-372.

Manchester S R, Chen Z D, Lu A M, et al. 2009. Eastern Asian endemic seed plant genera and their paleogeographic history through the Northern Hemisphere. Journal of Systematics and Evolution, 47(1): 1-42.

Marchesini A, Vernesi C, Battisti A, et al. 2018. Deciphering the drivers of negative species-genetic diversity correlation in Alpine amphibians. Molecular Ecology, 27(23): 4916-4930.

Mejías J A, Arroyo J, Marañón T. 2007. Ecology and biogeography of plant communities associated with the post Plio-Pleistocene relict *Rhododendron ponticum* subsp. *baeticum* in southern Spain. Journal of Biogeography, 34(3): 456-472.

Meng H J, Wei X Z, Franklin S B, et al. 2017. Geographical variation and the role of climate in leaf traits of a relict tree species across its distribution in China. Plant Biology, 19(4): 552-561.

Miraldo A, Li S, Borregaard M K, et al. 2016. An Anthropocene map of genetic diversity. Science, 353(6307): 1532-1535.

Myers N, Mittermeier R A, Mittermeier C G, et al. 2000. Biodiversity hotspots for conservation priorities. Nature, 403(6772): 853-858.

Nandi O I, Chase M W, Endress P K. 1998. A combined cladistic analysis of angiosperms using *rbcL* and non-molecular data sets. Annals of the Missouri Botanical Garden, 85(1): 137-212.

Nast C G, Bailey I W. 1946. Morphology of *Euptelea* and comparison with *Trochodendron*. Journal of the Arnold Arboretum, 27(2): 186-192.

Onoe T. 1989. Palaeoenvironmental analysis based on the Pleistocene Shiobara flora in the Shiobara volcanic basin, central Japan. Report, Geological Survey of Japan, 269: 1-207.

Ozaki K. 1991. Late miocene and pliocene floras in central Honshu Japan. Yokohama: Kanagawa Prefectural Museum Natural Science: 1-244.

Praglowski J. 1975. The pollen morphology of the Trochodendraceae, Tetracentraceae, Cercidiphyllaceae, and Eupteleaceae, with reference to taxonomy. Pollen et Spores, 16: 449-467.

Pulido F, Valladares F, Calleja J A, et al. 2008. Tertiary relict trees in a Mediterranean climate: abiotic constraints on the persistence of *Prunus lusitanica* at the eroding edge of its range. Journal of Biogeography, 35(8): 375-385.

Puşcaş M, Taberlet P, Choler P. 2008. No positive correlation between species and genetic diversity in European alpine grasslands dominated by *Carex curvula*. Diversity and Distributions, 14(5): 852-861.

Qiu Y L, Chase M W, Les D H, et al. 1993. Molecular phylogenetics of the Magnoliidae: cladistic analyses of nucleotide sequences of the plastid gene *rbcL*. Annals of the Missouri Botanical Garden, 80(3): 587-606.

Qiu Y L, Dombrowska O, Lee J, et al. 2005. Phylogenetic analyses of basal angiosperms based on nine plastid, mitochondrial, and nuclear genes. International Journal of Plant Sciences, 166(5): 815-842.

Qiu Y L, Lee J, Bernasconi-Quadroni F, et al. 1999. The earliest angiosperms: evidence from mitochondrial, plastid and nuclear genomes. Nature, 402(6760): 404-407.

Ren Y, Li H F, Zhao L, et al. 2007. Floral morphogenesis in *Euptelea* (Eupteleaceae, Ranunculales). Annals of Botany, 100(2): 185-193.

Sakai A, Ohsawa T, Ohsawa M. 1995. Adaptive significance of sprouting of *Euptelea polyandra*, a deciduous tree growing on steep slopes with shallow soil. Journal of Plant Research, 108(3): 377-386.

Sakai A, Sakai S, Akiyama F. 1997. Do sprouting tree species on erosion-prone sites carry large reserves of resources? Annals of Botany, 79(6): 625-630.

Sakio H, Kubo M, Shimano K, et al. 2002. Coexistence of three canopy tree species in a riparian forest in the Chichibu Mountains, central Japan. Folia Geobotanica, 37(1): 45-61.

Scott R A, Barghoorn E S. 1955. The occurrence of *Euptelea* in the Cenozoic of western North America. Journal of the Arnold Arboretum, 36(2-3): 259-265.

Smith A C. 1945. A taxonomic review of *Trochodendron* and *Tetracentron*. Journal of the Arnold Arboretum, 26(2): 139-141.

Smith A C. 1946. A taxonomic review of *Euptelea*. Journal of Arnold Arboretum, 27(2): 175-185.

Soltis D E, Senters A, Zanis M, et al. 2003. Gunnerales are sister to other core eudicots: implications for the evolution of pentamery. American Journal of Botany, 90(3): 461-470.

Soltis D E, Soltis P S, Chase M W, et al. 2000. Angiosperm phylogeny inferred from 18S rDNA, *rbcL* and *atp*B sequences. Botanical Journal of the Linnean Society, 133(4): 381-461.

Soltis D E, Soltis P S, Nickrent D L, et al. 1997. Angiosperm phylogeny inferred from 18S ribosomal DNA sequences. Annals of the Missouri Botanical Garden, 84(1): 1-49.

Souto C P, Mathiasen P, Acosta M C, et al. 2015. Identifying genetic hotspots by mapping molecular diversity of widespread trees: When commonness matters. Journal of Heredity, 106(S1): 537-545.

Suzuki W, Osumi K, Masaki T, et al. 2002. Disturbance regimes and community structures of a riparian and an adjacent terrace stand in the Kanumazawa Riparian Research Forest, northern Japan. Forest Ecology and Management, 157(1): 285-301.

Taberlet P, Zimmermann N E, Englisch T, et al. 2012. Genetic diversity in widespread species is not congruent with species richness in alpine plant communities. Ecology Letters, 15(12): 1439-1448.

Takhtajan A L. 1980. Outline of the classification of flowering plants (Magnoliophyta). Botanical Review, 46(3): 263-350.

Takhtajan A L. 1997. Diversity and Classification of Flowering Plants. New York: Columbia University Press.

Tang C Q. 2000. Ecological studies on forest vegetation on a humid subtropical mountain, Mt. Emei, Sichuan, China. Chiba: Doctor's Dissertation in Chiba University.

Tang C Q, Ohsawa M. 1997. Zonal transition of evergreen, deciduous, and coniferous forests along the altitudinal gradient on a humid subtropical mountain, Mt. Emei, Sichuan, China. Plant Ecology, 133(1): 63-78.

Tang C Q, Ohsawa M. 2002. Tertiary relic deciduous forests on a humid subtropical mountain, Mt. Emei, Sichuan, China. Folia Geobotanica, 37(1): 93-106.

Thorne R F. 1983. Proposed new realignments in the angiosperms. Nordic Journal of Botany, 3(1): 85-117.

Thorne R F. 1992. An updated phylogenetic classification of the flowering plants. Aliso, 13(2): 365-389.

Vellend M. 2003. Island biogeography of genes and species. American Naturalist, 162(3): 358-365.

Vellend M. 2005. Species diversity and genetic diversity: parallel processes and correlated patterns. American Naturalist, 166(2): 199-215.

Vellend M, Geber M A. 2005. Connections between species diversity and genetic diversity. Ecology Letters, 8(7): 767-781.

Wang L M, Qin J. 2011. Diameter class structure and sprouting characteristics of a northernmost *Euptelea pleiospermum* population in China: Implications for conservation. Acta Ecologia Sinica, 31(2): 103-107.

Wang W, Lu A M, Ren Y, et al. 2009. Phylogeny and classification of Ranunculales: evidence from four molecular loci and morphological data. Perspectives in Plant Ecology, Evolution and Systematics, 11(2): 81-110.

Wei X Z, Bao D C, Meng H J, et al. 2018. Pattern and drivers of species-genetic diversity correlation in natural forest tree communities across a biodiversity hotspot. Journal of Plant Ecology, 11(5): 761-770.

Wei X Z, Jiang M X. 2012a. Contrasting relationships between species diversity and genetic diversity in natural and disturbed forest tree communities. New Phytologist, 193(3): 779-786.

Wei X Z, Jiang M X. 2012b. Limited genetic impacts of habitat fragmentation in an "old rare" relict tree, *Euptelea pleiospermum* (Eupteleaceae). Plant Ecology, 213(6): 909-917.

Wei X Z, Jiang M X, Huang H D, et al. 2010a. Relationships between environment and mountain riparian plant communities associated with two rare tertiary-relict tree species, *Euptelea pleiospermum* (Eupteleaceae) and *Cercidiphyllum japonicum* (Cercidiphyllaceae). Flora, 205(12): 841-852.

Wei X Z, Liao J X, Jiang M X. 2010b. Effects of pericarp, storage conditions, seed weight, substrate moisture content, light, GA_3 and KNO_3 on germination of *Euptelea pleiospermum*. Seed Science and Technology, 38(1): 1-13.

Wei X Z, Meng H J, Bao D C, et al. 2015b. Gene flow and genetic structure of a mountain riparian tree species, *Euptelea pleiospermum* (Eupteleaceae): how important is the stream dendritic network? Tree Genetics & Genomes, 11(4): 64.

Wei X Z, Meng H J, Jiang M X. 2013. Landscape genetic structure of a streamside tree species *Euptelea pleiospermum* (Eupteleaceae): contrasting roles of river valley and mountain ridge. PLoS One, 8(6): e66928.

Wei X Z, Sork V L, Meng H J, et al. 2016. Genetic evidence for central-marginal hypothesis in a Cenozoic relict tree species across its distribution in China. Journal of Biogeography, 43(11): 2173-2185.

Wei X Z, Wu H, Meng H J, et al. 2015a. Regeneration dynamics of *Euptelea pleiospermum* along latitudinal and altitudinal gradients: Trade-offs between seedling and sprout. Forest Ecology and Management, 353: 232-239.

Whitaker T W. 1933. Chromosome number and relationship in the Magnoliales. Journal of the Arnold Arboretum, 14(4): 376-385.

Wolfe J A. 1977. Paleogene Floras from the Gulf of Alaska Region. Professional Paper, US Geological Survey, (997): 1-107.

Wolfe J A. 1989. Leaf-architectural analysis of the Hamamelidae. *In*: Crane P R, Blackmore S. Evolution, Systematics, and Fossil History of the Hamamelidae. 1. Introduction and 'lower' Hamamelidae. Oxford: Clarendon Press: 75-104.

Worberg A, Quandt D, Barniske A M, et al. 2007. Phylogeny of basal eudicots: insights from non-coding and rapidly evolving DNA. Organisms, Diversity and Evolution, 7(1): 55-77.

Wu H, Meng H J, Wang S T, et al. 2018. Geographic patterns and environmental drivers of seed traits of a relict tree species. Forest Ecology and Management, 422: 59-68.

Xu J C, Wilkes A. 2004. Biodiversity impact analysis in northwest Yunnan, southeast China. Biodiversity and Conservation, 13(5): 959-983.

Xu W M, Liu L, He T H, et al. 2016. Soil properties drive a negative correlation between species diversity and genetic diversity in a tropical seasonal rainforest. Scientific Reports, 6(1): 20652.

Zanis M J, Soltis P S, Qiu Y L, et al. 2003. Phylogenetic analyses and perianth evolution in basal angiosperms. Annals of the Missouri Botanical Garden, 90(2): 129-150.

Zhang J J, Yao X H, Wei X Z, et al. 2008. Development and characterization of 14 polymorphic microsatellite loci in the endangered tree *Euptelea pleiospermum* (Eupteleaceae). Molecular Ecology Resources, 8(2): 314-316.

第三十章 小勾儿茶和毛柄小勾儿茶种群与保护生物学研究进展

第一节 小勾儿茶的分类、形态与分布

一、小勾儿茶的分类学地位

小勾儿茶（*Berchemiella wilsonii*）隶属于鼠李科（Rhamnaceae）小勾儿茶属（*Berchemiella*）。1898年，牧野富太郎（日本学者）将其放在猫乳属（*Rhamnella*）；1916年，小泉秀雄（日本学者）认为其隶属于苞叶木属（*Chaydaia*）；1914年，卡米洛·卡尔·施奈德（Camillo Karl Schneider）依据欧内斯特·亨利·威尔逊（Ernest Henry Wilson）于1907年采自中国湖北兴山的3388号标本发表了*Chaydaia wilsonii* Schneid.；1923年，中井猛之进（T. Nakai）建立了小勾儿茶属（钱宏 1988）。小勾儿茶属为典型的东亚分布属，属的分布区呈中国-日本间断分布模式。小勾儿茶属含有3种1变种，分布于中国、日本和朝鲜，属的模式种为日本小勾儿茶（*Berchemiella berchemiaefolia*），主要分布于日本、韩国；我国有2种1变种：小勾儿茶分布于湖北和浙江；滇小勾儿茶（*Berchemiella yunnanensis*）分布于云南；1变种为毛柄小勾儿茶（*Berchemiella wilsonii* var. *pubipetiolata*），分布于安徽和浙江（表30-1）。

表30-1 小勾儿茶属植物分布表

物种名	拉丁名	分布地点
滇小勾儿茶	*Berchemiella yunnanensis*	云南富宁
小勾儿茶	*Berchemiella wilsonii*	湖北房县、兴山、五峰；浙江竹溪、保康
毛柄小勾儿茶	*Berchemiella wilsonii* var. *pubipetiolata*	安徽舒城、霍山；浙江湍口、马啸
日本小勾儿茶	*Berchemiella berchemiaefolia*	日本、韩国

小勾儿茶属植物对研究鼠李科植物属间的分类系统演化具有重要的科学意义。小勾儿茶属与勾儿茶属（*Berchemia*）在亲缘关系上十分接近，但萼片内面中肋中部有喙状突起，花盘五边形，结果时不增大，核果1室，具1粒种子，小枝粗糙有纵裂纹，叶基部常不对称，与后者容易区别。该属花的构造又与猫乳属有相同的特征，对研究鼠李科枣族中某些属间的亲缘关系有重要的科学意义。

由于小勾儿茶野外分布数量极其稀少，被列为国家二级重点保护野生植物（国家环境保护局和中国科学院植物研究所 1987），划为濒危等级，并被列为全国亟待拯救保护的120种极小种群野生植物之一（国家林业局 2011）。

二、小勾儿茶的形态学特征

《中国植物志》对小勾儿茶的描述：小勾儿茶为落叶灌木，高 3～6m，小枝无毛，褐色，具密而明显的皮孔，有纵裂纹，老枝灰色。叶纸质，互生，椭圆形，长 7～10cm，宽 3～5cm，顶端钝，有短突尖，基部圆形，不对称，上面绿色，无光泽，无毛，下面灰白色，无乳头状突起，仅脉腋微被毛，侧脉每边 8～10 条，叶柄长 4～5mm，无毛，上面有沟槽，托叶短，三角形，背部合生而包裹芽。顶生聚伞总状花序，长 3.5cm，无毛，花芽圆球形，直径为 1.5mm，短于花梗，花淡绿色，构造与勾儿茶属相似，但萼片三角状卵形，内面中肋中部具喙状突起，花瓣宽倒卵形，顶端微凹，基部具短爪，与萼片近等长，子房基部为花盘所包围，花柱短，2 浅裂。花期 7 月，果未见（陈艺林 1982）。

重新发现的小勾儿茶应为落叶乔木，核果成熟时红色至紫黑色，长椭圆形，长约 8mm，直径约为 3.5mm，基部具宿存萼筒（Li et al. 2004）。

三、小勾儿茶的分布现状

小勾儿茶为国家二级重点保护野生植物，被划为濒危等级，为我国微域分布的特有种，分布范围极为狭窄。1907 年，该物种由英国植物学家威尔逊在湖北省兴山县首次采集到，模式标本现藏于美国哈佛大学植物标本馆。此后近百年内，在湖北省再未发现，被怀疑已经灭绝。

2001 年 6 月，中国科学院武汉植物园科研人员在湖北省后河国家级自然保护区进行植被考查时发现 1 株小勾儿茶，由此引起了人们对小勾儿茶的极大关注。该树高 18m 左右，胸径为 28.6cm，生长于悬崖上，位于群落最高层。目前仅分布在湖北省的长阳、五峰、神农架、竹山、竹溪、保康和房县等地，数量极为稀少。2010 年在浙江嵊州发现小勾儿茶的分布数量同样较少（李华东等 2012）。

第二节　小勾儿茶的群落生态学

一、小勾儿茶的分布概况

小勾儿茶主要分布于长江三峡地区、大巴山系的神农架地区和武陵山系的五峰后河国家级自然保护区，该区域地处我国地势的第二阶梯向第三阶梯的过渡区域，同时也是我国具有国际意义的陆地生物多样性关键地区。小勾儿茶主要分布于海拔 900～1350m 的地带，土壤主要为山地黄棕壤。该地带的植被类型为亚热带山地常绿落叶阔叶混交林带，主要常绿植物种类有多脉青冈（*Quercus multinervis*）、曼青冈（*Quercus oxyodon*）、多种楠木、多种石栎和山茶科的多种山茶等。落叶种类主要有多种鹅耳枥（*Carpinus* spp.）、多种槭树（*Acer* spp.）和亮叶桦（*Betula luminifera*）等。

在浙江嵊州发现的小勾儿茶主要分布在沟谷地带，多处于群落的上层，乔木层的主要伴生植物有化香树（*Platycarya strobilacea*）、樱 1 种（*Prunus* sp.）、杭州榆（*Ulmus changii*），豹皮樟（*Litsea coreana* var. *sinensis*）、黄檀（*Dalbergia hupeana*）、楝叶吴萸

（*Tetradium glabrifolium*）、枹栎（*Quercus serrata*）、七子花（*Heptacodium miconioides*）、黄丹木姜子（*Litsea elongata*）等（李华东等 2012）。

二、小勾儿茶的生境特点

根据野外调查资料，研究发现小勾儿茶多居于群落乔木层的最高处，所调查的大树全位于群落最高层，其幼树几乎都位于次生林群落中光照较好的层片中或路边，这表明其成年植株喜光性强。而在保康发现自然生长的幼苗全生长在光照较强的路边，可能说明小勾儿茶的幼苗耐阴性差，很难在郁闭度高的林内生长。

三、小勾儿茶伴生群落的特征

根据胡理乐等（2003，2005）的研究，小勾儿茶主要以伴生种的形式出现在群落中，根据五峰后河样地资料，该群落层次明显，可分为乔、灌、草 3 层。乔木层盖度大，平均盖度达 75%。乔木层可分为两个亚层，高于 13m 的定为第Ⅰ亚层，主要有细叶青冈（*Quercus shennongii*）、君迁子（*Diospyros lotus*）、泡花树（*Meliosma cuneifolia*）、湖北枫杨（*Pterocarya hupehensis*）等；13m 以下的定为第Ⅱ亚层，主要是一些常绿种类，尖连蕊茶（*Camellia cuspidata*）主要分布于该层，其平均高度只有 5.7m，分布于该层的还有紫楠（*Phoebe sheareri*）、细叶青冈、白楠（*Phoebe neurantha*）。在整个乔木层中，尖连蕊茶是群落的优势种，其次是小枝青冈。尖连蕊茶、小叶青冈、紫楠、白楠、曼青冈等均为常绿植物，在群落中常绿植物所占的比例较大；群落中的落叶植物也较多，主要有君迁子、泡花树、湖北枫杨、金钱槭（*Dipteronia sinensis*）、亮叶桦等。

灌木层主要分布的是一些乔木层的幼树和灌木种类，主要有尖连蕊茶、绢毛稠李（*Padus wilsonii*）、山莓（*Rubus corchorifolius*）、紫楠、房县枫（*Acer sterculiaceum* subsp. *franchetii*）。草本层最常见的植物有大叶贯众（*Cyrtomium macrophyllum*）、日本蛇根草（*Ophiorrhiza japonica*）、藏薹草（*Carex thibetica*）、鳞毛蕨（*Dryopteris* sp.）、吉祥草（*Reineckea carnea*）、黄精（*Polygonatum* sp.）等。

最常见的层间植物为尼泊尔常春藤（*Hedera nepalensis*）。

该群落中，高位芽植物占总数的 69.2%；地面芽植物次之，占 19.3%；其他 3 种生活型植物（地上芽、地下芽和一年生）之和也仅占 11.5%。从生活型谱反映出的气候特征与本地区温热高湿、冬季冷湿、夏无酷暑且四季分明的亚热带气候特点一致。可以看出，小勾儿茶伴生群落生活型谱介于常绿阔叶林和落叶阔叶林之间，具有常绿落叶阔叶混交林的特征。

第三节　毛柄小勾儿茶种群与保护生物学

一、毛柄小勾儿茶的群落学研究

毛柄小勾儿茶主要分布在安徽省霍山县马家河和舒城县万佛山、浙江省临安区湍口乡和马啸乡，其所在群落的物种组成种类丰富，群落乔木层、灌木层、草本层优势度均很低，人类活动干扰严重（胡理乐等 2007）。通过种间联结分析发现，毛柄小勾儿茶与群落中其他种群无关联，或者与毛柄小勾儿茶存在显著关联的种群仅有一个，群落优势种群与毛柄小勾儿茶的关联性小，说明毛柄小勾儿茶在群落中具有很高的独立性或随机性，它只是群落的伴生种或偶见种（胡理乐等 2005）。应用除趋势对应分析（DCA）与双向指示种分析（TWINSPAN）对濒危植物毛柄小勾儿茶 69 块样地进行了排序与分类，共划分 9 个群落类型，表明毛柄小勾儿茶的生境特异性高，分布于海拔 500～900m 的低山区，多分布于湿润、排水良好的沟谷边，生境坡向多为阴坡（胡理乐等 2006，2007）。

二、毛柄小勾儿茶的遗传多样性研究

许凤华等（2006）采用扩增片段长度多态性（AFLP）标记对毛柄小勾儿茶现存于浙江和安徽的 4 个片断化种群中的 89 株个体进行了遗传多样性与遗传结构的研究，结果表明与其他木本濒危植物相比，毛柄小勾儿茶具有与它们相当的遗传多样性，采用 8 对选择性扩增引物共扩增出 122 条清晰的条带，种群的平均多态位点百分率为 P_p = 26.4%，其中马家河种群最高（29.5%）而湍口种群最低（23.8%），种群的平均基因多样性指标，期望杂合度 H_{ep} = 0.1628（0.1405～0.1724）；而在物种水平上的遗传多样性为：多态位点百分率 P_s = 36.9%，期望杂合度 H_{es} = 0.2024。种群间的遗传分化系数 F_{st} = 0.1939，表明种群间有显著的遗传分化，进一步利用分子方差分析（AMOVA）软件对遗传变异进行等级剖分，发现 24.88%的遗传变异存在于地理宗间（浙江地理宗和安徽地理宗），14.71%的遗传变异存在于种群间，60.42%的遗传变异存在于种群内（Kang et al. 2005，2006）。

Kang 等（2007）采用 AFLP 标记和 cpDNA 标记相结合的方法研究毛柄小勾儿茶的遗传多样性与遗传结构，发现地区间有强烈的遗传分化，而地区内却没有显著的遗传分化，表明毛柄小勾儿茶种群间的基因流较低。Kang 等（2008）进一步利用 13 对微卫星引物对毛柄小勾儿茶现存种群历史进行了研究，发现现存的毛柄小勾儿茶种群几乎没有近期的基因流，反映了毛柄小勾儿茶种群的长期隔离和低效率的种子扩散及花粉传播。

三、毛柄小勾儿茶的种子萌发和繁殖研究

党海山等（2005）对小勾儿茶的种子萌发开展了研究，小勾儿茶果实的千粒重为 79.3g，种子千粒重为 52.5g，种子含水量为 37.1%。种子萌发试验表明，毛柄小勾儿茶濒危的主要原因有：①发芽率极低。种子各部位都存在着发芽抑制物，尤其是种胚中的含量最多，致使种子存在着一定程度上的休眠，再加上坚硬种皮的机械阻力，种子萌发过程中与种子发芽力有关的一些酶的活性不高等制约因素导致了种子极低的发芽率。通过试验结果显示，即使在最佳的萌发状态下毛柄小勾儿茶的发芽率也只有 15.23%，可见如此低下的发芽率是小勾儿茶致濒的最主要原因。②毛柄小勾儿茶的结实量很大，但发育完全的种子少，且缺乏有效的传播途径。小勾儿茶的结实量非常大，但小勾儿茶种子在贮藏过程中出现的空粒率变化情况说明一半以上的种子发育不完全，并且绝大部分

种子都脱落在母株周围，缺乏有效的传播途径。③种子活力低下。新采集的种子测得其活力只有 37.68%，当种子贮藏 2 个月时其活力便下降到了 28%左右，如此低的种子活力是导致种子发芽率极低的一个最重要的因素；④幼苗存活率低。小勾儿茶为阳生树种，其种子有一定的喜光性，光照有利于种子的萌发。在小勾儿茶的自然生境中，光照强度可能不足，不利于种子的萌发；而光照对小勾儿茶幼苗的生长和存活有着很大的影响，小勾儿茶幼苗在光照强度低的环境中会存在着很高的死亡率，说明小勾儿茶幼苗的耐阴性极差，因此自然生境中小勾儿茶幼苗的存活率极低，严重影响小勾儿茶种群的自然更新，在自然状态下小勾儿茶的幼苗极少也证明了这一点。以上几个原因使得小勾儿茶在其生活史中由种子向幼苗的转化率极低，小勾儿茶种子不能萌发成幼苗，即使萌发成了幼苗，幼苗在生长过程又存在着较高的死亡率，从而出现了小勾儿茶幼苗补充不足、种群存在着极为严重的更新问题，最终导致了小勾儿茶的濒危。

以毛柄小勾儿茶嫩梢为外植体进行组织培养试验，以 1/2 MS+ 6–BA 0.5 mg/L + NAA 0.05 mg/L 为芽诱导培养基、MS+ 6-BA 0.5mg/L + NAA 0.05mg/L 为增殖培养基，可以得到大量的毛柄小勾儿茶试管苗（李洪林等 2005）。

第四节　总结与展望

从野外调查来看，小勾儿茶数量稀少的原因除自身的特点外，人类活动的干扰是主要原因。这主要是因为在早期，人们并不认识小勾儿茶，文献记载小勾儿茶为灌木和小乔木，事实是该物种为高大乔木，由于认识上的偏差，该物种遭到人为破坏而引起濒危。针对小勾儿茶的生物学特性和濒危的主要原因，开展物种的就地保护是十分必要的；同时对破坏不太严重的生境实行生境恢复；积极开展种子繁殖，获得幼树后开展其重返大自然的工作；加大宣传力度，让当地政府、居民加入到小勾儿茶保护行列中。

撰稿人：江明喜

主要参考文献

陈艺林. 1982. 中国植物志(第 48 卷, 第 1 分册). 北京: 科学出版社: 104-106.

党海山, 张燕君, 江明喜, 等. 2005. 濒危植物毛柄小勾儿茶种子休眠与萌发生理的初步研究. 武汉植物学研究, 23(4): 327-331.

国家环境保护局, 中国科学院植物研究所. 1987. 中国珍稀濒危保护植物名录(第一册). 北京: 科学出版社.

国家林业局. 2011. 全国极小种群野生植物拯救保护工程规划(2011—2015 年). 北京.

胡理乐, 江明喜, 黄汉东, 等. 2003. 濒危植物小勾儿茶伴生群落特征研究. 武汉植物学研究, 21(4): 327-331.

胡理乐, 江明喜, 党海山, 等. 2005. 从种间联结分析濒危植物毛柄小勾儿茶在群落中的地位. 植物生态学报, 29(2): 258-265.

胡理乐, 闫伯前, 江明喜, 等. 2007. 毛柄小勾儿茶伴生群落种类组成及多样性研究. 西北植物学报, 27(3): 594-600.

胡理乐, 闫伯前, 朱教君, 等. 2006. 濒危植物毛柄小勾儿茶生存群落的数量分类. 生态学杂志, 25(5): 492-496.

李华东, 丁建林, 何晓. 2012. 浙江嵊州发现濒危树种小勾儿茶. 浙江农林大学学报, 29(4): 639-640.

李洪林, 付志惠, 杨波. 2005. 珍稀濒危植物毛柄小勾儿茶的离体培养. 武汉植物学研究, 23(5): 503-504.

钱宏. 1988. 东亚特有属: 小勾儿茶属的研究. 植物研究, 8(4): 119-127.

许凤华, 康明, 黄宏文, 等. 2006. 濒危植物毛柄小勾儿茶片断化居群的遗传多样性. 植物生态学报, 30(1): 157-164.

Li J Q, Jiang M, Wang H, et al. 2004. Rediscovery of *Berchemiella wilsonii* (Schneid.) Nakai (Rhamnaceae), an endangered species from Hubei, China. Acta Phytotaxonomica Sinina, 42(1): 86-88.

Kang M, Jiang M, Huang H. 2005. Genetic diversity in fragmented populations of *Berchemiella wilsonii* var. *pubipetiolata* (Rhamnaceae). Annals of Botany, 95(7): 1145-1151.

Kang M, Wang J, Huang H. 2008. Demographic bottlenecks and low gene flow in remnant populations of the critically endangered *Berchemiella wilsonii* var. *pubipetiolata* (Rhamnaceae) inferred from microsatellite markers. Conservation Genetics, 9(1): 191-199.

Kang M, Xu F, Lowe A, et al. 2007. Protecting evolutionary significant units for the remnant populations of *Berchemiella wilsonii* var. *pubipetiolata* (Rhamnaceae). Conservation Genetics, 8(2): 465-473.

Kang M, Zhang J, Wang J, et al. 2006. Isolation and characterization of microsatellite loci in the endangered tree *Berchemiella wilsonii* var. *pubipetiolata* and cross-species amplification in closely related taxa. Conservation Genetics, 7(5): 789-793.

第三十一章　连香树种群与保护生物学研究进展

第一节　物 种 特 征

连香树（*Cercidiphyllum japonicum*）属于连香树科（Cercidiphyllaceae）连香树属（*Cercidiphyllum*），为东亚特有植物，分布于中国和日本。连香树属是连香树科唯一的属，该属只有 2 个种，另一种为大叶连香树（*Cercidiphyllum magnificum*），只分布于日本本州（Honshu）岛（刘逸慧 2010）。连香树是第三纪孑遗植物，在白垩纪和第三纪广泛分布于北半球（Kurata 1971），由于第四纪冰川的影响，当前只在中国和日本有分布。在中国，秦岭-大巴山地区是连香树的主要分布区，在安徽、浙江、江西和四川亦有零星分布，该物种的分布海拔为 650～2700m。目前，中国境内连香树的自然种群中个体数目小且多为大径级个体，缺少幼苗，存在自然更新困难，被列为国家二级重点保护野生植物（傅立国和金鉴明 1991）。

连香树为高大乔木，高 10～20m，最高可达 40m；树皮灰棕色，纵列；短枝上的叶为近圆形、宽卵形或心形，生长枝上的叶为椭圆形或三角形，边缘有圆钝锯齿；花单性，雌雄异株，长叶前开放或长叶时开放，雄花常 4 朵丛生，雌花 2～6（～8）朵丛生；蓇葖果 2～4 个，荚果状，长 1～1.8cm，微弯曲，先端渐细，花柱宿存；单个果实内有多粒种子，种子扁平四角形，长 2～2.5mm；连香树花期 4～5 月，果熟期 9～10 月。通过扫描电镜观察发现，连香树的每一朵雌花都包含一个苞片（bract）和心皮（carpel）（Yan et al. 2007），而化石中花器官可能含有 1 个或 2 个心皮（Crane & Stockey 1986）。

第二节　分类学与系统发育学

连香树属由菲利普·弗兰兹·冯·西博尔德（Philipp Franz von Siebold）和约瑟夫·格哈德·楚卡里尼（Joseph Gerhard Zuccarini）于 1846 年发现（Siebold & Zuccarini 1846），菲利普·爱德华·莱昂范·蒂格海姆（Philippe Édouard Léon Van Tieghem）于 1900 年将连香树属提升为连香树科（Van Tieghem 1900）。

连香树是孑遗植物，属于真双子叶植物基部类群，对于研究物种演化、植物区系起源和演化具有重要科学意义（周浙昆和 Momohara 2005）。然而关于其系统发育位置存在争论（Dahlgren 1980；Endress 1986；Takhtadzhian & Takhtajan 1996）。俸宇星等（1998）通过测定 *rbcL* 基因序列，对金缕梅类植物相关类群进行系统发育分析，发现连香树科和交让木科与金缕梅科和虎耳草科的亲缘关系较近，应列入金缕梅目内。章群等（2003）基于 *matK* 基因序列分析连香树与近缘植物的亲缘关系，发现连香树科与交让木科、金缕梅科之间的亲缘关系密切，而与水青树科的亲缘关系较远。APG Ⅲ（2009）将连香树科置于真双子叶植物类群的虎耳草目中。

通过解剖学观察发现，连香树木材特征较为原始，具有梯状复穿孔、木薄壁细胞（黎明等 2005），王东和高淑贞（1990，1991）观察了连香树的叶片、叶柄维管束、次生木质部的显微结构，通过与近缘科比较分析，认为连香树系统演化处于孤立地位，但和金缕梅科的亲缘关系较近而与木兰科的亲缘关系较远。闫小玲（2007）和段雪妮（2009）通过对连香树花、叶、次生木质部等的解剖实验，认为连香树科与形态学分类中的昆栏树科、水青树科和领春木科的亲缘关系较远，而与金缕梅科、交让木科和八角枫科的关系更近。Yan 等（2007）根据连香树科花器官的发生和发育、叶的发生和发育，以及次生木质部导管分子结构，认为连香树划到虎耳草目是合理的。基于基因构建的系统发育关系也表明连香树与虎耳草目植物有更近的亲缘关系（Jin et al. 2017）。

第三节　繁殖生态学与生理生态学

传粉是植物生活史中的重要现象，决定了植物个体间的基因交流，对种群的遗传、变异有重要影响。连香树的传粉盛期集中在开花后的 6～7 天，传粉有暴发性，且花粉通量与温度密切相关，连香树花粉传播距离较远，但随着距离的加大花粉量减少（袁丽洁等 2007）。种子的大小会影响种子的扩散和萌发，进而影响种群的更新，连香树种子重量为 0.4mg 左右，而且个体间种子大小有明显的差异（刘光华 2008）。

干旱胁迫实验表明，连香树具有一定的抗旱性（麦苗苗等 2011a），不同种源对干旱胁迫的响应存在差异，河南内乡的连香树抗干旱胁迫能力最强，可作为季节性干旱较严重地区的森林培育树种之一（李伟 2009）。在干旱胁迫下，一至二年生的枝条中木质部气穴现象比当年生的枝条更早出现（Fukuda et al. 2015）。连香树幼苗的生长受水淹的影响（Sakio 2005），种群的更新受到土壤状况的影响（Masaki et al. 2007）。而水涝胁迫的忍耐性研究发现，连香树在长时间（77 天）水涝胁迫下仍能存活（张学星等 2012）。连香树之所以对干旱和阴湿环境有较强生态适应能力与其叶片结构有关，马永红（2016）对连香树叶片进行解剖学观察，发现连香树叶片为典型异面叶、海绵组织发达；上下表皮有较厚的角质层和气孔器，叶片内机械组织和叶脉发达，叶柄中有发达的周韧维管束且含有维管束鞘。同时，连香树也有改善土壤状况的作用，其凋落物分解实验表明加入连香树凋落物能增强土壤微生物的活动和土壤中有机碳的含量（张丽萍 2006；Li et al. 2014）。

不同径级的连香树个体都有很好的萌生能力，连香树通过克隆繁殖在较长的时期内能保持其种群数量的稳定（Kubo et al. 2004；Wei et al. 2010）。与同属的大叶连香树相比，连香树单个个体萌发数少，死亡率更低（Kubo et al. 2010）。同时，连香树的萌生能力也受主干年龄、环境干扰（林窗、砍伐）的影响（Kubo et al. 2005）。何东等（2009）基于种群统计学和树木年代学的方法，研究神农架沿渡河、香溪河、南河和堵河水系连香树的种群动态与结构，发现种群中有充足的幼龄个体，但种群更新有断代；树龄在 30 年内的连香树生长速率最快，且干扰高峰与种群更新吻合，群落内的弱光环境影响种子出芽和幼苗生长，在连香树分布生境对其他物种实施间伐有利于连香树的生长。杨荣慧等（2012）研究了秦巴山区连香树的分布状况，指出秦岭地区连香树径级连续性差，而大巴山地区径级有一定的连续性，人为砍伐和种群自然更新障碍是其种群危险性加剧的主要原因。研究运用树木年代学的方法，发现温度（休眠季温度和夏季温度）与连香树径向生长显著相关，但径向生长与气候间的关系受生境地特征和气候类型的影响（He et al. 2012）。

陶应时等（2013）比较了四川省凉山州甘洛县马鞍山省级自然保护区内连香树雌雄株叶片生理和形态性状，发现性别间存在显著差异，雄株的叶面积、叶鲜重和干重、叶长、叶宽都比雌株大，而且雄株叶片叶绿素、可溶性糖和游离脯氨酸含量和超氧化物歧化酶（superoxide dismutase，SOD）含量高于雌株叶片，但雄株叶片中丙二醛的含量低于雌株。Zhang 等（2015）发现神农架地区连香树群落功能多样性和物种多样性随海拔变化有显著的变化趋势，同时功能多样性也受到凋落物厚度和生境异质性的影响。

物种分布模型预测表明连香树在气候变化情境下其适宜分布范围将缩小（吕佳佳 2009；吴建国 2011）。在野外很少发现连香树的幼苗，天然种群存在幼苗更新障碍，且种群处于衰退型（李文良等 2009；杨荣慧等 2012）。为了保护连香树资源，研究人员利用播种育苗（杨荣慧等 2012）、扦插（黄绍辉 2004；麦苗苗等 2011b；任重英等 2015）、组织培养（麦苗苗 2006；袁丽洁 2008；陈荣珠 2012；杨欣超 2012；韦虹宇 2016）等方法已经建立了一套完整的繁育体系。

第四节　分子生态学

连香树的基因组染色体数为 $n = 19$，染色体的大小和形状与木兰科鹅掌楸属（*Liriodendron*）和木兰属（*Magnolia*）植物相近（Whitaker 1933；Ratter & Milne 1976）。

借助分子标记技术，可以用来衡量物种内种群间遗传分化程度、遗传多样性高低、推测地质事件对物种分布的影响。Isagi 等（2005）针对连香树开发了 7 对分子标记引物，并且发现其中 3 对可以用于大叶连香树。Sato 等（2006）基于微卫星标记，研究了日本境内 6 个连香树种群的遗传结构，发现种群间存在显著的距离隔离效应，但种群间遗传分化程度较低，主要是由于种群间有强的基因流（种子能长距离传播、花粉能长距离传播）。黄绍辉和方炎明（2007）改进了连香树基因组 DNA 的提取方法，并优化了连香树 RAPD 反应体系（黄绍辉和方炎明 2009，2010）。王静等（2010）基于 ISSR 分子标记技术，研究了中国境内 10 个连香树种群的遗传结构，发现种群间遗传距离与地理距离间不存在显著关系（不存在环境距离隔离效应），但种群间基因流较低，生境片断化使种群间基因流受阻。黄绍辉和方炎明（2011）基于 RAPD 分子标记技术研究了中国境内 11 个连香树种群的遗传多样性，发现种群间遗传分化程度较高（分化系数为 0.48），但基因流仅为 0.54，种群间基因交流困难。Chen 等（2010）开发了 12 对微卫星标记的引物，其中 11 对可用于同属种大叶连香树。刘逸慧（2010）基于叶绿体 DNA（cpDNA）序列开展连香树亲缘地理学研究，发现连香树第四纪冰期避难所在中国中西部地区（峨眉山、壶瓶山及周边地区），而且在大约 248 万年前连香树分化为日本南部-中国和日本北部两个支系。袁珊等（2012）采用 AFLP 分子标记研究了神农架地区南北坡 4 个连香树种群的遗传多样性及遗传结构，发现该地区连香树种群遗传多样性较高，所有个体被分为南坡组合和北坡组合，同坡向种群间基因流高于不同坡向种群间基因流，然而种群间遗传分化程度较低，可能与该种的属性有关（种子有较强的扩散能力，花粉传播距离较远）。Qi 等（2012）基于叶绿体、核糖体序列和微卫星标记，结合生态位模拟研究了中国和日本境内连香树属对气候变化的响应，发现第三纪晚期气候变冷是该属物种分化的起点，在冰期中国北部和日本北部连香树生境丧失严重，而冰期后连香树由四川盆地向北部扩张，形成了当前的分布格局。Guan 等（2016）基于叶绿体和核基因数据，指出四川盆地的西部边缘地区是冰期连香树的孑遗中心，冰期后向秦岭和东北部迁移。Jin 等（2017）从连香树中分离和鉴定出 10 个与开花调控有关的基因，并鉴定出只在雌花或雄花器官中表达的基因。

第五节　总结与展望

由于历史事件和人为活动的影响，连香树自然分布范围锐减，且该物种自然更新困难，随着老龄个体的自然死亡，该物种濒临灭绝的风险将加大。目前，对于该连香树种群生态学、解剖学和繁殖生态学等方面已经取得重要的进展，但缺乏自然环境下种群更新限制机制的研究，利用同质种植园实验，监测不同生活史阶段的生长状况，进而确定限制连香树自然更新的生活史阶段并揭示主要的限制因子，将极大地增加物种保护措施的有效性。连香树是典型的山地河岸带植物，而这一特殊的区域中分布着大量的孑遗物种。山地生态系统是气候变化背景下的敏感区域，研究连香树的适应策略、预测种群动态变化，对于生物多样性保护工作的开展有很重要的理论指导意义。

撰稿人：江明喜

主要参考文献

陈荣珠. 2012. 连香树组织培养及其生根过程中内源激素变化研究. 北京：北京林业大学硕士研究生学位论文.

段雪妮. 2009. 连香树科(Cercidiphyllaceae)的胚胎学与相关科的比较研究. 西安：陕西师范大学硕士研究生学位论文.

俸宇星, 汪小全, 潘开玉, 等. 1998. *rbcL* 基因序列分析对连香树科和交让木科系统位置的重新评价：兼论低等金缕梅类的关系. 植物分类学报, 36(5): 28-39.

傅立国, 金鉴明. 1991. 中国植物红皮书：稀有濒危植物(第一册). 北京：科学出版社.

何东, 魏新增, 李连发, 等. 2009. 神农架山地河岸带连香树的种群结构与动态. 植物生态学报, 33(3): 469-481.

黄绍辉. 2004. 几种珍稀树种的引种繁育及生态学研究. 南京：南京林业大学硕士研究生学位论文.

黄绍辉, 方炎明. 2007. 改进的 SDS-CTAB 法提取濒危植物连香树总 DNA. 武汉植物学研究, 25(1): 98-101.

黄绍辉, 方炎明. 2009. 珍稀濒危植物连香树 RAPD 反应体系的优化. 江苏农业科学, (1): 42-44.

黄绍辉, 方炎明. 2010. 牛血清白蛋白对连香树 PCR 反应体系的优化. 安徽农业科学, 38(26): 14260-14261.

黄绍辉, 方炎明. 2011. 濒危植物连香树遗传多样性研究. 南京林业大学学报(自然科学版), 35(3): 65-69.
黎明, 段增强, 李莲枝, 等. 2005. 连香树营养器官的解剖学研究. 河南农业大学学报, 39(2): 178-181.
李文良, 张小平, 郝朝运, 等. 2009. 湘鄂皖连香树种群的年龄结构和点格局分析. 生态学报, 29(6): 459-468.
李伟. 2009. 不同种源连香树对干旱胁迫的生理响应研究. 成都: 四川农业大学硕士研究生学位论文.
刘光华. 2008. 连香树(*Cercidiphyllum japonicum* Sieb.et Zucc.)种群生殖生态学研究. 成都: 四川农业大学硕士研究生学位论文.
刘逸慧. 2010. 基于叶绿体 DNA(cpDNA)序列变异的连香树属的亲缘地理学研究. 杭州: 浙江大学硕士研究生学位论文.
吕佳佳. 2009. 气候变化对我国主要珍稀濒危物种分布影响及其适应对策研究. 北京: 中国环境科学研究院硕士研究生学位论文.
马永红. 2016. 连香树叶片发育与生态适应研究. 植物研究, 36(5): 705-711.
麦苗苗. 2006. 连香树快速扩繁途径的研究. 成都: 四川农业大学硕士研究生学位论文.
麦苗苗, 王米力, 李伟, 等. 2011a. 渗透胁迫对连香树幼树生理特性的影响. 福建林学院学报, 31(4): 340-345.
麦苗苗, 王米力, 石大兴. 2011b. 连香树嫩枝扦插繁殖技术研究. 福建林业科技, 38(3): 103-106.
任重英, 李银梅, 马丽娜. 2015. 连香树不同插穗类型及质量对生根的影响. 现代园艺, (4): 7-8.
陶应时, 廖咏梅, 黎云祥, 等. 2013. 连香树雌雄株叶片形态及生理生化指标比较. 东北林业大学学报, 41(3): 18-19.
王东, 高淑贞. 1990. 中国连香树科的系统研究: Ⅰ.叶的宏观结构及叶柄维管束变化. 西北植物学报, 10(1): 37-41.
王东, 高淑贞. 1991. 中国连香树科的系统研究: Ⅱ.次生木质部的显微和超微结构. 西北植物学报, 11(4): 287-290.
王静, 张小平, 李文良, 等. 2010. 濒危植物连香树居群的遗传多样性和遗传分化研究. 植物研究, 30(2): 208-214.
韦虹宇. 2016. 连香树体细胞胚胎发生及植株再生体系的研究. 南宁: 广西大学硕士研究生学位论文.
吴建国. 2011. 气候变化对 7 种乔木植物分布的潜在影响. 植物分类与资源学报, 33(3): 335-349.
闫小玲. 2007. 基于广义形态学特征对连香树科系统位置的研究. 西安: 陕西师范大学硕士研究生学位论文.
杨荣慧, 孙宝胜, 刘守阳. 2012. 秦岭地区连香树分布现状与濒危机理. 东北林业大学学报, 40(6): 19-22.
杨欣超. 2012. 珍稀濒危树种连香树繁育技术研究. 长沙: 中南林业科技大学硕士研究生学位论文.
袁丽洁. 2008. 珍稀植物连香树组织培养技术体系研究. 郑州: 河南农业大学硕士研究生学位论文.
袁丽洁, 方向民, 崔波, 等. 2007. 濒危植物连香树的传粉生物学研究. 河南农业大学学报, 41(6): 647-650, 654.
袁珊, 孟爱平, 李建强, 等. 2012. 神农架山体对濒危植物连香树遗传结构影响的研究. 植物科学学报, 30(4): 358-365.
张丽萍. 2006. 四川岷江上游典型森林生态系统凋落叶分解及其与土壤性质的互动. 杨凌: 西北农林科技大学硕士研究生学位论文.
章群, 聂湘平, 施苏华, 等. 2003. 连香树科及其近缘植物 *matK* 序列分析和系统学意义. 生态科学, 22(2): 113-115.
张学星, 周筑, 陈强, 等. 2012. 17 种云南乡土树种对不同程度水涝胁迫的忍耐性调查. 西北林学院学报, 27(1): 15-21.
周浙昆, Momohara A. 2005. 一些东亚特有种子植物的化石历史及其植物地理学意义. 云南植物研究, 27(5): 449-470.

APG III. 2009. An update of the Angiosperm Phylogeny Group classification for the orders and families of flowering plants: APG III. Botanical Journal of the Linnean Society, 161(2): 105-121.
Chen C, Liu Y H, Fu C X, et al. 2010. New microsatellite markers for the rare plant *Cercidiphyllum japonicum* and their utility for *Cercidiphyllum magnificum*. American Journal of Botany, 97(9): E82-E84.
Crane P R, Stockey R A. 1986. Morphology and development of pistillate inflorescences in extant and fossil Cercidiphyllaceae. Annals of the Missouri Botanical Garden, 73(2): 382-393.
Dahlgren R M T. 1980. A revised system of classification of the angiosperms. Botanical Journal of the Linnean Society, 80(2): 91-124.
Endress P K. 1986. Floral structure, systematics, and phylogeny in Trochodendrales. Annals of the Missouri Botanical Garden, 73(2): 297-324.
Fukuda K, Kawaguchi D, Aihara T, et al. 2015. Vulnerability to cavitation differs between current-year and older xylem: non-destructive observation with a compact magnetic resonance imaging system of two deciduous diffuse-porous species. Plant Cell and Environment, 38(12): 2508-2518.
Guan B C, Chen W, Gong X, et al. 2016. Landscape connectivity of *Cercidiphyllum japonicum*, an endangered species and its implications for conservation. Ecological Informatics, 33: 51-56.
He D, Jiang M X, Wei X Z. 2012. A dendroclimatic investigation of radial growth-climate relationships for the riparian species *Cercidiphyllum japonicum* in the Shennongjia area, central China. Trees, 26(2): 503-512.
Isagi Y, Kudo M, Osumi K, et al. 2005. Polymorphic microsatellite DNA markers for a relictual angiosperm *Cercidiphyllum japonicum* Sieb. et Zucc. and their utility for *Cercidiphyllum magnificum*. Molecular Ecology Notes, 5(3): 596-598.
Jin Y P, Wang Y B, Zhang D C, et al. 2017. Floral organ MADS-box genes in *Cercidiphyllum japonicum* (Cercidiphyllaceae): implications for systematic evolution and bracts definition. PLoS One, 12(5): e0178382.
Kubo M, Sakio H, Shimano K, et al. 2004. Factors influencing seedling emergence and survival in *Cercidiphyllum japonicum*. Folia Geobotanica, 39(3): 225-234.
Kubo M, Sakio H, Shimano K, et al. 2005. Age structure and dynamics of *Cercidiphyllum japonicum* sprouts based on growth ring analysis. Forest Ecology and Management, 213(1-3): 253-260.
Kubo M, Shimano K, Sakio H, et al. 2010. Difference between sprouting traits of *Cercidiphyllum japonicum* and *C. magnificum*. Journal of Forest Research, 15(5): 337-340.
Kurata S. 1971. Illustrated important forest trees of Japan. Tokyo: Chikyu Shuppan.
Li W, Pan K W, Wu N, et al. 2014. Effect of litter type on soil microbial parameters and dissolved organic carbon in a laboratory microcosm experiment. Plant Soil and Environment, 60(4): 170-176.
Masaki T, Osumi K, Takahashi K, et al. 2007. Effects of microenvironmental heterogeneity on the seed-to-seedling process and tree coexistence in a riparian forest. Ecological Research, 22(5): 724-734.
Qi X S, Chen C, Comes H P, et al. 2012. Molecular data and ecological niche modelling reveal a highly dynamic evolutionary history of the East Asian Tertiary relict *Cercidiphyllum* (Cercidiphyllaceae). New Phytologist, 196(2): 617-630.
Ratter J A, Milne C. 1976. Chromosome counts in primitive angiosperms. Ⅱ. Notes from the Royal Botanic Garden Edinburgh, 35: 143-145.
Sakio H. 2005. Effects of flooding on growth of seedlings of woody riparian species. Journal of Forest Research, 10(4): 341-346.
Sato T, Isagi Y, Sakio H, et al. 2006. Effect of gene flow on spatial genetic structure in the riparian canopy tree *Cercidiphyllum japonicum* revealed by microsatellite analysis. Heredity, 96(1): 79-84.
Siebold P F, Zuccarini J G. 1846. Florae Japonicae. Abh Bayer Abhand Akad Wiss (Math-Phys), 4(3): 123-240.
Takhtadzhian A L, Takhtajan A. 1996. Diversity and Classification of Flowering Plants. New York: Columbia University Press: 128-141.
Van Tieghem P. 1900. Sur les dicotylédones du groupe des Homoxylées. Journal of Botany, 14: 259-297,

330-361.

Wei X Z, Jiang M X, Huang H D, et al. 2010. Relationships between environment and mountain riparian plant communities associated with two rare tertiary-relict tree species, *Euptelea pleiospermum* (Eupteleaceae) and *Cercidiphyllum japonicum* (Cercidiphyllaceae). Flora, 205(12): 841-852.

Whitaker T W. 1933. Chromosome number and relationship in the Magnoliales. Journal of the Arnold Arboretum, 14(4): 376-385.

Yan X L, Ren Y, Tian X H, et al. 2007. Morphogenesis of pistillate flowers of *Cercidiphyllum japonicum* (Cercidiphyllaceae). Journal of Integrative Plant Biology, 49(9): 1400-1408.

Zhang J T, Zhang B, Qian Z Y. 2015. Functional diversity of *Cercidiphyllum japonicum*, communities in the Shennongjia Reserve, central China. Journal of Forestry Research, 26(1): 171-177.

第三十二章　刺五加种群与保护生物学研究

第一节　引　　言

种群（population）一般是指同种生物在特定环境空间内的个体集群或总和（牛翠娟等 2007）。个体是种群的基本组成单位，但个体特征的简单相加并不等于群体的特征。种群既囊括了个体的全部特征，但又具有个体所不能单独体现的群体特征。某一环境空间中所有的生物种群有规律地结合在一起，便形成了生物群落，生物群落与周围所有环境因子构成一个相互作用的整体系统，即自然界中的基本功能单位——生态系统（Mackenzie et al. 1998）。种群是物种存在、进化和种间关系产生的基本单位，也是连接生物个体与群落及生态系统的桥梁（李俊清等 2010）。因此，种群是生物系统的基本组建层次之一，有必要对其进行单独研究。

种群在生物群落与生态系统中的功能和地位越来越引起人们的重视。群落与生态系统有其各自独特的特征与运行规律，而生物种群是这些特征与规律的基础。如果没有种群的多样性，也就不会有群落结构的复杂性，从而就不会有生态系统能量流动和物质循环及信息交换的多样性。没有种群的生死变动及种内种间调节的规律性，也就不会有群落的动态变化与生态系统的内稳态特征。植物种群与群落的结构、分类、生态、演替等各方面都有着密切的关系。群落结构的分层是由各个种群的异龄个体所组成的，群落的优势度是根据种群中个体的多度、频度、显著度等来划分的。另外，群落的多样性指数、综合指数、群落系数等都是以种群为基础来划分的（Putman 1995）。群落的演替与种群的特征更是不可分割的，群落中各个种群及其生态环境随着时间的替代与变化过程，便是群落的演替。在多元顶极学派及顶极-格局假说中，更是强调种群在演替中的基础与主导作用，并提出所谓种群在群落与生态系统中的个体特征（Whittaker 1953；孙儒泳等 1993）。开展种群生态学研究，有助于深入认识与了解生态系统的分类、结构、功能及演化发展，从而为生态系统的经营与利用提供可靠的科学依据。在群落与生态系统演替中所应用的马尔可夫模型及其他动态演替模型，大都是以种群间的替代概率与生长规律为基础的（Legendre & Legendre 1983）。

种群生态学侧重于探索一群同种个体的存活、生长、繁殖，以及与竞争者和捕食者之间的关系，并运用理论、实验和野外工作相结合的方法进行研究（Rockwood 2015）。种群生态学自产生以来，一直是动物生态学家集中研究的重要课题。植物种群生态学的发展远远落后于动物种群生态学（曲仲湘等 1984）。Harper（1977）对植物种群生态学的发展远远落后于动物种群生态学的原因及植物种群生态学的历史进行过评述，他认为除了植物的形态可塑性以及无性繁殖等特征成为植物种群的研究难点外，另一个更为困难的方面是植物种群组建水平的多级性和复杂性，因此植物种群研究的基本单位一直令植物种群生态学家感到困惑（Hutchings 1986）。自从英国植物学家 Harper

(1977) 提出构件 (module) 的概念以来，植物种群生态学家才对植物种群的构成单位有了较为明确的认识。植物种群可以在遗传单位基株 (genet) 上进行统计研究，还可以在无性繁殖产生的重复构件单位——克隆分株 (ramet)、分蘖 (tiller) 等上进行统计与研究，甚至在更为基本的构件单位如枝、叶、芽等上进行统计研究。植物种群生活史的复杂性也增加了研究植物种群的困难性。

在植物种群生态学的研究方法上，不仅沿用了已有的形态学、分类学、生理学、遗传学及群落学等的实验技术与方法，近年来数学理论与方法及计算机模型与技术为植物种群生态学的研究提供了有力的调查与处理手段。Hutchings (1986) 对现代植物种群生物学的主要研究方面与研究方法进行了较为全面的系统评述。他以植物生活史为阶段，分别就种子阶段、幼苗及成株阶段的种群生态学研究方法和分析手段进行了概括性总结。植物种群生态学与遗传学、植物生理学以及群落学等学科相交叉，应用统计学、数学及计算机等先进手段和技术，主要研究以下几个方面：①种群统计学；②种群生活史；③种群调节；④种间相互作用；⑤遗传分化和基因流；⑥群落结构与功能的种群作用机制；⑦集合种群；⑧种群格局；⑨种群的繁殖生态；⑩种群生态对策；⑪种群的共存与生态位 (Silvertown & Lovett-Doust 1993；钟章成和曾波 2001；Rockwood 2015)。

研究种群结构具有重要的意义。根据种群结构，可以了解与预测种群的动态变化趋势，从而对群落的演替与动态有深入的了解。研究种群结构，可以对种群的不同高度、径级与年龄的数量对比关系有明确的认识，从而对估测种群的生产结构与经营措施具有重要的意义。种群结构是种群动态的基础，也是研究种群其他生物学特性的基础。

近年来，越来越多的种群生态学研究论文集中在种群的结构与动态上，但大多数学者所研究的都是以有性生殖为主的植物种群，关于克隆植物 (clonal plant) 特别是木本克隆地下根状茎植物 (woody rhizomatous plant) 则报道较少。刺五加为五加科五加属的多年生木本植物，主要分布于黑龙江、吉林、辽宁、河北和山西等地，常见于山地阔叶林、混交林及林缘或杂木林中 (何景和曾沧江 1978)，是一种具有地下茎、以无性繁殖为主的克隆灌木 (曹建国 2005)。刺五加具有十分重要的药用价值，研究表明刺五加在治疗重度神经官能症、心血管疾病，抗肿瘤等方面具有明显的功效 (马洪方和叶朝兴 2000)，此外还有抗疲劳、提高免疫力等保健作用 (韩忠明等 2006)。刺五加生态位较窄，繁殖能力较差，资源一旦破坏很难恢复 (刘林德和田国伟 1997)。然而由于刺五加具有重要的中药价值，近年来被人类过度采挖，野生刺五加种群数量急剧减少。《中国植物红皮书：稀有濒危植物 (第一册)》中，刺五加被列为国家二级重点保护野生植物 (傅立国和金鉴明 1991)，刺五加野生种群亟待保护、恢复和扩大。

东北林业大学祝宁教授首次对具有地下茎、以无性繁殖为主的克隆灌木刺五加种群进行了开创性的研究工作，发现原始红松 (*Pinus koraiensis*) 林下的刺五加种群的分布格局基本上属于奈曼分布 (祝宁等 1984)，对刺五加种群的经济产量建立了估测数学模型 (祝宁等 1989)，并对刺五加种群的扦插繁殖及其生理进行了研究 (郭维明等 1986)。在此基础上，刘阳明 (1989) 通过室内实验和野外调查，对刺五加种群的繁殖生态学进行了较为细致的研究，他认为不同群落中的刺五加种群在有性生殖和无性繁殖方面所表现出来的特点都可以从适应与进化的角度来解释。韩忠明等 (2006) 从构件水平对 3 个不同生境内的刺五加种群各功能构件的生物量结构、生物量比率与年龄之间的关系进行了定量分析。金鑫等（2018）以山西灵空山国家级自然保护区刺五加种群为对象，对刺五加种群不同龄级的空间分布格局及其与主要灌木种间的空间关联性进行了研究。

第二节　研究地区概况

一、地理位置

研究地点在东北林业大学帽儿山实验林场老爷岭森林生态实验站，本区位于黑龙江省尚志市最西部，距哈尔滨市约 100km。地理坐标为 45°23′N～45°26′N，127°36′E～127°39′E。

二、气候

本区属于温带大陆性季风气候，春季风很强，多为西北或西南风。冬季寒冷，夏季气温较高，春、秋季节短促。年平均气温为 2.8℃，最热月（7 月）平均气温为 20.9℃，极端最高温为 38℃，最冷月（1 月）平均气温为–19.7℃，极端最低温为–37.7℃。年平均湿度为 70%，年平均降水量为 723.8mm，年平均蒸发量为 1093.9mm，7 月、8 月降水量占全年降水量的 54%；降雪量占全年降水量的 20%，主要在 12 月至翌年 2 月；最长连续降雪天数长达 152 天；冻结初日在 9 月下旬，解冻日在 5 月上旬，最长连续积冰天数达 180 天，冻土深度为 150cm 左右。无霜期为 120～140 天，≥10℃的年积温为 2903.0℃，年平均日照时数为 2471.3h。

三、地形与土壤

帽儿山属于长白山系支脉张广才岭西北部小岭的余脉，最高峰海拔为 805m。该区域山峦绵延、丘陵起伏，平均海拔为 300m，由南向北渐高，一般坡度为 10°～14°。本区主要土壤有暗棕壤、白浆土、草甸土和沼泽土。其中暗棕壤为地带性土壤，一般都分布在 300m 以上的低山丘陵地带，而白浆土、草甸土和沼泽土则为非地带性土壤，一般都分布在 300m 以下的丘陵地带。

四、植被

该区植被属于长白山植物区系，原始地带性顶极植被为阔叶红松林，经过近百年来的破坏与演变，现已形成了东北东部山地典型的天然次生林。本区主要森林类型有硬阔林、山杨（*Populus davidiana*）林、白桦（*Betula platyphylla*）林、杂木林、蒙古栎（*Quercus mongolica*）林、硕桦（*B. costata*）林等，人工林主要有落叶松（*Larix gmelinii*）和红松的中幼林。本部分调查了与刺五加种群生态学研究有关的几个主要森林群落类型，并将其主要特征列于表 32-1。

表 32-1　群落和采伐迹地概况

群落类型或采伐迹地	地形部位	坡向坡度	土壤	林龄/年	郁闭度	主林层				下木层（草本层）				
						树种组成	平均胸径/cm	平均高度/m	每公顷个体数	种类	盖度%	平均地径/cm	平均高度/m	密度/(株/m^2)
蒙古栎林	山的上腹、岗顶部	S 18°~20°	薄-中层暗棕壤	50	0.9	蒙古栎 紫椴	16.5	18.2	1960	绣线菊 其他	80 20	0.37	0.53	13
山杨林	山的中上腹	SW 11°~15°	中层暗棕壤	40	0.92	山杨 紫椴 其他（水曲柳、白桦）	15.1	18.4	1590	毛榛子 其他	70 30	0.8	1.6	12
硬阔林	山的中下腹、沟谷沿岸	SW 5°~10°	厚层腐殖土	50	0.8	水曲柳 胡桃楸 其他 （黄檗、色木槭、白桦）	19.6	17.2	1050	丁香 毛榛子 忍冬 其他	 70 30	2.6 0.8 0.5	2.6 1.6 0.7	7
采伐迹地	山的中下腹	NE 15°~18°	中层暗棕壤							木贼、薹草	98			48

第三节 种群结构

种群结构是植物种群生态学的重要研究内容，植物种群结构的变化可以反映植物种群在时间上的变化规律，体现种群动态及群落的演替趋势（杨慧等 2007）。研究植物种群数量结构可以揭示种群的现实状况和存活机制，也是开展物种保护与种群恢复研究的基础。研究一个种群各年龄阶段的存活和繁殖格局有助于了解该种群未来存活最为重要的年龄段（Rockwood 2015）。刺五加克隆各分生小株间，不仅在年龄的分布上有很大差异，而且在个体的高度与地径等外观形态上的数量分布也极不相同。鉴于这些特点，本节所研究的刺五加种群结构，不仅包括年龄结构，也包括径级结构与高度结构。研究结果表明，分布于不同群落中的刺五加种群有着明显的结构规律性。

一、刺五加种群的年龄结构

刺五加种群的年龄结构是刺五加克隆分株在不同年龄级上的数量分配比例关系。研究以 2 年为一个龄级，对原始调查数据进行统计，得到不同群落中刺五加种群在不同龄级上的株数分布表（表 32-2）。

表 32-2 不同群落和采伐迹地中刺五加种群在不同龄级上的株数分布表

群落类型	指标	龄级														合计	加权平均年龄/年	样方数
		Ⅰ	Ⅱ	Ⅲ	Ⅳ	Ⅴ	Ⅵ	Ⅶ	Ⅷ	Ⅸ	Ⅹ	Ⅺ	Ⅻ	XIII	XIV			
硬阔林	株数	180	133	72	89	45	58	48	44	37	35	17	9	7	3	777	8.70	52
	占比/%	23.17	17.12	9.27	11.45	5.79	7.46	6.18	5.66	4.76	4.50	2.19	1.16	0.90	0.39	100		
山杨林	株数	120	118	24	53	38	36	32	26	11	5	4				467	7.16	50
	占比/%	25.70	25.27	5.14	11.35	8.14	7.71	6.85	5.57	2.36	1.07	0.86				100		
蒙古栎林	株数	49	45	34	29	21	18	19	9	8	8					240	7.90	58
	占比/%	20.42	18.75	14.17	12.08	8.75	7.50	7.92	3.75	3.33	3.33					100		
采伐迹地	株数	160	106	20	9	3										298	3.60	39
	占比/%	53.69	35.57	6.71	3.02	1.01										100		

依据表中数据，绘制株数随龄级变化的分布图，可以看到株数随龄级的分布在 4 个群落中都呈倒“J”形（图 32-1）。根据最小二乘法，拟合得到不同群落内龄级-株数的 4 个负指数方程。

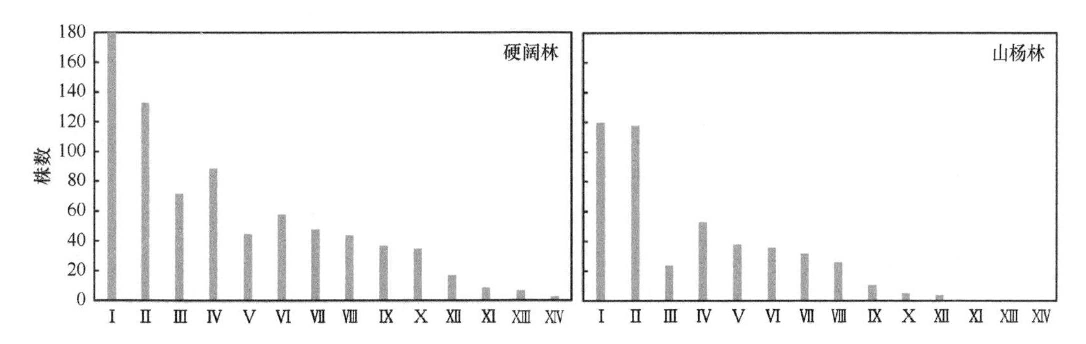

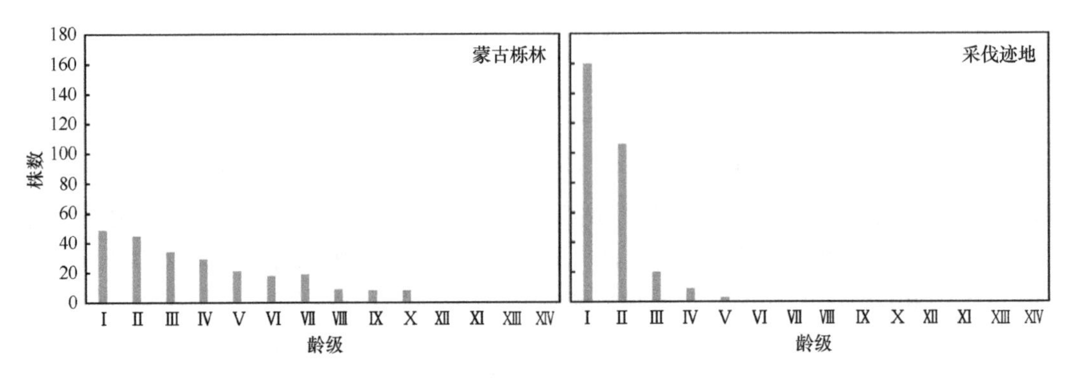

图 32-1　不同群落类型中的刺五加种群的株数-龄级分布图

硬阔林：$N = 211.5e^{-0.2318t}$，$F = 84.56$，$n = 24$，$r = 0.96^{**}$，$F_{0.01}$（1，23）= 7.88。

山杨林：$N = 217.932e^{-0.3342t}$，$F = 33.19$，$n = 18$，$r = 0.94^{**}$，$F_{0.01}$（1，17）= 8.40。

蒙古栎林：$N = 68.469e^{-0.2286t}$，$F = 53.73$，$n = 13$，$r = 0.94^{**}$，$F_{0.01}$（1，12）= 9.33。

采伐迹地：$N = 570.598e^{-1.0456t}$，$F = 114.57$，$n = 13$，$r = 0.90^{**}$，$F_{0.01}$（1，12）= 9.33。

一般通式为 $N = ae^{-bt}$，其中 N 为各群落中刺五加种群的克隆分株数；t 为龄级（以 2 年为一龄级）；a、b 为参数。通过 F 检验发现，各方程的回归关系都达到极显著水平，说明负指数方程是描述刺五加克隆分株年龄结构的一个较好的方程。从分布图可以看出，在 4 种群落中，刺五加克隆分株都是幼龄所占比例最大，随着龄级的增加，株数呈负指数递减。说明在研究地区的天然次生林群落中，刺五加种群是一个进展种群，随着时间的推移，在无外界干扰的条件下，刺五加种群的数量会不断增大。从东北东部山地现有的天然次生林群落演替趋势来看，自从原始阔叶红松林遭到破坏形成次生林以来，次生林的演替不断地呈现复生现象，即逐渐向原始顶极方向进展演替，尤其是向阔叶红松林发展的趋势越来越明显，水曲柳的良好更新与发展便是这种趋势的最好见证（陈大珂等 1982）。刺五加不仅在次生林中有分布，而且在原始阔叶红松林中更是有良好的发展。可以说，原始阔叶红松林是刺五加的主要依存地理群系。刺五加种群在天然次生林中的进展趋势与次生林向阔叶红松林的复生演替趋势十分一致，这说明刺五加种群的变化发展与其所依附的群落的发展息息相关。刺五加种群年龄结构的分析，可以显示刺五加所在群落的演替趋势。另外，通过分析不同群落中刺五加种群克隆分株的加权平均年龄、最大龄级与平均密度可以看出，不同群落中刺五加种群平均年龄的大小顺序是：硬阔林＞蒙古栎林＞山杨林＞采伐迹地（表 32-2）。进一步通过方差分析与多重比较得知，除硬阔林和蒙古栎林下刺五加种群的平均年龄差异不显著外，其余种群之间的差异均显著。刺五加种群平均年龄的顺序与群落的稳定性顺序一致。陈大珂等（1982）对天然次生林的结构、功能及演替的研究表明，4 个群落类型的自然演替趋势符合复生演替中的自然趋同规律，硬阔林和蒙古栎林处于维持阶段，较为稳定；山杨林与杂木林有趋向硬阔林的趋势，较不稳定；而采伐迹地的形成不到 10 年，正处于演替的先锋阶段，最不稳定。刺五加种群平均年龄的大小顺序是与群落的形成时间或演替阶段密切相关的。硬阔林和蒙古栎林形成的时间较长，刺五加种群侵入或更新的时间也较早，因此其平均年龄较大；山杨林中刺五加侵入或更新的时间较晚，因此刺五加种群的平均年龄较小，而采伐迹地是近年形成的，其中的刺五加都是在原阴坡硬阔林中残留的刺五加地下茎萌生形成的，因此其平均年龄最小。

表 32-3 中所列 4 种不同群落中刺五加种群的平均密度与所调查到的最大年龄可以从群落中的物理环境与生物竞争环境方面加以分析。硬阔林分布于沟谷沿岸，且处于山的中下腹，因而林下的水肥条件较好；另外硬阔林中的多样性指数小，杂草种类较少，分布较不均匀，且其下木层以丁子香（*Syzygium aromaticum*）等为主，丁子香与刺五加无论是地下还是地上的生态位分化都较大，因而刺五加在硬阔林中有较优越的物理条件和不苛刻的生物竞争环境，所以硬阔林能维持较大的刺五加种群密度与最大寿命。山杨林处于山的中上腹，其林下的水肥条件不如硬阔林；山杨林的多样性指数最大、杂草、灌木多且分布较均匀，并且其下木层以毛榛（*Corylus mandshurica*）为主，毛榛与刺五加的生态位分化较小，因而刺五加在山杨林中的物理环境不太优越，生物环境较苛刻，所以山杨林中的刺五加种群密度和最大年龄均小于硬阔林。蒙古栎林处于山的上腹及岗顶部，其下土壤干燥而贫瘠；其多样性指数大于硬阔林而小于山杨林，其中的杂草与灌木多于硬阔林而少于山杨林，而且分布较均匀，其下木层主要为绣线菊（*Spiraea salicifolia*），绣线菊与刺五加的地上与地下生态位均较接近；因而蒙古栎林中刺五加的物理环境最差，生物竞争环境也较苛刻，所以蒙古栎林中的刺五加只能维持较小的种群密度，且由于水分条件过分干燥，其寿命不长。采伐迹地在采伐前为阴坡硬阔林，处于山的中下腹，水肥条件较好，但其上杂草丛生，特别是木贼（*Equisetum hyemale*）这类杂草的根系与刺五加的地下茎分布相近，与刺五加根系的竞争较强。采伐迹地上的物理环境较好，但生物竞争较激烈，其中的刺五加大都是在采伐割灌后萌生而成的，因而年龄不大。从总的环境来看，采伐迹地优于蒙古栎林，因而其种群密度较蒙古栎林中的大，蒙古栎林中的最小，可能是因为土壤干燥。

表 32-3 不同群落中刺五加种群的年龄与密度统计表

群落类型	加权平均年龄/年	最大年龄/年	平均密度/（株/m^2）
硬阔林	8.70	28	0.150
蒙古栎林	7.90	20	0.041
山杨林	7.16	22	0.103
采伐迹地	3.60	10	0.077

通过以上对刺五加种群年龄结构的分析可以看出，刺五加种群是一个进展种群；刺五加种群的平均年龄与其所在群落的稳定性呈正相关，与群落中生物竞争环境的苛刻性呈负相关。

二、刺五加种群的高度结构

刺五加种群的繁殖主要是通过地下茎产生克隆分株来实现的，由于各克隆分株的发生年龄不同，所处微环境各异，从而形成了刺五加种群内的小株分化，这些不同的小株在高度上表现出明显的差异。研究以 0.2m 为一个高度级，将原始调查数据进行分级统计，得到不同群落中刺五加种群高度级分布表（表 32-4）。

表 32-4 刺五加径级种群的高度结构统计

群落类型	指标	I	II	III	IV	V	VI	VII	VIII	IX	X	XI	XII	XIII	合计	加权平均高度/m
硬阔林	株数	55	117	79	56	72	70	65	76	63	47	17	5	4	726	1.09
	占比/%	7.58	16.12	10.88	7.71	9.92	9.64	8.95	10.47	8.68	6.47	2.34	0.69	0.55	100	
蒙古栎林	株数	13	23	24	31	38	31	31	22	8	4	4			229	1.03
	占比/%	5.68	10.04	10.48	13.54	16.59	13.54	13.54	9.61	3.49	1.75	1.75			100	
山杨林	株数	29	72	59	60	48	72	69	73	24	9	3			518	1.07
	占比/%	5.60	13.90	11.39	11.58	9.27	13.90	13.32	14.09	4.63	1.74	0.58			100	
采伐迹地	株数	3	12	13	24	73	97	70	15						307	1.12
	占比/%	0.98	3.91	4.23	7.82	23.78	31.60	22.80	4.89						100	

将表中的数字绘制成株数-高度级分布图（图 32-2），可以看出，硬阔林、山杨林及蒙古栎林中的刺五加种群高度分布规律相似，除去开头及最后 3 个高度级外，其余各高度级上的分配比例基本差别不大。而采伐迹地上的刺五加种群的高度分布与上述 3 个群落的差别很大，其株数主要集中于Ⅴ、Ⅵ、Ⅶ 3 个高度级上。造成林下与采伐迹地刺五加种群高度分布差异较大的原因可能是林下环境较为稳定，种群较为稳定，每年进入与超越各高度级的株数基本相等，因而分配到各高度级的株数差别不明显。而采伐迹地上的刺五加是近 10 年内采伐割灌后形成的，迹地上环境波动较大，刺五加种群的发生与生长年际差别较大，种群还很不稳定，因而分配到各高度级的株数也不均匀。Ⅴ、Ⅵ、Ⅶ 3 个高度级的株数多，可能是由于这些小株在刺五加被割灌后一定时间内种群大量萌发形成的。

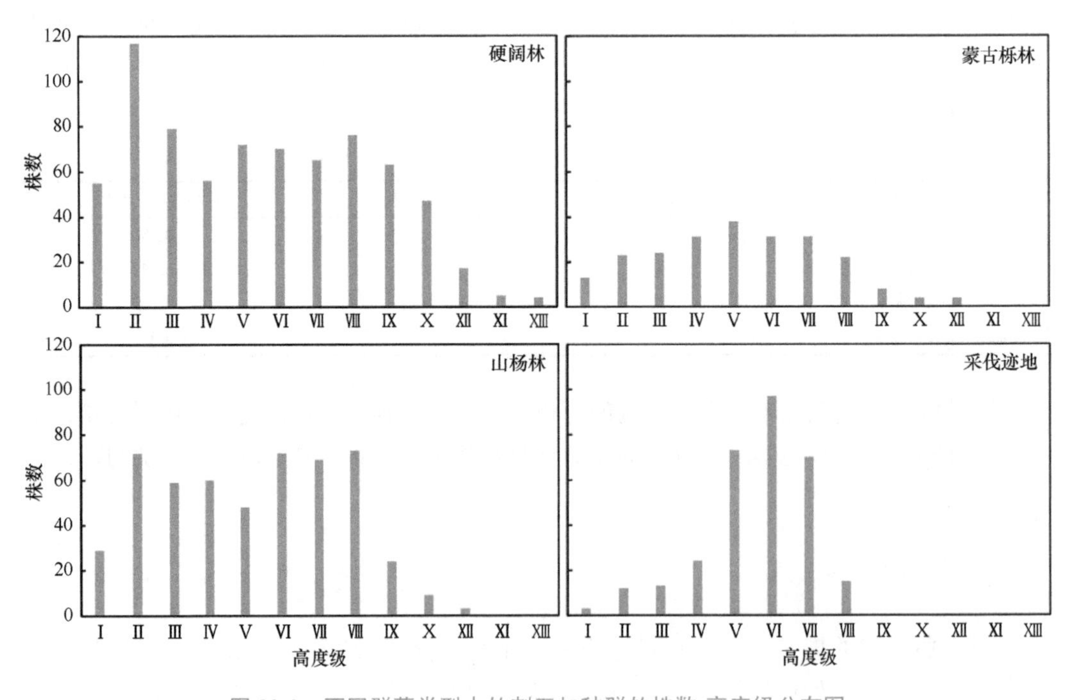

图 32-2 不同群落类型中的刺五加种群的株数-高度级分布图

方差分析结果表明，4 个群落中的刺五加种群的平均高度差异不显著，这主要与各年龄的株数分配比例及生长速度有一定的关系。用刺五加种群的加权平均高度分别除以其对应的加权平均年龄，得到4个群落中刺五加种群的平均年生长速度，分别为：X_1 = 0.125m/a（硬阔林），X_2 = 0.144m/a（山杨林），X_3 = 0.135m/a（蒙古栎林），X_4 = 0.311m/a（采伐迹地）。通过方差分析发现，4个群落中的刺五加种群的平均高生长速度差异显著，进一步进行多重比较得知，采伐迹地刺五加种群与其他3个林下种群差异显著，而3个林下刺五加种群之间的差异不显著。

刺五加中幼龄时的高生长较快，而到中龄以后则生长较慢，这可以从植株近些年的芽鳞痕之间的长度上明显看出。由于采伐迹地上的刺五加都为近期萌生的幼龄植株，且处于全光照之下，地上部分无灌木和高草与之争夺营养及空间。采伐迹地处于半阴坡中下部，土壤水肥条件也好，刺五加能进行强烈的光合作用，因而其高生长速度远大于其他林下种群。林下的刺五加平均高生长慢，但其平均年龄大于采伐迹地的刺五加种群；而采伐迹地上的刺五加年龄小，但平均高生长速度远大于林下种群，因此林下与采伐迹地上的刺五加种群平均高度差别不大。

在林下的3种群落中，由于各群落中不同龄级上的株数分配比例不同，各龄级小株生长速度差异明显，从而使得3种不同群落中的刺五加种群在平均年生长速度及平均高度上差别不显著：硬阔林中的大龄植株所占比例较大，蒙古栎林次之，而山杨林中的大龄植株所占比例最小。如果以相同龄级与相同株数的小株来比较，无论在平均高度还是生长速度上都是硬阔林＞山杨林＞蒙古栎林，这个顺序是与3种群落中的物理环境及生物竞争环境对刺五加生长的适宜性相对应的。

通过上述对刺五加种群高度结构的研究可以看出，3种林下种群的刺五加克隆分株在各高度级上的分布相对来说较为均匀，而采伐迹地上的种群分布较为集中。种群的平均高度在4种群落中差别不大，平均高生长速度则是采伐迹地大于林下。而3种林下的刺五加种群无论在平均高度还是平均高生长速度上差别都不大，这可能与不同群落中各龄级上的株数分布以及各龄级的小株生长速度不同有关。

三、刺五加种群的径级结构

刺五加种群的径级结构是指刺五加克隆分株在不同径级上的数量分布。由于各克隆分株的发生年龄不同，所处微环境不同，地径粗度也不相同。以0.2cm为一个径级，对4个不同群落中的刺五加地径进行了调查（表32-5，图32-3）。

表32-5　刺五加种群的地径结构统计表

群落类型	指标	径级											合计	加权平均地径/cm
		I	II	III	IV	V	VI	VII	VIII	IX	X	XI		
硬阔林	株数	14	137	121	96	84	59	54	71	42	28	10	716	0.88
	占比/%	1.96	19.13	16.90	13.41	11.73	8.24	7.54	9.92	5.87	3.91	1.40	100	
蒙古栎林	株数	1	37	41	44	49	19	22	15	8	1		237	0.82
	占比/%	0.42	15.61	17.30	18.57	20.68	8.02	9.28	6.33	3.38	0.42		100	
山杨林	株数	5	81	105	70	95	45	57	45	10	9	1	523	0.84
	占比/%	0.96	15.49	20.08	13.38	18.16	8.60	10.90	8.60	1.91	1.72	0.19	100	
采伐迹地	株数	2	4	17	40	88	64	54	22	10	2		303	1.03
	占比/%	0.66	1.32	5.61	13.20	29.04	21.12	17.82	7.26	3.30	0.66		100	

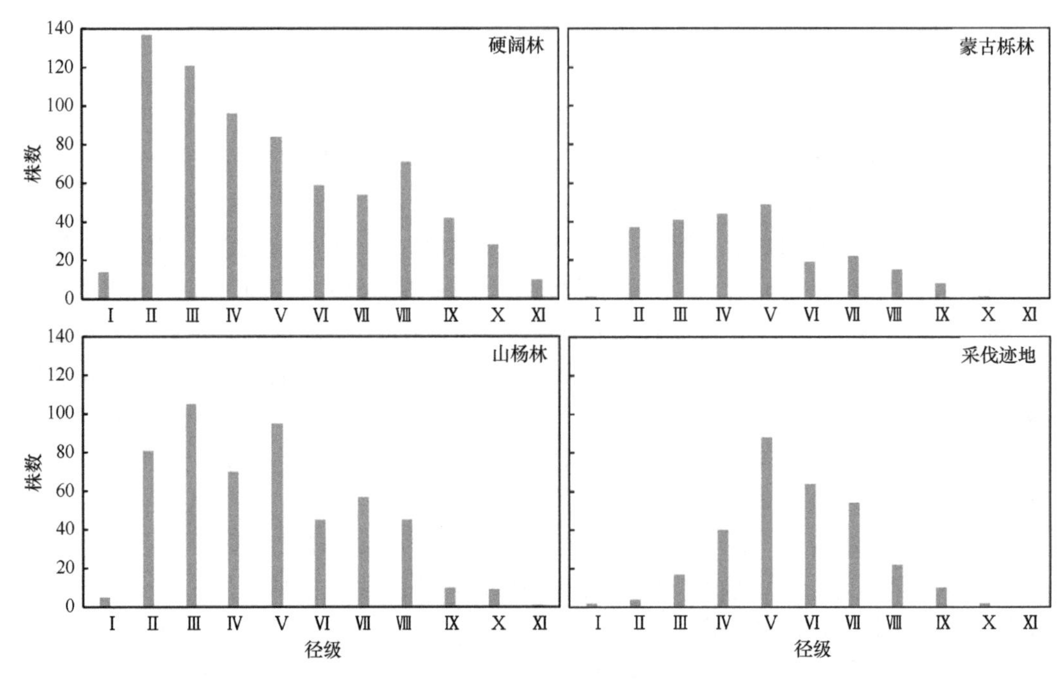

图 32-3　不同群落类型中的刺五加种群的株数-径级分布图

从刺五加种群的株数-径级分布图可以看出，在硬阔林与山杨林中的刺五加种群的株数-径级分布较相似，总的趋势都是呈倒“J”形分布。硬阔林中，除了最小径级和第Ⅷ径级外，其余从第Ⅱ径级开始，株数逐渐递减；山杨林中呈现出低高间隔的特征；采伐迹地上的刺五加种群株数-径级分布比较集中，与正态分布较接近；蒙古栎林中的则介于以上两种分布之间。总体来看，3 种林下刺五加种群的分布比较均匀，而采伐迹地上的分布则比较集中。这可能是因为林下的环境比较稳定，刺五加种群年龄较大，种群的稳定性较高，每年进入与超越各径级的株数基本相等，使得各径级的株数较为均匀。最大的 3 个径级的株数少是由于这几个径级的死亡率大于进入率，最小一个径级的株数少是因为小株的出生率较小。而采伐迹地上的刺五加是在近期采伐割灌后形成的，刺五加年龄较小，种群不稳定，再加上采伐迹地环境波动较大，因而某些径级的新进入的株数大于出去的株数，从而使得株数在这些径级上分布较多，反之，则分布较少，所以刺五加的种群分布集中在某几个径级上。蒙古栎林中的环境不如其他两种林分类型稳定，特别是水分条件变化较大，同时其水分不足也不利于维持大龄（相应的大径级）小株的生长，因此，大龄小株的死亡率较高，反映在株数分布上小径级的比例较大，而大径级的较小。蒙古栎林中的环境波动不如采伐迹地大，种群的年龄较大，也较为稳定，因而其刺五加株数-径级分布较采伐迹地上的分布更均匀。

通过方差分析可知，4 个群落的植株的平均地径差异并不显著，这主要与不同群落中各龄级的株数分布比例以及不同年龄的直径生长速度不同有关。用刺五加种群的加权平均地径除以其加权平均年龄就可以得出刺五加种群的年平均生长量：硬阔林中为 0.1011cm/a，山杨林中为 0.1063cm/a，蒙古栎林中为 0.1145cm/a，采伐迹地上为 0.2861cm/a。通过方差分析与多重比较 S 检验可知，3 个林下刺五加种群的直径生长速度差异不显著，而它们都与采伐迹地上的差异显著。对于该结果，可仿照对高生长的分析得到解释：刺五加中幼龄个体生长较快，到中龄以后生长逐渐减慢，这可以从年轮的宽窄上看出来。造成4个群落中刺五加种群平均直径差异不显著，3个林下种群与采伐迹地种群平均年直径生长差异显著，而3个林下种群中平均年直径生长速度差异不显著的原因与造成刺五加种群高度结构差异不显著的原因相同，在此不再重述。

综上所述，刺五加种群克隆分株的直径分布随群落类型不同而变化，硬阔林与山杨林都接近于倒“J”形分布，分布较均匀；采伐迹地接近于正态分布，分布较集中；而蒙古栎林则介于以上两种分布之间。刺五加种群的平均直径在4个群落中差别不显著，但采伐迹地种群的平均年直径生长速度则高于林下种群。以上结果与各群落中刺五加克隆分株的年龄分布及各年龄阶段的生长速度的差异有关。

四、测量变量之间的回归关系

在大量野外调查资料的基础上，研究各个测量变量之间的回归关系，以易测变量为自变量，不易测变量为因变量，建立各种形式的回归方程，对于今后的科学研究与生产实践都具有重要的价值。通过对刺五加种群各个测量变量大量实测数据的分析，发现刺五加的年龄与株高以及地径与株高之间存在显著的直线相关关系，由于株高比较容易测得，而年龄与地径的测量较为困难，故以株高为自变量，其他两个变量为因变量，建立回归方程（表32-6）。

表32-6　不同群落中刺五加种群株高与年龄和地径的回归方程表

群落类型	株高与地径		株高与年龄	
	回归方程	相关系数	回归方程	相关系数
硬阔林	$D = 0.8446H + 0.1047$	$r = 0.9349^{**}$	$A = 12.7900H - 2.256$	$r = 0.9140^{**}$
山杨林	$D = 0.8537H + 0.1077$	$r = 0.9407^{**}$	$A = 9.8470H - 1.958$	$r = 0.8880^{**}$
蒙古栎林	$D = 0.8462H + 0.0651$	$r = 0.9692^{**}$	$A = 9.6420H - 1.393$	$r = 0.9510^{**}$
采伐迹地	$D = 0.8216H + 0.1838$	$r = 0.8439^{**}$	$A = 2.9840H + 0.3704$	$r = 0.8380^{**}$

注：D为地径（cm）；H为株高（m）；A为年龄（年）；r为相关系数；**表示经F检验回归显著

第四节　生命表和繁殖力表的编制与分析

一、刺五加种群生命表的编制与分析

为了确保一个种群的长期存活，需要从基本的生活史数据中提取出生长速率，并根据不同的假设来模拟种群生长（Rockwood 2015）。生命表就是种群各龄级的存活率和繁殖率的一览表（Silvertown 1982；吴承祯等 2000）。根据生命表，可以预测出种群在某些特定条件下存活与繁殖的可能性，从而对种群的动态变化做出估计。编制生命表是研究种群数量动态的重要工具，生命表作为种群数量动态的一种研究手段，具有系统性、阶段性与综合性，这些特点表现在它系统地记录了不同条件下种群在其整个生活史周

期、各个年龄或发育阶段的死亡数量、致死原因与繁殖能力，可以明确各个不同的致死因子对种群变动所起作用的大小，从而确定关键与主导因子，并根据死亡与出生数据估测下一代种群的动态变化趋势（赵志模和周新远 1984；吴承祯等 2000）。可见，种群生命表的编制与分析，对种群的利用、保护与经营有着重要的意义。

生命表主要有特定年龄生命表和特定时间生命表两种，应用于植物种群的主要是后者。特定时间生命表又称为静态生命表，是在一个特定的时间断面上观察种群内各个年龄上的存活状况，即年龄比率，并根据这个比率估计每个龄级中的死亡率或存活率（牛翠娟等 2007）。这种生命表以下列 3 个假设为根据：①种群的数量是静态的，即密度不变；②年龄组合是稳定的，即种群的年龄结构与时间无关，各龄级的比例不变；③个体的迁移是平衡的，即没有迁入与迁出的差数。

目前对克隆植物生命表的编制还较少。刺五加是以地下茎产生克隆分株为主要繁殖方式的灌木，其生命表的编制对于研究克隆植物的种群动态有着重要意义。根据 4 个群落中刺五加种群的年龄结构调查数据，分别为各群落中的刺五加种群编制了生命表（表 32-7～表 32-10）。硬阔林中的刺五加种群分别在 3～4 龄级和 5～6 龄级出现了后面龄级的株数较前一龄级大的情形，对此需要进行匀滑处理（江洪 1989），所以 3～6 龄级的数据是根据原始的年龄结构数据匀滑后的结果。

表 32-7　硬阔林中刺五加种群的生命表

x	l_x	d_x	q_x	L_x	T_x	e_x	a_x	$\ln a_x$	$\ln l_x$	K_x
1	1000	261.11	261.11	869.45	3849.99	3.850	180	5.193	6.908	0.303
3	738.89	255.56	345.87	611.11	2980.55	4.034	133	4.890	6.605	0.424
5	483.33	72.22	149.42	447.22	2369.44	4.902	87	4.466	6.181	0.162
7	411.11	77.78	189.20	372.22	1922.22	4.676	74	4.304	6.019	0.210
9	333.33	61.11	183.33	302.78	1550.00	4.650	60	4.094	5.809	0.203
11	272.22	5.55	20.39	269.45	1247.22	4.582	49	3.892	5.607	0.021
13	266.67	22.23	83.36	255.56	977.78	3.667	48	3.871	5.586	0.087
15	244.44	38.88	159.06	225.00	722.22	2.955	44	3.784	5.499	0.173
17	205.56	11.12	54.10	200.00	497.22	2.419	37	3.611	5.326	0.056
19	194.44	100	514.30	144.44	297.22	1.529	35	3.555	5.270	0.722
21	94.44	44.44	470.56	72.22	152.78	1.618	17	2.833	4.548	0.636
23	50	11.11	222.20	44.45	80.56	1.611	9	2.197	3.912	0.251
25	38.89	22.22	571.36	27.78	36.12	0.929	7	1.946	3.661	0.847
27	16.67	0	0	8.34	8.34	0.500	3	1.099	2.814	1.099

注：生命表中各项目的意义与计算如下（江洪 1989；牛翠娟等 2007）。x 表示单位时间内年龄等级的中值；l_x 表示从 x 年龄开始时的标准化存活数（一般以 1000 为基准数）；d_x 表示 X 年龄间隔期（$x \rightarrow x+1$）的标准化死亡数；q_x 表示 x 年龄间隔期死亡数 d_x 与该期开始个体数 l_x 的比例，表示 1000 个个体在该年龄间隔开始时的死亡率；L_x 表示 x 到 $x+1$ 年龄期间还存活的个体数，$L_x = (l_x+l_{x+1})/2$；T_x 表示 X 年龄到超过 x 年龄的个体总数 $T_x = \Sigma L_x$；e_x 表示进入 x 年龄个体的生命期望或平均余生，$e_x = T_x/L_x$；K_x，致死力，$K_x = \ln l_{x+1} - \ln l_x$，下同

表 32-8 山杨林中刺五加种群的生命表

x	l_x	d_x	q_x	L_x	T_x	e_x	a_x	$\ln a_x$	$\ln l_x$	K_x
1	1000	16.67	16.67	991.67	3808.37	3.808	120	4.788	6.908	0.017
3	983.33	366.66	372.88	800.00	2816.70	2.865	118	4.771	6.891	0.467
5	616.67	175.00	283.75	529.17	2016.60	3.270	74	4.304	6.424	0.333
7	441.67	125.00	283.02	389.17	1487.53	3.368	53	3.970	6.091	0.333
9	316.67	16.67	52.64	308.34	1108.36	3.500	38	3.638	5.758	0.054
11	300.00	33.33	111.10	283.34	800.02	2.667	36	3.584	5.704	0.118
13	266.67	50.00	187.50	241.67	516.68	1.938	32	3.466	5.586	0.208
15	216.67	125.00	576.91	154.17	275.01	1.269	26	3.258	5.378	0.860
17	91.67	50.00	545.43	66.67	120.84	1.318	11	2.398	4.518	0.788
19	41.67	8.34	200.14	37.50	54.17	1.302	5	1.609	3.730	0.224
21	33.33	0	0	16.67	16.67	0.50	4	1.386	3.506	1.386

表 32-9 蒙古栎林中刺五加种群的生命表

x	l_x	d_x	q_x	L_x	T_x	e_x	a_x	$\ln a_x$	$\ln l_x$	K_x
1	1000	81.633	81.633	959.184	4295.917	4.296	49	3.892	6.908	0.085
3	918.367	224.489	244.444	806.123	3336.734	3.633	45	3.807	6.823	0.280
5	693.878	204.082	294.118	591.837	2530.611	3.647	34	3.526	6.542	0.348
7	489.796	61.225	125.001	459.184	1938.774	3.958	24	3.178	6.194	0.134
9	428.571	40.816	95.237	408.163	1479.591	3.452	21	3.045	6.060	0.100
11	387.755	20.408	52.631	377.551	1071.428	2.763	19	2.944	5.960	0.054
13	367.347	183.673	499.999	275.510	693.877	1.889	18	2.890	5.906	0.693
15	183.673	204.408	1112.891	173.469	418.367	2.278	9	2.197	5.213	0.118
17	163.265	0	0	163.265	244.898	1.500	8	2.079	5.095	0.000
19	163.265	0	0	81.633	81.633	0.500	8	2.079	5.095	2.079

表 32-10 采伐迹地刺五加种群的生命表

x	l_x	d_x	q_x	L_x	T_x	e_x	a_x	$\ln a_x$	$\ln l_x$	K_x
1	1000	337.5	337.5	831.25	1362.51	1.363	160	5.075	6.908	0.439
3	662.5	137.5	811.32	393.75	531.26	0.802	106	4.663	6.496	1.641
5	525	468.75	550	90.63	137.51	1.100	20	2.996	4.828	0.798
7	56.25	37.5	666.67	37.50	46.88	0.833	9	2.197	4.030	1.099
9	18.75	0	0	9.38	9.38	0.500	3	1.099	2.931	1.098

从上面的 4 个生命表中可以看出，刺五加克隆分株的存活率与存活数都随年龄的增加而下降。根据死亡率与致死力（killing power，K_x），本部分对刺五加种群的消长规律与原因进行分析。以龄级为横坐标，以 K_x 为纵坐标作图，连接各坐标点，绘制出不同群落中刺五加种群的致死力 K_x 随年龄变化的曲线（图 32-4）。将刺五加种群的消长过程大致按 K_x 的变化分为 3 个时期，即出生和竞争期、相对稳定增长期、衰老期。在不同的群落中，这 3 个时期的相对长短稍有差别，山杨林中的Ⅰ～Ⅳ龄级为出生和竞争期（$\bar{K}_{x_1}$ =0.288，S_1=0.191），Ⅴ～Ⅶ龄级为相对稳定增长期（$\bar{K}_{x_2}$=0.127，S_2=0.077），

Ⅷ～Ⅺ龄级为逐渐衰老期（$\bar{K}_{x_3}$=0.815，S_3=0.475）；$K_{x_{总}}$=0.389，S=0.627。蒙古栎林中的出生和竞争期为Ⅰ～Ⅲ龄级（$\bar{K}_{x_1}$=0.238，S_1=0.137），相对稳定增长期为Ⅳ～Ⅵ龄级（$\bar{K}_{x_2}$=0.096，S_2=0.040），逐渐衰老期为Ⅶ～Ⅹ龄级（$\bar{K}_{x_3}$=0.724，S_3=0.952）；$\bar{K}_{x_{总}}$=0.392，S=0.632。硬阔林中的出生和竞争期为Ⅰ～Ⅱ龄级（$\bar{K}_{x_1}$=0.364，S_1=0.086），相对稳定增长期为Ⅲ～Ⅸ龄级（$\bar{K}_{x_2}$=0.130，S_2=0.075），逐渐衰老期为Ⅹ～ⅩⅣ龄级（$\bar{K}_{x_3}$=0.837，S_3=0.468）；$\bar{K}_{x_{总}}$=0.415，S=0.425。采伐迹地上的刺五加种群年龄级较少，K_x 的波动期不明显，种群还处于出生和竞争期（$\bar{K}_x$=1.0132，S=0.444）。

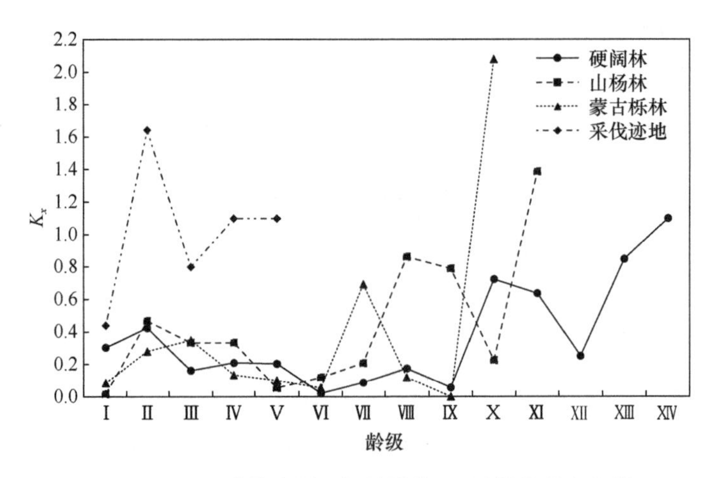

图 32-4　不同群落中刺五加种群的 K_x 随龄级的变化图

以上对 3 个时期的划分是根据 K_x 值的相对大小和变化程度来进行的。硬阔林中的生境显著优于其他群落，因而其中刺五加种群的出生和竞争期较短，稳定增长期较长。通过对各群落中刺五加种群 K_x 值的方差分析可知，3 种林下的刺五加种群 K_x 值差别不大，即 3 种林下的刺五加总平均死亡率差别不大。而林下的刺五加与采伐迹地上的刺五加种群的总平均 K_x 都有明显差别。这是因为采伐迹地上的刺五加还处于幼年期，个体间竞争激烈，其所处的物理环境也不稳定。更主要的是，采伐迹地上的问荆（*Equisetum arvense*）等杂草根系密结，生长繁茂，会与刺五加发生强烈竞争，因而刺五加的死亡率和 K_x 值高于林下。另外，从生命表中还可以看出，各群落中的刺五加种群，其Ⅰ龄级小株的死亡率与致死力都较Ⅱ龄级的小，这是因为Ⅰ龄级幼株刚刚从基株的地下茎系统中萌发出来，其营养几乎大多是依靠母株或基株内的其他小株，自身还未开始光合自养，对周围的营养与环境不会有多大影响，因而和周围的其他植物不会发生强烈竞争，死亡率较小。当超过Ⅰ龄期后，小株开始以自养为主扩展其空间与营养需求量，必然会与其他植物发生强烈竞争，因而死亡率就高于Ⅰ龄级。对于刺五加种群波动的 3 个相对时期，本研究认为第一个时期是刺五加种群的小株出生与开始生长期，随着年龄的增长，小株对营养与空间的需求量在不断增加，但在此期间它们的生存空间和环境大都没有越过草本层与灌木层，与草本和灌木的生态位发生重叠的机会较多，竞争较为激烈。弱小的或处于较差生态位的小株，由于得不到必要的生存条件，会被淘汰，因而第一个时期竞争较为强烈，死亡率较高。当激烈的竞争过后，在竞争中取胜的刺五加小株处于主要与其竞争的草、灌之上，与其他植物发生了较大的生态位分化，这时的刺五加种群相对稳定，在其生长过程中，各种营养与空间需要得到满足，因此，这个时期生长迅速，死亡率最小，种群的数量波动也最小，是刺五加种群最为稳定的时期。当过了稳定期后，刺五加种群中克隆分株的年龄不断增大，对营养与空间的需求已逐渐超过了群落的最大承载量。再加上老龄小株各种代谢机能减弱、病虫害易于发生等，这时克隆分株的老龄个体逐渐开始衰退，甚至死亡，致死力又一次出现了骤升的趋势。老龄小株个体死亡与腐烂，让出生态位，有待于新的克隆分株的再次侵入或被其他植物占据，从而进入种群波动的下一个周期。以上 3 个时期变化中，存在着两个较为强烈的环境筛，第一个发生在从幼株出生到相对稳定期开始时的这段时间，主要由于干旱、杂灌的竞争以及小株之间的营养竞争。第二个环境筛发生在相对稳定期以后，主要由于老株的自然枯死、病虫害、营养空间不足以及同一克隆内增长期小株对养分与水分的竞争等。

二、刺五加种群的存活曲线

在某一特定时刻，种群中的同龄个体数随时间变化而减少的现象可以用一条曲线来表示，这条曲线称为存活曲线。因为生命表所给出的 l_x 是在年龄 X 时仍在同龄群中的比例数或个体数，所以存活曲线也称为 l_x 曲线。不同物种的种群在不同的环境条件下，l_x 曲线的形式不同，它反映了各物种死亡率的年龄分布状况，是各物种在相应条件下的种群特征（赵志模和周新远 1984）。Deevey（1947）比较了各种动物的生命表，指出存活曲线大致分为 3 种类型，即 Deevey Ⅰ型，Deevey Ⅱ型和 Deevey Ⅲ型。Deevey Ⅰ型：这类动物中，绝大多数个体均能达到其平均寿命，待达到其固有的寿命时，几乎同时死亡，即死亡主要发生在老年个体，因此 Deevey Ⅰ型曲线呈现明显的上拱形。当存活曲线为该类型时，生命期望将随年龄的增加而增加，如饥饿的果蝇、许多高等动物及现代的人亦多呈这类曲线。Deevey Ⅱ型：这类动物在各龄级均维持同样的死亡率，亦即单位时间内或龄级内，死亡数相等，因此，l_x 为常数，曲线呈一直线，如水螅。Deevey Ⅲ型：这类动物在幼年有极高的死亡率，因而 l_x 曲线呈下拱形，死亡率随年龄增加而减小。例如，牡蛎的自由游泳幼虫期死亡率高，而一旦个体在适宜的物体上固着后，它们的死亡率就变得极低。Silvertown（1982）在 *Introduction to Plant Population Ecology* 中分别引述了许多研究者对不同类型植物种群存活曲线的研究：一年植物多呈 Deevey Ⅰ型和 Deevey Ⅲ型，而 Deevey Ⅱ型则不多；多次结实的多年生草本植物则多呈 Deevey Ⅲ型和 Deevey Ⅱ型，Deevey Ⅰ型则不多。灌木种群的存活曲线则呈 Deevey Ⅲ型、Deevey Ⅰ型；乔木种群则多呈 Deevey Ⅲ型。种群的存活曲线对于了解种群的动态具有重要意义，通过存活曲线的分析，找出种群的存活或死亡高峰期，对种群的扩大或抑制措施的实施具有重要的指导作用。

以生命表中的 l_x 为纵坐标，以龄级为横坐标，绘制了 4 个群落中刺加五种群的存活曲线（图 32-5）。

从图中可以看到，4 个群落中的刺五加种群的存活曲线基本属于 Deevey Ⅲ型。刺五加种群的幼年死亡较高，e_x 随着年龄增加而减小，l_x 曲线基本呈现下拱现象。由于刺五加克隆分株幼年时的抵抗力较弱，再加上幼年时处于和杂草与灌木的强烈竞争中，这时的致死力较高，因此刺五加幼年时的死亡率较高。当出生和竞争期过后，刺五加的存活小株生命力较强，抗性也较大，再加上这时已超过杂草、灌木的强烈竞争层，致死力最小，因此相对稳定增长期的小株死亡率最小。当过了相对稳定增长期后，小株进入逐渐衰老阶段，这时的致死力虽然较大，但由于植株的抗性较大，死亡是一个逐渐衰老的过程，因此衰老期的死亡率居中。由于上述原因，刺五加种群的存活曲线呈 Deevey Ⅲ型。另外，从硬阔林中的刺五加种群存活曲线可以看出，再增加两个龄级，存活率有趋于零的趋势，即刺五加的最大年龄不会超过 16 或 17 龄级，因而其最大年龄在 32～34 年左右。硬阔林为天然次生林中最适于刺五加种群生存与生长的群落，其他群落中刺五加的最大年龄不会超过硬阔林，因此在次生林中刺五加的最大年龄可能在 34 年左右。

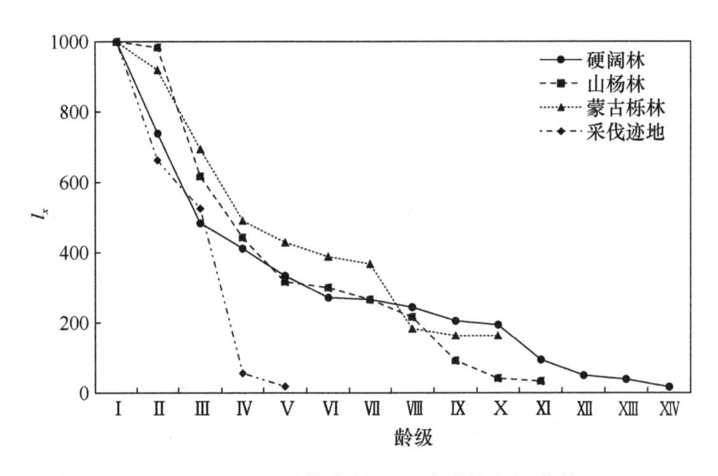

图 32-5　不同群落中刺五加种群的存活曲线

三、刺五加种群的繁殖力表及其分析

种群的繁殖力表是表明种群的存活率与种群繁殖力之间关系的表格。生命表和繁殖力表合起来就可以概括一个种群中所发生的重要事件，如出生、死亡以及正在出生或死亡的个体的年龄。通过繁殖力表的编制，可以计算出种群动态增长的重要参数，如净繁殖率（R_0）、内禀增长率（r_m）、周限增长率（λ）等。生命表和繁殖力表中含有用矩阵方法模拟种群动态所需的重要数据。关于繁殖力表的编制，在动物种群，特别是昆虫种群中已有十分广泛的应用，在植物种群中的应用则不多。植物种群繁殖力表的编表数据与方法和动物种群有一定差别。这里所提的繁殖力表是与前面的生命表相对应的，同样以编制静态生命表的 3 个条件为前提。繁殖力表的编制过程如下：取用生命表中的 l_x 值（这时为存活概率形式）和调查所得的 m_x 值(即每个龄级中的雌体平均产子数)，在植物种群中常用 b_x 式 b_x^{seed}，即每个龄级中植株的平均结籽数（周纪伦等 1993）。

现在在植物种群中所见到的繁殖力表都是针对有性生殖为主的植物编制的，其中 m_x 都是以对应于各龄级的植株的平均产籽数来计算的。但是克隆植物兼有有性生殖与无性繁殖两种繁殖方式，因此在编制繁殖力表时，m_x 的计算不仅要考虑结籽数，还应包括无性繁殖构件的产生数量，两者之和才为 m_x。有关克隆植物种群繁殖力表的报道还未见到。刺五加是一种地下茎克隆植物，既可结实产种，也可通过地下茎萌发产生克隆分株而繁殖。在天然次生林群落中，如果群落没有大的变动，几乎看不到种子更新成幼苗，因此新的个体的产生几乎完全是以克隆分株的产生来完成的。自从祝宁等（1984）对刺五加种群开始全面研究以来，几乎没有发现稳定群落中产生的实生刺五加苗。对帽儿山地区 4 个不同群落中刺五加种群的大量调查也未发现实生苗。这可能是刺五加的种子休眠特性、自毒作用以及竞争力弱等原因造成的。通过试验，将刺五加种子播种在无竞争、无母株影响的条件下，其自然出苗率只有 50%左右，可见刺五加的种子更新力是较差的。因此，在编制次生林中刺五加种群的繁殖力表时，略去了由种子产生的繁殖力，而只以克隆分株的产生数来代表各龄级的平均产籽数。由于每个克隆分株达到一定年龄又可以产生更多的克隆分株，这里的克隆分株可以看作一个个的雌体单元。以不同龄级的克隆所产生的克隆分株的平均数来代表各个龄级的克隆分株的平均产籽数，即各龄级的每个克隆分株平均潜在产生克隆分体的个数。不同群落中刺五加种群的繁殖力表见表 32-11～表 32-14。

表 32-11　硬阔林中刺五加种群的繁殖力表

x	l_x	m_x	l_xm_x	Xl_xm_x
1	1.0000	0	0	0
3	0.7389	0	0	0
5	0.4833	0	0	0
7	0.4111	0	0	0
9	0.3333	21	6.9999	62.9994
11	0.2722	20	5.4444	59.8884
13	0.2667	19	5.0667	65.8675
15	0.2444	19	4.6444	69.6654
17	0.2056	16	3.2890	55.9123
19	0.1944	15	2.9166	55.4154
21	0.0944	17	1.6055	33.7151
23	0.0500	19	0.9500	21.8500
25	0.0389	20	0.7778	19.4450
27	0.0167	21	0.3501	9.4519
合计	—	—	32.0444	454.2104

表 32-12　山杨林中刺五加种群的繁殖力表

x	l_x	m_x	l_xm_x	Xl_xm_x
1	1.0000	0	0	0
3	0.9833	0	0	0
5	0.6167	0	0	0
7	0.4417	0	0	0
9	0.3167	22	6.9667	62.7007
11	0.3000	19	5.7000	62.7000
13	0.2667	19	5.0667	65.8675
15	0.2167	20	4.3334	65.0010
17	0.0917	16	1.4667	24.9342
19	0.0417	15	0.6251	11.8760
21	0.0333	15	0.5000	10.4990
合计	—	—	24.6586	303.5784

表 32-13 蒙古栎林中刺五加种群的繁殖力表

x	l_x	m_x	l_xm_x	Xl_xm_x
1	1.0000	0	0	0
3	0.9184	0	0	0
5	0.6939	0	0	0
7	0.4898	0	0	0
9	0.4286	12	5.1429	46.2857
11	0.3878	9	3.4898	38.3877
13	0.3673	8	2.9388	38.2041
15	0.1837	10	1.8367	27.5510
17	0.1633	10	1.6327	27.7551
19	0.1633	11	1.7959	34.1224
合计	—	—	16.8368	212.3060

表 32-14 采伐迹地刺五加种群的繁殖力表

x	l_x	m_x	l_xm_x	Xl_xm_x
1	1.0000	0	0	0
3	0.6625	8	5.3000	15.9000
5	0.5250	12	6.3000	31.5000
7	0.0563	8	0.4500	3.1500
9	0.0188	11	0.2063	1.8563
合计	—	—	12.2563	52.4063

对以上 4 个表中的数据按下列公式分别计算出种群的净繁殖率 R_0，种群的内禀增长率 r_m，种群的周限增长率 λ，种群的平均世代周期 T，种群的加倍时间 t。

$$R_0 = \sum l_x m_x$$

$$\lambda = \sqrt[t]{N_t / N_0} \text{ 或 } \lambda = N_{t+1} / N_t \text{ 或 } \lambda = e^{rm}$$

$$T = \sum Xl_x m_x / R_0$$

$$t = l_{n_2} / r_m = 0.6931 / r_m$$

关于 r_m 的计算有几种不同的方法，常用近似计算法求得 $r_m \approx l_n R_0/T$。净繁殖率 R_0 表示每一世代种群的增殖倍数。内禀增长率 r_m 表示种群在适宜的外界环境下的最大瞬时增长速率或内在增长能力，是表示种群在一定环境条件下增殖能力的一个重要统计量。当环境不利时，r_m 为负值，种群水平表现为下降。由于 r_m 能较为敏感地反映出环境的细微变化，因此比用繁殖率来描述种群的繁殖能力要精确。它不仅考虑了种群的出生率、死亡率，还将种群龄级、产籽力、发育过程中的速率等因素包括在内。

周限增长率 λ 是指每一个雌体在一定条件经过单位时间后的翻增倍数，即种群在一定条件下将以 λ 倍的速度不断做几何级数增长。

世代平均周期 T 为亲代出生到子代出生的平均周期，即繁殖期植株的平均年龄。

种群的加倍时间 t 是使种群增加一倍所需的时间。

根据以上公式，以及 4 个不同群落中刺五加种群的繁殖力表数据，计算出各群落中刺五加种群的繁殖参数（表 32-15）。

表 32-15　不同群落中刺五加种群的繁殖参数表

群落	R_0	r_m	λ	T	t
采伐迹地	13.6250	0.4716	1.6026	5.4977	1.4698
蒙古栎林	16.8980	0.2250	1.2523	12.5664	3.0807
山杨林	24.6569	0.2603	1.2973	12.3133	2.6629
硬阔林	32.0433	0.2446	1.2771	14.1747	2.8338

对于表 32-15 中的参数，可作如下分析：以上这些参数都是根据 4 个不同群落中刺五加种群的繁殖力表计算出来的，而刺五加的繁殖力表所反映的是天然条件下刺五加的无性繁殖能力，即克隆内产生克隆分株的能力。因此，表中的繁殖参数也就是刺五加种群的无性繁殖参数。植物个体的适合度取决于其繁殖和生存能力，这两个成分在总和可以由净繁殖率 R_0 来表示（Silvertown 1982），也就是说，每一世代种群的增殖倍数，可以作为植物个体适合度的度量。从 4 个不同群落中的 R_0 值可以看出，各个群落对刺五加的适合度（繁殖和生存）的顺序是：硬阔林＞山杨林＞蒙古栎林＞采伐迹地，这主要可以从前述各群落中刺五加繁殖与生存的物理环境和生物竞争环境的优越性程度得到解释。

各个群落中的刺五加种群的内禀增长率 r_m 均为正值，表明各个群落中的刺五加种群都处于增长状态，即种群的总瞬时出生率大于死亡率。采伐迹地上的 r_m 最大，为 0.4716，这是因为采伐迹地上的刺五加小株大都为采伐割灌后在原平茬处萌生的植株，正处于茂盛生长阶段，年龄不超过 10 年，产生克隆分株的能力也很强，所以这时的内禀增长率较林下大。山杨林下的 r_m 大于蒙古栎林和硬阔林，而硬阔林下的 r_m 又大于蒙古栎林。前文已经提到，物理环境与生物竞争环境适于刺五加种群繁殖与生存的优越性是硬阔林＞山杨林＞蒙古栎林，但由于硬阔林中有较多进入衰老期的小株，刺五加小株的死亡率较大，而 r_m 是瞬时出生率与瞬时死亡率的差值，因此山杨林中刺五加种群的 r_m 大于硬阔林。蒙古栎林中的条件较严苛，特别是水分条件较差，刺五加的出生率较小，死亡率较大，因而其 r_m 值最小。

周限增长率 λ 的大小顺序与 r_m 的大小顺序相对应。因此，可以从理论上推断，4 种群落中的刺五加种群每个小株经过单位时间（年）后，如果现有群落条件不变，将分别翻增 1.6026 倍（采伐迹地）、1.2523 倍（蒙古栎林）、1.2973 倍（山杨林）和 1.2771 倍（硬阔林）。即在群落稳定的条件下，刺五加种群将分别以各自 λ 倍的速度不断做几何级数增长。显然这种推断较适合于稳定性较大的硬阔林和蒙古栎林，而对于山杨林和采伐迹地这两个不稳定的群落偏离较大。

从 T 值（从亲代出生到子代出生的平均周期），也就是从克隆分株出生到这个克隆分株又能产生克隆分株的平均年数可以看出，采伐迹地上的小株 5～6 年就可以产生新的小株，这可能与采伐迹地上的刺五加多是采伐割灌后萌生有关。而 3 种林下的刺五加种群 T 值平均为 12～14 年。林下较适合刺五加地下茎的延伸与小株的生长，从繁殖对策上讲，在较适合其扩展与生长的条件下，刺五加克隆分株可能采取先扩张后繁殖产生新的克隆分株对策，因此林下种群的 T 值较采伐迹地种群长。

综上所述，刺五加种群的繁殖力表与生命表相对应，较为系统明确地反映了刺五加种群的繁殖与动态变化过程。通过繁殖力表的编制，可以计算出研究种群增长与动态所需的几个重要参数如 r_m 与 R_0 的值。对于植物种群繁殖力表编制的研究为数不多，其理论与方法需根据具体的植物种群作具体分析。本节对刺五加种群繁殖力表的编制只是一个尝试。由于在天然次生林条件下，刺五加种群通过有性生殖更新的植株较少，故编表时只考虑了刺五加种群各龄级克隆分株产生子代的潜在能力，而未加入一般植物种群繁殖力表编制中对种子能力这一因素的考虑。因此，这里的繁殖力表只是刺五加种群的无性繁殖力表，在研究地区的天然次生林下，可近似于刺五加种群的全繁殖力表。在比较刺五加种群的繁殖力表参数时，不仅要考虑刺五加种群所在群落的环境特点，还要考虑刺五加种群的年龄结构及各龄级种群的繁殖能力。

第五节　莱斯利矩阵模型

生命表只给出关于一个种群的年龄结构状态，但并没有提供一个计算种群在各龄级中的个体随时间而变化方面的简单方法，莱斯利（Leslie）矩阵可以作为有效的计算工具（Leslie 1945），它是表明种群发展的一种决定链模型（deterministic chain model），与均匀马尔可夫链（homogeneous Markov chain）相似（Legendre & Legendre 1983）。Leslie 矩阵可以将生命表与繁殖力表中研究出来的种群年龄结构、各年龄的存活率以及各年龄的繁殖力作为矩阵元素，计算出任何时候的矩阵年龄理论分布数量与种群的总数量。Leslie 矩阵的计算过程如下：先从生命表中查得在 t 时间内种群的年龄结构：N_0 表示龄级 1 的个体数，N_1 表示龄级 2 的个体数，...，N_k 表示最大龄级的个体数。

在 t 时间的各龄级个体数，可用下列向量表示

$$\vec{\boldsymbol{N}}_t = \begin{bmatrix} N_0 \\ N_1 \\ \vdots \\ N_k \end{bmatrix}$$

这是一个 $k+1$ 维的向量，称为年龄分布向量（age distribution vector）。

$$S_x = L_{x+1}/L_x \approx (l_{x+1} + l_{x+2}) / (l_x + l_{x+1})$$

其中，S_x 为龄级 x 到 $x+1$ 的总存活概率；L_{x+1} 为生命表中从龄级 x 到 $x+1$ 的平均存活数；L_x 为生命表中年龄为 x 时的存活率。据此可以计算出某一年龄的雌体平均产生并且能存活到下一龄级的后代数。即 $f_x = m_x S_x$，m_x 为繁殖力表中 x 年龄时的个体平均产籽数。这样就可以得到投影矩阵（projection matrix）（Pielou 1977），又称为转移矩阵（transition matrix）$\boldsymbol{M}$（赵志模和周新远 1984）。

$$\boldsymbol{M} = \begin{bmatrix} f_0 & f_0 & f_0 & \cdots & f_{k-1} & f_k \\ S_0 & 0 & 0 & \cdots & 0 & 0 \\ 0 & S_1 & 0 & \cdots & 0 & 0 \\ 0 & 0 & S_2 & \cdots & 0 & 0 \\ \vdots & \vdots & \vdots & \ddots & \vdots & \vdots \\ 0 & 0 & 0 & \cdots & S_{k-1} & 0 \end{bmatrix}$$

可见，矩阵 $\boldsymbol{M}$ 是由年龄特征繁殖力与年龄特征生存力组成的一个 K+1 阶方阵，第

一行为年龄特征繁殖力 f_x，在矩阵 $\boldsymbol{M}$ 中的对角元素为年龄特征存活率 S_x。当 $f_x \geqslant 0$ 及 S_x 为 0～1 时，查出该种群在时间 t 的各龄级的数量比例后，则按照 Leslie 矩阵可得出，在任何时刻（$t+x$），该种群各龄级的数量可用下列代数式表示

$$
\begin{aligned}
\vec{N}_{t+1} &= M_{\vec{N}_t} \\
\vec{N}_{t+2} &= M_{\vec{N}_{t+1}} = M^2{}_{\vec{N}_t} \\
\vdots \quad & \quad \vdots \qquad \quad \vdots \\
\vec{N}_{t+X} &= M_{\vec{N}_{t+X-1}} = M^X{}_{\vec{N}_t}
\end{aligned}
$$

上述方程已考虑了一个个体出生与进入繁殖期之间的阻滞（丁岩钦 1980）。如在生命表和繁殖力部分所述，对克隆植物编制的生命表和繁殖力表较少，有关的 Leslie 矩阵模型也很少建立。在天然次生林中，刺五加几乎完全是以地下茎克隆繁殖为主，故对其所编制的繁殖力表以克隆产生分生小株的能力为基础，在此基础上所建立的投影矩阵模型也是克隆分株种群动态的矩阵模型。考虑到天然次生林条件下刺五加种群的更新特点，此模型可近似代表整个刺五加种群的矩阵模型。4 个不同群落中刺五加种群的投影矩阵如下。

采伐迹地上的刺五加种群的投影矩阵：

$$
\boldsymbol{M}_{\text{迹}} = \begin{bmatrix}
0 & 1.8416 & 4.9656 & 2.0008 & 1.3756 \\
0.4737 & 0 & 0 & 0 & 0 \\
0 & 0.2302 & 0 & 0 & 0 \\
0 & 0 & 0.4138 & 0 & 0 \\
0 & 0 & 0 & 0.2501 & 0
\end{bmatrix}
$$

蒙古栎林中刺五加种群的投影矩阵：

$$
\boldsymbol{M}_{\text{蒙古栎}} = \begin{bmatrix}
0 & 0 & 0 & 0 & 11.0988 & 6.5682 & 5.0368 & 9.4120 & 5.0000 & 2.5000 \\
0.8404 & 0 & 0 & 0 & 0 & 0 & 0 & 0 & 0 & 0 \\
0 & 0.7342 & 0 & 0 & 0 & 0 & 0 & 0 & 0 & 0 \\
0 & 0 & 0.7759 & 0 & 0 & 0 & 0 & 0 & 0 & 0 \\
0 & 0 & 0 & 0.8889 & 0 & 0 & 0 & 0 & 0 & 0 \\
0 & 0 & 0 & 0 & 0.9242 & 0 & 0 & 0 & 0 & 0 \\
0 & 0 & 0 & 0 & 0 & 0.7298 & 0 & 0 & 0 & 0 \\
0 & 0 & 0 & 0 & 0 & 0 & 0.6296 & 0 & 0 & 0 \\
0 & 0 & 0 & 0 & 0 & 0 & 0 & 0.9412 & 0 & 0 \\
0 & 0 & 0 & 0 & 0 & 0 & 0 & 0 & 0.5000 & 0
\end{bmatrix}
$$

山杨林中刺五加种群的投影矩阵：

$$
\boldsymbol{M}_{\text{山杨}} = \begin{bmatrix}
0 & 0 & 0 & 0 & 20.4358 & 16.2051 & 12.1201 & 8.6500 & 9.0000 & 6.6675 & 3.3338 \\
0.3067 & 0 & 0 & 0 & 0 & 0 & 0 & 0 & 0 & 0 & 0 \\
0 & 0.6615 & 0 & 0 & 0 & 0 & 0 & 0 & 0 & 0 & 0 \\
0 & 0 & 0.7165 & 0 & 0 & 0 & 0 & 0 & 0 & 0 & 0 \\
0 & 0 & 0 & 0.8132 & 0 & 0 & 0 & 0 & 0 & 0 & 0 \\
0 & 0 & 0 & 0 & 0.9189 & 0 & 0 & 0 & 0 & 0 & 0 \\
0 & 0 & 0 & 0 & 0 & 0.8529 & 0 & 0 & 0 & 0 & 0 \\
0 & 0 & 0 & 0 & 0 & 0 & 0.6379 & 0 & 0 & 0 & 0 \\
0 & 0 & 0 & 0 & 0 & 0 & 0 & 0.4325 & 0 & 0 & 0 \\
0 & 0 & 0 & 0 & 0 & 0 & 0 & 0 & 0.5625 & 0 & 0 \\
0 & 0 & 0 & 0 & 0 & 0 & 0 & 0 & 0 & 0.4445 & 0
\end{bmatrix}
$$

硬阔林中刺五加种群的投影矩阵：

$$M_{硬阔}=\begin{bmatrix} 0 & 0 & 0 & 0 & 18.6879 & 18.9700 & 16.7276 & 16.8891 & 11.5552 & 7.5000 & 10.4635 & 11.8750 & 6.0040 & 3.1521 \\ 0.7029 & 0 & 0 & 0 & 0 & 0 & 0 & 0 & 0 & 0 & 0 & 0 & 0 & 0 \\ 0 & 0.7318 & 0 & 0 & 0 & 0 & 0 & 0 & 0 & 0 & 0 & 0 & 0 & 0 \\ 0 & 0 & 0.8323 & 0 & 0 & 0 & 0 & 0 & 0 & 0 & 0 & 0 & 0 & 0 \\ 0 & 0 & 0 & 0.8134 & 0 & 0 & 0 & 0 & 0 & 0 & 0 & 0 & 0 & 0 \\ 0 & 0 & 0 & 0 & 0.8899 & 0 & 0 & 0 & 0 & 0 & 0 & 0 & 0 & 0 \\ 0 & 0 & 0 & 0 & 0 & 0.9485 & 0 & 0 & 0 & 0 & 0 & 0 & 0 & 0 \\ 0 & 0 & 0 & 0 & 0 & 0 & 0.8804 & 0 & 0 & 0 & 0 & 0 & 0 & 0 \\ 0 & 0 & 0 & 0 & 0 & 0 & 0 & 0.8889 & 0 & 0 & 0 & 0 & 0 & 0 \\ 0 & 0 & 0 & 0 & 0 & 0 & 0 & 0 & 0.7222 & 0 & 0 & 0 & 0 & 0 \\ 0 & 0 & 0 & 0 & 0 & 0 & 0 & 0 & 0 & 0.5000 & 0 & 0 & 0 & 0 \\ 0 & 0 & 0 & 0 & 0 & 0 & 0 & 0 & 0 & 0 & 0.6155 & 0 & 0 & 0 \\ 0 & 0 & 0 & 0 & 0 & 0 & 0 & 0 & 0 & 0 & 0 & 0.6205 & 0 & 0 \\ 0 & 0 & 0 & 0 & 0 & 0 & 0 & 0 & 0 & 0 & 0 & 0 & 0.3002 & 0 \end{bmatrix}$$

各群落中刺五加种群各龄级克隆分株的初始向量如下：

$$N_{0迹}=\begin{bmatrix}160\\106\\20\\9\\3\end{bmatrix}\quad N_{0栎}=\begin{bmatrix}49\\45\\34\\24\\21\\19\\18\\9\\8\\8\end{bmatrix}\quad N_{0杨}=\begin{bmatrix}120\\118\\74\\53\\38\\36\\32\\26\\11\\5\\4\end{bmatrix}\quad N_{0硬}=\begin{bmatrix}180\\133\\87\\74\\60\\49\\48\\44\\37\\35\\17\\9\\7\\3\end{bmatrix}$$

据此得到各群落中刺五加种群的数量动态变化趋势（预测 5 个年龄级，即 10 年后的动态变化过程，单位为株/0.5hm^2）。

采伐迹地刺五加种群的预测动态变化：

$$\begin{bmatrix}160\\106\\20\\9\\3\end{bmatrix}\begin{bmatrix}317\\76\\24\\8\\2\end{bmatrix}\begin{bmatrix}280\\150\\17\\10\\2\end{bmatrix}\begin{bmatrix}386\\133\\35\\7\\3\end{bmatrix}\begin{bmatrix}434\\183\\31\\14\\2\end{bmatrix}$$

298　427　459　564　664

蒙古栎林中刺五加种群的预测动态变化：

$$\begin{bmatrix}49\\45\\34\\24\\21\\19\\18\\9\\8\\8\end{bmatrix}\begin{bmatrix}593\\41\\33\\26\\21\\19\\14\\11\\8\\4\end{bmatrix}\begin{bmatrix}593\\499\\30\\26\\23\\20\\14\\9\\11\\4\end{bmatrix}\begin{bmatrix}607\\498\\366\\23\\23\\22\\14\\9\\8\\5\end{bmatrix}\begin{bmatrix}606\\510\\366\\284\\21\\21\\16\\9\\8\\4\end{bmatrix}$$

235　770　1229　1575　1845

山杨林中刺五加种群的预测动态变化：

$$\begin{bmatrix}120\\118\\74\\53\\38\\36\\32\\26\\11\\5\\4\end{bmatrix}\begin{bmatrix}2118\\97\\78\\53\\43\\35\\31\\20\\11\\6\\2\end{bmatrix}\begin{bmatrix}2145\\1709\\64\\56\\43\\40\\30\\20\\9\\6\\3\end{bmatrix}\begin{bmatrix}2184\\1731\\1130\\46\\45\\40\\34\\19\\8\\5\\3\end{bmatrix}\begin{bmatrix}2264\\1726\\1145\\810\\37\\42\\34\\22\\8\\5\\2\end{bmatrix}$$

517　2494　4125　5245　6095

硬阔林中刺五加种群的预测动态变化：

$$\begin{bmatrix}180\\133\\87\\74\\60\\49\\48\\44\\37\\35\\17\\9\\7\\3\end{bmatrix}\begin{bmatrix}4623\\127\\97\\72\\60\\53\\46\\42\\39\\27\\18\\10\\6\\2\end{bmatrix}\begin{bmatrix}4629\\3250\\93\\81\\59\\54\\51\\41\\38\\28\\13\\11\\7\\2\end{bmatrix}\begin{bmatrix}4613\\3254\\2678\\77\\66\\52\\51\\45\\36\\27\\14\\8\\7\\2\end{bmatrix}\begin{bmatrix}4744\\3243\\2381\\1979\\63\\59\\50\\45\\40\\26\\14\\9\\5\\2\end{bmatrix}$$

783　5222　8357　10 930　12 660

从上面的预测可知，各个群落中的刺五加种群将呈现不断增长的趋势，但各个龄级的个体数随时间呈现的变化大小不同，种群在今后 10 年内（5 个龄级内）将呈现出增长趋势。投影矩阵针对稳定种群进行预测，对于不稳定种群，其预测精确性会大大下降。天然次生林群落本身处于不稳定状态，特别是山杨林和采伐迹地。投影矩阵预测的近期变化可能是正确的，随着群落环境的变化，种群会有很大的变化，因此预测的数据就会不准确，甚至误差很大。

第六节　种群的繁殖价

植物种群的更新和种群中植物个体生活史的完成都依赖于繁殖过程。繁殖价（V_x）是指一个处于平均年龄的个体，在其死亡之前对下一代的平均贡献或相对贡献（Silvertown 1982），或者指某年龄的成员从其存活到死亡，对下一世代的贡献（臧润国等 1993）。繁殖价的计算是研究种群繁殖过程的重要手段，繁殖价不仅可以表征植物种群的现实繁殖能力，而且可以对种群的潜在繁殖能力做出预测（徐庆等 2001）。繁殖价的计算公式如下：

$$V_x = b_x + \sum_{i=1}^{x} (l_{x+i} / l_x) b_{x+i}$$

其中，l_{x+i}/l_x 表示年龄 X 到 $X+i$ 的生存概率，在稳定的种群中，年龄为 0 的个体繁殖价与净繁殖率 R_0 相等；繁殖终止时，残存个体的繁殖价为 0；l_{x+i} 与 l_x 分别为年龄 $X+i$ 和 X 时种群内的存活个体数；b_{x+i} 与 b_x 分别为年龄 $X+i$ 和 X 时种群的平均繁殖力（即繁殖力表中的 M_{x+i} 和 M_x）。这些统计数据是从一个种群的生命表和繁殖力表中获得的。V_x 为当前年龄期内所产生子代的平均数 b_x 与后一个年龄期内产生子代的平均数 b_{x+i} 之和，同时把当前年龄 X 的个体将存活到某个年龄期后的每一个年龄期的概率 l_{x+i}/l_x 计算在内。繁殖价可分解为两个部分，即现时繁殖价（present reproductive value）和剩余繁殖价（residual reproductive value），前者记为 M，表示当年产生的子代数，实际上就是繁殖力 M_x；后者记为 RRV，表示之后所有繁殖季节所产生的子代数（Silvertown 1982；Willson 1983），即 $V_x = M + \text{RRV}$，显然 $M = b_x = M_x$，$\text{RRV} = \sum_{i=1}^{x} (l_{x+i} / l_x) b_{x+i}$。

如前所述，对刺五加种群所编制的生命表和繁殖力表完全是以无性繁殖产生的克隆分株为单位，因此以刺五加种群繁殖力表与生命表为基础所计算的繁殖价，也是刺五加种群的无性繁殖价，不包括产生种子的有性生殖价。在天然次生林条件下，由于种子转化为幼苗的可能性极小，刺五加种群在这些条件下的无性繁殖价可以近似地代表刺五加种群的总繁殖价。根据上面的公式和 4 个群落中刺五加种群的生命表及繁殖力表，研究计算了不同群落中刺五加种群的繁殖价（表 32-16～表 32-19）。

表 32-16　硬阔林中刺五加种群的繁殖价

龄组中值	V_x	M	RRV
1	0	0	0
3	0	0	0
5	25.7465	0	25.7465
7	53.8901	0	53.8901
9	85.0879	21	64.0879
11	87.8593	20	67.8593

续表

龄组中值	V_x	M	RRV
13	73.4909	19	54.4909
15	59.4628	19	40.4628
17	48.0988	16	32.0986
19	33.9480	15	18.9480
21	39.0201	17	22.0201
23	41.5740	19	22.5740
25	29.0154	20	9.0154
27	21.0000	21	0
合计	598.1938	—	—

表 32-17　山杨林中刺五加种群的繁殖价

龄组中值	V_x	M	RRV
1	0	0	0
3	0	0	0
5	20.5406	0	20.5406
7	49.9632	0	49.9632
9	76.2912	22	54.2912
11	58.7984	19	39.9784
13	44.9700	19	25.9700
15	31.9622	20	11.9622
17	28.2683	16	12.2683
19	26.9784	15	11.9784
21	15.00	15	0
合计	352.7723	—	—

表 32-18　蒙古栎林中刺五加种群的繁殖价

龄组中值	V_x	M	RRV
1	0	0	0
3	0	0	0
5	12.4418	0	12.4418
7	27.3371	0	27.3371
9	39.2883	12	27.2883
11	30.1591	9	21.1591
13	22.3339	8	14.3339
15	28.6683	10	18.6683
17	21.0000	10	11
19	11.0000	11	0
合计	192.2285	—	—

表 32-19　采伐迹地刺五加种群的繁殖价

龄组中值	V_x	M	RRV
1	5.3000	0	5.3000
3	20.1699	8	12.1699
5	64.5000	12	52.5000
7	11.6667	8	3.6667
9	11.0000	11	0
合计	112.6366	—	—

以 V_x 为纵坐标，龄级为横坐标，绘制了 V_x-龄级分布图（图 32-6）。

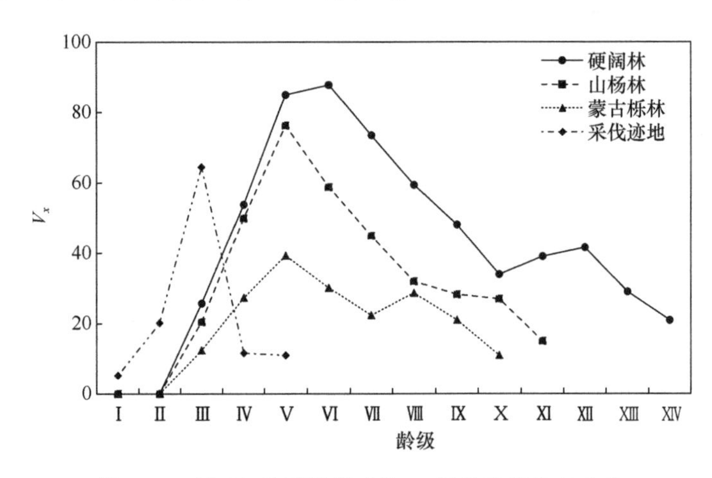

图 32-6　刺五加种群的繁殖价 V_x 随龄级变化的曲线

根据以上图表可以发现，采伐迹地上的刺五加种群，Ⅰ龄级只有剩余繁殖价（可能性），而无现时繁殖价（现实性），从Ⅱ龄级开始两者都有了。V_x 以Ⅱ～Ⅲ龄级的较大，而两边的则较小。这就是说，刺五加在采伐割灌的干扰后，并不能在割灌后的头 1～2 年萌发，而在 3 年以后开始萌发，而大量萌发发生在 6 年左右。当然采伐迹地上的克隆分株年龄代表原老株被割后的年龄，正常未被干扰的小株，一般在 8 年以下是不会产生克隆分株的。林下几个群落中的刺五加种群繁殖价的变化大致也有类似的变化规律，即中间几个龄级的繁殖价较大，两头龄级的繁殖价较小。Ⅰ龄级和Ⅱ龄级的 RRV 均为 0，即Ⅱ龄级以下的克隆分株没有繁殖行为或产生子代克隆分株的可能系。Ⅲ～Ⅳ龄级的克隆分株虽然 M 为 0，但 RRV 已有了一定的数值，也就是说，Ⅲ～Ⅳ龄级的克隆分株已有繁殖或产生克隆分株的可能性，但在现有条件下没有实现。Ⅴ龄级以后，M 和 RRV 的值均比较大，因此 V_x 也较大。如果以 $M\neq0$ 且 V_x 值大于 V_x 平均值的龄级作为繁殖高峰期，硬阔林中的 $\overline{V}_x=42.7281$，则Ⅴ～Ⅸ龄级（10～18 年）为繁殖高峰期；山杨林中的 $\overline{V}_x=32.0866$，则繁殖高峰期为Ⅴ～Ⅷ龄级（10～16 年）；蒙古栎林中的 $\overline{V}_x=25.4083$，则繁殖高峰期为Ⅴ～Ⅷ龄级（10～16 年）。以上这些繁殖高峰期的平均值分别与不同群落中的刺五加种群世代平均周期 T 值较接近（表 32-15）。另外，林下 3 种群落中的刺五加种群无论是总的 V_x 值还是相对应的各龄级的 V_x 值，都是硬阔林＞山杨林＞蒙古栎林，这种变化顺序与 3 种群落中的物理与生物竞争环境对刺五加种群的适合度相对应。

林下刺五加种群繁殖价中间较大、两头较小的现象，可以做如下解释：Ⅰ～Ⅱ龄级的小株，其繁殖价均为 0（V_x及 RRV 均为 0），因为这时的小株还没有建立起独立完整的自养代谢体系，对母株或同一克隆内的其他小株有较大的依赖性（如养分与水分等），而且它们必须消耗较多的物质与能量来迅速生长，以便在竞争中取胜。Ⅲ～Ⅳ龄级小株虽然没有产生克隆分株，但这时它们已有产生小株的可能性，RRV ≠ 0，如果环境条件优越，则可能产生新的小株，使 $M \neq 0$。然而一般Ⅰ～Ⅳ龄级的小株还处于出生和竞争期，竞争条件及自身条件均不成熟，因而这时只有可能性，而无现实性。当小株进入Ⅴ龄级以上，即进入相对稳定增长期时，小株自身建立起了完整独立的营养体系，植株健壮，获得物质与能量的能力较强，再加上这时的小株已超过了主要竞争植物层，竞争压力较小，这样在自身素质强且环境较优越的条件下，这些小株就有较多的物质与能量用于产生新小株，故相对稳定增长期也是产生克隆分株的繁殖高峰期。当植株进入逐渐衰老阶段后，小株的同化能力逐渐减弱，致死因子如病虫害等的作用力不断加强，这时小株向外输出产生新小株的物质与能量不断减少，因此繁殖价也在不断减小。到最后一个龄级，RRV = 0，即这时的小株已接近死亡，之后产生小株的可能性已变为 0。虽然分析繁殖价时所划分的 3 个时期，即出生和竞争期、相对稳定增长期、逐渐衰老期，与分析生命表时所划分的 3 个时期的相对长短有所差别，但趋势基本相同。在分析生命表时主要以致死力 K_x 的变化来划分（主要考虑环境压力），而在分析繁殖价时则主要以繁殖价 V_x 的变化来划分（以种群自身的繁殖能力为主）。

第七节　种群构筑型

在研究植物种群时，研究的基本单位是十分重要的，在不同的单位上研究，可能对种群的性质有不同的发现。著名种群生物学家 Harper（1977）把植物组建水平分为基株（genet）和构件（modular）后，植物种群生物学的研究才有了较为明确的方法。植物的构筑型（architecture）一词，最早由英国植物种群生物学家提出并应用（Harper 1977；White & Dickson 1984），即指植物各部分的相互空间连接形式。植物的结构与功能是完全相适应的，通过对植物构筑型的研究，可以对植物的各构件种群之间的关系、种群内个体之间的相互关系，以及植物种群与环境的关系有更深入的了解，从而为进一步研究种群的调节、种群的密度作用规律，以及种群的动态和发展提供基础，从机制上对植物种群的动态发展进行探讨（李俊清等 2001）。植物构筑型的总和即为其外形，是植物存在的基础，尽管对其了解很少，但对于不同的物种，人们一般较容易通过外形做出辨认，而对同一物种不同个体的辨认，则必须通过对外形的详细研究与了解才行。植物构筑型的研究是通过对植物种群内个体结构的大量统计，对其规律加以归纳，从而得到植物种群的构筑形式，这种形式在不同的环境条件下会有不同的变化，即植物的构筑型对环境有一定的适应性（Bell & Tomlinson 1980）。

Bell 和 Tomlinson（1980）对地下茎克隆植物的构筑型进行了综述与分析。他们的研究表明，许多植物都表现出高度的组织型与重复的分枝格局。这些分枝格局大概能够分为 3 种基本形式：即以 60°为基本分枝角、以 45°为基本分枝角，以及以线性为主的构筑型。这些构筑型在开发利用资源上各有一定的优越性。许多地下茎植物的连续匀质构筑型，能对分枝格局的图像进行预测，并对单位枝条上的生长点进行估测。他们的研究指出，地下茎以60°角为基础的系统，最后形成六角形网格（hexagonal grid），如艳山姜（*Alpinia zerumbet*）；以45°角为基础的系统，最后形成八角形网格（octagonal grid），如印第安黄瓜（*Medeola virginiana*）；生长点不分枝，以生长点直线前进为主的植物则形成线性系统（linear system），如冰草属（*Agropyron*）和蕨属（*Pteridium*）以及一年生沙丘植物等。许多因素都会影响到植物的构筑型格局形式，这些因素包括个体的不同部位（如不同埋藏深度的地下茎），环境因子如土壤酸碱度、土壤湿度、风（许多敏感植物的克隆分株只向背风方向发展）等，另外年龄、竞争等都对植物的构筑型有影响（Schellner et al. 1982）。

一、刺五加地上部分构筑型的研究

（一）不同群落中刺五加的枝长与枝的级数比较

研究分别按照级别进行枝的统计，即把主枝定为0级，一次分枝为Ⅰ级，二次分枝为Ⅱ级，三次分枝为Ⅲ级，依次类推。在各个群落中，选择生长良好的每个龄级的刺五加母株各一株，然后分别统计每株的各级枝长，再将各龄级植株同一级别的枝进行平均，最后得出每个群落中各级枝的平均长。按照上述方法，统计各群落中刺五加各级枝的平均长见表32-20。

表 32-20　不同群落中刺五加各级枝条的平均长统计表　（单位：cm）

群落类型	Ⅰ	Ⅱ	Ⅲ	Ⅳ	Ⅴ	Ⅵ
硬阔林	13.20	20.22	17.43	11.50	6.93	5.15
山杨林	18.00	25.50	20.13	8.50	7.02	
蒙古栎林	13.33	10.50	6.04			
采伐迹地	25.20	14.90	10.25			

从表32-20可以看出，4个群落中刺五加枝长的变化规律是：硬阔林与山杨林中的刺五加都是Ⅰ、Ⅱ、Ⅲ级枝较长，而Ⅳ级以上的枝则较短。也就是说，这两个群落中的刺五加从主干开始分枝时，一次、二次及三次分枝是植株枝长的快速生长期，这时的分枝对植物的同化作用起着重要的作用，主要是营养枝。而到Ⅳ级以上时，枝条的高生长已缓慢，这些枝主要变为花果枝。在蒙古栎林中和采伐迹地上的刺五加，Ⅰ、Ⅱ级枝较长，主要是营养枝；Ⅲ级枝较短，主要是花果枝。

不同群落中刺五加的分枝级数大小顺序为硬阔林（Ⅵ级）＞山杨林（Ⅴ级）＞蒙古栎林（Ⅲ级）=采伐迹地（Ⅲ级）。这可以从各群落环境条件对刺五加种群生长的适合度顺序得到解释。硬阔林下的物理环境及生物竞争环境对刺五加是最优的，因而刺五加得以活到最大的年龄，种群的寿命较长，有利于形成较多的分枝，以充分利用其生态位。山杨林下的条件次之，因而其寿命不如硬阔林下的刺五加寿命长，形成的分枝级数较少，山杨林下的刺五加种群生态位幅度不如硬阔林下的大。而蒙古栎林下的刺五加种群只有三级分枝，这是由于蒙古栎林内的环境条件较苛刻，特别是水分条件比较差，刺五加种群易受干旱胁迫，因此在这种条件下种群寿命较短；另外，苛刻的条件，特别是土壤干旱，也不利于支持较多的分枝与蒸腾面积，故在蒙古栎林下的分枝只有三级。采伐迹地刺五加分枝少主要是由于其年龄小，但这里的光照与地下空间都有利于分枝，水分条件也不算太差，因此虽然其年龄很小，但仍有三级分枝。

（二）不同群落中刺五加种群各级枝上着生的活芽数的统计与分析

在对上述各级枝进行统计时，同时统计各级枝上着生的活芽数，将各龄级植株同一级别枝上着生的活芽数进行平均，就得出每个群落中各级枝上的平均着芽数（表 32-21）。

表 32-21　不同群落中刺五加各级枝上着芽数统计表

群落类型	单位	Ⅰ	Ⅱ	Ⅲ	Ⅳ	Ⅴ	Ⅵ	合计
硬阔林	着芽数	1.0	9.7	17.5	4.6	0.5	0.8	34.1
	%	2.93	28.45	51.32	13.49	1.47	2.35	100
山杨林	着芽数	4.1	18.9	10.9	2.2	1.0		37.1
	%	11.05	50.94	29.38	5.93	2.70		100
蒙古栎林	着芽数	9.5	11.8	7.8				29.1
	%	32.65	40.55	26.80				100
采伐迹地	着芽数	10	12.1	2.2				24.3
	%	41.15	49.79	9.05				100

从表 32-21 中可以看出，各群落中刺五加活芽的分布与其对应的各级枝的平均大小顺序基本一致。在硬阔林和山杨林中，以Ⅱ、Ⅲ级枝上活芽数最多。这是因为Ⅰ级枝主要为支持枝，年龄较老，又多处于植冠内部，所以其上的芽点出生能力以及出生后的保存率都较小；而Ⅴ、Ⅵ级枝芽数少是由于这些枝主要为花果枝，着生的叶芽很少，顶端有些为花芽，花芽在刺五加植株的总芽数中占比很小，因此Ⅳ、Ⅴ、Ⅵ级枝的芽数也较少；Ⅱ、Ⅲ级枝主要为营养枝，枝条长，着芽及保芽能力较强，故其芽数最多，占比最大。而蒙古栎林中刺五加Ⅱ级枝上活芽分布较多，Ⅰ级枝次之，Ⅲ级稍少。因为在蒙古栎林下的刺五加分枝数较少，分枝后的Ⅰ、Ⅱ级枝仍为主要营养枝，枝条较长，其上着生的芽所占比例较大。Ⅲ级枝较长，以营养枝为主，所以其平均芽数不算少。采伐迹地上的刺五加Ⅰ、Ⅱ级枝上的活芽占 90%以上，Ⅲ级枝上的则较少，这主要是因为采伐迹地上的刺五加为采伐割灌后的萌生条，年龄较小，故其Ⅰ、Ⅱ级分枝的生命力旺盛，枝上的着芽与保芽力强，平均芽数多；而Ⅲ级枝则刚刚产生几年，枝条较短，所以其上的芽数较少。

（三）不同群落中刺五加的分枝角度

对于每个群落内各龄级的刺五加，各选取一株生长正常的母株，用量角器量取分枝角度，统计各个角度的出现频数（表 32-22）。

表 32-22 不同群落中刺五加的分枝角度频数统计表

群落	0°～20°	20°～40°	40°～60°	60°～80°	80°～100°	100°～120°	合计	加权平均
硬阔林		11	80	27			118	52.7°
山杨林		22	56	24	2	2	106	51.8°
蒙古栎林	1	6	33	5	1		46	49.8°
采伐迹地	2	33	18	2			55	37.5°

从表 32-22 可以看出，林下刺五加的分枝角度大都处在 40°～60°，而采伐迹地上的则多处在 20°～40°。林下各群落中刺五加的分枝角度差别不大，平均在 50°，而采伐迹地与林下的差别较大，平均在 40°。这一结果主要是由于林下和采伐迹地上的刺五加年龄差别很大，刺五加的分枝角度随着年龄的增加而增加。年龄小时，刺五加分枝少，分枝角度也较小，故其枝条向上倾的趋势较大；年龄增大时，刺五加分枝多，分枝角度也较大，故其枝条呈现出外倾或平展的趋势。另外，随着年龄的增加，植株内枝条对光照的竞争较大，迫使一部分枝条向外扩展以获得充足的光照，分枝角度势必增大，高级别枝条呈平展趋势，正是为了适应光照条件的结果。采伐迹地上的刺五加年龄较小，30°～40°分枝角度的枝条正在旺盛生长，再加上采伐迹地光照充足，枝条分枝角度较小时仍能有较多的光照量，高级枝条还未形成，50°以上的分枝很少，所以其分枝角度大多在 40°左右。

二、刺五加地下部分构筑型的研究

刺五加的地下部分主要包括地下茎和根，本部分主要研究了地下茎的构筑型及其变化规律。地下茎是刺五加繁殖的主要构件，克隆分株就是通过地下茎上的潜在芽在适当的环境条件下转化而来的，地下茎又是各个克隆分株间物质、能量和信息联系的通道。地下茎上的根是吸收养分和水分的主要部位，吸收的养分和水分又是通过地下茎与地上部分连通的。在维持刺五加整个克隆的代谢中，地下茎起着重要的枢纽作用。同时，地下茎又是刺五加的主要药用部分。因此，对地下茎进行研究，不仅具有重要的生物学意义，也具有重要的经济意义。

（一）刺五加地下茎长度的变化

从 4 个不同群落中各个龄级的刺五加各选取一个生长良好的克隆，对地下茎进行仔细挖掘，最后统计出各群落中各龄级刺五加克隆的地下茎总长度（表 32-23）。

表 32-23 不同群落中不同龄级刺五加克隆地下茎长度统计 （单位：cm）

群落类型	Ⅰ	Ⅱ	Ⅲ	Ⅳ	Ⅴ	Ⅵ	Ⅶ	Ⅷ	Ⅸ	Ⅹ	Ⅺ	Ⅻ	n	$\bar{X}$
硬阔林				423	486	724	675	941	897	765	435	733	9	675.44
山杨林				485	629	570	640	894	666	753	745	613	9	666.11
蒙古栎林					476	542	707	729	888	743			6	680.83
采伐迹地		86	141	140	190	269							5	165.20

从表 32-23 可以看出，林下刺五加随着龄级的增加，总长度表现出增加趋势，在Ⅹ

龄级左右达到最大，之后缓慢减小。这可能是由于年龄小时，刺五加地下茎刚开始扩展，其总长度较小，但随着年龄的增加，扩展能力逐渐增强，故总长度也在增加；到了较老的年龄时，地下茎的扩展与生长能力又在逐渐减少，增长速度减慢，同时可能有部分小株间的地下茎开始腐烂而把一个大的基株分成几个克隆，故一个克隆的总地下茎长度比未开始腐烂时小一些。采伐迹地上的刺五加是原老刺五加采割后萌生而成的，故母株地上部分的年龄不能完全代表地下部分的年龄。由于采伐后杂草大量繁殖，限制了刺五加地下茎的生长，故离母株或克隆较远的地下茎已腐烂，因此地下茎的范围较小，再加上杂草密织的根网限制现有地下茎的扩展速度，因此其总长度较林下明显更小，但随着年龄的增加，其总长度也在增加。通过方差分析与多重比较 *S* 检验可知，山杨林与蒙古栎林的刺五加地下茎平均长度差别不大，而它们却都与硬阔林差别显著。这可能是由于硬阔林下的环境与前两种林下的环境差别较大，而前两种林下的环境差别相对较小，因此硬阔林下较其他林下能发展较大的地下茎网络，也能维持较长时间、大范围的地下茎。林下的刺五加种群又都与采伐迹地上的刺五加种群的地下茎表现出较大差异，这可能是由于采伐迹地上各个独立克隆形成的年龄较小，以及密集的杂草根网限制了地下茎扩展。

（二）地下茎埋藏深度的变化

研究在采伐迹地上的刺五加种群中随机选取了 30 个克隆，在其他 3 个群落中随机选取了 50 个克隆，对刺五加地下茎的埋藏深度进行了量测，每个克隆取 10 个测点，取平均值作为每个克隆地下茎的平均深度。统计结果见表 32-24。

表 32-24　不同群落中刺五加地下茎埋藏深度统计表

群落	地下茎埋藏深度/cm													埋藏深度均值/cm	标准差
山杨林	5	4.3	4.5	4.6	6	3.2	4	3.6	4.6	4.1	4	3.6	5.7	4.308	0.961 25
	6.8	5.4	6.2	4.2	3.8	4.7	4.6	4.4	6.4	2.9	3.1	4.1	3.6		
	4.5	4.5	5.4	3.5	3.8	3.1	3.4	3.7	4.1	3.5	4.6	4.2	4.3		
	2.5	4.8	4.9	6.3	4.1	4.8	4.3	3.1	2.6	4.2	4.4				
硬阔林	4.3	4.6	3.8	3.5	4.2	4.3	4.6	3.5	3.7	4.1	3.5	4.1	3.4	3.958	0.929 4
	2.8	3.4	4.6	4.4	4.2	6.5	4.7	4.6	3.8	4.2	3.3	5.7	4.1		
	3.9	4.8	3.6	3.4	4.3	3.3	3.6	3.8	3.5	3.1	4.8	5.2	3.9		
	3.4	4.2	2.8	6.1	3.6	4.3	4.1	4.3	2.8	5.5	4.2				
蒙古栎林	10	4.1	6	4.1	7	7	8	6	5	6	8	8.2	8.1	5.966	1.442 7
	7	7	5	6.5	4.1	6	7.5	6	4.2	6	6	4	5		
	6	6	7	6	5	7	7	7	5.5	3	7	5.5	6.5		
	3	8.5	4	6.5	4	7	6	8	6	6	7.2				
采伐迹地	8	7	8.5	8.4	9	11	9.5	8.5	8.5	10.5	8.5	8	8.5	8.847	0.931 3
	8	9.5	9	9.5	10	8.5	10	9.4	8	10	9	8.5	8		
	9.5	7.5	9	8.5											

刺五加地下茎的埋藏深度顺序为：硬阔林（3.958）＜山杨林（4.308）＜蒙古栎林（5.966）＜采伐迹地（8.847）。对表中数据进行方差分析与多重比较 *S* 检验可知，除硬

阔林与山杨林的刺五加在地下茎的埋藏深度差别不显著外，其他任意两个群落中的刺五加地下茎埋藏深度之间都有显著差异。硬阔林处于沟谷的中下部，林下土壤为腐殖质土，疏松、通气，水分和养分含量较高。林内主要下木如丁香的根系主要分布在 12～14cm，与刺五加的地下部分有较大的生态位分化。根系分布在土壤较上层的草本植物也不多，所以在浅层土壤中的刺五加地下茎竞争较弱，加上水分、养分条件能得到满足，因此刺五加的地下茎在土壤中的平均埋藏深度较浅。山杨林下的水分条件较硬阔林下差一些，刺五加的地下茎需要伸展得更深以便吸收水分。然而林下主要下木如毛榛的根系主要分布在 7.083cm 左右，为避免竞争，刺五加的地下茎主要分布在毛榛根系层之上，为 4.308cm 左右。而蒙古栎林处于山的上腹与山顶，水分条件更差，刺五加的地下茎必须向更深处发展才能吸收足够的水分，因此群落内刺五加地下茎的平均埋藏深度较前两个群落深。另外，蒙古栎林下的主要下木绣线菊的主根层集中在 9.170cm 左右，限制了刺五加的地下茎向更深方向发展，所以其平均深度为 5.966cm 左右。采伐迹地上土壤水分条件不算苛刻，但林下有大量的问荆和薹草等植物，根层密结交织，与刺五加的地下部分有较强烈的竞争。问荆的平均主根层分布在 7.490cm 左右，其上层又有较多的其他草本植物，刺五加被迫穿过草根层，向更深层发展才能满足水分、养分及生存空间的需要，因此采伐迹地上的刺五加地下茎埋藏最深，为 8.847cm 左右。从上面的分析可以看出，刺五加地下茎的埋藏深度与土壤水分及竞争植物根系的多少与分布有着密切的关系。

（三）刺五加地下茎的构筑型式

研究针对 4 个不同群落中的刺五加，每个龄级各选取一个克隆，仔细挖掘地下茎并测量地下茎的长度、粗度、走向（偏走的角度），然后绘图，得出每个克隆的地下茎构筑型图，各个龄级的克隆除地下茎长度有差异外，构筑方式基本相似。

从各群落中分别取一个克隆绘制了构筑图（图 32-7）。从图中可以看出，刺五加地下茎的构筑型基本上属于 Bell 和 Tomlinson（1980）所述植物地下茎 3 种系统中的线性系统，即游击的稀疏线型。然而其发展方式又不是完全的直线方向式，而是沿着主要走向轴两侧有一定的偏离与分歧，从而在一定的环境下向六角形或八边形网格趋近。3 种林下的刺五加地下茎的游走方式差别不大，线性系统较明显。林地上草本植物根系对刺五加地下茎的走向影响较小，而灌木的根系又有一定的距离，与刺五加的地下茎生态位分化较大，因此林下的刺五加地下茎基本能沿主轴方向左右“游击”摆动前进。但采伐迹地上的刺五加地下茎较多趋向于闭合的趋势，但没有形成网状系统，仍属线型。地下茎的游击线性系统可能是受刺五加自身遗传因素所控制的，但环境条件会影响其摆折的程度，采伐迹地上的问荆及薹草等草本十分繁茂，根系层密织交错，与刺五加的地下茎生态位重叠较多，竞争较强烈，因而地下茎在向母株附近一个方向往前发展时，不断地受到周围问荆和草本层的堵截，其生长点就不得不转回一定的程度，以利用母株周围的有利环境（母株下草本与问荆相对较少），从而形成了一定程度的闭合形式。

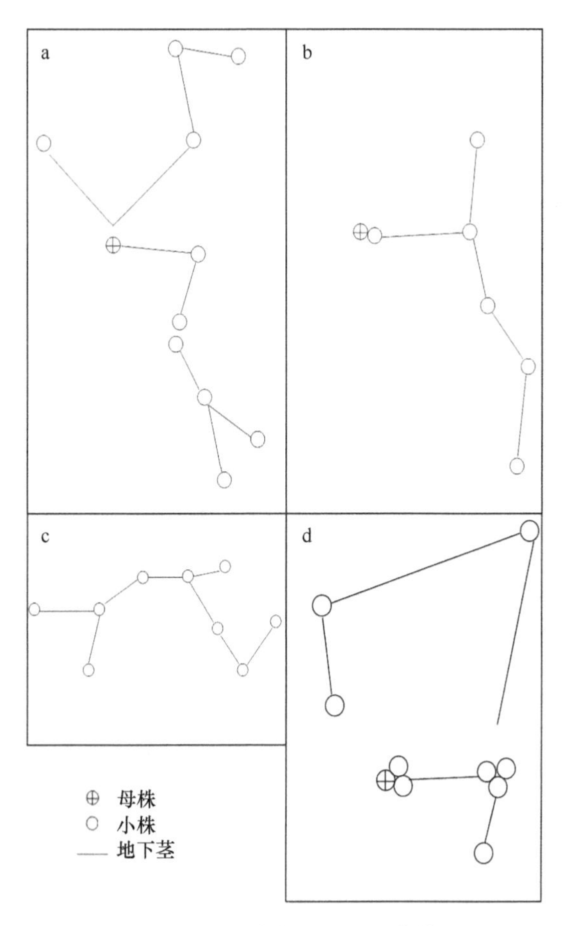

图 32-7　不同群落中刺五加地下茎构筑型图

a. 硬阔林；b. 蒙古栎林；c. 山杨林；d. 采伐迹地

总之，通过对刺五加的构筑型及其所处环境的研究，可以发现刺五加的分枝级数、枝长、分枝角度、地下茎的走向与分枝方式、地下茎的埋藏深度等主要受到刺五加自身的生物学特性及年龄的控制，但多少也受其所处的物理与生物环境的影响。

第八节　繁殖生物学

植物的繁殖对策是指植物在生活史过程中，通过最佳的资源分配格局，以其特有的繁殖属性适应环境，提高植物适合度，维持物种的生存和更新（Grime 1979；李金花等 2004）。繁殖对于种群是至关重要的一个环节，因为繁殖的方式及成功与否直接关系到种群未来的命运。刺五加种群的繁殖分为两种方式，即依赖于种子的有性生殖和依赖于地下茎的无性繁殖。在天然条件下，无性繁殖是维持现有种群的主要途径（刘阳明 1989；曹建国 2005）。然而长期无性繁殖可能导致刺五加种群的遗传多样性下降，从而减弱它对多变环境的抗逆性，可能使种群进一步缩小，进而增加其濒危的程度（祝宁等 1998）。

一、刺五加无性繁殖的研究

地下茎是刺五加天然繁殖的主要部分，是刺五加在地下吸收水分和养分的先锋，也是转化为克隆分株的潜伏芽的载体，所以对刺五加地下茎繁殖进行研究具有重要的意义。

由于刺五加的地下茎不好挖掘，又是主要的药用部分，人们对借助于地下茎来繁殖刺五加的研究很少。1990 年 5 月底，从硬阔林下挖出一定数量的刺五加地下茎，将地下茎切成 10cm 长的小段，从中随机抽取 50 根用生根粉（ABT）处理，再随机抽取 50 根用自来水浸泡作为对照，浸泡时间与用 ABT 浸泡的时间相同。使用生根粉时，将一小包（0.1g）药剂先溶于 50g 乙醇中，再加入 50g 蒸馏水，用于速蘸（30s）扦插；或者将原液稀释 20 倍，浸泡扦插枝条基部（将刺五加根茎全部浸入）0.5～2h 即可扦插，每小包处理扦插枝条 300 株以上。在老爷岭生态站前的试验地上，竖立扦插 40 根（20 根用 ABT 处理，20 根为对照）刺五加根茎，扦插头外露 1cm；再用铁锹挖开深 6cm、宽 4cm 的小沟，将根茎切段平放入沟内，然后埋土踏实，共埋根茎 60 根（30 根用 ABT 处理，30 根作为对照）。最后将埋和插的位置都浇透水，使土壤保持足够的湿度。1990 年 9 月下旬统计出苗情况（表 32-25）。

表 32-25　不同处理下刺五加根茎切段的出苗率统计表

ABT 处理		对照	
埋藏根茎	扦插根茎	埋藏根茎	扦插根茎
18/30=60%	4/20=20%	8/30=26.7%	2/20=10%

从表 32-25 可以看出，不同处理下刺五加根茎的出苗率不同。在同样条件下，用 ABT 处理的出苗率大于未经 ABT 处理的出苗率，并且埋藏根茎的出苗率大于扦插根茎的出苗率。扦插根茎出苗率低的原因是：根茎在地下是横走式的，立起之后，可能会引起其生理特性的某些变化，不利于出芽与生根，另外，更重要的是，扦插根茎的一部分截面暴露于空气中，从而使根茎丧失大量的水分，根茎不能保持水分平衡，潜发芽因得不到充足水分而不能萌发乃至枯死，愈伤组织也不能生根。生根粉 ABT 是一种高效、广谱性的生根促进剂，经示踪原子和内源激素分析，证明其具有补充外源生长素及促进内源生长素合成的双重功能。实践证明 ABT 参与扦插不定根形成的整个生理过程，故能加速切口的愈合，缩短生根时间，促进不定根与原基分生组织细胞分化成多个根尖，呈簇状、爆发性生根，且根多而粗壮（王涛 1991）。从前文可知，ABT 处理过的根茎形成了多而壮的根系（大量而快速形成根系，能够及时吸收水分、养分，保证潜发芽转化为幼苗的需要）。因此，用 ABT 处理过的切段，其出苗率明显增高。通过上述试验可知，在用刺五加根茎繁殖时，应采用 ABT 处理，然后横埋于土中，这样的出苗率最高。

二、刺五加有性生殖的研究

（一）试验材料与方法

1. 种子的采集与处理

1987 年 9 月中旬从试验地区的 3 种不同群落（硬阔林、山杨林、蒙古栎林）中采集刺五加果实，将采回的果实用水浸泡两天，然后搓洗以去掉果肉。去掉果肉后的种子放在室内自然干燥 4 个月，筛出不成熟的种子，称量成熟种子的千粒重。1989 年 9 月中旬从本区硬阔林中采集刺五加果实，用上述方法去除果肉后进行变温层处理。处理的程序是，先用 5%次氯钠浸泡种子 10min 消毒，去掉消毒液，再用水浸泡 4h，以便把药冲洗干净。砂子在 104℃的烘箱中烘 4h 消毒，然后将砂子和种子按 3∶1 的比例均匀混合，放入花盆中。将花盆放入 20℃的恒温箱中 3 个月，然后放入试验地区的恒温箱两个月。在上述处理过程中，每隔 1～2 天翻动一次，并浇水使砂子保持湿润。1990 年 3 月上旬将上述花盆放入室内气温条件下，仍使之保持湿润和通气，观察室内发芽率。同时将上述处理后的种子播于落叶松人工林下，观察并统计出苗率。

2. 播种试验设计

1987 年 9 月下旬将 3 种不同群落中采集的果实进行浸泡，搓洗处理后，播于生态实验站西侧的人工落叶松林下。播种方法是去除林下的枯落物，松动土壤，然后分别将每 100 粒的刺五加种子均匀播于 4cm × 4cm 的小播种穴内，再覆 1.5～2cm 的细土。3 种群落下的刺五加种子播种为顺序错位式的机械重复，即山杨—蒙古栎—硬阔—山杨—蒙古栎—硬阔—山杨……，每个群落中重复 30 次，播种样方共 90 个。另外，在同一时间内，采集硬阔林下的刺五加果实，不经任何处理，按照上述同样大小的样方与播种方法，直接将果实播于人工落叶松林下，每个样方中播种 20 个果实（每个果实内有 5 粒种子），重复 30 次，观察其自然出苗情况。由于刺五加种子的休眠特性，上述播种的种子于 1989 年 6 月陆续开始出苗，9 月统计出苗率及苗高与地径。

（二）结果与分析

1. 不同处理下刺五加种子的出苗率比较

植物后代能否靠种子繁衍取决于许多因素，既受种子自身的形态、生理生化状态的影响，也受外界环境条件的控制。人为调控外界环境，能加速种子的后熟，打破休眠，去除抑制物质，促进种子的萌发。将硬阔林中采集的刺五加种子进行 3 种处理：采集果实直接播种；去除果肉后播种；去除果肉后层积处理种子再播种。不同处理下的出苗情况见表 32-26。

表 32-26　不同处理下刺五加种子的出苗率统计表

处理	平均出苗率/%	样本数	播种时间	统计时间	处理时间
采集果实直接播种	6.033	30	1987 年 9 月中旬	1989 年 9 月中旬	1987 年 9 月中旬
去除果肉后播种	11.533	30	1987 年 9 月中旬	1989 年 9 月中旬	1987 年 9 月中旬
去除果肉后层积处理种子再播种	80.800	10	1990 年 5 月上旬	1990 年 9 月上旬	1989 年 9 月中旬到 1990 年 4 月下旬

从表 32-26 可以看出，不同处理后的刺五加种子播于同一土壤中后，出苗率差异显著。通过方差分析与 *S* 检验可知，3 种处理之间两两差异都十分显著。以变温层积处理后的种子出苗率最高，平均为 80%，而且能在播种后的当年就能出苗，从播种到出苗的

时间仅为一个月左右，而其他两种处理的出苗率较低，且从播种到出苗的时间需要一年多。去除果肉后播种的出苗率又比采集果实直接播种的出苗率高。该结果主要由下列因素导致：刺五加种子有休眠特性，种子在采收时尚未形成完整的胚，天然条件下至少经过一年才能完成后熟，打破休眠。变温层加速了形态与生理后熟过程，打破休眠的时间较自然状态下大大缩短。播种后又正遇生长季节的开始，温度、水分、通气等条件都较好地满足了种子萌发的需要，所以经层积处理后播种的种子，不仅出苗率高，而且出苗时间早。而去除果肉能使种子早日与土壤直接接触，避免果肉中可能存在的抑制物质的影响，另外种子被动物捕食或病菌侵染的机会也较小，因而去除果肉的种子比未去除果肉的种子出苗率高，在刺五加的繁殖实践中应大力推广。

2. 不同群落中刺五加种子千粒重的比较

物种间种子重量的差异极其明显，然而特定物种的种子平均重量基本上是恒定的，属于该物种的一个固定特征（Fenner 1985）。同一物种处于不同环境条件下的种群，由于环境条件的长期作用以及种群对环境的长期适应，这些种群也会产生性状上的差异。Fenner（1985）认为：处于不同群落下的同一物种的不同种群，在种子平均重量上也有一定的差别，这些差别与种群所处群落在演替系列中的阶段有关。研究对 3 种不同群落中的刺五加种群进行了千粒重的测定（表 32-27）。

表 32-27　3 种不同群落中刺五加种子千粒重的测定表　（单位：g）

群落	千粒重										平均值	标准差
硬阔林	7.04	6.99	7.05	7.31	7.44	7.45	7.51	7.39	7.39	7.33	7.332	0.176
	7.28	6.99	7.11	7.40	7.10	7.39	7.67	7.43	7.30	7.36		
	7.18	7.41	7.42	7.37	7.23	8.33	7.27	7.25	7.19	7.38		
山杨林	7.11	7.01	6.94	7.05	6.67	7.12	6.89	6.93	6.81	6.71	6.881	0.174
	7.04	6.62	7.02	6.78	6.75	7.03	6.92	7.13	6.77	7.17		
	6.94	6.87	6.79	6.70	6.82	6.71	6.73	7.04	6.91	6.45		
蒙古栎林	7.24	7.51	7.11	7.05	6.99	7.27	7.19	7.33	7.21	7.38	7.248	0.161
	7.45	7.42	7.21	7.59	6.91	7.11	7.53	7.36	6.97	7.04		
	7.52	7.09	7.24	7.04	7.00	7.52	7.61	7.23	7.34	6.98		

将表 32-27 中的数据进行方差分析与多重比较 q 检验可知，硬阔林与蒙古栎林中的刺五加种子千粒重差别不显著，而它们都与山杨林中刺五加种子千粒重差别极显著。从群落的稳定性来看，硬阔林与蒙古栎林较为稳定，而山杨林则较不稳定（陈大珂等 1982）。大量的野外调查与观察发现，刺五加在未受干扰或干扰与变化较小的生境中结实量少，几乎没有见到由种子产生的实生苗，几乎全以地下茎产生克隆分株而繁殖与维持种群；但在干扰程度或变化较大的生境中（如林缘与新采伐地段），结实量多，且偶然能见到一些实生苗，这时靠种子更新的可能性较大。从种群的生态对策来考虑，硬阔林与蒙古栎林较稳定，故其靠种子更新的可能性较小，结实量较少，但产生的种子较大且充实，这些种子比小粒种子在林下种子库中有更长的寿命，待扰动发生后，有可能更

新；如果产生的种子较轻且质差，虽然数量多，但种子的寿命较短，在稳定群落中很快丧失了活力，靠种子更新的可能性较小。所以在硬阔林与蒙古栎林中的刺五加结籽少，但粒大质好。山杨林群落相对较不稳定，产生扰动的时间相对来说要短。山杨林中的刺五加产生较多小而轻的种子，虽然质量比上述两种群落中的差，寿命较短，但山杨林中的环境扰动与变化的间隔期短，这些小粒种子在失去活力之前就有可能遇到较多的机会而更新。可见，在稳定群落中产生少而粒大质好的种子以及在不稳定群落中产生多而粒小质差的种子，是刺五加种群在进化上的一种生态对策。刺五加种子的千粒重与其所处群落的稳定性呈正相关。

3. 刺五加种子播种试验

既然处于不同群落中的刺五加在种子特性上有差异，那么这些种子在田间的出苗及生长情况到底如何呢？为了回答这一问题，本部分对来自 3 种不同群落中的刺五加种子进行了播种试验，出苗及生长情况如表 32-28 所示。

表 32-28　不同群落中的刺五加种子播种试验统计表

群落类型	出苗率/%						苗高/cm						地径/mm					
硬阔林	4	8	10	16	16	8	1.52	1.25	1.44	1.33	1.61	1.76	0.65	0.95	0.90	1.05	0.90	0.95
	9	11	9	12	15	6	1.40	1.04	1.61	1.72	2.05	1.51	0.88	0.92	1.03	0.91	1.01	0.74
	10	8	12	13	23	8	1.84	1.72	1.45	1.50	1.41	1.22	0.75	0.78	1.25	1.00	0.85	0.90
	9	7	20	16	12	9	1.50	1.47	1.60	1.52	1.72	1.88	0.84	0.85	0.80	1.00	1.00	0.65
	10	8	13	20	13	11	1.20	1.03	1.53	1.71	1.62	1.50	0.60	0.71	0.95	0.93	0.91	0.64
	X=11.53，S=4.3844						X=1.522，S=0.2329						X=0.877，S=0.1433					
山杨林	10	6	7	11	10	5	0.91	0.93	1.21	1.12	1.05	1.21	0.60	0.55	0.75	0.80	0.73	0.85
	10	7	4	6	5	6	1.50	0.95	1.02	1.21	1.33	1.03	0.65	0.76	0.60	0.55	0.95	0.65
	7	5	6	12	13	19	0.71	1.05	1.24	1.13	0.92	1.10	0.60	0.54	0.62	0.80	0.54	0.70
	8	7	8	6	4	6	1.21	1.12	1.60	1.03	0.80	1.22	0.53	0.55	1.01	0.65	0.50	0.55
	5	3	5	8	4	11	0.80	0.82	1.05	1.15	0.94	0.85	0.57	0.85	0.52	0.81	0.64	0.53
	X=7.467，S=3.3706						X=1.074，S=0.2009						X=0.665，S=0.1367					
蒙古栎林	5	9	8	6	5	10	1.50	1.41	1.21	1.32	1.05	0.98	0.85	0.80	0.70	0.65	0.92	0.90
	7	8	7	12	8	10	1.50	1.20	1.20	1.05	0.99	1.60	0.82	0.78	0.83	0.95	0.68	0.81
	8	23	6	20	15	5	1.12	1.60	1.30	1.27	1.35	1.42	0.69	1.03	1.01	0.78	0.85	0.93
	12	4	7	8	5	14	1.50	1.56	1.49	1.58	1.05	1.34	0.72	0.85	0.90	0.64	0.72	0.70
	17	11	8	21	15	10	0.95	1.62	1.28	1.28	1.57	1.54	0.82	1.00	0.87	0.65	0.91	0.89
	X=10.13，S=5.0291						X=1.341，S=0.2151						X=0.822，S=0.1129					

注：X表示平均值；S表示标准差

研究分别对出苗率、苗高、地径进行 3 组方差分析与多重比较 q 检验，结果发现，来自不同群落中的刺五加种子播种后的出苗率及苗木地径都表现出如下规律：硬阔林与蒙古栎林差异不显著，而它们都与山杨林差异显著；但来自 3 个群落的刺五加苗高两两之间差异显著。上述结果与刺五加的千粒重有关。种子重量是种子特征的一个综合指标，它与种子的休眠、发芽及发芽后幼苗的长势等情况都有关系（Fenner 1985）。千粒重大的种子，一般产生的幼苗高而壮、出苗率高。来自3种不同群落的刺五加种子的出苗率及出苗后地径大小的顺序及差异度都与对应的种子千粒重的大小顺序及差异程度一致。3种群落刺五加种子发芽后的苗高两两之间差异显著，可能因为苗高是反映种子品质较为敏感的指标，即使种子品质上有较小的差别，也会对胚的发育与分化、胚根、胚轴的延长有较大的影响。千粒重大表明种子品质较好、营养充足，能较好地满足幼苗形成初期的物质与能量需要，使幼苗出土的时间提早，幼苗的光合自养阶段能较早地形成，幼苗的生长与延伸较快。

三、结论与建议

结论：①刺五加种群在天然条件下有性生殖成功率低的原因，在很大程度上与其种子自身的休眠特性有关。变温层积能加速刺五加种子的形态与生理成熟，早日打破休眠，从而大大缩短播种后的出苗时间并提高出苗率。②对刺五加种子的不同处理，表现在播种后的出苗率有明显差别，以采集果实直接播种的出苗率最低，去除果肉后再播种的出苗率稍高，去除果肉后层积处理种子再播种的出苗率最高。③同一地区，不同群落中的刺五加种群在种子千粒重、播种后的出苗率、地径、苗高上的变化都与群落的稳定性大小正相关。

建议：①为迅速扩大与保护现有的刺五加资源，对刺五加进行有效的综合管理，需要对其有性生殖进行广泛深入的研究，特别是刺五加种群的地理分布规律、刺五加大范围种源试验的研究，为刺五加的良种繁育奠定基础。②在同一自然地理区域内不同的群落与环境条件下，刺五加的有性生殖规律不同，在采种与区划时应予以考虑。本研究结果表明，采种时应以采集硬阔林下的为最好，蒙古栎林下的稍差，山杨林下的最差。③在生产实践上采用有性生殖方式栽培与繁育刺五加时，应进行种子处理，特别提倡与推广变温层积处理种子。

第九节　种群分布格局

种群是由个体组成的，但种群内个体的组合都是按一定规律进行的。种群栖息地内生物和非生物环境的相互作用造成了种群在一定空间里个体扩散分布的形式，这种形式就是种群的空间分布型式，即种群的空间分布格局。空间与数量是衡量种群的两个重要指标。种群的空间格局不但因物种不同而异，而且在同一物种的不同发育阶段、不同种群密度与生境条件下也会有一定的变化（祝燕等 2011；袁春明等 2012）。种群的空间格局是种群与生境相互作用的产物，既包含了种群自身生长、繁衍的生物学特性，又反映了周围环境的作用与影响，对其进行研究有助于理解种内、种间关系，种群生物学特性以及种群与环境间的关系（Dale 1999）。研究种群的空间格局，一般采用野外抽样样方调查法，统计各样方内出现的个体数。样方的大小与设置方法因研究目的与环境条件的不同可适当变化。研究获得野外调查数据后，采用各种数学分布加以拟合，并应用各种数学生态指标加以分析比较，从而对种群的分布格局、聚集与分散程度做出判断与分析（Pielou 1977）。

一、种群的空间格局及理论拟合

种群的空间格局通常分为随机、均匀和集群 3 类。其中均匀分布由于种群内个体间的竞争更激烈，在自然界中较少见。

1）泊松（Poisson）分布：Poisson 分布是用来描述种群随机分布的，其特征是种群中的个体占据空间任何一点的概率是相等的，并且任何一个个体的存在绝不会影响其他个体的存在。在自然状态下，随机格局仅出现于环境条件一致、资源丰富并且无群聚的条件下。

2）负二项分布（negative binomial distribution）：负二项分布是用来描述集群分布的，其特点是种群在空间的分布呈现极不均匀的嵌纹状图。在自然状态下，均匀格局可能出现在个体间竞争激烈，促使均匀的空间间隔产生的条件下。

3）奈曼分布（Neyman distribution）：Neyman 分布是 Poisson 分布的特例，即由 Poisson 分布的群所组成，其特点是核心分布之间是随机的，核心大小约相等，核心呈放射状蔓延。

二、聚集强度各指标的测定和生物学意义

离散分布的理论拟合曾经是分析种群空间分布格局的主要工具，但是由于种群分布拟合的结果往往同时符合多种统计分布，因此，在生物学意义上出现了混合或矛盾。从 20 世纪 60 年代后期开始，研究用聚集强度的各指标来分析判断种群的空间分布型的方法日益兴起，受到了许多数学生态学家和种群生态学家的重视。聚集强度的指数既可用来判断种群的空间分布类型，又能为种群中个体的行为、种群扩散型的时间序列变化提供一定的信息。常见的聚集指数有下列几种。

1）负二项参数（K）：K 值与种群密度无关，K 值越小，聚集度越大；如果 K 值趋于无穷大，则逼近 Poisson 分布。

2）扩散系数（C）：扩散系数 C 用于检验种群是否偏离随机型。若 C=1，则种群分布是随机的，且 C 遵从均值为 1、方差为 $2n/(n-1)^2$ 的正态分布；若 $C>1$，则为聚集型分布。然而 C 值有时与种群密度有关，所以对结果需进行谨慎分析。

3）扩散指数（I_δ）：当 $I_\delta=1$ 时，为随机分布；当 $I_\delta>1$ 时，为聚集分布。I_δ 的最大优点是不受样方大小的影响，求出的值可表明个体在空间散布的非随机程度，因此可直接相互比较。

4）Cassie 指数（C_A）：Cassie（1962）提出用 C_A 来判断分布状态比较方便，$C_A=1/K$。当 $C_A=0$ 时，为随机分布；当 $C_A>0$ 时，为聚集分布；当 $C_A<0$ 时，为均匀分布。

5）丛生指标（I）：当 $I=0$ 时，为随机分布；当 $I>0$ 时，为聚集分布。

6）平均拥挤度（m^*）与聚块性指数（m^*/m）：其中 m 是平均密度。平均拥挤度（m^*）则是一个新的概念，m^*代表每个个体在一个样方中的其他个体平均数（或邻居数，指在一个样方内每个个体的平均拥挤程度）。m^*是个体的平均，不受“0”样方（即种群数量为零的样方）的影响，因为“0”样方没法提供关于个体的信息。在抽样过程中，有大量的“0”样方发生的情况下（在刺五加克隆抽样中即如此），m^*可以比较真实地反映种

内竞争和生物因素的作用，在生态学研究中有着重要的意义。聚块性指数的直观意义可以理解为：如果种群在空间随机散布，那么 m^*/m 意味着每个个体平均有多少个其他个体对它产生拥挤。当 $m^*/m=1$ 时，为随机分布；当 $m^*/m<1$ 时，为均匀分布；当 $m^*/m>1$ 时，为聚集分布。

三、刺五加克隆种群在群落中的分布格局

由于在群落中刺五加不是建群种与优势种，它的分布在很大程度上取决于其所依附的群落。另外，刺五加本身固有的生物学、生态学特性也决定着它在群落中的生活、生存以及与其他物种的竞争，从而影响它在群落中的分布。所以，群落环境与刺五加自身生物学、生态学特性相互作用的结果决定了刺五加种群在群落中的分布格局。本部分所研究的是刺五加克隆群团，即克隆分株在群落中的空间分布方式。研究调查了硬阔林、山杨林与蒙古栎林 3 种群落中样方内的刺五加克隆分株数（表 32-29）。

表 32-29 不同群落中刺五加种群分布样方调查统计表

群落类型	样方号						
	1	2	3	4	5	6	7
硬阔林	28	14	2	4	2	1	1
山杨林	32	1	4	1	1	1	
蒙古栎林	42	10	3	1	1	1	

注：3 种群落后的数字代表样方中的个体数

将表 32-29 中的数据进行了 3 种离散分布（泊松、负二项、奈曼）的理论拟合，并计算出了几个聚集度指标（表 32-30）。

表 32-30 刺五加克隆种群分布格局计算结果表

群落类型	聚集强度各参数值						拟合的 χ^2 值			符合的分布
	k	C	I_δ	$1/K$	I	m^*/m	泊松	负二项	奈曼	
硬阔林	0.827	2.139	2.255	1.209	1.139	2.209	63.05	4.318	7.004	负二项，奈曼
山杨林	0.718	1.864	2.473	1.393	0.864	2.393	52.99	1.757	2.275	负二项，奈曼
蒙古栎林	2.733	1.899	1.450	0.359	0.099	1.359	153.96	1.217	0.983	负二项，奈曼

根据前述各聚集度指标的意义和表 32-30 的计算结果可以看出，3 种群落中刺五加克隆种群的分布格局都是聚集型的，拟合的结果是它们都符合负二项分布和奈曼分布。由于刺五加种群的生物生态学特性，特别是繁殖与更新特点，其克隆种群的聚集分布是可以理解的。通过不同群落中刺五加种群的聚集度指标大小的比较，可以对不同群落中刺五加种群的聚集性程度进行比较，可以看到除扩散系数 C 及丛生指标 I 稍有例外情况外（可能 C 及 I 与种群密度关系较大），其余 4 个聚集度指标的结果都是一致的，表明刺五加在 3 种群落中的聚集强度大小顺序为山杨林＞硬阔林＞蒙古栎林。造成这种差异的原因可能与群落内环境的均匀性有关。山杨林处于演替的先锋阶段，其中的环境因子随着时间的变化有较大的变化，群落较不稳定，其中适合刺五加生长的环境也分布不均，刺五加克隆的聚集性就较高。硬阔林处于演替相对稳定的阶段，群落内环境较为稳定，

但各个物种在适应环境与竞争中形成了较大的生态位分化，群落内适合刺五加生长的小生境在空间分布上也较不均匀，因此刺五加克隆的分布也不均匀。然而由于硬阔林下环境的均匀性又大于山杨林，刺五加克隆在硬阔林中分布的聚集性小于山杨林。蒙古栎林也处于演替相对稳定的阶段，且群落几乎为单优群落，蒙古栎占绝对优势，它在群落中的分布较为均匀。相应地，群落内的环境较为均匀，因此群落内适合刺五加克隆生长的小生境也较均匀，所以蒙古栎林中刺五加克隆种群分布的聚集性较小。从以上分析可以看出，刺五加种群的繁殖、传播与更新特性决定了克隆种群的分布格局，但聚集程度的大小与环境的均匀性有关。环境越均匀，聚集性越小，反之则大。

第十节 总结与展望

一、总结

1）刺五加种群的株数-年龄分布呈倒“J”形，用负指数方程能够较好地描述。刺五加种群是一个进展种群，与所在群落的演替发展方向一致。

2）林下的刺五加种群在各高度级上的分布较为均匀，而采伐迹地上的较为集中。

3）刺五加种群的地径分布规律随群落类型不同而变化，硬阔林与山杨林中较趋近于倒“J”形分布，而采伐迹地上较趋近于正态分布，蒙古栎林则介于两者之间。

4）不同群落中刺五加种群的高度、径级及其生长速度的变化都与群落中刺五加种群的年龄分布及各年龄生长状况的不同有关，而刺五加的年龄分布又与群落的特性密切相关。

5）刺五加地径与株高、年龄与株高的线性回归都十分显著。

6）对刺五加种群生命表的编制与分析，较好地反映了刺五加种群的动态变化过程。根据生命表中刺五加的存活与死亡率变化状况，将刺五加种群的动态变化划分为 3 个阶段，即出生和竞争期、相对稳定增长期，逐渐衰老期。

7）刺五加种群的存活曲线属于 Deevey Ⅲ型。

8）刺五加种群繁殖力表的编制与一般植物种群的方法不同，由于刺五加种群在天然次生林中的繁殖特点，本研究编制的繁殖力表是刺五加种群的无性繁殖力表。

9）根据繁殖力表计算出的各群落中的刺五加种群的繁殖参数，较好地反映了刺五加种群的繁殖特点和群落环境的影响。

10）利用莱斯利（Leslie）矩阵预测刺五加种群的动态变化时，近期可能是精确的，而时间越长则误差越大。有关投影矩阵在刺五加种群上的应用有待进一步研究。

11）刺五加种群繁殖价的动态变化趋势与生命表中所反映的刺五加种群的动态变化趋势一致，繁殖价的变化也可分为 3 个时期。不同群落中刺五加种群繁殖价的大小与群落环境对刺五加种群的适合性呈正相关。

12）刺五加种群的构筑型与刺五加自身生物学特性及年龄有关，但多少也受环境条件的影响。

13）生根粉 ABT 处理后的根茎切段的出苗率显著高于未经 ABT 处理。根茎横放埋藏繁殖的效果优于竖立扦插。

14）对刺五加种子的处理表明，去除果肉后层积处理种子再播种的出苗率最高。不同群落中刺五加种群的种子千粒重、播种后的出苗率及苗高、地径上的变化都与群落的稳定性呈正相关。

15）刺五加克隆种群的分布呈聚集型，聚集性的大小与群落环境的均匀性呈负相关。

二、展望

1）需要进一步对其他地区或群落中分布的刺五加的种群生态学进行研究，以便对刺五加种群的变化发展规律有一个全面的了解。

2）刺五加种群在天然次生林中是一个进展种群，只要进行封育保护或限量采掘，其种群是可以继续恢复并扩大的。

3）在进行林分改造、抚育或采伐的过程中，应注意保留与保护已有的刺五加，以便这些刺五加成为刺五加种群发展的基础，进而为培育以刺五加为下木的复合林层奠定基础。

4）应根据刺五加种群的结构、分布及繁殖特点进行保护与管理。

5）根据刺五加种群的动态变化特点，应注意出生和竞争期刺五加的保护，如去除杂草灌木、减少竞争，这样就可以减少其进入稳定期之前的死亡率。在种群密度较大的情况下，可以去除较老年龄的植株，让出生态位便于中壮龄植株的发展，从而增加同化量，从总体上增加刺五加的产量。

6）应对刺五加进行大范围的地理种源试验以便为刺五加的良种繁殖奠定基础。在同一地区，不同群落中的刺五加种子品质不同，在采种区划时应予以考虑。在生产实践上采用种子繁殖刺五加时，应对种子进行层积处理；采用根茎繁殖时，应用 ABT 处理根茎切段。

撰稿人：臧润国，许　玥，祝　宁

主要参考文献

曹建国. 2005. 刺五加生活史型特征及其形成机制. 北京: 科学出版社.
陈大珂, 周晓峰, 赵惠勋, 等. 1982. 天然次生林四个类型的结构、功能及演替. 东北林业大学学报, 12(4): 1-12.
丁岩钦. 1980. 昆虫种群数学生态原理与应用. 北京: 科学出版社.
傅立国, 金鉴明. 1991. 中国植物红皮书: 珍稀濒危植物(第一册). 北京: 科学出版社.
郭维明, 祝宁, 金永岩. 1986. 刺五加扦插繁殖及其生理的初步研究. 东北林业大学学报, 14(1): 99-104.
韩忠明, 韩梅, 吴劲松, 等. 2006. 不同生境下刺五加种群构件生物量结构与生长规律. 应用生态学报, 17(7): 1164-1168.
江洪. 1989. 云杉种群生态学的研究. 哈尔滨: 东北林业大学博士研究生学位论文.
金鑫, 张钦弟, 许强, 等. 2018. 山西灵空山刺五加种群空间分布格局及种间空间关联性. 植物科学学报, 36(3): 327-335.
李金花, 潘浩文, 王刚. 2004. 草地植物种群繁殖对策研究. 西北植物学报, 24(2): 352-355.

李俊清, 牛树奎, 刘艳红. 2010. 森林生态学. 2 版. 北京: 高等教育出版社.
李俊清, 臧润国, 蒋有绪. 2001. 欧洲水青冈(*Fagus sylvatica* L.)构筑型与形态多样性研究. 生态学报, 21(1): 151-155.
刘阳明. 1989. 刺五加种群繁殖生态学的研究. 哈尔滨: 东北林业大学硕士研究生学位论文.
刘林德, 田国伟. 1997. 刺五加的有性生殖与营养繁殖. 植物分类学报, 35(1): 7-13.
马洪方, 叶朝兴. 2000. 刺五加注射液治疗神经衰弱 80 例临床分析. 中西医结合心脑血管病杂志, 16(2): 5.
牛翠娟, 娄安如, 孙儒泳, 等. 2007. 基础生态学. 2 版. 北京: 高等教育出版社.
曲仲湘, 吴玉树, 王焕校, 等. 1984. 植物生态学. 2 版. 北京: 高等教育出版社.
孙儒泳, 李博, 诸葛阳, 等. 1993. 普通生态学. 北京: 科学出版社.
王涛. 1991. ABT 生根粉与增产灵的作用原理及配套技术. 北京: 中国农业出版社.
吴承祯, 洪伟, 谢金寿, 等. 2000. 珍稀濒危植物长苞铁杉种群生命表分析. 应用生态学报, 11(3): 333-336.
徐庆, 刘世荣, 臧润国, 等. 2001. 中国特有植物四合木种群的生殖生态特征: 种群生殖值及生殖分配研究. 林业科学, 37(2): 36-41.
杨慧, 娄安如, 高益军, 等. 2007. 北京东灵山地区白桦种群生活史特征与空间分布格局. 植物生态学报, 31(2): 272-282.
袁春明, 孟广涛, 方向京, 等. 2012. 珍稀濒危植物长蕊木兰种群的年龄结构与空间分布. 生态学报, 32(12): 3866-3872.
臧润国, 李德志, 宋树强. 1993. 天然次生林群落中刺五加种群生态学的研究(Ⅳ): 刺五加种群的生殖值及其变化. 吉林林学院学报, 9(2): 7-10.
赵志模, 周新远. 1984. 生态学引论: 害虫综合防治的理论及应用. 重庆: 科学技术文献出版社重庆分社.
钟章成, 曾波. 2001. 植物种群生态研究进展. 西南师范大学学报(自然科学版), 26(2): 230-236.
周纪伦, 郑师章, 杨持. 1993. 植物种群生态学. 北京: 高等教育出版社.
祝宁, 江洪, 张大宏. 1989. 刺五加经济产量估测的数学模型. 生态学杂志, 8(1): 5-7.
祝宁, 张大宏, 常健斌, 等. 1984. 红松林下刺五加种群格局的初步研究. 东北林业大学学报, 12: 69-73.
祝宁, 卓丽环, 臧润国. 1998. 刺五加(*Eleutherococcus sentincosus*)会成为濒危种吗? 生物多样性, 6(4): 253-259.
祝燕, 白帆, 刘海丰, 等. 2011. 北京暖温带次生林种群分布格局与种间空间关联性. 生物多样性, 19(2): 252-259.
Bell A D, Tomlinson P B. 1980. Adaptive architecture in rhizomatous plants. Botanical Journal of the Linnean Society, 80(2): 125-160.
Cassie R M. 1962. Frequency distribution models in the ecology of plankton and other organisms. Journal of Animal Ecology, 31(1): 65-92.
Dale M R T. 1999. Spatial Pattern Analysis in Plant Ecology. Cambridge: Cambridge University Press.
Deevey E S Jr. 1947. Life tables for natural populations of animals. Quarterly Review of Biology, 22(4): 283-314.
Fenner M. 1985. Seed Ecology. Dordrecht: Springer.
Grime J P. 1979. Plant Strategies and Vegetation Processes. Chichester: John Wiley and Sons.
Harper J L. 1977. Population Biology of Plants. London: Academic Press.
Hutchings M J. 1986. Plant Population Biology. *In*: Moore P D, Chapman S B. Methods in Plant Ecology (2nd Edition). Oxford: Blackwell: 377-435.
Legendre P L L, Legendre L L P. 1983. Numerical Ecology. New York: Elsevier Scientific Publishing Company.
Leslie P H. 1945. On the use of matrices in certain population mathematics. Biometrika, 35(3): 183-212.
Mackenzie A, Ball A S, Virdee S R. 1998. Instant Notes in Ecology. Oxford: Bios Scientific Publishers.
Pielou E C. 1977. Mathematical Ecology (2nd Edition). New York: Wiley-Inter Science.
Putman P J. 1995. Community Ecology. London: Chapman & Hall.

Rockwood L L. 2015. Introduction to Population Ecology (2nd Edition). New York: John Wiley & Sons.
Schellner R A, Newell S J, Solbrig O T. 1982. Studies on the population biology of the genus *Viola*. Ⅳ. Spatial pattern of ramets and seedlings in three stoloniferous species. Journal of Ecology, 70(1): 273-290.
Silvertown J W. 1982. Introduction to Plant Population Ecology. London: Longman.
Silvertown J W, Lovett-Doust J. 1993. An Introduction to Plant Population Biology. Oxford: Blackwell Scientific.
White R A, Dickson W C. 1984. Contemporary Problems in Plant Anatomy. Orlando: Academic Press.
Whittaker R H. 1953. A consideration of climax theory: the climax as a population and pattern. Ecological Monographs, 23(1): 41-78.
Willson M F. 1983. Plant Reproductive Ecology. New York: Wiley.

中文索引

J

R

S

T

W

X

其他

外文索引

A

B

K

L

M

N

T